TRAITÉ

MALADIES DU GROS BÉTAIL

TRAITÉ

DES

MALADIES DU GROS BÉTAIL

PAR

G. MOUSSU

PROFESSEUR A L'ÉCOLE VÉTÉRINAIRE D'ALFORT
ET A L'INSTITUT NATIONAL AGRONOMIQUE,
DOCTEUR EN MÉDECINE, DOCTEUR ÈS SCIENCES,
ANCIEN PRÉSIDENT
DE L'ACADÉMIE D'AGRICULTURE,

R. MOUSSU

ANCIEN CHEF DES TRAVAUX DE LA CHAIRE
DE PATHOLOGIE BOVINE
A L'ÉCOLE VÉTÉRINAIRE DE LYON,
CHEF DES TRAVAUX DE LA CHAIRE
DE PATHOLOGIE CHIRURGICALE A ALFORT

CINQUIÉME ÉDITION

Avec 399 figures dans le texte et 20 planches en couleur

PARIS

VIGOT FRÈRES, ÉDITEURS

Successeurs de ASSELIN et HOUZEAU

23, RUE DE L'ÉCOLE-DE-MÉDECINE

1928

PRÉFACE

DE LA PREMIÈRE ÉDITION

Cet ouvrage renferme la synthèse d'une partie de l'enseignement qui me fut confié, il y aura bientôt dix ans.

Je me suis attaché à l'écrire de façon à pouvoir être compris de tous, et j'ai cherché à le rendre aussi démonstratif que possible, persuadé que je suis que l'enseignement par les yeux se montre infiniment supérieur à celui qui exige le travail imaginatif d'interprétation de l'écrit.

Grâce au crayon habile de M. Nicolet, et au désintéressement de MM. Asselin et Houzeau, il m'a été facile d'y introduire un assez grand nombre de dessins originaux qui, je l'espère, marqueront leur utilité.

Je n'ai mis dans ce livre que ce qui m'a paru vrai, bon et bien. — Très délibérément, j'ai laissé de côté ce que je considère comme mauvais, inexact, ou simplement sans valeur.

Ce serait donc en vain que l'on y chercherait une de ces bibliographies aussi riches qu'inutiles, où des travaux de premier ordre se trouvent sur le même plan que les publications banales.

J'ai fait précéder chaque série de maladies d'un exposé sémiologique des systèmes anatomiques ou organiques passés en revue, parce que j'ai la conviction que le groupement méthodique des symptômes est obligatoire pour arriver au diagnostic précis; et, comme la conduite scientifique du praticien dépend exclusivement de ce diagnostic, on ne saurait y attacher trop d'importance.

Les maladies contagieuses du bétail n'ont pas été étudiées; je n'aurais pu mieux faire que d'emprunter largement à l'excellent *Traité des Maladies microbiennes* des professeurs Nocard et Leclainche; et si j'ai dérogé en faveur de la tuberculose, c'est surtout parce qu'il s'agit, d'une maladie qui prête à tant de confusions, chez nos malades de l'espèce bovine, qu'il est indispensable d'en pouvoir comparer le tableau clinique avec celui d'affections similaires.

1902.

G. M.

PRÉFACE

DE LA CINQUIÈME ÉDITION

Un livre d'enseignement technique n'est jamais complet, parce que chaque jour apporte des notions nouvelles et parce que les conceptions scientifiques ne sont pas immuables.

En matière de pathologie animale, il ne peut être que l'exposé de nos connaissances à une époque déterminée.

Si les *Maladies du gros bétail* ont connu un succès dont nous sommes fiers, cela tient sans nul doute à ce qu'elles ont, dans la mesure du possible, été maintenues dans le cadre du programme sus-indiqué. Pour ne pas nous échapper du domaine des réalités, nous nous sommes efforcés de mettre cette cinquième édition au courant de toutes les acquisitions nouvelles susceptibles d'applications pratiques. Nous avons le ferme espoir que comme les précédentes elle continuera à rendre des services à tous les praticiens de nos campagnes qui ont le désir de rester au courant de la science moderne. Elle doit constituer l'instrument de travail de tous les jours.

G. et R. Moussu.

TRAITÉ

DES

MALADIES DU GROS BÉTAIL

CLASSE I

MALADIES DE L'APPAREIL LOCOMOTEUR

MÉTHODES D'EXPLORATION

En médecine vétérinaire, les maladies de l'appareil de la locomotion ont une importance exceptionnelle chez les sujets utilisés exclusivement en vue de la production du travail, c'est-à-dire chez les chevaux. Chez les autres animaux de la ferme, cette importance peut toujours être reléguée au second plan, parce que la destination principale est différente. C'est pourquoi les affections accidentelles locales de cet appareil locomoteur n'ont guère d'intérêt que chez le bœuf. Par contre, les affections générales (cachexie osseuse, rhumatisme) prennent une large place dans le cadre des maladies du bétail.

L'appréciation exacte des états pathologiques, quels qu'ils soient, nécessite toujours un examen attentif des animaux malades ; aussi faut-il, suivant les circonstances, avoir recours aux méthodes courantes d'exploration.

Pour l'appareil locomoteur, ces méthodes d'exploration sont :

1° L'*inspection*, pratiquée de profil, de face ou de derrière, laquelle fait découvrir les déformations osseuses, articulaires ou musculaires, les déviations de rayons, les déformations de jointures, les déplacements angulaires, les anomalies de position, les asymétries.

C'est par l'inspection durant la marche que l'on apprécie les boiteries et leurs caractères particuliers ;

2° La *palpation* et la *pression*, qui dénotent les modifications de la sensibilité locale, le degré de résistance des tissus, les fluctuations superficielles ou profondes, les gonflements œdémateux, l'importance des engorgements articulaires, les productions anormales (formes, exostoses, etc.).

Les renseignements fournis par l'inspection doivent toujours être complétés par ceux relevés à la palpation et aussi par ceux que révèlent les mouvements forcés sur place : mouvements de flexion et d'extension articulaires, d'abduction, d'adduction ou de rotation.

Connaissant les mouvements articulaires normaux d'une région donnée, il est facile d'enregistrer les anomalies de sensibilité, les craquements articulaires, les frottements; de déceler les fractures avec ou sans déplacements, les déchirures et les arrachements ligamenteux;

3° La *percussion*, dont les avantages pour l'exploration de l'appareil locomoteur ne sont que secondaires. Toutefois, la percussion des onglons, la percussion des cornes, de certains rayons osseux ou de quelques os plats, peuvent avoir leur utilité dans le cas de fourbure, d'ostéite, de périostite, de sinusite. — La percussion suivant l'axe longitudinal des rayons osseux trouve aussi son indication pour le diagnostic des fêlures intra-articulaires, des arthrites subaiguës, des ostéomyélites.

4° La *marche*, qui fait découvrir les boiteries. Il faut l'utiliser toutes les fois qu'il s'agit d'apprécier une boiterie, tant pour la localisation de la cause que pour l'appréciation des caractères particuliers de cette boiterie.

La marche en liberté est quelquefois indiquée ; le plus souvent, on se contente de la faire exécuter en main, en ligne et en rond.

5° La *radioscopie* et la *radiographie*, d'un emploi si fréquent et si précieux en médecine humaine, ne peuvent pratiquement, jusqu'à ce jour tout au moins, trouver une utilisation comparable en médecine vétérinaire pour les grands animaux ; cependant, pour des cas spéciaux, dans les établissements suffisamment outillés, elles représentent les moyens les plus sûrs de préciser certaines lésions, en particulier les fractures, fêlures, luxations, etc...

CHAPITRE PREMIER

ACHONDROPLASIE

L'achondroplasie caractérise une anomalie de développement du squelette pendant la vie intra-utérine, accompagnée d'une difformité congénitale, consécutive.

Elle se rencontre surtout chez l'espèce bovine, où elle donne ce que l'on appelle les *veaux bouledogues*.

Cette affection est essentiellement distincte du rachitisme, bien qu'on l'ait qualifiée parfois, en vétérinaire comme en médecine humaine, de rachitisme fœtal. — Son départ anatomique réside dans un défaut de formation, de prolifération et d'ossification des cartilages de conjugaison et une atrophie des extrémités.

La difformité intéresse particulièrement les extrémités (tête, membres et queue), ainsi que l'indiquent les photographies ci-jointes, mais le squelette du corps est lui aussi toujours plus ou moins touché.

La tête prend une physionomie très spéciale, par suite du raccourcissement de la face, ce qui fait dire que les veaux atteints ont une tête de chien bouledogue, avec des yeux ronds saillants et une mâchoire inférieure proéminente.

Les membres sont toujours très courts, déformés et déviés des lignes de l'aplomb normal, la marche généralement difficile ou impossible, de même que le maintien prolongé de la position debout.

La queue est absente ou rudimentaire ; le corps court et trapu.

Il m'a semblé, d'une façon générale, dans les examens assez nombreux que j'ai faits, que l'atrophie des extrémités était progressive centrifuge, c'est-à-dire d'autant plus prononcée que le rayon osseux envisagé se trouvait plus éloigné du tronc. Cette constatation n'a d'ailleurs rien d'absolu ; et comme l'ont fort bien indiqué MM. Lesbre et Forgeot, l'état pathologique osseux dont il s'agit se complique souvent de malformations viscérales nombreuses.

On a signalé de multiples variétés d'achondroplasie ; elles ne semblent avoir d'autre importance que de marquer des degrés successifs plus ou moins accentués d'une dystrophie évolutive.

Les veaux bouledogues sont en somme des déformés brachycéphales, brachymèles et brachyures.

Quelques-uns sont viables et arriveraient à un certain développement, s'il était possible de les entourer de soins convenables. La plupart succombent de très bonne heure, souvent de complications qui résultent du décubitus prolongé, de l'impossibilité de la posi-

Fig. 1. — Veau bouledogue viable.

tion debout et de la marche. D'autres meurent dès la naissance.

Etiologie. — La cause de l'achondroplasie reste à trouver. Les raisons indiquées pour l'expliquer sont manifestement insuf-

Fig. 2. — Veau bouledogue.
(Déformation incompatible avec la station debout et la marche).

fisantes : théorie nerveuse et de contracture musculaire, etc... théorie de dystrophie thyroïdienne, théorie de l'intoxication.

S'il est des sujets qui ont des altérations nerveuses : hydrocéphalie, spina-bifida avec hernies méningées, il en est d'autres chez lesquels le cerveau et la moelle épinière sont parfaitement intacts.

La théorie d'origine par contractures musculaires pendant la vie intra-utérine ne peut se soutenir, non plus d'ailleurs que celle d'une dystrophie thyroïdienne, l'état des achondroplases ne pouvant se comparer sous aucun point à celui des crétins naturels ou expérimentaux, myxœdémateux ou non.

La théorie d'origine infectieuse, compliquée d'intoxication, qui a joui d'une certaine faveur, et d'après laquelle des poisons ou toxines

Fig. 3. — Déformation générale compatible avec la station debout et la marche.

passeraient de la mère au fœtus pour provoquer les troubles signalés, est restée tout aussi hypothétique que les autres, sinon plus ; elle ne repose sur aucun fait précis et a contre elle des données parfaitement connues :

1º Que des achondroplases naissent de vaches qui ont eu pendant tout le cours de leur gestation une santé parfaite ;

2º Que certains taureaux donnent parmi leurs produits un nombre anormal de veaux bouledogues.

Par contre il me paraît logique de supposer, jusqu'à recherches histologiques nouvelles, que l'achondroplasie et surtout l'acroatrophie (atrophie des extrémités) est en rapport avec des altérations de la glande pituitaire, altérations d'effets physiologiques inverses de celles qui déterminent l'acromégalie.

Mais jusqu'à ce jour, il est prudent d'avouer notre ignorance et de dire que la cause reste à déterminer.

Cette affection ne saurait, en vétérinaire, avoir d'autre intérêt que l'intérêt scientifique, car économiquement les veaux bouledogues, même vivants, sont des non-valeurs ou tout au moins des curiosités, et mieux vaut pour l'éleveur s'en débarrasser immédiatement que faire des sacrifices prolongés et inutiles.

Au point de vue obstétrical, il en est autrement. Les veaux bouledogues sont généralement plus petits, moins lourds et moins volumineux que les veaux normaux, mais ils sont aussi plus trapus et plus épais, et comme d'ordinaire les membres sont déformés ou déviés (flexion et abduction surtout), il en résulte des états dystociques multiples. — L'extraction forcée après rectification de position des membres en a raison sans trop de difficultés. — Lorsque, cependant, l'anomalie se complique de kystes généralisés (kystes des parties latérales de l'encolure, des régions scapulaires, des parois thoraciques et abdominales, etc.), il faut souvent recourir à l'embryotomie.

* *
*

Une autre anomalie congénitale du système locomoteur, moins accusée que la précédente, et n'en représentant peut-être qu'une ébauche, est caractérisée par une déviation et un raccourcissement marqués des membres antérieurs ou des membres postérieurs. Les antérieurs sont souvent arqués, comme par une rétraction des tendons fléchisseurs, les nouveau-nés marchent sur la face antérieure des boulets ou des genoux ; les muscles sont atrophiés. Sur les membres postérieurs, les altérations peuvent être de même ordre, mais fréquemment aussi les membres sont déviés en abduction. Chez ces infirmes, les muscles sont dégénérés.

Ces anomalies, fréquentes sur les veaux, sont compatibles avec un développement à peu près régulier, sous la condition que les animaux soient l'objet de soins très attentifs. — Ces altérations sont mises sur le compte de méningites rachidiennes évoluant durant le développement intra-utérin. Bien que cette explication soit très logique, la preuve formelle n'en est pas faite.

MALADIES DES OS

AFFECTIONS GÉNÉRALES

Les affections qui frappent le système osseux des jeunes et des adultes sont ou locales ou générales.

Les affections locales, telles que ostéites, périostites, nécroses, fractures, sont assez rares et moins importantes chez le bétail de ferme que les affections générales : rachitisme et cachexie osseuse qui caractérisent des altérations portant sur tout le squelette.

Le rachitisme est une affection des jeunes, une affection de croissance ; la cachexie osseuse, une maladie d'adulte ; mais il y a sûrement un certain degré de parenté entre ces deux états morbides, car on peut les observer dans une même famille. C'est ainsi qu'on voit des poulinières ou des vaches atteintes de cachexie osseuse donner le jour à des poulains ou des veaux qui presque fatalement sont ou deviendront rachitiques, s'ils sont laissés à leurs mères.

Dans le rachitisme il y a perturbation de la calcification ; dans la cachexie osseuse décalcification du squelette.

Le rachitisme et la cachexie osseuse ayant comme caractéristique générale une diminution de la proportion normale de sels minéraux entrant dans la constitution des os, on a cherché à expliquer de différentes façons cette perturbation de nutrition du squelette.

Plusieurs hypothèses ou théories ont été mises en avant :

Théorie de l'insuffisance. — L'une des plus anciennes est celle dite théorie de l'insuffisance, d'après laquelle les enfants ou les animaux jeunes ne trouveraient pas dans leur alimentation la quantité de sels minéraux nécessaire à l'édification de leur squelette, de là le rachitisme ; ou bien d'après laquelle des adultes ne trouveraient pas non plus dans leur ration quotidienne la quantité de sels minéraux suffisante pour entretenir le taux normal dans l'organisme et le squelette, pour compenser les pertes permanentes de dénutrition qui s'effectuent d'une façon continue (pertes minérales par les urines, le lait, la sueur, etc.).

Cette théorie extrêmement simpliste paraît parfaitement logique, mais elle ne saurait rendre compte de tous les cas observés.

Le lait de vache, par exemple, est plus riche en chaux que le lait de femme, et cependant c'est surtout chez les enfants élevés au biberon, avec du lait de vache, que l'on constate le rachitisme.

On explique alors son origine et son évolution par la non assimilation ou la mauvaise assimilation des phosphates de la ration.

Par contre, le rachitisme est relativement fréquent chez les jeunes chiens de portées nombreuses et dont l'allaitement reste insuffisant.

On voit encore le rachitisme se développer chez des enfants dont la ration de lait fournie par une nourrice ne laisse rien à désirer ni au point de vue de sa quantité, ni au point de vue de sa composition chimique.

Il en est de même chez les animaux, les porcelets en particulier.

De là est née la théorie dite des acides.

Théorie des acides ou théorie de l'acidose du sang. — D'après cette théorie, la composition des rations pourrait avoir une richesse plus que suffisante en matières minérales, sans qu'elle puisse empêcher le développement du rachitisme ou de la cachexie osseuse.

C'est qu'alors il y aurait chez les malades des troubles physiologiques de la fonction digestive, troubles qui entraîneraient soit des fermentations alimentaires anormales, soit des modifications sécrétoires. L'acide lactique se trouverait en excès dans l'appareil digestif, passerait dans l'appareil circulatoire et tout l'organisme, où son accumulation dans les tissus entraverait les phénomènes de calcification, et provoquerait même de la décalcification.

Le fait est que l'administration expérimentale de l'acide lactique à des sujets en expérience entraîne une élimination plus grande de la chaux par les urines et une diminution de quantité des matières calcaires des os (Siedamgrotski, Hofmeister).

Par contre, Arloing et Tripier n'ont pu, par cette méthode, produire le rachitisme expérimentalement. — Plus récemment, Baginski aurait réussi sûrement et rapidement à rendre de jeunes animaux rachitiques en administrant de l'acide lactique et en diminuant la chaux des aliments, mais il est évident que cette dernière condition est contraire aux principes réguliers de l'hygiène alimentaire.

Bouchard a repris cette théorie en la modifiant quelque peu. Pour lui, les sels de chaux sont absorbés à l'état de carbonates et de chlorures, et l'acide phosphorique à l'état d'acide phospho-glycérique. De la combinaison intra-organique de ces deux éléments résulte la formation de phosphate d'ossification ; mais ce phosphate d'ossification ne peut se déposer si l'organisme contient un excès d'acide lactique.

C'est cette même opinion qui plus ou moins modifiée est remise en honneur sous le nom d'*Acidose du sang*, c'est-à-dire de l'action d'un sang moins alcalin qu'il ne devrait l'être, l'état d'acidose ne permettant plus la fixation du calcium sur les protéines de l'osséine. Pour une bonne calcification, il faut une proportion déterminée de calcium et d'acide phosphorique. S'il y a déséquilibre dans les proportions; la calcification est troublée.

L'insuffisance de calcification des os ne serait donc pas l'altération rachitique primitive ; il y aurait toujours trouble de nutrition, par alimentation défectueuse le plus ordinairement.

Théorie de l'inflammation. — Anatomiquement, les lésions du rachitisme sont caractérisées par de l'ostéite ; de là la troisième théorie, dite de l'inflammation. L'ostéite et l'ostéo-périostite seraient le point de départ de l'évolution des lésions générales caractérisant le rachitisme (Kassowitz).

C'est vrai, mais quel est le point de départ de cette ostéite, quelle est la cause initiale? Elle reste à préciser.

Théorie infectieuse. — Mes recherches poursuivies sur la cachexie osseuse, enzootique du porc et expérimentale du lapin prouvent surabondamment une origine parfois infectieuse ; il y a lieu de voir s'il en est de même pour les autres espèces.

Chaumier (de Tours) affirme aussi la nature infectieuse du rachitisme des enfants, malheureusement sans en fournir de démonstration.

Des vétérinaires militaires de nos colonies ont soutenu aussi la nature infectieuse de l'ostéomalacie du cheval en Indo-Chine et à Madagascar.

Théorie des avitaminoses. — Les travaux sur les vitamines, en particulier sur la vitamine dite antirachitique, ont fait émettre l'idée que les grandes affections du squelette caractérisées par une mauvaise calcification ou par de la décalcification étaient des maladies par carence en vitamines ; vitamine antirachitique en particulier, laquelle présiderait à la régulation de la fixation du calcium dans l'organisme. Et l'on a invoqué à l'appui les bons résultats obtenus dans ces maladies par l'administration de cette vitamine, de l'huile de foie de morue plus spécialement, qui la renferme en abondance. C'est évidemment un fait, mais bien des facteurs agissent sur la régulation de la calcification : La lumière solaire, la vie au grand air et l'exercice, le régime vert pour les herbivores, les sécrétions internes et celles des glandes surrénales plus spécialement, l'état de composition du sang, etc., etc...

Les troubles de la calcification squelettique peuvent donc reconnaître des causes multiples et complexes.

RACHITISME

(*Rachitis.* — Anglais : *Rickets;* allemand : *Zwergwachs;* italien : *Rachitismo*).

Le rachitisme est une maladie du jeune âge, caractérisée par un trouble de l'ossification chez les jeunes animaux en croissance. Elle est commune à l'espèce humaine et à tous nos animaux domestiques. Elle se traduit cliniquement par *une déviation de développement et un défaut de consolidation régulière des os*.

Le rachitisme est inconnu ou à peu près chez les petits des femelles vivant à l'état sauvage.

La délimitation entre le rachitisme et la cachexie osseuse est difficile à établir ; il ne semble cependant pas, à l'heure actuelle, que l'on puisse identifier ces deux affections.

Le rachitisme est encore qualifié parfois de ramollissement des os, maladie des membres, croissance naine, etc. Il faut bien savoir que si les troubles de l'ossification et du développement du squelette sont ceux qui frappent le plus, ce ne sont pas les seuls symptômes que l'on puisse relever ; tous les appareils sont atteints soit au point de vue du développement (appareil musculaire), soit au point de vue du fonctionnement physiologique (appareil digestif, urinaire). C'est pourquoi l'on dit encore que c'est une maladie de la nutrition, dérivant d'un trouble du métabolisme normal.

Symptômes. — Le début est absolument insidieux ; lorsqu'on

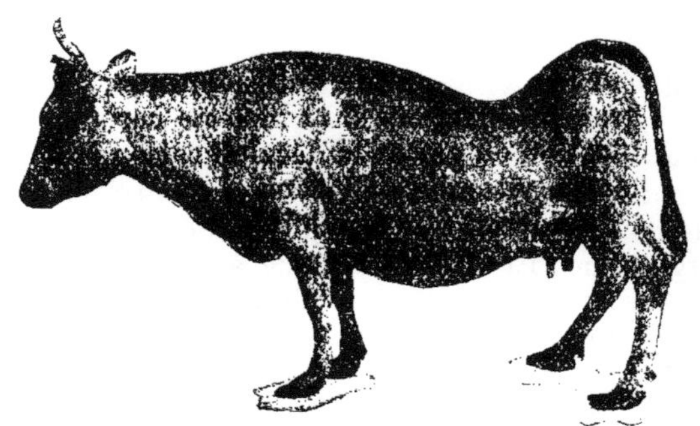

Fig. 4. —- Vache. Lordose lombo-sacrée.

établit le diagnostic rachitisme, il y a déjà longtemps que des *troubles nutritifs* existent.

Ces troubles se traduisent par de l'irrégularité et de la déviation de l'appétit, de la difficulté de la marche et du relever, de la prolongation anormale du décubitus.

Les malades sont faibles, indolents. languissants, ils se développent mal.

Puis survient la seconde phase, plus caractéristique, des *déformations osseuses*. Ces déformations sont de deux sortes : les déformations du voisinage des articulations (déformations ou nouures épiphysaires), et celles des diaphyses. Les premières résultent de troubles d'ossification des cartilages de conjugaison ; les secondes tiennent à ce que les rayons osseux manquent de rigidité et s'infléchissent en différents sens, sous l'influence du poids du corps et sous l'influence des actions musculaires.

Le diamètre des os en épaisseur est accru, principalement vers les extrémités épiphysaires ; les articulations sont déformées ; leur palpation révèle l'existence de véritables végétations anfractueuses et irrégulières.

Les aplombs deviennent vicieux, pour les membres antérieurs surtout qui supportent le thorax, et ces membres vus de devant forment des figures très disparates : X, K, D...

Chez les porcelets, les chevreaux, plus rarement les poulains, les veaux ou les chiens, les maxillaires se déforment, la mastication devient difficile.

La colonne vertébrale peut aussi être touchée ; la lordose ou dos ensellé est assez fréquente.

La scoliose ou colonne vertébrale incurvée à droite ou à gauche, la cyphose, ou colonne vertébrale bossue en contre-haut, si fré-

Fig. 5. — Veau bossu (cyphose dorsale).

quentes chez l'espèce humaine, sont rares chez nos animaux. Le crâne est ordinairement indemne.

Le développement général est toujours défectueux ; il y a du nanisme.

L'appareil digestif fonctionne mal aussi ; l'appétit est dévié de la normale, parfois dépravé ; l'indigestion, la gastrite et l'entérite ne sont pas exceptionnelles.

Les recherches de physiologie pathologique ont montré, d'autre part, que la quantité d'acide phosphorique éliminée par vingt-quatre heures, chez un rachitique, est supérieure, parfois double et plus de la quantité éliminée par un sujet sain.

Le taux de l'urée des urines (qui est l'un des critériums de la nutrition, avec variations proportionnelles à l'intensité de cette nutrition), est par contre diminué, même lorsqu'on donne une alimentation fortement azotée, ce qui indique un ralentissement de la nutrition.

S'ils ne sont pas traités en temps utile, les malades peuvent succomber cachectiques athreptiques, ou par septicémie d'origine intestinale.

Lésions. — Les lésions sont représentées par de l'épaississement tout à fait anormal et irrégulier au niveau des cartilages de conjugaison. La couche interposée est épaisse; dépressible, fortement spongieuse, sans ossification régulière.

Tout le périoste est enflammé. Il y a de la périostite diffuse, principalement accusée vers les extrémités. Sous le périoste, la surface de l'os paraît raboteuse et ramollie.

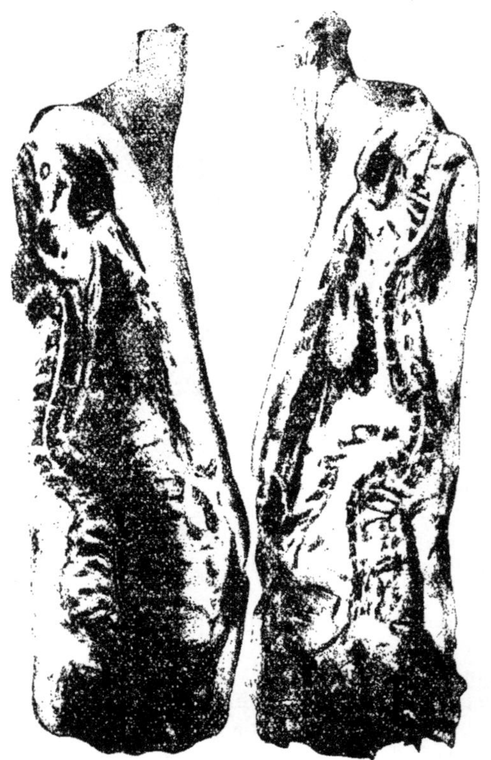

Fig. 6. — Rachitisme. — Déformation en S de la colonne vertébrale, région dorso-lombaire.

Sur la coupe, le canal médullaire se montre élargi, rempli d'une moelle d'aspect gélatineux ; les canaux de Havers sont dilatés et tout le tissu se montre très vascularisé.

Ces lésions sont en somme des lésions d'ostéite raréfiante d'origine mal déterminée, toxique ou infectieuse vraisemblablement.

L'intoxication aurait son départ dans la résorption de produits formés dans l'intestin au cours de la gastro-entérite primitive.

L'idée d'une infection secondaire d'origine intestinale n'a rien d'invraisemblable non plus.

À l'analyse chimique, les matières minérales de l'os, les phosphates surtout ont diminué de moitié ; les substances organiques ont par contre doublé, mais l'osséine est anormale. — La phase d'ossification des os est absolument incomplète.

Etiologie. — L'une des principales causes anciennement invoquées est l'hérédité ; et, pour ce qui concerne l'espèce humaine, on ne manque jamais de rechercher la tare rachitique.

Assurément, les rejetons d'individus tarés par une maladie débilitante quelconque (alcoolisme, tuberculose, syphilis, rachitisme) se trouvent mal dotés pour leur évolution future ; leurs tissus n'ont pas les qualités désirables, leurs fonctions physiologiques s'exécutent moins bien que chez des sujets normaux, toutes conditions d'entretien restant identiquement les mêmes.

Il est difficile d'appliquer ces données à des animaux domestiques, parce que les sujets qui se développent mal ne sont plus utilisés pour la reproduction ; aussi le rôle que l'on a voulu faire jouer à l'influence de l'hérédité et de la race ne peut-il guère être mis en compte chez nos espèces domestiques.

Les conditions d'existence ont, par contre, une influence indéniable, et si le rachitisme est si fréquent chez les chevreaux du voisinage des villes, par exemple, cela tient sans nul doute à ce que le manque d'air, de lumière et de liberté surtout, agit sur la constitution de la mère d'abord et du produit ensuite.

On peut en dire autant de l'insuffisance d'alimentation, et par insuffisance alimentaire il ne faut pas seulement envisager l'insuffisance quantitative, mais surtout l'insuffisance qualitative. Une ration même abondante reste insuffisante si elle ne renferme pas les matériaux nécessaires à l'entretien et à l'édification d'un organisme en voie d'évolution ; aussi explique-t-on facilement l'apparition du rachitisme lorsque les jeunes sujets qui reçoivent une ration chimiquement incomplète.

C'est ce qui se produit chez les chevreaux, les porcelets, et même les jeunes chiens dont les mères reçoivent une alimentation trop peu variée, trop uniforme ou trop parcimonieuse.

Chez les veaux et les poulains, le rachitisme est plus rare ; cependant on peut l'observer lorsque les mères sont épuisées ou cachectiques, ou encore débilitées par des maladies chroniques épuisantes, telles que la tuberculose, la cachexie osseuse (Germain). Le lait n'a plus une composition chimique normale.

Le rachitisme expérimental peut être produit chez de petits sujets d'expériences, même avec une ration chimiquement suffisante, lorsqu'ils sont maintenus à l'obscurité complète alors que des témoins nourris exactement de la même façon mais maintenus à la lumière se développent normalement.

C'est la démonstration de l'influence de la lumière sur le trophisme animal, exactement d'ailleurs comme elle agit sur le trophisme des plantes.

Un seul fait, jusqu'ici, semble dominer la pathogénie du rachitisme, l'*insuffisance d'assimilation des sels minéraux nécessaires à la constitution du squelette*, mais cette insuffisance assimilatrice ne paraît pas primitive. Elle résulte, suivant la formule de notre époque, d'une perturbation du métabolisme du calcium. Cette perturbation peut être la conséquence d'une alimentation trop faible, d'un manque de liberté, d'exercice et de lumière ; mais, même avec une ration suffisamment riche et toutes autres conditions normales de vie, il se peut que, par suite d'un trouble digestif, l'absorption minérale reste au-dessous de la normale. C'est une explication plausible ; une origine infectieuse est indéniable aussi pour certains cas.

D'après le Professeur Marfan, le rachitisme de l'enfant serait la résultante d'un trouble de nutrition causé par toutes les infections et intoxications chroniques qui peuvent frapper l'enfance : diarrhées et intoxications chroniques qui peuvent frapper l'enfance : diarrhées infectieuses, broncho-pneumonies, tares héréditaires, etc... Ce trouble de nutrition provoquerait des modifications de la composition sanguine, d'où mauvaise calcification du squelette.

Dans l'ossification normale le calcium du sang se trouve fixé sous forme de protéinate de calcium et sous forme de carbonates et de phosphates. Lorsque la composition du sang est anormale les protéines (ou albumines) acquièrent les caractères et les qualités des bases, elles deviennent incapables de fixer le calcium, l'osséine reste anormale ; les carbonates et phosphates se fixent mal ou ne se fixent pas, parce qu'ils passent à l'état de bi-carbonates ou de phosphates solubles (état d'acidose du sang). La calcification est entravée, arrêtée ; il peut même y avoir départ de décalcification.

On a fait enfin du rachitisme dans ces dernières années, une avitaminose c'est-à-dire une maladie par manque de vitamine dite anti-rachitique. Et l'on a fait du rachitisme expérimental à volonté avec certains régimes artificiels constitués par des aliments dits purifiés, chimiquement suffisants pour couvrir les besoins de l'organisme (en matières azotées, hydro-carbonées et matières minérales dépourvus de certaines vitamines), mais se révélant néanmoins physiologiquement insuffisants. Il est très certain que les régimes artificiels, avec des aliments chimiquement purs, ne correspondent pas à une alimentation normale; il n'est donc pas étonnant que ces régimes provoquent des troubles de digestion d'abord, de sécrétions sans nul doute, de nutrition ensuite et que l'aboutissement en soit un trouble de croissance. Que l'on admette qu'il y ait une vitamine qui préside à la régulation de la fixation du calcium sur les os, ou que l'on soutienne que cette régulation ne puisse se faire qu'à la faveur d'une composition déterminée dite composition normale du sang, ce n'est en somme qu'une question de mots, le phénomène physiologique reste le même.

Le rachitisme est une résultante pathologique complexe dont l'origine doit être recherchée dans l'alimentation et une perturbation de la nutrition d'origine alimentaire simple ou d'origine toxi-infectieuse par retentissement sur les secrétions internes.

Diagnostic. — Le diagnostic n'est embarrassant qu'au début : lorsque les déformations se sont déjà produites. il s'impose.

Le rachitisme ne peut guère être confondu qu'avec le rhumatisme infectieux ; l'invasion rapide de la maladie dans ce dernier cas, la persistance de l'état fébrile et le gonflement des cavités articulaires, permettent la différenciation à un observateur attentif.

Pronostic. — Le pronostic est très grave sous le rapport économique, car l'entretien des malades ne présente plus aucune utilité si les tares sont très accusées.

Traitement. — Selon qu'il s'agit d'animaux encore à la mamelle ou d'animaux sevrés, le traitement diffère quelque peu.

Dans le premier cas, il faut avoir pour but de modifier la qualité et la composition chimique du lait des mères, en distribuant des rations plus riches, tant sous le rapport des matières minérales que des matières azotées.

Les grains cuits, les farines, les fourrages de bonne qualité doivent être donnés en abondance. Lorsque les mères sont épuisées. anémiées, il vaut mieux recourir à l'allaitement artificiel ou changer les nourrices.

Pour les sujets déjà sevrés, on aura recours au lait de bonne qualité, aux œufs, aux farines cuites, et à divers principes médicamenteux tels que : chlorhydrophosphate de chaux, 5 à 6 grammes par jour pour un veau ; lactophosphate de chaux, 5 à 6 grammes ; biphosphate de chaux, 5 grammes, ou simplement du phosphate tribasique ordinaire aux mêmes doses. L'huile phosphorée à 1 p. 1000 à la dose de 5 à 10 grammes, suivant la taille des veaux, est d'un maniement plus délicat, et il ne faut pas en prolonger l'emploi au delà d'une dizaine de jours sans laisser une période de repos d'égale durée. Les glycérophosphates sont peu actifs. La farine de viande à la dose de 25 à 100 grammes est aussi d'un emploi avantageux, de même que le chlorhydrate d'ammoniaque, 2 à 4 grammes.

Ces différents médicaments, le biphosphate de chaux et le chlorhydrate d'ammoniaque en particulier, stimulent la nutrition et diminuent l'acide phosphorique éliminé.

Préventivement, il n'y a aucun inconvénient à ajouter aux rations des jeunes animaux du carbonate de chaux ou du phosphate tricalcique.

Si l'on adopte la conception selon laquelle le rachitisme peut être considéré comme une avitaminose simple, c'est-à-dire l'une de ces affections dans lesquelles l'absence d'une vitamine facteur accessoire de la nutrition, est la cause de tout le mal, l'incorporation du facteur accessoire en question dans la ration devrait permettre d'obtenir des résultats avantageux. L'huile de foie de morue est le médicament antirachitique par excellence, qui contient ce facteur accessoire en forte proportion. Son administration, même à dose faible, favorise la calcification, mais ce n'est pas toujours suffisant.

Le grand air et la lumière solaire agiront de la même façon pour une activation puissante des phénomènes de nutrition, favorisant la calcification (action des rayons ultra-violets) ; il n'y a donc pas lieu de les négliger.

L'arsenic et le soufre paraissent aussi avoir des effets utiles.

D'où il résulte en résumé que le traitement du rachitisme doit être basé : 1º Sur une mise au grand air et un séjour prolongé à la lumière dans les meilleures conditions possibles ; 2º Sur une alimentation suffisante au point de vue chimique et aussi variée que possible, pour que l'organisme ait le plus de chances d'y trouver tout ce qui peut lui être nécessaire; 3º Sur l'addition à la ration d'huile de foie de morue en petites quantités, laquelle renferme la vitamine ou facteur accessoire favorisant le métabolisme du calcium, en la circonstance la fixation du calcium sur le squelette; 4º Sur l'adjonction à ces rations de médicaments à base de phosphates et carbonates, si la ration distribuée est pauvre à ce point de vue.

Mais il ne faut pas oublier que tout cela ne peut agir que s'il n'y a pas une maladie, infection ou intoxication capable d'entretenir l'altération de composition du sang et la perturbation des sécrétions organiques. C'est la maladie primitive qu'il faut d'abord traiter.

CACHEXIE OSSEUSE

(Anglais : *Brittleness of Bones;* italien : *Cachessia osseu*).

Je donne le nom de *cachexie osseuse* à une maladie de la nutrition caractérisée par une décalcification progressive et générale du squelette, chez les animaux adultes. L'évolution lente et progressive sous le type cachectique aboutit à des localisations apparentes prédominantes sur le système osseux.

Cette décalcification en détermine la fragilité et se montre toujours accompagnée d'inflammation.

La cachexie osseuse atteint de préférence les vaches laitières, en France tout au moins, souvent le porc aussi, plus rarement les chèvres. Dans nos colonies, au contraire, c'est le cheval et le mulet qui lui paient le plus lourd tribut.

Bien des dénominations ont été appliquées à cette affection : *ostéoporose, ostéoclastie, ostéomalacie, cachexie ossifrage, ostéite enzootique, ramollissement des os, gouttes, maladie des vaches laitières, maladie de champagne;* aucune ne me paraît aussi pleinement justifiée que celle de *cachexie osseuse* inspirée par Cantiget.

Tous les noms précédents caractérisent des phases déterminées mais non la maladie elle-même dans son évolution totale.

C'est ainsi que le mot d'ostéoporose, accepté par les auteurs allemands, caractérise une phase d'ostéite raréfiante du début de l'affection qui peut s'observer dans d'autres maladies ; que les expressions d'ostéoclastie (Zundel, 1870) et de cachexie ossifrage précisent à la fois la fragilité des os et la phase des fractures multiples ; que la dénomination d'ostéomalacie se rapporte à la période du ramollissement osseux ; que le terme de « gouttes », tout en prêtant à confusion, est admissible par le fait de l'évolution fréquente de synovites et d'arthrites des extrémités des membres ; que le nom d'ostéite enzootique n'est justifié que par l'apparition de la maladie dans toutes les étables d'une même contrée, sans rien préciser sur sa nature intime.

Il est possible que dans des circonstances déterminées le cadre symptomatologique ne soit pas complet, et alors les dénominations indiquées s'appliquent mal à l'affection visée. Le terme de *cachexie osseuse*, au contraire, très significatif de dénutrition et de déchéance squelettique, me paraît englober l'évolution totale de la maladie, et c'est pour cette raison que je lui donne la préférence.

Historique. — Déjà signalée par Végèce, la maladie est observée vers 1650 en Norvège où on la combat par l'administration d'os pilés. — Elle est assez fréquente dans certaines contrées de l'Allemagne (Hertwig, Haubner, Gerlach) et de la Belgique (Dèle, 1836). — En France, elle est étudiée par Roux (1825) et Dupont (1846) ; mais c'est Zundel (1870) qui, le premier, en donne une bonne description d'après les auteurs allemands et d'après ses propres observations recueillies dans la vallée du Bas-Rhin. Depuis, elle a successivement été signalée dans l'Yonne, par Thierry ; dans la Nièvre, par Vernant ; dans l'Aube, par Collard et Henriot (1893); je l'ai vue sévir aussi à la même époque, et en 1901 encore, dans l'Indre-et-Loire, le Loir-et-Cher, le Berry, la Sologne et quelques régions de la Beauce. Elle a été temporairement, quelques années seulement (1919-1925) la grande maladie du gros bétail dans quelques secteurs de la zone rouge après la guerre.

Symptômes. — Les premiers symptômes sont difficiles à apprécier et à interpréter, surtout au début, dans les contrées où la maladie ne fait que de rares apparitions. Ils peuvent prêter à confusion et provoquer des erreurs de diagnostic. Au contraire, dans les régions où la maladie sévit d'ordinaire, le praticien peut en faire le diagnostic dès l'apparition des premiers signes.

Pour faciliter la compréhension de l'évolution des symptômes, et bien qu'il y ait de l'arbitraire dans cette manière d'exposer, je classerai les signes en quatre groupes :

1° La *phase de début* reste mal caractérisée. Elle ne s'annonce que par des troubles digestifs qui pourraient se rapporter à toute autre cause : irrégularité et diminution de l'appétit, souvent suivies de perversion du goût, de pica, avec amaigrissement.

Une diminution de la gaieté naturelle et une gêne manifeste de la marche s'ajoutent bientôt à ces premiers signes, qui ne prennent et n'acquièrent seulement de l'importance que quand les malades restent en *décubitus prolongé* à l'étable;

2° Les symptômes de la *deuxième phase* sont plus nets; ils deviennent presque pathognomoniques. La *difficulté du lever* fait suite à la prolongation anormale du décubitus et à la gêne de la marche.

Le malade en position décubitale n'obéit plus aux excitations extérieures comme un sujet en bonne santé ; il paraît mou et paresseux, alors qu'en réalité le relever lui est pénible et douloureux. Le moindre effort musculaire sur place provoque souvent des plaintes, tout comme les efforts de déplacement ou la marche. La position debout seule est parfois douloureuse et ressemble à celle d'un cheval fourbu (position du rassembler).

C'est à la fin de cette seconde phase que les engorgements des membres apparaissent, sous forme de synovites ou d'arthrites des extrémités, synovites des grandes et petites gaines sésamoïdiennes, arthrites interphalangiennes ou arthrites du boulet, mais ces arthrites peuvent toutefois être le premier signe qui fixe l'attention. L'affaiblissement devient manifeste, l'appétit peut être tout à fait irrégulier.

La sécrétion lactée diminue ou se tarit ; il n'est pas exceptionnel de constater des avortements.

La *troisième phase* correspond à la *période des fractures;* c'est elle qui a valu à la maladie les qualificatifs de cachexie ossifrage et d'ostéoclastie. Ces fractures peuvent atteindre toutes les parties squelettiques. C'est ainsi qu'une malade, une vache, se fracturera un membre dans une fuite devant un chien mal dressé, se fracturera la cuisse ou le bassin au simple saut d'un fossé, se fracturera le bassin au cours d'un accouchement, se cassera une ou plusieurs côtes dans un choc contre un obstacle extérieur (montant de porte d'étable) ou dans une chute du corps sur le sol.

Toutes ces causes resteraient sans importance et sans influence pour un organisme normal; mais chez le malade à cachexie osseuse tous les traumas et les simples efforts musculaires sont prétextes aux fractures les plus graves, même celles de la colonne vertébrale. Toutefois, chez les vaches, les fractures s'enregistrent le plus souvent sur les os du bassin, le fémur et le tibia.

Chez les jeunes bêtes, Liénaux a signalé l'arrachement de l'insertion calcanéenne du tendon des jumeaux comme un signe patho-

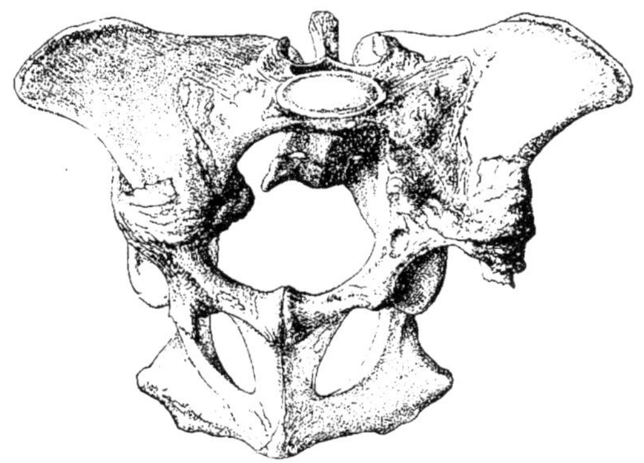

Fig. 7. — Bassin de vache. Double fracture des iliums (phase ostéoclastique).

gnomonique de premier ordre. C'est un accident fréquent chez les jeunes bovidés d'élevage de Vendée.

Fait intéressant à signaler encore, les fractures osseuses ne s'accompagnent jamais d'épanchements sanguins importants. Elles n'ont pas ou peu de tendance à la réparation, il n'y a pas de formation réelle d'un cal, et souvent dans les autopsies on trouve les abouts non immobilisés, usés et arrondis par frottement réciproque. Dans d'autres circonstances et à cette même période, les malades refusent de se lever, restent en décubitus douze, vingt-quatre heures ou plus dans la même situation. Lorsqu'on arrive à obtenir la position debout, ces malades sont comme douloureusement figés dans cette situation; la respiration et la circulation s'accélèrent, et bientôt ils se laissent choir anéantis sur les litières.

La *quatrième phase* ou *période d'ostéomalacie, de ramollissement des os*, est la phase terminale. Elle s'observe rarement chez les grands animaux des espèces chevaline et bovine, en France tout au moins, les accidents des stades précédents ayant souvent nécessité l'abatage; mais elle est commune dans les espèces caprine et porcine.

A cette phase, les os cèdent sous la pression des doigts, deviennent comme élastiques, dépressibles et sans résistance.

Ce sont les os plats surtout qui sont altérés de cette façon et dans toutes les espèces : les os de la tête d'abord et du bassin ensuite. Les maxillaires inférieurs se tuméfient, au point d'acquérir, vers la région moyenne des branches, une épaisseur triple, quadruple et quintuple de l'épaisseur normale.

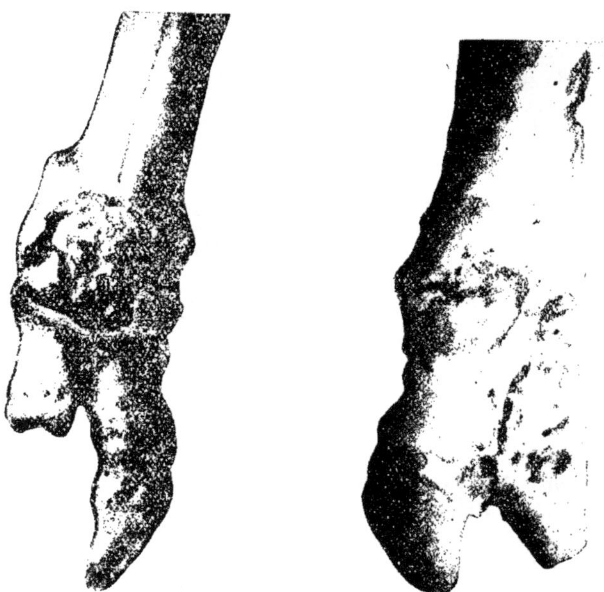

Fig. 8. — Lésion de cachexie osseuse. Arrachement des ligaments de l'articulation du boulet, périostite diffuse consécutive de toute l'extrémité digitée.

En résumé, la première phase est caractérisée par : des troubles de l'appétit, du pica, de l'amaigrissement, du décubitus prolongé de boiteries, correspondant à une période d'inflammation subaiguë des os (ostéite raréfiante); — la deuxième par : du gonflement des jointures, une démarche d'animaux fourbus, des synovites et des arthrites, correspondant à la période d'ostéoporose; la troisième par les arrachements ligamenteux et tendineux, les fractures, ostéoclastie); la quatrième par le ramollissement des os (ostéomalacie).

Chez le **cheval**, l'évolution successive des différentes phases de la maladie est tout à fait comparable à celle que nous venons de décrire comme type chez des bêtes bovines. Les différences apparentes ne correspondent en réalité qu'aux différences d'aptitude de service.

Cette évolution de la cachexie osseuse est exceptionnelle en France, fréquente dans nos colonies de Cochinchine et de Madagascar.

A la première phase, les chevaux sont inhabiles à leur service; ils ont des mouvements mal coordonnés, de la *tendance à buter*,

Fig. 9. — Cheval à cachexie osseuse.
(Mauvais aspect général, épaississement de la tête).

semblent comme frappés d'un « tour de rein ». La démarche est raide, l'allure raccourcie. A l'écurie, le décubitus est longtemps prolongé, mais l'appétit reste assez bon.

A la seconde phase, les douleurs osseuses font leur apparition. On voit évoluer des *boiteries ambulatoires intermittentes*, sans lésions décelables, puis rapidement des synovites et des arthrites des régions inférieures des membres. L'amaigrissement et l'anémie se succèdent de très près.

Les malades deviennent incapables d'allures vives, ou, si on les provoque, on s'expose à voir survenir des *fractures au cours d'un temps de trot*, des fractures des rayons des membres, des arrachements ligamenteux au niveau des jointures, et des chutes brusques sur le sol s'aggravant de fractures des côtes et de la colonne vertébrale.

C'est la troisième phase ostéoclastique des malades de l'espèce bovine. Il n'y a pas de transition nette entre la deuxième et la troisième phases.

Chez les chevaux, les chevaux de selle particulièrement, les fractures siègent de préférence sur les avant-bras, les canons et les phalanges antérieures. La fragilité osseuse est telle à cette période que j'ai vu, sur le cheval dont la photographie est ci-jointe (fig. 9), douze côtes se fracturer d'un seul coup dans une chute du corps sur le côté.

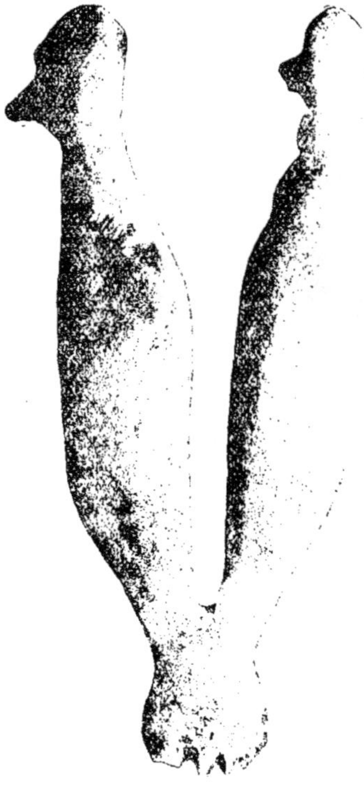

La dépression de l'auge disparaît. — Les maxillaires supérieurs subissent des modifications semblables, se déforment, s'épaississent au point d'oblitérer les cavités des sinus, d'affaisser la voûte palatine et de modifier la région du chanfrein, au point de transformer totalement le faciès primitif du malade (chèvre, cheval, porc, etc.).

Les dents molaires sont presque enfouies dans des os gonflés et enflammés, les tables seules apparaissent au fond d'un sillon que surplombent les régions avoisinantes (porc).

La mastication est très difficile, bien entendu ; les mâchoires sont comme paralysées, les muscles impuissants ; seule la déglutition peut s'effectuer, ce qui explique la survie ou mieux la prolongation de l'existence chez les seuls malades qui peuvent être nourris à la cuiller ou à la bouteille (porcs et chèvres). —

Fig. 10. — Déformation des branches du maxillaire inférieur chez un cheval à cachexie osseuse (phase ostéomalacique).

Les os du crâne, très altérés, sont toujours beaucoup moins déformés que ceux de la face.

L'altération est telle, à un moment donné, qu'il est possible de couper transversalement la tête avec un simple couteau d'autopsie sans la moindre difficulté; il n'y a réellement plus de tissu osseux proprement dit.

En bloc, tous ces tissus constituants, exception faite de la peau et des muscles (os, périoste, aponévroses), ont sur la coupe l'aspect et la consistance d'un tissu fibro-lardacé d'inflammation chronique.

Les chevaux deviennent dès lors inutilisables, et s'ils ne sont pas sacrifiés, on peut dans la suite, après des semaines ou quelques mois, observer la phase d'ostéomalacie : le ramollissement des os plats, la *déformation de la tête* des branches de la mâchoire inférieure, des

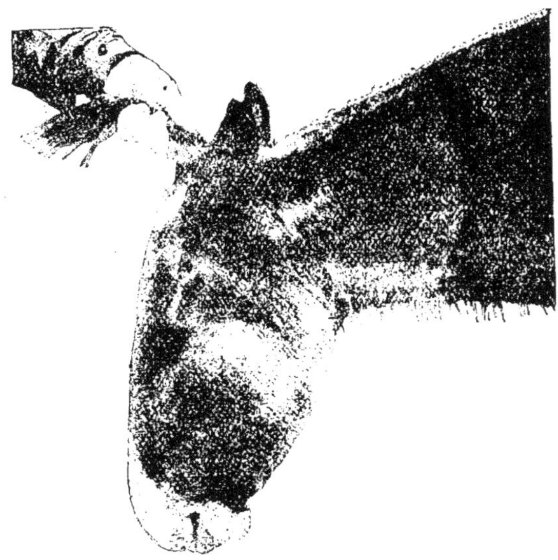

Fig. 11. — Cheval à cachexie osseuse.
(Mauvais aspect général, épaississement de la tête).

régions du chanfrein, l'impossibilité de la mastication, etc. (c'est alors la bighead ou grosse tête des auteurs nord-américains, carainchada ou ostéoporose des auteurs sud-américains).

C'est là la description qu'a donnée Germain de l'évolution de la maladie chez les chevaux de France et d'Algérie importés au Tonkin, et ces données déjà anciennes se sont trouvées pleinement corroborées par les publications ultérieures (1).

A Madagascar, on retrouve exactement le même tableau symptomatologique chez le cheval, le mulet et plus rarement chez l'âne; et là encore, comme en Cochinchine, les améliorations culturales ont progressivement fait diminuer les cas d'ostéomalacie chez les équidés d'importation française.

Carougeau, dans la bonne description qu'il en a donnée, indique comme fréquente la succession des phases suivantes :

(1) Les améliorations culturales, depuis la colonisation, ont toutefois permis d'obtenir des grains et des foins de meilleure qualité. La flore des prairies a été totalement changée, et cela au grand bénéfice des animaux d'importation.

1º Phase des troubles locomoteurs;

2º Phase de déformation de la tête, des scapulums, etc.;

3º Phase des arrachements tendineux, ligamenteux, des fractures, etc. La phase de déformation des os des mâchoires précède souvent la phrase des fractures, mais, c'est là une modalité d'espèce.

Il signale aussi, fait que j'avais déjà mentionné, l'élimination exagérée de la chaux et de l'acide phosphorique par les urines qui deviennent acides au lieu de rester alcalines (de 0 à 0 gr. 50 ou 0 gr. 80 d'acide phosphorique

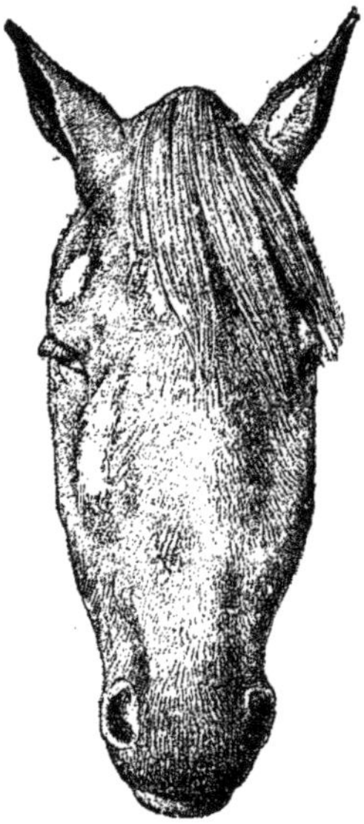

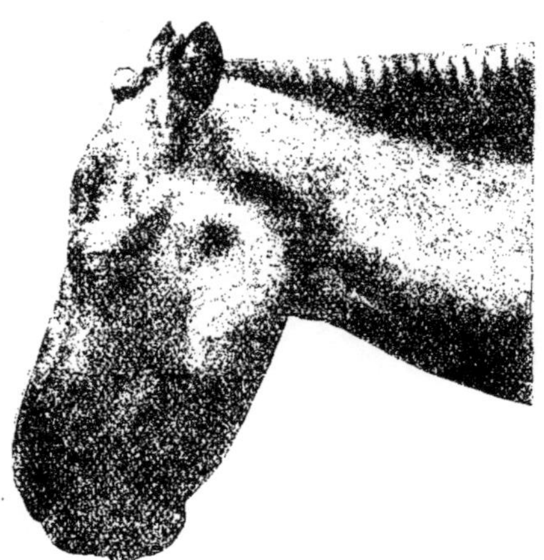

Fig. 12. — Déformation faciale. Gonflement du maxillaire supérieur. Déformation du chanfrein.

Fig. 13. — Déformation faciale chez un poney (vue de profil.)

à l'état normal et de 4 à 12 grammes au cours de la cachexie osseuse).

Il y a décalcification progressive du squelette. Le sang révèle une alcalinité diminuée.

Marche de la maladie. — L'évolution de la maladie est lente, de un à trois mois d'ordinaire. Les conditions d'hygiène n'ont que peu d'influence sur sa marche. Les bonnes vaches laitières sont frappées de préférence, en raison des déperditions abondantes qu'elles subissent par le lait. Les veaux issus de ces malades sont souvent rachitiques. — Les bœufs sont plus rarement atteints.

Chez le cheval, la maladie est exceptionnelle en France, fréquente au Tonkin et à Madagascar sur les chevaux importés de France et d'Afrique du Nord. A Madagascar, elle sévit aux environs de Tananarive et dans l'Emyrne. Elle est rare dans le nord de l'île et inconnue sur les côtes, là où les animaux sont nourris avec des fourrages venant d'Europe. Cependant, en 1908, Borrel-Dianaz signale le premier cas à Diégo-Suarez à la suite de l'importation des sujets ostéomalaciques venant de l'Emyrne. Par contre, dans ces mêmes colonies, l'ostéomalacie est inconnue sur les bœufs et buffles indigènes, ainsi que sur les porcs.

Etiologie. — Comme toute question délicate, le problème étiologique de l'évolution de la cachexie osseuse a provoqué quantité d'explications : les unes sans valeur, les autres soutenables. — Les hypothèses se rattachant à l'existence d'un empoisonnement chronique par le plomb (Pauli, Trembler, 1650) n'ont plus qu'un intérêt historique.

La donnée qui de tout temps semble avoir dominé est celle qui rattache l'évolution de la maladie à une alimentation défectueuse. Dès 1650, en Norvège, on faisait jouer un rôle aux plantes dites *Sterregraes* (qui rendent les animaux mous et indolents) ; deux siècles plus tard (Dupont, 1846), on mettait en cause l'action d'une plante, l'*Anthericum ossifragum*. — Les Allemands les premiers, d'après Zundel (1870), rattachèrent l'évolution de la maladie à une *alimentation incomplète au point de vue chimique*. Cette opinion semble avoir été pleinement confirmée par les remarquables observations de Germain sur les chevaux européens importés en Cochinchine, et apparemment démontrée par les travaux de Cantiget dans le centre de la France, de Baillon (1927) pour la région dénommée zone rouge après la guerre de 1914-1918.

En se basant sur des analyses de terrains, ces derniers auteurs ont prouvé que pour l'espèce bovine la cachexie osseuse n'existait sur le bétail que là où les sols étaient trop pauvres en acide phosphorique et en phosphates calciques, et qu'il était possible de la faire disparaître en enrichissant les sols de culture, par des engrais convenables (scories, phosphates naturels, superphosphates et autres), jusqu'au taux d'acide phosphorique considéré comme normal. — C'est ainsi, par exemple, que dans les bons terrains propres à l'élevage du bétail, le taux de l'acide phosphorique doit, d'après les opinions de ceux qui se sont occupé de chimie agricole (Schlœsing, Joulie), s'élever à 4 p. 1.000 environ. Or, Cantiget et Brissonnet ont établi que, là où le taux de l'acide phosphorique s'élève à peine à 1,5 p. 1.000 (terrains pauvres en acide phosphorique), la cachexie osseuse sévit presque en permanence. Dès que, par des améliorations culturales bien comprises, on élève ce taux au-dessus de 2 p. 1.000, les pertes diminuent et la cachexie finit par disparaître.

La démonstration de la cause étiologique paraît d'autant plus parfaite que des analyses de fourrages ont montré aux auteurs ci-dessus que, dans tous les cas où le sol est pauvre en phosphates calciques, les fourrages sont pauvres en acide phosphorique, et inversement. Les aliments n'auraient pas la richesse voulue en sels minéraux pour un développement et un entretien normaux de la charpente squelettique. Durant les années de sécheresse, le déficit minéral des fourrages serait plus grand.

Cette opinion fut aussi celle soutenue par Germain au sujet de l'évolution de la cachexie osseuse chez le cheval en Cochinchine, où les terrains sont pauvres en calcaire. Les fourrages et les grains, pauvres en sels minéraux, quoique distribués en abondance, ne pouvaient suffire à un entretien convenable de l'organisme; et ce qui en fournissait la démonstration péremptoire, c'est que l'alimentation avec des fourrages et des grains venant de France ou d'Algérie empêchait la maladie d'apparaître ou faisait rétrocéder et disparaître les symptômes apparus.

Depuis des faits identiques ont été constatés à Madagascar sur les chevaux d'importation française ou algérienne. Dans l'intérieur, dans l'Imérina surtout, la majorité des chevaux se montrait atteinte de cachexie osseuse après un séjour de un an à dix-huit mois ; alors que sur la côte, à Diégo-Suarez en particulier, ils restaient indemnes, tant qu'ils étaient nourris avec des fourrages de France.

La théorie d'une cachexie osseuse d'origine alimentaire semble assise sur des bases suffisamment solides pour que son existence soit assurée, mais il convient cependant de passer en revue les critiques formulées ou possibles.

L'une des plus importantes me paraît celle-ci : Puisque la cachexie osseuse des bêtes bovines règne dans certaines contrées bien déterminées, et que l'alimentation semble en être la cause, pourquoi, en France, cette cachexie osseuse n'est-elle pas signalée à l'état enzootique chez les chevaux des mêmes régions? Pourquoi, là où elle existe chez les chevaux, dans nos colonies, n'existe-t-elle pas sur les bovidés indigènes?

La raison s'en trouve, je pense, dans le fait que les chevaux consomment surtout les aliments de choix.

Dans les colonies, les animaux indigènes, et les bovidés en particulier, peuvent être, au point de vue physiologie digestive, mieux adaptés pour tirer un bénéfice plus complet des aliments qui leur sont distribués.

L'objection la plus sérieuse à la théorie de l'insuffisance alimentaire a été soulevée par Tapon, qui dit avoir, en 1893, constaté, en Vendée, la cachexie osseuse des bêtes bovines dans les fermes où l'on employait des superphosphates depuis plusieurs années alors qu'elle ne sévissait pas dans d'autres fermes où l'on n'employait pas les engrais chimiques! Pour que l'objection fût d'un plus grand poids, il eût fallu connaître la richesse en acide phosphorique des terrains des fermes visées; car il est possible que, pour des raisons de constitution naturelle, et malgré l'emploi de certains engrais minéraux, la richesse des premières recevant des superphosphates fût encore moindre que celle des secondes n'en recevant pas.

Le système cultural importe aussi, puisque, à notre époque et même avec les engrais de toute nature, la culture intensive appau-

Fig. 14. — Génisse flamande 18 mois. Déformation générale conséquence de sous-alimentation et de la stabulation prolongée à l'obscurité.

vrirait rapidement les sols s'ils n'étaient convenablement entretenus. Des excédents d'engrais potassiques par exemple : favorisent la décalcification des terres, s'il n'y est paré par un supplément d'apports calcaires.

Une alimentation abondante et riche en apparence ne signifie rien, si la qualité n'y est pas.

Tous les éleveurs expérimentés savent que certaines prairies plantureuses, excellentes pour l'engraissement, ne sont pas bonnes pour l'élevage ; elles poussent à la viande au détriment de l'os ; des poulains y deviennent bouletés, porteurs de tares osseuses précoces. Des apports prolongés et permanents de scories et de superphosphates corrigent ces effets pathologiques, mais semblables prairies ne sont bonnes que pour les adultes.

On peut se demander, d'autre part, si la question alimentation est primordiale, pourquoi en Cochinchine ce sont les animaux d'origine européenne qui sont frappés alors que les sujets indigènes sont épargnés. — C'est, pourrait-on soutenir, parce que, en plus de la question alimentation, il y a encore les facteurs *adaptation au milieu* et *puissance digestive* qui interviennent chez des sujets de race différente.

Il semble donc bien que la question alimentation et surtout celle de la composition chimique des aliments avec déficience de matières minérales soit celle qui domine l'étiologie de la cachexie osseuse. Une ration insuffisante ou suffisante en quantité, incomplète au point de vue chimique, c'est-à-dire carencée au point de vue minéral, déterminerait des troubles digestifs, des troubles sécrétoires des glandes à sécrétions internes, par suite des modifications de composition du sang, de l'acidose sanguine et la décalcification progressive, par un chimisme comparable à celui de l'évolution du rachitisme.

Fig. 15. — Vache croisée Zébu 3 ans. Tunisie. Déformation générale par misère physiologique et déminéralisation (année de disette. Dr Lovi).

La sous-alimentation prolongée durant les années de sécheresse, chez les animaux de nos colonies vivant en liberté, à demi sauvages (années de disette fourragère et de famine) détermine non seulement des états de misère physiologique pouvant aboutir à la mort, mais souvent aussi et d'assez bonne heure dans certaines régions, des accidents prématurés du côté du squelette ; voussure de la colonne vertébrale, arthrites et synovites des extrémités des membres, fractures, etc., etc.

Fig. 16. — Génisse 3/4 Zébu. 2 ans. Tunisie. Déformation générale résultant d'une sous-alimentation prolongée.

Plus rarement des faits semblables sont constatés dans nos régions. Ces données permettent-elles d'expliquer tous les cas de cachexie osseuse? Non. Et tout d'abord, en admettant qu'une décalcification puisse se produire, on ne conçoit guère pourquoi des os s'enflammeraient et se déformeraient, tels ceux des mâchoires et de la face.

Ensuite il est des cas où l'alimentation ne semble guère pouvoir être seule mise en cause.

L'hypothèse de l'existence d'un agent infectieux, cause de la maladie, a aussi été émise il y a longtemps, sans recevoir de démonstration formelle lorsqu'il s'agit des grands animaux. Pétrone est le seul, jusqu'ici, qui ait prétendu que l'ostéomalacie de l'espèce humaine était due à l'infection de l'organisme par un ferment nitrique (*Micrococcus nitrificans*). Selon lui, des cultures pures de cet agent injectées à des chiens reproduiraient l'ostéomalacie.

J'ai démontré cliniquement et expérimentalement que pour le porc l'affection était transmissible par cohabitation, par simple séjour prolongé de sujets sains dans des locaux infectés, aussi par inoculation directe d'émulsions de moelle osseuse recueillie en période aiguë, à des animaux de même espèce.

J'ai même pu transmettre cette maladie à des chèvres et des lapins, par inoculation ; de sorte que, s'il était permis de généraliser, je dirais que la cachexie osseuse des espèces domestiques ne doit plus, à l'heure actuelle, être considérée comme un maladie simple de nutrition ou de dénutrition, d'origine exclusivement alimentaire, mais bien comme une maladie complexe avec intervention d'un agent infectieux.

Cette donnée, vraie pour l'espèce porcine, est vraisemblable pour les autres espèces, car on voit parfois de véritables enzooties d'ostéomalacie chez les chèvres, comme le fait a été signalé en Westphalie en 1905. Liénaux, de son côté, a vu coïncider l'ostéomalacie du porc et celle du bœuf dans les mêmes exploitations.

Morpurgo, en Italie, a étudié l'ostéomalacie chez le rat et a pu la reproduire expérimentalement par l'inoculation de cultures d'un diplocoque isolé des lésions osseuses.

Roberston, en 1905, signale la cachexie osseuse du cheval (ostéoporose) comme fréquente en Afrique du Sud. Elle se traduit par du gonflement des maxillaires, des arrachements de tendons, des fractures des extrémités, etc. Il la considère comme d'origine infectieuse et affirme que l'alimentation n'y est pour rien.

Carougeau, à Madagascar, n'est jamais arrivé à reproduire la maladie expérimentalement, par des inoculations de sang, d'émulsions de moelle osseuse ou d'os broyés, chez des chevaux, des bœufs, des chèvres, des moutons et des porcs. Il est vrai que ces inoculations étaient faites avec des produits recueillis sur des malades en période avancée, et que, dans ces conditions, j'ai démontré que chez l'espèce porcine les résultats étaient invariablement négatifs.

Malgré cela, Carougeau considère la cachexie osseuse ou ostéomalacie du cheval comme une maladie vraisemblablement infectieuse, parce que le régime alimentaire est insuffisant pour expliquer tous les cas observés.

Des opinions identiques à celles invoquées pour expliquer l'évolution du rachitisme, ont été exposées comme susceptibles de fournir une explication de l'évolution de la cachexie osseuse. En particulier la théorie de l'acidose sanguine qui s'opposerait à la fixation du calcium à l'état de phosphate calcique sur les os. En la circonstance il s'agit plus d'une décalcification, d'une déminéralisation, d'un véritable diabète calcique que d'autre chose, et l'acidose sanguine ne donne pas toujours de l'ostéomalacie, — l'explication reste donc insuffisante. On a invoqué aussi l'hypothèse d'une théorie glandulaire avec perturbation des sécrétions internes, caractérisée surtout par une déficience fonctionnelle des surrénales et des ovaires. Cette théorie basée sur le fait que l'adrénaline semble être parfois un médicament héroïque dans l'ostéomalacie, ou que l'ovariotomie détermine une amélioration, reste précaire parce que dans les cas avérés d'insuffisance surrénale, de maladie des surrénales, on n'observe pas forcément, ni même fréquemment, de la cachexie osseuse ou ostéomalacie.

On a enfin émis l'idée de considérer l'ostéomalacie comme une avitaminose. Les fourrages secs ne contiennent pas ou peu de vitamines alors qu'elles sont en quantité maxima dans les pousses du début de la végétation.

D'où l'on peut conclure sur l'étiologie de la cachexie osseuse, que la raison dominante réside dans une alimentation insuffisante dans ses constituants chimiques, que le déficit des aliments en acide phosphorique et en calcium détermine des troubles sinon de la digestion du moins de la nutrition, des troubles des sécrétions internes et secondairement de la composition du sang; qu'il est logiquement admissible que sous cet état, des auto-intoxications ou des auto-infections d'origine digestive aggravent la modification de composition du sang pour lui communiquer une alcalinité plus faible caractérisant ce que l'on appelle l'état d'acidose et que sous ces influences complexes il s'établit une véritable décalcification de l'organisme par défaut de réparation des pertes minérales d'abord et par aggravation des éliminations ensuite.

Causes favorisantes. — En admettant qu'il y ait une cause déterminante, celle de l'alimentation, compliquée de troubles des sécrétions, de troubles de nutrition et d'infection, il en est aussi de favorisantes dont l'action est indéniable. La lactation abondante favorise l'évolution de la maladie dont la fréquence atteint son maximum six à huit semaines après le vêlage (Villaret, observations faites en Saxe, 1860). La gestation joue un rôle identique. La **mala-**

die est au contraire plus rare chez les bœufs. — La misère physiologique, les mauvaises conditions d'hygiène interviennent aussi ; mais il est à remarquer que c'est toujours durant ou à la suite des années sèches et des années de disette fourragère (1870, 1875, 1883, 1892, 1893, 1900) que la cachexie osseuse a fait ses plus grands ravages.

Tout comme dans le rachitisme il est possible que l'influence de la lumière intervienne puisque la cachexie osseuse évolue, surtout en fin d'hiver après les longues périodes de stabulation à l'obscurité et beaucoup plus rarement sur les animaux vivant en plein air, mais ce n'est là qu'une cause accessoire.

D'autres explications ont été tentées et d'autres causes mises en avant ; jusqu'ici, elles ne représentent guère que des hypothèses. — C'est ainsi que Anacker (1865) a soutenu que l'affection débutait par du rhumatisme musculaire, pour aboutir à de l'ostéite destructive ou atrophique, en passant par le stade d'ostéoporose. Sous le rapport de l'évolution des lésions osseuses, c'est exact ; mais il s'agit là de conséquences et non de causes.

Conreur, dans des recherches plus récentes poursuivies au Brésil, invoque comme cause étiologique de la « Cara-Inchada » chez le cheval, l'influence d'une infestation parasitaire, la cylicostomose. Les poisons d'origine vermineuse agiraient sur la nutrition du squelette (1920).

Lésions. — Les lésions osseuses sont dominantes. — Elles se caractérisent par la raréfaction ou la disparition du tissu compact, l'augmentation des dimensions du canal médullaire et des canaux de Havers, l'augmentation des cavités du tissu spongieux. — La moelle osseuse perd sa graisse, elle se présente rouge et gélatineuse avec une vascularisation absolument exagérée. Chauffés. les os ne deviennent plus gras et huileux comme chez les sujets bien portants; desséchés, ils se montrent anormalement poreux. A la phase ostéoclastique, ces os deviennent très friables et prennent un aspect spongieux, même dans les diaphyses. La densité diminue. — Ces lésions correspondent aux phases d'ostéite raréfiante excentrique et d'ostéoporose des auteurs allemands, ou mieux d'après les recherches de Basset, à une ostéomyélite généralisée d'apparence banale, mais peut-être de nature infectieuse ou toxique.

Souvent, sur les os plats, les lésions se traduisent aussi par des ostéopériostites accusées, auxquelles il faut rapporter les épaississements formidables que l'on constate parfois sur certains os de la tête. Il y a un trouble de nutrition totale portant ses atteintes et sur l'osséine et sur les sels minéraux, avec accompagnement de phénomènes d'ostéopériostite.

Il s'agit, en la circonstance, d'une ostéodystrophie fibreuse et déformante ou, si l'on aime mieux, d'une ostéite raréfiante et néoformante avec tendance à la production de tissu fibreux, ce qui la différencie de l'ostéodystrophie rachitique.

Les fractures qui se produisent fréquemment au cours de la phase ostéoclastique ont des caractères déterminés. Elles ne sont accompagnées que d'un épanchement sanguin insignifiant, le cal ne se forme pas, même avec immobilisation des abouts, et, si ces abouts restent libres, ils ne tardent pas à s'user et se polir par frottement réciproque.

Le périoste est de bonne heure lésé au voisinage des articulations et au niveau des insertions ligamenteuses ; il n'est pas exceptionnel de trouver des suffusions sanguines sous-périostées et intra-osseuses.

Germain a signalé encore chez le cheval la disparition des cartilages intervertébraux et des cartilages articulaires, ainsi que la fréquence des ankyloses ou des fausses ankyloses.

A la période finale, les os se laissent couper au bistouri ou au couteau d'autopsie; il semble arriver un moment où la matière minérale n'existe plus.

Carougeau, sur les chevaux de Madagascar, cite un ensemble de lésions qui correspond exactement à ce que l'on trouve chez le porc : lésions des os de la tête, des os plats, des surfaces articulaires, ostéomyélite généralisée, etc. ; absence complète de lésions viscérales primitives.

Au point de vue vue chimique, la diminution des sels minéraux et des phosphates calciques est connue depuis longtemps, mais elle varie beaucoup suivant la phase envisagée. Dans l'espèce humaine, les proportions peuvent être les suivantes :

Os normaux. . . . . 50 à 80 p. 100 de phosphates calciques.
— ostéomalaciques . . . . 5 à 20 — — —

Un taux de phosphates calciques au-dessous de 50 pour 100 doit être considéré comme anormal et caractéristique de cachexie osseuse en évolution, à un degré déterminé.

Les modifications de l'osséine n'ont pas été bien étudiées; on sait seulement que, au point de vue histologique, l'osséine devient fibrillaire, et que, sous le rapport chimique, elle ne donne plus la composition de l'osséine normale.

Il se produit en définitive des phénomènes de périostite, d'ostéite raréfiante qui provoquent la fragilité, puis le ramollissement des os, et ces phénomènes sont expliqués d'une part par l'infection de l'organisme, démontrée pour l'espèce porcine tout au moins, et d'autre part par les déperditions quotidiennes de cet organisme malade.

Les analyses chimiques montrent que le sang des malades est moins alcalin (dyscrasie acide) que le sang des sujets bien portants, et que les déperditions urinaires en acide phosphorique peuvent aller jusqu'à six et dix fois le taux normal.

La marche de la décalcification est donc fort compréhensible dans ces conditions; elle se trouve d'ailleurs en concordance avec la forme aiguë ou chronique de l'affection.

Diagnostic. — Le diagnostic est délicat, surtout pour le praticien qui, pour la première fois; se trouve aux prises avec cette maladie, et lorsque c'est au début d'une enzootie. Il peut encore donner lieu à des hésitations lorsqu'il s'agit de cas isolés dans des régions où la maladie ne sévit pas d'ordinaire.

En dehors de ces circonstances, le diagnostic est généralement facile dès qu'il y a des boiteries, des synovites ou des arthrites des régions inférieures des membres. La confusion avec des lésions accidentelles n'est possible que pour les cas isolés, et la différenciation d'avec les localisations rhumatismales est assez nette aussi. Ces dernières, en effet, siègent de préférence aux articulations supérieures des membres, et sont souvent accompagnées de fièvre intense et de troubles cardiaques.

Pronostic. — D'une façon générale, l'affection est très grave, en raison de son apparition enzootique et des pertes considérables qu'elle inflige à l'élevage de certaines contrées, durant les années de sécheresse et de disette fourragère. — On doit encore considérer le pronostic comme très grave, lorsqu'il n'est possible d'intervenir que quand les malades en sont déjà à la fin de la seconde phase. Souvent alors, il est plus économique de livrer à la boucherie que de traiter, si les sujets atteints (vaches, porcs ou chèvres) ont encore quelque valeur.

Le pronostic est bien meilleur, au contraire, s'il est possible d'intervenir au début ou préventivement par un régime alimentaire et une thérapeutique appropriés.

Traitement. — Les constatations faites sur l'espèce porcine établissant d'une façon indéniable la notion de contagiosité, il en découle logiquement l'obligation d'isoler les malades et de désinfecter les locaux occupés par eux, ne serait-ce que par prudence.

Une médication bien dirigée a dans la suite des effets indiscutables sur l'évolution de la maladie.

L'histoire nous apprend qu'au moyen âge on traitait cette affection par les os pilés. — La poudre d'os a de nos jours conservé toute sa vogue d'autrefois. — Le traitement doit tout d'abord être alimentaire, toutes les médications se trouvant fatalement condamnées à l'impuissance si le régime n'est pas convenable.

Le déplacement de malades de régions à cachexie osseuse vers des régions indemnes suffit à les guérir, s'ils n'en étaient encore qu'au 1er ou 2e stade.

Germain dit que chez des chevaux importés en Cochinchine

la guérison s'obtenait par le simple retour à l'alimentation du pays (grains et fourrages de France ou d'Algérie). Cantiget avance et prouve qu'une amélioration culturale suffisante par les engrais à base de superphosphates répandus sur les sols trop pauvres modifie la composition chimique des fourrages, les rend aptes à l'entretien de l'organisme et à l'édification solide de la charpente osseuse animale ; le traitement doit donc être surtout et avant tout prophylactique.

Carougeau, à Madagascar, dit que le déplacement des chevaux malades, même avancés, vers des régions indemnes, suffit souvent à obtenir une guérison complète sans aucune médication.

Tout cela concorde pour montrer qu'une alimentation chimiquement insuffisante doit tout au moins jouer le rôle dominant dans l'évolution de l'affection.

Le régime du grand air, en liberté, au pâturage doit être appliqué chaque fois qu'il est possible, avec complément de rations et médication à l'étable.

Chez les sujets en puissance de cachexie osseuse, l'alimentation avec des grains et des fourrages venant de régions agricoles riches, indemnes de la maladie, serait tout indiquée ; mais, comme en temps de disette les raisons économiques priment les autres, on peut se contenter de les remplacer par les fourrages de légumineuses, luzerne et trèfle de préférence, et les tourteaux d'arachide, de coton, etc., tous produits commerciaux présentant une richesse nutritive suffisante. Fréquemment, il y aura intérêt à distribuer ces aliments cuits et légèrement salés. Les fourrages de graminées et les pailles, riches en acide silicique, les feuilles de betterave et les betteraves doivent être délaissées autant que possible.

Au point de vue médicamenteux la poudre d'os du commerce, le carbonate de chaux et les phosphates calciques, bi ou tribasiques, aux doses de 30 grammes par jour pour une bête bovine, 5 à 8 grammes pour un porc ou une chèvre, ont donné d'excellents résultats entre les mains de la plupart des praticiens. Quelques-uns recommandent en plus l'adjonction des ferrugineux (Collard), ou des toniques amers tels que la gentiane et la noix vomique, 10 grammes par jour pour un gros bœuf (Vernant).

La farine de viande peut aussi rendre de grands services, mais l'emploi de l'huile de foie de morue préconisée déjà par Zundel est dispendieux, et l'utilisation de l'huile phosphorée offre trop de dangers pour entrer dans la thérapeutique courante.

L'eau de chaux, à doses proportionnées à la taille et au poids, est tout indiquée.

Ces médications, à base de phosphates calciques surtout, de toniques amers, de ferrugineux, représentent surtout des médications de symptômes à opposer à la déminéralisation de l'organisme des sujets atteints ; mais il est possible que l'on découvre des médicaments à action générale, antiseptique ou autre, qui aient plus d'efficacité.

Le chloral, administré en breuvages, comme antiseptique général, durant huit à dix jours consécutifs, donne d'excellents résultats dans la cachexie osseuse du porc, même lorsque la marche est déjà difficile.

L'adrénaline est considérée comme un spécifique de l'ostéomalacie à la dose de 1 milligramme par jour, et par 100 kilos de poids vif. Elle mérite d'être employée, associée aux phosphates et aux carbonates de chaux et donnée par périodes alternantes de dix jours consécutifs, de préférence en injections sous-cutanées.

Romary, en Cochinchine, dit avoir obtenu d'excellents résultats de l'emploi du novarsénobenzol. L'amélioration aurait été manifeste au bout de huit jours, et la guérison obtenue en un mois, probablement comme conséquence d'une action stimulante sur la nutrition générale.

Richesse moyenne des aliments en chaux et acide phosphorique. — (Variable quelque peu suivant les terrains et les saisons : normales, sèches ou humides).

Fourrages verts :	Chaux	Acide phorphorique
Luzerne	8,5 p. 1.000	1,6 p. 1.000
Trèfle rouge	4.5 —	1.5 —
Trèfle hybride	2,9 —	0,9 —
Fourrages secs :		
Luzerne	25,2 p. 1.000	6,5 p. 1.000
Trèfle rouge	20,1 —	3,6 —
Trèfle hybride	13,6 —	4,1 —
Foin (bonne qualité)	9,5 —	4,3 —
Foin (mauvaise qualité)	5.4 —	2,3 —
Paille de blé	2,7 —	2, —
Paille d'avoine	4,3 —	1.5 —
Paille d'orge	3.3 —	3,8 —
Grains :		
Avoine	1, p. 1.000	7, p. 1.000
Orge	0,1 —	6,6 —
Maïs	0,3 —	5,7 —

Conreur (1920) dit aussi avoir obtenu de bons résultats chez le cheval par une médication anthelmintique et arsenicale.

On a recommandé enfin les traitements locaux pour les synovites et les arthrites; ils restent inefficaces s'il n'y a pas de bonne médication générale, et, par contre, j'ai vu ces lésions rétrocéder avec rapidité et disparaître totalement rien que sous l'influence de cette médication générale.

AFFECTIONS LOCALES

FRACTURES

Les fractures, quoique plus rares chez les bêtes bovines, que chez le cheval et le chien, s'observent cependant sous les formes les plus diverses.

Dans nombre de cas, il n'y a pas intérêt à les traiter; mais, lorsqu'il s'agit d'animaux jeunes ou de sujets de valeur, il est parfaitement possible d'en obtenir la réparation. Par contre, chez les sujets gras et pesants, l'immobilisation des abouts fracturés est difficile, la suspension ne donne que de mauvais résultats, il vaut mieux s'abstenir.

Abstraction faite des fractures qui se rattachent à des affections organiques générales, rachitisme et cachexie osseuse, il est possible d'observer accidentellement des fractures du rachis, du bassin, des côtes et de tous les rayons osseux des membres.

Ces fractures peuvent être *complètes, incomplètes* (fêlures), *closes* ou *ouvertes*.

Les signes généraux qui les caractérisent sont toujours les mêmes : impotence fonctionnelle, douleur locale, mobilité anormale, crépitation provoquée par frottement des abouts osseux, déformation de la région.

Le diagnostic est généralement facile; le pronostic est très variable.

Fractures de la colonne vertébrale. — *Sur le rachis*, on peut enregistrer des fractures accidentelles de la tige cervicale (Nocard) à la suite de chutes sur la tête; des fractures de la tige dorsolombaire à la suite de chutes dans les fossés, dans les ravins ou à la suite d'efforts musculaires violents chez les taureaux de combat (Huon). Les premières sont immédiatement mortelles ; les secondes se traduisent par la paraplégie du train postérieur et réclament l'abatage d'urgence.

Le mécanisme de production est généralement le suivant : Des animaux échappés dans des chemins creux ou sur des terrains mous, s'élancent affolés, tête basse, droit en avant. S'ils trébuchent, tombent sur les genoux et le nez, les cornes s'implantent généralement dans le sol, formant point d'arrêt. Sous l'influence de la vitesse acquise et de l'impulsion de la masse, la culbute se produit, déterminant fréquemment soit une fracture de la Ire ou de la IIe vertèbre cervicale, soit une fracture du condyle de l'axis, une lésion du bulbe rachidien et la mort instantanée. Dans les pâturages plantés d'arbres, des animaux emballés se précipitent tête baissée, se fracturent les cornes sur ces arbres, ou se tuent par choc direct avec enfoncement de la paroi cranienne et souvent fracture vertébrale par écrasement.

Fractures du bassin. — Les *fractures du bassin* comportent :

1° Les fractures de l'angle de la hanche résultant de traumatismes extérieurs ou de chutes sur le sol. Elles se traduisent par l'effacement de l'angle externe de l'ilium, la déformation de la croupe et une boiterie sans caractères particuliers. Ces fractures se compliquent rarement, les symptômes de boiterie s'atténuent par le repos à l'étable, mais la déformation persiste ; elles sont sans gravité réelle et ne nécessitent aucune intervention.

2° Les fractures du plancher du bassin, fractures allant d'ordinaire du bord antérieur du pubis au trou ovalaire, et du bord postérieur de ce trou ovalaire à l'extrémité de la symphyse. Elles sont la conséquence de manœuvres obstétricales en vue de l'extraction forcée de fœtus trop volumineux ou monstrueux. Le relever est généralement impossible ou, s'il s'effectue, la malade est immobilisée debout, elle ne peut se remuer.

Le *diagnostic* se fait par l'exploration rectale ou vaginale qui permet, au toucher, d'en préciser l'emplacement. Ces fractures nécessitent toujours l'abatage.

Les fractures du col de l'ilium et du fond de la cavité cotyloïde, même dans les cas d'écartèlement, sont rares, quoi qu'on en ait dit.

Fractures du membre antérieur. — Sur le *membre antérieur*, les fractures du scapulum et de l'humérus, d'origine traumatique dans la majorité des cas, ne s'accompagnent que de déplacements insignifiants ; aussi seraient-elles susceptibles de guérir par le simple repos prolongé des animaux en liberté complète. Cependant, des bandages en surface à la poix, empiétant sur les régions voisines (garrot, extrémité supérieure de l'avant-bras, passage des sangles et poitrail) contribuent à l'immobilisation de la région fracturée et en facilitent la réparation. Les fractures des *os de l'avant-bras* sont plus désavantageuses à traiter parce qu'on est obligé d'appliquer un bandage allant jusqu'au sabot. Ici, il y a souvent déplacement. Il convient donc : 1° de faire la réduction et la coaptation parfaite des abouts (cette réduction des fractures peut nécessiter l'immobilisation des malades sur le lit de paille, et parfois l'anesthésie) ; 2° d'appliquer un bandage plâtré en gouttière, ou avec fenêtre, laissant la face interne à découvert suivant une bande de 5 centimètres environ au niveau du passage des veines de l'avant-bras.

La *fracture de l'olécrâne*, d'origine traumatique chez les adultes, ou l'arrachement épiphysaire chez les jeunes, se traduit par des symptômes qu'il importe de connaître pour en faire le diagnostic sans recherches prolongées.

Ces symptômes sont fournis par la boiterie et une attitude caractéristique du membre au repos : pied déplacé en avant et posé à plat, canon vertical, avant-bras oblique, masse de l'épaule et du bras nettement abaissée (fig. 17).

Cètte fracture ne permet ni la réduction, ni l'immobilisation, par suite de l'action des muscles olécraniens, mais elle ne présente pas de gravité et guérit spontanément par le repos, avec déplacement de l'about olécranien vers le haut. Si l'on voulait tenter la réduction et l'immobilisation en vue d'une consolidation, il faudrait de toute nécessité agir par opération sanglante, faire une suture osseuse; elle aurait quelque chance de ne pas être économique.

Dans les fractures récentes, le coude se montre empâté, sensible, avec crépitation au cours des mouvements forcés.

Les fractures du *métacarpe* ou du *métatarse* se consolident généralement bien chez tous les animaux de poids moyen,

Fig. 17. — Fracture de l'olécrâne. (Attitude du membre malade, d'après photographie.)

génisses, bouvillons, chèvres ou moutons, avec un simple bandage plâtré complet, ou de préférence en gouttière, descendant jusqu'aux onglons, après réduction parfaite.

L'appareil avec attelles en carton chez les ovins et les caprins, ou attelles en bois chez les bovins, appliqué sur un matelassage ouaté et maintenu par des bandes à la dextrine ou à la poix, peut même suffire dans quelques cas.

Fractures du membre postérieur. — Sur le *membre postérieur*, les fractures du fémur sont très graves parce que les appareils d'immobilisation n'ont que des effets illusoires; aussi vaut-il mieux recourir à l'abatage immédiat pour la boucherie.

Celles du tibia seront traitées comme celles de l'avant-bras, lorsqu'il y aura quelque indication de conserver les sujets, ce qui est encore exceptionnel.

Les bandages plâtrés se confectionnent très facilement à l'aide de tarlatane trempée dans un mélange à parties égales de plâtre bien sec et d'eau. Il suffit de six à dix plans de bandes longitudinales et transversales superposées et alternées. Bien placées, on les maintient jusqu'à durcissement du plâtre à l'aide d'une bandelette roulée de bas en haut, modérément serrée, et que l'on retire après une demi-heure ou une heure. Les bandages plâtrés, en principe, doivent toujours être appliqués sur un matelassage ouaté du membre fracturé.

EXOSTOSES

ÉPARVIN DU BŒUF

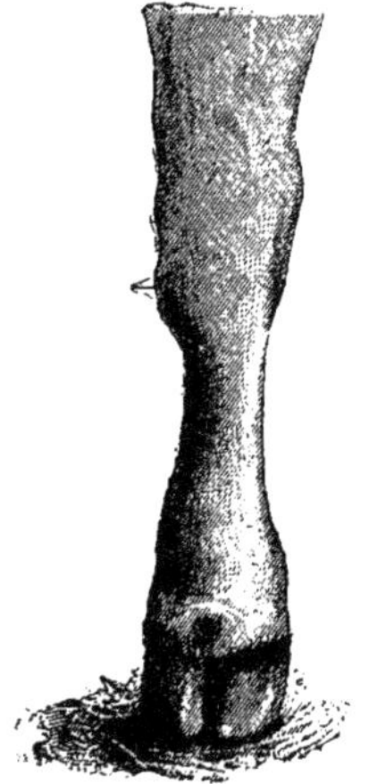

Fig. 18.—Éparvin tarso-métatarsien (d'après photographie).

Les exostoses sont peu communes dans l'espèce bovine, et, lorsqu'on en rencontre, elles sont fréquemment dépourvues d'intérêt clinique. Cependant, chez les bœufs de travail âgés, j'ai assez souvent rencontré l'éparvin, sous forme d'éparvin métatarsien. La gravité, en raison de sa situation ordinaire, m'a paru être toujours beaucoup moindre que chez le cheval. Bien souvent, il n'y a qu'une boiterie légère.

Le traitement par les applications de pommade rouge, de vésicatoire mercuriel, donne de bons résultats. La seule précaution à prendre est de mettre les animaux dans l'impossibilité de se lécher.

L'application du feu peut être tentée avec grandes chances de succès.

PÉRIOSTOSES DU BOULET ET DU JARRET

Les inflammations diffuses des pourtours articulaires évoluent de préférence aux boulets et aux jarrets chez les animaux de travail qui, en raison même de leur service, se trouvent parfois exposés d'une façon continue aux distensions articulaires et aux tiraillements ligamenteux les plus variés.

Les périostoses péri-articulaires peuvent être complètes et totales pour former de véritables pseudo-ankyloses, ou au contraire partielles et latérales.

Leur traitement est celui de toutes les lésions de même nature : vésicatoire mercuriel, applications répétées de pommades au biiodure de mercure, pointes de feu.

Si l'on a recours aux préparations mercurielles, il ne faut pas en oublier la toxicité spéciale, en user modérément et avec de rigoureuses précautions pour empêcher le léchage.

Fig. 19. — Périostose du jarret
gauche.

Fig. 20. — Périostose du jarret
droit, limitée au côté externe.

FORMES PHALANGIENNES

Les exostoses phalangiennes ne se montrent que chez les bœufs de travail, et spécialement sur les bêtes âgées utilisées dans des régions accidentées. Leur développement est exclusivement lié aux traumatismes, aux tiraillements ligamenteux et tendineux, aux distensions articulaires. Elles sont d'ailleurs précédées, ainsi qu'il est facile de s'en assurer par la dissection des extrémités des membres, par une induration scléreuse ou scléro-cartilagineuse péricoronaire et périphalangienne marquée. Ces indurations épaississent le paturon et augmentent son développement, surtout par côtés. Les formes ne sont que rarement volumineuses, mais, comme elles englobent partiellement ou en totalité les insertions des ligaments latéraux des articulations interphalangiennes, ou les insertions des extenseurs propres des doigts, elles sont douloureuses et déterminent des boiteries d'intensité variable.

Elles peuvent constituer de véritables périostoses du paturon.

Le *diagnostic* est facile, bien que la rigidité de la peau et des indurations scléreuses rendent la palpation délicate.

Le *pronostic* est grave, il entraîne parfois la réforme des bêtes de travail.

Comme *traitement*, il est indiqué d'empêcher l'onglon malade d'appuyer fortement sur le sol; il suffit, pour atteindre le résultat, de le déferrer et de le parer à fond. Au besoin, on peut rehausser le doigt sain du même pied en intercalant une plaque de cuir entre la sole et le fer.

Il est préférable de s'adresser tout de suite aux vésicants énergiques : pommade stibiée au tiers, pommade de bichromate de potasse au dixième; et, ce qui est encore mieux, à la cautérisation en pointes (Faulon).

OSTÉITE SUPPURÉE

En dehors des altérations osseuses se rattachant au rachitisme, à la cachexie osseuse, à la tuberculose, à l'actinomycose, on peut rencontrer des inflammations périostiques ou osseuses. Sous l'influence de traumatismes extérieurs, de blessures directes, les os peuvent être contusionnés, lésés, fêlés et devenir le siège de périostites diffuses, de nécroses osseuses, d'ostéites suppurées ou d'ostéomyélites. Les fractures ouvertes peuvent amener les mêmes accidents, des suppurations prolongées et la formation de séquestres.

La désinfection des plaies, les injections antiseptiques dans les fistules, les applications de crayons antiseptiques, le curetage, l'extirpation des séquestres, les applications vésicantes et fondantes, représentent les différents moyens de traitement. Lorsque ces lésions se sont propagées jusqu'aux arti-

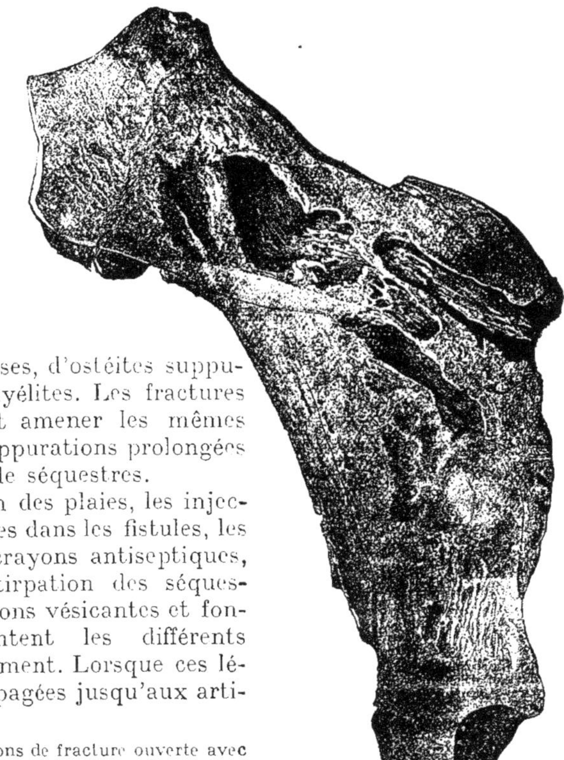

Fig. 21.— Tibia. Lésions de fracture ouverte avec déplacement angulaire des abouts. Cal vicieux et séquestre.

culations avoisinantes et ont déterminé des arthrites suppurées, il est plus économique de faire abattre les malades que de vouloir les traiter.

TUMEURS DES OS

Les seules tumeurs des os qui aient de l'importance au point de vue pratique sont les tumeurs malignes représentées par des épithéliomes envahissants ou des sarcomes d'origine périostique.

Ces tumeurs ne sont pas très rares ; on les observe sur les rayons supérieurs des membres, et aussi sur les côtes. — Elles se montrent ordinairement fermes et rénitentes, parfois ramollies ou ulcérées.

Elles se diagnostiquent assez

Fig. 22. — Sarcome périostique sous-scapulaire.
(Soulèvement en masse de la totalité de l'épaule.)

Fig. 23. — Sarcome périostique de l'extrémité supérieure du tibia gauche.
(Déformation visible en dedans et en dehors du membre.)

facilement par leur rapidité d'évolution, par les douleurs et les boiteries qu'elles déterminent lorsqu'elles siègent sur les os des membres, douleurs et boiteries aboutissant à l'impotence fonctionnelle; et par l'envahissement fréquent des ganglions voisins. Même bien nourris, les malades maigrissent, perdent l'appétit et finissent par mourir cachectiques.

La déformation de la région, l'apparence bosselée des tumeurs, l'absence de fluctuation, l'hémorragie consécutive aux ponctions exploratrices, les caractères des petits fragments de tissu extirpé par ces ponctions, et enfin la leucocytose qui accompagne toute évolution de tumeurs malignes assurent le diagnostic.

Le pronostic est grave; il y a rarement lieu de recourir à des

Fig. 24. — Sarcome ulcéré des côtes.
(Tumeur ayant détruit la moitié inférieure de la paroi costale gauche.)

ablations difficiles, des résections ou des amputations, lorsque les tumeurs ont acquis des développements importants. Le succès ne pourrait être obtenu que si l'intervention, faite tout au début, pouvait avoir lieu dans une région facilement accessible. En dehors de ces cas, l'abatage précoce est indiqué.

INTERVENTION SUR LES CORNES

Anatomie des cornes. — Les cornes représentent deux organes de défense, qui se détachent de chaque côté de l'os frontal, près du sommet de la tête.

Chacune d'elles comprend : 1º un organe de soutènement, la cheville osseuse, encore appelée cornillon; 2º un appareil kératogène ; 3º l'étui corné ou corne proprement dite.

1º La cheville osseuse, provenant du frontal, n'existe pas à la naissance ; ce n'est que vers l'âge de un à trois mois qu'apparaît sous la peau un petit bourgeon qui, en se développant, prend une forme conique et se montre recouvert de substance cornée.

La substance cornée reste mobile sur la petite cheville osseuse durant les premiers mois. L'adhérence intime entre les deux parties constituantes ne se produit que vers l'âge de quatre à six mois. A mesure que cet organe se développe, il se creuse à son intérieur un sinus simple ou divisé en deux par une cloison longitudinale, et communiquant avec le sinus frontal ; c'est ce qui explique la sinusite frontale comme complication des lésions des cornes. Ce sinus du cornillon n'existe pas chez les jeunes ; il n'est bien développé que vers l'âge de trois ou quatre ans.

2° L'appareil kératogène est formé par la peau différenciée au voisinage de la base de la corne ; elle devient semblable à celle qui forme le bourrelet principal des onglons, bourrelet d'environ un demi-centimètre de largeur. Les papilles du derme prennent à ce niveau un grand développement, et c'est aux dépens de leur épithélium de recouvrement que se forme la corne.

D'un autre côté, la face interne de l'étui corné et le cornillon adhèrent par un autre tissu, un périoste différencié, qui fait suite au périoste frontal. Ce n'est pas un périoste vrai, mais un tissu vasculaire formé de lamelles papillaires analogues à celles du tissu podophylleux du sabot du cheval ou du bœuf.

Cette membrane kératogène comprend dans sa trame un riche réseau vasculaire provenant d'un cercle artériel formé à la base du cornillon par une division de la carotide externe, et irriguant abondamment les papilles qui vont former l'étui corné. Cette grande vascularisation explique l'hémorragie souvent abondante qui se produit dans les différentes lésions des cornes.

3° L'étui corné, sécrété au niveau du bourrelet par des papilles analogues à celles du bourrelet du sabot du cheval, est un cône creux incurvé différemment suivant les races. Il se montre taillé en biseau sur tout le pourtour de sa base, où l'on peut voir de petits pertuis par où pénètrent les papilles. Depuis sa base jusqu'à l'extrémité du cornillon, la corne proprement dite augmente progressivement d'épaisseur ; à partir de ce point, elle se prolonge par un cône plein, de telle sorte que, dans une corne complètement formée, l'os n'arrive guère qu'à la moitié ou aux deux tiers de la longueur totale.

Chez l'adulte, les cornes ont un développement variable suivant la race et le sexe. Courtes et épaisses chez le taureau, elles sont au contraire longues chez la vache et le bœuf ; fines et courtes chez les sujets de races améliorées comme les durham, épaisses et longues chez les races travailleuses (salers, garonnaise).

Décornage. Avulsion précoce des cornes. — Une pratique qui semble avoir quelque tendance à se développer en Amérique, et aussi en Angleterre, est celle de l'avulsion précoce et de l'arrêt de développement des cornes.

L'avulsion précoce se fait chez les sujets de trois à quatre mois,

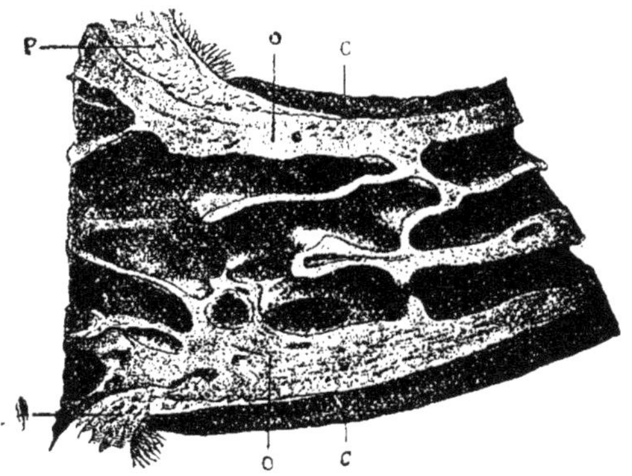

Fig. 25. — C, étui corné; P, peau transformée en membrane kératogène; O, cheville osseuse creusée d'un double sinus.

chez lesquels le cornillon commence à pointer. On fait d'abord sauter, par une incision circulaire au bistouri la rondelle de peau kératinisée qui recouvre la pointe des cornillons, puis à l'aide d'un burin, on fait sauter ensuite, après ou sans anesthésie locale préalable, le bulbe du cornillon; les cornes ne se développent plus.

Il existe en Amérique et en Australie, pour arriver au même but, des instruments spéciaux, appelés *décorneurs*, agissant à la façon d'un trépan pour l'avulsion de l'ébauche de la cheville osseuse.

Pour provoquer l'arrêt de développement, pur et simple on découvre aussi de bonne heure le bulbe d'émergence de la corne et on le détruit par des applications ou des frictions avec un bâton de potasse caustique. La corne ne se développe pas, mais il faut veiller attentivement à ne pas faire de brûlures de voisinage, ce qui est assez facile avec des applications périphériques de vaseline.

Ces différentes pratiques sont toutes de convenance et de mode, ou bien des interventions justifiées par les commodités de transports en bateau et en wagon (espace nécessaire moins vaste), ou bien encore des interventions de nécessité pour éviter les accidents par coups de cornes chez des animaux à demi sauvages.

Dans tous les pays où les bœufs sont utilisés pour le travail des champs, pareille intervention ne saurait être envisagée.

*
* *

Les lésions que l'on rencontre sur les cornes sont :

1° Arrachement de l'étui corné;

2° Fêlures : *a)* de l'étui corné seul ; *b)* de l'étui corné et du cornillon réunis;

3° Fractures : *a)* de la moitié terminale de la corne; *b)* de sa moitié inférieure; *c)* de sa base.

Arrachement de l'étui corné. — Quand le joug est mal fixé sur la corne, il peut en résulter des ébranlements continus ou successifs amenant une inflammation chronique de la membrane kératogène. Qu'un choc ou un heurt violent vienne alors agir sur l'extrémité de la corne, le décollement pourra s'accuser ou même devenir complet ; l'étui corné tombera d'une seule pièce, sans qu'il y ait toutefois des lésions importantes du cornillon.

Cet accident reconnaît quelquefois pour cause les coups que les bouviers donnent avec le joug sur les cornes des bœufs, pour les faire placer lorsqu'ils les attellent.

Les bêtes bovines s'écornent encore facilement au passage d'entrées trop étroites (entrées d'étables, portes cochères, etc.), ou lorsque, dans les courses rapides, elles butent de l'extrémité des cornes contre des obstacles résistants (murs, arbres, charrettes, etc.).

Le pronostic n'est grave que pour les animaux de travail, car on ne peut les utiliser tant que la corne n'est pas complètement reconstituée.

Comme traitement, il suffit de bien laver le cornillon, de le désinfecter, puis d'y appliquer un pansement protecteur. On mettra tout autour de la cheville osseuse une étoupade imprégnée d'une solution antiseptique (crésyl à 2 p. 100, eau phéniquée à 2 p. 100); puis on maintiendra le pansement par un bandage spiral fixé en huit sur la corne opposée.

A défaut de pansement, on peut se contenter d'appliquer une pommade antiseptique, de l'huile simple, de l'huile camphrée, de l'huile de cade, et même simplement une couche de goudron dilué dans l'huile.

Lorsque l'hémorragie est abondante, il y a avantage à faire d'abord un premier pansement hémostatique avec du coton ou des étoupades imprégnées d'une solution d'antipyrine. Plus tard, lors de la reformation de l'étui corné, il peut être utile de faire des pansements à l'eau picriquée, pour amener une kératinisation et un durcissement plus rapide du nouvel étui corné.

La repousse de la corne est toujours très longue à s'effectuer, elle est irrégulière et imparfaite, et la plupart des bêtes écornées doivent souvent être réformées du service d'attelage au joug.

FÊLURES DES CORNES

Étiologie. — Les fêlures reconnaissent pour cause, d'une façon générale, tous les traumatismes portant sur la région moyenne des cornes : soit les coups portés par les bouviers à l'aide du joug, soit les contusions accidentelles que se font les animaux eux-mêmes, ou en se battant avec leur voisins.

Symptômes. — Quand la fêlure porte sur l'étui corné seul, ou sur les deux parties constituantes de la corne, étui corné et cornillon réunis, il existe toujours deux symptômes très visibles : 1º une fissure rectiligne semblable à une seime, se produisant de préférence sur la convexité de la corne ; 2º une hémorragie très légère qui n'apparaît que quelques heures ou même un jour après l'accident.

Diagnostic. — Il ne présente aucune difficulté.

Pronostic. — Tant que le cornillon n'est pas intéressé, le pronostic est bénin ; mais, dans le cas contraire, il doit être réservé, puisqu'on a à craindre que l'hémorragie, se faisant jour à l'intérieur du sinus frontal, n'amène une collection purulente de ce sinus.

Traitement. — On doit d'abord arrêter l'hémorragie avec des étoupes imbibées d'eau froide, que l'on arrosera fréquemment, avec des solutions antiseptiques légères, crésylées ou phéniquées. Si l'hémorragie persiste malgré ce moyen simple, on emploiera les astringents ou les coagulants, qui déterminent la formation d'un caillot, et arrêtent mécaniquement l'écoulement sanguin. Parmi ces astringents, tous ne conviennent pas également; il faut proscrire en particulier le perchlorure de fer, qui détermine l'altération des tissus, et ultérieurement la formation du pus. Les solutions de gélatine à 5 p. 100, très hémostatiques, sont excellentes pour le but cherché, de même que l'eau oxygénée, les solutions d'antipyrine et de tanin à 5 p. 100.

FRACTURES DES CORNES

Étiologie. — Elles reconnaissent pour cause, comme les fêlures, des traumatismes ayant agi à un degré plus violent. Elles sont complètes ou incomplètes suivant que la corne se trouve intéressée ou non dans toute son épaisseur. D'autre part, les fractures peuvent porter, soit sur la moitié terminale, soit sur la moitié basilaire, soit enfin sur le frontal, au-dessous de l'insertion du cornillon, celui-ci enlevant avec lui une plaquette osseuse. Ces fractures peuvent affecter des formes variables : fractures en rave, en bec de flûte, plane, irrégulière ou dentelée.

Symptômes. —Les symptômes en sont extrêmement simples : ils se réduisent à la mobilité de l'about fracturé. Quand la fracture porte sur le frontal, on peut percevoir en outre de la crépitation.

Fig. 26.— Pansement de fracture de cornes.

Pronostic. — Le pronostic n'a de gravité que si la fracture siège sur la moitié basilaire de la corne ou bien intéresse le frontal.

Traitement. — 1º Si la fracture siège sur la partie moyenne de la corne, qu'il s'agisse d'animaux de boucherie ou de travail, le moyen le plus simple est de faire plaie nette en sectionnant avec la scie au-dessous de la fracture. C'est une opération douloureuse qui ne peut se faire que sur un animal solidement assujetti à un poteau ou dans un travail. Pour diminuer la longueur du temps douloureux de l'opération, on recommandait autrefois de faire d'abord un trait de scie circulaire, embrassant toute l'épaisseur de l'étui ; puis, avec une scie fine bien aiguisée, d'achever de détacher l'os. C'est là un moyen peu pratique et mieux vaut faire une section directe rapide. On arrêtera l'hémorragie avec des compresses d'eau bouillie froide ; puis on fera un pansement d'après les règles suivantes, connu sous le nom de pansement en croix de Malte :

Après lavage de la surface de section avec une solution antiseptique, on saupoudre la plaie d'iodoforme, ou d'un mélange d'iodoforme et d'acide borique. On la recouvre d'une première étoupade ou d'une plaquette de coton imbibée de liquide antiseptique, on enroule ensuite une plaquette ouatée tout autour de la corne, jusqu'à sa base.

Un second tampon volumineux, qui aura pour but de protéger la plaie contre les violences extérieures, est disposé autour de l'extrémité de la corne. Ce pansement est maintenu par deux petites bandes en croix. Avec une autre bande dont le chef est fixé à la base de la corne opposée, on décrit de larges tours en spirale tout autour du pansement, en allant de la base à la surface de section. Arrivé à l'extrémité, on redescend à l'aide de renversés, en serrant fortement, et le deuxième chef est alors fixé autour de la corne saine en croisant le premier de façon à former un huit sur le chignon.

2° Quand on a à soigner des animaux de travail, et que la fracture s'est produite dans le tiers inférieur de la corne, on peut essayer de provoquer sa consolidation par un cal, suivant le procédé anciennement recommandé, mais on n'en comprend plus guère l'utilité économique aujourd'hui. On éprouve de très grandes difficultés pour immobiliser la corne avec de pareilles lésions ; le moindre choc portant sur son extrémité peut, par suite de la longueur du bras du levier, détruire une soudure en voie de formation.

Une première méthode d'intervention consiste, après avoir fait une désinfection soignée de la plaie, à maintenir les abouts en place par des étoupades serrées, puis par des éclisses incurvées suivant le sens de la corne; celles-ci seront immobilisées par un bandage spiralé à plusieurs séries de tours.

Si l'on était sûr de la propreté de la plaie et de son asepsie parfaite, il vaudrait mieux appliquer tout de suite un bandage inamovible avec bandes agglutinatives plâtrées ou silicatées.

Ces bandes, appliquées longitudinalement, doivent dépasser de beaucoup la fracture de chaque côté.

Si la corne est longue et épaisse, il sera bon de la raccourcir et de combiner le pansement de fracture avec le pansement en croix de Malte.

Quelle que soit la solidité du pansement, les accidents sont d'ailleurs fréquents, car les ébranlements et les chocs imprimés à l'extrémité de la corne fracturée diminuent la coaptation et, par suite, les chances de réunion parfaite. — C'est pour éviter ces inconvénients que Coculet avait autrefois inventé l'appareil ci-dessous décrit, qui, je le crois, n'a plus de raison d'être mis en usage que d'une façon très exceptionnelle.

L'appareil se compose d'une planchette incurvée s'adaptant par sa partie médiane à la région postérieure du chignon et, par ses parties latérales qui sont creusées en gouttière, à la moitié basilaire des cornes. — Les bords de ces parties latérales sont échancrés de façon à pouvoir, par des tours de bande, maintenir très solidement la corne fracturée.

Il faut bien reconnaître cependant que toutes ces manipulations présentent des inconvénients, et que le plus économique est toujours de faire l'ablation de la corne, On ne doit recourir à ces interventions que lorsque les propriétaires y tiennent essentiellement et veulent conserver leurs animaux comme bêtes de travail ou de concours.

3° Les *fractures de la base de la corne* sont plus graves, parce que le cornillon entraîne avec lui une plaquette de l'os frontal. La fracture est ordinairement sous-cutanée et sans plaie extérieure.

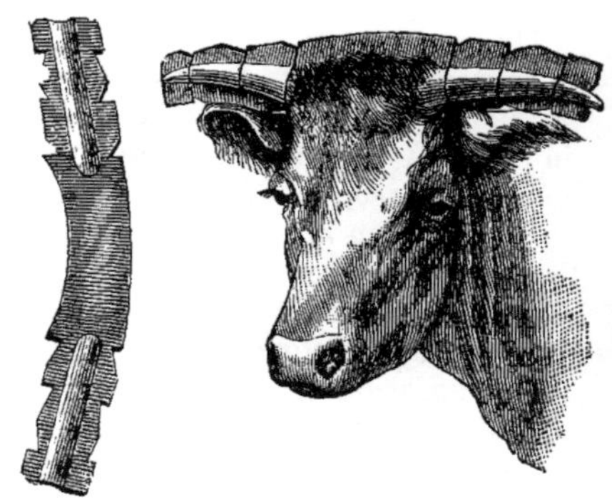

Fig. 27. — Appareil Coculet.

La corne est infléchie dans un sens ou dans l'autre, branlante, et à l'exploration il est facile de déceler de la crépitation caractéristique. L'hémorragie, dans cette fracture, est modérée, elle se fait sous la peau et dans le sinus frontal ; il n'est pas rare de voir survenir une collection purulente de ce sinus comme complication.

Le traitement comporte la réduction de la fracture, et l'application d'un bandage inamovible plâtré ou silicaté recouvrant les régions frontale, occipitale et sus-auriculaire.

Lorsqu'une plaie cutanée existe, il est plus avantageux de faire l'ablation de la corne et de la plaque osseuse, puis d'appliquer un

Fig. 28. — Pansement de fracture de base de la corne.

pansement antiseptique pour éviter l'infection du sinus frontal (fig. 21).

CHAPITRE II

MALADIES DU PIED

AFFECTIONS DU PIED

Si, chez les bovidés, les affections du pied étaient aussi variées,
aussi fréquentes et aussi graves que celles que l'on découvre chez

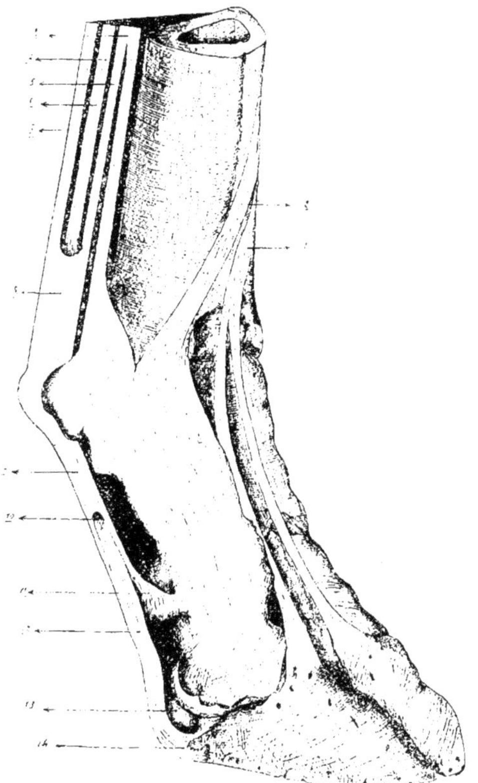

Fig. 29. — Figure demi-schématique des insertions tendineuses de l'extrémité digitée.
— 1, extenseur commun des doigts; 2, extenseur propre du doigt interne; 3, ligament
suspenseur du boulet; 4, bride profonde du suspenseur du boulet; 5, bride superficielle du suspenseur du boulet; 6, tendon du perforant; 7, tendon du perforé; 8-9,
gaine d'union de ces deux tendons; 10, anneau inférieur de la grande gaine de glissement du perforant; 11, insertion du perforé; 12, tendon du perforant; 13, petit sésamoïde; 14, insertion de l'aponévrose plantaire.

le cheval, il serait nécessaire de rappeler ici les grandes lignes de
l'anatomie du pied du bœuf. Fort heureusement, il est possible de

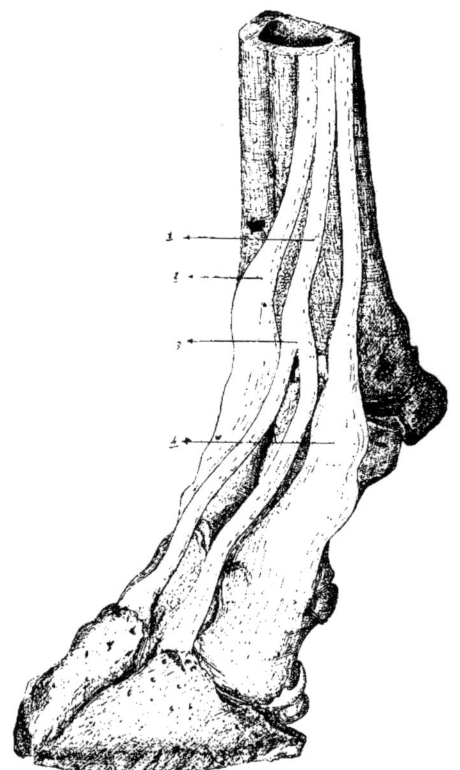

Fig. 30. — Figure demi-schématique des insertions tendineuses de l'extrémité digitée.
— 1, extenseur commun des doigts; 2, extenseur propre du doigt interne; 3, dédoublement du tendon de l'extenseur commun des doigts; 4, extenseur propre du doigt externe.

s'en dispenser et de négliger les détails, mais j'ai cru néanmoins
devoir reproduire quelques dessins et photographies qui remettront rapidement en mémoire les données topographiques qu'il faut
posséder pour pratiquer régulièrement une intervention de quelque
gravité sur les extrémités digitées.

Les dispositions anatomiques sont en réalité fort complexes,
ainsi qu'il sera facile d'en juger :

Le pied du bœuf est constitué par deux doigts, chacun d'eux
comprenant 3 phalanges, 2 grands sésamoïdes et 1 petit sésamoïde.

— Les articulations métacarpo, métatarso et interphalangiennes sont extrêmement solides, soutenues par des ligaments et des tendons puissants, plus ou moins soudés. Par suite de la disposition

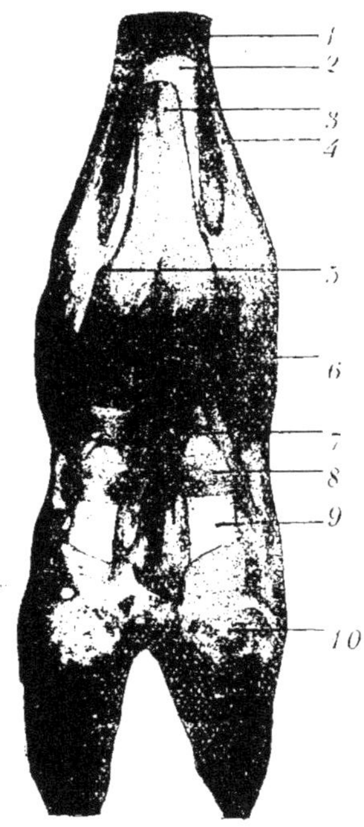

Fig. 31. — Disposition réelle des tendons et brides ligamenteuses des extrémités digitées.— 1, suspenseur du boulet; 2, tendon du perforant; 3, tendon du perforé; 4, bride externe de la lame profonde du ligament suspenseur du boulet; 5, orifice supérieur de la gaine formée par la bride superficielle du suspenseur du boulet et le perforé; 6, bride de l'ergot; 7, anneau du perforé; 8, bride d'attache du tendon perforant; 9, tendon du perforant; 10, coussinet plantaire.

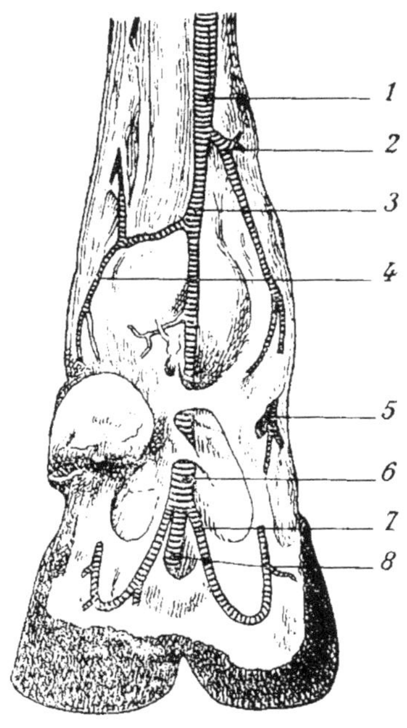

Fig. 32. — Artères des extrémités digitées des membres antérieurs. — 1, artère métacarpienne postérieure; 2, artère digitale latérale interne; 3, artère digitale médiane postérieure; 4, artère digitale latérale externe; 5, artère digitale latérale interne; 6, artère interdigitée moyenne postérieure; 7, artère du coussinet plantaire; 8, artère interdigitée interne.

toute spéciale des branches du ligament suspenseur du boulet, la synoviale de l'articulation du boulet est très complexe, mais solidement protégée.

Le tendon de l'extenseur commun des doigts ne concourt que très peu à l'assujettissement des jointures, sauf pour la deuxième articulation interphalangienne; mais les tendons des extenseurs propres jouent dans leur partie terminale le rôle de véritables ligaments (fig. 29).

En arrière, les gaines de glissement des branches du perforant sont très longues (fig. 29-31), les branches d'insertion du perforé très robustes. Des lames aponévrotiques sous-cutanées fort denses enveloppent ces extrémités tendineuses et se trouvent encore renforcées par les brides des ergots. L'irrigation sanguine de ces extrémités est assurée par des artères de calibre variable dont la disposition d'ensemble pourra être appréciée sur les reproductions photographiques ci-annexées. Ce sont ces dispositions artérielles qui ne doivent pas être méconnues dans les interventions chirurgicales portant sur les régions digitées: Au membre antérieur, l'artère métacarpienne postérieure est très superficielle; elle donne (fig. 33) une digitale médiane et deux branches latérales beaucoup plus faibles, les digitales latérales externe et interne. La digitale médiane, passant entre les deux ergots et pénétrant dans l'espace interdigité en arrière (artère interdigitée), donne à son tour les artères des ergots et les artères destinées aux coussinets plantaires (fig.33). Puis elle se subdivise pour fournir les artères interdigitées, lesquelles descendent avec quelques ramuscules secondaires jusque dans les tissus de l'onglon.

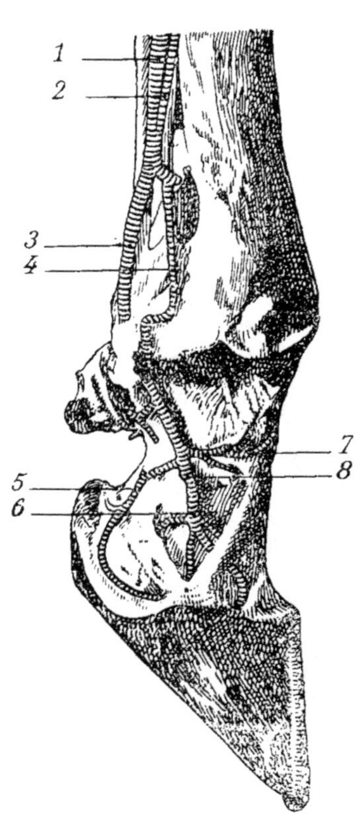

Fig. 33. — Artères de l'extrémité digitée des membres antérieurs. Disposition de la région interdigitée.— 1, artère métarcapienne médiane postérieure; 2, artère métacarpienne latérale interne; 3, artère digitale médiane commune postérieure; 4,artère de l'ergot; 5, artère du coussinet plantaire; 6, artère interdigitée interne; 7, rameau perpendiculaire antérieur ou artère du ligament interphalangien; 8, origine de l'artère interdigitée interne du doigt opposé.

Aux membres postérieurs, l'artère principale est représentée par la métatarsienne antérieure, laquelle, logée dans la scissure antérieure du métatarse, laisse échapper jusqu'aux boulets de petits rameaux cutanés transverses qui irriguent les zones cutanées et sous-cutanées. Pénétrant ensuite d'avant en arrière dans l'espace interdigité, au-dessous du ligament interdigité, cette artère (artère

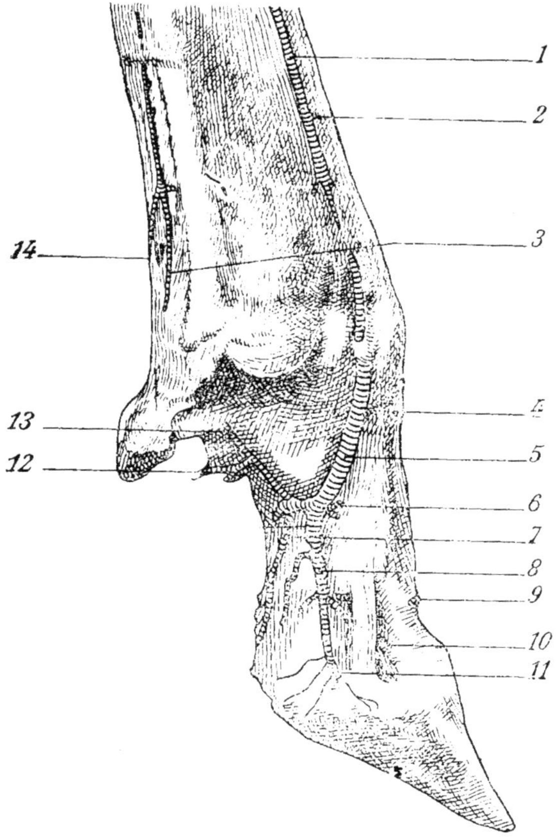

Fig. 34. — Artères de l'extrémité digitée des membres postérieurs. — 1, artère métatarsienne antérieure (pédieuse métatarsienne); 2, rameau cutané métatarsien; 3, artère métatarsienne postérieure interne; 4, rameau cutané de la région antérieure du boulet; 5, artère interdigitée commune antérieure; 6, rameau cutané de la région antérieure du pâturon; 7, artère du coussinet plantaire; 8, artère interdigitée interne (doigt externe); 9, rameau perpendiculaire antérieur; 10, artère unguéale (podophyllienne et nourricière de l'os); 11, rameau articulaire interne; 12, artère de l'ergot; 13, artère interdigitée médiane postérieure (formant arcade complète avec l'interdigitée médiane antérieure); 14, anastomose de la digitale médiane postérieure avec la métatarsienne postérieure interne.

interdigitée médiane antérieure) décrit une véritable arcade à convexité inférieure, d'où s'échappent (fig. 34) les rameaux cutanés de la région du paturon, les artères des coussinets plantaires, les artères interdigitées latérales et leurs rameaux annexes. L'arcade se trouve complétée en arrière par l'interdigitée médiane postérieure, par ses rameaux annexes et par ses anastomoses avec la métatarsienne postérieure.

AGGRAVÉE

La dénomination d'*aggravée* a été faussement appliquée par certains auteurs à la contusion de la sole. Elle en est essentiellement différente et pourrait plus volontiers, être rapprochée de la fourbure. — Elle est caractérisée, en effet, par un état congestif de tout le système vasculaire de l'onglon, mais principalement du tissu velouté. Comme la fourbure, elle frappe de préférence les quatre membres; plus rarement les deux pieds antérieurs ou les deux postérieurs.

L'aggravée résulte exclusivement d'une marche forcée sur un sol dur, sec et chaud. Elle est plus fréquente chez les sujets qui ne sont pas entraînés à la marche, chez les sujets gros, gras et lourds à qui l'on fait exécuter des déplacements importants en vue des foires et des marchés. On l'enregistre chez les sujets des espèces bovine et porcine, plus rarement chez les moutons.

Les symptômes n'apparaissent qu'après un repos de quelques instants, à la suite de la marche. Ils sont caractérisés par de l'hésitation dans l'appui et de la gêne dans les mouvements. La station debout est pénible, les allures vives sont douloureuses; aussi les malades prennent-ils la position décubitale dès qu'ils sont laissés libres.

Le *diagnostic* ne présente aucune difficulté; tout au plus peut-on confondre avec une fourbure légère.

Le *pronostic* est bénin.

Le repos absolu et prolongé amène toujours la guérison, sans qu'il soit nécessaire de recourir à une médication interne. L'enveloppement humide des onglons et les bains froids répétés hâtent la guérison qui survient en quatre ou cinq jours.

CONTUSIONS DE LA SOLE

Les contusions de la sole se produisent sur les sujets qui travaillent non ferrés, ou sur ceux qui sont porteurs d'une ferrure défectueuse. Le travail sur des terrains rocailleux, la marche sur des routes nouvellement empierrées, les traumas déterminés par des cailloux à angles saillants, représentent les principales causes des contusions de la sole. Une ferrure mal appliquée, des fers plats, minces ou légèrement convexes à leur face supérieure peuvent aussi les déterminer dans la région des talons. La région angulaire antérieure est rarement touchée.

Symptômes. — La boiterie est le premier symptôme qui fixe l'attention ; elle est peu marquée, à moins que la contusion n'ait passé inaperçue jusqu'au moment où elle aboutit à la suppuration. Elle n'existe que pour un ou deux membres. Elle n'est que rarement accompagnée de troubles généraux, tels que perte d'appétit, fièvre modérée, essoufflement par la marche, etc...

Localement, l'onglon ou les onglons malades sont le siège d'une sensibilité exagérée à la percussion de la paroi et surtout à la compression de la sole. La palpation dénote une chaleur anormale et l'exploration à la rénette fait découvrir de petites perforations, des piqûres irrégulières, des anfractuosités de la corne. L'amincissement de la sole met à jour des points de ramollissement, des infiltrations hémorragiques intra-cornéennes comparables à celles de la bleime du cheval, des décollements limités, et quelquefois de la suppuration, lorsque les malades ont été soumis à un travail forcé. quoique boiteux.

Les complications de nécrose du tissu velouté et du tissu osseux, si redoutables chez le cheval, ne se produisent que difficilement chez le bœuf.

Diagnostic. — Le diagnostic ne présente aucune difficulté lorsque des renseignements précis indiquent dans quelle voie il doit être recherché. La confusion avec la fourbure n'est guère possible, car les caractères de la marche, de la boiterie et des localisations sont différents. L'examen de la sole permet d'ailleurs de préciser.

Pronostic. — Le pronostic est bénin. Lorsque la corne est simplement ramollie et qu'elle laisse transsuder un liquide noirâtre, la lésion est légère ; si le suintement est gris rougeâtre, la lésion est plus grave et intéresse tout le tissu velouté ; si, enfin. il y a décollement et élimination de pus, c'est l'indice d'une mortification de tissu kératogène ou de tissu osseux.

Traitement. — Le traitement nécessite, en toute circonstance. un amincissement régulier de la sole sur tout le pourtour de la lésion, l'application de cataplasmes, de pansements humides antiseptiques ou des bains froids. — L'enlèvement des lambeaux décollés hâte une réparation normale, en donnant issue aux exsudats pathologiques interposés entre les tissus vivants et le tissu corné. — Enfin, l'extirpation des parties nécrosées et l'application de pansements antiseptiques ne comportent pas d'indications spéciales dans les cas graves. Ces interventions, pratiquées avec méthode, donnent de bons résultats dans la généralité des cas; on n'a guère à redouter pour le bœuf les complications aiguës, si fréquentes et si complexes, que l'on enregistre chez le cheval.

La plupart de ces interventions peuvent se faire debout et, de préférence, au travail ou à l'aide d'un moyen adapté de contention des membres.

FOURBURE

La fourbure est caractérisée par de la congestion suivie d'inflammation des tissus kératogènes du pied. Elle est peu fréquente chez le bœuf ; on l'observe surtout à l'état aigu.

Étiologie. — La lenteur des allures des sujets de l'espèce bovine suffit à expliquer ce peu de fréquence; cependant, les marches prolongées sur des routes caillouteuses avec de lourds véhicules, les marches rapides et répétées vers des centres commerciaux, des foires importantes, suffisent à en provoquer l'éclosion.

Les transports à grandes distances par chemin de fer, soit pour l'approvisionnement des grandes villes, soit dans un autre but, en déterminent facilement l'apparition, bien que les malades n'aient pas été soumis à la marche; j'en ai eu des preuves multiples aux expositions internationales de 1889-1900 et dans les concours généraux annuels de Paris. La position debout obligatoire et prolongée suffit donc. Les trépidations des wagons jouent probablement un rôle aussi (l'une des modalités de la maladie des chemins de fer).

L'état d'embonpoint accusé, l'alimentation intensive et l'usage des farineux (Cruzel, Rossignol) favoriseraient l'apparition de la fourbure.

La race aurait, dit-on, elle aussi, une influence, et la fourbure serait plus fréquente sur les animaux de plaine, à espace interdigité large, que sur ceux de montagne. Peut-être n'y a-t-il qu'une question d'influence de poids.

Symptômes. — Ils varient quelque peu suivant que la fourbure est générale, c'est-à-dire atteint les quatre pieds ; ou locale, c'est-à-dire ne frappe que le bipède antérieur ou le bipède postérieur. Les onglons internes paraissent toujours plus malades, plus sensibles que les externes.

Très rarement, le malade conserve la position debout; des excitations vives et brutales sont parfois nécessaires pour provoquer le relever.

En station quadrupédale, les signes sont identiques à ceux observés chez le cheval : l'animal reste immobilisé sur ses membres. Si les quatre membres sont touchés, il prend la *position du rassembler;* si le train antérieur seul est atteint, il se met dans l'*attitude du camper* pour le devant, en même temps qu'il est légèrement sous lui du derrière, attitude tout à fait anormale chez le bœuf; si, enfin, le train postérieur seul est frappé, le malade affectionne la position *sous lui du devant et du derrière*.

Durant la marche. qui toujours est difficilement obtenue, *le déplacement se montre pénible et douloureux, l'appui s'effectue en talon*, l'oscillation isolée de chaque membre nécessite un effort général.

Les onglons sont chauds, sensibles au moindre attouchement et douloureux à la percussion.

Une réaction générale très évidente domine toute la durée d'évo-

Fig. 35. — Fourbure chronique.

lution de la fourbure. L'inappétence est très marquée dès le début ; la fièvre apparaît ensuite et acquiert, dans les cas graves, un haut degré d'intensité (40°5 et 41°) ; la soif est vive, les boissons froides sont acceptées de préférence. Le mufle reste sec, le faciès est anxieux et exprime la douleur. L'amaigrissement est rapide.

La terminaison ordinaire est la résolution, qui apparaît du 8e au 15e jour, lorsque les malades ont été convenablement traités. — Il n'est pas absolument exceptionnel de voir survenir des décollements des onglons, comme conséquence d'hémorragies podophylliennes sous-pariétales. Tout le paturon est alors fortement gonflé, la congestion des extrémités est intense, le décollement interstitiel remonte au bourrelet. — La chute des onglons s'observe peu, de même que la suppuration.

Diagnostic. — L'aggravée, le rhumatisme infectieux au début, la cachexie osseuse paraissent les seules affections qui, à un certain moment, sont susceptibles de prêter à confusion avec la fourbure. Les conditions qui président à l'évolution de cette affection, et les autres symptômes des maladies sus-indiquées permettront toujours un diagnostic différentiel facile.

Je dois ajouter cependant que, dans certaines affections exceptionnelles (échinococcose suppurée provoquant l'intoxication chro-

nique, tumeurs du foie, tumeurs du péricarde et du médiastin),
j'ai enregistré des signes simulant la fourbure, alors qu'elle n'existait pas. Peut-être s'agissait-il simplement de douleurs osseuses!

Pronostic. — Favorable en général, le pronostic varie avec
l'intensité du mal. Il est grave surtout sous le rapport économique,
lorsque ce sont des sujets de boucherie qui sont atteints.

Traitement. — Le traitement ne diffère pas de celui utilisé pour
le cheval; son influence est rapidement efficace. La saignée abondante, une large révulsion externe, une purgation énergique au
début (400 à 800 grammes de sulfate de soude, suivant la taille
des sujets), des laxatifs dans la suite, forment la base de ce traitement. Il est utile, après la purgation, de le compléter par l'administration de salicylate de soude aux doses quotidiennes de 20 ou
30 grammes pendant huit jours. L'adrénaline a été signalée comme
un spécifique, aux doses de 5 centimètres cubes d'une solution normale à 1 p. 1000, les 1er, 2e, 3e et 5e jours de la maladie.

Comme traitement local, on fera prendre tous les jours deux
bains de pieds froids, d'une heure chacun environ.

A défaut de bains froids, les cataplasmes d'argile seront de grande
utilité. Pour réunir le plus de chances de succès, tous ces moyens
doivent être utilisés simultanément.

Contre les décollements, on emploiera les pansements antiseptiques.

Exceptionnellement on peut, comme chez le cheval, enregistrer
des cas de fourbure chronique; d'ordinaire, les malades sont sacrifiés avant. S'il s'agissait d'animaux engraissés ou simplement en
bon état de chair, il y aurait utilité économique, bien entendu,
à les sacrifier dès le début, pour éviter l'amaigrissement et les
altérations organiques résultant de l'état de fièvre.

SEIME

La seime, c'est-à-dire la fissure verticale de la paroi, n'est pas
absolument rare chez les bovidés. On la rencontre comme accident
de travail chez les bœufs utilisés pour les gros transports, et très
exceptionnellement chez des sujets n'ayant jamais travaillé. (J'en
ai noté un seul cas chez un jeune bœuf porteur de quatre seimes).
Elle peut encore trouver sa cause dans les blessures du bourrelet.
Elle siège plus souvent aux membres antérieurs qu'aux postérieurs,
contrairement à ce qui s'observe chez le cheval, et la raison s'en
trouve dans les conditions de production de l'effort. Chez le bœuf
attelé au joug, ce sont en effet les membres antérieurs qui jouent
le principal rôle dans le démarrage, et c'est sur les onglons de ces
membres antérieurs que l'animal s'arc-boute pour l'effort.

La situation peut varier. La fissure se voit le plus ordinairement dans la région de la mamelle, rarement en pince, plus rarement encore en quartier. Elle est souvent *superficielle* et *complète*, occupant par conséquent toute la hauteur de l'onglon, mais non son épaisseur. Parfois elle est *totale* et *profonde*, la fissure allant jusqu'au tissu podophylleux.

Les *symptômes* sont purement locaux lorsqu'il s'agit d'une lésion superficielle. Ils s'accompagnent de boiterie lorsque la seime est profonde ou lorsqu'elle a trouvé son point de départ dans un traumatisme du bourrelet. L'intensité de la boiterie, la tuméfaction du bourrelet, le suintement sanguinolent ou purulent dénotent la gravité et les complications possibles.

Le *diagnostic* ne présente aucune difficulté, et quant au pronostic, il varie naturellement avec les symptômes;

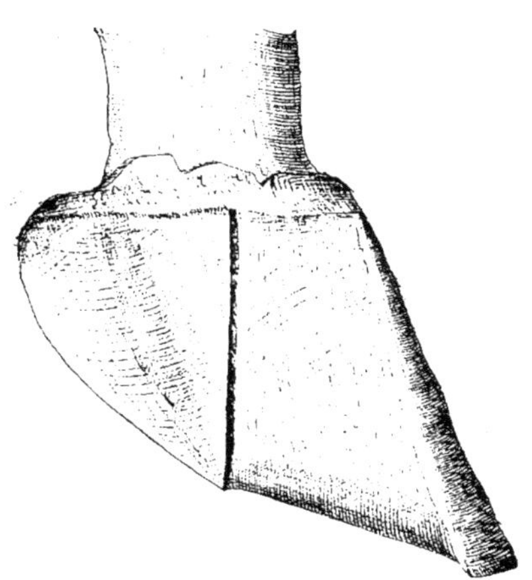

Fig. 36. — Schéma d'un amincissement de seime.

bénin lorsqu'il y a simplement fissure superficielle, il devient grave quand elle est profonde, chez un sujet utilisé exclusivement pour les lourds transports.

Traitement. — Tant que la lésion est superficielle, et ne s'accompagne pas de boiterie, il n'y a pas lieu d'intervenir chirurgicalement. Il suffit de conseiller le repos ou un travail nécessitant de moins grands efforts. S'il y a boiterie, le repos est obligatoire; l'application de cataplasmes antiseptiques (à l'eau phéniquée à 3 p. 100, au crésyl, au sulfate de cuivre, au sulfate de fer à 4 p. 100, etc.), fera rapidement disparaître les phénomènes douloureux, tout en facilitant la cicatrisation dans la profondeur de la fissure.

Dans les cas exceptionnels où des complications seraient survenues, par suite de suppuration du tissu podophylleux vers la profondeur de la fissure, par suite d'abcédation dans la région du bourrelet ou de gangrène profonde des tissus vivants, une opération deviendrait de nécessité, et elle correspondrait exactement à celle qu'en de pareilles circonstances on pratique chez le cheval :

Un amincissement à pellicule d'environ 3 centimètres de largeur, 1 centimètre et demi de chaque côté de la fissure, suffit pour permettre l'enlèvement des parties mortifiées. On appliquera ensuite un pansement antiseptique d'onglon : lavage antiseptique de la plaie, application d'une mince couche d'un mélange à parties égales d'iodoforme, de tanin et d'acide borique, et fixation de plaques d'ouate ou d'étoupes avec des bandes *ad hoc*. L'inconvénient de pareilles opérations est de nécessiter un long repos pour la réparation intégrale de l'onglon blessé, repos au cours duquel l'animal, ne rapportant rien, peut être engraissé. L'opération doit avoir pour but d'éviter les complications de suppuration persistante et de gangrène pouvant mettre la vie du malade en danger, bien plus que la remise en état parfait pour un service ultérieur.

PIQURES ET ENCLOUURES

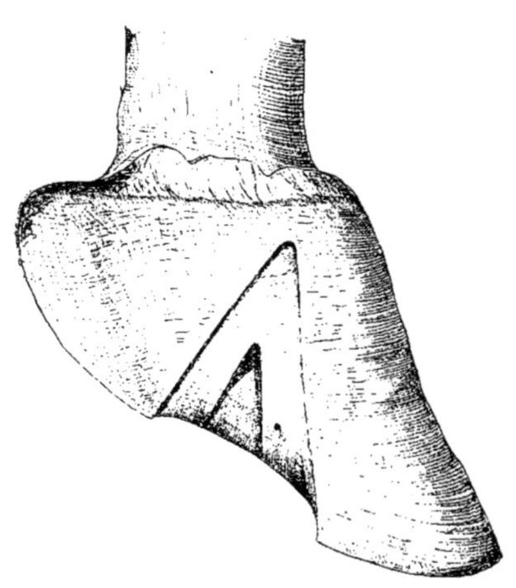
Fig. 37.— Schéma d'une opération de piqûre.

Par suite de la faible épaisseur de la paroi de l'onglon du bœuf, la ferrure présente certaines difficultés, d'autant que tous les clous sont brochés dans la paroi externe. Aussi, malgré l'utilisation de clous à lame fine, y a-t-il souvent des déviations de trajet, des pénétrations dans le tissu podophylleux et des piqûres de gravité variable. Le bœuf est d'ailleurs fort indocile pour le ferrage; même lorsqu'il est bien immobilisé, il fait des mouvements de rétraction du pied à chaque coup de brochoir. Il en résulte que souvent le maréchal ne s'aperçoit pas immédiatement de l'accident qu'il vient de causer, il rive ses clous et transforme une simple piqûre en enclouure.

Symptômes. — Le plus souvent, il y a claudication immédiate et persistante dès que les sujets sortent de l'atelier de forge; mais il peut arriver aussi, bien qu'on se l'explique difficilement, que, même avec une enclouure, la boiterie n'apparaisse que le lendemain ou le surlendemain. Peu intense au début, cette boiterie peut s'aggraver à tel point que l'animal ne puisse plus poser le pied sur le sol. L'accident se complique dès lors de troubles généraux assez marqués : fièvre, disparition de la rumination, perte d'appétit, etc. Il se fait dans ces circonstances de la suppuration locale, qui, emprisonnée dans la boite cornée, détermine des souffrances très vives et des désordres quelquefois graves. Le pus produit le désengrènement du podophylle et du kéraphylle, et vient souffler aux poils dans la région du bourrelet. La gangrène du tissu podophylleux, la nécrose superficielle de la troisième phalange et la suppuration de son tissu spongieux représentent des complications exceptionnelles.

Diagnostic. — Lorsqu'un doute subsiste sur l'existence possible d'une piqûre, l'extraction immédiate du clou en donne la certitude, le sang venant sourdre à l'orifice d'implantation de ce clou. S'il s'agit d'enclouure et que la boiterie du début ait été méconnue, l'exploration de l'onglon, la percussion des rivets dénotant une sensibilité anormale en un point, permettront de croire à l'existence de cette enclouure. L'extraction du clou, cause du traumatisme, est fort douloureuse. Elle donne souvent issue à du pus ou à de la sérosité sanguinolente. Le diagnostic est dès lors assuré. — Dans les cas douteux, il est prudent de déferrer. Lorsqu'il y a décollement de la paroi et désordres graves, le diagnostic ne prête à aucune erreur.

Pronostic. — Le pronostic de la piqûre simple est peu grave, celui de l'enclouure l'est davantage, et, lorsque des complications sont survenues (nécrose, gangrène, etc.), il est difficile de se prononcer.

Traitement. — En cas de piqûre, il n'y a qu'à retirer le clou immédiatement et à maintenir le blessé sur une litière très propre pour éviter la souillure de la plaie. Si la boiterie persistait ou apparaissait, il faudrait aussitôt déferrer et appliquer des cataplasmes antiseptiques. La boiterie, dans la très grande majorité des cas, s'atténuera pour disparaître définitivement en quelques jours.

En cas d'enclouure récente, ce même traitement est applicable; il sera souvent suffisant. — Si, au contraire, le pus a fusé aux poils, si la boiterie est intense et la réaction générale vive, il faudra opérer : amincissement en V renversé ou amincissement de kéraphyllocèle légèrement plus large en bas qu'en haut, enlèvement des parties décollées ou nécrosées, lavage antiseptique, pansement d'onglon (fig. 37).

CLOU DE RUE

Les blessures pénétrantes de la région plantaire sont, comme chez le cheval, désignées sous le nom de « clous de rue ». On ne les observe que chez les sujets non ferrés, bœufs ou vaches. Tous les objets piquants qui traînent sur le sol : pointes, clous, dents de herse, souches de bois coupées en biseau, etc., sont susceptibles de donner des lésions de clous de rue.

Relativement au siège du traumatisme, je ne considère que deux zones dans la région plantaire, l'une allant de la pointe de l'onglon à l'insertion du perforant, l'autre de cette insertion au talon.

Symptômes. — La boiterie est immédiate ; elle varie avec l'intensité de la douleur ressentie. Si le corps vulnérant n'est pas resté dans la plaie, cette boiterie peut disparaître après quelques instants, soit d'une façon définitive, soit d'une façon temporaire. La réapparition de la boiterie se fait alors le lendemain ou le surlendemain, lorsque des phénomènes inflammatoires entrent en évolution dans la profondeur des tissus. Cette boiterie du clou de rue s'accompagne fréquemment d'un mouvement de harper, la durée de l'appui est très courte, quelquefois nulle.

Localement, on peut retrouver le corps du délit en explorant la sole, reconnaître la profondeur de sa pénétration, ainsi que la direction, ou simplement découvrir l'orifice de pénétration. Si la blessure remonte à plusieurs jours, l'orifice fistuleux laisse écouler une sérosité noirâtre, purulente ou sanieuse, suivant les cas. Des troubles généraux fébriles et autres peuvent apparaître lorsque les désordres sont graves.

Diagnostic. — Le diagnostic est sans difficulté, la boiterie poussant obligatoirement à l'examen du pied.

Pronostic. — Le pronostic est rarement grave. La direction, la situation et le mode d'insertion du tendon du perforant (aponévrose plantaire) font que cette aponévrose reste peu vulnérable par les traumatismes extérieurs, la pointe des corps piquants déviant toujours soit en avant vers la phalange, soit en arrière vers le coussinet.

Traitement. — Le traitement consiste tout d'abord dans l'enlèvement du corps étranger et l'amincissement corné à pellicule des zones avoisinantes. On appliquera ensuite un cataplasme antiseptique à la farine de lin imbibée d'eau phéniquée ou crésylée à 3 p. 100, de sulfate de cuivre ou de fer à 3 p. 100. Il est rare qu'il n'y ait pas une amélioration notable, progressive et définitive au bout de quelques jours. — Si la boiterie persiste, l'intervention chirurgicale devient nécessaire : pour la zone antérieure, elle se borne à l'enlèvement du tissu velouté mortifié et à l'extirpation de la plaquette osseuse frappée de nécrose; — pour la zone postérieure, il faut sonder et débrider la fistule, pour enlever ensuite à ciel ouvert et jusque dans la profondeur toutes les parties lésées.

Si, par exception, l'aponévrose plantaire était reconnue profondément atteinte, il faudrait recourir hâtivement à l'opération totale du clou de rue telle qu'on la pratique chez le cheval, après amincissement à pellicule de toute la région de la sole :

1° Ablation de la partie antérieure du coussinet fibro-adipeux. — Incision transversale verticale à angles arrondis à 3 centimètres en avant du talon, excision du lambeau antérieur;

2° Incision transversale et ablation de l'aponévrose plantaire suivant la même méthode;

3º Avivement de la surface osseuse d'implantation de l'aponévrose ;

4º Pansement antiseptique d'onglon.

Si, enfin, la lésion primitive, quel qu'en soit le point de départ,
s'est compliquée d'arthrite interphalangienne, il faut recourir à
l'ablation de la phalangette, ou, mieux, à l'ablation, d'un seul coup,
de la troisième phalange, et, à l'aide d'un trait de scie, de la moitié
inférieure de la seconde phalange, cette dernière opération étant
plus facile que la précédente et donnant des lambeaux plus réguliers
pour le moignon (Voir : *Technique opératoire*).

FOURCHET

(FICS DE L'ESPACE INTERDIGITÉ)

La dénomination de *fourchet* est employée couramment pour
qualifier la présence de fics dans l'espace interdigité. Ces fics résultent de l'inflammation chronique de la peau qui recouvre le ligament interdigité.

Toutes les actions traumatiques portant leurs effets sur cette
région et causant des lésions même superficielles sont susceptibles
de devenir le point de départ d'une inflammation chronique du
derme, et d'une hypertrophie papillaire qui est elle-même la base
anatomo-pathologique des fics. — Les blessures déterminées par
les lanières de cuir ou les cordes que l'on glisse dans l'espace interdigité pour la pratique du ferrage sont aussi des causes efficaces
chez les bêtes de travail.

Le fourchet est enfin une complication fréquente des éruptions
aphteuses du pourtour des onglons et de l'espace interdigité. Le
contact permanent avec les litières, le fumier et le purin, favorise
les infections des plaies superficielles ou profondes, détermine un
bourgeonnement exubérant au lieu et place d'une cicatrice régulière, ainsi que l'hypertrophie de la couche papillaire du derme. —
Pendant l'appui, les onglons restent écartés sous la pression du
poids du corps et les fics se développent en toute liberté ; dès que les
membres sont soustraits à l'appui, les onglons se rapprochent ; ils
compriment les végétations anormales, les aplatissent, les excorient, les irritent tout en favorisant et provoquant chez elles un plus
grand développement.

Les *symptômes* sont faciles à noter. Les animaux conservent, bien
entendu, toutes les apparences de la santé, mais, durant la marche,
les mouvements paraissent gênés et pénibles ; le malade marche
comme sur des épines; il n'est pas exceptionnel de voir survenir
une forte boiterie. — Localement, la face antérieure des onglons et

de l'espace interdigité est fortement congestionnée, sensible ou douloureuse à la pression. Les fics, plus ou moins volumineux, isolés ou soudés, saignants, excoriés ou kératinisés, s'aperçoivent à l'appui entre les deux onglons sous forme d'une véritable ébauche de cloison

Fig. 38. — Fourchet (fics de l'espace interdigité) et formes coronaires.

verticale. Lorsque la kératinisation des couches superficielles s'est faite, la boiterie s'atténue ou disparaît.

Le *diagnostic* s'impose au simple examen.

Le *pronostic* n'est grave qu'en ce sens qu'il gêne les animaux de travail, au point de les rendre parfois véritablement inutilisables.

Traitement. — Le traitement est tout d'abord préventif; il consiste à maintenir les animaux accidentellement blessés, ou atteints de fièvre aphteuse, sur des sols et des litières très propres.

Le traitement chirurgical est le seul réellement économique qui convienne aux cas dans lesquels l'hypertrophie papillaire est accusée. Il est d'ailleurs des plus simple.

Sur l'animal bien immobilisé au travail, on fixe solidement le pied à opérer; avec des ciseaux bien tranchants, ou à l'aide d'une pince et d'un bistouri, on procède à l'ablation totale des fics. On laisse saigner quelques instants, puis on recouvre la plaie d'un mélange à parties égales d'iodoforme, de tanin et d'acide borique pulvérisé, et on applique le pansement interdigité. Le pansement est relevé après cinq ou dix jours, suivant les circonstances ; on applique une légère couche d'alun calciné pulvérisé si la cicatrice paraît devoir être exubérante, et on laisse la cicatrisation s'opérer à l'air libre.

Lorsque les fics sont kératinisés et non douloureux, il est inutile de recourir à l'ablation.

CRAPAUD

Le crapaud, c'est-à-dire l'inflammation chronique suppurative du tissu podophylleux ou du tissu velouté, s'accompagnant d'hypertrophie papillaire et de décollement progressif des couches cornées, est une affection très rare, mais non absolument exceptionnelle, chez le bœuf.

Le séjour prolongé dans les étables malpropres, encombrées de fumier et continuellement souillées par le purin, est la cause dominante qui préside à l'évolution du crapaud. Peut-être faut-il faire intervenir aussi une prédisposition individuelle ou une infection spécifique.

Le crapaud des bêtes bovines se traduit, comme chez le cheval, par le ramollissement et le décollement de la corne de la région plantaire, et par l'extension progressive vers les régions voisines. L'envahissement du tissu podophylleux, le décollement de la paroi et des talons sont aussi chose fréquente, ainsi que l'hypertrophie pathologique des tissus kératogènes sous forme de fics. Je n'ai toutefois jamais rencontré d'hypertrophies énormes comparables à celles du cheval, mais j'ai vu, par contre, l'envahissement progressif et total de tout un onglon. Il est possible qu'une lésion accidentelle sans importance, mais suivie d'infection des tissus sous-ongulés, soit le point de départ du crapaud.

Le crapaud peut se rencontrer sur un seul onglon seulement; il peut affecter les deux onglons d'un même pied, et siéger aussi sur plusieurs pieds chez le même malade.

Le *diagnostic* est des plus facile : le décollement de la corne, la présence, entre les parties décollées et les tissus kératogènes, d'un exsudat caséeux gris jaunâtre à odeur tout à fait significative, l'aspect superficiel des tissus vivants, ne peuvent laisser aucun doute.

Le *pronostic* est assez grave, car, comme chez le cheval, l'affection est tenace.

Le *traitement* consiste à enlever méticuleusement toutes les parties décollées de façon à pouvoir facilement agir à ciel ouvert sur les régions vivantes envahies par la lésion. On procède ensuite à une désinfection énergique par des lavages antiseptiques, et à l'application d'un pansement protecteur.

Les cautérisations à l'acide azotique au dixième suivies d'applications de goudron; les pansements avec mélanges de tanin et d'iodoforme, d'iodoforme et d'alun calciné pulvérisé, de pâte de Plasse, suffisent d'ordinaire pour obtenir la guérison, sans qu'il soit nécessaire de recourir à de larges opérations sanglantes, comme celles qui ont été recommandées pour le cheval dans ces dernières années.

EAUX-AUX-JAMBES

Les eaux-aux-jambes chez le bœuf n'ont été signalées, à ma connaissance, que par Morot et Cadéac, et encore semble-t-il y avoir eu dans la circonstance plutôt du fibrome éléphantiasique suintant qu'autre chose. En tout cas, l'observation ne semble pas assez probante, et les manifestations morbides diffèrent trop du classique, connu chez le cheval, pour qu'on l'accepte comme affection nettement caractérisée.

PANARIS

(LIMACE, JAVART CUTANÉ, JAVART TENDINEUX)

Toutes les lésions traumatiques ou infectieuses de l'espace interdigité et du pli du paturon peuvent, dans des circonstances variables, se compliquer de mortification du derme cutané de nécrose du ligament interdigité, de nécrose des coussinets fibro-graisseux du pli du paturon, de nécrose des extrémités tendineuses, etc.

Ces lésions sont vulgairement qualifiées « *limace* ». En réalité, elles correspondent exactement à ce que l'on décrit, chez le cheval, sous les noms de javart cutané et de javart tendineux, et, chez l'homme, de panaris. — Grâce à la blessure primitive, il se fait une inoculation microbienne qui, rapidement, détermine la mortification de la peau ou la formation d'un abcès profond avec nécrose des tissus envahis (bourbillon).

Étiologie. — La stabulation dans des étables malpropres est une condition favorisante, les pieds se trouvant toujours souillés et irrités par les excréments et le purin. Les animaux de plaine à onglons larges, fortement écartés et plats, y sont plus exposés que les bêtes de montagnes, dont le ligament interdigité est plus puissant et l'écartement des onglons beaucoup moindre. Toutes les blessures par des corps acérés, les éraillures, les coupures peuvent servir de point de départ aux complications.

La limace peut même parfois apparaître à l'état enzootique, avec tous les caractères que nous lui trouvons pour les cas isolés. On lui a alors donné le nom de « mal de pied contagieux ». C'est à la suite des épizooties de fièvre aphteuse, avec lésions au niveau des onglons, qu'apparaissent ces enzooties de limace. Les inoculations microbiennes se font à la faveur des lésions aphteuses superficielles; des panaris, des nécroses ligamenteuses et tendineuses se produisent avec d'autant plus de facilité que les infections sont plus intenses.

Symptômes. — Une douleur locale vive, rapidement suivie de boiterie accentuée, représente le premier symptôme important. Bientôt, la région lésée se tuméfie, le bord coronaire se montre congestionné, la peau de l'espace interdigité fait saillie en bas et en avant, les onglons sont écartés, toute la partie inférieure du membre se montre engorgée et œdémateuse. L'engorgement remonte d'ordinaire jusqu'au boulet; il est dur et extrêmement sensible. Le malade est fiévreux, il maigrit et perd l'appétit. Après cinq à dix jours, la peau se sphacèle en un point, soit dans l'espace interdigité si le ligament est atteint, soit dans le pli du paturon si ce sont les lanières tendineuses ou les coussinets fibro-graisseux qui sont touchés. La partie sphacélée se délimite et tombe, ou se trouve macérée par le pus qui s'écoule en laissant échapper un ou plusieurs petits bourbillons. L'élimination est généralement lente : elle demande douze à quinze jours et, très fréquemment, si l'on n'intervient pas pour éviter les complications, elles surviennent à dater de cette époque. Tant qu'il s'agit de nécrose de brides fibreuses ou de coussinets fibro-graisseux, la réparation parfaite peut être espérée; au contraire, si les tendons, les synoviales tendineuses, les ligaments ou les os sont lésés, on assiste presque inévitablement à des complications graves de synovites suppurées, d'ostéites suppurées, d'arthrites. L'infection purulente peut être la conséquence finale, à moins que l'on n'ait eu recours à l'abatage avant son évolution.

Diagnostic. — Le diagnostic est sans difficulté : l'intensité de la boiterie, l'écartement des onglons, le gonflement de la région du paturon, la sensibilité de l'œdème et l'absence de lésions dans la région ongulée suffisent à le préciser.

Pronostic. — Le pronostic est grave, car il peut survenir des complications, malgré une intervention raisonnée.

Traitement. — Le traitement consiste avant tout à faire la toilette du membre malade, et à placer l'animal sur des litières très propres ; puis, à donner des bains antiseptiques (bains phéniqués, crésylés, au sulfate de fer ou au sulfate de cuivre). ou, ce qui est souvent plus commode et tout aussi avantageux pour les résultats. à appliquer sur le pied et le paturon des cataplasmes antiseptiques qu'on laisse à demeure des jours entiers, en ayant soin de les arroser matin et soir avec les solutions indiquées (20 à 25 gr. par litre d'eau).

Les effets sont avantageux. la douleur diminue d'intensité, la délimitation des lambeaux cutanés sphacélés est hâtée, l'ouverture des abcès est plus facile.

Nombre de praticiens recommandent l'intervention hâtive sous forme de *scarifications profondes* de l'espace interdigité ou de la région du paturon. La saignée locale résultant de ces sacrifications et les trajets d'élimination ainsi produits facilitent souvent la guérison ou écartent les complications. Toutefois, dans la pratique de ces scarifications profondes, il est utile de ne pas oublier l'emplacement des artères digitales (voir fig. 32-33-34).

Lorsque les abcès profonds se sont ouverts et que les bourbillons ont été éliminés, il est utile de pratiquer des injections de substances antiseptiques dans les cavités des abcès, afin d'éviter les complications, au cas où des lambeaux nécrosés ne seraient pas délimités (eau phéniquée à 3 ou 4 p. 100, glycérine au sublimé à 1 p. 1000, etc.).

Si, enfin, des complications sont survenues, il ne faut pas hésiter à intervenir largement, et, au besoin, à recourir à l'ablation d'une ou deux phalanges. — Lorsque les deux doigts d'un même pied se trouvent pris et qu'il existe des complications d'arthrites, il n'y a aucun intérêt économique à traiter : il vaut mieux abattre les malades, car alors le traitement dure des mois.

Dans les cas où la maladie a des chances de se montrer à l'état enzootique à la suite de la fièvre aphteuse, on peut généralement l'éviter en maintenant les sujets aphteux sur des litières très sèches, et en leur faisant de fréquents lavages antiseptiques des extrémités des membres. La désinfection des étables et des litières est aussi fort utile.

En cas d'arthrite suppurée interphalangienne, on peut recourir utilement à l'ablation de la troisième et même de la partie inférieure de la seconde phalange, en respectant le bourrelet principal de l'onglon. L'amélioration est immédiate, la réparation est assez longue, mais des animaux de valeur, des vaches laitières

Fig. 39. — Amputation de la 3ᵉ phalange. Reconstitution de l'onglon.

par exemple, peuvent être conservés avec avantage et profit; l'onglon se reconstitue (fig. 39).

L'affection peut prendre parfois, surtout à la suite des épizooties aphteuses, l'allure d'une maladie contagieuse secondaire, persister des mois et même plusieurs années consécutives dans des étables malpropres. Il y a sûrement alors une infection spécifique encore indéterminée. Les jeunes animaux semblent plus réceptifs que les adultes.

CHAPITRE III

MALADIES DES SYNOVIALES ET DES ARTICULATIONS

I. — SYNOVIALES ET ARTICULATIONS

SYNOVITES

L'inflammation des synoviales ou synovite atteint indifféremment les culs-de-sac des synoviales articulaires et ceux des gaines tendineuses. Cette inflammation peut être aiguë, d'origine traumatique ou non, ou chronique. Dans tous les cas, l'affection se traduit par une distension de la gaine synoviale qui en est le siège. Selon leur situation, ces dilatations des culs-de-sac synoviaux ont reçu, dans la pratique courante, des noms différents : lorsqu'on les rencontre aux jointures supérieures, elles sont qualifiées de vessigons; localisées au boulet, elles sont connues sous le nom de molettes.

Les vessigons, de même que les molettes, sont tendineux ou articulaires (hydarthroses). Les inflammations déterminées par un trauma venant de l'extérieur donnent des synovites traumatiques fréquemment suppurées; et si le trauma porte sur un cul-de-sac de synoviale articulaire, la synovite primitive se complique presque fatalement d'arthrite traumatique.

Les inflammations synoviales chroniques que l'on rencontre le plus ordinairement sont :

VESSIGON ROTULIEN

L'inflammation de la synoviale de l'articulation fémoro-rotulienne s'observe de préférence chez les bœufs de travail, comme conséquence des efforts de traction. On la trouve encore chez des animaux jeunes qui, à la suite de chutes, de glissades, de déplacements rotuliens étendus, ont lésé modérément leur synoviale du grasset ; et aussi chez des taureaux fatigués par leur service spécial.

Symptômes. — L'évolution est lente et progressive ; ce n'est souvent que quand la boiterie qui en est la conséquence devient manifeste, que la lésion est découverte. — Cette lésion se traduit par une tuméfaction de la région rotulienne qui, à la palpation, laisse nettement percevoir de la fluctuation en dedans et en dehors.

Fig. 40. — Arthrite fémoro-tibiale droite. Application d'un feu en raies.

L'épanchement est parfois si abondant, et la distension telle, que les brides d'attache, les saillies osseuses avoisinantes et les extrémités tendineuses se trouvent submergées par la collection liquide.

La boiterie, manifeste au départ, s'atténue souvent par l'exercice. L'amplitude du pas est diminuée.

Diagnostic. — Le diagnostic est facile, mais il y a lieu de différencier cette lésion de celles d'origine tuberculeuse siégeant au même niveau, de l'arthrite rhumatismale, et de l'arthrite infectieuse des vaches laitières.

Pronostic. — Le pronostic est assez grave parce qu'il rend les sujets impropres au travail.

Traitement. — Le repos, l'hydrothérapie, lorsqu'elle est applicable, les ablutions froides et le massage rendent des services au début. Plus tard, si la lésion ne rétrocède pas, il faut recourir aux vésicants ou même à la ponction aspiratrice aseptique suivie de l'application d'un feu. Les injec-

Fig. 41. — Arthrite chronique fémoro-tibiale gauche (vessigon du grasset.)

tions irritantes doivent être proscrites, mais peut-être pourrait-on se servir, ici comme dans toutes les hydarthroses d'ailleurs, des injections d'une solution d'adrénaline à 1 p. 1000, stérilisée, qui ont la propriété d'empêcher la reproduction des épanchements séreux. Des doses de 25 à 50 grammes de solution aseptique, par synoviale, seraient suffisantes.

On a proposé enfin de traiter les hydarthroses par la méthode préconisée par Gilbert, de Genève, contre la pleurésie : ponction aseptique, retirer 3 à 5 centimètres cubes de liquide synovial, réinjection immédiate sous la peau de l'articulation. L'injection peut être répétée tous les deux ou trois jours (autosynovithérapie).

Cette méthode aurait, dit-on, donné de bons résultats en médecine humaine contre les arthrites blennorragiques et même toutes les hydarthroses.

VESSIGON ARTICULAIRE TARSIEN

Le vessigon articulaire du jarret est fréquent chez les bœufs de

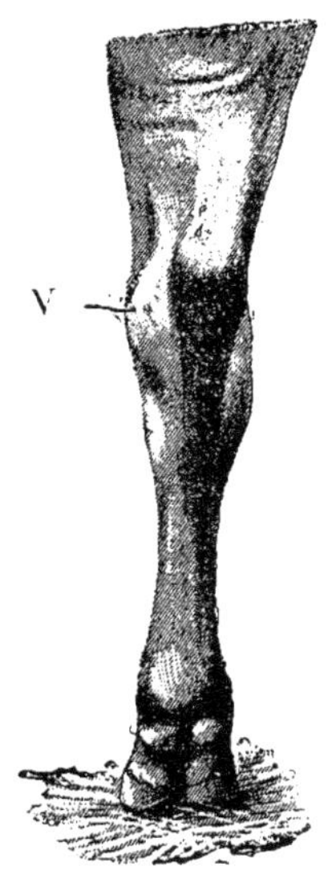

Fig. 42. — Vessigon articulaire (d'après photographie). V. Saillie postérieure interne.

Fig. 43. — Vessigon articulaire Dilatations antérieures (d'après photographie).

travail, aussi chez les taureaux de trois, quatre et cinq ans. Il est dû aux efforts de traction ou aux efforts exécutés pour le cabrer au moment de la saillie. Les taureaux âgés, lourds et grêles de membres, y sont prédisposés.

Symptômes. — Ils évoluent lentement, d'une façon insidieuse et sans boiterie, ou, au contraire, d'une façon plus brusque avec boiterie et sensibilité exagérée à la palpation.

L'empâtement du jarret, puis la dilatation des culs-de-sac de la synoviale articulaire caractérisent le début; plus tard, quatre saillies différentes caractérisent ce vessigon, deux en avant, séparées par les tendons de l'extenseur antérieur des doigts et du fléchisseur du métatarse (fig. 43), deux postérieures faisant hernie dans le creux du jarret en dedans et en dehors.

Diagnostic. — Il est sans difficulté, car il n'y a qu'à le distinguer de l'arthrite rhumatismale.

Pronostic. — Ce pronostic est assez grave pour les bœufs de travail, et aussi pour les taureaux qui, souvent, doivent être réformés.

Traitement. — Il ne diffère en rien de celui du vessigon rotulien. La ponction aspiratrice aseptique et l'application consécutive d'un feu m'ont donné de bons résultats chez les jeunes taureaux.

VESSIGON TENDINEUX TARSIEN

Comme le précédent, il ne s'observe guère que chez les taureaux ou les bœufs de travail. Il se traduit par une dilatation des culs-de-sac supérieurs de la gaine tarsienne, se faisant l'une vers le dehors l'autre en dedans. Le cul-de-sac inférieur, bridé par la gaine tarsienne, ne peut se dilater.

Le *diagnostic* différentiel d'avec le vessigon articulaire est basé sur la situation plus postérieure des culs-de-sac tout près de la corde du jarret, et sur l'absence de dilatation antérieure.

Le *traitement* est identique au précédent ; massage et hydrothérapie au début, ponction aspiratrice aseptique, injection d'adrénaline à 1 p. 1000 et feu en pointes dans les cas les plus graves.

VESSIGON ARTICULAIRE DU GENOU

C'est l'un des plus rares à observer, parce que les synoviales des articulations du genou sont fortement bridées par des ligaments extrêmement puissants en tous leurs points (ligament postérieur fibro-cartilagineux, ligaments latéraux, ligament antérieur, le plus faible). Les synoviales des articulations carpo-métacarpiennes ou intercarpiennes se trouvent dans l'impossibilité de former des culs-de-sac importants ; au contraire, la radiocarpienne peut se dilater modérément en avant et surtout en dehors, au-dessus du sus-carpien. Lorsque le pied est à l'appui, la synovie en excès est refoulée vers ce petit cul-de-sac sus-carpien, qui se trouve fortement tendu;

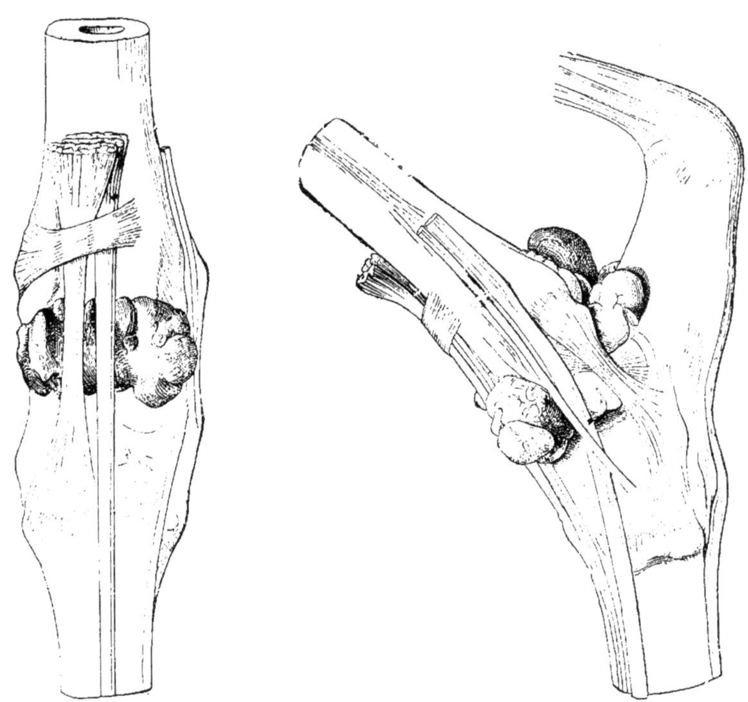

Fig. 44. — Jarret vu de devant. Disposition des tendons par rapport à la synoviale.

Fig. 45. — Jarret, vue (latérale). Synoviale articulaire normale injectée, montrant la répartition des culs-de-sac.

si, au contraire, le genou est plié, le cul-de-sac s'affaisse ou disparaît.

Le *diagnostic* est sans difficulté.

Le *traitement* reste restreint aux applications vésicantes et au feu en pointes.

MOLETTES ARTICULAIRES

La synoviale articulaire du boulet chez le bœuf est fortement maintenue en avant et par les côtés, mais elle peut cependant bomber sous le ligament antérieur, faire hernie en arrière du métacarpe sous les cinq branches de division du suspenseur du boulet, et très légèrement en-dessous des sésamoïdiens. — Ces molettes articulaires s'observent, comme les tendineuses d'ailleurs, de préférence aux membres antérieurs, chez les vieux bœufs de travail. Leur développement provoque toujours avec le temps un certain degré de bouleture : 1er degré, métacarpe et rayon phalangien en ligne droite ; 2e degré, boulet dévié en avant de la normale.

Le *diagnostic* nécessite une palpation attentive de la région du boulet.

Le *pronostic* est de quelque gravité, car il entraîne à plus ou moins longue échéance la réforme de ces animaux de travail.

Le *traitement* ne diffère pas du traitement général, applicable à toutes les articulations : frictions d'alcool camphré, ablutions froides et massage au début; applications vésicantes et pointes de feu plus tard.

MOLETTES TENDINEUSES

La distension de la synoviale qui tapisse la grande gaine sésamoïdienne s'observe, comme celle de la synoviale articulaire du boulet, sur les bêtes de travail, aux membres antérieurs.

Elle se traduit par deux saillies latérales situées en arrière des branches de division du suspenseur du boulet, et en avant de la corde des tendons fléchisseurs. Ces deux saillies remontent plus haut que les molettes articulaires avec lesquelles elles coexistent souvent.

Le boulet est alors fortement empâté, modérément douloureux à la pression. Ces molettes peuvent provoquer une boiterie plus ou moins marquée et servir de point de départ à la bouleture.

Le *diagnostic* se fait au simple examen extérieur du malade.

Le *pronostic* comporte souvent la réforme des sujets, qui deviennent inaptes au travail.

Traitement. — Les bains d'eau courante, combinés avec le massage, peuvent faire disparaître une lésion débutante. Plus tard, il faut s'adresser toujours aux révulsifs énergiques, aux applications de feu; et, ce qui est préférable, à l'action simultanée d'une ponction aspiratrice et d'un lavage aseptique ou antiseptique de la cavité synoviale avec un feu en pointes mis immédiatement après.

VESSIGONS TENDINEUX

De nombreuses synoviales tendineuses facilitant le glissement des tendons autour du genou peuvent s'enflammer d'une façon chronique et donner des vessigons. Celui que j'ai observé le plus fréquemment est le *vessigon de la gaine de l'extenseur antérieur du métacarpe*, qui se montre allongé verticalement en avant du genou et du tiers inférieur de l'avant-bras, légèrement en dehors de l'axe du membre.

Ce vessigon se développe chez les bœufs travaillant dans des chemins défoncés, dans des terrains argileux ou marécageux dont la consistance facilite l'enlizement, et dans lesquels les animaux sont obligés de faire d'énergiques efforts pour s'arracher à chaque déplacement.

Le *diagnostic* est basé sur la direction et la situation de la dilatation synoviale.

Le *traitement* est identique à celui des autres synovites chroniques.

Le *vessigon tendineux de la gaine des fléchisseurs des phalanges* est rare; il se traduit, comme chez le cheval, par une dilatation de forme semi-conique, dont le sommet se trouve au niveau de l'arcade fibreuse carpienne, et dont la base remonte jusqu'au tiers inféro-postérieur du radius.

La dilatation est plus accusée en dedans qu'en dehors.

La distension de la *synoviale carpienne de l'extenseur commun des doigts* et de l'extenseur propre du doigt externe est encore plus rare que les précédentes.

SYNOVITES TRAUMATIQUES

Lorsqu'une blessure d'une zone articulaire pénètre profondément jusque dans la région des tendons ou des ligaments péri-articulaires, deux cas peuvent se présenter : 1º la blessure intéresse une synoviale tendineuse ; 2º elle intéresse une synoviale articulaire. Si le corps vulnérant est aseptique, ce qui est exceptionnel puisqu'il s'agit d'un accident, ces blessures peuvent rester sans conséquences graves; ordinairement, elles sont infectées au moment même de leur production, et l'infection gagne rapidement les replis ou culs-de-sac synoviaux. Dans le premier cas, il survient une synovite tendineuse traumatique suppurée; dans le second, une synovite articulaire suppurée qui se complique de lésions des cartilages articulaires, des ligaments, etc., et qui donne alors une arthrite traumatique.

La lésion primitive peut même n'intéresser que les régions péri-articulaires, à l'exclusion des synoviales ; et c'est au bout de quelques jours seulement que l'on voit survenir des complications de synovite suppurée, ou d'arthrite suppurée par défaut de réparation régulière ou par nécrose envahissante progressive des tissus lésés.

SYNOVITES TENDINEUSES TRAUMATIQUES

Les inflammations suppurées des synoviales tendineuses, consécutives à des traumas, sont constatées au niveau des gaines sésamoïdiennes des membres antérieurs ou postérieurs, plus rarement sur les gaines tendineuses tarsiennes ou carpiennes, et exceptionnellement vers les petites gaines des extenseurs antérieurs du métacarpe et des phalanges.

Elles sont consécutives à des blessures par coups de fourche, par dents de herse, et par corps piquants variés.

Elles sont caractérisées par l'existence d'une fistule ou d'une fistulette correspondant au trajet du corps vulnérant, fistule qui laisse échapper de la synovie d'aspect normal, puis bientôt de la synovie louche, laquelle dès le second jour, fait place à un écoulement séreux caillebotté et purulent.

Très rapidement, il se produit autour de la blessure un engorgement œdémateux diffus, chaud, douloureux, avec réaction fébrile plus ou moins vive et boiterie. Cet engorgement ne tarde pas à envahir toute l'étendue de la synoviale blessée et infectée. Le malade perd l'appétit, et, si un traitement rationnel n'est pas appliqué, des complications surviennent, nécessitant parfois l'abatage.

Le *pronostic* est grave toujours.

Traitement. — On a recommandé depuis fort longtemps l'hydrothérapie sous forme d'irrigation continue. Le moyen est excellent, mais irréalisable dans la majorité des cas de la pratique courante.

Je préfère un moyen qui m'a toujours réussi chez le cheval et chez le bœuf : les injections détersives suivies d'injections antiseptiques de glycérine au sublimé.

Tous les jours :

1° Lavage parfait de la cavité synoviale infectée à l'eau bouillie refroidie à 40°. Une contre-ouverture peut être nécessaire, et, pour que le lavage soit efficace, il faut que l'eau injectée s'échappe parfaitement claire;

2° Immédiatement après chaque lavage, injection de 20, 50 ou 60 grammes de glycérine au sublimé corrosif à 1 p. 1000.

Cette glycérine, en raison de son affinité pour l'eau et les parties liquides des tissus ou des cavités suppurantes, avec lesquelles elle est miscible, pénètre dans tous les culs-de-sac ou bas-fonds synoviaux, ce qui fait sa supériorité sur les solutions aqueuses antiseptiques.

La suppuration se tarit rapidement, la réparation devient régulière. La douleur et la boiterie s'atténuent progressivement, la guérison peut être parfaite.

Il est avantageux de compléter ce traitement antiseptique intrasynovial par la révulsion externe et les applications vésicantes.

Les solutions de sublimé dans la glycérine, à un titre plus élevé, 1 p. 800 ou 1 p. 500, ne sont indiquées que temporairement pendant les quelques jours du début du traitement. Dès que la suppuration est tarie, elles ont l'inconvénient d'être irritantes et de retarder la cicatrisation.

Perrot recommande, de préférence, l'emploi des injections d'huile au bi-iodure de mercure préparée comme suit :

Huile désacidifiée. . . . . 100 gr.
Bi-iodure de mercure . . . .   5 —

Agiter, n'injecter que la partie supérieure limpide et transparente de la solution, après dépôt de la partie non solubilisée.

SYNOVITES ARTICULAIRES TRAUMATIQUES, ARTHRITES TRAUMATIQUES

J'ai indiqué précédemment comment une inflammation primitive

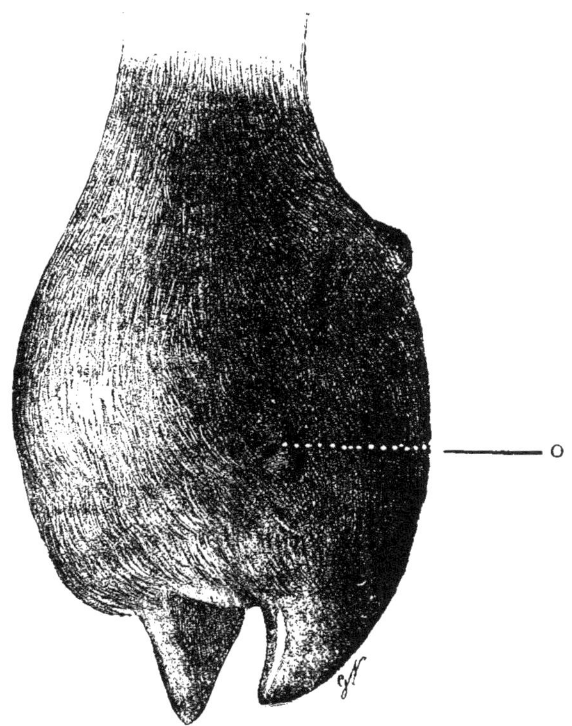

Fig. 46. — Arthrite suppurée du boulet. O. — Orifice de la blessure (jupare) sur la face antéro-interne.

de synoviale articulaire, d'origine traumatique, dégénérait forcément et rapidement en arthrite traumatique suppurée.

Symptômes. — La douleur est très vive au moment de la production de l'accident, mais cette douleur du début correspond à celle de tout traumatisme ; elle s'atténue ou disparaît complète-ment pendant quelques heures. — Aussitôt l'action traumatique on voit apparaître l'écoulement synovial qui est identique à celui

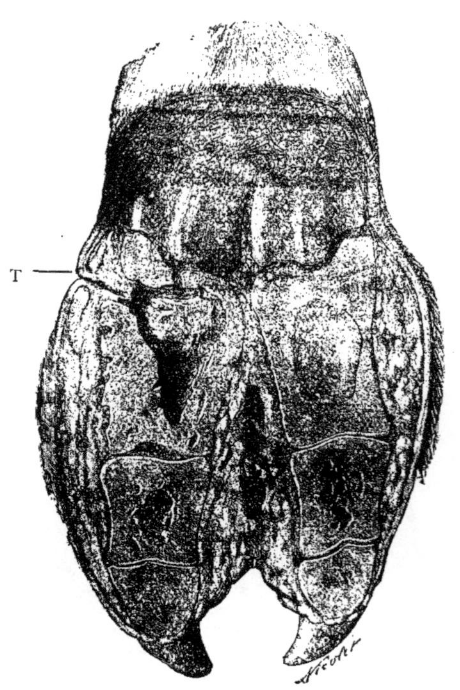

Fig. 47. — Arthrite suppurée consécutive à une ostéo-périostite traumatique de la première phalange. T. Trajet fistuleux de la lésion traumatique primitive.

des synovites traumatiques : limpide, puis louche, bientôt caille-botté, et enfin grumeleux, purulent, grisâtre.

La douleur reparaît alors, rapidement intense, continue, lanci-nante, déterminant la boiterie, voire le défaut absolu d'appui.

Un engorgement diffus, œdémateux, chaud et exagérément sensible, englobant la totalité de l'articulation lésée, s'établit rapi-dement; des troubles généraux avec réaction fébrile, perte d'appé-tit, etc., surviennent, caractérisant un état de souffrance très alar-mant.

Le *diagnostic* différentiel d'avec les synovites tendineuses trau-matiques exige quelque attention, mais ce diagnostic est générale-ment facile.

Le *pronostic* est très grave. La vie est compromise, l'amaigrissement extrêmement rapide. L'infection de la synoviale se propage aux cartilages articulaires qui se nécrosent et se désagrègent, aux ligaments qui se ramollissent.

Traitement. — Lorsqu'il s'agit de sujets en état d'embonpoint suffisant et auxquels on tient peu, il faut immédiatement les faire abattre. Si, au contraire, il s'agit de sujets d'une valeur spéciale et que l'on désire conserver, il faut recourir au traitement antiseptique indiqué pour les synovites traumatiques suppurées. La décortication des surfaces articulaires fait place à un bourgeonnement cicatriciel qui amène l'ankylose articulaire et la guérison relative. Encore faut-il pour que ce résultat puisse être obtenu, qu'il ne s'agisse que de malades relativement légers, de poids faible, capables d'éviter le décubitus prolongé et permanent. L'ouverture large de l'articulation serait à recommander pour les lavages intra-articulaires.

II. — ENTORSES OU EFFORTS

Lorsque, au niveau d'une articulation, une action musculaire, traumatique ou accidentelle, agit de façon à écarter anormalement les surfaces articulaires, jusqu'à distendre, dilacérer ou déchirer partiellement les ligaments, synoviales et tendons qui assurent la solidité de l'articulation, les conditions de production de l'entorse ou de l'effort sont réalisées. — L'écartement des surfaces articulaires a été insuffisant pour donner une luxation, mais il a provoqué des lésions péri-articulaires, qui se caractériseront dans la suite par l'apparition des symptômes des entorses ou des efforts. Les jointures serrées à mouvements restreints (jarret, boulet) sont plus spécialement le siège de ces lésions, mais on les rencontre aussi au niveau des articulations très mobiles (épaule, grasset).

EFFORT D'ÉPAULE

Les causes de cet accident sont les chutes sur le côté, les glissades au moment de l'appui du membre qui arrive au sol en extension après avoir embrassé le terrain, les glissades du pied qui est près de quitter le sol à la limite d'extension postérieure, les glissades transversales, etc. Les lésions péri-articulaires portent alors, suivant les cas, sur les régions antérieures, les régions postérieures, ou les tissus internes de l'articulation. Selon certains auteurs, les contractions musculaires violentes, le travail dans les terrains argileux et mous, dans les marécages et les rizières (Furlanetto) seraient encore susceptibles de développer l'effort d'épaule.

Symptômes. — Au début, la marche semble gênée, le malade cherche à rester en décubitus prolongé, puis la boiterie devient caractéristique; les mouvements de l'articulation scapulo-humérale étant douloureux, le sujet atteint limite ses mouvements et déplace son membre tout d'une pièce par un *mouvement de faucher* en abduction. Ce mouvement semi-circulaire évite la flexion de l'angle scapulo-huméral, mais l'amplitude du pas est diminuée.

Localement, la région de l'angle scapulo-huméral est empâtée; sa palpation révèle une sensibilité exceptionnelle, et les mouvements qu'on cherche à lui imprimer par des actions sur les rayons inférieurs provoquent de violentes réactions de défense.

Diagnostic. — Le diagnostic n'est pas très difficile, bien que le mouvement de faucher puisse s'observer dans d'autres cas (crevasses du paturon et du genou, par exemple).

Pronostic. — Le pronostic est favorable; comme il ne s'agit que de distensions tendineuses modérées ou des dilacérations musculaires isolées, la réparation est presque certaine.

Traitement. — Le traitement consiste à immobiliser l'articulation et à faciliter le travail de réparation. — Les blessés doivent donc rester au repos. L'immobilisation est obtenue par les applications de vésicants variés, de liniments irritants, de pommades stibiées, etc. Après une huitaine, on fera des frictions sèches, du massage musculaire et péri-articulaire, et on exigera un exercice modéré progressif.

Ce même traitement peut être appliqué contre les efforts du coude, les distensions musculaires ou tendineuses péri-articulaires.

EFFORT DU GENOU

L'effort du genou est plus fréquent chez le bœuf que chez le cheval, en raison de la conformation particulière du genou du bœuf, et en raison aussi du mode de travail au joug. Ce mode de travail, laissant moins de liberté individuelle pour tout le train antérieur, met souvent les animaux dans de mauvaises conditions d'appui pour la traction des fardeaux, d'où les efforts articulaires. — Les distensions ligamenteuses et péri-articulaires se font, règle générale, en dedans.

Les *symptômes* sont la boiterie, la sensibilité exagérée à la pression, la douleur au cours des mouvements provoqués du genou en flexion, et l'empâtement de toute la région péri-articulaire.

Le *diagnostic* est facile, mais le *pronostic* comporte quelque gravité pour les animaux de travail.

Le *traitement* a pour base les applications révulsives, le massage et les douches, lorsqu'il est possible d'y avoir recours.

EFFORT DE BOULET

C'est l'accident le plus fréquent des bœufs de travail, et c'est le seul à qui l'on donne communément le nom d'entorse.

Étiologie. — La marche sur un sol inégal, irrégulier, rocailleux, ou dans un chemin défoncé d'ornières, réalise toutes les conditions de production de l'entorse du boulet. L'appui se fait en plan incliné pour les deux onglons; il s'effectue irrégulièrement ou n'a lieu que pour un seul onglon.

Le rayon phalangien bascule en dedans ou en dehors, entraînant dans une flexion transversale externe ou interne, ou dans un mouvement de torsion. l'articulation du boulet et ses liens d'attache surtout. Il en résulte, suivant les cas, des tiraillements et des dilacérations des ligaments internes ou externes, de l'extrémité du suspenseur du boulet, des tendons, etc.

Fig. 48. — Effort de boulet, membre antérieur droit, épaississement marqué de la jointure.

L'effort de boulet se produit encore au cours des mouvements de dégagement des onglons et du paturon emprisonnés dans un trou dans une entrave ou tout autre obstacle.

Symptômes. — Dès le début, il y a boiterie sans lésion visible. A l'exploration du membre, toute la région du boulet est sensible à la pression, sensible aux mouvements d'extension et de flexion longitudinales forcées, et surtout au mouvement de torsion du rayon phalangien sur le métacarpe. — Quelques jours plus tard, tout le boulet devient le siège d'un empâtement diffus.

Diagnostic. — Le diagnostic est facile, car l'aspect du boulet est tout différent de celui offert par les molettes tendineuses ou articulaires.

Pronostic. — Le pronostic varie beaucoup suivant l'intensité des lésions interstitielles de la profondeur, et la gravité de ces lésions est d'ordinaire en rapport avec l'intensité des symptômes.

Traitement. — Les ablutions froides fréquemment répétées, les bains de pieds froids d'une heure, matin et soir, et même les cataplasmes appliqués en cravate rendent des services. Lorsque la douleur est un peu calmée, après trois ou quatre jours, il est indiqué de recourir aux vésicants, puis au massage, et, dans le cas de non-réussite par ces moyens, à l'application du feu en pointes.

Fig. 49. — Effort de **boulet** postérieur gauche.

L'effort de boulet se rencontre aux membres postérieurs exactement dans les mêmes conditions que ci-dessus pour les membres antérieurs, et bien plus fréquemment.

EFFORT DE GRASSET

L'effort de grasset est le résultat de distensions ligamenteuses sans déplacement de la rotule, et aussi, plus fréquemment peut-être, le résultat de lésions des aponévroses et tendons d'insertion des muscles ischio-tibiaux externes et fémoro-rotuliens.

Étiologie. — L'effort de grasset peut être la conséquence de heurts se produisant à l'entrée ou à la sortie des étables, de chutes sur un sol inégal, de chocs directs, de glissades, ou même de contractions brusques et violentes des muscles de la région antéro-externe de la cuisse.

Symptômes. — La boiterie est le symptôme immédiat ou consécutif à l'accident. Cette boiterie présente ce caractère particulier que le malade immobilise lui-même en partie son articulation contusionnée, en déplaçant le membre postérieur suivant un *mouve-*

ment de faucher que détermine la contraction des abducteurs de la cuisse.

Localement, il existe un empâtement inflammatoire diffus, au travers duquel il est fort difficile de préciser la lésion. Toute la région du grasset est endolorie, mais il n'y a pas d'hydarthrose simple.

Diagnostic et pronostic. — Le diagnostic est facile ; quant au pronostic, il doit être basé sur l'intensité des symptômes, car si des insertions tendineuses ou aponévrotiques, si des ligaments sont largement lésés, ce pronostic devient grave.

Traitement. — On recommande les ablutions froides fréquemment répétées, les douches et le massage au début. Les applications vésicantes sont plus efficaces pour les cas graves : vésicatoire ordinaire, pommade stibiée au tiers, pommade au bichromate de potasse, etc. Si, pour un motif quelconque, on tient particulièrement aux animaux, on pourra avoir recours au feu en raies ou en pointes.

Un repos de quelques semaines amène la guérison.

EFFORT DE JARRET

Étiologie. — L'effort de jarret se développe facilement chez les jeunes bœufs de travail au dressage, qui, libres dans leur train postérieur, cherchent à se soustraire aux excitations du bouvier par des mouvements latéraux, lesquels placent leurs membres postérieurs suivant des aplombs vicieux.

La distension des ligaments internes est plus fréquente que celles des externes, en raison de la conformation des jarrets.

Symptômes. — L'effort de jarret se traduit par une boiterie qui s'accentue dans les mouvements de tourner, par de la sensibilité exagérée de tout le jarret et, parfois, dans les cas graves, par de l'empâtement œdémateux sous-cutané.

Diagnostic et pronostic. — Le diagnostic est sans difficulté. Le pronostic est parfois grave, parce qu'il n'est pas rare de voir survenir comme complication un éparvin, un vessigon articulaire ou même de la périostose du jarret.

Traitement. — Il est souvent avantageux de recourir d'emblée à une large application vésicante sur tout le jarret, pour compléter plus tard ce traitement par les douches et les bains d'eau courante, une demi-heure matin et soir. Exceptionnellement, on pourra recourir à l'application du feu en raies, lorsque la première intervention sera restée sans résultats.

III. — LUXATIONS ARTICULAIRES

Lorsque, dans une articulation, les surfaces articulaires en arrivent à changer leurs rapports d'une façon définitive, sous une influence traumatique ou autre, on dit qu'il y a luxation.

Les luxations sont dites *congénitales* lorsqu'elles existent à la naissance, *spontanées* lorsqu'elles résultent d'un vice de conformation ou de constitution, ou *acquises et accidentelles* lorsqu'elles résultent d'une chute, d'un trauma, d'un accident.

Relativement à leur durée, les luxations sont dites *temporaires* quand elles ne se reproduisent pas après réduction, *progressives* lorsque l'écartement des surfaces va en s'accentuant, ou *définitives* quand la réduction est rendue impossible.

Les luxations que l'on note le plus ordinairement chez les bêtes bovines sont : la luxation coxo-fémorale, la luxation de la rotule, les luxations fémoro-tibiales, et celles de l'articulation scapulo-humérale.

LUXATION COXO-FÉMORALE

La luxation coxo-fémorale, c'est-à-dire le déplacement de la tête du fémur en dehors de la cavité cotyloïde, est assez souvent congénitale. Elle se produit encore avec facilité chez les adultes ou les animaux âgés, par suite du peu de solidité relative des ligaments articulaires et de l'absence du faisceau ligamenteux sous-pubien.

Étiologie. — La luxation peut être *congénitale*, la tête du fémur se trouvant reportée en arrière et au-dessus de la cavité cotyloïde. Elle est alors sans intérêt pratique, parce que les animaux ne sont pas conservés pour l'élevage.

Plus souvent, sur les jeunes ou les adultes, elles se montre *spontanée progressive*, par altération ou relâchement du ligament interosseux coxo-fémoral. La tête du fémur empiète sur le bord supérieur de la cavité cotyloïde qu'elle altère, et vient se loger vers le col de l'ilium dans la grande échancrure sciatique.

On la rencontre d'ordinaire, comme lésion purement accidentelle, chez des animaux qui ont fait des chutes, des sauts, des glissades des membres postérieurs en arrière, par côtés, et transversalement.

Les luxations accidentelles se constatent de préférence sur les animaux adultes, lourds et âgés.

Les glissades transversales des membres (*écartèlement*) par rapport à l'axe du corps sont d'autant plus faciles qu'il n'y a pas de faisceau sous-pubien du ligament interosseux, et ce sont elles surtout qui déterminent ces luxations, ou simplement des subluxations, c'est-à-dire des déchirures du ligament capsulaire vers sa partie interne, et des déchirures des muscles adducteurs de la cuisse, sans rupture complète du faisceau interosseux et sans sortie de la tête du fémur de sa cavité cotyloïde.

On dit alors simplement que les bêtes sont écartelées. L'accident se produit dans les étables à sol macadamisé et dans les wagons; il peut être simple, c'est-à-dire unilatéral, ou double et bilatéral, ce qui est exceptionnel.

La luxation peut enfin être complète, lorsque la rupture des ligaments capsulaires et interosseux est totale. La tête fémorale va se loger en haut et en avant, vers la grande échancrure sciatique, plus rarement en arrière vers la petite échancrure, et exceptionnellement en dessous du pubis et en avant, dans le trou ovalaire (Guittard).

Symptômes. —Les symptômes varient suivant qu'il s'agit d'une luxation spontanée progressive, ou au contraire d'une luxation accidentelle. — Dans la luxation progressive, les animaux peuvent se relever et marcher sans difficulté ; le membre où siège la lésion oscille pendant les efforts de déplacement, non pas comme s'il était paralysé, mais simplement désinséré supérieurement; l'appui est peu douloureux, la marche

Fig. 50.—Luxation coxo-fémorale spontanée progressive gauche.(D'après photographie.)

irrégulière; le membre à l'appui paraît plus court que l'autre, et la saillie trochantérienne est plus accusée (fig. 50).

La hanche est abaissée du côté correspondant, le bassin est oblique. S'il y a fausse articulation, le membre se déplace tout d'une pièce, avec raideur en dehors, l'amplitude du pas est diminuée.

Dans les luxations accidentelles, uni ou bilatérales, chez les bêtes écartelées, l'attitude dans laquelle on trouve les malades est souvent caractéristique : l'un des membres est étendu perpendiculairement au corps, la face plantaire tournée en arrière; les deux se trouvent parfois dans une attitude telle qu'elle est impossible dans l'état physiologique (fig. 51). Le relever ne peut s'effectuer; le malade se soulève sur les genoux, mais le train postérieur

Fig. 51. — Luxation coxo-fémorale bilatérale accidentelle (Attitude caractéristique des membres postérieurs.)

n'obéit pas; les muscles adducteurs déchirés ne peuvent plus ramener et maintenir le membre parallèlement à l'axe du plan médian du corps; les abducteurs de la croupe et de la cuisse agissent seuls, et dès que la station quadrupédale aurait de la tendance à se faire, le membre glisse en dehors. L'appui sur le sol se fait sur la mamelle ou sur la région sous-pubio-ischiale.

A l'inspection, la saillie trochantérienne paraît effacée; à la palpation, la main, appliquée à plat sur le trochanter pendant qu'un aide déplace le membre en différents sens en agissant sur le paturon, perçoit, malgré la profondeur de la lésion, des frottements anormaux et de la crépitation particulière due à un épanchement séro-sanguinolent péri et intra-articulaire. Cette crépitation se perçoit encore avec la main engagée profondément à la face interne de la cuisse et de l'articulation.

Diagnostic. — Le diagnostic ne présente pas de difficultés. L'attitude que prend le malade lorsqu'on le sollicite au relever est caractéristique de l'écartèlement.

Le diagnostic de la luxation progressive est plus délicat, mais la déformation de la croupe en position debout et à l'appui fixe l'attention.

Pronostic. — Le pronostic est extrêmement grave, car, si la réduction peut se faire, nous restons désarmés lorsqu'il s'agit de maintenir cette réduction.

Traitement. — Le traitement comporterait la réduction de la luxation et l'immobilisation. La réduction, dans le cas de luxation vers la grande échancrure sciatique, s'obtient sans trop de difficultés en couchant l'animal sur le côté non malade, en faisant de la contre-extension avec une plate-longe passée dans le pli de l'aine, ou avec un morceau de bois rond tendu à ses deux extrémités par des longes, et en pratiquant l'extension du membre dans la direction voulue. Dans ce but, on se sert de plates-longes ou de longes fixées au-dessus du boulet.

Comme le plus souvent il ne s'agit que de subluxations, il n'y a pas de réductions à faire; la remise en place de la tête fémorale s'effectue d'elle-même; malheureusement, cette coaptation des surfaces articulaires ne persiste pas, les actions musculaires la détruisent dès que cesse l'effort de réduction. L'immobilisation de l'articulation après réduction est d'ailleurs impossible chez des sujets pesants, et les déplacements se reproduiraient.

Economiquement, il n'y a qu'à faire abattre, car seuls quelques sujets de poids faible, capables de se soutenir sur trois membres, pourraient guérir. L'abatage hâtif est de nécessité absolue dans les cas de luxation double ; la viande peut alors être utilisée, exception faite pour les régions lésées et infiltrées.

LUXATION DE LA ROTULE

La luxation de la rotule est l'une des plus fréquentes que l'on puisse rencontrer chez les sujets de l'espèce bovine ; la cause s'en trouve peut-être dans la disposition anatomique de l'articulation fémoro-rotulienne. La lèvre interne de la trochlée fémorale est en effet très élevée, l'externe peu développée; et, d'autre part, la rotule osseuse ne se montre que peu élargie sur son pourtour, principalement en dedans, par la gangue cartilagineuse que l'on trouve si abondante chez le cheval, par exemple. — Il en résulte que la rotule n'est maintenue en place que par le ligament rotulien interne et par l'aponévrose fémoro-rotulienne. Sous l'influence de causes variées, ces liens d'attache ne sont pas suffisants pour empêcher le déplacement de la rotule en dehors, d'où luxation.

Étiologie. — La luxation en dedans semble anatomiquement impossible. Elle doit être fort rare, et nécessite la rupture du ligament externe.

Par contre, comme chez le cheval, *l'accrochement de la rotule* sur le sommet de la lèvre interne de la trochlée semble fréquent, lorsque cette trochlée présente anormalement une disposition en cran d'arrêt.

La luxation en dehors est spontanée ou accidentelle; on la dit spontanée lorsqu'elle se produit par relâchement des liens d'attache

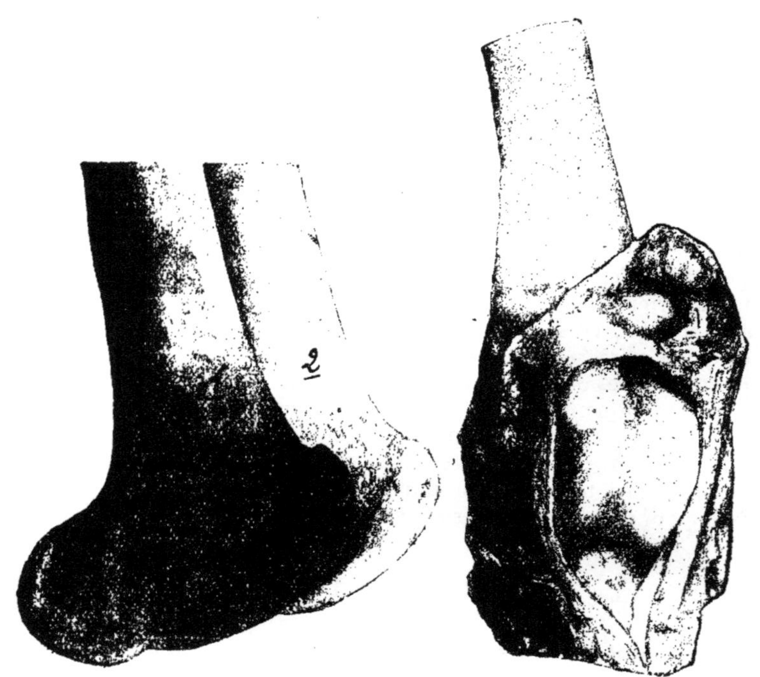

Fig. 52. — Deux extrémités inférieures de fémurs de bovidés. — 1, partie supérieure de la lèvre interne de la trochlée avec cran d'arrêt; 2, partie supérieure de la lèvre interne d'une trochlée normale.

Fig. 53. — Début de déplacement de la rotule en dehors de la trochlée fémorale.

ou par des actions musculaires irrégulières; accidentelle lorsqu'elle est la conséquence immédiate d'une action extérieure imprévue.

Les *contractions violentes du triceps crural*, en soulevant la rotule au delà des limites physiologiques des mouvements normaux, favorisent ou tout au moins permettent le déplacement de la rotule en dehors, au moment de la détente musculaire.

Le *relâchement pathologique des ligaments et des muscles*, en laissant la rotule s'abaisser à la base de la trochlée, facilite aussi son déplacement, d'où la production d'une luxation spontanée même durant le repos et à l'étable. Il est vrai que cette luxation toute temporaire, ou, mieux, cette subluxation, se réduit souvent par la contraction musculaire, dès que les sujets sont mis en mouvement.

Les *glissades des membres postérieurs* en arrière, en ouvrant largement tous les angles articulaires, et en tournant les lèvres de la

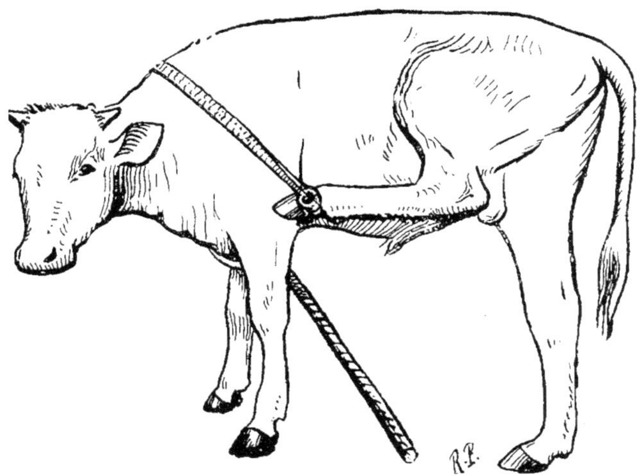

Fig. 51.

trochlée vers le bas, favorisent encore beaucoup les déplacements latéraux de la rotule qui, dans ces conditions, n'est plus immobilisée sur la poulie trochléenne ; le déplacement en dehors s'effectue, la luxation est constituée.

Les *traumatismes divers*, les coups, les heurts du grasset contre les montants de portes, les chutes, sont susceptibles de déterminer cette luxation.

Symptômes. — Les symptômes de la luxation accidentelle, la plus typique, sont nets. — Aussitôt la lésion produite, le membre est immobilisé en extension complète ; l'angle fémoro-tibial ne peut plus se fermer, non plus que l'angle du jarret. Seule, la flexion phalangienne peut s'opérer.

Pendant les déplacements, qui sont fort difficiles, tout le membre postérieur reste rigide comme une barre, le rayon phalangien maintenu en arrière rase le sol, l'appui a de la tendance à se faire en pince sur les onglons. Le membre est entraîné, mais il ne peut pas entamer le terrain.

Localement, la rotule se rencontre en dehors de la lèvre externe de la trochlée; ses ligaments internes sont fortement tendus.

Si la luxation est spontanée, d'origine musculaire, ou par relâchement tendineux, on la constate d'ordinaire au sortir de l'étable au lâcher des animaux ; elle devient progressive et s'aggrave avec le temps, parce qu'il survient forcément de l'irritation chronique de la synoviale, de l'arthrite chronique.

Les symptômes sont identiques à ceux de la luxation traumatique mais ils ne sont que temporaires.

Diagnostic. — Le diagnostic est relativement facile, l'attitude du membre et le déplacement de la rotule étant suffisamment significatifs, et permettant de différencier cet accident de la *luxation fémoro-tibiale* ou de *l'accrochement du muscle ischio-tibial*.

Pronostic. — Le pronostic est très variable. S'il s'agit d'une luxation traumatique et si les désordres ne sont pas graves, la réduction permet d'espérer la guérison définitive.

Au contraire, avec la luxation spontanée, la reproduction de l'accident est presque fatale.

Traitement. — Le traitement comporte une seule indication : la réduction, avec immobilisation ultérieure pendant un temps suffisant. — Pour la réduction, il faut ouvrir suffisamment l'angle

Fig. 55. — Bande de Bénard.

fémoro-tibial immobilisé, redresser le coude formé par le fémur et le tibia. On y arrive en fixant sur le paturon du membre atteint une plate-longe que l'on dirige sur le garrot, en avant de l'épaule du côté opposé, et que l'on ramène soit en avant de la trachée, soit entre les deux membres antérieurs (fig. 54). Pendant qu'un aide tire fortement sur cette plate-longe, jusqu'à ramener le boulet postérieur à la hauteur du coude correspondant, l'opérateur exerce de dehors en dedans une forte pression sur la rotule qui vient se remettre à cheval sur la trochlée. La réduction est opérée.

Les soins consécutifs comportent l'application d'un vésicant à effet rapide, provoquant l'infiltration œdémateuse de tout le tissu péri-articulaire, et empêchant par cela même les mouvements et la reproduction de la luxation (pommade d'Autenrieth, vésicatoires à base de cantharides et d'huile de croton). Il est bon aussi d'attacher les animaux dans des conditions telles qu'il leur soit impossible de se coucher pendant quelque temps.

Si enfin il s'agit de luxation spontanée sur de jeunes sujets et que les vésicants, après réduction, aient échoué, on recommandait autrefois de recourir à l'emploi de la bande de Bénard, qui cependant semble bien peu pratique. Cette bande de toile, de forme losangique, a 1 m. 30 de long, 13 à 15 centimètres de large en son milieu, et 4 centimètres seulement à ses extrémités. Elle porte en son milieu une ouverture transversale capable de circonscrire la rotule, et un passant destiné à maintenir les tours de bande; puis une seconde ouverture longitudinale à environ 20 centimètres du milieu.

La réduction étant opérée, on recouvre toute la région du grasset d'une couche de térébenthine ou de poix, puis on applique le bandage : la rotule dans l'ouverture médiane, le chef A passant en arrière, vers le pli de la fesse dans l'anneau du chef B ; les deux chefs croisés sont ramenés en avant, puis croisés à nouveau sous le passant, sur la rotule ; dirigés pour la seconde fois en arrière, recroisés et fixés définitivement en avant sous la rotule. — Le bandage bien serré, sans toutefois porter atteinte à la circulation, doit être laissé en place huit à dix jours.

Vandenmœgdenberg conseille de placer le malade sur un plan incliné, le train postérieur surélevé de 30 centimètres par rapport à l'antérieur, de façon à provoquer un état de contraction permanente des muscles antérieurs de la cuisse immobilisant la rotule. De simples ablutions froides fréquemment répétées, des frictions à l'alcool camphré ou des frictions à l'essence de térébenthine compléteraient ce traitement original mais peu commode, et permettraient d'obtenir la guérison en une quinzaine de jours.

SUBLUXATION DE LA ROTULE

On donne le nom de subluxation de la rotule, d'accrochement de la rotule ou de crampe, à l'état pathologique caractérisé par l'arrêt, l'immobilisation, l'accrochement de la rotule sur le sommet de la lèvre interne de la trochlée fémorale.

Symptômes. — Cette subluxation se traduit cliniquement par des signes extérieurs qui sont identiques à ceux de la luxation vraie : impossibilité de flexion des articulations du membre atteint, déplacement de ce membre devenu rigide, en dehors, le bord antérieur des onglons traînant sur le sol comme dans la luxation vraie. — — Au repos, à l'étable, rien d'anormal, l'appui se fait bien.

L'anomalie de la marche, l'accident temporaire d'accrochement se manifestent ordinairement le matin au sortir de l'étable, ou bien durant la journée après un temps variable de repos. Puis, souvent, soudainement, à la suite d'une excitation brusque pour accélérer la marche ou l'allure, l'anomalie cesse d'une façon absolue pour ne reparaître que plus tard ou le lendemain, ou seulement quelques instants après. — Au moment de cette modification, il se produit invariablement un claquement plus ou moins intense qui peut se percevoir à distance. Il résulte de la chute de la rotule sur la trochlée fémorale, lorsqu'un effort plus violent des muscles l'a soulevée de son point d'immobilisation.

Lorsque le membre est maintenu rigide, la rotule est immobilisée au sommet de la lèvre interne de la trochlée.

Étiologie. — L'accrochement de la rotule ne se constate guère que sur les bêtes maigres, principalement les laitières. Il tient à une conformation spéciale du sommet de la lèvre interne de la trochlée fémorale fig. 52, l'accrochement étant favorisé par une atrophie du coussinet adipeux rotulien. Des glissades en arrière, avec extension extrême du grasset, pourraient le faire apparaître chez tous les sujets.

Le *diagnostic* est extrêmement facile, le *pronostic* fort ennuyeux.

Traitement. — Le traitement comporte tout d'abord le repos et l'engraissement; puis, si une amélioration ne se produit pas, il est indiqué de recourir au traitement chirurgical par la section du ligament rotulien interne (Hamoir, 1909). Cette section, qui ne peut être qu'imparfaite cependant, par suite des adhérences du ligament interne et des aponévroses voisines, donne de bons résultats. Le ligament rotulien interne, bridé et tendu, est facile à percevoir. L'opération peut être faite debout, après anesthésie locale, à l'aide des ténotomes ordinaires, le ténotome boutonné introduit à plat et la section étant effectuée le tranchant redressé vers l'extérieur, sous la peau.

L'engraissement, en augmentant le volume du coussinet graisseux sous-rotulien et en régularisant la sécrétion de la synovie, suffit souvent à amener la guérison.

LUXATION FÉMORO-TIBIALE

La luxation fémoro-tibiale est aussi une rareté, et cela s'explique par la solidité des ligaments fémoro-tibiaux latéraux et des ligaments croisés interosseux.

Cette luxation peut se présenter sous différents aspects, suivant que la tête du tibia se trouve déplacée en avant de l'extrémité inférieure du fémur, en arrière, en dedans ou en dehors. Il y a donc quatre aspects différents possibles de cette luxation. La luxation la plus fréquente est la luxation en arrière.

Étiologie. — Les causes de ces luxations sont toujours accidentelles ou traumatiques, exception faite des luxations ou subluxations d'origine tuberculeuse (luxations latérales en dedans ou en dehors, au cours des arthrites tuberculeuses, avec destruction plus ou moins marquée des condyles).

Elles se produisent dans les sauts en contre-bas, les chutes dans les fossés profonds, les ravins, ou les courses folles dans les régions escarpées et montagneuses. Tous les chocs violents venant porter leur action brutale sur l'extrémité supérieure du tibia, en avant ou en dehors, sont susceptibles de provoquer la luxation en arrière ou en dedans.

Symptômes. — Dans la luxation de l'extrémité supérieure du tibia en arrière, la plus fréquente, la marche devient difficile, le

Fig. 56. — Luxation fémoro-tibiale (luxation en arrière).
(D'après photographie du professeur Besnoit.)

membre est tenu rigide par extension continue de toute la partie inférieure, les angles articulaires ne peuvent plus se fermer ; le membre est déplacé sans pouvoir entamer le terrain, et les onglons traînent la litière ou frottent le sol, exactement comme dans la luxation de la rotule.

Localement, la région du grasset est déformée, l'extrémité fémorale inférieure et la rotule font saillie, l'extrémité tibiale supérieure reportée en arrière est effacée et laisse une dépression sous-fémoro-rotulienne. La ligne de la fesse est modérément en saillie en arrière au même niveau, par refoulement des masses musculaires (fig. 56).

Vue de derrière, la ligne interne de la cuisse se montre déviée et plus ou moins convexe, lorsque la luxation de l'extrémité tibiale supérieure se fait en dedans (fig. 57).

Localement, la palpation permet de reconnaître les déplacements osseux. — Dans la luxation en avant, la saillie antérieure du grasset est représentée par le sommet de la crête tibiale et la rotule, tandis que l'extrémité fémorale est effacée. Dans la luxation en dehors, l'extrémité tibiale supérieure fait une saillie anormale au-dessus de laquelle apparaît une dépression digitale horizontale.

Diagnostic. — Le diagnostic ne présente pas de difficultés lorsque l'examen du malade est fait aussitôt l'accident ou longtemps après. Il demande plus d'attention lorsque l'exploration n'est pratiquée que deux ou trois jours après, alors qu'il existe un épanchement péri-articulaire abondant.

Fig. 57. — Luxation fémoro-tibiale gauche (en arrière et en dedans). (D'après photographie du professeur Besnoit).

Dans les luxations ou subluxations d'origine tuberculeuse, l'accident est toujours consécutif à une arthrite tuberculeuse destructive ancienne à marche lente.

Pronostic. — Le pronostic est grave, en premier lieu parce que la réduction est difficile, et en second lieu parce que le maintien de la réduction et l'immobilisation complète de l'articulation lésée sont souvent impossibles.

Traitement. — Il ne doit être tenté que chez les animaux jeunes de taille encore faible.

Pour les luxations tibiales en dedans et en dehors, on opère sur l'animal couché sur le côté opposé à la lésion. La contre-extension est pratiquée à l'aide d'une plate-longe passée dans le pli de l'aine; l'extension se fait dans la direction du rayon fémoral, par l'intermédiaire d'une plate-longe fixée sur le canon, et l'opérateur agit avec ses deux mains sur la tête tibiale.

Dans la luxation tibiale en avant, la contre-extension se fait à l'aide d'une plate-longe passée dans le pli poplité et dirigée en avant l'extension se fait obliquement en arrière, pendant que l'opérateur agit encore avec ses deux mains sur la tête tibiale. La réduction de la luxation tibiale en arrière est encore plus difficile, par suite de la contracture des masses musculaires postérieures.

Pour l'immobilisation après réduction, on n'a que la ressource des bandages à la poix ou de bandages plâtrés.

Pratiquement, le diagnostic étant précisé, il y a généralement avantage économique à envoyer hâtivement les blessés à l'abattoir.

LUXATION SCAPULO-HUMÉRALE

La luxation scapulo-humérale, comme la fémoro-tibiale, est exceptionnelle. Elle peut se présenter sous deux aspects, suivant que le déplacement de la tête de l'humérus se fait en dedans ou en arrière de la cavité glénoïde, mais, règle générale, c'est la luxation en dedans que l'on constate. La luxation de la tête humérale en avant est rendue à peu près impossible par suite de la résistance offerte par les tendons des muscles, biceps et sus-épineux ; de même que la luxation en dehors où le tendon du sous-épineux très puissant offre une résistance énorme. — En dedans, au contraire, l'insertion du sous-scapulaire est bien plus fragile, rien ne s'oppose réellement à la sortie de la tête humérale.

Étiologie. — Les chocs violents dirigés transversalement sur le tiers supérieur du bras peuvent déplacer brutalement la tête humérale vers le plan médian du corps, en provoquant la rupture de la paroi interne du ligament capsulaire et la déchirure du muscle sous-scapulaire.

Les sauts en contre-bas, les chutes sur les membres antérieurs, en favorisant le déplacement de la cavité glénoïde en avant de la tête humérale, ont de la tendance à donner une luxation de la tête humérale en arrière, luxation qui devient toujours postéro-interne. La cause la plus fréquente qui intervient dans ces luxations, c'est la *descente transversale* instantanée des bêtes qui ont cherché à effectuer la saillie. Qu'il s'agisse de taureaux ou de vaches en chaleur, si la bête qui subit la tentative de saillie se dérobe brusquement par un saut de côté, ou si la descente est provoquée par l'apparition subite d'un chien, il peut se faire que l'un des membres antérieurs soit violemment écarté du tronc transversalement, comme dans l'écartèlement vrai ; la résistance offerte par le ligament capsulaire et les muscles internes de l'épaule est dépassée, la luxation est produite.

Symptômes. — Les symptômes sont immédiats, l'appui ne peut plus se faire sur le membre lésé, l'animal marche à trois membres. Toutes les actions musculaires sont suspendues ; le membre, légèrement raccourci par glissement de la tête humérale en dedans de l'épaule, est rigide dans les déplacements, la pointe des onglons effleurant le sol.

Localement, la région de la pointe de l'épaule est déformée et semble reportée en dehors, par l'écartement provoqué par le déplacement de la tête humérale. Sous la cavité glénoïde et l'apophyse coracoïde, il existe une dépression au fond de laquelle on sent l'humérus dévié ; mais bientôt cette dépression se comble par l'épanchement séro-sanguinolent consécutif à la luxation.

Diagnostic. — Le diagnostic ne présente pas de grandes difficultés, étant données les conditions de production de l'accident.

Pronostic. — Le pronostic est grave, car bien qu'il s'agisse d'une luxation dont la réduction est relativement facile, l'immobilisation après réduction est bien délicate ou même impossible.

Traitement. — Pour la réduction, l'animal doit être couché sur le côté opposé ; on pratique la contre-extension à l'aide d'une plate-longe passée sous l'aisselle, l'extension à l'aide de tractions directes sur le canon ou le boulet, pendant que l'opérateur agit lui-même localement pour réaliser la coaptation, avec ses deux mains placées, l'une en avant, l'autre en arrière de l'articulation.

L'immobilisation peut être tentée ensuite avec un pansement à la poix, s'il s'agit d'animaux jeunes de poids faible. Si, au contraire, il s'agit de sujets lourds et pesants, la luxation aura de grandes chances de se reproduire pendant les tentatives d'appui ou au moment du décubitus ; aussi, dirige-t-on ces blessés vers l'abattoir le plus ordinairement.

LUXATION DU SACRUM

Le terme de luxation du sacrum a été appliqué à une déformation du bassin qui est caractérisée par un véritable enfoncement de

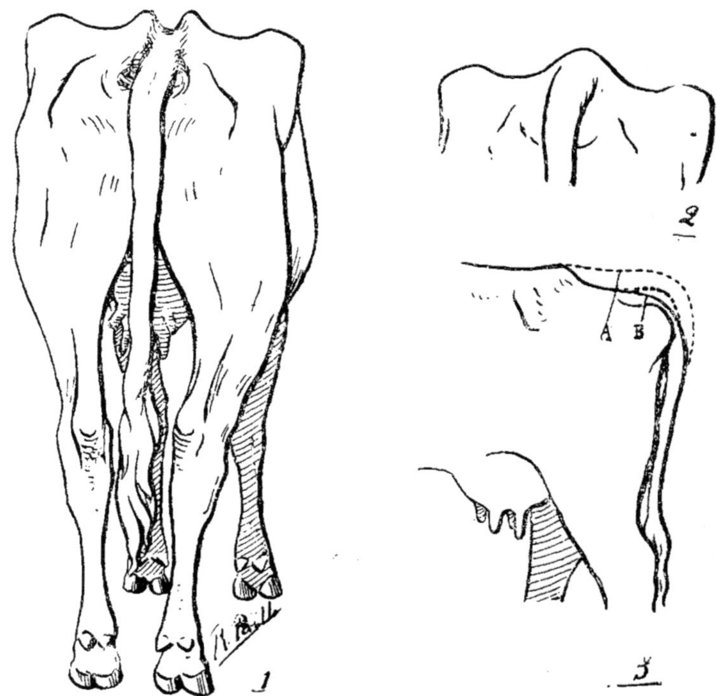

Fig. 58. — 1. Luxation du sacrum. — 2. Silhouette de la croupe, état normal. — 3. Luxation du Sacrum : A, état normal; B, enfoncement de la queue.

l'extrémité de la colonne vertébrale entre les deux angles internes des iliums. Il ne s'agit, pas en réalité, d'une véritable luxation, ni même d'une subluxation, mais seulement d'une élongation des ligaments sacro-iliaques. Il en résulte que durant la position debout les angles internes des iliums font une saillie qui surplombe notablement la ligne médiane. L'accident se constate de préférence chez les vieilles bêtes. Le relever est difficile de même que la marche. Ces infirmes doivent être engraissées en vue de la boucherie.

IV. — HYGROMAS

Les hygromas résultent de l'inflammation chronique des bourses séreuses naturelles, ou des bourses séreuses accidentelles qui se forment dans les régions saillantes où la peau est exposée aux frottements réitérés, aux coups, aux chocs, aux déplacements étendus.

Ces hygromas évoluent lentement d'ordinaire, sans grandes réactions douloureuses et sans signes inquiétants; aussi le praticien n'est-il souvent consulté que lorsque déjà la tuméfaction est énorme.

L'hygroma est caractérisé ordinairement par l'*insensibilité* et la *fluctuation régulière en tous ses points* ; la paroi de la bourse séreuse est alors simplement épaissie, et permet une palpation facile.

L'hygroma infecté et atteint d'inflammation aiguë prend les caractères d'évolution des abcès chauds : sensibilité, infiltration œdémateuse des parois, fluctuation plus manifeste en un point, suppuration, abcédation.

L'hygroma ancien acquiert progressivement des parois indurées, scléro-fibreuses, extrêmement résistantes qui en rendent l'exploration plus difficile. Il peut même arriver, si cet hygroma se trouve dans une région fréquemment exposée aux frottements, que la peau de recouvrement subisse une véritable transformation en vue de la kératinisation des couches épidermiques.

La paroi de l'hygroma subit alors parallèlement une modification aussi profonde et s'infiltre de calcaire, ou s'incruste de véritables plaquettes osseuses de dimensions variées.

On a dit que les hygromas pouvaient être d'origine tuberculeuse ou pouvaient devenir un point de localisation bacillaire chez des bêtes tuberculeuses. Ce n'est certes pas impossible, mais c'est une exception.

HYGROMA DU GENOU

C'est le plus fréquent chez les bêtes bovines, ce qui s'explique surtout par la façon dont s'exécute le relever. L'appui se faisant sur les genoux pendant que le train postérieur est levé, tout le poids du corps effectue une pression sur les tissus antérieurs du genou ; et si le sol est inégal, la peau est déplacée, le tissu conjonctif sous-cutané dilacéré. Un épanchement séreux s'effectue dans les plans conjonctifs, l'hygroma est bientôt constitué sous la peau, en avant des synoviales des tendons extenseurs. Les chutes sur les genoux, les inégalités permanentes du sol de l'étable, le décubitus prolongé

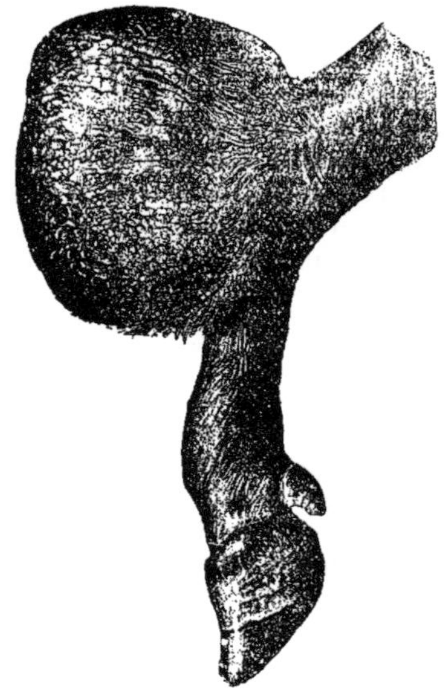

Fig. 59. — Hygroma du genou (kératinisation de la peau).

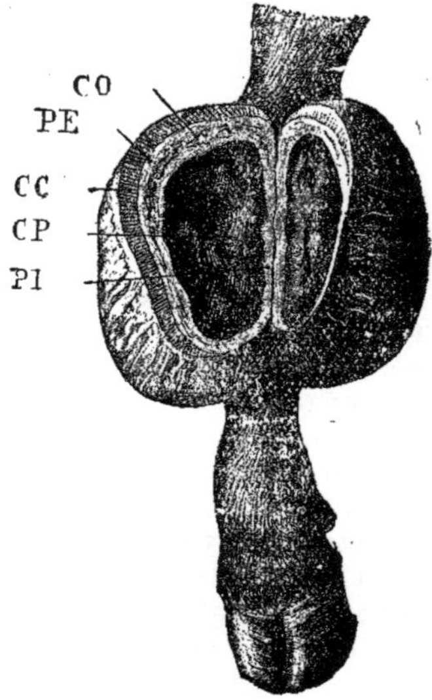

Fig. 60. — Hygroma ancien du genou :
PE, paroi externe : CC, couche cornée ;
CO, couche osseuse ; CP, cavité puru-
lente ; PI, paroi interne.

durant une maladie grave ou à la suite de fièvre aphteuse, repré-sentent les principales causes de l'hygroma.

L'hygroma se présente avec les dimensions d'un œuf de dinde, avec le volume des deux poings, quelquefois avec le volume de la tête d'un enfant. C'est surtout dans les hygromas anciens du genou qu'on observe la calcification et l'ossification des parois, ainsi que la transformation cornée des productions épidermiques.

Le *diagnostic* est facile en raison de l'insensibilité et de la fluctua-tion uniforme. — On ne pourrait confondre qu'avec la distension de la synoviale du tendon de l'extenseur antérieur du métacarpe, mais celle-ci est allongée dans le sens du tendon, c'est-à-dire verti-calement ; elle remonte jusqu'au tiers inférieur du radius et présente

son maximum de développement transversal en haut. — Il faut
éviter aussi de confondre l'hygroma avec une tumeur. Je n'ai
recueilli qu'une seule observation de ce genre : la tumeur était
très légèrement bosselée, et il n'y avait, bien entendu, aucune fluctuation.

Le *pronostic* est ennuyeux plutôt que grave, parce que les causes
provocatrices peuvent se retrouver au cours du traitement et
entraver la réparation.

Traitement. — L'hydrothérapie et les frictions vésicantes préconisées autrefois ne donnent que rarement des succès. Elles ne sont
utiles qu'au début. La ponction faite aseptiquement, suivie de l'aspiration du liquide collecté. et l'application consécutive d'un feu
sont préférables. — La ponction au bistouri dans la région déclive
antérieure et le débridement amènent l'évacuation du liquide, mais
aussi forcément l'infection ultérieure de la cavité et la suppuration.
Avec le temps, il peut cependant y avoir guérison complète laissant
une simple induration antérieure du genou. Certains auteurs préfèrent l'application d'un séton ou d'un drain passé verticalement
à la faveur d'une ponction en région déclive et d'une contre-ouverture vers le haut; les résultats sont identiques aux précédents : la
guérison survient après suppuration.

Si la question économique ne mettait entrave à l'intervention
chirurgicale, il y aurait indication d'extirper tout l'hygroma, y
compris sa paroi indurée. à la faveur d'une incision cutanée antérieure en côte de melon, et d'un décollement de toute la masse
par dilacération du tissu conjonctif avoisinant. Le point délicat consiste à ne pas blesser les synoviales des tendons extenseurs antérieurs.

Ce traitement. qui ne peut s'appliquer qu'à des animaux de prix,
serait complété par une solide suture des bords de la plaie et l'application d'un pansement ouaté antiseptique, ou d'un pansement
plâtré identique à celui que l'on emploie dans l'opération du genou
couronné chez le cheval.

HYGROMA DE LA HANCHE

Les hygromas sont plus nombreux sur le membre postérieur que
sur l'antérieur. — Celui de la hanche est limité à l'angle externe
de l'ilium. Il résulte de heurts violents, s'effectuant au sortir des
étables contre le montant des portes. provoquant la dilacération
des plans conjonctifs et le décollement de la peau sur la région
saillante. L'épanchement est souvent séro-sanguinolent. Plus fréquemment, il s'observe sur les animaux qui, dans les étables, occupent les places d'angles, l'un des côtés au mur ; et c'est par le choc

répété de l'angle de la hanche contre le mur que l'hygroma se développe. — Il peut enfin être la conséquence du décubitus prolongé.

Le *diagnostic* est facile; le *pronostic* offre un certain caractère de gravité parce que, s'il y a abcédation, il peut y avoir en même temps complication de nécrose des aponévroses d'insertion sur l'angle externe de l'ilium.

Traitement. — Il consiste, en premier lieu, à placer les animaux dans des conditions telles que les causes déterminantes ne puissent plus intervenir. — La ponction aspiratrice faite aseptiquement, et suivie d'une injection irritante antiseptique, ou d'un simple lavage de la cavité, est le traitement de choix (injection iodée, lavage à l'eau phéniquée forte). L'application du feu n'est pas à recommander non plus.

HYGROMA TROCHANTÉRIEN

Il ne se rencontre guère que sur les vaches laitières maigres, entretenues dans des conditions d'hygiène défectueuse, et sur des litières insuffisantes.

Les frottements permanents des parties saillantes de la croupe pendant le décubitus, et principalement au cours du décubitus prolongé suite de fièvre aphteuse, en sont la cause.

Cet hygroma se traduit par une tuméfaction hémisphéroïdale recouvrant la saillie trochantérienne ; la marche est gênée et l'amplitude du pas diminuée.

Le *diagnostic* ne prête à confusion qu'avec les engorgements diffus, résultant de périarthrites coxo-fémorales fréquentes chez les vaches à pseudo-rhumatisme infectieux et chez les bêtes en décubitus permanent et prolongé.

Le *pronostic* est assez grave, car, en cas de suppuration, les insertions tendineuses ou aponévrotiques du sommet trochantérien peuvent se nécroser.

Traitement. — Il est de toute nécessité de placer les animaux sur des litières épaisses et propres. Les applications vésicantes répétées sont indiquées ; au besoin, on peut faire une ponction aspiratrice aseptique et un lavage de la cavité de l'hygroma mais il faut s'abstenir des ponctions au bistouri, par crainte des suppurations et nécroses tendineuses ou aponévrotiques consécutives.

HYGROMA ROTULIEN

L'hygroma du grasset, encore dit hygroma rotulien, siège sous la peau en dehors du ligament externe de l'articulation fémoro-tibiale. — Il apparaît comme conséquence de frottements réitérés, pendant le décubitus, sur un sol raboteux.

Cet hygroma se traduit par une tuméfaction de petites dimensions, qui dans des cas exceptionnels peut atteindre le volume de la tête d'un enfant, régulièrement fluctuante dans toute son étendue.

Le *diagnostic* est facile; le *pronostic* est assez grave, car, ici

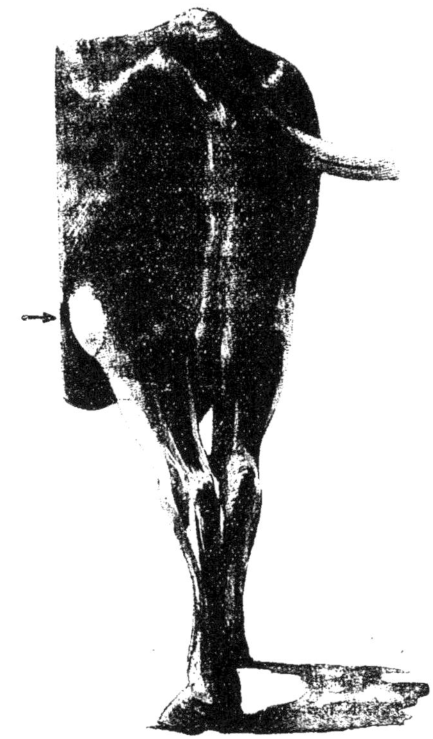

Fig. 61. — Hygroma du grasset (délimitation en pointillé).

encore, il peut survenir des complications de nécrose des aponévroses avoisinantes.

Comme *traitement*, quelques auteurs recommandent le passage d'une « *mèche animée* »; je crois qu'il est préférable de recourir à la ponction aspiratrice aseptique, au lavage de la cavité et à l'application superficielle des vésicants. Pour les cas légers, ne rien faire si l'animal n'est pas gêné.

CAPELET CHEZ LE BŒUF.
HYGROMA DE LA POINTE DU JARRET

Fig. 62. — Capelet
(jarret gauche).

Cet hygroma reconnaît pour cause primitive un décollement de la peau de la pointe du jarret, avec formation d'une bourse séreuse accidentelle sous-cutanée. Mais on donne encore le même nom aux engorgements inflammatoires de la même région, résultant de coups d'aiguillon, portés vers la pointe du jarret. Sous l'influence du moindre trauma porté ensuite, ou simplement par les frottements sur le sol durant le décubitus, le liquide se collecte et l'hygroma est constitué.

Il est facilement infecté, devient alors très sensible, détermine une boiterie intense et s'abcède. Plus souvent, sous l'influence d'un traitement hâtif, le liquide se résorbe, les plans conjonctifs sous-cutanés s'indurent et subissent une calcification plus ou moins étendue.

HYGROMA
DE LA POINTE
DU STERNUM

L'hygroma de la pointe du sternum est une rareté. Il n'apparaît que sur les bêtes maigres à pointe sternale saillante, entretenues dans des étables à sol irrégulier, et sur des litières distribuées avec parcimonie.

Il faut éviter de le ponctionner, ou tout au moins ne recourir qu'aux ponctions aseptiques, les tissus de la région sternale antérieure se mettant à suppurer avec facilité.

Fig. 63. — Hygroma de la pointe du sternum.

CHAPITRE IV

MALADIES DES MUSCLES ET DES TENDONS

DÉCHIRURE DU MUSCLE ISCHIO-TIBIAL EXTERNE
(LONG VASTE)

Le muscle ischio-tibial externe s'étend de l'épine sus-sacrée à la région rotulienne et la face externe de la jambe. En haut, il s'insère sur le sacrum et le bord postérieur de l'ischium ; en bas, à la région supéro-externe du tibia. Il recouvre l'articulation coxo-fémorale en entier ; une bourse séreuse assure son glissement sur le sommet du trochanter. Son bord antérieur, dans toute son étendue, est relié au *fascia lata* par une lame aponévrotique. — Sous l'influence de causes variées, cette lame aponévrotique peut se fissurer, et dans les mouvements d'oscillation du membre, le sommet du trochanter peut pénétrer dans la fissure pour s'y immobiliser par la tension et la résistance des tissus voisins. C'est à cet accident qu'on donne le nom d'*accrochement*, de *déplacement*, ou mieux de *déchirure du muscle ischio-tibial*.

D'après Cruzel, l'accrochement de l'ischio-tibial pourrait même se faire sans déchirure de la zone musculo-aponévrotique chez les bêtes très maigres, et cela simplement par élongation du plan aponévrotique sur le sommet trochantérien; cette zone musculo-aponévrotique forme alors une véritable logette cupulaire qui coiffe le sommet du trochanter et qui *immobilise et bride* le muscle en arrière de cette saillie.

Que l'accident tienne à une fissure ou à une élongation aponé-vrotique, les symptômes sont les mêmes.

Cet accident a pu être fréquent autrefois, lorsque les bovidés étaient mal entretenus durant l'hiver, il doit être considéré comme absolument exceptionnel aujourd'hui.

Causes. — La maigreur et les vices d'aplombs (sujets panards) sont les conditions prédisposantes.

Les glissades en arrière, les efforts de traction durant l'ascension des côtes sont les causes occasionnelles.

Symptômes. — Aussitôt la production de l'accident, le membre se trouve immobilisé en état d'extension maxima. Le trochanter étant enclavé, le fémur ne peut plus se fléchir, et les articulations inférieures sont aussi immobilisées, de sorte que le déplacement du membre doit se faire d'une seule pièce. Les onglons traînent sur le sol, y creusent un sillon; le déplacement du membre atteint, qui toujours reste en arrière, se fait par un mouvement de faucher.

Localement, le trochanter se montre fortement saillant; il surplombe un *bourrelet rigide*, tendu verticalement suivant l'axe fémoral formé par le bord antérieur du muscle bridé.

Si l'accident se borne à une distension cupulaire locale coiffant simplement le sommet trochantérien, sans fissure, le muscle et le

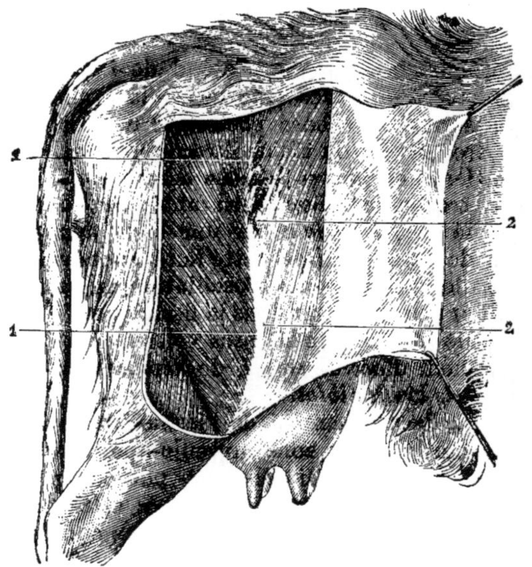

Fig. 64. — Disposition normale de l'ischio-tibial externe. — 1, bord antérieur du muscle ischio-tibial externe; 2, aponévrose dite *fascia lata*.

rayon fémoral se trouvent encore immobilisés, mais le mouvement de déplacement du membre est plus facile, le *faucher* est moins accentué, et le bourrelet rigide du bord antérieur du muscle fait défaut.

Diagnostic. — Le diagnostic ne prête à confusion qu'avec la luxation de la rotule ; l'exploration des régions suspectes, la présence du bourrelet rigide sous-trochantérien, dissipent rapidement les doutes.

Pronostic. — Le pronostic n'est grave que pour les animaux destinés au travail. Cet accident est d'ailleurs beaucoup plus rare de nos jours qu'autrefois, par le seul fait que les animaux sont mieux entretenus et mieux nourris.

Traitement. — Si l'accident résulte d'une simple déformation cupulaire du plan musculo-aponévrotique qui représente le muscle à son passage sur le trochanter, il n'y a pas lieu d'intervenir. La réduction rendant toute la liberté d'action au membre peut être spontanée, et, d'après Cruzel, il suffirait parfois d'obliger les animaux à se déplacer suivant une descente, pour que le trochanter sorte de sa logette d'immobilisation et puisse reprendre son jeu normal. Le repos et une bonne alimentation favorisant l'engraissement font disparaître l'anomalie fonctionnelle, les masses de la croupe se surchargent de graisse, l'ischio-tibial externe est refoulé en dehors, en raison de sa situation superficielle, et sa déchirure sur le sommet trochantérien n'est plus possible.

Si, au contraire, il y a fissure musculo-aponévrotique, et si le sommet trochantérien se trouve nettement bridé, il faut opérer.

L'opération consiste à inciser le bord antérieur du muscle au niveau du bourrelet sous-trochantérien. L'écartement angulaire des bords de la section fait disparaître la tension du bourrelet, qui dès lors n'immobilise plus le trochanter, le jeu normal du membre est récupéré.

De nombreux procédés opératoires ont été décrits, des instruments spéciaux ont même été inventés (Boiteau et Gonse). Les procédés Bernard, Ringuet et Lafosse peuvent se ramener à une simple *section sous-cutanée* du bourrelet musculo-aponévrotique et du muscle. — La section sous-cutanée se fait exactement comme une ténotomie, avec les ténotomes droit et courbe, à 7 ou 8 centimètres au-dessous du sommet trochantérien. A défaut de ténotomes, la section peut être exécutée avec un bistouri introduit à plat sous le muscle sur une sonde cannelée, que l'on a mise préalablement en place à la faveur d'une ponction cutanée faite en lieu d'élection sur le bord antérieur du bourrelet.

Sur les animaux moins maigres, chez lesquels le bourrelet sous-trochantérien est moins saillant, on doit, pour plus de sûreté, pratiquer en lieu d'élection une incision verticale de quelques centimètres sur la région correspondant au bord antérieur du muscle, rechercher ce muscle avec la sonde, et faire ensuite le débridement (Dorfeuille, Cruzel, Castex).

Il y a parfois une hémorragie notable si quelque artériole musculaire est lésée, mais elle reste sans conséquence si on a le soin d'éviter les infections avec un petit pansement ouaté fixé au collodion.

Contracture des muscles jumeaux

Certains états pathologiques simulent à s'y méprendre une luxation vraie ou une subluxation de la rotule, alors qu'il n'existe aucun déplacement, ni la moindre lésion de l'articulation fémoro-tibio-rotulienne.

Le membre atteint est dévié en arrière de la ligne d'aplomb,

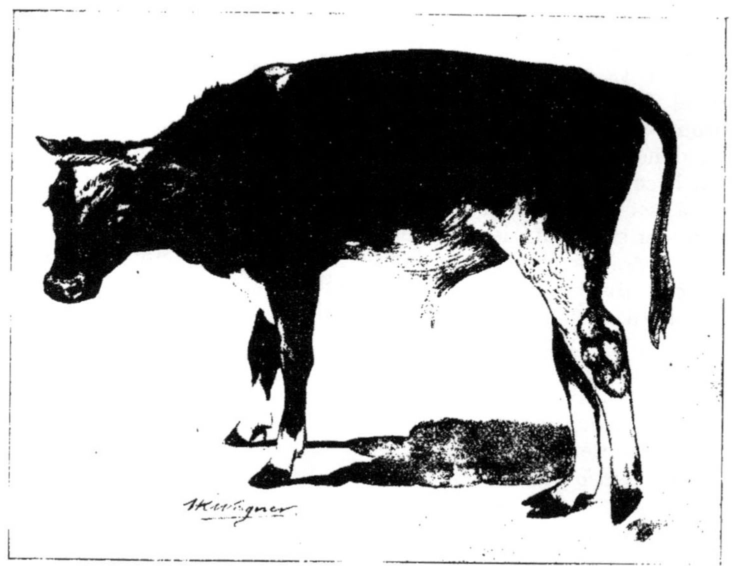

Fig. 65.

immobilisé en extension et légère abduction, reposant sur le sol par la pointe des onglons. — Ce membre paraît un peu raccourci, l'articulation coxo-fémorale est plus saillante, le jarret comme remonté, la pointe calcanéenne plus élevée de quelques centimètres. La distance du sommet du trochanter à la pointe ischiale est plus grande du côté atteint.

A l'étable le décubitus est prolongé, le relever difficile; des malades marchent à 3 pattes ou presque, aucune région n'est douloureuse à la palpation, mais les masses musculaires de la région jambière postérieure sont dures au toucher, la corde du jarret est tendue.

Chez les sujets anciennement atteints, chez lesquels l'appui se fait surtout sur le membre sain, il peut y avoir comme complication de ce côté des élongations tendineuses et l'abaissement du boulet jusqu'au sol.

Dans quelques cas j'ai relevé de l'arthrite sèche ou exsudative du jarret du membre atteint de contracture. Il se pourrait que la

Fig. 66. — État de contracture des masses musculaires du train postérieur. Incompatibilité avec la marche.

Fig. 67. — Contracture congénitale du train postérieur. Impossibilité de la station et de la marche.

contracture fût consécutive à l'arthrite laquelle doit alors être traitée par le feu en raies.

Diagnostic. — Le diagnostic prête toujours à confusion, à première vue avec la subluxation rotulienne, mais on n'obtient aucune

modification au cours de la marche puisqu'il n'y a pas d'accrochement rotulien. On peut d'ailleurs vaincre l'état de contracture et
obtenir sur place une fluxion de toutes les articulations vers le haut;
mais, le membre étant abandonné, il reprend tout de suite sa position première sous l'influence de la contracture.

Pronostic. — Le pronostic est grave. Hamoir (1922) dit n'avoir
jamais obtenu de guérisons, bien qu'à l'autopsie il n'ait jamais
pu découvrir de lésions musculaires ou nerveuses expliquant l'attitude signalée.

Traitement. — Il semble que le meilleur conseil que l'on puisse
donner soit celui d'engraisser les malades et de les envoyer à la
boucherie, lorsqu'il n'existe rien du côté du jarret, la section du
ligament rotulien interne de même que la myotomie du long-vaste
ne donnant pas de résultats; dans les cas d'arthrite tarsienne, application d'un feu en raies.

L'origine se retrouverait peut-être cependant dans des altérations
de la moelle épinière ou des nerfs, car il est possible de relever des
états semblables ou analogues dès la naissance, tellement accentués parfois que toute station quadrupédale est impossible. Il y
aurait là toute une étude physio-pathologique à poursuivre et préciser, mais au point de vue économique ou utilitaire elle reste d'intérêt tout à fait secondaire, car le consultant ne saurait conseiller
aux éleveurs de conserver semblables infirmes sans espoir de profit
(fig. 66-67).

Lorsque l'état général est satisfaisant et l'appétit excellent, ils
peuvent tout au plus être préparés pour la boucherie.

RUPTURE DU FLÉCHISSEUR DU MÉTATARSE
ET DES MUSCLES JUMEAUX

1º La rupture musculo-tendineuse du fléchisseur du métatarse
est exceptionnelle, et, selon la description qui a été fournie par
Furlanetto, elle se présente avec les mêmes symptômes que chez
le cheval, c'est-à-dire que la flexion de l'angle coxo-fémoral ne
s'accompagne pas de flexion du jarret ou du métatarse sur le tibia.
Le canon reste dans la position verticale pendant les déplacements
du membre.

L'accident guérit par le repos prolongé à l'étable, la lésion étant
sous-cutanée et aseptique.

2º On a de même signalé et décrit des blessures, des sections des
tendons dans la région des canons, des sections de la corde du jarret.
Tous ces accidents sont susceptibles de guérir par l'antisepsie, et à
la faveur de sutures aseptiques des abouts sectionnés, si les sutures
et les pansements sont appliqués aussitôt. Dans les cas où, au

contraire, il y a suppuration, infection, nécrose tendineuse, synovite ou arthrite de complication, les accidents deviennent extrêmement graves, et si, économiquement, il n'y a pas toujours intérêt à abattre, il faut recourir à la plus rigoureuse antisepsie pour obtenir de bons résultats.

3º Parfois, mais bien rarement, ce sont les muscles qui se déchirent ou se rupturent avant les tendons, sous l'influence d'efforts désespérés. — Les extenseurs des jarrets sont prédisposés à cet

Fig. 68 — Rupture double des muscles jumeaux de la jambe.
(Attitude durant le relever et la marche.)

accident, en raison de la puissance de contraction qu'ils peuvent avoir à développer.

Si la rupture est unilatérale, les symptômes sont identiques à ceux de la section de la corde du jarret; l'angle du jarret se ferme sous l'influence de la moindre pression, la puissance d'extension est nulle, et l'appui a naturellement de la tendance à se faire par la face postérieure du boulet, du canon et du jarret.

Si la rupture du corps musculaire des jumeaux est double, comme dans la photographie ci-dessus (fig. 68), l'appui se fait sur toute la partie postérieure du canon; l'animal est dans l'impossibilité absolue de se remettre droit, alors que les groupes musculaires des abducteurs, adducteurs et fléchisseurs conservent leur intégrité fonctionnelle. La région poplitée peut être tuméfiée ou non, très sensible dans les jours de l'accident, peu sensible ou insensible dans la suite.

La myosite interstitielle qui fait suite aux déchirures est d'intensité très variable. Elle peut aboutir à la sclérose complète et à l'impotence définitive.

Diagnostic. — Le diagnostic est très facile à préciser par le simple examen physiologique de la région.

Le *pronostic* est bénin, la guérison se fait spontanément avec le temps dans les cas de rupture unilatérale; il est au contraire très grave dans les cas de rupture double, parce que le nouveau mode d'appui en station debout provoque l'élongation du muscle lésé et facilite les ruptures secondaires au moment des efforts d'extension.

Il n'y a donc pas de traitement économique dans les cas de rupture double, alors que la guérison est de règle dans les ruptures simples, parce que les efforts du relever et l'appui peuvent s'exécuter par l'intermédiaire du membre sain.

TENDINITES

Les *élongations* de tendons, déchirures interstitielles, tendinites et nerf-férures se voient aux membres antérieurs chez les gros bœufs de travail, surtout chez ceux qui sont utilisés pour les tractions des chariots. — L'épaississement du canon, l'engorgement des boulets, la difficulté de palpation des bords des tendons fléchisseurs des phalanges, la sensibilité à la pression, et une boiterie d'intensité variable permettent toujours un diagnostic facile.

Fig. 69.— Elongation des tendons M.P.D.

Les bains d'eau courante, le massage, les applications vésicantes, voire même le feu, sont les moyens à opposer à ces lésions. Le plus souvent il y aurait intérêt à réformer et à engraisser. La bouleture survenant comme complication de ces lésions tendineuses est assez fréquente.

Les *sections* partielles ou totales des tendons des membres postérieurs, région du canon, ont été signalées comme accidents de travail chez des bœufs employés dans les exploitations agricoles pour la traction des faucheuses et moissonneuses. Elles sont facilement curables, si des précautions antiseptiques sont prises aussitôt et complétées par des pansements cicatrisants, que l'on effectue ou non la suture des abouts sectionnés. Par contre, si la section accidentelle porte sur les deux membres à la fois, il n'est pas économique de rechercher la guérison, parce que l'appui normal ne pourrait être obtenu.

AFFECTIONS PARASITAIRES DES MUSCLES

CYSTICERCOSE CONJONCTIVE ET MUSCULAIRE (Ladrerie).

La cysticercose conjonctive et musculaire est une affection causée par la pénétration dans l'organisme des embryons de *Tænia solium* et *saginata* de l'homme. — Elle peut s'observer chez presque tous les animaux et même chez l'homme, mais elle n'a d'importance clinique que chez le porc et le bœuf. On la connaît plus communément sous les noms de ladrerie, glanderie et grainerie.

LADRERIE DU BŒUF

Étiologie. — La ladrerie du bœuf est due à la pénétration dans l'épaisseur des tissus conjonctif et musculaire des embryons du *Tænia saginata* ou ténia inerme de l'homme.

Cette affection, contrairement à celle du porc, est de connaissance relativement récente, et c'est depuis les recherches de Weisse, de Saint-Pétersbourg (1841), sur l'alimentation par la viande crue, que l'attention a été attirée sur elle, bien que le *Tænia saginata* eût été décrit dès 1782 par Goëze.

La ladrerie du bœuf s'observe peu en France, mais elle est fréquente en Allemagne, en Autriche-Hongrie, en Bosnie-Herzégovine, en Italie septentrionale, ainsi que dans les colonies du Nord et de l'Ouest de l'Afrique. Alix l'a trouvée en Tunisie. Dupuis et Monod au Sénégal; elle est commune dans le Sud algérien.

Certaines contrées de France paraissent cependant assez atteintes, puisque Ballon, à Troyes, sur des animaux de races variées, saisis pour des causes diverses, a pu trouver jusqu'à 17,42 p. 100 de cas de ladrerie (132 animaux examinés), parmi lesquels 4,54 p. 100 présentaient des cysticerques vivants.

Toute l'étiologie réside dans le fait de l'ingestion par les bovidés des œufs ou des embryons du ténia inerme, et on s'explique la fréquence de l'affection dans les régions où la vie nomade fait disparaître les règles les plus élémentaires de l'hygiène publique et générale.

D'ailleurs, le bétail du Sahara, du Sénégal, de Syrie et des Indes a des habitudes coprophages très accentuées, que rien ne contrarie, ce qui l'expose beaucoup.

Comme chez le porc, les embryons arrivés dans l'estomac et

l'intestin pénètrent dans l'appareil circulatoire, et se trouvent répartis ensuite dans toute l'économie.

Après quarante jours, le développement du cysticerque est complet; son ingestion par l'homme, avec les viandes de consommation, à dater de cette époque, redonne le ténia inerme.

L'âge des animaux semble avoir moins d'importance que pour le porc, car Ostertag et Morot ont relevé des cas de ladrerie chez des animaux d'une dizaine d'années. Stroh dit même qu'en Bavière (abattoir d'Augsbourg) la ladrerie du bœuf est assez fréquente, alors que celle des veaux est beaucoup plus rare.

Symptômes. — Les symptômes, encore moins marqués que chez le porc, passent toujours inaperçus.

Diagnostic. — Pour le diagnostic, on se heurte aux mêmes difficultés que pour la ladrerie chez le porc. L'exploration de la langue est cependant facile, mais, plus encore chez le bœuf que chez le cochon, le diagnostic reste incertain, problématique, lorsqu'on ne découvre rien.

Sur le cadavre, à l'inspection des viandes, le diagnostic est plus commode; la recherche des vésicules ladriques se fait, comme chez le porc, sur les sections musculaires, de préférence dans le cœur, le diaphragme, les muscles ptérygoïdiens, muscles du cou, psoas et muscles des cuisses.

Pronostic. — Le pronostic est grave, non pour les porteurs de cysticerques qui semblent peu influencés par le parasite, mais, pour l'espèce humaine qui est exposée à contracter le ténia inerme en mangeant des viandes ladriques trop peu cuites.

Une température de 48° à 50° C. tue les cysticerques, mais dans les viandes rôties, la température centrale des blocs reste toujours au-dessous de ce chiffre.

La salaison prolongée (quinze à vingt jours) détruit la vitalité du parasite.

Lésions. — Les lésions se limitent à la présence du cysticerque et à de petites zones d'inflammation chronique périparasitaire. Les animaux peu infestés s'engraissent aussi bien que les autres.

Les vésicules ont de 5 à 6 millimètres de longueur et une forme légèrement ovoïde. Elles sont demi-transparentes, avec une tête de ténia à quatre ventouses et sans crochets.

Avec le temps, après sept ou huit mois, les vésicules dégénèrent, le liquide se résorbe, elles se calcifient et donnent alors ce qu'on appelle la ladrerie sèche. Cette ladrerie sèche a, chez le bœuf, l'apparence d'une tuberculose nodulaire musculaire interstitielle disséminée.

Traitement. — Il n'y a pas de traitement curatif. Le malade infesté se guérit spontanément avec le temps, puisque les cysticerques dégénèrent, mais la chair des animaux a moins de valeur commerciale.

Préventivement, ce n'est que par une modification progressive des conditions sociales et de l'hygiène publique que les circonstances d'infestation disparaîtront.

Lorsque la vie nomade aura fait place à la vie sédentaire, et que les précautions d'hygiène privée auront fait disparaître la possibilité pour les animaux d'absorber des anneaux ou des œufs de ténias inermes de l'homme, la ladrerie disparaîtra.

Actuellement, dans les pays où elle sévit, on pourrait même s'étonner qu'elle ne soit pas plus fréquente, car l'expérience a démontré qu'une personne hébergeant un ténia inerme expulse avec les fèces en moyenne 400 proglottis par mois, chaque proglottis ou anneau de ténia contenant environ 30.000 œufs susceptibles de donner des embryons et d'évoluer.

A notre époque, la cysticercose bovine sévit sur toute l'Europe, mais avec prédominance en Allemagne, Autriche-Hongrie, Bosnie-Herzégovine et Italie septentrionale. Il en résulte des pertes importantes par suite de la saisie des viandes, qui, en définitive, peuvent être d'excellente qualité, mais offrent le gros danger d'infester l'espèce humaine.

Il est démontré par des recherches de Glage, 1896 ; Reissmann, 1897 et celles, plus récentes, de Boccalari, 1903 et Ransom, 1914, que ces viandes deviennent d'une innocuité absolue lorsqu'elles sont soumises au refroidissement ou à la congélation; et comme dans tous les abattoirs de grandes villes suffisamment bien installés, il devrait y avoir aujourd'hui des appareils frigorifiques, on peut dire qu'il n'y aurait peut-être plus lieu de toujours saisir, mais simplement de surveiller les viandes ladriques et d'exiger leur passage au frigorifique.

A une température oscillant de 0° à + 2° (conservation fraîche), les cysticerques ne résistent pas au delà de dix jours.

A une température oscillant de 0° à — 2° (conservation temporaire), les cysticerques meurent en six à sept jours.

A une température oscillant de — 4° à — 6° (conservation prolongée), les cysticerques meurent en quatre à cinq jours.

Le *Cysticercus cellulosæ* du porc est plus résistant que celui du bœuf.

Si les services d'hygiène sont encore obligés de sévir par saisies, la faute entière en est à des installations municipales défectueuses, puisque la conservation des viandes par le froid peut être de durée fort longue.

Une température de 50 à 55° tue les vésicules ladriques; la salaison agit de même, mais plus lentement lorsqu'elle est pratiquée dans des conditions déterminées (fragmentation des viandes en petits blocs), salaison intense, action prolongée durant plusieurs semaines, ou action d'une saumure à 25 p. 100 durant trois semaines. Ces différents procédés sont loin d'avoir les avantages du froid.

CHAPITRE V

RHUMATISME

Anglais : Rheumatism; allemand : Rheumatismus; italien : Rheumatismo.

En pathologie bovine, la dénomination de rhumatisme s'applique à une série d'états morbides différents, qui n'ont d'autre lien que de porter des atteintes graves au système locomoteur. Cette raison me paraît suffisante pour faire rentrer l'étude du rhumatisme dans les affections touchant à la locomotion. Son importance est grande, et c'est pourquoi je commencerai par étudier le rhumatisme vrai, pour décrire ensuite les pseudo-rhumatismes, rhumatismes secondaires ou rhumatismes infectieux des jeunes et des adultes.

RHUMATISME ARTICULAIRE

Le rhumatisme peut être défini : *une maladie fébrile, probablement infectieuse, se traduisant par des inflammations articulaires et périarticulaires simples ou multiples,* susceptible de se compliquer d'inflammation des plèvres, du péricarde, de l'endocarde, des méninges.

Le rhumatisme aigu a une prédilection manifeste pour les articulations. Souvent les grandes séreuses sont frappées en même temps (plèvres, péricarde, endocarde, etc.), mais il est exceptionnel qu'elles le soient primitivement; le rhumatisme dit viscéral est, règle générale, secondaire par rapport au rhumatisme articulaire. Plusieurs articulations et synoviales tendineuses peuvent être frappées en même temps, et dès lors se trouve réalisé le syndrome de la *polyarthrite de Bouillaud* ou de la *fièvre rhumatismale de Lancereaux.*

Étiologie. — Tous les auteurs s'accordent à reconnaître l'influence du froid humide, des changements brusques de température, des courants d'air à l'étable, du refroidissement prolongé, du refroidissement des sujets couverts de sueurs, et aussi l'influence de l'hérédité. Ce sont et ce ne peuvent être là que des causes occasionnelles ; la déterminante reste imprécisée jusqu'ici.

En pathologie humaine, on a reconnu d'une façon indiscutable qu'il y a une certaine relation entre l'arthritisme ou diathèse urique et le rhumatisme, à tel point que des médecins ont dit que le rhumatisme était à l'arthritisme ce que la scrofule est à la tuberculose. Cela n'avance en rien la connaissance de la question ; il se pourrait simplement que l'arthritisme représentât l'une des principales conditions favorisantes de l'évolution du rhumatisme.

Chez nos animaux, la diathèse urique est mal connue, la lithiase rénale n'est pas une rareté, non plus que la gravelle, mais jusqu'ici, il ne semble pas que l'on ait nettement établi une relation entre ces affections et l'évolution rhumatismale. Ce que l'on est forcé d'admettre, c'est que le rhumatisme a toutes les allures d'évolution d'une maladie infectieuse à marche rapide.

De nombreuses tentatives ont été entreprises dans ces dernières années, par les médecins, pour reconnaître la présence d'un agent microbien, ainsi que pour démontrer ses qualités biologiques; plusieurs microbes ont été décrits, mais il faut avouer que les résultats sont encore bien contradictoires et bien incertains; s'il s'agit d'une maladie infectieuse, on n'a encore pu en reproduire expérimentalement et à volonté les différentes modalités.

Mais, par contre, on a acquis la conviction que dans les infections bactériennes expérimentales variées, les agents d'infections peuvent parfois se localiser dans les os longs, dans le périoste et le périchondre vers les extrémités épiphysaires. Dès lors il est possible d'admettre qu'après localisation ces agents bactériens disparaissent de la circulation générale, mais que jusqu'à leur bactériolyse définitive, c'est-à-dire leur disparition, leurs toxines se trouvent déversées dans la circulation, et qu'ainsi se trouvent expliquées les douleurs, les épanchements, la fièvre, etc., etc.

La théorie humorale, d'après laquelle le rhumatisme serait la conséquence d'une perturbation du métabolisme normal, amenant un changement temporaire mais rapide de la qualité des liquides organiques ne peut pas être délaissée de façon définitive tant que l'autre opinion ne sera pas assise plus solidement.

Symptômes. — Les symptômes sont généralement nets et bien accusés. Le début paraît brusque : tel animal bien portant aujourd'hui sera frappé demain dans une ou plusieurs de ses articulations. Ce sont les articulations des régions supérieures des membres qui sont atteintes de préférence : épaule, coude, genou; hanche, grasset, jarret (Cruzel, Cantiget, Strebel).

Il est probable cependant que l'invasion n'est pas aussi soudaine qu'elle le paraît, et que, comme dans l'espèce humaine, l'animal atteint commence par ressentir des douleurs erratiques qui passent inaperçues.

Le malade se meut difficilement, comme s'il était fourbu, l'appui est douloureux, puis bientôt apparaît au niveau des articulations atteintes une tuméfaction qui s'étend aux synoviales tendineuses et aux bourses séreuses avoisinantes. La température locale est plus élevée, la sensibilité devient très grande, très vive à la moindre pression, ou simplement sous le jeu articulaire. Il en résulte des boiteries intenses qui parfois, de prime abord, pourraient faire croire à une fracture. — Les malades restent en décubitus prolongé, laissent échapper des plaintes, et éprouvent une vive souffrance pendant le relever.

Le caractère ambulatoire des localisations articulaires peut même être enregistré (Trasbot).

Ces symptômes locaux s'accompagnent d'une réaction fébrile intense; la température atteint 40°5-41°; les pulsations s'élèvent jusqu'à 80 et 90 et les mouvements respiratoires s'accélèrent énormément si l'on oblige les malades à se déplacer.

L'inappétence est très manifeste, la rumination peut être suspendue; ces graves manifestations s'accompagnent de constipation, d'amaigrissement rapide, de suppression ou de forte diminution de la sécrétion lactée, de diminution de la sécrétion urinaire, etc.

Quelques jours après le début, des complications peuvent apparaître du côté des viscères, mais ces complications sont heureusement loin d'être constantes. Strebel les dit exceptionnelles. L'auscultation et la percussion font parfois découvrir cependant des lésions de pleurésie, d'endocardite, de péricardite.

L'évolution du rhumatisme articulaire est très variable : il peut durer parfois des semaines est des mois, une lésion articulaire disparaissant à peine qu'une autre surgit.

Les lésions viscérales rétrocèdent rarement d'une façon complète; il n'est pas rare de rencontrer des lésions d'endocardite valvulaire chronique. — Les rechutes sont assez fréquentes, la maladie peut se prolonger sous la forme chronique après l'atténuation des symptômes aigus.

Lésions. — L'articulation proprement dite n'est pas seule frappée; tous les tissus périarticulaires sont congestionnés, œdématiés et douloureux, les gaines et les insertions tendineuses de préférence. Les synoviales articulaires enflammées accumulent, dans la cavité de l'articulation, une quantité exagérée et souvent considérable de synovie louche qui distend les culs-de-sac et donne une véritable hydarthrose.

Sur les animaux sacrifiés au cours de l'affection, on découvre de l'infiltration congestive des extrémités.

La température locale au niveau des articulations atteintes est plus élevée que celle des régions avoisinantes; la sensibilité est beaucoup plus vive, la moindre pression extérieure éveille la douleur.

Dans les cas bénins, c'est à peine si l'articulation paraît lésée. Ce sont les symptômes douloureux qui dominent. Dans les cas anciens, certaines altérations peuvent se montrer définitives :

l'épaississement et l'induration de la paroi synoviale, l'infiltration scléreuse périarticulaire, voire même l'infiltration calcaire diffuse et irrégulière.

Les cas de fausse ankylose et d'ankylose vraie ne s'observent plus que rarement, parce que les animaux sont sacrifiés avant la possibilité de leur évolution.

Complications. — Les complications que l'on est susceptible de noter sont l'endocardite et la péricardite : l'endocardite valvulaire, localisée aux valvules auriculo-ventriculaires, se caractérisant par un bruit de souffle systolique et par des battements tumultueux ou de l'arthymie dès qu'on force les malades à se déplacer; la péricardite semble rare. — Cette péricardite ne donne jamais les signes extérieurs de la péricardite par corps étranger. Comme la péricardite tuberculeuse, elle ne s'accompagne que d'un faible épanchement, et se décèle par l'augmentation de la matité cardiaque et l'atténuation des bruits cardiaques à l'auscultation.

La pleurésie simple, associée à la péricardite, est fréquente chez le mouton, inconnue ou méconnue chez le bœuf.

S'il existe d'autres complications viscérales chez nos animaux, du côté du péritoine, des méninges et de l'intestin, elles ne sont pas déterminées.

Diagnostic. — Il n'est guère possible de confondre le rhumatisme articulaire qu'avec la cachexie osseuse ou la fourbure, car la distinction d'avec les arthrites infectieuses s'impose d'elle-même. Or, la cachexie osseuse a des symptômes qui lui sont propres, elle sévit généralement sur toute une contrée, tandis que le rhumatisme apparaît par cas isolés ; d'autre part, les arthrites de la cachexie osseuse se localisent de préférence aux extrémités (boulet et phalanges).

La différenciation d'avec la fourbure se fera par la simple palpation des articulations (douloureuses dans le rhumatisme), la percussion des onglons (douloureux dans la fourbure) et les caractères de la marche.

Pronostic. — Le pronostic est grave, comme dans toutes les maladies aiguës susceptibles de se prolonger par un état chronique de durée indéterminée. L'amaigrissement, la possibilité des rechutes, les complications de décubitus prolongé sont aussi à faire entrer en ligne de compte.

Traitement. — En premier lieu, il importe de placer les malades dans un local à une température à peu près constante, sur une litière abondante et dans des conditions de tranquillité parfaite.

Le salicylate de soude est le médicament spécifique par excellence, sous la condition d'être administré à des doses actives : 25 à 30 grammes par jour pour des bœufs ou des vaches de taille moyenne. Les diurétiques : bicarbonate de soude, azotate de potasse, tisanes de chiendent et de pariétaire rendent aussi d'excellents services.

Au niveau des articulations atteintes, on fait parfois des applications vésicantes ; l'emploi des pommades calmantes camphrées-belladonées et des liniments (chloroforme, 1 ; huile de jusquiame, 5) est souvent plus avantageux, parce qu'il permet, lorsque la douleur est atténuée, le massage modéré des régions malades, lequel entraîne une résorption plus rapide des épanchements.

Le régime doit comporter l'administration d'aliments faciles à digérer et la distribution de boissons tièdes à volonté.

L'emploi du salicylate de soude est contre-indiqué lorsque les malades sont porteurs de lésions rénales.

L'antipyrine peut aussi avoir une efficacité réelle, administrée aux doses de 3 à 5 grammes. — Les préparations au salicylate de méthyle (pommade à 1/2 ou 1/5) et l'aspirine ne peuvent s'utiliser que pour les bêtes de luxe.

Par contre, les recherches récentes, faites chez l'homme, semblent indiquer que les injections intra-veineuses de solutions isotoniques à 3 p. 100 de salicylate de soude sont d'une efficacité bien plus rapide et plus marquée que les médications par la voie digestive. Des doses de 5 grammes de substance active suffiraient pour une bête bovine.

Des injections intra-articulaires de la même solution isotonique stérilisée, faites aseptiquement après évacuation du contenu de l'articulation, pourraient aussi donner de bons résultats.

Une modification de ce procédé a fait recommander en médecine humaine les injections salicylées gaïacolées suivant la formule ci-après :

Salicylate de soude.	⎫	
Gaïacol.	⎬ ââ 41 gr. 50	
Glycérine.	⎭	
Eau distillée.	Q. S. p. 2000	

Dose : 200 à 250 centimètres cubes de cette solution, en dilution, dans 500 centimètres cubes d'eau salée physiologique à 37-38° pour un bovidé de taille moyenne. Injections successives à trois ou quatre jours d'intervalle.

L'état rhumatismal aigu peut passer à la forme chronique progressivement, avec persistance des arthrites, de même que cette forme chronique peut débuter d'emblée avec une marche lente et insidieuse (Strebel).

La thérapeutique se montre alors bien souvent inefficace, même lorsqu'on s'adresse aux moyens très énergiques.

Strebel conseille dans ces cas de recourir au séton animé placé dans le voisinage des articulations et laissé longtemps à demeure.

La cautérisation large, étendue et profonde, donne parfois des résultats excellents.

RHUMATISME MUSCULAIRE

Le rhumatisme musculaire reconnaît des causes identiques à celles du rhumatisme articulaire. Ses manifestations coïnciden-d'ailleurs souvent avec les manifestations articulaires; elles peut vent alterner avec elles, mais il est rare qu'elles en soient totalement indépendantes.

Le froid humide semble être la principale cause déterminante, soit qu'il agisse indirectement sur les troncs nerveux, soit qu'il exerce ses effets sur la circulation capillaire des muscles par action sur les vaso-moteurs. Le résultat se traduit par l'évolution de névralgies, de névrites ou de myosites interstitielles, qui, en déter-minant des douleurs variables en intensité, amènent des troubles de la locomotion et des boiteries. — On a voulu, dans l'évolution de ces lésions, faire jouer un rôle à l'acide urique qui serait en excès dans l'organisme; puis à l'acide lactique dont l'accumulation intra-musculaire, à la suite de la fatigue et du surmenage, donne parfois naissance à de la myosite passagère. Jusqu'ici, aucune preuve cer-taine n'a été fournie permettant d'identifier les myosites rhuma-tismales aux myosites de surmenage qui en paraissent essentielle-ment différentes, au moins comme origine.

Symptômes. — Le rhumatisme musculaire a souvent été mal déterminé jusqu'ici en vétérinaire ; je le crois bien moins fréquent qu'on ne l'a dit. — Le rhumatisme musculaire généralisé est rare; les malades restent immobiles, comme plantés sur le sol ; les mem-bres et le rachis paraissent rigides, et il semble que ces malades ne puissent se déplacer que par un mouvement unique de la masse tout entière. On croirait volontiers, à première vue, se trouver en présence d'un cas de fourbure des quatre membres ou d'un tétanos généralisé léger. — Le lever est pénible, la démarche est traînante, le coucher s'effectue avec précaution.

Le plus souvent, la maladie est localisée à une région, région de l'épaule, région des lombes ou de la croupe. — La région atteinte est raide, tendue, douloureuse, dure, comme frappée de contracture. La palpation et la pression révèlent une sensibilité très vive. Cette sensibilité varie beaucoup suivant les circonstances, les variations atmosphériques. Ces signes locaux s'accompagnent d'une réaction générale d'intensité variable, quelque peu comparable à celle que l'on observe dans le rhumatisme articulaire. L'appétit est diminué ou supprimé, ainsi que la rumination ; le mufle est sec et chaud ; la fièvre peut atteindre 39°5 et 40°.

Lésions. — Les lésions sont assez mal connues, parce que ceux qui pourraient le plus facilement les recueillir et les étudier n'ont souvent ni les moyens ni le loisir de le faire. Peut-être trouverait-on parfois des lésions de névrites, mais en tout cas il n'est pas très rare d'enregistrer des lésions de myosite scléreuse interstitielle, de myosite diffuse généralisée, avec foyers plus ou moins aigus, dont aucune autre affection ne paraît justifier la présence dans l'épaisseur des muscles de la croupe, des lombes, des épaules, etc... Ce ne sont là, bien entendu, que des lésions tardives du rhumatisme musculaire, car les atteintes légères semblent ne pas devoir laisser de traces apparentes à l'inspection extérieure. Certaines lésions assez bien localisées subissent parfois, surtout sur les veaux d'engrais, une véritable dégénérescence graisseuse. La graisse semble s'être substituée au muscle dont on ne retrouve pour ainsi dire plus de traces.

Diagnostic. — L'erreur la plus facile est celle qui porterait à croire à l'existence de la fourbure des quatre membres. Les renseignements suffisent souvent à éliminer cette affection, la palpation et la percussion des onglons permettent d'écarter tous les doutes.

Pronostic. — Le pronostic n'est généralement pas grave ; il suffit parfois de revenir à une hygiène bien comprise pour obtenir la guérison. — Souvent, cependant, l'amaigrissement des malades est rapide.

Traitement. — Le salicylate de soude et l'antipyrine sont encore les deux médicaments de choix, le premier surtout qui peut être considéré comme le véritable spécifique du rhumatisme. Les doses varient avec la taille des malades, depuis 10 jusqu'à 30 grammes par jour, pendant six à huit jours consécutifs. Quelques auteurs préfèrent l'acide salicylique aux doses de 1 à 5 grammes, mais il est plus irritant. — L'émétique, à 10 ou 15 grammes par jour jusqu'à purgation, aurait aussi rendu de grands services aux anciens praticiens. Comme traitement local, les frictions révulsives à l'alcool camphré, à l'ammoniaque et à l'essence de térébenthine sont fort avantageuses. Les fictions sinapisées légères et le massage méthodique des régions atteintes contribuent à calmer la douleur. A ces moyens d'action, il faut ajouter un régime convenable et l'administration à volonté de boissons diurétiques tièdes.

RHUMATISMES INFECTIEUX OU PSEUDO-RHUMATISMES

Sous la dénomination de rhumatismes infectieux ou pseudo-rhumatismes, je groupe toutes les *manifestations articulaires à type rhumatismal* se rattachant à l'évolution de maladies diverses, générales ou locales, dont elles représentent des complications, chez les jeunes et chez les adultes : affections ombilicales, péripneumonie, non délivrance, dysenterie, mammites, etc. C'est au cours et parfois au déclin de ces maladies qu'apparaissent les mani-

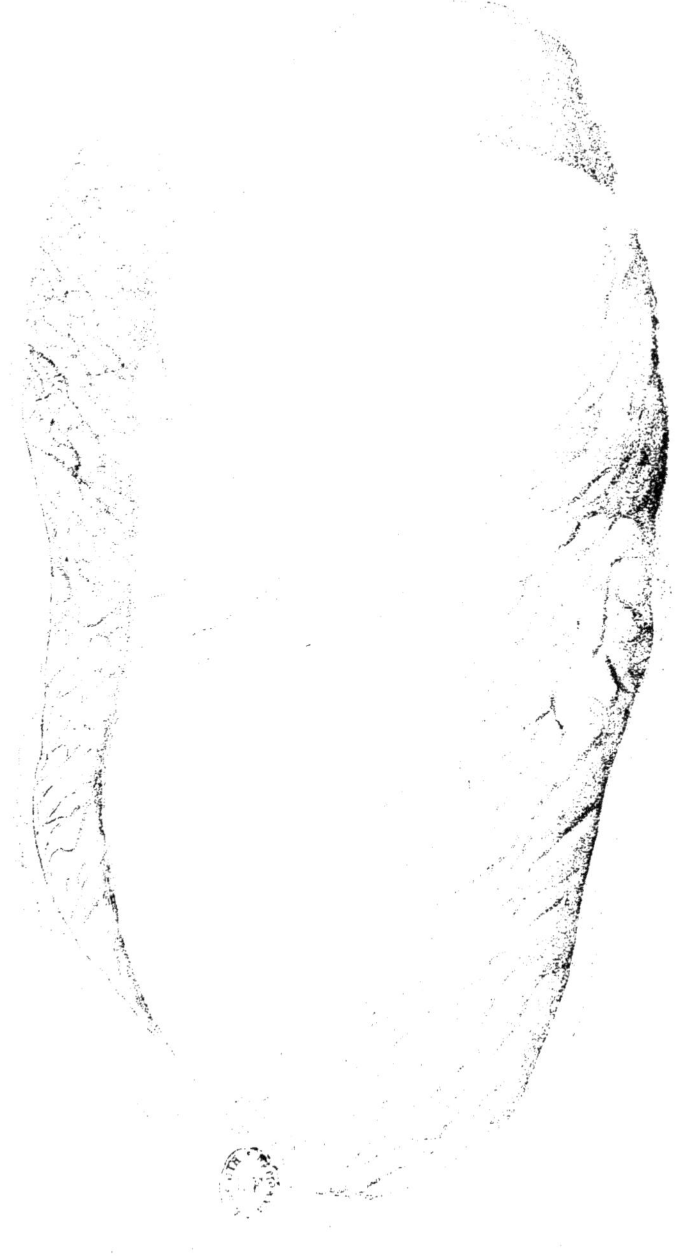

festations articulaires, tantôt d'une façon brusque, tantôt d'une façon insidieuse ; soit qu'il y ait envahissement direct des cavités articulaires par les agents d'infection de la maladie primitive, soit, au contraire, sans infection directe de ces cavités articulaires. Les poussées rhumatismales s'expliquent alors par des actions localisées de poisons ou de toxines microbiennes sur les synoviales articulaires, et parfois simultanément sur les séreuses viscérales. — C'est de cette façon qu'en médecine humaine on comprend l'évolution des arthrites aiguës sans gonocoques au cours de la blennorragie par exemple; et c'est de cette façon aussi qu'il faut envisager l'évolution de certaines arthrites ou synovites amicrobiennes chez nos animaux.

RHUMATISME INFECTIEUX DES JEUNES ANIMAUX

Confondu autrefois avec le rhumatisme franc (Brugnone), ce rhumatisme infectieux des jeunes animaux n'est autre chose que la *forbéture* de Lecoq, l'*arthrite des poulains* de Darreau, l'*arthrite des nourrissons* de Lafosse, l'*arthrite des veaux* de Bénard (1830), Loiset (1843), Leblanc, Morot, Chassaing, etc.

Étiologie. — On a invoqué, pour expliquer l'apparition du rhumatisme infectieux des jeunes animaux, la mauvaise alimentation (Darreau), le défaut de purgation des nouveau-nés par le premier lait de la mère, par le colostrum qui détermine l'évacuation du méconium, l'influence de l'hérédité, le refroidissement (Delafond) l'alimentation insuffisante (Roloff), l'alimentation trop abondante et trop riche qui donnerait naissance aux indigestions laiteuses et à leurs complications, etc., etc.

Toutes ces données ont une part de vérité, toutes peuvent jouer un rôle d'importance différente et favoriser l'évolution du rhumatisme infectieux.

a. — Lecoq, dans son étude de la forbéture des poulains, et Loiset, signalent presque toujours dans leurs observations l'existence de lésions de la région ombilicale. Bollinger, en 1869, admet l'infection de l'organisme par voie de phlébite ombilicale ; Roll et Guillebeau sont du même avis, et l'excellente étude de Morot montre que c'est de ce côté que se trouve le plus fréquemment le point de départ des manifestations articulaires. Dans les étables mal tenues, l'infection du cordon ombilical au moment de la naissance, l'infection de la cicatrice ombilicale dans les jours qui suivent, s'effectuent avec la plus grande facilité. Il en résulte de la septicémie rapidement mortelle, des suppurations cicatricielles, de l'omphalite, de l'omphalo-phlébite, ou des artérites ombilicales. — Ce sont ces lésions qui représentent l'origine d'accidents variés capables de se manifester presque instantanément (septicémie des veaux), ou à échéance plus ou moins longue, même alors que l'ombilic est cicatrisé extérieurement (pneumonies et endocardites infectieuses, arthrites infectieuses). Les tissus du cordon ombilical et de la région avoisinant la cicatrice forment un excellent terrain de culture pour les agents microbiens qui se trouvent toujours à profusion sur les litières ou les fumiers, et l'on comprend que dans les étables mal tenues l'infection puisse se réaliser facilement.

Les agents d'infection peuvent être très variés, ce qui explique la diversité des manifestations consécutives aux infections ombilicales ; toutefois, les coli, les pasteurella, le streptocoque pyogène et le bacille de la nécrose semblent être les plus fréquents.

L'omphalite et l'omphalo-phlébite ne sont pas les seules affections qui puissent provoquer l'apparition du rhumatisme infectieux des jeunes ; les infections dysentériques, les entérites diarrhéiques en sont aussi souvent la cause première. Le rachitisme lui-même, qui s'accompagne de troubles digestifs variés, peut servir de point de départ au rhumatisme infectieux des jeunes et à toutes ses complications.

b. — Chez des sujets plus âgés, des animaux de cinq à six mois et même de douze à quinze mois, le rhumatisme infectieux peut être observé sans qu'il soit possible d'en reconnaître l'origine exacte. Il évolue alors avec des symptômes et des lésions qui rappellent ce que l'on appelle l'ostéomyélite des adolescents en pathologie humaine. Ces ostéomyélites sont dues à des infections streptococciques et staphylococciques. En vétérinaire, la pathogénie n'en a pas encore été précisée.

c. — Sans contestation possible, la majorité des arthrites observées sur les jeunes animaux, poulains, veaux, agneaux, est donc d'origine infectieuse. — Il ne faudrait pas croire cependant qu'elle aient toutes, sans exception, cette même origine.

Il est assez fréquent, en effet, de voir évoluer des arthrites chez des sujets qui n'ont jamais eu de lésions ombilicales, jamais de suppurations du nombril, ni d'entérites graves; chez des jeunes qui ont eu une santé florissante pendant les premières semaines de la vie, et chez qui on a parfois pratiqué un pansement ombilical de précaution.

Il n'y a pas d'infection à invoquer, et cependant les malades ont des manifestations symptomatiques comparables à celles des infectés.

Ces malades frappés d'arthrites au cours de la deuxième, troisième et quatrième semaine de leur existence, et parfois encore beaucoup plus tard, sont généralement des sujets très beaux, pleins de vigueur, qui tout à coup, sans cause connue, se trouvent porteurs d'une arthrite aiguë du grasset, du jarret ou d'une autre articulation.

Leurs mères sont aussi toujours en plein état d'embonpoint, grasses à l'excès et laitières remarquables, ce qui fait dire parfois, aux éleveurs, que les petits tombent malades parce que le lait est trop fort, trop riche en principes nutritifs.

L'alimentation est en effet la cause essentielle des troubles morbides, ainsi que je l'ai montré, et peut-être devrait-on qualifier ces arthrites d'*arthrites toxiques* pour bien préciser leur origine et leur mode d'évolution. L'ingestion d'une quantité anormale de lait exceptionnellement riche, venant de nourrices très grasses, provo-

Fig. 70. — Jeune taureau atteint de rhumatisme infectieux.

que des troubles digestifs légers ou intenses suivant les cas (indigestion, entérite diarrhéique), détermine des fermentations anormales et la formation de produits toxiques, puis la résorption de ces produits toxiques au niveau de l'intestin. — Par une action élective particulière vers les articulations, ces produits amènent de l'irritation des synoviales et des arthrites, donnant ainsi des arthrites toxiques analogues à celles signalées dans l'espèce humaine au cours de différentes affections (dysenterie), ou à celles que l'on peut produire expérimentalement avec certaines toxines et produits organiques (accidents sériques) :

Si une hygiène bien comprise n'est pas appliquée à temps et n'entrave pas l'évolution des accidents, les malades meurent comme s'ils avaient une arthrite infectieuse vraie ; si, au contraire, on intervient méthodiquement, la guérison est rapide.

Symptômes. — Le rhumatisme infectieux des jeunes se présente sous deux aspects cliniques différents, reconnaissant des causes variées : l'arthrite plastique ou suppurée consécutive aux infections ombilicales surtout, et l'arthrite exsudative simple.

a. — Dans les cas de la première série, les premiers signes apparaissent peu de temps après la naissance, rarement après l'âge de deux mois, exceptionnellement sur des sujets de six à huit mois touchés par le rachitisme ou d'autres troubles de nutrition. — Le début est parfois brusque; du soir au lendemain, les animaux ne peuvent plus se lever ni se mouvoir; de là les noms de fourbure, de forbéture, de paralysie des nouveau-nés, donnés autrefois à l'affection.

Certaines articulations, souvent les articulations symétriques, apparaissent tuméfiées, chaudes et douloureuses. Les culs-de-sac synoviaux sont distendus, et se montrent d'autant plus saillants que ce sont de préférence les articulations supérieures qui sont atteintes. — Lorsque les malades peuvent encore se mouvoir, ils vont à trois membres. Le décubitus est permanent, le lever très pénible.

Fig. 71. — Rhumatisme infectieux. Attitude durant la marche.

Les troubles généraux sont aussi très accentués, les malades sont en hyperthermie variable(39°5-41°); ils restent tristes, sans appétit, et ne manifestent qu'une soif intense. Le nombre des pulsations est augmenté, ainsi que celui des respirations; il n'est pas rare d'enregistrer la coexistence de complications viscérales graves : endocardites, péricardites, pleurésies, pneumonies; l'entérite diarrhéique apparaît aussi parfois comme secondaire.

Les malades restent en décubitus permanent, ne prennent la position quadrupédale qu'avec difficulté, ne marchent qu'au prix de souffrances très vives.

La marche de la maladie devient alors fréquemment rapide et le dénouement fatal. La mort est la terminaison ordinaire lorsque l'une quelconque des complications viscérales indiquées existe. La guérison est exceptionnelle ; dans les cas heureux, et parfois sans intervention aucune, une atténuation de l'acuité des symptômes se manifeste, l'appétit persiste ou reparaît meilleur, la fièvre diminue, l'état des articulations reste stationnaire, et après plusieurs semaines, on peut espérer la guérison. Toutefois, les convalescents restent maigres, malingres, souffreteux, capricieux d'appétit ; dans la grande majorité des cas, il n'y a aucun intérêt économique à les conserver.

Plus souvent, le rhumatisme infectieux se termine par l'abcédation des articulations. La cavité articulaire se remplit de pus, les tissus se ramollissent au niveau d'un cul-de-sac, et l'abcès s'ouvre à l'extérieur, laissant échapper des caillots fibrineux, du pus mal lié mélangé à de la synovie, des débris de cartilages articulaires ou de ligaments. La pyohémie est la complication finale lorsque les malades ne sont pas abattus.

b. — Dans les cas rentrant dans la seconde série, les symptômes sont moins brusques ; ils évoluent de façon insidieuse, se traduisent

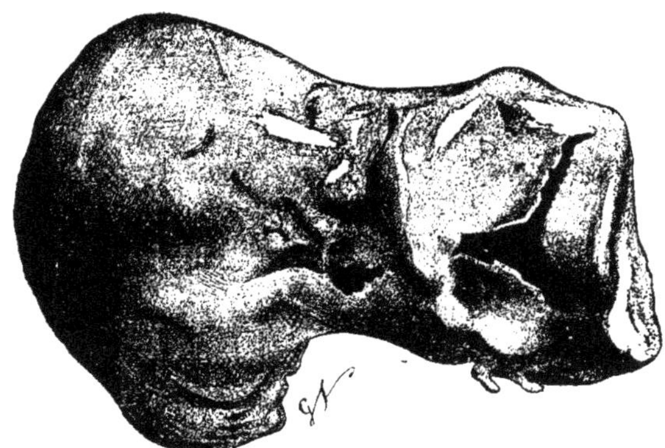

Fig. 72. — Ulcérations des cartilages articulaires dans le rhumatisme infectieux.

par de la prolongation du décubitus et de la difficulté de la marche, longtemps avant l'apparition de l'arthrite exsudative ; cela tient certainement à la nature de l'agent infectieux causal. Les articulations lésées ne s'abcèdent pas, par exemple chez les veaux péripneumoniques, les veaux des étables à avortement épizootique, chez les veaux rachitiques, chez les veaux à entérite diarrhéique grave, etc. Il s'agit alors de la forme exsudative simple de l'arthrite, avec épanchement sans infection microbienne des cavités articulaires. Cette forme est la moins grave ; elle est curable souvent en s'adressant à la cause originelle.

c. — Lorsqu'il s'agit d'arthrite toxique d'origine digestive, facile à reconnaître et à diagnostiquer, d'après les seules données étiologiques rapportées précédemment, les symptômes ne diffèrent que très peu. Les poulains ou les veaux atteints marchent à trois jambes, l'appétit diminue, l'amaigrissement est rapide, et après quelques semaines, les malades sont considérés comme perdus. Il se produit des complications du décubitus pouvant aller jusqu'à l'infection purulente.

Lésions. — Ces lésions sont toujours très accentuées et s'éloignent totalement de celles du rhumatisme franc. Les synoviales sont épaissies, injectées, enflammées et infiltrées, ainsi que les tissus péri-articulaires.

Dans les cas les plus bénins, l'épanchement synovial intra-articulaire est simplement trouble, il ne contient pas de germes infectieux, il se montre stérile dans les essais de culture, et dans ces cas, il ne se produit ni suppuration ni abcédation.

Mais le plus souvent ce stade d'épanchement séreux n'est que temporaire, et tel liquide articulaire qui se montrait stérile au début pourra, les jours suivants, donner naissance à des cultures microbiennes(Saint-Germain). — La synovie accumulée dans les culs-de-sac articulaires contient bientôt des flocons fibrineux de petites dimensions d'abord, puis de véritables *coagula* remplissant, bourrant toutes les anfractuosités, en se moulant sur les contours des extrémités articulaires. — Très rapidement parfois les cartilages s'ulcèrent, les couches osseuses épiphysaires sous-jacentes s'enflamment, les ostéo-arthrites sont tellement graves et douloureuses que les malades sont condamnés à l'immobilité absolue et à l'impossibilité de se lever. Les lésions peuvent rester à ce stade; dans d'autres cas, au contraire, la suppuration apparaît dans l'articulation même, la paroi synoviale, les tissus péri-articulaires et la peau se ramollissent, l'abcédation s'effectue, donnant dès lors une arthrite suppurée ouverte. — De nos jours, il est rare que l'on conserve des malades dans cette situation; beaucoup succombent avant, les autres sont sacrifiés. Ils ne tarderaient pas, d'ailleurs, à périr d'épuisement et de complications pyohémiques viscérales.

Dans un grand nombre de cas, à l'autopsie, on ne rencontre plus rien du côté du cordon ombilical où l'infection primitive s'est produite, mais on retrouve les germes infectieux dans le sang de la circulation générale; ou bien, on relève une ulcération de l'ombilic, des lésions d'omphalite, d'artérite ombilicale ascendante par infection du caillot de thrombose, de phlébite ombilicale, de l'inflammation du péritoine par infection, etc. Les agents infectieux gagnent le foie par voie ascendante, puis la veine cave postérieure, et dès lors l'infection existe sous sa forme la plus grave; les complications d'arthrite, d'infection purulente avec foyers multiples dans l'épaisseur des viscères sont réalisées.

Quant aux agents qui peuvent causer ces infections, ils sont variés. Le staphylocoque doré et le streptocoque semblent être les plus fréquents (Nocard), mais ce ne sont pas les seuls. Le bacille abortif en particulier est aujourd'hui considéré comme un agent fréquent de ce rhumatisme infectieux, les petits, veaux et poulains pouvant naître à terme et survivre quoique infectés par le bacille spécifique.

La présence du paratyphique B a été signalée aussi dans les ar-thrites desveaux de boucherie(Chrétien et Bouffanais), mais comme il peut être considéré comme un hôte fréquent de l'intestin, on peut se demander s'il ne s'agit pas d'un simple agent accidentel.

S'il s'agit d'arthrites toxiques, les lésions se limitent primitivement à de l'inflammation des synoviales et de la congestion des cartilages articulaires. Plus tard, d'autres complications surviennent, par infections surajoutées.

Diagnostic. — Le diagnostic est toujours facile ; la confusion ne pourrait se produire qu'avec le rhumatisme vrai. Comme le rhumatisme vrai est exceptionnel chez les jeunes sujets, et comme, d'autre part, l'attention est attirée par la présence de lésions ombilicales, par l'existence d'entérite diarrhéique, de rachitisme, etc., le doute subsiste rarement.

Pronostic. — Le pronostic est grave, on peut presque dire fatal toutes les fois qu'il s'agit de cas rentrant dans la première série clinique, et se rattachant à l'infection de l'ombilic.

Les statistiques françaises donnent une mortalité de 90 p. 100 (Darreau); les statistiques allemandes, 75 p. 100.

Traitement. — Le traitement curatif ne peut s'adresser qu'à la forme exsudative, si l'on veut avoir quelques chances de succès; encore faut-il traiter en même temps l'affection causale, l'omphalite, la phlébite ombilicale, l'entérite diarrhéique ou le rachitisme. C'est de cette façon qu'il faut comprendre les anciennes recommandations de Darreau sur l'emploi des purgatifs salins, de Delafond sur l'emploi de la crème de tartre, lorsque la diarrhée est le point de départ

J'ai vu de mon côté des arthrites exsudatives simples chez des rachitiques disparaître d'une façon parfaite, en même temps que le rachitisme, sous l'influence d'un traitement rationnel.

Donc traiter d'abord l'affection causale, et agir sur les lésions locales par des applications vésicantes, des douches ou de simples ablutions froides, du massage, et l'on aura des chances de guérir les malades si l'on arrive à modifier l'état général.

a. — Un traitement semblable reste malheureusement sans effets lorsqu'il s'agit du rhumatisme infectieux avec arthrites suppurées consécutives à des lésions de l'ombilic.

Dans ces cas, l'intervention doit avoir pour but la désinfection parfaite de la plaie ombilicale ou des fistules, s'il en existe.

Les injections antiseptiques de solutions phéniquées fortes, les applications de pommades antiseptiques, de crayons antiseptiques à l'iodoforme, au salol, etc., dans les fistules et les pansements ombilicaux, forment la base de ce traitement primitif, qui n'a, on peut bien le dire, que peu de chances d'atténuer l'évolution d'arthrites déjà consituées.

L'emploi des antiseptiques internes et des antithermiques : camphre, salicylate de soude, est à recommander.

Un *traitement prophylactique* a, au contraire, toutes chances de réussir dans un milieu infecté. — L'emploi de litières sèches et propres sous les nouveau-nés, les soins de propreté pour le cordon ombilical ou la cicatrice ombilicale, les applications de petits pansements de l'ombilic, voire les simples applications de goudron, permettent presque toujours d'éviter l'apparition des arthrites. — Comme, chez les mâles, il est parfois difficile de faire des pansements ombilicaux qui gêneraient la miction, on peut se contenter de badigeonner, le moignon ombilical de teinture d'iode ou d'eau iodée tous les jours pendant une huitaine.

b. — Si, enfin, il s'agit d'arthrites toxiques, des mesures hygiéniques suffisent généralement au début :

Les mères trop grasses sont mises au régime diététique et rafraîchissant.

Barbotages, son frisé, foin et paille pour les juments, avec laxatifs légers, 100 à 150 grammes de sulfate de soude ou de magnésie tous les jours; pas d'avoine ni de foin.

Barbotages, eau blanche, son frisé, quelques racines fourragères et paille pour les vaches, avec doses comparables de laxatifs; pas d'avoine ni de tourteaux.

Sans traitement aucun, les jeunes sujets présentent d'ordinaire une amélioration très rapide de leur état local; la guérison peut être complète après une dizaine de jours, si surtout on a administré des laxatifs. — On peut aussi recommander les mêmes mesures générales, et l'emploi de l'iodure de potassium à la dose de 20 grammes par jour chez la mère. La presque totalité des poulains guérirait.

PSEUDO-RHUMATISME INFECTIEUX DES ADULTES

Le pseudo-rhumatisme infectieux des adultes diffère du rhumatisme infectieux des jeunes, en ce qu'il ne se complique que très exceptionnellement d'arthrites suppurées, et que, d'autre part, il ne frappe d'ordinaire qu'une seule articulation. C'est le train postérieur qui de préférence est touché, et ce sont, par ordre de fréquence, les articulations fémoro-tibiales, coxo-fémorales, ou les articulations des jarrets qui sont atteintes.

En raison de sa fréquence plus grande chez les vaches, on lui a donné le nom d'*arthrite des vaches laitières*, d'*arthrite infectieuse des vaches laitières*, etc. En réalité, cette affection peut aussi évoluer chez des mâles ou des bœufs, mais c'est beaucoup plus rare.

Étiologie. — Signalée par Coulbeaux (1824), Pauleau (1832), elle a été bien étudiée par Ph. Heu. Les anciennes publications nous signalent cette affection sur les bonnes laitières, sur les meilleures laitières de la banlieue de Paris, et Heu indiquait que c'était, à son époque, la maladie la plus meurtrière après la péripneumonie et la tuberculose.

C'est à la suite des avortements, des non-délivrances surtout, ou des métrites *post-partum* que l'arthrite apparaît d'une façon insidieuse. — Dans les cas d'avortement épizootique, il n'est pas

Fig. 73. — Rhumatisme infectieux (arthrite fémoro-tibiale gauche).

rare de voir le rhumatisme infectieux éclater à l'état enzootique, et compléter le désastre économique commencé par l'avortement.

Dans des circonstances beaucoup plus rares, on le voit se manifester à la suite de l'entérite des adultes, à la suite des mammites (Rossignol).

La pathogénie de ces arthrites est facile à comprendre, car elles sont des manifestations éloignées d'une infection locale utérine pour la majorité des cas. — Les produits solubles sécrétés par les agents infectieux qui se cultivent dans l'utérus sont résorbés par la muqueuse utérine, une intoxication lente se trouve réalisée, et c'est par des actions électives toutes particulières que les toxines portent leurs effets sur les séreuses articulaires, et aussi, souvent, sur les séreuses viscérales. — Il semble même, ainsi que je l'ai montré, que, dans certaines circonstances, il puisse se faire une véritable infection microbienne de la cavité articulaire.

Symptômes. — L'apparition des premiers signes est difficile à saisir, car beaucoup de vaches peuvent avorter, subir des délivrances incomplètes ou se montrer atteintes de métrites, sans que pour cela il survienne fatalement du rhumatisme infectieux.

C'est une manifestation morbide à assez longue échéance, qui n'apparaît que des semaines, et quelquefois plusieurs mois après une parturition anormale, alors que les signes de métrite ont presque disparu.

Le début est caractérisé par de la difficulté du relever, puis bientôt par une boiterie ou le défaut d'appui sur un membre postérieur.

L'articulation envahie, une articulation du grasset d'ordinaire, se montre le siège d'un engorgement marqué, sans chaleur appré-

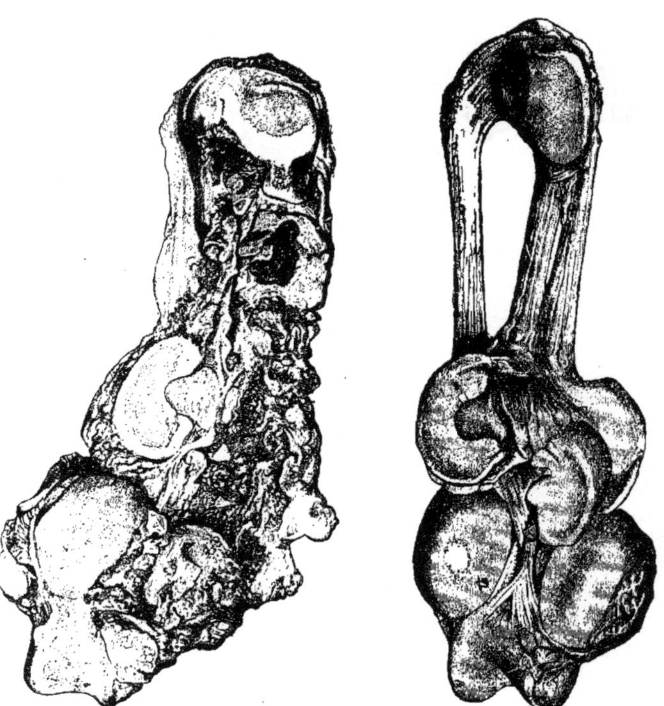

Fig. 74. — Articulation fémoro-tibiale dans le rhumatisme infectieux. — Altération des surfaces articulaires sur toute une moitié (condyle fémoral, ménisque cartilagineux, extrémité supérieure du tibia)

Fig. 75. — Articulation fémoro-tibiale normale.

ciable au toucher, mais avec sensibilité douloureuse à la pression. Les tissus péri-articulaires sont infiltrés, et les culs-de-sac synoviaux légèrement distendus.

Après quelques jours, une semaine ou deux au plus, l'œdème péri-articulaire diminue, l'état paraît rester stationnaire.

L'appétit est conservé, en partie tout au moins, la souffrance persiste et amène de l'amaigrissement progressif avec de la diminution de la lactation.

Si, à cette période on palpe attentivement la région malade,
deux cas peuvent se présenter : dans un premier cas, les culs-de-sac
synoviaux se montrent distendus, fluctuants, exactement comme
dans les cas de vessigon du grasset; il s'agit alors de ce que j'ai
appelé la *forme exsudative* de l'arthrite infectieuse. — Dans le
second cas, l'articulation engorgée reste très sensible, les parois

synoviales sont indu-
rées, il n'y a plus ou
peu de fluctuation,
mais surtout de l'in-
duration;il s'agit,dans
ce cas, de la *forme
plastique*.

L'arthrite exsuda-
tive est la forme de
début. Elle peut rester à cet état,
mais trop souvent elle n'est que
l'avant-coureur de la forme plastique qui se caractérise avec le temps.

Si les malades restent abandonnés à l'évolution naturelle de la
lésion,l'amaigrissement s'accentue,
et avec lui apparaît la cachexie. Ces
malades ne peuvent plus se relever, des complications tenant au
décubitus surviennent, ils succombent de consomption ou d'infection
purulente secondaire.

Lésions. — Dans la *forme exsudative*, on ne trouve que de l'inflammation et de l'épaississement
des synoviales, de l'épanchement
intra-articulaire, parfois des rayures
des cartilages, sans ulcération des
surfaces articulaires et sans désorganisation grave.

Dans la forme plastique (fig. 76),
au contraire, on rencontre à l'au-

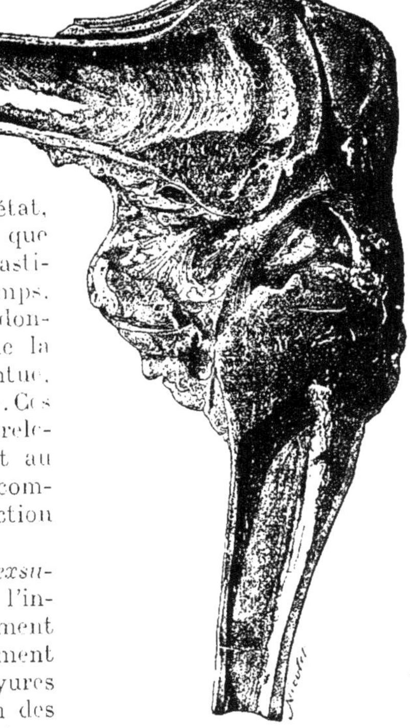

Fig. 76. — Rhumatisme infectieux,
forme plastique (pseudo-ankylose).
Articulation fémoro-tibiale sectionnée verticalement.

topsie de la destruction des cartilages, des ligaments, des couches
osseuses sous-cartilagineuses, de l'induration et de la calcification des parois synoviales, voire même de la périostose épiphysaire et de la fausse ankylose articulaire. La face interne des
synoviales enflammées se met à bourgeonner, les caillots fibrineux des culs-de-sac articulaires sont perforés par ces bourgeons
charnus; et bientôt s'organisent, dans l'articulation même,

des tractus fibreux qui se calcifient pour mener à l'ankylose complète.

Diagnostic. — Le diagnostic est facile. Les renseignements fournis par le propriétaire, les signes constatés, le caractère non ambulatoire de la douleur du début permettent d'éviter toute erreur.

Pronostic. — Le pronostic est grave, mais non pas fatal. Toutes les fois qu'il s'agit de la forme exsudative, il y a lieu d'espérer la

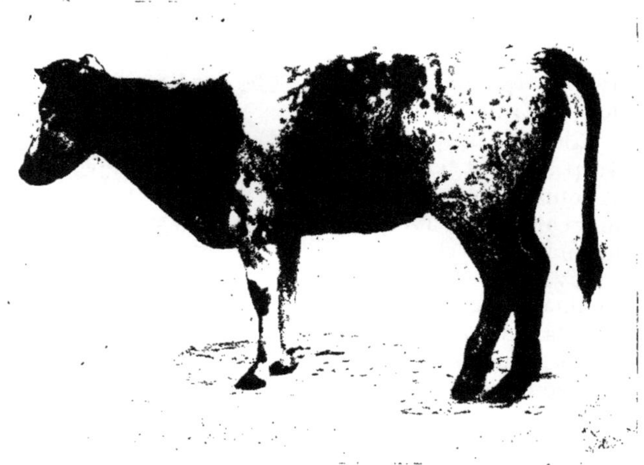

Fig. 77. — Arthrite infectieuse des vaches laitières.

guérison, si l'intervention n'est pas trop tardive. Lorsque, au contraire, il s'agit de la forme plastique, les chances de succès restent bien faibles.

Traitement. — Mieux vaut prévenir que guérir, et éviter l'apparition des arthrites que les traiter. Le moyen est simple. Il consiste à toujours traiter les infections *post-partum* dès qu'elles sont reconnues. Les injections antiseptiques intra-utérines jusqu'à désinfection et guérison complète de ce côté, l'administration de purgatifs salins et de diurétiques permettent de mettre les malades à l'abri des complications articulaires ultérieures.

Lorsque les arthrites infectieuses sont déclarées, il faut encore recourir à la même méthode d'intervention, si des symptômes génitaux persistent, et compléter par une action locale.

Comme traitement local, celui qui donne les meilleurs résultats consiste dans la ponction aspiratrice aseptique de l'articulation permettant d'enlever la plus grande partie du liquide épanché, et dans l'application immédiate d'un feu en pointes ou en raies.

Les injections intra-articulaires d'huile hydrargyrée (huile au bi-iodure de Hg) 1 à 5 centimètres cubes suivant la taille pourraient être utilisées avec avantages dans les cas graves, après la ponction aspiratrice et l'évacuation de la synovie (1).

Si l'intervention est trop tardive, si une arthrite plastique existe déjà, avec tractus fibreux intra-articulaires, désorganisation des cartilages, calcification des ligaments, il n'y a aucun intérêt économique à traiter. Il faut essayer d'engraisser ou de mettre simplement les animaux en état d'être livrés à la boucherie, s'il en est encore temps.

L'emploi des douches froides, des emplâtres immobilisateurs (Thierry), des onguents vésicants à l'azotate de mercure (Heu), des badigeonnages à l'acide sulfurique (Pauleau), présentent de trop gros inconvénients et pas assez de sécurité pour être conservés dans la pratique actuelle. De même, le salicylate de soude, qui est si utile dans le rhumatisme franc, n'a ici aucun avantage sérieux. On prétend cependant que les injections sous-cutanées de glycérine phéniquée à 1/6, à la dose de 15 centimètres cubes par jour pendant une quinzaine, peuvent rendre de réels services si elles sont combinées à d'autres moyens d'action.

Le séton en A, de vieille pratique, a encore en France d'assez nombreux partisans lorsqu'il peut être appliqué tout au début.

DES ACCIDENTS DU DÉCUBITUS PROLONGÉ

A la suite d'accidents variés, et principalement de complications *post-partum*, il arrive que des animaux de l'espèce bovine restent sur la litière, en décubitus permanent et prolongé.

Il est possible, dans maintes circonstances, de découvrir les causes de ce décubitus permanent : fractures ou fêlures du bassin, phlébites utéro-ovariennes, métrites graves, pelvi-péritonites, etc., et, par suite, d'en établir du premier coup le pronostic. Mais, dans d'autres circonstances, on ne peut découvrir aucune cause, il semble n'y avoir que de la faiblesse générale ou de la parésie sans paralysie vraie, et cependant les malades ne veulent ni ne peuvent se relever. Le même cas se présente dans certaines affections cachectisantes ou mal déterminées, et le praticien conserve quelquefois l'espoir de voir les malades se relever après une période de traitement déterminé.

Cet espoir peut se réaliser, mais ce qu'il importe bien de ne pas

(1) Voir page 83.

oublier en pareille circonstance, c'est que le *décubitus prolongé seul* peut amener des complications irrémédiables au bout de quelques semaines.

Toutes les fois que les malades, qui peuvent d'ailleurs avoir conservé un excellent appétit, ne sont pas capables de changer de côté eux-mêmes et de se déplacer fréquemment, des complications tenant au décubitus surviennent fatalement, quelque précaution que l'on prenne.

La principale de ces précautions est naturellement de maintenir les sujets sur des litières très épaisses et très propres; mais, même dans ces conditions, les parties saillantes du corps (pointes des jarrets, faces externes des grassets, région trochantérienne, région des hanches, région des coudes, genoux, etc.) se trouvent fatalement comprimées pendant un temps parfois fort long. Il en résulte des contusions plus ou moins larges, des épanchements séro-sanguinolents modérés, mais dont l'infiltration se propage dans des tissus dont la vitalité est ralentie par troubles circulatoires, puis finalement des nécroses cutanées locales qui gagnent dans la profondeur. Cette mortification des tissus comprimés gagne les aponévroses sous-cutanées, les tendons, les bourses synoviales, les masses musculaires, parfois les articulations et le tissu osseux lui-même. Des infections multiples par les germes des fumiers et des litières se greffent sur les lésions primitives, des foyers de suppuration ou de gangrène s'établissent, et les animaux meurent infectés après des semaines de souffrance. C'est ainsi que l'on trouve fréquemment des nécroses de tendons perforés vers la pointe des jarrets, avec complications de synovites ou d'arthrites; des nécroses de la région des genoux et des coudes avec synovites, arthrites ou fusées purulentes et gangreneuses vers la face interne de l'épaule; des péri-arthrites coxo-fémorales, etc.

Le diagnostic de ces complications du décubitus prolongé est extrêmement facile à établir par un examen attentif.

Quant au pronostic, il est toujours très grave, et l'observation démontre que les sujets présentant une seule de ces complications nettement confirmée sont à peu près fatalement voués à la mort après un temps déterminé, quelques semaines, s'il est impossible de les remettre en position debout. Cela se comprend d'ailleurs, parce que, la cause persistant, il ne peut y avoir qu'aggravation progressive et complications plus redoutables.

Pour ce qui est du traitement, il est le suivant si l'on se place exclusivement au point de vue économique : Si les animaux sont en état suffisant, non fiévreux, et qu'après une dizaine de jours de décubitus prolongé il n'y a aucune tendance à l'amélioration, il faut conseiller l'abatage, même lorsqu'il n'y a aucun indice précis de complications de décubitus. La même conduite est à recommander, dès l'apparition des premières contusions graves résultant du décubitus.

Enfin, lorsque des lésions de nécrose locale se sont établies, on peut essayer de matelasser les régions les plus exposées (genoux et jarrets), de faire des pansements antiseptiques sur les régions lésées, mais tout cela restera inutile si la même situation doit se prolonger, et il ne reste guère que la ressource de livrer à l'équarrissage pour ne pas faire de dépenses inutiles.

Par ailleurs, il n'est pas inutile de signaler qu'il est extrêmement difficile, sinon pratiquement impossible, de recourir à la suspension des malades, comme cela se fait couramment pour le cheval. Les bovidés ne se prêtent pas à cette intervention, la compression de l'abdomen et du rumen entrave la rumination et amène vite des troubles digestifs.

CLASSE II

MALADIES DE L'APPAREIL DIGESTIF

SÉMIOLOGIE DE L'APPAREIL DIGESTIF

Le groupe des maladies qui, peuvent frapper l'appareil digestif est l'un des plus importants de la pathologie bovine. La raison s'en trouve dans ce fait que la presque totalité des sujets de l'espèce bovine est exploitée en vue d'un fonctionnement maximum de ses facultés d'assimilation. Qu'il s'agisse d'animaux d'engrais adultes, de veaux de lait destinés à la boucherie ou de vaches laitières, le but poursuivi est partout le même : obtenir le plus grand rendement économique possible par l'intermédiaire des fonctions digestives.

Chez les bœufs de travail, s'il n'y a pas de tendance à la suralimentation, les animaux n'en restent pas moins prédisposés aussi aux affections de l'appareil digestif; les repas sont souvent trop brefs, et la rumination doit s'effectuer sous le joug ou durant le travail, dans de mauvaises conditions physiologiques par conséquent.

Sémiologie. — Pour avoir des chances d'établir un diagnostic précis, il convient ici, plus que partout ailleurs, de savoir bien enregistrer les symptômes ou syndromes et les signes fournis par les diverses parties constituantes de cet appareil; de savoir les coordonner, les grouper, pour en déduire d'une façon logique la synthèse finale, le diagnostic. Le diagnostic étant exact, le pronostic devient également facile, et c'est là le point capital sous le rapport économique. Le vétérinaire traitant sait à quoi s'en tenir, le propriétaire informé sait à quoi il s'engage.

Je passerai donc en revue et successivement, bien que cette classification puisse paraître arbitraire; les maladies de la bouche, celles du pharynx, de l'œsophage, de l'estomac, de l'intestin, etc., en signalant tout d'abord les symptômes qui caractérisent ces affections. Toutefois, je dois ajouter qu'il est des symptômes se rapportant à une foule d'affections, et qui, par eux-mêmes, n'ont absolument rien de caractéristique. Ce sont de simples indicateurs susceptibles de montrer la voie.

Bouche. — L'*inspection* extérieure permettra de se rendre compte de l'état du mufle, des lèvres et de leurs commissures ou même du pourtour de l'ouverture buccale, et d'y relever l'existence des desquamations, déchirures, éruptions, ulcérations, proliférations, qui peuvent s'y développer.

Pour l'exploration de la cavité, on agira seul (malades dociles) ou avec le secours d'un aide (sujets indociles), en saisissant le mufle d'une main et la langue de l'autre (fig. 79), ou en faisant immobiliser la tête par un aide (fig. 78). — Exceptionnellement il sera nécessaire de fixer le patient à un poteau, un arbre ou un mur.

La simple tentative d'exploration permettra de reconnaître s'il y a *trismus* ou liberté absolue des mouvements des mâchoires.

L'introduction des doigts entre les commissures et leur application sur les barres ou la partie libre de la langue renseigneront approximativement sur la *température locale* de la cavité et aussi sur la *température générale*.

Fig. 78. — Exploration de la bouche.

Les sensations transmises permettront encore d'apprécier, comparativement avec ce qui existe à l'état normal, le degré d'*humidité* ou de *sécheresse* de la bouche, ainsi que son degré de *sensibilité*.

Après écartement des mâchoires, le praticien appréciera directement l'*odeur* exhalée et ses qualités anormales possibles : *acide, aigrelette, fétide* ou *putride*.

La *vue* renseignera sur l'état d'*anémie* ou d'*hyperémie* de la muqueuse en ses différents points, depuis la face interne des lèvres et des joues jusqu'aux parties les plus éloignées du voile du palais. L'aspect de la surface de la langue fournira un signe précieux à noter (langue sèche, pâteuse, sédimenteuse, fuligineuse), mais qui parfois aussi lance sur une mauvaise piste : tels l'inappétence, le pica, la polyphagie, etc.

Le mode de *préhension des aliments*, lui-même, ne peut que servir d'indicateur sur l'évolution ou l'existence possible d'une affection de la bouche; de même que la dysphagie n'est pas toujours caractéristique d'une lésion pharyngienne ou œsophagienne, mais parfois d'une lésion de voisinage (hypertrophie des ganglions rétropharyngés, bronchiques).

C'est en procédant suivant cette méthode que l'on arrive avec la plus grande facilité à noter sur les **lèvres** l'existence de blessures, de coupures, de plaies diverses ou d'éruptions spécifiques variées (aphtes, ulcérations diverses, lésions actinomycosiques, ulcérations septiques, ulcérations du coryza gangréneux, etc.); sur les **gencives**, les signes de gingivite, de périostite, d'intoxication mercurielle, d'actinomycose maxillaire, des ulcérations de toute nature; sur la **langue**, les éruptions inflammatoires franches ou spécifiques (aphtes, ulcérations d'actinomycose, de tuberculose, de coryza gangréneux), les tuméfactions de glossite superficielle ou profonde, et les plaies. C'est encore la même exploration qui, avec plus de difficultés il est vrai, permettra d'apprécier l'état des dents (mobilité normale, irrégularités des tables, carie), l'état des orifices d'excrétion des canaux salivaires (C. de Sténon, de Wharton et de Rivinus), l'état du **palais** et du **voile du palais**, d'y déceler l'existence des fissures, végétations, polypes et tumeurs.

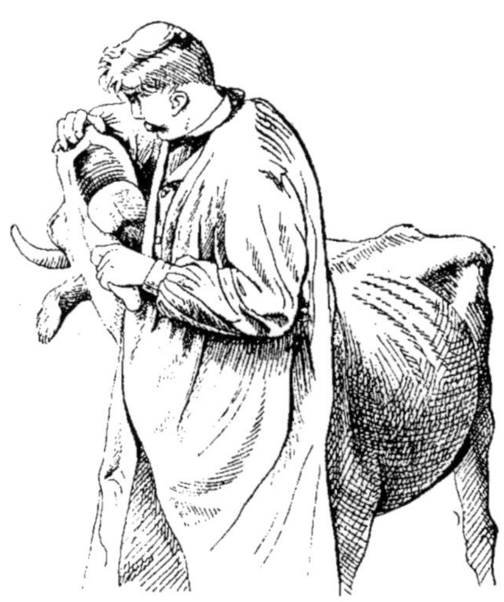

Fig. 79. — Exploration de la bouche.

Glandes salivaires. — Les glandes salivaires, parotide et sous-maxillaire surtout, seront explorées par l'inspection et la palpation.

L'inspection fera reconnaître les engorgements, les tuméfactions, la déformation des régions, l'exagération de la salivation ou ptyalisme (fièvre aphteuse, actinomycose, stomatites aiguës, intoxication mercurielle) et l'augmentation de calibre des conduits excréteurs.

La palpation décélera la sensibilité, les œdèmes, les indurations, les kystes, ou plus souvent les distensions des canaux excréteurs ; les calculs, les tumeurs, la direction des fistules.

Des cas embarrassants pourront se présenter, particulièrement lorsque les ganglions sous-maxillaires et les ganglions sous-parotidiens se trouveront touchés; une exploration méthodique et complète autorisera le plus souvent un diagnostic différentiel.

Pharynx. — Le pharynx peut être exploré extérieurement par l'inspection et la palpation, et intérieurement par la palpation digitale directe. L'inspection renseigne sur la déformation possible de la région de la gorge; la palpation sur l'état des tissus, la sensibilité, l'infiltration. La palpation pharyngienne doit être bimanuelle. L'exploration digitale interne ne doit se faire qu'avec prudence, et

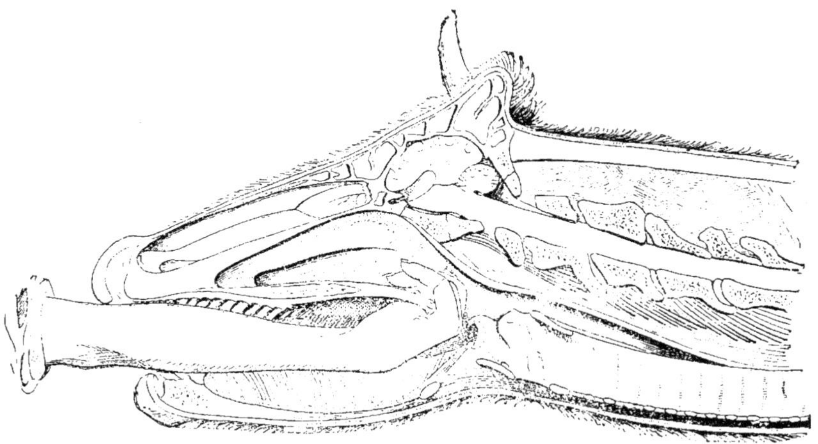

Fig. 80. — Exploration pharyngienne.

avec un spéculum puissant solidement fixé. Sous ces conditions, elle est sans danger. La main, glissée exactement dans le plan médian, permet de reconnaître des obstructions souvent diagnostiquées déjà par la palpation externe, des inflammations avec ou sans fausses membranes, des ulcérations, des polypes (fig. 80).

Œsophage. — En raison de sa disposition anatomique, de sa situation et de son trajet, l'œsophage présente deux parties bien distinctes : l'une cervicale *explorable*, l'autre thoracique *inexplorable* extérieurement.

La partie cervicale peut être examinée par l'inspection, la palpation unilatérale, bilatérale et bimanuelle.

L'inspection renseigne sur des déformations de l'œsophage et de la gouttière jugulaire ; chez les sujets gras, elle est sans utilité. Connaissant la situation et le trajet de l'œsophage, la palpation unilatérale, et mieux la palpation bilatérale et bimanuelle sont d'une bien plus grande utilité. Elles renseignent sur les tuméfactions, les infiltrations, les déformations, la sensibilité, la présence de corps étrangers, la présence de dilatations ou jabots, etc.

L'auscultation et la percussion, recommandées quelquefois, restent sans grande importance.

C'est encore l'inspection qui permet le constat de *dysphagie œsophagienne*, laquelle autorise beaucoup de suppositions : dysphagie réflexe par fissure ou ulcération œsophagienne, par compression médiastinale tuberculeuse ou autre, par rétrécissement, par jabot. Elle décèle enfin la vomituration ou la régurgitation œsophagienne (jabot).

L'exploration interne, qui seule peut renseigner sur des lésions possibles de la partie thoracique, et qui aussi peut permettre de préciser des lésions de la région cervicale, ne se pratique que par le cathétérisme, soit avec un mandrin de petit calibre, soit avec un poussoir improvisé ou non, soit avec une sonde. — Le malade doit être immobilisé la tête en extension sur l'encolure, et un spéculum *ad hoc* favorise l'introduction de l'explorateur choisi. Suivant les cas, l'exploration permet de reconnaître l'existence d'une œsophagite, d'un rétrécissement vrai ou faux, d'une dilatation (jabot), d'une obstruction.

L'œsophagoscopie, si utile et si précieuse chez l'espèce humaine, pourrait, théoriquement, tout aussi bien trouver son application en médecine vétérinaire et rendre aussi de signalés services ; malheureusement les conditions matérielles d'exercice de la profession, en pleine campagne, dans des fermes isolées ou même parfois dans les pâturages, en limitent tellement les conditions d'emploi, qu'elle ne pourrait être, à l'heure actuelle tout au moins, qu'une méthode d'exploration d'exception.

Chez les animaux de l'espèce bovine, toutes ces lésions : œsophagites, fissures et ulcérations œsophagiennes, obstructions, compressions, dilatations, rétrécissements, tumeurs, sans être très fréquentes, peuvent facilement se rencontrer.

Estomac. — L'exploration de l'estomac, ou mieux des compartiments gastriques, demande une connaissance à peu près parfaite de la situation respective des différents réservoirs.

L'anatomie topographique montre que le **rumen** est situé en totalité dans le flanc gauche, et qu'il occupe toute la région abdominale gauche, du diaphragme à la cavité pelvienne. Ce gros réservoir se trouve fixé à la région sous-lombaire par un repli séreux qui s'insère sur la ligne médiane et la région moyenne des apophyses transverses gauches, de la 12ᵉ ou 13ᵉ côte au bord postérieur de la 2ᵉ lombaire. Toute sa partie postérieure est complètement libre (fig. 81). Il est explorable par conséquent dès la 12ᵉ côte, et il se trouve légèrement incliné de haut en bas et de gauche à droite, son extrême bord droit arrivant à toucher ou dépassant la ligne blanche. Le *réseau* ou *bonnet*, le plus petit des quatre réservoirs, est situé dans la région sus-xiphoïdienne, transversalement au plan médian (fig. 82). A gauche, il ne touche que le rumen et le diaphragme; à droite, il est en rapport avec le diaphragme en avant, le feuillet en haut et la caillette à droite et en arrière. — Le *feuillet* est situé au-dessus du réseau et de la vessie conique droite du rumen. Il touche le foie en avant, le rumen à gauche et en arrière. — Quant à la *caillette*, elle est allongée obliquement dans la zone de l'hypocondre droit, sa région antérieure reposant sur la paroi, abdominale inférieure vers le plan médian et à droite, sa région pylorique remontant en haut et en arrière de l'hypocondre droit (fig. 82 et 83).

Rumen. — Le rumen est explorable par l'inspection générale et locale, la palpation, la percussion et l'auscultation. Le sondage ou tubage et la ponction fournissent encore des renseignements.

L'*inspection* générale fournit des données variables suivant le moment où elle est pratiquée, même à l'état physiologique ; elle ne vise que l'état du flanc, avant le repas, après le repas, repas copieux, etc. Malgré cela, on reconnaît toujours ce qu'en vétérinaire on appelle : creux du flanc, corde du flanc, fuyant du flanc; la vacuité du rumen se caractérisant par le flanc creux, la réplétion (repas abondant) par la disparition du creux.

A l'état pathologique, on peut enregistrer le *ballonnement* du flanc, tendu outre mesure par une indigestion gazeuse ou par surcharge ; la simple *tension* ou *dilatation légère* (tuberculose abdominale et médiastinale ou gastro-entérite); la *dépression* du flanc (crises terminales des indigestions ou entérites à la période de résolution) et la *rétraction* (ventres levrettés des diarrhéiques chroniques).

La *palpation* digitale ou manuelle s'effectue dans toute l'étendue du flanc gauche. Elle renseigne sur l'état de vacuité, le degré de plénitude du réservoir, sur la consistance des aliments (indigestions chroniques), sur la sensibilité des parois, ainsi que sur le rythme des contractions du réservoir (palpation manuelle), en moyenne 2 à 3 par minute.

La *percussion* directe ou indirecte peut se pratiquer horizontalement de la 12e côte au ganglion du flanc, et verticalement des vertèbres lombaires à la ligne blanche. Chez un sujet bien portant, elle donne sur l'animal à jeun une zone à sonorité normale ou son clair en haut (gaz), une zone moyenne à submatité et une zone inférieure à matité absolue (liquides du rumen) (fig. 81).

A l'état pathologique, la percussion suivant la verticale dénote un *son tympanique* (indigestions gazeuses), un *son clair* dans la plus grande partie de la hauteur (gastro-entérites aiguës avec gaz dans le rumen, péritonites adhésives sans affaissement possible du rumen) ; ou, au contraire, un *son mat dans toute la hauteur* (indigestions par surcharge). La percussion suivant l'horizontale permet la délimination des zones précitées, dont l'étendue respective varie beaucoup suivant les cas.

L'*auscultation* est plus instructive que la percussion. Elle peut

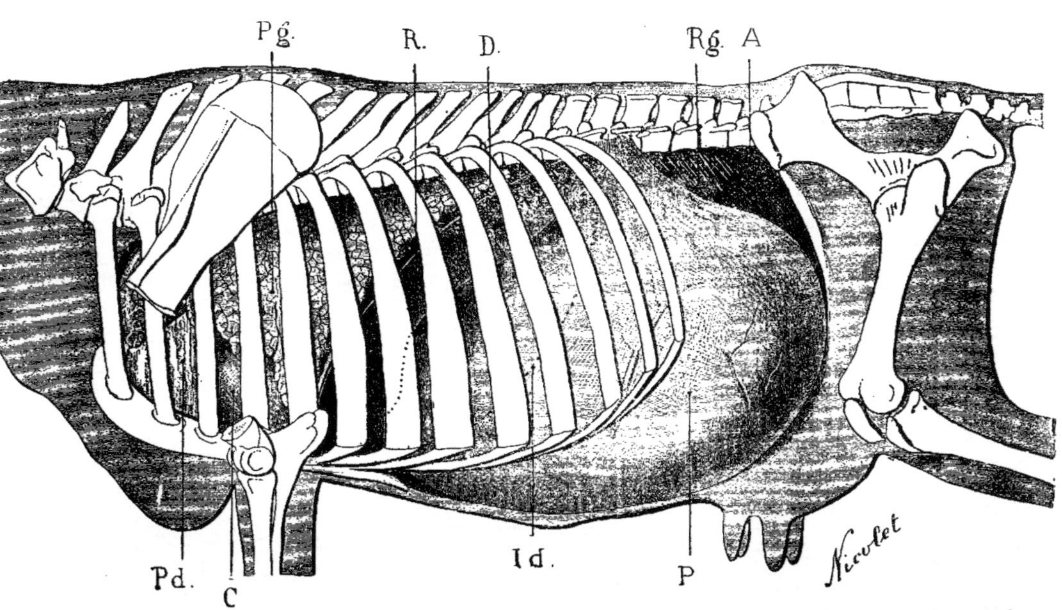

Fig. 81. — Position des viscères de la cavité thoracique et de la cavité abdominale, côté gauche. — A, aorte postérieure; P, panse ou rumen; I*d*, ligne d'insertion diaphragmatique; C, cœur et péricarde; P*d*, poumon droit (lobe antérieur); P*g*, poumon gauche; D, diaphragme; R*g*, rein gauche.

se pratiquer, comme la percussion, dans toute la hauteur de l'abdomen, des apophyses transverses des vertèbres lombaires à la ligne blanche, et suivant la longueur de la 11e côte au pli du grasset.

L'auscultation de la zone supérieure permet d'enregistrer des bruits de *déglutition*, de *glou-glou* et de *cascade*, suivant qu'il s'agit de chutes de masses solides ou liquides dans le rumen et le réseau. L'état de choses perçu varie avec l'état de plénitude ou de vacuité du rumen.

L'auscultation de la zone moyenne décèle :

1º Un bruit de *crépitation* très particulier comparable à la déflagration d'une poignée de sel projetée sur des charbons ardents; on le considère comme la résultante de l'éclatement de bulles gazeuses nées sous l'action des fermentations physiologiques des aliments contenus dans le rumen;

2º Un *bruit de roulement* ou *de brassage* des matières alimentaires, provoqué par les contractions péristaltiques rythmiques du rumen qui mélangent très intimement les substances ingérées. L'application de l'oreille sur la région du flanc, de même que la palpation manuelle, permettent facilement d'apprécier le rythme des contractions du rumen (deux par minute en général).

C'est à ces quatre moyens que se borne réellement et pratiquement l'exploration du rumen.

Ponction. — L'exploration exclusivement scientifique comprend encore l'analyse des gaz recueillis par la ponction, et l'analyse des liquides recueillis par aspiration (premiers phénomènes de digestion gastrique).

Normalement on trouve, suivant l'importance quantitative : de l'acide carbonique, des carbures d'hydrogène et de l'azote. — A l'état pathologique, et dans la plupart des fermentations anormales, les carbures d'hydrogène sont en plus grande quantité que l'acide carbonique ; dans les indigestions chroniques par surcharge et les gastro-entérites chroniques, on trouve en plus du sulfhydrate d'ammoniaque et divers gaz putrides.

Analyse chimique. — Les aliments ingérés subissent dans le rumen une véritable macération en liquide alcalin, à 38º ou 39º (alcalinité salivaire), laquelle modifie déjà leur composition; toutefois, la zone superficielle en contact avec les gaz présente parfois une réaction légèrement acide (acide carbonique, Colin). Les matières sucrées des aliments subissent facilement la fermentation lactique; les graisses, la fermentation butyrique. Une partie seulement, relativement faible, de l'amidon, se trouve transformée en sucre. Chez le veau et les jeunes, la réaction du rumen est acide pendant toute la période d'allaitement. A l'état pathologique, dans les cas d'inrumination prolongée, d'inappétence chronique, de gastro-entérite, la réaction est généralement acide.

Les sucres, les gommes, les sels solubles des plantes fourragères, racines, etc., s'y dissolvent ; mais les matières grasses n'y subissent aucune modification (Colin).

Réseau. — Le réseau ou bonnet, le plus petit des réservoirs gastriques, est situé dans la région sus-xiphoïdienne et rétro-diaphragmatique, débordant le plan médian à droite et à gauche d'une quantité à peu près égale. Il communique largement en haut et à gauche avec le rumen, à droite avec le feuillet.

Deux moyens d'exploration seulement paraissent utilisables actuellement : l'inspection et la palpation.

L'inspection fait enregistrer les déformations de la région xiphoïdienne. Elles sont rares, mais, en dehors des déformations constitutionnelles, il peut s'en présenter au cours de réticulites par corps étranger, avec perforation directe de la paroi abdominale inférieure par le corps étranger.

La palpation externe, pratiquée avec les doigts ou le poing fermé, décèle, en pareil cas, l'infiltration œdémateuse, la sensibilité anormale, la fluctuation, la chaleur exagérée (réticulites par corps étranger, abcès, perforation).

L'exploration interne, pratiquée par la main à la faveur d'une gastrotomie, lorsque des probabilités manifestes ont été enregistrées relativement à la présence d'un corps étranger dans le réseau, est possible; mais, en aucune façon, elle ne saurait être considérée comme une méthode d'usage courant.

Feuillet. — Le feuillet occupe une situation, pour ainsi dire, inverse de celle du réseau. Placé profondément du côté droit, en arrière du diaphragme, sous l'hypocondre, au-dessus de la caillette et du réseau, c'est le seul réservoir gastrique inexplorable.

Caillette. — Logée dans la région inférieure du flanc droit, sous le cercle de l'hypocondre, la caillette se place obliquement de bas en haut, de la région sus-xiphoïdienne à la région sous-dorso-lombaire droite. La petite courbure regarde le rumen à gauche, la grande courbure est en contact avec la paroi abdominale. Elle est explorable et accessible le long du cercle de l'hypocondre, contrairement à ce que prétendent ceux qui n'ont jamais vu (fig. 82-83).

Chez les adultes, il est rare que l'*inspection* puisse relever un renseignement utile; chez les veaux de lait, au contraire, la caillette distendue (indigestion ou gastro-entérite) déforme parfois la région abdominale antérieure droite.

La *palpation* digitale ou avec le poing fait reconnaître la sensibilité exagérée, des irritations, inflammations ou distensions.

La *percussion* et l'*auscultation*, quoique possibles, ne sauraient fournir de renseignements très précis.

L'exploration de l'estomac, telle que nous venons de l'indiquer, se trouve complétée cliniquement par certains signes généraux faciles à noter et qui sont :

a) La suppression ou l'irrégularité de la rumination, l'*inrumination*, laquelle est d'une haute importance. Elle caractérise la gravité de l'état de l'appareil digestif. et aussi un peu la gravité de l'état général. L'inrumination est un symptôme commun à une foule d'affections digestives ou non, graves dans tous les cas;

b) Les *éructations*, qui sont fréquentes, doivent être considérées comme physiologiques tant qu'elles conservent l'odeur herbacée ou l'odeur spéciale des aliments ingérés (drèche, pulpes). Parfois elles répandent des odeurs aigrelettes, acides, fétides ou putrides, toutes pathologiques;

c) Les *bâillements* sont peu fréquents. Ils augmentent de nombre et fixent l'attention dans certains états pathologiques, ou parfois se trouvent totalement supprimés;

d) Les *nausées* et les *vomissements* sont rares. Les vomissements sont plus fréquents chez le veau (vomissements de la caillette) dans l'indigestion laiteuse ou la surcharge simple. Chez l'adulte, il s'agit d'ordinaire de vomissements du rumen (aliments grossièrement triturés); ceux de la caillette aussi sont possibles (aliments pulpeux à odeur acide);

e) On peut enfin observer au cours des maladies de l'appareil digestif des troubles respiratoires divers : immobilisation de l'hypocondre et du diaphragme, sensibilité normale et toux réflexe à la palpation, respiration costale, dans la réticulite par corps étranger.

C'est en recueillant méthodiquement, en groupant et en classant les signes présentés, que l'on arrive à pouvoir saisir le lien qui les enchaîne.

Intestin. — La masse intestinale est tout entière contenue dans la moitié droite de l'abdomen, au-dessus des compartiments de l'estomac. — Le gros intestin occupe la zone supérieure, celle qui correspond au creux du flanc, de la 13e côte à la hanche; — l'intestin grêle occupe la zone moyenne, de la 13e côte à l'entrée du bassin et la région du grasset; la zone inférieure est occupée par le rumen et la caillette, ainsi que par l'utérus gravide chez les femelles en gestation.

Toutefois, il faut dire que la masse du gros intestin n'est pas très facilement explorable, séparée qu'elle est de la paroi abdominale par l'inflexion en U de l'anse duodénale, dont la branche profonde rétrograde est en contact avec la portion terminale du côlon flottant (fig. 83).

L'*inspection* du flanc droit ne fournit pas de renseignements de valeur dans les maladies de l'intestin ; pas plus d'ailleurs que l'auscultation qui ne permet d'enregistrer que la fréquence, la diminution ou l'absence de borborygmes. — Seule la *palpation* est réel-

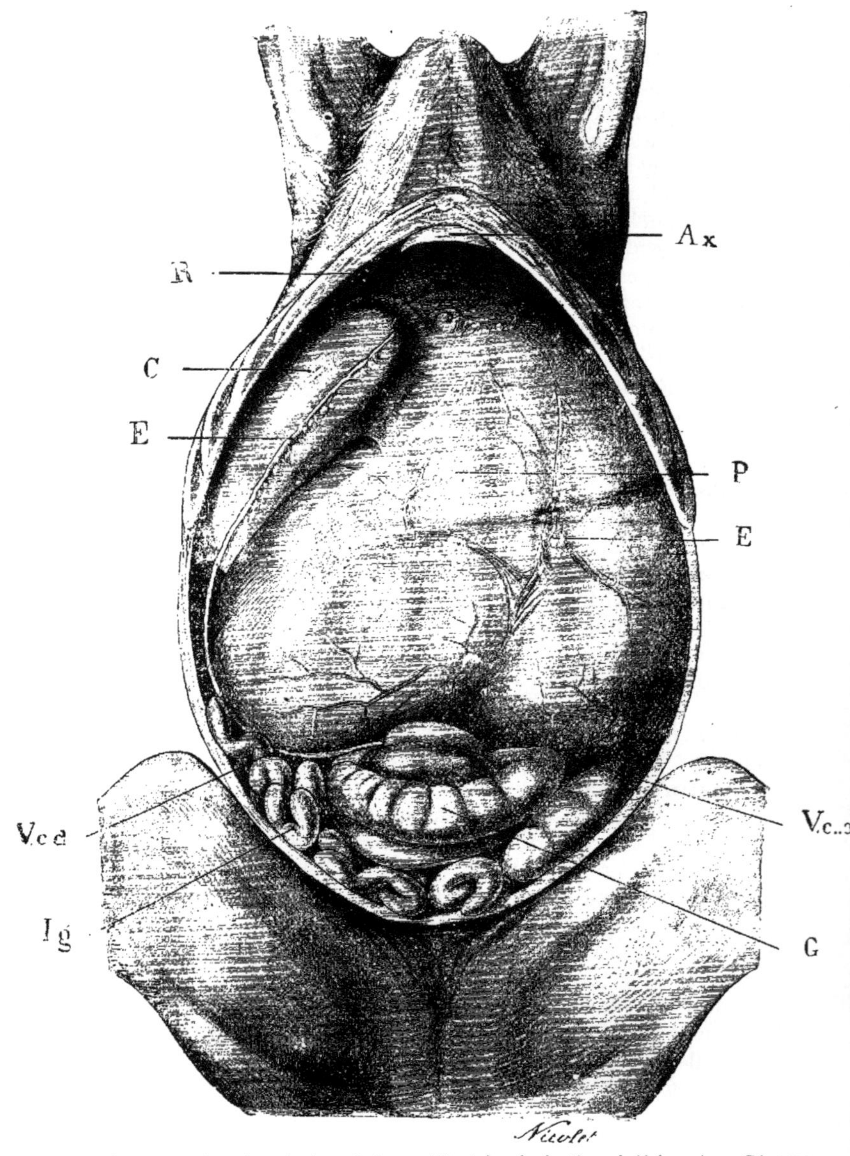

Fig. 82. — Position des viscères de la cavité abdominale (face inférieure). — G*i*, gros intestin; V. *c. g.* vessie conique gauche du rumen; E, E, épiploon (ligne d'insertion); P, panse ou rumen; A*x*, appendice xiphoïde du sternum; R, réseau; C, caillette; V *c. d.* vessie conique droite du rumen; I*g*, intestin grêle.

lement utile. Pratiquée légèrement et superficiellement, avec l'extrémité des doigts, elle dénote la *sensibilité anormale* dans les entérites aiguës; une insistance plus grande décèle un état de *plénitude* ou de vacuité lorsque la résistance musculaire n'est pas trop accentuée.

Coliques. — Bien plus importants sont les signes cliniques caractérisant les coliques, leurs modalités, ainsi que les lésions qui en constituent le point de départ.

Ces coliques peuvent être violentes et brusques, à durée relativement courte, lorsqu'elles résultent d'une congestion intestinale *a frigore* ou autre (coliques d'eau froide). Dans d'autres cas, elles sont violentes et de longue durée (plusieurs heures, une journée, voire deux jours); elles peuvent être suivies de coma et de suppression de la défécation (coliques d'invagination, de volvulus, d'étranglement, d'occlusion). Parfois, au contraire, elles restent sourdes, lentes, continues (gastro-entérites aiguës, hémorragiques).

Enfin, il en est qui, ayant ces derniers caractères, s'accompagnent en plus d'ictère (rétention biliaire, calculs, hépatites).

Ainsi qu'on le verra dans un autre chapitre, ces coliques intestinales se différencient encore assez facilement des coliques néphrétiques, vésicales et utérines.

Anus. — L'exploration de l'anus est facile ; la simple inspection fait reconnaître sa présence ou son absence, et par suite l'imperforation rectale congénitale assez fréquente chez le veau et le poulain. L'exploration digitale est cependant parfois utile, car il peut exister exceptionnellement une imperforation rectale (cloison recto-anale), avec un anus extérieurement bien conformé.

Rien n'est plus facile encore que d'enregistrer le ténesme lorsqu'il existe (diarrhées profuses, diarrhées des veaux, dysenterie des nouveau-nés).

Exploration rectale. — Un dernier moyen, qui est d'une utilité précieuse pour le diagnostic de toutes les affections viscérales du bassin et aussi de l'abdomen, est représenté par l'exploration rectale. — Pour la pratiquer utilement, il convient tout d'abord d'évacuer le contenu de la poche rectale à l'aide d'un grand lavement et de procéder ensuite sans la moindre brutalité. Le sujet étant immobilisé par ses membres postérieurs, le bras, fortement enduit d'un corps gras de la pointe des doigts au moignon de l'épaule, est introduit par pression douce dans le conduit anorectal, la main en pronation et les doigts réunis en cône. En déplaçant avec douceur le conduit rectal, la main exploratrice peut palper les vessies coniques postérieures du rumen, l'anse duodénale, la masse des circonvolutions de l'intestin grêle et du côlon. Du même coup, cette exploration permet aussi secondairement d'explorer le vagin, l'utérus, les ovaires, la vessie, les uretères, les reins, l'aorte, les ganglions pel-

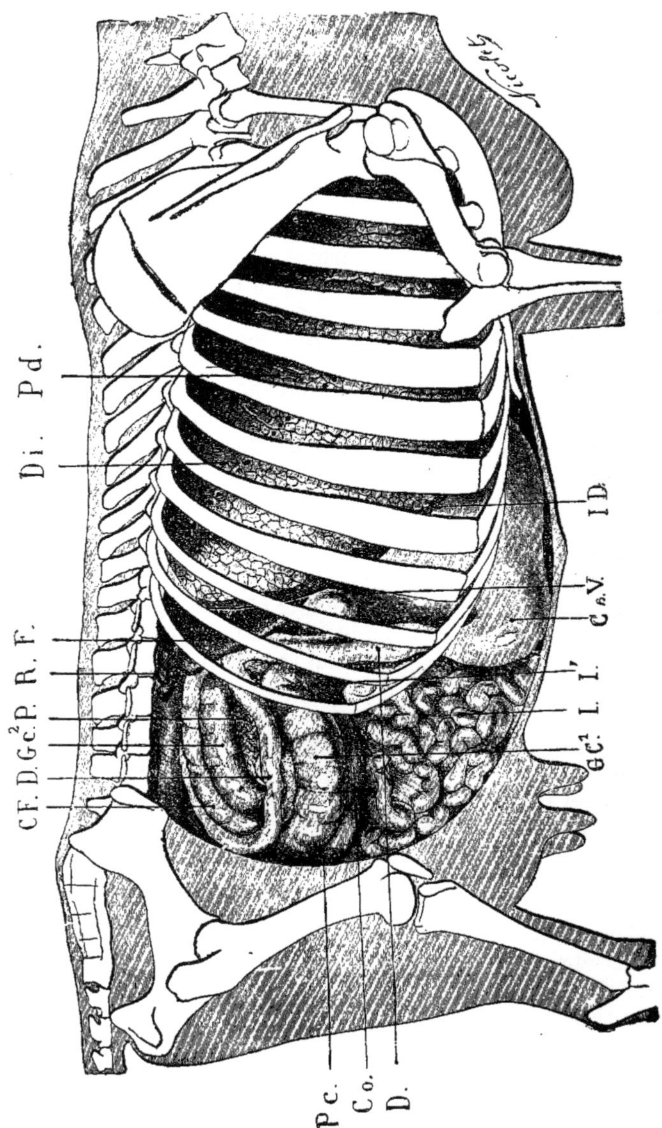

Fig. 83. — Position des viscères de la cavité thoracique et de la cavité abdominale (côté droit). — ID, insertion diaphragmatique; V, vésicule biliaire; C, caillette; I, intestin grêle; D, duodénum; GC1-GC,2 gros côlon; Co, cæcum; Pc, pointe du cæcum; CF, côlon flottant (1re partie); P, pancréas; R, rein droit; F, foie; Di, diaphragme (ligne de projection antérieure); Pd, poumon droit.

viens et sous-lombaires. Elle peut faire reconnaître les surcharges alimentaires du rumen, les étranglements intestinaux, hernies internes intra-épiploïques, transmésentériques ou transfréniques, les invaginations, les volvulus.

Dans un autre ordre de recherches, cette exploration peut encore déceler les lésions du rein, celles de l'utérus, des ligaments larges, des ovaires, des vaisseaux.

Il est même préférable, en toutes circonstances, de faire une exploration méthodique complète, quel que soit le but essntiel de l'exploration. Voici comment je conseille de la réaliser :

La main introduite commence par s'assurer de l'état des organes pelviens : rectum, fond du vagin, col et corps utérin, vessie, coussinets graisseux et ligaments pelviens.

Un peu plus profondément, la main à plat dans le rectum l'abaisse jusqu'au rebord pubien antérieur, puis déplace ce rectum à droite, de façon à suivre par contact direct la branche montante de l'ilium droit jusqu'à l'articulation sacro-iliaque, passe ensuite à la face inférieure du sacrum, et redescend à gauche tout contre l'ilium gauche pour revenir au point de départ. — Cette manœuvre fait reconnaître l'état de la charpente du bassin, l'état des artères, veines, ganglions, etc.; le degré de mobilité, de distension ou de réplétion de l'organe utérin, l'état des ligaments larges.

Enfin, plus profondément encore et jusqu'à la limite extrême de pénétration du bras explorateur, la main arrive à palper partie ou totalité des organes cités plus haut : intestin grêle, gros intestin, rein.

Défécation. Examen des matières fécales. — Les conditions de la défécation caractérisent partiellement certains états morbides. C'est ainsi que le symptôme diarrhée prend une importance variable suivant la forme qu'il revêt : diarrhée alimentaire, séreuse, muqueuse, sanguinolente, diarrhée légère, temporaire, intense, profuse, continue.

Dans d'autres cas, la défécation est ralentie, devient laborieuse, il y a constipation à degrés variables. Il peut même y avoir suppression absolue de la défécation (invagination ou étranglement intestinal). — Par contre, il est possible d'observer de la diarrhée, de la dysenterie (diarrhées microbiennes et à sporozoaires) et de l'entérorragie. Cette dernière offre de nombreux degrés d'acuité, depuis les simples gouttelettes ou filets de sang plaqués sur les excréments presque normaux, jusqu'aux expulsions de sang en nature, rejeté en jets liquides ou en caillots.

Recherche du sang dans les excréments ou les urines. — La recherche du sang dans les excréments peut se faire de différentes façons : par la réaction à la teinture de gaïac, par la réaction de Meyer ou la réaction au pyramidon :

TECHNIQUE :

1 { 10 cc. du liquide suspect (filtrat) / émulsion { coloration
+1 cc. teinture de gaïac / laiteuse { bleu-indigo
+1 goutte d'eau oxygénée { s'il y a du sang

2 { Liquide suspect . . 3 cc. { coloration rouge vif
+Réactif de Meyer. . 1 cc. { plus ou moins intense
+eau oxygénée . . . II à IV gouttes { (Réaction très sensible).

3 { 4 cc. de liquide suspect
+4 cc. de solution de pyramidon à 1/20e { coloration
+VI à VIII gouttes d'acide acétique au tiers { bleue
+V à VI gouttes d'eau oxygénée { +intense

Examen macroscopique. — L'examen des matières fécales doit se faire sous le rapport de la quantité (20 à 40 kilogrammes), de la consistance (ferme ou molle), de la couleur (vert-olive, vert-noir, gris noirâtre, couleur suie ou goudron) et de l'odeur (normale, fétide, putride). — Parfois les excréments sont moulés et coiffés de mucosités glaireuses ou présentent des productions anormales : aliments non digérés (diarrhée chronique), fausses membranes des entérites pseudo-membraneuses, caillots fibrineux, parasites (douves, ténias, strongles).

Examen microscopique. — L'examen microscopique et bactériologique est quelquefois utile; et, alors même que l'examen macroscopique n'aurait rien révélé, il est possible de reconnaître la présence d'œufs de parasites (douves, strongles, uncinaires), la présence de sporozoaires (coccidiose intestinale), de microbes spécifiques (diarrhée des veaux, paratuberculose des adultes.)

C'est par la synthèse des signes recueillis méthodiquement que l'on arrive ensuite à préciser le diagnostic des affections multiples qui peuvent intéresser l'intestin : congestion intestinale, invagination, volvulus, étranglements intestinaux (hernies épiploïques, transmésentériques, transfréniques); imperforation anale, entérite aiguë, hémorragie, etc., helminthiases intestinales.

Foie. — Le foie est situé dans la région sous-lombaire droite. Il est plaqué en arrière du diaphragme et sous l'hypocondre, de la 9e à la 13e côte (fig. 83).

Il est explorable par la palpation dans les derniers espaces intercostaux et en arrière de la 13e côte. Lorsqu'il est intact, les doigts engagés sous le cercle de l'hypocondre n'arrivent qu'assez difficilement à le palper; dans les cas d'hypertrophie morbide, il déborde plus ou moins la dernière côte, et la palpation intercostale décèle souvent une sensibilité anormale.

La percussion, mieux que la palpation, permet de circonscrire l'espace grand ou petit occupé par le foie, en arrière tout au moins où il n'y a plus de lame pulmonaire interposée. — C'est par elle surtout qu'on reconnaît l'hypertrophie (cancer du foie, tuberculose, échinococcose) ou l'atrophie hépatique.

Le syndrome ictère vient quelquefois, mais assez rarement, compléter les renseignements recueillis.

Pancréas. — Le pancréas est situé assez profondément dans la région sous-lombaire droite, au-dessous du rein, en arrière du foie, au-dessus du côlon flottant, et en dedans de l'anse duodénale. Il est donc très difficilement explorable, et d'ailleurs les maladies qui peuvent le toucher sont encore peu connues.

* *

Ce qui ressort de cet exposé d'anatomie topographique et de sémiologie, c'est la difficulté du diagnostic des maladies de l'appareil digestif du bœuf, lorsqu'on se contente de faire un examen superficiel du malade. Pour avoir des chances de préciser un diagnostic, il est indispensable de pratiquer un examen méthodique et approfondi. A cette condition, et malgré les difficultés, le diagnostic exact devient possible.

CHAPITRE PREMIER

MALADIES DE LA BOUCHE

APPAREIL DIGESTIF

MALFORMATIONS BUCCALES
FISSURES DE LA VOUTE PALATINE

Les anomalies de développement de la cavité buccale sont fréquentes et parfois d'une très grande gravité en matière d'élevage. Elles sont représentées par des malformations des mâchoires (atrophie ou absence, mâchoire inférieure surtout), par des arrêts de développement de la langue (langue en moignon, langue bifide, langue perforée), et surtout par des fissures de la voûte palatine. Ces malformations se rencontrent dans toutes les espèces, aussi bien chez les poulains et les veaux que chez les agneaux, les porcelets ou les petits chiens. Elles entraînent d'ordinaire le sacrifice immédiat des infirmes, car il n'y a en général aucun intérêt à les conserver pour l'élevage. La plupart de ces malformations se diagnostiquent à première vue, et il n'y a que les fissures de la voûte palatine qui présentent réellement un intérêt clinique.

Ces fissures de la voûte palatine passent souvent inaperçues au moment de la naissance, les nouveau-nés pouvant être parfaitement bien constitués par ailleurs. Mais dès le lendemain on constate que les animaux ne peuvent pas téter ou qu'en tétant le lait revient en partie par les naseaux. L'examen de la cavité buccale révèle alors soit l'absence complète de voûte palatine avec large communication de la cavité buccale et des cavités nasales; soit l'existence d'une large fissure médiane qui se trouve subdivisée en deux fentes (fissure double), une de chaque côté de la base de la cloison médiane du nez; soit enfin l'existence d'une fissure simple, plus ou moins étroite, située latéralement, de côté ou d'autre de la cloison médiane du nez.

Pour s'expliquer toutes ces anomalies et leurs modalités, il suffit de se rappeler que chez l'embryon la différenciation de l'extrémité céphalique se trouve établie par le développement régulier de cinq renflements ou bourgeons principaux représentés par le bourgeon frontal médian, les bourgeons maxillaires supérieurs et maxillaires

inférieurs, symétriques. Ce sont eux qui circonscrivent et délimitent
l'infundibulum buccal primitif. — L'atrophie ou l'arrêt de développement de deux de ces bourgeons symétriques, ou même d'un seul,
amène tout de suite une malformation plus ou moins grave, puisque
c'est de leur développement régulier et de leur soudure médiane
que résulte l'édification symétrique parfaite de la face. Les bourgeons maxillaires supérieurs projettent vers le centre de l'infundibu-

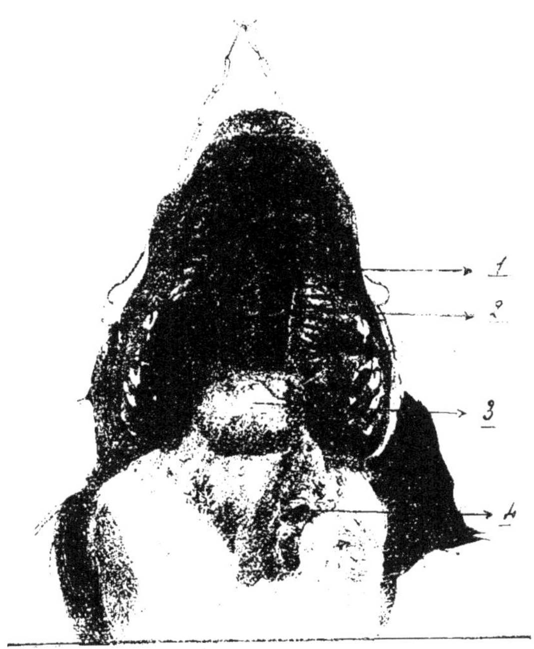

Fig. 84. — Large fissure médiane de la voûte palatine communiquant avec les deux
cavités nasales. — 1, fissure palatine; 2, bord inférieur de la cloison médiane du nez;
3, langue en moignon; 4, atrophie de la mâchoire inférieure.

lum buccal deux petits prolongements que l'on appelle les bourgeons palatins, lesquels, en se soudant sur la ligne médiane,
forment la voûte palatine et divisent l'infundibulum buccal primitif en deux étages ou compartiments superposés. Le compartiment
supérieur donnera les cavités nasales, le compartiment inférieur
la cavité buccale définitive. Selon que les bourgeons palatins se
développent bien, ou incomplètement, ou mal, on aura une cavité
buccale bien constituée, ou avec double fissure palatine, ou avec
fissure palatine simple et unilatérale.

Sans insister davantage, l'origine de ces malformations s'explique donc avec la plus grande facilité.

Quelle est, au point de vue clinique, la gravité des fissures de la voûte palatine, de cette malformation qui paraît sans importance pour les propriétaires? Elle est très grande. Si les petits sujets ne sont pas l'objet de soins spéciaux, ils meurent de faim. Ils ne peuvent pas téter ou têtent mal, quelle que soit leur vigueur primitive,

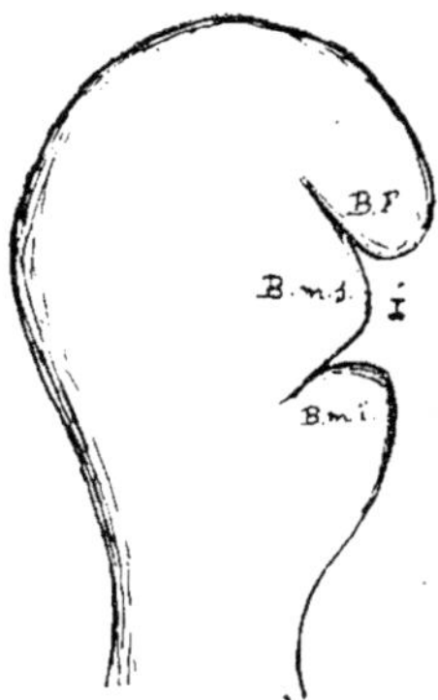

Fig. 85. — Schéma du développement de l'extrémité céphalique. — BF, bourgeon frontal; B*ms*, maxillaire supérieur; B*mi*, maxillaire inférieur; I, infundibulum buccal primitif.

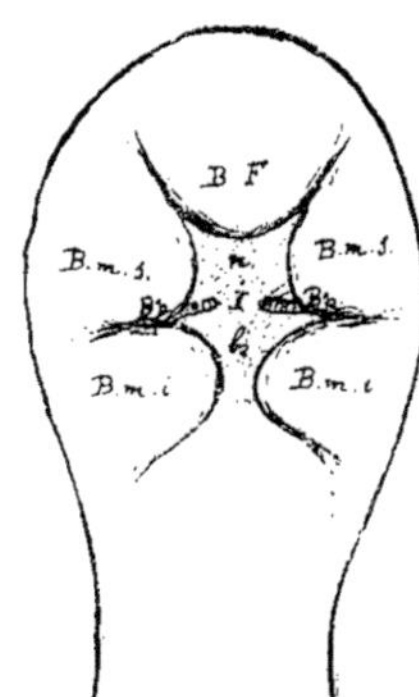

Fig. 86. — Schéma du développement de l'extrémité céphalique. — BF, bourgeon frontal; B*ms*, maxillaire supérieur; B*mi*, maxillaire inférieur; I, infundibulum buccal primitif; B*p*, bourgeon palatin; *n*, cavité nasale; *b*, cavité buccale.

parce que, la cavité buccale ne pouvant être transformée en cavité close, la langue se trouve dans l'impossibilité de faire piston de pompe aspirante pour la succion. Si du lait pénètre dans la bouche, il passe aussitôt en partie dans les narines. Il en résulte que les petits s'épuisent vite et meurent d'inanition. Il n'y a d'ailleurs en principe aucun intérêt économique à les élever, car, arrivés au sevrage, au moment des repas, des fourrages ou des aliments variés passeraient dans les cavités nasales, dans le pharynx, et sûrement aussi accidentellement dans le larynx et la trachée. Ces jeunes sujets mourraient alors de broncho-pneumonie par corps étrangers.

Cependant, lorsqu'il s'agit de veaux, il peut quelquefois y avoir intérêt à les élever pendant quatre à six semaines pour les envoyer à la boucherie comme veaux de lait; et alors il n'est pas très difficile de les nourrir artificiellement. A l'aide d'une sonde œsophagienne *ad hoc*, ou d'un simple tube de caoutchouc de 1 mètre de long muni d'un mandrin souple, on fait passer doucement et directement dans l'œsophage et l'estomac la quantité de lait nécessaire à l'entretien et au développement du jeune sujet. Si l'alimentation rationnelle est bien conduite, le développement est régulier ainsi que l'engraissement et l'animal peut être vendu en temps opportun. Ce mode d'élevage exige un peu plus de main-d'œuvre, mais en somme la difficulté est insignifiante et le résultat peut être avantageux.

STOMATITES

(Anglais : *Stomatitis catarrhalis;* Italien : *Stomatiti;* Allemand : *Maulcatarrh.*)

Définition. — On donne le nom de *stomatites* aux inflammations de la muqueuse buccale. Ces inflammations peuvent être simples, c'est-à-dire dues à des causes banales, à des irritations locales diverses ou à des traumatismes; ou, au contraire, spécifiques, d'origine infectieuse, comme les stomatites de la fièvre aphteuse, de l'actinomycose, du coryza gangréneux, de la peste bovine; ou enfin d'origine toxique, comme la stomatite de l'empoisonnement mercuriel.

Nous n'étudierons ici que les stomatites dites franches, la stomatite gangréneuse des veaux et la stomatite mercurielle, les autres formes se trouvant signalées avec les affections dont elles représentent l'une des manifestations cliniques.

STOMATITE FRANCHE.

Étiologie. — La stomatite franche des animaux de l'espèce bovine est souvent due à l'alimentation par des fourrages grossiers, par des fourrages contenant des plantes à piquants ou à épines (chardons, panicauts, ononis, épillets de bromes). Parfois on l'observe comme conséquence d'une irritation prolongée par des pointes dentaires, des surdents ou des chicots, ou encore au moment de la chute des molaires caduques. L'ingestion de plantes irritantes (orties, certaines labiées et certaines ombellifères), de feuilles recouvertes d'insectes vésicants (feuilles de choux et de navets emprisonnant des pucerons, des meloë), ou l'ingestion de boissons trop chaudes en forment aussi, mais plus rarement, le point de départ. Enfin, dans les affections graves de l'appareil digestif, il y a quelquefois retentissement sur la muqueuse buccale.

Symptômes. — Le ptyalisme et une certaine difficulté de préhension des aliments représentent d'ordinaire les symptômes de début. Dans d'autres cas, un léger degré de sécheresse de la muqueuse précède la salivation. A l'inspection, les doigts perçoivent une élévation de température, et la vue décèle une vascularisation anormale des régions non pigmentées, ce qui a encore fait donner à cette forme de stomatite les noms de stomatite érythémateuse et érysipélateuse.

Si la stomatite est due à des irritations locales mais multiples (épines et piquants), la vascularisation anormale n'apparaît qu'autour des éraillures, éraflures ou piqûres, sur des zones très variables comme dimensions. — Enfin, il peut arriver, principalement à la suite d'irritations locales un peu vives et de brûlures aux premier et deuxième degrés, qu'il y ait évolution de phlyctènes à situation et dimensions variées, aboutissant par déchirure à des exulcérations dont la cicatrisation est toujours rapide.

Diagnostic et pronostic. — Le diagnostic est d'ordinaire facile; il suffit d'apporter un peu d'attention dans le groupement des symptômes présentés par les malades, pour éviter la confusion avec les stomatites symptomatiques.

Le pronostic est bénin.

Traitement. — Le traitement est basé tout d'abord sur la suppression de la cause déterminante, si on la reconnaît : suppression des fourrages grossiers, enlèvement des pointes dentaires, arrachement des chicots; la guérison se fait seule ensuite et rapidement. On la hâte en faisant directement, ou à l'aide d'une seringue, des lavages buccaux avec de l'eau pure d'abord, de l'eau miellée, vinaigrée, avec des décoctions de bourgeons de ronces, d'écorce de chêne, d'orge et de riz, avec des lavages antiseptiques à l'eau oxygénée au quart ou au cinquième.

On complète ce traitement par la répartition d'aliments d'une mastication facile.

STOMATITES PSEUDO-APHTEUSES.

(Anglais : *Stomatitis papulosa;* Allemand : *Gutartige Maulseuche*).

Je classe sous ce titre la série des stomatites qui à première vue peuvent simuler la fièvre aphteuse, alors qu'en réalité elles en sont totalement différentes. On les a signalées comme stomatite aphteuse non contagieuse (Guittard), comme stomatite mycotique (Möhler), comme stomatite papillaire contagieuse (Ostertag et Bugge), comme stomatite papulo ulcéreuse non contagieuse (Liénaux). Comme aphticelle (?) (petite fièvre aphteuse) (Bedel 1919), comme stomatite vésiculeuse chez l'espèce bovine (Cotton 1926), comme stomatite herpétique ou ulcéro-érosive (Moussu 1926). Cette simple énumération suffit à montrer que les causes de ces stomatites peuvent varier, mais qu'elles ont au moins un caractère commun, celui de pouvoir faire croire, à tort, à l'existence de la fièvre aphteuse, stomatite aphteuse sporadique.

Pour quelques vétérinaires insuffisamment documentés, toute lésion buccale à caractère plus ou moins ulcéreux, est considérée comme d'origine aphteuse, c'est une erreur, susceptible d'entraîner des conséquences pécuniaires graves dès que des mesures de police sanitaire sont ordonnées.

Stomatite mycolique. — La variété décrite par Möhler aux États-Unis se caractériserait par l'apparition d'ulcères superficiels, de 3 à 20 millimètres de diamètre, sur le bourrelet, les lèvres et la langue. Ces lésions s'accompagnaient d'érosions et d'exfoliations épithéliales sur le mufle et le pourtour des narines; et aussi d'infiltration et de tuméfaction douloureuse des extrémités des membres avec crevassement et suintement de la peau.

Les animaux avaient de la difficulté à manger, souvent de l'inrumination et de la fièvre, peu de salivation.

L'origine serait due à une véritable intoxication par des aliments avariés ou couverts de champignons : graminées, trèfle et colza, envahis par des moisissures, des rouilles ou d'autres parasites variés. — Certains sujets seraient particulièrement sensibles à ces intoxications, et l'affection ne pourrait être transmise même par inoculation.

Le changement complet de régime, l'emploi d'aliments de bonne qualité et de boissons légèrement chloratées amèneraient rapidement la guérison.

Stomatite papillaire. — Ostertag et Bugge (1905) décrivent en Allemagne une affection quelque peu comparable (stomatite papuleuse ou papillaire), caractérisée par la turgescence des papilles de la muqueuse buccale et de la région palatine, en particulier, l'évolution des lésions donnant lieu à des excoriations ou érosions à fond jaunâtre, pouvant faire croire à la fièvre aphteuse. Semblables lésions auraient été remarquées sur le mufle. L'affection se serait révélée contagieuse par inoculation et par cohabitation, évoluant sans fièvre et sans lésions sur les mamelles ni sur les onglons.

L'incubation serait d'une quinzaine, l'évolution plus fréquente chez les animaux jeunes que chez les adultes.

Stomatite papulo-ulcéreuse. — Liénaux (1908) a signalé en Belgique, mais comme cas isolé seulement, une stomatite pseudo-aphteuse non contagieuse, non transmissible, caractérisée par des boutons papuleux d'abord rouges puis jaunâtres, de 5 millimètres à 1 centimètre de diamètre laissant après déchirure et exfoliation des exulcérations siégeant sur le mufle, la face interne des lèvres les gencives, la langue, etc., avec enduit pultacé jaunâtre de recouvrement. L'autopsie de la malade démontra qu'il y avait des lésions semblables sur tout le tube digestif.

Stomatite vésico-pustuleuse ou aphticelle. Bedel (1919) a décrit sous le nom d'aphticelle, une affection qu'il considère comme différente de la fièvre aphteuse et du cow-pox, se traduisant par les symptômes suivants : Fièvre modérée avec conservation de l'appétit, préhension quelque peu difficile des aliments, salivation légère; évolution de pustules ou vésico-pustules sur le mufle, la face interne des lèvres, le bourrelet, la face inférieure de la langue, sur la mamelle les trayons, le pourtour de la vulve, dans l'espace interdigité et sur le pourtour de la couronne des onglons.

Les vésico-pustules à contours arrondis ou ovalaires se montraient constituées à maturité : 1º par un point central brun à épithélium mortifié comme enfoncé dans le derme ou le chorion; 2º par une zone annulaire blanc-jaunâtre où l'épithélium était décollé; 3º par une zone rouge inflammatoire périphérique. Après élimination des parties mortifiées, la muqueuse et la peau se montraient creusées d'une sorte de pertuis central des dimensions d'une tête d'épingle. Le bourrelet de l'arcade incisive de certains malades apparaissait comme criblé de pertuis du fait de la confluence des vésico-pustules. Des essais de transmission à des veaux et des chevaux échouèrent, quelques animaux se révélèrent plus tard réceptifs à la fièvre aphteuse. Sur des mufles noirs, les cicatrices devinrent blanches ce qui indique la profondeur du processus inflammatoire.

Les lésions podales se compliquèrent dans quelques cas de nécroses locales.

Malgré les insuccès des tentatives de transmission directe par inoculation au veau et au cheval, il est certain que l'ensemble de la description et des localisations font plus songer à l'idée de cow-pox qu'à celle de fièvre aphteuse, et que la dénomination d'aphticelle (petite fièvre aphteuse) ne paraît pas justifiée sinon pour affirmer qu'il ne s'agissait pas de fièvre aphteuse vraie, ni même de stomatite pseudo-aphteuse.

Stomatite vésiculeuse (Cotton 1926). Il existe en Amérique du Nord, chez le cheval, une forme de stomatite désignée sous le nom de stomatite vésiculeuse, rare ou exceptionnelle en Europe, caractérisée par l'évolution de vésicules à parois très minces et d'une durée très éphémère.

Cotton (1926) a signalé chez les bovidés l'existence d'une affection tout à fait identique et qui par suite de l'évolution de vésicules paraît pour ainsi dire impossible à différencier de la fièvre aphteuse vraie d'autant qu'elle est transmissible par inoculation et qu'il peut y avoir exceptionnellement des lésions podales; elle est transmissible au cobaye et aussi bien entendu au cheval. Le cheval n'étant pas réceptif pour la fièvre aphteuse vraie, il représente en réalité, à notre époque, le seul animal d'expérience qui puisse permettre d'établir le diagnostic différentiel des deux affections.

Stomatite herpétique. — (Moussu 1926). J'ai enfin eu l'occasion moi-même d'observer en 1926 une forme de stomatite pseudo-aphteuse que je qualifie de stomatite herpétique en raison des caractères des lésions. Elles se traduisait par l'évolution d'exulcérations très superficielles à contours si réguliers qu'on aurait pu les croire délimités au compas. Ces exulcérations en nombre variable siégeaient sur les faces latérales du bourrelet de la mâchoire supérieure, sur la voûte palatine, entre le bourrelet et le mufle, sur le mufle et jusqu'au pourtour des narines. Le fond en était rouge foncé, à peine en dépression sur les régions avoisinantes et sans zone inflammatoire périphérique.

La cicatrisation, bien que les lésions fussent très superficielles, puisque c'est à peine si l'on pouvait dire qu'il y avait dénivellation de tissus à leur emplacement, fut de plus longue durée que celle d'aphtes vrais.

Les sujets atteints conservèrent toujours les apparences de la santé. Ils ne présentèrent jamais ni abattement, ni fièvre, ni inappétence, ni éruption du côté des mamelles ou des onglons. Un examen attentif et suivi d'une affection de

Fig. 87. — Stomatite herpétique (un aspect possible du mufle).

cette nature, malgré la multiplicité des cas dans un même troupeau, ne saurait prêter à confusion avec la fièvre aphteuse que tout à la période du début.

* *

En réalité, ces différentes variétés de stomatites ne semblent correspondre qu'à des manifestations locales d'intoxications ou d'infections générales mal précisées et d'origines variées.

Certaines paraissent nettement éruptives, c'est-à-dire d'origine générale, d'autres simplement érosives, c'est-à-dire d'origine locale.

Beaucoup d'affections graves mal définies, avec ou sans localisations digestives, donnent des lésions buccales se caractérisant surtout par des fissurations superficielles de la muqueuse au niveau du bourrelet, du palais, sur la partie libre de la langue, etc.

Il sera toujours facile d'établir le *diagnostic différentiel* de ces stomatites toxiques ou microbiennes d'avec la fièvre aphteuse, en se basant soit sur le fait de la non-contagiosité, soit sur le fait de la limitation à quelques cas dans un même troupeau; sur le caractère non épizootique de l'affection, et surtout sur le fait de l'absence de lésions au niveau des mamelles et des onglons, dans la majorité des cas, lésions qui sont de règle dans la fièvre aphteuse.

Le *pronostic* peut varier selon l'origine possible des manifestations morbides.

S'il ne s'agit que d'une intoxication alimentaire chronique, le pronostic pourra être bénin, l'affection guérissant d'elle-même le plus souvent avec la simple modification du régime alimentaire. Si, au contraire, il s'agit de manifestations locales résultant d'une infection générale ou d'une infection de tout l'appareil digestif, le pronostic devient beaucoup plus délicat parce qu'il est lié à celui de la gravité de l'infection elle-même.

Des animaux succombent avec des lésions ulcéreuses disséminées tout le long du tube digestif, sans qu'on en puisse préciser l'origine; d'autres succombent d'affections générales mal définies sans autres localisations digestives que celles relevées sur la cavité buccale.

Le traitement de ces variétés de stomatites ne diffère pas en somme de celui des stomatites franches, mais il comporte en outre le changement complet de régime et souvent une médication générale antithermique, tonique ou reconstituante, suivant les cas.

Dans les cas de doute, la distinction d'avec la fièvre aphteuse vraie devra toujours être basée, quelle que soit la modalité de cette fièvre aphteuse (formes graves-ordinaires-bénignes) sur les caractéristiques fondamentales de cette affection : rapidité de la contagion, la fièvre, passagère ou prolongée, la salivation $\pm$ prononcée, la constation du trismus qui précède souvent l'éruption et la salivation, la sensibilité douloureuse des extrémités, même lorsqu'il ne se produira pas d'éruption.

Les inoculations expérimentales à des cobayes et des chevaux pourront aussi être mises à contribution.

STOMATITE GANGRÉNEUSE DES VEAUX.

Définition. — On désigne sous ce nom une stomatite particulière qui, chez les tout jeunes veaux, provoque la mortification en plaques de zones plus ou moins étendues de la muqueuse buccale, et quelquefois des parties sous-jacentes.

Cette affection, assez rare en France, a été mentionnée par Lafosse et bien étudiée par Damman (1875) et Lenglen (1880).

Étiologie. — Son étiologie est encore mal connue. On a voulu la considérer comme une conséquence de la misère physiologique, de l'insuffisance de nourriture, des troubles de la dentition, de l'épuisement général et des mauvaises conditions hygiéniques. Ces explications ne sauraient suffire, et actuellement on a de la tendance à la considérer comme une complication d'affections primitives graves et débilitantes; telles la diarrhée des veaux, l'omphalite, l'omphalo-phlébite. L'évolution des lésions serait due à l'action du bacille de la nécrose (?) — L'inoculation primitive se ferait sur l'ombilic au contact des litières, ou encore directement dans la bouche au niveau de lésions gingivales, pour donner dans la suite des manifestations buccales secondaires.

Dans les exploitations où l'on pratique l'élevage économique au lait écrémé additionné de différents produits, il n'est pas exceptionnel de voir l'affectation sévir sous forme d'enzooties d'étables, plusieurs sujets à l'allaitement ou au sevrage se trouvant atteints successivement.

Symptômes. — La perte de l'appétit, l'état congestif de la muqueuse et la salivation sont les symptômes de début. Puis l'exploration de la cavité buccale décèle bientôt, sauf au palais, la présence de plaques blanc grisâtre ou jaunâtre dont l'aspect tranche sur les régions voisines. Ce sont les points de la muqueuse en voie de mortification. Ils sont multiples, présentent à leur pourtour une petite zone enflammée, et peuvent acquérir 1 à 2 centimètres de diamètre.

La mortification marche rapidement pour atteindre toute l'épaisseur de la muqueuse; le sphacèle ne tarde pas à se délimiter ou à se désagréger. L'odeur buccale devient alors absolument fétide, la salive se trouve souillée de pus et de sang. — Les ulcérations à fond livide ne montrent aucune tendance à la cicatrisation, la mortification gagne dans la profondeur, intéresse tout aussi bien les muscles et les tendons que le périoste et les os. Les dents se déchaussent fréquemment.

Des complications graves ne tardent pas à se montrer : pharyngite, broncho-pneumonie, entérite infectieuse, septicémie; les malades sont emportés par infection et intoxication en quelques jours, une semaine au plus.

Diagnostic. — Le diagnostic ne présente de difficulté qu'au début; dans la suite, l'erreur ne devient possible qu'avec une stomatite aphteuse très grave. L'état sanitaire local permet de se prononcer.

Pronostic. — Le pronostic est extrêmement grave; la mort est la conséquence régulière de l'affection, la guérison l'exception. Fort heureusement, il s'agit d'une affection qui semble d'autant moins fréquente que les conditions hygiéniques d'élevage sont meilleures. Cependant, dans les élevages importants, il ne faut pas oublier le caractère de contagiosité.

Traitement. — Le traitement curatif paraît devoir rester sans résultats toutes les fois qu'une affection primitive grave a affaibli l'organisme avant l'évolution de la stomatite. Dans le cas où la stomatite paraît primitive, il faut, autant que faire se peut, extirper les lambeaux sphacélés, déterger les plaies, et les cautériser avec des solutions iodées, phéniquées, fortes à 6 p. 100, des solutions acidulées : de préférence des solutions d'acide chromique à 50 p. 1000, après lavage complet de la cavité buccale. On se sert, pour ces cautérisations locales, d'un tampon de coton monté sur tige ou d'un pinceau, car il ne peut être question de pansements quelconques à demeure. On répète les cautérisations deux à quatre fois par jour. Les lotions buccales au novarsénobenzol à 1 p. 500 et une injection intraveineuse de 10 à 30 centigrammes du même produit peuvent aussi avoir des effets utiles.

Le moignon ombilical ne doit jamais être oublié; il abrite souvent un bourbillon nécrosé de la grosseur du pouce. On le déterge et on le bourre d'un mélange à parties égales d'iodoforme, de tanin et d'acide borique.

Ces moyens ne peuvent avoir de résultat utile que si les fonctions végétatives sont stimulées par une alimentation riche, facile à ingérer et à digérer : lait pur de bonne qualité ou bouilli, œufs, poudre de viande, féveroles cuites. Les infusions aromatiques et le thé de foin additionnés de café, d'alcool en petite quantité ou de teinture de quinquina, rendent aussi des services.

Au point de vue prophylactique, lorsqu'un premier cas se produit dans un élevage important, le malade doit être rigoureusement isolé et des ustensiles spéciaux doivent lui être réservés. Le local commun doit être désinfecté tous les jours et les seaux d'abreuvement ébouillantés chaque matin.

STOMATITE MERCURIELLE.

C'est une stomatite à caractères un peu particuliers, évoluant à la suite d'une intoxication mercurielle grave ou légère.

Étiologie. — Les animaux de l'espèce bovine semblent prédisposés à contracter cette affection, en raison d'une sensibilité toute spéciale qui n'appartient pas aux autres espèces.

L'intoxication mercurielle peut se trouver réalisée accidentellement, mais c'est d'ordinaire à la suite d'une intervention thérapeutique qu'elle apparaît. Toutes les préparations à base de mercure ou de sels mercuriaux peuvent la provoquer; le plus souvent, c'est le vésicatoire mercuriel ordinaire, la pommade mercurielle simple et la pommade mercurielle double qui entrent en ligne de compte chez nos animaux, de préférence au calomel ou à la pommade au biiodure.

Les frictions vésicantes, les applications antiparasitaires, les onctions fondantes sur des surfaces étendues favorisent cette intoxication, qu'elle se produise par absorption locale directe intracutanée, comme on l'a soutenu, par absorption de vapeurs se dégageant des applications mercurielles et pénétrant l'organisme par les voies broncho-pulmonaires et digestives, comme cela est possible, ou par ingestion après léchage, comme cela arrive. Dans toutes les discussions qui ont eu lieu sur le mécanisme de l'intoxication, même dans les plus récentes, les partisans des opinions variées ne semblent pas avoir tenu un compte suffisant de ces faits aujourd'hui démontrés. La conclusion qui en découle, c'est que les préparations mercurielles doivent être manœuvrées avec prudence chez les animaux de l'espèce bovine, et que, même dans ces conditions, la stomatite peut apparaître.

Il faut savoir, enfin, que toutes les lésions du rein (se traduisant par l'albuminurie ou d'autres signes) et toutes les lésions du foie facilitent l'intoxication en arrêtant l'élimination mercurielle par le rein ou en entravant des transformations utiles au niveau de la cellule hépatique.

Pathogénic. — Quant à ce qui concerne la nature intime de la stomatite, il semble (depuis les travaux de Galippe, 1890, concernant la stomatite mercurielle de l'homme), qu'on doive la considérer comme une *stomatite septique*, et non comme une *stomatite toxique* primitive. Le mercure absorbé par l'organisme provoque non seulement de la salivation, mais encore une *modification très notable de la composition chimique de la salive*. La vitalité et la toxicité des microbes saprophytes normaux de la cavité buccale s'en trouvent accrues, et, pour peu qu'il y ait des érosions muqueuses, il se fait de véritables inoculations et pénétrations intra-muqueuses qui représentent le point de départ de la stomatite septique.

Mais il est acquis que les lésions de la muqueuse buccale ne sont même pas nécessaires, et c'est là le point faible de la théorie émise. Une modification de composition chimique de la salive ne suffit pas non plus, car dans les médications iodées ou iodo iodurées, par exemple, il se produit aussi des modifications chimiques de la salive, et cependant il n'y a pas de stomatite à proprement parler.

Ce qui semble le plus probable, c'est que la stomatite mercurielle est une stomatite toxi-infectieuse, au cours de l'évolution de laquelle le mercure agit primitivement par une action toxique sur les glandes salivaires, dont il modifie les produits, et sur l'épithélium buccal dont il arrête la rénovation, favorisant ainsi l'*infection muqueuse*, même en dehors de toute lésion préalable; la stomatite évolue ensuite.

Symptômes. — Les symptômes se traduisent par de la salivation abondante avec écoulement au niveau des commissures, pouvant faire croire à de la stomatite aphteuse. Dans les cas graves, la salive se montre sanguinolente presque dès le début. A l'exploration, la cavité buccale dégage une odeur fétide intense qui va en s'accentuant les jours suivants, et montre une muqueuse blafarde recouverte d'un enduit grisâtre. Toute la bouche est chaude et sensible; les gencives sont tuméfiées, violacées et douloureuses. De l'alvéolo-périostite se déclare bientôt, les dents se déchaussent, la mastication devient impossible, d'autant que la langue finit par s'œdématier et s'enflammer aussi en perdant de sa mobilité ordinaire. Tout cela évolue sans fièvre.

Au terme ultime, des ulcérations et des nécroses locales apparaissent au niveau des gencives, à la face interne des lèvres et des joues, ainsi que vers les commissures. Les malades, qui se trouvent dans la presque impossibilité de s'alimenter, maigrissent rapidement, s'anémient et finissent par s'infecter, après avoir été empoisonnés.

Une gastro-entérite toxi-infectieuse, avec diarrhée fétide ou sanguinolente, se greffe sur la stomatite primitive; des complications apparaissent du côté des appareils respiratoire, circulatoire et urinaire; les malades succombent dans l'épuisement le plus complet.

Naturellement, cette terminaison n'est pas fatale; les intoxications légères et même les intoxications graves, méthodiquement traitées, peuvent et doivent se terminer par la guérison.

Diagnostic. — Le diagnostic s'impose par les renseignements fournis, sauf dans les cas où une intoxication accidentelle inconnue reste à prouver.

Pronostic. — Le pronostic est grave, car, lors même que la mort ne devrait pas représenter la terminaison, les malades restent anémiques et épuisés pendant longtemps.

Traitement. — Son but est surtout de combattre les complications buccales ou autres, et pour y arriver on recommande de fréquents lavages de la bouche avec de l'eau bouillie, avec des décoctions d'orge ou de guimauve, avec des solutions boriquées ou alunées à 3 p. 100, avec des solutions salicylées, etc.

Pour les bovidés adultes, le chlorate de potasse à l'intérieur, à la dose quotidienne de 5 à 8 grammes en solution, rend des services en raison de son mode d'élimination par les glandes salivaires. — Enfin, dans le but peut-être illusoire d'atténuer et d'enrayer les effets néfastes du mercure introduit dans l'organisme, on conseille l'administration interne des œufs, de la fleur de soufre (10 à 20 grammes), du sulfate de fer (5 à 10 grammes) et de l'iodure de potassium (5 à 10 grammes), qui donneraient avec le mercure des composés insolubles.

GLOSSITES

Le terme de glossite s'applique à toute inflammation de la langue, superficielle ou profonde. Ces inflammations peuvent être dues à des causes banales, on les dit alors glossites franches, aiguës ou chroniques; ou, au contraire, à des causes bien déterminées (tuberculose, actinomycose), qui les font qualifier glossites spécifiques. Nous n'étudierons ici que les glossites ordinaires, les autres trouvant leur description aux chapitres spéciaux réservés à la description des affections primitives.

C'est celle qui se caractérise par des lésions de la muqueuse ou des tissus immédiatement sous-muqueux, sans participation des tissus profonds.

Causes. — Les causes sont exactement les mêmes que celles de la stomatite franche, et, comme chez les sujets de l'espèce bovine, la langue est le principal et presque le seul organe de préhension, elle se trouve tout particulièrement exposée.

Toutes les actions mécaniques des fourrages grossiers se manifestent en premier lieu sur la langue; aussi la glossite superficielle est-elle souvent due à l'action d'herbes coupantes ou de piquants d'épines, d'ajoncs, d'ononis, de chardons, de panicauts. Les balles et les épillets jouent un rôle identique.

Les breuvages caustiques ou trop chauds, les morsures latérales par les arcades molaires peuvent encore la provoquer, sans déterminer d'autres lésions sur le reste de la muqueuse buccale.

Symptômes. — Ils sont des plus bénins. On constate tout d'abord de la difficulté de préhension des aliments, et une diminution de l'appétit qui est plus apparente que réelle, l'appareil gastro-intestinal fonctionnant bien. Le second signe est une salivation modérée sans caractères spéciaux.

Les symptômes locaux sont les seuls caractéristiques. La muqueuse linguale se montre rouge, œdémateuse, enflammée par places, douloureuse. Les zones enflammées siègent de préférence sur la partie libre, dans le voisinage du frein (Guittard) ou à la hauteur des arcades molaires. Les épines, corps étrangers, balle ou épillets se voient fréquemment encore implantés; et, si le début de l'affection est un peu éloigné, il n'est pas exceptionnel de découvrir de petites ulcérations.

Diagnostic. — Les caractères de cette glossite superficielle en permettent toujours facilement le diagnostic; la confusion n'est possible ni avec les lésions de l'actinomycose, ni avec celles de la tuberculose, ni avec les larges desquamations de la fièvre aphteuse.

Pronostic. — Le pronostic n'est jamais grave. La guérison s'obtient en six ou huit jours par la simple suppression de la cause déterminante.

Traitement. — Il consiste à supprimer les aliments par trop grossiers, à arracher les corps étrangers implantés dans la muqueuse ou à faire disparaître les irrégularités dentaires.

Pour le reste, comme pour la stomatite, de simples soins de propreté suffisent : lavages buccaux à l'eau bouillie, l'eau boriquée, l'eau vinaigrée ou l'eau légèrement alcoolisée.

GLOSSITE AIGUE PROFONDE

On la dit encore parenchymateuse et interstitielle, parce que tous les tissus profonds, muscles et cloisons conjonctives, participent à l'inflammation.

Causes. — Elle peut être due à une glossite superficielle qui, non traitée, se prolongerait pendant un certain temps, ou encore à une infection microbienne grave, des excoriations et ulcérations de la muqueuse. Très souvent, elle est d'origine traumatique, et reconnaît comme point de départ des tractions exagérées exercées par des bouviers brutaux lorsqu'ils administrent des breuvages de leur composition. Ces tractions amènent des déchirures musculaires et de petites hémorragies interstitielles.

Symptômes. — L'évolution des symptômes se fait assez rapidement. La préhension des aliments, qui s'effectue d'abord avec difficulté, devient presque impossible à un moment donné. La langue perd de sa mobilité; elle n'est plus projetée au dehors de la cavité buccale, la déglutition pharyngienne devient si pénible que la salivation apparaît bientôt. — A l'exploration directe, on voit l'organe épaissi, œdémateux, immobile, douloureux, remplissant la totalité de la cavité, débordant parfois la région incisive, et forçant le malade à rester la bouche entr'ouverte. L'intensité de l'inflammation peut devenir telle que la pointe de la langue pende hors de la bouche. Elle devient noirâtre, saignante, turgide et s'excorie avec la plus grande facilité contre les corps extérieurs ou simplement contre l'arcade incisive. La salivation devient fétide, sanguinolente, purulente, avec débris épithéliaux abondants. Il n'est pas exceptionnel d'observer des complications de gangrène plus ou moins étendue.

Diagnostic. — Le diagnostic de cette forme de glossite, d'ailleurs rare, ne présente pas de difficultés, car si, sous certains rapports, elle peut se comparer à la glossite actinomycosique, par exemple, elle en diffère essentiellement par sa rapidité d'évolution, par ses complications et aussi par l'absence de l'agent causal de cette dernière.

Pronostic. — Le pronostic est grave, non seulement en raison des complications possibles, mais aussi parce que les animaux ne peuvent plus s'alimenter et maigrissent avec une rapidité très grande.

Traitement. — On doit s'attacher surtout aux soins hygiéniques locaux afin d'éviter des aggravations par infections surajoutées. Les injections détersives à l'eau bouillie suivies d'injections antiseptiques doivent être répétées cinq ou six fois par jour, tant qu'une amélioration ne se fait pas pressentir. L'eau boriquée ou boratée à 3 p. 100, les solutions de chlorate de potasse à 20 ou 30 p. 1000, d'acide salicylique à 3 ou 4 p. 1000 rendront des services. Les solutions étendues de chloral à 10, 20 ou 30 p. 1000 doivent être préférées.

Lafosse préconisait autrefois l'emploi d'un sac protecteur pouvant se fixer à la base des cornes par des bandelettes, et mettant la langue à l'abri de toutes les violences extérieures. Guittard recommande les scarifications sur la partie libre et un sac à fond maillé pour l'écoulement du sang, de la salive, du pus. Malgré des soins attentifs, l'affection peut durer de quinze à vingt jours.

Même dans les ordinaires ou douteux en ce qui concerne l'origine, il ne peut y avoir que des avantages à administrer des doses de 5 à 8 grammes d'iodure de potassium, à l'intérieur, durant une huitaine de jours.

GLOSSITES CHRONIQUES.

On les qualifie encore de *glossites scléreuses*, et de *langues de bois non actinomycosiques*, parce que, anatomiquement, elles sont caractérisées par de l'induration des tissus, et parce qu'apparemment, elles ressemblent à la glossite actinomycosique, « langue de bois » véritable, avec laquelle on les confondait jusqu'à ces dernières années (Voir : *Actinomycose*).

Imminger (1888) et Pflug (1891) en décrivent deux formes :

La première, dite *glossite scléreuse superficielle*, serait la plus fréquente, et se rencontrerait de préférence chez les jeunes animaux comme conséquence des accidents de dentition. Elle serait due au passage à l'état chronique d'une glossite aiguë superficielle. Le tissu conjonctif sous-muqueux subirait avec le temps des modifications hyperplasiques telles que la langue se tuméfierait d'abord, pour devenir bientôt absolument rigide. On ne trouverait jamais ni ulcérations, ni actinomycètes.

Diagnostic. — Un examen minutieux permet toujours de faire le diagnostic sinon du premier coup, du moins après peu de temps d'observation.

Pronostic. — Le pronostic est très grave; la préhension des aliments et leur mastication sont rendues très difficiles et même impossibles. Les malades maigrissent très rapidement et finiraient par mourir de faim.

Traitement. — Le traitement est fort aléatoire. La médication iodurée, la seule qui semble indiquée, est d'une efficacité douteuse en cette circonstance. Économiquement, il est préférable d'abattre les malades pour la boucherie.

* *

La deuxième forme, plus rare, est qualifiée de *glossite scléreuse profonde*. Il s'agit simplement d'une glossite profonde ordinaire passée à l'état chronique. Les plans conjonctifs intermusculaires représentent de véritables cloisons verticales rigides, scléreuses et inélastiques. De là l'induration globale et l'immobilisation plus ou moins complète de la langue. Là encore, il n'y a ni ulcérations ni actinomycètes.

Diagnostic. — Le diagnostic exige un examen attentif, et d'ailleurs il me semble fort difficile, sur le vivant, d'établir une distinction entre cette forme et la précédente. Anatomiquement, sur les pièces, la différenciation paraît devoir être facile.

Le *pronostic* est grave, la réparation intégrale paraissant impossible.

Traitement. — Le traitement ne différerait en rien du précédent, s'il avait une efficacité marquée, ce qui n'est pas établi.

* *

Les mêmes auteurs ont encore décrit une *glossite scléreuse profonde nodulaire*, se caractérisant anatomiquement par la présence, dans l'épaisseur de la langue, de nodules fibreux variant de la grosseur d'une noisette à celle d'un œuf de poule. La langue est alors peu augmentée de volume.

Il semble bien qu'il s'agisse là d'une forme comparable et peut-être identique à celle d'origine actinomycosique décrite en France par Tribout et Krantz.

Dans la forme décrite par Tribout et Krantz, les lésions se caractérisaient par des nodules sous-muqueux et inter-musculaires de consistance crétacée, du volume d'un pois à celui d'une noisette, sur la partie libre de la langue. A première impression, la confusion paraissait possible avec des kystes ladriques. Sur section, les auteurs trouvaient toujours un corps piquant, une épine, avec spores d'actinomycès en surface.

* *

Je dois enfin signaler une dernière forme de glossite scléreuse, que je qualifie de *glossite scléreuse atrophique*. Elle évolue à la suite de la glossite actinomycosique traitée avec succès par l'iodure de potassium.

Il est établi de façon indéniable, à l'heure actuelle, que si l'on traite par l'IK une glossite actinomycosique, l'amélioration peut ne pas être définitive si le traitement n'est pas continué durant un temps suffisamment long. Il se produit alors des récidives et il faut revenir à l'intervention du début.

Si l'amélioration est définitive, l'affection mycosique disparaît, mais la langue peut s'atrophier.

Cette atrophie, due à la sclérose et à la rétraction des plans conjonctifs et du tissu interstitiel des muscles, se fait lentement, progressivement, mais d'une façon continue, sans que rien puisse l'arrêter. Si l'on n'a pas profité de la période durant laquelle la langue était redevenue facilement mobile à la suite du traitement pour faire de l'engraissement, il y a à craindre une terminaison par atrophie pendant les mois qui suivent.

La partie libre de l'organe diminue de longueur et d'épaisseur, la partie moyenne et la base semblent se resserrer, se ratatiner vers le fond du canal lingual, et avec le temps l'organe tout entier ne représente plus qu'une masse rigide, dense, dure, immobilisée sur son insertion hyoïdienne entre les branches du maxillaire.

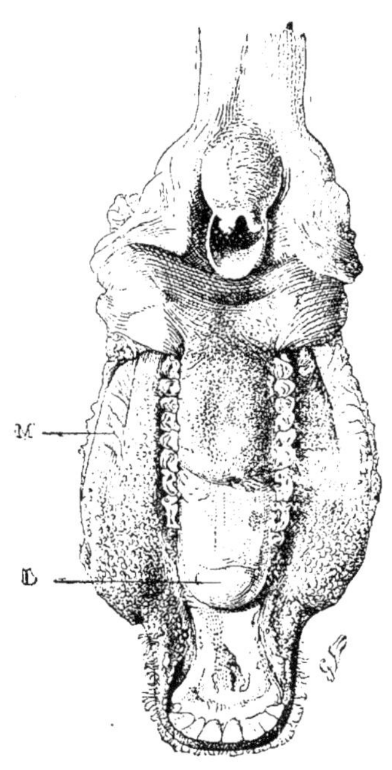

Fig. 88. — Glossite scléreuse atrophique. — L, langue immobilisée au fond du canal lingual, avec partie libre atrophiée; M, section horizontale de la peau et du masséter.

Le malade est dès lors condamné à mourir de faim; aussi me paraît-il logique, en présence des glossites actinomycosiques, de profiter toujours des améliorations dues au traitement ioduré pour conseiller l'engraissement hâtif des convalescents.

CHAPITRE II

MALADIES DES GLANDES SALIVAIRES ET DU PHARYNX

PAROTIDITES

Les *parotidites* caractérisent les états inflammatoires des parotides. On les dit franches lorsqu'elles sont provoquées par des causes ou des infections banales; on les dit spécifiques, lorsqu'elles représentent des localisations d'affections particulières, telles que l'actinomycose. Anatomiquement, elles sont représentées par l'inflammation du parenchyme glandulaire et du tissu conjonctif interacineux.

PAROTIDITE AIGUE.

Étiologie. — Les causes des parotidites aiguës sont variées. Tous les traumas, toutes les contusions (chocs, coups de cornes, coups d'aiguillons) peuvent en déterminer l'apparition, le parenchyme glandulaire, le tissu conjonctif interacineux ou le tissu périglandulaire, se trouvant déchirés, écrasés, dilacérés, et souvent aussi infectés directement à la faveur du trauma. — L'infection ascendante d'origine buccale, par les voies salivaires, représente un second mode de production de la parotidite. — Peut-être enfin la parotidite ne représente-t-elle parfois qu'une localisation d'une affection générale? Ce qui semble acquis, c'est que, dans des circonstances rares, la parotidite peut prendre une allure épizootique (Bissauge, 1897) et se montrer sur la majorité des hôtes d'une étable ou d'étables voisines; et si, dans ces circonstances, il n'est pas possible d'invoquer une influence alimentaire (ce qui n'a pas été fait), il faut bien admettre l'infection et la contagion.

Symptômes. — Quelle que soit la cause invoquée, les symptômes sont généralement nets. Comme souvent, l'inappétence apparente ou réelle représente le symptôme de début, lequel se complique toujours de difficulté de la déglutition et se trouve parfois accompagné d'une fièvre légère.

La *salivation*, conséquence de l'irritation glandulaire et de la non-déglutition, devient abondante et fixe tout de suite l'attention sur la cavité buccale ou ses annexes.

L'inspection des malades fait alors découvrir un *gonflement anormal de la région parotidienne*, la palpation dénote une *tuméfaction généralement diffuse, chaude et douloureuse*, occupant toute la région parotidienne, entre le maxillaire inférieur et l'extrémitésupérieure de l'encolure.

La lésion est ordinairement unilatérale, mais on peut la rencontrer bilatérale.

La parotidite peut se terminer par résolution, par suppuration et par gangrène.

La suppuration peut être simplement souscutanée et extra-glandulaire. Elle peut aussi envahir un îlot glandulaire et le ganglion parotidien.

La gangrène est exceptionnelle, cependant je l'ai vue double et totale sur les deux parotides, et se compliquer de septicémie sur le sujet qui a fourni la figure ci-dessus.

Fig. 89. — Parotidite aiguë.

Si l'affection est due au choc violent d'un corps étranger, on découvre la trace du trauma, mais cette recherche reste souvent infructueuse, même lorsqu'il s'agit de piqûres avec un aiguillon acéré.

Lorsque l'inflammation a pour point de départ une infection ascendante des voies salivaires, la palpation décèle parfois une sensibilité exagérée de tout le trajet du canal de Sténon, notamment au niveau de la scissure maxillaire. Il existe toujours une *gêne marquée des mouvements de la tête*, des mouvements latéraux principalement, quelquefois aussi des mouvements verticaux. La tête est maintenue en extension sur l'encolure et immobilisée au point de faire naître des doutes sur l'existence possible du tétanos. — On a signalé encore, à l'exploration buccale, un *gonflement notable de l'orifice* du canal de Sténon. C'est un signe difficile à apprécier, et d'ailleurs sans grande importance.

Diagnostic. — Le diagnostic est facile; ce qui est délicat, c'est de préciser le point de départ de la lésion. La salivation et la difficulté de déglutition pourraient faire croire à de la pharyngite; il est possible qu'il y en ait aussi parfois. La distinction d'avec les parotidites chroniques ou les tumeurs de la parotide (actinomycomes, lymphadénomes, tumeurs mélaniques) est facile aussi en raison de la lenteur de développement de ces dernières lésions. Le diagnostic différentiel d'avec l'abcès sous-parotidien présente seul quelque difficulté.

Pronostic. — Sa gravité varie beaucoup : quand l'inflammation est légère, la terminaison par résolution est la règle en huit à quinze jours. La terminaison par suppuration s'annonce par une recrudescence de la fièvre, une tuméfaction plus accusée qui se localise en un point déterminé, et l'apparition de la fluctuation profonde ou superficielle; elle demande de l'attention pour son diagnostic.

La terminaison par gangrène peut évoluer d'emblée, par la seule qualité des agents infectants, et frapper en bloc le tiers, la moitié ou la totalité de la glande. Le pronostic est dès lors absolument grave car, si le diagnostic n'est pas établi hâtivement ainsi qu'un traitement énergique, la mort à bref délai, par infection septique, peut en être la conséquence.

Traitement. — Tant qu'une indication précise n'annonce pas une complication, il faut simplement traiter comme s'il devait y avoir terminaison par résolution. — La saignée a été recommandée; je crois que ses effets sont douteux, mais je ne voudrais pas la proscrire. Tous les praticiens s'accordent pour reconnaître que les préparations résolutives vésicantes sont d'une efficacité réelle. On fera donc sur la région atteinte une large application de pommade stibiée au tiers, de vésicatoire ordinaire ou même de vésicatoire faiblement mercuriel, sous la condition de mettre les animaux dans l'impossibilité de se lécher les uns les autres.

Certains préfèrent les vésicants à base de cantharides et d'huile de croton. Quel que soit le vésicant utilisé, il y aura lieu, après trois ou quatre jours, de faire appliquer des émollients légèrement antiseptiques : populéum camphré, pommades boriquée, camphrée, salolée, etc.

Lorsque le diagnostic d'abcès est établi, il faut de toute nécessité ouvrir cet abcès le plut tôt possible suivant les règles opératoires concernant la région (incision de la peau au bistouri, forage de la glande avec un objet mousse si l'abcès est profond), en déterger sa cavité par de larges irrigations antiseptiques chaudes (eau bouillie d'abord, eau phéniquée à 3 p. 100, eau iodée à 1 p. 100, etc.). Au besoin, et suivant les circonstances, il conviendra de drainer à la gaze iodoformée ou de faire une contre-ouverture.

S'il y a gangrène partielle, il faudra enlever soigneusement tous les lambeaux mortifiés en évitant de léser les vaisseaux, ce qui facilite les infections septicémiques; et pratiquer ensuite plusieurs fois par jour des irrigations antiseptiques énergiques. L'extirpation de la parotide gangrenée serait indiquée, mais il convient de ne le faire qu'avec prudence, l'intervention opératoire étant des plus délicates.

PAROTIDITE CHRONIQUE. — FISTULES PAROTIDIENNES.

Lorsqu'une parotidite aiguë n'est pas traitée et qu'elle n'aboutit pas à la suppuration, elle se termine le plus souvent par inflammation chronique et induration fibreuse de la glande.

Les obstructions et compressions du canal de Sténon, de quelque origine qu'elles puissent être (corps étrangers, tels que balles, épillets, calculs), provoquent la stase salivaire dans tout l'appareil excréteur, l'empâtement et la tuméfaction de la région parotidienne pouvant faire croire à l'existence d'une parotidite à évolution lente, la formation de collections liquides qualifiées improprement kystes et abcès salivaires. En réalité, il se fait de la distension de toute la canalisation salivaire, mais là où les parois des canaux collecteurs sont mal soutenues par les tissus environnants, il se forme des poches de distension, de véritables varices salivaires, et non des kystes vrais. S'il n'y a pas d'infection ascendante ou si l'infection est sans importance et n'aboutit pas à la suppuration, on voit évoluer une parotidite chronique peu douloureuse qui gêne seulement les mouvements de la tête ainsi que la mastication et la déglutition.

La distension des conduits salivaires peut être telle que le grand collecteur superficiel arrive à ramollir et à provoquer l'ulcération de la peau, tout comme s'il s'agissait d'un véritable abcès. Une fistule salivaire se trouve dès lors constituée.

Symptômes. — Les symptômes sont donc : la tuméfaction ou l'induration glandulaire, la gêne des mouvements et de la mastication, le tout évoluant lentement, sans douleur et sans fièvre.

Le *diagnostic différentiel* d'avec l'actinomycose parotidienne présente parfois certaines difficultés lorsqu'il n'y a pas de fistule.

Le *pronostic* est grave parce qu'on ne peut espérer un retour à l'état normal.

Traitement. — Le traitement reste fréquemment sans résultats. Il faut essayer de rétablir la perméabilité du conduit parotidien, lorsque le point de départ de la lésion est représenté par une obstruction (extraction de corps étrangers ou de calculs). Les fondants pourront être essayés sans grand espoir de succès (pommade iodoiodurée, pommade mercurielle). Contre les fistules, on utilisera les vésicants énergiques sur un large pourtour de l'orifice, et, au besoin, la cautérisation en pointes. Plutôt que de s'acharner à un traitement douteux, il est souvent préférable de chercher à mettre les animaux en état d'être livrés à la boucherie.

MAXILLITE

L'inflammation de la glande maxillaire est rare chez le bœuf. Comme chez le cheval, elle reconnaît pour cause ordinaire la pénétration d'un corps étranger dans le canal de Wharton (balles, épillets, fétus, etc.).

La difficulté de préhension des aliments, les mouvements restreints de la langue et la salivation sont les premiers signes qui fixent l'attention. A l'exploration, la région des barbillons, d'un seul côté d'ordinaire, se montre injectée, rouge, enflammée, tuméfiée et sensible. Le sillon lingual est effacé par le gonflement du canal de Wharton. La région de la glande maxillaire correspondante est empâtée et douloureuse à la pression.

Il est rare que les accidents acquièrent une gravité plus grande.

Le *diagnostic* ne présente pas de difficultés.

Le *pronostic* est favorable.

Le *traitement* consiste à désobstruer le canal de Wharton avant toute autre intervention. Des pressions graduées, effectuées d'arrière en avant sur le trajet du canal, peuvent parfois faire rétrograder le corps étranger et le projeter vers l'arcade incisive avec un jet de salive altérée. L'évacuation du canal distendu et enflammé s'effectue dès lors sans difficulté et tous les symptômes s'amendent rapidement. Dans d'autres cas, lorsque le corps obstruant est enclavé, on ne rétablit l'écoulement intra-buccal des produits de sécrétion que par un coup de bistouri dans la région distendue.

PHARYNGITE

(Allemand : *Halsbraüne;* Anglais : *Pharyngitis;* Italien : *Faringite.*)

L'inflammation de la muqueuse du pharynx est moins fréquente chez le bœuf que chez le cheval, ce qui tient sans aucun doute à une sensibilité moins grande et aux différences d'utilisation de service.

Étiologie. — Les causes sont variées et multiples; et, s'il est hors de doute que des infections microbiennes locales jouent le plus grand rôle dans l'évolution du processus morbide, il reste non moins certain que les influences extérieures jouent un rôle favorisant qui est considérable. — C'est ainsi que les refroidissements, les variations brusques de température, les arrêts de transpiration, les courants d'air froids ont toujours été mis en cause (Reynal). Cruzel pense que l'ingestion d'eau froide, d'eau glacée en hiver, suffit à provoquer l'éclosion de la pharyngite aiguë.

L'action de fourrages grossiers peut aussi seule expliquer le développement de pharyngites chez des sujets placés dans d'excellentes conditions d'hygiène et ne sortant pas de l'étable (Guittard). La pharyngite peut alors être considérée comme traumatique. — Il faut encore signaler les lésions directes de la muqueuse au cours d'opérations intempestives, de manœuvres maladroites de cathétérisme, ou au cours de la déglutition spontanée de corps étrangers acérés qui éraflent, déchirent ou dilacèrent la muqueuse, ou qui même s'implantent dans son épaisseur et y restent fixés.

Enfin une dernière série de causes, et non la moins importante, entre en ligne de compte : l'administration forcée de breuvages irritants : ammoniaque, teinture d'iode, essence de térébenthine, breuvages brûlants, etc., etc.

La tuberculose rétropharyngée, tuberculose ganglionnaire, si fréquente chez l'espèce bovine, simule souvent une véritable pharyngite aiguë lors de poussée congestive ganglionnaire. Il faut y songer toutes les fois qu'il y a tuméfaction du pli de la gorge; une épreuve à la tuberculine renseigne aussitôt.

En résumé, les irritations directes, les traumas intra-pharyngiens, les variations de température, et les infections microbiennes primitives ou secondaires, représentent les quatre grandes séries de causes.

Symptômes. — Ils sont caractéristiques. L'inappétence, la difficulté de déglutition pharyngienne ou dysphagie pharyngienne, et une réaction fébrile souvent marquée signalent le début. — La dysphagie pharyngienne sera facile à distinguer de l'œsophagienne, en ce qu'elle se produit au premier temps de la déglutition.

Poussé par la faim, le malade prend des aliments, les mâche, fait un effort marqué pour les déglutir et les laisse retomber quelquefois dans la mangeoire directement ou dans un effort de toux douloureuse. S'il s'agit de liquides, voire de boissons tièdes, le même accident se reproduit, des aliments et des liquides reviennent par les narines. Une légère salivation est la conséquence de cette difficulté de la déglutition. — L'attitude a des caractères particuliers comme dans la parotidite, la tête est tenue immobile en extension sur l'encolure pour éviter la compression de la région de la gorge, les mouvements céphaliques sont lents et pénibles. Il n'y a pas de gonflement apparent des régions parotidiennes, mais à la palpation de la gorge ou à la pression la sensibilité est manifeste, quelquefois très vive, au point de provoquer de la toux et des mouvements de défense. L'exploration intra-buccale dénote enfin parfois une rougeur et une sensibilité excessives du voile du palais et des piliers.

Assez fréquemment ces symptômes se compliquent ou semblent prendre un caractère plus inquiétant; il est très rare, en effet, qu'il n'y ait rien que de la pharyngite. — Presque toujours, il existe en même temps de l'inflammation du larynx, du voile du palais et du naso-pharynx. Il s'agit alors d'une véritable angine avec jetage, larmoiement, difficulté de la déglutition, gêne de la respiration ou respiration bruyante, réaction fébrile intense, etc.

Diagnostic. — Le diagnostic ne présente pas de difficultés, la recherche des symptômes énumérés étant facile, qu'il s'agisse d'une pharyngite simple ou d'une angine. Toutefois, il est des cas où, en présence d'une angine à symptômes alarmants, il est permis d'hésiter entre une angine aiguë ordinaire et une angine de début de coryza gangréneux. Le diagnostic précis doit être remis à une date ultérieure, il ne devient certain qu'avec l'apparition ou la non-apparition des autres signes de coryza gangréneux.

Lorsque c'est la dysphagie pharyngienne seule qui fixe l'attention, on pourrait croire, *à priori*, à une lésion traumatique de la muqueuse avec présence ou absence d'un corps étranger; il faut aussi songer à la possibilité d'une difficulté de déglutition d'origine réflexe, sans lésion locale, et tenant à une hypertrophie morbide des ganglions rétro-pharyngiens (tuberculose ou autre lésion).

Pronostic. — Le pronostic est bénin. Abandonnée à elle-même, la pharyngite aiguë guérit seule en huit à quinze jours; il est rare qu'elle se complique. Des réserves doivent cependant être formulées lorsqu'il s'agit de pharyngites dues à l'action de fourrages grossiers, la suppression de la cause étant ici la condition indispensable à toute amélioration.

De même, lorsqu'il s'agit de pharyngites par corps étrangers implantés dans la muqueuse, et au cours desquelles la dysphagie constitue le symptôme dominant, la durée peut être de beaucoup supérieure à la moyenne fixée, si le corps étranger n'est pas découvert et enlevé. L'inflammation est limitée à la zone environnante du point d'implantation; elle gagne en profondeur avec le déplacement du corps étranger et peut aboutir à la formation d'abcès; telle la remarquable observation de Hopsomer, où une aiguille à tricoter fut éliminée par la région de l'auge à la faveur d'un abcès.

Traitement. — Ce traitement est le même, qu'il s'agisse de pharyngite aiguë simple bien différenciée ou d'angine. Il consiste à pratiquer sur la région de la gorge une révulsion intense avec des préparations irritantes : vésicatoire ordinaire, vésicatoire liquide, charge Lebas, frictions sinapisées, pommade stibiée, etc.; et un enveloppement chaud avec une peau de mouton ou une couverture *ad hoc*. — Je considère cette méthode d'intervention comme infiniment supérieure à celle recommandée par les auteurs allemands : refroidissement du pharynx avec des compresses froides, gargarismes froids, etc., qui est de pure fantaisie à tous les points de vue. — La saignée légère, 2 à 3 litres, a le gros avantage aussi, comme en toute circonstance analogue, de faire tomber la fièvre.

Ce traitement pourra, s'il y a indication, être complété par une médication interne à base de kermès, 12, 15 ou 20 grammes en électuaire, suivant la taille des sujets. — Les fumigations émollientes rendent également des services en calmant la douleur locale, en rendant la déglutition moins pénible, et en facilitant le détachement des fausses membranes et des mucosités.

Le régime alimentaire doit naturellement être surveillé; les racines cuites, les buvées tièdes, les barbotages seront distribués de préférence, et les fourrages grossiers éliminés.

Si le symptôme dysphagie pharyngienne persiste seul, on aura recours à l'exploration *de manu* de la cavité et de la muqueuse pharyngiennes, afin de s'assurer s'il n'y aurait pas un corps étranger implanté et si son extirpation serait possible.

*
* *

A côté de ces pharyngites aiguës à causes variables, on a décrit chez le bœuf une *pharyngite pseudo-membraneuse,* croupale ou pseudo-diphtérique, d'origine polymicrobienne, et dont la caractéristique serait la formation de fausses membranes sur la muqueuse pharyngienne. — Je crois inutile de rapporter ici les descriptions données, car les symptômes apparents ne diffèrent de ceux indiqués ci-dessus que par la présence et le rejet de fausses membranes; ils ne semblent caractériser qu'une pharyngite d'intensité exceptionnelle, ou s'écartant notablement du type classique, et se rapportant alors à un épisode d'angine grave, de laryngite striduleuse (Voy. *Laryngite striduleuse des veaux*), de coryza gangréneux.

PARALYSIE DU PHARYNX

La paralysie du pharynx apparaît sous des influences multiples qui ne sont pas encore toutes bien précisées. C'est ainsi qu'on l'a vue survenir au cours de la fièvre aphteuse, qu'elle se montre comme manifestation d'intoxications alimentaires diverses, qu'elle est parfois la conséquence de lésions bulbaires et qu'elle s'observe enfin en dehors de toute cause nettement établie. Il est possible encore qu'elle soit parfois, comme chez le cheval, une conséquence de la pharyngite chronique ancienne. On l'a signalée à l'état enzootique en Allemagne, sans que le régime alimentaire puisse être incriminé.

Symptômes. — Les symptômes, analogues à ceux de la paralysie pharyngée du cheval, ont été fort bien précisés par Besnoit. Celui qui domine tous les autres est représenté par la dysphagie pharyngienne. La première phase de la déglutition ne peut pas se faire. Les aliments peuvent être pris, régulièrement mastiqués. réunis en bol, mais, au moment où ce bol alimentaire devrait franchir le pharynx, il reste entre des parois inertes; le péristaltisme ne se fait pas ou se fait mal, et alors il y a arrêt partiel dans le pharynx et rejet partiel par la bouche ou les naseaux. Comme le séjour d'une masse alimentaire dans le pharynx ne peut pas exister sans qu'il y ait chute de parcelles alimentaires dans le larynx et la trachée, il se produit de la toux réflexe, du rejet alimentaire de tous côtés, parfois du bruit de cornage.

Les liquides comme les solides sont peu ou mal déglutis, la salive s'écoule par la commissure des lèvres. Selon la cause originelle, il y a ou non de la température.

La terminaison par pneumonie gangréneuse par corps étranger est la terminaison ordinaire.

Diagnostic. — Le diagnostic demande de l'attention, mais peut ordinairement être établi.

Pronostic. — Le pronostic est très grave.

Traitement. — Il y aurait indication de combattre la cause lorsqu'elle peut être connue (intoxication, infection), tout en prenant les précautions pour éviter les accidents secondaires.

Une révulsion énergique, complétée par l'emploi de la poudre de noix vomique, 5 grammes par 100 kilos de poids vif, de la teinture de noix vomique, de l'arséniate de strychnine, etc., peut amener une amélioration, mais c'est fort rare.

Pour les autres cas, il conviendrait de rechercher l'action d'un traitement électrique, mais il serait peu avantageux lui-même, en raison de la rapidité d'amaigrissement des malades.

POLYPES PHARYNGIENS

Les polypes pharyngiens représentent des tumeurs de nature et de forme variable, qu'on rencontre assez fréquemment chez les bovidés. Beaucoup de ces polypes sont de simples actinomycomes des piliers du voile du palais ou de sa face postérieure; plus rarement on les trouve insérés sur les parois latérales ou le plafond. D'autres sont de véritables tumeurs malignes, myxomes ou myxosarcomes, implantées vers l'orifice guttural des cavités nasales ou le plafond pharyngien.

Symptômes. — Les symptômes sont tellement caractéristiques que le diagnostic ne présente pas d'ordinaire de grandes difficultés. Ce sont des symptômes d'*obstruction à répétition* : obstruction pharyngienne, œsophagienne ou laryngienne, s'accompagnant de symptômes de cornage.

Sous l'influence d'excitations réflexes provoquées par le polype lui-même, ou au moment de la déglutition, ce polype, s'il est pédiculé (fig. 91), peut se trouver entraîné vers l'orifice œsophagien qu'il obstrue; la déglutition ne peut pas se faire, un effort de toux survient, et les aliments mélangés à la salive sont rejetés par la bouche et les narines.

Sous l'influence de l'effort de toux, le polype est déplacé en avant ou par côté, la déglutition redevient parfois facile pendant un certain temps, jusqu'à ce qu'un nouveau changement de position amène de nouveaux signes d'obstruction.

Il peut arriver aussi que le polype soit d'assez faibles dimensions

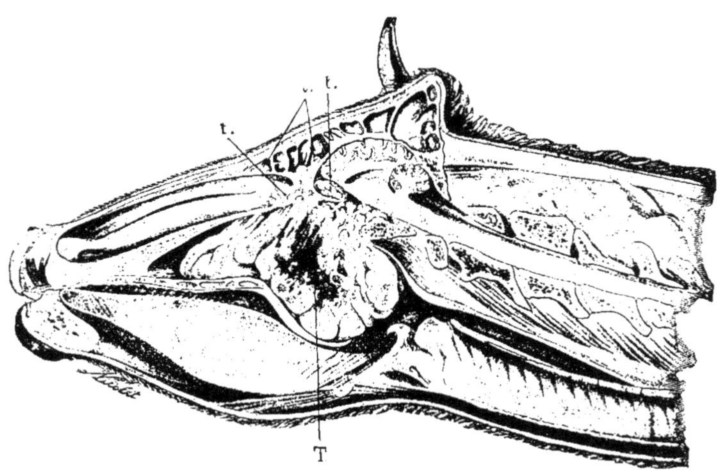

Fig. 90. — Polype inopérable de la région naso-pharyngienne.

pour provoquer seulement de la difficulté de translation du bol alimentaire à travers l'isthme pharyngien et l'entrée de l'œsophage, ou de la difficulté respiratoire par obstruction partielle de l'orifice pharyngien des cavités nasales. La déglutition paraît alors simplement pénible, tant qu'il n'y a pas d'accroissement du polype.

Il est des cas où enfin le pédicule du polype est suffisamment long pour que, à certains moments, ce polype vienne tomber en avant de l'ouverture laryngienne ou se trouve refoulé dans l'orifice guttural des cavités nasales. La respiration devient brusquement gênée, pénible, sifflante, et il y a de véritable accès de suffocation. Si le déplacement ne s'effectue pas dans un effort de toux, l'asphyxie peut se montrer imminente et se produire si l'on n'intervient pas.

Lorsque les tumeurs sont insérées dans le naso-pharynx, c'est-à-dire vers l'extrémité profonde de la cloison médiane du nez, les manifestations morbides se caractérisent par du cornage intermittent au début, puis continu. Le cornage se fait entendre pendant les repas, puis pendant la rumination et ensuite en permanence. Il peut exister à un seul temps ou aux deux temps de la respiration. Il s'accompagne de dilatation extrême des naseaux, parfois aussi de souffle buccal et de soubresaut du flanc analogue à celui de l'emphysème.

Diagnostic. — Renseigné par ces symptômes, qui sont généralement très significatifs, et aussi par l'absence de signes anormaux d'auscultation thoracique, l'exploration pharyngienne *de manu* permet de préciser le siège et le volume de la tumeur. La trachéo-

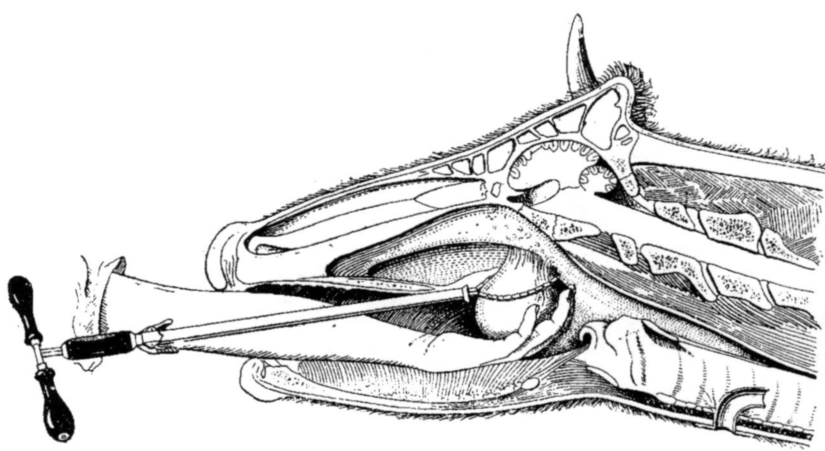

Fig. 91. — Schéma d'un polype du plafond pharyngien (technique de l'extirpation directe par la voie buccale après trachéotomie provisoire).

tomie provisoire ou définitive fait disparaître instantanément tout signe de cornage.

Pronostic. — Le pronostic est basé sur les signes recueillis à l'exploration manuelle du pharynx. Il peut se faire qu'il soit très bénin si le polype est nettement pédiculé ou, au contraire, très grave si la tumeur est largement sessile et inopérable. En principe, toutes les tumeurs pédiculées comportent un pronostic bénin, toutes les tumeurs largement sessiles un pronostic très grave.

Traitement. — Le traitement médical ne semble pouvoir être préconisé que pour les cas où il s'agit de polypes actinomycosiques (traitement ioduré, 8 à 12 grammes par jour), et encore est-il préférable de recourir à l'extirpation.

Pour tous les autres cas, l'extirpation est le seul traitement rationnel.

Cette extirpation nécessite au préalable, afin d'éviter en toute circonstance des accidents asphyxiques, une trachéotomie provisoire. L'ablation peut se faire soit directement par la cavité buccale intacte, lorsque la main arrive à passer facilement une chaîne d'écraseur autour du pédicule; soit par la cavité buccale encore, mais après incision verticale ou oblique du voile du palais; soit enfin par la voie laryngienne (laryngotomie médiane donnant accès dans le pharynx).

La première méthode d'intervention seule est à recommander; les deux dernières sont plus délicates, elles nécessitent des soins ultérieurs, et lorsque les malades sont en état d'être livrés à la boucherie, il y a fréquemment avantage à le faire. L'essentiel est d'agir en connaissance de cause.

L'ablation directe à l'écraseur Chassaignac m'a donné des résultats excellents dans plusieurs circonstances, en opérant comme il est précisé dans la figure 91, et en faisant une ablation lente pour éviter les hémorragies (deux crans par minute).

Dans les cas où les tumeurs sont sessiles, largement implantées vers le naso-pharynx ou le plafond pharyngien, (fig. 90) l'expérience démontre qu'il s'agit généralement de myxo-sarcomes à évolution rapide. L'ablation en est pour ainsi dire impossible parce qu'il n'existe pas de voie d'accès réellement pratique permettant une intervention large et facile vers ce naso-pharynx. Aussi, lorsque le diagnostic a été nettement précisé, et qu'une tentative de traitement par l'iodure de potassium est restée sans résultat d'amélioration rapide, il n'y a pas à hésiter, les malades doivent être sacrifiés hâtivement.

CHAPITRE III

MALADIES DE L'ŒSOPHAGE

Le conduit œsophagien, dont la constitution anatomique et le rôle physiologique sont des plus simples, est cependant chez le bœuf exposé à des affections multiples. Ces affections atteignent soit la muqueuse seule, sur une région circonscrite ou dans sa totalité; soit la musculeuse et la muqueuse (œsophagites, rétrécissements, abcès œsophagiens, tumeurs); soit la musculeuse seule (jabot). — Même en l'absence de lésions apparentes, le rythme normal de la déglutition peut se trouver entravé par la présence d'un corps étranger (obstruction), par le spasme des couches musculaires (œsophagisme), par des compressions péri-œsophagiennes (faux rétrécissements).

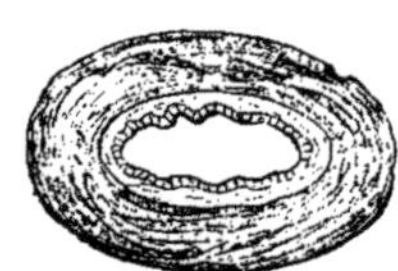

Fig. 92. — Schéma de la constitution anatomique de l'œsophage (musculeuse puissante en dehors, muqueuse plissée et très dilatable en dedans, couche cellulo-élastique intermédiaire).

Il est donc utile d'étudier successivement les œsophagites et leurs complications, les rétrécissements, les dilatations ou jabots, les obstructions, les ruptures de l'œsophage, l'œsophagisme et les faux rétrécissements.

ŒSOPHAGITES

L'inflammation de l'œsophage reconnaît des causes multiples et se présente à trois degrés différents. Elle peut être superficielle, c'est-à-dire limitée à la couche épithéliale de la muqueuse ou profonde, et intéresser la muqueuse œsophagienne seule (épithélium, chorion et glandes œsophagiennes); ou enfin intéresser la muqueuse et la musculeuse. Les auteurs allemands décrivent des formes érythémateuse, catarrhale, folliculeuse, phlegmoneuse. En réalité, ce ne sont pas toujours des formes différentes, mais simplement des étapes successives d'une même évolution morbide. Je n'étudierai sous ce titre que les œsophagites ordinaires, laissant de côté celles qui se rattachent à la fièvre aphteuse, à la peste bovine, au coryza gangréneux, à l'actinomycose.

Étiologie. — Les causes des œsophagites peuvent se grouper en trois séries de nature différente :

1º Les *fourrages grossiers* (trèfles avec ononis ou panicauts, chardons, épines, ajoncs, brindilles de bois) doivent être classés au premier rang, car c'est par une action fréquemment répétée qu'ils arrivent à piquer, desquamer, érailler la muqueuse, au point de provoquer son inflammation. Cette inflammation reste généralement superficielle, peu intense et peut être facilement prévue, car c'est surtout durant les années de disette fourragère qu'on l'observe comme conséquence d'alimentation parcimonieuse avec des substances grossières de toute nature (fougères, genêts, bruyères, ajoncs); Il est des cas où la lésion se limite à une implantation perforante portant son action au pourtour œsophagien.

2º Les *breuvages trop chauds, alimentaires ou médicamenteux,* sont la cause fatale d'œsophagites, lorsqu'ils sont administrés par des inattentifs ou des inexpérimentés. La muqueuse est brûlée à des degrés variables sur des étendues différentes, ou désorganisée par l'action chimique des médicaments (ammoniaque, limonades acides, solutions alcalines concentrées);

3º Les *manipulations intempestives et maladroites* pratiquées pour extraire ou repousser des corps étrangers, ou plus simplement pour pratiquer le cathétérisme, sont le point de départ de la série des œsophagites dites traumatiques. Les sondes, mandrins ou cathéters mal choisis sont susceptibles, entre des mains brutales, d'érailler ou même de déchirer la muqueuse et les tissus sous-jacents.

Symptômes. — Ils varient quelque peu suivant l'intensité des phénomènes inflammatoires. Si les lésions sont superficielles et n'affectent que l'épithélium (œsophagite catarrhale), les symptômes passent souvent inaperçus ou ne sont caractérisés que par de la *gêne dans la déglutition.* Lorsque l'inflammation frappe toute l'épaisseur de la muqueuse, la conséquence immédiate est l'*inappétence apparente* provoquée par les sensations douloureuses de la déglutition. L'animal, après la mastication et la déglutition pharyngienne, allonge la tête et l'encolure, et semble faire des efforts pour activer la progression du bol dans le conduit œsophagien (dysphagie œsophagienne). Cette progression est lente, nettement laborieuse.

S'il s'agit d'œsophagite par brûlure, les phlyctènes sont rapidement déchirées par les aliments, le chorion est à nu, la déglutition des solides et des boissons est également pénible. Les réactions réflexes, provoquées par le contact des matières dégluties sur les lésions, peuvent être tellement vives que ces matières n'arrivent pas jusqu'à l'estomac, et se trouvent violemment rejetées par une contraction antipéristaltique brusque et inattendue. La régurgitation se produit même pour la salive. D'ailleurs, dans ces cas, les renseignements sont généralement précis, l'animal est fiévreux ou très abattu. Ces symptômes objectifs, très significatifs déjà, donnent la certitude de l'existence d'une œsophagite, lorsque la palpation permet de mettre en évidence et de localiser une sensibilité anormale et exceptionnelle.

L'irrégularité de la déglutition, et aussi forcément de la rumination, détermine parfois de la météorisation modérée, sans signification précise. — Dans les cas douteux seulement, le cathétérisme peut être tenté avec la plus grande prudence. Il exaspère en effet les douleurs et provoque de l'antipéristaltisme intense contre lequel il ne faut pas lutter.

Complications. — Si l'œsophagite est modérée, la guérison est la règle. Une atténuation progressive des symptômes douloureux l'annonce.

Lorsque, au contraire, l'inflammation est très intense, comme dans certains cas d'œsophagite traumatique, il se produit des infections qui aboutissent à la suppuration. La réaction fébrile du début persiste ou s'accentue; l'animal est profondément abattu, parfois anxieux; la respiration peut se montrer pénible et accélérée; l'appétit est totalement supprimé. — Si l'abcès œsophagien reste sous-muqueux, son diagnostic est difficile, mais il est bien souvent problématique, même lorsqu'il se développe dans la région cervicale. La gouttière jugulaire, la gauche ordinairement, est le siège d'un engorgement phlegmoneux profond, diffus, qui rend bien compte de l'évolution des symptômes. Exceptionnellement la fluctuation peut être décelée.

Si l'abcès est péri-œsophagien ou le devient par les progrès de la suppuration, la tuméfaction des gouttières jugulaires se montre plus apparente, plus facile à explorer; elle permet de localiser la fluctuation. Lorsqu'il s'agit de lésions intra-thoraciques, il n'y a plus de symptômes tangibles. La terminaison peut être mortelle en quelques jours lorsque l'abcès de la région cervicale fuse vers le médiastin antérieur, ou si celui de la région thoracique s'ouvre dans les cavités pleurales. S'il s'agit d'œsophagite par brûlures dues à la déglutition de liquides trop chauds ou de liquides caustiques, la muqueuse est détruite, quelquefois la musculeuse, et il en résulte des ulcérations, des escarres, voire la perforation de l'œsophage et la mort rapide. Lorsqu'il y a guérison, c'est au prix de cicatrices amenant des rétrécissements très graves.

Diagnostic. — Le diagnostic œsophagite aiguë est généralement facile après une analyse méthodique des symptômes enregistrés et des commémoratifs fournis.

Pronostic. — Le pronostic est favorable dans les cas ordinaires. Il peut être très grave, au contraire, lorsque les symptômes généraux deviennent inquiétants, lorsque les grandes fonctions sont troublées ou annoncent l'évolution d'un abcès profond.

Lésions. — Elles se caractérisent au premier degré par l'inflammation et la desquamation de l'épithélium; l'inflammation des glandes en grappe et du chorion muqueux au deuxième degré; l'infiltration des couches sous-muqueuses, de la musculeuse et des tissus péri-œsophagiens au troisième degré. Les escarres sont d'ordinaire consécutives à l'action de caustiques énergiques et les perforations à l'action des traumatismes ou de corps étrangers implantés.

Traitement. — Une action médicamenteuse directe sur la muqueuse enflammée ne peut être que tout à fait temporaire; aussi se borne-t-on à l'administration de boissons émollientes, calmantes et légèrement astringentes, dont l'action combinée à un régime hygiénique convenable (lait, farineux, mucilagineux) amène la guérison en dix à quinze jours. Les frictions vésicantes le long des gouttières jugulaires peuvent amener de bons effets.

Lorsque l'état général des malades s'aggrave et qu'on acquiert la certitude de l'évolution d'un abcès, il est sage de recommander l'abatage. — Le cathétérisme peut cependant, lorsqu'il s'agit d'abcès sous-muqueux, favoriser ou provoquer l'ouverture intra-œsophagienne de l'abcès et amener une guérison rapide; c'est l'exception et le hasard. — La recherche de l'abcès et l'ouverture vers les gouttières jugulaires peuvent avoir des avantages immédiats, mais bien souvent ils laissent persister des fistules ou forment le point de départ de rétrécissements ou de jabots. Economiquement, il vaut mieux abattre.

RÉTRÉCISSEMENTS ŒSOPHAGIENS

Normalement la cavité du tube œsophagien est, pour ainsi dire, fictive, la gaine musculeuse est affaissée et la muqueuse plissée. Lors de la déglutition, le conduit se dilate dans des proportions très variables suivant le volume du bol alimentaire, et se rétracte aussitôt la déglutition effectuée. — Toutes les fois que la dilatabilité est notablement diminuée par altération des tissus du conduit, et à plus forte raison lorsqu'elle est disparue, il y a rétrécissement vrai. Dans le premier cas, les bols alimentaires de petite dimension et les liquides arrivent seuls à franchir le rétrécissement; dans le second, les liquides seuls passent lentement.

Étiologie. — Les rétrécissements ne sont jamais primitifs. Ils sont la conséquence d'œsophagites intenses qui se sont terminées par sclérose muqueuse, d'ulcérations étendues consécutives à des brûlures, d'inflammations interstitielles atteignant les plans musculaires qui se trouvent épaissis ou sclérosés.

Les traumatismes internes dus à des tentatives d'extraction ou de refoulement de corps étrangers peuvent aussi amener des rétrécissements.

Lésions. — Les lésions se bornent, dans les rétrécissements simples, à l'évolution, dans l'épaisseur de la muqueuse et dans les plans musculaires, d'un tissu inflammatoire qui se densifie avec le temps, qui modifie la constitution des parois, la structure des tissus, et leur fait perdre toute élasticité. Consécutivement aux ulcérations étendues, le tissu de cicatrice se rétracte et s'indure dans des proportions très variables.

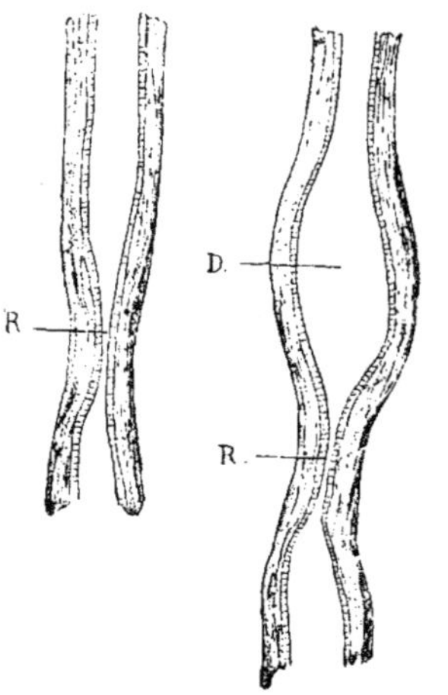

Symptômes. — Les symptômes apparents sont très nets. L'appétit est conservé, le malade opère normalement la mastication, mais au cours de la déglutition, on le voit étendre la tête sur l'encolure et faire des efforts pour avaler, efforts infructueux lorsque le rétrécissement est trop accusé. Un réflexe antipéristaltique provoque souvent le rejet immédiat des substances ingérées. Ces efforts ne tardent pas cependant, à la longue, à provoquer une dilatation au-dessus du rétrécissement. Quelques bols s'accumulent dans cette dilatation, et très souvent on voit alors apparaître le symptôme constant du jabot œsophagien, la régurgitation régulière.— Un second symptôme constant, lié aux compressions ou obstructions de l'œsophage, c'est la météorisation après les repas, si légers soient-ils. La rumination ne peut s'effectuer, les éructations gazeuses sont même pénibles, il ne faut pas chercher d'autre cause.

Fig. 93. — Schéma de rétrécissement œsophagien récent et de rétrécissement ancien. — R, rétrécissement simple ; D, dilatation secondaire.

Enfin, le signe caractéristique du rétrécissement est fourni par le cathétérisme qui permet non seulement de le reconnaître, mais encore de le localiser et quelquefois d'évaluer son degré.

Diagnostic. — Les rétrécissements n'apparaissent que progressivement, lentement, avec le temps, ce qui permet de faire le diagnostic différentiel d'avec l'œsophagite. La différenciation d'avec le jabot est plus difficile, parce que le rétrécissement finit toujours par se compliquer d'une dilatation, mais cette diagnose importe peu en pratique, les conséquences étant identiques.

Pronostic. — Le pronostic est absolument grave; il n'y a pas d'intérêt économique à traiter; et, sauf des cas particuliers, l'indication est de recourir à l'abatage.

Traitement. — Il n'y a pas de traitement économique. A l'exemple de ce qui se fait en médecine humaine, on a recommandé la dilatation progressive du conduit œsophagien à l'aide de cathéters de grosseurs graduellement croissantes! Ce qui est logique en médecine humaine, où le seul but est de faire vivre à n'importe quel prix, peut devenir illogique en vétérinaire, et c'est le cas. A part de très rares exceptions que le praticien peut seul apprécier, la dilatation ne doit pas être conseillée; il est de l'intérêt du propriétaire de faire abattre avant l'amaigrissement marqué.

DILATATIONS DE L'ŒSOPHAGE
JABOTS ŒSOPHAGIENS

Les dilatations sont plus fréquentes que les rétrécissements. On leur donne en pratique le nom de *jabots*, en raison des analogies d'aspect avec le jabot des oiseaux. Anatomiquement, la comparaison ne peut pas être établie parce que ces dilatations accidentelles se font presque exclusivement aux dépens de la muqueuse. Le mécanisme de production est simple : lorsque la musculeuse a perdu sa contractilité et sa tonicité en un point, ou lorsqu'à la suite d'une inflammation quelconque elle a subi un commencement d'atrophie, la muqueuse fait hernie en ce point parce qu'elle ne se trouve plus soutenue régulièrement vers le pourtour au moment de la déglutition des bols. L'ectasie, de faible dimension d'abord, s'accuse de plus en plus, par suite de la tendance à l'accumulation et à la stagnation alimentaire dans la région dilatée. Le jabot est dès lors constitué.

Les œsophagites localisées, les blessures accidentelles de la musculeuse œsophagienne, les fissures qui peuvent se produire sur cette musculeuse au cours de manœuvres de refoulement de corps étrangers, représentent les principales causes de jabots. Lors de cathétérisme imprudent ou mal dirigé, une pression trop brutale au niveau d'une courbure faible peut fissurer la gaine musculeuse contracturée, sans léser la muqueuse qui se laisse facilement déplacer.

Enfin on voit se produire des jabots œsophagiens chez des sujets qui n'ont jamais eu d'œsophagites apparentes et qui n'ont jamais subi de cathétérisme. Pour une raison qui reste indéterminée, il se produit un trouble trophique dans la musculeuse œsophagienne. Cette musculeuse s'atrophie, la muqueuse fait hernie et le jabot est constitué.

Les rétrécissements œsophagiens peuvent être, nous l'avons dit, le point de départ de dilatations, mais de dilatations plus régulières, portant sur tout le conduit et ne pouvant plus être aussi aisément qualifiées jabots. La musculeuse a conservé ses attributs en tous ses points, et c'est par pression excentrique homogène intra-œsophagienne que se constituent ces dilatations (fig. 93, D).

Symptômes. — Lorsque le jabot se développe avec lenteur, progressivement, selon la rapiditié de la marche d'une atrophie de la musculeuse, les symptômes passent inaperçus pendant toute la période de début. Ce n'est que lorsque l'animal maigrit, lorsque le bouvier ou le vacher constate dans la mangeoire la présence d'aliments imbibés de salive et grossièrement mâchés, que le propriétaire commence à s'inquiéter.

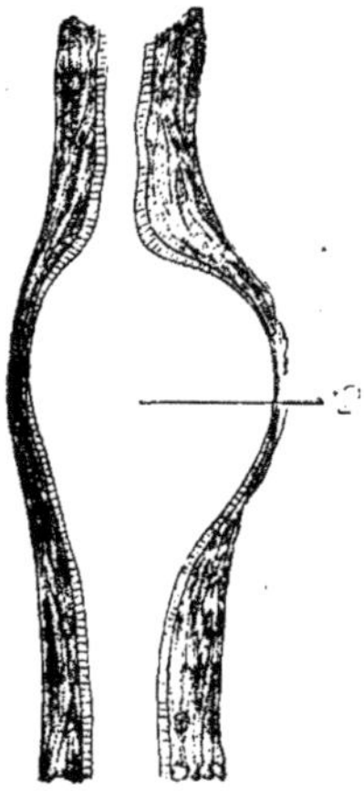

Certains signes sont essentiels, d'autres doivent être considérés comme secondaires. En examinant pendant un certain temps, au moment du repas, un animal atteint de jabot, voici ce que l'on constate :

Généralement la faim est très vive, la mastication normale et les premières déglutitions absolument régulières. Trois, cinq, huit, dix bols alimentaires parfois peuvent être déglutis dans ces conditions; puis, à un moment donné, le malade s'arrête dans son repas, et montre un peu inquiet, étend la tête et l'encolure; une contraction antipéristaltique se produit, et un ou deux bols sont rejetés dans la mangeoire.

Le malade, momentanément soulagé, mourant de faim devant la ration qu'inutilement il essaie d'absorber, reprend son repas, déglutit un, deux ou trois nouveaux bols alimentaires; une nouvelle régurgitation se produit, et ainsi de suite.

Fig. 94. — Schéma d'un jabot œsophagien. (La musculeuse est atrophiée latéralement et la muqueuse ectasiée.)

Ce qui se passe en pareille circonstance est facile à interpréter :

Au commencement du repas, le jabot est généralement désobstrué, en grande partie tout au moins. Un premier bol alimentaire est dégluti. Il descend régulièrement dans le conduit œsophagien jusqu'au diverticule constituant le jabot, et là tombe, en partie ou en totalité, dans ce diverticule, la poussée péristaltique faisant défaut. Un second bol suit qui subit le même sort, puis un troisième, un quatrième, etc. Bientôt le diverticule se trouve à l'état de réplétion, les nouveaux aliments déglutis ne peuvent même plus y arriver. Ils s'accumulent dans le segment supérieur du tube œsophagien, mais, comme la tolérance physiologique de ce tube à la réplétion est faible tant que son innervation est intacte, comme les efforts d'ingestion restent infructueux, il se produit presque aussitôt un réflexe antipéristaltique de régurgitation, et toutes les matières alimentaires contenues dans le tube au-dessus du jabot sont rejetées sous forme de bols qui tombent de la bouche à peine déformés. Le même sort est réservé aux aliments qui seront déglutis dans la suite au cours du même repas. Le malade ne peut donc guère ingérer à chaque fois que la valeur du contenu de son jabot.

Dans les intervalles des repas, sous l'action de la salive et de la chaleur, ces aliments tassés dans le jabot se ramollissent, se désagrègent et progressent lentement vers le rumen; de telle sorte qu'au

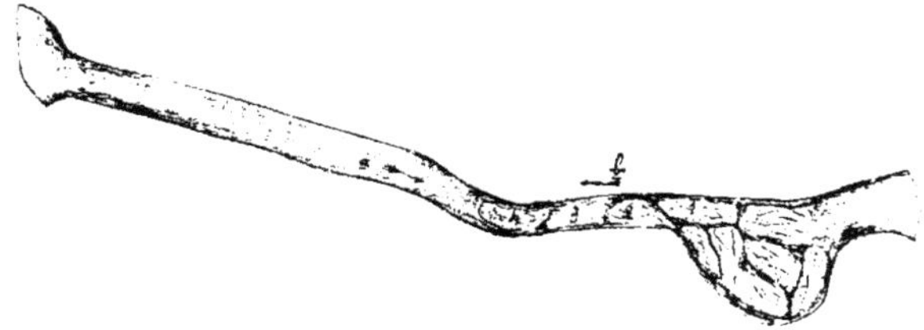

Fig. 95. — Schéma du mode de tassement des bols alimentaires dans un jabot œsophagien, *a*, — 1, 2, 3, 4, superposition des bols par action péristaltique; *b*, rejet par contraction antipéristaltique.

repas suivant, la poche de dilatation se trouvant à peu près évacuée, les mêmes phénomènes se reproduiront.

Si, au lieu d'ingérer des fourrages, l'animal au commencement du repas absorbe des boissons ou des matières très fluides, la déglutition paraît sinon normale, du moins assez facile.

L'ingestion des boissons est, au contraire, à peu près impossible lorsqu'elle est tentée après l'ingestion de fourrages grossiers, le passage étant obstrué. Les malades boivent à petites gorgées, puis semblent gênés, étendent l'encolure et rejettent une quantité variable de liquide, pour recommencer quelques instants plus tard.

Ces symptômes sont, pour ainsi dire, pathognomoniques; ils sont assez significatifs en tout cas pour faire supposer le diagnostic.

L'examen attentif permet d'ailleurs de distinguer assez facilement la régurgitation œsophagienne du vomissement vrai, et les caractères des matières rejetées font reconnaître qu'elles ne viennent pas de l'estomac; les bols de fourrage ont conservé leur forme cylindrique, ils se montrent encore imbibés de salive.

Quelques signes secondaires méritent encore d'être enregistrés. Ce sont des signes d'anxiété, d'inquiétude et d'agitation des malades au cours des repas des autres bêtes voisines; puis de la météorisation légère et intermittente due à la suppression des éructations ; la suppression ou l'irrégularité de la rumination; la constipation. Plus tard, on voit survenir de l'amaigrissement rapide, des troubles de l'appétit, et effectivement les malades meurent lentement de faim, quelles que soient les conditions d'alimentation.

Lorsque le jabot siège dans la partie cervicale, il existe d'autre part des signes qui ne peuvent laisser subsister aucun doute. A l'état de vacuité, on ne peut localiser la lésion; au contraire, pendant le repas, l'accumulation des aliments dans la poche fait bientôt apparaître une *tuméfaction pâteuse, diffuse, indolente*, qui grossit à vue d'œil, qui déforme les gouttières jugulaires, se laisse déprimer sous l'influence de la pression, et amène parfois des trou-

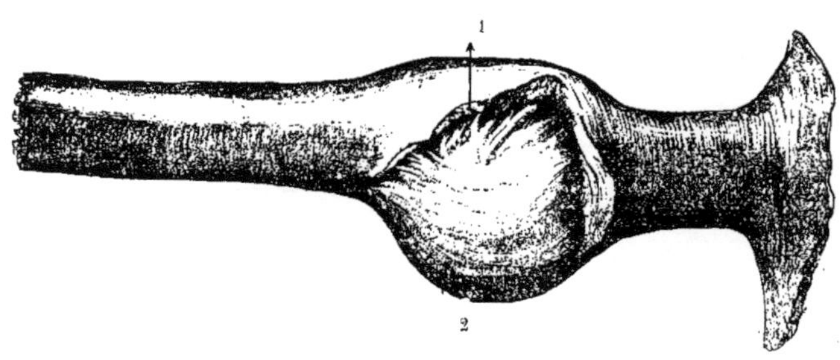

Fig. 96. — Jabot œsophagien intra-thoracique (exactement en avant du diaphragme et du cardia) d'après une pièce de collection. — 1, fissure de la musculeuse : 2, hernie de la muqueuse formant jabot.

bles respiratoires par compression de la trachée, compression des pneumogastriques et des laryngés inférieurs.

Lorsque le jabot est intra-thoracique, on ne peut, en dehors des symptômes rationnels indiqués précédemment, que recourir au cathétérisme, pour déceler et localiser l'ectasie.

Ce cathétérisme doit être fait avec la plus grande prudence afin d'éviter les accidents de déchirure.

Diagnostic. — Ce diagnostic n'est pas toujours facile; mais cependant, lorsque, après avoir vu la régurgitation se produire, on constatera par l'auscultation l'absence du bruit de chute des solides ou des liquides dans le rumen, on ne pourra hésiter qu'entre un rétrécissement ou une dilatation. Les conséquences cliniques étant les mêmes, l'erreur serait de peu d'importance.

Pronostic. — La vie du sujet atteint est rarement en danger immédiat, mais, au point de vue économique, le pronostic est absolument grave, et il est de l'intérêt du propriétaire de faire abattre le plus vite possible pour éviter l'amaigrissement. Même dans les cas de jabot cervical, l'intervention chirurgicale n'est pas indiquée.

Traitement. — Conformément à ce qui vient d'être dit, il n'existe pas de traitement rationnel économique.

Lorsque le jabot est cervical, on pourrait, dans des cas exceptionnels, tenter de rétablir le calibre régulier du conduit œsophagien par abrasion d'un lambeau de muqueuse et suture appropriée de la musculeuse, lorsque la déchirure ou la fissuration de cette musculeuse a été accidentelle; mais ce que l'on ne peut supprimer le plus souvent, c'est la cause primitive qui, d'ordinaire, a déterminé l'altération profonde de cette musculeuse. Le jabot se reproduirait donc sans bénéfice aucun par atrophie scléreuse de la musculeuse au niveau de la suture.

La seule indication utile à remplir, lorsque le diagnostic exact a été fait, c'est de ne donner au malade que des aliments très divisés, très fluides, des bouillies et des boissons nutritives qui n'obstrueront pas l'œsophage.

Les fourrages ordinaires doivent être proscrits.

OBSTRUCTIONS ŒSOPHAGIENNES

Je n'ai en vue, dans ce chapitre, que les obstructions qui surviennent au cours de la déglutition, lorsque des corps alimentaires trop volumineux sont avalés sans avoir été mâchés.

Ces obstructions sont totales ou partielles, suivant que le corps obstruant occupe tout le calibre de l'œsophage dilaté, ou seulement une partie de l'ouverture de ce conduit. Les obstructions partielles par des cossettes de betteraves, de navets, etc., ne sont d'ordinaire que momentanées, les liquides et la salive peuvent passer entre le corps obstruant et les parois du tube, et, dès que le corps étranger se ramollit un peu, la désobstruction s'effectue seule.

Étiologie. — Les conditions d'apparition sont des plus simples.

Les obstructions sont dues à des pommes, des poires, des pommes de terre, des raves, des carottes, des betteraves, qui coupées ou non, dégluties gloutonnement et sans avoir été mâchées, s'arrêtent dans le trajet œsophagien, si leurs dimensions dépassent celles qui correspondent aux limites de dilatabilité de l'œsophage.

L'obstruction se fera en un point quelconque du trajet, parfois dès l'entrée de l'œsophage, à quelques centimètres à peine du pharynx ; plus souvent vers l'entrée de la poitrine, et assez fréquemment encore sur le trajet intra-thoracique. — Elles peuvent s'observer sur des animaux en stabulation, mais de préférence sur des animaux en liberté, échappés dans les vergers ou cherchant à dérober des fruits et des racines à des tas de poires, de pommes de terre, de navets.

Chez le mouton, l'obstruction œsophagienne reconnaît des causes homologues, mais comme les corps alimentaires indiqués seraient trop volumineux, ce sont d'ordinaire de petites pommes sauvages, des topinambours, des marrons d'Inde, des carottes fourragères qui provoquent les obstructions.

Symptômes. — On peut les classer en généraux et locaux :

S. généraux. — Immédiatement après l'arrêt du corps étranger, l'animal se livre à des *efforts exceptionnels de déglutition*; il allonge

la tête sur l'encolure, contracte puissamment son œsophage et ses
muscles trachéliens. Ces efforts restent infructueux. Les repas se
trouvent forcément suspendus, le malade paraît déjà légèremĕnt
anxieux.

Très rapidement on voit survenir de la *salivation*. La sécrétion
salivaire étant continue, si l'obstruction est totale, la salive ne peut

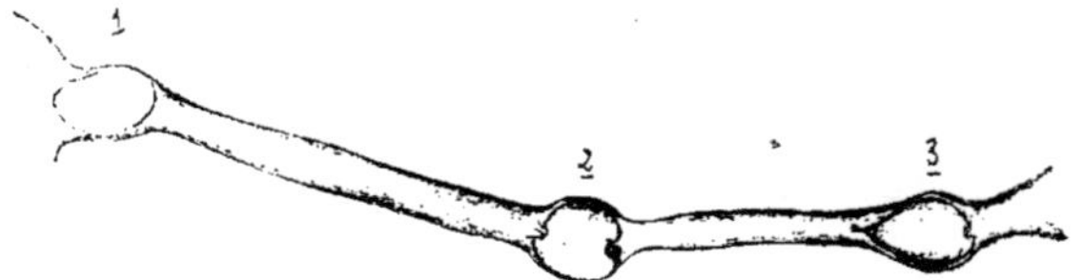

Fig. 97. — Schéma de l'obstruction de l'œsophage dans les trois points d'élection,
— 1, à l'entonnoir œsophagien; 2, à l'entrée de la poitrine; 3, à l'entrée du rumen,
en avant du diaphragme.

plus passer; elle est rejetée par régurgitation massive ou s'écoule
en longs filaments par les commissures.

La *météorisation* ne tarde pas à apparaître. Elle est progressive
et résulte tout à la fois de l'arrêt des éructations et de la continuité
des fermentations du rumen.

Suivant les circonstances, elle peut se montrer stationnaire à un
moment donné ou devenir assez menaçante pour mettre les malades
en danger d'asphyxie.

S. locaux. — Les symptômes locaux ne sont facilement appréciables que dans les cas où l'obstruction est dite cervicale. Parfois le
corps étranger peut apparaître sous l'aspect d'une tuméfaction
locale déformant les gouttières jugulaires, la gauche de préférence;
le plus souvent on ne le décèle que par la palpation bimanuelle,
entre la trachée et la face inférieure de la tige vertébrale cervicale.

Lorsque l'obstruction est intra-thoracique, le cathétérisme œsophagien seul indique le point où se trouve le corps obstruant.

Lorsque l'obstruction œsophagienne est partielle, incomplète ou
imparfaite; c'est-à-dire que la salive peut encore fluer doucement
vers le rumen, que les gaz de fermentation peuvent encore s'échapper par éructation, les signes généraux et locaux apparents peuvent
faire presque totalement défaut (1) (pas de salivation, pas de météorisation, pas d'anxiété) et c'est le cathétérisme seul qui peut donner
une certitude. Toutefois, les accidentés refusent obstinément aliments et boissons.

(1) Suivant une expression imagée fort curieuse et bien caractéristique, les paysans du
centre de la France disent, dans ces conditions que leurs animaux ont une obstruction
œsophagienne, mais continuent... *à prendre l'air*..., voulant exprimer par là que les gaz
de fermentation pouvant encore s'échapper par éructations le danger est moindre que
lorsqu'ils... *ne prennent pas l'air*, comme dans l'obstruction complète. (Fousserau,
Thèse Paris, 1925.

Diagnostic. — Le diagnostic est généralement facile d'après les renseignements fournis. Les symptômes enregistrés étant souvent très précis, la rapidité d'apparition de l'obstruction ne peut permettre une confusion avec un jabot ou un rétrécissement.

Pronostic. — Le pronostic est très variable. La désobstruction est souvent facile; cependant il ne faut pas oublier que l'intervention peut être délicate et que la mort peut survenir rapidement.

Traitement. — Il se borne à une seule indication capitale, la *désobstruction*. Où les difficultés surgissent, c'est dans le choix des méthodes d'intervention. L'efficacité de ces méthodes dépend d'ailleurs de plusieurs facteurs qui, par ordre d'importance, sont : le volume du corps obstruant, la durée du temps écoulé depuis la production de l'accident, l'état d'embonpoint de l'animal (gras ou maigre), le degré de météorisation.

L'indication classique la plus urgente, qui, dans tous les cas heureux, devient suffisante, c'est la ponction du rumen avec fixation temporaire de la canule du trocart. — La progression du corps étranger (surtout des corps étrangers de la portion intra-thoracique) est entravée par cette météorisation qui le refoule vers le pharynx ou l'immobilise tout au moins. A la faveur d'un changement brusque des conditions de pression que subit le corps immobilisé, son déplacement s'effectue; il tombe dans le rumen, et tout danger est écarté.

Si le déplacement n'est pas immédiat, la ponction du rumen, en écartant le danger d'asphyxie, permet d'attendre plusieurs heures, quelquefois jusqu'au lendemain, et, durant ce laps de temps, la désobstruction se fait très souvent seule.

Radulphe (1926) estime qu'il n'emploie jamais d'autre moyen que la ponction de rumen, *avec fixation à demeure de la canule de trocart*, même pendant plusieurs jours si c'est nécessaire. Le corps obstruant, quel qu'en soit la nature finit par subir une sorte de coction, par se ramollir et glisser dans le rumen.

D'autres auteurs estiment au contraire qu'il n'y a pas lieu de temporiser outre mesure, qu'il faut toujours intervenir par désobstruction totale.

Les autres moyens peuvent être groupés en quatre séries :

1º *Méthodes dites du taxis extérieur.* — Elles ont pour but de mobiliser et de faire remonter le corps étranger vers le pharynx et la cavité buccale. Elles ne sont applicables qu'aux obstructions cervicales. — Deux procédés restent en honneur, quoique très anciens :

Le premier, dit *procédé Delafoy*, se pratique de la façon suivante : Le malade est attaché à hauteur, à un poteau ou à un arbre, et immobilisé le mieux possible. L'opérateur se place à gauche de l'encolure, le dos tourné vers la tête du patient, la main gauche engagée dans la gouttière jugulaire droite, la main droite plaquée en face sur la gouttière jugulaire gauche, immédiatement au-dessous du corps étranger. Par l'action combinée des doigts, le corps étranger est mobilisé et remonté progressivement vers le pharynx malgré les efforts de déglutition. Il est absolument indispensable, au cours de cette manœuvre, de ne pas abandonner un seul instant le corps obstruant, car, immédiatement, des contractions péristaltiques le feraient redescendre à nouveau. Lorsqu'il est remonté au pharynx, un aide pratique l'exploration bucco-pharyngienne selon les règles indiquées, saisit l'objet et le retire; ou bien l'opérateur confie son poste à l'aide en question et pratique lui-même cette extraction.

Pour parer aux difficultés et incon-

Fig. 98. — Pince Chapellier.

Fig. 99. — Pince Chapellier (1 /4 grandeur naturelle).

vénients de ce procédé, Chapellier a recommandé l'emploi de pinces spéciales très commodes et donnant toute certitude d'action. Ces pinces, qu'il faut avoir au nombre de deux (fig. 99), se placent immédiatement au-dessous du corps obstruant, et successivement l'une au-dessus de l'autre. Mécaniquement le corps obstruant est lentement remonté au pharynx en toute sûreté, sans aucun mal. De là, il est extrait directement à la main ou peut être rejeté spontanément si l'on abaisse la tête vers le sol et si l'on donne une impulsion vive avec les pinces.

Le second, dit *procédé Martin*, s'exécute sur le patient immobilisé dans une position différente : la tête maintenue basse à 25 ou 30 centimètres du sol, l'encolure abaissée et inclinée vers le sol. Dans cette situation, l'œsophage ne serait plus tendu suivant sa longueur, son élargissement transversal pourrait être porté à son maximum, et les difficultés de déplacement de l'obstacle seraient beaucoup moindres.

L'opérateur se place encore cette fois à gauche de l'encolure, mais le dos tourné vers le corps du malade, le bras droit passé sur l'encolure et la main droite explorant la gouttière jugulaire droite, la gauche agissant dans la gouttière jugulaire gauche. Le mode d'action des doigts est identique, ou bien le pouce entre en action. Lorsque l'objet obstruant est remonté jusqu'au pharynx, il a de la tendance à tomber de lui-même et, si la chute ne se produit pas, on le fait immobiliser et on va à sa recherche comme précédemment.

2° *Méthodes d'extraction.* — Ces méthodes sont applicables aux cas où l'arrêt s'est fait dans la région cervicale, mais plus spécialement aux arrêts dans le trajet intra-thoracique. Elles sont dangereuses pour la plupart, exposent à des pincements, des déchirures, des perforations de la muqueuse œsophagienne et ne doivent être utilisées que très exceptionnellement. Théoriquement, les instruments préconisés sont parfaitement inventés, mais pratiquement ils ne sauraient donner les résultats qu'on serait en droit d'en attendre, parce qu'on ne peut jamais empêcher les déplacements, les plissements et les involutions de la muqueuse œsophagienne.

La sonde Baujin, encore dite sonde agrafe ou sonde à griffes, a l'inconvénient de ne pas offrir des prises suffisantes sur des corps essentiellement lisses et peu résistants tels que le sont d'ordinaire les corps étrangers de l'œsophage.

La sonde tire-bouchon offre le gros danger d'exposer à des perforations totales de l'œsophage, parce qu'elle doit être manœuvrée aveuglément, et parce qu'on ne sait jamais à quelle profondeur il faut faire pénétrer les extracteurs pour que la prise sur le corps étranger soit convenable.

Le mandrin à palettes n'est utilisable que pour les obstructions partielles, son passage entre la muqueuse et un objet rond enclavé étant difficile ou impossible.

L'œsophagoscopie pourrait assurément faciliter les interventions, malheureusement son emploi ne saurait être mis à profit dans les conditions actuelles de la pratique rurale.

3° *Refoulement.* — Lorsque les procédés de taxis échouent, ou ne sont pas applicables, on a recours à la pratique dite du refoulement.

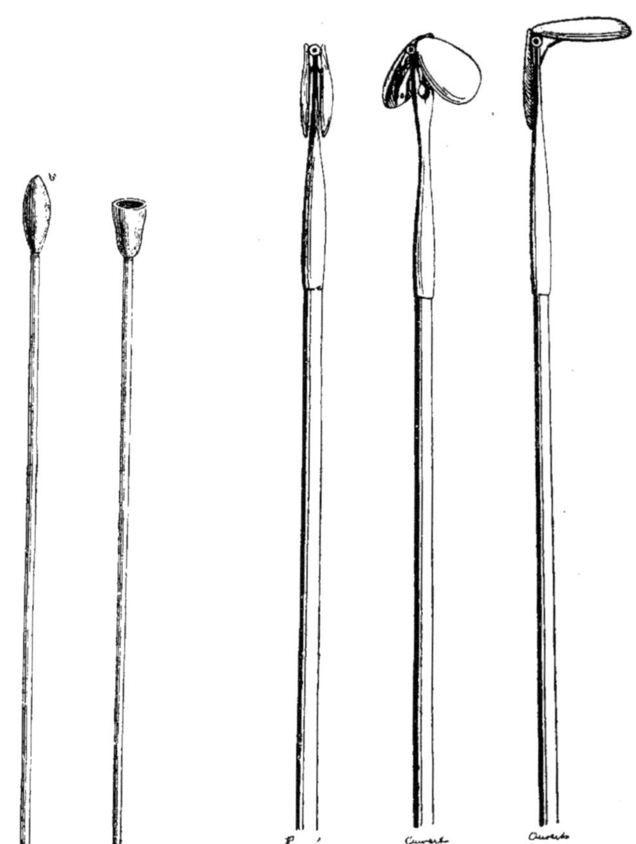

Fig. 100. — Poussoirs œsophagiens.   Fig. 101. — Extracteurs œsophagiens.
Mandrin à palettes.

La méthode offre beaucoup plus de sécurité que la précédente, mais il ne faut pas oublier cependant qu'il convient de n'agir qu'avec tact, prudence, et sans la moindre brutalité. — Pour pratiquer le refoulement, on fait tout simplement le cathétérisme de l'œsophage avec des *poussoirs* appropriés, des sondes *ad hoc* à l'extrémité

cupulée. ou simplement des mandrins improvisés préparés dans ce but (joncs, manches de fouet. tiges de noisetier. saule. etc.. d'environ 1 m. 50 à 1 m. 75 de longueur) et enduits d'une matière grasse : axonge, vaseline, huile.

L'extrémité arrivant sur l'obstacle, on imprime une pression modérée mais permanente. L'obstacle ne se déplace pas toujours, par suite du spasme de l'œsophage qui enserre et enchatonne le corps étranger; il faut savoir attendre et profiter d'un moment où la résistance au refoulement est moins énergique.

Lorsque le refoulement est pratiqué d'une façon brutale et avec des cathéters improvisés. la musculeuse et la muqueuse peuvent être déchirées. fissurées. et perforées. Les accidents les plus graves en sont la conséquence.

4° *Ecrasement.* — L'écrasement du corps obstruant dans la région cervicale a été indiqué autrefois et se trouve encore fort en honneur auprès des empiriques et des maréchaux. Il se pratiquait à l'aide d'un petit maillet et d'une planchette formant contre-boutant. C'est un procédé barbare qui exposait fatalement à de graves complications (écrasement des parois œsophagiennes et mortification consécutive, dilacérations conjonctives et hémorragies interstitielles, blessures des jugulaires superficielle ou profonde, de la carotide, du pneumogastrique, etc.). Il doit être totalement délaissé. bien que l'on ait tenté de le perfectionner en remplaçant le maillet et la planchette par des pinces brise-pommes ou brises-racines. — Dans les seuls cas où l'on a la certitude que le corps étranger est un fruit bien mûr. on peut tenter l'écrasement et point n'est besoin de recourir à des instruments spéciaux. les mains suffisent.

Injections d'alcaloïdes. — Il peut arriver que le praticien se trouve dans l'embarras. tous les moyens indiqués ayant échoué. Il devient de règle alors. avant de recourir à la ressource suprême, l'œsophagotomie. d'essayer l'action de quelques alcaloïdes en injection sous-cutanée. après ponction du rumen.

La pilocarpine et l'ésérine facilitent. on le sait. les sécrétions et les évacuations. Injectées sous la peau. elles provoquent donc de fréquents efforts de déglutition et du péristaltisme intense sur toute la longueur du tube digestif. Elles peuvent donner d'excellents résultats et provoquer rapidement les désobstructions. aux doses de 10 à 15 centigrammes de pilocarpine et 3 à 6 centigrammes d'ésérine. suivant la taille des sujets.

L'apomorphine, dont les effets sont. pour ainsi dire. inverses, puisqu'elle provoque l'antipéristaltisme et le vomissement, trouve aussi ses indications pour le rejet du corps étranger, aux doses de 15 à 20 centigrammes.

Œsophagotomie. — La suprême ressource est l'œsophagotomie, qui n'est applicable qu'aux cas d'obstruction de la partie cervicale. Elle doit se faire suivant les règles indiquées dans le manuel opératoire. Le lieu d'élection se trouve ici sur l'obstacle même. Il n'y a donc pas à entrer dans de plus amples détails; toutefois, je tiens à faire remarquer qu'il n'est pas toujours indispensable de recourir à l'opération complète, et que l'on peut parfois éviter le troisième et le quatrième temps, pour y substituer la *fragmentation sous-muqueuse* du corps étranger. L'œsophage étant mis à découvert et isolé, on le ponctionne au ténotome droit, exactement au-dessous de l'obstacle; on engage le ténotome courbe et on fragmente la racine, le tubercule ou le fruit. Une pression extérieure suffit d'ordinaire à faire glisser les fragments et la déglutition s'opère.

La fragmentation directe sans incision préalable et sans isolement de l'œsophage a même été réalisée; elle est beaucoup plus délicate, car le moindre mouvement du patient change les rapports des plans superposés et met obstacle au maniement du ténotome boutonné.

DÉCHIRURES ET PERFORATIONS DE L'ŒSOPHAGE

Étiologie. — Les plaies œsophagiennes d'origine externe sont rares ou tout au moins secondaires; les déchirures d'origine interne, au contraire, sont relativement fréquentes, à la suite d'explorations mal dirigées. Elles peuvent siéger sur toute la longueur du conduit ; mais on les trouve, dans la plupart des cas, vers l'entrée de la poitrine, au niveau de l'inflexion gauche de l'œsophage. Le mandrin explorateur a de la tendance à augmenter cette inflexion et, s'il est poussé brutalement, il provoque une coudure, puis une déchirure partielle et une perforation.

Dans d'autres cas, c'est la déglutition d'un corps étranger acéré, infecté qui, en s'implantant dans les parois, détermine l'inflammation, la nécrose et la perforation de l'œsophage.

Symptômes. — Ils sont toujours très graves et à évolution rapide. Ils se traduisent par de l'engorgement œdémateux local, de l'infiltration séro-sanguine de l'entrée de la poitrine, de la région prétrachéale et des gouttières jugulaires. Les nerfs pneumogastriques et laryngés inférieurs se trouvant comprimés, il survient de la dyspnée et de l'anxiété respiratoire. La pleurésie septique s'établit aussitôt si la perforation œsophagienne se trouve dans la cavité thoracique.

Diagnostic. — Le diagnostic est facile, en raison des circonstances qui président à l'évolution des perforations du conduit œsophagien.

Pronostic. — Le pronostic est fatal toutes les fois que la perforation est intra-thoracique. Pour les perforations cervicales, il serait parfois possible d'intervenir, comme dans le cas de plaies compliquées ou comme dans les cas d'œsophagotomie; mais avant l'intervention il faut toujours en envisager les conséquences économiques.

TUMEURS DE L'ŒSOPHAGE

Les tumeurs de l'œsophage, de nature très diverse, peuvent siéger en un point quelconque du parcours de l'organe. Elles sont

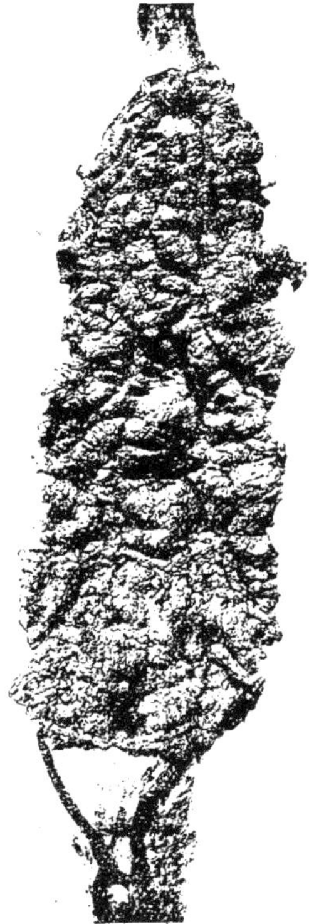

Fig. 102. — Papillomatose de l'œsophage.

Fig. 103. — Tumeur ulcérée de l'extrémité de l'œsophage (région du cardia).

bénignes ou malignes, et prennent naissance aux dépens de la muqueuse. L'une des formes de tumeurs bénignes est représentée par la papillomatose de la muqueuse (fig. 102).

Les tumeurs malignes sont ou des épithéliomes, des sarcomes

et plus rarement des carcinomes. Ces tumeurs s'ulcèrent rapidement et peuvent se généraliser par infection des ganglions voisins.

Les *symptômes* de ces lésions sont fort difficiles à bien préciser, en raison des analogies présentées avec ceux des rétrécissements et des jabots.

Dans les cas de papillomatose, il y a surtout dysphagie œsophagienne sans régurgitation et dilatation apparente du conduit dans le trajet cervical. — La dilatation apparente du conduit œsophagien se montre surtout dans la gouttière jugulaire gauche; elle peut être accompagnée d'œdème temporaire, de stase sanguine dans la jugulaire. Dans les cas graves, la difficulté de déglutition peut être absolue, de même que celle de la rumination.

Dans les cas de tumeurs localisées, ulcérées ou non, on constate de la dysphagie, de l'inappétence, de la régurgitation ou des vomissements venant du rumen. Ce dernier symptôme qui n'a rien de régulier, permettra souvent d'établir le diagnostic différentiel d'avec le jabot, et d'avec l'inflammation aiguë simple du rumen qui dure peu. Dans les cas de doute, le cathétérisme œsophagien pratiqué avec légèreté fera reconnaître l'emplacement de l'obstacle, et parfois sa nature lorsque l'extrémité du cathéter est retirée souillée de sang et de pus. L'examen du sang révélera encore de la leucocytose accentuée.

Le diagnostic différentiel de la papillomatose œsophagienne d'avec le jabot cervical sera basé sur les modifications de volume de la tuméfaction apparente durant les intervalles des repas, le jabot se vidant progressivement dans ce cas, alors que la papillomatose conserve toujours son volume primitif ou va en s'aggravant.

Le pronostic est toujours grave, parce que nulle intervention économique n'est logiquement possible dans le conduit œsophagien.

Tout l'intérêt doit se borner à un diagnostic précoce pour recourir immédiatement à l'abatage.

Si cependant le diagnostic papillomatose est établi de façon ferme, il y a intérêt à essayer, pendant un certain temps tout au moins, le traitement par la magnésie calcinée (50 à 150 grammes par jour) et par l'eau de chaux distribuée en guise de boisson, ainsi que la médication générale par injection intraveineuse de 50 centigrammes d'arséno-benzol ou de 1 gramme de collargol, ces produits ayant une action sur les papillomes.

Mais ce ne peut être là qu'une tentative toute temporaire d'assez courte durée si l'on ne veut mettre en péril les intérêts du propriétaire, et si l'amélioration n'est pas rapide il faut faire abattre avant l'amaigrissement.

CHAPITRE IV

DU SYNDROME PICA

(Allemand : *Lecksucht;* Anglais : *Licking*-disease; Italien : *Leccamento.*)

ABERRATION DU GOUT, LÉCHAGE. MALADIE DU LÉCHER.
APPÉTIT DÉPRAVÉ.

Les aberrations du goût, portant les animaux à ingérer des substances étrangères à l'alimentation, sont d'observation journalière. On les constate de préférence chez les bovins adultes, chez les veaux et chez les agneaux. Les conséquences en sont parfois très graves; aussi, bien que le pica ne représente pas une entité morbide, est-il important de pouvoir y remédier.

La dépravation de l'appétit n'apparaît pas dans les mêmes conditions, suivant qu'il s'agit d'animaux jeunes ou d'animaux adultes; chez les adultes, elle est souvent la conséquence d'une mauvaise composition des rations ou d'une affection cachectisante à évolution insidieuse et parfois méconnue; chez les jeunes, elle est le résultat d'une alimentation insuffisante.

PICA CHEZ LE BŒUF

Étiologie. — Dans l'espèce bovine, l'appétit dépravé s'observe chez les individus adultes, débilités, se trouvant souvent, mais non toujours, dans une misère physiologique assez accusée.

La fréquence de ce symptôme, la bizarrerie de son apparition, lui ont fait attribuer un grand nombre de causes, au nombre desquelles il convient de citer la mauvaise hygiène, les gastro-entérites chroniques, la tuberculose, la cachexie osseuse, la pasteurellose, la gestation.

Il est très certain qu'il faut surtout rattacher les déviations de l'appétit à un trouble de la nutrition, par une alimentation chimiquement incomplète, irrationnelle. Il existe des besoins particuliers de l'organisme, qui impliquent une composition déterminée des aliments. Si cette condition de l'alimentation et de la nutrition n'est pas remplie, le pica peut apparaître même chez des animaux en bon état d'embonpoint. Pour certains auteurs, c'est le manque de sels de soude dans la ration journalière qui provoque le pica, et ils invoquent à l'appui de cette opinion la fréquence de cette maladie dans les régions montagneuses, dont l'assise géologique du sol est un terrain primitif granitique (Forêt Noire). Les terrains d'alluvions ne lui donneraient pas naissance. Cependant, en France, on peut objecter que le pica s'observe à peu près partout également sur toutes les variétés de terrains. — Pour Lemke, cette perversion de la nutrition est due au manque de phosphore, Ostertag pense qu'on doit la rattacher à une véritable intoxication, indéterminée il est vrai, par des fourrages de mauvaise qualité. — Toutes les causes qui épuisent l'organisme, toutes les affections chroniques, d'origine digestive surtout, peuvent déterminer des aberrations du goût.

Dans la tuberculose et dans la pasteurellose, c'est la déchéance. organique générale qui provoque ces modifications incompréhensibles de l'appétit. L'influence de la gestation s'explique de même par des besoins surajoutés pour le développement du nouvel être.

Les maladies du gros intestin sont fréquemment accompagnées de pica.

Symptômes. — Les symptômes peuvent se grouper en deux phases.

Dans la première phase, les malades ont conservé l'appétit; mais, dès qu'ils en trouvent l'occasion, ils avalent de la terre, du sable, du fumier, des litières imprégnées de purin, des plâtras. Ils lèchent les murs, les boiseries, les mangeoires, les arbres, volent et déglutissent le linge étendu sur les haies.

Cette phase peut durer fort longtemps, trois à quatre mois et plus, tant qu'il ne survient pas de complication du fait même de l'absorption de matières étrangères à l'alimentation. Il n'y a pas de fièvre; mais l'appétit, bien que conservé, est souvent capricieux. Les repas sont pris avec lenteur.

Dans la seconde phase, qui correspond fréquemment à l'évolution des complications provoquées par le passage, le contact ou le séjour de matériaux divers dans le conduit digestif, la fièvre apparaît, peu accusée d'ordinaire, mais continue.

L'appétit est diminué, l'amaigrissement s'accentue, la sécrétion lactée se tarit, des signes de gastro-entérite chronique peuvent être enregistrés. La perversion de l'appétit persiste, bien entendu; des objets pourris ou souillés, des chiffons, des lambeaux de vieilles chaussures, etc., etc., sont absorbés; et il n'est pas étonnant qu'avec de pareilles substances la muqueuse des réservoirs digestifs ne se trouve désagréablement impressionnée.

L'amaigrissement s'achemine lentement vers l'étisie, les malades succombent dans l'épuisement le plus complet, après six mois, un an ou même deux ans. Les lésions trouvées à l'autopsie sont celles des affections diverses susceptibles de provoquer le pica, ou simplement des lésions de gastro-entérite chronique.

Diagnostic. — Le diagnostic ne présente aucune difficulté L'important est de rechercher s'il n'y a pas une affection primitive méconnue jusqu'alors.

Pronostic. — Le pronostic de ce syndrome est grave parce que les aberrations de l'appétit sont fréquemment des symptômes d'un trouble profond de la nutrition résultant non d'une simple perturbation du métabolisme normal. mais surtout d'affections incurables, ou parce que les altérations de la muqueuse digestive sont déjà trop accusées lorsqu'on intervient.

Traitement. — Le traitement doit être dirigé contre la cause primitive, s'il en existe une (cachexie osseuse, pasteurellose, gestation).

Dans les autres cas, le changement de régime, le changement d'aliments, la distribution de rations riches en sels minéraux (chlorures, carbonates, phosphates) produisent les plus heureux résultats. L'emploi des légumineuses, sainfoin, trèfles, luzernes, est recommandé.

La mise d'un bloc de sel gemme à la portée des malades a aussi ses avantages, si on complète son action par l'addition de phosphate de chaux, 30 grammes par jour.

Toutefois, il est des cas rebelles contre lesquels tous les moyens ordinaires échouent. C'est contre ceux-là que Lemke a préconisé l'emploi de l'apomorphine. En injections sous-cutanées, sous forme de chlorhydrate d'apomorphine, ce médicament pourrait être considéré comme un véritable spécifique. Les doses à employer seraient de 10 à 20 centigrammes; une injection par semaine, trois semaines consécutives. Après quoi la tendance au léchage disparaîtrait, en même temps que l'état général s'améliorerait.— Une période de traitement tous les trois mois serait nécessaire dans les pays où le léchage existe en permanence.

Par quel mécanisme ce médicament agit-il, si réellement il a l'efficacité qu'on lui accorde? Il serait difficile de le préciser. L'important est qu'il guérisse, mais je ne saurais affirmer qu'il en est toujours ainsi.

A ces différents moyens d'intervention, il convient d'ajouter que l'on se trouve assez souvent dans l'obligation de pratiquer d'urgence la gastrotomie, pour éviter des accidents qui seraient la conséquence fatale et inévitable de ces dépravations de l'appétit. Lorsqu'un animal a dégluti une quantité notable de linge, par exemple, et j'ai en ma possession des observations où il y en avait des kilogrammes, il est évident que, si l'on veut écarter la possibilité d'une obstruction, il faut intervenir hâtivement.

La gastrotomie permet, d'autre part, lorsqu'on a des renseignements très précis, fournis par les propriétaires, de retirer tout le stock de corps inertes et indigestes qui ont pu être absorbés à différentes reprises.

PICA CHEZ LES VEAUX

Étiologie. — Chez les veaux, le pica s'observe de préférence chez les sujets qui reçoivent une nourriture insuffisante, ou dont les mères atteintes d'affections chroniques débilitantes ne fournissent qu'un lait trop pauvre en matières grasses et en matières minérales.

Dans quelques cas rares, il est impossible de trouver la cause qui pousse les jeunes à ingérer des substances étrangères à l'alimentation.

Symptômes. — Chez les veaux, les petits malades ont de la tendance à se lécher ou à lécher leurs camarades; ils arrachent, petit à petit, une quantité variable de poils qu'ils avalent. Lorsque le léchage est peu accusé, la quantité de poils ingérée ne saurait être nuisible; mais, si le léchage est intense, les poils indigestes s'accumulent dans la caillette où ils se trouvent brassés en permanence. Bientôt ils s'agglutinent ensemble, se cimentent avec le mucus, pour former des masses sphériques désignées sous le nom d'ægagropiles. Si ces ægagropiles sont peu volumineux, ils restent sans importance, mais trop souvent ils atteignent des dimensions notables, suffisantes pour provoquer des obstructions pyloriques ou des obstructions intestinales. Les jeunes veaux refusent dès lors toute nourriture et succombent en vingt-quatre ou quarante-huit heures dans l'abattement complet ou au cours de véritables crises épileptiformes.

Diagnostic. — Le diagnostic léchage, ou pica, ne présente aucune difficulté, mais c'est surtout le vacher qui peut l'établir, car ce n'est que par la surveillance continue qu'il est possible d'apprécier son importance.

Quant au diagnostic des accidents d'obstruction pylorique ou intestinale, il est fort difficile, en l'absence de renseignements. Ce n'est qu'à la suite d'une première autopsie qu'il devient facile.

Pronostic. — Le pronostic est grave. Chez les veaux, les obstructions entraînent fatalement la mort. La mortalité apparaît vers l'âge de six semaines à deux mois, alors que le léchage a pu commencer vers la fin de la deuxième semaine.

Traitement. — Le traitement a pour base prophylactique le bon entretien des mères nourrices, aussi bien les vaches que les brebis. L'addition aux rations d'une quantité convenable de sel marin et de phosphate de chaux (8 à 10 grammes de chaque) est une excellente mesure. Ce traitement prophylactique pour les mères est nécessaire lorsque la tendance au léchage devient manifeste.

Chez les veaux, le meilleur moyen d'éviter les accidents mortels consiste à mettre ces jeunes animaux dans l'impossibilité de se lécher, et cette méthode, de pratique courante dans toutes les exploitations bien tenues, se trouve réalisée par l'application d'une simple muselière en osier immédiatement après les tétées.

DES COLIQUES CHEZ LE BŒUF

(Anglais : *Colic;* Italien : *Coliche;* Allemand : *Bauchzwicken*).

Les coliques chez les animaux de l'espèce bovine se distinguent en coliques de congestion, coliques d'invagination, coliques d'étranglement et coliques d'obstruction, abstraction faite des petites coliques légères qui accompagnent les entérites aiguës, les cystites, les néphrites, les péritonites, etc.

COLIQUES D'EAU FROIDE OU DE CONGESTION.

Étiologie. — Les coliques de congestion surviennent à l'étable sur des animaux qui ont été employés à de forts travaux au dehors, qui rentrent en sueur, et qui ingèrent de grandes quantités d'eau froide. Elles sont plus fréquentes quand les animaux n'ont pas mangé depuis longtemps, lorsque l'estomac est vide, car alors le refroidissement des viscères digestifs est direct et immédiat.

Symptômes. — Ces coliques apparaissent brusquement, peu de temps après l'ingestion d'eau; elles se traduisent par de violentes douleurs. D'abord, on constate des symptômes d'agitation : trépignements, déplacements continuels, coups de pieds et coups de cornes dans les flancs, fouaillements de la queue. Les animaux refusent les aliments qui leur sont présentés; puis, on les voit se coucher, se relever fréquemment, gratter le sol.

D'ordinaire, ces coliques durent une demi-heure, une heure, et se terminent d'elles-mêmes par la résolution.

Dans les rares cas de mort qu'il a observés, Cruzel trouva à l'autopsie des lésions de congestion de la caillette, quelquefois de l'intestin grêle, avec déchirure ou non.

Diagnostic. — Il est facile, grâce à la soudaineté de l'affection, à la rapidité de son évolution, et aux renseignements que peut fournir le propriétaire ou le bouvier.

Pronostic. — Peu grave. Ces coliques guérissent habituellement seules. Toutefois, il importe de s'opposer aux complications possibles d'hémorragie intestinale ou d'invagination.

Traitement. — Les indications prophylactiques se compren-

nent de suite : éviter que les animaux venant du travail ingèrent
de l'eau froide, leur donner un peu de fourrage avant de leur faire
boire de l'eau à la température ambiante.

Lorsque les coliques sont apparues, il est bon de promener les
malades au pas, ce qui produit une dérivation salutaire; si elles
persistent, on fera de la révulsion cutanée à l'aide de frictions irritantes d'essence de térébenthine, d'applications de moutarde, ou
par tout autre moyen. L'enveloppement avec des couvertures
chaudes sera aussi très avantageux.

Enfin, dans les cas graves, et même par sage mesure de prévoyance dans tous les cas où il n'y a pas de contre-indication, on
aura recours à la déplétion sanguine : saignée moyenne (3, 4 ou
5 litres). On fera administrer aux malades des breuvages excitants,
du thé de foin additionné de vin, d'alcool, etc.

COLIQUES D'INVAGINATION.

L'invagination consiste dans l'engagement d'une partie du tube
intestinal dans une portion voisine située au delà; l'enfoncement
se produit dans l'about inférieur qui se resserre aussitôt. On a ainsi
des invaginations plus ou moins longues, depuis quelques centimètres jusqu'à 40, 50 centimètres.

Étiologie. — Cette variété de coliques a des causes multiples,
qui ne sont pas toutes bien déterminées. Cependant, d'une façon
générale, on peut dire que tout ce qui augmente le péristaltisme
intestinal expose à l'invagination. Cet accident peut être consécutif
à la congestion intestinale; mais, le plus souvent, les invaginations
surviennent sur des animaux qui ont des affections vermineuses
ou qui sont employés à un travail pénible. Sous l'influence des efforts
de traction, les contractions péristaltiques sont activées, et l'intestin étant placé en partie déclive, sur un plan incliné en arrière, la
partie contractée peut s'engager dans le segment postérieur dilaté.

L'invagination peut encore s'observer sans cause connue, sur
des animaux en stabulation ou au pâturage.

Symptômes. — L'apparition des symptômes est toujours subite,
leur évolution rapide, et leurs caractères sont de haute gravité.

Les coliques surviennent pendant le travail, pendant la marche,
ou au repos suivant les circonstances, et, tout au début, sont analogues aux coliques de congestion. Elles deviennent ensuite très
violentes; les malades se laissent tomber sur le sol, se relèvent
brutalement, pour se recoucher de même peu après; leur physionomie exprime la tristesse, l'angoisse et l'abattement; ils tiennent
la queue relevée très fréquemment, en exécutant des efforts de
défécation.

Ces coliques persistent avec toute leur intensité pendant dix à douze heures avec de rares périodes d'accalmie; puis, au bout de ce temps, elles disparaissent d'un seul coup, brusquement, et le malade tombe dans un état semi-comateux. Dès ce moment, il y a déjà mortification du segment invaginé, les réflexes douloureux ne se traduisent plus sur le sympathique. La disparition des coliques peut faire croire à une amélioration; cette amélioration est illusoire. Les malades restent dès lors immobiles dans la position debout, *refusant indistinctement et obstinément aliments et boissons.* Lorsqu'ils se couchent, c'est toujours avec précaution. La palpation abdominale du côté droit reste douloureuse et provoque des réactions défensives. Un signe des plus importants, constants, fait suite à cet état de choses : c'est l'absence de défécation résultant de l'obstruction du conduit intestinal : le cours alimentaire n'existe plus. Les animaux peuvent survivre dix, douze, quinze jours; la partie invaginée, mortifiée, peut même être éliminée avec les excré-

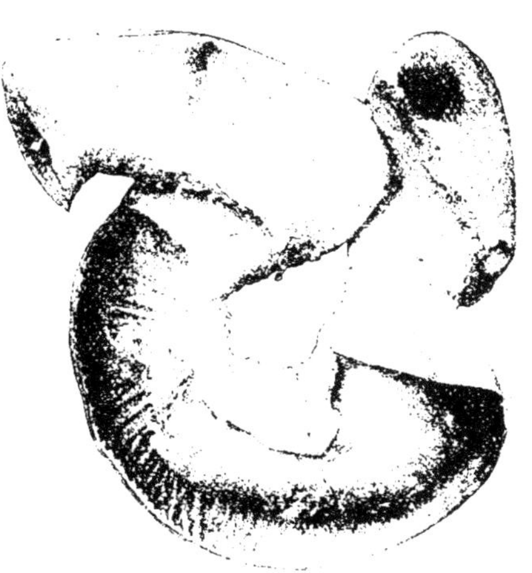

Fig. 104.— Invagination de moyenne dimension (partie invaginée déjà flétrie.)

ments; la guérison survient, la continuité du tube intestinal étant assurée par la soudure des séreuses. Ces guérisons spontanées sont exceptionnellement heureuses; d'ordinaire la mort par péritonite de complication arrive après quelques jours.

Parfois, il peut se faire qu'il y ait eu une invagination légère qui se défait d'elle-même; il survient alors une période de diarrhée s'accompagnant du rejet de matières sanguinolentes, phénomène qui autorisera seulement à ce moment à poser le diagnostic d'invagination.

Diagnostic. — Les caractères d'intensité des coliques et l'absence de défécation tout de suite après ces coliques autorisent à poser le diagnostic invagination ; pour l'assurer, on peut administrer le lendemain ou même plus tard une purgation qui restera sans effets.

On a en outre un autre moyen de diagnostic précieux fourni par l'exploration rectale; les dernières portions de l'intestin sont trouvées absolument vides. Le bras retiré sera enduit de mucosités visqueuses sanguinolentes résultant des compressions vasculaires qui ont amené de la transsudation séro-sanguinolente dans l'about intestinal inférieur.

L'exploration abdominale par voie rectale, que l'on doit toujours faire en présence de ces cas et de ces symptômes, donne rarement des indices bien précis. La main dirigée dans le flanc droit peut parfois atteindre la région invaginée, qui se présente sous forme d'une bosselure cylindrique; c'est exceptionnel. En déplaçant cette bos-

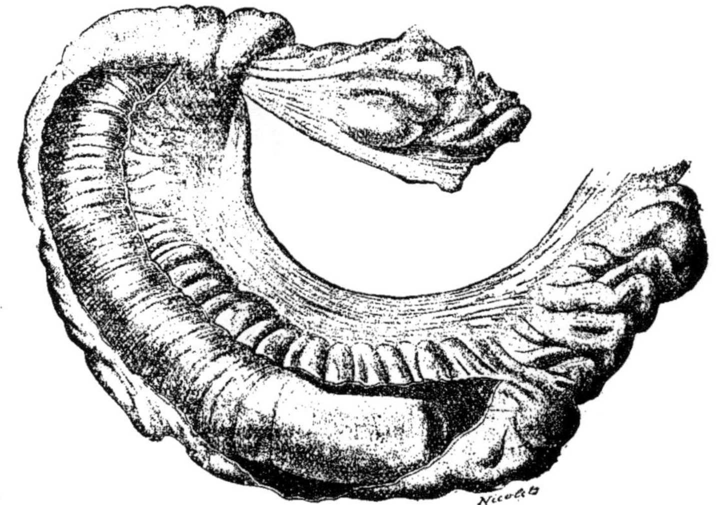

Fig.105 — Invagination intestinale chez le bœuf. (La partie engainante est incisée longitudinalement.)

selure, en cherchant à la saisir, on provoque de la sensibilité exagérée.

Pronostic. — Il a une gravité exceptionnelle. A part les très rares cas où la partie invaginée se gangrène et s'élimine spontanément, la mort est fatale. — Si on n'intervient pas, il peut se développer une péritonite septique qui évolue généralement vers le 5e ou le 6e jour.

Traitement. — Il n'y a qu'un seul traitement rationnel à essayer : c'est le traitement chirurgical. On a bien conseillé l'administration des purgatifs à haute dose, dans le but d'amener des changements dans le voisinage de la partie invaginée; un tel procédé n'a que peu de chances de réussir. Il en est de même de l'administration d'huile d'olive à haute dose, en breuvages ou en lavements.

La seule intervention à recommander consiste à pratiquer la

laparotomie suivie de l'entérotomie. On ne peut cependant pas opérer dans tous les cas, et on n'a pas non plus dans tous les cas des chances de succès. Si l'invagination siège sur les premières parties de l'intestin grêle et se trouve cachée vers le cercle de l'hypocondre, l'intervention est illusoire; tandis que si elle a été décelée par l'exploration rectale dans les dernières portions de l'intestin, il est possible de tenter l'opération. On n'interviendra donc exclusivement que dans ces derniers cas.

La laparotomie sera exécutée dans le flanc droit, suivant la technique opératoire courante. Dès l'ouverture de la cavité péritonéale, il faut aller à la recherche de l'anse invaginée, ce qui n'est pas toujours facile, parmi la masse des intestins qui se présente; on la reconnaîtra à ses caractères particuliers de dureté et à l'état congestif avoisinant, on l'amènera au dehors vers l'ouverture abdominale.

Plusieurs procédés d'intervention restent à choisir :

1º Quelques auteurs conseillent de prendre à pleines mains les deux abouts, de tirer, de désengainer, de dévaginer, l'intestin. La manœuvre n'est pas difficile, mais, lors même que la dévagination se produirait sans accident, sans déchirure intestinale, il ne faudrait pas croire que la guérison consécutive fût de règle. L'intestin peut extérieurement ne pas paraître mortifié, alors que cependant la mortification s'accentuera dans la suite.

Cette manœuvre ne doit être tentée que dans les vingt-quatre heures qui suivent l'apparition des coliques, et encore faut-il toujours songer aux conséquences que je viens de signaler et qui entraîneraient une péritonite septique rapidement mortelle.

2º La seconde méthode consiste à faire disparaître l'intestin invaginé. Pour ce faire, il convient d'abord de lier au catgut ou à la soie toutes les artères qui du mésentère se rendent dans l'anse qu'on se propose d'enlever; après quoi, on fait la résection franche de cette anse, à quelques centimètres au-dessus et au-dessous de l'invagination, pour être bien sûr d'agir sur des tissus sains, et en faisant tenir les abouts sectionnés chacun par un aide.

Il faut faire ensuite la suture de l'intestin avec une aiguille fine et du catgut. On emploiera l'une quelconque des sutures intestinales préconisées, de préférence avec le bouton de Murphy ou le bouton de Chaput.

C'est là une opération difficile, longue et délicate, et il importe, durant l'intervention, de ne pas infecter la cavité abdominale. On devra, pour cela, faire refouler les liquides et les matières excrémentitielles en haut et en bas, pour éviter qu'ils ne viennent souiller la plaie et les mains de l'opérateur. Au besoin, on maintiendra l'occlusion temporaire avec des pinces caoutchoutées.

3º Il y aurait avantage en la circonstance à faire une autre opération moins périlleuse, dans les cas où l'on verrait qu'il existe déjà un peu d'adhérence entre les séreuses des cylindres constituant l'invagination. Cette opération consiste à libérer la portion invaginée à la faveur d'une incision longitudinale sans désengainement préalable et sans résection : incision longitudinale de l'intestin engainant; le lambeau mortifié apparaît aussitôt à la vue, il suffit de l'enlever. Il ne reste plus à faire alors qu'une suture longitudinale, par adossement suture bien plus facile et bien moins longue à exécuter que n'importe quelle suture circulaire intestinale classique.

Ces opérations ne seront tentées que sur la demande expdresse es propriétaires, prévenus des dangers auxquels elles exposent, car souvent, dès le second jour de l'invagination, il s'est développé de la péritonite locale; et, lorsqu'on intervient, on opère sur des tissus lésés ou infectés, ce qui est une mauvaise condition pour les suites de l'intervention. La formule courante : « L'opération a très bien réussi... » n'est pas acceptée en vétérinaire lorsque l'opéré succombe trois ou quatre jours après.

Économiquement, il y a avantage à abattre les malades pour la boucherie lorsqu'ils ont quelque valeur, car tant qu'il n'y a pas de péritonite secondaire, le malade n'est pas fiévreux et la viande peut être consommé .

Dans les cas de résection intestinale, on s'adresse plus volontiers aujourd'hui aux anastomoses latéro-latérales qu'aux anastomoses terminales. Elles sont plus faciles à exécuter, moins dangereuses et donnent autant de sécurité.

Aussitôt la résection de la partie malade terminée, l'opérateur obture les abouts supérieur et inférieur en enfouissant les moignons. — Il rapproche ensuite ces abouts, les réunit par un premier surjet dit surjet postérieur. L'abouchement latéro-latéral est ensuite préparé par deux incisions égales faites, sur chaque moignon, à égale distance du surjet postérieur.

La bouche intestinale est constituée et fermée par deux plans de suture, un postérieur, l'autre antérieur. — L'anastomose est terminée par un surjet antérieur de soutènement.

Quand il est applicable, ce procédé donne des résultats excellents, et avec une méthode beaucoup plus expéditive que celle des anastomoses termino-terminales.

COLIQUES D'ÉTRANGLEMENT INTESTINAL.

Ces coliques ne diffèrent cliniquement que très peu des précédentes, avec lesquelles on les a souvent confondues; elles s'en distinguent pourtant essentiellement par l'étiologie.

Étiologie. — Les étranglements de l'intestin reconnaissent chez le bœuf plusieurs sortes de causes : passage d'une anse à travers une déchirure de l'épiploon, du diaphragme, du mésentère, du ligament large, du frein séreux du cordon testiculaire, etc. ; étranglement d'une anse intestinale par des brides fibreuses, vestiges de péritonites chroniques. De toutes ces causes, il y en a trois principales à retenir :

1° *Déchirure du mésentère.* — Sous l'influence de traumatismes variés, il se produit une fissure de la lame épiploïque ou mésentérique; et, par les déplacements de l'intestin, il y a engagement d'une portion de cet organe dans la fissure. Si l'ouverture est étroite, ce qui est le cas ordinaire, l'anse intestinale, à cheval sur la commissure inférieure de la brèche, se trouve serrée à la base par les bords de l'ouverture qui lui a livré passage.

2° Dans l'*étranglement pelvien*, une anse intestinale passe entre le cordon testiculaire et les parois du bassin, donnant ce que l'on a appelé la hernie pelvienne. La fissure se trouve alors dans la lame pelvienne du péritoine, dans la continuité du frein séreux qui soutient les artères grande testiculaire et le canal déférent. Cette déchirure du frein se produit à la suite de la castration et des manœuvres du bistournage, lors des tiraillements exercés sur le cordon.

3° *Pseudo-ligaments, brides cicatricielles de péritonite chronique.* — Dans les cas de péritonite locale, de péritonite subaiguë ou chronique, il peut se former, par organisation de fausses membranes, des brides ou des plaques fibreuses qui établissent des adhérences impossibles à préciser, adhérences pariéto-viscérales ou interviscérales. Si, par hasard, et à la faveur des mouvements de l'intestin, l'une de ces brides fibreuses arrive à se trouver jetée comme un pont sur une anse intestinale, le cours alimentaire se trouve entravé d'abord, puis suspendu ensuite. L'engouement intestinal apparaît, suivi bientôt des symptômes d'étranglement.

Symptômes. — Les symptômes apparaissent brusquement et ont les mêmes caractères que dans le cas d'invagination. Ce sont des coliques très vives qui disparaissent après dix à douze heures.

Sous l'influence des contractions péristaltiques de l'intestin, les matières excrémentitielles solides, liquides ou gazeuses, passent dans l'about inférieur étranglé, mais ne peuvent remonter et en sortir; elles distendent l'anse herniée, et dès lors il y a engouement intestinal. C'est là le premier stade de l'étranglement qui s'accompagne de troubles circulatoires graves. La muqueuse digestive s'hypertrophie, s'infiltre, et il arrive un moment où, à elle seule, elle occupe tout le collet de la hernie. La gangrène de la partie intestinale engagée n'est plus alors qu'une affaire de temps.

Diagnostic. — Le diagnostic des coliques par étranglement est difficile à poser. On ne peut pas le faire prématurément, la confusion avec l'invagination sera toujours possible et excusable. Toutefois l'exploration rectale et abdominale pourra, dans des circonstances rares, faire distinguer un étranglement pelvien d'un étranglement mésentérique.

Pronostic. — Il est plus grave peut-être que pour les coliques d'invagination. L'étranglement intestinal a une marche très rapide, la gangrène en est la conséquence fatale si on l'a méconnu.

Traitement. — Le traitement est exclusivement chirurgical. En règle générale, toutes les fois que le diagnostic coliques d'étranglement est posé, il faut intervenir hâtivement par la laparotomie pratiquée dans le flanc droit. Après avoir recherché la cause de l'étranglement, il faut débrider ou sectionner soit le mésentère, soit l'épiploon, soit le frein séreux du cordon testiculaire, soit les brides fibreuses accidentelles, de façon à dégager l'anse herniée et à éviter sa gangrène. Si la gangrène est confirmée, il n'y a plus qu'à pratiquer la résection intestinale, exactement comme dans les cas d'invagination.

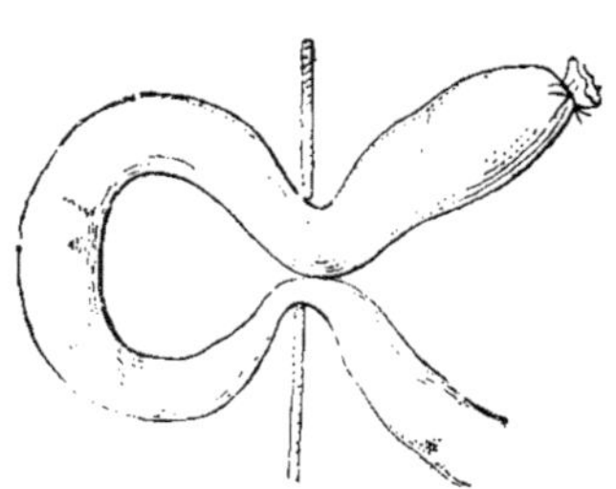

Fig. 106. — Schéma de l'étranglement herniaire.

Pratiquement, on ne fait que par exception ces recherches et ces opérations, et lorsque le diagnostic étranglement intestinal est posé avec certitude, il est économiquement indiqué de conseiller l'abatage pour la boucherie, si les sujets sont utilisables. Dans les autres cas seulement, l'opération peut être risquée.

<h2 style="text-align:center">Coliques par obstruction.</h2>

Dans les coliques par invagination et par étranglement, l'arrêt du cours alimentaire s'accompagne en même temps de lésions organiques variables, de troubles circulatoires complexes, qui, par leur retentissement sur le système nerveux, expliquent facilement les symptômes enregistrés.

On désigne sous le nom de coliques par obstruction, celles dans lesquelles il y a arrêt pur et simple du cours alimentaire par un obstacle situé à l'intérieur du conduit intestinal, sans autre trouble primitif que celui-là.

Les causes en sont variables, représentées ordinairement par de la constipation opiniâtre avec tassement des matières fécales, par des ægagrophiles arrêtés en un point quelconque, ou par des tumeurs de nature et d'origine diverses.

Les symptômes se traduisent par des coliques d'intensité moindre que dans les cas d'invagination, et dont la gravité peut cependant être tout aussi grande.

Les malades ont de l'inquiétude, des trépignements, de l'agitation durant plusieurs heures, sans que ces coliques atteignent le degré d'intensité de celles dues aux invaginations; puis il y a perte subite et complète de l'appétit, suspension de la rumination, cessation des défécations, diminution et disparition de la sécrétion lactée, etc. Les extrémités se refroidissent, l'œil s'enfonce et les malades restent dans cet état durant cinq à dix ou quinze jours, puis finissent par succomber, à moins qu'il ne se produise une débâcle salutaire avec rejet d'excréments moulés et desséchés d'abord, puis d'excréments diarrhéiques ensuite.

S'il s'agissait d'obstruction simple par tassement alimentaire, la guérison peut être définitive à la suite de cette crise; si, au contraire, la désobstruction est due au déplacement d'une tumeur, à la disparition d'un début d'invagination provoquée par un polype, etc., l'amélioration peut n'être que momentanée, et il n'est pas exceptionnel de voir des coliques d'obstruction à répétition.

Fig. 107.— Polype de l'intestin, intestin ouvert (coliques par obstruction).

Diagnostic. — Le diagnostic de coliques par obstruction est quelque peu délicat à préciser. La confusion avec celle d'invagination est permise (1).

(1) Des obturations de l'intestin, par compression, (tumeurs englobant progressivement l'intestin) ont été signalées et méritent d'être classées dans la même série d'accidents digestifs, parce qu'elles déterminent un arrêt marqué ou absolu de l'appétit et du cours alimentaire. Elles se distinguent des accidents ci-dessus décrits par l'absence à peu près totale de coliques.

Pronostic. — Le pronostic est grave, mais varie cependant suivant la cause de l'obstruction. S'il s'agit d'obstruction par constipation opiniâtre, la guérison peut être espérée; si, au contraire, il y a obstruction par ægagropiles ou tumeurs, le pronostic est presque fatal, même avec les obstructions à répétition

Traitement. — Le traitement doit avoir pour but exclusif le rétablissement des évacuations fécales, et dans ce but on peut

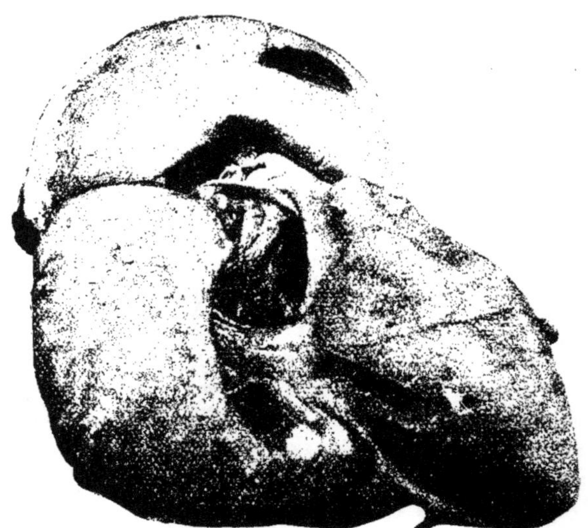

Fig. 108. — Polype de l'intestin. Coliques par obstruction. La portion d'intestin grêle ouverte et étalée montre un autre petit polype verruqueux en voie de développement.

employer les purgatifs : sulfate de soude ou de magnésie, aux doses de 3 à 500 grammes, la pilocarpine (0 gr. 20), l'ésérine (0 gr. 10), les lavements émollients tièdes, les frictions sèches, etc. Si le résultat reste nul ou se fait attendre trop longtemps, il est indiqué de faire abattre les animaux s'ils ont de la valeur pour la boucherie, car ils ne sont pas fiévreux.

AFFECTIONS DES RÉSERVOIRS GASTRIQUES

Les affections des réservoirs gastriques chez les ruminants sont fort nombreuses, et, bien que leur connaissance soit des plus ancienne, leur étude laisse encore beaucoup à désirer pour quelques-unes d'entre elles.

Cet état de choses tient à ce que nous sommes mal renseignés sur les phénomènes essentiels de la digestion gastrique des ruminants. La digestion comporte en effet des actes divers, actes mécaniques ou neuro-moteurs et des actes chimiques, exception faite des phénomènes sensitifs dont les malades ne peuvent nous rendre compte.

Les phénomènes mécaniques : brassage alimentaire dans les différents compartiments, rumination, éructations, évacuation vers l'intestin, nous sont bien connus, et l'examen attentif des malades nous permet d'interpréter l'importance de leurs variations.

Par contre, les phénomènes chimiques nous sont peu connus. On a admis jusqu'à ce jour que le rumen, le réseau et le feuillet n'étaient que de simples diverticules à rôle mécanique, et que la caillette était le réservoir où s'effectuaient les transformations chimiques. On a supposé d'autre part, ce qui n'est peut-être pas très justifié, que, dans la caillette, les modifications chimiques des aliments se faisaient comme chez les autres animaux, et en particulier comme chez l'homme, où le chimisme stomacal a été l'objet d'études très approfondies de la part de certains pathologistes français ou étrangers (Hayem, Reichmann, Boas, etc.).

Je ne crois pas, pour des raisons qu'il serait trop long d'exposer ici, que le chimisme gastrique des ruminants, et même des herbivores en général, puisse être identifié à celui des omnivores.

La nature de l'alimentation étant totalement différente, il y a sûrement aussi, dans l'estomac et dans l'intestin, des variabilités dans les actions chimiques, et je n'en veux pour preuve que l'absence de ptyaline dans la salive. — La paille ou le foin ne se digèrent pas de la même façon qu'une côtelette.

Mais, en supposant même que l'identité d'action physiologique puisse être admise dans ses grandes lignes, rien n'est encore fait en vétérinaire sur les variations possibles du chimisme stomacal au cours des diverses maladies des réservoirs gastriques; je ne doute pas qu'il n'y ait là des causes que l'on a de la tendance à rechercher d'un autre côté. — L'hyperchlorhydrie et l'hypochlorhydrie, de même que les variations d'acidités organiques, jouent en effet un trop grand rôle dans la pathologie de l'estomac chez l'homme, pour que les modalités n'en puissent être retrouvées, sous une forme ou sous une autre, chez nos animaux domestiques. Resterait à les préciser; et, sans vouloir actuellement caractériser des états dyspeptiques comme chez l'homme, il est très certain que des affections décrites sous un autre nom se trouvent en relation directe avec des troubles variés de la sécrétion gastrique ou avec des troubles de sa motricité, comme par exemple la météorisation chronique primitive qui, sans contredit possible, est souvent une dyspepsie neuro-motrice.

Le groupement que j'adopterai pour l'étude des maladies des réservoirs gastriques sera donc des plus simple : dans une première série j'étudierai les indigestions, qui ne représentent que des troubles passagers, subits et accidentels de la fonction digestive; et, dans une seconde série, les inflammations aiguës ou chroniques, c'est-à-dire les troubles prolongés de la fonction gastrique.

INDIGESTIONS

INDIGESTION GAZEUSE.

Allemand : *Auflauf*. Anglais : *Acute Bloating*. Italien : *indigestione gassosa*.

L'indigestion gazeuse, encore qualifiée d'indigestion du rumen, est caractérisée par l'accumulation rapide de gaz de fermentation dans la partie supérieure du rumen. Elle s'observe communément sur les bœufs et les moutons ; on lui donne les noms d'indigestion méphitique, de météorisation aiguë, de météorisme, de tympanite, de ballonnement, d'enflure du ventre, etc. Elle apparaît au cours des repas ou immédiatement après.

Étiologie. — De nombreuses causes ont été invoquées pour expliquer l'apparition subite des indigestions gazeuses.

La plus importante est l'état particulier momentané sous lequel se trouve l'animal qui va être atteint d'indigestion gazeuse du rumen, car, si les causes extérieures seules étaient mises en avant comme causes déterminantes, il n'y aurait pas de raison pour que tous les animaux d'un même troupeau, tous les sujets d'une même étable pâturant ensemble, ne fussent frappés de la même façon.

Que les causes extérieures invoquées (froid, chaleur excessive, temps orageux) puissent impressionner différemment et défavorablement certains sujets, cela ne fait pas de doute, mais c'est cette modification morbide momentanée et primitive d'un sujet qui est la condition *sine qua non* de l'évolution de l'indigestion.

Il faut que le sujet soit préalablement mal disposé, à moins que l'indigestion ne soit la conséquence d'une intoxication progressive au cours du repas (ingestion de plantes toxiques, belladone, vérâtre, colchique, pavots, tabac, ciguës, etc.).

Cet état anormal momentané de l'organisme fait que la motricité du rumen est en partie abolie ou tout au moins fort ralentie, et que probablement aussi, par suite de troubles vaso-moteurs, la muqueuse se trouve mal protégée par sa couche de mucus de revêtement, mal irriguée, etc.

Que, dans ces conditions, l'animal, qui cependant ne paraît pas souffrant, vienne à ingérer des fourrages tendres, humides et fermentescibles, et l'indigestion gazeuse pourra apparaître.

Parmi les causes déterminantes invoquées, on a incriminé les fourrages des prairies artificielles (luzernes, sainfoins, trèfles), les prairies plâtrées surtout, comme pouvant de préférence faire apparaître l'indigestion gazeuse. Le reproche est justifié par les faits, et surtout par cette autre considération que les pousses ou les regains jeunes et tendres sont très fermentescibles.

On a même discuté pour savoir si ce ne seraient pas ces fermentations exagérées de plantes tendres qui formeraient le point de départ des indigestions, et si le fait de l'abolition du péristaltisme du rumen ne serait pas que secondaire et consécutif à la distension. — J'avoue que pareil problème ne doit inquiéter que fort peu.

Qu'il y ait primitivement atonie du rumen, et secondairement fermentation anormale, ou, inversement, que les fermentations soient primitives et l'atonie secondaire, cela n'a pas d'importance, car tout peut se soutenir sans que le résultat soit changé, et sans qu'on puisse même empêcher d'objecter que d'autres animaux, soumis aux mêmes influences, restent indemnes.

J'ai dit l'importance qu'il fallait accorder à l'état organique momentané du malade; son péristaltisme digestif se trouvant diminué, les éructations, les mélanges, le brassage alimentaire s'effectuent mal dans la panse; les fermentations s'exagèrent. A la faveur de cet état, le rumen se distend, et, l'effet devenant cause, la distension arrête à son tour le péristaltisme qui pouvait n'être que diminué.

Le froid local, l'ingestion d'aliments couverts de givre, de gelée blanche ou simplement de rosée peuvent favoriser l'indigestion gazeuse, en ralentissant ou en suspendant par action locale directe le péristaltisme gastrique, et probablement aussi en provoquant des troubles vaso-moteurs de la muqueuse.

Le refroidissement général a, dans des cas plus rares, une influence indéniable, soit en provoquant des troubles vaso-moteurs généraux, avec retentissement sur les sécrétions, soit par troubles neuro-moteurs; et c'est sous des influences de cette nature qu'il n'est pas rare d'observer l'indigestion gazeuse avec le régime sec d'hiver sur des animaux qui ont été changés d'étables, transportés en wagons, emmenés sur les foires, etc.

D'ordinaire, c'est au printemps que s'observent ces indigestions, lorsque la transition du régime sec d'hiver au régime vert des pâturages n'a pas été ménagée. Elles sont encore fréquentes en plein été, par les temps d'orage, avec variations barométriques importantes qui influent sur l'état général, sur le système nerveux en particulier, et qui en plus favorisent les fermentations organiques.

Symptômes. — Les débuts de l'indigestion passent inaperçus. Puis les symptômes se succèdent rapidement et sont très faciles à suivre; ils se présentent toujours avec les mêmes caractères, en évoluant cependant avec plus ou moins de rapidité. Les animaux, peu de temps après le commencement du repas, semblent éprouver un malaise particulier qui les empêche de continuer à prendre leurs aliments lorsqu'ils sont au pâturage; toujours, et même à l'étable, il y a un arrêt dans l'ingestion. On observe dès ce moment des éructations, des bâillements répétés, de l'inquiétude et même de l'anxiété.

Puis, en un quart d'heure ou moins, on voit le flanc gauche augmenter rapidement en largeur et en hauteur; le creux du flanc remonte, se tend et arrive à dépasser les apophyses transverses des vertèbres lombaires. Le flanc droit, lui aussi, se bombe par suite du refoulement de l'intestin. L'état général du malade se modifie très vite; il a les naseaux dilatés, ses muqueuses sont congestionnées, la respiration devient rapide, c'est le premier stade de l'asphyxie. La respiration s'accélère davantage, car le rumen distendu paralyse le diaphragme et comprime les poumons. Pour faciliter cette respiration, les animaux écartent les membres antérieurs, ouvrent la bouche, étendent l'encolure, ce qui n'empêche nullement la dyspnée de devenir plus intense et l'asphyxie imminente. Le cœur accélère ses mouvements, les veines superficielles se gonflent, les muqueuses se cyanosent. Si, à ce moment, on palpe le flanc gauche, on ne perçoit plus les contractions rythmiques; si on ausculte, on n'entend ni le bruit de brassage, ni le bruit de roulement, mais seulement un crépitement exagéré; si enfin on percute, on trouve du son tympanique.

Dans les cas de météorisation très grave, la pression gazeuse de l'intérieur de la panse arrête le bruit de crépitation. Bientôt les animaux sont dans l'impossibilité complète de marcher, de se déplacer même; tout d'un coup, ils se laissent tomber sur le sol, et la mort survient rapidement par asphyxie.

La rapidité d'évolution de l'indigestion gazeuse est on ne peut plus variée. On voit des moutons ou des bœufs mourir météorisés une heure, une demi-heure après l'arrivée dans le pâturage; plus souvent les symptômes vont lentement, ne deviennent inquiétants qu'après quelques heures et persistent même douze et vingt-quatre heures sans amener la mort.

La terminaison ordinaire est la résolution à la suite d'éructations réitérées qui vident le rumen, mais ces éructations ne peuvent plus se produire dès que la distension est extrême, et c'est alors que l'indigestion gazeuse se termine par l'asphyxie et la mort.

Lésions. — On pourrait croire que cette indigestion n'apparaît que quand les animaux ont dans la panse une grande quantité d'aliments; ce serait une erreur : le rumen peut ne contenir qu'une faible quantité de matières alimentaires.

A l'autopsie, les gaz distendent le rumen. Recueilli et soumis à l'analyse, le mélange de fermentation normale se montre composé d'environ 74 p. 100 d'acide carbonique, 24 p. 100 de carbures d'hydrogène, et un peu d'azote et d'hydrogène sulfuré, 2 p. 100. La composition de ces gaz varie dans certaines proportions suivant leur origine, mais toujours l'acide carbonique prédomine.

Les gaz de météorisation donnent la composition moyenne suivante.

```
Acide sulphydrique (hydrogène sulfuré). . . . . . . . . .  80 p. %
Carbures d'hydrogène (hydrogène carboné) . . . . . . . .  13  —
Acide carbonique . . . . . . . . . . . . . . . . . . . .   5  —
```

Les organes abdominaux, l'intestin en particulier, sont congestionnés par suite de l'obstacle à la circulation de retour; du côté de la poitrine, il existe des lésions de l'asphyxie.

Pathogénie. — Il est facile de se rendre compte comment la mort survient. Elle est due à un seul phénomène, l'intoxication qui reconnaît deux causes : l'anhématosie ou asphyxie progressive par défaut de fonctionnement du poumon, et l'absorption des gaz sulphydrique et carbonique de la panse; une partie de ces gaz, en effet, en vertu des lois de diffusion, passent dans le sang.

Diagnostic. — Toujours très facile, les gens de ferme ne s'y trompent pas.

Pronostic. — Variable suivant la marche de la maladie. Quelquefois, lors d'évolution rapide (une demi-heure, une heure), l'asphyxie est menaçante dès le début; dans d'autres cas, quand, par exemple, l'affection est consécutive à l'alimentation par les fourrages secs, la météorisation survient lentement, et n'atteint son maximum d'intensité que longtemps après le début. — Le pronostic n'est évidemment pas le même dans les deux cas, mais on peut dire qu'il est grave en général, d'autant plus qu'à un moment donné, sans causes apparentes, l'évolution de la maladie peut subir un véritable « coup de fouet ».

Traitement. — Comme mesure hygiénique, il faut éviter le passage brusque du régime sec au régime vert. La transition sera effectuée par les mélanges variés de matières alimentaires fourrage vert et paille.

Le traitement curatif comporte une foule de moyens.

Le traitement le plus ancien et le plus simple consiste dans le *massage du flanc gauche*. La main appliquée à plat sur le flanc effectue des pressions brusques directement vers le bas, en évitant de blesser les régions supérieures. Ces manœuvres excitent les réflexes, ramènent la contractilité du rumen et, par suite la réapparition de mouvements péristaltiques. Par le brassage, les gaz passent dans le feuillet et la caillette, ou bien sont projetés vers l'entonnoir œsophagien; les impulsions brusques peuvent même surmonter l'obstruction de l'œsophage par les matières alimentaires, les éructations réapparaissent, et il y a évacuation partielle et progressive des gaz accumulés dans la panse.

Cette pratique est très employée dans les pays d'élevage, particulièrement pour le mouton, chez lequel l'affection évolue avec les mêmes caractères. Le berger place l'animal météorisé entre ses jambes, de façon à l'immobiliser; et, avec les poings placés l'un dans le flanc droit, l'autre dans le flanc gauche, il effectue des pressions brusques, qui rétablissent les éructations et chassent les gaz en excès.

En Suisse, on recommande, pour les bêtes météorisées, de leur faire grimper une montagne élevée. La chute des aliments en arrière dégage l'extrémité de l'œsophage et des éructations gazeuses peuvent se produire.

En Allemagne on a préconisé la *réfrigération par les douches* sur le flanc. Il se produirait une action vaso-motrice périphérique, des contractions péristaltiques réflexes qui détermineraient les éructations et l'évacuation du rumen; mais c'est là un procédé qui n'est nullement pratique et peut être sans valeur, exigeant des installations qui font défaut à la campagne.

On peut compléter l'action du massage par l'administration de *breuvages excitants* à base de vin, d'alcool, ou d'infusions de plantes aromatiques : cumin, fenouil, menthe, camomille, etc. Ils agissent d'abord mécaniquement en dégageant l'extrémité terminale de l'œsophage; de plus, ils stimulent la muqueuse du rumen, déterminent des contractions péristaltiques réflexes, et par suite le brassage des matières alimentaires. Enfin, la plupart d'entre eux arrêtent les fermentations.

Cette dernière propriété a fait employer également des *breuvages anti-fermentescibles* simples et calmants à base d'éther ou d'asa fœtida. Les résultats obtenus sont peu avantageux; ils ont l'inconvénient, lorsqu'on est obligé de sacrifier l'animal au dernier moment, de rendre sa chair impropre à la consommation.

L'emploi des *absorbants*, (météorifuges de diverses marques), constitue certainement le procédé le plus répandu. L'ammoniaque qui entre dans leur composition absorbe et fixe l'acide carbonique; la diminution de pression des gaz contenus dans le rumen, qui résulte de cette absorption, empêche la distension du premier réservoir gastrique, et facilite le retour à l'état normal (1). Malheureusement, cette action n'est que momentanée, et il arrive qu'elle se montre insuffisante. Si le médicament est donné en solution trop concentrée, il détermine des brûlures de la muqueuse des premières voies digestives: bouche, œsophage, parfois même rumen et feuillet. Il peut en résulter des lésions de stomatite, de pharyngite, d'œsophagite, des rétrécissements œsophagiens, qui, après la guérison de l'affection aiguë, portent une atteinte grave à la santé de l'ani-

(1) Ammoniaque liquide 20 à 30 grammes (maximum) dans 50 fois son poids d'eau pour éviter l'action caustique. Dose toxique 70 grammes. Contre-poison : vinaigre qui donne de l'acétate d'ammoniaque.

mal. Enfin, dernier inconvénient, la viande prend rapidement une odeur ammoniacale.

L'huile de pétrole a été recommandée dans les mêmes conditions à la dose de 1/5 à 1/4 de litre (1 verre à 1 verre 1/2), en émulsion ou suspension dans deux verres d'eau. Elle donne, dit-on, de bons résultats, mais a aussi le grave inconvénient de communiquer l'odeur de pétrole à la viande. Ce ne peuvent être que des médications de nécessité, faute d'autres moyens d'action.

Cependant, on ne saurait nier que les météorifuges bien composés ne rendent de réels services, parce qu'ils répondent à des interventions d'urgence.

Le traitement interne le plus recommandable consiste certainement dans l'*administration de purgatifs* : sulfate de soude, sulfate de magnésie donnés à doses fortes (300 à 600 grammes selon la taille des animaux), ou à doses faibles mais répétées s'il s'agit de bêtes en état de gestation. Antifermentescibles, ils arrêtent la production des gaz; purgatifs, ils raniment la contractilité des réservoirs gastriques, ramènent les éructations. Mais les purgatifs ne sont indiqués que quand il n'y a pas, ou qu'il n'y a plus danger d'asphyxie.

Toutes ces médications, quelles que soient celles qui aient la préférence, ne doivent pas être exclusives; leurs effets devront s'ajouter à ceux obtenus par les moyens mécaniques, et, dans tous les cas, elles pourront précéder les procédés chirurgicaux : *cathétérisme de l'œsophage* et *ponction du rumen*.

La première de ces opérations, sur la technique de laquelle il est inutile de revenir, donne peu de résultats. Les matières solides et liquides contenues dans la panse, boursouflées par les gaz, montent en bouillie bulleuse dans les couches les plus supérieures du réservoir, et obstruent rapidement les orifices percés dans l'extrémité olivaire du cathéter; l'expulsion gazeuse consécutive peut n'être qu'insignifiante.

La *ponction du rumen*, bien supérieure comme effets obtenus, à tous les autres moyens représente l'intervention héroïque par excellence. Elle est facile à effectuer :

Par la ponction, il s'échappe de suite une grande quantité de gaz, avec une force de projection telle que la canule peut être refoulée, puis l'expulsion cesse : arrêt dû à ce que, grâce à la diminution de pression, les gaz dissous ou mélangés aux matières alimentaires se dégagent et entraînent avec eux des parcelles solides qui obstruent le conduit d'échappement. Quelquefois même il y a projection de liquides et d'aliments très délayés. Il suffit de désobstruer la canule pour que l'évacuation gazeuse continue.

Si la peau ou les muscles se décollent, des parcelles alimentaires s'insinuent entre les parois du rumen et la canule, produisant des accidents divers : nécrose, abcès. — On évitera ces complications en exerçant, avec les mains, des pressions suffisantes autour de la canule de trocart pendant les premiers moments de l'évacuation.

Le rumen ramené à son volume normal, la guérison n'est pas encore définitive; elle ne survient que plusieurs heures après ou le lendemain seulement. Aussi faut-il surveiller les malades pendant quelque temps, le plus souvent laisser la canule du trocart en place, un ou deux jours s'il est nécessaire, et soumettre les animaux au régime diététique.

Les nécroses aponévrotiques, les fistules, la péritonite locale ne surviendront comme complications que si l'instrument a été enfoncé dans une mauvaise direction, ou s'il était souillé primitivement.

Dans les cas d'extrême urgence la ponction peut être faite même avec un simple couteau très effilé, sous la condition d'introduire dans la blessure un tube creux taillé en biseau à son extrémité pénétrante; un tube de sureau par exemple, faute de mieux.

La ponction doit être faite d'un seul coup, car toute déviation de l'instrument pourrait produire des décollements. L'échappement des gaz sous la peau amène de l'emphysème souvent envahissant, qui gagne les lombes, remonte en arrière de la croupe et devient susceptible de donner naissance ultérieurement à des suppurations diffuses sous-cutanées, liées à l'apport de germes pyogènes. Mais le danger de mort imminente doit faire négliger ces dangers possibles.

INDIGESTION PAR SURCHARGE.

(Anglais : *acute indigestion;* Italien : *indigestione da sopraccarico;*
Allemand : *Pansenserstopfung*).

Cette maladie est désignée vulgairement aussi sous le nom d' « empansement », pour indiquer la réplétion complète de la panse. — Les accidents qu'elle détermine tiennent surtout à des fermentations anormales, épiphénomènes de l'accumulation ou de la stagnation des matières alimentaires dans le premier réservoir gastrique, et à un défaut de progression de ces matières vers le feuillet et la caillette; épiphénomènes aussi de l'absence de rumination.

Étiologie. — L'apparition de l'affection tient surtout au changement de régime. — Lorsque les animaux ont été privés de nourriture pendant un certain temps, comme cela arrive dans les années de disette, et qu'ils sont mis ensuite en liberté dans des pâturages plantureux, ils se gavent, absorbent une grande quantité de fourrage vert et mettent un poids exagéré dans leur rumen : la condition est donnée pour que l'indigestion par surcharge apparaisse.

On observera le même fait chez les sujets naturellement gloutons, lorsqu'ils se trouvent en présence d'aliments qu'ils apprécient particulièrement. On fera enfin une constatation analogue sur les bœufs de travail que l'on met brusquement à l'engrais, leur donnant comme nourriture des drèches, des pulpes, des balles additionnées de tourteaux ou d'autres résidus industriels. Ces aliments peuvent ne pas être absorbés en quantité exagérée, mais leur division extrême nécessite une modification trop brusque du fonctionnement physiologique du rumen; ils ne peuvent plus être ramenés pour la mastication mérycique; la rumination est incomplète, les aliments s'amassent et se tassent au fond de la panse, qu'ils finissent par paralyser. Ce fait se présentera bien souvent lorsque la base de l'alimentation sera constituée, par exemple, par des pulpes nouvelles semi-liquides, qui, pour être ruminées, doivent être mélangées à des fourrages grossiers leur servant de véhicule.

L'insuffisance des boissons représente une autre cause, d'autant plus fréquente pendant la saison d'hiver que, par négligence, les bouviers ou vachers ne se donnent pas la peine de procéder à des distributions régulières et abondantes, lorsqu'ils n'ont pas la prise d'eau dans l'étable même. Les aliments non dilués se tassent en masse compacte qui ne peut plus être soumise à la rumination. L'insalivation se fait mal d'ailleurs dans ces conditions, et Colin a montré que la rumination n'était plus possible lorsqu'on supprimait l'action physiologique des parotides.

Symptômes. — Les symptômes, on le comprend, sont variables selon la quantité et la digestibilité des aliments ingérés. En premier lieu, on constate de l'inappétence relative : les animaux ayant un commencement d'indigestion prennent une partie de leur ration. puis l'appétit disparaît et avec lui la rumination.

De légères coliques se montrent ensuite, assez analogues aux coliques par congestion, se traduisant comme elles par de l'agitation, du fouaillement de la queue, des trépignements des membres postérieurs, des plaintes légères accompagnant les déplacements : coucher et relever successifs. Si on ajoute à cela de l'inattention à peu près complète, de l'anxiété et un état général semi-comateux, à certains moments. on aura le cortège des signes de douleurs abdominales chez le bœuf.

Plus tard, après plusieurs jours, lorsque le malade a été abandonné aux seuls soins de la nature, il effectue de la mastication à vide; les mâchoires exécutent des mouvements comme s'il s'agissait d'une rumination imaginaire; de temps en temps surviennent des éructations et des efforts de régurgitation qui n'aboutissent pas. A ce moment, l'inappétence est absolue, et, chez les sujets qui ont absorbé une trop grande quantité de fourrages verts, il peut se produire de la météorisation.

Dès cette période de la maladie, le vétérinaire consultant est naturellement amené à pratiquer l'examen des divers appareils; aucun d'entre eux ne fournit de signes positifs, sauf l'appareil digestif. Si l'on explore méthodiquement le tube digestif, et en particulier les réservoirs gastriques, on constate, par la palpation du flanc gauche, de la réplétion du rumen. C'est là la dominante de la maladie. Les matières alimentaires arrivent dans les couches supérieures de sa cavité et l'on peut même, par la palpation profonde, percevoir une résistance marquée, une dureté caractéristique fournie par le tassement de ces substances. Le son rendu par la percussion est mat; les pressions sont douloureuses comme s'il s'agissait de ruminite et de péritonite. La main posée à plat au voisinage de la corde du flanc ne perçoit plus les contractions vermiculaires du rumen; enfin, à l'auscultation, on n'entend plus aucun des bruits habituels : crépitation, brassage ou roulement.

Les symptômes généraux sont peu marqués : c'est à peine si l'on peut relever de l'accélération de la respiration et de la circulation, avec tension de l'artère.

Durée. Terminaison. — La durée de la maladie est variable : on pourrait presque décrire des indigestions par surcharges aiguës et des indigestions par surcharge à marche chronique. Les unes évoluent en une journée, pouvant produire la mort par le même mécanisme que la météorisation aiguë, c'est-à-dire par intoxication ; les autres durent cinq ou six jours, souvent plus : dix, vingt et trente jours, selon l'énergie du traitement.

Il est vrai que, dans ces conditions, il ne s'agit point d'indigestion, mais de complications. Dans certains cas, la guérison survient seule par résolution simple, après progression des aliments vers l'intestin ou à la suite de vomissements, ce qui est plus rare.

Dans les autres cas, la guérison est la conséquence d'un traitement ; et si la maladie évolue seule, elle peut se compliquer de gastro-entérite.

Diagnostic. — Le diagnostic est assez facile. L'indigestion par surcharge se distinguera de la tympanite aiguë par son développement moins rapide, la distension plus faible du rumen, — distension produite par des aliments durs ; enfin la gastro-entérite aiguë se différenciera par la réaction fébrile d'intensité variable.

Pronostic. — Le pronostic est grave dans tous les cas, même quand il s'agit d'indigestion à marche aiguë produite par absorption de fourrages verts. Il survient souvent en plus de l'indigestion gazeuse qui nécessite une intervention immédiate. Quant aux autres formes, elles peuvent céder rapidement à un traitement bien dirigé, mais elles peuvent aussi se compliquer d'accidents à longue échéance, faute de soins.

Lésions. — A l'autopsie des animaux morts de complications d'indigestion par surcharge, on constate une partie des lésions de l'indigestion gazeuse avec surcharge alimentaire.

Si la mort est survenue à la suite d'ingestion de matières pulpeuses, on note des lésions d'empoisonnement de l'organisme. Par suite de la stagnation des aliments, des fermentations organiques exagérées ont pris naissance, et leurs produits, résorbés par l'estomac ou l'intestin, passent dans le torrent circulatoire.

Ces fermentations multiples : lactique, butyrique et surtout putride, altèrent la muqueuse du rumen : l'épithélium s'enlève par plaques, laissant à nu le chorion, produisant de vastes ulcérations qui, dans certains cas, s'étendent à toute la paroi.

Traitement. — Il doit varier avec les causes, les symptômes et les accidents immédiats.

Quand la maladie, évoluant rapidement, est produite par l'ingestion exagérée de luzerne, de fourrages verts, il est indiqué d'intervenir comme pour l'indigestion gazeuse, c'est-à-dire par la ponction du rumen, les purgatifs à haute dose administrés pendant quelques jours jusqu'à expulsion complète des aliments. — Les animaux devront être maintenus à la demi-diète pendant les jours suivants, en recevant une nourriture appropriée et des boissons mucilagineuses tièdes.

Quelquefois une intervention immédiate, rapide, est nécessaire, lorsqu'il y a à la fois indigestion gazeuse et par surcharge et que la ponction du rumen reste insuffisante à évacuer les gaz (indigestion *spumeuse*). On peut alors avoir recours à la *gastrotomie en un seul temps*, préconisée par Baërts :

Sur la région abdominale on place deux anses de corde, l'une en arrière du cercle de l'hypocondre, l'autre en avant de l'angle de la hanche ; on exerce, du côté droit, une traction vigoureuse sur ces anses, de façon à immobiliser le flanc gauche ; on enfonce le bistouri directement dans la paroi abdominale et le rumen, et l'on débride en bas : par le seul effet de la puissance de la traction exercée, les matières alimentaires sont projetées en dehors. Le décollement des tissus superposés étant impossible, il n'y aurait, d'après l'auteur, aucun danger de pénétration des produits infectants dans le péritoine ou dans le tissu conjonctif sous-cutané, et par suite aucun danger de péritonite.

Mais ce traitement brutal ne doit être qu'un traitement d'exception ou d'extrême urgence, destiné tout au plus à retarder un abatage régulier de quelques heures et je ne le crois pas capable d'être appliqué, comme le dit l'auteur, sans danger et sans complications presque fatales. Qu'il y ait à la suite de semblable intervention des guérisons, c'est incontestable, mais le moins qui puisse en résulter c'est l'évolution d'une fistule du rumen qui met des mois à se fermer.

Les injections de pilocarpine (10 à 15 centigrammes) et d'ésérine (5 à 10 centigrammes) trouvent aussi leurs indications.

Lorsque l'indigestion par surcharge se manifeste sous une forme moins rapide, il faut employer les purgatifs à doses moyennes, répétées tous les jours, ou à doses faibles deux fois par jour, jusqu'à ce que les contractions du rumen aient, non seulement reparu, mais repris leur rythme normal. On peut alors n'observer, dans certains cas, qu'un semblant de guérison : les aliments des couches superficielles se désagrègent, passent dans la caillette et l'intestin, et l'appétit revient. Les animaux absorbent ensuite une nouvelle quantité d'aliments, et, quelques jours après, les phénomènes se reproduisent. La diète doit donc être de règle.

Malgré le traitement, ou à la suite d'un traitement trop tardif, il peut arriver que l'on n'obtienne aucune amélioration : les aliments ne sont pas expulsés. Les fermentations putrides s'installent, il se fait de l'auto-intoxication, déterminant une réaction fébrile manifeste : 40°, 41°. La mort serait la terminaison fatale, si l'on ne pouvait s'y opposer par la gastrotomie.

Cette opération doit être faite quand la fièvre atteint 40° de façon continue : c'est là une indication. Exécutée selon les règles de la technique, elle doit aboutir à la vidange complète du rumen. Les accidents consécutifs au niveau de la suture seront évités par le drainage.

Si l'opération réussit, il faut soumettre les opérés à la demi-diète et au régime lacté pendant quelques jours, leur donner des boissons tièdes farineuses et du foin de bonne qualité pour ramener la rumination.

Indigestion de la caillette.

L'indigestion primitive de la caillette paraît rare chez les adultes, car jusqu'ici on n'a pas décrit d'ensemble symptomatique suffisamment caractéristique de cette affection pour qu'on puisse en donner une description spéciale. Par contre, il est à présumer (Mathis), bien que la preuve n'ait pas été fournie, que, dans les cas d'indigestion gazeuse ou d'indigestion par surcharge du rumen, la caillette dont le rôle physiologique est prédominant, doive en subir le contre-coup.

L'indigestion primitive de la caillette est au contraire fréquente chez les animaux jeunes, avant le sevrage; aussi la qualifie-t-on d'indigestion laiteuse. Il ne saurait d'ailleurs y en avoir d'autre chez les jeunes, puisque la caillette est le seul réservoir qui fonctionne pendant les premières semaines de la vie chez les ruminants. Ses dimensions sont prédominantes sur les autres réservoirs gastriques, et ce n'est que vers l'époque du sevrage que le rumen, le réseau et le feuillet prennent du développement.

Étiologie. — L'indigestion laiteuse apparaît chez les sujets d'élevage dans des circonstances variables.

Chez les animaux élevés à la mamelle, l'affection est exceptionnelle, mais cependant, lorsque les mères sont bonnes laitières (flamandes, normandes, jersiaises, hollandaises), et que les repas sont trop espacés, les veaux, naturellement gloutons et, en plus, affamés, absorbent une quantité exagérée de lait. Ils se gavent jusqu'à la limite possible et parfois au delà. La caillette surchargée se distend, sécrète mal ou en quantité insuffisante la présure ou labferment nécessaire à la coagulation laiteuse. Ce premier stade de la digestion reste incomplet, d'où le point de départ de l'indigestion laiteuse.

Chez les nourrissons dont les mères sont utilisées pour les travaux des champs ou les transports (Indre, Creuse, Corrèze, Haute-Vienne, midi de la France), non seulement les repas sont espacés, mais le lait lui-même, pris à la mamelle, n'a pas toujours la composition chimique voulue. Sous l'influence du travail, des fatigues, du surmenage, de l'alimentation irrégulière, les nourrices fournissent un lait qui, par sa composition temporaire, n'a pas la digestibilité normale ou se montre irritant pour l'estomac. L'indigestion laiteuse apparaît.

Lorsque les mères nourrices sont alimentées avec des résidus industriels, il se peut que des produits toxiques ou irritants soient éliminés par la mamelle. Le lait devient irritant pour la caillette du nourrisson, et l'indigestion stomacale en est la première conséquence. — Il se produit, dans ces circonstances, exactement ce qui se passe pour l'espèce humaine dans l'évolution de l'alcoolisme congénital; le jeune ingère, à l'insu des personnes qui en dirigent l'élevage, des principes chimiques qui déterminent des réactions variables de l'organisme.

Mais où l'indigestion laiteuse se montre fréquente, c'est chez les veaux élevés au seau. Là, le lait distribué est un liquide de mélange, qui souvent contient du lait de la veille, du lait écrémé ou du petit-lait. Les ferments lactiques et des microbes divers ont pu s'y développer à loisir, certains sont capables de provoquer la formation de principes toxiques.

Après ingestion, ces principes toxiques, par absorption ou par action locale directe sur la muqueuse, déterminent l'indigestion de la caillette.

Symptômes. — Peu de temps après la prise d'un repas ou d'une tétée qui doit se terminer par une indigestion, le petit malade semble en proie à un malaise particulier. Il est triste, somnolent, sous le coup de douleurs abdominales modérées ayant les manifestations de coliques légères.

Bientôt surviennent des nausées, de l'accélération des mouvements respiratoires et des battements cardiaques, puis les efforts aboutissent au vomissement laiteux. Le lait est rejeté en caillots fermes ou déjà ramollis suivant le temps écoulé depuis le repas; la quantité rejetée est très variable.

L'exploration de la partie droite de l'abdomen décèle de la sensibilité à la palpation, et assez fréquemment de la distension gazeuse de la caillette à la percussion.

La sensibilité et le tympanisme sont localisés à la zone moyenne et inférieure de l'hypocondre.

Aussitôt le vomissement effectué, il se produit une amélioration notable de l'état général. Le soulagement est très manifeste, le malade se montre plus éveillé, il se peut que cette amélioration soit définitive. — Plus souvent le vomissement ne se produit pas, il il persiste un peu d'abattement, la cavité buccale exhale une odeur aigrelette, l'appétit reste faible pour les repas suivants. C'est qu'alors l'irritation passagère de la caillette a de la tendance à se fixer, même à se propager à l'intestin, où le milieu se montre plus favorable au développement des agents microbiens que celui de l'estomac. L'indigestion va se compliquer d'entérite diarrhéique.

Diagnostic. — Le diagnostic ne présente aucune difficulté.

Pronostic. — Le pronostic est peu grave lorsque les jeunes sujets sont l'objet de soins attentifs. La complication d'entérite diarrhéique devient par contre très grave lorsqu'elle est négligée.

Traitement. — Le traitement comporte comme indications préventives :

1º De régler les tétées ;

2º De ménager les mères lorsqu'on se trouve dans l'obligation de les faire travailler ;

3º D'éviter la distribution des laits mélangés déjà altérés par des fermentations lactiques et autres.

Si les conditions d'élevage nécessitent ce mode d'entretien au seau, il sera bon de soumettre les mélanges à l'ébullition ou tout au moins à une pasteurisation relative par le chauffage à 70º ou 80º, et de veiller rigoureusement à la propreté des seaux.

Ces précautions seront de rigueur lorsqu'il se sera produit des cas de diarrhée dans l'exploitation.

Comme moyen curatif, il n'y a qu'à mettre les malades à une demi-diète, après leur indigestion, pendant deux ou trois jours, ou à leur administrer des rations de lait bouilli coupé de moitié ou même des deux tiers d'eau bouillie.

L'addition d'un purgatif salin léger (sulfate de soude, 15 à 20 grammes) fait généralement disparaître tout trouble digestif. Les infusions de tilleul, de menthe, de camomille, les décoctions de céréales, la tisane d'orge, remplacent avantageusement l'eau bouillie lorsqu'il s'agit de diluer les premières rations. Le sous-nitrate ou le carbonate de bismuth, aux doses de 2 à 5 grammes, délayé dans de l'eau ou du lait, un quart d'heure ou une demi-heure avant la distribution des rations normales, donne d'excellents résultats.

CHAPITRE V

INFLAMMATIONS AIGUES DES RÉSERVOIRS GASTRIQUES

RUMINITE, RÉTICULITE

Étiologie. — L'inflammation aiguë des premiers réservoirs gastriques, rumen et réseau, n'est pas d'observation courante, tout au moins en tant qu'inflammation primitive. On observe ces inflammations au cours de maladies infectieuses, telles que : fièvre aphteuse, coryza gangréneux, clavelée, mais ce sont alors des épiphénomènes qui doivent être étudiés avec la maladie elle-même.

L'inflammation primitive de ces deux réservoirs peut cependant être enregistrée à la suite de l'ingestion d'aliments ou de plantes irritantes, de boissons trop chaudes, et plus souvent encore de boissons médicamenteuses (météorifuges, breuvages acides, etc.). — Il s'agit alors d'actions directes qui, par contact intime et prolongé, provoquent de la vascularisation pathologique, de l'infiltration, de la desquamation, ou même la formation de phlyctènes et d'ulcérations à évolution rapide.

Symptômes. — Ces inflammations se traduisent par la perte d'appétit, la suspension de la rumination et du péristaltisme régulier, la météorisation légère, et surtout par une sensibilité absolument exceptionnelle à la palpation.

Cette sensibilité anormale est générale, mais localisée de préférence au tiers inférieur gauche de la cavité abdominale et à la région rétro-xiphoïdienne, qui correspond à l'emplacement du réseau. La fièvre est modérée.

Ces symptômes, suivant la gravité et l'intensité de l'inflammation, peuvent persister, s'aggraver, provoquer des vomissements du rumen, laisser comme reliquat de la dyspepsie motrice, et peut-être plus; ou, au contraire, s'atténuer progressivement et disparaître d'une façon définitive.

Lésions. — Les lésions se limitent à l'hyperémie des parois et de la muqueuse, à des exfoliations épithéliales locales fréquentes sur les papilles et parfois à de véritables ulcérations muqueuses.

Diagnostic. — Le diagnostic doit être basé sur la sensibilité exceptionnelle des réservoirs à la palpation, et sur des renseignements fournis par les propriétaires, lorsqu'il est possible de les obtenir exacts.

Pronostic. — Le pronostic doit être réservé, parce qu'on ne peut jamais prévoir si les lésions aiguës ne feront pas place à un état chronique peu important en apparence, et grave par ses conséquences éloignées.

Traitement. — Les boissons et tisanes émollientes sont tout indiquées en raison de leur action locale; les aliments cuits n'exigent qu'un faible travail mécanique de l'estomac, le foin fin et les farineux contribueront largement à l'amélioration des lésions et de l'état général.

Les boissons tièdes et les laxatifs salins à petite dose (sulfate et bicarbonate de soude), le sel de Carlsbad (50 ou 60 grammes) agiront efficacement contre l'atonie réflexe des diverticules gastriques.

* * *

Feuillet. — Les inflammations du feuillet, comme celles de la panse et du réseau, évoluent comme manifestations secondaires de maladies telles que la fièvre aphteuse et le coryza gangréneux, mais je crois ces inflammations primitives beaucoup plus rares encore que celles du rumen et du réseau.

La raison en est fournie par la situation profonde de ce réservoir, situation qui le met à l'abri des violences extérieures, à l'abri des irritations par ingestion, à l'abri des refroissements. Lorsqu'il s'enflamme, ce ne peut être qu'à la suite de l'action prolongée d'aliments et de boissons irritantes ayant déjà déterminé des lésions du rumen et du réseau, ou à la suite de stagnation prolongée d'aliments desséchés, conséquence du manque de boissons.

Dans ces conditions, l'inflammation du feuillet évolue lentement, et correspond, au point de vue clinique, à ce que l'on appelait autrefois l'*obstruction du feuillet*. Je considère cet accident comme exceptionnel, en tant qu'accident primitif tout au moins, car, lorsqu'il existe, il est surtout consécutif aux surcharges, aux inflammations du rumen, ou aux inflammations de la caillette. L'obstruction du feuillet, sur lequel se rabattaient autrefois tous les diagnostics douteux d'affections digestives mal définies, est, en réalité, une rareté, comme maladie isolée.

On a prétendu que le feuillet, innervé seulement par le sympathique, et pourvu d'une musculature relativement faible, était plus exposé que les autres réservoirs à subir le contrecoup des réflexes abdominaux et, partant, plus sujet aux inflammations, indigestions ou obstructions. Je ne suis pas de cet avis, parce que, en raison de sa situation générale et de la position de son orifice de communication cet organe doit se vider spontanément de son contenu lorsque le degré de dilution est suffisant. Il paraît être bien plus un organe d'absorption qu'autre chose.

Je ne veux pas dire par là que l'inflammation du feuillet ne puisse pas se rencontrer, puisque nous savons qu'elle prend une marche subaiguë, et qu'elle est accompagnée de stase alimentaire entre les lames muqueuses qui cloisonnent sa cavité; je tiens simplement à faire ressortir qu'il ne s'agit pas d'une inflammation primitive et isolée.

Symptômes. — Les symptômes restent toujours vagues; il me paraît fort difficile de les bien préciser.

L'inflammation du feuillet se traduit par de l'inappétence relative, une soif assez vive, de l'atonie générale et de la sensibilité diffuse et vague de l'hypocondre droit dans sa moitié inférieure (zone des côtes asternales). Il n'existe pas d'autre symptôme de valeur absolue.

On a rattaché à l'obstruction du feuillet des sympômes d'inappétence, de constipation avec excréments noirs, enduits, fétides et parfois sanguinolents, des symptômes de météorisation chronique avec éructations fétides et quelquefois vomissements; ces symptômes sont ceux de la dyspepsie hyperchlorhydrique (forme de gastrite chronique) et, pour moi, la stagnation alimentaire du feuillet (galettes alimentaires) n'est que secondaire. J'envisage donc les faits d'une tout autre façon, et j'estime que ce n'est que par une interprétation rationnelle et physiologique des symptômes enregistrés que l'on est autorisé à porter une diagnostic.

Diagnostic. — Le diagnostic d'inflammation du feuillet ne peut être fait que par exclusion, et comme il s'agit, je dirais volontiers toujours, d'un état secondaire consécutif à des troubles du rumen et du réseau, ou, au contraire, consécutif à des états inflammatoires ou à des modifications sécrétoires de la caillette (dyspepsie), ce diagnostic ne présentera pas, malgré cela, de grosses difficultés.

Pronostic. — Le pronostic n'aura de gravité que comme conséquence de la gravité des états aigus ou des états chroniques (dyspeptiques) des autres compartiments gastriques.

Lésions. — Les lésions sont caractérisées par de la vascularisation anormale des cloisons muqueuses, par la desquamation et même la mortification de plaquettes de dimensions variées. Les aliments se dessèchent, stagnent, se durcissent, et, avec le temps, aggravent l'état local.

Traitement. — Le traitement ne diffère pas du traitement général des inflammations gastriques. Le but à rechercher, c'est d'arriver à une évacuation aussi complète que possible, non seulement du feuillet, mais de tous les réservoirs gastriques; et, pour cela, les boissons émollientes, délayantes et copieuses sont à utiliser, de même que les tisanes tièdes : eau de graines de lin, eau de son, tisanes de mauve, de guimauve, de camomille. L'addition de laxatifs est indispensable.

Les injections d'alcaloïdes hypersécrétoires et évacuants pourront au début faciliter une intervention énergique et hâtive.

Plus tard, les infusions aromatiques légèrement excitantes (tilleul, sauge, menthe, hysope, thym, serpolet) stimuleront les fonctions de l'estomac et hâteront le retour à l'état normal.

GASTRITE AIGUE

Le terme de gastrite aiguë, et quelquefois de gastro-entérite, s'emploie en pathologie bovine pour caractériser l'inflammation de la caillette. Suivant que cette inflammation se localise aux couches épithéliales superficielles, ou que, au contraire, elle s'étend à l'épithélium profond des glandes gastriques et au chorion muqueux, on la qualifie de gastrite superficielle (catarrhe de la caillette) ou de gastrite profonde.

Cliniquement, il est impossible de faire ces distinctions. On reconnaît seulement des degrés de gravité, et c'est ainsi que l'on arrive à diagnostiquer des gastrites aiguës et des gastrites ulcéreuses.

Étiologie. — L'inflammation de la caillette est fréquemment d'origine alimentaire, en dehors même de toute lésion du côté du rumen ou du réseau par suite de la résistance particulière de la muqueuse de ces réservoirs et de la délicatesse de celle de la caillette.

Les plantes irritantes, les boissons acides, les boissons glacées, certains résidus industriels acides ou toxiques (drèches moisies, pulpes altérées, betteraves pourries), les fourrages moisis ou vasés peuvent provoquer la gastrite aiguë.

L'alimentation intensive (dite alimentation échauffante) avec des farineux, des tourteaux à haute dose, des tubercules, distribuée sans régularité, peut aussi déterminer la gastrite, par surmenage fonctionnel.

Les racines gelées ou fermentées, les changements brusques de régime provoquent les mêmes effets. — On a incriminé les refroidissements; il est probable qu'ils n'agissent que comme cause favorisante.

Symptômes. — Il est nécessaire de les grouper avec attention pour préciser le diagnostic. L'inflammation de la caillette se traduit par une réaction fébrile modérée, la diminution de l'appétit, l'irrégularité de la rumination et un certain degré de tension du rumen sans météorisation vraie.

La constipation s'observe au début, mais avec le temps une

diarrhée fétide lui fait suite. L'exploration de l'appareil digestif reste négative à gauche et dans la région abdominale postérieure droite. L'exploration abdominale inférieure, le long des cartilages du cercle de l'hypocondre droit, dénote, au contraire, une sensibilité assez vive; c'est la région d'emplacement de la caillette.

La conjonctive se montre jaune rougeâtre comme dans la plupart des inflammations viscérales.

Detroye a signalé des accès de fureur; ils n'ont rien de pathognomonique, pas plus que les grincements de dents qui sont constants, pas plus que le bruit métallique de Saake, perçu à l'auscultation du rumen. Ce bruit se retrouve dans tous les états d'inertie du rumen coïncidant avec la distension et la vacuité (péritonite aiguë, péritonite chronique adhésive, réticulite par corps étranger).

Les coliques sourdes ne sont pas rares, non plus que les plaintes. On a enfin signalé comme pathognomonique l'odeur alliacée des éructations (Thierry et Fréminet).

La gastrite aiguë évolue régulièrement en dix à quinze jours; après quoi les symptômes s'amendent, s'atténuent et disparaissent pour faire place au retour intégral à la santé.

Plus souvent, dans les cas graves, et malgré une intervention raisonnée, la gastrite aiguë fait place à un état chronique qui aboutit à la gastrite atrophique et à l'hypochlorhydrie avec toutes ses conséquences. Les glandes stomacales dégénèrent, la sécrétion devient anormale, un état dyspeptique est définitivement constitué.

Diagnostic. — Le diagnostic est assez délicat, car il prête à confusion avec les états dyspeptiques primitifs ou avec l'inflammation des autres réservoirs. La confusion avec l'entérite aiguë de la première partie de l'intestin grêle est possible, mais, comme la gastrite se complique très fréquemment de duodénite, cette confusion est sans conséquences.

Pronostic. — Le pronostic est grave, non parce qu'il comporte une terminaison fréquente par la mort, mais parce que l'affection laisse très souvent des lésions chroniques irréparables et impossibles à combattre utilement et économiquement.

Lésions. — Les lésions se traduisent par de la congestion du réseau vasculaire muqueux et sous-épithélial, de l'infiltration séreuse du chorion et des plans conjonctifs sous-muqueux, de la desquamation de l'épithélium normal et de la prolifération réparatrice.

Quand l'inflammation est profonde, les épithéliums des glandes stomacales subissent la tuméfaction trouble et une sorte de dégénérescence atrophique. Dans les cas très graves, il se produit des pétéchies, des hémorragies capillaires superficielles et de véritables commencements d'ulcérations. Les plis muqueux sont toujours épaissis et infiltrés.

Traitement. — On recommandait autrefois, dans les cas de gastrite ou gastro-duodénite aiguë, la saignée modérée (3 à 4 litres) et la révulsion. — Cette pratique est très certainement avantageuse, pourvu qu'elle soit toujours appliquée avec mesure. Les sinapismes donnent de bons effets, mais, comme il faut les laisser longtemps en place, il est souvent préférable d'appliquer des vésicants vers la région inférieure de l'hypocondre droit.

Comme médication interne, les purgatifs sont utiles au début, parce que, en débarrassant le tube digestif, ils arrêtent les fermentations organiques qui sont la conséquence forcée de la stagnation alimentaire, et entravent les intoxications ou les infections.

Dans la suite, les laxatifs et le bicarbonate de soude doivent être administrés journellement à petites doses avec un régime émollient à base de lait, de féculents ou de farineux et de foin de bonne qualité, en quantité faible.

La graine de lin en nature, avec du son ou quelques grains cuits, les décoctions de pariétaire, d'orge et de céréales variées entrent dans un régime bien compris.

GASTRITE ULCÉREUSE.

La gastrite ulcéreuse (ulcères de la caillette) est connue au point de vue anatomo-pathologique, mais le tableau clinique symptomatologique reste insuffisamment caractéristique pour pouvoir la diagnostiquer très sûrement du vivant des malades.

Elle a été signalée sur les adultes et aussi sur les veaux (Ostertag), mais comme lésion d'autopsie seulement.

Étiologie. Pathogénie. — L'étiologie des ulcérations gastriques est assez obscure; cependant, on sait que certaines peuvent se rattacher à des maladies infectieuses, telles que la peste bovine, la fièvre aphteuse, le coryza gangréneux, ou à des infections locales directes; d'autres sont d'origine médicamenteuse, et il en existe enfin qui sont d'origine sécrétoire.

On a de la tendance, en médecine humaine, à rattacher l'évolution de l'ulcère rond et la gastrite ulcéreuse à l'hyperchlorhydrie; il est probable que la même cause peut être invoquée pour nos animaux domestiques, mais la démonstration reste à donner.

Pour ce qui est de la pathogénie, les théories de l'embolie et de la thrombose des vaisseaux capillaires n'ont plus guère de partisans aujourd'hui. Très acceptables théoriquement cependant, en ce sens qu'en supprimant l'irrigation physiologique sur un territoire déterminé, elles permettent d'expliquer la formation des ulcérations par auto-digestion, c'est-à-dire par simple action du suc gastrique sur une surface qui n'est plus protégée, elles ne se justifient plus comme lésion anatomo-pathologique.

L'origine microbienne a été mise en avant, mais si elle est facilement acceptable pour l'intestin où pullulent des agents variés, il n'en est plus de même pour l'estomac où l'acidité est toujours très accusée, et où l'action antiseptique de cette acidité se montre énergique; et pourtant, chez les veaux de lait, c'est la seule qui paraisse plausible. D'ailleurs, Kotzaroff et Mortier (1924), ont expérimentalement reproduit l'ulcère de l'estomac avec l'oïdium albicans.

Pour ce qui est des ulcérations d'origine médicamenteuse, elles peuvent se produire bien certainement avec un traitement mal dirigé (usage prolongé de l'émétique ou de l'acide arsénieux), mais ces ulcérations d'origine chimique évoluent toujours dans les mêmes points, dans les parties les plus déclives, dans les bas-fonds du rumen, du réseau ou de la caillette.

Les ulcérations d'origine sécrétoire, au contraire, se produisent en des points différents, et la figure ci-contre (photographie d'une pièce avec lésions ordinaires) montre que les plis muqueux eux-mêmes peuvent être lésés et perforés (fig. 109).

Lésions. — Les ulcérations de la caillette présentent des degrés divers, et dans l'observation citée ci-dessus, on pouvait rencontrer des exulcérations taillées à pic, au niveau desquelles on ne relevait que la disparition partielle ou totale de la couche épithéliale et glandulaire; de véritables ulcères ronds ayant détruit toute la muqueuse, puis provoqué l'inflammation chronique et la sclérose de la musculeuse; et enfin des perforations totales des plis muqueux pratiquées comme à l'emporte-pièce.

Symptômes. — Les symptômes sont ceux d'une gastrite aiguë ordinaire d'intensité faible, sans réaction fébrile accusée et sans teinte spéciale de la conjonctive.

L'appétit se trouve troublé et modifié, bien plus par la sensibilité réflexe excessive de l'organe lésé que par la suppression ou la diminution de la faim.

Cette sensibilité réflexe excessive de la caillette amène de l'intolérance gastrique, relative ou absolue, de sorte qu'une faible quantité des matières alimentaires ingérées passe vers l'intestin. Il peut même y avoir intolérance absolue de la caillette, comme dans l'observation que j'ai publiée en 1895, d'où une surcharge alimentaire toute particulière du rumen, secondaire et progressive, absolument différente de l'indigestion par surcharge primitive.

L'intolérance de la caillette pour les aliments ingérés et ruminés peut se propager au feuillet; la stagnation s'établit dans la panse avec météorisation légère.

Mais ce qui est plus caractéristique, c'est la constipation opiniâtre qui existe. — Si les ulcérations évoluent sans provoquer de lésion vasculaire importante, ce qui est rare, les excréments sont durs et coiffés, mais sans autre caractère; si, au contraire, ce qui

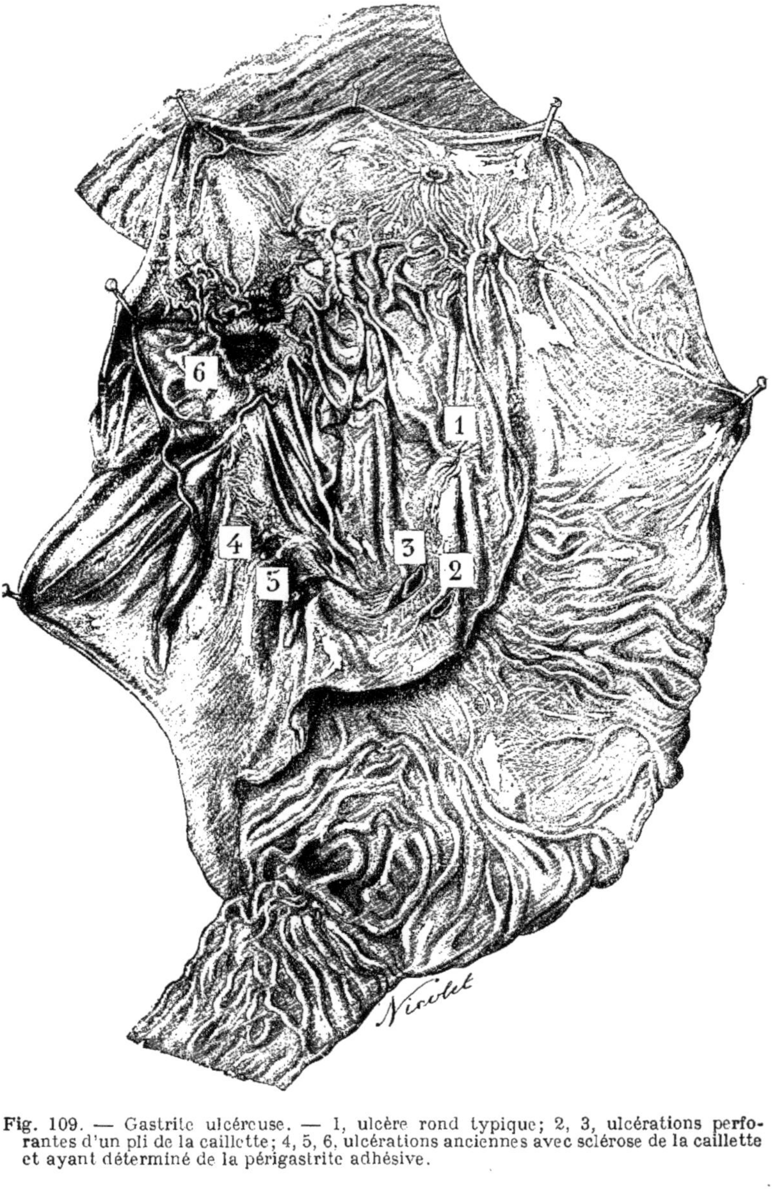

Fig. 109. — Gastrite ulcéreuse. — 1, ulcère rond typique; 2, 3, ulcérations perforantes d'un pli de la caillette; 4, 5, 6, ulcérations anciennes avec sclérose de la caillette et ayant déterminé de la périgastrite adhésive.

semble devoir être la règle, il se produit à un moment donné des hémorragies au niveau des lésions, le sang épanché se trouve modifié par le suc gastrique et le suc intestinal, et les excréments apparaissent teintés en noir (*melæna*); ils se montrent couleur goudron ou couleur suie. Cette coloration bien significative, différente de celle que peuvent donner la bile et la constipation prolongée, ne se produit qu'avec les hémorragies gastriques; elle cesse par intervalles.

Diagnostic. — Le diagnostic de la gastrite ulcéreuse est délicat. Il ne peut être établi d'une façon certaine que lorsqu'il se produit des melæna caractéristiques.

Pronostic. — Le pronostic est grave. économiquement. Les malades peuvent guérir. les ulcères peuvent se cicatriser. mais cette cicatrisation est toujours longue, et comme, d'autre part, l'appareil glandulaire de la caillette se trouve généralement plus ou moins lésé dans l'ensemble. le retour à l'état physiologique primitif est pour ainsi dire impossible.

Traitement. — Le traitement doit avoir pour but d'arrêter les hémorragies, de combattre l'intolérance pour les aliments, et de faciliter la cicatrisation des lésions. — On y arrive en laissant les malades au repos absolu à l'étable. en faisant emploi de l'ergotine. des injections salines à 7 p. 1000 au moment des hémorragies. et en mettant les malades au régime lacté, si possible. ou à un régime émollient : boissons blanches, tisanes émollientes. farine d'orge, racines cuites, etc.

La révulsion sur la région correspondant à la caillette rendra aussi des services.

Plus tard, lorsque les accidents aigus sont calmés, l'emploi du sel de Carlsbad à la dose de 30 à 50 grammes par jour est à recommander. — Les alcalins à haute dose (bicarbonate de soude principalement). le sous-nitrate de bismuth. les solutions gélatinées sont aussi capables d'amener de grandes améliorations.

Le borate de soude (biborate et tétraborate), sédatif précieux utilisé en médecine humaine contre l'ulcère rond de l'estomac, pourrait aussi trouver son indication d'emploi en vétérinaire, en solution à 1 °/₀, glycérinée de préférence, dans les rares cas où il pourrait y avoir indication de poursuivre un traitement.

SYNDROME MÉTÉORISATION CHRONIQUE

**Indigestion chronique. — Obstruction du feuillet. —
Gastrite chronique. — Dyspepsie.**

(Anglais : *Atony of the fore-stomachs;* Allemand : *Magendannkatarrh des Rindes*).

Parmi les états pathologiques de l'estomac chez les ruminants, il en est un grand nombre qui se traduisent cliniquement par un symptôme constant, la météorisation chronique, ce qui autrefois faisait dire qu'il y avait indigestion chronique.

Evidemment, les dénominations n'ont jamais que la valeur que l'on veut bien leur accorder, et le terme d'indigestion chronique signifiait pour tous que, d'une façon permanente, la digestion gastrique se faisait mal. Etant donné, d'autre part, que le terme indigestion est employé pour caractériser des états passagers au cours desquels la digestion ne se fait pas, tout en provoquant des accidents immédiats, je pense que le terme dyspepsie gastrique est plus exact et plus en conformité avec l'état actuel de nos connaissances en physiologie générale.

Beaucoup de faits sont encore à préciser dans l'étude de cette question, car, ainsi que je l'ai indiqué dès le début, nous ne savons presque rien concernant les variations des phénomènes chimiques de la digestion gastrique, au cours de différents états morbides; néanmoins le fait dominant, la mauvaise digestion ou la digestion irrégulière, est facilement appréciable. L'avenir permettra sans doute de mieux différencier plusieurs états dyspeptiques d'origine chimique ou mécanique, avec ou sans lésions anatomiques; il me suffit aujourd'hui de pouvoir indiquer les limites dans lesquelles les recherches peuvent se grouper.

Étiologie. — Le symptôme météorisation chronique se rattache à une foule de causes très diverses, les unes inhérentes à une affection propre des voies digestives, les autres à des affections générales ou à des lésions de voisinage. Dans ces derniers cas, le symptôme météorisation n'est que la caractéristique d'une dyspepsie secondaire; dans les premiers, au contraire, la dyspepsie est primitive.

Les dyspepsies *secondaires* s'observent très communément au cours de la tuberculose, au cours des affections du foie, de la péritonite subaiguë ou chronique, de la gestation, des lésions du médiastin, etc., etc.

a. *Dyspepsies sécrétoires ou chimiques*. — Au contraire, dans les dyspepsies *primitives*, il est impossible de relever une lésion étrangère susceptible d'expliquer les troubles enregistrés. — C'est ainsi que la météorisation chronique évolue à la suite de l'usage longtemps prolongé d'aliments avariés, grossiers ou de mauvaise qualité, qu'elle s'observe durant les années de disette fourragère, à la suite d'un mauvais régime d'hiver, qu'on la voit survenir chez des animaux auxquels la distribution des boissons a été beaucoup trop parcimonieuse pendant de longues semaines (indigestion du feuillet?), qu'elle apparaît encore à la suite d'inflammations aiguës de l'un ou de l'autre des réservoirs gastriques (ruminite, réticulite), lente et progressive, sans que l'on puisse invoquer une cause connue quelconque.

Dans ces différents cas, les muqueuses des réservoirs gastriques subissent le contre-coup de la mauvaise alimentation ou du manque de boissons; elles se modifient dans leur fonction physiologique et leur constitution anatomique, ne procèdent plus à l'élaboration régulière des sucs indispensables à la digestion : l'indigestion chronique, la mauvaise digestion ou la dyspepsie se trouve réalisée.

C'est encore ce qui arrive comme reliquat des inflammations aiguës de la caillette, du réseau ou du rumen; il est impossible que la réparation intégrale s'effectue; des lésions anatomiques se caractérisent, des troubles physiologiques de sécrétion en sont la conséquence : la dyspepsie est encore constituée.

Chez des veaux, au moment d'un sevrage mal effectué, il est fréquent de voir de l'indigestion chronique avec météorisation s'installer rapidement chez des sujets jusque-là bien portants. Des aliments non digérés par un estomac qui n'est pas encore adapté, séjournent et se putréfient dans le rumen, amenant l'étisie et la mort à plus ou moins longue échéance.

b. *Dyspepsie motrice.* — Enfin, il semble que la misère générale, l'abstinence et le travail épuisant, puissent faire naître une dyspepsie, dont le point de départ ne résiderait plus dans des troubles sécrétoires, mais bien dans des troubles mécaniques résultant de la faiblesse, de l'atonie des parois musculaires des réservoirs gastriques. — Le rumen ne remplit plus son rôle de mélangeur, le réseau fonctionne mal, lui aussi, et la caillette ne reçoit que des matériaux mal préparés; de là, la dyspepsie, que l'on pourrait qualifier de motrice par rapport aux autres qui seraient d'origine chimique.

Bien des degrés peuvent se rencontrer, car le péristaltisme peut être diminué (une contraction toutes les deux ou trois minutes au lieu de deux par minute), ou simplement très intermittent et ne se montrer que pendant quelques heures de la journée, ou enfin supprimé. La suppression n'est jamais absolument complète, mais l'atonie peut être tellement accusée que le brassage alimentaire reste insignifiant.

Symptômes. — Le plus constant, celui qui est susceptible de se retrouver dans tous les états dyspeptiques, c'est la météorisation chronique, représentée par un certain degré de tension ou de dilatation permanente du rumen.

La rumination est entravée, irrégulière: le rumen distendu perd de sa puissance de contractilité, ne provoque pas d'éructations, ne chasse pas de gaz vers l'intestin. — Il devient progressivement inerte, que l'inertie soit primitive et se montre d'emblée par suite d'un état particulier du sympathique (dyspepsie motrice), ou qu'elle soit tardive et secondaire, comme conséquence de troubles des sécrétions gastriques et des fermentations organiques anormales qui peuvent suivre un libre cours (dyspepsies sécrétoires). Avec le symptôme météorisation, on enregistre toujours de l'irrégularité, puis de la diminution de l'appétit, et souvent aussi de la dépravation du goût.

L'amaigrissement est constant, mais très variable suivant les cas, suivant la nature même de l'altération primitive et suivant le mode d'alimentation.

Cet état général s'accompagne soit de constipation, soit de diarrhée; et comme la stagnation alimentaire engendre des fermentations qui toujours aboutissent à la formation de produits différents de ceux de la digestion normale, de produits toxiques, il en résulte une auto-intoxication chronique, qui d'effet devient cause si l'on n'y remédie, aggravant toujours le mauvais état général.

Dans beaucoup de cas, il n'y a pas de fièvre, sauf dans les complications finales, chez les animaux complètement cachectisés; mais, suivant les circonstances, quelques signes peuvent guider dans le diagnostic définitif.

Le type clinique le plus fréquent de ces états dyspeptiques est représenté par la dyspepsie motrice, au cours de laquelle il y a atonie relative du rumen, sans troubles sécrétoires des muqueuses gastriques. C'est heureusement la forme la plus curable, qui ne se traduit que par du ballonnement, de l'inertie et de la constipation.

Les états dyspeptiques d'origine sécrétoire sont mal connus, mal définis quant à leur essence, et mal précisés quant à leur caractéristique clinique.

On ne sait si réellement les formes décrites sous les noms d'hyperchlorhydrie et d'hypochlorhydrie chez l'homme peuvent se retrouver et se caractériser sûrement chez nos animaux ; on ne sait pas non plus le rôle exact que peuvent jouer les acides organiques de fermentation (acides lactique, butyrique, acétique, etc.), mais tout, jusqu'à études plus complètes, autorise ces suppositions.

J'ai signalé la gastrite ulcéreuse primitive en 1895, et comme cette forme ne peut guère se rattacher qu'à l'hyperpepsie, il y a des chances pour que l'hyperchlorhydrie puisse se rencontrer chez nos malades, d'autant que les symptômes enregistrés se rattacheraient aux symptômes généraux de cet état : conservation de l'appétit et de la puissance motrice du rumen, stagnation alimentaire dans la panse par intolérance réflexe de la caillette, constipation, vomissements.

A côté de ces deux états morbides, il en est un troisième assez fréquent, lui aussi, qui se caractérise par la météorisation chronique, la diarrhée alimentaire avec aliments mal digérés et l'amaigrissement progressif. Cet état semble devoir correspondre à l'hypochlorhydrie, dont l'origine remonte à une gastrite chronique, dans laquelle les éléments épithéliaux de la muqueuse ne sont plus aptes à élaborer l'acide chlorhydrique nécessaire à la digestion.

Diagnostic. — Dans l'état de nos connaissances actuelles sur la digestion chez les ruminants, le diagnostic précis de ces états pathologiques restera toujours dubitatif, mais il est incontestable qu'avec le groupement symptomatologique ci-dessus, on pourra toujours mieux faire que porter la simple diagnose d'autrefois : météorisation ou indigestion chronique.

On devra toujours songer, en pareille circonstance, aux dyspepsies primitives et aux dyspepsies secondaires, et l'examen attentif permettra dans tous les cas de reconnaître l'état spécial qui a pu servir de point de départ aux manifestations gastriques. C'est ainsi que la tuberculose généralisée, que la tuberculose du foie ou du médiastin devra être recherchée ; de même que les affections hépatiques (échinococcose, cancer des voies biliaires, tumeurs) ou les affections des reins. L'état de gestation, qui détermine si fréquemment des troubles gastriques, qu'il soit compliqué ou non d'albuminurie, ne devra pas être oublié, lui non plus ; car il est certain que, dans ces dyspepsies secondaires, il faut s'adresser à la cause déterminante s'il y a lieu et non au symptôme objectif.

Pronostic. — Le pronostic des états dyspeptiques secondaires varie avec la gravité de l'affection primitive. Assez favorable par exemple dans les dyspepsies de gestation, il devient très sombre dans les dyspepsies d'origine tuberculeuse.

Le pronostic des états dyspeptiques primitifs n'est pas toujours le même non plus, et l'ensemble symptomatologique qui correspond à l'hypochlorhydrie est certainement le plus grave.

Lésions. — Les lésions n'ont pas été étudiées avec soin, car il est probable qu'elles pourraient, dans bien des cas, donner la clef des signes enregistrés. Ces lésions, comme toutes celles des muqueuses d'ailleurs, sont difficiles à bien mettre en évidence au point de vue histologique. On a signalé l'infiltration et l'épaississement du chorion muqueux et de la couche sous-muqueuse ; ces lésions ne précisent rien ; mais il en est où, par contre, on a trouvé des néoplasies des réservoirs gastriques ou des rétrécissements pyloriques, dont l'importance capitale ne saurait être mise en doute.

Traitement. — Si la précision de nos connaissances n'est pas la dominante de la question, lorsqu'il s'agit de caractériser ce que j'appelle les états dyspeptiques (la dyspepsie gastrique) ou de ce que l'on désigne encore couramment indigestion chronique, elle tourne à la confusion lorsqu'il s'agit d'établir un traitement, parce qu'il est impossible de le baser sur le raisonnement ou l'interprétation de faits connus. — Aussi voit-on, sans qu'il soit possible d'expliquer pourquoi, les uns recommander l'émétique, les autres les purgatifs à action rapide et énergique, d'autres encore des laxatifs, tandis qu'il est des auteurs allemands qui préconisent l'essence de térébenthine !

L'émétique à petites doses, 2 à 3 grammes ; l'alcool, l'essence de térébenthine, etc., excitent et augmentent le péristaltisme du rumen, sans autre action bien définie.

Il me semble que l'on peut faire mieux et raisonner les traitements à instituer.

a. Dans les cas où l'on ne trouvera qu'une météorisation chronique, sans diarrhée, sans constipation manifeste (dyspepsie motrice) et sans tare organique autre, il paraît indiqué d'administrer les médicaments qui peuvent stimuler le péristaltisme du rumen. L'ipéca à la dose de 4 à 8 grammes par jour, la teinture de noix vomique à la dose de 5 à 8 grammes, la poudre de noix vomique à la dose de 10 à 15 grammes, et les laxatifs, tels que le sel de Carlsbad à la dose de 30 à 40 grammes, sont les médicaments de choix.

Petit à petit, le péristaltisme se rétablit, se régularise, et bientôt la météorisation chronique disparaît définitivement. C'est en particulier ce qui arrive fréquemment lorsque, au cours de la gestation, il n'y a que de la dyspepsie motrice sans anémie.

b. Si, au contraire, il y a météorisation chronique avec constipation, excréments très moulés ou ordinairement enduits de mucus, ce qui correspond à l'hyperchlorhydrie probable, les salins sont indiqués, non pas sous forme de simple purgation, ce qui n'amènerait aucune amélioration de durée, mais sous forme de laxatifs encore, donnés chaque jour, pendant dix, quinze ou vingt jours, s'il y a lieu, et plus.

Le sel de Carlsbad à la dose de 30 à 40 grammes après chaque repas, ou le sulfate de soude (50 grammes) associé au bicarbonate de soude (10 grammes), après chaque repas, sont à recommander, de préférence au bicarbonate de soude seul, par suite de leur action sur les sécrétions, sur la musculature et aussi sur le foie.

c. Enfin, lorsqu'il y a météorisation chronique avec diarrhée, ce qui paraît correspondre à l'hypochlorhydrie, l'acide chlorhydrique trouve son indication pour arrêter ou entraver les fermentations organiques, pour faciliter la digestion dans la caillette en suppléant à la sécrétion physiologique qui fait défaut. La dose est importante à considérer : il faut commencer par des doses faibles, 10 grammes d'acide chlorhydrique en deux fois, en dilution très étendue dans les boissons, mais on peut aller jusqu'à 20 et même 30 grammes par jour. A ces doses, les boissons ne sont jamais irritantes, puisqu'il est admis, ce dont j'ai pu m'assurer par l'analyse du suc gastrique, que le titre d'acidité peut aller jusqu'à 2 et 3 p. 1000.

Le chlorure de sodium, dont l'action excito-sécrétoire sur la muqueuse gastrique est fort bien connue, doit être administré d'une façon prolongée à la dose de 30 à 50 grammes par jour.

Dans ces différents états pathologiques chimiques, l'alimentation doit être l'objet d'une surveillance toute particulière. Il ne faut distribuer que des fourrages de bonne qualité, des racines cuites, du lait quand ce sera possible, et des boissons émollientes.

Chez les veaux au sevrage, frappés d'indigestion chronique et de météorisation permanente, parce que leurs muqueuses gastriques n'ont pas été entraînées progressivement au travail sécrétoire qu'elles doivent effectuer, on peut utiliser, comme moyen le plus rapide d'obtenir des améliorations, le lavage du rumen à l'aide d'une sonde œsophagienne *ad hoc*, après introduction d'eau de lavage tiède et légèrement salée.

Imminger, en Allemagne, recommande ce lavage du rumen par l'intermédiaire d'une ponction du rumen. Cette dernière pratique est infiniment plus dangereuse et plus délicate.

TROUBLES GASTRIQUES DUS A DES CORPS ÉTRANGERS

(Anglais : *Foreign Bodies in the Fore-Stomachs;* Allemand : *Traumatische Pansenlahmung;* Italien : *Disturbi gastrici dviriti a corpi estranzi*).

Ces troubles sont extrêmement complexes, mais une même origine et des manifestations communes permettent de les grouper. Quant à décrire, comme on l'a fait à l'étranger, des indigestions traumatiques, du rumen, du réseau, de la caillette, je n'en vois nullement l'utilité, ni même la possibilité, puisque les troubles gastriques sus-indiqués doivent être considérés comme des accidents et non comme des maladies.

Étiologie. — Sous l'influence des dépravations du goût, les bovidés absorbent des substances étrangères à l'alimentation : linge, morceaux de bois, clous, pierres, graviers, sable, etc. D'autre part, les fourrages, même de bonne qualité, contiennent fréquemment de ces corps étrangers : des clous, des épingles, dans le voisinage des fabriques; des aiguilles à coudre ou à tricoter lorsque les animaux sont soignés par des femmes ; des morceaux de fils de fer venant des balles de fourrage comprimé.

Certains produits industriels, tels que le son de riz, contiennent jusqu'à 15 et 20 p. 100 de leur poids de poudre inerte, poudre de marbre ou autre.

Il en résulte des conséquences variées, des accidents que l'on a classés en trois séries selon qu'il s'agit : 1º de corps mousses; 2º de corps obtus à une extrémité et pointus à l'autre; 3º de corps pointus aux deux bouts.

*
* *

1º *Corps mousses*. — Ceux-ci peuvent être désagrégés en partie sous l'influence du brassage alimentaire, de la chaleur et de l'action des liquides; les troubles résultant de leur présence dans les réservoirs gastriques sont alors insignifiants.

Mais s'il s'agit de substances inertes, insensibles à toute action digestive : vêtements, sacs, linges, il peut se produire des obstructions, et si l'on a affaire simplement à des corps lourds : graviers et sable par exemple, ces derniers tombent dans le fond des vessies coniques et restent en place, ou bien, dirigés vers le réseau, ils se fixent dans ses parties déclives. Là ils provoquent de l'atonie des parois, ralentissent les mouvements de brassage, diminuent la fréquence des éructations, et produisent, comme conséquence, de la météorisation chronique, ou plutôt de la tension du flanc.

Symptômes. — Ils sont vagues et peuvent se rapporter à des affections digestives déjà étudiées. C'est ainsi qu'on observe de la mastication à vide, de l'irrégularité de la rumination, quelquefois sa disparition complète; mais ce n'est pas là un symptôme caractéristique : il est commun à nombre d'affections viscérales.

Plus tard, il survient de la diarrhée infecte résultant d'une auto-intoxication; les éructations deviennent fétides sous l'influence des fermentations anormales qui ont pris naissance à l'intérieur des réservoirs gastriques; les animaux tombent dans le marasme, **la** mort est la terminaison ordinaire au bout d'un temps variable : vingt à trente jours quand les substances absorbées sont en grande quantité.

Diagnostic. — Il ne peut guère être établi que grâce aux renseignements fournis par le propriétaire. Il ne sera précis que si les commémoratifs accusent la déglutition certaine d'une quantité notable de corps étrangers. La radioscopie et la radiographie seraient d'une utilité précieuse si elles étaient pratiques.

Pronostic. — Grave, puisque l'affection se termine par l'épuisement progressif.

Traitement. — Un seul est rationnel, c'est la gastrotomie, permettant l'exploration du rumen et du réseau, puis l'extraction des corps étrangers. Mais encore, pour l'appliquer, faut-il agir en connaissance de cause et être sûr du résultat à atteindre.

*
* *

2º *Corps étrangers pointus à une extrémité seulement.* — Ce sont généralement des pointes, des clous à grosse tête, des fils de fer enroulés en crosse à l'une de leurs extrémités qui, mélangés accidentellement aux fourrages, se trouvent déglutis sans difficulté au cours de la première mastication.

Ingérés, ils s'implantent en un point quelconque des réservoirs sans progresser au delà dans la profondeur des tissus. Fixés au travers des cloisons du réseau, ils déterminent du ralentissement de son fonctionnement physiologique. Implantés dans la paroi même du réseau ou du rumen, ils peuvent toucher le foie à droite, le diaphragme et la rate à gauche, provoquer de l'hépatite suppurée, de la splénite suppurée, de la péritonite localisée ou des troubles respiratoires variables. On note alors de la sensibilité de l'hypocondre, de la respiration costale par suite de la parésie du muscle diaphragmatique, et une toux fréquente d'origine réflexe provoquée par l'excitation des nerfs pneumogastriques et diaphragmatiques faisant croire à une affection thoracique, mais s'en distinguant par l'absence de jetage, d'expectoration et de signes pulmonaires.

Enfin, implantés en bas ou par côtés dans le rumen ou le réseau, les corps étrangers déterminent de la péritonite locale ou généralisée, s'il y a en même temps passage d'agents infectieux.

Bien des états généraux mal définis, avec inappétence et signes vagues de péritonite, sont dus à des infections locales par des corps étrangers gastriques. On trouve à l'autopsie des abcès de nombre et de volume très différents, enkystés dans l'épaisseur des parois du rumen, vers l'épiploon ou le mésentère, renfermés dans une coque fibreuse épaisse, qui siège elle-même au milieu de larges plaques de péritonite.

Diagnostic. — Pour l'établir, on ne peut se baser que sur les troubles diaphragmatiques ou sur les symptômes de péritonite : c'est dire que ce diagnostic est d'une grande difficulté.

Lésions. — Les corps acérés de petites dimensions amènent des lésions peu étendues, ne se traduisant le plus souvent que par un ralentissement du fonctionnement des réservoirs. On trouve alors des adhérences diverses entre ces derniers et le diaphragme, entre celui-ci et la partie postérieure du poumon. Dans ce cas, l'inflammation périphérique a abouti à la production d'un manchon fibreux empêchant l'infection de la plèvre. D'autres fois, il existe des îlots de péritonite adhésive, ou bien de la péritonite généralisée qu'on n'avait pu, sur le vivant, rapporter à sa véritable cause.

Traitement. — La gastrotomie seule peut encore être utilisée; mais il faut avouer qu'elle ne doit donner de résultats heureux que dans les rares cas où l'on sait ce que l'on va chercher, où l'on sait qu'il y a eu tels ou tels corps étrangers déglutis. En dehors de ces circonstances, on agit à l'aveuglette, il faut s'en rapporter au hasard et à la chance, qui parfois font bien les choses, mais qui souvent aussi les exécutent fort mal.

***

3° *Corps étrangers pointus aux deux bouts.* — Les corps acérés aux deux extrémités (aiguilles, épingles, fils de fer rectilignes, aiguilles à tricoter, épingles à cheveux redressées) s'implantent dans les parois gastriques et progressent dans l'organisme, un peu dans toutes les directions, à la faveur des mouvements variés des organes; ils peuvent donc produire des accidents semblables à ceux relatés précédemment. Plus souvent, tombant dans les parties déclives des diverticules gastriques, ils touchent l'appendice xiphoïde, passent entre la plèvre et le muscle triangulaire du sternum, dans l'épaisseur de ce dernier muscle, ou bien dans l'épaisseur du médiastin, et provoquent soit un abcès de la région xiphoïdienne, soit un abcès de la paroi thoracique, soit une collection sous-péricardique ou sous-pleurale (pseudo-péricardite). Ils peuvent même arriver à toucher le péricarde, produisant alors de la péricardite, quelquefois de la cardite lorsqu'il y a adhérence pathologique du cœur et du sac péricardique.

Leur déviation de direction à droite ou à gauche peut enfin produire de la pleurésie et même de la pneumonie.

Si le corps étranger se dirige à droite, il touche le foie et détermine de l'hépatite suppurée; à gauche, de la splénite suppurée. En bas, il rencontre la paroi abdominale et peut s'éliminer par un abcès; en arrière, il tombe dans le péritoine et provoque de la péritonite. Exceptionnellement, ces corps étrangers gagnent la caillette; ils s'implantent de préférence vers la grande courbure, provoquent un phlegmon de la paroi abdominale et se trouvent éliminés après abcédation extérieure, mais en laissant trop souvent une fistule gastrique.

Symptômes. — Ils varient avec les complications. Ils sont constitués au début par des troubles digestifs qui coïncident avec le passage du corps acéré à travers le rumen ou le réseau, et tiennent à ce que ce passage détermine de la péritonite locale et de la douleur, rendant impossibles les mouvements de ces réservoirs. Plus tard, vers la période qui correspond à la pénétration à travers le diaphragme, on constate des troubles respiratoires; puis survient une amélioration apparente qui peut coïncider avec l'apparition des péricardite, pleurésie ou abcès.

Dans d'autres cas, lorsqu'il s'agit de péritonite, d'hépatite ou de splénite suppurées, les symptômes sont extrêmement vagues et difficilement rapportés à leur véritable cause.

Diagnostic. — Le diagnostic est difficile, à moins que les renseignements du propriétaire ne soient suffisamment précis et n'indiquent qu'à une époque antérieure le malade a dégluti tel ou tel objet.

Pronostic. — Le pronostic est grave. Il existe cependant des cas où le corps étranger est toléré et séjourne pendant longtemps sans provoquer d'accidents.

Traitement. — Il n'est nécessaire d'intervenir par la gastrotomie qu'en cas d'indication très précise. La vidange complète du rumen et du réseau doit toujours permettre de retrouver le corps étranger. Quant à la gastrotomie exploratrice, lorsqu'il n'existe que des probabilités sur la présence des corps étrangers, il convient de tenir compte des circonstances avant de la tenter.

Pour bien des complications (péritonites septiques, hépatites suppurées, splénites suppurées), il n'y a rien à tenter; mais il en est d'autres susceptibles de guérir. C'est le cas des abcès des parois thoracique et abdominale, des abcès sous pleuraux et sous-péricardiques. Toute la difficulté réside dans la précision du diagnostic, car l'intervention se trouve dès lors nettement indiquée. Cette intervention varie selon les cas; on ne peut qu'indiquer la marche à suivre.

Toutefois, on peut poser en principe que la plupart des phlegmons et abcès de la région xiphoïdienne, se révélant par la déformation du profil thoraco-abdominal inférieur, par la sensibilité, la douleur et la fluctuation ont pour origine un corps étranger de départ gastrique. La ponction des abcès et l'exploration digitale de leurs cavités fait souvent découvrir, à la palpation, une extrémité de ces corps étrangers dont l'extraction amène une guérison rapide. Ce sont là les terminaisons les plus heureuses.

Pour les cas où l'intuition clinique laisse supposer l'existence de lésions rétro-diaphragmatiques impossibles à préciser : arrêt de fonctionnement du rumen, sensibilité douloureuse de la région de l'hypochondre à la pression et la percussion, sensibilité anormale de la région xiphoïdienne, plaintes durant la marche, signes vagues de péritonite localisée rétro-diaphragmatique, parfois de péritonite exudative enkystée (bruit de liquide à l'ébranlement brusque du corps), etc.; la prudence indique de faire sacrifier les animaux pour la basse boucherie s'il y a lieu, avant que l'amaigrissement ne se caractérise.

CHAPITRE VI

ENTÉRITES

(Anglais : *Acute intestinal catarrh;* Allemand : *Katarrhalische Darmentzündung;*
Italien : *Enteriti*).

L'entérite, c'est l'inflammation de l'intestin ou plus particulièrement l'inflammation de la muqueuse intestinale. — Toutes les
parties constituantes du tube intestinal peuvent être atteintes
(duodénum, jéjunum, iléon, côlon, cæcum, etc.), mais la distinction clinique et la localisation des entérites partielles restent difficiles chez nos bêtes d'étable. Il serait impossible de décrire actuellement des duodénites, des entérites du jéjunum et de l'iléon,
des colites ou des typhlites. Sans doute, certains symptômes permettent d'affirmer que telles régions peuvent être plus intéressées
que d'autres, mais cliniquement on ne saurait distinguer autre
chose que des entérites aiguës et des entérites chroniques. Les
entérites aiguës peuvent revêtir différentes formes selon leur
intensité, leur rapidité d'évolution et leurs lésions; aussi y a-t-il
lieu de distinguer une entérite aiguë franche et une entérite hémorragique. L'entérite chronique, abstraction faite des entérites spécifiques (tuberculose, distomatose, helminthiase), revêt ordinairement la forme diarrhéique.

ENTÉRITE AIGUE.

L'entérite aiguë, qu'elle soit localisée à telle ou telle partie de
l'intestin ou généralisée à tout le tube intestinal, reconnaît des
causes pathogéniques variées. Elle se montre avec des degrés
d'intensité très différents, se traduisant par une grande variabilité
dans l'évolution des symptômes cliniques.

Étiologie. — Les entérites évoluent sous l'influence de deux
grandes séries de causes : les infections et les intoxications. Normalement, l'intestin possède une flore microbienne des plus riche,
qui peut même lui être utile tant que les conditions physiologiques
de circulation, de sécrétion, de péristaltisme, existent. Mais qu'une
perturbation circulatoire ou motrice se produise, des troubles sécrétoires en sont la conséquence, des fermentations organiques anor-

males évoluent, donnant naissance à des principes irritants ou des toxines qui agissent localement d'abord, ou qui, absorbés, provoquent l'apparition de symptômes caractérisant l'entérite, l'intoxication d'origine intestinale ou même l'infection.

C'est de cette façon et dans ces conditions que l'on peut comprendre le rôle et le mécanisme du froid, le rôle des fourrages avariés, du régime intensif irritant, du changement brusque de régime ; le rôle des purgatifs drastiques modifiant au delà des limites physiologiques l'état glandulaire ou provoquant la desquamation épithéliale par places.

Les substances ou plantes toxiques agissent de la même façon, en modifiant l'état circulatoire, sécrétoire ou moteur.

Symptômes. — Les premiers signes semblent extérieurement être la conséquence de l'état fébrile des malades : perte de l'appétit, inrumination, dessication du mufle, sécheresse de la bouche, couleur rouge terreux de la conjonctive. Du côté de l'appareil digestif, à l'exploration du flanc gauche, on ne décèle ni météorisation, ni sensibilité ; en somme, rien qui indique une altération fonctionnelle du rumen.

Du côté droit, au contraire, la palpation détermine de la douleur et des mouvements de défense de la part de l'animal. Suivant que cette sensibilité est plus accusée à la région moyenne, à la partie supérieure, ou vers le cercle de l'hypocondre, on en infère que l'inflammation est surtout localisée au gros intestin ou à l'intestin grêle, soit dans sa portion moyenne, soit dans ses voies les plus antérieures.

Enfin, toujours au début, la température s'élève et atteint 39°,5, 40°, rarement plus, ce qui élimine l'idée d'une maladie infectieuse à marche rapide. De légères coliques apparaissent, s'accompagnant de constipation ; les excréments rejetés sont recouverts de mucosités, de fausses membranes, ou entourés complètement de véritables manchons fibrineux. Après quatre ou cinq jours, les excréments changent de caractère : la constipation fait place à une diarrhée liquide, noirâtre, très fétide ; la cavité buccale enfin exhale une odeur stercoreuse liée à la production d'éructations fétides.

L'expulsion de fausses membranes plates, en forme de gouttière ou en manchons, peut continuer et se poursuivre pendant un certain temps.

Lorsque les *fausses membranes* représentent le signe dominant, on dit alors qu'il s'agit d'*entérite pseudo-membraneuse, couenneuse, croupale ou diphtérilique*. Cette forme n'est qu'une variété de l'entérite aiguë, grave cependant parce que les complications d'hémorragie ou d'infection sont plus à redouter.

Dans certains cas, les déplacements provoquent des plaintes.
— L'affection peut guérir d'elle-même dans les formes légères.

En nourrissant avec des aliments de facile digestion, après une huitaine d'ordinaire, les symptômes s'amendent, les excréments redeviennent normaux, l'appétit reparaît avec la rumination; la sécrétion lactée, qui était diminuée, regagne son chiffre normal; il y a résolution.

Plus souvent, soit que les animaux possèdent une résistance moindre, soit que les phénomènes de décomposition au sein de la masse intestinale soient plus actifs, soit que l'intoxication se fasse plus grande, plus massive, la maladie s'aggrave. La constipation s'accentue et se traduit par le rejet d'excréments en boudins, — ceux-ci sont alors recouverts de lambeaux d'épithélium, quelquefois striés de sang; ou bien la diarrhée s'exagère et devient muqueuse, séro-muqueuse; la température s'élève, la mort survient par épuisement et par infection, les germes de l'intestin passant dans son épaisseur et envahissant l'appareil circulatoire.

Lésions. — Pour les bien étudier, il est indispensable de faire les autopsies aussitôt après la mort.

Elles se traduisent au début par de la congestion légère généralisée de la muqueuse intestinale. Dans les points les plus maltraités seulement, on trouve de l'infiltration de la couche sous-muqueuse, parfois de la musculeuse, doublant l'épaisseur de la paroi. — Jamais l'épaississement n'égale celui qu'on observe dans la congestion intestinale à évolution rapidement grave.

A une période plus avancée, la muqueuse se montre nettement enflammée : à sa surface se forme un exsudat fibrineux; les éléments sécréteurs, les cellules épithéliales subissent la fonte embryonnaire; ce sont les néoformations qui en résultent qui constituent les fausses membranes.

Celles-ci sont généralement peu adhérentes et sont expulsées facilement. Dans d'autres cas, cependant, leur adhérence est telle que, sous l'influence de frottements accusés dus aux matières alimentaires, elles se détachent en s'accompagnant d'érosions capillaires, expliquant ainsi la présence des stries sanguines dans les crottins.

Diagnostic. — Relativement facile, surtout à la période d'état de la maladie, grâce aux caractères particuliers des excréments et à la sensibilité du flanc droit.

Pronostic. — Généralement peu grave : l'entérite prise au début aboutit facilement à la résolution. Il faut faire des réserves, si l'affection date de huit ou dix jours, si les animaux sont épuisés, si la fièvre et la diarrhée sont intenses.

Traitement. — Il est celui de toutes les maladies inflammatoires aiguës. — La dérivation externe sera pratiquée au moyen de sinapismes laissés plusieurs heures en place, de frictions sinapisées répétées ou de frictions sèches souvent renouvelées, de couvertures

chaudes entourant l'abdomen, ou enfin de frictions à l'essence de
térébenthine réparties sur de larges surfaces pour éviter les altérations de la peau. La déplétion sanguine ne sera employée que chez
les animaux pléthoriques; elle sera toujours légère.

Pour combattre les symptômes digestifs, on administrera des
purgatifs au début, même si la diarrhée constitue l'un des phénomènes primitifs et dominants, car les purgatifs représentent encore
les meilleurs antiseptiques de l'intestin, en provoquant l'évacuation
de son contenu et des microbes intestinaux. En même temps, on
donnera des aliments choisis : boissons blanches, mucilagineuses,
décoction de graine de lin, racines cuites, etc.

Parmi tous les médicaments préconisés, on donnera la préférence
au sulfate de soude à la dose de 300 à 500 grammes; on le rempla-
cera graduellement par de petites doses de bicarbonate de soude
ou du sel marin, 8 à 10 grammes par jour. Le laudanum, le camphre,
l'huile camphrée et le bismuth rendront des services si les coliques
et la diarrhée ont de la tendance à persister.

Le petit lait, en raison du pouvoir antiseptique de son acide
lactique, est à recommander, même à hautes doses.

L'emploi de la pilocarpine, de la vératrine, de l'ésérine, recommandé par nombre d'auteurs, ne présente, à mon avis, aucun
avantage : les deux premières de ces substances agissent bien comme
les purgatifs, mais leur action est toute momentanée; quant à la
dernière, qui produit de violentes contractions du système musculaire lisse, elle peut déterminer, en agissant sur des organes malades,
épaissis, infiltrés, des lésions graves et des invaginations.

ENTÉRITE HÉMORRAGIQUE.

Cette variété d'entérite tire son nom de ce que son symptôme
dominant consiste en l'expulsion, dans les matières fécales, de sang
en nature ou en caillots. Dans le premier cas, ce sang est rutilant,
comme s'il provenait directement de l'ouverture d'un vaisseau.
Dans le second, il s'est coagulé et apparaît sous la forme de caillots
fibrineux qui semblent résulter de la superposition, dans les voies
intestinales, des éléments constituants : caillot rouge et caillot
blanc.

Étiologie. — L'entérite hémorragique n'apparaît guère qu'en
été, durant les journées les plus chaudes, sur des animaux jeunes
n'ayant jamais rien présenté d'anormal. La température élevée
semble donc tout au moins favoriser son apparition. Mais toujours
une autre cause peut être incriminée : l'ingestion d'aliments irritants,
de produits de sarclage surtout, qui contiennent des plantes toxiques ou de mauvaise qualité : mercuriales, papavers, euphorbes, etc.

D'ailleurs, l'évolution souvent rapide de la maladie indique une entérite toxique.

Dans d'autres cas, plus bénins en apparence, mais tout aussi graves en réalité, le sang est rejeté d'une façon continue, l'affection prend une forme moins rapide. Elle est alors d'origine parasitaire; il s'agit là d'une coccidiose intestinale (Zschokke, Degoix).

Symptômes. — Les symptômes primitifs sont analogues à ceux de l'entérite aiguë : fièvre, dessication du mufle, sécheresse de la bouche, coliques et constipation. Celle-ci est vite suivie de diarrhée dans laquelle on trouve du sang ou des caillots, selon que l'hémorragie s'est produite plus ou moins loin. Les matières fécales sont alors rejetées violemment à une grande distance de l'animal, grâce à l'exagération du péristaltisme intestinal.

La mort rapide, en vingt-quatre heures, peut être la conséquence de ces troubles. Elle ne survient d'habitude qu'après plusieurs jours, ou après un temps beaucoup plus long quand la maladie est provoquée par les sporozoaires; dans ces cas, l'intervention a plus de chances de réussite.

Diagnostic. — Il est d'une extrême facilité.

Pronostic. — Le pronostic est grave dans tous les cas.

Lésions. — Elles sont mal connues : les animaux meurent vite, et, s'il ne sont pas autopsiés immédiatement, on ne découvre plus rien de précis. Les altérations sont représentées par de la congestion intense de l'intestin, des exulcérations ou même des ulcérations d'artérioles.

Dans les cas d'entérite parasitaire, on trouve de l'inflammation en certains points et, dans les épithéliums glandulaires, des sporozoaires amenant des ruptures hémorragiques.

Traitement. — Il faut intervenir énergiquement tout au début, et arrêter l'hémorragie en agissant localement sur l'intestin, sur le système vasculaire et sur la peau. On pratiquera de la révulsion par les moyens ordinaires.

A l'intérieur, on donnera des astringents à petites doses, tanin, médicaments opiacés, eau de Rabel, etc., qui amènent la constriction des vaisseaux; mais, ordinairement, ils n'arrêtent que momentanément l'écoulement sanguin.

Dans la majorité des cas, il est nécessaire d'ajouter aux moyens précédents des injections d'ergotine à dose variées : 30 à 60 centigrammes chez les animaux jeunes, 1 à 3 grammes chez les adultes. L'administration se fait en deux injections pour éviter une action trop brutale. Il se produit une excitation directe des fibres lisses des petits vaisseaux et l'hémorragie s'arrête par formation d'un caillot obturateur dans les vaisseaux diminués de calibre.

Dans le même but, on peut avoir recours aux injections d'arséniate de strychnine, dont l'avantage est de tonifier le cœur et

Fig. 1. — Frottis de ganglion lymphatique.
Bacille de l'entérite paratuberculeuse.

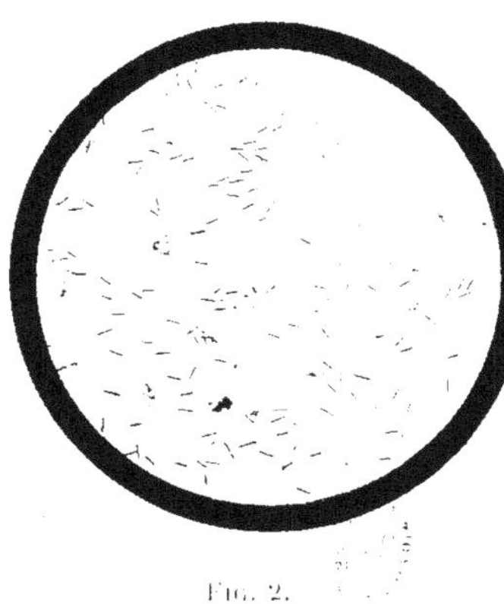

Fig. 2.
Crachats de tuberculose ouverte.

Coloration simple par la fuchsine phéniquée. Grossiss. : 1.000. Les bacilles tuberculeux sont seuls colorés en rouge. En gris, les cellules, à peine colorées et pâles.

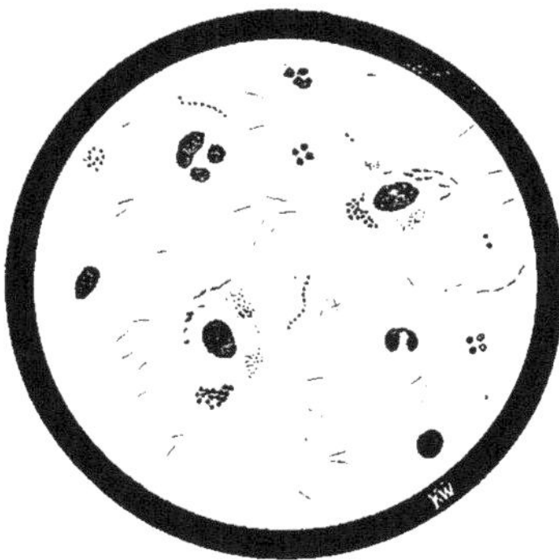

Fig. 3.
Crachats de tuberculose ouverte.

Coloration par la fuchsine phéniquée et recoloration par le bleu. Grossiss. : 1.000. En rouge, bacilles tuberculeux. En bleu : microbes et levures. Deux grandes cellules prismatiques de la bouche, cinq globules de pus.

  VIGOT FRÈRES, Éditeurs

d'empêcher les syncopes. La dose ne dépassera pas 10 centigrammes chez les grands sujets.

Enfin, comme dernière indication, il faudra soutenir les sujets par une alimentation convenable excitante : lait, vin, soupe, aliments cuits et pulpés en petite quantité.

Quand l'intervention a été hâtive, la guérison est l'affaire de quelques jours.

Les injections intra-veineuses ou sous-cutanées de solution physiologique (chlorure de sodium, 8 à 9 grammes; eau, 1 litre) ne devront pas être oubliées dans le cas où l'hémorragie aurait été abondante et aurait provoqué de la dépression vasculaire manifeste.

Le chlorure de calcium, qui est à la fois un coagulant local et un médicament capable d'agir sur la coagulabilité du sang, peut être administré dans les breuvages aux doses de 15 à 30 grammes par jour, répétées plusieurs jours de suite.

Les injections sous-cutanées de sérum normal de cheval ou de bœuf, ou mieux de sérum hémopoiétique, peuvent aussi avoir des effets entièrement heureux sur l'entérorragie. En toutes circonstances il ne faut négliger aucun moyen, agir vite, ne pas temporiser.

L'adrénaline (qq. cc. des solutions au 1/1000) et la pituilobine peuvent être d'un précieux secours dans les cas graves.

ENTÉRITE PARATUBERCULEUSE

(ENTÉRITE CHRONIQUE. — DIARRHÉE CHRONIQUE).

(Anglais : *Paratuberculous enteritis of cattle; Johne's disease.* Allemand : *Chronischer infectioser Darmkatarrh des Rindes*).

L'entérite paratuberculeuse est une maladie infectieuse causée par la pullulation du bacille paratuberculeux dans la muqueuse intestinale. Elle se traduit par un symptôme dominant : la diarrhée.

L'entérite chronique est fréquente dans certaines étables; elle apparaît d'emblée, de façon insidieuse, se traduisant seulement par de la diarrhée, ce qui fait qu'elle est souvent qualifiée de *diarrhée chronique*, de *dysenterie*, de *boyau tendre*, de *boyau blanc*, etc.

Le qualificatif d'*entérite hypertrophiante*, qu'on lui a appliqué n'est justifié que par l'aspect macroscopique des lésions de l'intestin.

Symptômes. — Le début passe souvent inaperçu, la diarrhée apparaît progressivement sans prodromes inquiétants, pour persister définitivement avec de nombreuses variations d'intensité.

Les malades ne semblent pas souffrir, ils n'ont perdu ni l'appétit ni la gaieté; mais, avec le temps, la diarrhée devient épuisante, ils maigrissent, se cachectisent et arrivent au marasme en quelques mois. Il en est cependant qui ont de véritables rémissions d'assez longue durée, qui restent maigres presque sans diarrhée et sans signes réels de maladie, et qui cependant sont sûrement atteints.

Bang dit même que très exceptionnellement quelques sujets

Fig. 110. — Entérite paratuberculeuse. (Aspect extérieur d'une malade.)

peuvent ne pas avoir de diarrhée du tout; la terminaison reste la même.

Le péristaltisme intestinal est très augmenté, sans coliques apparentes ni douleurs ; les évacuations sont fréquentes. Progressivement, l'abdomen se rétracte au point de devenir levretté, même chez des vaches de quatre, de sept et huit ans en gestation.

La diarrhée est séreuse, toujours fétide et sans ténesme. Elle est sujette à des rémissions fréquentes durant lesquelles la température descend quelque peu. Chaque poussée diarrhéique est au contraire précédée d'une poussée fébrile légère.

Les excréments peuvent être simplement très ramollis, ou rejetés en véritables jets; ils sont toujours quelque peu décolorés et contiennent fréquemment des grains ou des fourrages non digérés (lientérie); ils laissent toujours dégager de nombreuses bulles de gaz fétide.

L'amaigrissement des dernières périodes est absolument caractéristique, tout différent de celui d'autres affections cachectisantes, telles que les broncho-pneumonies chroniques, la tuberculose. Il

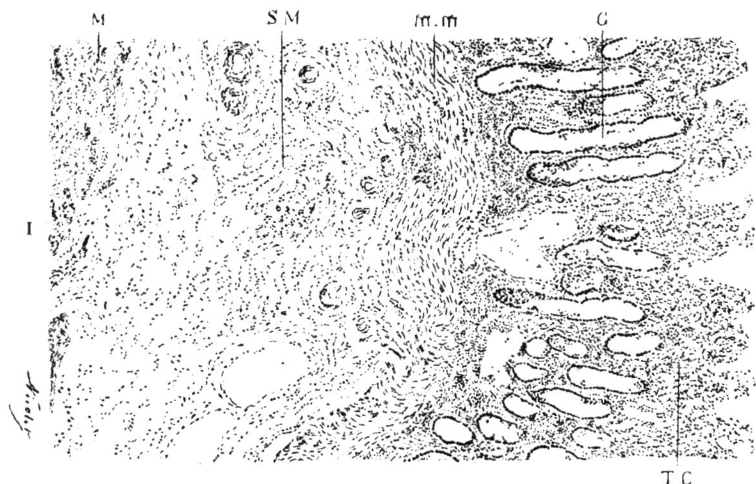

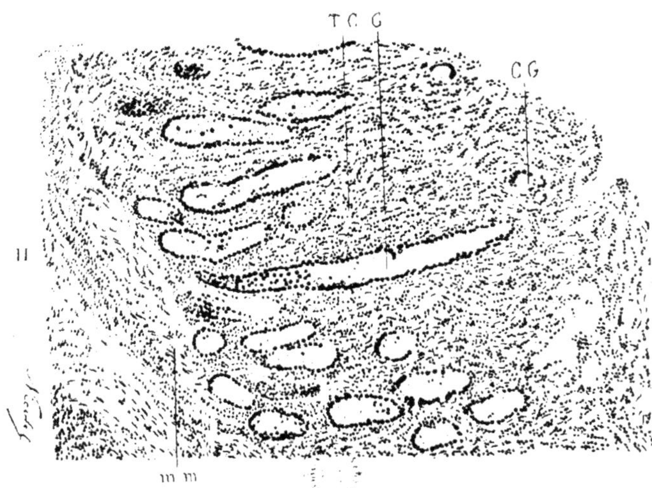

Coupes de muqueuse intestinale dans la diarrhée chronique.

I. — M, tunique musculaire. — S M, sous-muqueuse très épaissie. — *mm*, muscularis mucosæ dissociée
T C, tissu conjonctif de la muqueuse. — G, Glandes malades

II. — T C, tissu conjonctif prolifère. — C G, cellules géantes. — *mm*, muscularis mucosæ dissociée.
G, glandes malades.

se produit une émaciation musculaire extraordinaire, que l'on ne retrouve dans aucune autre affection. Les malades ne sont plus que de véritables squelettes ambulants; la richesse globulaire décroît progressivement pour s'abaisser à 800.000 et même 500.000 globules rouges au lieu de 6.000.000, chiffre normal; des œdèmes cachectiques s'établissent (œdème sous-glossien). et les malades s'éteignent sans souffrances, épuisés.

Les complications sont rares; cependant j'ai vu dans quelques cas survenir de l'hémorragie intestinale et bien plus fréquemment de la broncho-pneumonie. — La température, qui reste normale ou avec des variations très peu étendues dans tout le cours de la maladie, peut alors osciller entre 38° et 39°,5. Chaque poussée ou crise de diarrhée plus intense est précédée et accompagnée d'une poussée thermique modérée.

Étiologie. — Cette forme de diarrhée s'observe par cas isolés un peu partout; dans quelques circonstances exceptionnelles on la voit sévir d'une façon permanente sur un certain nombre d'animaux d'une même exploitation.

Mais il est des régions où cette maladie fait cependant de véritables ravages, particulièrement dans le nord-ouest de la France,

Fig. 111. — Diarrhée chronique. (Aspect extérieur des malades.)

dans les Flandres, le pays de Caux et la Normandie. Les prairies basses, humides et marécageuses, les polders des bords de la Manche, sont les pâturages les plus atteints et ceux qui paraissent les plus favorables à son évolution, mais la maladie se rencontre aussi dans les pâturages de la Thiérache, du Nivernais, de l'Auvergne et de nombre d'autres régions.

Si on l'observe d'ordinaire sous l'aspect de cas isolés, il n'est pas exceptionnel de la voir sévir sous forme d'enzooties locales frappant régulièrement un nombre déterminé d'animaux chaque année. Il est des exploitations de Normandie où, depuis des années et des années, on perd, bon an mal an, 10 p. 100 de l'effectif, rien que du fait de cette seule affection. Dans d'autres exploitations, les propriétaires qui ont assisté à l'apparition de l'affection ont vu aussi l'état sanitaire de leur troupeau s'aggraver chaque année.

Il y a des prairies à diarrhée chronique comme il y a des champs maudits à charbon; après un séjour de quelques mois, les bêtes mises en pâture contractent la diarrhée.

Le fait est si bien connu que les éleveurs expérimentés élèvent de préférence dans ces prairies infectées, des chevaux qui eux semblent ne pas être réceptifs à cette infection.

Ces constations multiples suffisaient à faire prévoir qu'il s'agissait d'une entérite infectieuse spéciale, capable de se disséminer dans des conditions qui restent encore à préciser de façon exacte, mais qui se devinent sans difficulté, quand on tient compte des notions acquises les plus récentes au sujet de la nature essentielle de l'affection.

L'affection ne se voit pas sur les sujets élevés et maintenus en stabulation permanente : c'est une maladie de pâture, semble-t-il, mais comme l'infection est lente à se caractériser, il se peut que les premiers signes apparaissent cependant à l'étable durant la période de stabulation.

Elle frappe les sujets de deux à sept ou huit ans de préférence. La gestation semble être favorisante.

Miessner et Trapp (1912) soutiennent que la diarrhée chronique peut être une maladie d'étable, que les veaux peuvent se contaminer dès la mamelle au contact de mères infectées, par la déglutition de litières souillées. On ne saurait contester cependant que l'entérite paratuberculeuse ne soit très rare chez les veaux, en France tout au moins.

Pathogénie. — L'affection est causée par un bacille spécial qui se développe et pullule dans la muqueuse intestinale, puis secondairement dans les ganglions mésentériques, sans jamais faire de grosses lésions visibles à l'œil nu.

Le bacille en question a les réactions histochimiques du bacille tuberculeux vrai ou des acido-résistants; il est toutefois plus court, plus épais, plus trapu que le bacille tuberculeux bovin. Il ne cultive pas sur les milieux spéciaux utilisés pour les cultures de tuberculose, non plus que dans les milieux propres au développement des acido-résistants (1).

Durant longtemps, la cause réelle de la diarrhée chronique des bovidés resta inconnue. Tout semblait bien indiquer qu'il s'agissait d'une affection d'origine microbienne, mais, comme on n'avait pu la reproduire expérimentalement, on restait dans l'incertitude.

---

(1) La culture du bacille paratuberculeux a été particulièrement difficile à réaliser. Twort et Ingram l'ont d'abord réalisée sur le milieu à l'œuf (œuf, 75 parties: solution physiologique, 25 parties), additionné de 0,5 à 1 p. 100 de bacilles humains tués par la chaleur, et 4 p. 100 de glycérine. Mac Fadyean montra plus tard que l'extrait glycériné de cultures de bacilles humains pouvait remplacer les bacilles tués, et que la culture

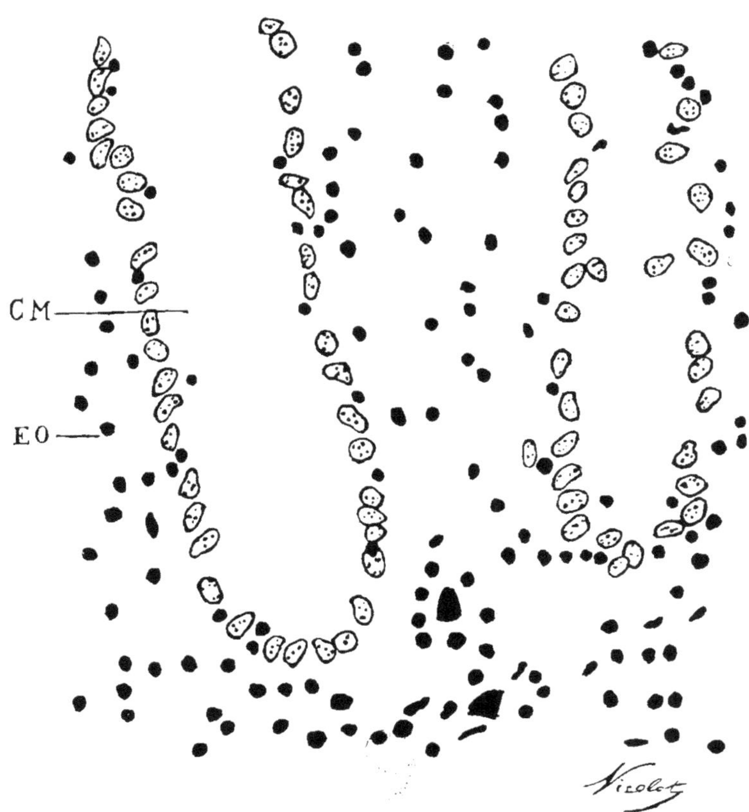

Coupe de muqueuse intestinale dans la diarrhée chronique.

CM, Cellules muqueuses gorgées de mucus. — E O, Éosinophiles.
(Object. imm. 1/12. Oculaire 4. Stiassnie.)

Johne et Frotingham, qui en 1895 avaient découvert dans les parois de l'intestin, des bacilles à réactions histochimiques du bacille tuberculeux, avaient considéré cette diarrhée chronique comme une forme spéciale de tuberculose intestinale non ulcéreuse. Markus (d'Utrecht) la signala à nouveau en 1904 comme fréquente en Hollande. Liénaux et Van den Eckout (1905) en firent une étude fort intéressante, tant au point de vue clinique qu'expérimental, et arrivèrent à cette conclusion « qu'il s'agissait d'une forme spéciale de tuberculose bovine et que le bacille acido-résistant des diarrhéiques n'était peut-être qu'une variété saprophytique du

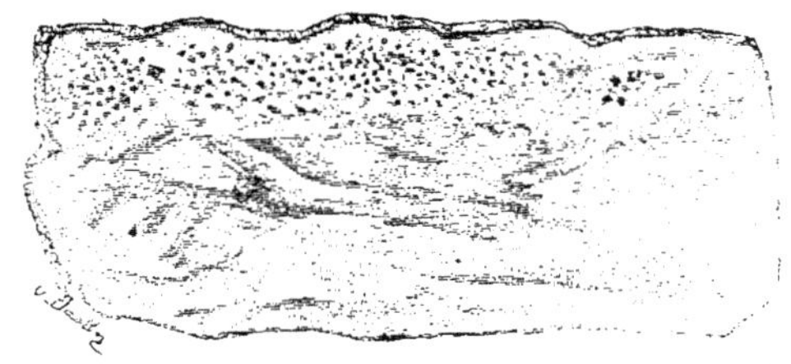

Fig. 112. — Aspect de certaines parties de l'intestin grêle dans la diarrhée chronique.

bacille bovin ». Enfin Bang en 1906 reprend cette étude et la considère comme une pseudo-tuberculose et non comme une tuberculose vraie.

Je partage entièrement cette dernière opinion et j'en ai donné les raisons dès 1911.

Pour moi, il s'agit d'une paratuberculose et non d'une tuberculose vraie, non plus que d'une pseudo-tuberculose, puisqu'il n'y a jamais formation de tubercules :

1º Parce que l'on ne trouve jamais ou très exceptionnellement de lésions tuberculeuses des ganglions ou des viscères des cavités thoracique et abdominale chez les diarrhéiques chroniques;

2º Parce que je n'ai jamais vu les malades à entérite paratuberculeuse réagir nettement à la tuberculine ordinaire, par quelque méthode que ce soit;

3º Parce que l'on échoue toujours dans les essais de culture de ce bacille acido-résistant sur les milieux qui conviennent le mieux au développement du bacille de Koch.

Contrairement à l'opinion qui a été émise par quelques expérimentateurs, je n'ai même jamais vu ces malades réagir nettement à la tuberculine aviaire par quelque procédé que ce soit.

A mon avis, le bacille acido-résistant de la diarrhée chronique

était possible sur gélose sérum ou bouillon de foie dans les mêmes conditions à 37º-39º. Les cultures primitives sont extrêmement lentes à se développer, les successives végètent plus rapidement.

Plus récemment encore, il serait arrivé à cultiver le B. paratuberculeux sur milieu liquide, glycériné à 20 p. 100 et additionné de 4 p. 100 d'extrait de bacilles humains.

C'est cette culture en milieu glycériné liquide qui permet la fabrication de la paratuberculine.

appartient à la série des paratuberculeux, mais se différencie nettement des autres acido-résistants connus.

Mac Fadyean et ses collaborateurs sont arrivés à montrer que l'affection pouvait être transmise facilement par voie digestive ou intra-veineuse, alors que l'injection sous-cutanée d'émulsions de cultures ne donne pas les mêmes résultats.

En réalité l'affection est fort difficile à transmettre expérimentale-

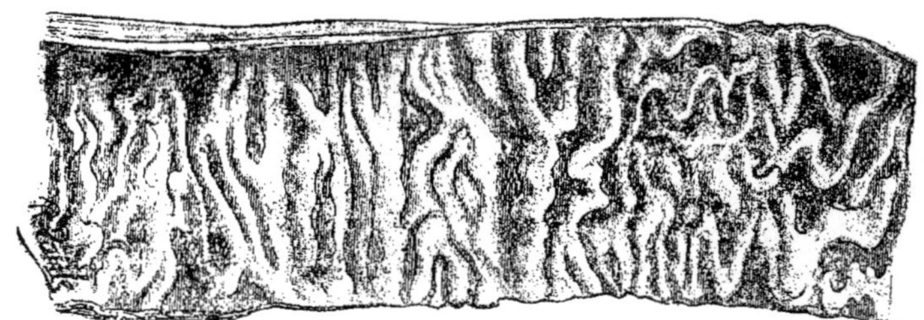

Fig. 113. — Plissement de la muqueuse de l'intestin donnant la caractéristique dite *entérite hypertrophiante.*

ment soit avec des cultures soit avec des produits malades (muqueuse intestinale ou ganglions réduits en pulpe). L'injection intra-péritonéale à des rats et des souris provoque l'évolution de lésions nodulaires épiploïques riches en bacilles. Les émulsions de cultures, filtrées sur bougies, donneraient des filtrats virulents pour les rats blancs et les souris.

Lésions. — A première vue, il semble ne pas y avoir de grosses lésions d'autopsie, à part celles de cachexie et d'hydrohémie; mais lorsque l'autopsie est pratiquée aussitôt la mort, tout l'intérieur des intestins paraît atteint. — La muqueuse de la caillette et les plis muqueux se montrent infiltrés, épaissis, avec congestion sous-épithéliale modérée. L'intestin paraît plus fragile, il se déchire sous la moindre traction. Vers les parties postérieures, il est souvent épaissi, les plicatures de la muqueuse sont infiltrées, elles aussi, et congestionnées dans leur région sous-épithéliale, érodées sur les parties saillantes exposées aux frottements alimentaires.

De place en place, le long du jéjunum et de l'iléon, la muqueuse semble comme criblée d'une multitude de petites ulcérations punctiformes. C'est d'ailleurs dans ces parties de l'intestin grêle et dans la muqueuse du gros intestin que l'on trouve en abondance le bacille spécifique, alors que dans le duodénum il est souvent fort difficile ou impossible d'en découvrir.

Histologiquement, il y a comme je l'ai démontré : de l'atrophie épithéliale et glandulaire, de la destruction de la muscularis mucosœ par place et de l'hypertrophie de la sous-muqueuse.

I. — Coupe de muqueuse intestinale dans la diarrhée chronique.

B, bacilles spécifiques. — G, glande de la muqueuse. — TC, tissu conjonctif.
(Obj. imm. 1/12. Ocul. 4. Stiassnie.)

II. — Coupe de ganglion mésentérique.

B bacilles. — CG, cellules géantes (Object. imm. 1/12. Oculaire 4. Coup. Stiassnie.)

[Page 264]

VIGOT FRÈRES Éditeurs

Sur le côlon et le cæcum, lésions identiques, avec, en plus, des dépôts pigmentaires bruns sous la muqueuse et le long des petits troncs vasculaires. C'est là une lésion qui se trouve aussi dans la dysenterie chronique de l'homme.

Certaines glandes intestinales sont en voie très nette de destruction, avec déformation et atrophie de l'épithélium sécréteur; d'autres présentent une hyperplasie muqueuse très évidente, avec

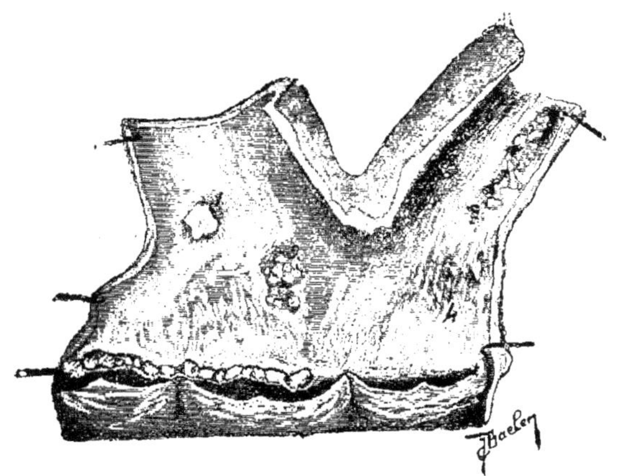

Fig. 114. — Lésions athéromateuses de l'aorte dans la diarrhée chronique.

hypertrophie intense des cellules caliciformes gorgées de mucus; d'autres enfin sont en dégénérescence kystique. Quelques cellules géantes sont disséminées dans la profondeur de la muqueuse, ainsi que des cellules éosinophiles même des cellules épithélioïdes, mais nulle part on ne voit d'ébauche de tubercules.

Les bacilles paratuberculeux se décèlent toujours dans le tissu conjonctif de la muqueuse et de la sous-muqueuse, fréquemment intra-cellulaires, et parfois avec un véritable aspect granuleux dans les cellules géantes.

Les ganglions mésentériques sont modérément augmentés de volume, succulents, sans la moindre lésion appréciable à l'œil.

Presque toujours ils contiennent en abondance le bacille paratuberculeux dans les zones correspondant aux lésions intestinales.

Le foie est plus petit qu'à l'état normal. — Sur le cœur on peut trouver de la sclérose des oreillettes et de l'infiltration calcaire de l'endocarde et de l'endartère aortique. Ce sont là des lésions d'intoxication ou d'intoxination chronique, que l'on peut rencontrer aussi d'ailleurs avec des caractères tout à fait semblables dans la tuberculose vraie et dans l'entéqué de l'Argentine.

Dans plusieurs cas aussi j'ai enregistré de l'infiltration calcaire des ganglions mésentériques.

Diagnostic. — Le diagnostic clinique est extrêmement facile dans les cas où l'affection déjà ancienne est bien nettement caractérisée; la distinction d'avec les diarrhées d'entérites parasitaires,

Fig. 115. — Aspect de la pigmentation anormale de la muqueuse du gros intestin dans certains cas de diarrhée chronique.

d'hépatite infectieuse et autres est toujours possible par la recherche du bacille spécifique dans les mucosités glaireuses des excréments.

Le diagnostic biologique chez les sujets douteux peut se faire par la recherche du bacille paratuberculeux dans les excréments, et mieux dans les mucosités retirées à la main ou sur l'avant-bras après une exploration rectale. Lorsque cette recherche est négative, une épreuve à la paratuberculine, dans des conditions identiques à celles recommandées pour la tuberculine, fixe le résultat. La réaction thermique est généralement très accentuée, jusqu'à 2º chez les sujets encore peu épuisés, elle peut être presque nulle chez les sujets très atteints arrivés à la dernière période de la cachexie. L'épreuve par intra-dermo donnerait des résultats comparables à ceux de la tuberculine dans la tuberculose, mais plus précoces après vingt-quatre heures seulement.

Pronostic. — Le pronostic est extrêmement grave et, jusqu'à ce jour, je l'ai toujours considéré comme fatal.

Traitement. — On ne connaît pas de traitement curatif à l'heure actuelle.

Toutes les médications antidiarrhéiques, antiseptiques, astringentes ou autres ont échoué ou n'ont donné que des résultats temporaires.

Économiquement, il n'y a actuellement aucun intérêt à conserver de pareils malades. On peut, avec des soins bien dirigés, prolonger leur existence, les faire vivre des mois et même plusieurs années, mais ils ne reprennent pas d'embonpoint et ne peuvent être d'aucune utilité. Ils représentent d'autre part un véritable danger, comme semeurs de germes, dans l'exploitation d'élevage intéressée.

J'ai guéri cliniquement quelques malades par les injections intraveineuses répétées d'arséno-benzol, à la dose de 1 gramme, tous les quinze jours; un certain nombre de ces malades a même pu engraisser, mais lors de l'abatage, la muqueuse intestinale se montrait toujours largement infectée par le bacille paratuberculeux.

Le novarse-nobenzol par voie digestive, le stovarsol sont d'un emploi coûteux et ne donnent non plus que des résultats aléatoires.

La naphtaline, en solution dans l'huile et l'essence de térébenthine, recommandée par Armstrong (1923) reste sans effets utiles.

Mac-Fadyean et ses élèves ont dit aussi avoir guéri cliniquement des malades par l'administration digestive de solutions acides de sulfate de fer :

```
Sulfate de fer. . . . . . . . . . . . . . . . . . . . ' -- 150 grammes.
Acide sulfurique . . . . . . . . . . . . . . . . . . (
Eau. . . . . . . . . . . . . . . . . . . . . . . .   600   —
Dose 30 grammes par jour de cette solution dans un litre d'eau.
```

Les résultats sont inconstants, les malades continuent à réagir à la paratuberculine, et lors de l'abatage la muqueuse digestive, comme dans mes observations, fut encore trouvée envahie par le bacille paratuberculeux.

De même l'*assa fœtida* et le camphre donnent parfois des résultats apparents assez heureux; mais dans tous ces cas il ne s'agit pas de guérisons vraies, sûres, constantes et définitives.

Le traitement curatif reste donc à trouver.

A point de vue prophylactique, il est utile de ne pas laisser les diarrhéiques chroniques séjourner avec d'autres animaux dans les pâturages, car les excréments répandent partout les agents du contage et c'est vraisemblablement là et dans les mares que les autres sujets prennent l'infection. A l'étable, je n'ai jamais vu de cas de transmission s'établir, mais la conservation des malades sera toujours inutile, tant que l'on n'aura pas trouvé un moyen de traitement d'efficacité réelle.

Les diarrhéiques doivent donc être isolés dans les pâturages et à l'étable. Les pâturages dans lesquels des diarrhéiques auront séjourné seront laissés pendant quelques années pour les récoltes de foins secs, si possible. Les mares ayant reçu des purins ou des déjections de diarrhéiques seront nettoyées et désinfectées.

Miessner et Kolstock ont tenté d'immuniser des veaux en traitant les tissus organiques infectés (ganglions mésentériques et intestin broyés) par l'antiformine, qui dissout tous les tissus sauf les bacilles acido-résistants. Ce résidu est utilisé comme vaccin; la méthode ne s'est pas imposée.

Vallée et Rinjard (1926) l'ont reprise sous une autre forme, en créant chez les sujets à protéger contre une infection possible ce qu'ils appellent un foyer de prémunition (de 5 à 15 milligrammes de bacilles paratuberculeux de culture émulsionnés dans de l'huile de vaseline irrésorbable). L'injection sous-cutanée chez des animaux indemnes, non contaminés, provoque l'évolution locale, d'une réaction inflammatoire scléreuse avec induration et enkystements. C'est le foyer de prémunition?

L'injection chez des sujets déjà en puissance d'infection n'empêche pas la maladie d'évoluer.

Il faut laisser aux événements le temps de se prononcer, mais il semble qu'il y ait quelque raison pour que le résultat ne soit pas différent de celui du procédé de Miessner.

DYSENTERIE DES VEAUX

La dysenterie apparaît dès le premier jour de la naissance, fréquemment le second ou le troisième. Elle prête à confusion avec la septicémie d'origine ombilicale.

Symptômes. — Les jeunes sujets peuvent naître vigoureux et bien constitués en apparence, c'est l'exception; plus souvent ils sont chétifs et au-dessous du poids moyen. La première évacuation de méconium peut avoir le caractère diarrhéique; ou bien ce caractère diarrhéique n'apparaît que le deuxième ou le troisième jour, avec rejet de lait mal digéré. La diarrhée est grisâtre, extrêmement fétide, puis devient rapidement brunâtre et sanguinolente. Les évacuations sont fréquentes et s'accompagnent de ténesme.

Aussitôt les malades perdent toute gaieté, ils ne demandent plus à téter et ne prennent le lait que difficilement. La température s'élève; la diarrhée, d'alimentaire au début, devient muqueuse, séreuse, sanguinolente; le ventre des malades se rétracte, les flancs se creusent, les forces diminuent, et en vingt-quatre heures, deux à trois jours au plus, ils sont épuisés et succombent.

La guérison est exceptionnelle; lorsque la maladie apparaît avec ces caractères dans une étable, il est rare qu'elle ne sévisse pas sur un assez grand nombre de sujets.

Étiologie. — L'étiologie de cette dysenterie des nouveau-nés n'est pas encore définitivement établie, mais, sans contredit possible il s'agit d'une entérite microbienne, et peut-être même d'une septicémie primitive, d'origine puerpérale.

Pendant fort longtemps, on a confondu cette dysenterie avec la septicémie des nouveau-nés et la diarrhée simple. Elle n'en a ni les caractères, ni la marche, ni même la terminaison.

La coïncidence de l'existence de l'avortement épizootique et de la dysenterie dans certaines étables a poussé à un rapprochement entre les deux affections et nombre d'auteurs pensent que les jeunes frappés de dysenterie sont infectés à leur naissance. — Évidemment, les infections intra-utérines ne sont pas exceptionnelles, il est tout naturel d'admettre l'infection des nouveau-nés lorsque les enveloppes et les eaux fœtales sont infectées avant le part. Mais l'avortement épizootique n'est probablement pas la seule affection qui puisse être mise en cause.

Diagnostic. — Le diagnostic est des plus simple, car la marche de la maladie et sa rapidité d'évolution ne permettent pas de la confondre avec la diarrhée ordinaire. La distinction d'avec la septicémie d'origine ombilicale est plus délicate, quoique cette dernière affection ait aussi des caractères bien nets.

Pronostic. — Le pronostic est fatal; les statistiques montrent que la presque totalité des sujets atteints succombent, et ceux qui, par exception, survivent, restent malingres, chétifs, souffreteux. Il n'y a que peu d'avantages économiques à les conserver.

Les mères des nouveau-nés ne paraissent généralement pas malades du tout; et cependant les non-délivrances sont fréquentes.

Lésions. — Les lésions macroscopiques sont de bien faible importance, comparées à la gravité de la maladie. L'appareil digestif paraît congestionné dans toute son étendue, la muqueuse intestinale est modérément œdématiée, mais sans grosses lésions. Le contenu intestinal répand une odeur fade et fétide.

Tout le réseau vasculaire périphérique montre des petits vaisseaux et des capillaires distendus, gorgés, comme dans les septicémies.

La putréfaction des cadavres est extrêmement rapide.

Traitement. — Le traitement curatif est sans effets certains.

On a utilisé avec des résultats divers les purgatifs légers : la crème de tartre, 15 à 20 grammes ; le sulfate de soude et de magnésie, 15 à 20 grammes ; les antiseptiques intestinaux (acide salicylique, 1 gramme ; le salicylate de soude, 3 à 5 grammes ; le crésyl, l'eau phéniquée 2 p. 100, 30 à 50 grammes ; le benzonaphtol, les potions à l'acide lactique, 3 à 5 grammes par jour ; l'eau de goudron, l'eau de chaux, etc. ; l'eau oxygénée, 25 à 30 grammes.

Toutes ces médications qui, bien dirigées, donnent généralement de bons résultats dans la diarrhée simple prise au début, échouent le plus souvent dans la dysenterie des nouveau-nés.

Les précautions prophylactiques sont d'un effet plus sûr.

Ces précautions consistent :

1° A désinfecter minutieusement les étables lorsqu'un premier cas d'avortement s'est produit ;

2° A isoler successivement dans un petit local spécial, détaché de l'étable commune, les vaches sur le point de vêler ;

3° A désinfecter soigneusement les organes génitaux des femelles ayant avorté : lavages à l'eau bouillie à 40°, injections iodées à 1 p. 1000.

Évidemment, on ne peut empêcher les veaux qui naissent infectés de succomber, mais on évite la propagation de l'avortement et l'entretien permanent de la maladie dans l'étable commune.

En Italie, on a recommandé l'*emploi systématique* des injections sous-cutanées du mélange suivant :

Acide phénique	9 grammes.
Glycérine	10 —
Eau distillée	300 —

Cinq centimètres cubes du mélange les premier, deuxième et troisième jour de la vie.

On dit en avoir obtenu d'excellents résultats, bien qu'il s'agisse d'une action mal définie et toute empirique, mais en tout cas peu coûteuse.

Magnusson estime que dans toutes les infections congénitales des nouveau-nés (entérites, arthrites, etc.) contre lesquelles les mères sont naturellement immunisées, la méthode qui donne le maximum de succès consiste à injecter à ces nouveau-nés plusieurs centaines de grammes de sang maternel citraté, jusqu'à 4-5 et 600 centimètres cubes, soit en injection intra-péritonéale, soit en injections sous-cutanées, à raison de 50 à 100 centimètres cubes par piqûre. C'est une méthode qui peut être mise en pratique sans difficultés.

ENTÉRITE DIARRHÉIQUE DES VEAUX

(Anglais : *Acute gastro-intestinal catarrh in young animals*).

J'applique cette dénomination à ce que l'on appelle couramment la diarrhée simple, sporadique, qui apparaît à des périodes très diverses de l'allaitement, et qui est susceptible de guérir sans trop de difficultés, lorsqu'on intervient de bonne heure sur des malades non encore cachectisés.

Étiologie. — L'indigestion laiteuse de la caillette n'est généralement que le prélude de l'entérite diarrhéique; elle peut se terminer sans complication, mais très souvent elle se poursuit par la diarrhée. Toutes les causes qui peuvent déterminer l'indigestion laiteuse peuvent donc être invoquées comme causes favorisantes de l'entérite : surcharge de la caillette, lait de mauvaise composition, lait altéré, lait distribué dans des seaux malpropres et infectés.

L'addition prématurée au lait de substances nutritives, que la caillette et l'intestin ne sont pas encore aptes à bien digérer (farines diverses de blé, seigle, orge, maïs, fécules), détermine très facilement la diarrhée, même lorsque ces farines sont bien cuites, si elles ne sont pas distribuées dans des conditions bien précises.

Les refroidissements, les privations, les repas irréguliers, le sevrage mal effectué, peuvent favoriser le développement de la diarrhée; mais toutes ces causes, si importantes qu'elles puissent être, semblent ne jouer d'autre rôle que de faciliter la pullulation d'agents microbiens multiples dans le tube intestinal. Des troubles vasculaires en résultent, par irritation directe de la muqueuse intestinale, ou par action de produits toxiques accumulés dans le lait qui a servi de milieu de culture à de nombreux agents; des troubles sécrétoires en sont la conséquence, et le milieu intestinal se trouvant modifié, la flore microbienne normale se modifie dans sa composition et ses qualités, elle aussi. — Des agents inoffensifs prennent des qualités pathogènes, sécrètent des principes toxiques, la digestion normale est troublée, la défense intestinale est moins parfaite, l'absorption entraîne des principes toxiques que le foie est inhabile à détruire, et l'entérite diarrhéique s'installe d'une façon définitive.

Pathogénie. — Tous les auteurs qui se sont occupés du côté bactériologique de la diarrhée des veaux s'accordent pour reconnaître que le rôle des *agents du groupe coli* est de beaucoup le plus important dans l'évolution des complications (Jensen, 1895, 1905; Poëls, 1899; Joëst, 1903; Bongert, 1904; Titze et Wichtal, 1907, etc.), mais que cependant d'autres agents, qui vivent aussi à l'état normal dans l'intestin, sont capables, comme le coli, de devenir pathogènes, tels les *paracoli*, le *pyocyanique*, le *Bacillus aerogenes*, le *proteus*, le *B. enteritidis* de Gaërtner, et même celui considéré autrefois comme la cause de la peste porcine, le *B. suipestifer*. — C'est déclarer que cette forme d'entérite est extrêmement complexe dans son origine et qu'il n'est pas étonnant, dans ces conditions, que l'on n'ait pu trouver une médication spécifique.

La maladie est facile à transmettre par ingestion forcée d'excréments de malades, et les cultures des différentes variétés microbiennes redonnent des affections de gravité variable.

Symptômes. — L'entérite diarrhéique apparaît la deuxième semaine, à la fin du premier mois, et plus tard encore. — Elle se traduit tout au début par l'expulsion d'excréments anormaux (aliments mal digérés), contenant de petits caillots laiteux. C'est le premier stade de diarrhée alimentaire encore qualifiée diarrhée blanche. Elle peut être sans importance, durer un jour ou deux et cesser. — Le plus souvent la diarrhée augmente, prend le caractère de diarrhée muqueuse, puis séreuse, en même temps qu'elle dégage une odeur infecte, repoussante, tout à fait caractéristique. Les excréments rejetés deviennent vert-brunâtre, puis parfois sanguinolents. mais après plusieurs jours seulement, une huitaine et plus. Le nombre des évacuations varie énormément avec la gravité; les excréments sont irritants, les régions souillées (périnée, jarrets, région postérieure des canons) s'enflamment légèrement comme à la suite de l'application d'un vésicatoire liquide; les poils s'arrachent.

Ces troubles extérieurs n'apparaissent pas sans retentissement marqué sur l'état général. La fièvre reste modérée, mais la bouche est pâteuse, sale et l'haleine fétide.

Les malades sont efflanqués. perdent l'appétit et la gaieté; la palpation de l'abdomen, du flanc droit surtout, est légèrement douloureuse; le pouls est accéléré.

La diarrhée peut s'arrêter spontanément par suite de la résistance du sujet, mais, si elle suit son cours, le malade s'affaiblit, s'alimente moins, les évacuations augmentent, s'accompagnent de ténesme, et en sept ou huit jours, exceptionnellement en quatre ou cinq, les animaux meurent par toxi-intoxication d'origine intestinale ou par infection à la suite de la pénétration des germes intestinaux, et du coli en particulier, dans l'appareil circulatoire.

Par contre, dans d'autres cas, cette diarrhée peut persister des semaines.

Les auteurs allemands et hollandais ont voulu, au point de vue clinique, distinguer des variétés suivant qu'il y avait prédominance de tel ou tel agent :

1º Une *colibacillose suraiguë* ou foudroyante qui évoluerait aussitôt la naissance et se terminerait rapidement par la mort, avec agents microbiens dans le sang et les organes. C'est là, en somme, ce que j'ai décrit sous le nom de septicémie des nouveau-nés et de dysenterie, et il n'y a pas que le coli qui est capable de la provoquer, puisqu'on ne trouve parfois que des pasteurella;

2º Une *colibacillose aiguë* qui débute de trois à cinq jours après la naissance et entraîne la mort en deux à quatre jours avec des coli dans le sang.

Les lésions d'entérite aiguë feraient défaut; l'intestin serait pâle, vide et distendu par les gaz, les ganglions tuméfiés et pâles;

3° Une *paracolibacillose* qui donnerait souvent des lésions d'entérite hémorragique, des ganglions et des viscères très altérés, quelquefois des exsudats fibrineux sur les muqueuses.

Les viscères, les ganglions et le sang contiendraient de nombreux agents microbiens;

4° Une *protéose*, causée par le *B. proteus*, rare, à évolution lente, avec diarrhée très odorante et cantonnement du microbe dans l'intestin seulement;

5° Une *aerogenesbacillose*, très rare et de même type évolutif que la colibacillose aiguë.

Ces distinctions bactériologiques, fort intéressantes pour le laboratoire, ne suffisent pas pour caractériser des formes spéciales admises en clinique courante.

Diagnostic. — Le diagnostic est facile; la distinction d'avec la dysenterie, d'avec la phlébite ombilicale, lesquelles se traduisent aussi par de la diarrhée, sera toujours commode.

Pronostic. — Le pronostic est grave, si l'on n'est appelé à intervenir que tardivement. Traitée au début, l'entérite diarrhéique a, au contraire, de grandes chances de guérir.

Lésions. — Les lésions macroscopiques sont peu importantes : elles se bornent à de la congestion de la muqueuse intestinale, à de la desquamation épithéliale superficielle, avec petites érosions vasculaires, et à de l'amaigrissement général.

Les ganglions mésentériques sont gonflés, œdémateux.

Lors de complications terminales par infection, il n'est pas rare de trouver de l'épanchement pleural, péritonéal, péricardique, et même de l'endocardite.

Les cultures de sang, en dehors de toute altération cadavérique, donnent des variétés de coli; celles du contenu intestinal peuvent donner les variétés microbiennes précitées.

Traitement. — Dans toutes les exploitations bien dirigées, les repas doivent être donnés à heures fixes et réglés comme quantité et comme qualité. Avec ces précautions, on évite le plus ordinairement l'apparition des entérites diarrhéiques.

Le traitement curatif a toutes chances de réussir au début. Delafond autrefois et Trasbot depuis, ont préconisé les purgatifs légers, qui d'ailleurs sont supérieurs comme rapidité d'action aux antiseptiques de l'intestin : crème de tartre (tartrate borico-potassique) 15 à 20 grammes; sulfate de soude, 10 à 15 grammes; sulfate de magnésie, etc. En évacuant le contenu intestinal et un grand nombre de germes qui s'y trouvent accumulés, ils arrêtent l'intoxication et entravent l'infection. — Toutefois, leur emploi ne peut être prolongé; après une ou deux doses, on peut administrer les antiseptiques : benzonaphtol, 1 à 2 grammes, l'iodure d'amidon, l'amidon paraffiné ; acide salicylique, 0 gr. 30 à 0 gr. 60; salicylate de soude, 3 à 4 grammes; potions mucilagineuses et sucrées à l'acide lactique, 3 à 5 grammes par jour, à administrer dans les intervalles des repas ou des tétées.

Les antisécrétoires trouvent aussi, suivant les circonstances, leur indication : carbonate ou sous-nitrate de bismuth 4 à 5 grammes; le laudanum (6 à 10 gouttes par jour dans de l'eau de riz), l'extrait d'opium, la teinture d'opium aux doses de 10 à 15 grammes par jour en trois fois, les solutions légères de tanin. Filliâtre a employé avec succès, au début, l'eau de goudron :

> Goudron végétal. . . . . 150 grammes.
> Eau bouillante. 6 litres.

mélangée au lait dans la proportion d'une partie d'eau de goudron pour 3 de lait.

Les tisanes de salicaire, d'écorce de saule, sont de grande utilité dans certaines campagnes.

De toutes ces médications, celle qui me paraît la plus logique et la moins dangereuse est celle que l'on emploie si souvent avec succès chez les nourrissons de l'espèce humaine, à base de bismuth; sous-nitrate, carbonate ou salicylate (2 à 3 grammes par jour) ou de potion à l'acide lactique (5 à 8 grammes), suivant la taille des malades, mais dans les intervalles des repas.

Les multiples essais de sérothérapie, tentés de tous côtés depuis bien des années, n'ont jamais donné de résultats bien certains, ni même nettement appréciables, pas plus avec le colisérum, le para-colisérum, qu'avec les sérums qualifiés polyvalents.

Il est donc sage, dans ces conditions, de s'en tenir aux mesures prophylactiques d'hygiène et aux moyens thérapeutiques dont nous disposons, lesquels donnent souvent de bons résultats quand ils sont opportunément appliqués. Mais il y a lieu cependant d'espérer une thérapeutique préventive et curative plus efficace dans l'avenir, soit avec des sérums soit avec des vaccins.

RECTITES ET PERFORATIONS RECTALES

Les inflammations primitives de la partie terminale du tube digestif sont assez exceptionnelles pour n'avoir pour ainsi dire aucune importance en clinique courante; les inflammations secondaires se rattachant à la coccidiose, à la Bilharziose à l'entérite paratuberculeuse, sont justiciables des moyens d'action utilisés contre ces affections. Plus fréquemment les signes enregistrés sont des signes de rectite et de perforation rectale. Ils apparaissent subitement, avec des caractères d'intensité et de gravité tout à fait déconcertants, si l'on n'était prévenu des origines possibles et probables.

Ces symptômes se rattachent en effet, dans la très grande majorité des cas à des actions traumatiques accidentelles ou criminelles portant sur la muqueuse rectale, la paroi rectale et aussi les tissus pelviens. Ils peuvent être à peu près groupés dans leur ensemble de la façon suivante :

Chez des animaux jusque-là bien portants, il y a brusquement perte d'appétit, raideur générale de tout le corps et efforts expulsifs violents. Les malades restent comme piqués sur leurs quatre membres, le dos voussé, en proie à des douleurs intenses. Les excréments, rejetés en jets ou non sont parfois mélangés de sang, mais le signe n'est pas constant.

Des signes de péritonisme et de péritonite apparaissent et la mort arrive en deux à huit jours, en moyenne.

Lésions. — Si l'on n'a pas de doutes sur l'origine possible de ces manifestations, il se peut qu'une autopsie trop incomplète laisse dans l'incertitude, que l'on ne constate rien de bien spécial ou simplement des altérations de péritonite ou de pelvi-péritonite. D'ordinaire cependant des recherches plus attentives font découvrir de la congestion et de l'inflammation des tissus pelviens, de l'infiltration péri-rectale, des déchirures de la muqueuse rectale et une ou plusieurs perforations du tube rectal tout entier. Ces perforations siègent de préférence à droite ou à gauche, plus rarement vers le plafond ou le plancher. — L'atmosphère conjonctive pelvienne est œdémateuse de même que l'atmosphère graisseuse périrénale et sous-lombaire. Il se peut qu'il y ait péritonite ou tout au moins pelvi-péritonite, ce n'est pas fatal.

Étiologie. — Quelle est l'origine de semblables accidents? Dans la majorité des cas ils sont la résultante d'attentats criminels perpétrés par folie, sadisme ou vengeance; les auteurs se servant pour les déterminer d'aiguillons, de tiges de bois aiguisées, de tiges de fer ou de tous autres objets piquants. Exceptionnellement on a signalé une origine accidentelle chez des animaux s'acculant sur des corps pointus, mais dans ces dernières circonstances il est exceptionnel que les animaux se fassent des blessures mortelles.

Lorsque les attentats ont été perpétrés avec une grande brutalité, des particules excrémentitielles ont pu être entraînées dans les plans conjonctifs pelviens où elles sont découvertes au cours d'autopsies minutieuses. Toujours les déchirures et trajets de perforation sont le siège d'un entravasat sanguin d'importance variable avec la nature et l'étendue du traumatisme, mais il se peut que l'on ne trouve plus grand chose après quelques jours.

Diagnostic. — Le diagnostic d'origine ne peut guère prêter à confusion; cependant il ne peut être confirmé que par les constatations nécropsiques.

Pronostic. — Le pronostic est fort variable. Lorsqu'il n'y a que des blessures rectales sans perforation complète, la guérison est de règle; lorsqu'il y a perforation rectale complète et infection consécutive les malades succombent à la péritonite ou l'infection septique.

Traitement. — Il est difficile de faire quelque chose d'utile, toute manipulation intempestive risquant d'aggraver la situation plutôt que de l'améliorer; tout au plus peut-on risquer un tamponnement intra-rectal calmant et anesthésiant.

Les constatations d'autopsie comportent les conséquences judiciaires que l'on conçoit.

CHAPITRE VII

INTOXICATIONS

Les empoisonnements accidentels sont fréquents chez nos animaux domestiques; ils évoluent avec ou sans lésions visibles; aussi est-il indispensable de reconnaître les symptômes qui les caractérisent.

DES INTOXICATIONS D'ORIGINE ALIMENTAIRE

On désigne sous ce nom l'ensemble des accidents qui constituent l'empoisonnement alimentaire consécutif à l'ingestion d'aliments altérés. Les expressions de maladies des foins, typhus intestinal, gastro-entérite typhique, ne caractérisent qu'un état particulier des malades, état qui n'est d'ailleurs pas toujours le même.

Étiologie. — L'altération des substances nutritives ingérées, qui représente la cause occasionnelle, ne consiste pas seulement en une modification de composition de ces substances; elle tient surtout à la présence de parasites variés, développés sur les grains et les fourrages à la faveur de l'humidité ou de fermentations anormales à l'intérieur des meules. Ces parasites sont généralement des moisissures appartenant aux genres *Mucor, Aspergillus, Penicillium;* des rouilles : *Puccinia graminis, Uredo linearis;* des charbons : *Tillelia caries, Ustilago segetum, Ustilago maïdis;* des levures diverses provenant de la fermentation des drèches; enfin des microbes indéterminés qui agissent surtout par leurs produits d'excrétion.

Symptômes. — Ils sont toujours très vagues. Au début, ils ne se traduisent que par de l'inappétence, coïncidant avec la sécheresse de la bouche, la dessiccation du mufle, de l'abattement et de la constipation. Jamais les animaux ne présentent nettement les signes de gastro-entérite, et cependant la modification de l'état général se rapporte très nettement à une origine digestive.

S'il s'agit d'intoxication aiguë, les accidents surviennent rapidement : la torpeur s'accentue, les mouvements du cœur deviennent tumultueux et la fièvre atteint 40°, 40°,5 pour diminuer plus tard jusqu'au moment de la mort.

Si l'empoisonnement revêt une forme chronique, à la constipation du début fait suite une diarrhée profuse, fétide, noirâtre, contenant quelquefois des filets sanguins et s'accompagnant de douleurs abdominales.

Exceptionnellement, à ces troubles digestifs viennent s'ajouter de la broncho-pneumonie, de la pleuro-pneumonie, de la néphrite et de la cystite, comme dans les empoisonnements par le tanin et les huiles essentielles, mais il est plus fréquent d'observer de l'ictère ou du subictère. Ces complications sont d'origine infectieuse.

Chez les jeunes animaux à la mamelle (agneaux, porcelets), des intoxications alimentaires peuvent aussi se produire sans que les mères soient incommodées. Le passage de principes nocifs dans le lait n'a plus besoin d'être discuté, il est démontré et admis. — Dans ces conditions, j'ai vu survenir des intoxications alimentaires nombreuses chez des agneaux dont les mères étaient nourries avec des betteraves ou des pulpes altérées; chez des porcelets dont les mères avaient comme ration du maïs altéré d'origine étrangère! des navets; chez des veaux dont les mères recevaient des tourteaux toxiques (tourteaux de lin fraudés, tourteaux de colza, de coton, etc.).

Diagnostic. — L'examen attentif des substances entrant dans l'alimentation des malades et les commémoratifs empêchent la confusion avec les empoisonnements ordinaires. Le charbon sera toujours facilement éliminé.

Pronostic. — Grave si l'on est appelé tardivement.

Lésions. — Ce sont celles de la gastro-entérite aiguë : congestion de la muqueuse de la caillette et de l'intestin, infiltration sous-muqueuse, desquamations épithéliales pouvant aller jusqu'à l'ulcération, suffusions et hémorragies interstitielles ou superficielles, vaso-dilatation capillaire, coloration brune ou violacée.

Les phénomènes d'intoxication sont produits par l'absorption intestinale des produits toxiques qui passent dans le torrent circulatoire. — Ces intoxications se compliquent fréquemment d'infections de la même façon.

Traitement. — Il est indiqué tout d'abord de modifier l'alimentation. Cette seule intervention suffit souvent, dans les cas chroniques, à faire disparaître les troubles digestifs en l'espace de huit à quinze jours ; sinon, dans les formes aiguës on agit sur l'intestin par la dérivation externe, les purgatifs, les excitants, les boissons mucilagineuses. On administre enfin des diurétiques qui facilitent l'élimination des produits toxiques accumulés; des excitants généraux, vin, alcool, thé, café. Les injections de solutions salines physiologiques sous la peau ou dans les veines sont nettement indiquées.

INTOXICATION PAR LES BASES CAUSTIQUES.

Les causes sont dues surtout à l'administration de breuvages ammoniacaux trop concentrés, météorifuges dans les cas de tympanite ; ou à l'ingestion, par des animaux atteints de pica, de chaux vive employée pour la désinfection des locaux.

Les *symptômes* sont l'expression de lésions de la muqueuse digestive dans ses parties antérieures ; ils consistent en de la salivation, de la dysphagie, des coliques, de l'indigestion, de la diarrhée et de l'affaiblissement progressif.

Le *diagnostic* n'est possible qu'autant que les commémoratifs sont précis.

Le *pronostic* est grave, si les doses absorbées ont été assez fortes pour déterminer des brûlures profondes de la bouche, de l'œsophage, du rumen.

Les escarres de brûlure sont grises et molles.

Le *traitement* consiste en l'administration immédiate de breuvages acidulés avec du vinaigre ou de l'acide chlorhydrique à 1, 2 et 3 p. 1000 et de boissons émollientes, mucilagineuses ou opiacées destinées à calmer l'irritation.

INTOXICATION PAR LES ACIDES CAUSTIQUES.

Les cas de ce genre ne s'observent qu'exceptionnellement. Gerlach a relaté un empoisonnement par des pailles ayant servi à envelopper des bonbonnes d'acide sulfurique. Abadie en a observé des cas multiples qu'il a pu attribuer à la malveillance de deux empiriques.

Les *symptômes* se rapportent également à de la stomatite, de l'œsophagite et de la gastro-entérite. La mort survient rapidement avec affaiblissement progressif du pouls. A l'autopsie, on trouve des brûlures plus ou moins profondes de la muqueuse du tube digestif.

Le *diagnostic* est difficile en l'absence de renseignements.

Le *pronostic* est grave.

Les escarres de brûlures sont brunes et parcheminées.

Traitement. — L'administration de boissons alcalines : solution de bicarbonate de soude, de magnésie calcinée, et de breuvages mucilagineux ou opiacés est toujours indiquée ; elle peut amener des améliorations momentanées. Les blancs d'œufs battus (eau albumineuse) sont aussi extrêmement utiles.

Il vaut mieux envoyer à la boucherie, si un pronostic fatal est fixé.

Intoxication par le sel marin.

Cette intoxication est rare chez le bœuf en raison de la grande quantité de chlorure de sodium qui peut être ingérée avant de provoquer des accidents. On l'observe surtout chez les animaux (moutons et porcs) auxquels on a fait prendre de la saumure, ou donné, comme condiment, du sel dénaturé avec des substances toxiques.

Les *symptômes* se traduisent par de l'augmentation de la soif, des vomissements et de la diarrhée. Plus tard on observe des troubles moteurs et nerveux résultant de l'intoxication du système cérébro-spinal. La paralysie, les convulsions épileptiformes, le coma et la mort caractérisent les cas à marche suraiguë.

Les *lésions* macroscopiques sont celles des gastro-entérites aiguës. On peut observer, en plus, de la congestion de la muqueuse vésicale.

Le *traitement* est prophylactique et hygiénique : il faut éliminer de l'alimentation tout sel dont les propriétés sont douteuses, et combattre les troubles produits, par les diurétiques, préférablement le bicarbonate de soude· qui n'irrite pas le rein, et les breuvages calmants.

Intoxication par les nitrates de potasse et de soude.

Elle a été signalée fréquemment à la suite d'ingestion d'eau ayant servi au lavage de sacs à engrais chimiques, à la suite d'ingestion de nitrate de soude en nature, par des animaux échappés dans les fermes, qui vont le consommer dans les sacs, sur les tas d'engrais et partout là où il peut s'en trouver accidentellement, parce qu'ils en sont friands. Sur les pâturages nitratés, les animaux ne doivent être conduits que plusieurs semaines seulement après la répartition des engrais, et sous la condition que des pluies en aient favorisé la dissolution et la pénétration dans le sol.

On peut aussi l'observer comme suite de la médication à base d'azotate de potasse, lorsqu'il y a accumulation médicamenteuse. La toxicité varie avec la pureté du sel, avec sa nature et avec le degré de concentration des solutions : le nitrate de potasse est plus dangereux que le nitrate de soude.

Les grands signes peuvent se résumer comme suit :

Symptômes. — Perte subite de l'appétit, abattement, salivation, indigestion, ballonnement, nausées, vomissements, constipation au début, diarrhée et surtout polyurie intense : il se produit de l'irritation rénale, pouvant aller jusqu'à l'albuminurie et l'hématurie. La stupéfaction, la faiblesse générale précèdent la mort, qui peut survenir de quatre à douze heures après l'ingestion, parfois seulement après plusieurs jours.

Les *lésions* portent sur le tube digestif et l'appareil urinaire, et ressemblent à celles des septicémies sans caractéristique bien tranchée. Les reins sont congestionnés et hypertrophiés, ou bien ils présentent des altérations de néphrite épithéliale. — Les uretères et la vessie peuvent être le siège de lésions de même origine.

Le *traitement* comprend d'abord la suppression de la cause, puis l'administration d'émollients, de narcotiques et d'excitants diffusibles.

Intoxication par le carbonate de soude.

Il est d'usage très répandu d'utiliser les résidus de cuisine et les eaux de vaisselle dans l'alimentation des porcs et même des bovidés. Lorsque ces substances ne contiennent pas de produits chimiques nocifs, l'avantage économique est très réel; mais, si au contraire, on s'est servi de carbonate de soude pour le dégraissage, suivant l'habitude très répandue de notre époque, des accidents peuvent en résulter.

L'ingestion de résidus de cuisine contenant du carbonate de soude en quantité notable provoque chez les porcs des vomissements, de la diarrhée, du météorisme, des coliques, parfois des troubles nerveux, des convulsions, et la mort en quelques heures avec signes apparents et lésions de gastro-entérite aiguë (Mathis).

Il suffit de connaître la cause pour pouvoir éviter ces accidents.

Intoxication par l'émétique.

Elle s'observe à la suite de l'emploi du médicament dans le but de favoriser les sécrétions et de ramener la rumination. Donné à doses répétées, l'émétique provoque alors des symptômes généraux de superpurgation et des symptômes locaux d'irritation et d'inflammation de l'intestin.

Le *diagnostic* est facile, le *pronostic* est grave.

Le *traitement* ne consiste qu'en l'administration de boissons calmantes et diurétiques. L'emploi du tanin a été recommandé.

Intoxication par l'arsenic.

La liqueur de Fowler, donnée à trop forte dose, détermine des accidents à marche rapide, pouvant se terminer par la mort en vingt-quatre ou quarante-huit heures; les lésions font alors défaut.

L'acide arsénieux donné à doses trop fortes agit comme irritant, en s'accumulant dans les bas-fonds des réservoirs gastriques et provoquant une gastrite locale; il peut également être la cause d'intoxication aiguë, se traduisant alors par des coliques vives avec météorisation, de la salivation et de la diarrhée fétides, cette dernière quelquefois sanguinolente. L'urine devient albumineuse et reste peu abondante. Parfois on trouve de la paralysie incomplète et des hémorragies diverses par altération des globules sanguins.

L'accumulation dans les parties déclives peut provoquer la nécrose des tissus et des perforations abdominales.

S'il y a perforation des parois gastriques, on peut voir évoluer un abcès de la paroi abdominale avant la perforation abdominale totale.

En Sardaigne, où l'arsénite de soude en solution à 1 ou 2 p. 100 est utilisé au printemps contre les criquets, on a signalé (Gobetti, 1925) des empoisonnements de bovidés, caractérisés par du météorisme, de la diarrhée profuse, des tremblements musculaires, de la démarche vacillante, de l'affaiblissement, des battements cardiaques avec pouls petit et filant, une odeur alliacée de l'air expiré, etc.

Les *lésions* sont celles de la gastro-entérite aiguë. Le contenu stomacal dégage une odeur alliacée. Les organes parenchymateux : foie, rein, cœur, présentent de la dégénérescence graisseuse.

Traitement. — Préventif : donner des doses progressivement croissantes pour arriver à l'accoutumance.

Curatif : administrer les antidotes de l'arsenic : Le sesquioxyde de fer, le sulfate de fer, 20 à 30 grammes, la magnésie calcinée à haute dose.

Haubner a décrit une intoxication arsenicale chronique produite par le voisinage des hauts fourneaux, aux environs de Freiberg. Cette forme de l'intoxication est inconnue en France.

INTOXICATIONS PAR LE PHOSPHORE

Cet empoisonnement, si commun chez l'homme sous sa forme chronique, ne se produit qu'accidentellement chez les animaux par l'ingestion de pâtes phosphorées (mort-aux-rats), ou comme conséquence de l'accumulation médicamenteuse. Quelques cas ont été décrits par Mauri et Mansuy.

Symptômes. — Salivation, dysphagie, odeur alliacée de la cavité buccale, arrêt du péristaltisme intestinal, indigestion, coliques, diarrhée, épuisement et mort dans le coma. On peut également noter de l'albuminurie et de l'ictère.

Les *lésions* sont les même que précédemment : stomatite, pharyngite, gastro-entérite. — Les altérations spécifiques consistent en la dégénérescence graisseuse du foie et des reins et l'odeur alliacée de la viande.

La mort arrive par désoxygénation du sang. Le sang est noir et ne donne plus au spectroscope qu'une raie d'hémoglobine réduite.

Dans le *traitement*, il faut proscrire l'huile et le lait qui dissolvent le phosphore et le rendent plus facilement assimilable. On préconise plus spécialement l'essence de térébenthine en électuaire à haute dose : 180 à 200 grammes. Elle empêche le phosphore de s'oxyder aux dépens du sang. Un purgatif salin (magnésie, par exemple) permet ensuite de réaliser l'élimination.

Intoxication mercurielle.

Elle est d'origine médicamenteuse ou accidentelle. — Dans le premier cas, elle est consécutive à l'emploi du sublimé ou du calomel à l'intérieur : les doses de 8 à 10 grammes de cette dernière substance répétées pendant un certain temps, seraient toxiques chez le bœuf. — Dans le second, elle a pour point de départ l'emploi de l'onguent gris comme antiparasitaire ou de pommade mercurielle en frictions sur des surfaces étendues. Le danger de ces applications ne semble résider cependant que dans la possibilité du léchage : quelques auteurs ont pu en effet, avec Lucet effectuer de larges frictions en des régions propres à l'absorption (mamelles), sans voir survenir aucun accident.

Symptômes. — Salivation franche, puis fétide et sanguinolente. La légère irritation buccale du début fait place à de la congestion des gencives, puis à de la gingivite et de la périostite avec ulcérations et hémorragie. Les dents sont entourées d'un bourrelet violacé ; il peut exister de l'alvéolite suppurante.

Comme conséquence des troubles qui surviennent dans les sécrétions digestives, la digestion s'arrête, la défécation est irrégulière : on observe tantôt des crottins durs, coiffés, expulsés avec peine, tantôt de la diarrhée profuse, fétide.

La respiration est pénible, soubresautante, dyspnéique même, et s'accompagne de jetage et d'expectoration. Des troubles de la locomotion, de la paralysie peuvent survenir. Enfin on observe des altérations du tégument analogues à l'eczéma impétigineux, se présentant sous forme de vésico-pustules recouvertes de croûtes jaunâtres, et apparaissant sur toute la surface du corps.

Lésions. — Outre les altérations de gastro-entérite hémorragique, on trouve de la trachéo-bronchite catarrhale et même des hémorragies intra-pulmonaires. Les muscles ont perdu leur teinte normale ; ils paraissent cuits et recouverts d'ecchymoses. — Au niveau des plaques d'eczéma cutané existent des suffusions sanguines ; le reste de la peau est anémié.

Traitement. — Le *traitement* comporte l'administration d'œufs crus ou mieux de blancs d'œufs battus (eau albumineuse) dont l'albumine, en se coagulant, emprisonne le mercure ; ou de corps tels que la fleur de soufre et l'iodure de potassium, qui donnent avec les mercuriaux des composés insolubles et inoffensifs, le chlorate de potasse.

L'hyposulfite de soude aux doses répétées de 30 à 50 grammes est à recommander dans les intoxications mercurielles et toutes les intoxications métalliques.

Les complications de stomatite, gastro-entérite, sont traitées par les moyens ordinaires. Le bismuth, carbonate ou sous-nitrate en doses fractionnées, 25 à 30 grammes, en trois fois dans la journée, est le médicament de choix.

INTOXICATION PAR LE PLOMB : SATURNISME.

L'intoxication par le plomb à l'état de métal est très rare. Elle ne s'observe que dans le voisinage des camps ou des usines : elle est alors consécutive à l'ingestion de balles de plomb mélangées aux fourrages ou à l'inhalation de vapeurs saturnines.

L'intoxication aiguë par les dérivés plombiques est plus fréquente soit par l'ingestion accidentelle de céruse, comme conséquence de pica, soit par léchage de peintures récentes à base de minium et de céruse.

Symptômes. — Les symptômes sont caractérisés dans l'intoxication chronique par de la salivation, des nausées, des vomissements et des coliques, avec constipation opiniâtre et météorisme.

Il y a diminution ou arrêt de la sécrétion lactée, parfois de la paralysie et des convulsions épileptiformes.'

On a signalé encore de l'albuminurie, des arthropathies et de l'étisie progressive coïncidant avec la présence d'un liséré particulier aux gencives. — La sensibilité générale est émoussée.

Dans la forme chronique, les reins sont atrophiés.

Dans les intoxications aiguës par le minium et la céruse, on enregistre tout d'abord de la perte d'appétit, de l'arrêt de la rumination, de la diminution ou la disparition de la sécrétion lactée. — Il existe des coliques, du péritonisme, du refroidissement des extrémités, de la diarrhée noire fétide. Les muqueuses sont pâles, la température normale ou au-dessous du chiffre ordinaire. Parfois la respiration est ralentie, 9 à 12 ; le pouls petit est rare, 35 à 40 ; dans d'autres cas, cette respiration se montre accélérée, courte, faible et plaintive, le pouls petit, vite et imperceptible.

L'œil est enfoncé, brillant, la pupille dilatée, la conjonctive et la muqueuse buccale rouge-acajou. L'air expiré est fétide.

Dans les cas à marche rapide, on a encore signalé des accès vertigineux, des contractions fibrillaires des muscles, de la paraplégie, des mouvements désordonnés de la tête.

Lésions. — A l'autopsie, le sang paraît asphyxique, mais rougit à l'air; la chair est poisseuse. La muqueuse intestinale est congestionnée, ainsi que le poumon; les plèvres et l'endocarde portent des ecchymoses. Le contenu intestinal présente des reflets vert noir irisés. — Stomatite ulcéreuse. Anémie des muqueuses. Dégénérescence graisseuse des épithéliums. Chez l'homme, on a signalé la présence de granulations basophiles dans les globules rouges, dans la proportion de 20 à 50 p. 100.

Traitement. — Donner des substances formant avec le plomb des composés insolubles : limonades sulfuriques, sulfate de soude et de magnésie, lait et œufs, iodure de potassium, injections de solution salée physiologique. Malheureusement il est fort rare que la médication puisse être appliquée en temps opportun, et selon la gravité de l'intoxication la mort arrive en deux à huit jours en moyenne.

INTOXICATION PAR LE CUIVRE.

C'est une intoxication exceptionnelle. Elle est possible par l'ingestion d'aliments ayant séjourné dans des vases de cuivre (vert-de-gris ou sous-acétate de cuivre), par l'ingestion d'onguent égyptiac, ou plus souvent de l'ingestion de feuilles de vigne imprégnées de sulfate de cuivre durant les années de disette, fourragère, à la suite du traitement contre le mildew.

Ces derniers accidents peuvent être évités par un lavage préalable des feuilles de vigne avant distribution.

Symptômes. — Coliques, diarrhée, faiblesse musculaire, convulsions. — L'urine contient de l'albumine et de l'hémoglobine en dissolution.

Lésions. — Gastro-entérite aiguë. Dilatation de l'estomac. La lésion essentielle consisterait en une décomposition du sang avec formation de méthémoglobine. — Accessoirement, il existe de la néphrite et de la dégénérescence granuleuse des muscles.

Traitement. — Œufs crus, blancs d'œufs battus, lait, mucilages, fleur de soufre, magnésie calcinée.

INTOXICATION PAR L'ACIDE PHÉNIQUE.

Elle s'observe surtout à la suite de l'emploi d'acide phénique comme antiseptique, à l'intérieur, en injections, en lavements ou en bains.

Symptômes. — Administré à doses trop massives, ou trop prolongées, l'acide phénique provoque de la stomatite, de l'œsophagite et des nausées.

L'empoisonnement vrai se manifeste par des troubles du côté des reins et de la vessie : l'urine devient brune et trouble, elle dégage une odeur phéniquée très nette. — On note en outre des tremblements, de l'anxiété, du coma et de la paralysie précédant la mort.

Les *lésions* spécifiques consistent en de la néphrite parenchymateuse s'accompagnant parfois d'hémorragie rénale, de la cystite, de l'hyperémie pulmonaire et cérébrale. La chair dégage une odeur de phénol qui la rend impropre à la consommation.

Traitement. — Il comporte l'administration d'excitants et de diurétiques légers : éther, alcool, vin, café, sulfates salins de soude ou de magnésie, sel de Glauber. Ces derniers forment de l'acide phénylsulfurique ou des sulfophénates non toxiques. L'huile sera administrée à dose forte, comme calmant local et évacuant. La caféine peut être très utile.

Tous ces produits sont inefficaces si les lésions rénales sont trop accusées.

INTOXICATION PAR L'ALOÈS.

Elle reconnaît uniquement pour cause l'administration de doses médicamenteuses trop fortes.

Sans parler des accidents qu'il peut provoquer sur les femelles en état de gestation, l'aloès à haute dose détermine des symptômes de superpurgation : diarrhée profuse, pouls imperceptible, et des troubles du système nerveux.

Lésions. — Gastro-entérite, légère pâleur et vacuité de l'intestin.

Traitement. — Il se borne à l'administration d'antisécrétoires : riz, camphre, bismuth, émollients.

INTOXICATION PAR L'IODOFORME.

Étiologie. — Elle se limite au léchage des plaies pansées avec ce produit.

Symptômes. — L'intoxication provoque des troubles gastriques, de la somnolence, du coma, et aussi les signes de l'iodisme.

Lésions. — On ne découvre que de la dégénérescence graisseuse des reins et du foie.

Traitement. — Vomitifs, excitants, diurétiques.

INTOXICATION PAR L'IODE : IODISME

La mort par intoxication iodique est absolument exceptionnelle; les accidents que l'on décrit sous le nom d'iodisme, et qu'il faut connaître, se rapportent bien plus à la saturation de l'organisme qu'à un empoisonnement vrai.

Étiologie. — L'iodisme est dû à l'administration prolongée d'iodure de potassium ou d'iode en solution.

Symptômes. — Il se traduit par du larmoiement, du coryza, de la bronchorrée, de la toux, de l'hypersécrétion de toutes les muqueuses, et une éruption cutanée à caractères particuliers : eczéma iodique, provoquant des desquamations épidermiques furfuracées et du prurit.

Traitement. — Suppression de la médication. — Excitants diurétiques.

INTOXICATION PAR LA STRYCHNINE.

Causes. — Doses médicamenteuses trop fortes.

Symptômes. — Convulsions tétaniques. hyperesthésie, dyspnée. Le thorax se trouve immobilisé par rigidité musculaire, et la mort survient par asphyxie.

Traitement. — Anesthésiques, hydrate de chloral tant que durent les contractions. — Bromure de potassium, tanin.

Une saignée copieuse et des injections de sérum physiologique favorisent la désintoxication.

INTOXICATION PAR LE COLCHIQUE.

L'ingestion de foins de mauvaise qualité renfermant des feuilles, des inflorescences et surtout des graines de colchique, donne naissance à des troubles organiques, qui se traduisent par des nausées, des vomissements, des coliques et de la diarrhée. La colchicine agissant sur le rein et surtout le cœur, les troubles spécifiques sont représentés par de l'hématurie, de la polyurie et des palpitations cardiaques avec hypothermie. Dans les cas non mortels, les avortements sont fréquents chez les femelles avancées en gestation.

EMPOISONNEMENT PAR L'IF COMMUN *(Taxus baccata).*

Les feuilles sont très vénéneuses (10 grammes environ par kilogramme de poids vif), l'écorce l'est moins, et le fruit l'est peu.

L'empoisonnement se caractérise par de l'agitation au début, à laquelle succèdent de la somnolence, de la faiblesse musculaire pouvant aller jusqu'à la chute sur le sol, du ralentissement de la respiration et de la circulation. Le ralentissement cardiaque s'accompagne d'intermittences de longue durée et d'affaiblissement du pouls.

Il se produit souvent un gonflement considérable de la langue et de la salivation.

A l'autopsie, la muqueuse du rumen se détache facilement de la musculeuse; celle de la caillette et des premières parties de l'intestin grêle montre souvent une teinte rouge brun violacé. Le sang est mal coagulé, ce qui peut faire émettre l'hypothèse de fièvre charbonneuse.

Le traitement comporte l'emploi de la caféine, des injections sous-cutanées d'éther, d'huile camphrée, etc., mais il est fort rare que l'on ait l'occasion d'intervenir à temps.

EMPOISONNEMENT PAR LES PANACHES MALES DU MAÏS.

Les panaches verts sont seuls toxiques; la toxicité disparaît avec la dessication.

L'emploi prolongé provoque des coliques néphrétiques et de la lithiase rénale.

EMPOISONNEMENT PAR LES RENONCULES.

L'empoisonnement ne se produit qu'avec les plantes vertes; la dessication, en faisant disparaître certaines essences, supprime la toxicité.

Ces empoisonnements provoquent des bâillements, des coliques, de la diarrhée noirâtre fétide, avec affaiblissement rapide.

Les malades ont une respiration ronflante, de l'affaiblissement du pouls, de la vue, et ils succombent avec des convulsions.

Mais dans les conditions ordinaires leur instinct leur fait délaisser ces plantes, ou bien la quantité consommée reste sans importance.

EMPOISONNEMENT PAR LES ELLÉBORES.

L'empoisonnement est lent, la plante provoquant une vive irritation de la muqueuse digestive. Les conséquences se caractérisent par de l'inappétence, de la diarrhée noirâtre glaireuse et de l'intermittence du pouls.

Empoisonnement par la mercuriale annuelle.

La mercuriale annuelle, donnée avec les plantes sarclées, provoque de l'indigestion, de la diarrhée, des hémorragies vésicales et intestinales et la mort rapide.

Une dose de 12 à 20 kilogrammes en vingt-quatre heures amène la mort d'une vache de poids moyen en quatre à cinq jours.

Dès le premier jour il y a perte d'appétit, apparition de coliques sourdes et d'épreintes se compliquant de constipation, pas de fièvre.

L'urine, de couleur vert sale, prend une teinte vineuse par le repos à l'air.

La marche est pénible, vacillante, le mufle sec, l'abattement profond.

L'autopsie révèle des lésions de gastro-entérite et de néphrite.

Le myocarde est décoloré ainsi que le foie qui prend une teinte jaunâtre, comme la graisse d'ailleurs.

Empoisonnement par les pavots.

Les pavots amènent de l'arrêt du péristaltisme digestif, de la salivation écumeuse, des coliques, de l'abattement, du coma et la mort par arrêt respiratoire.

Empoisonnement par le millepertuis.

L'ingestion de millepertuis provoque de l'agitation, de l'hébétude, de l'affaiblissement de la vue et de l'ouïe, des hallucinations visuelles avec tendance au recul, les membres antérieurs restant fixes.

Le malade prend la position du chien d'arrêt (Paugoué).

C'est un empoisonnement extrêmement rare, comme les précédents d'ailleurs, parce que les animaux au pâturage délaissent toujours la plante verte.

Cependant, lorsqu'elle est présentée avec d'autres fourrages verts ou même secs, avec la luzerne surtout, elle peut provoquer des sortes d'éruptions eczémateuses, limitées chez le cheval aux parties recouvertes de poils blancs ou présentant du ladre, et chez les vaches, aux mamelles et aux extrémités si elles sont blanches. — La lumière aurait dans ces éruptions une action favorisante ou provocatrice, analogue à celle enregistrée dans le fagopyrisme. Les millepertuis sont des plantes héliosensibilisatrices ou photosensibilisatrices.

EMPOISONNEMENT PAR LES LUPINS : LUPINISME.

Les symptômes de l'empoisonnement se rapprochent beaucoup de ceux des intoxications par les pulpes altérées. — La mort survient en quelques jours.

Ces empoisonnements, assez fréquents en Allemagne, dit-on, (Poméranie), où le lupin est cultivé comme plante fourragère, sont exceptionnels en France.

L'empoisonnement chez le mouton se caractérise par de l'inappétence, de la fièvre avec dyspnée et constipation, et par de l'ictère.

Plus tard il y a diarrhée, quelquefois diarrhée sanguinolente.

Les urines deviennent albumineuses, ictériques et sanguinolentes; la tête est le siège d'œdèmes graves.

EMPOISONNEMENT PAR LA BRYONE.

A doses élevées, toutes les parties de la bryone sont toxiques : la racine, la tige et les baies.

La bryone est employée parfois comme purgatif.

L'intoxication se caractérise par des nausées, des sueurs, de la diurèse, des selles abondantes; et, dans les cas graves, par des convulsions tétaniformes qui précèdent la mort.

EMPOISONNEMENT PAR LA JUSQUIAME.

C'est un empoisonnement exceptionnel, la plante étant délaissée. Lorsqu'il se produit sur des animaux de l'espèce bovine, les accidents se traduisent par de l'excitation, de la sialorrhée, des nausées, de la respiration dyspnéique et plaintive, de la dilatation pupillaire et de l'amaurose. Les yeux sont maintenus grands ouverts. La température reste normale; il n'y a ni défécation ni miction.

EMPOISONNEMENT PAR LES CIGUËS ET L'ANTHRISCUS SYLVESTRIS (CERFEUIL SAUVAGE).

Les empoisonnements sont causés d'ordinaire par l'ingestion de plantes vertes. Ils se caractérisent par du ptyalisme, des nausées, de la dyspnée, des tremblements généralisés s'accompagnant de vertige, de la paraplégie et des troubles de gastro-entérite.

Avec la ciguë aquatique (*Œnanthe crocata*), les intoxications sont dues le plus souvent à l'ingestion des racines, qui, elles, sont très toxiques.

Lors du nettoyage des fossés ou petits cours d'eau, ces racines, quelque peu semblables aux racines fourragères, sont jetées sur les talus ou les berges. C'est là que les bêtes bovines les découvrent et les consomment volontiers.

Les symptômes qui caractérisent cet empoisonnement sont la tristesse, de la salivation écumeuse, de l'injection des conjonctives, de la faiblesse du pouls, de l'accélération respiratoire, des coliques, de l'hyperesthésie et la mort au milieu de convulsions.

Lésions. — Gastro-entérite hémorragique.

Traitement. — Tanin, opium, émollients.

INTOXICATION PAR LE TABAC.

Causes. — Les intoxications par le tabac sont dues aux bains de nicotine, ou aux lotions de jus de tabac dilués, employés comme antiparasitaires. En principe, il ne faut jamais utiliser que des jus de tabac titrés en nicotine, et dilués de telle façon que le titre de la nicotine soit à 1 p. 2000; avec des jus non titrés, on ne sait ce que l'on fait. Des bœufs et des chevaux ont ainsi été empoisonnés par des frictions effectuées avec des jus de tabac ordinaires, du commerce, dilués au douzième comme c'est l'habitude pour l'horticulture. — L'ingestion de feuilles de tabac dans les fourrages provoque aussi ces empoisonnements : les doses de 30 grammes chez la chèvre, 300 grammes chez le bœuf sont toxiques.

Symptômes. — L'intoxication se traduit par du ptyalisme, des nausées, des vomissements, de la diarrhée, du refroidissement des extrémités, des palpitations cardiaques, de la dyspnée, de l'affaiblissement des pulsations et la mort.

Dans les intoxications aiguës et rapides par frictions de jus dilués, les malades ont de l'agitation, poussent des beuglements, présentent de l'injection des muqueuses, une respiration accélérée et bruyante, et peuvent mourir en sept à huit heures.

Lésions. — Elles caractérisent une gastro-entérite avec congestion cérébrale.

Traitement. — Tanin, café noir.

INTOXICATION PAR L'IVRAIE ENIVRANTE. *(Lolium-temulentum)*.

Le Ray-grass, *lolium perenne*, le ray-grass d'Italie, *lolium italicum* sont d'excellentes graminées fourragères.

Lolium temulentum, plante messicole des céréales, est toxique seulement par ses graines qui peuvent être confondues avec des petits grains de seigle. Plante de 60 centimètres de haut, épi allongé, épillets, comprimés latéralement, glume inférieure dépassant les épillets, grain à sillon ventral large et profond riche en farine.

Granule d'amidon de 4 à 8 µ alors que le grain d'amidon du seigle a de 25 à 45 µ. La farine traitée par l'éther permet d'en retirer un extrait vert-olive de consistance d'axonge. Cet extrait fournit une partie soluble dans l'alcool qui prend une teinte jaune et laisse un résidu verdâtre. Ces deux extraits sont toxiques; le premier est convulsivant, le second stupéfiant.

Dans le passé des intoxications mortelles ont été signalées chez l'homme à la suite de consommation prolongée de pain fabriqué avec des céréales contenant une forte proportion d'ivraie.

Une dose de 30 grammes est considérée comme la dose maxima pouvant être supportée sans troubles.

Des chiens ont pu être empoisonnés avec 250 à 300 grammes, des chevaux avec 2 kilogrammes. Les troubles se traduisent par des tremblements, des nausées, une démarche incertaine et titubante, des coliques, de la dilatation des pupilles, du refroidissement des extrémités, la mort dans le coma ou les convulsions.

Les lésions se traduisent seulement par de la congestion de la muqueuse de l'estomac et de l'intestin.

Les ruminants polygastriques sont peu ou pas sensibles. Les volailles sont extrêmement résistantes.

Intoxication par la nielle des blés : githagisme.

Causes. — La présence de la nielle dans les pailles, les moutures ou les sons de cylindre fraudés avec les farines de graines messicoles, représente la principale source de ces intoxications.

Chez les bêtes bovines, les doses toxiques correspondent à environ 2 gr. 50, de farine de nielle par kilogramme de poids vif.

Au-dessous de cette dose, l'alimentation peut être continuée souvent pendant des semaines sans accidents très accentués.

Les principes toxiques seraient représentés par l'agrostemmo-sapogénine qui serait susceptible de fournir de l'agrostemmo-sapotoxine et de l'acide agrostemmique.

Symptômes. — Les symptômes sont très vagues. — Il y a indigestion avec tendance aux nausées et aux vomissements, diarrhée séreuse fétide. — Plus tard apparaissent des troubles du côté du cœur et du système nerveux, avec démarche hésitante, étourdissements, spasmes pharyngiens, raideur de l'encolure, tendance à l'opisthotonos, mort par syncope cardiaque ou respiratoire.

Chez le cheval on a signalé des troubles identiques, et parfois des troubles cérébraux.

Traitement. — Changement de régime, excitants, purgatifs.

Intoxication par l'ergot de seigle : ergotisme.

Étiologie. — Cette intoxication est due à la présence de l'ergot dans les farines ou dans les grains.

Symptômes. — Il est rare que les symptômes soient très accusés. Dans les cas bénins, il y a avortement chez les femelles en état de gestation; dans les cas graves, gangrène muqueuse locale, gangrène des extrémités, chez les volailles surtout, par action constrictive sur le système circulatoire périphérique, sur les vaso-moteurs et les fibres lisses.

Traitement. — Comme traitement, on a préconisé le chloral et la morphine, mais, comme les lésions sont établies et définitives quand on les découvre, le traitement est quelque peu illusoire. Tout doit se borner aux indications prophylactiques et à éviter l'emploi de l'ergot.

Dans les livraisons d'avoines exotiques à l'armée, par exemple, la tolérance des grains d'ergot ne devrait pas dépasser 1/2 p. 100.

Empoisonnement par le galège *(Galega officinalis)*.

Le *Galega officinalis*, parfois cultivé comme plante d'ornement, et conseillé à tort dans quelques ouvrages de botanique comme plante fourragère, peut empoisonner très facilement le mouton, surtout pendant la période de floraison de la plante, vers juillet. Malgré la répugnance manifeste que lui témoignent les animaux auxquels on la distribue, ils peuvent cependant en consommer des quantités notables lorsqu'elle est mélangée à d'autres fourrages.

Symptômes. — Les symptômes d'intoxication apparaissent vingt-quatre à trente-six heures après le repas, se traduisent par de l'abattement, de l'arrêt du péristaltisme du rumen, de l'affaiblissement cardiaque et la mort sans agonie en l'espace de quelques heures.

Lésions. — A l'autopsie, tous les animaux sans exception présentent de l'épanchement pleural très abondant, sans pleurésie, de l'infiltration du médiastin, de l'œdème du poumon et de la réplétion de toutes les bronches et de la trachée par des spumosités mousseuses faisant une véritable oblitération des conduits respiratoires. Le cœur présente souvent des pétéchies nombreuses sur l'endocarde.

Les troubles et lésions peuvent être reproduits expérimentalement.

Traitement. — Ne pas donner la plante comme aliment. Ne pas déplacer les malades empoisonnés, le moindre effort causant le brassage de l'épanchement bronchique, la réplétion de la canalisation par des spumosités, l'asphyxie et une syncope cardiaque.

Empoisonnement par les feuilles de rhododendrons.

C'est un empoisonnement exceptionnel et tout à fait accidentel. A l'état de nature, les rhododendrons des sommets montagneux n'ont pour ainsi dire pas de feuilles et les vaches qui séjournent dans les alpages ne s'empoisonnent jamais. Avec les rhododendrons cultivés comme plantes d'ornement, on a signalé des empoisonnements chez des brebis qui, échappées, avaient dévoré des massifs et des plantations.

Les symptômes se traduisent par des grincements de dents, des douleurs abdominales s'accompagnant de plaintes, des nausées et, dans les cas graves, par de la faiblesse qui aboutit à la paralysie.

Le traitement consiste en l'emploi de purgatifs.

Intoxications par les tourteaux ricinés.

Étiologie. — Les graines de ricin sont utilisées pour l'extraction d'une huile fort recherchée pour les usages médicaux ou industriels. Les tourteaux sont ensuite utilisés comme engrais, parce qu'ils sont toxiques comme aliments. Le produit toxique est la ricine. D'après Cornevin, ces tourteaux pourraient cependant être utilisés comme aliments après deux heures de cuisson-ébullition, ou lorsque la farine en a été exposée au grand air durant cinq à six jours. Ce sont là des conditions trop spéciales pour une utilisation alimentaire courante.

Mais il peut arriver, par contre, que des tourteaux alimentaires, d'origine exotique toujours, soient impurs ou fraudés par introduction de graines de ricin, et de ce fait, ils deviennent dangereux. L'abus de ces tourteaux constitue la cause unique des empoisonnements. Leur mauvaise qualité varie avec la proportion de graines toxiques. Très souvent, en effet, les graines de ricin sont incomplètement broyées ou on en retrouve facilement les résidus à l'analyse.

L'huile ainsi ingérée favorise, en tant que corps gras, le péristaltisme intestinal et le cheminement des matières alimentaires; le principe laxatif qu'elle contient excite en outre les sécrétions; mais une trop forte dose et l'emploi répété peuvent avoir des conséquences funestes.

Les tourteaux de colza riciné agissent pareillement, mais au bout d'un temps plus ou moins long, selon leur richesse en ricin.

L'intoxication expérimentale, réalisée avec des semences de ricin, chez des chevaux a été trouvée correspondre à une dose de 30 centigrammes par kilog vif environ; la mort survenant en un à trois jours.

Le principe actif est représenté par la ricine, qui existe dans les graines décortiquées et non dans les téguments ou la capsule ou l'huile. Les téguments ou écorces de graines décortiquées contiennent souvent 1 p. 100 de la matière de l'amande, cela suffit pour provoquer des empoisonnements chez les vaches ou les moutons, lorsque ces téguments sont incorporés, comme cela arrive trop souvent, aux tourteaux d'arachides, de sésame, etc.

L'ingestion progressive de doses croissantes, très faibles au début, peut faire acquérir aux animaux une immunité due à la formation d'une antiricine qui a les propriétés d'une antitoxine.

Symptômes. — On observe de la purgation, puis de la superpurgation, et enfin de l'irritation directe se traduisant par de la diarrhée séreuse et fétide, quelquefois sanguinolente. Les troubles peuvent apparaître après vingt-quatre heures; ils s'accompagnent d'une hyperthermie de 1 à 2 degrés. La sécrétion lactée se tarit, les femelles pleines avortent parfois. La mort survient exceptionnellement.

Lésions. — Ce sont celles d'une entérite hémorragique et d'inflammations viscérales généralisées, comme dans bon nombre d'autres intoxications, d'ailleurs.

Traitement. — Préventif : examiner les tourteaux et les donner en quantité moindre s'ils contiennent des graines suspectes. Déterminer de même la proportion de ricin dans la constitution des tourteaux de colza riciné.

Le traitement curatif consiste à supprimer la cause et à traiter l'entérite. — Instituer un régime hygiénique et donner des calmants, des diurétiques, des émollients : breuvages mucilagineux à base de lin, de guimauve, d'orge.

INTOXICATION PAR LES TOURTEAUX DE COTON.

Les tourteaux de coton constituent une nourriture riche, poussant à la graisse; mais, donnés en trop grande abondance, ils peuvent déterminer de l'empoisonnement vrai, et, s'ils ne sont pas décortiqués, des accidents d'origine mécanique, des irritations directes, des obstructions digestives.

Accidents mécaniques. — Ces derniers accidents s'observent chez le mouton seulement, et même chez les agneaux presque exclusivement.

Ils consistent en l'obstruction du feuillet (gouttière œsophagienne) et surtout de la caillette (pylore) par l'enveloppe ligneuse des graines, dont les fibres constitutives s'agglutinent et ferment l'orifice pylorique à la façon des brins de laine ou des poils dans la maladie du lécher. Le bouchon formé arrive aussi à s'enclaver en un point de l'intestin. La mort, dans les deux cas, survient forcément par obstruction intestinale.

Chez les grands animaux, à tube digestif large, ces accidents mécaniques d'obstruction ne se produisent pas.

Accidents toxiques. — Chez le bœuf, comme chez le mouton et même le cheval, l'empoisonnement vrai peut survenir à la faveur d'un principe nocif que Cornevin a découvert dans la graine et surtout dans la farine.

Le principe actif, étudié depuis, est le *Gossypol*, pigment végétal phénolique vénéneux qui se trouve dans la proportion de 0,6 p. 100 dans les graines naturelles. L'extraction de l'huile de coton, à froid, fait passer les trois quarts du gossypol dans l'huile, la rectification détruit le poison par la chaleur durant le raffinage. Les tourteaux de coton provenant de l'extraction de l'huile à chaud sont peu toxiques. Le gossypol est soluble dans l'éther et dans l'huile. Il peut être mis en évidence sous le microscope, sur une parcelle de farine étalée, à l'aide d'une goutte d'acide sulfurique concentré, il prend alors une teinte rouge. On peut l'extraire, pour dosage, par l'éther, et pour le séparer de l'huile, on peut utiliser l'aniline avec laquelle il forme un précipité à peu près insoluble.

Plusieurs chimistes américains (Withers, Brewsters, 1913), ont été conduits à admettre que l'élément toxique était représenté par du soufre fixé d'une façon instable à la molécule de protéine et exerçant une action nocive sur le fer du sang. La médication ferrique serait indiquée et le fer un véritable antidote.

La plupart des accidents observés avec le tourteau de coton sont dus à l'emploi de mauvais tourteaux, et surtout de celui désigné commercialement sous le nom de tourteau cotonneux (graines mal décortiquées).

Symptômes. — Dans la première série d'accidents, les symptômes sont analogues à ceux des obstructions intestinales de la maladie du lécher.

Dans la seconde, ils apparaissent au bout de huit ou quinze jours, et se traduisent par de la sensibilité de l'abdomen, des efforts de miction. L'urine est albumineuse; plus tard elle devient teintée, rougeâtre, puis franchement hématurique. Les muqueuses présentent une teinte subictérique. Il peut se produire de la paraplégie.

Lésions. — Le foie est le siège d'une hépatite interstitielle faisant suite à des altérations cellulaires par intoxication. Le rein présente, lui aussi, des lésions de néphrite, laquelle, interstitielle au début, devient épithéliale plus tard; l'endothélium des tubes apparaît exubérant.

Le *traitement* ne doit être entrepris qu'autant que les lésions organiques, peu accusées, rendent la guérison possible économiquement. Il suffit, en pareil cas, de supprimer la cause et d'instituer un régime hygiénique.

Expérimentalement, les auteurs américains précités ont démontré que l'addition de citrate de fer ammoniacal aux rations alimentaires permettait d'éviter tout accident toxique. La question n'a qu'une importance secondaire chez nous, où le tourteau de coton est bien moins largement utilisé qu'en Amérique.

EMPOISONNEMENT PAR LES TOURTEAUX DE COLZA ET DE NAVETTE.

Les tourteaux de colza et de navette se rencontrent actuellement dans le commerce sous trois variétés : tourteaux indigènes, tourteaux du Danube, tourteaux indiens. Ces derniers, considérés avec raison comme toxiques, parce qu'ils renferment souvent des graines de *sinapis nigra*, sont en principe proscrits de l'alimentation et utilisés seulement comme engrais.

Les graines de colza (*Brassica oleifera*), comme toutes les graines de crucifères, contiennent une faible quantité de myrosine (ferment) et de myronate de potasse (glucoside salin).

Lorsque l'huile de colza est extraite à froid, le tourteau renferme les mêmes principes inaltérés.

Après ingestion et macération du tourteau dans les réservoirs gastriques à 37°-38°, la myrosine réagit sur le myronate de potasse, donne une essence, de l'isosulfocyanate de crotonyle, peut-être d'autres essences sulfurées, encore, et des accidents d'intoxication peuvent apparaître. La quantité d'essence produite peut varier avec les tourteaux.

Les graines de moutarde noire des tourteaux indiens, et celles du *brassica juncea* donnent naissance, après macération, à l'essence de moutarde noire, l'isosulfocyanate d'allyle, qui était autrefois considérée comme la seule existante.

L'isosulfocyanate de crotonyle des tourteaux de colza et d'œillette est un homologue supérieur de l'isosulfocyanate d'allyle, mais il est quatre à cinq fois moins toxique que ce dernier, ce qui explique la fréquence des accidents toxiques avec les tourteaux indiens et la rareté de ces accidents avec les tourteaux indigènes.

En général, 1 kilogramme de tourteau de colza fabriqué à froid contient de 2 à 3 grammes de sulfocyanate de crotonyle.

L'intoxication mortelle peut être exceptionnellement réalisée avec des doses de 1 kgr. 500 ou 2 kilogrammes de tourteaux.

Lorsque le tourteau a été fabriqué à chaud, la myrosine peut être détruite, mais il faut pour cela que la masse pâteuse soumise à l'extraction de l'huile soit portée à près de 100°, ce qui est rare. En solution aqueuse, la myrosine est détruite à 70°, dans les graines il faut près de 100°. Le ferment étant détruit, l'essence de moutarde ne peut plus prendre naissance et l'intoxication ne peut plus se réaliser; cela explique pourquoi certains éleveurs peuvent donner jusqu'à 5 à 6 kilogrammes de tourteau de colza, par jour, sans accidents.

D'après mes recherches expérimentales, l'essence de moutarde noire, le sulfocyanate d'allyle pur, est capable de provoquer des accidents mortels à la dose de 2 grammes par 100 kilogrammes de poids vif ; le sulfocyanate de crotonyle est, au contraire, infiniment moins dangereux ; néanmoins il est possible d'enregistrer des accidents d'intoxication, même avec les tourteaux indigènes, surtout lorsqu'ils ont été fabriqués à froid.

Les *symptômes* se traduisent par de la tristesse, de l'abattement, de la suppression de la rumination et du péristaltisme digestif, de la suppression de la sécrétion lactée, de la stupéfaction, de la prostration et la mort en vingt-quatre ou quarante-huit heures.

La cause réelle de l'intoxication ne peut pas toujours être établie de façon absolue par le dosage de l'essence toxique, car il est des cas où cette dose reste au-dessous du chiffre fixé par l'expérimentation. Un tourteau donné, qui a causé des empoisonnements mortels dans une ferme, ne les produira pas dans une autre exploitation, toutes conditions restant identiques.

Il y a dans ces empoisonnements un facteur individuel ; l'état des sécrétions ou des fermentations digestives favorise ou entrave la production du toxique, lequel peut être parfois neutralisé partiellement.

Les *lésions* sont celles d'une gastro-entérite violente limitée aux compartiments gastriques et aux premières parties de l'intestin, avec infiltration séro-œdémateuse citrine des parois de l'épiploon et du mésentère.

Le lait des laitières peut être toxique sans que celles-ci soient incommodées, parce qu'il passe des sulfocyanures dans ce lait.

Le *traitement* est nul, mais on peut éviter ces accidents en n'employant que du tourteau fabriqué à chaud, ou mieux du tourteau préalablement échaudé et bouilli par mesure de sécurité.

Les mêmes accidents peuvent se produire avec les tourteaux de navette dont la richesse en essences sulfurées, variable d'ailleurs, se montre parfois plus élevée que celle des tourteaux de colza.

INTOXICATIONS PAR L'ACIDE CYANHYDRIQUE.

Les intoxications par l'acide cyanhydrique en nature ne se présentent jamais dans la pratique courante de la médecine des animaux parce que l'on n'utilise en thérapeutique usuelle ni l'acide cyanhydrique, ni même l'eau de laurier-cerise d'usage courant en médecine humaine. Par contre il n'est pas absolument rare d'enregistrer des intoxications alimentaires à la suite d'ingestion de plantes génératrices d'acide cyanhydrique : par les feuilles de laurier-

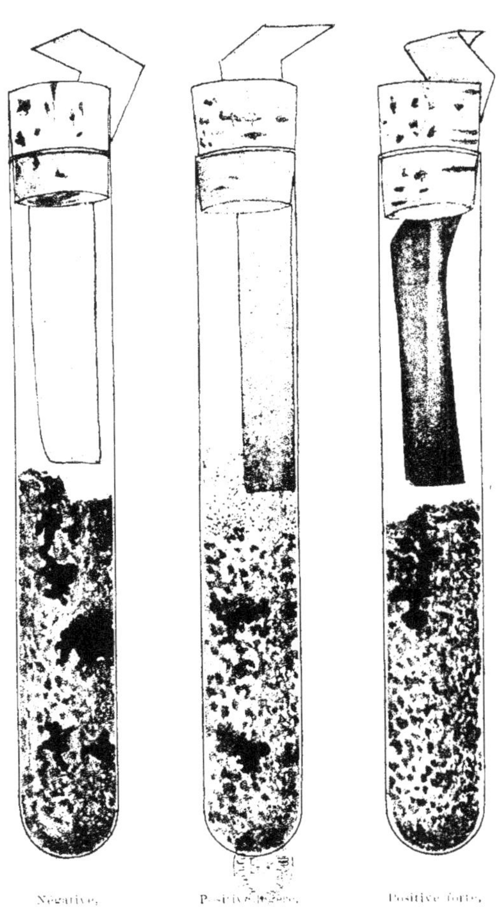

RÉACTIONS DE LA LINAMARINE SUR LE PAPIER PICRO-SODÉ
Trois tourteaux de lin différents.

cerise, les plantules de lin et les tourteaux de lin, par les haricots de Java, par les feuilles des différentes variétés de Sorgho en végétation, par les cossettes ou les farines de manioc amer, etc... Certaines cellules de ces plantes contiennent d'une part des glycosides variés et d'autre part des cellules à diastases ou ferments, dont l'action, à une température déterminée, provoque la décomposition des glycosides et la formation d'acide cyanhydrique. Si la quantité d'acide cyanhydrique engendrée est faible, il n'y a pas d'accidents; si elle est forte, et cela dépend pour une même plante de la richesse en glycosides et en ferments, des accidents mortels à évolution rapide peuvent en être la conséquence. Cette richesse dépend du climat, de la composition du sol, de l'abondance des engrais azotés, etc., etc. Telle plante qui n'est pas toxique sous notre climat tempéré le devient sous des climats différents, en particulier les climats chauds.

Les animaux monogastriques (porc, cheval, chien) sont plus sensibles que les polygastriques parce que chez ces derniers les fermentations microbiennes du rumen et les éructations neutralisent ou favorisent l'élimination de l'acide engendré, néanmoins des accidents mortels ont été signalés chez le bœuf et le mouton et c'est pourquoi ils méritent d'être mentionnés.

La dose toxique est environ de 1 milligramme par kilo vif.

Dans les cas de doute il est possible de préciser le diagnostic par la mise en évidence de la réaction de l'acide cyanhydrique à l'aide du papier picro-sodé de la façon suivante :

1º *Papier picro-sodé.* — On prend des bandelettes de papier-buvard de 1 centimètre de largeur, assez épais, que l'on plonge dans une solution concentrée d'acide picrique dans l'eau. On égoutte et on laisse sécher. — Ce papier est immergé ensuite de la même façon dans une solution de carbonate de soude à 10 p. 100. — On égoutte et on laisse sécher, le réactif est prêt.

2º *Le produit suspect* : feuilles, farines, tourteau, etc., est broyé dans l'eau de façon à former une pâte que l'on dépose dans le fond d'un tube à essai, jusqu'à la moitié ou le tiers de la hauteur au moins.

3º *Réaction.* — Une bandelette de papier picro-sodé est engagée dans la moitié supérieure du tube, maintenue flottante par un bouchon de caoutchouc, sans contact direct avec la bouillie. A la température ordinaire de 15-18º en douze ou vingt-quatre heures, plus rapidement, en cinq à six heures à la température de l'étuve 35-38º le glycoside se décompose et de l'acide cyanhydrique est engendré, s'il doit s'en produire. Cet acide cyanhydrique se dégage, réagit sur le papier picro-sodé en donnant de l'iso-purpurate de sodium qui se traduit par une coloration rouge plus ou moins intense du papier variant du jaune rougeâtre au rouge brique-foncé-brun.

La même réaction peut être trouvée avec le contenu du rumen, sous la condition que le prélèvement soit fait immédiatement au moment de la mort, car plus tard il y a diffusion rapide du toxique et la réaction n'apparaît plus.

Les symptômes se traduisent rapidement par de l'accélération respiratoire et circulatoire, de la salivation, du ballonnement, des tremblements musculaires, parfois des beuglements, des convulsions et la mort, ou de la somnolence et du coma.

Traitement. — Toutes les intoxications par l'acide cyanhydrique et même le cyanure de potassium sont rapidement neutralisées par les sucres réducteurs, en particulier le glucose, le sucre des vins, le lactose, etc... — A défaut on peut employer le sulfate de fer qui donne du cyanure de fer non toxique. — La cuisson détruit les ferments et fait disparaître la toxicité.

Empoisonnement par le laurier-rose.

Les accidents sont rarement mortels. Toutes les parties de la plante sont toxiques, sèches ou vertes, mais les animaux ne les ingèrent qu'accidentellement.

Les symptômes sont caractérisés par de l'abattement, de la constipation suivie de diarrhée noire et fétide, des mictions fréquentes avec épreintes, de la tachycardie. Dans les cas mortels, on voit des convulsions, puis de la paralysie.

Traitement. — Lait, café, alcool, sucre, lactose, glucose, sulfate de fer, sérum glucosé.

Intoxication par les tourteaux de lin.

Certains tourteaux de lin, particulièrement d'origine étrangère, peuvent contenir en abondance un glycoside, *la Linamarine*. Dans l'estomac ce glycoside peut engendrer la formation d'acide cyanhydrique et par suite provoquer des intoxications légères, graves ou mortelles. Le danger existe pour les monogastriques. Il est beaucoup plus faible chez les ruminants parce que l'acide cyanhydrique engendré dans le rumen, qui n'est pas un appareil d'absorption (?) est éliminé par les éructations et la rumination. Les fermentations microbiennes agissent peut-être aussi. La quantité moyenne d'acide cyanhydrique engendrée varie de 0 gr. 020 à 0 gr. 040 exceptionnellement 0 gr. 080 par 100 grammes de tourteau.

La mort arrive de façon imprévue et rien dans les autopsies ne peut en révéler l'origine si l'on n'est pas renseigné sur le genre d'alimentation. La seule constatation fréquente est une sorte de macération de la muqueuse du rumen qui s'enlève avec facilité. Les accidents sont plus fréquents chez les moutons que chez les bovidés et ce sont toujours les animaux les plus gras, parce que les plus gourmands qui sont frappés de préférence. On évite ces accidents par le rationnement méthodique ou la cuisson des tourteaux. L'emploi en buvées est la forme d'emploi la plus dangereuse.

EMPOISONNEMENT PAR LE SORGHO SUCRÉ.

L'empoisonnement se caractérise par des tremblements, de l'exophtalmie, de la salivation, des trépignements, du ballonnement et des envies fréquentes d'uriner. Les battements cardiaques, tumultueux au début, s'affaiblissent rapidement ; le pouls devient progressivement imperceptible et les malades succombent. Ce sont les jeunes pousses, les jeunes feuilles de Sorgho qui sont les plus toxiques au début de la végétation, en juin, et après la première coupe en septembre. Ces feuilles contiennent, une forte proportion de glycoside capable de donner de l'acide cyanhydrique.

Le Sorgho à balais, consommé vert, avant la sortie des panicules floraux, peut provoquer des accidents identiques surtout si la végétation a été précaire. Les symptômes seraient les suivants : Inappétence, inquiétude, météorisation, accélération respiratoire et circulatoire, incoordination des mouvements, paraplégie, chute sur le sol et mort rapide. La saignée abondante et les injections massives de solution physiologique pourraient rendre des services dans les cas où l'on aurait le temps de les utiliser. D'une façon générale, toutes les variétés de Sorgho cultivées dans nos colonies doivent être considérées comme toxiques durant leur végétation, jusqu'à ce que les tiges aient 25 à 30 centimètres de hauteur. La toxicité disparaît chez la plante adulte.

INTOXICATION PAR LES HARICOTS DE JAVA.

Sous les noms de haricots de Java, fèves de Birmanie, etc., on a introduit sur le marché européen, à l'état de nature, de graines concassées ou de farine, des variétés de graines de haricots venant du continent asiatique et produites, pour la majorité, par le *Phaseolus lunatus*.

L'ingestion de la farine ou des graines peut amener des intoxications très graves, souvent mortelles, dues à l'acide cyanhydrique. Le toxique ne préexiste pas dans les graines, mais il prend naissance dans l'appareil digestif par suite du dédoublement d'un glycoside : la Phasine qui appartient au groupe des substances azotées contenues dans les graines. L'action de l'eau bouillante détruit le ferment qui se trouve à côté du glycoside et rend ainsi les produits inoffensifs.

Des doses de 400 grammes pour une bête bovine de taille moyenne seraient suffisantes pour amener des accidents. Les symptômes se traduisent par du ballonnement, de la salivation, de l'accélération respiratoire et circulatoire, des tremblements musculaires, du vertige, la paraplégie et la mort.

La présence de l'acide cyanhydrique peut être mise en évidence dans le contenu du rumen ou de l'estomac chez les autres animaux, le porc en particulier.

On peut déterminer sa formation et révéler sa présence, en dehors de l'organisme, en faisant simplement macérer des graines ou des farines à une température de 35° à 38°.

Intoxication par les gesses : lathyrisme.

Due, chez le cheval, à une alimentation trop riche en graines de gesse, elle est produite chez le bœuf par l'ingestion des parties vertes de la plante (Perrussel), par les graines ou par les farines.

Cliniquement, c'est à la suite de l'alimentation par des fourrages verts à base de vesces (semences impures contenant des graines de Lathyrus cicera, de gesses clymènes, etc...) que l'on voit les accidents apparaître, en mai, juin et juillet.

L'alimentation devrait être continuée au moins pendant un mois pour déterminer des accidents avec les plantes vertes, quelques semaines seulement avec les graines ou les farines.

Symptômes. — Ils débutent par de l'agalaxie et de la somnolence, de l'inrumination, de l'inappétence, de la tristesse, qui se compliquent d'incoordination des mouvements. Les accidents nerveux, seuls observés chez le cheval, apparaissent plus complexes chez les bovidés : le système neuro-musculaire est frappé. L'insuffisance d'activité nerveuse amène de l'incoordination des mouvements du train postérieur d'abord, du corps tout entier ensuite, puis de la paraplégie du train postérieur. On ne note pas de cornage, probablement parce qu'on n'a pas affaire à des moteurs de grande vitesse, mais les malades finissent par tomber le 4e ou le 5e jour après le début, et la mort peut être la terminaison après huit ou dix jours, si l'intoxication est grave.

Lésions. — Peu étudiées, elles paraissent consister en de la congestion, de l'infiltration des méninges rachidiennes, des racines du plexus lombo-sacré, et vraisemblablement des lésions du tissu nerveux lui-même.

Traitement. — Le poison s'accumule progressivement dans l'organisme. Si les animaux sont paralysés, il y a peu de chances de succès. Néanmoins il faut supprimer la cause, administrer des purgatifs et des diurétiques dans le but d'éliminer les produits toxiques. La guérison est obtenue en trois semaines ou un mois, lorsque l'intoxication produite est restée faible. Préventivement il est indiqué de ne faire consommer des gesses qu'avec prudence (fourrage vert, graines ou farine); si cependant on y était obligé, il conviendrait de ne donner ces produits que par périodes de huit à dix jours, avec interruptions d'une quinzaine.

INTOXICATION PAR LES MÉLASSES.

Résidus de la fabrication du sucre, les mélasses sont utilisées, aux environs de Paris, dans la Brie, le Nord, et un peu partout aujourd'hui, comme aliments. Mélangées à des fourrages, même de mauvaise qualité, elles font accepter ceux-ci par les animaux ; elles constituent ainsi une ration économique, et de plus facilitent les combustions respiratoires (traitement de la pousse). Leur composition chimique : 60 p. 100 d'hydrocarbones et 10 à 12 p. 100 de sels de potasse et de soude, exige qu'on leur associe des matières azotées de façon à obtenir une relation nutritive convenable. D'autre part, les doses doivent en être parfaitement réglées ; au delà de 2 kilogrammes à 2 kgr. 500 de mélasse par 500 kilogrammes de poids vif, des accidents peuvent survenir. Ces accidents portant sur l'appareil urinaire d'abord, sur l'appareil digestif consécutivement, sont dus aux sels de potasse et de soude et peuvent représenter de véritables empoisonnements.

Les *symptômes* consistent en de la diurèse abondante, résultant de l'excès des sels de potasse et de soude, et s'accompagnant dans la suite d'albuminurie. On observe en même temps de la superpurgation.

A l'autopsie, on trouve des *lésions* de gastro-entérite irritative, de la néphrite chronique.

Comme *traitement*, il est indiqué de retirer les mélasses de l'alimentation, et d'instituer un régime exerçant une action calmante sur le rein : lait, mucilagineux, tisanes d'orge, de céréales.

INTOXICATION PAR LES POMMES DE TERRE GERMÉES.

La germination hâtive donne aux pommes de terre des propriétés nocives. Chez les porcs principalement, les premiers signes apparaissent après deux et trois jours d'utilisation, ils se traduisent par de l'abattement, de la somnolence et du refus de manger.

Le pouls est imperceptible, une diarrhée séreuse épuisante se prolonge jusqu'à la paraplégie et la mort.

A l'examen des viscères, la muqueuse gastrique apparaît avec une couleur rouge-cerise.

Comme traitement, on recommande la suppression absolue du régime, l'administration de tisanes de graines de lin et de décoctions d'écorces de chêne.

Les mêmes accidents mortels peuvent être enregistrés chez des chèvres.

INTOXICATION PAR LES PRÊLES.

Nombre d'auteurs ont signalé la toxicité des prêles; aucune expérience probante n'est venue confirmer cette assertion. La littérature vétérinaire allemande, qui est fort riche sur cette question, renferme des opinions contradictoires, sans rien de réellement démonstratif.

La toxicité a été rapportée à la présence d'un alcaloïde, l'équisétine, ou à l'action d'un acide équisétique, dont une dose de 3 gr. 50 serait suffisante pour tuer un cheval. Rohr, en 1899, a signalé à la Société d'agriculture de l'Aisne, des cas d'intoxication mortelle chez des jeunes bovidés à la suite de l'ingestion des foins renfermant 1/3 de prêles (équisetum palustre). L'observation repose sur une hypothèse mais n'apporte pas de preuves absolues.

Les symptômes seraient : tristesse, abaissement de température, perte de la vue, tête appuyée au fond de l'auge ou sur le sol, accès rabiformes (?), mort au cours d'un accès. Expérimentalement, une infusion, ou une macération à 1/10e (24 heures à 37°) a fourni un liquide qui, concentré à 1/10 et injecté à la dose de 20 centimètres cubes sous la peau à des cobayes et des lapins, a provoqué de la paralysie postérieure, de la cécité, de l'insensibilité et la mort après quinze à dix-huit heures.

Les auteurs allemands ont signalé chez le cheval de la paralysie postérieure, puis de la paralysie complète, pouvant faire croire à de la paralysie infectieuse. L'équisetum limosum ne serait pas toxique, le palustre plus toxique; la toxicité varierait avec le terrain, la dessication plus ou moins prolongée.

MALADIE DES PULPES.

Très répandue maintenant, cette affection est la conséquence de l'ingestion des résidus des distilleries ou des sucreries : pulpes de betterave en majeure partie.

Guionnet l'a décrite en 1860 sous le nom de maladie de la caillette; les travaux plus récents de Butel, Rossignol et Arloing ont achevé de nous renseigner sur sa nature.

Étiologie. — Guionnet attribuait l'action nocive des pulpes à un excès d'acidité déterminé par l'addition d'acide sulfurique au cours des manipulations industrielles. Mais il est prouvé que cette acidité, si elle existe, est due surtout à des produits de fermentations diverses : fermentations lactique, butyrique, acétique, etc.

Pour Rossignol, les accidents seraient dus tout simplement à une trop grande proportion d'eau : 90 p. 100 ; cette donnée ne saurait expliquer les symptômes généraux d'empoisonnement.

La véritable cause paraît résulter du mode d'emploi et de conservation des pulpes, que l'on accumule dans de simples silos en terre, ou dans des silos cimentés, à l'intérieur desquels elles subissent des fermentations et des commencements de putréfaction. Les liquides qu'elles contiennent alors sont éminemment toxiques. Filtrés sur porcelaine et injectés sous la peau d'animaux d'expériences, ces liquides de pulpes provoquent des troubles vaso-moteurs, vaso-paralytiques qui, s'ils prédominent, caractérisent la forme aiguë de la maladie, ou des effets hypersécrétoires amenant de la diarrhée permanente et de la gastro-entérite chronique.

Ces liquides seraient toxiques à la dose de 2 à 3 centimètres cubes par kilogramme du poids de l'animal, en injection intra-veineuse. La nocivité serait due à des produits microbiens, à des toxines sécrétées par des bacilles spéciaux, isolés et étudiés par Arloing. La nocivité diminue à mesure que les pulpes vieillissent, et fait défaut si l'on a pris soin d'empêcher les fermentations par l'addition d'antiseptiques légers, sel marin, par exemple. Ces recherches du professeur lyonnais sont assurément très intéressantes, et si elles ne correspondent pas exactement à ce qui se passe dans la pratique, elles font prévoir le mode d'évolution des accidents.

Les troubles pathologiques ne s'observent qu'après l'emploi de pulpes altérées, pendant un temps parfois fort long.

Les animaux élevés dans les exploitations où l'on utilise continuellement les résidus de distillerie ou de sucrerie s'habituent facilement à cette nourriture et sont rarement frappés. C'est sur les sujets nouvellement importés, nouvellement soumis au régime des pulpes, que la maladie apparaît en affectant des formes variables : aiguë, nerveuse, subaiguë ou chronique.

Forme aiguë. — Symptômes. — Exceptionnelle chez le bœuf, plus fréquente chez le mouton, la forme aiguë se traduit au début, chez le premier, par des symptômes digestifs : tristesse, inappétence, coliques, sensibilité de l'abdomen, disparition de la rumination (sans météorisation), et constipation. Les excréments sont durs et coiffés ; leur teinte est noirâtre, sans qu'il y ait cependant d'hémorragie intestinale.

La diarrhée qui survient dans la suite coïncide avec une aggravation des symptômes généraux : la température atteint 40°, 41° ; l'essoufflement est prononcé. On note enfin des signes peu caractéristiques : grincements de dents, mastication à vide, qui font songer à la péritonite.

Chez le mouton, la tristesse et la prostration du début donnent aux malades les apparences d'animaux charbonneux. La confusion·

est d'autant plus facile que l'accélération de la respiration et une fièvre intense précèdent une mort rapide, quelquefois foudroyante.

Lésions. — L'autopsie pratiquée immédiatement permet toujours de faire le diagnostic différentiel par l'examen bactériologique et même par l'examen macroscopique.

Lorsque les animaux ont succombé dans un délai très court, en une nuit, on ne trouve que des lésions d'entérite. Plus marquées, les lésions consistent en une congestion intense avec coloration acajou et épaississement de la muqueuse de la caillette (mal rouge).

L'intestin lui-même est atteint, et si les éléments glandulaires sont peu altérés, les espaces intercellulaires sont ecchymosés : des hémorragies multiples se sont produites, donnant un aspect lie de vin au contenu du tube digestif.

Les viscères abdominaux présentent peu de lésions caractéristiques. Le foie est cuit, comme dans beaucoup d'intoxications ; le rein est congestionné, noir, et la rate ne paraît hypertrophiée que lorsqu'une autopsie tardive a permis l'envahissement du système circulatoire par les agents microbiens de l'intestin.

Les reins se ramollissent très vite après la mort, de même que la rate.

Forme nerveuse. — **Symptômes.** — Tandis que dans la première forme les accidents paraissent tenir à l'action prédominante des produits diastasiques contenus dans les liquides de macération, dans la forme nerveuse ils paraissent plutôt résulter de l'effet convulsivant et paralysant de substances ptomaïniques (Arloing).

Le bœuf en semble plus particulièrement atteint. Il présente alors les apparences du cheval affecté de fièvre typhoïde : tristesse profonde, conjonctive acajou, yeux pleureurs, cornée infiltrée ; température élevée : 41°, 41°5 ; battements du cœur forts, pouls petit. Les symptômes cérébraux surtout sont marqués : le malade est pris de vertige ; il pousse au mur quand on l'excite ou qu'on veut lui faire avaler des breuvages ; on le croirait atteint d'une tumeur cérébrale. On observe enfin de l'hyperesthésie, des coliques légères et de la sensibilité de l'abdomen.

Chez le mouton, les symptômes se traduisent par de l'abattement extrême et de l'hyperexcitabilité.

Dans les deux espèces, la terminaison est toujours rapide ; la mort survient en quelques jours.

Dans quelques cas exceptionnels, les malades présentent des signes de fourbure, de paraplégie et de paralysie. La guérison peut survenir si l'alimentation est totalement changée. L'origine précise de ces accidents de fourbure et de paralysie n'a pu être déterminée.

Lésions. — Du côté de l'appareil digestif, elles sont identiques à celles de la forme aiguë. Il existe de la gastro-entérite, ou plutôt de la congestion intense de la caillette et de l'intestin, avec extravasations sanguines périacineuses, sous-muqueuses, et desquamations épithéliales plus ou moins accusées. — Les annexes présentent quelquefois des altérations secondaires. Celles des centres nerveux sont plus accusées. Les méninges sont congestionnées; quelquefois, elles paraissent enflammées, il y aurait augmentation du liquide céphalo-rachidien.

Forme subaiguë ou chronique. — Symptômes. — Également fréquente chez le bœuf et le mouton, elle revêt une marche insidieuse, méconnue au début. Les manifestations caractérisent une gastro-entérite légère sans ballonnement, mais provoquant une diarrhée séreuse, fétide, incoercible, qui débilite les malades et les fait périr cachectiques et hydrémiques (hydrémie des Allemands, maladie des sucreries).

La sensibilité de tout le côté droit de l'abdomen, la diarrhée particulière, les troubles du cœur, les œdèmes généralisées permettent ordinairement l'élimination de la gastro-entérite vulgaire.

Chez le mouton, la diarrhée noirâtre, quelquefois sanguinolente, coïncide avec une teinte subictérique ou ictérique des muqueuses de la peau et de tous les tissus, et l'intensité de cette coloration paraît être en rapport avec la rapidité d'évolution de la maladie. L'urine recueillie est également ictérique; il y a suppléance entre les deux organes dépurateurs, foie et rein. Elle peut devenir sanguinolente, soit qu'elle renferme du sang en nature, soit qu'elle tienne simplement de l'hémoglobine en dissolution.

Lésions. — Ce sont celles des formes précédentes avec des modalités dans l'intensité seulement. Lorsque la diarrhée a été accusée et persistante, la muqueuse digestive est durcie, indurée, comme tannée. Il s'agit d'inflammation chronique, conséquence probable de la gastro-entérite du début.

Le foie est cuit; la graisse, la plupart des tissus, le conjonctif surtout, présentent une légère teinte jaune dont l'existence n'est que l'expression des altérations hépatiques.

Diagnostic. — Généralement facile, pour les trois formes, après examen des aliments.

Pronostic. — Variable. Les formes aiguë et nerveuse sont ordinairement mortelles. La maladie évoluant lentement peut être curable.

Pathogénie. — Des constatations pratiques et des recherches faites il résulte, sans le moindre doute, que les accidents enregistrés traduisent une intoxication. L'examen histologique du foie de moutons qui ont succombé rapidement montre une dégénération complète de la cellule hépatique qui devient inapte à sa fonction. Les acides biliaires, n'étant plus retirés de l'organisme, provoquent l'intoxication générale, la destruction globulaire, et l'apparition d'un ictère hémaphéique avec hémoglobinurie.

Mais il ne faut pas oublier que les accidents n'apparaissent que si les pulpes sont altérées, ils ne se voient pas avec les pulpes de bonne qualité.

Traitement. — Ayant la conviction que l'acidité seule provoquait les accidents propres à la maladie des pulpes, nos prédécesseurs préconisaient l'emploi des alcalins.

Des précautions préventives valent mieux.

Il s'agit d'empêcher les mauvaises fermentations des pulpes. La conservation en silos, en permettant l'égouttage, est souvent suffisante à ce point de vue ; mais, mal effectuée, elle facilite l'infiltration des pulpes par des moisissures ; des agents variés pénètrent dans les fissures de la masse et trouvent là un milieu de culture favorable à leur multiplication.

La dessication complète donnerait certainement des résultats plus avantageux ; elle n'est pas encore réalisable économiquement. Pratiquement, on se borne à faire égoutter les pulpes à fond, en les entassant dans des silos spéciaux, divisés en compartiments par des cloisons à claire-voie, et permettant l'écoulement des liquides par la disposition en pente de leur plancher.

La conservation n'est cependant pas parfaite ; il arrive que des compartiments se trouvent altérés.

Pour éviter ou limiter ces altérations, il suffit d'ajouter du sel marin à la dose de 150 grammes par 100 kilogrammes de pulpe, pour empêcher les fermentations anormales (Arloing).

De nos jours, on semble pouvoir faire mieux encore, et des expériences tentées dans ces dernières années il résulte que l'ensemencement des pulpes par des ferments lactiques (lacto-pulpes) permet une conservation, sinon parfaite, du moins excellente. Il se développe dans les masses ensilées une fermentation lactique régulière, analogue à celle de la choucroute par exemple, et la présence d'acide lactique entrave toutes les infections étrangères.

Le *traitement curatif* comporte une saignée moyenne, la diète pendant plusieurs jours et l'administration de lait, de bicarbonate de soude, de salicylate de soude (20 grammes par jour), et d'excitants qui favorisent l'élimination des toxines et des produits organiques d'intoxication. Les injections de solutions salines continuées pendant quelques jours permettent de sauver un certain nombre de malades.

Lorsque l'intoxication est trop prononcée, que les viscères sont définitivement tarés, il est plus économique d'envoyer les animaux à la boucherie, à moins que l'ictère ne rende la chair impropre à la consommation.

CHAPITRE VIII

PARASITES DE L'APPAREIL DIGESTIF

Les parasites de l'appareil digestif sont extrêmement fréquents chez les ruminants; les uns sont sans importance (infusoires du

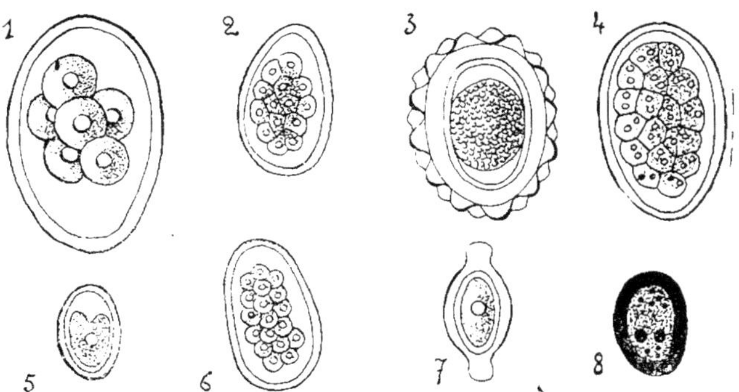

Fig. 116. — Œufs des principaux parasites de l'appareil digestif : 1. Strongylus filicolis. — 2. Str. Ostertagi. — 3. œuf d'ascaris. — 4. œuf de distoma hépaticum. — 5. coccidie, ookyste. — 6. œuf d'uncinaire. — 7. œuf de tricocéphale. — 8. œuf de distoma lanceolata.

rumen); les autres, au contraire, paraissent jouer un rôle prépondérant dans l'évolution de certaines anémies et cachexies graves (strongyloses gastro-intestinales, entérites coccidiennes).

LOMBRICOSE DES VEAUX

A l'exemple du terme adopté en médecine humaine, j'applique la dénomination de *lombricose* à l'affection causée par les ascarides chez les veaux; *ascaridiose*, provoquée par ascaris vitulorum, ver rond blanc-rougeâtre, semi-transparent : mâle, 15 à 18 centimètres ; femelle, 25 à 30 centimètres; œuf, 75 à 80 μ de diamètre.

Étiologie. Symptômes. — L'affection est due exclusivement à l'infestation par les embryons, qui, chez les jeunes veaux, se développent ensuite dans les premières parties de l'intestin et dans la caillette, déterminant des troubles sécrétoires, des troubles mécaniques, des coliques et des troubles digestifs, lesquels aboutissent toujours à un amaigrissement marqué. La mort peut être la conséquence de cette lombricose, qu'elle arrive par déchirure de la région pylorique ou du duodénum, comme cela se voit, ou par septicémie secondaire d'origine intestinale consécutive aux inoculations faites par les parasites dans l'épaisseur de la muqueuse.

Les extraits et excreta d'ascarides contiennent des acides gras volatils, des éthers gras, des aldéhydes, de l'ammoniaque, des amines capables de provoquer des irritations locales, des inflammations et de la nécrose. Ces actions sont vraisemblablement capables d'expliquer les irritations de muqueuses, les troubles gastro-intestinaux et nerveux enregistrés chez les porteurs d'ascarides. Comme d'autre part ces substances ont une action hémolytique, elles expliquent partiellement l'anémie parasitaire.

Les veaux peuvent s'infester dès la troisième semaine, sur place, dans les étables, l'embryonnement se faisant très rapidement, en quelques jours, si la température du milieu est élevée.

Les *symptômes* sont très limités et se bornent à l'amaigrissement, au mauvais état général, à l'anémie, la cachexie, à l'odeur spéciale de l'air expiré, à l'odeur butyrique des urines.

Après abatage, la viande a, elle aussi, une odeur butyrique très nette.

Chez les adultes, la lombricose est exceptionnelle, et c'est d'ailleurs là une règle générale pour toutes les espèces; elle se présente principalement chez les jeunes, depuis le sevrage jusqu'à dix-huit mois ou deux ans.

Le *diagnostic* n'est généralement établi que lorsqu'on trouve des parasites dans les excréments, mais l'examen microscopique permettrait de préciser facilement ce diagnostic en décelant la présence des œufs.

Le *pronostic* est peu grave lorsque le diagnostic est établi de bonne heure; lorsque les malades sont épuisés, anémiés, ils mettent un très long temps à se rétablir, même après expulsion des parasites.

Traitement. — Guittard recommandait l'huile empyreumatique comme très efficace, à la dose de 10 à 12 grammes en dilution dans l'huile ordinaire ou en émulsion avec un mucilage quelconque.

Le calomel, qui donne de si bons résultats chez l'homme, pourrait être employé aussi à la dose de 1 à 4 grammes, suivant la taille. La poudre de noix d'arec serait, je crois, d'un emploi plus facile avec les aliments. L'émétique, à doses proportionnées à la taille (1 à 5 grammes) pendant plusieurs jours, est à recommander.

L'essence de térébenthine mélangée à l'huile a une action moins certaine.

La poudre de noix d'arec (10 à 20 grammes), en mélange avec

le semen-contra (5 à 10 grammes), est très recommandée par les auteurs suisses et allemands.

Le thymol à la dose de 8 à 10 grammes dans 2 litres d'eau est à essayer de même que l'huile thymolée.

La désinfection des fumiers est une nécessité si l'on veut faire disparaître l'affection des exploitations où elle sévit.

STRONGYLOSE DE LA CAILLETTE CHEZ LE BŒUF

Bien étudiée par Stadelman et Ostertag en Allemagne et par Stiles en Amérique, elle n'a pas encore été signalée en France comme pouvant donner lieu à des accidents.

Elle est provoquée par le *Strongylus convolutus* ou *Osterlagi* qui se loge sous l'épithélium de la muqueuse et provoque la formation de petits nodules de la grosseur d'une tête d'épingle ou d'une lentille, décelables à la palpation. La cavité sous-épithéliale ainsi creusée communique avec la cavité gastrique par un petit pertuis laissant passer l'extrémité céphalique du parasite.

Damman et Freese signalent la même affection en Hanovre (1908), et disent que, même avec les anthelminthiques utilisés au début, on n'a que rarement de bons résultats, par suite de l'habitat des parasites. Les jeunes bovidés succombent à l'épuisement provoqué par la diarrhée, après plusieurs semaines ou plusieurs mois.

Ces auteurs conseillent de mettre en culture les pâturages infestés.

Schnyder (1906) a signalé la même affection en Suisse, aux environs de Zurich, sur les jeunes bovidés. Mais la maladie signalée se rapprocherait beaucoup de la strongylose gastro-intestinale du mouton, car les variétés parasitaires seraient nombreuses et réparties dans la caillette et l'intestin grêle (*Strongylus Osterlagi, Curticei, relorlœformis, oncophorus, filicolis* et *conlorlus*).

L'affection se traduirait exclusivement par de la diarrhée chronique, l'amaigrissement, l'anémie, la cachexie et la mort.

Le diagnostic ne peut être établi sûrement que par l'examen des excréments pour déceler la présence des œufs de parasites.

Le kousso et le semen-contra (15 à 20 grammes) seraient les deux médicaments de choix à utiliser.

La créosote administrée dans de l'huile est dite efficace aussi, de même que l'essence de térébenthine, à la dose de quelques grammes selon la taille.

HELMINTHIASES INTESTINALES DES RUMINANTS

Les affections vermineuses de l'intestin se rattachent parfois d'une façon très étroite à celles de l'estomac (strongylose gastro-intestinale du mouton, lombricose du veau), mais elles peuvent exister sans gastrite parasitaire. — Elles sont même plus fréquentes que celles de la caillette, parce que le milieu intestinal alcalin se prête beaucoup mieux au développement des parasites que le milieu acide de l'estomac.

Ces helminthiases sont d'origine très variable; il est possible de trouver des ascarides, des strongles, des uncinaires ou dochmies, des œsophagostomes, des trichocéphales, aussi des vers plats, des ténias divers (*Tænia expansa, denticulata* et *alba*).

Les helminthiases à vers ronds (strongles, uncinaires) sont plus graves que celles à vers plats, mais on peut les trouver causées par les associations les plus variées de parasites, de sorte que l'on ne peut guère décrire qu'une évolution d'ensemble de ces affections vermineuses. Cependant il ne faut pas oublier qu'elles sévissent de préférence chez les animaux jeunes (veaux, agneaux et antenais), qu'elles sont plus rares chez les adultes, et que, en tout cas, les accidents causés sur les adultes sont de

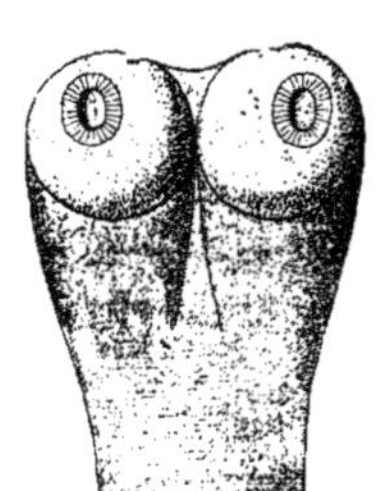

Fig. 117. — Extrémité céphalique du *Tænia alba* du bœuf et du mouton (Neumann).

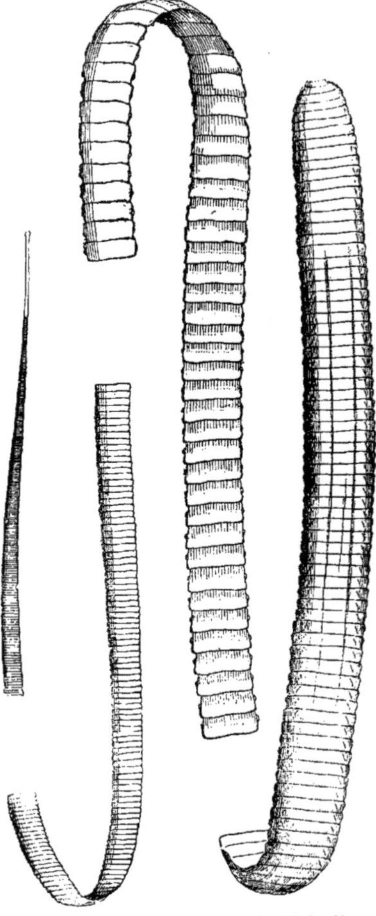

Fig. 118. — *Tænia expansa* de l'intestin des ruminants (Railliet).

faible importance, comparés à ceux enregistrés chez les jeunes.

La persistance de ces affections vermineuses dans certaines contrées, dans certaines régions infestées, dans certaines fermes ou certains pâturages, s'explique par le nombre énorme d'œufs ou d'embryons qui peuvent être rejetés avec les excréments et disséminés avec les fumiers, ou par la résistance énorme de ces œufs ou de ces embryons.

Étiologie. — L'étiologie des helminthiases intestinales se borne au seul fait de la pénétration d'embryons ou d'œufs avec les aliments dans l'organisme des animaux susceptibles de réceptivité. Toutefois les conditions du milieu ambiant peuvent largement favoriser les infestations. Le climat humide, la présence de marais, d'étangs, d'eaux stagnantes, les saisons pluvieuses, favorisent la conservation et la pullulation d'œufs ou d'embryons de parasites, et par suite l'infestation des animaux qui vivent sur les pâturages.

Symptômes. — Les symptômes des helminthiases intestinales sont toujours très vagues, qu'il s'agisse de bêtes bovines, ovines, porcines ou caprines. Ils correspondent à l'évolution lente et progressive d'une anémie pernicieuse, se traduisant d'abord par des troubles de l'appétit et de la digestion, puis par de l'anémie, et finalement de la cachexie. Les malades sont tristes, maigrissent, présentent du pica et succombent dans l'épuisement avec de la diarrhée durant la période cachectique. Ces helminthiases sont beaucoup plus fréquentes sur les moutons et les porcelets que sur les bovins.

Le *diagnostic* n'est établi qu'après constatation de parasites dans les excréments, ou encore après constatation de la présence d'œufs en grand nombre, lorsque, dans des cas douteux, on est amené à faire l'examen microscopique de ces mêmes excréments.

Le *pronostic* est toujours grave économiquement ; les sujets porteurs de nombreux parasites depuis longtemps restent maigres, quelque régime qu'on leur impose ; mais il est beaucoup moins grave lorsqu'on n'envisage que la possibilité de mort.

Traitement. — Le traitement comporte les indications prophylactiques relatives à la destruction des germes, œufs ou embryons, répartis dans les pâtures. — Le drainage des régions humides à eaux stagnantes, le chaulage, le sulfatage de ces pâtures et la désinfection des fumiers représentent les différents moyens d'action à utiliser dans les exploitations où sévissent ces maladies.

Le traitement curatif nécessite l'emploi d'anthelminthiques susceptibles, autant que faire se peut, d'être ingérés directement par les malades avec les aliments et non d'être administrés de force, ce qui entraîne à des pertes de temps et surtout à des accidents.

L'acide arsénieux à la dose de 1 gramme par jour, l'émétique à des doses de 5 à 10 grammes, suivant la taille, seront employés de préférence chez les bêtes bovines pendant quatre à cinq jours de suite ; la benzine, l'essence de térébenthine, la créosote et l'huile empyreumatique étant d'une administration plus difficile.

Le thymol en poudre à la dose de 10 à 15 grammes, donné en une seule fois et à plusieurs reprises, rendra des services.

ŒSOPHAGOSTOMOSE INTESTINALE DES BOVIDÉS

Parmi les entérites parasitaires ou vermineuses du bœuf, il en est une qui mérite une mention spéciale sous le nom d'œsophagostomose intestinale, causée par les larves d'*Œsophagostomum radiatum*.

Cette affection a été signalée en 1876 par Dreschler sous le nom d'*helminthiase nodulaire des bovidés*, puis par Railliet en 1895, qui l'a considérée comme provoquée par un stade larvaire d'œsophagostomum inflatum. Depuis, elle a été mentionnée par Ströze, en 1895, qui l'a considérée comme provoquée par l'ankylostoma bovis, par de Ratz (1900), comme déterminée par œsophagostomum vesiculosum, par Schében (1905) qui la rapporte à une larve d'uncinaire, etc. Avec l'avis de Railliet, je l'ai décrite comme une œsophagostomose vraie dès 1906, pour la forme française de la maladie, et cette opinion a été confirmée depuis par le travail de Marotel (1908).

Mais il faut ajouter qu'il peut y avoir aussi des helminthiases nodulaires intestinales provoquées par d'autres larves parasitaires, en particulier par ankylostoma bovis chez les bovidés américains, et par ankylostoma cernuum chez les moutons américains ou australiens, ainsi que cela résulte des recherches de Curtice (1890); Pitchford (1907); Melle (1908).

Bertolini (1908) admet des helminthiases nodulaires à œsophagostomes et des helminthiases à ankylostomes.

La maladie est répandue dans tous les pays, elle y sévit avec des intensités très différentes suivant les régions.

En France, elle est assez rare, je l'ai vue sur des animaux du Charolais; elle est signalée en Allemagne, en Italie, dans la campagne romaine, en Sardaigne, au Maroc, en Australie, en Amérique du Nord, en Amérique du Sud, etc.

Les malades porteurs de parasites adultes rejettent des parasites et des œufs avec les excréments, ensemencent les pâturages vers l'automne; c'est à cette époque aussi que se fait l'infestation des jeunes bovidés, à la faveur de boissons provenant d'eaux stagnantes polluées. Les larves arrivées dans l'intestin pénètrent à une profondeur variable par forage direct des tissus; elles peuvent même aller jusque dans les ganglions, et subissent avec le temps les mues successives qui les amènent à la forme adulte.

De mars à juillet elles quittent leur habitat temporaire pour revenir à la cavité intestinale, sauf celles des nodules sous-séreux

qui meurent sur place. Dans l'intestin, les vers deviennent adultes
(5 à 20 millim.), prennent des organes génitaux et se fixent de
préférence dans le cæcum et le gros côlon.

D'après Marotel, ces larves présentent trois aspects successifs :

1° Un stade strongyliforme durant lequel elles atteignent jusqu'à
0,8 de millimètre de long ;

Fig. 119. — Œsophagostomose
intestinale des bovidés. Aspect
des nodules parasitaires vers la
face interne de l'intestin.

Fig. 120. — Œsophagostomose intestinale.
Piqueté hémorragique de la période de
début. Lambeau intestinal étalé (d'après
photographie).

2° Un stade ankylostomiforme, avec 1 à 3 millimètres de longueur ;

3° Un stade œsophagostomiforme, dépassant 3 millimètres de
longueur.

Symptômes. — Cette entérite vermineuse se caractérise par un
seul symptôme, la diarrhée. Elle peut-être confondue avec l'entérite
diarrhéique chronique au début, parce que rien ne permet extérieurement d'en préciser la nature. Cependant, elle se développe de
préférence chez les animaux jeunes, les veaux d'un an à dix-huit
mois surtout ; et si elle existe chez des sujets plus âgés, elle semble
ne plus donner de troubles aussi graves.

On ne l'observe toutefois cliniquement qu'au printemps, d'avril à juillet, sur des animaux qui se sont infestés à l'automne au pâturage.

Elle dure en moyenne deux à trois mois, au bout desquels les malades meurent d'épuisement, ou se rétablissent lentement dans la suite. La mort peut être provoquée aussi par des infections microbiennes surajoutées et variées, d'origine intestinale.

Cependant, de façon exceptionnelle, il ne serait pas impossible que des animaux infestés accidentellement et porteurs d'œsophagostomes adultes dans leur gros intestin, ne puissent à l'étable se faire de l'auto-infestation et répandre la maladie parasitaire autour d'eux. Les œufs rejetés s'embryonneraient dans les litières et, par l'ingestion de ces litières souillées, des infestations seraient réalisées.

Les malades de trois à quatre ans maigrissent, mais d'une façon bien moins sensible que dans la diarrhée chronique. Ils sont souvent abattus en bon état de graisse. Les jeunes, au contraire, maigrissent rapidement, ont de la diarrhée séreuse et peuvent succomber en quelques mois.

Lésions. — A l'autopsie, les seules lésions existantes se trouvent caractérisées par l'apparition de nodules ronds ou oblongs, de la grosseur d'une tête d'épingle, d'une lentille ou d'un haricot. Ces nodules se trouvent dans l'épaisseur de la muqueuse de l'intestin grêle, dans la sous-muqueuse, et même au delà de la musculeuse vers la région sous-péritonéale (helminthiase nodulaire de l'intestin).

A la première période, l'infestation se révèle seulement par des taches hémorragiques sous-muqueuses, brunes ou noires, nettement circulaires, des dimensions d'une petite lentille; plus tard, ces taches présentent un point blanchâtre au centre, point qui va en s'élargissant jusqu'à donner les nodules grisâtres de la troisième période. L'incision fait apparaître ces petits nodules comme des abcès à contenu caséeux verdâtre. — Le contenu est formé de globules de pus, au milieu desquels se trouvent des embryons d'*Œsophagostomum radiatum* ou *inflatum*. D'après Scheben (1906), on pourrait trouver fréquemment des nodules renfermant des larves d'*Ankylostomum radiatum* sur les bœufs de l'Amérique du Nord, alors que c'est exceptionnel chez les bœufs européens.

Si l'affection est ancienne, les embryons ont disparu; ils se sont échappés ou sont morts, il n'y a plus que du pus. Dans les infestations récentes, on trouve tous les stades d'évolution des nodules sur l'intestin grêle de préférence, et le gros intestin. Il se trouve exceptionnellement deux et même trois larves dans le même nodule.

Grimaldi (1912) dit avoir trouvé des lésions nodulaires parasitaires des ganglions mésentériques chez 15 à 20 p. 100 des bœufs sardes sacrifiés à l'abattoir de Gênes. Il insiste sur l'intérêt qu'il y a à différencier de la tuberculose.

Les intestins deviennent inutilisables pour le commerce de la boyauderie parce qu'ils sont perforés après préparation.

Traitement. — La diarrhée disparaît spontanément à l'hiver et aucun traitement anthelminthique direct ne paraît susceptible de modifier l'état pathologique établi; mais dans les fermes et pâturages où la maladie sévit, on pourrait appliquer le traitement prophylactique des strongyloses et helminthiases diverses par le drainage et le sulfatage des prairies. On s'explique la guérison spontanée par le fait que les larves, arrivées à un développement déterminé, abandonnent leur habitat primitif et vont vivre sur la muqueuse du gros intestin où s'effectuent leurs métamorphoses. Les œufs sont très résistants.

Bertolini a signalé une autre helminthiase nodulaire provoquée par des larves jeunes mâles de bilharzia crassa. Cette forme toute particulière serait différente d'aspect, car les nodules sont petits, blanchâtres, à coque fibreuse peu résistante.

Des parasites adultes enkystés comme dans un vaisseau sanguin se rencontrent entre les couches musculaires de l'intestin grêle et du rectum, non dans la muqueuse ou la sous-muqueuse. La bilharziose se voit aussi d'avril à juin.

COCCIDIOSE INTESTINALE DES BOVIDÉS

(DIARRHÉE ROUGE)

La coccidiose intestinale des bovidés est une affection parasitaire qui, comme les autres coccidioses, n'évolue que chez les animaux jeunes. Elle est provoquée par le *Coccidium bovis*. Entrevu par Zürn, ce parasite a été étudié par Zschokke en 1892, puis par Hess, Guillebeau, Degoix, Ducloux, Storch, etc., et Zublin (1908).

Depuis lors, la maladie a été signalée dans tous les pays, en Europe, en Amérique et en Afrique.

En France, selon Degoix, la coccidiose intestinale du bœuf sévirait de façon régulière dans certaines régions du département de l'**Yonne**, où on la désigne encore sous les noms d'entérite hémorragique, de dysenterie et de dysenterie rouge. — Il est possible que, en dehors des entérites hémorragiques d'ordre toxique, beaucoup de cas soient dus à la coccidiose.

La diarrhée rouge coccidienne peut s'observer toute l'année, elle est surtout saisonnière, de juillet à octobre.

Symptômes. — La maladie sévit sur les jeunes sujets de un à deux ans. Elle débute par une diarrhée liquide séreuse, fétide, vert noir, qui n'apparaît d'ordinaire que un à deux mois après la mise au pâturage. Après deux ou trois jours, cette diarrhée devient muqueuse, couleur purin, noir rougeâtre, sanguinolente avec caillots sanguins plus ou moins abondants et de volume variable. Elle est très fétide.

A cette période, les malades deviennent tristes, présentent des coliques, se tiennent le dos voussé avec ténesme et épreintes. Quelques-uns ont le mufle sec, fendillé et présentent un peu de jetage.

L'appétit est nul, la soif vive, l'aspect général mauvais, l'amaigrissement rapide, la faiblesse très grande. — La fièvre, qui était insignifiante le premier et le deuxième jour, oscille autour de 40°, le pouls monte à 100, 120 et plus.

La terminaison se fait par mort rapide en cinq à dix jours ou par guérison plus ou moins lente suivant la gravité des symptômes de la période aiguë.

Parfois l'évolution est suraiguë, extrêmement violente. Les malades ont de la diarrhée séreuse le premier jour, de la diarrhée sanguinolente et des caillots dès le second jour; ils prennent la position décubitale latérale, la tête en extension, et succombent au cours de crises convulsives.

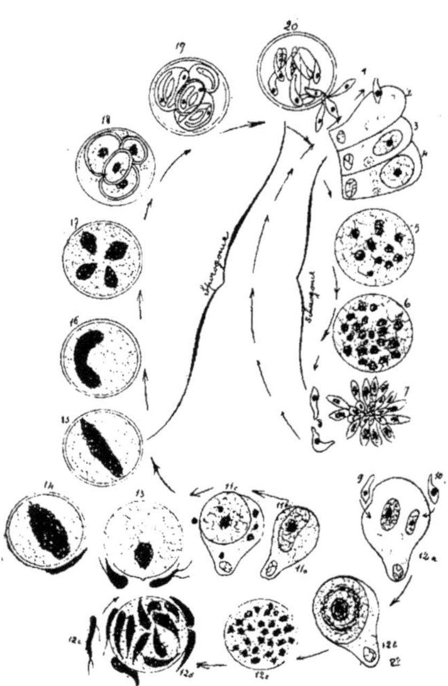

Fig. 121. — Schéma du développement des coccidies, d'après Schaudinn. — 1, sporozoïtes sortant de l'ookyste; 2.3.4, pénétration intra-cellulaire; 3 à 8, schizogonie ou reproduction asexuée; 9-10, mérozoïtes pénétrant dans de nouvelles cellules; 11, *a. b. c*, développement des macrogamètes; 12, *a. b. c.*, développement des microgamètes; 12, *d. c*, microgamètes devenant libres; 13-14, imprégnation des macrogamètes; 15 à 20, sporogonie ou développement sexué.

Dumas (1925) signale cette complication comme une *forme nerveuse* de la maladie, susceptible d'apparaître d'emblée ou dans d'autre cas comme une complication des formes aiguë et subaiguë. Il y aurait d'abord véritable entérorrhagie, décoloration des muqueuses, crises de vertige, puis chute sur le sol, position en opistothonos, grincements de dents, contractures et mort.

Dans les conditions naturelles, on constate toujours que certains sujets restent indemnes au milieu de malades, bien que les influences de milieu soient identiquement les mêmes. On n'a pu établir jusqu'ici le pourquoi de cette immunité naturelle contre l'infestation parasitaire.

L'examen des mucosités et des excréments des malades révèle toujours depuis le début de l'affection la présence des coccidies. Il y en a peu dans les caillots sanguins et pas du tout dans les excréments des sujets bien portants, appartenant à la même exploitation. Il n'est pas rare de voir plusieurs sujets d'une même exploitation pris en même temps ou à peu de jours d'intervalle.

La coccidiose intestinale sévit aussi sur

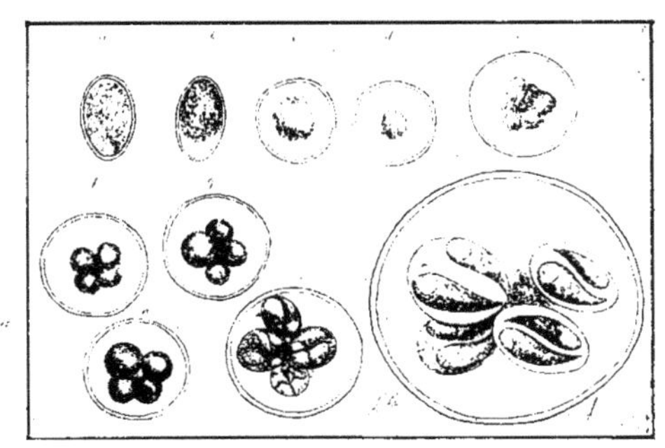

Fig. 122. — *Coccidium Zürnii* ou *Coccidium Bovis*. — *c.d.* une forme ronde, 18 à 25 μ. de long; *a.b.* une forme ovoïde, 12 à 15 μ. de large, membrane à double contour de 1 μ. environ; *e.f g.h.* sporoblastes; *i*, sporozoïtes (1).

le bétail de l'Afrique orientale et australe; les auteurs signalent comme symptômes complémentaires de ceux indiqués ci-dessus, un larmoiement, du jetage, des ulcérations buccales, et vers la fin de la maladie un état eczémateux de la peau qui devient rugueuse et pelliculeuse avec poil piqué (Stevenson).

Dumas dit avoir noté les mêmes signes dans le Bourbonnais.

Des formes chroniques peuvent être enregistrées chez des animaux plus âgés, avec alternatives de débâcles diarrhéiques et de défécations normales. Cliniquement les malades prennent avec le temps la silhouette de sujets à entérite paratuberculeuse, mais cela ne dure pas, ils se rétablissent même assez vite.

Lésions. — Les autopsies pratiquées aussitôt la mort ne font voir de lésions que sur le gros intestin, du cæcum à l'anus. L'intestin grêle n'est malade que sur les sujets qui ont résisté assez longtemps et chez lesquels l'entérite est ascendante et secondaire : au premier stade, il y aurait lésions du rectum, au second, lésions du rectum et du côlon, au troisième, extension au cæcum, au quatrième, extension à l'intestin grêle.

La muqueuse du gros intestin est colorée en rouge brun, œdéma-

(1) Développement sur sable humide ou sous couche d'eau très mince, en quatre à cinq jours. Sous couche d'eau de 7 à 10 centimètres pas ou peu de modification après deux mois. Désinfection par la dessication. Danger d'infection représenté par l'humidité de l'étable ou des pâturages.

tiée de place en place. Elle présente des plaques de mucus gris jaunâtre mélangé à de la fibrine, irrégulières, de plusieurs millimètres, à quelques centimètres de diamètre. Au-dessous, la muqueuse est blanche, exulcérée.

Histologiquement, le premier stade serait caractérisé par la congestion et l'infiltration séro-leucocytaire sous-muqueuse du rectum, le deuxième par l'exfoliation épithéliale de larges plaques mu-

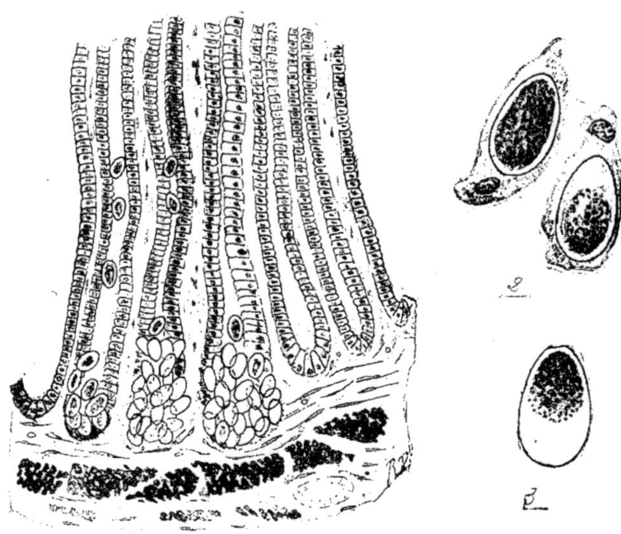

Fig. 123. — Coccidiose intestinale, d'après Degoix. — 1, parasites dans la profondeur des glandes; 2, parasites dans les cellules; 3, parasite libre.

queuses, et de l'épithélium des glandes muqueuses dont un grand nombre de cellules sont chargées de coccidies (multiplication des parasites); le troisième par l'exfoliation en masse des régions envahies, ainsi que par l'élimination de l'épithélium des glandes dont le fond seul subsiste, et dont la lumière se trouve obstruée par les coccidies (émigration des coccidies). Les parasites se montrent alors fort nombreux dans le contenu intestinal. Enfin le quatrième stade est caractérisé par le crevassement ou la déchirure de la sous-muqueuse et l'atrophie des glandes sous l'action de l'inflammation interstitielles des tissus infiltrés (Zublin, 1906).

A la faveur de ces altérations, il est logique d'admettre en plus la pénétration des germes infectieux, d'origine intestinale, capables de précipiter l'évolution des complications générales.

L'examen histologique des plaques de mucus fait découvrir au milieu des cellules organiques et de globules du sang des coccidies semblables à celles des excréments.

Sur des coupes de tissu intestinal, faites au niveau des ulcérations, le revêtement épithélial a disparu, les glandes sont comme raccornies et leurs culs-de-sac dilatés par des amas de coccidies qui se sont développées dans les cellules épithéliales elles-mêmes pour en provoquer l'atrophie progressive. — Toutes les glandes ne sont pas atteintes.

Degoix n'a jamais vu de lésions parasitaires de l'intestin grêle, et sur le gros intestin elles sont d'autant plus accentuées que l'on se rapproche davantage du rectum.

Les ookystes coccidiens sont sphériques ou ovoïdes, avec des dimensions variant de 18 à 25 µ de long et de 12 à 20 µ de large.

Ces coccidies appartiennent aux tétrasporées et diffèrent du *Coccidium perforans* par leur forme et leur habitat.

Elles sont très résistantes aux agents de destruction et peuvent sans aucun doute se conserver dans les milieux humides pour reprendre leur évolution lorsque le temps devient favorable. On semble admettre aujourd'hui la possibilité d'une reproduction endogène.

Étiologie. — La coccidiose intestinale sévit parfois avec un caractère épizootique, en été, de juillet à octobre, rarement en autre temps.

Elle reparaît chaque année dans les mêmes exploitations, que le sol soit granitique ou calcaire, dans les pâturages humides et marécageux sillonnés de sources et de ruisseaux, en montagne comme dans les régions de plaines. Les pâturages restent infestés en permanence, souillés qu'ils sont par les excréments des malades, et c'est par ingestion alimentaire que la pénétration s'effectue.

Expérimentalement, Guillebeau (1893), Hess et Montgomery (1912) ont transmis la coccidiose à des veaux ou des jeunes bovidés en leur faisant ingérer des ookystes sporulés. Les symptômes de la maladie apparaissent environ trois semaines après et correspondent avec l'expulsion d'ookystes que l'on découvre dans les excréments.

Les essais de transmission à d'autres animaux : chèvres, moutons et lapins échouèrent.

Diagnostic. — Le diagnostic présente peu de difficultés en milieu infesté. L'examen histologique des excréments permet d'ordinaire de le préciser, les kystes coccidiens se trouvant dans les mucosités et les caillots; il est à la base de tout diagnostic précis.

Dans d'autres circonstances, il y a lieu d'établir la distinction entre les entérites suraiguës hémorragiques, les entérites hémorragiques toxiques et ces entérites coccidiennes.

La coccidiose subaiguë ou chronique peut être confondue avec la distomatose, la lombricose, les diarrhées banales; la forme nerveuse avec l'encéphalite infectieuse des bovidés qui atteint aussi les veaux.

Pronostic. — Le pronostic est grave, la mortalité pouvant s'élever jusqu'à 25 p. 100. dans les formes aiguës, beaucoup plus dans les formes suraiguës avec manifestations nerveuses. — Il est toujours assombri par la cœxistence d'autres affections.

Traitement. — Le traitement médical avait été considéré jusqu'à une époque toute récente, comme à peu près sans efficacité, en raison de la localisation des lésions. Degoix préconisait autrefois la révulsion cutanée, le benzonaphtol à l'intérieur, des mucilagineux, et une alimentation très riche à la période de convalescence, mais il ne s'agissait en somme que d'une médication de symptômes.

Aujourd'hui, il semble au contraire qu'une médication vraiment spécifique ait été trouvée. San Lorenzo (1917) recommande la médication interne au thymol, 15 grammes par jour en deux fois; l'amélioration se manifeste dès le 2e ou le 3e jour et la guérison est définitive au bout de huit à dix jours. Ces résultats heureux ont été confirmés par tous les auteurs qui ont eu à appliquer ce traitement à bon escient, et j'ai pu moi-même m'assurer de son efficacité.

Dumas recommande d'administrer le thymol en capsules, cachets ou bols, de préférence à tout autre moyen, aux doses de :

```
Veaux de  6 mois. . . . . . . . . . . . . . . .    3 à  5 grammes.
    —      1 an . . . . . . . . . . . . . . . .    8 à 10     —
    —     18 mois. . . . . . . . . . . . . . .    10 à 15     —
Sujets adultes . . . . . . . . . . . . . . . .    15 à 20     —
```

Les précautions prophylactiques d'hygiène générale ne doivent pas être négligées comme mesures complémentaires.

La désinfection des fumiers des malades est malheureusement fort difficile, les parasites n'étant pas tués par les solutions acidulées fortes (acide sulfurique à 20 ou 30 p. 100), ni par les fortes gelées. — Le sulfatage et le chaulage des pâturages pourraient peut-être toutefois ici, comme dans nombre de cas de maladies parasitaires, faire disparaître les germes des prairies, et avec eux la maladie.

---

(1) *Recherche des coccidies* dans les excréments : prendre les excréments suspects, les additionner d'eau et les agiter vigoureusement dans un flacon; remplir d'eau le flacon, laisser déposer, décanter et recommencer jusqu'à ce que l'eau reste à peu près claire. Verser sur tarlatane ou mousseline claire pour retirer les dernières particules étrangères laisser déposer en vase cylindrique, le dépôt est généralement très riche en coccidies.

CHAPITRE IX

MALADIES DU FOIE

Le foie est un organe d'une si grande importance, au point de vue physiologique, qu'il convient d'en étudier la pathologie aussi complètement que possible. Il est d'ailleurs le siège de fréquentes lésions de toute nature, d'origine parasitaire, d'origine toxique, d'origine infectieuse ou cancéreuse.

Chez les animaux de l'espèce bovine, le foie est placé dans la région rétro-diaphragmatique droite; aussi son exploration par les méthodes ordinaires (palpation et percussion) est-elle assez difficile. Normalement, il reste totalement caché sous l'hypocondre, sauf vers le bord supérieur de la 13e côte, où il est explorable (Voy. fig. 83). — Lorsque, dans des états morbides variés, il a considérablement augmenté de volume, il arrive sur toute la hauteur jusqu'au bord du cercle de l'hypocondre devenant alors accessible partout à l'exploration directe (palpation et percussion). Il peut même déborder l'hypocondre en se glissant en dehors du feuillet et de la caillette qu'il refoule vers le milieu de la cavité abdominale. — Le bord latéral du foie laisse saillir la poche de la vésicule biliaire, à peu près vers le milieu de la hauteur de l'hypocondre.

Dans cette situation profonde, la méthode d'exploration qui donne les meilleurs renseignements, c'est la percussion. — Au delà des délimitations des zones d'auscultation, la percussion donne de la submatité, puis de la matité due au foie, au feuillet, et en bas aux masses liquides du tube digestif. Toutefois, lorsque cette matité est nette, franche, et large de haut en bas, et qu'elle atteint ou qu'elle déborde l'hypocondre, c'est que le foie est hypertrophié. — La palpation profonde du bord postérieur de l'hypocondre permet alors de toucher le foie et de reconnaître son excès de développement.

La sémiologie physiologique du foie se borne à bien peu de chose jusqu'ici, car il est exceptionnel que l'on puisse, dans la pratique, rechercher les pigments biliaires dans l'urine ou que l'on puisse apprécier l'état de la fonction glycogénique par l'épreuve de la glycosurie alimentaire.

Cependant, il ne faut jamais négliger, dans l'examen du foie, de rechercher le symptôme *ictère* dont la caractéristique est fournie par une teinte jaune spéciale des muqueuses (oculaire, buccale, etc.) et parfois des téguments. En clinique, on distingue du subictère dans lequel la teinte jaune est tout juste ébauchée, et de l'ictère vrai que l'on subdivise en : ictère biliaire, dû à un trouble de la sécrétion biliaire (gastro-duodénite, cholédocystite, rétention biliaire par calculs ou tumeurs, etc.) ; et ictère hémaphéique d'origine sanguine dans lequel la teinte jaune rougeâtre est due à des dérivés de l'hémoglobine (piroplasmose aiguë).

Il y a à ce point de vue tout à faire pour arriver à préciser le diagnostic de certains états hépatiques. Fort heureusement, les affections du foie que nous observons sur nos animaux domestiques sont plus souvent des affections parasitaires que des affections du tissu hépatique proprement dit.

Les observations se rapportant aux cirrhoses veineuses ou biliaires primitives sont d'ailleurs trop peu précises, trop incomplètes pour pouvoir être prises comme type de description ; nous les laisserons de côté. De même, à part les angiocholites et les cholécystites parasitaires, les inflammations des voies biliaires sont peu connues et peu communes.

CONGESTION DU FOIE

On ne connaît bien en pathologie bovine que la congestion passive du foie, qui n'est toujours que la résultante d'affections primitives diverses avec lésions cardiaques.

Les congestions actives existent probablement, au cours d'infections (piroplasmoses) ou d'intoxications multiples (toxines microbiennes), mais elles n'ont pas fait l'objet de recherches particulières.

Parmi les affections susceptibles de provoquer les congestions passives, il faut citer tous les états capables de mettre obstacle à la circulation de retour de la veine cave postérieure, sur le segment hépato-cardiaque. Toutes les affections cardiaques avec lésions valvulaires ou des orifices du cœur droit, les péricardites, les tumeurs ou lésions du médiastin comprimant la veine cave postérieure, provoquent la stase veineuse, la congestion passive et l'évolution progressive de ce qu'on appelle le foie cardiaque.

Symptômes. — Le foie est considérablement hypertrophié, par suite de la stase et de la dilatation progressive du réseau sus-hépatique. Sa zone de matité augmente, en même temps que la percussion devient sensible. Cet état coïncide avec des troubles de la digestion.

La fonction hépatique se trouve plus ou moins modifiée, les

urines sont rares et chargées. L'ascite s'observe fréquemment à un degré variable d'intensité.

D'ailleurs, au-dessus de ces symptômes, et antérieurement, il est possible d'enregistrer les troubles cardiaques.

Les lésions de la congestion passive sont représentées par de la dilatation progressive de tout le réseau veineux sus et sous-hépatique (foie muscade); dilatation qui, avec le temps, peut entraîner de la cirrhose hépatique d'origine sanguine par irritation chronique et inflammation périveineuse. C'est la cirrhose cardiaque du foie.

Le diagnostic de cet état pathologique est généralement facile, étant données les affections primitives qui l'engendrent. Le pronostic est toujours grave et le traitement se limite à celui de ces affections primitives (endocardites, péricardites, etc.).

HÉPATITE NODULAIRE NÉCROSANTE

Cette forme d'inflammation du foie est rare chez les sujets de l'espèce bovine; néanmoins, elle n'est pas exceptionnelle, mais son diagnostic est délicat et souvent ce n'est qu'une trouvaille d'autopsie.

L'inflammation hépatique s'effectue par îlots isolés, entre lesquels le reste du tissu conserve son intégrité primitive, et les îlots frappés semblent subir une dégénération complète dont l'explication reste difficile à donner.

A l'autopsie d'animaux frappés de cette affection, on trouve le foie fortement hypertrophié; il semble à première vue envahi par des tumeurs multiples. Sur section, le parenchyme hépatique a conservé sa teinte normale, mais, au niveau des îlots frappés, on ne trouve plus qu'un tissu gris terreux sale, lardacé, assez résistant.

Les nodules atteints ont des dimensions variables, depuis celles d'une lentille ou d'une noix jusqu'à celles d'un œuf et plus; ils sont constitués par du tissu nécrosé. La périphérie est le siège d'une véritable inflammation chronique fibro-plastique.

Étiologie. — Selon Stubbe, ces lésions seraient causées par des agents microbiens venus de l'intestin, apportés au foie par les veines mésaraïques. Les lésions du foie et le sang de cet organe donneraient en culture un agent microbien comparable au bacille de la nécrose; toutefois la reproduction expérimentale de ces lésions n'a pas été réalisée. Le bacillus œdématiens, déterminant une nécrose de coagulation a aussi été mis en cause.

L'infection d'origine utérine serait possible et la plus fréquente (Berndt). — J'ai rencontré, au point de vue clinique, plusieurs fois cet état particulier du foie; dans deux cas il s'agissait d'un bœuf de travail et d'un taureau; ce qui montre que l'opinion de Berndt n'est pas exclusive.

J'ai la certitude qu'il s'agit parfois d'une infection d'origine intestinale par les veines mésaraïques, et j'en ai trouvé la preuve dans l'existence de phlébites multiples des veines mésentériques, avec oblitération complète des veines sous-hépatiques.

Symptômes. — Les symptômes sont trop vagues pour que, à mon avis, le diagnostic puisse être facilement établi. Berndt pense que, au contraire, ce diagnostic est assez facile chez les vieilles

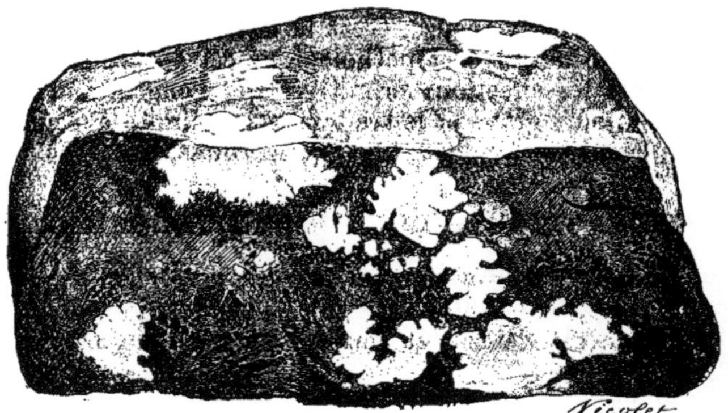

Fig. 124. — Hépatite nécrosante (aspect d'un fragment de foie, répartition des ilots nécrosés d'aspect blanc grisâtre).

vaches, qui après parturition présentent de la perte d'appétit avec polydipsie, de la fièvre, de la respiration dyspnéique et une toux brève et faible pouvant faire croire à une pneumonie. Après quelques jours, les malades présenteraient une grande faiblesse, resteraient longtemps couchées et on verrait apparaître de l'ictère. La percussion du foie dénoterait une sensibilité anormale et de l'hypertrophie.

Dans les cas qu'il m'a été donné d'observer, je n'ai enregistré qu'une teinte subictérique peu intense, de la faiblesse générale et même de la difficulté de la marche pouvant, à première vue, faire croire à de la fourbure; de l'hypertrophie accusée du foie, de la sensibilité de la zone hépatique, de la toux et aussi des complications de diarrhée incoercible et de péritonite. Mais ce sont là des signes que l'on retrouve dans l'échinococcose suppurée, même dans le cancer des voies biliaires, et je ne pense pas que la précision du diagnostic soit facile. Cependant il y a toujours réaction fébrile marquée, et, à l'autopsie, outre les lésions du foie, il n'est pas exceptionnel de constater de la périhépatite, de la péritonite partielle au niveau du diaphragme, de la pleurésie de la région correspondante et même de la pneumonie étendue.

Pratiquement, cette question a peu d'importance, car la gravité des affections que je viens de signaler est telle qu'il n'y a pas de traitement économique possible. Le gros intérêt, c'est de faire un diagnostic maladie du foie, et celui-là est facile.

CANCER DU FOIE ET DES VOIES BILIAIRES

Le cancer du foie, c'est-à-dire, d'une façon générale, le développement de tumeurs malignes susceptibles de se généraliser à l'organisme, est une lésion exceptionnelle comparativement aux affections hépatiques parasitaires. — Il est primitif ou secondaire, mais beaucoup plus souvent secondaire. Le cancer primitif se présente, chez les bêtes bovines, sous forme d'adénomes, d'épithéliomes trabéculaires (Besnoit) ou d'adéno-carcinomes (Kitt). J'en ai rencontré un cas dans lequel la tumeur avait envahi et s'était généralisée dans les voies biliaires sous forme de papillomes ou d'adéno-papillomes, obstruant en partie un canal cholédoque fortement dilaté.

L'origine de ces cancers primitifs, comme de toutes les autres tumeurs malignes de l'organisme, reste entourée d'obscurité.

Le cancer secondaire est plus fréquent; il se présente ordinairement sous forme de petites tumeurs isolées (cancer nodulaire) de grosseur variable, d'aspect grisâtre.

Symptômes. — Cliniquement, la recherche des cancers du foie est difficile, le diagnostic particulièrement laborieux lorsqu'il s'agit de cancer primitif.

Dans le cancer secondaire, au contraire (celui consécutif à des tumeurs du testicule chez le bœuf bistourné, par exemple). l'état général est tellement modifié que la recherche des points de généralisation s'impose.

Les malades perdent l'appétit, présentent des excréments fétides et diarrhéiques sans signes précis d'entérite.

L'exploration du foie dénote toujours de l'hypertrophie et parfois de la sensibilité. Les malades maigrissent rapidement, se cachectisent et présentent de l'hypoglobulie accusée. Le nombre des globules rouges, de six à sept millions, peut descendre à un million et moins, tandis que le nombre des globules blancs augmente d'une façon considérable. Cette leucocytose, qui accompagne d'ailleurs tout cancer viscéral, permet la distinction d'avec les entérites diarrhéiques chroniques; elle ne peut pas être confondue avec les leucémies. L'ascite est assez fréquente, d'intensité moyenne, par obstacle apporté à la circulation porto-hépatique.

Le diagnostic du cancer hépatique ou des voies biliaires est entouré de difficultés. — Le pronostic est extrêmement grave, puisqu'il n'y a pas de traitement possible.

ÉCHINOCOCCOSE HÉPATIQUE

On applique cette dénomination à l'évolution des embryons du *Tænia echinococcus* du chien dans l'épaisseur du parenchyme hépatique.

Étiologie. — Ingérés avec les boissons, par un ruminant quelconque (bœuf, mouton, chèvre, etc...), les embryons de *Tænia echinococcus* franchissent les compartiments gastriques sans être atteints dans leur vitalité; ils arrivent dans l'intestin, perforent la muqueuse et les parois des veinules d'origine des veines mésentériques, se laissent emporter vers la veine porte par le courant de retour et se trouvent ensuite disséminés dans l'épaisseur du foie par le réseau porte sous-hépatique. L'homme, le cheval et les animaux sauvages peuvent de même contracter l'échinococcose; toutefois, ce sont les sujets jeunes qui sont les plus exposés, et chez les adultes ou les âgés les migrations et le développement de l'embryon sont plus difficiles.

Ces embryons perforent le tissu de la glande, se fixent, et là se développent pour donner naissance à des vésicules kystiques de volume variable, stériles ou fertiles.

Le nombre des vésicules est généralement élevé; lorsqu'il n'y en a qu'une ou deux, les troubles qu'elles déterminent chez nos animaux n'attirent pas suffisamment l'attention. Chez l'espèce humaine, la présence d'une seule vésicule détermine des douleurs assez prolongées et assez graves pour justifier souvent une intervention chirurgicale.

Au contraire, lorsque ces vécisules sont nombreuses, elles débordent le foie, provoquent l'atrophie glandulaire en même temps que l'augmentation volumétrique de la totalité de l'organe, et amènent l'apparition de troubles qui attirent l'attention.

Les vésicules kystiques contiennent un liquide clair, limpide, transparent, dans lequel nagent des vésicules secondaires, vésicules filles et petites-filles.

La composition de ce liquide est la suivante :

Pour 100 centimètres cubes : soude 0,53, potasse 0,04 à 0,05; chaux 0,005 à 0,006 ; magnésie 0,005 à 0,007 ; urée 0,0014 à 0,015. Traces de fer et de glycogène.

Le chlorure de sodium s'y trouve en solution plus concentrée que dans le sang, la membrane hydatique est perméable aux subtances très diffusibles.

Densité 1,006 à 1,009; point de congélation 0,6. L'injection intraveineuse a des chiens d'expériences peut provoquer des accidents comparables à ceux du choc anaphylactique.

Symptômes. — L'échinococcose hépatique n'a pas de symptômes bien accusés; il est fort difficile d'en faire le diagnostic sur des animaux où le foie est profondément caché et difficilement explorable.

Les signes qui pourraient caractériser la période de pénétration des embryons à travers l'intestin ou dans l'épaisseur du foie, qui doivent coïncider avec des coliques légères, sont représentés par des douleurs vagues. dont les malades ne peuvent rendre compte, et de la diarrhée; ils passent inaperçus. — Mais plus tard. lorsque le foie est largement envahi, l'appétit devient irrégulier, sans cause connue; les sujets présentent de la diarrhée rebelle, de la faiblesse générale, de la tristesse et de l'amaigrissement.

Ce sont là des signes insuffisants pour préciser une lésion viscérale déterminée. mais, comme ils exigent un examen complet, on arrive presque forcément à cette conclusion que cet examen reste partout négatif, sauf pour le foie. — Le foie paraît volumineux et sensible, il peut être quelquefois considérablement hypertrophié. puisqu'on a signalé des cas où son poids pouvait passer de 5 à 6 kilogrammes. chiffre normal pour un bœuf. à 30 et 50 kilogrammes; chez le porc. de 2 kilogrammes, chiffre moyen, à 10 et 20 kilogrammes. La percussion et la palpation montrent que, dans ces cas. il déborde l'hypocondre droit et envahit une grande partie du

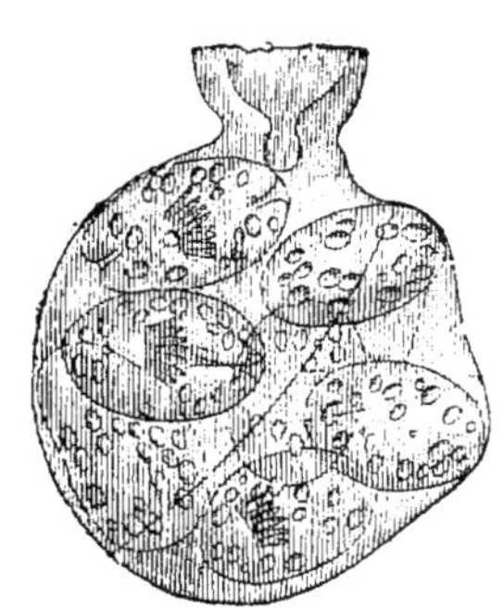

Fig. 125.— Vésicule proligère d'échinocoque.

Fig. 126 — *Tænia échinococcus.*

flanc correspondant. — Mais ce sont là des cas exceptionnels; lorsqu'il n'existe qu'une dizaine de vésicules, ce qui est déjà bien suffisant pour altérer l'état de santé, les renseignements fournis par l'exploration physique ne sont pas assez précis pour établir un diagnostic. Le foie est augmenté de volume en épaisseur, dans le sens transversal; l'exploration reste sans résultats.

La diarrhée peut être la conséquence d'une insuffisance hépatique, tant pour la fonction biligénique que pour la fonction glycogénique et antitoxique propre; il est possible que cette diarrhée soit aussi la conséquence directe de l'intoxication chronique par le contenu des vésicules.

L'expérience a démontré, en effet, que chez l'homme, lorsqu'une vésicule superficielle arrive à se déchirer, il se fait une inondation péritonéale par le contenu du kyste, inondation qui peut s'accompagner de la greffe péritonéale des vésicules filles, mais qui détermine presque infailliblement des troubles vasculaires, des démangeaisons et une éruption comparable à celle de l'urticaire.

Le liquide des vésicules contiendrait une toxalbumine active.

Diagnostic. — Ce diagnostic est possible et même facile dans quelques cas; il se montre cliniquement fort difficile et presque

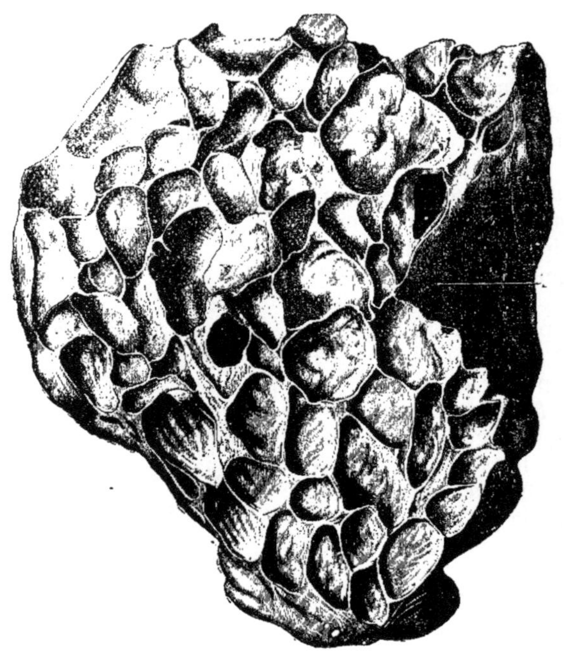

Fig. 127. — Coupe d'un fragment de foie à échinococcose massive. Le tissu hépatique F est complètement atrophié par places, ou n'existe plus que sur les bords de l'organe.

impossible dans nombre d'autres. En médecine humaine, et là où il est possible d'avoir recours à des laboratoires de recherches, on précise généralement le diagnostic d'échinococcose ou kyste hydatique par les méthodes du précipito-diagnostic (sérum suspect et liquide hydatique), de l'intra-dermo-réaction et de déviation du complément.

L'épreuve intra-dermique serait supérieure à toute autre méthode dans ses résultats et elle pourrait être applicable dans quelques circonstances à nos animaux.

Voici en effet la technique de ces épreuves :

Précipito-diagnostic. — Prendre 2 centimètres cubes de liquide hydatique échinococcique parfaitement limpide. Ajouter XII gouttes de sérum de sang du sujet suspect. Après dix-huit à vingt heures il y a un précipité net si l'échinococcose existe, — pas de précipité si elle est absente (Ithurrat, 1922).

La technique primitive, due à Weinberg était un peu différente : Prendre 2 c. c. 1/2 de liquide échinococcique, ajouter 2 c. c. 1/2 de sérum suspect — formation d'un précipité si l'échinococcose existe. Pas de précipité dans le cas contraire.

Intra-dermo-réaction. — Injecter en intra-dermo de 0 c. c. 2 à 0 c. c. 6 de liquide hydatique quelconque (humain, bovin, ovin, etc.), s'il y a réaction positive il se produit au bout d'un quart d'heure à quelques heures un érythème local avec une grande papule de 2 à 3 centimètres de diamètre, parfois quelques petites papules secondaires périphériques; puis une zone œdémateuse qui disparaît en vingt-quatre à quarante-huit heures.

Pronostic. — Le pronostic est toujours grave, car si la lésion hépatique n'entraîne pas la mort, ce qui est le cas ordinaire, elle place les malades dans des conditions telles qu'ils souffrent de façon continue.

Traitement. — Il n'y a pas de traitement pratique possible. Assurément, on pourrait parfois, quoique avec difficulté, chez nos grands herbivores, rendre le foie accessible, ponctionner et évacuer le contenu de quelques kystes, mais le résultat serait illusoire, puisqu'il pourrait toujours se trouver des vésicules inaccessibles; économiquement, l'intervention est irréalisable.

Il n'y a qu'un traitement efficace, c'est le traitement prophylactique, qui consiste à éviter le développement de ténias chez les chiens de ferme ou de chasse. Il suffit pour cela de ne pas leur distribuer d'abats crus de moutons, de bœufs ou de porcs, contenant des vésicules d'échinocoques; et aussi de les débarrasser des helminthes dont ils pourraient être porteurs. De cette façon, ils ne répandent pas d'œufs de ténias avec leurs excréments dans les pâturages, dans le voisinage des mares ou des abreuvoirs; le bétail n'ingère pas les embryons et par suite ne se trouve pas infesté.

ÉCHINOCOCCOSE SUPPURÉE, HÉPATITE SUPPURÉE

Étiologie. — L'échinococcose simple peut rester longtemps insoupçonnée; les animaux jeunes qui en sont atteints peuvent arriver à l'état adulte sans grands troubles généraux. Les échinocoques âgés finissent par dégénérer. La paroi du kyste se modifie, le liquide de sa cavité se trouble, devient lactescent, puis caséeux;

la vésicule se ratatine, elle arrive à ne plus ressembler en rien à la vésicule primitive. Bientôt, tout le liquide est résorbé; il ne reste à la place du kyste primitif qu'un magna caséeux qui s'infiltre de calcaire et s'atrophie progressivement.

Dans d'autres circonstances, l'évolution des vésicules d'échinocoques est moins régulière, elles s'infectent accidentellement et se transforment en abcès enkystés; c'est l'échinococcose suppurée du foie.

La membrane des vésicules ordinaires ne se laisse pas traverser par les agents microbiens, mais la paroi fibreuse périkystique est très vasculaire; et lorsque, à la faveur de troubles vasculaires hépatiques tels que ceux qui peuvent résulter de l'alimentation seule, d'intoxications légères ou d'autres affections viscérales, il se produit de l'infection sanguine momentanée, des agents microbiens peuvent pénétrer par effraction et amener la suppuration de la vésicule. Le liquide se trouble, le kyste primitif se transforme en abcès. Il y a alors échinococcose suppurée.

Symptômes. — L'état général résultant de l'évolution suppurée des vésicules d'échinocoques est très différent de l'échinococcose vraie. Il peut se produire en premier lieu, si les abcès évoluent rapidement, de la péritonite aiguë généralisée ou tout au moins de la péritonite localisée à la région abdominale antérieure droite, et on voit se succéder tous les symptômes caractérisant les péritonites. — Dans tous les cas, même en l'absence de péritonite franchement caractérisée, il se produit de la péri-hépatite avec adhérence du foie à la région postérieure du diaphragme, à la région du cercle de l'hypocondre et même à la paroi abdominale, ainsi qu'aux réservoirs gastriques en arrière.

Cette périhépatite se décèle par une sensibilité exceptionnelle de l'hypocondre droit à la percussion et par des troubles respiratoires dus à l'immobilisation du diaphragme.

Il semble que, dans certains cas, ces abcès évoluent comme de véritables abcès froids, sans troubles thermiques et sans troubles digestifs marqués; mais les malades maigrissent rapidement, ils s'affaiblissent, présentent une teinte subictérique peu intense et paraissent sans force aucune. La démarche est indolente, hésitante comme si les animaux étaient fourbus, les membres sont fréquemment engorgés; l'anémie s'accentue de jour en jour, l'examen du sang révèle une leucocytose abondante dont la présence aide souvent au diagnostic de suppuration interne.

En quelques mois, du moins pour les patients que j'ai pu suivre, ils arrivent à la période cachectique.

Dans d'autres circonstances, encore mal définies quant à l'origine, on observe des suppurations du foie s'accompagnant d'hypertrophie totale, de sensibilité excessive de l'hypocondre droit, avec anorexie progressive et soif ardente, avec diarrhée incoercible et fièvre, alors que, dans les cas ci-dessus, il n'y a que peu ou pas de fièvre et pas de diarrhée. La marche de ces suppurations, dont l'origine probable se trouve vers l'intestin, est beaucoup plus rapide. En quinze jours, trois semaines, et parfois moins, les malades sont emportés par intoxication, par infection purulente généralisée ou par septicémie.

C'est qu'il s'est produit, dans ces cas, une infection surajoutée par des agents pathogènes très actifs.

Diagnostic. — Le diagnostic de l'échinococcose suppurée et des abcès primitifs du foie est difficile à établir. Il se fait surtout par exclusion, par les signes fournis par la percussion du flanc droit et aussi par l'examen du sang.

Pronostic. — Le pronostic est extrêmement grave.

Traitement. — Le traitement est inefficace. En admettant même que le diagnostic puisse être posé avec précision, on ne peut recourir à l'intervention chirurgicale, la seule qui aurait des chances d'amener un résultat. Les abcès sont multiples, logés profondément, séparés les uns des autres, quelquefois entourés d'adhérences inflammatoires énormes, de sorte qu'il n'y a pas lieu d'intervenir autrement que pour établir un diagnostic probable ou précis. L'abatage hâtif est de règle.

DISTOMATOSE

On donne en France le nom de distomatose à l'affection causée par la présence de distomes dans le réseau biliaire excréteur du foie. C'est la *rot-dropsy* d'Angleterre, *Leberfaule* d'Allemagne. — C'est l'une des affections vermineuses les plus anciennement connues, déjà décrite au XIVe siècle (Jehan de Brie, 1379).

Elle a reçu en France, suivant les époques et les localités, les noms les plus divers : pourriture, mal de foie, boule, bouteille, gouloumon, cachexie aqueuse, phtisie vermineuse, douve, douvette, etc.

Elle est provoquée par le développement dans les canaux biliaires des bêtes bovines, ovines et caprines, de deux variétés de distomes : le *Distoma hepaticum* et le *Distoma lanceolatum*.

C'est Zundel qui, en 1875, établit une relation de cause à effets entre la présence des distomes dans le foie et l'évolution d'une cachexie progressive et fatale chez la plupart des sujets atteints. Cette opinion, mise en relief par les travaux de Leuckart et de Thomas sur l'évolution des distomes, a prévalu, et de nos jours, la théorie parasitaire ne soulève plus d'objections possibles. La maladie est infiniment plus fréquente et plus grave chez le mouton que chez le bœuf, parce que le mouton s'infeste plus facilement et de façon plus massive que les bovidés; malgré cela, durant les années humides et chaudes la distomatose peut provoquer des pertes chez les bovidés et même se manifester sous forme épizootique.

La dernière grande épizootie de distomatose bovine et ovine remonte à 1910, mais antérieurement il en avait déjà été signalé de fort graves; telles celles qui avaient sévi en 1671-1762, dans le boulonnais, et en 1829-

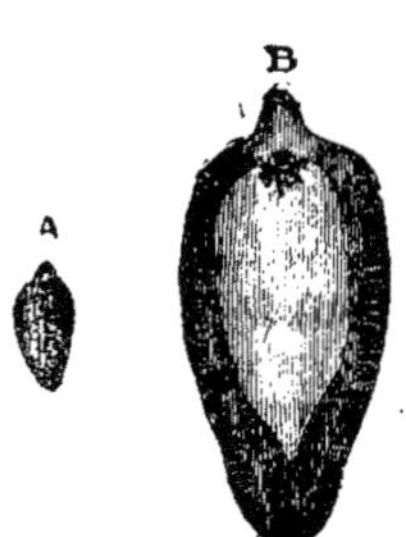

Fig. 128. — *Distoma hepaticum*. A, jeune; B, adulte (Railliet).

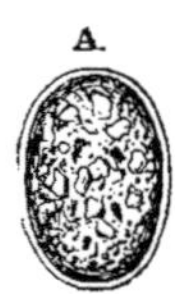

Fig. 129. — Œufs de *Distoma hépaticum*. A, dans les voies biliaires; B, embryonné: C, après éclosion (Railliet).

1830 dans la vallée de la Meuse, faisant disparaître un cinquième de l'effectif bovin de ces régions.

Symptômes. — La symptomatologie de l'affection se présente, au point de vue clinique, avec trois phases bien distinctes :

Phase de début. — La phase de début coïncide avec la pénétration des embryons de parasites dans l'organisme : dans l'intestin d'abord, dans le foie ensuite, par pénétration ascendante dans les voies biliaires. Cette phase correspond d'ordinaire aux derniers mois de l'année (octobre, novembre, décembre); il est rare qu'elle donne lieu à l'apparition de symptômes alarmants. Dans les années très humides, l'infestation peut avoir lieu beaucoup plus tôt, dès juin ou juillet. — Les animaux bien portants à cette époque, au sortir de l'été, généralement en bon état, et gras, supportent victorieusement les premières attaques du parasite, et c'est à peine si on remarque simplement de la *nonchalance*, de la *mollesse* et de la *faiblesse musculaire*. Il faut un œil exercé pour noter ces signes généraux bien vagues, car la modification de l'état général ne sera que lente et progressive; l'appétit reste bon.

Il est fort difficile d'apprécier à leur juste valeur ces symptômes de début et d'anémie chez les bêtes bovines, d'autant qu'il ne se produit de troubles marqués que dans les cas d'infestation grave, ce qui est infiniment moins fréquent que chez le mouton. On ne signale que très rarement non plus de mortalité chez les bovidés durant la période d'infestation alors qu'elle est fréquente chez les ovins. Les jeunes embryons parasites, qu'ils pénètrent directement par les voies biliaires comme on l'admet encore, ou qu'ils soient apportés au foie par les voies sanguines, creusent des galeries interstitielles dans l'épaisseur de la glande avant d'établir leur habitat dans les voies biliaires ; ils arrivent sous la capsule de Glisson, la peuvent même perforer, et, comme ce sont d'admirables semeurs de germes intestinaux, s'ils viennent des voies biliaires, ils déterminent de l'hépatite, des lésions de périhépatite avec fausses membranes nombreuses. Les complications de péritonite parasitaire ou infectieuse fréquentes chez les moutons au cours de cette première phase, sont exceptionnelles chez les bovidés, de même que les cas de mortalité.

Période d'état. — Durant la seconde période, ou période d'état (décembre, janvier), les malades s'anémient, se montrent moins vifs, ont un appétit moins régulier et une soif plus grande. — La conjonctive pâlit et s'œdématie, la sclérotique reflète une teinte bleuâtre, les paupières s'infiltrent modérément.

Cette période, qui correspond à une anémie déjà très accentuée des malades, se caractérise encore par l'essoufflement rapide à la marche et l'impossibilité de courir quelque temps devant les chiens.

Les explorations diverses ne révèlent rien de particulier, sauf un claquement plus net des valvules pendant les battements cardiaques, et parfois de faibles épanchements dans le thorax et l'abdomen.

L'examen des excréments au microscope décèle la présence d'œufs de douves.

Période cachectique. — Cette période de déclin, qui commence vers février, correspond à l'évolution progressive d'une cachexie plus ou moins bien caractérisée.

Les malades s'affaiblissent, mangent moins et digèrent mal. C'est alors que l'on voit apparaître l'œdème sous-glossien des états cachectiques avancés quelle qu'en soit l'origine première.

La diarrhée vient alors compliquer un état déjà alarmant, et l'exploration décèle des épanchements cachectiques d'importance très différente dans le thorax, le péricarde et l'abdomen.

La mort survient par épuisement; les malades s'éteignent sans souffrances et sans convulsions dans un état d'anémie extraordinaire. Le sang est simplement rosé, teinte sirop de groseille; il se prend en masse d'aspect gélatineux et non en caillot ferme; le taux globulaire est descendu de 6 à 7 millions environ, chiffre normal, à quelques centaines de mille globules rouges par millimètre cube. Le sérum paraît quelquefois hémolytique.

Les complications d'ictère sont rares; cependant, on peut en enregistrer vers cette dernière période et même à la période d'état.

Lorsque la mortalité commence à apparaître, comme il s'agit d'une maladie qui, suivant les années, sévit sur toute une contrée, c'est une véritable désolation dans le monde de l'élevage et les pertes deviennent énormes. C'est parfois un réel fléau.

Il faut ajouter cependant que tous les malades ne succombent pas, et que ceux qui ont été entretenus dans de bonnes conditions d'hygiène et d'alimentation peuvent parfois se maintenir même cachectiques pendant plusieurs mois.

Vers mars et avril, les parasites abandonnent leurs pénates, se laissent entraîner par le courant biliaire vers l'intestin, et se trouvent alors rejetés avec les excréments.

C'est la période de convalescence et de guérison des malades; guérison relative, car les parasites ne sont jamais évacués en totalité. Les distomes recommencent alors leur cycle évolutif au dehors.

La distomatose, extrêmement grave par elle-même, peut être le point de départ de complications septicémiques rapidement mortelles.

Toutefois, chez les bêtes bovines, les méfaits ou les ravages de cette affection sont beaucoup moins importants que pour le mouton. — Nombre de malades présentent des troubles de l'appétit, de l'amaigrissement sans causes appréciables, de l'anémie, même de la diarrhée; malgré une excellente alimentation d'hiver, ils ne reprennent pas d'embonpoint, mais la guérison spontanée relative apparaît au printemps.

La mort par distomatose simple est exceptionnelle; mais les entérites évoluent plus facilement chez ces sujets prédisposés, ainsi que toutes les infections d'origine intestinale. Pour les bêtes bovines, ce n'est une affection grave que lorsqu'il y a infestation massive, à la suite des années très humides ou des inondations.

Les animaux jeunes de sept à huit mois et deux ans sont ceux qui se montrent les plus sensibles.

Étiologie. — L'étiologie de la distomatose se résume à une cause unique : la pénétration d'embryons de douves dans l'appareil digestif des herbivores.

Les distomes adultes des canaux biliaires expulsent d'une façon permanente, mais principalement de février à juin et juillet, une quantité formidable d'œufs qui sont entraînés avec la bile et les excréments, ces œufs rejetés sur les fumiers et les pâturages continuent leur évolution à la faveur de l'humidité et des eaux stagnantes.

Trois conditions sont indispensables pour que les pâturages puissent être infestés : il faut : 1º la semence représentée par les œufs de parasites; 2º l'eau et une certaine chaleur pour que l'incubation et l'éclosion puissent se réaliser; 3º la présence de l'hôte intermédiaire nécessaire au développement ultérieur des stades larvaires.

Tous les œufs, qui dans le milieu extérieur tombent sur des

terrains secs, n'entrent pas en incubation. En hiver, ces œufs, même en milieu humide n'entrent pas en incubation, il n'y a pas d'éclosions, ils sont perdus.

L'incubation marche entre 10 et 25°. Dans les incubations artificielles réalisées au laboratoire, sous une couche de 1 centimètre à 1 cm. 5 d'eau, l'incubation dure de trente à quarante jours entre 14 et 19°; elle peut être réduite à douze ou vingt jours avec une température de 20 à 27°.

La lumière joue un rôle fort intéressant dans l'éclosion; ils suffit de faire passer de l'obscurité à la lumière des œufs mûrs, pour voir se produire en quelques instants des éclosions en masse.

Dans les conditions naturelles du milieu extérieur, l'incubation des œufs rejetés avec les excréments peut donc commencer, en France, vers le mois d'avril avec éclosions en mai, pour se continuer jusqu'à l'automne. Le printemps et l'été sont donc les deux saisons les plus favorables à l'éclosion.

A l'éclosion, l'œuf laisse échapper un embryon cilié qui ne peut vivre que là où il y a de l'eau. Il nage vigoureusement à la façon d'un alevin et n'a qu'une vie très éphémère. S'il ne trouve pas l'hôte intermédiaire qui lui est nécessaire pour son développement ultérieur, la *Limnæa truncatula*, il meurt et le cycle évolutif du parasite est rompu; si au contraire il trouve cet hôte, il le pénètre, s'établit chez lui en parasite et subit ses transformations en sporocyste, rédie et cercaire.

Il n'est pas définitivement prouvé qu'il n'y ait que la *Limnæa truncatula* qui puisse servir d'hôte intermédiaire; peut-être d'autres limnées telles que la *Limnæa stagnalis*, par exemple, peuvent-elles jouer le même rôle.

Les transformations en sporocystes, rédies et cercaires, dans le corps de limnées demande quelques semaines. A maturité, les cercaires s'échappent du corps du sujet qui les a nourries et abritées, elles nagent dans les eaux stagnantes, puis perdent leur queue, vont se fixer et s'enkyster tout près de la surface de l'eau et tout près du sol, vers la base des tiges des plantes, attendant là le moment où elles pourront pénétrer dans l'appareil digestif des herbivores avec les herbes ingérées comme aliments.

Sur les herbes coupées, fanées et desséchées ces cercaires meurent, il n'y a pas de distomatose par fourrages secs. Avec les herbes dégluties au pâturage l'infestation se réalise, les cercaires sont mises en liberté, le cycle évolutif du parasite se ferme.

La *Limnæa truncatula* vivant non seulement dans les régions marécageuses, mais aussi dans tous les endroits humides, on s'explique l'énorme diffusion possible des embryons de douves, et par suite l'énorme diffusion de la distomatose.

L'embryon cercaire ingéré avec les fourrages est mis en liberté, il passe de l'intestin au foie par reptation ascendante, guidé qu'il est par le courant biliaire qu'il remonte jusqu'à ses sources. Là, l'embryon finit par se fixer dans les voies biliaires, franchit les étapes d'évolution qui l'amènent à l'état adulte; dès lors la ponte commence et avec elle un nouveau cycle d'évolution.

Lorsqu'il n'y a qu'une infestation parasitaire d'intensité moyenne les jeunes douves se cantonnent dans les voies biliaires; lors d'infestations massives les parasites perforent le foie de tous côtés, perforent même la capsule de Glisson, font de l'hépatite diffuse, de la péritonite, des phlébites capillaires des veines sous-hépatiques et sus-hépatiques, même des phlébites des gros vaisseaux.

Cette pénétration directe de l'intestin dans le canal cholédoque et le foie permet des doutes; il paraît admis que la pénétration se fait surtout par les voies sanguines. Les faits de perforation du tissu hépatique par les parasites jeunes pourraient être interprétés en ce sens.

L'évolution du *Distoma lanceolatum* n'est pas encore connue; cette variété est d'ailleurs moins répandue que le *D. hepaticum*. On la trouve surtout dans les régions de l'Est et de la vallée de la Meuse, et l'on suppose que l'hôte intermédiaire est représenté par des planorbes.

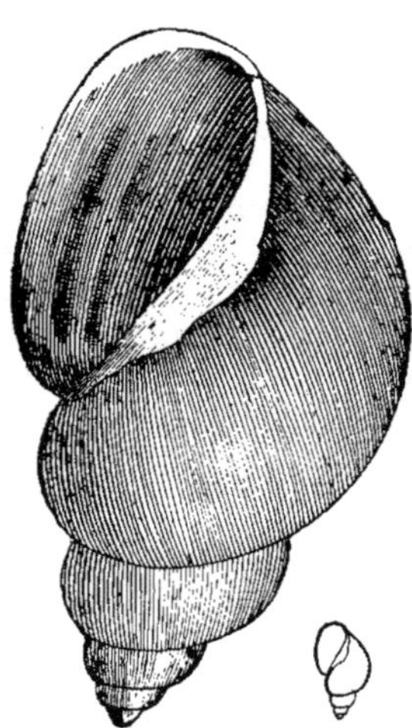

Fig. 130. — *Limnæa truncatula*. Grandeur naturelle et grossie (Raillet).

Mais il ne faut pas oublier que *Distoma lanceolatum* paraît capable de faire autant de ravages et de causer autant de pertes que *D. hepatica*, surtout chez les bovidés.

Le jeune âge est une condition excellente pour l'invasion des voies biliaires par les douves; c'est dire que les veaux, les génisses et les jeunes bœufs sont particulièrement atteints. Les adultes offrent un terrain moins favorable, ce qui n'empêche pas complètement les parasites d'attaquer quand même, mais les sujets touchés sont moins impressionnés. Quant aux animaux âgés, s'ils ne résistent pas non plus d'une façon parfaite, ils n'hébergent d'ordinaire qu'un tout petit nombre de parasites.

Les *années humides* favorisent d'une façon extraordinaire l'extension et la propagation de la distomatose, et cela se comprend, étant connues les conditions d'évolution de ces parasites.

L'automne semble être particulièrement favorable à l'infestation des troupeaux, ce qui s'explique encore, parce que, durant l'été, la dessication des pâturages empêche tout développement des œufs qui pourraient y être répandus, tandis que la saison pluvieuse d'automne favorise la dissémination des limnées et par suite celle des cercaires.

D'autre part, l'automne est la saison où les pâturages se dénudent, où les troupeaux se délectent des restes du régime vert, et tondent les pâtis jusqu'à la racine des plantes. Or, les cercaires s'enkystent sur les feuilles les plus basses; c'est donc en cette saison surtout qu'elles sont ingérées. — Les inconvénients des années humides n'apparaissent donc pas immédiatement pour les faits qui nous occupent, mais seulement durant les mois qui suivent.

D'après Thomas, l'évolution de la douve exigerait environ six semaines pour arriver à développement complet et sexué, dans le foie. Nos recherches avec Railliet et Henry nous ont montré qu'il fallait environ trois mois pour arriver à ce résultat, après infestation expérimentale.

La distomatose sévit partout, en Europe, en Afrique et aussi en Amérique.

En France, elle fait des victimes : en Sologne dans les régions non desséchées, dans le Berry. les régions montagneuses et humides du Plateau central et aussi beaucoup dans les Pyrénées.

L'excès d'humidité, les inondations, les submersions répétées de parcours ou de prairies, la persistance de flaques stagnantes, de débordements de rigoles et de fossés, multiplient les conditions favorisantes de développement des stades successifs du parasite. On les retrouve toujours au départ des grandes épizooties.

Pour les bêtes bovines, la distomatose est fréquente dans la vallée de la Meuse, les marais de Picardie, les régions basses de Normandie et aussi dans tous les pâturages montagneux du Plateau central.

Lésions. — Les lésions de la distomatose varient avec les stades d'évolution des parasites. Au premier stade d'invasion biliaire par les jeunes douves, on rencontre soit de l'hépatite simple, soit de l'hépatite interstitielle diffuse, due aux perforations de la glande par les parasites jeunes, parfois de la périhépatite adhésive avec fausses membranes, et bien souvent de la péritonite légère.

Conformément aux données des zoologistes, les jeunes douves pénétreraient dans le foie en remontant le courant biliaire; il ne paraîtrait pas illogique d'admettre la pénétration par une autre voie, d'autant plus que la distomatose dite erratique, distomatose pulmonaire, du cœur, des ganglions et de divers autres tissus, n'est pas rare (Morot). Dans les cas d'infestation massive, les jeunes douves arrivant en excès dans les voies biliaires perforent la glande pour donner ces lésions d'hépatie, de périhépatite, de péritonites ou de distomatose erratique. Elles peuvent même provoquer de thromboses veineuses, de véritables phlébites interstitielles, qui expliquent les morts subites par embolies au cours des épizooties graves.

Durant la seconde phase, celle qui correspond à l'évolution des douves vers l'état adulte, les lésions de périhépatite et de péritonite, lorsqu'elles n'ont pas été rapidement mortelles par infection secondaire, s'atténuent et disparaissent. Les douves se développent dans les canaux biliaires pour atteindre l'état adulte; elles remontent progressivement vers les origines de ces canaux, en les dilatant d'une façon exceptionnelle. Le nombre des parasites trouvés peut être très variable, en relation avec la gravité de l'infestation; parfois, il y en a peu, et c'est une découverte d'autopsie; dans d'autres cas, les canaux biliaires en sont bourrés : on a pu en compter jusqu'à sept ou huit cents et même mille.

Les canaux biliaires distendus sont toujours le siège d'une inflammation chronique périphérique, qui s'accentue de jour en jour en provoquant partout de la sclérose atrophiante péricanaliculaire. Il en résulte une modification et la disparition d'une certaine quantité de tissu hépatique, des troubles vasculaires et sécrétoires multiples (cholécystite parasitaire).

C'est à cette période que les douves provoquent les plus grands troubles, non pas seulement par leur présence, mais aussi par leur mode de vie. J'ai pu m'assurer autrefois, avec M. Railliet, que ces parasites se nourrissaient surtout de sang, tout au moins durant le premier et le second stade de leur séjour dans le foie, et il suffit, pour en avoir la preuve, d'injecter d'une façon complète le système vasculaire du foie (artères et veines); le lendemain, la matière d'injection se retrouve dans l'appareil digestif des parasites. Les troubles qu'ils provoquent sont donc dus à leur présence et aux conséquences qu'elle entraîne, à leur mode de vie ensuite, et aussi aux infections microbiennes surajoutées dont ils peuvent être la cause initiale.

On objectera en vain, comme quelques pathogénistes ont tenté autrefois de le faire, que le rôle de ces parasites n'est pas aussi important qu'on le dit, et que la mortalité survient par infection et non par les parasites eux-mêmes! On objectera en vain que l'on constate fréquemment dans les abattoirs la présence d'une distomatose sur des animaux, des moutons principalement, en parfait état de graisse et qui semblent n'en pas avoir souffert! — Ces observations sont parfaitement exactes et fondées ; mais qu'importe que la mort, c'est-à-dire le coup de grâce des malades ou des agonisants, soit la conséquence d'une infection surajoutée à la distomatose, si la présence de ces parasites est la condition primordiale d'apparition de ces infections surajoutées, et si ces infections sont, comme je le pense, presque fatales sur des malades épuisés par l'action parasitaire.

La constatation d'un bon état d'embonpoint, sur des animaux atteints de distomatose et abattus pour la boucherie n'est pas une objection de valeur non plus, car on sait, et depuis fort longtemps, que l'amaigrissement et l'anémie ne sont pas immédiats, et que, pour qu'ils arrivent à se manifester, il faut un séjour de plusieurs mois des distomes dans le foie. Bakewell et le marquis de Béhague n'ont-ils pas constaté autrefois, chez le mouton, que dans les infestations modérées il y avait tendance à l'engraissement pendant le premier et une partie du second stade d'évolution de la maladie!

Si les animaux sont sacrifiés avant le commencement de la déchéance progressive, on comprend que l'on puisse se faire illusion sur l'importance des parasites.

C'est à la fin du second stade d'évolution de la maladie que l'amaigrissement commence et marche ensuite rapidement. Les parasites qui ont prélevé du sang pour leur nourriture, d'une façon continue et prolongée, amènent de l'anémie, presque toujours aussi de l'infection des voies biliaires, et assez fréquemment un peu de subictère comme conséquence.

Avec la troisième période apparaissent les signes généraux de cachexie sur lesquels il n'y a pas lieu d'insister. Ce sont les lésions de toutes les cachexies progressives.

Sur les animaux qui résistent et que l'on sacrifie ultérieurement, on trouve toujours de la sclérose hépatique très accentuée, avec début autour des canaux biliaires; même après évacuation par les parasites, ces canaux se montrent indurés, épaissis, fibreux, souvent incrustés de graviers biliaires ou obstrués de véritables calculs. Les calculs renferment ou non des parasites, parfois simplement des œufs; ils sont pleins, tubulés, perforés, mais toujours irréguliers à leur surface.

Les douves adultes sont ordinairement éliminées au bout d'une année, pour la majorité, mais certaines observations nous ont démontré que des malades atteints de distomatose, et soustraits par la stabulation prolongée, dans des conditions déterminées, à toute possibilité de nouvelle infestation, pouvaient conserver dans leur canalisation biliaire, des douves adultes et vivantes durant plusieurs années.

Lorsque des complications se sont surajoutées, on rencontre le plus souvent des lésions générales de septicémie et de l'infection sanguine.

Dans les cas de distomatose erratique, négligeables au point de vue clinique, les distomes du poumon ou des autres viscères s'enkystent et meurent avec le temps. Ces kystes, qui ne contiennent qu'un, rarement deux parasites, présentent une coque fibreuse périphérique, un magma grumeleux pultacé noirâtre, ou parfois de l'infiltration calcaire. Le parasite peut être totalement détruit.

Diagnostic. — Le diagnostic précoce est délicat; il nécessite l'examen microscopique des excréments pour déceler la présence d'œufs, et encore ce diagnostic ne peut-il être établi que lorsqu'il y a des douves adultes. On trouve en moyenne un œuf par préparation, lorsque le foie contient quatre-vingts à cent douves (Perroncito) (1). Lorsque les symptômes de cachexie sont accusés, lorsque surtout il y a déjà eu des cas de mort, le diagnostic devient d'une extrême facilité dans les autopsies. Il suffit de constater la présence de distomes (*Distoma hepaticum* ou *lanceolatum*) en quantité notable pour être fixé.

Pronostic. — Le pronostic est extrêmement grave lorsque l'infestation est abondante, parce que, dans les infestations massives il peut y avoir perforation du foie, hépatite diffuse, périhépatite, péritonite, etc.; mais aujourd'hui cependant, quand le diagnostic est précisé en temps utile, on peut toujours traiter et sauver la grande majorité des malades.

Traitement. — Jusqu'à ces dernières années, on estimait, dans tous les pays, qu'il y avait pas de traitement curatif.

Prophylaxie. — Delafond, Haubner et d'autres, autrefois, avaient préconisé des mélanges alimentaires particuliers à base de grains ou de farineux, additionnés de sulfate de fer, de baies de genévrier, etc. Ces mélanges avaient l'avantage de représenter une nourriture excitante, très substantielle, et c'est la seule considération importante qu'il faille en retenir.

Une bonne alimentation est la première condition du traitement.

On recommandait d'autre part : de mettre des blocs de sel gemme en permanence dans les râteliers ou du sel dans les rations. Le sel stimule la sécrétion gastrique et possède une légère action sur les parasites adultes.

De toutes les mesures préventives, les plus efficaces sont celles qui ont pour but le drainage, l'assainissement et la dessication des régions basses, humides ou marécageuses; les limnées propagatrices des parasites ne pouvant se développer là où le sol est sec. — Il faut ensuite désinfecter les fumiers contenant des œufs de parasites en les additionnant de chaux, de sulfate de fer ou de sel.

Il est enfin une dernière précaution, la plus efficace sûrement, qui pourrait être prise durant les années humides, et qui consisterait à ne jamais mener les troupeaux sur les prairies naturelles et les parcours au delà de la saison d'été; alors que les prairies artificielles ou pâturages sur terres cultivées pourraient être utilisés jusqu'en fin de saisons, parce que les chances d'infestation ne sont plus les mêmes ici que là.

(1) Recherche des œufs de douves : 1 gr. d'excréments, 5 gr. d'eau, délayer, filtrer sur tarlatane ou mousseline, 1 goutte de dilution par préparation, dix examens successifs. La présence d'un œuf par préparation correspond, en moyenne à la présence de 100 douves adultes, sexuées, en état de ponte.

Mais tout cet ensemble de mesures ou de précautions, difficile à faire observer lorsque les éleveurs n'ont pas une certaine instruction, reste absolument insuffisant durant les années d'épidémie.

A la suite de la grande épizootie qui a sévi en France en 1910-1911 nous avons, avec Railliet et Henry, repris l'étude entière de l'évolution du parasite, et aussi celui des moyens d'action à opposer à la maladie. Nous avons tout d'abord envisagé la prophylaxie et

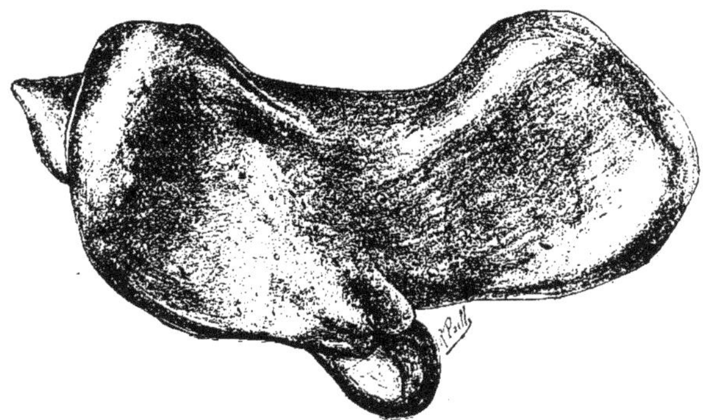

Fig. 131. — Foie de bœuf portant de multiples perforations de la capsule de Glisson dans un cas d'infestation massive par *distoma hepaticum*.

cherché à voir comment on pourrait rompre le cycle évolutif de la douve. — L'action des engrais courants utilisés en agriculture a naturellement tout d'abord fixé notre attention : les sels de soude, de potasse, d'ammoniaque, le plâtre, la chaux et les sels de fer, etc., ont été essayés comme antiparasitaires sur les stades larvaires de la douve ou sur les limnées. Le seul résultat vraiment utile que nous ayons obtenu est celui qui se rapporte à l'action de la chaux vive, éteinte ou plus ou moins carbonatée (poussière de chaux).

Les solutions titrant 0.50 à 1 p. 1000 de chaux vive tuent instantanément des embryons ciliés en pleine vitalité. Des solutions à 3 p. 1000 de chaux carbonatée aboutissent au même résultat.

Pratiquement il est donc possible, par le chaulage des prairies, et plus particulièrement des surfaces modérément inondées ou submergées, des abords des rigoles, fossés, flaques stagnantes, etc., durant la saison d'éclosion des œufs de douve, c'est-à-dire de mai à septembre, de détruire les embryons de douve, par suite, de rompre le cycle évolutif parasitaire et d'éviter ou de limiter dans une certaine mesure les enzooties ou épizooties possibles.

D'un autre côté, les limnées sont tuées par la chaux ; dans une solution à 1 p. 100 elles succombent au bout d'un quart d'heure. Comme elles vivent au voisinage des eaux stagnantes, le chaulage

intense des régions avoisinantes, sur une largeur d'une vingtaine
de mètres au moins, pourrait permettre d'espérer la disparition des
hôtes nécessaires au parasite, par suite d'empêcher sa possibilité
d'évolution.

Il y a bien un écueil, qui est représenté par la faculté qu'ont les
limnées de s'enfoncer dans la vase pour se soustraire à une action
nocive extérieure ; mais les conditions d'existence et de reproduction

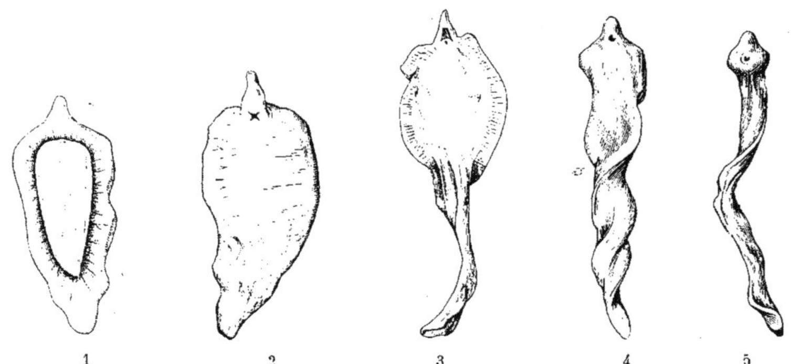

Fig. 132. — Les transformations de la douve sous l'influence de l'extrait éthéré de fougère mâle. — 1, douve normale ; 2 et 3, mort progressive de la partie caudale ; 4, recro-
quevillement complet ; 5, mort totale.

de ces mollusques n'en seraient pas moins contrariées. Il est logique
d'espérer voir la distomatose disparaître d'une exploitation ou
d'une région, si les précautions ci-dessus indiquées pouvaient être
prises systématiquement durant quelques années.

Traitement curatif. — Mais la question du traitement curatif,
c'est-à-dire celle de la possibilité de guérison des malades au cours
d'épizooties variées se présente avec plus de nécessité et d'urgence
que toute autre.

Tous les essais tentés autrefois à cet égard étaient restés négatifs
ou à peu près ; on était presque arrivé à cette opinion que les différents médicaments utilisés, antiparasitaires ou autres, avaient
souvent une action plus malfaisante qu'utile. Aucun spécifique
antiparasitaire actif n'avait pu être mis en évidence.

A la suite de recherches multiples et d'essais variés qu'il serait
superflu de rapporter, nous avons démontré que l'extrait éthéré de
fougère mâle titré, *dosant au minimum* 15 p. 100 *de principes
actifs*, avait une action destructive vraiment spécifique sur le *distoma hepaticum*, lorsque ce médicament était administré à jeun,
en émulsion dans une huile grasse, à la dose de 1 gramme d'extrait
par 5 à 6 kilogrammes de poids vif d'animal malade.

Pour des bovidés de tout âge et de tout poids, la médication est donc facile à établir; en moyenne par exemple :

50 à 60 grammes d'extrait éthéré titré en émulsion dans 200 à 250 grammes d'huile pour des bovidés de 300 à 400 kilogrammes. Abaisser les doses proportionnellement aux poids pour des animaux plus jeunes de six mois à deux ans.

La médication doit être administrée le matin à jeun, poursuivie cinq à six jours consécutifs. Les parasites sont atteints et tués dans les canaux biliaires, ils sont entraînés par le courant de la bile, rejetés dans l'intestin et éliminés avec les excréments.

Différentes spécialités étrangères ont été recommandées; jusqu'à ce jour les seules efficaces ont été établies d'après les principes ci-dessus. Mais au lieu d'administrer l'extrait éthéré de fougère mâle, produit complexe, on en a séparé les principes actifs (filicine, acide filicique, huiles essentielles, etc.), et fait des drogues plus faciles à administrer. Leur supériorité d'efficacité ne s'est pas encore imposée, mais on ne saurait nier cette efficacité, puisqu'elles sont à base de principes actifs de l'extrait éthéré. Leur mode d'administration est infiniment plus commode et plus pratique. La seule condition à exiger c'est que les doses soient bien calculées pour un poids donné chez une espèce déterminée. Le médicament a cette curieuse action, en provoquant la mort du parasite, de l'amener à se flétrir d'abord par son extrémité apicale qui se ratatine et se racornit, alors que l'extrémité orale est bien vivante; mais la destruction progressive est rapide. Du 3e au 6e jour de traitement, les parasites morts ou en voie de destruction progressive se présentent avec les aspects ci-contre (fig. 132).

Dès l'élimination des parasites les malades entrent en convalescence; la durée de cette dernière est en rapport avec le régime distribué, qui doit être d'aussi bonne qualité que possible. L'eau rouillée comme boisson est à conseiller pour faciliter la disparition de l'état d'anémie, l'emploi complémentaire de la médication arsénicale (acide arsénieux, 1 gramme par jour) comme stimulant hématopoiétique est aussi fort avantageux durant les premières semaines.

S'il y avait, antérieurement au traitement, de grosses lésions d'hépatite diffuse ou des complications viscérales autres, il est évident que la médication antiparasitaire ne suffirait pas à les faire disparaître; il faut donc compter avec quelques insuccès; mais d'une façon générale les résultats doivent être excellents dans l'ensemble ; à la condition que le médicament ne soit pas toxique et ait été contrôlé par avance.

CLASSE III

APPAREIL RESPIRATOIRE

CHAPITRE PREMIER

DE L'EXPLORATION DE L'APPAREIL RESPIRATOIRE

L'exploration de l'appareil respiratoire comprend l'examen des narines, des cavités nasales, des sinus frontaux et maxillaires, du larynx, de la trachée et de la poitrine pour ce qui concerne le poumon et les plèvres.

Cavités nasales. — L'examen de l'orifice extérieur des cavités nasales *par l'inspection* est des plus simples. — Il renseigne sur le degré de dilatation de ces orifices, sur la fréquence des mouvements respiratoires (respiration accélérée, ralentie, dyspnéique, etc.), ainsi que sur l'état du mufle. Il permet parfois de constater l'existence d'éruptions diverses, de productions croûteuses ou les caractères variables du jetage.

L'exploration des cavités nasales dans leur profondeur à la faveur de l'orifice nasal reste très limitée, car le regard ne peut pénétrer bien loin; mais il est facile cependant de voir l'état de la pituitaire, d'apprécier son degré de vascularisation, de constater l'existence d'ulcérations ou de végétations. Le palper digital est utile aussi parfois pour renseigner sur l'état de l'extrémité inférieure des cornets. — L'éclairage des cavités nasales à l'aide d'un réflecteur ou d'un appareil à lumière électrique ne rend que bien peu de services en raison de l'étroitesse de ces cavités. Par contre, l'inspection de la région du chanfrein, la palpation et la percussion du trajet des cavités sont des plus utiles : l'inspection renseigne sur les déformations possibles causées par des tumeurs, des inflammations osseuses ou d'autres lésions ; elle est d'autant plus commode que les déformations, souvent asymétriques, n'existent que d'un seul côté.

La palpation décèle le degré de résistance et de flexibilité de la paroi osseuse externe, ainsi que l'état des tissus sous-cutanés.

La percussion fait reconnaître parfois de la matité absolue due à des tumeurs de la muqueuse, des cornets ou des os.

L'orifice pharyngien des cavités nasales est d'une exploration plus délicate, mais il peut cependant être palpé *de manu*, par l'introduction de la main en supination dans la cavité pharyngienne; les doigts se recourbent derrière le voile du palais et peuvent

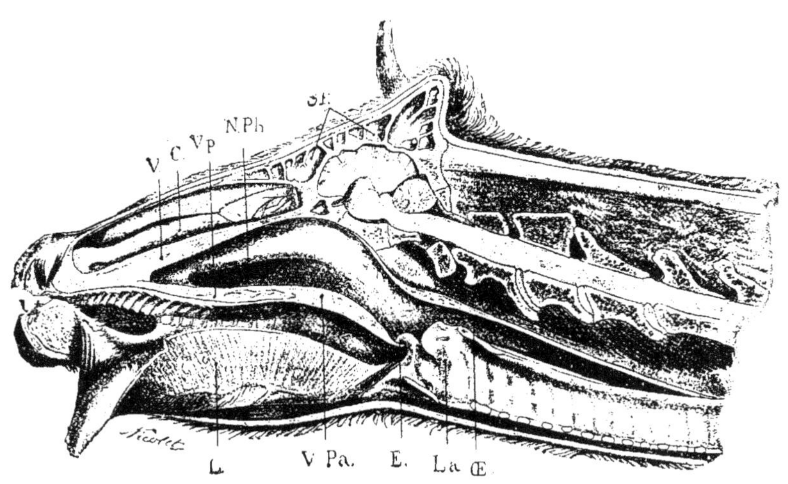

Fig. 133. — Coupe médiane de la tête chez le bœuf. — Sf. sinus frontal; N. Ph, nasopharynx; Vp, voûte palatine; C, cornets; V, vomer; L, langue; V. Pa, voile du palais; E, épiglotte; La, larynx; Œ, œsophage.

toucher cet orifice pharyngien. — L'exploration ne doit être tentée que sur des sujets très bien immobilisés et munis d'un spéculum buccal solide (Voir fig. 80).

Pour reconnaître l'intensité du courant d'air d'expiration, et par suite l'obstruction nasale partielle ou totale, Bru (1925) recommande la technique suivante : Bander les yeux, disposer dans l'axe du courant d'expiration la flamme d'une bougie alternativement à égale distance à droite et à gauche. L'extinction, l'inclinaison ou l'absence de modification de la flamme, fait juger comparativement la puissance du courant d'air expiré.

Sinus. — *Sinus frontal.* — Le sinus frontal occupe la plus grande partie de la région antérieure du crâne et le sommet de la tête, depuis le chignon jusqu'à la ligne orbitaire transversale supérieure, En haut, il est en continuité directe avec le sinus du cornillon; il se montre très vaste dans cette région supérieure, adossé sur la ligne médiane au sinus du côté opposé. En bas, au contraire, il est plus étroit, très anfractueux, cloisonné d'une façon incomplète par des lamelles osseuses, minces, dirigées en tous sens.

Il s'y trouve en communication directe avec les cavités nasales.

Ce sinus frontal occupe donc toute la partie supéro-latérale de la boîte cranienne qui se trouve ainsi pourvue d'une double paroi. — En un point cependant, sur une surface losangique, cette cavité

Fig. 134. — Disposition générale des sinus. — A, points d'élection pour la trépanation des sinus : S, du cornillon; S, frontal trépanation supérieure, trépanation inférieure; S, maxillaire; — B, régions explorables et disposition anatomique des sinus.

cranienne n'est protégée que par une paroi simple. C'est en ce point que frappent les tueurs des abattoirs.

Le sinus frontal s'explore par l'inspection et la percussion. L'inspection y dénote parfois une déformation de la table externe du sinus. Le fait est rare et je ne l'ai noté que dans deux cas de tuberculose des os de la paroi cranienne.

La percussion dénote la sensibilité anormale, la submatité ou la matité complète de certaines zones.

Sinus maxillaire. — Le sinus maxillaire occupe toute la région latérale du chanfrein, depuis l'extrémité inférieure de l'épins maxillaire jusqu'à la région sous-orbito-palatine. Sa paroi externe, très solide en avant, est, au contraire, extrêmement fragile en arrière, au-dessous de l'orbite. Ce sinus est largement protégé en

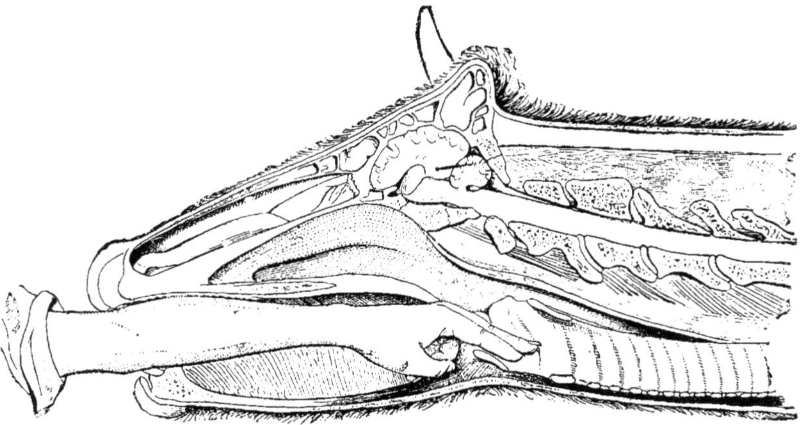

Fig. 135. — Exploration manuelle du larynx chez le bœuf.

dehors par l'insertion antérieure du masséter externe, ce qui explique la rareté de ses lésions.

Larynx. — Le larynx, en raison de sa situation profonde, ne peut pratiquement être exploré à l'heure actuelle que par l'inspection, la palpation externe, la palpation digitale interne et l'auscultation.

L'exploration externe ne présente aucune difficulté; elle fait facilement reconnaître les lésions périlaryngiennes de voisinage.

La palpation fait découvrir les engorgements œdémateux, les engorgements ganglionnaires rétro-pharyngiens, les engorgements inflammatoires, etc.

L'exploration digitale interne se fait, comme l'exploration pharyngienne, sur des animaux solidement immobilisés en position debout et munis d'un spéculum buccal (fig. 135).

La main introduite en pronation pénètre dans la cavité pharyngienne ; l'index peut être facilement engagé dans la glotte. L'exploration doit être rapide et sans brutalité. Elle permet de s'assurer de l'état de la glotte, de la présence, de la position et du mode d'insertion de lésions telles que myxomes, actinomycomes, végétations tuberculeuses ou ulcérations.

L'abaissement du larynx, accompagné de recul chez les dyspnéiques, doit toujours faire supposer que l'obstacle est au larynx.

L'auscultation permet d'enregistrer un bruit laryngien normal ou un bruit laryngien modifié : cornage, sifflement, bruit de gouttelettes.

Trachée. — La trachée sera explorée par la palpation et par l'auscultation.

La palpation fait reconnaître le degré de sensibilité, les anomalies de position ou de forme, les inflammations périphériques, les fractures d'anneaux.

L'auscultation permet de caractériser le bruit trachéal normal ou ses modifications, ainsi que les bruits anormaux qui peuvent l'accompagner : gargouillements muqueux et retentissement de bruits pathologiques de la poitrine.

Thorax. — Les moyens d'exploration du thorax sont l'inspection, la palpation, la percussion, la radioscopie ou la radiographie, l'auscultation.

L'*inspection* permet d'apprécier l'ensemble de la conformation du thorax, les déformations congénitales ou acquises, les asymétries (pneumothorax), les déviations costales. Le mouvement d'expansion des côtes, le rythme respiratoire (respiration étagée), les caractères particuliers de l'inspiration ou de l'expiration, peuvent être notés au cours de cette inspection.

La *palpation* fait reconnaître le degré de sensibilité de la paroi thoracique et le degré de sensibilité des espaces intercostaux. Elle permet encore de noter les infiltrations œdémateuses locales plus ou moins étendues, la présence ou la disparition de vibrations thoraciques (hydrothorax), la crépitation.

La *percussion* dénote le degré de sonorité de la poitrine dans ses différentes régions. Elle se pratique directement avec la main ou à l'aide d'un plessimètre. Ce dernier procédé est le plus avantageux lorsqu'il s'agit d'animaux gras, ou simplement en bon état de chair. La percussion donne d'ailleurs des résultats quelque peu différents suivant l'état d'embonpoint des sujets; on doit la pratiquer dans le sens vertical et dans le sens horizontal.

Dans tous les points ou les muscles sont épais et bien développés, les résultats fournis sont négatifs, en ce sens que le son obtenu par la percussion est un son mat.

C'est ce qui arrive au niveau des régions d'auscultation qui correspondent aux zones supérieures (Z. nº 1, masse de l'ilio-spinal et de l'intercostal commun) et sous-scapulaire (Z. nº 4, masse des muscles olécraniens) Au niveau des zones moyenne et inférieure, les résultats sont plus significatifs (fig. 136).

A droite, la percussion de la zone moyenne donne, à l'état normal, un son clair avec résonance parfaite de haut en bas et d'avant en arrière, depuis le 4e espace intercostal jusqu'à la 9e côte. Au delà se trouve le foie qui renvoie de la submatité et de la matité de la 9e à la 12e côte, par suite de sa position et du bombement du diaphragme vers la cavité thoracique.

La percussion de la zone inférieure donne une sonorité moins franche, qui va en s'affaiblissant de plus en plus vers le bas, en raison de la minceur des lames pulmonaires à ce niveau. Cette sonorité n'atteint pas l'hypocondre; elle ne dépasse pas les limites de la zone d'auscultation, parce que la partie inférieure de la caillette se plaque sous les cartilages costaux et fournit de la matité.

A gauche, la percussion fournit exactement les mêmes résultats, sauf pour la partie supérieure de la zone moyenne. Au delà du 9e espace intercostal, on obtient, en effet, un sonorité différente, qui prend le timbre tympanique, parce que ce sont les parties antérieures et supérieures du rumen qui viennent se loger sous l'hypocondre. En bas, la masse alimentaire fait réapparaître la matité.

Certaines modifications légères de cet état normal peuvent être enregistrées suivant l'embonpoint ou la maigreur des animaux sur lesquels on opère.

Les modifications pathologiques qu'il est possible de rencontrer sont :

L'apparition d'un son tympanique à timbre métallique ou non, là où il ne devrait y avoir qu'un son clair (pneumothorax, hernie diaphragmatique); d'un son mat dans les mêmes régions, avec perte de toute résonance (pneumonie, broncho-pneumonie, épanchement pleural); d'un son submat avec de la résonance partielle dans les régions où elle devrait exister (pneumonie profonde, lésion tuberculeuse, échinocoques).

L'*auscultation*, c'est-à-dire l'exploration par l'ouïe, est la méthode d'investigation la plus précieuse pour la découverte et la localisation des lésions pulmonaires, pleurales ou cardiaques.

Elle fournit à l'oreille exploratrice des sensations diverses se rattachant à la production de bruits normaux ou pathologiques. Suivant l'intensité, le timbre, la durée et les caractères spéciaux des bruits perçus, les déductions concernant les causes productrices varient, ce qui amène un diagnostic différentiel des affections.

L'auscultation directe est la plus sûre, mais l'oreille ne peut être facilement appliquée partout. — Dans ces cas, l'auscultation à l'aide de stéthoscopes supplée avantageusement.

Il importe avant tout de connaître bien exactement les rapports du poumon avec le thorax, pour pouvoir apprécier ce que l'on entend. — A gauche (fig. 131), le lobe pulmonaire antérieur occupe l'espace pectoral compris entre la 1re et la 4e côte, en avant et au-dessus de la base du cœur; le lobe moyen ou lobe cardiaque recouvre la partie supérieure et postéro-latérale gauche du cœur, de la 4e côte à la 6e; le lobe postérieur occupe toute la région au delà de la 6e côte jusqu'à la 12e. A droite, même disposition, mais le lobe antérieur et le lobe cardiaque sont plus développés (fig. 83).

A l'état normal, le mouvement d'expansion du poumon qui s'effectue pendant l'inspiration donne naissance à un bruit particulier que l'on appelle murmure respiratoire ou murmure vésiculaire. Ce bruit, contrairement à ce qui a été dit et écrit, prend fin

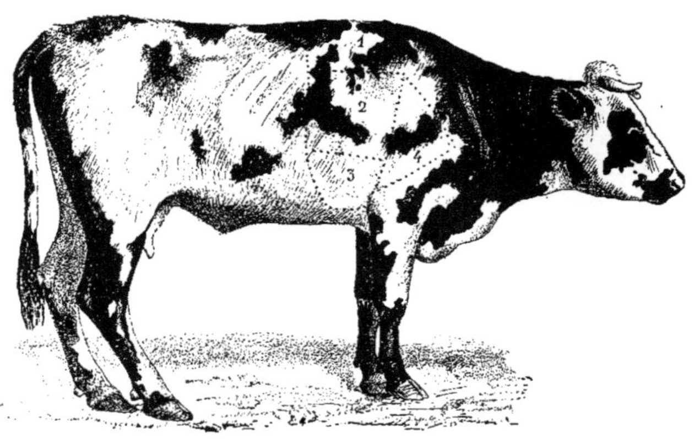

Fig. 136. — Zones d'auscultation thoracique, leur étendue et leur situation par rapport à la paroi thoracique. — 1, zone supérieure; 2, zone moyenne; 3, zone inférieure; 4, zone sous-scapulaire.

avec l'inspiration, chez les sujets ayant un poumon absolument sain. L'expiration reste silencieuse, mais il est facile d'en apprécier la durée.

Pour l'auscultation thoracique, je distingue quatre zones :

Une zone supérieure, une zone moyenne, une zone inférieure et une zone scapulaire.

La zone supérieure correspond à la gouttière vertébro-costale, descend approximativement jusqu'à la ligne d'insertion inférieure du muscle intercostal commun, et s'étend du sommet du scapulum à l'hypocondre d'avant en arrière.

L'auscultation de cette région, à travers l'ilio-spinal et l'intercostal commun, permet toujours, sauf chez les sujets très gras d'entendre le murmure vésiculaire jusqu'au onzième espace intercostal en arrière. Toutefois, ce murmure vésiculaire est relativement faible, il devient imperceptible au delà de la 11e côte.

La zone moyenne correspond à la partie la plus convexe des côtes, à la région où la paroi présente sa plus grande minceur et où le poumon offre son maximum d'épaisseur. Pour ces diverses raisons, le murmure vésiculaire s'entend avec son maximum d'intensité. C'est vers les limites supérieure et inférieure de cette zone que se trouvent les grosses divisions bronchiques, de sorte que son auscultation doit toujours être pratiquée avec le plus grand soin. Elle occupe approximativement le tiers moyen de la hauteur totale du thorax. D'avant en arrière, le murmure vésiculaire va en s'affaiblissant, pour disparaître à une assez grande distance de l'angle

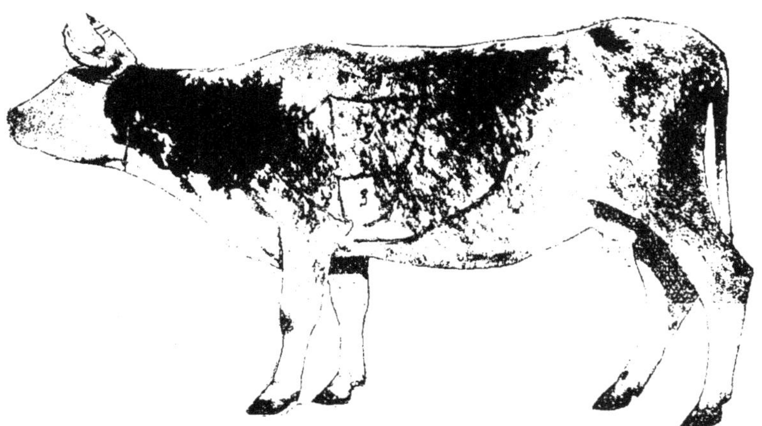

Fig. 137. — Zones d'auscultation, côté gauche. — 1.2.3.4, leur étendue par rapport à la ligne de l'hypochondre et au rumen.

de l'hypocondre, suivant une ligne concave en avant, laquelle fait suite à la limite de la zone supérieure.

Cette particularité tient à la disposition anatomique et au mode d'insertion du diaphragme à la face interne de l'hypocondre.

La zone inférieure, très restreinte, correspond, extérieurement au tiers inférieur de la hauteur du thorax; topographiquement, au lobe cardiaque du poumon (lobule moyen) et à la partie inférieure du lobe postérieur.

Comme ces lames pulmonaires sont peu épaisses, le murmure vésiculaire s'y produit faiblement. On l'y entend dans un espace trapézoïde en prolongation de la zone moyenne, mais non en bas au niveau du sternum ou des muscles pectoraux.

La quatrième zone est celle qui correspond à la masse des muscles olécraniens. Elle présente la forme triangulaire de l'angle formé par le scapulum et l'humérus. Exception faite pour les animaux très gras, le murmure vésiculaire s'y entend très bien à travers les masses musculaires, mieux encore à droite qu'à gauche, en raison du développement du lobe pulmonaire antérieur droit.

A gauche, les bruits du cœur s'y superposent avec les bruits pulmonaires.

Cliniquement, il est possible d'observer :

L'*exagération du murmure* respiratoire ordinaire toutes les fois que le poumon travaille davantage (durant une course, par exemple); cette exagération est souvent pathologique ; on la qualifie de respiration juvénile ou de respiration supplémentaire, lorsqu'elle est due à ce qu'une autre partie du poumon ne fonctionne pas.

L'*atténuation du murmure* respiratoire a son importance aussi dans certains états morbides (emphysème, congestion du poumon).

La *disparition complète* est naturellement encore plus significative (pneumonie, broncho-pneumonie).

Dans différents états pathologiques, le murmure respiratoire peut être modifié; mais d'autre part, le déplacement de l'air dans la canalisation bronchique fait apparaître des bruits divers d'importance variable.

C'est ainsi, par exemple, qu'il est possible d'enregistrer des bruits bronchiques de caractères différents : bruit d'inspiration, bruit d'expiration; que l'expiration peut s'entendre, devenir nettement appréciable et se montrer susceptible d'acquérir des qualités d'importance capitale.

Les modalités du bruit d'inspiration sont les suivantes :

Inspiration forte, rude, râpeuse, pénible, humée ou soufflante.

Les modalités du bruit pathologique d'expiration sont :

Expiration perceptible, forte, rude, prolongée, en plusieurs temps, étagée ou soufflante.

Les variétés de souffles sont :

Le souffle tubaire d'inspiration ou d'expiration (pneumonie, broncho-pneumonie);

Le souffle pleurétique doux et profond (péripneumonie, pleurésie);

Le souffle caverneux, continu (tuberculose);

Le souffle amphorique large, à vibrations amples et à tintement métallique (pneumothorax).

Quant aux variétés de râles qui accompagnent le plus souvent ces souffles, elles peuvent se rencontrer au complet chez les bêtes tuberculeuses : râles crépitants et sous-crépitants, muqueux, ronflants, sibilants et caverneux.

La radioscopie et la radiographie qui rendent de si grands services en médecine humaine pour le diagnostic des lésions tuberculeuses du poumon ou des ganglions thoraciques, pour le diagnostic des kystes hydatiques, des indurations scléreuses, etc. etc., trouveront peut-être un jour leur application en sémiologie vétérinaire, malgré les dimensions et l'épaisseur des poitrines à explorer. Elles ne sont encore à l'heure actuelle que des méthodes d'exception, de réalisation facile seulement chez les petits animaux : moutons, chèvres et porcs.

La technique sémiologique de l'appareil respiratoire comprend enfin l'appréciation des caractères de la toux et du jetage.

La toux peut être rare ou fréquente, humide, grasse ou sèche ; forte, sonore, grêle, avortée ou quinteuse ; avec ou sans rappel.

L'importance du jetage varie suivant l'aspect, la couleur, la consistance, l'odeur. Souvent il est indiqué de recourir à son examen histologique et bactériologique.

CHAPITRE II

CAVITÉS NASALES

CORYZA SIMPLE

Le coryza aigu simple, ou inflammation de la muqueuse des cavités nasales, n'est qu'une affection de peu d'importance pour les bêtes bovines, et si la confusion n'était possible avec le début du coryza gangréneux ou le croup, il y aurait à peine indication d'une description spéciale.

Le coryza s'annonce par des ébrouements et des éternuements répétés, par la congestion de la pituitaire qui bientôt se met à sécréter anormalement et par la difficulté de la respiration qui de-devient ronflante ou sifflante.

Le jetage, transparent d'abord, puis muqueux et muco-purulent, se montre abondant; l'inflammation s'arrête à ces manifestations ou se propage vers le sinus, le pharynx et le larynx ; les yeux sont gonflés et larmoyants; on a alors tout le tableau symptomatologique du début du coryza gangréneux. — Deux signes font défaut : la perte d'appétit n'est que faible, et la température reste peu élevée.

Le coryza simple s'observe en toute saison, à la suite de refroidissements brusques, mais il est plus fréquent au printemps et à l'automne.

Le *diagnostic* différentiel d'avec le coryza gangréneux au début ne peut être porté qu'après examen de la température.

Le *pronostic* est absolument bénin, en quarante-huit heures souvent tout symptôme a parfois disparu.

Le *traitement* se borne au maintien des malades dans des étables à température convenable, à l'abri de courants d'air. Des fumigations émollientes tièdes à l'eau de son, à l'eau de mauve, atténuent rapidement les signes alarmants. L'emploi de boissons tièdes, d'aliments chauds, de racines cuites est à recommander.

CORYZA GANGRÉNEUX

(Anglais : *Malignants catarrhal fever of cattle;* Allemand : *Bösartiges Katarrhal fieber des Rindes.*)

On désigne sous le nom de *coryza gangréneux* une affection grave, *à forme diphtérique*, qui semble se localiser au début sur la muqueuse des premières voies respiratoires, mais qui a de la tendance à frapper toutes les muqueuses de l'économie.

Le terme de *coryza gangréneux* adopté en France est remplacé à l'étranger, en Allemagne principalement, par les dénominations de *mal de tête de contagion, fièvre catarrhale maligne du bœuf.*

Les anciens auteurs signalaient le coryza gangréneux comme une maladie des régions de l'est de la France, du Jura et de la vallée de la Saône. En réalité, cette maladie existe partout, aussi bien dans le centre, l'ouest et le nord de la France que dans les régions de l'Est. Elle sévit fréquemment en Allemagne et Italie. Chez nous, c'est peut-être la région du Plateau Central qui est la plus fréquemment atteinte.

Symptômes. — Le coryza gangréneux évolue sous trois aspects différents, qui ne représentent en réalité que des degrés successifs de l'intensité de l'affection. Dans la forme suraiguë, la mort arrive en trois à cinq jours, alors que les signes caractéristiques ne sont pas encore tous apparents; dans la forme aiguë, de beaucoup la plus fréquente, la durée est de quinze à vingt jours et aboutit encore à la mort dans la très grande majorité des cas; enfin, dans ce que l'on est convenu d'appeler la forme chronique, l'affection dure de quatre à huit semaines, peut se terminer par la guérison et plus rarement par la mort.

Formes aiguë et suraiguë. — Le début présente des symptômes à grand retentissement, précédant de quelques heures, d'un jour et plus les localisations visibles.

La température s'élève rapidement de la normale, à 39°, 40° et 41°, quelquefois au delà; l'appétit et la rumination sont totalement suspendus, la respiration accélérée, difficile; les battements cardiaques sont forts, tumultueux, mal frappés. — Le mufle est sec, la bouche chaude avec salivation abondante au point de faire croire à un début de fièvre aphteuse; la défécation est rare, de même que la miction, qui s'accompagne d'ailleurs de dysurie. Tout semble caractériser l'évolution d'une maladie infectieuse à marche rapide ; mais bientôt apparaissent les signes de localisation : symptômes respiratoires, oculaires, digestifs, urinaires, nerveux et cutanés.

Les *symptômes respiratoires* sont dominants et presque caractéristiques ; la respiration devient difficile, rude comme dans le coryza aigu, mais pour prendre bientôt un timbre ronflant et s'accompagner de jetage bilatéral avec fausses membranes.

Le jetage séreux, muco-purulent, devient rouillé ou brun rougeâtre; il se montre rapidement très fétide, avec débris épithéliaux et fausses membranes jaune-gris. Sous l'influence du moindre effort de toux, du plus petit attouchement, et parfois sans cause connue, il se produit de l'épistaxis, le sang se trouvant battu avec le jetage ou simplement mélangé sous l'aspect de filets rouges, comme dans la morve du cheval.

La muqueuse des cavités nasales est rouge, turgescente, prête à saigner, douloureuse au toucher.

La percussion des cavités nasales, des sinus, et même des cornes dénote partout une sensibilité exceptionnelle.

Parfois, mais chez quelques sujets seulement, les régions inférieures de la tête (mufle, naseaux, lèvres, chanfrein) (mal de tête de contagion) se montrent infiltrées comme s'il s'agissait d'anasarque. Il est rare que des complications n'apparaissent pas du côté du thorax lorsque l'évolution de la maladie est abandonnée à elle-même. Vers la fin de la première semaine, la respiration, toujours pénible et ronflante, s'accélère, l'auscultation fait déceler, en des points variables des poumons, des îlots de bronchite et de pneumonie (râles bronchiques, respiration soufflante, souffle tubaire, etc.). Avec ces complications apparaissent des quintes de toux qui augmentent le jetage et qui peuvent se compliquer de véritables accès de suffocation, lorsque des fausses membranes bronchiques de larges dimensions viennent échouer dans le larynx et éprouvent de la difficulté à être rejetées au travers d'une glotte rétrécie par l'infiltration œdémateuse et l'inflammation.

La percussion ne décèle rien d'ordinaire.

Les *symptômes oculaires* sont bien significatifs, eux aussi. Ils évoluent parallèlement aux troubles respiratoires et se traduisent par de l'infiltration des paupières, de la conjonctivite œdémateuse et de l'ophtalmie. La cornée devient blanchâtre, infiltrée, opaque, avec, parfois, de la kératite ulcéreuse; ou reste, au contraire, à demi transparente seulement, laissant apercevoir les milieux oculaires devenus opalescents. La kératite ulcéreuse peut évoluer rapidement et aboutir à la perforation de la cornée.

Dans quelques rares circonstances, un examen ophtalmoscopique a pu faire reconnaître l'existence d'une iritis exsudative susceptible de se compliquer de synéchies, l'existence d'hémorragies intra-oculaires et la perte définitive de l'œil.

Tous ces troubles oculaires s'accompagnent de larmoiement abondant, permanent et prolongé, de photophobie intense, de sensibilité exceptionnelle au toucher.

Les *troubles digestifs* paraissent moins importants et pourraient être considérés comme la conséquence de la réaction fébrile, de la perturbation générale, ou de l'état de l'appareil respiratoire. Mais un examen complet montre que, dès le début de l'affection, il se produit une stomatite spéciale.

La bouche est chaude et sèche tout d'abord, puis bientôt il se produit une salivation réflexe abondante qui, comme le jetage, acquiert des caractères de fétidité marquée. Cette stomatite diffère totalement des stomatites franches ou de la stomatite aphteuse : elle est caractérisée par la mortification sur place d'îlots épithéliaux formant fausses membranes, lesquelles, en se détachant, mettent à découvert de nombreuses ulcérations réparties sur toute la langue, les joues et les lèvres. Il n'y a ni production de vésicules, ni production de pustules, mais seulement de fausses membranes de petites dimensions.

Ces fausses membranes et ces ulcérations se retrouvent sur le voile du palais et dans le pharynx.

Lorsque les malades survivent pendant un certain temps, il se produit de l'entérite croupale, de l'entérite ulcéreuse et parfois hémorragique. L'administration de lavements fait rejeter des excréments avec lambeaux épithéliaux ou filets de sang. Dès le début, l'évolution de ces troubles digestifs se traduit par de l'inrumination, de la stagnation alimentaire, de la constipation, auxquelles succède une diarrhée fétide abondante.

Les *troubles fonctionnels de l'appareil génito-urinaire* sont plus rares, ou du moins plus difficiles à enregistrer. Les malades n'absorbant pas même de boissons, il semble que la miction soit suspendue, ou bien on constate de la dysurie. L'urine peut être albumineuse ou hématique, teintée en rose, plus rarement purulente ou sanguinolente; et, bien que le fait ne soit pas constant, il peut y avoir urétrite, cystite, pyélite et néphrite avec cylindres hyalins dans l'urine.

Chez les femelles, la muqueuse vaginale se montre généralement congestionnée, œdémateuse, ainsi que les lèvres de la vulve, mais il est plus rare de relever l'évolution de fausses membranes diphtériques comme pour les muqueuses buccale et nasale.

Par contre, il y a fréquemment vaginite et métrite exsudative.

Les derniers symptômes importants qui finissent par suffisamment caractériser la maladie sont représentés par des *troubles cutanés*. Dans les points où la peau est fine, aux aisselles, au passage des sangles, à la face interne des avant-bras et des cuisses, sur les mamelles, il se produit une éruption exanthémateuse, avec évolution ultérieure de pustules, lesquelles, à première vue, pourraient faire songer au cow-pox.

Ces pustules sont saillantes, visibles, appréciables à la palpation surtout, plus ou moins confluentes, dures et sans zone œdémateuse périphérique.

Sur les mamelles, elles siègent de préférence sur les trayons, se

montrent rondes ou légèrement allongées, de couleur rouge **vif**
et parfois rouge violacé. Jamais elles ne se transforment en vésico-
pustules, comme dans le cow-pox, ni en vésicules, et elles ne ressemblent nullement au soulèvement épidermique de l'éruption
aphteuse.

L'hyperesthésie est très manifeste partout.

On a signalé encore des troubles nerveux caractérisés par des
tremblements, des convulsions épileptiformes et de la paraplégie
du train postérieur.

Je n'ai jamais enregistré de troubles nerveux sous l'aspect de
convulsions épileptiformes; il est possible que la paraplégie signalée
se rattache simplement au dernier stade de l'affection.

Étiologie. — La cause essentielle du coryza gangréneux n'a
pas encore été établie de façon précise. De nos jours, les professeurs
les plus autorisés en font une maladie générale du groupe des septicémies hémorragiques (Nocard et Leclainche). Nocard a trouvé une
bactérie ovoïde dans les fausses membranes du larynx, Leclainche
un paracoli dans les glanglions mésentériques et l'intestin, mais
l'affection n'a pas pu être reproduite d'une façon caractéristique
et complète avec son type clinique.

D'autres agents microbiens ont d'ailleurs été décrits comme
retrouvés accidentellement dans le sang ou le jetage; les essais de
transmission avec des cultures ou les différents produits morbides
qu'il est possible de recueillir ont toujours échoué (Brusasco,
Lucet, etc.).

La maladie est considérée comme non contagieuse, mais simplement infectieuse.

Je ne crois pas qu'il y ait lieu d'en faire une septicémie hémorragique, parce que le sang se montre stérile tant qu'il n'est pas
survenu de complications pulmonaires, intestinales ou rénales
graves; et parce que la transfusion de doses élevées de sang reste
sans résultats.

Jusqu'à connaissances plus complètes, il y a lieu de classer le
coryza gangréneux comme une maladie infectieuse à forme diphtéritique, se localisant sur les premières voies respiratoires et digestives au début, amenant toujours une toxémie grave et susceptible
de se compliquer d'infections multiples.

Si la contagion directe n'est pas établie, on ne saurait contester
l'infection des étables; la persistance prolongée de cette affection,
lorsque des mesures de désinfection ne sont pas prises après un
premier cas, en fournit la preuve.

Il est possible que les anciennes causes étiologiques : refroidissement, action des courants d'air, prédisposition maladive, etc.,
jouent un rôle favorisant chez les sujets soumis aux mêmes conditions de milieu et d'entretien; mais très certainement l'infection des

étables persiste, et il est des observations dans lesquelles la majorité de l'effectif contracte l'affection par poussées successives irrégulières. C'est, tout au moins, ce qui m'a été signalé pour diverses exploitations de la région du Plateau Central.

Lésions. — Les lésions varient avec les complications; il en est qui toujours sont les mêmes, celles du début. La muqueuse des cavités nasales est congestionnée et enflammée, sphacélée, ulcérée par places; les cornets et les volutes ethmoïdales peuvent se nécroser.

Du côté des yeux il y a successivement phénomènes congestifs et inflammatoires suivis d'infections secondaires : Conjonctivite, kératite simple ou compliquée d'éruption vésiculaire, ulcération et parfois perforation de la cornée, choroïdite, opacité du cristallin, etc.

Dans le larynx, la région glottique est toujours la plus atteinte, la muqueuse s'ulcère au niveau des cordes vocales et la nécrose des tissus peut aller très profondément; du côté de la trachée et des bronches, la muqueuse est desquamée, parfois ulcérée aussi dans les points de formation des fausses membranes. La muqueuse des sinus est toujours affectée, très congestionnée, mais rarement ulcérée.

Les complications de bronchite capillaire, de broncho-pneumonie, de gangrène du poumon peuvent être enregistrées.

Dans la bouche, la muqueuse apparaît avec une teinte rouge violacé, rouge noirâtre; la langue et les gencives sont tuméfiées; des ulcérations de la largeur d'une lentille ou d'une pièce de 0 fr. 50 peuvent se développer, discrètes ou confluentes suivant les cas.

Vers l'appareil génito-urinaire, on relève de la cystite croupale avec suffusions sanguines sous-muqueuses, de la vaginite à fausses membranes, de la pyélite aiguë.

Diagnostic. — Le diagnostic du coryza gangréneux est extrêmement facile lorsque le tableau symptomatologique est complet, mais souvent il s'y produit des lacunes, les hésitations peuvent être permises.

La distinction d'avec le coryza simple qui ne s'accompagne que d'une réaction fébrile insignifiante sans perte d'appétit, d'avec la fièvre aphteuse avec son éruption buccale si caractéristique, et d'avec l'ophtalmie contagieuse, sera toujours possible après un examen attentif.

Pronostic. — Le pronostic a été considéré jusqu'ici comme absolument grave, la mortalité pouvant s'élever jusqu'à 90 p. 100; et encore faut-il ajouter que les cas de guérison se rattachent exclusivement à ce que l'on à considéré comme la forme chronique. L'abaissement rapide de la température au cours de l'affection est un mauvais indice. De 1894 à 1900, je n'ai jamais vu guérir un seul cas aigu, quel que soit le traitement employé. Il semble cependant à l'heure actuelle que le pronostic puisse être considéré comme moins sombre chaque fois qu'une complication incurable n'est pas apparue avant le début du traitement.

Traitement. — De tous les traitements préconisés : antithermiques, excitants généraux, purgatifs et diurétiques, révulsifs, etc., aucun ne réussit.

Les injections antiseptiques dans les cavités nasales, les antiseptiques internes, la diète lactée et tous les régimes indiqués sont aussi inefficaces.

La médication qui m'a donné quelques résultats est celle du lavage du sang (Péricaud); les injections de solution physiologique : chlorure de sodium 7 à 9 p. 1000 à haute dose (6 litres par jour en trois fois, plusieurs jours de suite). Mais il ne réussit pas toujours, il s'en faut.

Le principal inconvénient de ce traitement est de se montrer difficilement réalisable dans la pratique, lorsque les malades sont au loin. Pour que le but soit atteint, il est indispensable que le praticien ait les malades sous la main et qu'il puisse lui-même faire les injections au moment propice.

Certains praticiens ont affirmé que le collargol à la dose de 2 grammes, 2 gr. 50 ou 3 grammes suivant la taille des sujets, en solution à 1 p. 100 dans l'eau distillée, donnait en injections rigoureusement intraveineuses des résultats remarquables au début. Les injections jusqu'à 1 et 2 grammes, poussées très lentement, n'exposent guère à des accidents, mais pour des doses plus fortes il faut une extrême prudence pour éviter les accidents directs inhérents à l'injection.

Weyssmann (1913) estime que ces différentes médications ne donnent que des résultats très incertains. Il recommande comme d'une efficacité très supérieure à tout ce qui a été utilisé jusqu'ici :

1º La saignée copieuse ;

2º L'injection abondante de solution physiologique ou sérum artificiel ;

3º L'injection sous-cutanée quotidienne de 1 gramme d'atoxyl en solution au dixième.

Les résultats seraient excellents, la médication à l'atoxyl peut être poursuivie durant dix à quinze jours sans inconvénients.

Fisher (1920) a recommandé la saignée, les injections intramusculaires de lait stérilisé, 100 centimètres cubes durant quatre à cinq jours consécutifs et l'huile camphrée.

Ban (1922) a préconisé les injections intraveineuses d'émétique; 0 gr. 50 dans 40 centimètres cubes d'eau le 1er jour, 1 gramme dans 100 centimètres cubes d'eau le lendemain.

En réalité aucun de ces traitements ne donne de résultats précis lorsque le diagnostic est bien sûrement établi, et il est fort probable que les succès rapportés se rattachaient à autre chose qu'au coryza gangréneux vrai.

Les injections intraveineuses d'uroformine, de septicémine, de formol même, sont tout aussi impuissantes dans la très grande majorité des cas. La cryogénine, à la dose de 2 grammes est à utiliser durant quatre à cinq jours, de même que les injections de peptone à 5 p. 100, — 200 cc. à quelques jours d'intervalle.

Ces médications doivent être complétées par des soins d'hygiène sur lesquels il n'y a guère lieu d'insister : lavages antiseptiques fréquents de la bouche et des cavités nasales, lavages des yeux, aération suffisante des étables, litières très propres.

Chaque fois qu'il y aura un malade à coryza gangréneux, on devra l'isoler, et procéder à la désinfection rigoureuse des étables.

En résumé, un bon traitement curatif et spécifique du coryza gangréneux reste à trouver.

CROUP DES BOVIDÉS

Sous cette dénomination de croup des bovidés, différents auteurs (Sand, Olsen, Grunth, R. Moussu, etc.) ont décrit une maladie spéciale qui se différencierait du coryza gangréneux, bien que d'assez nombreux symptômes puissent prêter à confusion.

Symptômes. — Cette maladie frapperait de préférence les vaches nouvellement vêlées et prendrait dans les étables un caractère contagieux. Les malades, sous le coup d'une fièvre élevée, présentent comme caractère dominant du jetage abondant qui, de séreux au début, devient rapidement purulent, sanguinolent, croupal et gangréneux, d'odeur infecte. Les fausses membranes ont des dimensions variant de celles d'une tête d'épingle à celles d'une pièce de 2 francs, avec ulcérations sous-jacentes. Des complications de broncho-pneumonie se produisent dans la moitié des cas, et de métro-vaginite croupale dans le cinquième des cas seulement.

Il n'y a *pas de localisationso culaires*, exceptionnellement de la stomatite pseudo-membraneuse.

Malgré la très grande ressemblance de cette affection avec le coryza gangréneux, les auteurs estiment qu'il y a lieu de l'en séparer. L'un de nous a confirmé cette opinion et montré que contrairement à ce qui existe pour le coryza gangréneux la transmission expérimentale du croup pouvait être réalisée à la condition d'opérer sur des femelles récemment vêlées.

La confusion pourrait encore se faire avec la laryngite pseudo-membraneuse, mais cette dernière affection est surtout une maladie des jeunes.

La mortalité est d'environ 50 p. 100.

Huynen qui, en 1911, a essayé d'établir comparativement la bactériologie du coryza gangréneux et du croup des bovidés, en portant ses recherches sur les foyers de broncho-pneumonie, les ganglions et les fausses membranes, a trouvé dans les deux cas des streptocoques, des staphylocoques et surtout des bacilles très semblables, se rapprochant du bacillus coli ou des bactéries ovoïdes. Il en a étudié les caractères de culture, les qualité pathogènes. Le bacille trouvé dans les cas de croup serait pathogène pour le cobaye, le lapin, et aussi les bovidés, lorsqu'ils sont inoculés par voie intra-trachéale, sous forme d'injection ou de pulvérisations de cultures jeunes.

Le traitement n'est encore basé que sur la saignée, les anti-thermiques, la révulsion, les injections intraveineuses de collargol, les moyens mis en action contre le coryza gangréneux.

TUMEURS DES CAVITÉS NASALES

Les tumeurs des cavités nasales ou des sinus, à part les actino-mycomes de la mâchoire supérieure, ne sont pas fréquentes chez les bêtes bovines. On en rencontre cependant avec des symptômes

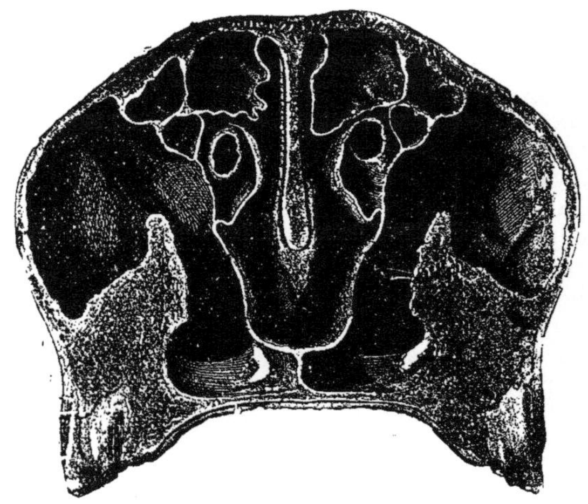

Fig. 138. — Section transversale des cavités nasales. Région moyenne.
Aspect normal.

qu'il importe de bien connaître pour éviter des erreurs de diagnostic, Ce sont ordinairement des myxomes, plus rarement des fibro-myxomes.

Symptômes. — Le symptôme dominant est la difficulté de respiration pendant la marche ou durant les repas, difficulté qui est telle parfois qu'elle se caractérise par de l'accélération respiratoire, du ronflement, du cornage, du souffle labial d'expiration, de la respiration buccale et de l'asphyxie imminente.

Et cependant l'exploration de la trachée et du poumon ne donne que des résultats négatifs.

De même, l'exploration *de visu* de la partie antérieure des cavités

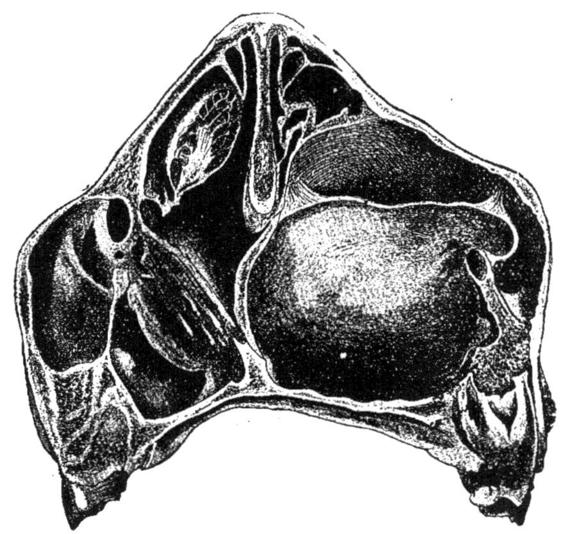

Fig. 139. — Section transversale des cavités nasales : myxome de la cavité droite et du sinus maxillaire. Déformation du chanfr. in. Asymétrie faciale.

nasales, l'exploration *de manu* du pharynx, du larynx et de la glotte, peuvent ne donner aussi que des résultats négatifs.

Mais le plus souvent, cependant, quand le vétérinaire est consulté, il lui est généralement commode de découvrir soit une tumeur qui fait saillie par l'orifice des narines, soit une tumeur visible dans la profondeur de ces cavités, soit une déformation plus ou moins prononcée du chanfrein, une déformation du plafond buccal, etc. La percussion des cavités dénote alors de la matité, mais il peut arriver aussi, comme je l'ai noté dans les observations qui ont fourni les dessins (fig 143-144), que la percussion du sinus maxillaire révèle une sonorité normale.

Dans les cas de tumeurs de petites dimensions, le chanfrein n'est pas déformé; lorsque, au contraire, la tumeur obstrue en partie les cavités nasales, elle peut refouler la cloison médiane et donner extérieurement une asymétrie faciale assez nette, envahir le sinus maxillaire, perforer la voûte palatine, etc., et il existe alors du jetage séro-muqueux, mucopurulent ou sanguinolent.

Si la tumeur est nettement obstruante, la respiration peut être dyspnéique avec cornage : inspiration pénible, sifflante, avec bouche entr'ouverte; expiration avec souffle labial et soubresaut du flanc.

Fig. 140. — Tumeur de la cavité nasale droite à son début de développement. Polype saillant par l'orifice de la narine droite.

La respiration peut même ne s'effectuer que par une seule cavité nasale, l'autre étant totalement obstruée.

Dans quelques cas particuliers il est possible de constater de l'exophtalmie unilatérale ou bilatérale, selon l'emplacement et le volume de la tumeur.

Le *diagnostic* est assez difficile au début, car le cornage continu ou temporaire, ou tout au moins la difficulté de respiration étant le symptôme dominant, il faut différencier ce signe du cornage qui se rapporterait à une lésion laryngienne (paralysie, tumeurs, etc.), à une compression périlaryngienne (tuberculose des ganglions rétro-pharyngiens), à une lésion trachéale (aplatissement, disjonc-

tion des anneaux) ou à une lésion pulmonaire; et en localiser le
point de départ dans les cavités nasales. Lorsqu'il y a déformation du chanfrein ou tumeur visible, ce diagnostic s'impose.
L'exploration manuelle du naso-pharynx rend de très réels services.

Le *pronostic* est grave, en raison de la difficulté d'intervention

Fig. 141. — Tumeur de la cavité nasale droite (ostéo-myxo-sarcome). — 1, masse
principale de la tumeur; 2, zone nasale ayant la constitution histologique d'un
myxo-sarcome.

vers la profondeur des cavités et en raison de la nature possible de
la tumeur. Cependant, les myxomes simples guérissent généralement sans récidiver après extirpation complète; les ostéochondromes sont fréquemment inopérables, mais la nature même des
tumeurs nasales montre qu'elles n'ont pas de tendance à la généralisation.

Traitement. — Les tumeurs des cavités nasales, exception
faite pour l'actinomycose, ne sont justiciables d'aucune médication.
Seule l'intervention chirurgicale pourrait donner des résultats;
mais, avant de la tenter, il faut mettre en balance la valeur de

l'animal, le montant possible des frais d'opération et les chances
de succès.

Ce n'est donc que pour des cas bien définis que l'opération serait

Fig. 142. — Même tumeur. — 1, zone de destruction de la voûte palatine; 2, dislocation de l'arcade molaire.

indiquée, et à la condition que la voûte palatine soit toujours absolument intacte.

L'opération devrait être tentée d'après les indications suivantes :

1° Délimitation d'un lambeau cutané latéral rectangulaire à
l'aide de trois incisions : une médiane sur le chanfrein, une transversale supérieure suivant la ligne de réunion inférieure des orbites,
une transversale inférieure vers l'extrémité du sus-nasal;

2° Ouverture large de la fosse nasale, soit en faisant sauter le
sus-nasal et un large lambeau osseux externe de dimensions à peu
près égales, soit à la faveur de trépanations superposées réunies
à la gouge;

3º Extirpation à ciel ouvert de tout le contenu anormal des cavités nasales;

4º Pansement. Suture et drainage.

Fig. 143. — Tumeur de la cavité nasale gauche (ostéo-chondrome). — 1, masse de la tumeur; 2, sinus maxillaire dilaté, avec sa paroi externe atrophiée.

Dans la majorité des cas, il y a intérêt économique à conseiller l'abatage pour la boucherie.

SINUSITES

COLLECTION PURULENTE DES SINUS.

On distingue, au point de vue clinique, deux variétés de sinusites : l'inflammation de la muqueuse du sinus frontal et du sinus du cornillon et l'inflammation de la muqueuse du sinus maxillaire. Ces inflammations aboutissent fréquemment à la suppuration; le pus se collecte dans les bas-fonds et les anfractuosités des sinus, de là dénomination de *collection purulente du sinus frontal* et de *collection purulente du sinus maxillaire.*

SINUSITE FRONTALE

COLLECTION PURULENTE DU SINUS FRONTAL : SINUSITE FRONTALE.

Étiologie. — L'inflammation de la muqueuse du sinus frontal est provoquée, dans la majorité des cas, par des causes d'origine externe : fêlures des cornes et du cornillon, s'accompagnant d'hé-

Fig. 141. — Tumeur de la cavité nasale gauche. — 1, saillie de la tumeur dans le naso-pharynx; 2, perte de substance de la voûte palatine.

morragie dans le sinus du cornillon, fractures des cornes avec ouverture du sinus du cornillon, traumas et coups violents portés sur la région du chignon ou sur le plateau frontal, fêlures ou enfoncements de la table externe des sinus, etc.

Dans tous ces cas, qu'il y ait épanchement de sang ou simplement infiltration séreuse de la muqueuse des sinus, l'infection peut se produire par les germes de l'air qui pénètrent dans les cavités nasales et la suppuration s'établit.

La collection purulente du sinus frontal peut être provoquée par une irritation continue, telle que celle résultant d'un mauvais attelage au joug. Elle survient encore comme manifestation accidentelle d'une maladie générale, le coryza gangréneux par exemple.

Symptômes. — Le catarrhe ou la collection des sinus peut être unilatéral ou bilatéral; les symptômes varient suivant qu'il s'agit de l'une ou de l'autre des formes.

Collection unilatérale. — L'hémorragie nasale est souvent un symptôme de début, mais on n'y attache pas toujours l'importance qu'il faudrait, parce que la collection purulente ne se caractérise que beaucoup plus tard. — Le malade, en proie à des douleurs qu'il est difficile de préciser, perd l'appétit, reste triste, somnolent et *porte la tête de côté*. La corne, du côté atteint, est chaude et sensible, et plus tard surviennent, par contiguïté de tissus, des troubles oculaires : l'œil est gonflé, fermé, pleureur, la conjonctive est infiltrée et légèrement enflammée. — A la percussion comparative, on dénote de la sensibilité, de la submatité ou de la matité du côté atteint.

En provoquant la toux, on détermine l'apparition d'un jetage blanc jaunâtre ou grisâtre, d'odeur très fétide, quelquefois putride.

Collection bilatérale. — Le catarrhe est rarement bilatéral d'emblée, mais, si la lésion unilatérale n'est pas traitée, elle intéresse la cloison médiane de séparation, l'inflammation se propage au second sinus. Des douleurs sourdes plongent le malade dans un abattement voisin parfois de la prostration. La tête est portée basse, directement inclinée vers le sol ; les troubles oculaires signalés précédemment s'observent des deux côtés, de même que les signes fournis par la palpation et la percussion.

La toux provoque momentanément un jetage double que l'animal fait disparaître lui-même aussitôt, par léchage du mufle, suivant l'habitude des animaux de l'espèce bovine.

L'évolution est toujours chronique, l'affection peut persister durant des mois et des mois si l'on n'intervient, révélée par une exhalation fétide accompagnée ou non de jetage.

Diagnostic. — Le diagnostic ne présente de difficultés qu'au début. Plus tard, la chaleur, la sensibilité des cornes, la submatité, la fétidité du jetage, permettront d'établir ce diagnostic.

On ne pourrait confondre avec le coryza gangréneux, malgré l'état des yeux, parce que l'évolution est lente, progressive, sans fièvre marquée, alors que dans le coryza gangréneux il y a toujours fièvre élevée.

La distinction d'avec des tumeurs des sinus sera plus difficile, bien que, dans ce dernier cas, le jetage n'ait pas les mêmes caractères. Le coryza simple, le saignement de nez passager ne peuvent prêter à confusion après examen attentionné.

Pronostic. — Traitée au début, la collection purulente simple ou double doit guérir. Plus tard, au contraire, lorsque l'état général est mauvais et les lésions locales de la muqueuse très profondes, il y a moins de chances de succès.

Lésions. — On peut rencontrer, comme lésions point de départ, des fêlures, des fissures, ou des fractures des os, des exostoses d'origine traumatique. Dans d'autres cas, la muqueuse seule est altérée par irritation chronique. Elle est épaissie, enflammée, ulcérée, rouge noirâtre, bourgeonnante. Les anfractuosités des sinus renferment un pus grumeleux, fétide, souvent putride, qui irrite tous les tissus avoisinants et provoque ces douleurs et ces symptômes généraux, d'origine cérébrale, parfois si inquiétants.

Traitement. — Quantité de moyens aussi variés qu'inefficaces furent recommandés autrefois : tels le repos absolu, la saignée, les affusions froides, la perforation d'une corne, la section d'une corne.

Au début, alors qu'il n'y a que de la sensibilité et du simple catarrhe sans suppuration, on peut préconiser les fumigations antiseptiques à base de goudron, de solutions phéniquées, thymolées. Mais plus tard, quand il y a réellement collection purulente, ces médications restent sans effets. Le seul traitement rationnel et efficace de cette période, c'est la trépanation. Trois ouvertures au trépan sont nécessaires pour la collection unilatérale.

La première est une trépanation du sinus du cornillon. Elle se pratique sur la corne à 1 ou 2 centimètres au-dessus du bourrelet kératogène. Il ne faut pas oublier cependant, pour cette trépanation, que le sinus du cornillon n'existe qu'à l'état d'ébauche chez les jeunes sujets, et qu'on ne peut guère trépaner les cornes avant l'âge de trois ans.

La deuxième trépanation se fait vers la région supérieure du sinus frontal, à environ 2 centimètres au-dessous du bourrelet kératogène de l'étui corné, sur une ligne continuant l'axe du cornillon. Quels que soient l'âge du sujet et le peu de développement du sinus, on est toujours sûr de tomber dans la cavité du sinus.

Chez les animaux âgés, où le sinus frontal a pris un développement énorme, et où de vastes anfractuosités existent vers la région orbitaire, on fait une troisième trépanation au-dessus d'une ligne transversale qui réunirait les bords supérieurs des deux orbites, et en dedans de la scissure sus-orbitaire (fig. 134).

L'intervention chirurgicale exécutée, le traitement consiste :

1° A procéder à un lavage complet de la cavité avec de l'eau bouillie refroidie à 35° ou 40° ;

2° A faire des injections antiseptiques et astringentes susceptibles de modifier progressivement l'état de la muqueuse et de tarir la formation du pus.

Pour arriver à ce résultat, on peut recourir aux injections phéniquées à 3 p. 100, à la glycérine phéniquée à 1 p. 20, aux solutions iodo-iodurées à 3 p. 1.000, à l'eau oxygénée, au lusoforme à 1 p. 100, etc.

Quelles que soient les substances employées, il convient, pour les lavages qui doivent être pratiqués journellement avant les injec-

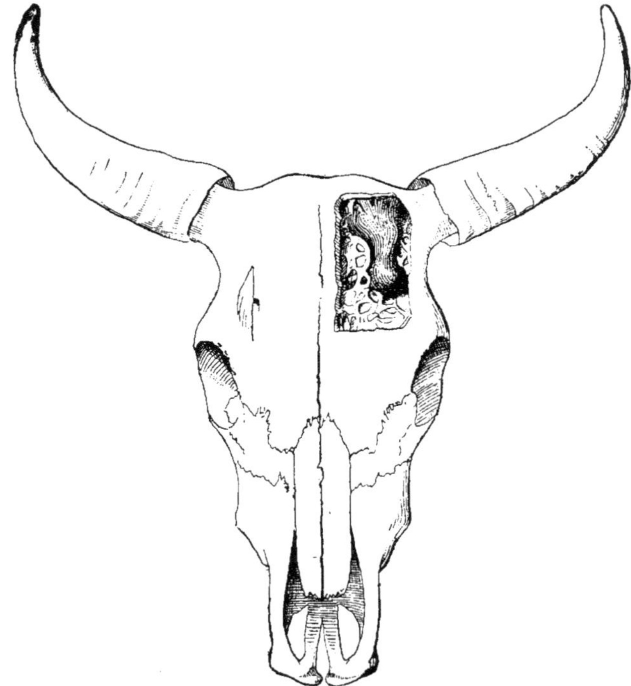

Fig. 145. — Petit myxome débutant dn sinus frontal gauche.

tions antiseptiques et pour ces injections antiseptiques elles-mêmes, de ne jamais se servir que de solutions tièdes, les solutions froides étant suffisantes parfois pour provoquer l'apparition de l'inflammation de la muqueuse du sinus opposé.

Les solutions antiseptiques trop fortes ont l'inconvénient de provoquer de l'irritation chimique et d'entretenir la suppuration.

En fin de traitement, si la suppuration paraît devoir se prolonger, on obtiendra de bons résultats avec des injections d'une petite quantité d'une émulsion d'huile goménolée.

TUMEURS DES SINUS

Il ne semble pas que les tumeurs primitives des sinus soient d'observation courante chez les sujets de l'espèce bovine, bien que leur développement aux dépens de la muqueuse puisse se faire comme dans les cavités nasales.

Leur étiologie est inconnue et la symptomatologie très comparable à celle de la collection purulente du sinus frontal. Le début est insidieux, rien ne révèle l'évolution de la lésion, puis, avec le temps, apparaît du jetage muco-purulent, strié de sang, plus abondant durant le travail. Le jetage est ordinairement unilatéral.

Le malade souffre durant l'attelage, il se nourrit mal et irrégulièrement, devient triste, porte la tête basse et de côté. Il est atteint de photophobie, peut présenter des troubles de la vue d'un seul côté (amaurose) et de véritables accès de vertige comme dans la cénurose ou la tuberculose cérébrale. La percussion peut ne pas donner de matité si la tumeur est de petites dimensions.

Le diagnostic doit être établi par exclusion pour ces deux dernières affections; la distinction d'avec la collection de sinus sera basée sur les caractères du jetage et sur la trépanation exploratrice.

Le pronostic est grave, parce que l'intervention après ouverture large du sinus peut être assez délicate si la tumeur est sessile, et si surtout elle a intéressé les os.

Le traitement se limite à l'extirpation.

SINUSITE MAXILLAIRE

COLLECTION PURULENTE DU SINUS MAXILLAIRE.

La sinusite maxillaire est beaucoup plus rare que la sinusite frontale; une bonne description en a été donnée par Ries en 1899.

L'*étiologie* n'est connue que d'une façon incomplète; les traumas portant leur action sur la région sous-orbitaire, sur l'épine maxillaire, la carie des dents molaires, et des inflammations se rattachant à l'évolution de maladies générales représentent les principales causes.

Symptômes. — Le symptôme dominant et caractéristique de la sinusite maxillaire est représenté par les *efforts d'ébrouement*, s'accompagnant de mouvements violents de la tête et de rejet de flocons purulents ou muco-purulents.

Au moment de ces ébrouements, provoqués par le reflux du contenu du sinus vers les cavités nasales, la respiration se montre ronflante et accélérée; il y a du reniflement, comme dans l'obstruction partielle des cavités nasales.

Après les crises d'expulsion, la respiration redevient silencieuse.

Contrairement à ce que l'on observe pour la sinusite frontale, il y a jetage unilatéral jaune rougeâtre, visqueux, accompagné de caillots gélatiniformes et même de caillots sanguins. Au cours des efforts d'ébrouement, le jetage ressemble à celui de la bronchite croupale ou pseudo-membraneuse, mais les débris rejetés ne reproduisent pas le moulage interne des bronches. Les exsudats sont irréguliers de forme, comme constitués par un véritable feutrage fibrineux.

Si, l'attention étant attirée par le jetage, on explore la trachée et la poitrine, on ne découvre rien; l'exploration des sinus, au contraire, par la palpation et la percussion, décèle de la sensibilité, de la submatité ou de la matité et fait découvrir la lésion.

Diagnostic. — Le diagnostic ne demande qu'un examen attentif méticuleux pour la différenciation de la sinusite maxillaire et de la sinusite frontale. L'exploration locale, la percussion et la ponction exploratrice permettent de préciser un diagnostic. La radioscopie, serait encore plus sûre si elle pouvait être utilisée.

Pronostic. — Le pronostic n'est pas très grave; les animaux conservent l'appétit, mais ils maigrissent; la lésion n'a aucune tendance à guérir seule.

Traitement. — Il n'y a comme traitement rationnel que la trépanation, qui doit être pratiquée immédiatement au-dessus de la tubérosité maxillaire, dans la région la plus déclive du sinus (fig. 134). Cette trépanation permet le lavage de la cavité et l'évacuation du contenu du sinus.

Le traitement antiseptique ne diffère pas de celui de la sinusite frontale; les injections astringentes, phéniquées, iodées, goménolées, sont à recommander.

L'ouverture large du sinus, suivie d'un curetage et d'un tamponnement à la gaze aseptique serait à recommander s'il ne s'agissait d'une intervention trop onéreuse.

CHAPITRE III

LARYNX, TRACHÉE ET BRONCHES

LARYNGITES

On désigne sous le nom de laryngites les inflammations du larynx, quelles qu'en soient la forme et l'origine.

Les affections laryngiennes sont fréquentes, mais elles ne sont le plus souvent que l'expression locale d'une affection générale grave (fièvre aphteuse, coryza gangréneux, tuberculose). Nous laisserons ces manifestations pathologiques de côté, puisqu'elles trouvent leur place dans des descriptions spéciales. Les deux formes courantes d'affections laryngiennes que l'on peut rencontrer sont : la laryngite aiguë et la laryngite striduleuse.

Laryngite aigue.

La laryngite aiguë, comme le coryza simple, dont elle n'est parfois qu'un épiphénomène, évolue sous l'influence d'un refroidissement, d'une irritation directe des voies aériennes (vapeurs irritantes, fumée) ou de traumatismes d'origine externe.

La toux, sèche et pénible au début, s'accompagne dans la suite de jetage ou de déglutition de produits muqueux et muco-purulents. — La respiration se montre parfois accélérée, difficile, mais il est rare qu'il y ait du cornage et une réaction fébrile marquée. La moindre pression de la région laryngienne détermine de la douleur et des crises de toux. — La respiration reste normale au repos, tant du moins que la laryngite reste localisée, car il est fréquent de la voir se compliquer de bronchite.

L'appétit est modérément diminué, mais tous ces symptômes s'amendent très vite.

Le *diagnostic* est basé sur la fréquence de la toux et la sensibilité de la région de la gorge.

Le *pronostic* est bénin tant qu'il s'agit de laryngite simple.

Le *traitement* réclame l'emploi des fumigations émollientes tièdes, l'emploi des boissons tièdes, de la révulsion externe péri-laryngienne par des frictions sinapisées ou vésicantes, et l'administration de kermès pour faciliter l'élimination des sécrétions muqueuses.

LARYNGITE PSEUDO-MEMBRANEUSE.
(LARYNGITE CROUPALE, DIPHTÉRIQUE OU STRIDULEUSE)

Anglais : *calf diphteriæ.*

La laryngite *pseudo-membraneuse,* encore qualifiée *laryngite croupale, laryngite diphtérique* par les auteurs allemands, parce qu'elle offre quelques ressemblances avec le croup de l'espèce humaine, est caractérisée par la production de fausses membranes sur les cordes vocales, les aryténoïdes, la région sous-glottique, etc. En France, on l'a décrite sous le nom de laryngite striduleuse, parce qu'elle présente comme symptôme dominant des accès dyspnéiques intenses, au cours desquels la respiration se montre sifflante.

La dénomination de laryngite pseudo-membraneuse est celle qui convient le mieux, puisque les fausses membranes en sont la caractéristique et que l'affection ressemble aux laryngites pseudo-diphtériques de l'espèce humaine.

Bien souvent, d'ailleurs, cette laryngite pseudo-membraneuse cœxiste avec de l'angine pseudo-membraneuse, de la trachéite et de la bronchite à fausses membranes.

Étiologie. — Les causes invoquées autrefois étaient celles des angines simples : le refroidissement, l'ingestion des boissons glacées, l'irritation provoquée par l'atmosphère des étables, l'inhalation des gaz irritants (incendies). Mais il est certain qu'ici, comme dans beaucoup de cas analogues, il se greffe une infection déterminée sur une laryngite primitivement simple, dans le cas où l'infection microbienne n'est pas primitive d'emblée. Bien plus, dans les étables où elle sévit, elle prend fréquemment un caractère nettement contagieux.

La maladie est surtout fréquente chez les veaux, rare ou très rare, chez les sujets de deux à quatre ans.

Bien connue et depuis longtemps décrite en France au point de vue symptomatologique, ce sont les Allemands et les Danois qui en précisèrent les causes :

Damman en 1877 lui assigna un caractère nettement enzootique et pensait à cette époque que l'affection était identique à la diphtérie humaine. Lœffler en 1884 affirma que l'agent causal n'était pas le même que celui de la diphtérie humaine et Bang en 1890 indiqua qu'elle était provoquée par *Bacillus necrophorus.*

L'agent se trouve vraisemblablement très répandu dans la nature et dans les étables, l'infection bucco-pharyngo-laryngée se trouvant facilitée par la délicatesse et la fragilité des tissus des jeunes, peut-être aussi par des éraillures muqueuses accidentelles. La cohabitation de malades avec d'autres sujets sains démontre la facilité de contagion, cinq à huit jours en moyenne; la réapparition de la maladie sur des nouveau-nés, dans des étables contaminées et non désinfectées, démontre la persistance de l'infection locale (1).

Symptômes. — Des symptômes généraux : inappétence, malaise général, tremblements, coïncidant avec une élévation thermique de 0° 5 à 1°, se manifestent au début.

Puis, après vingt-quatre ou quarante-huit heures, la respiration s'accélère, devient pénible, sifflante et dyspnéique avec accès intermittents de suffocation. Il y a cornage et tirage respiratoire.

L'exploration de la poitrine ne donne que des résultats négatifs, mais, à la palpation de la gorge, la moindre compression exercée sur le larynx provoque des efforts de toux. Les premiers jours, ces efforts restent rauques, quinteux et pénibles; puis les jours suivants ils déterminent l'expulsion par les narines ou la bouche de débris de fausses membranes accompagnés d'un jetage blanchâtre, grumeleux ou caséeux et parfois d'un jetage sanguinolent. — Secondairement, la muqueuse des fosses nasales se montre enflammée à des degrés divers. La conjonctive est, elle aussi, atteinte, l'œil apparaît larmoyant ; mais, signe important à noter, le larmoiement ne s'accompagne pas d'ophtalmie interne comme dans le coryza gangréneux.

En raison de la difficulté respiratoire, l'animal prend une attitude caractéristique; l'encolure est maintenue raide, horizontale, la tête est en extension complète, les naseaux dilatés.

A la période d'état, chez les sujets de un à trois ans la rumination est supprimée, la constipation apparaît et les excréments sont coiffés comme dans les entérites graves. La lactation diminue. Les battements du cœur sont faibles, le pouls reste petit; il est possible de voir survenir la mort par asphyxie et probablement aussi par intoxication.

L'asphyxie peut se produire sans qu'en apparence les lésions

(1) *Bacillus necrophorus*, ou Bacille de la nécrose, Bacille de Schmorl, *Bacillus diphteriæ vitulorum*.

Le *Bacillus necrophorus* apparaît dans les tissus et dans les cultures sous forme d'éléments bacillaires ou de longs filaments colorables par les méthodes ordinaires, mais ne prenant pas le Gram. C'est un anaérobie dont la culture se fait bien à la température de 37-39° en bouillon-sérum, gélose-sérum, dans le lait.

Le bouillon devient uniformément trouble en quelques jours, le lait est coagulé. Les cultures laissent échapper des gaz à odeur de fromage putréfié.

L'injection sous-cutanée de cultures à des lapins, des bovidés et des cochons provoque la formation d'abcès avec nécrose cutanée, les cobayes, les chiens et les chats sont réfractaires.

L'inoculation directe de fausses membranes diphtéritiques dans la bouche et les narines de veaux ou d'agneaux très jeunes permet de reproduire la maladie; mais le plus souvent le *Bacillus necrophorus* se trouverait associé à d'autres agents microbiens. Il se développe de préférence dans les tissus déjà lésés et on le trouve en abondance seulement à la périphérie des lésions, dans les tissus morts et les tissus sains en voie d'envahissement.

Il jouerait un rôle important dans différentes infections générales dites nécro-bacilloses.

laryngiennes puissent l'expliquer, quoique souvent il y ait aussi œdème infectieux de la glotte.

La durée ordinaire de la maladie est de huit à dix jours, mais chez les jeunes sujets, les veaux de deux à trois mois, la mort peut survenir avant cette période, en vingt-quatre ou quarante-huit heures, quatre à cinq jours en moyenne. Dans un certain nombre de cas, la guérison peut être obtenue. Tous les symptômes s'atténuent, la fièvre tombe, la rumination reparaît et, avec elle, l'appétit; tout finit par rentrer dans l'ordre, mais nombre de malades restent maigres, offrent une convalescence longue, principalement dans les cas où il y a eu de la bronchite pseudo-membraneuse.

Lésions. — Les lésions peuvent être localisées au larynx chez les veaux de lait; elles peuvent aussi envahir les cavités avoisinantes. Elles sont caractérisées par la formation d'exsudats mucoalbumineux et fibrineux qui, en strates superposées, recouvrent la muqueuse, englobent ses couches épithéliales et adhèrent fortement au chorion, à tel point que, lorsqu'on cherche à les détacher, on fait saigner.

Il est fréquent de voir se développer sur les cordes vocales, sur les aryténoïdes et dans les sillons ary-épiglottiques des îlots de nécrose et des ulcérations de dimensions variables, avec infiltration œdémateuse et infection des tissus sous-jacents, formation de collections caséo-purulentes des dimensions d'une noisette ou d'une noix.

De véritables fistules peuvent faire communiquer ces collections avec la cavité laryngée, lorsque les malades survivent assez longtemps.

Diagnostic. — Les symptômes sont suffisamment accusés pour que la confusion ne se montre possible qu'avec le coryza gangréneux. Mais ici, il n'y a pas d'ophtalmie avec kératite, pas ou peu de lésions du côté des cavités nasales, pas d'éruption cutanée et pas d'éruption au niveau des onglons.

Pronostic. — Le pronostic est extrêmement grave et surtout lorsque l'affection sévit sur des sujets débilités, épuisés, ou des sujets très jeunes. La mort est presque la règle.

L'infection des étables favorise la réapparition de nouveaux cas, la contagiosité est réellement établie.

Traitement. — Le traitement n'est encore qu'un traitement de symptômes. Comme dans toutes les affections inflammatoires à marche aiguë, on a préconisé la saignée modérée, la révulsion dans la région de la gorge avec des vésicatoires liquides, des frictions sinapisées répétées, des applications de pommade stibiée, etc. L'emploi des trochisques au fanon peut encore avoir son utilité chez les sujets assez âgés. A l'intérieur, on a recommandé l'émétique à doses proportionnées à la taille (10 à 12 grammes chez les adultes) et l'iodure de potassium. — Les excitants généraux, alcool, café, thé, acétate d'ammoniaque, et un régime hygiénique convenable : boissons tièdes à discrétion, aliments de bonne qualité faciles à mastiquer, lait, complètent le traitement.

Le sérum antidiphtéritique humain n'a pas de spécificité; il a l'avantage, comme les autres sérums, de stimuler les défenses organiques. La cryogénine à la dose de 1 gramme, l'uroformine à la dose de 10 grammes peuvent être utilisées durant quelques jours.

Les fumigations émollientes et antiseptiques seront aussi indiquées comme dans les angines ou laryngites ordinaires, pour favoriser le décollement et la chute des fausses membranes.

Mais toutes ces recommandations sont, on le conçoit, d'une efficacité plus que douteuse. Quand il existe quelque complication de nécrose intra-laryngée. D'autre part, les médications locales recommandées, avec application des collutoires glycérinés iodés glycérinés salicylés, sont d'une application impossible en raison de la profondeur de la bouche. La trachéotomie a souvent été pratiquée. Elle apporte un soulagement immédiat, et elle peut être considérée comme une intervention momentanée d'urgence et de nécessité, malheureusement la plaie est toujours envahie par l'infection spécifique, point de départ de nouvelles complications. Elle n'est pas à conseiller autrement que comme intervention de nécessité momentanée.

Instruits par l'expérience, beaucoup de vétérinaires expérimentés conseillent l'abatage pour la consommation, dès que le diagnostic est seulement probable. Il ne semble pas résulter d'inconvénients de cette pratique au point de vue de l'hygiène publique.

TUMEURS DU LARYNX

Les laryngites aiguës, pseudo-membraneuses ou même tuberculeuses, ne sont pas les seules affections que l'on puisse noter sur le larynx.

Les tumeurs intra-laryngiennes : polypes muqueux, actinomycomes, tuberculomes, etc., ne sont pas exceptionnelles.

Les symptômes de ces tumeurs se rattachent aux difficultés de respiration, aux accès de toux et aux accès de suffocation accompagnés de jetage à caractère variable.

Lorsque la tumeur est largement sessile, la respiration peut être simplement ronflante ou sifflante, sans accès de suffocation ; si, au contraire, elle est pédiculée, les déplacements du polype déterminés par les courants d'air d'inspiration et d'expiration amènent des spasmes de la glotte, des efforts de toux et des accès de suffocation.

Le *diagnostic* n'est pas toujours facile, bien que l'exploration des cavités nasales, des sinus, de la trachée et de la poitrine ne donne que des résultats négatifs; l'auscultation du larynx peut faire supposer l'existence de la lésion mais à défaut d'exploration laryngoscopique non encore entrée dans le domaine de la pratique vétérinaire courante le diagnostic ne pourrait être précisé que par l'exploration laryngienne digitale par la voie bucco-pharyngienne. Cette exploration est impossible chez les veaux.

Le *pronostic* de ces tumeurs est grave, en ce sens que la mort par asphyxie peut survenir au cours d'un effort de toux ou d'un accès de suffocation.

Traitement. — Comme il est le plus souvent fort difficile, sinon impossible, de préciser la nature de la tumeur, on ne peut guère recourir à un traitement médical qui, cependant, dans les cas d'actinomycomes, par exemple, aurait des chances de réussir, avec la teinture d'I ou l'IK à doses progressives.

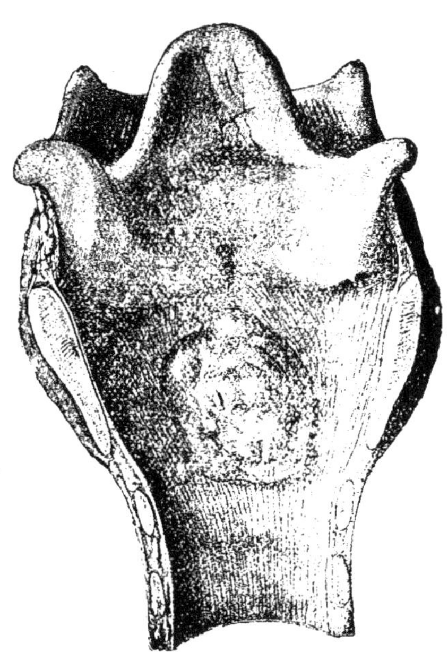

Fig. 146. — Polype intra-laryngien largement sessile.

Le traitement chirurgical est le seul nettement indiqué. Il ne doit être tenté que sur un animal porteur d'un tube à trachéotomie provisoire placé préalablement. L'animal étant couché, et la région prélaryngienne anesthésiée à la cocaïne, une incision verticale médiane sous-laryngienne, portant sur la peau, l'espace intermusculaire de la masse des trachéliens et les trois premiers cerceaux de la trachée, donne accès dans le larynx, région sous-glottique et permet d'agir à ciel ouvert.

C'est une intervention à laquelle on ne peut recourir qu'exceptionnellement, lorsqu'il s'agit d'animaux que l'on tient à conserver à tout prix. L'ablation directe par la voie buccale est facile à réaliser à l'aide de l'écraseur ou par simple arrachement, lorsque les néoplasmes sont bien pédiculés, et peuvent être refoulés vers l'entrée du larynx.

BRONCHITES

On applique la dénomination de bronchites à toutes les inflammations de la canalisation pulmonaire aérienne.

Les affections des bronches chez les animaux de l'espèce bovine revêtent des caractères très différents, suivant que le point de départ se trouve dans telle ou telle cause. C'est ainsi qu'on peut observer la bronchite aiguë simple, la bronchite vermineuse, la bronchite chronique simple, la bronchite pseudo-membraneuse et la bronchite tuberculeuse.

BRONCHITE AIGUË SIMPLE.

La bronchite aiguë simple coexiste, ou n'est souvent que la complication logique et parfois inévitable du coryza et de la laryngite aiguë. Elle est même ordinairement associée à l'inflammation de la muqueuse de la trachée.

C'est une affection des saisons froides et humides, et c'est de préférence à l'apparition des premiers froids des nuits d'automne qu'on peut l'observer sur les bêtes vivant à l'herbage. Sur les animaux d'étables, c'est à la suite des courses folles à travers champs, suivies de refroidissement; à la suite des refroidissements brusques par pluies d'orages ou pluies d'automne, durant le travail attelé, qu'on la voit évoluer.

Symptômes. — Les symptômes apparaissent très rapidement après l'action de la cause déterminante. Ils s'annoncent par des frissons, des tremblements, de la diminution ou de la perte d'appétit, l'arrêt de la rumination, l'accélération de la respiration, et l'apparition d'une toux rauque et quinteuse. — Très vite ces symptômes s'amendent, même sans intervention dans les cas ordinaires, l'appétit revient modéré, la rumination reprend, mais la toux persiste moins quinteuse, moins rude, pour aboutir au rejet ou plutôt à la déglutition de mucosités bronchiques abondantes.

C'est alors la période d'état : la percussion du thorax donne une sonorité normale, l'auscultation décèle les deux côtés des râles ronflants au début, et des râles muqueux qui se déplacent dès la période d'état. La fréquence de la toux diminue, et, après une quinzaine, tout rentre dans l'ordre physiologique.

Diagnostic. — Le diagnostic est fort simple; l'important est de ne pas confondre la bronchite vulgaire avec une bronchite tuberculeuse, laquelle revêt le plus souvent une forme chronique.

Pronostic. — Le pronostic est sans grande gravité, bien qu'il puisse y avoir passage à l'état chronique.

Traitement. — Le traitement ne diffère pas de celui employé chez le cheval : fumigations émollientes, boissons tièdes, administration de kermès à la dose de 8 à 10 grammes, chez des sujets adultes; administration d'iodure de potassium à 4 ou 6 grammes dans le barbotage ou en électuaire dans du miel; boissons à l'eau de goudron à la période de convalescence, etc.

On a recommandé les injections d'adrénaline en solution à 1 p. 1000, aux doses de 3 à 5 centimètres cubes durant quelques jours, tout au début. Les calmants de la toux, à base de bromure de potassium, 2 à 5 grammes, de teinture d'opium, 5 à 10 grammes, etc. sont fort utiles.

BRONCHITE CHRONIQUE.

L'inflammation chronique de la muqueuse des grosses bronches et de la trachée peut succéder à la bronchite aiguë ou à plusieurs bronchites aiguës, mais elle est aussi la terminaison fréquente de la bronchite vermineuse. On ne l'observe que sur les animaux d'un certain âge, adultes au moins, ou âgés, chez ceux qui ont été entretenus dans des vallées humides et froides.

Symptômes. — Elle est caractérisée par de fréquentes quintes de toux qui apparaissent à la moindre cause provocatrice, action de l'air froid au sortir de l'étable, action de l'air chaud d'un espace confiné sur des animaux revenant du plein air, ébranlement de la poitrine par la percussion ou le pincement des reins, marche rapide, etc., etc.

Cette toux s'accompagne du rejet de mucosités qui rarement arrivent jusqu'aux cavités nasales, mais sont dégluties à leur passage dans le pharynx. Ces mucosités sont toujours épaisses, grisâtres, jaune verdâtre et inodores.

La respiration, à rythme régulier au repos, s'accélère avec la marche et après les quintes de toux. Elle est parfois rapide et sifflante.

A la percussion, on ne trouve ni matité ni submatité, mais à l'auscultation on entend partout irrégulièrement disséminés des râles muqueux, des râles ronflants et sibilants.

Avec cela, pas de fièvre, l'appétit est conservé; et, détail plus important, les animaux bien nourris se conservent en assez bon état de chair. — L'emphysème pulmonaire interlobulaire et l'emphysème par dilatation sont inséparables de la bronchite chronique; aussi n'est-il pas rare d'observer un soubresaut très net du flanc.

Diagnostic. — Le diagnostic est sans grandes difficultés, parce que si, dans quelques conditions, la confusion est possible avec la tuberculose ou l'emphysème, la différenciation pourra se faire par l'examen bactériologique du jetage, par une injection de tuberculine, par les signes d'auscultation et par l'appréciation de l'état général.

Lésions. — Les parois des bronches sont épaissies, le tissu conjonctif sous-muqueux est scléreux, la musculeuse est modifiée dans sa structure, elle est devenue fibreuse, et la couche épithéliale est desquamée et suppurante. Le tissu péribronchique est sclérosé, lui aussi. On peut enregistrer de notables dilatations (bronchectasie) comparables à des cavernes.

Traitement. — Le traitement ne peut jamais être que palliatif; on empêche les lésions de s'aggraver, on peut tarir la sécrétion pathologique des bronches, mais on n'arrive jamais à déterminer la réparation des lésions formées.

L'eau de goudron doit être administrée de façon continue; l'essence de térébenthine aux doses de 8 à 10 grammes par jour en électuaire, chez des adultes; la créosote aux doses de 5 à 6 grammes; la terpine aux doses de 3 à 4 grammes, donnent de bons résultats et amènent des améliorations notables. L'acide arsénieux est enfin à recommander plus tard, 0 gr. 50 à 1 gramme par jour par périodes de dix jours.

Bronchite pseudo-membraneuse.

Les bronchites pseudo-membraneuses, encore appelées bronchites croupales, bronchites diphtériques, sont rares. Elles se développent d'emblée chez des bêtes adultes, ou sont consécutives aux laryngites pseudo-membraneuses. Comme ces dernières, elles doivent reconnaître pour cause une infection spécifique, vraisemblablement le *Bacillus diphteriæ vitulorum* mais la démonstration n'en a pas été fournie. Il est probable que la résistance spéciale de sujets déjà âgés imprime à l'infection une marche spéciale, différente de celle de la laryngite striduleuse des jeunes.

Les bronchites pseudo-membraneuses sont caractérisées par la formation de fausses membranes qui se développent sur la muqueuse, se moulent sur la face interne des grosses bronches, et se ramifient dans la canalisation bronchique comme de véritables branches d'arbres. — Elles sont de couleur jaune grisâtre et semblent formées de fibrine, d'albumine coagulée et de débris épithéliaux agglomérés par le mucus.

Symptômes. — Au début, ces bronchites pseudo-membraneuses ont les caractères de bronchites aiguës, qui, à la période d'état, amèneraient, au cours des efforts de toux, l'expulsion de fragments de fausses membranes. — Le plus souvent, il semble que la bronchite suive son cours régulier; c'est lors de la convalescence seulement, ou assez longtemps après, que l'expulsion de fausses membranes se fait par accès imprévus de suffocation.

Les malades sont pris de dyspnée intense, d'accès de suffocation, d'efforts de toux avec menace d'asphyxie; c'est au cours de ces efforts de toux que l'expulsion des fausses membranes s'effectue sous forme de lambeaux peu développés, ou, au contraire, de véritables ramifications arborescentes.

La dyspnée cesse aussitôt. — On s'explique que, malgré le développement de ces fausses membranes dans les conduits bronchiques, il n'y ait pas de symptômes alarmants, par le fait que les fausses membranes ne représentent qu'un moulage interne des principaux conduits, sans obturation, ou avec obturation partielle seulement des petites voies de canalisation vers les alvéoles pulmonaires. L'expulsion, elle, au contraire, détermine des spasmes réflexes violents dès que les lambeaux détachés se rapprochent du larynx.

Diagnostic. — Le diagnostic repose tout entier sur l'examen des produits d'expectoration, et, pour ce qui est du pronostic, il est moins grave qu'on ne serait tenté de le supposer de prime abord. La gravité vient de ce que cette affection a une certaine tendance non pas au passage à l'état chronique, mais à une évolution particulièrement lente durant la convalescence.

Traitement. — Le traitement ne diffère pas de celui de la bronchite ordinaire. Le goudron, la créosote (10 à 20 grammes dans l'huile), et la terpine (2 à 3 grammes par jour), sont à recommander à la période de déclin. L'iodure de potassium (5 à 6 grammes) a, lui aussi, des avantages certains, car il provoque facilement la bronchorrée chez les bovidés, et par suite facilite l'expulsion des fausses membranes.

Les malades doivent être bien alimentés durant la convalescence et il est utile de mettre à leur disposition des breuvages excitants et aromatiques : tisanes de thé de foin, de menthe, de mélisse, de tilleul, etc., etc.

CHAPITRE IV

POUMONS ET PLÈVRE

CONGESTION PULMONAIRE

On donne le nom de congestion pulmonaire à la réplétion anormale des capillaires du poumon; réplétion qui provoque fatalement l'infiltration séreuse et par suite l'œdème du poumon comme complication immédiate.

La congestion peut être active, c'est-à-dire directe ou primitive, ou secondaire lorsqu'il y a obstacle à la circulation de retour.

A côté des congestions pulmonaires passives, qu'il n'y a pas lieu de décrire ici, résultant d'affections cardiaques, péricardiques ou de compressions vasculaires, on peut rencontrer, chez les jeunes animaux surtout, des cas de congestion active du poumon. Ces congestions sont déterminées par des courses folles de sujets échappés, épouvantés ou poursuivis par des chiens.

C'est chez les animaux ordinairement maintenus en stabulation et lâchés accidentellement, ou chez les animaux très gras (veaux à l'engrais) que cet accident s'observe.

Comme *symptômes*, la dyspnée est le signe dominant avec la toux. Les animaux s'arrêtent comme épuisés, l'encolure et la tête tendue, les narines dilatées à l'extrême, les membres écartés du thorax, en proie à une anxiété terrible.

La respiration est vite et courte, les malades sont anhélants et en imminence d'asphyxie. A l'auscultation, le murmure respiratoire a presque disparu partout.

La mort peut survenir très rapidement.

Le *diagnostic* est des plus simple, étant donné les circonstances d'apparition.

Le *pronostic* est grave.

Comme traitement, l'émission sanguine abondante a des effets héroïques. Elle suffit, dans la très grande majorité des cas, à faire disparaître comme par enchantement tous les symptômes alarmants. La révulsion cutanée par frictions irritantes a aussi des avantages, de même que les ablutions d'eau froide et le séjour dans un endroit très aéré.

Les toniques cardiaques à action rapide peuvent être utilisés : injection de caféine, d'éther et d'huile camphrée.

PNEUMONIE FRANCHE

Historique. — Les vétérinaires ont été longtemps divisés sur la question de possibilité de l'existence de la pneumonie franche chez les animaux de l'espèce bovine. Tandis que les uns admettaient avec Cruzel, Leblanc, Zündel. H. Bouley, Trasbot, l'existence d'une pneumonie sporadique, d'autres, comme Gerlach. Haubner, Weber, pensaient que toutes les lésions du poumon du bœuf, en dehors des pneumonies par corps étrangers. devaient être rattachées à la péripneumonie contagieuse.

Il y a fort longtemps déjà que deux vétérinaires du département de l'Aisne, Coulon et Ollivier, exerçant dans un pays où régnait la péripneumonie, ont démontré la possibilité d'évolution de la pneumonie franche du bœuf. Ils se sont attachés à porter sur le vivant le diagnostic différentiel de la péripneumonie contagieuse et de la pneumonie franche, que l'on considérait comme une péripneumonie non contagieuse. Malgré les conditions d'études peu favorables dans lesquelles sont souvent placés les praticiens, ils ont pu néanmoins faire une œuvre d'une grande utilité.

Les faits tendant à faire admettre l'existence d'une pneumonie franche sont les suivants :

1º Cette maladie n'est pas contagieuse. On peut laisser cohabiter les sujets malades avec les sujets sains sans leur communiquer la maladie;

2º On peut inoculer impunément des exsudats pulmonaires au fanon et à la fesse des animaux jeunes et adultes ;

3º Les lésions et la marche de la maladie diffèrent totalement de celles de la péripneumonie.

Étiologie. — La pneumonie franche n'est pas fréquente, elle ne s'observe que tout à fait exceptionnellement chez les animaux d'engrais ou les vaches laitières qui sont entretenus dans des étables à température constante, comme dans le Nord et les environs de Paris.

Par contre, elle se retrouve de préférence chez les animaux de travail qui sont soumis aux intempéries et aux refroidissements. En déterminant les troubles vasculaires, ces refroidissements favorisent les infections microbiennes et les inflammations viscérales. Trasbot a relaté le cas d'un bœuf qui, laissé en sueur sous un hangar exposé à tous les vents, pendant trois heures, après un travail pénible, contracta une pneumonie unilatérale dès le lendemain.

Coulon et Ollivier ont observé la maladie sur des animaux habitant des vallées basses et humides ou celles exposées aux vents du nord, et par conséquent soumises à de grandes variations de température. L'influence du froid sur les inflammations pulmonaires est indéniable.

Symptômes. — Ils ont à peu près la même marche que chez le cheval, et on peut y distinguer trois périodes :

Période de début. — Les symptômes qui marquent le début de la maladie sont : une fièvre modérée qui s'élève progressivement, l'accélération de la respiration et de la circulation. Le nombre des mouvements respiratoires monte à 20, 25 par minute; celui des pulsations, de 50 à 60 et 80. La conjonctive s'injecte, puis devient safranée. A cette période, l'appétit ne disparaît jamais complètement; la rumination est régulière, il n'y a ni ballonnement ni coliques.

A ces symptômes généraux, qui n'ont pas une grande signification, s'ajoutent des symptômes locaux plus précis : toux avortée, pénible, douloureuse et facile à provoquer ; jetage blanchâtre. On n'a jamais signalé l'expectoration rouillée qui est la caractéristique de la pneumonie franche chez le cheval et chez l'homme.

Par la percussion, on constate de la submatité, le plus souvent unilatérale, dans la région inférieure de la poitrine. A l'auscultation, on trouve de la diminution du murmure respiratoire dans cette même région, tandis que dans la partie supérieure, et aussi du côté opposé, le murmure respiratoire est renforcé.

Période d'augment. — Cette période est caractérisée par l'accentuation de tous les symptômes : élévation de la température, qui atteint 39°,5-40° ; l'artère est tendue, la matité devient plus nette en même temps qu'apparaissent les râles crépitants et muqueux. Dans les parties restées saines, le poumon fonctionnant plus activement pour suppléer aux parties malades, la respiration devient juvénile.

L'appétit, qui s'était maintenu jusqu'alors, diminue beaucoup sans cependant disparaître entièrement; la fièvre détermine une soif intense.

Période d'état. — Les symptômes généraux restent stationnaires pendant quatre ou cinq jours. La respiration, toujours gênée, s'accélère parfois jusqu'à atteindre 30 et 40 respirations par minute. Le souffle tubaire, qui existe toujours dans la pneumonie du cheval, ne s'observe pas nettement d'une façon constante. Le téguement, que l'on note si fréquemment dans la péri-pneumonie, peut également exister ici, mais il est rarement continu.

Terminaison. — 1° *Résolution.* — Elle s'annonce par l'atténuation de tous les symptômes; la disparition de la fièvre qui s'abaisse graduellement de 40°,5 à 40°, 39°, 38°,5. Les mouvements respiratoires prennent de l'ampleur, leur nombre décroît; le pouls devient plus lent, l'artère plus molle et plus dépressible; la toux change de timbre, elle est plus forte, plus sonore, plus prolongée, s'accompagne de l'expulsion de mucosités purulentes abondantes; la matité descend et le souffle tubaire, s'il existait, est remplacé par du râle crépitant de retour. En général, la maladie évolue en huit à dix jours chez les jeunes sujets, en quinze jours chez les sujets âgés;

2° *Mort.* — L'asphyxie, mécanique et toxique est presque la seule terminaison mortelle de la pneumonie du bœuf; elle frappe un tiers ou un quart des malades. Elle s'annonce par la coloration rouge-acajou foncé de la conjonctive; le pouls devient très accéléré (100-110 par minute), filant, petit, presque imperceptible, alors que les battements du cœur sont forts, tumultueux. La respiration est vite et très laborieuse (50 à 70 à la minute). L'attitude de l'animal est typique : il se tient debout, les coudes écartés du corps, la tête allongée sur l'encolure, les naseaux dilatés, la bouche entr'ouverte, laissant couler une salive écumeuse et filante. On entend alors dans la plus grande partie du poumon des gargouillements, des râles crépitants et muqueux;

3° La terminaison par gangrène ou par suppuration est ici excessivement rare; on n'a pas constaté authentiquement la terminaison par pneumonie chronique.

Diagnostic. — La pneumonie se ditingue de la broncho-pneumonie par la présence de la matité franche à la période d'état, alors qu'il n'y a que de la submatité, même légère parfois, dans la broncho-pneumonie. L'évolution de cette dernière maladie est beaucoup plus lente.

Le diagnostic différentiel d'avec la péripneumonie contagieuse est basé :

1° Sur les caractères de la courbe de température, régulière dans la pneumonie, n'atteignant son summum qu'à la période d'état, tandis que dans la péripneumonie l'élévation thermique est brusque et la courbe présente des oscillations subites ;

2° L'appétit est conservé, quoique diminué, contrairement à ce qui existe dans la pleuro-pneumonie où il est totalement disparu ;

3° On ne constate pas ou peu de sensibilité costale, l'affection qui nous occupe ne s'accompagnant pas de pleurésie ;

4° Il y a absence constante de l'œdème du fanon, symptôme qui existe ordinairement à la période d'état de la péripneumonie, lorsqu'il y a compression des veines jugulaires et de la veine cave antérieure ;

5° A ces signes, qui permettent de fixer d'une façon certaine le diagnostic, il faut en ajouter deux autres, qui n'ont pas une aussi grande valeur, car, exceptionnellement, ils peuvent exister dans la pneumonie franche : l'absence ordinaire du tégument (plainte spéciale) et du bruit de souffle bien net.

Pronostic. — La guérison survient dans les deux tiers des cas. Peut-être pourrait-on augmenter cette proportion si le vétérinaire était appelé dès le début.

Lésions. — A l'autopsie, on ne constate pas d'épanchement pleural ni de lésions des plèvres. Le poumon est volumineux, augmenté de poids, hépatisé dans le bas, congestionné dans la partie supérieure.

L'infiltration séro-hémorragique des cloisons interlobulaires varie suivant la région que l'on examine; dans les régions supérieures, où il y a de l'engouement, elles ont une couleur noire due aux hémorragies capillaires, aux caillots sanguins qui englobent complètement un lobule pulmonaire qui, lui, est de couleur violacée ou rouge brun. Dans les parties hépatisées, les lobules ont une couleur rouge lavé et les cloisons une teinte blanchâtre.

Les bronches sont remplies de mucosités grisâtres spumeuses; les petites bronches renferment quelquefois des concrétions fibrineuses; la muqueuse est injectée, parfois détruite par places. Les ganglions bronchiques sont hypertrophiés, hémorragiques et congestionnés.

Il importe enfin de pouvoir se prononcer sur une autopsie, et de savoir distinguer, sur le cadavre, la pneumonie de la péri-pneumonie. C'est relativement facile, si l'on se rappelle que dans celle-ci il y a toujours de la pleurésie, que les cloisons conjonctives interlobulaires sont très distendues par une sérosité citrine, que sur la coupe le poumon péripneumonique offre l'aspect d'une mosaïque, qu'enfin la marche de l'hépatisation est centripète, l'inflammation débutant à la périphérie du lobule pour s'étendre progressivement vers le centre. — Dans celle-là, au contraire, il n'y a jamais de pleurésie; les cloisons conjonctives interlobulaires, lorsqu'elles sont distendues, ne le sont que peu, et toujours par une sérosité rouge brunâtre; la marche de l'hépatisation est centrifuge, débute aux alvéoles pulmonaires pour gagner la périphérie et les cloisons interlobulaires. Le tableau suivant résume, du reste, les différences des deux affections :

Péripneumonie.	*Pneumonie franche.*
Œdème du fanon.	Pas d'œdème du fanon.
Épanchement pleural.	Pas d'épanchement pleural.
Hépatisation lobulaire centripète.	Hépatisation lobaire centrifuge et ascendante.
Infiltration énorme des cloisons (infiltration jaune primitive).	Infiltration moyenne des cloisons (infiltration rouge brun secondaire).

Traitement. — Une bonne hygiène, l'aération régulière, une température modérée et l'administration de boissons tièdes favorisent la guérison.

Des auteurs allemands préconisent contre les pneumonies les

compresses froides sur le thorax, les douches et les lavements froids. Je ne pense pas qu'il y ait lieu de recommander un tel traitement, malgré ce qui a été fait sur ce point en France.

Le traitement classique par la saignée modérée dès le début, la révulsion large à l'aide de sinapismes, de trochisques, de frictions stibiées ou de vésicatoires, et l'administration de breuvages émétisés (émétique, 8-10 grammes par jour pendant 3 à 5 jours) ou alcoolisés, est celui qui donne les meilleurs résultats.

Les antithermiques, tels que l'acétanilide, la phénacétine, le sulfate de quinine, sont trop coûteux pour être d'un usage courant en médecine bovine. Le salicylate de soude et l'azotate de potasse sont préférables.

Pour faciliter la circulation, soutenir la tonicité cardiaque, éviter l'engouement du poumon et l'asphyxie, la digitaline en injections sous-cutanées est tout indiquée, à la dose de 5 à 6 milligrammes pendant cinq à six jours, car on prétend que chez les bovidés la poudre de digitale reste à peu près sans action par suite de son séjour dans le rumen. Enfin l'iodure de potassium pourra être administré à la dose de 4-6 grammes pour modérer l'inflammation et comme expectorant. Le vin (un litre par jour), l'alcool (200 grammes), le café, le cidre peuvent être utilisés comme stimulants et toniques. Durant la période de convalescence, les diurétiques, les balsamiques et les laxatifs trouvent leur indication temporaire.

PNEUMONIE PAR CORPS ÉTRANGERS

Il arrive qu'en examinant un malade on diagnostique une pneumonie, et que cependant il soit impossible de conclure à une pneumonie franche. C'est qu'en effet, dans des conditions déterminées, il peut se développer chez les ruminants des pneumonies par corps étrangers. Le poumon est traumatisé, soit par la pénétration d'un corps acéré venant du rumen ou du réseau, soit par la chute de substances alimentaires liquides ou solides dans la trachée: d'où deux variétés communes de pneumonie par corps étrangers.

PNEUMONIE PAR MIGRATION DE CORPS ÉTRANGERS DES VOIES DIGESTIVES (RUMEN ET RÉSEAU).

Étiologie. — Les conditions dans lesquelles les aliments sont ingérés par les ruminants, lors d'une première mastication, font que des matières non alimentaires (cailloux, fragments de bois, clous, aiguilles, fils de fer, etc.) peuvent être avalées, tombent dans le rumen pour être déversées ensuite dans le réseau par les mouvements de brassage. Les corps acérés piquants, aiguilles ou fils de fer, s'implantent dans les parois des réservoirs gastriques, et, par des migrations à travers les tissus, commandées par les mouvements des organes, ces corps étrangers se dirigent ordinairement vers le cœur. Dans des conditions que l'on ne peut préciser, ces corps étrangers, après avoir perforé les parois gastriques, se dirigent vers une cavité pleurale, la droite de préférence, en raison de la situation du réseau, traversent le diaphragme et viennent directement piquer la base du poumon.

Comme le corps migrateur est ordinairement infecté, sa piqûre au travers du diaphragme entraîne toujours le développement d'une plaque de pleurésie diaphragmatique locale. Il est rare, quoique ce soit là un accident possible, que l'infection générale du sac pleural se réalise, et qu'une pleurésie septique à marche rapide avec terminaison mortelle se développe. D'ordinaire, la plaque de pleurésie locale établit l'adhérence de la base du poumon avec la face antérieure du diaphragme, le corps vulnérant suit son mouvement migrateur, passe dans le poumon, et dès lors les conditions d'évolution de la pneumonie sont réalisées.

Symptômes. — On ne note souvent, lorsqu'on est consulté, que les symptômes de la période d'état d'une pneumonie localisée à la base du poumon atteint : température élevée, accélération de la respiration, plaintes, perte de l'appétit, toux sans jetage, matité basilaire à la percussion, disparition du murmure respiratoire dans la zone de matité, bruit de souffle à la hauteur de la bronche inférieure, respiration normale ou juvénile en avant dans le lobe antérieur et quelquefois le lobe cardiaque.

On pourrait donc être tenté de porter le diagnostic de pneumonie franche avec pronostic favorable. Or il faut savoir que, dans tous les cas où il existe une *pneumonie basilaire* avec lobes antérieurs intacts, il y a de grandes chances pour qu'il s'agisse d'une pneumonie par corps étranger venant du réseau. Si on procède à un examen plus attentif, on reconnaît que les espaces intercostaux, au niveau de la région lésée, sont très sensibles, que le cercle de l'hypocondre correspondant est, lui aussi, anormalement sensible. Le propriétaire du malade donne d'autre part ce renseignement presque constant, que depuis plusieurs semaines son animal a toussé, s'est météorisé, a perdu l'appétit.

La compression des racines du nerf diaphragmatique correspondant, à la base de la région cervicale, détermine la toux à volonté.

Ce ne sont pas là les circonstances qui accompagnent l'évolution d'une pneumonie franche. D'ailleurs, la marche de cette pneumonie accidentelle est toute différente. — Au lieu d'évoluer régulièrement suivant le cycle indiqué précédemment, la pneumonie par corps étranger se développe lentement, met souvent plusieurs semaines à se caractériser nettement et va s'aggravant de plus en plus. La zone de matité s'étend en avant et en haut, le bruit du souffle se propage en avant; l'auscultation et la palpation décèlent parfois la formation d'un abcès ou la destruction par gangrène : œdème léger de la paroi costale, bruit de gargouillement au moment des déplacements pulmonaires, fièvre élevée, indicanurie intense, leucocytose très accusée. La mort est la complication fatale et souvent rapide lorsqu'il y a gangrène.

Diagnostic. — Le diagnostic est basé sur les renseignements fournis concernant la marche de la maladie, sur la localisation de la zone hépatisée et sur les caractères progressivement croissants de l'affection. Ce diagnostic laisse toujours place pour quelques doutes, mais peut présenter des probabilités telles qu'elles équivalent à la quasi-certitude.

Pronostic. — Le pronostic est fatal.

Traitement. — Il n'y a pas de traitement pratique à tenter, non seulement pour extraire le corps étranger, mais encore pour combattre la pneumonie spéciale qu'il a déterminée. Toutes les travées conjonctives interlobulaires et les lobules eux-mêmes sont envahis par des agents microbiens variés apportés par ce corps étranger, de nombreux îlots servent de foyers de suppuration et de gangrène, et la seule chance qu'il y aurait à courir résiderait dans une intervention chirurgicale pour résection pulmonaire. Il n'y a aucun intérêt pratique à tenter une pareille intervention en vétérinaire. — Ce que l'on peut faire cependant, lorsqu'on suppose l'existence d'un abcès, c'est la ponction exploratrice aseptique; et, dans le cas où le diagnostic est exact, il y a indication de tenter l'ouverture de l'abcès dans un espace intercostal. En pareille circonstance, et quelle que soit la profondeur du point de pénétration du corps étranger, l'abcès a provoqué, en se développant, de l'adhérence pleuro-pulmonaire par pleurésie locale; de sorte qu'il n'y a pas de danger immédiat de provoquer une pleurésie purulente ou un pneumothorax. Le corps étranger aurait, s'il était de petites dimensions, des chances de s'éliminer par cette voie.

En pratique, la véritable ligne de conduite à suivre est de conseiller l'abatage lorsque le diagnostic est fait, et lorsqu'on pense que la viande peut encore être utilisée.

BRONCHO-PNEUMONIE D'ORIGINE EXTERNE.
BRONCHO-PNEUMONIE GANGRÉNEUSE PAR DÉGLUTITION
DE CORPS ÉTRANGERS

Les corps étrangers venant du dehors, et qui, pour une raison quelconque, tombent dans la trachée au lieu de passer dans l'œsophage, provoquent presque infailliblement l'évolution de broncho-pneumonies se terminant très rapidement par la gangrène et la mort.

Étiologie. — L'alimentation forcée, chez les malades à inappétence absolue, est généralement une faute et c'est l'une des principales causes de ces graves accidents. Pour administrer de force des breuvages alimentaires (barbotages, farineux délayés, tisanes, thé de foin, etc.), les bouviers ont la détestable habitude de relever totalement la tête et d'immobiliser la langue pendant qu'ils déversent leurs mixtures dans la cavité buccale; les bols ou les ondées liquides ne peuvent pas être formés, la déglutition pharyngienne se fait mal, les matières administrées tombent en partie dans le larynx et en partie dans l'œsophage.

Lors de l'administration de médicaments astringents, amers, ou brûlants, le même accident peut se produire par spasme pharyngien ou œsophagien, si l'on n'a pas la précaution de laisser la langue libre et de n'administrer que par quantités faibles.

Enfin, dans certains cas, au cours de maladies qui se compliquent d'anesthésie, de sub-anesthésie ou de paralysie pharyngienne (fièvre vitulaire), d'inertie pharyngo-œsophagienne (indigestion gazeuse), de dysphagie pharyngienne intense (fièvre aphteuse), les accidents de broncho-pneumonie par déglutition de corps étrangers sont encore beaucoup plus à redouter. Ils peuvent même se produire spontanément, au cours de repas que les animaux font en toute liberté (fièvre aphteuse).

On a enfin cité des cas de broncho-pneumonies chroniques par inhalation de corps étrangers, lorsque les animaux sont nourris, par exemple, avec des farines de graines de coton non décortiquées. Il s'agit en pareille circonstance de lésions analogues à celles des pneumokonioses de l'homme (pneumonies chroniques professionnelles des mineurs, charbonniers, carriers, tailleurs de pierres).

Symptômes. — Les symptômes des broncho-pneumonies gangréneuses commencent à se manifester immédiatement après l'action de la cause déterminante, la chute du corps étranger dans la trachée. Une toux violente, quinteuse, vigoureusement expulsive, commandée par un réflexe d'origine glottique, se produit dès que la muqueuse laryngienne est touchée, mais il est déjà trop tard, car des aliments, des médicaments ou des liquides sont tombés profondément dans la trachée et ne peuvent plus être rejetés. La toux se calme d'ailleurs, les animaux prennent même quelquefois volontiers des aliments. Ces apparences sont trompeuses, car douze, vingt-quatre ou quarante-huit heures plus tard, la toux réapparaît pendant que l'appétit diminue. Un jetage grisâtre ou gris rougeâtre de mauvaise nature, à odeur fétide, succède aux efforts de toux. La respiration s'accélère, les battements cardiaques se montrent violents et la température s'élève jusqu'à 39°,5, 40° et même 40°,5.

Les malades refusent bientôt les aliments, ne prennent plus que des boissons; et, si on procède alors à la percussion, on trouve de la submatité, rarement de la matité franche dans la région des lobes cardiaques, au niveau du passage des sangles. La submatité s'élève à une hauteur variable des deux côtés, parfois d'un seul.

A l'auscultation, le murmure respiratoire se montre exagéré des deux côtés dans les deux tiers supérieurs des poumons, fortement atténué ou disparu dans la zone inférieure. L'auscultation transscapulaire montre que les lobes antérieurs sont presque toujours pris, mais, de par les explorations que j'ai pu pratiquer, contrôlées par les constatations nécropsiques, ce sont toujours les lobes cardiaques qui sont les plus atteints, ce qui tient à la direction de leur bronches principales. La partie inférieure des lobes postérieurs peut être touchée aussi, mais plus rarement. Dans toute la zone inférieure irrégulièrement hépatisée, on entend de gros râles humides, une respiration parfois soufflante aux deux temps, mais pas de souffle tubaire vrai. Si le malade survit pendant un certain temps, les caractères d'auscultation changent, des bruits de gargouillement et parfois de véritables souffles caverneux apparaissent, indiquant la suppuration des bronches et la gangrène d'un ou de plusieurs îlots pulmonaires. La gangrène diffuse se voit moins souvent et la zone inférieure est le plus ordinairement la seule affectée.

L'air expiré a, à cette phase, une véritable odeur gangréneuse absolument caractéristique.

La mort survient par asphyxie et intoxication, mais il est des sujets qui résistent quinze jours et plus.

Lésions. — A l'autopsie, on rencontre une inflammation suppurative, mais secondaire, de la muqueuse des cavités nasales, du pharynx, du larynx et de la trachée.

Dans les bronches, et parfois très profondément, on retrouve les débris de corps étrangers s'il s'agit de matières solides. La muqueuse des bronches est violacée, sphacélée par places, recouverte de plaques gangrénées nageant dans un putrilage gris rougeâtre d'odeur infecte. Par places, le tissu pulmonaire est frappé de gangrène, et sur la coupe des îlots atteints on trouve des anfractuosités irrégulières remplies d'une bouillie grisâtre qui se déverse dans les bronches. Ce sont ces cavités anfractueuses qui font apparaître les bruits de gargouillement. Toutes les parois de ces anfractuosités sont constituées par du tissu pulmonaire en voie de désagrégation, avec une zone d'hépatisation grise sur la périphérie. Les îlots de gangrène peuvent se réunir et constituer de vastes cavernes. S'ils siègent vers la surface, ils déterminent de la pleurésie adhésive ou de la pleurésie septique.

Diagnostic. — Le diagnostic n'est pas très difficile lorsqu'on s'enquiert de renseignements précis sur les circonstances qui ont précédé l'apparition de la maladie. Les signes fournis par le jetage, l'air expiré, la percussion et l'auscultation, sont suffisamment significatifs pour le reste.

Pronostic. — Le pronostic est extrêmement grave, fatal en principe.

Traitement. — Il n'y a que bien peu de chances en faveur d'une terminaison heureuse, quelle que soit l'intervention thérapeutique. Ce qui peut arriver de mieux, c'est que la gangrène se limite aux couches superficielles de la muqueuse des bronches et à un petit îlot pulmonaire, et que, à la faveur d'une délimitation bien circonscrite, les produits gangrénés soient expectorés.

C'est là une terminaison exceptionnelle, cependant on peut tenter d'en favoriser l'évolution par l'administration d'alcool à la dose de 150 grammes par jour, de salicylate de soude à la dose de 15 à 20 grammes, de créosote en électuaire ou d'essence de térébenthine. — Les injections intra-trachéales d'huile créosotée, antiseptiques, sont à recommander, les pulvérisations se montreraient peut-être plus efficaces.

Lorsque le diagnostic peut être établi de bonne heure, avant l'apparition d'un état fébrile intense et continu, et lorsque l'état des animaux le permet, il y a indication d'abatage plutôt que de courir les risques de conséquences impossibles à prévoir.

PNEUMONIE ASPERGILLAIRE
(PNEUMOMYCOSE)

On donne le nom de pneumomycose, ou encore d'aspergillose pulmonaire, aux accidents causés par la pullulation, dans l'appareil respiratoire, d'un champignon du genre *Aspergillus* (famille des Périsporiées, sous-ordre des Périsporiacées, ordre des Ascomycètes).

L'aspergillose pulmonaire est accidentelle chez les ruminants, tout comme chez les autres animaux ; elle doit passer souvent inaperçue, malgré les données fournies par Lucet et Bournay sur son évolution et ses symptômes. Elle semble devoir être causée le plus fréquemment par l'*A. niger* et l'*A. fumigatus*, par ce dernier surtout qui, d'après les travaux de Rénon, serait le plus pathogène. Elle n'évolue que chez les sujets dont l'appareil respiratoire est taré et frappé de lésions diverses, telles que : bronchite chronique, bronchectasie, cavernes accidentelles consécutives à des abcès, à des lésions parasitaires.

Les champignons ou, mieux, les spores qui ont pénétré accidentellement dans la canalisation respiratoire germent, se développent dans les dilatations pathologiques en provoquant des îlots disséminés de pneumonie, mais déterminent seulement des troubles mécaniques et n'amènent pas d'intoxication par élaboration de toxines.

Étiologie. — L'infection se fait par les voies respiratoires, à la faveur des courants d'inspiration qui entraînent les spores des champignons jusque dans les ramifications bronchiques, où elles se développent si le terrain leur est propice. Elle est favorisée par le mauvais état physiologique des sujets exposés à la contamination, 'et par les déplorables conditions d'entretien de certaines étables où les murs restent en permanence couverts de moisissures variées.

La distribution prolongée de fourrages moisis peut aussi favoriser l'infection respiratoire, mais il ne semble pas que dans les conditions ordinaires cette infection puisse s'établir par les voies digestives. Celle du poumon peut d'ailleurs, elle aussi, être considérée comme exceptionnelle si l'on tient compte de la fréquence de la distribution de fourrages moisis aux bêtes bovines, et du petit nombre d'accidents enregistrés.

Symptômes. — Les symptômes sont peu significatifs; l'aspergillose pulmonaire est souvent une trouvaille d'autopsie. La toux est le signe dominant; sèche au début, elle devient plus tard quinteuse et fréquente. La respiration est pénible, dyspnéique, soubresautante, parfois même discordante. L'expiration est plaintive.

La percussion décèle des zones de matité ou de submatité lorsque les lésions se trouvent vers la surface du poumon, ce qui est rare; cependant, Bournay a noté l'existence d'un son musical semblable à celui qu'on obtiendrait en percutant une petite cloche en cristal ou en verre.

L'auscultation ne fait découvrir, dit-on, que des râles ronflants ou sibilants, mais, comme les lésions n'évoluent que chez les sujets dont l'appareil respiratoire était antérieurement lésé, il est difficile de se prononcer.

Ces signes ne vont jamais sans un certain degré de misère physiologique, d'amaigrissement, d'irrégularité d'appétit et de rumination.

Lésions. — A l'autopsie, le poumon des bêtes atteintes se montre parsemé de nodules variant de la grosseur d'une noisette à celle d'une noix. Sur la coupe, Bournay dit avoir trouvé une paroi ou coque fibreuse recouverte d'un gazon cryptogamique verdâtre, offrant au centre un noyau jaunâtre bien délimité formé d'amas de moisissure (mycélium, stérigmates et spores). Dans les cas à évolution rapide, le tissu pulmonaire est hépatisé tout autour de la lésion parasitaire.

Diagnostic. — Le diagnostic est impossible sans le secours de l'examen microscopique du jetage. Cet examen, assez délicat d'ailleurs, peut permettre de reconnaître, après coloration, la présence de débris de filaments mycéliens et de spores, avec présence ou absence de bacilles de la tuberculose. Ce diagnostic de l'existence du champignon ne peut être précisé qu'après culture.

Pronostic. — Le pronostic est grave parce qu'il s'agit toujours d'une affection surajoutée à des lésions qui déjà, par elles-mêmes, pourraient justifier un pronostic sévère.

Traitement. — En raison du petit nombre d'observations publiées et de la difficulté du diagnostic, il n y a pas de traitement rationnel d'établi jusqu'à ce jour. On a recommandé d'une façon purement théorique les fumigations de goudron, d'essence de térébenthine, les pulvérisations phéniquées. La vie au grand air serait sans doute tout aussi efficace, sinon plus.

Le traitement prophylactique consiste à ne pas distribuer de fourrages moisis, et à maintenir les locaux dans un état suffisant pour empêcher le développement des moisissures.

BRONCHO-PNEUMONIES INFECTIEUSES

Les affections qui peuvent léser le poumon du bœuf sont extrêmement variées, et c'est pourquoi, en plus de celles ci-dessus décrites, je crois utile de signaler les broncho-pneumonies infectieuses d'origine interne ou externe.

Anatomiquement, ces broncho-pneumonies se caractérisent par des hépatisations pulmonaires en îlots, plus rarement par des hépatisations en blocs. En toutes circonstances ces hépatisations sont irrégulières et ne ressemblent en rien à celles de la pneumonie franche.

Étiologie. — Les causes d'origine interne sont multiples et variées; elles se rattachent à l'infection primitive d'un organe qui, ensuite, sert de point de départ à une infection générale, parfois une véritable septicémie. C'est alors que, comme complication, on voit survenir une broncho-pneumonie : broncho-pneumonie simple, broncho-pneumonie purulente, broncho-pneumonie gangréneuse.

A. — Ces broncho-pneumonies ne sont donc parfois que des manifestations d'une infection purulente ou d'une septicémie. Elles sont fréquemment consécutives aux infections *post-partum*, vaginites, métrites, entérites et aux mammites suppurées.

B. — Dans d'autres cas, les broncho-pneumonies évoluent d'emblée, chez des animaux en pâture ou à l'étable, sous l'influence de refroidissements, durant les saisons de début du printemps et de fin d'automne. Elles sont vraisemblablement causées, pour la majorité, par le *Bacillus pyogenes bovis*, de même que celles des veaux de lait. Ce bacille ne deviendrait pathogène qu'avec l'appui d'une cause favorisante. — Dans d'autres cas, on rapporte leur évolution à l'action d'une bactérie ovoïde appartenant à la même famille que *Bacillus Boviseplicus*, moins rapide et moins dangereuse.

Symptômes. — Les symptômes généraux sont les premiers à se manifester, avec un caractère d'intensité extrêmement accusé : fièvre élevée, perte d'appétit. inrumination, disparition de la sécrétion lactée, essoufflement, agitation du flanc, tous signes d'une infection grave à marche rapide.

Parfois à cette période. on ne note rien d'autre que la lésion primitive (métrite, mammite): il peut se faire que du côté de l'utérus il n'y ait plus que fort peu de chose, et, malgré l'accélération de la respiration, on ne découvre ni matité ni submatité. L'hépatisation n'apparaît que quelques jours après. puis avec elle la submatité irrégulière localisée dans les zones inférieures; la disparition du murmure respiratoire dans les régions correspondantes. l'exagération dans les zones saines; l'apparition du bruit d'expiration qui est simplement perceptible. ou bien soufflant. ou bien encore qui se transforme en souffle tubaire après plusieurs jours.

Plus tard, la toux devient fréquente. généralement pénible, quinteuse, faible et facile à provoquer ; les malades se nourrissent peu, préfèrent les boissons, maigrissent très rapidement.

Si la broncho-pneumonie doit se terminer par suppuration ou gangrène, la respiration devient plaintive. l'haleine fétide et la toux s'accompagne d'un jetage grisâtre muco-purulent ou gangréneux.

Lorsque les abcès sont profonds, tous les symptômes alarmants persistent avec leur intensité première pendant des semaines. jusqu'à épuisement complet des malades. — Il arrive que des abcès primitivement profonds gagnent vers la surface du poumon, et déterminent soit de la pleurésie adhésive qui se dénote surtout par la palpation, soit de la pleurésie exsudative que l'on reconnaît facilement à la percussion.

Lorsque les agents infectants ne sont pas pyogènes, l'état général se montre moins grave, les malades n'ont qu'une réaction thermique modérée; l'appétit est diminué, mais il persiste; l'amaigrissement est plus lent : il met des mois à se produire, et les malades survivent avec un poumon qui se splénise et se sclérose dans les zones atteintes. — C'est le cas ordinaire des broncho-pneumonies primitives.

La durée des broncho-pneumonies infectieuses varie donc avec la nature et la virulence des agents d'infection ; dans les cas avec terminaison par gangrène, les malades peuvent survivre de trois à quatre semaines; dans les cas suppurés, ils peuvent survivre pendant plusieurs mois; enfin, lorsqu'il s'agit de broncho-pneumonies simples, la survie est la règle, mais, économiquement, le pronostic reste grave.

Diagnostic. — Le diagnostic n'est généralement pas très difficile, car si, au début, la confusion est possible avec une pneumonie franche, la persistance ou l'aggravation prolongée des symptômes, l'irrégularité de répartition des lésions décelées par la percussion et l'auscultation font de bonne heure éliminer ce diagnostic. — La confusion avec la pleuro-pneumonie aiguë ou chronique est facile à éviter aussi avec l'absence d'épanchement pleural et l'absence du souffle pleurétique doux de la péripneumonie.

Le diagnostic différentiel d'avec la tuberculose aiguë est plus délicat, d'après les caractères d'auscultation; mais seule la confusion avec une broncho-pneumonie par corps étranger est admissible, bien que, dans ce dernier cas, l'évolution soit différente.

Pronostic. — Le pronostic est extrêmement grave; fatal, lorsqu'il doit y avoir terminaison par gangrène ou abcédation. La terminaison par passage à l'état chronique est très grave aussi sous le rapport économique.

Traitement. — Puisqu'il s'agit fréquemment de broncho-pneumonies secondaires, le traitement doit s'adresser de prime abord à la lésion du début : lésion mammaire, utérine ou autre. Le traitement des mammites suppurées, des métrites, des vaginites est donc indiqué.

Contre la broncho-pneumonie, on agira par application d'un large vésicatoire sur les parois pectorales et par l'administration de toniques et d'antiseptiques : alcool à doses faibles; acétate d'ammoniaque, 5 à 8 grammes; salicylate de soude, 20 à 30 grammes par jour ; acide salicylique, 3 à 4 grammes ; créosote, 5 à 20 grammes en électuaire. La terpine en alcoolat glycériné à 5 ou 6 p. 1000, à la dose de 1 à 2 grammes de principe actif, peut rendre de réels services.

Les diurétiques, des boissons farineuses abondantes rendront aussi des services.

Si la persistance ou l'aggravation des symptômes permet de croire à l'évolution d'abcès ou de gangrène, il vaut mieux faire abattre quand les animaux ont conservé quelque valeur; dans les cas contraires, tenter les ponctions d'abcès ou les injections trachéales d'huile créosotée.

*
* *

La forme dite *broncho-pneumonie infectieuse* et *contagieuse*, *grippe*, *influenza*, *pasteurellose*, se présente sous des manifestations notablement différentes dont le caractère dominant est représenté par la brusquerie d'apparition et la multiplicité des cas en un temps donné limité. Une bête est prise de toux violente sans raison d'origine connue, avec réaction fébrile, perte d'appétit, diminution de la lactation, etc. En quelques jours, bon nombre d'animaux de l'étable, parfois la totalité, se trouvent atteints à leur tour : toux, fièvre oscillante 39°,5-41°, perte d'appétit battement de flanc, inrumination, etc...

Si l'intervention thérapeutique n'est pas rapide il peut y avoir des cas de mort en cinq à six jours. L'exploration thoracique ne révèle rien de spécial à la palpation; pas de sensibilité intercostale, pas d'œdème de la zone chondro-sternale, pas d'œdème du fanon, pas de plaintes lors des déplacements ou de la percussion pectorale, mais souvent toux forte, quinteuse, avec projection de la langue hors de la bouche, rien de spécial en général à la percussion. A l'auscultation, pas de signes de pneumonie franche, pas de souffle tubaire, mais de l'expiration soufflante des râles muqueux et ronflants, des zones d'atténuation ou de disparition du murmure respiratoire, en un mot des signes de broncho-pneumonie lobulaire disséminée.

Il peut y avoir jetage assez abondant et quelquefois sanguinolent, quelques sujets peuvent aussi présenter des plaques œdémateuses sur le dos ou la croupe.

Lésions. — Si des animaux succombent assez rapidement on ne trouve pas d'épanchement pleural, pas d'hépatisation lobaire, seulement de la congestion lobulaire plus ou moins intense, pas toujours de l'hépatisation lobulaire disséminée, par contre la muqueuse des bronches se montre violemment congestionnée ainsi que celle de la trachée, mais les travées conjonctives interlobulaires ne sont pas ou peu infiltrées.

Diagnostic. — Le diagnostic de cette forme spéciale de broncho-pneumonie peut être embarrassant au début et même faire redouter une enzootie de pleuro-pneumonie contagieuse; ou de septicémie hémorragique;les symptômes en sont cependant différents de même que les lésions d'ailleurs. L'évolution est d'emblée inquiétante par sa rapidité et la multiplicité des cas.

Traitement. — Une intervention énergique rapide au point de vue curatif et prophylactique paraît devoir donner de bons résultats dans la majorité des cas, quand le diagnostic est bien établi.

L'injection intraveineuse de novarsénobenzol, à la dose de 50 centigrammes à 1 gramme selon la taille et le poids, à tous les sujets d'une étable contaminée constitue une médication préventive excellente.

La saignée, copieuse tout au début, a des effets heureux marqués et immédiats; la révulsion, et la même médication aux arsénobenzènes appliquées aux malades à la période de début peut amener des guérisons, mais il importe d'éviter les interventions tardives. L'atoxyl, 1 gramme par jour durant une quinzaine a été utilisé avec succès. Les vaches en gestation peuvent avorter, ne pas délivrer, leur avenir est dès lors compromis par les complications.

BRONCHO-PNEUMONIES DES VEAUX

Broncho-pneumonie des nouveau-nés. —Broncho-pneumonie des veaux de lait. —Broncho-pneumonie contagieuse des veaux.

Anglais : *Enzootic pneumonia of young animals;* Allemand : *Ferkelsterbe Ferkelhusten*.

Chez les jeunes animaux à la mamelle, mais principalement chez les veaux, on observe, pendant les premières semaines de la vie, des broncho-pneumonies toutes particulières, tant par leurs causes provocatrices que par leur évolution et leur durée.

Étiologie. — Les causes déterminantes peuvent se grouper sous trois chefs principaux :

a) Broncho-pneumonies des nouveau-nés.

Toutes les fois que, dans un accouchement lent et laborieux, un fœtus souffre pendant la phase d'expulsion, par suite de compression directe, et surtout par difficulté ou trouble circulatoire (compression du cordon ombilical, compression du thorax dans la région cardiaque, décollement partiel prématuré des enveloppes), il exécute automatiquement par acte réflexe des efforts d'inspiration. La respiration ne pouvant s'effectuer tant que la tête et le thorax n'ont pas franchi le détroit postérieur, il se peut que dans le trajet pelvien les efforts d'inspiration aient pour résultat unique la pénétration de liquide amniotique dans les bronches. L'accident se produit surtout dans les accouchements en présentation postérieure.

Si, comme cela arrive fréquemment, les eaux fœtales sont infectées naturellement ou par suite de manipulations obstétricales, le résultat est fatal; la pénétration d'eaux fœtales infectées dans la canalisation bronchique provoque l'évolution d'une broncho-pneumonie dont la gravité dépend de l'importance de l'infection.

Dans d'autres circonstances, et sans que les raisons ci-dessus rapportées puissent être invoquées, les jeunes sont frappés de pneumonie à la naissance, comme résultante d'une infection ***in utéro***. C'est surtout au cours des enzooties d'avortements infectieux que pareils faits sont constatés; l'évolution des lésions pulmonaires semble alors devoir être sous la dépendance du bacille abortif.

b) Broncho-pneumonies des veaux de lait.

Par un mécanisme tout différent, les broncho-pneumonies des veaux de lait peuvent apparaître au cours des premières semaines de leur existence, chez des sujets nés vigoureux, toujours maintenus dans des étables chaudes bien entretenues. C'est à la suite de la diarrhée, et comme complication finale, pourrait-on dire, que ces broncho-pneumonies évoluent, avec une gravité toujours très grande, entraînant un pronostic fatal dans la majorité des cas.

La broncho-pneumonie secondaire n'apparaît que lorsque la diarrhée n'a pas été combattue victorieusement, et, fait important à noter, lorsque les lésions pectorales deviennent évidentes, il semble qu'il y ait amélioration du côté du tube intestinal ; la diarrhée diminue ou disparaît. C'est à cette variété de broncho-pneumonie des jeunes, de beaucoup la plus fréquente, qu'il faut réserver le nom de *broncho-pneumonie d'origine intestinale*, comparable, en tous points, sous le rapport de son évolution et de sa gravité, aux broncho-pneumonies décrites par Sevestre et Lesage chez les enfants en bas âge.

Le terme de broncho-pneumonie n'est d'ailleurs pas strictement et rigoureusement exact, ou tout au moins il n'est pas exclusif, car bien souvent, dans les formes rapides, il y a plus que de la broncho-pneumonie. A l'autopsie, on rencontre de la pleurésie et de la péricardite. — Les éleveurs de certaines régions du Centre (vallée de la Loire) ont une expression assez pittoresque pour qualifier ces accidents pathologiques superposés : ils disent que les veaux ont le *battement de cœur* et les considèrent comme perdus.

Il semble que l'évolution des lésions diverses de la cavité thoracique soit due à une auto-infection, à une pénétration de germes de l'intestin (variétés de coli qui provoquent les infections intestinales) qui, après avoir passé par le torrent circulatoire, viennent établir un cantonnement dans un point quelconque du poumon. Par continuité et contiguïté de tissu, la plèvre se trouve atteinte plus tard. (Lésions par métastases, auto-infections.)

Il peut se produire parallèlement de la péricardite et même de l'endocardite valvulaire.

c) Broncho-pneumonie contagieuse des veaux.

Dans des élevages importants, où 15, 20, 30, 50 veaux vivent en commun, on observe enfin une troisième variété de broncho-pneumonie des veaux, qui me paraît de tous points l'homologue de la broncho-pneumonie infectieuse des agneaux ; c'est ce que j'appellerai la *broncho-pneumonie contagieuse des veaux*. (Pleuro-pneumonie septique de Poëls, pneumo-entérite septique de Galtier).

Les vaches se portent bien, les veaux naissent vigoureux, se développent régulièrement jusqu'à huit jours, quinze jours, trois semaines, un mois, deux mois et plus. Ils sont parfois isolés des mères, dans des étables spéciales bien construites, et où tout marche à souhait pendant quelque temps. — Un beau jour, on s'aperçoit qu'un veau est atteint de diarrhée, tousse un peu, paraît essoufflé, mais conserve l'appétit. On ne s'en inquiète pas et cependant le malade maigrit rapidement et succombe en cinq, six, dix à quinze jours.

La broncho-pneumonie infectieuse est installée dans cette étable, où il n'y a cependant pas eu d'importations étrangères; et bientôt on voit un second, puis un troisième malade, puis le tiers, la moitié et les deux tiers de l'effectif total. Les malades n'ont comme caractéristique extérieure que de l'essoufflement qui existe même au repos, un peu de tristesse et une toux grasse, rauque, qui apparaît lorsqu'on les déplace. Le jetage est insignifiant.

Ces malades ont une réaction thermique moyenne de 1° à 1°,5; ils résistent plus ou moins suivant les cas.

Il semble bien incontestablement ici, comme pour les agneaux, que la maladie naît sur place aux dépens d'agents saprophytes vivant dans l'étable, mais capables à un moment donné d'acquérir de la virulence sur des sujets prédisposés ou affaiblis.

Les agents mis en cause en la circonstance peuvent, semble-t-il, être assez variés selon les enzooties d'étables. On a incriminé surtout une bactérie ovoïde, variété du *Bacillus boviseplicus*, dans d'autres cas le *Bacillus pyogenes bovis*, parfois encore des bactéries du groupe coli ou le pyocyanique.

Lorsqu'un premier cas s'est développé, la propagation s'explique.

Si les malades sont encore nourris au lait et au seau, quelques précautions que l'on prenne à l'égard du personnel, les seaux servent toujours à plusieurs sujets, de sorte qu'il y a là un facteur important de propagation. — Mais ce n'est pas le seul et tout indique que cette propagation se fait aussi par le milieu ambiant, par l'atmosphère. La preuve s'en trouve dans ces constatations que des veaux nourris à la mamelle, mais vivant dans la même étable que les malades, contractent la broncho-pneumonie; que des veaux déjà âgés de quatre, cinq et six mois, complètement sevrés et ayant parfois vécu pendant plusieurs mois au pâturage, contractent aussi la broncho-pneumonie s'ils séjournent longtemps dans le local où se trouvent des malades.

Les adultes paraissent toujours résister.

Ces constatations, que j'ai eu maintes fois l'occasion d'enregistrer dans ces dernières années, prouvent, à mon avis, qu'il s'agit d'une

Aspect extérieur

affection spéciale aux jeunes veaux, identique, en apparence tout au moins, à celle des agneaux.

Pathogénie. — Lorsqu'on recherche bactériologiquement, au début des accidents broncho-pulmonaires, les agents qui peuvent se rencontrer dans le jetage ou les mucosités bronchiques, on trouve ordinairement du *Bacillus pyogenes bovis*, des bactéries ovoïdes, des pasteurella, du coli et du streptocoque; plus tard, alors que l'animal s'affaiblit, la flore microbienne se montre plus complexe. Nocard a trouvé dans les abcès du poumon le bacille de la lymphangite épizootique.

Les inoculations et pulvérisations de cultures des variétés bactériennes isolées ne reproduisent pas la forme typique de la maladie.

Symptômes. — Les symptômes sont ceux de toutes les broncho-pneumonies. Au cours d'une diarrhée non traitée, il se produit une amélioration apparente sans cause connue, mais en même temps la respiration se montre accélérée. Très rapidement le malade se met à tousser; en quelques jours la broncho-pneumonie est nettement caractérisée. L'accélération de la respiration est le symptôme dominant : on peut noter jusqu'à 50 à 60 respirations à la minute; la température s'élève, le malade paraît anhélant d'une façon continue.

A la percussion, le thorax peut avoir conservé une sonorité presque normale; mais, lorsqu'il existe des lésions pleurales et de l'épanchement, la sonorité disparaît pour faire place à de la matité ou de la submatité. S'il y a péricardite, des adhérences cardio-péricardiques peu étendues peuvent passer inaperçues; mais, s'il y a épanchement abondant ou adhérences multiples, le cortège symptomatique des péricardites surgit progressivement.

A l'auscultation, le murmure respiratoire est toujours très exagéré dans les régions saines, les zones supérieures d'ordinaire; il est, au contraire, atténué ou supprimé dans les régions atteintes. Les autres signes varient beaucoup suivant l'étendue, l'intensité et l'état plus ou moins avancé des lésions : râles crépitants, râles bronchiques, respiration soufflante, souffle tubaire. La durée est variable; quelques malades peuvent être emportés en cinq ou six jours, alors que d'autres survivent un mois, deux mois et plus. Il y en a peu qui se rétablissent et ceux qui survivent restent maigres, chétifs, atrophiés.

Lésions. — Les lésions portent sur les bronches, le tissu pulmonaire, parfois les plèvres et le péricarde. Ce sont des lésions de broncho-pneumonie diffuse, de pleurésie avec fausses membranes et adhérences pariéto-pulmonaires, de péricardite avec symphyse partielle cardio-péricardique.

Plus rarement, on rencontre des abcès causés par le *Bacillus pyogenes bovis* et le streptocoque pyogène.

Les lobes antérieurs, les lobes cardiaques et la partie inférieure des lobes postérieurs sont les points d'élection pour les localisations.

Diagnostic. — Le diagnostic est sans difficulté, étant connues les circonstances qui ont précédé l'apparition des accidents pulmonaires.

Pronostic. — Le pronostic est très grave.

Traitement. — Le traitement reste bien souvent inefficace, parce qu'il s'agit toujours de malades peu résistants, épuisés, et aussi parce que ces malades sont sous le coup d'une sorte de septicémie à marche lente. Cependant, on peut essayer au début la révulsion sur le thorax et l'administration d'excitants généraux : eau-de-vie à petites doses, 30 à 50 grammes par jour en deux fois, mélangée au lait; l'acétate d'ammoniaque à la dose de 1 gramme à 1 gr. 50 : la teinture de digitale, V à XX gouttes; la créosote, 5 à 10 grammes en électuaire suivant la taille. La terpine de 0 gr. 50 à 1 gramme par jour a été signalée comme fort utile et même spécifique.

Le novarsénobenzol aux doses proportionnées à la taille, c'est-à-dire en moyenne de 15 à 30 centigrammes est le meilleur médicament qui donne les meilleurs résultats, à titre préventif ou curatif, comme dans les pneumonies contagieuses des adultes.

Les sérums spécifiques et même les vaccins sont fort en honneur à l'étranger : sérum contre *Bacillus bipolaris bovisepticus*, colisérum polyvalent, paracolisérum polyvalent, sérum contre *Bacillus pyogènes bovis*, sérum antistreptococcique polyvalent; mais leur emploi raisonné nécessite obligatoirement le diagnostic préalable précis de la forme d'infection mise en cause.

Des vaccins spéciaux des mêmes séries bactériologiques sont recommandés au point de vue prophylactique, ils sont sans effets.

La médication intestinale, destinée à combattre l'affection primitive qui se trouve masquée par les accidents pulmonaires, ne doit pas être oubliée. Il faut ajouter au lait ou aux rations de l'eau albumineuse, de l'eau de riz, du sous-nitrate ou du salicylate de bismuth; et enfin, dans les cas d'épizootie de broncho-pneumonie compliquant la diarrhée, il faut, dans des établissements contaminés, prendre toutes les mesures prophylactiques applicables contre les diarrhées des veaux et les affections ombilicales.

La conduite qui donne de si bons résultats contre la broncho-pneumonie des agneaux a des chances de réussir contre la forme contagieuse de broncho-pneumonie des veaux.

Pour les étables infectées, je conseille donc :

1° L'isolement des malades ;

2° Le changement de milieu ou même encore la mise à l'air, sous la condition de laisser les malades dans un endroit très bien abrité (hangar clos de 2 ou 3 côtés);

3° L'alimentation au lait bouilli;

4º La désinfection quotidienne des locaux et des litières par les pulvérisations phéniquées, crésylées ou autres : se servir de pulvérisateurs quelconques, au besoin de pulvérisateurs à vignes, et de solutions phéniquées à 3 p. 100. Les fumigations créosotées sont aussi à recommander (mettre un récipient plein d'eau sur un réchaud, porter à l'ébullition; jeter dans l'eau des petits botillons de paille arrosés de créosote de hêtre).

BRONCHO-PNEUMONIES VERMINEUSES

Anglais : *Lungworm disease;* Allemand : *Lungenwurmseuche-Lungenwurmhuster*
Italien : *Bronchite verminosa dei bovini.*

Nos animaux de ferme, ruminants et porcins, sont exposés à contracter certaines affections des voies respiratoires que l'on désigne sous les noms de bronchites vermineuses, de broncho-pneumonies vermineuses et encore de strongyloses, parce qu'elles sont provoquées par des vers, des nématodes du groupe *Strongylus.*

Chaque espèce animale peut être envahie par des strongles qui lui sont propres, ne pouvant vivre sur d'autres espèces.

C'est ainsi que chez le bœuf ou le veau on trouve : *Strongylus micrurus (Dictyocaulus viviparus)*, qui a : mâle de 3 à 4 centimètres; femelle 7 à 8 centimètres de long, aspect filiforme, œuf embryonné *in utéro*, 80 à 85 µ de long; et *Strongylus pulmonarius*, de dimensions beaucoup moindres.

Le premier vit dans la trachée et les grosses bronches, provoquant surtout de la bronchite; le second dans les petites bronches, déterminant de la broncho-pneumonie.

Chez le mouton, la maladie est fréquente, provoquée par *Strongylus filaria* (3 à 10 centimètres), qui vit dans les grosses bronches, par *Strongylus rufescens*, beaucoup plus petit, qui se cantonne dans les bronchioles et les alvéoles pulmonaires, et par le *Strongylus capillaris*, qui est presque microscopique.

Chez le porc, certaines broncho-pneumonies sont provoquées par le *Strongylus paradoxus* (1 à 4 centimètres) qui habite les bronches et les bronchioles.

Suivant qu'il y a prédominance de tel ou tel parasite, les symptômes extérieurs présentés par les malades peuvent correspondre soit à de la bronchite seule, soit à de la broncho-pneumonie.

Règle générale, les parasites sont associés, il y a à la fois bronchite et broncho-pneumonie, d'où il résulte qu'il est difficile et inutile de donner une caractéristique pathogène se rapportant à tel ou tel strongle.

Les animaux jeunes de six à dix-huit mois sont frappés de préférence; chez les adultes, le développement est moins facile, la résistance organique plus grande.

Les strongles des voies respiratoires sont ovovivipares, leurs embryons ont un bulbe œsophagien peu développé. Ils peuvent vivre dans des eaux contenant des matières organiques en putréfaction, et sous certaine forme larvaire résistent fort longtemps à la dessication, un an et plus.

Le mode d'envahissement de l'organisme a été longtemps mal connu; l'infestation directe par l'administration buccale d'embryons quelconques ne réussit pas, ce qui avait porté Leuckart et d'autres naturalistes à penser que ces embryons devaient sans doute passer par un hôte intermédiaire dans le milieu extérieur. Cette preuve n'est pas faite.

Ce que je puis affirmer, c'est que dans l'espèce porcine le développement semble être direct, car, dans les porcheries infestées, de jeunes sujets, ne sortant jamais au dehors, peuvent, dès l'âge de deux mois, être déjà porteurs de lésions pulmonaires très marquées.

Pour les autres espèces, on supposait depuis longtemps que l'infestation se faisait par l'intermédiaire des aliments humides et des boissons, car la maladie sévit de préférence dans les régions basses et marécageuses, la preuve semble en être faite; mais, on n'a jamais bien prouvé comment, de l'appareil digestif, les parasites pouvaient passer dans les voies respiratoires.

Les broncho-pneumonies vermineuses s'observent aussi dans les régions sèches et élevées, les régions des Hauts-Plateaux d'Algérie, par exemple, et il n'est pas illogique de penser, puisque les embryons résistent fort longtemps à la dessication, qu'ils ne puissent être introduits directement dans les voies respiratoires par les poussières.

On sait enfin (Railliet) que le *Strongylus rufescens* pond directement dans le parenchyme pulmonaire, développant de proche en proche des îlots de pneumonie parasitaire, qui finissent par se conglomérer.

Des recherches plus récentes sur l'évolution expérimentale des œufs du *Strongylus filaria* du mouton, et sur l'infestation expérimentale par voie digestive d'agneaux sûrement indemnes, semblent démontrer de façon bien nette qu'il y a d'abord infestation digestive par des larves aptes à un développement définitif, pénétration de ces larves dans les voies sanguines, et infestation secondaire définitive des voies aériennes.

Romanovitch et Slavine (1914), ont en effet démontré que les stades successifs de développement des œufs mis en incubation, sous l'eau, étaient les suivants : embryonnement, éclosion; première mue de l'embryon trois à six jours après l'éclosion, la larve reste encapsulée; deuxième mue quelques jours plus tard, la larve reste toujours encapsulée. L'embryon a un bouton céphalique, le tiers antérieur du corps transparent, les deux tiers postérieurs granuleux.

Après la deuxième mue, la bouche de la larve apparaît très nette comme chez le parasite adulte.

C'est avec cette forme seulement que l'infestation expérimentale devient réalisable. Un mois et demi après une ingestion, des parasites immatures furent trouvés dans les bronches des sujets infestés, alors que des témoins étaient indemnes.

Neveu-Lemaire a trouvé des parasites adultes dans les voies aériennes d'agneaux âgés de quatre jours et d'agneaux mort-nés, issus de mères à broncho-pneumonie parasitaire. Il admet que ces parasites n'ont pu passer à l'état larvaire que par les voies sanguines maternelle, placentaire et fœtale.

Ces deux séries de recherches semblent bien démontrer en effet qu'il doit y avoir d'abord infestation digestive par des larves aptes au développement définitif, passage de ces larves dans les voies sanguines, puis ensuite cantonnement dans les voies respiratoires qui représentent le lieu d'habitat définitif ; et il est logique de penser que cette loi d'évolution se retrouve pour toute la série des strongles des voies respiratoires chez nos animaux domestiques.

BRONCHITE VERMINEUSE DES BÊTES BOVINES

L'étiologie de la bronchite vermineuse se résume cliniquement à l'infestation des voies aériennes par les embryons du *Strongylus micrurus* [1] et du *pulmonarius*. Elle se réalise aux pâturages, dans

---

1. *Strongylus micrurus* ou *dictyocaulus viviparus* :

Longueur mâle 3 à 4 centimètres, femelle 7 à 8 centimètres, œuf $\dfrac{96\ \mu\ \text{long}}{64\ \mu\ \text{large}}$ larve éclose $\dfrac{368\ \mu\ \text{de long}}{24\ \text{de large}}$, ne vivent pas dans l'eau pure, seulement dans l'eau souillée d'excréments .

Il existerait des formes sexuées qui naissent et se multiplient dans le milieu extérieur. Pour les rechercher dans le milieu suspect, il convient d'opérer comme suit :

Agiter les herbes humides dans un vase rempli d'eau, centrifuger, les larves se trouvent dans le culot de centrifugation; les larves infestantes sont munies d'un flagelle terminal.

Culture des parasites : Prélever une partie du contenu du rumen des animaux morts de bronchite vermineuse, humecter, recouvrir et maintenir en chambre humide.

Après huit à neuf jours, examiner une goutte du liquide ,on y découvre des larves de toutes dimensions, sexuées ou non : mâles $\dfrac{10\ \text{à}\ 12\ ^{\text{m}}/^{\text{m}}}{32\ \text{à}\ 36\ \mu}$, des spicules, extrémités recourbées.

femelles $\dfrac{16\ \text{à}\ 17\ ^{\text{m}}/^{\text{m}}}{48\ \text{à}\ 56\ \mu}$

formes asexuées $\dfrac{288\ \text{à}\ 640\ \mu}{16\ \mu}$ (Van-Saceghem).

D'après Van Saceghem, l'infestation se fait sûrement par l'intestin et voici la démonstration qu'il en donne :

1° Lésions d'entérite et présence d'éosinophiles au voisinage de ces lésions;

2° Si l'on met en culture comparativement du contenu du rumen et du contenu du rectum prélevés chez un même sujet mort de bronchite vermineuse, et qu'après neuf jours on examine ces cultures au microscope, les larves de la culture n° 1 sont à flagelle

toutes les localités où les animaux sont entretenus sur des parties basses, humides et marécageuses. Elle est fréquente dans le nord de la France, la région des marais de la Somme, dans certaines parties de la Normandie et nombre de pays du Centre.

Certains auteurs prétendent que de jeunes sujets à l'étable peuvent se contaminer au contact d'autres allant au pâturage et atteints à un degré accentué. Des mangeoires communes serviraient à la contagion. Aucune preuve n'en a été fournie.

La bronchite vermineuse sévit sur les veaux et les jeunes bêtes de un an, deux ans, plus rarement chez les adultes. Les années humides favorisent considérablement son évolution, et la mortalité peut être parfois très élevée, surtout chez les jeunes.

La maladie débute ordinairement dans le cours de l'été, en juin-juillet; la mortalité n'apparaît le plus souvent qu'en septembre-octobre.

Des bêtes adultes peuvent héberger des parasites

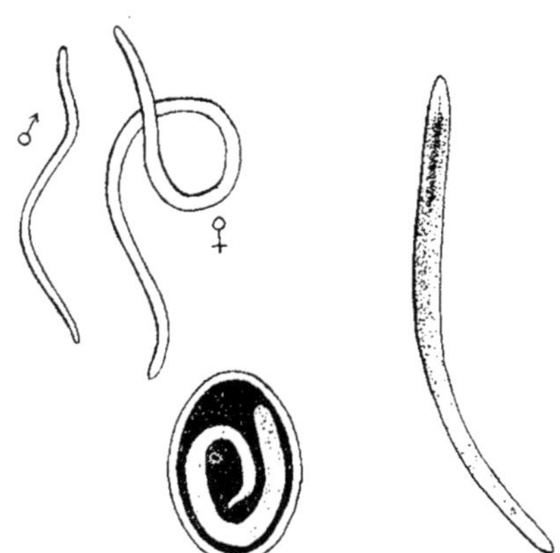

Fig. 147. — *Strongylus micrurus* : mâle, 4 centim. environ; femelle, 6 à 8 centim.; œufs ellipsoïdes, 85 /35 ய; embryons libres, 280 /25ய. Le ver de terre ou lombric a été considéré comme un hôte intermédiaire pour l'évolution des stades larvaires, cela n'a jamais été démontré et ne paraît pas indispensable.

toute l'année sans que leur santé en soit compromise. Les embryons rejetés avec les excréments dans les pâturages ne peuvent subir les mues nécessaires qu'à une température déterminée et sous certaines conditions d'humidité. C'est lorsque les conditions climatériques des saisons sont favorables à ces mues successives, rendant les embryons aptes à la vie parasitaire, qu'apparaissent les enzooties de bronchites vermineuses, certaines années de préférence à d'autres.

L'infestation naturelle semble devoir être d'abord digestive puis secondairement pulmonaire; et il est fort possible que certaines formes de pneumonie enzootique des veaux, encore mal connues, puissent être rapportées aux migrations des embryons lors de leur

terminal, c'est-à-dire formes infestantes; celles de la culture n° 2 sont sans flagelle terminal, non infestantes, qu'elles soient sexuées ou non.

Il n'y a pas d'autoinfestation, les larves à flagelle ne se développent que dans le milieu extérieur; toutes celles trouvées dans le rumen ou l'intestin sont sans flagelles.

passage des voies sanguines dans les alvéoles ou les petites bronches.

Symptômes. — Les symptômes sont ceux des bronchites à marche lente et évolution chronique, comme dans la tuberculose, et durant fort longtemps ils n'ont absolument rien de significatif en ce qui concerne l'origine; au début, il y a une toux légère comme dans les bronchites simples, puis bientôt elle devient sonore, violente et profonde. Plus tard, elle devient grasse, forte et quinteuse, s'accompagnant de jetage et de déplacements des mucosités dans les cavités bronchiques, ce qui provoque parfois de véritables et violents accès de suffocation. La mort peut survenir au cours de l'un de ces accès, par asphyxie.

Les accès se répètent plusieurs fois par jour; les animaux sont essoufflés, anhélants, les naseaux dilatés, la bouche ouverte et dans les cas très graves la langue hors de la bouche.

Dans ces conditions, ces malades ne mangent pas, maigrissent, s'anémient, présentent de la diarrhée, parfois des hémoptysies, et peuvent aussi succomber cachectiques.

Si l'infestation est peu intense, les symptômes sont très atténués, les troubles peu marqués; la nutrition ne s'en ressent pas ou peu.

L'évolution de cette broncho-pneumonie parasitaire est lente; la mort peut ne survenir que quatre, cinq, six mois après le début parfois un an.

A la percussion, il n'y a aucun signe précis.

A l'auscultation, on relève l'existence de gros râles muqueux ronflants et sibilants.

Diagnostic. — Le diagnostic de bronchite ou de broncho-pneumonie est facile, mais la nature même de l'affection est plus délicate à préciser, sans cependant présenter de grosses difficultés.

En tenant compte du mode d'évolution on peut confondre avec la tuberculose ou la broncho-pneumonie infectieuse. La distinction sera basée sur la recherche des œufs embryonnés ou des embryons de strongles dans les mucosités expectorées et dans les excréments. La maladie sévissant sur les jeunes sujets d'une même contrée, le diagnostic est rarement embarrassant.

Pronostic. — Le pronostic présente une assez grande gravité parce qu'il est difficile d'éviter l'évolution de la broncho-pneumonie vermineuse dans les régions infestées et que les pertes subies sont très réelles, soit par pertes directes, soit par le fait de l'amaigrissement et du ralentissement du développement général.

Lésions. — Les lésions sont caractérisées par de la trachéite de la bronchite, de la péribronchite, de la bronchectasie et même de la pneumonie lobulaire. Les nodules de péribronchite, d'aspect grisâtre, sont ordinairement séparés par du tissu pulmonaire congestionné ou hépatisé (hépatisation rouge ou grise) par suite d'infections microbiennes secondaires.

Dans les cas de gravité moyenne, les grosses bronches et la trachée sont à demi remplies de spumosités ne contenant qu'un petit nombre de parasites; les bronches moyennes en sont, au contraire, quelquefois remplies et obstruées, et quant aux bronchioles, elles contiennent surtout des œufs et des embryons de *pulmonarius* quand il est présent.

A l'examen histologique du poumon, on trouve de la bronchite catarrhale, de l'emphysème alvéolaire aigu, puis de l'emphysème interstitiel et de la pneumonie lobulaire. La pathogénie de ces lésions successives s'explique de la façon suivante : au premier stade, bronchite par présence de parasites; au deuxième stade, emphysème alvéolaire par inspirations forcées, l'air passant au delà des parasites, mais ne pouvant plus être rejeté ni absorbé parce que les bronchioles sont obstruées, les capillaires comprimés et affaissés ; au troisième stade, des ruptures de bronchioles ou d'alvéoles se produisent, donnant de l'emphysème interstitiel et de la pneumonie, les embryons se répandant dans le tissu.

Les parasites sont en si grand nombre parfois que les bronches de petites dimensions en sont totalement obstruées. Les lobules pulmonaires situés au delà subissent de la splénisation, et, quand l'obstruction se fait au niveau des grosses bronches, elle produit, les accès de suffocation.

Traitement. — Le traitement curatif individuel est d'une application plus facile que chez le mouton, par suite de la résistance plus grande des animaux.

Certains auteurs ont prétendu autrefois avoir de bons résultats avec des médicaments administrés par voie digestive ; mélange de :

Assa fœtida.	30 gr.	15 à 30 gr. par jour dans du lait.
Huile empyreumatique .	60 —	Le traitement doit être continué
Décoction mucilagineuse		durant un mois.
ou huile.	500 —	

mais ces résultats n'ont vraisemblablement été obtenus que dans les formes tout à fait bénignes.

Trasbot et Hartenstein recommandaient les fumigations de goudron et de plantes aromatiques; la méthode n'est pas dangereuse mais l'efficacité est bien faible.

Le traitement qui, théoriquement, semblerait devoir mériter la préférence est celui des pulvérisations intra-trachéales, préconisé par Scheibel. Le liquide parasiticide recommandé est le suivant :

Créosote.	1 à 2 grammes.
Alcool.	50 —
Eau distillée	50 —

La pulvérisation est faite à d'un l'aide pulvérisateur spécial figuré ci-contre (148).

La solution créosotée doit être parfaitement limpide. Le trocart est implanté entre deux cerceaux de la trachée, sur la ligne médiane, ou parc ôté chez les animaux à fanon épais, après incision cutanée et mise à découvert de cette trachée. La pointe du trocart est ensuite enlevée, la canule à œillets fixée en place à l'aide d'une bande tour de cou.

Pour la pulvérisation, le flacon doit être maintenu plus bas que le point d'implantation trachéale, pour éviter tout siphonage.

La pulvérisation est réglée par la soufflerie de façon à ne pas provoquer de suffocation, sans quoi il faudrait arrêter instantanément. Chaque pulvérisation doit être de cinq à sept minutes et ne doit porter que sur le tiers du liquide, et trois pulvérisations

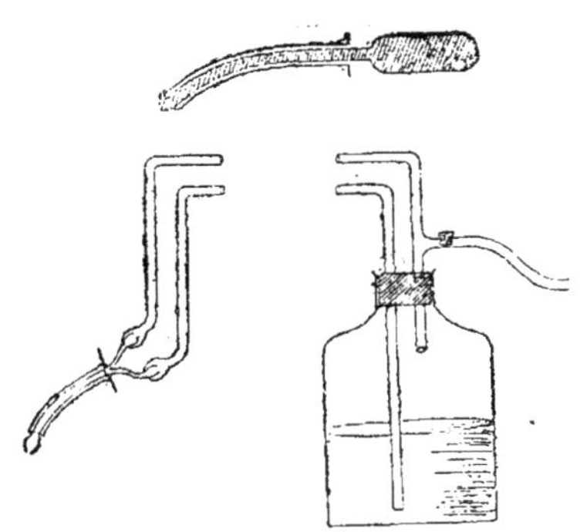

Fig. 148.—Appareil à pulvérisations intra-trachéales, pour le traitement des broncho-pneumonies vermineuses des bovidés.

dans la même journée, à intervalles réguliers, doivent épuiser les 100 grammes de liquide.

C'est là, un traitement très logique, malheureusement la difficulté d'exécution, la durée et l'imperfection des pulvérisateurs n'ont pas permis d'obtenir les résultats que l'on escomptait de prime abord.

Herms et Freeborn (1916-1917) recommandent comme beaucoup plus efficace le traitement par le chloroforme administré par les narines : doses maxima 11 centimètres cubes pour les veaux, 3 centimètres cubes pour les moutons. Le produit par cette voie passerait par les voies respiratoires, son action serait assurée par l'application de tampons de coton introduits dans les narines. Mais il est sûr que l'emploi d'un masque à anesthésie, facile à improviser et à appliquer en position debout, serait préférable (masque analogue à celui utilisé dans le passé, chez le cheval, pour la protection contre les gaz toxiques). Les parasites ne sont pas tués, simplement stupéfiés, rejetés par les efforts de toux, puis déglutis.

Au bout de deux heures, administration d'un purgatif salin (?).

Cette purgation complémentaire semble inutile, car si vraiment les parasites sont rejetés et déglutis, ils ne doivent pouvoir vivre dans les voies digestives.

L'action du chloroforme doit aller jusqu'à l'ébriété mais non l'anesthésie. Le traitement doit être renouvelé une seconde fois, et même une troisième fois s'il y a lieu à cinq ou six jours d'intervalle.

Cela revient en somme à pratiquer de la subanesthésie des malades, par le moyen le plus commode. Je puis dire qu'il a donné d'excellents résultats quand je l'ai fait mettre en pratique dans de bonnes conditions, mais il a fallu recourir à trois séances successives.

Fig. 149. — Radiographie du thorax d'un jeune mouton avant l'injection.

Même appliqué individuellement, ce procédé de traitement est plus facilement réalisable que celui des pulvérisations intra-trachéales, cependant l'expérience du temps ne semble pas permettre de lui donner la préférence, en raison du temps d'application nécessaire, du prix de revient et des propriétés irritantes du chloroforme.

Les indications ci-dessus relatives à la biologie du parasite démontrent que la première précaution à prendre pour traiter des malades, c'est :

1º De les soustraire aux conditions de l'infestation **continue** c'est-à-dire de les éloigner des pâturages suspects pour les placer sur des pâturages élevés et secs ou dans des étables, dans lesquelles ils seront très bien nourris,

2° De stériliser les voies digestives ou tout au moins le rumen au point de vue parasitaire si possible, par l'administration d'essence de térébenthine 25 à 30 grammes dans 200 à 300 grammes d'huile ou de créosote, 10 à 15 grammes dans 100 grammes d'huile,

Fig. 150. — Radiographie du poumon dix secondes après l'injection.
Ces deux radiographies montrent la répartition rapide des injections huileuses dans la trachée et les bronches (Huile iodée, Lipiodol, chez le mouton).

puis ensuite avec de l'acide arsénieux, 50 centigrammes à 1 gramme par jour durant une dizaine de jours.

Et comme traitement local ce sont encore les injections intra-trachéales qui méritent la préférence et qui ont certainement le plus d'efficacité, si elles sont bien exécutées.

Le mélange suivant a été recommandé dans le passé :

Huile d'œillette . . . . 100 gr.) Une injection intra-trachéale de
Essence de térébenthine. 100 — } 10 grammes par jour pendant
Acide phénique . . . . 2 — \ trois ou quatre jours.

Les injections intra-trachéales d'huile créosotée à 1 p. 10, à la dose de 20, 30 ou 40 centimètres cubes suivant la taille, donnent des résultats plus nets et plus rapides, le pouvoir parasiticide de la créosote étant fort élevé.

Il est démontré aujourd'hui que les injections huileuses intra-trachéales et intra-bronchiques sont rapidement diffusées jusqu'aux bronchioles et aux alvéoles par le brassage respiratoire. L'action anti-parasitaire se conçoit donc fort bien.

Mais, pour les exécuter correctement, il faut opérer comme suit :

1° Immobiliser les animaux avec deux aides. Préparer le point de ponction de la trachée dans la zone la plus accessible ;

2° Ponctionner la peau à la lancette ;

3° Implanter le petit trocart *ad hoc* entre deux anneaux ;

4° Faire l'injection anti-parasitaire lentement.

Renouveler l'injection tous les cinq jours quatre fois consécutives au moins.

Si l'injection est tentée directement avec une aiguille droite, solide (comme cela se fait trop souvent) même implantée obliquement de haut en bas, il y a danger de faire cette injection dans le ligament postérieur de la trachée, même dans le tissu

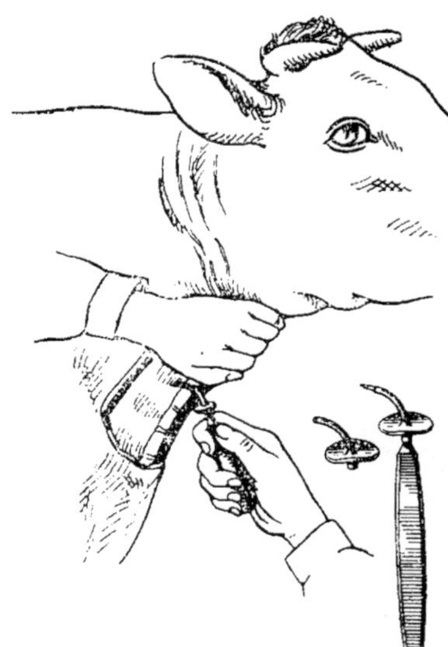

Fig. 151. — Technique de la ponction de la trachée, après ponction cutanée. Emploi du trocart spécial pour injections (modèle G. Moussu).

conjonctif rétro-trachéal (crises d'asphyxie, phlegmon rétro-trachéal, nécrose fibro-cartilagineuse, abcès, etc.), danger d'avoir des accidents consécutifs immédiats ou éloignés, et pour le moins un résultat nul.

L'emploi du petit trocart spécial construit à cet usage donne toute sécurité et toute commodité.

Au lieu d'employer la créosote suivant la formule : huile 90, créosote 10, on peut utiliser : huile 90, créosote 7, benzine rectifiée 3 ; plus fluide et de diffusion plus rapide.

EMPHYSÈME PULMONAIRE

L'emphysème pulmonaire, c'est-à-dire la distension exagérée du tissu pulmonaire par l'air, s'observe fréquemment chez l'espèce bovine sous ses deux formes classiques : l'*emphysème alvéolaire ou intra-lobulaire* limité à la dilatation des alvéoles, et l'*emphysème interlobulaire* ou *interstitiel*, par irruption et diffusion de l'air dans les cloisons interlobulaires à la faveur de rupture des parois des lobules. Ces deux formes sont très souvent associées.

L'emphysème par dilatation siège de préférence dans le lobe prétrachéal droit, mais aussi dans les lobes cardiaques et même les lobes postérieurs.

L'emphysème interlobulaire débute dans les mêmes régions, mais il fuse facilement vers l'arrière, restant interstitiel, ou, au contraire, devenant sous-pleural à la périphérie du poumon.

Dans les deux cas, le tissu pulmonaire est pâle, les vaisseaux sont affaissés par compression, la circulation s'y fait mal, ainsi que l'hématose, d'où l'apparition des troubles enregistrés.

Étiologie. — L'emphysème s'observe sur les bœufs de travail adultes, aussi et peut-être surtout sur les vaches âgées.

Son développement se rattache aux efforts de traction, et principalement aux efforts de toux si fréquents au cours des bronchites simples ou parasitaires, des broncho-pneumonies, des pneumonies des broncho-pneumonies chroniques, des gestations successives, etc. Tous ces états pathologiques déterminent d'ailleurs des troubles nutritifs du côté de la muqueuse bronchique, du côté de sa couche musculaire profonde surtout, qui ne peut plus remplir son rôle de régulateur pour la distribution de l'air dans la canalisation bronchique. — La répartition n'étant plus réglée par voie réflexe, il se fait des accumulations en certains points sous l'influence d'efforts expiratoires de toux, et de là la dilatation vésiculaire ou lobulaire et les déchirures.

Les affections de l'appareil digestif, la tympanite aiguë ou chronique, en particulier, peuvent jouer un rôle en déterminant de la compression du diaphragme, des efforts inspiratoires et aussi de la toux. De même encore, la tuméfaction des ganglions de l'entrée de la poitrine, en comprimant les pneumogastriques, provoque de la toux réflexe et, avec le temps, de l'emphysème.

L'alimentation durant l'hiver avec des fourrages moisis et poussiéreux est une cause très fréquente d'emphysème.

Symptômes. — L'emphysème pulmonaire se traduit par de la *difficulté de la respiration* due à la diminution marquée et parfois énorme de la capacité respiratoire, à l'insuffisance d'absorption d'oxygène par rétrécissement du champ de l'hématose, et à l'insuffisance de l'expiration. — L'accélération de la respiration peu marquée au repos d'ordinaire, devient manifeste après la marche ou par les chaleurs et elle est accompagnée dans ces circonstances par une *toux quinteuse, faible, mais sifflante et sans rappel*. Cette toux sans jetage est fréquemment suivie de déglutition.

La percussion fournit un renseignement important : *l'augmentation de la sonorité normale* du thorax.

A l'auscultation, le murmure vésiculaire est diminué, la respiration prend un timbre rude et râpeux, l'inspiration est difficile, l'expiration pénible et souvent en deux temps, ce qui se traduit par un léger soubresaut du flanc à l'extérieur. Cette expiration s'entend nettement ; comme durée, elle est généralement inférieure, quelquefois égale et rarement supérieure à celle de l'inspiration. Elle est accompagnée, de façon intermittente et irrégulière, de râles sibilants, de râles ronflants, et quelquefois de râles muqueux. Très exceptionnellement il peut se produire de véritables accès comparables aux accès de pousse du cheval.

Diagnostic. — Le diagnostic permettrait parfois d'hésiter entre l'emphysème et la tuberculose; mais dans cette dernière il y a de la fièvre, un mauvais état général, fréquemment de la submatité à la percussion thoracique, de l'expiration rude et prolongée, souvent soufflante, alors que ce dernier caractère représente une exception dans l'emphysème.

Une épreuve à la tuberculine permettra toujours de distinguer l'emphysème simple de celui qui peut accompagner la tuberculose.

Pronostic. — Le pronostic n'est pas très grave, sauf, bien entendu, pour les cas où l'emphysème n'est qu'une épiphénomène d'une autre maladie (bronchite chronique, tuberculose, etc.).

Traitement. — On n'a que peu de moyens d'action pour enrayer l'évolution de lésions pulmonaires analogues à celles signalées, mais on peut cependant agir sur la toux et régulariser la circulation pulmonaire dans la mesure du possible, en tonifiant le cœur.

La digitaline à la dose de 5 à 6 milligrammes pendant quatre à cinq jours, de préférence à la poudre de feuilles de digitale dont l'action est, dit-on, neutralisée dans le rumen, l'iodure de potassium à la dose de 5 à 6 grammes, le bromure de potassium aux doses de 3 à 4 grammes, contre l'excitabilité réflexe du pneumogastrique, nous fournissent nos meilleurs moyens d'action rapide; mais ce traitement ne doit être suivi que pendant cinq à six jours, pour céder la place ensuite à l'acide arsénieux (1 gramme par jour durant une quinzaine), à la farine de marrons d'Inde (100 grammes par jour).

La formule suivante, recommandée par Brusasco, à la dose d'une cuillerée par jour, donne d'excellents résultats chez le cheval et chez le bœuf :

Arséniate de strychnine	1 gramme.
Vératrine	3 grammes.
Arséniate de fer citro-ammoniacal	30 —
Alcool	95 —
Eau	300 —

Les produits désignés sous les noms de vergotinine, d'ergostrych-
nine, et à base d'ergot de seigle, de poudre de noix vomique, etc.,
peuvent donner d'excellents résultats.

Le traitement de l'emphysème doit être un traitement périodique, de tous les deux ou trois mois par exemple, et les malades sont
à réformer en vue de la boucherie.

Le régime hygiénique à base de fourrage de bonne qualité, non
poussiéreux, ou le régime du pâturage durant l'été, sont des adju-
vants précieux pour obtenir des améliorations.

MALADIES DES PLÈVRES

Des inflammations primitives des plèvres ne se voient que fort
peu souvent chez les animaux de l'espèce bovine; les lésions secondaires de ces séreuses sont fréquentes, au contraire.

PLEURÉSIE AIGUË

Cruzel, Fabry et nombre de praticiens disent avoir observé l'évolution de la pleurésie aiguë *a frigore* ou pleurésie séro-fibrineuse,
à la suite de variations brusques de température, de refroidissements
brusques ou prolongés sur des animaux de travail à l'attelée. Il semble acquis aujourd'hui qu'il s'agit le plus souvent de pneumonies
compliquées et non de pleurésies primitives, que, pour ma part,
je n'ai jamais constatées.

Par contre, l'épanchement pleurétique se rattachant à l'évolution
de la pleuro-pneumonie contagieuse, les pleurésies secondaires
consécutives aux déplacements des corps étrangers du réseau, aux
péricardites par corps étrangers, aux broncho-pneumonies septiques
ou par corps étrangers, les pleurésies des septicémies. de parturition, etc., sont des manifestations morbides que l'on a fréquemment
l'occasion d'enregistrer. Il ne s'agit plus alors de pleurésies séro-
fibrineuses simples primitives, mais bien de pleurésies par propagation, de pleurésies septiques ou suppurées, encore bien mal étudiées
en vétérinaire.

La tuberculose pleurale, si fréquente, elle aussi, ne s'accompagne
que très rarement d'épanchement notable. Elle revêt d'habitude,
comme la carcinose pleurale secondaire, la forme végétante et
adhésive, avec symphyse pneumo-pariétale plus ou moins étendue.

Symptômes. — Dans toutes ces manifestations morbides, les
symptômes varient notablement, et il serait difficile d'en donner
un tableau général bien précis.

Dans la pleurésie aiguë *a frigore*, on a signalé les frissons, la
fièvre modérée, la tristesse, l'inappétence, l'inrumination, ainsi que

la sécheresse de la peau, l'amaigrissement rapide; les douleurs intercostales du début se traduisant par des symptômes de coliques sourdes.

La respiration est discordante, courte, irrégulière, soubresautante lorsqu'un épanchement abondant s'est produit. — La pression des espaces intercostaux révèle de la douleur, de même que la percussion forte qui met en évidence de la matité à délimitation supérieure horizontale.

Lorsque l'épanchement est abondant, il y a compression et déplacement du cœur, d'où une difficulté de la circulation de retour, se traduisant dans bon nombre de cas par l'apparition d'un œdème du fanon, d'importance fort variable. La présence de cette infiltration de la zone prépectorale peut faire croire de prime abord à l'existence d'une endocardite ou d'une péricardite alors qu'il n'y a que pleurésie. Mais l'épanchement pleural est aussi fort souvent l'un des symptômes secondaires des endocardites et des péricardites; il faut donc un examen attentif pour en établir la distinction.

Fig. 152. — Pleurésie exudative avec œdème du fanon.

L'auscultation fait reconnaître la disparition du murmure respiratoire dans toute la zone de matité, la présence d'un souffle pleurétique doux (souffle tubaire doux et lointain de la pleuro-pneumonie contagieuse), lorsque l'épanchement pleural est abondant.

Dans les pleurésies septiques ou suppurées, la fièvre est plus élevée, l'inappétence plus grande, l'amaigrissement plus rapide et l'abattement extrême avec des signes locaux identiques.

Diagnostic. — Le diagnostic de l'épanchement pleural présente peu de difficultés, en raison des caractères de la matité et des signes pathognomoniques d'auscultation. Cet épanchement est ordinairement unilatéral, le médiastin étant très résistant chez le bœuf; sa limite de démarcation est nettement horizontale.

Une ponction aseptique, pratiquée dans un espace intercostal avec une seringue de Pravaz munie d'une aiguille forte, permet d'assurer le diagnostic et de distinguer la forme et la nature de la pleurésie, le liquide extrait pouvant être examiné au point de vue bactériologique, ensemencé, ou inoculé à des sujets d'expérience.

Le *pronostic* est grave, parce que la pleurésie du bœuf est très généralement secondaire; il varie cependant avec la forme de la pleurésie, la nature et la virulence des agents d'infection.

Traitement. — Le traitement a pour base l'emploi de vésicants énergiques : pommade stibiée, vésicatoires liquides ou autres, et l'emploi des diurétiques : bicarbonate de soude, azotate de potasse, tisane de pariétaire, de chiendent, etc...

La thoracentèse et le lavage antiseptique de la plèvre peuvent être tentés; entre les mains de quelques opérateurs, ils ont donné de bons résultats.

La méthode de l'auto-sérothérapie, c'est-à-dire la ponction aseptique de la plèvre à la seringue et, sans retirer la canule, l'injection de 5 à 10 centimètres cubes du liquide dans le tissu sous-cutané, serait à essayer. Donnerait-elle chez les animaux les résultats annoncés chez l'homme? L'expérimentation large pourrait seule le dire. Mais c'est une méthode applicable à la pleurésie franche, primitive, si exceptionnelle chez les bovidés.

Pleurésie chronique.

La pleurésie chronique est fréquente chez les sujets âgés, sous forme de pleurésie locale adhésive. Les adhérences pleuro-pulmonaires sont plus ou moins étendues; elles sont consécutives à des broncho-pneumonies vermineuses, à de l'échinococcose, à des traumas externes. Cette forme est sans importance au point de vue clinique; il est pour ainsi dire impossible de la diagnostiquer.

Au cours de la tuberculose pleurale, au contraire, la pleurésie sèche, adhésive, est d'observation courante, et elle se montre parfois si accentuée qu'il y a une véritable symphyse pleurale.

PNEUMOTHORAX

On donne le nom de pneumothorax à l'accident qui se caractérise par la présence d'un épanchement d'air ou de gaz dans l'une des cavités pleurales.

Cet accident reconnaît pour cause ordinaire une déchirure du parenchyme pulmonaire et de la plèvre sus-jacente, déchirure mettant en communication les alvéoles ou une division bronchique avec la cavité pleurale correspondante. — Aussitôt la déchirure réalisée, l'air de la canalisation pulmonaire fait irruption dans la cavité pleurale, le vide pleural disparaît et le poumon s'affaisse sous la pression intra-pleurale péripulmonaire. La pression intra-bronchique d'inspiration, qui détermine l'expansion pulmonaire, se trouve contre-balancée par la pression intra-pleurale; le poumon reste affaissé indéfiniment.

Dans d'autres circonstances, beaucoup plus rares, le pneumothorax se trouve réalisé par la pénétration intra-pleurale de gaz venant des réservoirs digestifs. L'accident est alors à marche rapide et la mort survient en quelques jours.

Symptômes. — Les symptômes sont très nets. Aussitôt l'acci-

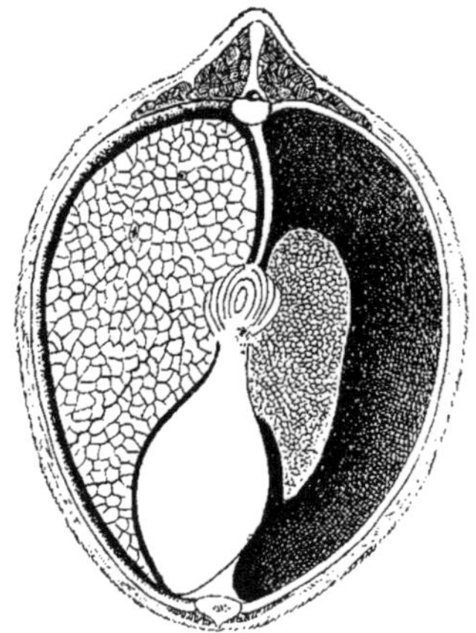

Fig. 153. — Schéma d'un pneumothorax ouvert. Poumon droit affaissé. Péricarde et cœur déplacés à gauche.

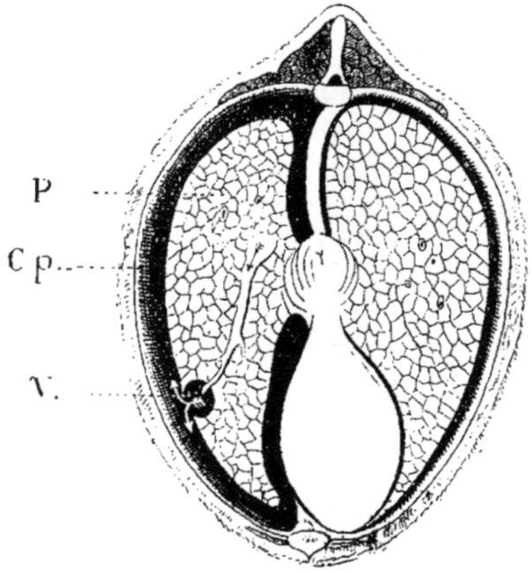

Fig. 154. — Schéma du mécanisme de production d'un pneumothorax simple ouvert, par rupture de vésicule d'échinocoque. — P, paroi thoracique; Cp, cavité pleurale; V, vésicule d'échinocoque rupturée.

dent produit, on observe une *dyspnée subite* extrêmement intense, accompagnée d'un soubresaut du flanc ou d'un ébranlement général de tout le corps. C'est qu'en effet l'un des poumons se trouve d'un seul coup dans l'obligation de suppléer en totalité le poumon affaissé, ce qu'il ne fait qu'avec difficulté au début. Le soubresaut ou l'ébranlement général du corps est dû à ce que la régularité, le rythme de la contraction diaphragmatique se trouvent rompus, les conditions mécaniques de fonctionnement n'étant plus les mêmes à droite et à gauche.

La respiration devient plaintive dès le début, à chaque expiration, rapide, stertoreuse et profonde. Le faciès est anxieux, et les naseaux se dilatent comme chez les sujets sur le point d'asphyxier. A l'examen de face, en avant ou en arrière, il est facile de noter de l'*asymétrie thoracique*, de l'affaissement de la paroi costale correspondant au pneumothorax, et aussi de l'immobilité relative des côtes du même côté.

La *percussion* décèle une *résonance fortement exagérée* du côté du pneumothorax, normale du côté opposé.

L'*auscultation* donne de l'exagération du murmure respiratoire du côté qui fonctionne, et, au contraire, une suppression complète et totale de ce murmure respiratoire du côté atteint. A la place, l'oreille perçoit un *large souffle amphorique doux à timbre franchement métallique*, bien net à l'expiration, donnant la perception de l'existence d'une vaste cavité sous l'oreille. La plainte perçue à l'auscultation paraît plus sonore qu'à l'extérieur, aux naseaux ou au larynx ; il semble qu'elle arrive renforcée, après avoir mis en vibration le contenu gazeux d'une grande cavité à parois métalliques minces. De façon intermittente, une ou deux fois par minute, on entend encore un *bruit de gouttelettes* tout particulier, comme tombant au fond d'un vase métallique creux, et donnant lieu à un tintement à vibrations prolongées.

Comme symptômes secondaires, on enregistre de l'accélération cardiaque, 80 à 120 ou 130 battements, de la perte

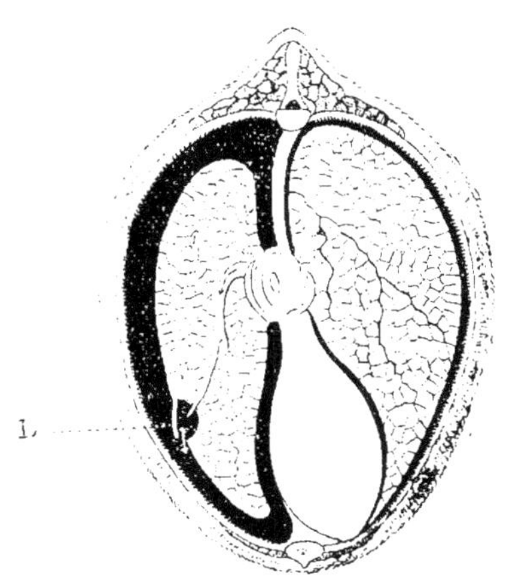

Fig. 155. — Schéma d'un pneumothorax à soupape. — L, lame pleurale faisant fonction de clapet.

d'appétit, de la météorisation légère par suppression de la rumination et des éructations, de la suspension du péristaltisme du rumen, de la constipation.

Diagnostic. — Le diagnostic du pneumothorax est facile, il ne prête guère à confusion à première vue qu'avec une hernie diaphragmatique, mais les caractères de percussion et d'auscultation sont tellement différents dans les deux cas qu'il n'y a pas lieu d'insister.

Où la précision du diagnostic devient plus délicate, c'est lorsqu'il s'agit de reconnaître la forme du pneumothorax, car il est possible d'en rencontrer trois variétés principales.

Dans une première variété, le *pneumothorax ouvert*, forme la plus fréquente, l'air passe du poumon dans la plèvre à chaque inspiration, et reflue de la cavité pleurale vers la canalisation bronchique à chaque expiration. — La pression intra-pleurale est alors équivalente à la pression intra-bronchique, et elle en subit les oscillations.

Dans une seconde variété, le *pneumothorax* est dit *à soupape* lorsque l'air passe facilement du poumon dans la cavité pleurale, mais ne peut plus refluer de la cavité pleurale vers le poumon, une lame de tissu faisant clapet et venant obturer l'orifice dès le début du mouvement d'expiration. Au moment où la pression intrapleurale dépasse celle de l'effort inspiratoire, le clapet reste appliqué en permanence.

Dans la troisième variété, le *pneumothorax* est dit *fermé*, lorsque l'orifice de communication s'est obstrué par un mécanisme quelconque, et lorsqu'il n'y a plus qu'une couche d'air dans le sac pleural.

En pratique, le pneumothorax à soupape se reconnaît au soulèvement de la paroi thoracique (qui reste au contraire affaissée dans le pneumothorax ouvert et fermé), à l'intensité extrême de la dyspnée et aux accès de suffocation. — Le pneumothorax fermé, qui n'est qu'un mode de terminaison et un stade de guérison du pneumothorax ouvert ou du pneumothorax à soupape, peut être soupçonné par l'amélioration progressive des symptômes. Scientifiquement, il est très facile de faire ce diagnostic, en mettant en communication un appareil manométrique avec la cavité pleurale, à l'aide d'une simple canule de seringue de Pravaz munie d'un caoutchouc à parois épaisses.

Dans le pneumothorax ouvert, la colonne manométrique subit des oscillations rythmiques qui sont isochrones des mouvements respiratoires. Dans le pneumothorax à soupape, la pression intrapleurale augmente progressivement jusqu'à devenir supérieure à la pression extérieure, et enfin dans le pneumothorax fermé la colonne manométrique prend un niveau et reste immobile.

Pronostic. — Le pronostic est très variable, suivant la cause première de l'accident. Des malades pourraient guérir, mais économiquement il y a peu d'intérêt à les conserver lorsque le diagnostic est bien établi, sauf pour les cas où il s'agit d'animaux de grande valeur, d'animaux en plein rapport et lorsque leur affection primitive le permet.

Étiologie. — Les causes qui peuvent provoquer l'apparition d'un pneumothorax sont nombreuses.

Il convient en première ligne de placer l'*échinococcose pulmonaire*, au cours de laquelle une vésicule en situation périphérique souspleurale dans le poumon peut se rompre dans la cavité de la plèvre, après avoir lésé des lobules, des canalicules respirateurs, et même des bronchioles, d'où communication directe des bronches avec la cavité pleurale.

C'est la cause la plus fréquente chez nos grands animaux (fig. 154).

La *tuberculose pulmonaire*, avec tubercules périphériques ramollis s'ouvrant à la fois dans les alvéoles ou une petite bronche et dans la plèvre, doit être placée en seconde ligne. C'est la cause la plus fréquente du pneumothorax de l'espèce humaine.

L'*emphysème pulmonaire* vésiculaire et interstitiel sous-pleural est encore une cause fréquente de pneumothorax, par rupture de la plèvre au niveau des points emphysémateux.

Enfin, exceptionnellement, on peut citer les abcès du poumon s'ouvrant dans la plèvre, et les fistules établissant une communication entre les réservoirs digestifs et les sacs pleuraux : mais ces accidents déterminent des pyopneumothorax et des pleurésies septiques rapidement mortelles.

Le diagnostic du pneumothorax et même de sa variété ne suffit donc pas pour établir un pronostic; il faut encore rechercher l'affection originelle par les moyens courants.

Traitement. — On peut dire que le traitement du pneumothorax est nul et pourrait se réduire à l'expectation. Nous ne possédons, en effet, aucun moyen d'action directe sur des déchirures d'échinocoques, sur l'abcédation de foyers tuberculeux ou sur des déchirures provoquées par de l'emphysème. Aussi vaut-il mieux, en général, ordonner l'abatage.

Toutefois, lorsqu'il s'agit simplement d'échinococcose et que cette échinococcose pulmonaire n'est pas massive, il y a des chances pour que l'animal guérisse spontanément au bout de plusieurs mois. Le pneumothorax devient fermé à un moment donné, par un procédé de réparation quelconque (rétraction cicatricielle, formation de fausse membrane obturatrice, adhérence pleuro-pariétale limitée); la couche d'air emprisonnée dans la cavité pleurale se résorbe progressivement s'il n'y a pas eu d'infection accidentelle par l'air; le poumon atélectasié et partiellement splénisé reprend progressivement son expansibilité en mouvement d'ampliation sous l'effort inspiratoire; la guérison peut être définitive après des mois. Quelques semaines après l'accident, les malades reprennent même l'aspect ordinaire.

C'est une terminaison que l'on ne peut toujours espérer, parce qu'il peut toujours se greffer une complication à un moment donné, et en tout cas, il n'y a pas lieu d'y songer lorsqu'il s'agit de tuberculose.

En cas de pneumothorax à soupape avec oppression énorme, accès de suffocation et imminence d'asphyxie par excès de pression intra-pleurale, déplacement du médiastin vers le côté opposé, compression du cœur et gêne fonctionnelle du poumon sain, il faut encore savoir qu'il est possible de supprimer les accès de suffocation et les accidents d'asphyxie en supprimant l'excès de pression intra-pleurale. Il suffit de planter une aiguille de Pravaz ou un petit trocart dans un espace intercostal pour ramener la pression intra-pleurale au niveau de la pression atmosphérique externe et supprimer les effets de compression. C'est un pis-aller qui permet simplement d'éviter une asphyxie imminente.

HYDROPNEUMOTHORAX ET PYOPNEUMOTHORAX

Lorsqu'un pneumothorax se produit, il est rare qu'il reste simple ; bien souvent, la plèvre s'infecte soit directement par la lésion qui a déterminé le pneumothorax (tubercule, abcès superficiel, lésion actinomycosique, etc.), soit secondairement par pénétration des germes de l'air ou des bronches (échinococcose, emphysème). Le pneumothorax simple se transforme alors en hydropneumothorax, ou en pyopneumothorax suivant qu'il se fait de l'exsudation simple ou de la suppuration dans la cavité pleurale.

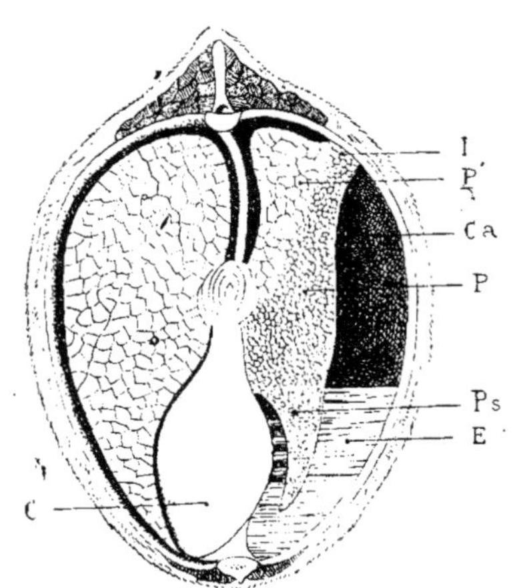

Fig. 156. — Schéma d'un *hydropneumothorax*. — I, insertion pleuro-pulmonaire; P, poumon sain; Ps, poumon splénisé; E, épanchement liquide ou purulent; Ca, cavité du pneumothorax; C, cœur.

Symptômes. — L'hydropneumothorax se caractérise par des signes appartenant au pneumothorax vrai qui est la lésion du début : essoufflement brusque et dyspnée, résonance exagérée unilatérale, souffle amphorique et bruit de gouttelettes à tintement métallique; et par des signes de pleurésie exsudative secondaire : fièvre modérée, matité inférieure suivant une ligne horizontale, bruit de clapotement léger, bruit de souffle pleurétique doux et lointain.

Tous les symptômes secondaires, perte d'appétit, inrumination, plainte, accélération cardiaque, se retrouvent, plus ou moins accentués.

Dans le pyopneumothorax, la fièvre est plus accentuée, les symptômes d'auscultation et de percussion sont identiques, avec en plus un *œdème notable de la paroi costale* décelable à la palpation.

Diagnostic. — Le diagnostic est relativement facile, puisqu'il s'agit d'une lésion secondaire; mais où la difficulté surgit, comme pour le pneumothorax simple, c'est lorsqu'il faut préciser l'affection primitive. D'autre part, le pneumothorax et l'hydropneumothorax ne sont pas toujours complets ; il se fait parfois dans le sac pleural des symphyses pariéto-pulmonaires à disposition très variable, et dont il est impossible de grouper tous les symptômes différentiels.

Le diagnostic peut être facilement précisé par une ponction aseptique à la seringue de Pravaz.

Pronostic. — Le pronostic est extrêmement grave, même lorsqu'il s'agit d'hydropneumothorax. Il y a peu d'intérêt économique à traiter; car, en admettant que les animaux soient atteints d'une affection primitive susceptible de guérir, cette guérison, après résorption du liquide épanché, serait extrêmement longue et les malades resteraient longtemps amaigris. Si cependant les malades sont sans valeur marchande, on peut essayer le traitement.

Traitement. — Le traitement est nul dans l'hydropneumothorax.

Il n'y a pas utilité à pratiquer la thoracentèse, tout au moins au début, tant que le pneumothorax n'est pas fermé.

Dans le pyopneumothorax, au contraire, il y a indication formelle de procéder à l'évacuation du pus et au lavage antiseptique du bas-fond du sac pleural avec des solutions tièdes mais peu irritantes : solution physiologique de chlorure de sodium à 9 p. 1000, injectée à 38°-39°, solution d'acide borique à 3 p. 100, de borate de soude, eau oxygénée à un dixième, solution de bleu de méthylène faible et stérilisée, etc.

CHAPITRE V

MALADIES DU MÉDIASTIN

Le médiastin est cet espace compris dans le plan médian du thorax entre l'adossement des deux feuillets pleuraux médians. Il s'étend de la région sus-sternale à la région sous-vertébrale dorsale, et il loge tous les vaisseaux qui s'échappent ou qui arrivent à la base du cœur, la trachée, l'œsophage, les nerfs pneumogastriques, diaphragmatiques, cardiaques, etc., ainsi que le sac péricardique et le cœur. Les organes qui, sans contredit, se trouvent le plus fréquemment atteints sont les ganglions que l'on trouve logés dans son épaisseur : ganglions de l'entrée de la poitrine, ganglions bronchiques et ganglions du médiastin postérieur.

L'inflammation du médiastin coïncidant avec l'inflammation des feuillets médiastinaux de la plèvre peut s'observer, mais il s'agit alors d'une trouvaille d'autopsie, car le diagnostic du vivant de l'animal est fort difficile, même lorsqu'il y a coexistence de broncho-pneumonie.

Les lésions qu'il est possible de diagnostiquer sont l'adénopathie simple, consécutive à des affections pulmonaires ou pleurales, l'adénopathie tuberculeuse, les tumeurs malignes ou autres du médiastin et l'hypertrophie ganglionnaire de la lymphadénie.

L'*adénopathie simple* est secondaire et consécutive aux broncho-pneumonies, aux bronchites vermineuses, aux bronchites infectieuses. — Elle détermine de l'irritation réflexe par compression des pneumogastriques et des laryngés, et se traduit par de la toux spasmodiques rauque et quinteuse.

Le traitement consiste dans l'administration d'iodure et de bromure de potassium, l'administration de terpine (3 à 4 grammes par jour pour les adultes), d'essence de térébenthine, d'arsenic et d'eau de goudron.

L'*adénopathie tuberculeuse*, inséparable de la tuberculose pulmonaire, a des caractères tout particuliers se rattachant à la tuberculose; on les trouvera décrits avec cette affection.

De même, l'*adénopathie de la lymphadénie* est généralement facile à diagnostiquer, par suite de l'hypertrophie ganglionnaire symétrique des autres régions explorables directement.

TUMEURS DU MÉDIASTIN

Les tumeurs qu'il est possible de trouver sont le sarcome, le carcinome, le lymphome, le lympho-sarcome et des kystes d'origine indéterminée.

Ces tumeurs se développent chez des sujets jeunes (Hamoir, Moussu), en pleine santé, et avec une rapidité telle parfois qu'en quelques semaines elles se généralisent en envahissant le cœur, les poumons et les principaux viscères. — La cause en reste inconnue.

Symptômes. — Les symptômes des tumeurs du médiastin antérieur se rapprochent beaucoup, à première vue, de ceux de la péricardite par corps étranger : déformation de la région présternale, gonflement des jugulaires, œdème sous-glossien, tuméfaction prétrachéale irrégulière, œdème des membres antérieurs, œdème sous-sternal et sous-abdominal.

La tumeur, quelle que soit sa nature, débute dans le médiastin, se développe vers l'entrée de la poitrine où elle fait saillie, et donne bientôt à la région prétrachéale une apparence œdémateuse manifeste.

Entre les deux premières côtes, la tumeur comprime les carotides, les jugulaires, les divisions nerveuses, et aussi la trachée et l'œsophage. Il en résulte de la difficulté de la circulation de retour, de la stase jugulaire, de l'œdème sous-glossien, de la dysphagie et de la dyspnée.

A la palpation, les sensations recueillies dénotent la présence d'une tumeur de consistance faible, bosselée, plus ou moins adhérente à la peau, généralement indolore, irrégulière comme développement. — La compression de l'œsophage gêne la déglutition des fourrages grossiers, entrave la rumination, supprime les éructations et détermine secondairement de la météorisation légère, mais permanente.

Le cœur se trouve impressionné par voie réflexe, ou directement par généralisation; le rythme en est accéléré et on peut compter de 70 à 120 pulsations, suivant les circonstances. Il n'y a pas de bruit de liquide (voir art. *Péricardite*). — Le poumon est généralement intact, au début tout au moins, et rien, pas plus à la percussion qu'à l'auscultation, ne permet de déceler une lésion pulmonaire. Plus tard, il peut y avoir généralisation. — Toutes les autres grandes fonctions s'exécutent normalement.

Les malades atteints de sarcome, de carcinome ou de lympho-sarcome du médiastin maigrissent excessivement vite, perdent l'appétit, deviennent fébricitants et se cachectisent avec rapidité.

Ces lésions peuvent se compliquer de pleurésie uni ou bilatérale, ou mieux d'hydrothorax par action mécanique, l'épanchement pleural constituant alors parfois le symptôme dominant du processus morbide.

J'ai trouvé la même complication dans un cas de kyste hémorragique du médiastin, qui ne représentait peut-être d'ailleurs qu'une variété de tumeur maligne ramollie.

Les caractères du liquide pleural épanché peuvent servir, après ponction exploratrice, à préciser la nature de la lésion primitive par l'examen cytologique. — Dans les cas de tumeurs malignes, l'épan-

Fig. 157. — *a*, 0 m. 80 d'écartement des A. M. Adénopathie médiastinale simulant une péricardite, une pseudo-péricardite ou une tumeur du médiastin.

Fig. 158. — *b*. même malade après **trois semaines** de traitement ioduré et **arsenical**. Disparition complète de **tous les** symptômes extérieurs.

chement est d'ordinaire caractéristique des pleurésies hémorragiques.

Diagnostic. — Le diagnostic de tumeur du médiastin est facile en raison de la netteté des symptômes apparents; il n'est pas besoin d'examen approfondi pour établir la distinction d'avec les péricardites. L'examen du sang pourra aider à préciser la nature de la lésion.

Pronostic. — Le pronostic doit être considéré comme extrêmement grave, fatal le plus ordinairement, car il n'y a pas de moyen actif d'intervention, l'extirpation étant impossible. Toutefois, certains états pathologiques, certaines adénopathies simulent parfois l'évolution de tumeurs graves alors qu'ils en sont absolument différents.

Le *traitement* est nul; il faut recourir hâtivement à l'abatage.

Nous n'avons pas de moyen d'action sur les tumeurs malignes, mais, comme le diagnostic de tumeur maligne est difficile à affirmer durant la vie, il sera bon de s'entourer de tous les renseignements pouvant assurer un diagnostic précis. — En cas de doute et dans la crainte d'une affection bénigne des ganglions, il sera bon d'essayer pendant quelque temps l'iodure de potassium (8 à 10 grammes par jour), et l'arsenic (1 gramme par jour durant deux à trois semaines).

CLASSE IV

APPAREIL CIRCULATOIRE

SÉMIOLOGIE DE L'APPAREIL CIRCULATOIRE

La sémiologie de l'appareil circulatoire comprend l'exploration clinique du cœur, des artères, des veines, l'examen du pouls et l'examen du sang.

Cœur. — Chez les bovidés, le cœur se trouve situé dans la cavité thoracique, en regard des 3e, 4e, 5e et 6e côtes, à peu près dans le plan médian du thorax et dans un direction d'inclinaison d'avant en arrière d'environ 70°.

Le sac péricardique arrive sur l'extrémité du sternum, où il se trouve en contact immédiat avec l'insertion diaphragmatique inférieure. C'est d'ailleurs cette disposition particulière qui favorise l'évolution des péricardites par corps étranger.

Le sac péricardique peut venir, à gauche, en contact direct avec la face interne de la cavité thoracique au niveau de l'extrémité inférieure des 3e, 4e et quelquefois 5e côtes. Dans tous les autres points, les lames pulmonaires, au moment de leur expansion d'inspiration, le séparent de la paroi thoracique.

Bien que le péricarde et le cœur soient situés dans le plan médian, il est indiqué de pratiquer la percussion et l'auscultation à gauche, parce que le lobe antérieur et le lobe cardiaque du poumon gauche sont moins développés que ceux du poumon droit. Néanmoins, il est possible d'ausculter le cœur à droite, et il y a parfois utilité à le faire.

Il existe donc, chez le bœuf sain, une zone de la paroi thoracique gauche, que l'on peut appeler la zone cardiaque, au niveau de laquelle on entend les bruits normaux du cœur.

A l'état pathologique, cette zone peut être modifiée dans ses dimensions et les bruits perçus peuvent varier.

L'exploration du cœur se fait par l'inspection, la palpation, la percussion, la percussion-auscultation et l'auscultation.

L'*inspection* ne fournit aucun renseignement à l'état normal sur des animaux en bon état d'enbonpoint, mais sur ceux très maigres, sur ceux à lésions cardiaques récentes ou à pseudo-péricardites, il est parfois possible de constater un soulèvement rythmique de la paroi costale.

La *palpation* s'effectue avec la main posée à plat sur la zone cardiaque. Elle permet d'enregistrer le choc cardiaque, son degré d'intensité et aussi, d'une façon imparfaite, le rythme.

La *percussion*, effectuée au doigt ou à l'aide du plessimètre, fait reconnaître l'étendue de la submatité cardiaque physiologique, ainsi que ses variations, dans les états pathologiques, et, en particulier, dans les péricardites avec épanchement notable.

Il peut même y avoir dans ces cas de la matité complète, lorsque le péricarde distendu refoule vers le haut le lobe pulmonaire correspondant et vient toucher la face interne de la paroi thoracique; de la sonorité exagérée, du son tympanique, lorsqu'il y a pneumatose péricardique.

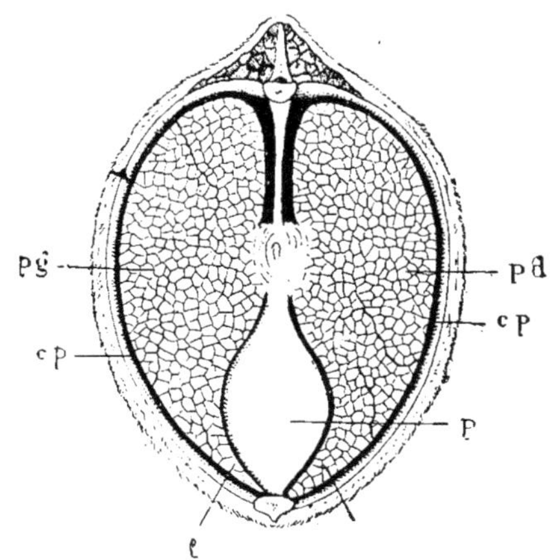

Fig. 159. — Schéma d'une coupe du thorax au niveau du cœur. — P*g*, poumon gauche ; P*d*, poumon droit; *cp*, cavités pleurales droite et gauche; P, péricarde; *l, l*, lobes cardiaques ou lames pulmonaires interposées entre le péricarde et la paroi thoracique.

La *percussion-auscultation* permet, mieux que toute autre méthode, la délimitation de l'organe cardiaque ou du péricarde distendu.

Quant à l'*auscultation*, elle se pratique soit directement, soit à l'aide de stéthoscopes. Elle renseigne sur les bruits normaux ou pathologiques du cœur, sur l'intensité des battements cardiaques et des bruits, sur la fréquence du rythme.

Lorsqu'il existe des lésions ayant déterminé l'apparition de souffles, il est préférable de se servir de stéthoscopes, de celui de Chauveau en particulier, et d'ausculter dans les points où ces souffles présentent leur maximum d'intensité, c'est-à-dire à la pointe, exactement à l'endroit où se perçoit le choc cardiaque, et vers la base, dans la région qui correspond à l'origine des gros troncs artériels.

Il est souvent utile, pour ce dernier cas, de déplacer le membre antérieur gauche en avant de la ligne d'aplomb.

Cet examen permet de reconnaître la persistance ou la disparition du choc cardiaque, le ralentissement pathologique du cœur (bradycardie), son accélération anormale (tachycardie), les irrégularités de battements ou modifications de son rythme (arythmie), l'affaiblissement de ses contractions (asystolie), les bruits anormaux (souffles organiques intra-cardiaques), etc., etc.

L'exploration radioscopique, pour des raisons conditionnées par les exigences de la pratique courante, n'est pas appliquée en médecine vétérinaire comme en médecine humaine; l'avenir permettra peut-être un jour, de bénéficier de cette méthode.

Artères. — Les artères sont assez rarement le siège de lésions décelables, ou même explorables extérieurement; aussi, leur exploration ne présente-t-elle guère d'intérêt qu'au point de vue de l'appréciation du pouls.

Les artérites et les thromboses artérielles sont rares, et, s'il a été permis d'enregistrer des lésions d'athérome dans certaines affections chroniques (tuberculose, diarrhée chronique), ces lésions sont difficiles à reconnaître, lors même que l'on explore l'extrémité et la quadrifurcation de l'aorte par voie rectale.

Pouls. — L'exploration et l'appréciation du pouls ont, au contraire, une importance de premier ordre.

Chez les bovidés, le pouls, suivant les circonstances, peut être relevé sur la glosso-faciale, à son passage dans la scissure maxillaire ; sur l'axillaire en dedans et en avant de la pointe de l'épaule chez les animaux très maigres ; sur la saphène interne, à la hauteur de la mamelle ou des bourses, ou encore sur la coccygienne, à la base et à la partie inférieure de la queue.

Cette exploration permet d'enregistrer la fréquence plus ou moins grande du pouls (chiffre normal, 50 à 60 P.); la qualité : fort, faible, filiforme, imperceptible; plein, ample, bondissant, dur ou tendu, etc.; la régularité : régulier, intermittent, dicrote, inégal, etc.

Veines. — L'exploration des veines est plus facile que celle des artères, en raison de la position superficielle de beaucoup d'entre elles.

Leur exploration se limite à l'inspection et à la palpation. L'inspection renseigne sur le degré d'affaissement ou de réplétion, et aussi sur l'absence ou l'existence de ce que l'on a appelé le pouls veineux (circulation à rebours).

Le pouls veineux se constate exclusivement sur l'extrémité inférieure des jugulaires. Il est très fréquent chez les sujets de l'espèce bovine, et il ne faudrait pas toujours le considérer comme forcément pathologique chez les sujets maigres. Il est dû au reflux du sang dans la veine cave antérieure sous l'influence de l'effort d'expiration : emphysème, tuberculose, etc. Il peut être dû encore au reflux du sang vers la veine cave et les jugulaires au moment de la systole auriculaire, lorsqu'il y a lésion des valvules ou des orifices auriculo-ventriculaires.

Par la palpation des veines, il est possible d'apprécier leur perméabilité, leur degré de réplétion, leur obturation, l'état de leur contenu.

Système capillaire. — Il convient enfin de faire rentrer dans les méthodes d'exploration de l'appareil circulatoire, l'appréciation de l'état vasculaire des muqueuses apparentes (conjonctive, bouche, narines, vulve). Cette appréciation se fait avec la plus grande facilité, et elle aide au diagnostic des états de congestion, d'anémie, d'inflammation locale, d'inflammations viscérales.

Sang. — L'examen du sang est parfois indispensable au diagnostic précis de certaines maladies; aussi doit-on aujourd'hui recourir à cet examen toutes les fois qu'il y a indication.

L'aspect extérieur (normal ou lactescent), la teinte (rouge, violacée ou foncée), le degré de coloration (rutilant, veineux, rosé, pâle), la rapidité de coagulation, renseignent sur certains états maladifs (asphyxie, anhématosie,) sur la richesse approximative en hémoglobine (anémies), sur la composition normale ou anormale du plasma (hémophilie), sur la richesse en globules blancs (lymphadénie, leucocytose, anémies).

L'examen microscopique est encore plus précieux, qu'il soit fait directement par voie humide avec une gouttelette sous lamelle, ou par voie sèche, après coloration ou sans coloration.

Il permet de constater l'état des globules rouges, des globules blancs, des hématoblastes; l'existence ou la non-existence d'une leucocytose, son degré; l'existence d'une leucocythémie, et même d'une lymphocythémie ou d'une myélocythémie (1).

La numération globulaire rend aussi des services.

Cet examen histologique permet encore, après colorations convenables, de reconnaître la présence de globules normaux ou anormaux, de parasites (piroplasmes, trypanosomes, etc.) ou d'agents microbiens (bactéridies ou autres agents).

---

(1) Colorer la préparation du sang, préalablement fixée à l'alcool absolu ou l'alcool éther, par la solution de triacide d'Erlich;
Ou successivement par l'éosine et le bleu de méthylène;
a. Solution d'éosine à l'alcool *méthylique*, solution à 1 p. 100, contact une minute : *b,* solution de bleu de méthylène à 1 p. 100 dans l'alcool méthylique, contact une à quatre minutes; après l'action de l'éosine on se débarrasse de l'excès, sans laver, et on y verse aussitôt la solution de bleu. La coloration faite, laver et sécher. Les globules rouges sont teintés en rouge, les noyaux des globules blancs en bleu plus ou moins foncé, les granulations des éosinophiles en rose ou en rouge.
On peut se dispenser de fixer avant coloration, cette fixation des globules étant obtenue par l'alcool méthylique.
Ou par la solution de Giemsa préalablement diluée dans trois à quatre fois son volume d'eau distillée. Laisser colorer un quart d'heure, une demi-heure au plus. Différencier avec la solution de tanin-orange une demi-minute à une minute.
Ou par le bi-oésinat de de Tribondeau, même technique.

Toutefois, ces examens ne peuvent être faits avec fruit que si l'on connaît très exactement ce que l'on pourrait découvrir et étudier à l'état normal.

Or, dans le sang normal, les globules rouges prédominent; ils sont tous de même forme, et, à quelques variations près, de mêmes dimensions. Ils se colorent fortement par les solutions acides, d'éosine par exemple. — Dans les états pathologiques, on peut en rencontrer de grands, de géants (macrocytes), de moyens (normaux) et de petits (microcytes), de très vivants qui prennent fortement les matières colorantes, ou au contraire d'altérés en état de déchéance et de destruction, n'ayant plus d'affinité pour une même substance dans les colorations doubles ou triples (éléments caducs polychromatophiles).

Les hématoblastes se montrent aussi en nombre très variable dans les états pathologiques.

Les globules blancs de l'état normal sont :

1º Les lymphocytes grands et petits à noyau rond, volumineux, avec mince liseré protoplasmique non granuleux. Leur proportion est de 22 à 25 p. 100 de globules blancs;

2º Les leucocytes polynucléés ou à noyau unique polymorphe, qui viennent de la moelle osseuse. Ils sont neutrophiles, leur proportion est de 70 à 72 p. 100;

3º Les leucocytes mononucléés, à noyau ovoïde excentrique, basophiles, et dont la proportion est de 1 p. 100;

4º Les leucocytes polynucléés éosinophiles ou acidophiles, dont la proportion est de 1 à 2 p. 100.

L'augmentation de ces globules blancs caractérise les leucocytoses et la prédominance très exagérée de l'une ou de l'autre variété caractérise les leucémies.

Pour être examiné après coloration, le sang doit tout d'abord être étalé en couche très mince sur une lame, puis séché très rapidement soit, de préférence, par agitation à la main, soit sur la flamme d'une lampe à alcool. Les globules sont ensuite fixés par quelques gouttes d'alcool absolu, d'alcool-éther à parties égales, par une solution de sublimé à 3 p. 100 (une minute), par des vapeurs d'une solution d'acide osmique à 1 p. 100, par la chaleur à 102º. Ce n'est qu'à cette condition que les globules ne s'altèrent plus sous l'action des colorants, et l'une ou l'autre des méthodes de fixation ci-dessus indiquées a ses indications selon le but poursuivi.

CHAPITRE PREMIER

ANOMALIES CARDIAQUES

ECTOPIE CARDIAQUE

L'ectopie cardiaque, c'est-à-dire la malformation congénitale
dans laquelle le cœur se trouve déplacé de sa situation normale et

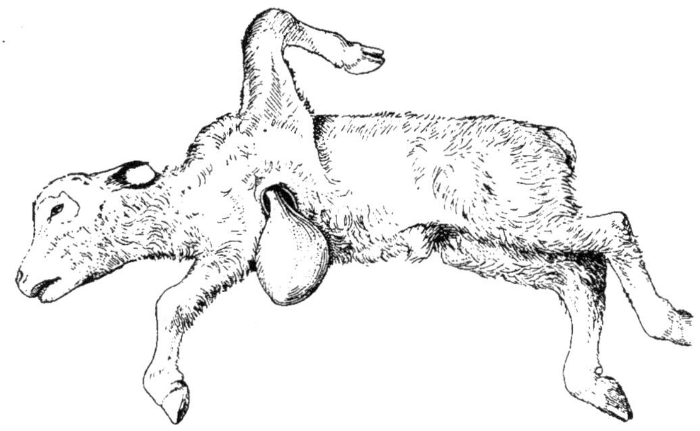

Fig. 160. — Ectopie cardiaque chez un veau nouveau-né (D'après photographie).

refoulé parfois totalement en dehors de la cavité thoracique, n'est
pas très rare. Le cœur peut être bien développé, mais il ne se trouve
pas emprisonné par les parois thoraciques lors de la fermeture de
la cavité pectorale, durant les premières périodes de la vie embryonnaire intra-utérine.

Le sternum, dont la cartilaginisation et l'ossification ne s'effectuent qu'ultérieurement, reste fissuré sur la ligne médiane; la
fissure, de forme ovalaire ordinairement et à bords arrondis, entoure
la masse auriculaire et la masse des vaisseaux de la base du cœur.
La masse ventriculaire fait hernie au dehors du thorax qui ne renferme plus alors que deux sacs pleuraux et une cloison médiastine
complète. Le péricarde ne se développe pas.

Des variantes peuvent être enregistrées dans la malformation congénitale : 1° position infra-cervicale, sous-cutanée ou extra-cutanée, le cœur se trouvant entre les masses musculaires de la base de l'encolure (Houssay) ou dans une poche fibreuse en continuité avec la peau (Aubry) — *eclocardie cervicale;* 2° position sterno-cervicale, le cœur se trouvant à l'entrée de la poitrine, entre les masses musculaires et la partie antérieure du sternum dont les deux parties latérales antérieures sont restées écartées non soudées — *eclocardie cervico-sternale;* 3° position extra-thoracique partielle ou totale — *eclocardie sternale.* Dans les deux premières formes il s'agit ordinairement d'eclocardies couvertes, le cœur se trouvant protégé par une enveloppe fibro-séreuse, ou fibreuse; dans la troisième d'eclocardies découvertes le cœur se trouvant partiellement ou totalement à découvert.

Malgré cette malformation, l'embryon grandit, la vie fœtale peut se poursuivre jusqu'à terme, et le fœtus peut naître vivant.

Il est exceptionnel qu'il survive dans le milieu extérieur : la mort vient quelques heures après la naissance. Seuls les cas d'ecto-cardie couverte sont compatibles avec une survie bien précaire.

Le diagnostic est facile, mais cette malformation ne comporte aucune indication de traitement autre que la protection de l'organe ectopié contre les violences du dehors, lorsque le jeune sujet naît vivant.

Les nouveau-nés atteints d'ectopie cardiaque seraient d'excellents sujets d'études physiologiques sur le fonctionnement du cœur. — Il n'y a qu'un intérêt scientifique à les conserver.

PERSISTANCE DU TROU DE BOTAL

Il arrive parfois qu'à la naissance la communication qui existe durant la vie intra-utérine entre les deux oreillettes persiste anormalement, provoquant durant la vie une série de symptômes qui caractérisent non une maladie vraie, mais une simple anomalie congénitale. — Le canal artériel peut, lui aussi, persister.

Au cours du rythme cardiaque, le temps de systole auriculaire détermine le passage du sang de l'oreillette droite vers l'oreillette gauche, d'où il résulte que le liquide de circulation artérielle se trouve constitué par un mélange de sang artériel et de sang veineux. — Le résultat est le même quand le canal artériel ne s'oblitère pas.

Les conséquences symptomatologiques sont les suivantes :

Au repos, les jeunes animaux atteints de cette anomalie ne présentent rien d'irrégulier, leur respiration est assez calme et leur tranquillité parfaite. — Dès que, au contraire, ils veulent se déplacer pour gambader, marcher, ou simplement téter, immédiatement les battements cardiaques deviennent tumultueux, la respiration s'accélère et très rapidement ces petits sujets deviennent anhélants, suffocants, sur le point de tomber asphyxiés; la conjonctive est violacée, la muqueuse buccale noirâtre. — S'ils reprennent la position couchée au repos, le calme se rétablit petit à petit pour revenir à l'état primitif.

Cet état correspond exactement à la cyanose ou maladie bleue des enfants.

Le diagnostic ne présente pas de difficultés ; il importe toutefois de ne pas confondre avec des accidents pulmonaires de bronchopneumonie.

L'entretien des jeunes animaux est peu avantageux. Il est des cas assez rares où les symptômes s'atténuent ou disparaissent au bout de quelques semaines, vraisemblablement par oblitération de l'orifice; dans la majorité les symptômes persistent suffisamment pour qu'il n'y ait pas intérêt à poursuivre l'élevage.

Il ne peut être question de les garder pour l'avenir, mais il est possible d'arriver à un certain degré d'engraissement permettant l'utilisation pour la boucherie.

CHAPITRE II

PÉRICARDITES

On donne le nom de péricardites aux inflammations du sac péricardique. Ces inflammations reconnaissent des causes diverses, et

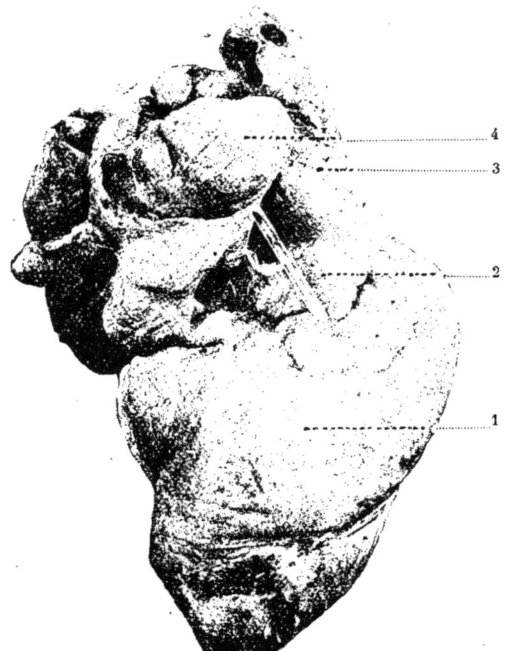

Fig. 161. — 1, ventricule; 2, oreillette; 3, tronc aortique; 4, tumeurs de la base du cœur.

toutes n'ont pas la même importance ni le même point de départ étiologique.

Péricardites spécifiques. — C'est ainsi qu'il est possible d'observer

des péricardites dites *spécifiques* causées par le bacille de Koch ou
se rattachant à l'évolution de la péripneumonie contagieuse. Ces
péricardites, tuberculeuses ou péripneumoniques, ne représentent,
le plus souvent, que des épisodes de la tuberculose pulmonaire
chronique ou de la péripneumonie. Elles sont très rarement primi-

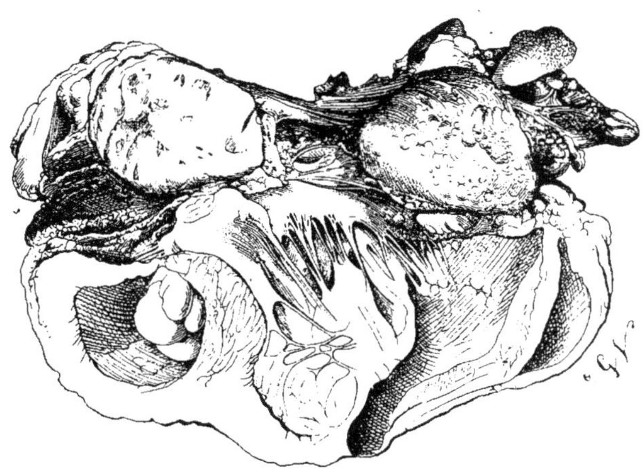

Fig. 162. — Tumeurs du cœur, faisant saillie dans les oreillettes
et le ventricule droit.

tives. et, comme les pleurésies de même nature, prennent la forme
végétante et adhésive, lorsqu'il s'agit de tuberculose.

Je n'ai pour ma part, dans la bacillose aiguë ou chronique,
jamais observé la forme exsudative vraie, mais simplement les
formes végétantes et caséeuses.

Péricardites aiguës franches. — On a signalé des péricardites
aiguës franches, exsudatives, susceptibles d'être rattachées, sous
le rapport étiologique, à des refroidissements, à des traumatismes,
des chocs violents ou des contusions de voisinage de la zone cardiaque, et, dans quelques cas, à la diathèse rhumatismale. — Ces
péricardites primitives existent ; je les crois très rares, car je
n'en ai encore observé que quelques cas de la dernière variété.
Comme les symptômes correspondent exactement à ceux de la
péricardite par corps étranger avec épanchement, il n'y a pas lieu
d'en donner une description spéciale complète.

Le seul point important à envisager pour ces variétés, c'est la
possibilité de la guérison par un traitement convenable : révulsifs
et vésicants sur la zone cardiaque, salicylate de soude et diurétiques,

repos absolu. Aussi le diagnostic doit-il être bien précisé par une ponction exploratrice aseptique à l'aide d'un trocart capillaire. Les caractères du liquide retiré permettent de différencier la péricardite aiguë franche de la péricardite par corps étranger.

Péricardites cancéreuses. — Une troisième variété de péricardite est représentée par celle que l'on peut qualifier de cancéreuse. Elle est généralement secondaire, se rattache au développement de tumeurs de généralisation sur la séreuse péricardique et dans le myocarde. — Dans différents cas, cependant, j'ai observé cette péricardite cancéreuse comme primitive, les tumeurs ne siégeant exclusivement que sur la périphérie du myocarde. Elle revêt la forme végétante, avec épanchement modéré. Les symptômes se rapprochent tellement encore de la péricardite exsudative par corps étranger, que je me bornerai à la description de cette dernière variété, de beaucoup la plus fréquente chez nos animaux de l'espèce bovine.

PÉRICARDITE EXSUDATIVE

PAR CORPS ÉTRANGERS

On peut la définir : une maladie provoquée par la pénétration dans la cavité péricardique d'un corps étranger venu des réservoirs gastriques.

C'est à tort que cette affection a été désignée sous le nom de péricardite traumatique, car cette dénomination pourrait s'appliquer à une cause d'origine externe.

Boizy, en 1858, relate plusieurs observations de péricardite par corps étrangers. — Un excellent tableau symptomatologique de l'affection est dû à Hamon (1866); Roy, en 1875, apporte de nombreux faits qui démontrent nettement la possibilité de reconnaître la maladie à l'examen clinique du sujet atteint.

La péricardite par corps étranger est aujourd'hui l'une des affections les mieux caractérisées et très facile à diagnostiquer.

Avant d'aborder le côté étiologique de la question, il est nécessaire de rappeler en quelques mots le dispositif anatomique du péricarde et les rapports qu'il affecte avec les organes voisins.

Chez le bœuf, le diaphragme est très concave du côté de la cavité abdominale. Le péricarde, situé exactement dans le plan médian, est fixé par sa pointe sur le sternum; un peloton adipeux le met en rapport direct avec la face antérieure du diaphragme. Du côté de la cavité abdominale, la vessie conique droite du rumen se trouve en large communication avec le réseau qui s'accole à la face postérieure du diaphragme, sur la ligne médiane, dans la région même où le péricarde vient se mettre en rapport avec la face antérieure.

Il résulte de ce dispositif que, si l'on perfore le réseau et le diaphragme dans le plan médian, on tombe dans la cavité péricardique. Ces données permettent de comprendre facilement le mécanisme de production de la péricardite.

Étiologie. — L'une des causes essentielles de l'évolution des péricardites par corps étranger se rattache au mode d'alimentation des bovins.

Ils ingèrent rapidement leurs aliments ainsi que les corps étrangers qui peuvent s'y trouver mélangés, pour les soumettre ensuite à une seconde mastication au cours de la rumination.

Ce mode d'alimentation les pousse à avaler les aliments presque sans les mastiquer, d'où la possibilité de déglutition de corps étrangers de dimensions fort variables : aiguilles à coudre, épingles, pointes, clous, aiguilles à tricoter, fragments de fils de fer, etc.

La proximité du réseau et du péricarde joue aussi dans la production de la maladie un rôle considérable, parce que les corps étrangers tombent dans le réseau

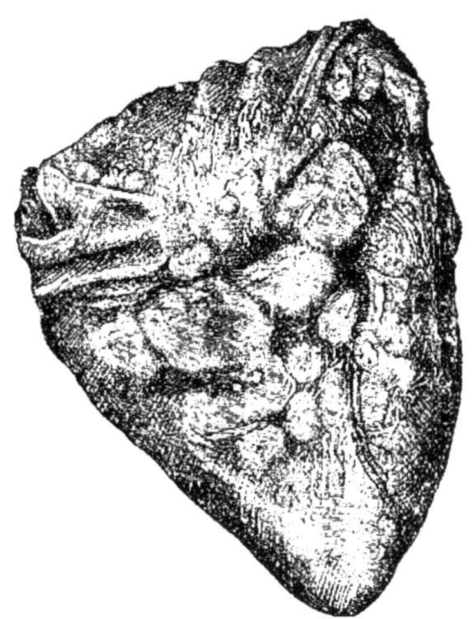

Fig. 163. — Tumeurs de la surface du cœur, dans un cas de péricardite et de myocardite cancéreuses primitives.

dès que le bol alimentaire se trouve désagrégé. Il importe de signaler enfin que la péricardite est plus fréquente dans les fermes où les bêtes bovines sont soignées par des femmes, parce qu'il y a toujours des aiguilles ou des épingles qui de leurs vêtements tombent sur les fourrages, que dans les exploitations où les bovidés sont soignés par des hommes. La péricardite par corps étranger est encore fréquente dans les régions où des corps acérés sont laissés sur les routes ou dans les cours (fabriques d'aiguilles, de pointes, de clous); mais là où les animaux sont soumis au régime du pâturage permanent, elle est pour ainsi dire inconnue.

La seule cause déterminante est la pénétration d'un corps étranger dans la cavité du péricarde.

Pathogénie. — Les corps étrangers les plus divers sont déglutis par les animaux de l'espèce bovine; il suffit, pour s'en convaincre, de pratiquer quelques autopsies et d'examiner les premiers réservoirs gastriques. Lors de leur déglutition, ces corps indigestes tombent avec les aliments dans le rumen et s'accumulent dans les parties les plus déclives de ce réservoir. Sous l'influence des contractions physiologiques, sa paroi inférieure s'élève, arrive au niveau de l'orifice de communication avec le réseau, et beaucoup de matériaux accumulés dans la panse sont déversés dans ce diverticulum.

Les corps étrangers mousses tombent à la partie inférieure du réseau; mais ceux qui sont aigus peuvent s'implanter dans les parois. Bien souvent la pénétration se fait sans réticulite, sans inflammation grave; les fonctions du réseau n'en sont pas gênées.

Ce sont, en général, des aiguilles, des épingles, des clous ou des fils de fer qui pénètrent ainsi. En raison de sa forme, c'est l'aiguille à coudre qui est le corps étranger le plus dangereux. Son extrémité très aiguë lui assure une facile pénétration dans les tissus. La résistance qu'elle rencontre du côté de sa pointe étant moindre que celle qui s'exerce en tous ses autres points, elle pénètre insensiblement d'une façon continue.

Si l'implantation du corps étranger s'est faite verticalement sur la paroi inférieure du rumen ou du réseau, il y a élimination directe à la faveur d'un abcès de la paroi abdominale, région xiphoïdienne ou infra-sternale d'ordinaire. C'est alors une terminaison heureuse, qui cependant peut laisser persister une fistule gastrique.

Dans les cas plus nombreux, l'implantation se fait vers la paroi antérieure du réseau et la progression du corps vulnérant se trouve dirigée vers le diaphragme par les mouvements de cet organe et des réservoirs digestifs. Il perfore ce muscle et passe dans la cavité thoracique, soit vers le péricarde, soit vers les sacs pleuraux. Je n'envisagerai ici que le cas de pénétration intrapéricardique. Le corps étranger, quel qu'il soit détermine par sa seule présence une irritation très vive, et comme, d'autre part, il est toujours infecté à la suite de son passage dans les réservoirs digestifs, il en résulte une inflammation qui varie avec la qualité des agents d'infection

Symptômes. — Les symptômes de début sont des symptômes digestifs et non péricardiques, et cela se comprend, puisque tout se passe d'abord dans la cavité abdominale. Les malades sont tristes, inquiets, en proie à un malaise impossible à préciser. Ils restent debout plus longtemps, se couchent avec précaution, perdent l'appétit, ne ruminent plus aussi régulièrement, et montrent de la météorisation intermittente.

Tout cela tient à ce que le réseau se trouve tout d'abord en partie immobilisé par son inflammation locale, et que le diaphragme se trouve ensuite arrêté dans son fonctionnement par voie réflexe lorsque le corps acéré vient le toucher à son tour. — La contraction rythmique du réseau ne s'effectuant plus régulièrement non plus que celle du diaphragme, la rumination devient intermittente, les éructations ne se produisent plus et la météorisation apparaît.

Souvent le malade fait entendre de petites plaintes, principalement lorsqu'on le force à se déplacer ; mais, comme ce sont là des signes généraux que l'on retrouve dans toutes les maladies graves, il est impossible à cette période de porter un diagnostic précis. On ne peut que soupçonner ce qui se produira dans la suite. — En dix à quinze jours, cette première phase peut être terminée, mais il faudrait se garder de lui assigner une durée exacte, car elle varie avec

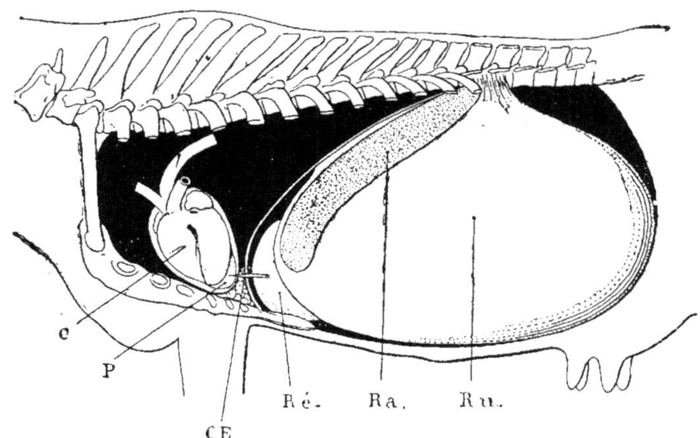

Fig. 164. — Schéma du mode de pénétration du corps étranger dans le péricarde. — C, cœur; P, péricarde; CE, corps étranger au travers du diaphragme; Ré, réseau Ra, rate; *Ru*, rumen.

chaque sujet, avec chaque variété de corps migrateur, et peut se prolonger des mois.

Dès son passage dans la cavité thoracique, le corps vulnérant se trouve dirigé mécaniquement vers la gouttière sus-sternale et la pointe du cœur; c'est alors la deuxième phase d'évolution. En raison de la longueur possible du corps acéré, le passage au travers du diaphragme est assez long ; aussi le début de cette deuxième phase symptomatologique est-il caractérisé par l'immobilisation relative du cercle de l'hypocondre pendant la respiration. La sensibilité anormale et la douleur empêchent la contraction diaphragmatique.

La palpation de la région xiphoïdienne dénote aussi une sensibilité douloureuse, et provoque parfois des mouvements de défense du blessé.

Dès lors, c'est la phase péricardique proprement dite qui se dessine dès que le corps étranger a touché le péricarde.

A l'inverse des précédentes, cette phase présente des symptômes absolument typiques. L'excitation qui résulte pour le cœur et son système ganglionnaire de la présence d'un corps étranger dans le

péricarde, se manifeste par une augmentation considérable du
nombre des battements cardiaques, avant même qu'il y ait exsudation dans le sac péricardique. Au lieu de 60 à 70 battements, chiffre
normal, on compte 80, 90, 100 et même 110 battements cardiaques
à la minute. Ces battements sont tumultueux, sourds et mal frappés,
alors que le pouls se montre bondissant et fort.

Mais cette période d'excitation cardiaque, tout en persistant,

Fig. 165. — Physionomie d'une malade à péricardite par corps étranger. — Distension
des jugulaires. Œdème sous-glossien, œdème du fanon, œdème sous-thoracique et
ombilical.

se trouve rapidement doublée d'autres symptômes. L'infection
du sac péricardique se fait aussitôt la pénétration de la pointe du
corps étranger, par apport de germes microbiens des voies digestives
une inflammation très vive en résulte, déterminant la formation
rapide d'un épanchement abondant. Le pouls subit dès ce moment
un affaiblissement progressif qui va jusqu'à l'effacement presque
complet lorsque la compression cardiaque est accusée. Il est souvent
paradoxal.

La température ne subit qu'une ascension modérée. L'exsudation
établie, les symptômes de la péricardite deviennent très caractérisés, et on peut grouper ces symptômes dans l'ordre suivant, d'après
leur importance.

A. *Symptômes cardiaques.* — A la palpation de la zone cardiaque,
à gauche, on ne sent plus le choc cardiaque. — La percussion, qui,
en temps ordinaire, ne donne que de la submatité, se montre douloureuse et décèle de la matité étendue dans le sens de la hauteur.

Les lames pulmonaires interposées entre le péricarde et les parois thoraciques sont refoulées vers le haut, le péricarde distendu se rapproche de la plèvre pariétale et peut s'y souder, d'où la matité. Cette matité se prolonge en arrière jusqu'à l'appendice xiphoïde du sternum, et elle se montre à droite comme à gauche, mais suivant une ligne à convexité supérieure.

Dans des cas rares, la matité fait défaut; elle se trouve remplacée partiellement tout au moins par de la résonance tympanique. Cette résonance tympanique se rattache à la présence de gaz dans la cavité péricardique distendue; gaz venus des réservoirs digestifs ou résultant de la fermentation putride du liquide.

La pleurésie simple ou double, et même la pneumonie des lobes cardiaques résultant d'infections par contiguïté d'organes peuvent compliquer les péricardites à

Fig. 166. — Aspect extérieur d'une malade, dans un cas de péricardite à la période d'état.

marche rapide; la matité se trouve alors modifiée, de même d'ailleurs que les signes d'auscultation.

L'auscultation fournit d'excellents renseignements. Dès le début, elle dénote l'accélération cardiaque; plus tard, mais d'une façon tout éphémère, le frottement péricardique, qui précède l'exsudation séreuse, et qui peut persister pendant plusieurs jours lorsqu'il se développe une abondante production de fausses membranes.

Si l'épanchement existe en quantité notable, l'oreille perçoit un bruit de liquide à chaque battement cardiaque; *le cœur bat dans l'eau*, suivant l'expression courante très significative, mais le bruit de liquide présente des modalités extrêmement variées. Il a été appelé *bruit de claclaque* (Lecouturier, 1846), par analogie avec le bruit de claquement des vagues l'une sur l'autre; *bruit de clapotement* (Boizy, 1858), par comparaison avec le bruit des bords de l'eau sous l'influence d'une brise légère; *bruit de glouglou* (Roy, 1875), comparable à celui du liquide s'échappant d'une bouteille renversée, etc. — Il importe de savoir cependant qu'il est des cas où, chez l'animal au repos, ces bruits sont difficiles à noter, principalement lorsque le péricarde est fortement distendu et totalement rempli par le liquide; pour les mettre en évidence, il faut faire marcher les malades pendant quelques mètres.

Vernant a encore signalé un *bruit de gouttelettes* tout particulier, qu'il comparaît à celui de la chute de gouttelettes liquides sur une table de marbre ou dans un vase à moitié plein. — D'après ce que j'ai pu observer, ce bruit de gouttelettes se rapproche beaucoup de celui du pneumothorax; mais le tintement en est moins retentissant et moins prolongé. Il est, pour moi, caractéristique de la *pneumatose péricardique* et son timbre varie suivant la quantité de gaz accumulée dans le péricarde. Masqués par ces bruits péricardiques, les battements cardiaques sont sourds, mal frappés, comme lointains et étouffés.

B. *Symptômes jugulaires.* — Les symptômes dits jugulaires sont secondaires, ils résultent de l'accumulation du liquide dans la cavité péricardique. L'épanchement intra-péricardique ne peut exister, en effet, sans exercer une certaine compression sur le contenu, c'est-à-dire le cœur; et comme les oreillettes ont des parois plus minces et plus dépressibles, la compression se traduit aussitôt par de la difficulté de la circulation de retour. D'où stase veineuse d'intensité variable, mais facilement visible et appréciable par le degré de réplétion des jugulaires.

La stase veineuse est générale, car les veines pulmonaires se trouvent tout aussi bien comprimées que la veine cave postérieure et la veine cave antérieure, mais elle ne devient apparente que sur les grosses veines superficielles. Cette stase s'accompagne de pouls veineux, et surtout d'œdèmes périphériques ou internes : œdème pulmonaire, œdème intestinal, œdème du mésentère, etc., œdème sous-glossien, œdème du fanon et de l'entrée de la poitrine. — L'œdème sous-glossien a une valeur toute particulière, car il apparaît comme l'un des premiers signes extérieurs. Celui du fanon ne se produit qu'ultérieurement; il s'étend en arrière jusqu'à l'ombilic, et remonte même vers l'entrée de la poitrine et la région axillaire.

Les œdèmes du fanon et de la région de la gorge n'ont pas toutefois de valeur pathognomonique absolue. On les rencontre dans les pseudo-péricardites, les médiastinites, la pleuro-pneumonie contagieuse, parfois dans les complications de broncho-pneumonie.

C. *Symptômes pulmonaires.* — Les troubles pulmonaires résultent de la difficulté de la circulation de retour et de la stase veineuse. Ils se rattachent à de la *congestion passive*, de l'*œdème du poumon* ou de l'*hydrothorax*. Au repos, la respiration peut se montrer assez régulière, mais elle s'accélère sous l'influence du moindre déplacement et peut monter à 40 et même 60 mouvements à la minute.

La percussion donne une diminution de sonorité, et, dans les cas d'hydrothorax, de la matité horizontale comme dans la pleurésie.

A l'auscultation, il peut y avoir, mais non d'une façon constante, de la diminution et même de la disparition du murmure vésiculaire, de la respiration soufflante comme dans la congestion active, et exceptionnellement du souffle tubaire (Brissot).

Une toux quinteuse, assez fréquente, d'origine réflexe par excitation des pneumogastriques, existe dans la généralité des cas.

Cruzel signale encore un *soubresaut* analogue à celui de l'emphysème du cheval. Ce soubresaut se rattache en réalité à de l'hydrothorax, il est inconstant.

D. *Symptômes généraux.* — Lorsque l'affection dure depuis un certain temps, les malades présentent un ensemble de symptômes généraux bien nets, eux aussi. Ils restent immobiles, en position quadrupédale prolongée, la tête et l'encolure en extension, les membres antérieurs écartés du tronc, le corps rigide, comme si le moindre déplacement déterminait de la douleur. L'attitude générale exprime l'anxiété. Le décubitus s'effectue avec précaution, très doucement; il est toujours de courte durée, par suite de la gêne mécanique de fonctionnement du cœur et du poumon. Dans les derniers temps, les malades restent contamment debout, l'appétit est presque supprimé, l'amaigrissement devient rapide.

La marche de la péricardite par corps étranger est très variable. Tantôt les malades sont emportés en huit à dix jours; dans d'autres cas, ils peuvent survivre des semaines, à la condition qu'on les laisse en stabulation permanente. Tout dépend de la rapidité de progression du corps étranger et de la qualité des agents d'infection du péricarde. La terminaison fatale et inévitable est la mort qui se produit par syncope cardiaque et respiratoire. Elle peut survenir brusquement, sous l'influence de simples déplacements forcés, sur des malades qui paraissent avoir encore quelque vigueur. Lorsque les agents d'infection du péricarde ont une virulence très grande, il se produit aussitôt des complications de pleurésie septique, de pneumonie, et la mort arrive rapidement.

On a prétendu que la guérison était possible, par rétrogradation du corps étranger vers le réseau. C'est absolument inadmissible, et il s'agissait sûrement d'erreurs de diagnostic, sinon quant à l'existence de la péricardite, du moins quant à sa nature, les péricardites *a frigore* ou *rhumatismales* étant susceptibles de guérir spontanément.

La mort peut encore survenir presque brusquement par syncope, lorsque le corps étranger pique le myocarde, le traverse, et arrive aux cavités ventriculaires.

La rétrogradation du corps étranger n'est possible, et encore, que tant qu'il n'est pas arrivé dans la cavité péricardique. Or, jusquelà, il n'y a que des troubles digestifs et pas encore de péricardite;

et lorsqu'il s'agit, par exemple, de longs morceaux de fils de fer qui peuvent s'étendre du réseau au péricarde, il est évident que la qualité de la péricardite n'est pas de celles qui peuvent guérir sans laisser de traces.

Ma conviction absolue est qu'il n'y a pas de guérison naturelle possible des péricardites par corps étranger sûrement diagnostiquées.

Diagnostic. — Le diagnostic péricardite ne peut être porté que lorsque cette péricardite existe, c'est-à-dire à la troisième phase d'évolution signalée ci-dessus.

Tant qu'il ne s'agit que des troubles morbides se rattachant à la première ou à la deuxième phase, le diagnostic logique est réticulite par corps étranger. Il est possible dès lors de prévoir l'évolution d'une péricardite, mais elle n'est pas fatale.

Lorsque, au contraire, connaissant l'évolution des troubles digestifs, on assiste ensuite à la période d'excitation cardiaque, à la disparition du choc, à l'assourdissement des bruits, à la stase veineuse, le diagnostic, même précoce, devient facile.

La confusion ne semble possible, et dans quelques cas seulement, qu'avec la péripneumonie aiguë portant sur les lobes pulmonaires antérieurs, déterminant de la compression du péricarde, de la veine cave antérieure, et secondairement de la stase veineuse et de l'œdème du fanon. Il peut se produire d'ailleurs de la péricardite spécifique péripneumonique, et l'erreur deviendrait encore plus excusable. Cependant, le simple examen de la courbe thermique permettra toujours de se prononcer, car, tandis que dans la péripneumonie on a toujours une courbe en hyperthermie manifeste, cette hyperthermie est à peine visible dans la péricardite par corps étranger. Et puis, la pleuro-pneumonie contagieuse des bovidés n'existant plus, actuellement, en France il est presque superflu de mentionner ce diagnostic différentiel.

J'ai signalé précédemment les confusions possibles, résultant d'un examen superficiel avec les pseudo-péricardites, médiastinites, broncho-pneumonies, etc.

Certaines endocardites infectieuses du cœur droit, compliquées d'hydro-thorax simple ou double, peuvent aussi donner lieu à des œdèmes externes simulant ceux de la péricardite.

Lorsqu'on a bien précisé un diagnostic de péricardite, il n'est pas indifférent de rechercher de quelle nature est l'affection. Tandis, en effet, que dans le cas de péricardite par corps étranger, il est indiqué de faire abattre le malade pour sauvegarder les intérêts du propriétaire, il est possible de traiter avec fruit une péricardite d'origine rhumatismale. Les synoviales sont le plus souvent frappées par le rhumatisme, avant le péricarde ou en même temps que lui; et cette indication, jointe aux renseignements qu'il est parfois possible d'obtenir, permet de poser un diagnostic étiologique rationnel.

Beaucoup plus difficile est la distinction de la péricardite par corps étranger d'avec les péricardites carcinomateuse, tuberculeuse, ou les péricardites de complication des lésions de voisinage du cœur. En étudiant celles-ci, j'envisagerai ce point particulier du diagnostic différentiel.

*
* *

Formes atypiques. — Il importe cependant de signaler que selon la qualité du corps vulnérant et l'âge des malades, l'évolution symptomatologique peut présenter des variantes, qualifiées *formes atypiques.* On a signalé des péricardites franchement exsudatives sans œdèmes apparents et sans bruits de liquide : (Rossi-Sémelagne), des péricardites s'accompagnant de paraplégie, des péricardites entraînant la mort subite sans apparition de troubles susceptibles d'attirer l'attention. Pour ces derniers cas l'intérêt clinique est nul puisque c'est toujours de l'imprévu, mais pour les autres la réputation du praticien rural gagnerait à pouvoir de bonne heure apporter une précision, alors que l'animal a encore une valeur pour la boucherie. Toutes les fois qu'il y a inrumination, refus des aliments solides, mais persistance de la soif, météorisation légère, toux pleurétique, sensibilité xiphoïdienne, pouls veineux et battements cardiaques accélérés, il faut penser à une péricardite en évolution, bien qu'il n'y ait ni œdèmes, ni bruit de liquide nettement perceptibles. — Une attente plus ou moins prolongée permettant l'apparition des œdèmes sous-glossien et du fanon ainsi que celle du bruit de liquide permet évidemment toujours de préciser un diagnostic, mais alors il est souvent trop tard pour tirer économiquement parti de l'accidenté parce que les chairs sont infiltrées et que la viande n'est plus marchande. C'est dans un but paradoxal en apparence, mais parfaitement légitime dans la réalité, que Sémelagne a conseillé une médication spéciale pour aggravation de symptômes, facilitant un diagnostic plus précoce et plus certain, et par suite autorisant une décision d'abatage qui n'aurait pu être prise sans cela. D'ordinaire des médications ne sont administrées que dans un but d'utilité thérapeutique c'est-à-dire pour amélioration ; pour les cas douteux ci-dessus, Sémelagne estime que l'on peut stimuler les fonctions et les organes au point de faire apparaître un bruit de liquide que l'on ne pouvait que soupçonner, provoquer à l'expiration des plaintes qui n'existaient pas; en un mot de changer en certitude une opinion restée douteuse. C'est évidemment un point de portée utilitaire qui mérite toute attention.

Pronostic. — Il est toujours fatal; la mort est la terminaison régulière de la maladie.

Lésions. — Quand le corps étranger est très fin, acéré, la traversée des tissus est rapide, la réparation aussi, il ne reste pas de traces du passage du corps étranger migrateur.

Une induration scléreuse de la grosseur du bras réunit ordinairement le réseau, le diaphragme et le péricarde, dans les cas contraires, c'est-à-dire lorsque le corps étranger est de certaine dimension. Cette induration se présente sous forme d'un manchon fibreux inflammatoire entouré d'une zone œdémateuse, en général peu étendue. Un trajet fistuleux traverse cette production lardacée qui résulte de l'action irritante du corps étranger sur les tissus environnants et aussi de l'infection. Tous les auteurs décrivent ce manchon fibreux, qui, en réalité, n'est pas constant et ne se trouve que dans les cas où un corps étranger trop long a cheminé lentement.

Très exceptionnellement, le trajet fistuleux est ramifié; il est probable que c'est à des déplacements du corps étranger qu'on doit rattacher cette particularité (Roy, Vernant).

Les orifices du trajet fistuleux siègent d'une part au réseau, d'autre part au péricarde. Du côté du réseau, il n'y a jamais qu'une seule ouverture, et encore le trajet est-il bien souvent fermé de ce côté, soit que la cicatrisation ait déjà achevé son œuvre, soit que des bourgeons charnus obstruent la lumière de l'orifice de la fistule. Au contraire, la fistule est plus fréquemment ouverte dans la cavité péricardique. Ses parois sont d'aspect très variable suivant leur ancienneté : rouges, grisâtres, molles ou dures; elles peuvent être scléreuses lorsque la lésion remonte à quelque temps.

Le péricarde se montre distendu par une assez grande quantité de liquide d'une nature spéciale; tantôt séro-sanguinolent, presque purulent ou franchement purulent, gris jaunâtre ou verdâtre, mousseux, inodore ou très fétide.

Ces caractères dépendent de la nature et du nombre des germes qui ont envahi la cavité péricardique : ils varient aussi avec la gravité et le nombre des hémorragies déterminées par l'action du corps étranger sur le myocarde.

La quantité du liquide oscille dans des limites très étendues; l'épanchement peut faire presque complètement défaut; il y a alors péricardite partiellement adhésive, avec abondante production de fausses membranes. En moyenne, on peut évaluer à 7 ou 8 litres la masse liquide épanchée, mais les cas abondent où on trouve un pyo-péricarde énorme. Trasbot a relevé un cas dans lequel le poids du cœur et du péricarde atteignait plus de 18 kilogrammes. Hamon a recueilli une observation de péricardite dans laquelle la quantité du liquide exsudé dépassait 20 litres. J'ai, dans une intervention opératoire sur un bœuf charolais, retiré 15 litres de liquide purulent.

Au début de l'inflammation, ce liquide est séreux, jaunâtre, jaune rougeâtre; il tient en suspension des flocons fibrineux; peu à peu l'exsudat devient purulent, en même temps que la séreuse péricardique se desquame à sa face interne. Celle-ci se recouvre de fausses membranes d'aspects variés. L'exsudat fibrino-albumineux est rugueux, villeux, disposé en touffes. Les deux feuillets de la

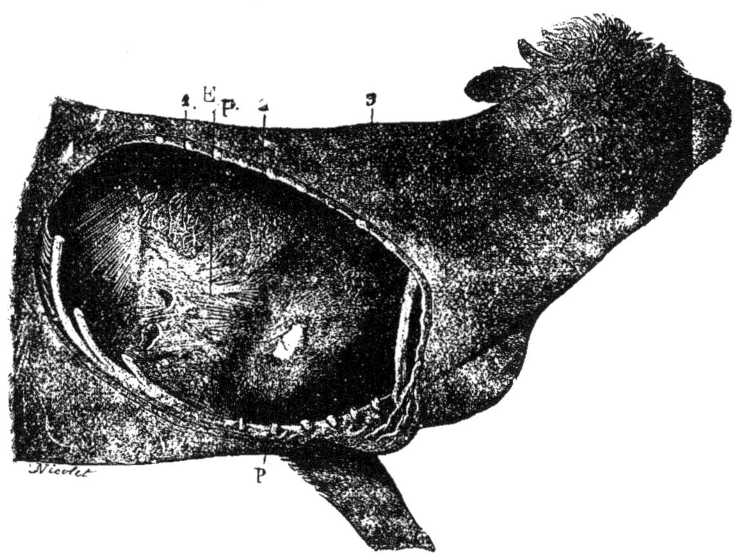

Fig. 167. — Aspect des lésions thoraciques dans un cas de péricardite mortelle. — P, péricarde distendu, enflammé et soudé aux lobes pulmonaires voisins; 1, lobe postérieur; 2, lobe cardiaque; 3, lobe antérieur; Fp, fausses membranes pleurales.

séreuse, réunis en certains points, forment des symphyses parfois très étendues. Le sac péricardique proprement dit présente un épaississement lardacé considérable, d'origine inflammatoire et infectieuse.

Le cœur apparaît recouvert d'une véritable couche bourgeonneuse, grisâtre, terreuse, comme cuite, qui a permis à Hamon de la comparer au dos d'un crapaud. Il est atrophié par la longue compression qu'il a subie.

Sous l'influence de la poussée excentrique du liquide épanché, le sac péricardique se trouve refoulé en dehors, appliqué contre les parois costales avec lesquelles il peut contracter des adhérences.

Le corps étranger n'est pas toujours facile à retrouver; il peut même échapper aux recherches, ou ne plus exister, lorsqu'il est de dimensions faibles ou lorsqu'il a été oxydé, fragmenté et détruit par la rouille.

Le myocarde présente bien souvent des lésions intéressantes :
d'abord une induration ou, mieux, une dégénérescence scléreuse des
couches superficielles au niveau des ventricules, puis un véritable
semis de petits abcès miliaires. Des abcès assez volumineux ont été
relevés plusieurs fois dans les parois ventriculaires et interventri-
culaires.

Non seulement le corps étranger provoque des blessures du
myocarde, mais il peut encore le perforer complètement et produire
de l'endocardite ulcéreuse (Cadéac). Dans ce cas, très rapidement
les germes infectieux envahissent le torrent circulatoire et tous les
tissus. Le malade meurt par pyohémie, et plus souvent par syncope
précoce.

Outre ces lésions essentielles, on trouve des lésions contingentes
d'importance variable : la congestion du poumon est généralisée
à tout l'organe, et, par contiguïté de tissu, l'inflammation a pu se
propager du péricarde à la partie inférieure, des lobes pulmonaires
et aux plèvres.

La difficulté de la circulation de retour entraîne la formation des
lésions consécutives à la stase veineuse : l'hydropisie des grandes
séreuses et de l'œdème des plans conjonctifs. De là l'épanchement
pleural, l'épanchement péritonéal, qui ont la même origine que
l'infiltration des plans conjonctifs du fanon et l'œdème sous-glossien. Si l'engorgement des membres postérieurs ne s'observe jamais,
c'est grâce à la résistance de la peau des extrémités qui ne se prête
pas à la distension nécessaire pour que l'infiltration œdémateuse se
réalise.

Le foie hypertrophié, congestionné, gorgé de sang, offre le type
du foie cardiaque lorsque les malades ont pu survivre quelques
semaines.

Traitement. — En réalité, le traitement de la péricardite par
corps étranger est encore bien aléatoire aujourd'hui ; il ne reste
souvent après le diagnostic précis qu'à faire abattre les malades.

Mais le conseil d'abatage ne saurait préjuger de la possibilité
d'utilisation de la viande. Une inspection de cette dernière est absolument nécessaire immédiatement après abatage ou vingt-quatre
heures plus tard. Si l'infiltration des plans conjonctifs intermusculaires est très prononcée, ou reste accusée après douze ou vingt-
quatre heures, la viande n'est pas marchande. Elle peut être saisie
en totalité ou partiellement seulement ; ce sont toujours les quartiers
antérieurs qui sont les plus atteints.

C'est pour éviter ces conséquences économiques que Semelagne
a recommandé, pour établir un diagnostic précis précoce, à une
époque où les viandes ne sont pas infiltrées. L'administration de la
vératrine et de la pilocarpine en injections sous-cutanées, 5 à 10 centigrammes selon la taille et le poids, l'administration d'aloès, d'émé-

tique 12 à 15 grammes et de poudre de noix vomique 15 à 30 grammes par voie digestive. Sous l'action combinée de ces médicaments les mouvements du rumen et le péristaltisme digestif sont énergiquement exagérés, de même que les battements cardiaques. S'il y a péricardite mal caractérisée les symptômes pathognomoniques

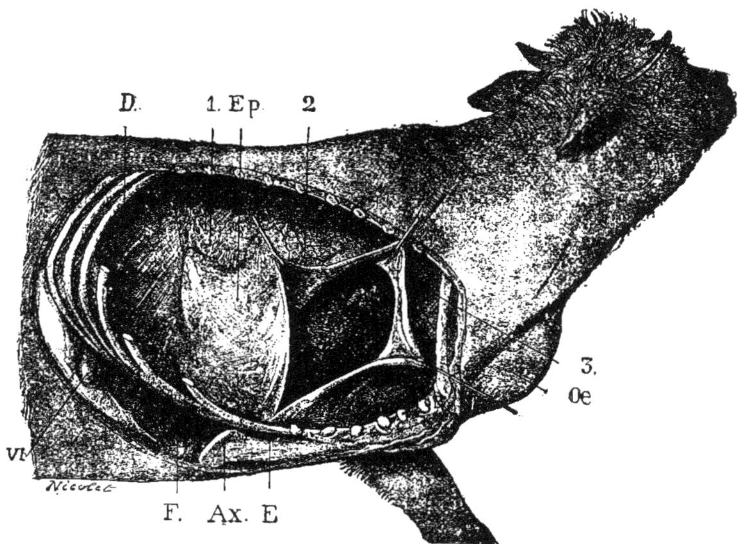

Fig. 168. — Lésion de péricardite exsudative par corps étranger. Rapports du péricarde avec le sternum et la région xiphoïdienne. Péricarde ouvert. — D, diaphragme; Œ, œdème du fanon; Ax, appendice xiphoïde; F, foie; Vb, vésicule biliaire; 1, poumon rétracté, lobe postérieur; 2, lobe cardiaque; 3. lobe antérieur; E, espace de pénétration vers la pointe du péricarde, entre le col de l'appendice xiphoïde et le cercle de l'hypocondre.

s'aggravent, deviennent appréciables, le diagnostic peut être établi avec décision déterminée.

Si au contraire il y a eu confusion avec un état gastrique se rapportant à de la surcharge, à de la stase alimentaire avec fermentations anormales, il ne se produit pas d'aggravation et bien au contraire souvent une amélioration.

Chez les animaux trop maigres, n'ayant pas de valeur pour la boucherie, l'abatage ne serait à conseiller que pour l'équarrissage, il peut être utile alors de tenter une intervention.

Il n'y a pas lieu d'insister sur les moyens d'intervention préconisés autrefois; tous sont illusoires ou mauvais; tels l'emploi des purgatifs pour faire rétrograder le corps étranger, l'extirpation du corps étranger après ouverture du rumen, la ponction du péricarde, etc.

Bastin, en 1878, réalisa avec succès l'ouverture du péricarde
et l'extraction du corps étranger par une fenêtre pratiquée à la
paroi thoracique. — Cet opérateur, après déplacement du membre
gauche en avant, incision de la peau et des muscles, conseille de
s'entourer la main d'un linge disposé en manchon, de perforer la
plèvre, puis de faire la recherche du corps étranger et d'en pratiquer
l'extraction.

Avec cette manière d'opérer, la perforation du péricarde semble

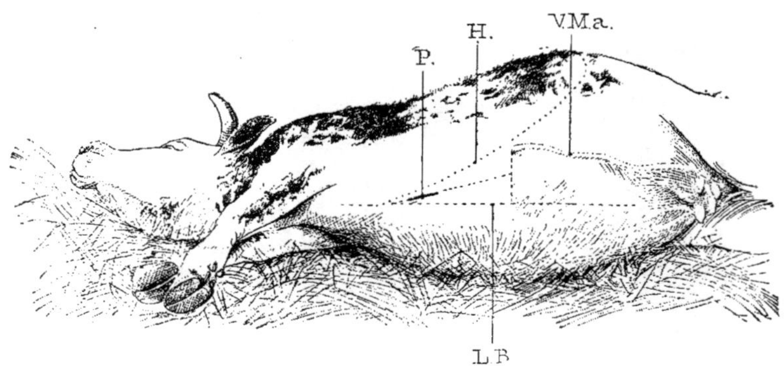

Fig. 169. — Champ-opératoire pour la ponction du péricarde par la voie xiphoïdienne.
L. B, ligne blanche (1); H, ligne de l'hypocondre (2); V. Ma, veine mammaire antérieure; P, point de ponction sur l'incision.

difficile à effectuer, elle entraînerait fatalement la production d'un
pneumothorax qui se compliquerait de pleurésie septique mortelle.

Il faut bien se rappeler en effet que les deux sacs pleuraux, le
droit comme le gauche, descendent jusqu'au sternum (fig. 159), et
qu'il n'est pas possible d'aborder directement le péricarde sans
perforer la plèvre.

J'ai pratiqué la ponction aspiratrice transpleurale du péricarde,
dans l'espoir de décomprimer le cœur et de faciliter la résorption
des œdèmes pour livrer ensuite les malades à la boucherie; je n'ai
obtenu que de mauvais résultats. Même avec une aiguille fine, le
trajet de piqûre au travers de la paroi fibreuse inélastique que
représente le péricarde malade ne se referme pas. Il laisse un petit
pertuis qui permet à quelques gouttes de liquide péricardique de
passer dans la plèvre, et une pleurésie à marche rapide et fatale
en est la conséquence.

J'ai pratiqué l'incision du péricarde après résection partielle des
cartilages costaux à gauche, après décollement et refoulement du
bas-fond du sac pleural vers le haut ou après incision pulmonaire dans les cas d'adhérences pleurales. C'est une opération trop

longue, trop laborieuse et trop délicate, trop dangereuse aussi par suite de la présence de l'artère et de la veine thoraciques internes dans le champ opératoire, pour qu'elle soit susceptible d'entrer dans la pratique.

J'ai enfin pratiqué la perforation (trépanation) médiane du sternum dans la région infra-péricardique. C'est encore là une intervention trop pénible, rendue difficile par suite de l'infiltration œdémateuse de toute la région sous-sternale, et trop dangereuse pour

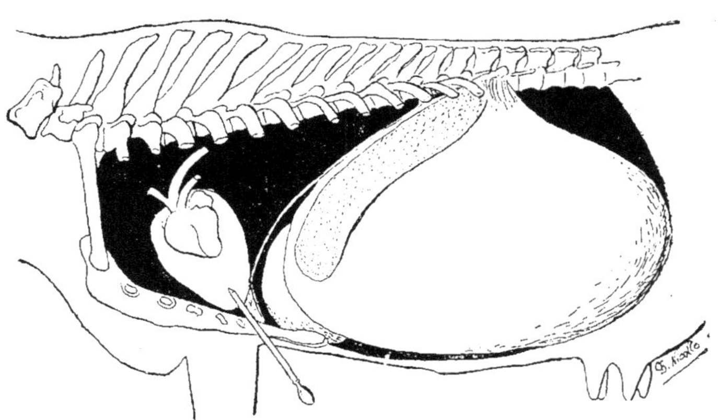

Fig. 170. — Direction et position du trocart dans la ponction du péricarde.

le malade lui-même, que l'on est obligé de mettre en décubitus, ce qui l'expose à succomber subitement.

Il n'y a, à mon avis, qu'une seule circonstance dans laquelle il serait possible de tenter une intervention transpleurale avec chance de succès. C'est lorsqu'il existe une *symphyse pariéto-pneumo-péricardique* droite ou gauche.

Là, la ponction aspiratrice et l'incision péricardique transpleurale dans un espace intercostal, peuvent rendre des services, parce qu'elles n'exposent pas à la production d'un pneumothorax opératoire.

Le seul point délicat consiste à bien préciser le diagnostic de la symphyse pariéto-péricardique et l'étendue de cette symphyse avant l'intervention; or, ce diagnostic est bien difficile, même avec la forme de la matité et l'absence de tout bruit respiratoire dans le tiers inférieur de la cavité thoracique, zone cardiaque, La lame pulmonaire interposée peut être refoulée vers le haut, soudée partiellement au péricarde et à la plèvre pariétale, sans qu'il soit cependant possible d'éviter la production d'un pneumothorax opératoire lors de la résection des cartilages pour l'incision péricardique.

La seule intervention logique qui me paraisse à la portée de tous, c'est la ponction péricardique par la voie xiphoïdienne, telle que j'en ai précisé le manuel, et de préférence à gauche :

Ponction du péricarde par la voie xiphoïdienne. — L'anatomie topographique des viscères thoraciques démontre que la pointe du péricarde s'avance sur le sternum jusque vers l'insertion infé-

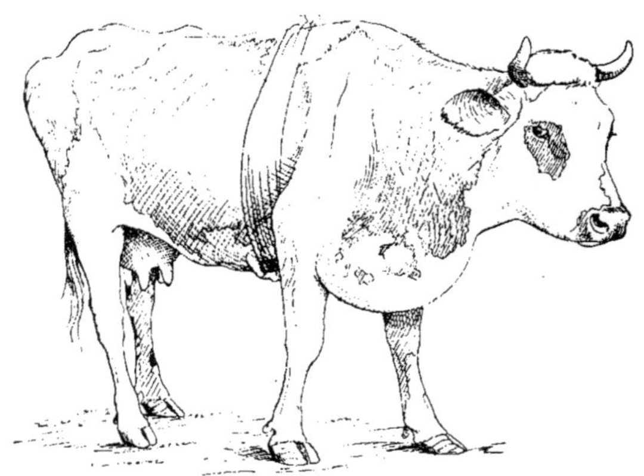

Fig. 171. — Photographie d'une malade immédiatement après l'opération. Œdème énorme du fanon et de l'encolure.

rieure du diaphragme, et que le sac péricardique ne se trouve séparé de la région xiphoïdienne, ou mieux de la région du col de l'appendice xiphoïde du sternum, que par le coussinet graisseux de la pointe du cœur.

Il suffit de jeter un coup d'œil sur le dessin ci-joint (fig. 168) pour s'en assurer. Ce dessin, relevé très exactement sur une préparation anatomique d'une bête qui venait de succomber à une péricardite, fait voir, même à droite, que le péricarde distendu arrive au voisinage du col xiphoïdien.

L'opération se fait debout.

Premier temps. — Rechercher les trois points de repère :

1, appendice xiphoïde et ligne blanche ; 2, point de fixation du cercle de l'hypocondre sur le sternum ; 3, point de pénétration de la veine mammaire externe au travers de la paroi abdominale (fig. 169).

Ces trois repères délimitent un triangle rectangle (anatomique) dont on trace la pseudo-bissectrice.

L'incision, qui doit avoir environ 20 centimètres de long, doit
le faire suivant le sommet de la bissectrice, à égale distance entre
la ligne blanche et le cercle de l'hypocondre, à environ 20 centimètres en avant de la mammaire antérieure.

Tous ces repères se relèvent facilement *sur l'animal debout.*

Deuxième temps. — Incision des tissus au niveau du col de
l'appendice xiphoïde du sternum, à environ 20 centimètres en
avant de la base du triangle, à égale distance entre les repères 1 et **2.**

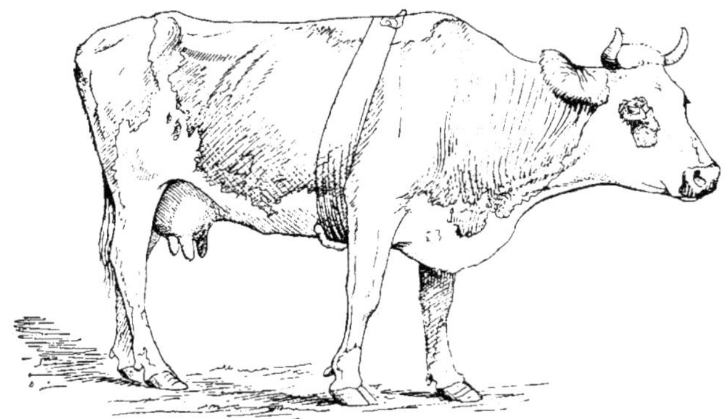

Fig. 172. — Photographie de la malade six jours après l'opération. (Disparition
de l'œdème du fanon.)

Incision de la peau sur une longueur de 20 centimètres, désin-
sertion des muscles de la région xiphoïdienne, mise à découvert
du col.

L'incision cutanée fait tomber sur un œdème abondant qu'on
laisse écouler.

Avec l'index seul, ou l'index et le médius de la main droite, on
explore l'espace médiastinal en dilacérant les pelotons graisseux du
coussinet de la pointe du cœur. Si le péricarde est très distendu,
on sent la pointe péricardique sur la pulpe du doigt, ou on décèle
tout au moins sa présence à une faible distance par la transmission
des contractions ventriculaires.

La sensation recueillie par le doigt explorateur est très nette.
On remplace alors l'index droit par l'index gauche, et avec un
trocart de 25 centimètres de long au moins et de 5 millimètres de
diamètre, introduit le long de l'index comme conducteur, on arrive
à toucher le péricarde. Le liquide épanché transmet les impulsions
qui lui sont communiquées par la systole ventriculaire ; il est possible de les percevoir sur la poignée de la tige du trocart (fig. 170).

Troisième temps. — Ponction du péricarde, lavage et pansement.

On donne au trocart une direction légèrement oblique de dehors en dedans et en avant, vers le plan médian, pour que la pointe n'aille pas dévier vers le sac pleural gauche; on retire l'index gauche, et, par un coup sec imprimé de la main droite, on ponctionne en faisant pénétrer le trocart de 3 ou 4 centimètres seulement (fig. 170).

Il importe de ne pas modifier la position de la canule pendant l'écoulement, car, si elle était enfoncée trop profondément, une notable quantité de l'épanchement pourrait rester dans le bas-fond.

L'évacuation obtenue, le trajet de ponction est drainé avec uue mèche de gaze iodoformée et un pansement protecteur est appliqué sur l'incision, pour éviter des infections supplémentaires par les germes des litières.

Par suite des manipulations successives à exécuter, de l'introduction des doigts dans le trajet de ponction et de l'échappement du liquide péricardique le long de la canule, ou après enlèvement de cette canule, la plaie opératoire est forcément infectée; mais cela importe peu, puisque l'ouverture est en position déclive, et que d'autre part il est impossible d'espérer avoir une plaie aseptique. On a alors un véritable exutoire pour la cavité péricardique.

Le pansement est renouvelé après quarante-huit heures, puis ensuite tous les trois ou quatre jours.

Quant à l'infiltration œdémateuse du train antérieur, elle disparaît rapidement. en quarante-huit heures ou trois jours, et les malades peuvent être abattus pour la boucherie sans que la viande présente mauvais aspect.

Cette intervention n'est pas une opération préconisée en vue d'obtenir une guérison, mais une simple opération économique, permettant l'utilisation pour la boucherie de sujets en état d'embonpoint suffisant, mais n'ayant au préalable aucune valeur par suite de l'infiltration.

Dans quelques cas. cependant, j'ai obtenu des améliorations telles que l'engraissement a pu être poursuivi sans craintes, c'est-à-dire des guérisons cliniques suffisantes, compatibles avec une survie de longue durée; Liénaux a cité des faits de même nature : ce sont des exceptions.

Bien que la cavité péricardique soit ouverte, drainée et mise dans la mesure du possible à l'abri des infections surajoutées, la guérison complète n'est plus possible à un moment donné, même en admettant l'élimination du corps étranger qui devrait faire espérer une guérison progressive définitive. — C'est qu'en effet il se produit au cours de l'évolution des péricardites par corps étranger une sclérose périphérique du myocarde en relation avec la qualité des produits toxiques élaborés dans la cavité péricardique. Cette altération scléreuse, qui a parfois plus de 1 centimètre, forme cuirasse inélastique sur le myocarde, rend la systole de ce qui reste de muscle insuffisante, et entretient par conséquent la difficulté de circulation et la stase sanguine, même après la décompression cardiaque. Les cavités ventriculaires ne peuvent plus s'effacer durant la systole, la contraction se fait en travail perdu.

Dans les cas anciens, on ne peut donc *a priori* espérer une amélioration rapide.

PÉRICARDITE CHRONIQUE

(SYMPHYSE CARDIO-PÉRICARDIQUE)

La péricardite peut s'observer à l'état chronique, lorsqu'elle reconnaît pour cause la tuberculose. La péricardite tuberculeuse, pour tous les cas où j'ai pu l'observer, ne s'accompagne que d'un épanchement faible qui passerait inaperçu si l'on ne faisait un examen attentif des malades; mais elle détermine, du côté de la face interne du sac péricardique et du côté de la surface du myocarde, la formation de véritables bourgeons exubérants, vascularisés, qui, en se soudant les uns avec les autres, déterminent des adhérences partielles ou généralisées. Entre ces adhérences formant cloisons et ordinairement criblées de tubercules, on rencontre de véritables logettes remplies de liquide séro-sanguinolent ou grumeleux et caséeux. Avec le temps, les adhérences se multiplient, la péricardite devient oblitérante, et la symphyse cardiaque se trouve réalisée (Voir *Tuberculose*). Comme dans la péricardite aiguë, le feuillet fibreux s'épaissit et se sclérose, le myocarde subit la transformation scléreuse dans ses couches superficielles, et les tractus d'adhérences peuvent eux-mêmes prendre des caractères de tissu fibreux.

Dans une seule circonstance, j'ai observé une autre forme de péricardite chronique avec symphyse cardio-péricardique complète, sans épanchement et sans fausses membranes. Il m'a été impossible d'en déterminer la cause précise, mais il y a tout lieu de penser qu'il s'agissait d'une symphyse consécutive à une péricardite *a frigore* ou rhumatismale.

La symphyse cardio-péricardique est très fréquente dans les pseudo-péricardites, bien que le cœur ne soit pas touché; elle serait encore la conséquence fatale et éloignée de toutes les ponctions péricardiques par voie xiphoïdienne, dans les péricardites par corps étranger.

Symptômes. — Lorsque la péricardite chronique se limite à quelques adhérences partielles, elle passe inaperçue; si, au contraire, elle est plus accentuée, elle offre une partie des signes de la péricardite aiguë :

Submatité de la zone cardiaque plus étendue ; disparition du choc cardiaque, assourdissement des bruits, faiblesse du pouls, pouls veineux très manifeste, stase modérée ; essoufflement extrêmement rapide et accentué sous l'influence de la marche, menace d'asphyxie si on prolonge l'exercice, asystolie complète.

Tous ces accidents tiennent à l'existence des adhérences cardio-péricardiques, qui en supprimant le vide intra-péricardique, entraînent de la gêne de la diastole, tout en s'opposant aussi à une systole régulière.

La mort subite est une conséquence fréquente.

Le diagnostic de la péricardite chronique est très difficile; le pronostic est absolument grave, et nous ne possédons aucun moyen d'action contre de pareilles lésions.

PSEUDO-PÉRICARDITES

J'ai cru devoir grouper sous ce titre un certain nombre d'accidents pathologiques reconnaissant des causes diverses, mais se

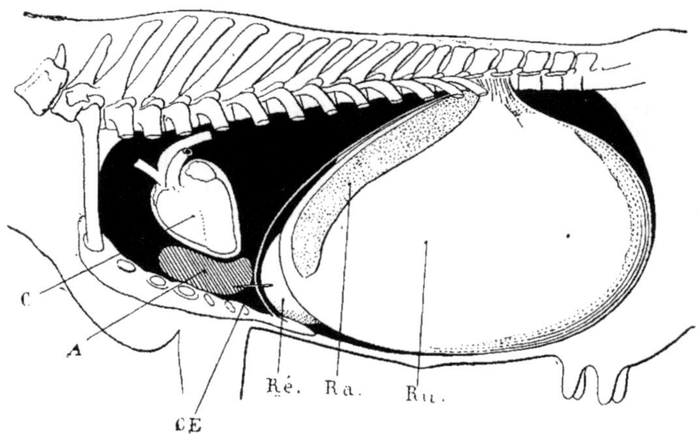

Fig. 173. — Schéma d'évolution des pseudo-péricardites. — C. cœur; A, abcès infra-péricardique; CE, corps étrangers passant au travers du diaphragme et piquant au-dessous de la pointe du péricarde; Ré, réseau; *Ra,* rate; R*u*, rumen.

traduisant par des manifestations identiques, manifestations qui offrent tellement de ressemblance avec celles de la péricardite par corps étranger que la confusion avec cette affection reste toujours excusable. — Il s'agit d'accidents dans lesquels le corps étranger s'égare dans le voisinage du péricarde sans le toucher et sans toucher le poumon ou les sacs pleuraux; mais il provoque la formation de poches purulentes qui déplacent le péricarde, compriment indirectement le cœur, et déterminent ultérieurement des accidents d'apparence péricardique.

Étiologie. — Dans l'évolution de la péricardite, le corps étranger perfore le réseau et le diaphragme en se dirigeant vers la ligne médiane, condition essentielle pour qu'il aborde le péricarde. Si la perforation a lieu à droite ou à gauche du plan médian, le déplacement du corps étranger s'effectue tout aussi facilement; mais il manque le péricarde et passe soit dans le poumon, où il détermine une pneumonie mortelle, soit dans la plèvre, où il provoque une pleurésie septique, soit dans les plans conjonctifs sous-pleuraux, où il provoque un foyer de suppuration. L'abcès est généralement latéral et sous-pleural droit, ou, au contraire, infra-péricardique. Ce sont là (fig. 173 et 178) les deux

Fig. 174. — Physionomie d'une malade dans un cas de pseudo-péricardite par abcès pré-péricardique.

variétés les plus fréquentes de pseudo-péricardites que l'on a l'occasion de rencontrer.

Mais il peut se faire aussi que cette pseudo-péricardite soit caractérisée par un abcès pré-péricardique ou latéro-péricardique qui reste dans le médiastin, et n'intéresse pas les sacs pleuraux.

Il y a généralement en même temps péricardite adhésive, mais le myocarde n'est pas emprisonné dans une masse liquide purulente. Ce fait se produit lorsque le corps étranger glisse autour du péricarde, sans pénétrer dedans, ou lorsqu'il provoque une péricardite partielle avec cloisonnement immédiat.

Il en est une troisième variété que j'appellerais volontiers *pseudo-péricardite parasitaire*, qui doit être extrêmement rare, et que je n'ai rencontrée qu'une fois. Elle était due à la présence d'un kyste hydatique énorme du poumon droit, kyste du volume de la tête d'un homme, situé vers le plan médiastinal du poumon, et reposant sur la face supéro-postérieure du cœur et du péricarde. Par suite de la pression permanente qui s'exerçait de haut en bas, une atteinte grave fut portée au libre fonctionnement du cœur, et les symptômes de pseudo-péricardite se manifestèrent.

Il en est enfin de provoquées par des tumeurs du médiastin, tumeurs qui ne laissent apercevoir aucun signe extérieur (fig. 176

Fig. 175. — Aspect extérieur d'une malade dans un cas de pseudo-péricardite (abcès infra-péricardique). La zone en pointillé délimite l'espace occupé par le cœur réfoulé en haut.

et 177), et même peut-être par de simples hypertrophies des ganglions de la région.

Symptômes. — Les symptômes généraux et les symptômes

Fig. 176. — Pseudo-péricardite par tumeur kystique du médiastin.

extérieurs sont ceux d'une péricardite : tristesse, diminution de l'appétit, rumination irrégulière, amaigrissement; œdème du fanon, réplétion des jugulaires ; pouls veineux accentué ; angoisse, dyspnée dès qu'on force les malades à se déplacer, etc.

Mais les symptômes cardiaques diffèrent notablement et varient d'ailleurs suivant la nature des lésions. D'une façon générale, la percussion décèle de la matité complète uni ou bilatérale, et l'aus-

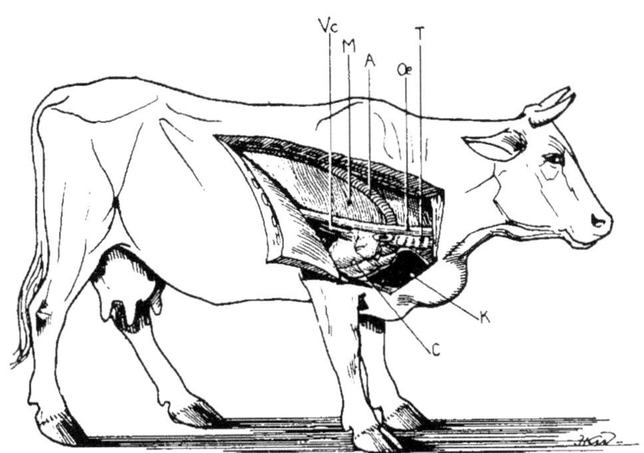

Fig. 177. — Schéma d'une pseudo-péricardite par tumeur kystique du médiastin. — C, cœur; K, cavité kystique; T, trachée; Œ, œsophage; A, aorte postérieure; M, médiastin; Vc, veine cave postérieure.

cultation permet toujours de reconnaître *l'absence de bruits de liquide intra-péricardique*.

Lorsqu'il s'agit d'un abcès sous-péricardique, toujours difficile à diagnostiquer, la matité bilatérale est peu élevée, et les bruits de la zone cardiaque, fortement atténués, s'entendent au-dessus de la région normale (fig. 175).

Lorsqu'il s'agit d'un abcès latéral sous-pleural, le cœur est déplacé à l'opposé, les bruits sont assourdis par la compression, mais chaque systole ventriculaire transmet une impulsion à la collection purulente, laquelle reflète cette impulsion au dehors, au niveau des espaces intercostaux, sous forme de soulèvements isochrones des battements cardiaques, à tel point que l'on pourrait croire, de prime abord, à l'existence d'un anévrysme de la base des gros troncs artériels. La lame pulmonaire inférieure est refoulée vers le haut, bien entendu, et les bruits pulmonaires ont totalement disparu dans la zone de matité.

La symptomatologie de la compression cardiaque par un kyste hydatique volumineux, ou une autre lésion, ne se reflète que par les symptômes généraux et extérieurs précédemment indiqués.

Il est enfin un dernier caractère qui me paraît avoir son importance : lorsque, dans la péricardite par corps étranger, on force les malades à se déplacer, les battements deviennent tellement tumultueux qu'il est impossible de les compter et, au repos même, il n'est pas rare de compter 140 ou 150 battements à la minute.

Dans les pseudo-péricardites, le nombre de battements ne dépasse pas ordinairement 90 à 110.

Diagnostic. — La recherche d'un diagnostic précis n'est pas seulement une curiosité scientifique; en la circonstance, elle peut avoir une importance capitale. Si le malade atteint de péricardite par corps étranger est fatalement voué à la mort, certaines pseudo-péricardites, au contraire, paraissent justiciables d'un traitement curatif qui peut donner d'heureux résultats.

Ce diagnostic a donc une haute importance, il faut chercher à le préciser à l'aide des symptômes énumérés, en se souvenant qu'il n'y a jamais disparition complète des bruits normaux du cœur.

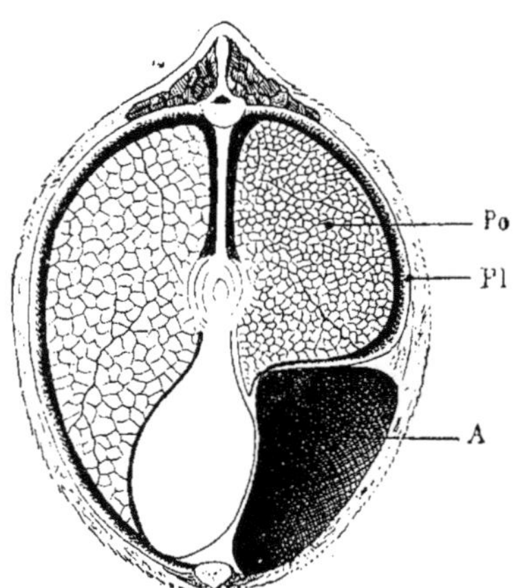

Fig. 178. — Schéma d'un abcès sous-pleural droit avec symptômes extérieurs de péricardite (pseudo-péricardite). — Po, poumon droit en partie splénisé et refoulé en haut. Pl, plèvre pariétale soulevée de son cul-de-sac inférieur; A, cavité de l'abcès sous-pleural.

Les ponctions exploratrices aseptiques, avec des aiguilles fines et longues, seront d'un grand secours dans ces recherches.

Pronostic. — Bien que grave, le pronostic est moins sombre que dans la péricardite vraie.

Traitement. — Le diagnostic étant bien précisé, les deux cas d'abcès sous-pleural et sous-péricardique paraissent curables (fig. 173 et 178). Il suffirait, en effet, de ponctionner largement les collections purulentes, en passant dans un espace intercostal ou par la voie xiphoïdienne, pour donner issue au liquide pathologique et permettre la réparation. Des injections antiseptiques favoriseraient cette réparation et permettraient souvent l'expulsion du corps étranger entier ou fragmenté par oxydations.

La seule précaution à prendre, dans ces ponctions, consiste à éviter les vaisseaux thoraciques internes (artère et veine), l'artère intercostale et le cul-de-sac inférieur de la plèvre.

Lorsque les symptômes de pseudo-péricardite tiennent, ou sont supposés se rattacher à une adénopathie du médiastin antérieur, il est utile d'essayer la médication iodurée et arsenicale. J'ai vu des guérisons rapides et inespérées.

Mais, trop souvent, les abcès de pseudo-péricardites se trouvent développés en avant du cœur, et là toute intervention reste impossible.

.

Peut-être y aurait-il lieu, pour être complet, de parler ici d'autres états pathologiques qu'il n'est possible de préciser que dans les autopsies, tels que l'*hydropéricarde* et l'*hémopéricarde*. Il suffira de les signaler, car ils sont sans importance pratique.

L'*hydropéricarde*, c'est-à-dire l'hydropisie ou l'accumulation de liquide de transsudation, non inflammatoire dans la cavité péricardique, peut se rencontrer dans toutes les cachexies : cachexie aqueuse de distomatose, de strongylose gastro-intestinale ou pulmonaire, dans les néphrites chroniques, etc. Jamais cet hydropéricarde ne provoque de compression grave du myocarde, ni de symptômes comparables à la péricardite exsudative. Il coïncide souvent avec de l'hydrothorax simple, de l'ascite banale, etc.

L'*hémopéricarde*, c'est-à-dire l'accumulation de sang dans la cavité du péricarde, peut être consécutif à une blessure d'origine externe, à une rupture du cœur, à une rupture des artères coronaires, etc. La mort en est d'ordinaire la conséquence rapide, par compression et arrêt du myocarde : le diagnostic n'est posé qu'à l'autopsie.

CHAPITRE III

ENDOCARDITES

Si les affections du péricarde sont bien connues dans leur symptomatologie, on ne peut en dire autant des affections cardiaques proprement dites, et bien souvent elles passent inaperçues ou ne sont constatées qu'à l'autopsie. Ces affections cardiaques sont d'ailleurs rares, très souvent elles ne représentent que des manifestations secondaires d'affections déjà diagnostiquées (maladies infectieuses, infections *post-partum*, pyélonéphrites, etc.).

Étiologie. — Les endocardites, c'est-à-dire les inflammations de l'endocarde et des valvules, sont exceptionnellement primitives, simples et bénignes. On les considérait autrefois comme se développant alors sous l'influence du froid, ou comme manifestations de la diathèse rhumatismale. Ce sont ces formes d'endocardites simples qui sont le plus souvent méconnues. Un examen complet fait dès le début permettrait cependant de les diagnostiquer.

Très fréquemment, au contraire, les endocardites sont secondaires malignes, infectieuses et infectantes.

Leur évolution représente alors une complication des infections *post-partum*, des pyélo-néphrites ou d'états généraux très graves dus à la péri-pneumonie, au coryza gangréneux, à la fièvre aphteuse, à la tuberculose, aux septicémies. Pour les reconnaître, il faut non seulement rechercher le diagnostic de la maladie primitive elle-même, mais aussi celui de toutes ses manifestations pathologiques sur tel ou tel viscère important.

Bien que l'on ait de la tendance à admettre que toutes les endocardites quelles qu'elles soient, même les plus bénignes, aient pour point de départ une infection, il est certain que dans ce second groupe les agents qui ont pénétré à la faveur d'une lésion utérine, d'une lésion des reins, d'une lésion du poumon ou de tout autre tissu, sont doués d'une virulence très grande. Après localisation en un point de l'endocarde, ils déterminent là soit des ulcérations qui se recouvrent de caillots fibrineux, soit des proliférations exubérantes, véritables végétations pathologiques papilliformes, fragiles, susceptibles de se détacher par rupture du pédicule et d'être lancées dans la circulation générale sous forme d'embolies. Ces végétations infectées, comme les ulcérations, déterminent à leur surface la formation de caillots fibrineux capables de se détacher, eux aussi, pour former embolies, et d'infecter à distance différents viscères.

Il peut aussi se présenter, mais plus exceptionnellement des endocardites par corps étranger, se développant par un mécanisme tout à fait identique à celui des péricardites, le corps étranger,

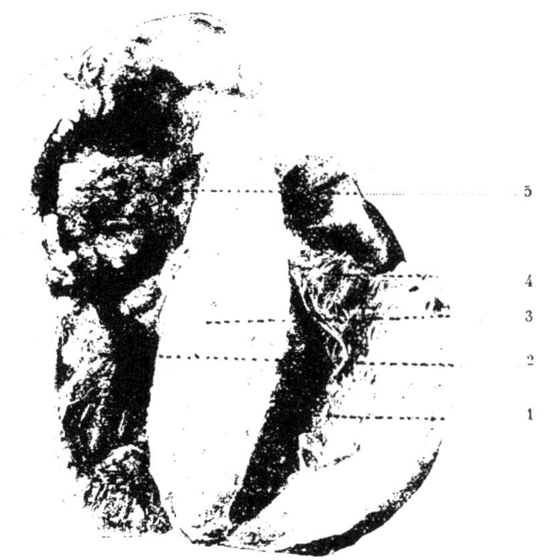

Fig. 179. — Lésions d'endocardite infectieuse, complication de pyélo-néphrite. — 1, ventricule gauche; 2, ventricule droit; 3, cloison interventriculaire, 4, valvule auriculo-ventriculaire mitrale; 5, végétations de la surface de la valvule tricuspide.

aiguille au fil de fer, traversant d'emblée le péricarde, le myocarde et l'endocarde pour passer directement dans la cavité ventriculaire. Il ne se développe alors qu'une zone très limitée de péricardite adhésive purement locale sans épanchement. Des symptômes très alarmants sont la conséquence de la blessure et de l'infection sanguine, les malades meurent subitement ou dans un délai très restreint.

Symptômes. — Les symptômes généraux sont de beaucoup les plus importants dans l'évolution des endocardites infectieuses : prostration, inappétence, soif vive, température élevée, symptômes locaux primitifs, etc.; mais ils ne permettent pas, à la première impression, de songer à l'existence possible d'une endocardite; d'autant que l'attention est éveillée d'un autre côté par de la pyélonéphrite, de la métrite ou toute autre affection.

Les symptômes cardiaques se bornent à l'accélération cardiaque, l'affaiblissement du pouls et l'apparition de souffles, souffles doux d'insuffisance des orifices auriculo-ventriculaires se produisant au moment de la systole, et s'entendant au niveau du point où se produit le choc cardiaque; ce qui permet de les différencier des souffles

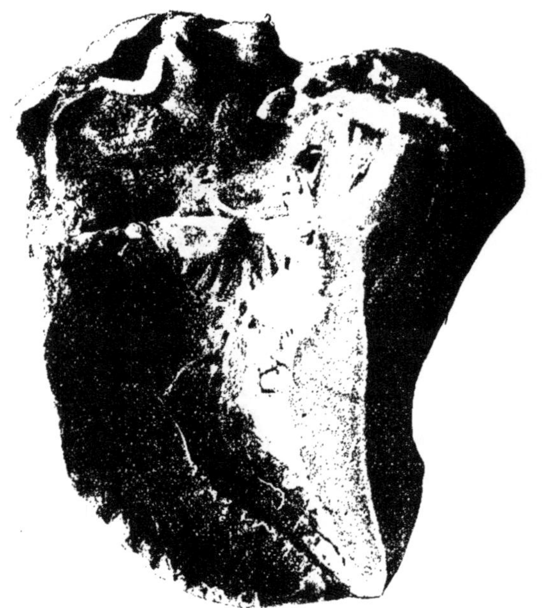

Fig. 180. — Lésions d'aortite athéromateuse.

des endocardites chroniques qui se rattachent le plus souvent à un rétrécissement aortique, et donnent un souffle systolique de base s'entendant plus en avant et plus en haut.

Les souffles varient d'ailleurs d'intensité et de caractères suivant qu'il s'agit d'une endocardite légère ou d'une endocardite grave.

Lorsque l'affaiblissement cardiaque est extrême, lorsqu'il y a oblitération partielle mais importante néanmoins de l'orifice auriculo-ventriculaire (fig. 179), c'est-à-dire secondairement difficulté de la circulation de retour, on voit apparaître, comme dans la péricardite exsudative, des œdèmes de l'auge du fanon et de la région infra-thoracique, de l'hydro-thorax et de l'hydro-péricarde, mais ce sont là des signes secondaires et tardifs.

Diagnostic. — Le diagnostic des endocardites n'a pas encore fait l'objet de bien grandes recherches en pathologie bovine, mais il est parfaitement possible de souvent le préciser par un examen attentif.

Pronostic. — Le pronostic est très grave : les malades peuvent être emportés en quelques jours, l'évolution est beaucoup plus rapide que celle des péricardites.

Traitement. — Le traitement comporte la révulsion énergique sur la zone cardiaque, l'administration d'antithermiques et d'antiseptiques (salicylate de soude), ou l'administration de toniques cardiaques (digitaline, sparténe). Les injections intra-veineuses d'antiseptiques généraux : collargol, urotropine, salicylate de soude, gaïacol, etc., pourraient être tentées avec prudence, elles ont assez peu de chances de succès définitif et risquent souvent de provoquer des syncopes mortelles au moment même de leur exécution. Cependant ce sont elles qui logiquement seraient les plus utiles pour réaliser une asepsie sanguine indispensable. Pratiquement, le diagnostic établi, les animaux vont ordinairement à l'abattoir.

*
* *

On a signalé encore, mais principalement à titre de curiosité d'autopsie, et pour l'intérêt que de pareilles lésions peuvent avoir pour l'anatomie pathologique, des affections et des lésions diverses d'insuffisance ou de rétrécissement des orifices auriculo-ventriculaires, d'insuffisance ou de rétrécissement de l'orifice aortique, de l'orifice pulmonaire; des myocardites infectieuses, parasitaires ou autres.

Le cadre symptomatologique de ces diverses affections ou lésions est par trop incomplet pour ce qui concerne nos bêtes bovines, pour qu'il soit possible d'en tenter une description quelque peu précise.

Le diagnostic resterait toujours incertain, et c'est pourquoi je tiens à le laisser de côté.

CHAPITRE IV

AFFECTIONS DES VAISSEAUX

Les affections des vaisseaux, artères ou veines, ne représentent très souvent, chez nos animaux de l'espèce bovine, que des localisations d'affections générales graves; il y a rarement lieu d'intervenir dans un but pratique. C'est en particulier ce qui se produit pour les artères; l'étude des affections des veines offre, par contre, un intérêt pratique immédiat.

PHLÉBITES

Les phlébites, c'est-à-dire les inflammations des veines, ne présentent qu'assez peu d'intérêt chez les bêtes bovines ; néanmoins, il est quelques accidents qu'il faut connaître pour pouvoir les prévenir et les traiter avantageusement.

Ces inflammations veineuses peuvent être d'origine externe, c'est-à-dire consécutives à des traumatismes chirurgicaux ou accidentelles (plaies de saignée, plaies accidentelles, phlegmons); ou d'origine interne, c'est-à-dire d'origine infectieuse (infections générales, infections utérines.

Phlébites accidentelles

Les phlébites consécutives à des plaies accidentelles ou des plaies de saignée s'observent sur la jugulaire, et beaucoup plus fréquemment sur la mammaire, chez les vaches. Elles ont pour point de départ l'infection du caillot d'oblitération, et elles revêtent soit la forme de phlébite adhésive, soit la forme de phlébite suppurative. — Que l'infection soit réalisée directement par l'emploi d'instruments malpropres, ou qu'elle ne soit que secondaire, c'est-à-dire consécutive à la pénétration dans le caillot oblitérant de germes venus du dehors et apportés par les chaînes d'attache, par le contact avec les litières, les fumiers, le purin, le résultat est le même : il se résume à l'inflammation de l'endothélium de la veine d'abord, et de la paroi veineuse ensuite, et à la formation d'un caillot d'oblitération résultant de la précipitation de la fibrine sur toute la paroi veineuse enflammée et sur une longueur variable de son trajet.

Si les agents d'infection ne provoquent pas de suppuration, la veine se montre simplement enflammée et thrombosée, la phlébite reste adhésive et peut guérir sans autres soins que de l'immobilisation. — Si, au contraire, les agents d'infection déterminent de la suppuration, le caillot d'oblitération se désagrège de proche en proche, la face interne de la veine devient bourgeonneuse et suppurante, la phlébite est dite suppurative; le caillot peut même se décoller totalement, transformant la phlébite suppurative en phlébite hémorragique très grave.

La phlébite adhésive est enregistrée de préférence sur la jugulaire, la phlébite suppurative sur la mammaire.

Chapellier a signalé des phlébites des veines mammaires, *d'origine variqueuse*, susceptibles d'évoluer à la suite d'ulcérations variqueuses.

Symptômes. — Les symptômes sont des plus faciles à enregistrer : la plaie accidentelle ou la plaie de saignée se montre le siège d'un engorgement œdémateux douloureux; elle laisse suinter une •sérosité rougeâtre de mauvaise odeur, ou montre des bourgeons charnus violacés noirâtres avec une fistulette centrale.

Puis la veine envahie (jugulaire ou mammaire) apparaît bientôt gonflée, sensible au toucher et très rapidement indurée vers son trajet d'origine sur une longueur variable. La phlébite est dès lors constituée, et, suivant que tel ou tel symptôme de complication apparaîtra (suppuration ou hémorragie), elle sera qualifiée de l'une ou l'autre des dénominations indiquées précédemment.

Diagnostic et pronostic. — Le diagnostic ne présente aucune difficulté. Lors de phlébite de la jugulaire, l'encolure est tenue raide; la dépression longitudinale est en partie comblée.

Le pronostic est assez grave, surtout lorsqu'il s'agit de phlébite de la mammaire, car l'oblitération du tronc veineux entraîne la suppression fonctionnelle du réseau veineux d'origine, et bien qu'il puisse y avoir une certaine suppléance, la sécrétion mammaire se se trouve entravée directement et secondairement par trouble d'irrigation.

L'extension de la phlébite de la jugulaire vers ses racines et les sinus veineux de la cavité cranienne est absolument exceptionnelle.

Lors de phlébite de la mammaire, la veine se montre affaissée vers sa région de pénétration, gonflée, indurée et douloureuse vers son origine mammaire.

Traitement. — La première des conditions à réaliser dans le traitement serait l'immobilisation, pour éviter le décollement ou l'écrasement du caillot; malheureusement, c'est chose impossible à réaliser d'une façon convenable chez nos animaux.

On obvie à cette impossibilité matérielle d'immobilisation en s'adressant aux vésicants qui, en déterminant des engorgements, et aussi de la douleur, réduisent les mouvements naturels des régions à leur minimum.

Au début, alors qu'il n'y a encore qu'un engorgement périphérique de la plaie de saignée, et menace de phlébite, les applications répétées de teinture d'iode, ou les applications d'un vésicant liquide rendent des services et évitent souvent l'évolution de la phlébite.

Si la phlébite est constituée, les applications vésicantes sur tout le trajet induré, ainsi que sur les parties latérales, ont des chances de la maintenir à l'état de phlébite adhésive et d'éviter les complications possibles. Le caillot s'organise, la veine reste oblitérée, mais la guérison est obtenue.

Le même traitement peut encore être appliqué à la phlébite suppurative, mais, comme le caillot se désagrège de proche en proche par suite de la pullulation des agents de suppuration dans le conduit veineux, il est utile et presque indispensable de désinfecter ce conduit veineux. Pour cela, on débride l'ouverture de la fistule, et, à l'aide d'une seringue très propre à canule courbe, on pratique chaque jour des injections de lavage à l'eau bouillie chaude, puis une injection antiseptique avec de l'eau iodée à 2 p. 1000, de l'eau phéniquée à 3 p. 100, ou, ce qui est mieux, une injection de glycérine au sublimé à 1 p. 1000.

Si, malgré ce traitement, la phlébite remonte vers les racines de la jugulaire ou vers les racines de la mammaire, on peut pratiquer une contre-ouverture à la limite du décollement du caillot, et passer une mèche de gaze iodoformée imbibée de teinture d'iode, d'onguent vésicatoire délayé dans l'huile à un huitième ou de pommade rouge au bi-iodure de Hg délayée dans l'huile à un huitième.

L'application d'un feu en pointes fines rend aussi des services.

Enfin, comme dernière ressource, on a la ligature de la veine au-dessus et au delà du caillot.

Cette intervention, qu'on réserve pour la phlébite hémorragique chez le cheval, se pratique surtout sur la mammaire chez la vache. En raison de la situation sous-cutanée de la veine, elle est d'ailleurs très facile, même sur l'animal debout.

Je recommande le manuel suivant :

La malade, solidement attachée, est entravée de ses membres postérieurs en huit au-dessus des jarrets. Un aide la maintient immobile au niveau de la croupe.

Une injection sous-cutanée de cocaïne à un centième (un centimètre cube de chaque côté de la veine) est faite au niveau du point choisi. Dix minutes après, on pratique une boutonnière cutanée, et à l'aide d'une aiguille courbe de Deschamps, on passe une anse de gros catgut sur la veine. On la ligature solidement, et on applique ensuite à l'aide de collodion une plaque de coton hydrophile sur la petite plaie.

Le traitement des phlébites variqueuses n'a aucun intérêt économique, mais contre les hémorragies possibles, résultant d'ulcérations, les ligatures veineuses sont indiquées.

PHLÉBITES INFECTIEUSES INTERNES
(PHLÉBITES UTÉRO-OVARIENNES).

Les phlébites internes d'origine parasitaire ou infectieuse sont encore bien difficiles à diagnostiquer; néanmoins, il importe de signaler celles des veines utéro-ovariennes, si fréquentes à la suite

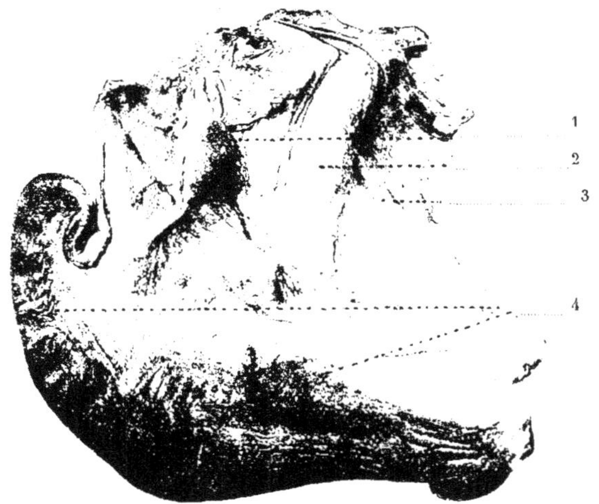

Fig. 181. — Phlébite infectieuse après parturition (d'après photographie du ligament large et de la corne utérine déjà très rétractée).
1. Ovaire. — 2. Veine utérine thrombosée (Phlébite). — 3. Ligament large.
4. Corne utérine.

des parturitions et des infections *post-partum*. C'est à elles qu'en certaines circonstances il faut rattacher les paraplégies *post-partum* sans grosses lésions matérielles apparentes.

Ces phlébites infectieuses peuvent d'ailleurs se propager (Hartenstein) jusqu'aux grosses veines iliaques internes et externes, et servir de point de départ à des accidents d'embolie et de septicémie, ainsi que j'en ai eu la preuve à différentes reprises.

Le mécanisme de production est facile à comprendre. Les agents d'infection utérine pénètrent dans les veinules de la muqueuse utérine, puis de là dans la paroi. Ils y déterminent de l'inflammation de l'endothélium vasculaire, laquelle entraîne, par précipitation d'un caillot fibrineux sous forme de manchon (caillot de battage), la thrombose partielle de la veine. Cette thrombose devient complète après formation du caillot central de stase.

Il n'est pas nécessaire que la pénétration des germes se fasse partout, la thrombose progresse jusqu'au point de gagner le gros tronc, au delà de la partie infectée.

La thrombose étendue des petites veines semble pouvoir se produire aussi directement, par action des toxines ou des poisons, sans pénétration microbienne vraie.

Symptômes. — Les symptômes des phlébites des veines du bassin donnent souvent lieu à de fausses interprétations, parce que l'on s'en tient d'ordinaire aux signes extérieurs, la parésie et la paraplégie du train postérieur.

Dans les cas simples, ces phlébites se limitent aux vaisseaux capillaires de la muqueuse utérine, aux veinules des cotylédons, et il n'est pas exceptionnel d'assister comme conséquence à l'élimination des cotylédons utérins sans autres complications.

Dans d'autres cas graves, les symptômes n'apparaissent que quelques jours après une parturition régulière ou suivie de non-délivrance, mais toujours avec complication de métrite, cinq à huit jours après, d'ordinaire. Les malades présentent de la fièvre, perdent l'appétit, signes qui peuvent se rattacher à la métrite, mais bientôt ils éprouvent de la difficulté pour se relever, et après quelques jours, ils restent en décubitus.

La circulation se faisant mal, toute la région intra-pelvienne devient douloureuse, les gros troncs nerveux, sont affectés, les efforts deviennent pénibles et les malades refusent de se lever. Il ne faut plus les y forcer. La perte d'appétit n'est pas toujours complète, ni la fièvre très élevée.

Il peut arriver qu'après quinze jours ou trois semaines une amélioration se produise avec guérison consécutive, mais bien souvent des complications variées d'infection purulente ou de septicémie surviennent, ou bien les malades sont abattus avant cette période.

Diagnostic. — Le diagnostic ne peut être basé que sur l'évolution des symptômes. On pourrait parfois le préciser par une exploration rectale faite méthodiquement avec délicatesse, la main pouvant découvrir, à la palpation des ligaments larges, les gros cordons durs et résistants représentés par les veines frappées de phlébite (fig. 181).

Pronostic. — Le pronostic est grave.

Traitement. — La base du traitement a pour but la désinfection utérine que l'on réalise par les lavages à l'eau bouillie, les injections iodées chaudes, et le drainage avec une mèche de gaze iodoformée. Les animaux doivent être laissés sur une litière épaisse et bien propre, et il faut, autant que possible, leur éviter des efforts violents pendant une quinzaine. En modifiant chaque jour la position décubitale (décubitus droit ou gauche), il y a des chances d'éviter les complications.

INFECTIONS OMBILICALES DES NOUVEAU-NÉS

Anglais : *Navel-ills.*

Les infections ombilicales comprennent toutes celles qui peuvent frapper la *région du nombril* dans les jours qui suivent la naissance. Elles comprennent l'*omphalite simple* ou *phlegmon du nombril.* l'*omphalite suppurée* ou *abcès du nombril.* et la *phlébite ombilicale.*

L'un des accidents les plus graves que l'on puisse rencontrer dans la pratique est celui que l'on désigne sous le nom *de phlébite ombilicale des nouveau-nés.* Tandis, en effet, qu'il est facile d'intervenir lorsqu'il s'agit de phlébites de la jugulaire ou de la mammaire, ici, au contraire, l'intervention chirurgicale ou médicale devient extrêmement délicate, parce qu'il s'agit de l'inflammation d'une veine profonde, située dans l'abdomen et allant traverser l'un des viscère les plus importants de l'économie, le foie. — Si l'on ajoute maintenant que la phlébite ombilicale est une phlébite suppurative dans 95 p. 100 des cas, on pourra se faire une idée de sa gravité.

Si le diagnostic n'est pas fait hâtivement, et si l'intervention n'est pas immédiate, les complications d'hépatite infectieuse, d'infection purulente et de septicémie ne peuvent plus être évitées. C'est la mort fatale.

Mais, pour bien comprendre l'évolution de cette phlébite, il est indispensable de se rappeler la constitution anatomique de la région ombilicale chez le nouveau-né :

A la naissance, le cordon ombilical constitue un faisceau cylindrique engaîné par le manchon du pédicule amniotique. Il pénètre dans l'abdomen à la faveur d'une perforation circulaire de la paroi abdominale désignée sous le nom d'anneau ombilical. Cet anneau comprend deux parties, l'une profonde, l'anneau fibro-aponévrotique, percé dans la ligne blanche, l'autre superficielle, ou anneau cutané, formé par la peau qui se replie en dehors pour constituer un manchon ombilical de 2 à 3 centimètres de longueur. A ce manchon cutané fait suite le revêtement amniotique.

Tout le cordon ombilical est donc enveloppé dans une gaine amnio-cutanée.

Ses éléments constituants sont au nombre de quatre : les artères ombilicales, la veine ombilicale, l'ouraque et le tissu muqueux interstitiel.

Les vaisseaux ombilicaux (artères et veines) présentent à consi dérer deux parties : la partie extra-fœtale, qui concourt à former le cordon, et la partie intra-fœtale.

Dans la première, il y a deux artères et deux veines, contrairement à ce qui existe chez les solipèdes, où il n y a qu'une seule veine dans le cordon.

Dans la seconde, leur disposition est la suivante : les deux artères

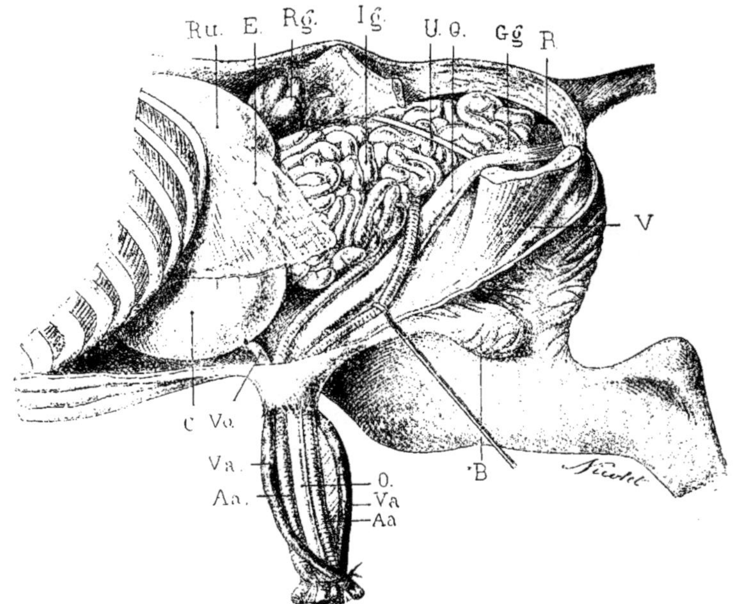

Fig. 182. — Position des viscères de la cavité abdominale du nouveau-né. — R*u*, rumen; E, épiploon; R*g*, rein gauche; I*g*, intestin grêle; C, caillette; U, uretère; O, ouraque; R, rectum. — Cordon ombilical. V*o*, veine ombilicale; A*a*, artères allantoïdiennes; V*a*, veines allantoïdiennes; O, canal de l'ouraque.

ombilicales allantoïdiennes, à leur entrée dans l'abdomen, s'infléchissent en arrière, se dirigent vers l'entrée du bassin sur les côtés de la vessie, dans ses ligaments latéraux, et remontent vers la quadrifurcation de l'aorte pour aller s'aboucher avec les artères iliaques internes. Chez l'adulte, on les retrouve encore comme des annexes de ces dernières. — Les deux veines ombilicales, au niveau de l'anneau, se réunissent pour n'en plus former qu'une seule, intra-abdominale, laquelle se dirige en avant, rampe sur la paroi abdominale inférieure, puis se loge dans l'épaisseur du ligament médian inférieur du foie, et enfin se plonge dans cet organe où elle va s'aboucher avec la veine porte; elle est pourvue en outre d'un canal veineux dit

d'Arantius, qui la met en communication avec la veine cave postérieure, canal qui n'existe pas chez les solipèdes. — Les échanges
osmotiques se font au niveau du placenta maternel et le sang arté-
rialisé revient par la veine ombilicale (fig. 182).

L'ouraque, chez l'embryon et le fœtus, doit donner naissance à la
vessie. Chez le nouveau-né, on trouve donc celle-ci ouverte par son
fond et en communication avec la cavité allantoïdienne par le canal
de l'ouraque. Ce canal part du fond de la vessie et chemine sur la
paroi abdominale inférieure médiane entre les deux artères ombilicales, jusqu'à l'ombilic, où il prend sa place dans le cordon à côté
des vaisseaux. Il sert à déverser dans la cavité allantoïdienne les
produits de sécrétion des reins du fœtus.

Le tissu muqueux interstitiel, encore appelé gelée de Wharton,
est un tissu gélatineux qui réunit ces différents vaisseaux et leur
sert de soutien pour les maintenir intacts dans le cordon ombilical :
il est surtout abondant au niveau de l'ombilic.

Immédiatement après la naissance, le cordon ombilical se rompt
de lui-même, lors de la chute du produit ou lors des mouvements
de la mère, du relever par exemple. Dans d'autres cas, il est sectionné
par écrasement par la mère, ou bien ligaturé par l'accoucheur.
— Quel que soit le mode de section, la séparation se fait toujours
à une distance de 4, 5, 6 ou même 10 centimètres de l'ombilic. Le
résultat immédiat de la rupture, de la section ou de la ligature, est
la thrombose des vaisseaux ombilicaux et l'obstruction de l'ouraque.
Les deux artères ombilicales ne donnent qu'exceptionnellement
lieu à des hémorragies, car l'hémostase se fait par élongation, et ces
artères, étant très contractiles et très élastiques, s'oblitèrent aussitôt par rétraction. Quant aux veines ombilicales, elles s'obturent de
suite aussi, et la veine unique intra-abdominale, n'ayant plus de
raison d'être, s'affaisse peu à peu. L'ouraque, de son côté, serait
oblitéré normalement au terme de l'accouchement, suivant Colin
et Saint-Cyr, ou s'oblitérerait seulement après l'accouchement,
après la rupture du cordon, suivant Chauveau et Zundel.

Aussitôt l'accouchement, il survient une autre modification :
la portion extra-fœtale du cordon qui reste appendue à l'ombilic
se dessèche au contact de l'air, la gelée de Wharton se rétracte; le
tout subit une espèce de nécrose, se délimite comme une escarre
sèche, et s'élimine ensuite, en huit ou dix jours, laissant à la place
l'ombilic qui doit être à moitié cicatrisé quand le cordon est tombé.
De sorte que ce cordon ombilical présente une portion caduque
extra-fœtale et une portion persistante de 1 ou 2 centimètres de
longueur seulement, englobée dans le bourrelet cutané de la région
ombilicale.

Si toutes les modifications indiquées se passent normalement,
physiologiquement, la petite plaie de l'ombilic se cicatrise réguliè-

rement. Mais, malheureusement, il n'en est pas toujours ainsi : l'élimination du cordon ne se fait pas toujours aussi simplement ; la cicatrice, souillée par les fumiers, le purin, les poussières, les litières, se met à suppurer et dès lors peuvent survenir des accidents divers : persistance du canal de l'ouraque, omphalite simple, omphalite suppurée, phlébite ombilicale.

OMPHALITE SIMPLE — OMPHALITE SUPPURÉE

(PHLEGMON ET ABCÉS DU NOMBRIL) (1)

Anglais : *Navel-ill.*

Les omphalites simples ou suppurées trouvent leur origine dans les infections microbiennes locales qui s'effectuent soit par l'intermédiaire du cordon ombilical encore frais, soit de préférence par l'intermédiaire de la plaie ombilicale après la chute du cordon. Ces infections assez rares dans les conditions ordinaires de l'élevage, deviennent fréquentes et presque fatales dans les étables où un premier cas s'est manifesté, et surtout lorsque le malade a séjourné dans l'étable d'élevage.

Il semble que des agents microbiens multiples et variés soient susceptibles de réaliser ces infections, lesquelles se cantonnent tout d'abord dans l'atmosphère de tissu conjonctif gélatineux de la région de l'orifice ombilical : variétés de coli et de paracoli, streptocoques pyogènes ou non, bacille de la nécrose.

Dans les formes les plus simples et les moins graves, il se produit une infiltration œdémateuse, plus ou moins accentuée, des couches conjonctives de la région ombilicale, se traduisant par une déformation locale, l'apparition progressive d'un gros nombril, avec chaleur, sensibilité, douleur, fièvre modérée, diminution de l'appétit, etc. Les choses peuvent en rester là, il s'est produit une infection sans tendance à la suppuration, sans tendance à la diffusion générale, les manifestations apparentes rétrocèdent lentement, le nombril reste gros, mais les malades n'en sont pas très gravement affectés et guérissent, avec ou même sans intervention.

Très fréquemment, dans des formes plus graves et lorsque l'infection comporte l'intervention d'agents pyogènes, le phlegmon primitif aboutit à l'abcédation au lieu de rétrocéder. L'état général des malades n'est pas toujours très inquiétant, l'appétit est parfois conservé, mais la croissance ou l'engraissement se montrent cepen-

---

(1) Les expressions populaires qui dans les milieux d'éleveurs caractérisent les animaux atteints de ces infections sont :
Veaux chevillés. — Lésion limitée au segment cutané du cordon ombilical.
Veaux cordés. — Lésions propagées à l'intérieur de la cavité abdominale.

dant plus ou moins entravés. L'abcès peut être volumineux ou de capacité faible et assez profond.

Dans les cas de doute, et même dès l'apparition d'un phlegmon du nombril, il y a indication d'appliquer un vésicatoire, puis des émollients, pour hâter l'évolution de l'abcès et d'intervenir aussitôt pour son évacuation.

Cette intervention nécessite certaines précautions en raison du voisinage de la cavité péritonéale, la ponction doit être faite avec prudence sous le rapport de la profondeur de pénétration. Le traitement ne comporte pas d'indications exceptionnelles et la cicatrisation est généralement rapide.

Il arrive dans certains cas que l'évacuation soit caractérisée par l'élimination d'un véritable boudin, sorte d'énorme bourbillon de dimensions fort variables, de tissu dense, jaunâtre, fétide, d'apparence scléreuse, comme si le segment intra-cutané du cordon avait été frappé de mortification globale et s'était délimité lentement comme au cours de l'évolution d'un abcès, jusqu'au jour où l'élimination devient possible. C'est dans des cas semblables que l'on a évoqué l'intervention du bacille de la nécrose ou d'un agent très voisin.

L'évolution de cette forme de l'omphalite est très lente, les sujets atteints restent parfois des semaines en état général médiocre malgré un régime alimentaire excellent, mais les suites n'en sont pas moins favorables. Cette forme spéciale de l'omphalite suppurée ne nécessite pas d'intervention différente de la forme suppurée ordinaire : vésicants, émollients, antiseptiques.

C'est à cette forme que les éleveurs appliquent le qualificatif : *veaux chevillés au dehors*. Elle est encore appelée parfois *nécrobacillose locale ou ombilicale* du veau, provoquée par le bacille de la nécrose ; mais comme tout foyer nécrobacillaire, en quelque région qu'il se développe, elle est susceptible de se compliquer de lésions semblables à distance : lésions métastatiques ou de généralisation dans le foie, les poumons, et même le cerveau. Ces lésions de généralisation provoquées par le bacille de la nécrose offrent ce caractère clinique d'apparaître dures, solides, comme scléreuses ou sclérofibreuses comme s'il y avait eu une véritable coagulation locale des tissus.

PHLÉBITE OMBILICALE OU OMPHALO-PHLÉBITE

Historique. — La phlébite ombilicale et, d'une façon plus générale, tous les états pathologiques de l'ombilic chez les nouveau-nés ont été l'objet d'études nombreuses de la part de Lecoq, de Bénard, de Loiset (1843), de Bollinger (1874), de Morot (1884), d'Uffredizzi 1884), de Chassaing (1886), etc.

L'omphalo-phlébite peut être primitive et exister seule, ou bien apparaître comme une complication d'omphalite et de persistance de l'ouraque. Elle est caractérisée essentiellement par l'inflammation suppurative de la veine ombilicale, mais il n'est pas rare d'observer en même temps de l'omphalite, de l'artérite, de la péritonite et de la cystite.

Étiologie. — Cette affection reconnaît pour point de départ la thrombose de la veine ombilicale et l'infection de la plaie résultant de la chute du cordon.

L'infection peut donner de l'omphalite simple; elle est susceptible de se propager à la veine, et la phlébite dégénère presque fatalement en phlébite suppurée.

Autrefois, on incriminait comme causes déterminantes de l'omphalo-phlébite le léchage par la mère, les tiraillements du cordon, l'écrasement et le décollement du caillot oblitérant, etc.

La vérité est que ces causes favorisent l'infection de la plaie ombilicale. Cette infection de la plaie du cordon est le fait primitif, la phlébite suppurative est secondaire.

Lors de la rupture du cordon, il y a thrombose veineuse et artérielle, avec stagnation du sang; thrombose qui doit aboutir à l'obstruction des vaisseaux, par l'organisation du caillot suivie de sa résorption. S'il y a infection de la plaie, des agents microbiens variés s'insinuent entre le caillot et les parois, remontent le long de ces parois, infectent le caillot, puis la veine ; il y a dès lors phlébite simple ou suppurée. Les agents que l'on découvre ordinairement sont : streptocoques, coli, paratyphiques, pyocyanique, etc.

La guérison peut survenir d'emblée si la suppuration ne progresse pas. L'infection peut ne pas dépasser le caillot; il y a seulement phlébite simple; mais elle remonte souvent jusqu'au foie par la voie de la veine ombilicale, amène de l'hépatite infectieuse, de l'infection purulente ou de la septicémie. Ces mêmes terminaisons peuvent se produire par l'intermédiaire des artères et surtout des lymphatiques, quand les agents remontent jusqu'à la quadrifurcation de l'aorte et la citerne de Pecquet pour gagner l'appareil circulatoire. Il semble même, d'après mes observations personnelles, **que** ce soit le mécanisme d'évolution le plus fréquent de la septicémie des veaux.

Symptômes. — Ce sont ici les symptômes généraux qui, d'ordinaire, éveillent l'attention, la lésion locale passant inaperçue plus ou moins longtemps. — L'animal a une fièvre intense qui est due, soit à la phlébite suppurée, soit à l'hépatite infectieuse, et souvent à l'infection générale de l'organisme. On constate la perte de l'appétit, une diarrhée abondante, une accélération manifeste de la respiration et de la circulation, une température élevée, 40°, 40°,5 et 41°.

Les symptômes locaux sont ceux que l'on rapporte d'ordinaire à l'omphalite ou à la phlébite. Si on explore l'anneau ombilical, on trouve une tuméfaction œdémateuse, chaude, sensible, dont la partie inférieure est occupée par une plaie bourgeonneuse, suppurante, fongueuse, noirâtre, d'un mauvais aspect.

L'exploration de cette plaie dénote l'existence d'une ou plusieurs fistules allant dans la veine, dans les artères ou dans l'ouraque; s'il n'y en a qu'une, elle se dirige toujours en haut et en avant, dans la veine ombilicale. — Cette manœuvre d'exploration demande beaucoup de précautions et une grande prudence : il faut explorer avec une sonde en plomb ou en gomme, pour reconnaître seulement le sens de la fistule, et non la profondeur, car, en agissant brusquement, on pourrait déchirer les tissus et infecter plus profondément.

Complications. — Elles sont nombreuses et très graves. La plus anciennement connue est celle que Lecoq désignait sous le nom de *forbélure des poulains normands*, et qui n'était certainement qu'une forme de l'arthrite et de l'infection purulente. Plus tard, Loiset étudia une affection consécutive à l'omphalite, aux abcès interstitiels méconnus du cordon, et qui n'était autre que l'infection purulente aussi.

Plus récemment on rapporta à l'omphalo-phlébite les complications de pleurésie, de pneumonie, d'endocardite infectieuse, d'entérite diarrhéique, et surtout de polyarthrites suppurées des jeunes.

L'étude spéciale des infections locales ou générales des veaux à arthrites, ont fréquemment révélé la fréquence de paratyphique B dans les lésions articulaires ou les viandes. C'est un argument en faveur de l'idée que les diverses infections peuvent être souvent aussi d'origine digestive.

Toutes ces complications résultent d'infections. Les agents microbiens eux-mêmes, ou les toxines qu'ils secrètent, vont de préférence localiser leur action sur les séreuses, de là l'explication des pleurésies, des péritonites, des endocardites et des arthrites.

L'intoxication joue aussi son rôle, et c'est à l'action des toxines microbiennes qu'il faut rapporter, au début tout au moins, les diarrhées incoercibles, les arthrites avec épanchement stérile.

Diagnostic. — Il n'offre aucune difficulté. Les symptômes généraux alarmants que l'on observe au début feront immédiatement songer, puisqu'il s'agit de jeunes sujets, à une affection de la région ombilicale.

Pronostic. — Le pronostic est grave, très grave même, parce que le traitement est difficile à appliquer, et qu'il peut exister des complications dangereuses, presque régulièrement mortelles.

Il y a lieu de distinguer toutefois, au point de vue du pronostic, les caractères de la phlébite, et il convient d'apprécier aussi les signes des complications. Pour cela, on se guidera sur la profondeur de la fistule, en en faisant l'exploration prudemment, et on notera rigoureusement l'état de la température, de la circulation, de la respiration.

Traitement. — Un traitement préventif très efficace consiste à apporter journellement des soins de propreté sur la région de l'ombilic, après la chute du cordon, jusqu'à cicatrisation complète de la plaie ombilicale : lavages à l'eau bouillie, applications de poudre de charbon, d'acide borique, de tanin.

Ce qui vaudrait beaucoup mieux, et mettrait presque sûrement à l'abri des accidents d'origine ombilicale, ce serait d'appliquer, dès que le nouveau-né est bien séché, un pansement antiseptique à demeure, pansement représenté tout simplement par une plaque de coton antiseptique que l'on peut fixer sur l'ombilic à l'aide de quatre bandes à la poix ou de deux sangles dorsales. Toute souillure se trouverait ainsi évitée et, par suite, les infections qui en découlent.

Contre les phlébites confirmées, les anciens praticiens recommandaient les pansements locaux avec des emplâtres agglutinatifs, les applications astringentes, vésicantes, etc.; tous ces moyens restent impuissants, parce qu'ils n'agissent pas sur toutes les parties malades, et parce qu'ils ne peuvent atteindre les culs-de-sac des fistules. D'autre part, on ne peut que difficilement appliquer les traitements classiques des phlébites suppuratives.

On devra donc se borner à faire des débridements légers ou des dilatations des fistules, de fréquentes injections antiseptiques détersives (eau bouillie, glycérine au sublimé, glycérine phéniquée), des pansements antiseptiques, qui, parfois, n'empêcheront pas les complications infectieuses, la polyarthrite suppurée principalement. On emploiera sans crainte l'eau phéniquée forte, le crésyl à 3 p. 100. le sulfate de zinc, le sulfate de cuivre à 4 p. 100, etc. S'il y avait plusieurs fistules et si l'une d'elles se dirigeait en arrière, il faudrait s'assurer qu'il n'y a pas communication entre l'ouraque et la vessie; à cet effet, on pourra faire par la fistule une injection d'eau bouillie qui, si la communication existe, ira remplir la vessie et distendre l'urètre. On traitera alors comme il est indiqué pour la persistance de l'ouraque (voir page 621).

Il sera bon, dans tous les cas, de se guider sur le principe suivant : ne traiter que quand il y a suppuration de la fistule, quand elle est borgne. On pourra, pour aider à tarir cette suppuration, appliquer un vésicatoire sur la région ombilicale, en empêchant le lécher, pratiquer des injections d'huile hydrargyrique, des émulsions bi-iodurées, etc. (huile 10, pommade rouge au biiodure de Kg. 1).

Chassaing, en 1886, a préconisé une méthode d'intervention qui ne manque pas d'originalité et qui mérite d'être signalée. Elle repose sur le traitement permanent des fistules, et consiste à y introduire une tige flexible d'osier, sorte de bougie enveloppée d'étoupades trempées dans le mélange suivant : collodion, 3 parties;

sublimé, 1 partie. Cette tige est introduite sur une longueur de quelques centimètres dans la fistule : elle est fixée sur le tégument avec de la gutta-percha ou de la poix. Ce pansement est renouvelé tous les cinq ou six jours, et la guérison surviendrait en une, deux ou trois semaines au plus.

Il est probable que de simples tamponnements antiseptiques des fistules préalablement détergées, ou encore l'introduction de crayons au salol, au nitrate d'argent, au sulfate de cuivre, à l'iodoforme, etc., donneraient d'aussi bons résultats, tout en exposant à moins de dangers.

Une méthode plus violente, mais aussi plus efficace, d'après quelques praticiens, est celle qui consiste à provoquer un abcès de fixation dans le moignon cutané du cordon, c'est-à-dire dans l'épaisseur du nombril lui-même. D'après Lainé, les malades paraîtraient extrêmement mal le lendemain, mais dès le 3e jour il y aurait amélioration.

Varices et Anévrysmes. — Les altérations des parois des vaisseaux artériels et veineux sont rares sans être exceptionnelles et se constatent surtout chez les bêtes âgées. Des dilatations variqueuses et des ruptures veineuses d'origine traumatique se constatent assez souvent sur les veines mammaires sous-cutanées abdominales chez les laitières. Les anévrysmes artério-veineux sont fréquents, sur la pédieuse métatarsienne. Ainsi que sur les ramifications de l'artère coccygienne. On cite des cas de mort par hémorragie à la suite de déchirures accidentelles de semblables lésions.

Il suffit d'en connaître la possibilité d'existence pour apporter toute l'attention nécessaire à leur examen et à leur diagnostic, toute la prudence voulue à la précision de ce diagnostic (ponction capillaire exploratrice par exemple), afin d'en déduire la conduite à tenir.

D'une façon générale, les interventions opératoires sont peu indiquées, mais les propriétaires doivent être informés de la gravité possible des hémorragies, ainsi que de la nécessité des interventions d'urgence en toutes circonstances semblables.

Varices et anévrysmes. — Les altérations des parois des vaisseaux, sans être exceptionnelles sont cependant rares, parce qu'elles caractérisent le plus souvent des effets de l'âge et qu'il devient de plus en plus courant de sacrifier les animaux avant la vieillesse. Chez des animaux jeunes, on peut rencontrer des altérations des gros troncs artériels; hyperplasie scléreuse ou athérome, comme conséquences plus ou moins éloignées de maladies infectieuses telles que tuberculose, fièvre aphteuse, diarrhée chronique, etc.; elles sont sans intérêt clinique, passent inaperçues le plus souvent ou ne représentent que des trouvailles d'autopsie.

Par contre il est d'autres altérations d'observation fréquente qui méritent tout au moins une mention : par exemple les dilatations variqueuses des veines mammaires sous-cutanées abdominales, chez les grandes laitières, ainsi que les varices ampullaires isolées de ces gros troncs vasculaires. Il semble bien que ces atlérations soient liées uniquement à la puissance d'irrigation des glandes mammaires, à la position tout à fait sous-cutanée de ces vaisseaux et peut-être aussi parfois à leur compression dans la région rétro-diaphragmatique ou pectorale.

Il est bien inutile de chercher à intervenir, puisque toute entrave à la circulation mammaire retentit sur la sécrétion du lait, mais il est bon de savoir cependant que les frottements si fréquents des dilatations variqueuses au contact des litières peuvent déterminer des ulcérations variqueuses, des hémorragies toujours très graves, susceptibles de se compliquer de phlébites des veines mammaires. En semblable circonstance il est donc nettement indiqué de protéger les régions malades contre tous les traumatismes extérieurs et de conseiller la réforme de ces laitières dès que les circonstances le permettent.

Un accident moins fréquent est celui de la rupture sous-cutanée, spontanée ou accidentelle, des veines mammaires, donnant lieu immédiatement à un hématome sous-cutané sous-abdominal d'importance variable. Il suffit de signaler cet accident pour montrer toute la prudence que doit observer le praticien lorsqu'il est appelé à préciser la nature d'un engorgement sous-abdominal prémammaire généralement disposé en plastron latéral ou médio-latéral.

Une ponction exploratrice aseptique avec un trocart de petite dimension, voire même parfois avec une simple aiguille de seringue de Pravaz, permet d'être fixé sur l'origine, la nature et la gravité de l'engorgement. Il est souvent plus prudent de s'abstenir que d'intervenir, à moins qu'il n'y ait menace d'hématome énorme, auquel cas la ligature aseptique de la veine à son point d'émergence de la mamelle pare à toute aggravation ou complication. Mais il ne faut pas en oublier les conséquences au point de vue lactation.

**

Sous un autre aspect, il est assez commun aussi de voir des dilatations variqueuses ou même des dilatations anévrysmales artério-veineuses sur le trajet des vaisseaux des membres postérieurs, plus spécialement sur les ramifications de la pédieuse métatarsienne. La présence de bosselures indolores, uniformément fluctuantes, situées sur le trajet des vaisseaux, sur les membres postérieurs, dans une position tout à fait sous-cutanée, exige donc quelque réflexion avant de passer à un diagnostic immédiat. Comme il est assez commun d'autre part de voir évoluer chez les bovidés des lymphangites spéciales des membres, non douloureuses, se compliquant ordinairement de l'évolution d'abcès en chapelets le long des rayons infé-

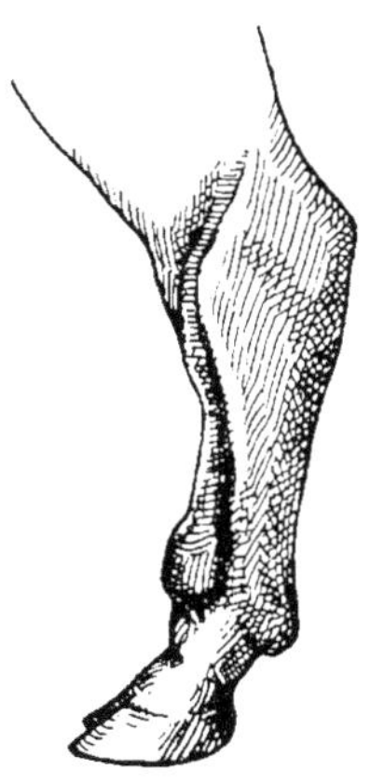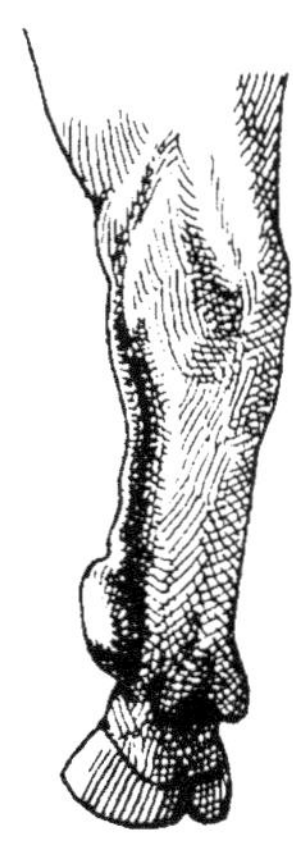

Fig. 183

rieurs, toute intervention raisonnée et méthodique exige au préalable une exploration par la méthode des ponctions capillaires. Il est commun de voir, après une simple ponction avec une aiguille de seringue de Pravaz, jaillir un jet de sang artériel ou veineux donnant immédiatement une certitude sur l'origine et la nature de la lésion. Le traitement se limite à l'application de bandes de protection contre les blessures possibles de l'extérieur.

Il est, enfin une dernière catégorie d'altérations variqueuses ou anévrysmales d'observation exceptionnelle peut-être, mais n'en méritant pas moins une indication; celle des anévrysmes de l'artère coccygienne médiane, siégeant sur la queue, soit vers sa base, sa partie moyenne ou plus souvent son extrémité. On a cité des cas de mort par hémorragie (Eloire) à la suite de déchirures spontanées ou accidentelles de semblables lésions. Il suffit d'en connaître la possibilité pour en prévoir les conséquences possibles, et indiquer la mesure économique la plus logique selon le caractère des lésions : réforme et envoi hâtif à la boucherie, ou amputation, quand on estime qu'elle est facilement réalisable et ne peut avoir que des conséquences heureuses.

Hémorragies internes. — Il arrive enfin que des animaux de l'espèce bovine, comme d'autres espèces d'ailleurs succombent par hémorragies internes par rupture de la rate, rupture du foie, rupture du cœur, rupture de vaisseaux. Le vétérinaire praticien n'est que bien rarement en mesure d'assister aux manifestations qui accompagnent et suivent ces accidents; le plus souvent son rôle se borne uniquement à des constatations d'autopsie.

Il n'est peut-être pas inutile malgré cela de rappeler que les

Fig. 184. — Tumeur vasculaire sous-caudale, développée aux dépens de l'artère coccygienne.

hémorragies internes se traduisent le plus souvent par des coliques d'abord, de la faiblesse générale ensuite, de la décoloration des muqueuses coïncidant avec une accélération et un affaiblissement progressif du pouls, de l'accélération respiratoire de plus en plus pénible, du refroidissement des extrémités et de l'abaissement thermique régulier. La rapidité de la mort est naturellement en rapport avec l'intensité de l'hémorragie.

CHAPITRE V

AFFECTIONS DU SANG

SEPTICÉMIES DES NOUVEAU-NÉS

Anglais : *Pyo-septicémia of sucklings.*

Je donne le nom de *septicémie des nouveau-nés* à cette affection
mortelle dans 95 p. 100 des cas au moins, et que l'on appelle ordinairement en France, dans le monde des éleveurs, *diarrhée blanche,
diarrhée grise, diarrhée des jeunes veaux*, etc.

Cette affection est la même que celle étudiée par Poëls en Hollande (1889), par Dèle en Belgique (1891), par Perroncito en Italie,
par Galtier dans le centre de la France (1891-1892) (pleuro-pneumonie septique des veaux, maladie de la Courade), par Nocard en
Irlande (1901), etc.

Elle existe dans tous les pays d'élevage de France sans exception,
et cause dans certains centres des pertes énormes pouvant aller
jusqu'aux deux tiers ou aux trois quarts de la totalité des naissances. Dans certaines étables infectées de Normandie et d'ailleurs, tous les nouveau-nés, sans exception, succombent tant que
les précautions préventives restent nulles.

Chez les poulains, la septicémie des nouveau-nés est très rare,
parce que les poulinières sont l'objet de soins plus attentifs que les
autres femelles domestiques, et qu'il n'existe pas, dans les écuries,
la promiscuité néfaste qui règne dans les étables. Darmagnac en
a cependant cité quelques cas à la jumenterie de Tiaret.

On ne l'observe pas souvent non plus chez les agneaux, bien
qu'elle fasse de nombreuses victimes dans les bergeries lorsqu'elle
y sévit.

Par contre, elle est d'observation courante chez les porcelets.

Son importance capitale touche à l'élevage des veaux.

Symptômes. — L'évolution et la marche de la maladie ont
quelque chose d'absolument caractéristique.

A. — C'est dans les deux ou trois premiers jours qui suivent la naissance que l'affection apparaît, rarement après la deuxième semaine. — Des veaux nés vigoureux et bien constitués se montrent tristes dès le lendemain, présentent de la diarrhée après le 2e ou le 3e repas, refusent dès lors toute nourriture, restent couchés, comme anéantis, et succombent en un temps très variable.

Il en est qui meurent en dix ou douze heures, sans diarrhée; bien portants le soir, on les trouve morts ou mourants le lendemain matin. Il s'agit alors de ce que l'on appelle la forme foudroyante.

B. — Le plus souvent, les jeunes sujets restent malades deux ou trois jours, parfois huit jours. L'appétit est en partie conservé, la diarrhée apparaît comme diarrhée laiteuse au début, puis les excréments deviennent grisâtres, noirâtres, très fétides. Les poils de la queue, des cuisses et des jarrets sont souillés et agglutinés, la peau est irritée, rougeâtre. Les malades restent sans forces, vacillants durant la station quadrupédale ou la marche, avec une respiration accélérée et des battements du cœur tumultueux.

Ils n'absorbent que peu de nourriture, s'affaiblissent progressivement et s'éteignent comme épuisés.

L'élévation thermique, qui est nette au début, persiste peu, la température peut rester normale pendant quelques jours, et vingt-quatre heures avant la mort elle subit une chute importante, jusqu'à 36° et même 35°.

Il s'agit alors de la forme la plus commune de la maladie, durant de trois à cinq jours, et que l'on peut qualifier de forme grave.

Pour le personnel chargé de donner les soins, la caractéristique est la diarrhée et la perte de l'appétit.

C. — Il existe enfin une troisième forme, plus rare, au cours de laquelle l'appétit persiste malgré la diarrhée; les malades restent maigres, se développent mal, mais survivent pendant un mois, six semaines, deux mois; la diarrhée diminue ou disparaît, et c'est alors que surviennent les complications de broncho-pneumonie, de pleuro-pneumonie, d'endocardite, qui avaient amené le professeur Galtier à donner à la maladie le nom de *pleuro-pneumonie septiques des veaux*. — Ces complications sont encore extrêmement graves, généralement mortelles à plus ou moins longue échéance. Elles sont dues à des cantonnements microbiens des agents qui provoquent la septicémie, et sont très comparables à celles que j'ai décrites sous le nom de broncho-pneumonies d'origine intestinale chez les veaux de lait.

Elles diffèrent cependant au point de vue causal de l'affection primitive; les agents qui déterminent ces complications peuvent être variés; on y trouve fréquemment ceux de la suppuration. Ce sont des agents surajoutés venus du dehors, par la voie trachéo-bronchique très probablement.

Étiologie. — Les septicémies des veaux, et peut-être de tous les nouveau-nés des différentes espèces, sont déterminées de préférence par un microbe qui vit dans le purin, les litières des étables, une bactérie ovoïde (*bacillus bipolaris septicus*) ou *Pasteurella*. On le trouve dans le sang, depuis l'apparition des premiers symptômes extérieurs jusqu'au moment de la mort; mais, dans les dernières heures qui précèdent la fin, on découvre souvent aussi *des coli* qui ont déjà envahi l'appareil circulatoire; et si les prises d'ensemencement ne sont faites que quelques heures après la mort, on trouve surtout du coli et des bactéries de putréfaction.

Ce microbe se cultive bien sur gélose et dans les milieux liquides ordinaires. Injecté à des sujets neufs d'expériences, dans les veines il reproduit les accidents cliniques, et la mort survient plus ou moins rapidement suivant la dose injectée.

Il m'a semblé que la virulence était plus grande avec des cultures dans le sang défibriné de veau, et j'ai pu, par ce moyen, reproduire l'affection clinique en me contentant d'appliquer sur le cordon ombilical de nouveau-nés une plaquette de coton imbibée de ces cultures, et un pansement superposé.

La dissémination des germes dans les étables se fait par les excréments des malades. — Lorsque le cordon ombilical est déjà desséché, c'est-à-dire dès le 3e jour, l'application de cultures virulentes sur le moignon n'entraîne plus l'infection.

Pathogénie. — La pathogénie de la septicémie des veaux et des nouveau-nés est facile à interpréter.

Au moment de la naissance. les jeunes sujets tombent sur les litières, se souillent de tous côtés et souillent leur cordon ombilical. L'agent d'infection, qui vit dans les litières et le purin, trouvant un excellent milieu de culture dans les tissus du cordon ombilical, s'y développe aussitôt et, avec une très grande puissance de pullulation, il fait de la septicémie par voie ascendante. Il se développe dans le tissu gélatineux du cordon ombilical, dans le caillot de thrombose des artères allantoïdiennes ou de la veine ombilicale, et bientôt dans le courant circulatoire proprement dit. Dès lors, la septicémie est réalisée, les troubles généraux apparaissent et, objectivement, la diarrhée, qui en est la conséquence, ne tardera pas à se manifester.

Toutefois, il importe de remarquer que si l'infection se fait par le cordon de préférence pendant les deux premiers jours qui suivent la naissance, elle peut aussi s'opérer plus tardivement et plus difficilement vers le 8e ou le 10e jour, lors de la chute de ce cordon, à la faveur de la petite plaie ombilicale.

Dans les septicémies chroniques des animaux plus âgés (qui ne sont plus des nouveau-nés) (pleuro-pneumonie septique) les infections sont ou peuvent être d'origine intestinale.

Lésions. — Les lésions sont parfois si peu apparentes que le praticien a le droit d'hésiter avant de se prononcer.

Dans les cas à marche rapide avec mort en dix ou douze heures, ou même en deux ou trois jours, on ne trouve à l'autopsie que des arborisations vasculaires sur toutes les séreuses : péritoine, plèvre, péricarde, etc. ; c'est à peine si du côté du cordon il est possible de relever quelque chose d'anormal, car les caillots de thrombose artérielle et veineuse ne sont ni décollés ni désagrégés, bien qu'infectés.

Il existe cependant presque toujours à la surface de l'ouraque et du fond de la vessie, dans l'épaisseur des freins de suspension des artères allantoïdiennes et parfois de la veine hépatique, des signes non équivoques d'infection locale ascendante : injection intense des capillaires, petits îlots hémorragiques, début de fausses membranes, etc.

L'infection se fait aussi par les voies lymphatiques de ces ligaments ou appareils de suspension, avant de gagner la région souslombaire.

Lorsque la marche de la septicémie est moins rapide, la cavité péritonéale renferme une certaine quantité de sérosité sanguinolente, de même que les plèvres et le péricarde; et les arborisations vasculaires des séreuses sont extrêmement accusées. L'intestin offre des traces de congestion, d'inflammation sur toute sa longueur; l'agent spécifique se retrouve en très grande abondance dans le contenu intestinal.

Enfin, dans les formes chroniques, les lésions générales du côté des grandes séreuses, de même que celles de l'intestin, semblent peu accusées; peut-être parce qu'elles ont rétrocédé, et ce sont des lésions secondaires de pneumonie, broncho-pneumonie, péricardite, abcès du poumon, qui évoluent. .

Diagnostic. — Le diagnostic ne présente aucune difficulté, car le mode d'évolution et la marche de la maladie dans une étable infectée, où, règle générale, la très grande majorité des veaux meurt dès la première semaine de la naissance, ne peuvent laisser de doute.

La distinction d'avec la dysenterie des nouveau-nés, où les jeunes sujets naissent infectés et sont malades en naissant, ne donne aucune hésitation, pas plus que celle d'avec l'entérite diarrhéique simple, où les symptômes apparaissent plus tardivement, quelquefois seulement au sevrage, et où la maladie n'acquiert jamais le caractère de gravité de la septicémie.

A défaut d'autopsies significatives, le diagnostic peut être basé simplement sur le taux élevé de la mortalité.

Pronostic. — Le pronostic est extrêmement grave; 95 p. 100 environ des sujets atteints meurent; parmi ceux qui peuvent être sauvés, beaucoup présentent des complications pleuro-pulmonaires qui en font des inutilités économiques.

Traitement. —Le traitement des malades est bien peu efficace, il se montrerait d'ailleurs trop dispendieux. Toutes les médications administrées par l'appareil digestif manquent en partie leur but, puisque les symptômes digestifs sont secondaires et que l'infection primitive siège dans l'appareil circulatoire. Les purgatifs, aussi bien que les antiseptiques internes, peuvent donc n'avoir qu'une action tout illusoire.

Les injections intra-veineuses de collargol, 10 à 15 centigrammes; de bleu de méthylène, 15 à 20 centimètres, cubes d'une solution au centième, d'uroformine 1 à 5 grammes; les injections de sérum antistreptococcique ou même de sérum normal, à défaut de sérums spécifiques, ont été successivement utilisées avec des succès variables.

Fig. 185.— Pansement ombilical de nouveau-né.

On peut sans la moindre hésitation, puisqu'une terminaison mortelle est toujours à redouter, essayer les abcès de fixation dans le nombril ou au fanon.

Par contre, le traitement prophylactique est capable de se montrer souverain, puisqu'il suffit d'éviter l'infection du cordon ombilical.

Si la mortalité est si fréquente et occasionne d'aussi formidables pertes à l'élevage, cela tient uniquement au manque de soins hygiéniques pour les nouveau-nés. Même dans les étables proprement tenues, la mortalité peut sévir, puisque l'agent se cultive dans les litières souillées de déjections, et que le jeune sujet s'infecte fatalement par son séjour sur ces litières.

Pour enrayer ou éviter la septicémie dans un élevage, il suffit, de prendre pour les veaux les précautions que l'on prend pour les enfants, c'est-à-dire d'appliquer un pansement aseptique ou antiseptique sur le moignon du cordon, après ligature.

Aussitôt le nouveau-né séché par la mère ou séché artificiellement, on fera, à 3 centimètres environ de l'anneau ombilical, une ligature du cordon avec un fil préalablement bouilli; la partie du cordon située au delà de la ligature sera sectionnée, le moignon restant soigneusement lavé à l'eau bouillie ou avec de l'eau boriquée, et enveloppé ensuite dans une plaquette de coton iodoformé qui sera maintenue en place à l'aide d'une petite sangle abdominale.

Le cordon se desséchera un peu moins vite qu'à l'air libre, mais à l'abri de toute infection. Le jeune sujet sera séparé de la mère pour éviter qu'elle ne dérange ce pansement ombilical en léchant son petit. Après quelques jours, il n'y a plus de danger. — Ce procédé très simple et à la portée de tous, permet d'élever des veaux même en milieu contaminé. — Nocard recommandait l'emploi de pansements ombilicaux au collodion; ils me paraissent encore trop compliqués, malgré leur simplicité, pour entrer dans la pratique, d'autant qu'ils empêchent la dessication du cordon.

Comme le pansement à demeure présente, lui aussi, un inconvénient chez les mâles, on peut se contenter d'aseptiser le cordon et de le recouvrir d'une poudre siccative :

1° Badigeonnage de teinture d'iode ;

2° Applications répétées d'un mélange de charbon et d'alun calciné pulvérisé.

En cas d'épizootie grave, dans de grandes exploitations, je conseille de tout faire mettre au pâturage, de faire naître dehors, en liberté; et si cela est impossible en raison de la saison, de désinfecter à fond les étables, puis de mettre les femelles sur le point de vêler dans un local spécial d'isolement, véritable maternité, d'où les veaux ne sortent que lorsque l'ombilic est cicatrisé.

PIROPLASMOSES

On donne le nom de *piroplasmoses* à des maladies parasitaires du sang, causées par des hémosporidies appelées piroplasmes.

Ces parasites sont constitués par des masses protoplasmiques pourvues d'un noyau ou de masses chromatiques simples, non pigmentées, se multipliant par division (bipartition, quadripartition, etc.).

Les piroplasmoses peuvent frapper toutes nos espèces domestiques : bovine, ovine, chevaline, porcine, etc., de même que des espèces sauvages. Elles sont loin d'avoir en France l'importance qu'elles acquièrent en d'autres pays, en particulier dans nos colonies; néanmoins comme elles existent aussi chez nous il est nécessaire d'en connaître les grandes lignes d'évolution.

Les piroplasmes, au point de vue zoologique sont classés d'après leur taille, de $1/2\,\mu$ à $4\,\mu$, et leur morphologie : (parasites de grande et de petite taille, aspect rond, en poire, en bâtonnets, etc.).

Ces parasites se développent et se multiplient dans les globules rouges par division (reproduction asexuée). Les globules parasités meurent puis se détruisent par une sorte de dissolution. Mis en liberté les parasites de multiplication envahissent d'autres globules sains, s'accroissent, deviennent adultes, se divisent à nouveau et le cycle évolutif continue, provoquant des troubles proportionnés à la puissance de multiplication des éléments parasitaires, à leur activité toxique et à l'importance ou la rapidité de destruction des globules rouges : formes suraiguës et mortelles ; formes ordinaires, graves ; formes bénignes ; selon les cas et les variétés de maladie.

Les piroplasmoses sont transmises aux animaux domestiques ou sauvages par l'intermédiaire d'arthropodes suçeurs de sang, gros parasites cutanés de la famille des ixodinés, appelés *tiques*.

On ne connaît pas de reproduction sexuée chez les piroplasmes, de même que l'on ne connaît pas ou peu leur évolution chez les tiques qui se sont gorgées de sang de malades ; mais ce que l'on sait par contre c'est que la transmission ne se fait pas par les tiques infectées elles-mêmes, mais surtout par leur descendance : larves, nymphes ou insectes parfaits ; ce qui implique forcément le passage de germes ou de spores dans les œufs. Il paraît donc logique d'admettre, comme cela est démontré pour les plasmodiums du paludisme, transmis par les moustiques, une évolution parasitaire encore non précisée dans l'organisme des tiques (germe dans l'œuf, évolution ultérieure chez la larve, la nymphe ou l'adulte) pour que des formes actives virulentes puissent être inoculées à des animaux sains par les descendants d'une première génération infestée. Ces germes passeraient dans les glandes salivaires et le rostre et seraient inoculés au niveau de la piqûre cutanée. Il y aurait d'abord multiplication virulente locale dans le tissu conjonctif avoisinant, puis passage dans les capillaires et ensuite envahissement de l'appareil circulatoire, milieu d'élection de développement et de multiplication.

Une tique déterminée n'inocule généralement qu'une variété de piroplasmose, mais cette variété de piroplasmose peut être inoculée par plusieurs variétés différentes de tiques.

Les piroplasmoses sont des maladies de pâturages, les tiques vivant et évoluant dans le milieu extérieur, dans les prairies et la brousse ; exceptionnellement elles peuvent être contractées à l'étable lorsque des animaux, sains s'y trouvent exposés aux piqûres de parasites infestés apportés de l'extérieur par des animaux déjà envahis, ou par des fourrages.

Au pâturage, l'évolution n'est pas instantanée, elle demande une période.d'incubation variable, de quelques semaines à quelques mois, qui correspond à l'infestation par les parasites externes, à la multiplication sur place des germes inoculés et à la durée de l'invasion sanguine ; les symptômes de maladie n'apparaissent qu'après cette invasion sanguine. Expérimentalement elles peuvent être reproduites, dans des conditions spéciales à chacune, par l'inoculation directe de produits virulents (sang, pulpe de viscères, de

ganglions, etc.; pourvu que ces produits soient à un stade déterminé permettant l'évolution ultérieure.

Les animaux guéris d'une atteinte aiguë recouvrent les apparences de la santé, mais restent, dans la majorité des cas, infestés de
façon chronique (porteurs de germes) et ce sont eux qui, dans des
régions déterminées, constituent les réservoirs ou sources de virus.

Les animaux sauvages des régions infestées (cervidés surtout)
paraissent être les sources originelles de virus, les tiques hémato-
phages pouvant vivre sur les animaux les plus variés.

Suivant leurs conditions d'évolution, leurs manifestations cliniques objectives, les piroplasmoses peuvent être classées cliniquement en deux grands groupes : les *piroplasmoses hémoglobinuriques*
caractérisées primitivement par l'émission d'urines sanglantes, et
les *piroplasmoses ictériques* caractérisées surtout par des signes
d'ictère.

Au point de vue zoologique, les parasites sont classés en trois
familles : Piroplamidés proprement dits, Theileridés et Anasplas-
midés. Au point de vue clinique le groupement ci-dessus est celui
qui s'impose à tout observateur.

*
* *

PIROPLASMOSES HÉMOGLOBINURIQUES.

Anglais : *Piroplasmosis of cattle.* -- Allemand : *Piroplasmose des Rindes.*
Italien : *Piscia sangue.*

Les piroplasmoses bovines ont été décrites sous des noms différents : *hémoglobinurie bactérienne du bœuf, hémoglobinémie, hémoglobinurie, fièvre du Texas* (Etats-Unis), *fièvre des tiques* (Australie),
tristeza, malaria bovine (République Argentine), *Red-water* (Afrique
du Sud), *Pissement de sang, mal de Brou* (France), etc.

La piroplasmose hémoglobinurique a été signalée en Roumanie
par Babès (1888), puis très bien étudiée aux États-Unis par Smith
et Kilborne (1888-1903).

Elle a été trouvée en Finlande par Krogius et van Hellens
(1894), en Sardaigne par San Felice et Loi (1895), en Australie
par Pound 1895), elle a fait dans la suite l'objet d'études remarquables de la part de Koch et de Theiler, en Afrique australe
(1898). Nicolle et Adil constatent qu'elle existe à l'état latent en
Turquie et Turquie d'Asie (1899), Lignières (1900), en Argentine.

De nouvelles données sont fournies plus tard sur les piroplasmoses
de la colonie du Cap, du Transvaal, de la Rhodésia, par Koch (1902),
Gray et Robertson (1902-1903), Theiler (1903-1906); sur les piroplasmoses de la région du Caucase par Dschunkowsky et Luhs

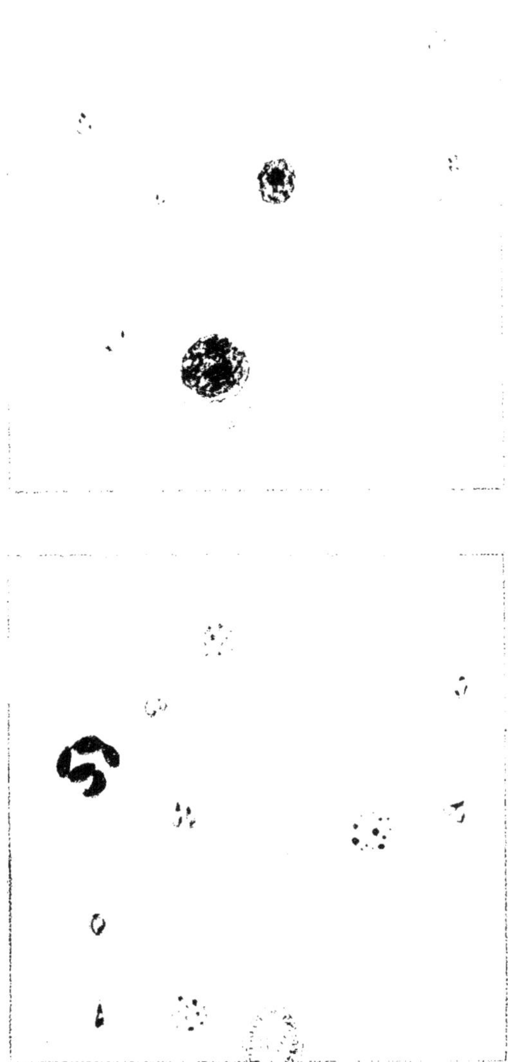

PYROPLASMOSE A P. BIGÉMINUM, MALADIE NATURELLE

Formes bigéminées en poires, formes rondes. — Globules pigmentés et globules blancs.

(1904); sur celles d'Algérie par Soulié et Roig (1909) Sergent 1923.
sur celles de France par Lignières et moi-même, etc., etc.

D'où il résulte que les piroplasmoses hémoglobinuriques se
trouvent réparties, dans le monde entier, mais elles ne sont pas
toujours provoquées par un même parasite, et même lorsque les
parasites sont morphologiquement semblables, ils n'ont pas toujours
les mêmes propriétés pathogènes.

<h3 style="text-align:center">PIROPLASMOSE A P. BIGEMINUM
(Smith et Kilborne, 1893-1903).</h3>

C'est la plus anciennement connue, la plus répandue et la mieux
étudiée.

Piroplasma bigeminum. — *P. bigeminum* est le plus grand des
piroplasmes connus. Il apparaît dans les globules parasités, après
coloration(1), avec des formes variées : formes en poires, simples ou
bigéminées, à angle aigu $\dfrac{6\,\mu}{2\,\mu}$; formes rondes de 2 à 3 μ et formes
ovoïdes de $\dfrac{2\,\mu}{4\,\mu}$; plus exceptionnellement formes bourgeonnantes
en feuille de trèfle. Le point de jonction des pédicules de réunion
porte un grain chromatique (fig. 186-187).

D'une façon générale on dit que *P. bigeminum* a des dimensions
supérieures à la moitié du diamètre des globules rouges.

Le nombre des globules parasités varie dans des proportions
énormes selon la gravité de l'affection : de 1 à 15 p. 100 en général.

Piroplasma bigeminum se trouve répandu dans le monde entier,
en Amérique, en Afrique, aux Indes, en Australie, en Europe aussi.
— Les tiques qui le transmettent sont : *margaropus annulatus et
decoloratus, margaropus australis* ou *microplus,* en Amérique en
Australie et en Afrique du Sud; *margaropus calcaratus* en Europe.

La zone d'infection américaine s'étend entre le 37e degré latitude
nord et le 35e degré latitude sud. En Europe la limite nord remonte
jusqu'au 44e degré.

La durée de l'incubation de la maladie, à la suite d'infection
expérimentale (injection sous-cutanée de sang défibriné parasité)
est de cinq à six jours; dans les conditions naturelles (infection par
les tiques dans les prairies) elle est de quinze jours à trois semaines
au minimum; ou plus bien entendu, si l'infestation par les tiques
infestantes n'est pas immédiate.

---

(1) Piquer une veinule de l'oreille du malade, prélever sur lame une gouttelette de
sang, l'étaler en couche mince, sécher rapidement à l'air, fixer vingt minutes dans l'alcool
ou l'alcool éther, sécher, colorer dix minutes au Giemsa; laver, décolorer au tanin-orange
— sécher, examiner à l'immersion. — ou bien : fixer au May-Grunwald, colorer au
Giemsa ou plus simplement colorer après fixation au bleu de méthylène à 1 p. 100
puis à l'éosine à 1 p. 1000; laver, sécher, examiner.

Symptômes. — La piroplasmose à *P. bigeminum* évolue toujours comme une maladie aiguë, à marche brutale, fébrile, 40-41°, entraînant de la perte d'appétit, de la constipation, de la tristesse, une accélération considérable des battements cardiaques P : 100 à 120, ainsi que de celui des respirations. Le symptôme dominant est fourni par l'hémoglobinurie, l'urine se montrant teintée du rose clair au rouge vif, rouge brun et même couleur café, sans dépôt de globules. Suivant l'intensité de l'infestation et la résistance naturelle individuelle des animaux, il peut se présenter des *formes suraiguës* avec morts foudroyantes, imprévues, avant qu'il y ait eu hémoglobinurie ; — des *formes aiguës* durant lesquelles l'hémoglobinurie est très intense (envahissement et destruction de la moitié ou des deux-tiers des globules) entraînant une mortalité de 50 p. 100; enfin des formes atténuées ou bénignes offrant la même symptomatologie mais très atténuée et guérison spontanée dans la majorité des cas.

La guérison s'annonce par la chute de la température, la disparition des urines sanglantes, la réapparition de l'appétit avec soif vive et la caractérisation progressive d'un ictère hémaphéique (d'origine sanguine) donnant une teinte jaune plus ou moins vive aux muqueuses et à la peau.

Dans les pâturages, à l'état de nature, la maladie apparaît d'ordinaire quelques semaines après la mise à l'herbage, ou ensuite à des époques variables selon la saison et les chances d'infestation naturelle.

Expérimentalement, l'affection transmise par inoculation de sang virulent (5 à 20 centimètres cubes) sous la peau ou dans les veines évolue dans les cinq à huit jours, selon la dose inoculée.

Elle se traduit toujours par une élévation thermique et de l'albuminurie qui précèdent l'hémoglobinurie; l'indice thermique primitif est particulièrement précieux pour les épreuves d'immunisation expérimentale.

Les passages successifs sur animaux réceptifs, avec du sang virulent prélevé au cours des périodes aiguës, permettent d'augmenter la virulence.

Les veaux de moins de 6 mois sont peu sensibles, ils contractent l'affection mais ne font que des formes atténuées, exceptionnellement des formes graves .

C'est ce qui explique pourquoi les animaux nés dans une région sont peu sensibles aux piroplasmoses locales, alors que des sujets d'importation y succombent. Les sujets indigènes sont prémunis naturellement.

Les sujets cliniquement guéris restent en état d'infection latente, c'est-à-dire porteurs d'un si petit nombre de piroplasmes qu'il est le plus souvent impossible de les déceler par les examens histologiques du sang, mais l'inoculation de quantités variables de sang en nature ou de sang défibriné à des sujets neufs et indemnes (50 à 500 centimètres cubes ou plus), permet de reproduire la maladie, même après des années.

En Amérique du nord on admet que le sang peut rester infectant pendant six à douze ans ; c'est-à-dire pendant presque toute la vie. On peut bien objecter à cette notion de l'infestation latente prolongée l'idée des réinfestations possibles au cours de l'existence chez ces animaux devenus résistants sinon réfractaires au sens strict du mot ; cela ne change rien aux conséquences qui peuvent en découler : Les sujets cliniquement guéris restent des porte-virus, des porteurs de germes et par suite représentent toujours un danger vis-à-vis des animaux sains.

Les tiques inoculatrices de la Piroplasmose à *P. bigeminum* sont *Margaropus microplus ou australis* pour l'Amérique du sud et l'Australie, *Margaropus annulatus et decoloratus* pour l'Afrique du Sud, *Margaropus calcaratus* pour l'Amérique du nord et l'Europe. Selon l'intensité de multiplication des parasites inoculés, le nombre des globules rouges parasités et détruits peut être énorme dans un temps très limité. En vingt-quatre à quarante-huit heures le taux de ces globules peut descendre de 6 à 8 millions chiffre normal à quelques millions et même quelques centaines de mille, 2 à 300.000 par millimètre cube. Il est facile d'en déduire les conséquences qui peuvent s'ensuivre : Hémoglobinurie massive, accélération et affaiblissement cardiaque, accélération respiratoire et signes d'asphyxie par anoxyhémie, le nombre des globules rouges intacts devenant insuffisant pour entretenir l'hématose ; œdèmes des poumons. mort rapide par altération du sang et probablement aussi phénomènes toxiques.

A ces signes de premier plan se superposent dès le début des troubles digestifs : suppression de l'appétit et de la rumination. atonie des réservoirs digestifs, constipation parfois signes d'entérite avec excréments recouverts de mucosités. Ils n'ont par eux-mêmes pas de valeur diagnostique importante. parce qu'on peut les enregistrer dans bon nombre d'affections graves. — Il en est de même pour la diminution ou la suppression de la lactation. pour l'apparition de troubles nerveux caractérisés par de la stupéfaction ou des accès de vertige. A eux seuls ils peuvent faire naître des doutes sur leur origine, mais ne sauraient caractériser une affection de cette nature. parce qu'en la circonstance ils ne représentent que des manifestations secondaires.

La mort arrive parfois brusquement, causant une véritable surprise, d'ordinaire elle ne s'ensuit qu'au bout d'une huitaine. Bon nombre de sujets peuvent guérir spontanément sans aucune médication, d'autres guérissent à la suite d'un traitement convenable et ce traitement est d'autant plus efficace qu'il est appliqué plus tôt. Cependant l'observation et l'expérience démontrent que selon les années, les saisons, les régions, le degré d'humidité, etc., etc., toutes les enzooties de piroplasmoses à *P. bigeminum* n'avaient pas la même gravité ; bénignes certaines années elles sont exceptionnellement graves durant d'autres, dans les mêmes régions, particulièrement les années très chaudes. Le même fait se constate d'ailleurs

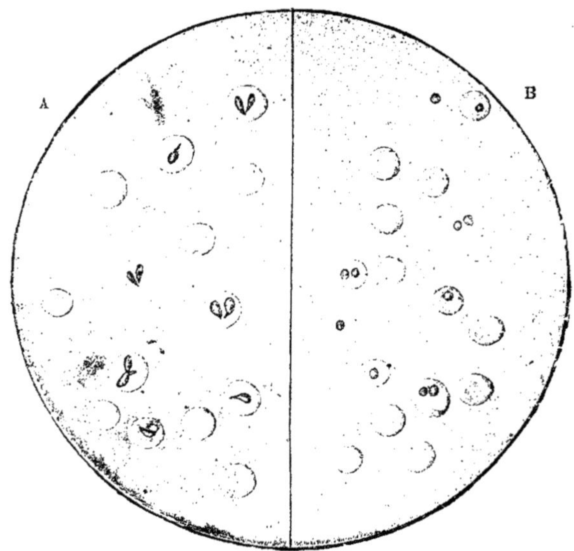

Fig. 186. — A, globules rouges infectés par le *Piroplasma bigeminum* sous sa forme en poire (typique); B, globules rouges infectés par le *Piroplasma bigeminum* sous sa forme ronde (Lignières).

(*Piroplasma bigeminum* a en moyenne 2 à 4 μ de long, 1,5 à 2 μ de large dans la partie renflée, 1,5 μ, de diamètre pour les formes rondes).

pour les autres variétés de piroplasmose, les influences climatériques et de milieu ont une action que l'on ne saurait contester.

Lésions. — Les lésions d'ensemble dans les formes suraiguës à *P. bigeminum* offrent ordinairement, à première vue, quelques analogies avec celles du charbon, mais s'en différencient par bien des points de détail :

La peau présente des tiques ou des traces de piqûres de tiques.

Des tiques à tous les stades de développement, et parfois en nombre considérable peuvent être trouvées, de préférence au pourtour de l'anus, vers le périnée, le pourtour de la mamelle, dans la région des ars, derrière les oreilles, au niveau des paupières, etc.

Le myocarde paraît cuit ; la rate est toujours hypertrophiée. Le foie et les reins sont violacés, congestionnés ou ecchymosés, et toute la couche adipeuse périrénale se trouve infiltrée de sérosité jaunâtre. L'urine peut passer par toutes les teintes variées possibles dérivant de l'hémoglobine. — Le foie est souvent gorgé de sang, la vésicule biliaire toujours distendue.

A la période de convalescence, l'ictère apparaît, mais c'est un

Fig. 187.

ictère particulier, dérivant des transformations de l'hémoglobine, un ictère hémaphéique d'origine hémolytique.

Dans les formes subaiguës ou chroniques, on ne trouve que des lésions d'ictère, d'anémie et de cachexie.

L'examen histologique du sang fournit l'explication de ces formes de maladie, en permettant de déceler la présence de parasites, cause de tout le mal. Le sang des vaisseaux, des reins, du foie, de la rate, est toujours beaucoup plus riche en parasites que celui de la circulation périphérique, qu'il y ait obstruction des capillaires de ces viscères par des globules malades et hypertrophiés comme on l'a dit, ou simplement engorgement par paralysie de ces capillaires.

Pathogénie. — Les parasites sont mis facilement en évidence dans les préparations par voie sèche, fixées et colorées au bleu de méthylène très faible, au Giemsa, par la méthode Laveran ou la méthode de Romanowsky. — Le sang est ordinairement clair, pâle, le sérum teinté par l'hémoglobine dissoute.

Ces parasites sont : le *P. bigeminum*, de dimensions variables, 2 à 4 μ de long, 1,5 à 2 μ de large dans la partie renflée ; 1,5 μ environ pour les formes rondes, occupant quelquefois toute l'épaisseur du globule rouge, avec la disposition en forme de poire :

Le nombre des parasites et des globules infectés est généralement en rapport avec l'intensité de l'affection, mais ce n'est pas là un critérium absolu. Les parasites se rencontrent dans tout le sang, particulièrement dans celui de la rate, des reins et des veines mésaraïques ; on ne les trouve en abondance que durant la période d'ascension fébrile ou la période d'état, et ils disparaissent souvent avant la mort ou la convalescence.

C'est en 1888 que Babès, le premier, en Roumanie, signala sur le bétail de la vallée du Danube, sous le nom d'*hémoglobinurie bactérienne du bœuf*, une affection restée jusqu'alors indéterminée dans son origine et sa nature; mais c'est à Smith et Kilborne (1889-1893-1903) que revient le mérite d'avoir étudié et fort bien décrit, sous le nom de *Fièvre du Texas*, une affection exceptionnellement grave qui décimait le bétail de certains Etats de la Grande République américaine du Nord, la piroplasmose à *piroplasma bigeminum*.

Dans la forme grave, suite d'infection expérimentale avec *P. bigeminum*, l'ascension thermique commence du 3e au 6e jour et correspond à la phase appréciable de pullulation des parasites dans les globules rouges. L'urine devient d'abord albumineuse, puis hémoglobinurique, en même temps que le nombre des globules rouges diminue dans une proportion formidable, pour descendre en quelques jours de 6 ou 7 millions à 1 million ou quelques centaines de mille seulement. La température, qui avait pu monter au delà de 41°, subit une chute brusque annonçant la mort.

La fièvre est consécutive à une multiplication parasitaire intense, laquelle entraîne l'élaboration de poisons organiques ou toxines parasitaires, qui provoquent la réaction fébrile. L'hémoglobinhémie et l'hémoglobinurie résultent de la destruction globulaire par les parasites.

Toutefois, la guérison ne doit pas être considérée comme définitive. L'infection semble pouvoir persister à l'état chronique pour présenter, souvent longtemps après, de nouvelles poussées aiguës mortelles.

Une remarque pratique bien intéressante, si elle est parfaitement exacte (?) mérite d'être enregistrée : c'est que les tiques se développent régulièrement dans les prairies naturelles, mais ne se développent pas dans les luzernières artificielles, et l'importation d'animaux contaminés ou malades dans ces luzernières ne crée pas des foyers de contagion, les autres sujets restant indemnes (Lignières).

Lorsque des pâturages infestés sont abandonnés, c'est-à-dire non utilisés pour les animaux pendant une période de dix-huit mois à deux ans, les tiques disparaissent, et ces pâturages redeviennent propres à l'élevage (Theiler et Stockman).

Diagnostic. — L'affection est tellement typique que l'on ne pourrait la confondre qu'avec le charbon. Or, dans le charbon, l'urine n'est jamais hémoglobinurique et assez rarement hématurique.

Le charbon est transmissible aux petits sujets d'expériences, la piroplasmose ne l'est pas.

L'examen histologique du sang après coloration lève tous les doutes.

Pronostic. — Le pronostic est généralement grave comme maladie individuelle, extrêmement grave comme maladie de région ou de pays.

Traitement. — Des essais d'immunisation ont été tentés au début avec le sérum d'animaux guéris, et des essais de vaccination avec le sang de malades à la période de convalescence. —Les résultats n'ont pas été satisfaisants, ce qui s'explique fort bien, puisque l'on sait aujourd'hui que le sérum est inactif, et que le sang des convalescents naturels, ou même des guéris, peut donner la maladie.

Vaccination. — *Prémunition.* — Lignières avait cependant, dès 1900, trouvé un procédé de vaccination efficace, qui semblait appelé, en raison de sa simplicité, à rendre les plus grands services aux pays où sévit la piroplasmose. Des constatations plus récentes lui montrèrent que le vaccin utilisé contre une variété de piroplasmes reste inefficace contre une autre variété.

La vaccination de Lignières était basée sur

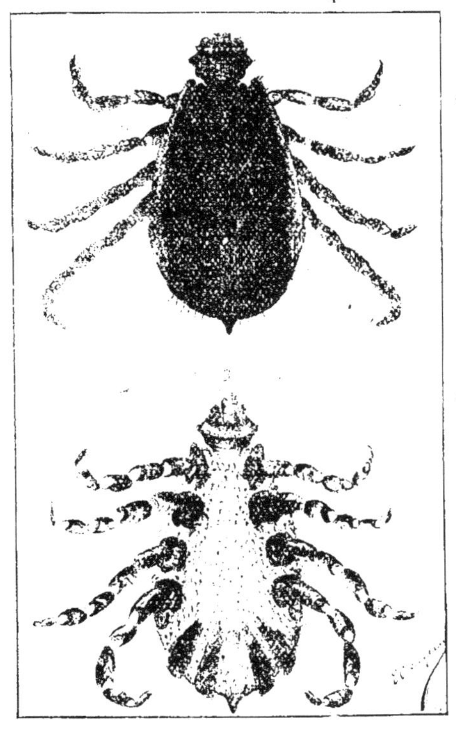

Fig. 188. — *Margaropus annulatus.* Var. *Australis.* Mâle : 1, face dorsale; 2, face ventrale.

l'emploi de sang défibriné à *P. bigeminum*, maintenu durant trente jours à la glacière à 5°—8°. Elle était efficace contre la forme ordinaire de piroplasmose, dite *tristeza* à *P. bigeminum;* mais comme en Argentine il y a aussi de la piroplasmose à *P. argentinum*, que la vaccination contre la première n'agit pas contre la seconde variété de parasites, Lignières a, dans la suite (1914), perfectionné sa méthode et conseillé la vaccination polyvalente d'après les règles ci-après :

1° *Veaux* de moins de six mois, lesquels sont naturellement très résistants :

Injection sous-cutanée d'un centimètre cube d'un mélange à parties égales de sang défibriné contenant à la fois *P. bigeminum* et *P. argentinum.*

Pour les sujets très affinés, de races perfectionnées, injection sous-cutanée de 1 centimètre cube de sang défibriné à *P. bigemi-*

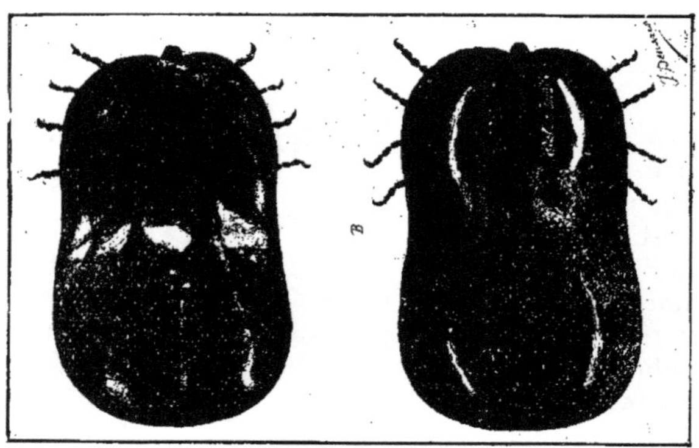

Fig. 189. — *Margaropus annulatus.* Var. *Australis.*
Femelle : face ventrale et face dorsale [1].

num d'abord, puis quinze jours après, de 1 centimètre cube de sang à *P. argentinum;*

2° *Adultes* ou sujets de plus de six mois : triple vaccination.

Premier vaccin : injection intraveineuse de 5 centimètres cubes de sang défibriné à *P. bigeminum*, congelé durant sept à huit heures. Décongélation lente à la température extérieure avant emploi (l'activité disparaît après trois jours).

Deuxième vaccin : injection sous-cutanée de 1 centimètre cube de sang défibriné à *P. bigeminum* conservé quinze jours à la glacière à 5°-8°. Dix jours après la première vaccination.

Troisième vaccin : quinze jours après le deuxième vaccin. Injection sous-cutanée de 1 centimètre cube de sang défibriné à *P. argen-*

(1) Les tiques femelles fécondées qui se sont gorgées de sang sur le bétail au pâturage se détachent, tombent dans l'herbe et pondent à la surface du sol de 2 à 4.000 œufs. Si la saison est favorable, les larves éclosent après trois à quatre semaines, grimpent sur les brindilles d'herbes et attendent le moment où elles pourront trouver leur proie et s'y fixer. Tous les stades d'évolution se passent sur le même hôte; les larves sucent du sang, se transforment après une quinzaine en nymphes qui agissent de même, se transforment en individus sexués, s'accouplent, et le cycle évolutif est dès lors fermé. Les températures chaudes et humides du printemps et de l'été favorisent la multiplication et la pullulation des tiques, par suite, l'explosion et la dispersion de la maladie, là où les tiques larvaires sont issues de tiques adultes ayant sucé du sang d'animaux piroplasmés. Les larves sont extrêmement résistantes aux influences atmosphériques et au froid, ce qui explique la réapparition de la maladie, chaque année, dans les mêmes milieux infestés de tiques: mais les grandes épizooties se constatent de préférence durant les années très chaudes.

linum conservé quinze jours à trois semaines à la glacière à 5°-8°.

Les animaux vaccinés par ce procédé ne doivent être mis en milieu dangereux que deux mois après la dernière vaccination.

Kossel recommanda en Allemagne la vaccination suivante : injection sous-cutanée de 5 centimètres cubes de sang défibriné provenant d'un animal infecté artificiellement et ayant résisté depuis cinquante jours. — On sait aujourd'hui que, si l'on peut de cette façon donner une maladie naturelle bénigne, il peut arriver aussi que la forme grave se développe. Ce n'est pas une vaccination, c'est une piroplasmisation ou si l'on aime mieux une prémunition.

L'immunité conférée par les atteintes graves ou légères de la piroplasmose est en raison directe de la gravité de l'affection, et, d'après les opinions de Lignières, cette immunité acquise trouverait son point de départ dans la sécrétion par les *Piroplasma* d'une substance toxique pour les globules rouges. Cette substance toxique provoquerait, comme pour d'autres maladies, une réaction organique antitoxique.

Traitement curatif. — Nuttal et Hadwen (1909) recommandèrent le trypanbleu en solution à 1 p. 100 dans l'eau distillée comme spécifique de la piroplasmose canine.

Le procédé fut appliqué contre la piroplasmose à *bigeminum* avec plein succès dans la grande majorité des cas, lorsque les malades à traiter ne sont pas infectés d'une façon massive et déjà prêts à mourir. L'injection de la solution de trypanbleu à 1 p. 100 doit être proportionnée à la taille et au poids des malades ; il faut en moyenne de 1 gr. 50 à 2 grammes de principe actif, c'est-à-dire 150 à 200 centimètres cubes de solution; solution faite à chaud, filtrée en injection intraveineuse lente.

En France et dans nos colonies d'Afrique du Nord, j'ai montré que les résultats de cette médication étaient excellents contre la piroplasmose *à bigeminum* et la piroplasmose de France. Theiler a obtenu des résultats très favorables en Afrique du Sud, de même que Descazeaux et Misson au Brésil.

Mais le trypanbleu utilisé dans les conditions ci-dessus indiquées semble ne bien agir que contre le *P. bigeminum*.

Descazeaux et Misson en ont retiré un véritable procédé de vaccination.

Comme la piroplasmose bovine fait surtout des victimes chez les sujets d'importation, alors que dans les pays où elle sévit d'ordinaire les animaux indigènes résistent le plus souvent, parce qu'ils ont été inoculés par les tiques durant leur jeune âge, les auteurs précités ont eu l'idée d'inoculer la maladie par injection sous-cutanée de quelques centimètres cubes de sang défibriné virulent. Les sujets importés et, par conséquent, réceptifs, contractent la maladie expérimentale en cinq ou six jours; elle s'annonce par une poussée fébrile très marquée; c'est le moment de la juguler par une injection médicamenteuse de trypanbleu; la fièvre tombe aussitôt et, dans la suite, ils résistent aux atteintes naturelles en milieu infesté de tiques dans les pâturages.

Il y a dans cette pratique une méthode qui a rendu les plus grands services, puisqu'elle peut être appliquée au point de vue curatif et au point de vue préventif.

L'ichtargan en solution au vingtième ou au cinquantième, en injection intraveineuse, peut rendre les mêmes services que le trypanbleu sans en avoir les quelques petits inconvénients. Le trypanbleu est, en effet, fort lent à s'éliminer de l'organisme; il teinte plus ou moins les tissus, surtout les ligaments et les aponévroses, et cette teinte ne disparaît qu'après plusieurs semaines ou plusieurs mois, de sorte qu'il est difficile d'utiliser les animaux pour la boucherie durant un certain temps. Le lait des laitières est aussi teinté en bleu durant quelques jours.

De nouveaux essais faits avec d'autres médicaments, ont donné des résultats intéressants mais à préciser. Le stovarsolate de soude 2 à 4 centigrammes par kilog vif, le néo-silbersalvarsan, 2 à 4 centigrammes par kilog vif, le Luargol, etc...

Cernaïanu dit avoir obtenu d'excellents résultats avec l'uroformine en injections sous-cutanées aux doses de 30 grammes par jour en trois fois, plusieurs jours de suite.

Destruction des tiques. — Lounsbury. (1902) rapporte que les tiques représentent dans tous les pays chauds un véritable fléau, qu'elles sont les agents de transmission des piroplasmoses bovine, ovine, canine, etc., et que le seul moyen de mettre le bétail domestique à l'abri de ces maladies est de détruire les tiques. Ce serait là réellement le seul traitement préventif certain.

Il recommande dans ce but l'emploi de spray périodiques, c'est-à-dire de pulvérisations d'un mélange d'huile et d'eau savonneuse et alcaline à 25 p. 100. A l'aide de pulvérisateurs *ad hoc*, les animaux pourraient être rapidement débarrassés de leurs tiques, la mort des parasites étant confirmée une heure après la pulvérisation, et les applications d'huile étant sans inconvénients pour les sujets traités. C'est là un procédé qui peut rendre de grands services, mais qui, en réalité, est peu pratique ou trop coûteux, ne serait-ce qu'en main-d'œuvre.

L'extermination des tiques dans les zones infestées a été aussi et reste considérée en Amérique comme le seul moyen radical de faire disparaître les piroplasmoses. Pratiquement, c'est exact, mais le résultat semble bien difficile à obtenir, que l'on utilise le procédé de l'évacuation des pâturages pendant des périodes de deux ans, le procédé de l'incendie des herbes sèches au moment opportun, ou toute autre méthode.

La balnéation périodique antiparasitaire a aussi été utilisée aux États-Unis et en Amérique du Sud, sous forme de bains arsénicaux. L'efficacité sur les tiques est très réelle; elles sont tuées, mais, dès le 5e ou le 6e jour, les réinfestations reparaissent.

La balnéation devrait être répétée souvent pour se montrer efficace; le procédé n'en est pas moins officiellement mis en pratique dans les Etats où l'affection sévit et sur les limites de ces zones, et c'est encore, il faut le déclarer, le procédé le plus expéditif et le moins onéreux. Il existe en Afrique du Sud, en Argentine, en Australie, des centres de balnéation pour bovidés, servant périodiquement à tous les animaux d'une même contrée. Ils sont installés dans le genre des centres de balnéation des moutons contre la gale.

En Afrique du Sud, la solution antiparasitaire a la composition suivante :

```
Savon.......................    5 livres 1 /2
Paraffine...................    9 livres.
Arsenic.....................    8 livres 1 /2
Eau.........................  1800 litres.
```

PIROPLASMOSE A P. ARGENTINUM (Lignières, 1901).

Il existe en Amérique du Sud : République Argentine, Uruguay, Brésil, Vénézuéla, Panama, etc., outre la piroplasmose à *P. bigeminum*, une autre variété provoquée par un parasite très analogue mais cependant nettement différent, tant par ses dimensions morphologiques que par ses qualités pathogènes :

Piroplasma argentinum est trois à quatre fois plus petit que *P. bigeminum*. Il est rare dans les globules du sang circulant et du sang périphérique surtout, abondant au contraire dans le cœur, le rein et les autres viscères.

On le met en évidence dans les préparations histologiques après coloration, sous des formes rondes de 1 μ à 1 μ 1/2 de diamètre, des formes en poires, simples ou bigéminées de dimensions correspondantes. Ces parasites sont toujours dans la profondeur des globules, jamais en surface ni dans les parties périphériques comme c'est le cas le plus fréquent pour *P. bovis d'Europe*.

Cette variété de piroplasmose est disséminée sur les bovidés d'Amérique du Sud et les cervidés sauvages par la variété de tique *Margaropus Australis*.

Sa durée d'incubation est plus longue que celle de la piroplasmose à *P. bigéminum* quinze jours en moyenne, sa gravité plus grande aussi, la mortalité pouvant atteindre certaines années jusqu'à 80 p. 100. Par contre les malades qui guérissent spontanément ou après médication seraient d'après Lignières immunisés contre *P. bigeminum* alors que l'inverse n'existe pas.

Cette forme de piroplasmose n'existe pas en Europe.

Symptômes. — Les symptômes sont de même ordre que ceux de la maladie typique à *P. bigeminum* : fièvre élevée, perte d'appétit, tristesse, troubles respiratoires, circulatoires, etc., mais l'hémoglobinurie est moins intense que dans la piroplasmose à *P. bigeminum*, et parfois même absente. Cela tient à une destruction plus lente et plus faible des globules rouges, à une durée plus longue de la maladie qui se termine fréquemment après dix à vingt jours par de véritables crises nerveuses entraînant la mort.

Les lésions sont de même ordre aussi que celles de la piroplasmose hémoglobinurique type, toutefois les congestions viscérales moins accentuées, la possibilité de confusion avec le charbon moins grande, parce que l'évolution clinique est plus longue et qu'elle entraîne dans la majorité des cas un amaigrissement rapide marqué qui ne se voit pas dans les formes suraiguës ou foudroyantes.

Le *diagnostic* exact ne peut être établi qu'après examen microscopique du sang puisqu'il ne peut être scientifiquement basé que sur les dimensions des parasites dont les affinités chimiques sont identiques à celles de *P. bigeminum. Piroplasma argentinum* a des dimensions plus faibles que la moitié du diamètre d'un globule rouge.

Le *pronostic* moins inquiétant apparemment que celui de la *P. à bigeminum* est cependant plus grave, la mortalité plus élevée.

Traitement. — Le trypanbleu n'agit pas ou peu contre *P. argentinum*.

La méthode de vaccination de Lignières, sus-indiquée, paraît seule efficace comme traitement prophylactique, mais des recherches sont à poursuivre avec l'uroformine, le luargol, l'atoxyl, le néo-silbersalvarsan et peut-être d'autres produits.

* *

PIROPLASMOSE A P. BOVIS (Babès, 1888).

Babésiella bovis.

La piroplasmose à *P. bovis* est répandue sur toute l'Europe. Elle est propagée par *Ixodes-Ricinus* ou mieux par les larves hexapodes issues de tiques adultes ayant vécu sur des malades. Comme les précédentes, la piroplasmose à *P. bovis* est une maladie saisonnière de pâturage et de saison d'été, celle qui est favorable à l'évolution des tiques. Sa gravité est moindre que celle à *P. bigeminum* et *P. argentinum*, mais elle peut cependant dans certaines régions et certaines années atteindre un taux de 8 à 10 p. 100. Dans les formes courantes, les globules rouges ne sont parasités que dans la proportion de 20 à 40 p. 100.

La durée d'incubation peut s'étendre de cinq à vingt-huit jours ; la maladie inoculée est fréquemment moins grave que la maladie naturelle ; par contre la convalescence est assez souvent fort longue.

PIROPLASMOSE BOVINE FRANÇAISE

Jusque vers 1900, la piroplasmose bovine française a été confondue avec d'autres affections, ou décrite sous d'autres appellations : mal de Brou, mal de mai, hématurie de printemps, etc. Mathis dit l'avoir observée dans la Loire (1896) et dans l'Ain, à la suite d'importations de bœufs algériens, mais les méfaits restèrent limités et il ne semble pas qu'il se soit agi en la circonstance de véritable piroplasmose française.

Lignières (1902) l'a signalée dans le nord de la France, aux environs de Maubeuge. — Je l'ai retrouvée, plus tard, en Saône-et-Loire, en Normandie, dans l'Eure, le Calvados, la Manche, l'Orne ; dans le Centre, en Sologne et en Vendée ; dans le plateau central.

Elle sévit de mai à juillet, principalement au début de la mise aux pâturages, lorsque ces pâturages sont infestés de tiques, et sur des animaux importés d'autres régions de préférence.

Les parasites que l'on recueille sur les malades semblent toujours représentés par des ixodes réduves. — C'est d'ordinaire quinze jours ou trois semaines après la mise dans les pâturages infestés qu'apparaissent les premiers cas. — Sur certains malades, il est impossible de retrouver des tiques (1).

La piroplasmose de France est sûrement moins grave que les formes ci-dessus décrites ; elle est assez rarement mortelle et toute différente de celle de l'Afrique du Nord.

(1) L'*ixode ricinus* se rencontre en France un peu partout, de préférence dans les régions incultes et broussailleuses, au voisinage des haies et encore dans certains pâturages naturels réputés. La femelle fécondée et gorgée de sang sur un mammifère se détache et pond dans l'herbe, à la surface du sol, de 100 à 1.000 œufs si la saison est favorable ; l'éclosion se fait après six semaines environ, les larves montent sur les tiges des plantes et s'attachent aux mammifères qui passent à leur portée. Elles sucent le sang de leur hôte puis se détachent après trois à six jours, tombent sur le sol où elles s'enfoncent légèrement pour s'y transformer en nymphes, ce qui exige environ quatre semaines. A leur tour, ces nymphes se comportent comme les larves, s'attachent à un nouveau mammifère, sucent du sang durant trois à cinq jours et se détachent pour retomber sur le sol. Elles deviennent sexuées après sept à huit semaines et les insectes adultes se fixent sur un troisième individu, pour y terminer le cycle d'évolution après accouplement et reproduction. Le développement total exige environ quatre à cinq mois (dix-neuf semaines) ; dimensions : œufs : $\dfrac{0^{mm},50 \text{ à } 55}{0^{mm},27 \text{ à } 33}$; larves : $\dfrac{0^{mm},7 \text{ à } 8}{0^{mm},4 \text{ à } 5}$; 3 paires de pattes ; nymphes : $\dfrac{1^{mm},3}{0^{mm},7}$, 4 paires de pattes. Adultes femelles : $\dfrac{3 \text{ à } 4^{mm}}{1 \text{ à } 2^{mm},5}$, mâle beaucoup plus petit. La femelle gorgée de sang prend une teinte bleutée et peut atteindre 10 à 15 millimètres de long, sur 5 à 8 de large. La résistance aux intempéries et au froid est très grande, ce qui explique la persistance des parasites et de la maladie qu'ils transmettent dans les mêmes régions. Les printemps chauds et humides sont très favorables à la pullulation des tiques.

Symptômes. — Au point de vue symptomatologique, elle débute brusquement par de la fièvre, de l'inappétence, de l'accélération du pouls et des mouvements respiratoires, la suppression de la lactation et l'émission d'une urine rouge hémoglobinurique. La mort survient exceptionnellement après trois à cinq jours.

Le premier jour, alors que les malades ont déjà des signes extérieurs capables d'être enregistrés, l'urine n'est qu'albumineuse, le lait a peu diminué, le fonctionnement du rumen est conservé. — L'hémoglobinurie apparaît le lendemain avec une intensité variable; la couleur de l'urine peut être marc de café ou simplement rose clair.

La température s'élève à 39°5, 40°, rarement 41°, et cela suivant l'intensité de l'infestation parasitaire.

Les mamelles sont flétries, l'inspiration vite et courte, l'expiration brusque, les battements cardiaques précipités, les pulsations faibles.

La peau se montre parfois avec une teinte subictérique dans les zones claires; les muqueuses sont jaunes ou couleur terre de Sienne.

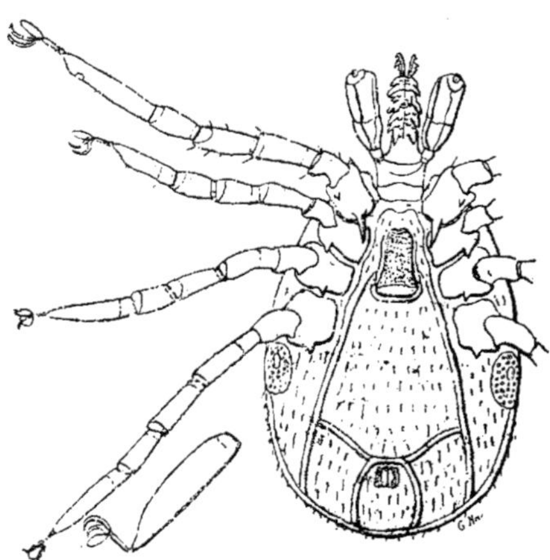

Fig. 190. — *Ixodes reduvius mâle*, vu par la face ventrale, grossi 30 fois. A gauche, tarse de la IV° paire, grossi 60 fois (G. Neumann).

Dans les cas que l'on peut qualifier d'intenses ou graves, les malades ont du larmoiement, de la salivation, de la diarrhée temporaire. Dans les cas ordinaires ou bénins la couleur rouge de l'urine persiste rarement au delà de quarante-huit heures à trois jours, le 3e ou le 4e jour, la fièvre tombe, la respiration devient plus profonde, les battements cardiaques sont mieux frappés, l'appétit reparaît.

La maladie est causée par la pullulation dans le sang des malades, d'un piroplasme appelé *P. bovis*, signalé par Babès en 1888, que j'ai figuré dès 1906 et qui a été qualifié plus tard de *P. divergens* (1911) par Stockman.

Les parasites peuvent être mis en évidence dans les préparations microscopiques de sang, colorées par les méthodes usuelles, lorsque

(1) Moussu. *Maladies du Bétail*, 2e édition, librairie Houzeau, 1906.

ces préparations sont faites de préférence durant la période d'ascension fébrile et le 1er jour d'hémoglobinurie. *P. bovis* est de petites dimensions 2 µ de long et de 1 µ à 1 µ 1/2 de diamètre, il est ordinairement dans la périphérie globulaire, plus rarement dans la zone centrale et la coloration l'y fait apparaître sous les formes bigéminées écartées à angle obtus (divergens), sous la forme ronde ou ovoïde, sous des formes bourgeonnantes (en feuille de trèfle) et

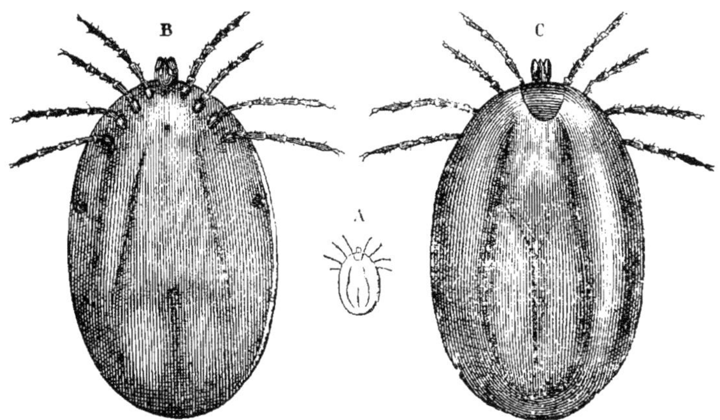

Fig. 191. — Ixode hexagone (I. Ricin) (Railliet). — A, grandeur naturelle; B, face ventrale; C, face dorsale.

même sous des formes sporulées ou anaplasmiques (Brumpt). L'infection se fait par les larves hexapodes issues d'ixodes ricins récoltés sur des malades. La transmission est donc héréditaire.

La maladie expérimentale par inoculation de sang défibriné parasité se comporte comme la maladie naturelle, les formes légères ne se traduisant que par de l'albuminurie passagère, qui passerait inaperçue si les animaux n'étaient suivis au jour le jour. Il est probable que, dans les conditions naturelles, nombre de cas semblables ne peuvent même être soupçonnés dans les pâturages.

Dans les cas plus graves, l'albuminurie précède toujours de vingt-quatre heures l'hémoglobinurie, laquelle se montre le 5e ou le 6e jour après l'inoculation expérimentale.

D'où il résulte qu'en résumé la symptomatologie objective se caractérise par la perte d'appétit, l'arrêt de la rumination le pissement de sang (hémoglobinurie), l'arrêt de la sécrétion lactaire et parfois la sécrétion d'un lait à teinte légèrement rosée, et du subictère.

La mortalité en France, est peu élevée, elle ne dépasse pas en général 7 à 8 p. 100, cependant elle est plus forte certaines années que d'autres, de même que la fréquence des cas se rattache aux conditions saisonnières de multiplication des tiques.

Le traitement avec la solution de trypanbleu au centième, 100, 150 à 200 centimètres cubes de solution, selon l'âge, la taille et le poids des malades donne d'excellents résultats au début, de moins bons si l'affection date de quelques jours, et il peut se faire qu'il reste sans effets utiles s'il est appliqué trop tard, c'est-à-dire, lorsque la destruction globulaire a été assez marquée pour mettre les malades en danger de mort.

Appliqué en temps opportun, les parasites disparaissent, l'hémobinhémie s'arrête souvent après vingt-quatre ou quarante-huit heures; il en est de même pour l'hémoglobinurie, l'urine redevient claire. C'est donc à l'heure actuelle le vrai traitement curatif.

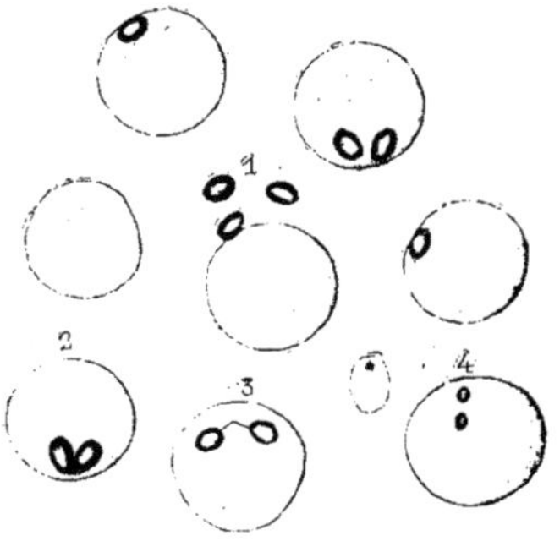

Fig. 192. — Formes parasitaires du sang. — 1, parasites libres; 2, parasites intra-globulaires bigéminés; 3, parasites sur le point de se séparer.

* *
*

Cependant nombre de praticiens traitent encore avec les limonades acidulées, l'eau de Rabel, le chlorure de calcium (30 à 40 grammes par jour) le sulfate ou le carbonate de fer, etc., et disent en obtenir de bons résultats. Comme bon nombre de cas guériraient seuls puisque c'est l'importance et la brutalité de la destruction globulaire qui jouent le principal rôle dans l'évolution des accidents, il y a quelques raisons de penser que les médications sus-indiquées sont sans grande efficacité.

Par contre, il est démontré que les transfusions sanguines larges peuvent permettre de sauver quelques sujets déjà presque mourants, si un taux globulaire suffisant d'hématies normales peut être récupéré à la faveur de cette intervention *in extremis*.

* *

Il existe en Europe, et aussi dans le nord de l'Afrique, une bien curieuse variété de piroplasmose qui mérite une mention spéciale parce qu'elle se caractérise d'ordinaire par une rupture de la rate, ce qui l'a faite confondre longtemps et souvent encore avec le charbon. Elle a été signalée dans le Slesswig, sur les bords de la Baltique, à Constantinople (Nicolle et Adil 1899), à Alger (Claude et Soulié (1901) et en Hollande (de Jong, 1904). Cette variété de piroplasmose serait une variété à *bigeminum* transmise par hemophysalis punctata (Brumpt).

PIROPLASMOSE A PIROPLASMA BERBERA OU BABESIELLA-BERBERA
(Sergent, 1924).

La piroplasmose à Babesiella berbera est spéciale à l'Afrique du nord et plus particulièrement à l'Algérie. Elle est provoquée par un piroplasme de petites dimensions 2,5µ, très comparable à *P. Argentinum*, mais en diffère cependant par une forme ellipsoïde et une disposition à angles obtus chez les parasites bigéminés.

Symptômes. — Elle se traduit cliniquement par des accès fébriles aigus correspondant à des invasions globulaires, 40°-42°: par des troubles digestifs : inrumination, arrêt du péristaltisme ; par la suppression de la lactation, puis plus tard de l'hémoglobinurie constante, et de l'ictère secondaire d'origine hématique.

A ces symptômes s'ajoutent de l'anémie rapide, de l'amaigrissement, une faiblesse extrême. La mortalité peut atteindre 75 p. 100, Cette mort se produisant en moyenne au bout d'une semaine, exceptionnellement plus tôt, de façon brutale; souvent plus tard.

Les veaux résistent mieux que les adultes.

Les signes dominants sont fièvre, hémoglobinurie, ictère.

La misère physiologique par sous-alimentation, si fréquente en été, les maladies parasitaires internes, contribuent toujours largement à aggraver l'évolution régulière ou à provoquer des rechutes.

L'infection chronique persiste un temps indéterminé après guérison apparente.

Lésions. — A l'autopsie on trouve de l'ictère, de l'hypertrophie de la rate sans ramollissement, pas ou peu d'augmentation de volume du foie, mais la vésicule biliaire généralement distendue, des reins congestionnés sans œdème périphérique de l'urine hémoglobinurique. Comme altération accessoire, si la maladie s'est tant soit peu prolongée, les muscles apparaissent pâles de même que le sang, le contenu du feuillet est comme desséché.

Diagnostic. — Le diagnostic ne peut être établi sûrement que par l'examen du sang au début des accès fébriles.

Babesiella berbera se présente dans les préparations sous des formes rondes, allongées, subpiriformes ou elliptiques et plus rarement sous des formes anaplasmoïdes. Les formes rondes ont en moyenne 1,5 µ, extrêmes 0,6 à 2,8 µ; les formes allongées ont en moyenne 1,9 μ. Les globules parasités, assez peu nombreux paraissent diminués de volume.

Traitement. — Le trypanbleu paraît rester sans effets, il n'arrête pas l'évolution des infestations expérimentales.

Par contre l'infection des jeunes par un virus faible (Institut Pasteur d'Alger) leur communique une maladie légère qui les met après guérison, à l'abri des complications de l'infection naturelle contractée au pâturage (prémunition).

THEILERIOSES

PIROPLASMOSES ICTÉRIQUES
OU THEILERIOSES

Cette seconde variété de piroplasmoses diffère de la précédente en ce que l'évolution clinique est moins violente et moins rapide, les symptômes moins apparents et moins caractéristiques. Le signe dominant n'est plus l'hémoglobinurie qui fait défaut, mais l'ictère.

Elles sont provoquées par des hémosporidies appartenant au genre Theileria, hémosporidies non pigmentées se multipliant par quadripartition en croix, d'où la présence fréquente de quatre parasites par globule. Les piroplasmoses ictériques font partie des maladies dominantes du continent africain. Elles sévissent partout en Afrique du sud, au Transvaal, en Rhodésie, dans l'Ouganda, en Erythrée, en Egypte, en Afrique du nord : Algérie, Tunisie, Maroc; en Transcaucasie, aux Indes, etc., etc.

Les sources de virus sont représentées par les animaux sauvages des différentes régions; comme les précédentes elles sont transmises par des tiques.

THEILERIOSE A THEILERIA PARVA (Theiler, 1904).

Etudiée par Koch dès 1902, sous le nom de maladie *de la côte orientale d'Afrique, Est-coast-fever*, plus tard sous le nom de piroplasmose tropicale, puis de fièvre de la côte méditerranéenne, elle fut bien précisée dans sa cause et sa nature par Theiler, d'où la dénomination actuelle de Theileriose.

Cette piroplasmose est provoquée par l'évolution et la multiplication dans les globules rouges de piroplasmes de petites dimensions, disposés en bâtonnets (piroplasmes à formes bacillaires), en virgules, parfois ronds ou cocciformes, le noyau se trouvant disposé en fer à cheval dans les éléments ronds (fig. 193).

Le nombre des globules parasités peut s'élever jusqu'à 80 et 90 p. 100 et il est commun de découvrir de 1 à 4 et 6 parasites dans les globules du sang périphérique au cours des accès fébriles. Dans les formes subaiguës ou chroniques le nombre des globules parasités est au contraire très faible, 1 pour 200. La reproduction se fait par division, par quadripartition dans les globules, mais aussi par Schizogonie : Les globules blancs de certains viscères (reins, rate, foie, ganglions lymphatiques, etc.) sont envahis de leur côté et la multiplication s'y fait par multipartition, donnant des formes spéciales, des Schizontes renfermant de 10 à 50 Schizozoïtes (*corps de Koch, corps bleus de Koch, corps en grenade*).

Ces parasites sont inoculés aux animaux réceptifs par des tiques variées : *Rhipicephalus appendiculalus* ou *nitens*, dont les larves, nymphes et adultes doivent changer trois fois d'hôte pour arriver à l'état adulte; par *Rhipicephalus Evertsi* qui change deux fois pour compléter son évolution; par *Rhipicephalus capensis et simus* qui quittent leur hôte à chaque mue, etc.

Theileria parva ne se transmet pas héréditairement par les œufs; la forme infectante (larve ou nymphe) doit prendre d'abord un repas infectieux sur un malade à affection aiguë ou chronique et c'est au cours d'un repas ultérieur chez un animal sain qu'elle l'infecte à la faveur de sa piqûre.

En Erythrée et en Egypte l'affection est transmise par *Hyalomma œgyplium* et *Rhipicephalus simus;* en Afrique du nord par *Rhipicephalus bursa et sanguineus*.

Dans les régions tropicales, la Theileriose sévit toute l'année; en Afrique du nord, elle apparaît en mai et disparaît en octobre. L'incubation a une durée de six à vingt-cinq jours. La maladie se traduit par une poussée fébrile intense 40 à 42° s'accompagnant rapidement d'hypertrophie ganglionnaire dès la fin de la première semaine : (ganglions du cou, de l'épaule, du flanc). La fièvre diminue ensuite progressivement et l'appétit persiste, mais les animaux maigrissent, s'anémient, se cachectisent et finissent par mourir après quinze à vingt jours. La mortalité peut être très élevée. jusqu'à 95 p. 100 chez les adultes, 75 p. 100 chez les jeunes.

Lorsqu'il se produit de l'hémoglobinurie c'est qu'il y a ordinairement superposition de piroplasmose à *P. bigeminum*. Dans les derniers stades surviennent des complications d'œdème du poumon avec troubles respiratoires correspondants, diarrhée sanguinolente consécutive à l'évolution de lésions ulcéreuses sur la caillette.

Chez les sujets qui guérissent, la convalescence est fort longue, mais les malades acquièrent une immunité définitive.

Durant cette évolution les malades sont tristes, abattus, restent en décubitus sternal prolongé, les paupières tuméfiées, les yeux larmoyants (aspect typhique) et présentent de la difficulté du relever. La conjonctive d'abord congestionnée se montre ensuite avec une teinte jaune safranée, jaune capucine. Les troubles nerveux sont fréquents à la période finale (accès de vertige, raideur de la nuque.

Lésions. — A l'autopsie les lésions sont caractérisées par l'hypertrophie de la rate dont la pulpe est foncée, de l'hypertrophie des ganglions qui se montrent succulents et ecchymotiques, des ecchymoses sous l'endocarde, un piqueté hémorragique et même des ulcérations sur la muqueuse de la caillette. Le foie et les reins sont congestionnés, violacés, la moelle osseuse hémorragique par places.

Diagnostic. — Le diagnostic ne peut être basé que sur l'ensemble clinique ou mieux sur l'examen histologique du sang et de frottis ganglionnaires ou de rate, effectués à la faveur de prélèvements par harponnage sur ces organes. Les parasites intraglobulaires et les corps de Koch peuvent alors être facilement mis en évidence après coloration. Dans les formes aiguës, les grands globules blancs mononucléaires contiennent quelquefois des corps de Koch, et le sang est alors virulent.

Au Congo belge, van Saceghem dit avoir pu transmettre la theileriose bovine par l'injection de grandes quantités de sang (jusqu'à 2 et 3 litres), ce qui n'est pas en contradiction avec les données ci-dessus rappelées, mais démontre seulement que la transmission doit se faire par les granulations chromatiques des corps de Koch et non par les éléments bacillaires des globules rouges. Il y aurait consécutivement apparition de formes bacillaires dans les globules rouges dès le 5e jour, sans réaction fébrile, disparition temporaire de ces parasites ensuite et réapparition ultérieure au bout de dix-huit jours avec réaction fébrile à 40° cette fois.

L'auteur croit à l'identité de *Theileria parva* et de *Theileria mutans*; la forme signalée par Sergent sous le nom de *Theileria dispar* en Afrique du nord ne serait qu'une variété de *Theileria parva*.

⁂

THEILERIA MUTANS. GONDERIA MUTANS.
GONDERIOSE.

La theileriose à *Theileria mutans* est une affection sans grande importance clinique, parce que si les animaux sont parasités, même parfois de façon intense, ils n'en paraissent pas souffrir suffisamment pour manifester des signes apparents. Comme la précédente à *Theileria parva*, elle est causée par des piroplasmes en forme de bâtonnets, en virgule, en anneau ou corps ovoïdes, abondants (2 à 50 p. 100 de globules parasités) dans le sang périphérique au cours des poussées parasitaires d'infestation primitive. Sous sa forme pure, elle évolue sans poussée thermique importante sans hémoglobinurie, sans ictère.

Elle se différencie de la Theileriose à *Th. parva* en ce que les viscères ne contiennent pas de schizontes ou corps de Koch. Les inoculations de sang parasité transmettent l'affection à des animaux sains.

L'affection existe en Afrique, en Europe méridionale, en Asie méridionale, en Australie. Sergent dit l'avoir trouvée chez des veaux importés de France en Algérie (animaux de race d'Aubrac et basquaise), sans qu'ils aient jamais présenté de signes cliniques Elle est propagée par *Rhipicephalus simus, everisi, appendiculalus*, etc.

Son incubation naturelle est de vingt-cinq à soixante jours, l'incubation artificielle de quatre à dix jours.

Lorsqu'elle évolue chez des animaux amaigris, déprimés déjà malades, elle peut s'accompagner de poussée fébrile et d'ictère, mais ces signes disparaissent vite et la règle est que les animaux en guérissent naturellement. L'affection parasitaire persiste après guérison apparente; des rechutes parasitaires peuvent se produire sous l'influence de la fatigue et de la misère physiologique et ce qui peut en faire la gravité, c'est la superposition avec d'autres infections ou infestations.

THEILERIOSE A THEILERIA DISPAR.
Theileriose Algérienne (Sergent, 1924).

La Theileriose algérienne à *Theileria dispar* semble n'être qu'une variante de *Th. parva* dont elle se distingue, d'après Sergent par trois caractères spéciaux : Inoculabilité du sang, hypertrophie de la rate, évolution rapide d'une anémie grave.

L'évolution clinique se traduit par une hyperthermie rapide, qui en quelques heures, un à deux jours, atteint 41-42° avec tristesse, abattement. stupéfaction, aspect typhique, tuméfaction des paupières qui restent mi-closes, larmoiement abondant, perte d'appétit, disparition de la lactation, accélération cardiaque et respiratoire, La muqueuse oculaire d'abord congestionnée devient rouge sale. puis rouge jaunâtre et couleur capucine ou franchement ictérique. Plus tard la teinte jaune s'atténue et l'aspect anémique se caractérise. Dans quelques cas la conjonctive présente des pétéchies plus ou moins nombreuses, de 1 à 5 millimètres de diamètre. Des teintes comparables peuvent se noter sur les muqueuses buccale et vulvaire.

L'appétit est supprimé de même que la rumination, le rumen est inerte; il y a indigestion par stase, engouement du feuillet, constipation. Dans les cas graves de la diarrhée sanglante peut survenir plus tard. Le nombre des respirations peut varier de 20 à 50 ou 60 : respiration courte, saccadée, irrégulière, expiration en 2 temps. Le nombre des pulsations peut s'élever de 80 à 120 et 140, l'arythmie est un signe de pronostic défavorable. L'anémie est très rapide ; au début, le sang est noir foncé, épais comme dans les septicémies, rapidement il devient clair et fluide si la maladie se prolonge.

Les ganglions explorables, préscapulaire et ganglion du flanc surtout apparaissent plus ou moins tuméfiés, parfois de façon à peine sensible, d'autres fois de façon très marquée. Chez certains malades il peut se produire, de véritables accès de fureur, d'autres ont des contractures latérales de l'encolure, plus rarement de l'opistothonos durant la période préagonique, exceptionnellement du tournis.

Cet ensemble n'est jamais complet, il y a toujours prédominance de tel ou tel signe. La durée de la maladie varie en moyenne de un à quinze jours.

Lésions. — A l'ouverture des cadavres la rate apparaît toujours plus ou moins hypertrophiée, parfois 4 à 5 fois le volume normal, mais elle reste avec une pulpe ferme, foncée, jamais diffluente comme dans la fièvre charbonneuse. Tous les organes hématopoiétiques paraissent altérés. Les ganglions sont hypertrophiés, succulents, hémorragiques, souvent comme entourés d'un véritable œdème gélatineux. Les suffusions sanguines sur les grandes séreuses sont rares, par contre on en découvre régulièrement sous l'épicarde, sous l'endocarde dans le voisinage des piliers, beaucoup plus rarement dans l'épaisseur du myocarde. Ce myocarde est parfois comme cuit.

Du côté de l'appareil digestif, le signe dominant est l'engouement du feuillet par stase, la muqueuse de la caillette est généralement ecchymosée, quelquefois ulcérée de même que celle de l'intestin grêle. — Le foie est toujours volumineux, congestionné, à bords arrondis, souvent violacé, moucheté d'hémorragies sous-capsulaires. La vésicule biliaire est généralement distendue par une bile épaisse et noirâtre.

Les reins sont généralement enveloppés d'un œdème gélatineux rougeâtre, le bassinet ecchymosé.

L'ictère est relevé dans un tiers des cas.

Diagnostic. — Le diagnostic clinique est rarement difficile, l'affection sévissant toujours dans les mêmes régions, en particulier dans les régions basses et humides, exceptionnellement sur les régions élevées ou montagneuses. En Algérie, la theileriose apparaît d'ordinaire en juin, présente son maximum d'intensité en juillet et août, disparaît en octobre. Des cas insolites peuvent exceptionnellement être enregistrés durant la saison froide.

Les signes dominants se résument en somme à la fièvre, l'abattement, le larmoiement, la couleur des muqueuses, l'hypertrophie ganglionnaire.

Sur les cadavres les lésions signalées autoriseront presque toujours un diagnostic clinique; mais bien entendu ce diagnostic précis ne peut être établi que par l'examen histologique du sang qui montre les parasites intra-globulaires; et les frottis de pulpe de rate ou de ganglions (prélevés par harponnage sur le vivant) qui montreront les corps en grenade ou corps de Koch.

. Les formes parasitaires intraglobulaires sont rondes, de 1,2 μ de diamètre en moyenne. ou bien en ellipse, de 1,4 μ de grand axe, ou encore en bâtonnets en croix en virgules, en épingles, on peut trouver jusqu'à 7 ou 8 parasites dans un même globule.

Les corps en grenade sont ronds ou allongés, de 8 à 27 μ de diamètre ou de longueur; les grains de chromatine qui les remplissent sont polygonaux, irréguliers de 1 μ à 1,5 μ de dimensions.

Pronostic. — Le pronostic doit toujours être considéré comme extrêmement grave. L'élevage est rendu impossible par cette maladie dans certaines régions humides et marécageuses de la région de Sétif et de la vallée de la Mitidja. Toute les fois qu'il y a des corps en grenade dans le sang périphérique, le pronostic est fatal. La mort survient ordinairement du 3e au 7e jour annoncée par l'hypothermie brusque, d'autres malades résistent douze à quinze jours ou plus et finissent encore par succomber d'épuisement.

La guérison laisse un état d'ummunité vraie, sans infection chronique.

Traitement. — Les veaux sont aussi sensibles à la Theileriose que les animaux adultes. Les médicaments d'usage courant contre les autres piroplasmoses : Trypanbleu, quinine, émétique se sont révélés inefficaces. Le sérum des animaux guéris et même hyper-immunisés ne paraît pas avoir d'efficacité marquée.

Seule la méthode de prémunition avec virus atténués signalée et pratiquée par Sergent peut limiter les pertes.

Au point de vue prophylactique, il est indiqué d'éviter de conduire les animaux dans les pâturages réputés dangereux, tout au moins durant la saison chaude; de chercher à les maintenir dans de bonnes conditions d'entretien physiologique et de surveiller l'envahissement cutané par les tiques.

ANAPLASMOSE

L'anaplasmose a été décrite en 1908-1909 par Theiler comme une maladie spéciale, cataloguée dans le groupe des piroplasmoses. Fréquente en Afrique du Sud et retrouvée depuis dans toutes les régions qui subissent les atteintes de la piroplasmose, elle serait provoquée par des parasites qui se présentent dans les globules rouges sous forme de corpuscules chromatiques sphériques désignés sous le nom d'anaplasmes, parce qu'ils n'ont pas ou semblent ne pas avoir de protoplasme périphérique. Dans les examens de sang de malades, on les découvre sous l'aspect de « points marginaux » à la périphérie des globules, *anaplasma marginale,* ou de « points centraux » caractérisant les *anaplasma centrale.*

Des corpuscules cocciformes semblables avaient été signalés autrefois par Smith et Kilborne dans le sang des convalescents de piroplasmose et considérés comme des formes de résistance, des formes sporulées ou des formes d'évolution des piroplasmes.

Theiler a assigné à ceux qu'il a étudiés en Afrique du Sud une individualité propre, tout à fait indépendante des stades d'évolution des piroplasmes et indique que des animaux vaccinés contre la piroplasmose peuvent succomber d'anaplasmose lorsqu'ils sont inoculés avec du sang virulent contenant à la fois des piroplasmes *bigeminum* et des anaplasmes.

Les symptômes seraient assez insidieux, se caractérisant surtout par de la fièvre, suivie de perte d'appétit, d'amaigrissement, d'ictère et de cachexie.

La marche serait d'allure subaiguë et l'issue fatale au bout d'un temps variable.

A l'autopsie, on rencontrerait seulement de l'hypertrophie du foie et de la rate. L'examen du sang après coloration ferait découvrir des anaplasmes en nombre variable.

L'affection serait transmise dans les conditions naturelles de l'élevage par *Rhipicephalus boophilus,* c'est-à-dire la tique bleue, et *Rh. simus,* la tique tachetée de noir.

Il semble que l'accord entre pathologistes ne soit pas encore fait sur le rôle qu'il faut accorder aux anaplasmes, les uns acceptant l'opinion de Theiler, d'autres estimant, au contraire, que les anaplasmes ne sont en réalité que des formes d'évolution de *P. bigeminum* ou de *P. mutans* ou de *P. parvum.*

Lignières qui s'est attaché à la solution de ce dernier problème biologique se range à l'avis de Theiler. Il apporte des arguments qui paraissent irréfutables en faveur de l'individualité pathogénique des parasites qualifiés anaplasmes. Il estime, en effet, que dans les études concernant les altérations pathologiques des globules rouges, il y a de nombreuses circonstances où il est possible de découvrir dans ces globules des productions chromatiques ressemblant aux anaplasmes, mais qu'en réalité, il y a lieu de distinguer :

1° Des *grains chromatiques* comme on en trouve toujours à la suite des anémies graves, d'origine quelconque, ou à la suite d'injections intra-vasculaires hémolysantes; grains chromatiques correspondant comme dimensions moyennes, bien qu'elles soient plus variables dans cette circonstance (0,5 μ à 1 μ.) à celles des anaplasmes (0,5 μ.). Ces productions qui se voient durant les phases de régénération du sang possèdent les réactions histochimiques des anaplasmes, mais ne sont pas de nature parasitaire, et jamais il n'est possible de transmettre expérimentalement une maladie avec du sang pareillement altéré ou modifié;

2° Des *grains chromatiques* correspondant à ce qu'il a appelé les corpuscules germes dans la piroplasmose à *bigeminum*, c'est-à-dire des formes de rétraction ou de multiplication des piroplasmes dans le sang défibriné, retiré de l'organisme et conservé à température basse de 5° à 8°. Ces grains ou corpuscules germes sont bien de nature parasitaire, puisqu'en les inoculant à des animaux réceptifs, ces animaux prennent la piroplasmose à *P. bigeminum*, mais non l'anaplasmose; car, rétablis de cette piroplasmose contractée dans ces conditions, ils peuvent contracter l'anaplasmose;

3° Des *grains chromatiques* qui, cette fois, sont bien des *anaplasmes typiques* à individualité propre, et qui se présentent toujours avec les mêmes caractères.

Les anaplasmes sont donc des hématozoaires endoglobulaires, sphériques de 0 μ 3 à 0 μ 5, prenant une coloration nucléaire uniforme, se montrant d'ordinaire dans la partie périphérique des globules, quelquefois simplement enchassés. On peut en trouver de 1 à 4 ou 5 par globule rouge, et le taux des globules parasités dépasse rarement 50 p. 100.

En inoculation expérimentale, la durée d'incubation oscille de vingt à quarante-cinq jours.

Les symptômes de l'anaplasmose se traduisent par une réaction fébrile intense, 41° de l'anémie rapide sans hémoglobinurie quand il s'agit d'anaplasmose pure et non de piroplasmose-anaplasmose superposées, ce qui arrive fréquemment. Toutefois elle se complique en général d'ictère ou de subictère (Gall-Sickness).

L'*anaplasma centrale* (Theiler, 1911) serait non pathogène en Afrique du Sud et servirait même de vaccin contre anaplasma marginale. L'incubation expérimentale serait de dix à quinze jours, l'incubation naturelle de cinquante-cinq à cent quinze jours.

Anaplasma argentinum (Lignières, 1914), propre à l'Amérique du Sud, se comporterait à peu près comme anaplasma marginale de l'Afrique du Sud au point de vue évolution et action pathogène.

En inoculation expérimentale, l'incubation serait de vingt à trente jours.

Pour Lignières, l'anaplasmose pure serait plus meurtrière que la piroplasmose : mortalité — 95 p. 100 chez les adultes, 50 p. 100 chez les jeunes.

Toujours d'après Lignières, le cobaye, le lapin, le porc et le cheval ne sont pas réceptifs pour l'anaplasme des bovidés; les ovins et les caprins, au contraire, sont réceptifs, bien qu'ils ne traduisent cette réceptivité par aucun signe clinique, pas même la possibilité de découvrir les anaplasmes dans leur sang; mais l'inoculation de ce sang à des bovins indemnes et neufs permet de reproduire l'anaplasmose typique. Donc, le sang était infestant et reste infestant, après plusieurs passages successifs sur moutons et chèvres, après même des mois et des années. Toutefois, l'auteur estime que, dans ces conditions, les passages successifs sur le mouton amènent une diminution, une véritable atténuation de la puissance pathogène du parasite, au point de réaliser une vaccination, surtout si l'on prend comme départ l'injection au mouton de sang défibriné d'un bœuf guéri d'une forme modérée d'anaplasmose. L'injection au bœuf de sang défibriné de mouton anaplasmé depuis longtemps ne provoque d'ordinaire d'autres troubles que de déterminer, vers le 30e jour, une poussée fébrile de trente-six à soixante-douze heures, et l'animal se trouve ensuite immunisé contre l'anaplasmose, il peut être lâché sans crainte dans les pâturages dangereux.

Comme dans les conditions naturelles, les piroplasmoses et l'anaplasmose se trouvent fréquemment associées et il est difficile souvent de dire s'il s'agit bien d'anaplasmose superposée à la piroplasmose. Lignières estime que l'on peut préciser le rôle de l'anaplasmose en isolant l'anaplasme par une simple injection de sang suspect au mouton ou à la chèvre. Le mouton et la chèvre ne contractent pas la piroplasmose bovine, les piroplasmes introduits disparaissent très vite; si donc le sang de ces moutons ou chèvres, après un ou deux mois, se montre virulent pour des bovidés réceptifs, ce sera de l'anaplasmose pure et les anaplasmes pourront être mis en évidence.

Anaplasma marginale (Theiler, 1910).

La dénomination d'anaplasmose à *anaplasma marginale* a été donnée par Theiler à une affection causée par des parasites endoglobulaires sphériques de 0, 3 à 0,5 μ, prenant une coloration nucléaire uniforme et se trouvant répartis dans le globule toujours en position excentrique, en position périphérique ou même en simple position d'enchassement. Le nombre des globules rouges parasités peut être extrêmement variable de quelques unités à 50 p. 100 et un taux de 1, 2 plus rarement 4 et 5 anaplasmes par globule. Les conséquences en sont l'apparition d'une réaction fébrile T. = 40-41°, perte d'appétit, amaigrissement anémie intense et rapide sans hémoglobinurie, jamais d'hémoglobinurie, mais ictère (Gall-Sickness) et distension de la vésicule biliaire.

Cette affection qui sévit sur les troupeaux d'Afrique du Sud est particulièrement grave et cause une mortalité élevée; d'autant qu'elle se trouve parfois surajoutée aux autres piroplasmoses.

ANAPLASMA CENTRALE (Theiler, 1911).

L'anaplasmose à *A. centrale* se distingue de la précédente en ce que les parasites sont toujours en position centrale dans les globules rouges, mais avec des caractères morphologiquement identiques. L'affection serait transmise par une tique spéciale, *margaropus décoloralus*. L'incubation naturelle fort longue serait de cinquante-cinq à cent quinze jours; l'incubation artificielle par injection de sang infecté à des sujets sains de dix à quinze jours seulement.

L'anaplasmose à *A. centrale* se traduirait cliniquement, durant la période aiguë, par des symptômes identiques à ceux de la précédente, mais fait singulier avec une durée beaucoup plus courte et des conséquences moins graves, les malades guérissant naturellement dans la très grande majorité des cas. Theiler admet même que le sang d'animaux guéris peut servir de vaccin contre *A. marginale*.

ANAPLASMA ARGENTINUM (Lignières, 1914).

L'anaplasmose des bovidés d'Argentine est très analogue à *A. marginale* d'Afrique du Sud.

Considérée tout d'abord dans le passé comme appartenant au cycle évolutif de la piroplasmose à *P. bigeminum* (germes ou formes de résistance et de conservation) Lignières a pu s'assurer qu'il y avait des maladies graves à anaplasmes sans piroplasmes, et qu'elles étaient dans l'ensemble, en Argentine, plus meurtrières que les piroplasmoses à *P. bigeminum* et *argentinum*.

L'affection se traduit au point de vue clinique par de la tristesse, de l'inappétence, de l'amaigrissement, de l'anémie intense et rapide avec pâleur des muqueuses mais sans hémoglobinurie.

La mortalité chez les adultes pourrait atteindre 95 p. 100 chez les jeunes 50 p. 100.

L'incubation expérimentale est de vingt à trente jours.

L'anaplasmose bovine est inoculable à la chèvre et au mouton, sans provoquer de troubles apparents, mais avec infection latente persistante du sang et réversibilité possible au bœuf; c'est-à-dire que la réinoculation de sang défibriné de mouton infecté peut recommuniquer une anaplasmose grave au bœuf. Toutefois, par des passages successifs de mouton à mouton il y a atténuation progressive de la puissance virulente et dès le 3e passage effectué à quelques mois de distance, le sang de mouton devient immunisant pour le bœuf. C'est là un résultat précieux qui a été mis à profit par Lignières en Argentine pour préserver le bétail argentin de l'une des plus redoutables affections qui le décimait.

Traitement. — La vaccination d'après la méthode Lignières semble le procédé le plus simple et le plus pratique comme méthode préventive dans les régions où l'anaplasmose fait des ravages.

Au point de vue curatif, le trypanbleu reste sans effets, la quinine à haute dose donne des résultats appréciables, de même que l'atoxyl et peut-être d'autres arsénicaux.

PIROPLASMOSES MIXTES

Ainsi qu'il a été indiqué ci-dessus, chaque piroplasmose simple présente un tableau symptomatologique assez caractéristique dans la majorité des cas; mais dans les conditions de l'élevage naturel il est loin d'en être toujours ainsi, surtout dans les pays chauds et dans nos colonies d'Afrique où les parasites externes vecteurs de ces affections se trouvent en abondance et sous des variétés multiples.

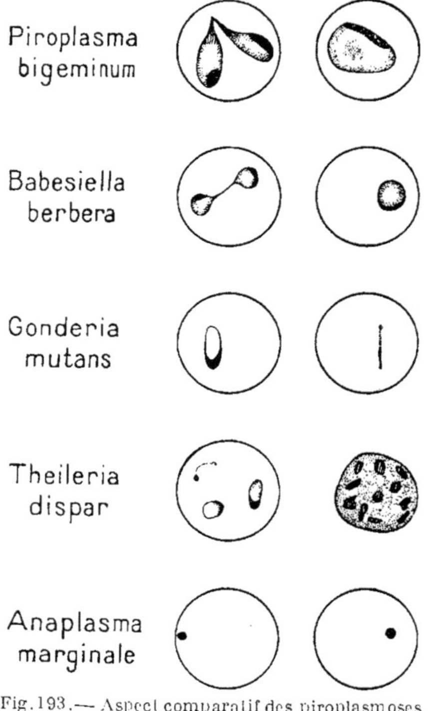

Fig. 193.— Aspect comparatif des piroplasmoses d'Algérie d'après Sergent et Donatien.

S'il n'y avait pour une région donnée qu'une seule variété de tiques, propagatrice d'une seule variété de piroplasmose, le rôle du médecin des animaux serait grandement simplifié; malheureusement ces conditions sont exceptionnelles, trop souvent il y a parasitisme externe complexe par des variétés de tiques différentes, vectrices de maladies différentes, de sorte qu'il est fréquent de voir plusieurs piroplasmoses superposées : Piroplasmose à *P. bigeminum* et *P. argentinum* ou *anaplasma argentinum* en Amérique du Sud. Piroplasmoses à *P. bigeminum* et *Theileria parva* ou *anaplasma margi-*

nale en Afrique du Nord. Il en résulte que la symptomatologie d'ensemble peut s'écarter notablement du cadre assigné à chaque variété, pour offrir des variantes imprévues, sinon chez chaque malade du moins chez des malades de régions voisines.

Des affections intercurrentes étrangères aux piroplasmoses et aux maladies du sang peuvent aussi modifier l'évolution symptomatologique et marquer des signes d'importance qui passent inaperçus ou restent méconnus. On conçoit dans ces conditions et dans tous les cas douteux combien le secours du microscope devient précieux et pour ainsi dire indispensable au vétérinaire colonial. Lui seul permet d'assurer des diagnostics précis et par suite d'établir des traitements méthodiques, logiques et efficaces.

Isolement des virus purs. —Les études concernant les formes de piroplasmoses simples, pures, telles qu'elles ont été présentées dans le cadre ci-dessus, peuvent être reprises. par la pratique de l'isolement des parasites spécifiques, à la faveur de la donnée qui concerne les durées différentes de l'incubation de chaque forme de maladie; incubation de huit à douze jours en moyenne pour piroplasma, quinze jours environ pour Theileria et un mois au plus pour anaplasma.

Si par exemple on inocule à un animal neuf, réceptif. un sang d'infection mixte et qu'il présente une phase aiguë au bout de cinq à six jours, des prélèvements de sang ne trouveront alors en presque totalité que du bigeminum, et par plusieurs passages successifs on pourra arriver à n'avoir que ce parasite. Si de même on avait injecté un virus mixte : Theileria et anaplasma, la forme aiguë apparaissant à la fin de la première quinzaine permettrait d'isoler Theileria à peu près pur, etc...

PIROPLASMOSES ATYPIQUES

Il se peut aussi que des piroplasmoses simples, causées par des parasites uniques bien déterminés, n'évoluent pas selon la forme habituelle connue et que l'écart du tableau clinique habituel soit tel que le diagnostic n'en puisse être posé qu'après examen du sang; que la recherche de l'affection sanguine ne soit due elle-même qu'à la curiosité ou à une véritable intuition clinique. C'est surtout dans nos colonies d'Afrique du Nord que semblables anomalies ont été signalées (Vicrey); elles seraient si fréquentes que tout clinicien doit y songer, même en dehors des périodes saisonnières d'évolution des piroplasmoses. C'est ainsi qu'il a été enregistré des cas de Babésiellose sans début brusque, sans grands troubles digestifs, sans hémoglobinurie, même sans ictère notable à la période de convalescence; bien qu'il y ait eu destruction globulaire manifeste et anémie prononcée au cours de l'évolution, prolongation anormale de la durée de la maladie, etc. D'autres cas atypiques, précisés à l'examen du sang, se traduisent objectivement par une véritable myasthénie prolongée au cours de laquelle des malades restent obstinément couchés, n'ont pas d'ictère, pas de gros troubles digestifs ni de fièvre élevée et cependant finissent par s'anémier, s'épuiser et mourir au bout de quelques semaines, comme s'il y avait localisation toxique sur les centres nerveux plutôt qu'altération des grands viscères splanchniques.

Le même auteur (Vierey) a signalé enfin des cas foudroyants de Babésiellose au pâturage, en quelques heures, pouvant faire croire à la fièvre charbonneuse, avec, à l'autopsie de simples lésions d'œdème hémorragique autour des reins et des capsules surrénales, sans bactéridies bien entendu, mais au contraire seulement des parasites intra-globulaires typiques.

* *

La Theilériose de son côté peut évoluer de façon anormale, caractérisée seulement par des réactions fébriles oscillantes prolongées (1 mois) sans autres signes digestifs qu'une diminuton marquée d'un appétit capricieux ; sans ictère, sans tuméfaction ganglionnaire, bien que les parasites aient été rencontrés nombreux dans les globules. Il peut y avoir évidemment un facteur de résistance individuelle qui puisse être invoqué pour expliquer ces anomalies, il n'en est pas moins important de savoir qu'elles peuvent exister et qu'il faut toujours y songer.

Pour expliquer ces cas il serait possible aussi d'invoquer des actions toxiques spéciales, variables peut-être suivant les saisons, mais indépendantes des altérations globulaires elles-mêmes et des conséquences qu'elles entraînent ordinairement.

Ces notions prouvent une fois de plus l'importance et la nécessité des examens histologiques tels qu'ils sont mentionnés ci-dessus à propos des piroplasmoses mixtes.

HÉMOPHILIE

On désigne sous le nom d'hémophilie un état organique qui se traduit par la tendance aux hémorragies spontanées ou sous l'influence des causes traumatiques les plus insignifiantes.

Cet état organique est assez fréquent chez l'espèce humaine ; il est souvent une manifestation héréditaire, mais peut apparaître cependant sous forme de cas sporadiques (épistaxis à répétition, ménorragies de la puberté, etc...).

Chez nos espèces animales et chez l'espèce bovine en particulier il est plus rare. Cependant, chez des animaux d'âge variable, en parfait état de santé apparente et d'embonpoint préalable, il n'est pas absolument exceptionnel de voir apparaître cette tendance aux hémorragies spontanées ou sous l'influence des moindres causes traumatiques. — C'est ainsi que l'on voit survenir chez des animaux quelconques, animaux d'engrais, de travail, bêtes laitières, etc., des saignements de nez sans cause connue et sans lésions décelables, des écoulements sanguins persistants sous l'influence des plus petites piqûres d'aiguillon, des suintements sanguins cutanés spontanés (sueurs de sang) par certaines régions de la surface de la peau, régions où la peau est fine de préférence ou encore au niveau d'élevures caractérisant des boutons hémorragiques sans piqûres d'insectes et sans larves sous-cutanées (comme dans la filariose hémorragique du cheval et de l'âne), au niveau de petites verrues excoriées, etc., etc...

Ces accidents apparaissent sans fièvre, sans troubles généraux des grandes fonctions, au début tout au moins ; mais s'il y a répétitions fréquentes, si les écoulements ne sont pas entravés il se peut qu'il y ait anémie plus ou moins intense et même mort par épuisement.

En fait, ces états très spéciaux semblent devoir être rapportés à une modification profonde de la composition sanguine normale, due à une déficience des ferments coagulants.

Il y a retard dans le temps normal de coagulation, lenteur très prononcée de cette coagulation, parfois véritable incoagulabilité. Si un caillot se forme, il est peu résistant, il s'émiette avec la plus grande facilité; on peut même enregistrer de la sédimentation globulaire spontanée alors qu'elle ne se produit jamais normalement chez les bovidés.

Des études de détail n'ont pas été poursuivies au point de vue histo-chimique, pour établir la déficience du sang en calcium, l'altération des globules rouges, la pauvreté en ferments, etc...

Le diagnostic de semblables états ne présente aucune difficulté; cependant il y a toujours lieu de chercher à établir un diagnostic différentiel d'avec les formes de purpura hémorragique d'avec des états hémophiliques d'origine toxique alimentaire ou d'origine toxi-infectieuse.

Le pronostic doit être réservé; il est difficile d'emblée de prévoir quelles pourront être les conséquences proches ou éloignées, quel que soit le traitement que l'on puisse préconiser ou appliquer selon les circonstances.

Traitement. — Le traitement, basé sur les connaissances que nous possédons concernant la coagulation naturelle, doit avoir pour but de rétablir cette coagulabilité naturelle, c'est-à-dire de rendre au sang sa composition normale.

La première indication est de parer au danger des hémorragies prolongées et pour cela de recourir avec prudence aux injections intraveineuses de citrate de soude en solution suivant la formule :

Citrate de soude 30, chlorure de magnésium 10, eau 100; doses 20 à 30 centimètres cubes par 100 kilos de poids vif. Le citrate de soude est un merveilleux hémostatique contre tous les genres d'hémorragies en nappe, qu'elles soient spontanées ou d'origine traumatique.

Les injections sous-cutanées de sérum normal frais, ou même de sérums thérapeutiques, 30 à 100 centimètres cubes peuvent aussi se montrer particulièrement efficaces, mais elles ont, pour la suite, les inconvénients de toutes les injections d'albumines étrangères, c'est-à-dire de pouvoir faire naître des accidents sériques ou anaphylactiques.

A défaut de sérums, on a recommandé les injections sous-cutanées ou intra-musculaires de solutions de peptone, stérilisées, à 5 p. 100; doses 10 à 50 centimètres cubes répétées plusieurs fois à dix à quinze jours d'intervalle.

Les injections d'ergotine, 1 à 3 grammes peuvent être aussi utilisées.

Ces médications d'urgence, destinées à parer à des conséquences menaçantes, doivent être complétées par une médication interne prolongée à base de sels de chaux, de chlorure de calcium de préférence, 10 à 30 grammes par jour selon la taille et le poids, en potion ou dans les boissons; ainsi que par une médication à base de ferrugineux.

Si malgré cela les hémorragies se répètent, il est indiqué de ne pas conserver les animaux et de les faire sacrifier pour la boucherie s'il y a lieu.

PURPURA HÉMORRAGIQUE

Sous le nom de *purpura hémorragique* on a signalé un autre état organique différent de l'hémophilie, bien qu'il y ait en apparence des liens de parenté, état organique caractérisé par une tendance aux hémorragies interstitielles, viscérales ou internes, se traduisant par l'apparition de taches cutanées (visibles seulement là où la peau est fine et dépigmentée), de suffusions sanguines dans le tissu conjonctif interstitiel, d'ecchymoses plus ou moins étendues, de pétéchies sur les muqueuses nasale, oculaire, digestive, génitale, etc., de véritables hémorragies sous-cutanées, intestinales ou de la profondeur des tissus.

Selon les conditions d'apparition, d'évolution, de gravité, etc., il semble que l'on puisse, pour nos animaux de l'espèce bovine, établir au moins deux catégories de purpuras hémorragiques vrais, une première pour les cas sporadiques isolés, accidentels, parfois sans fièvre; une autre pour les cas enzootiques, qui apparaissent bien comme une véritable maladie infectieuse, sans que cette origine ait pu jusqu'ici être précisée.

Encore convient-il de séparer cette forme des états hémorragiques ou hémophiliques consécutifs à certaines maladies infectieuses parasitaires ou toxiques : Piroplasmoses, ictère hémorragique, septicémies hémorragiques pasteurelliques, intoxications par les fougères, etc...

Purpura hémorragique sporadique. — Cette forme observée par Lissot (1920) et Bolnat (1921) a été décrite sous la symptomatologie dominante suivante :

Apparition brusque chez des sujets (vaches laitières ou en gestation) jusque-là en bonne santé, pas ou peu de réaction fébrile, inappétence, arrêt de la rumination, hémorragies nasales et intestinales ou rectales, pétéchies sur les muqueuses nasale, oculaire, génitale, taches brunes apparentes sur le tégument cutané dans les régions dépigmentées, refroidissement des extrémités, mort en quelques jours. — A l'autopsie, taches hémorragiques dans l'épaisseur du derme, hémorragies locales diffuses interstitielles, piqueté hémorragique ou hémorragies en plaques sur les séreuses, hémorragies interstitielles dans le foie, la rate et les reins, le myocarde, la langue, certaines masses musculaires; contenu intestinal transformé en bouillie sanguinolente.

Les analyses de sang, non plus que des recherches bactériologiques n'ont pas été poursuivies pour préciser l'origine de ces accidents qui dans tous les cas se sont terminés rapidement par la mort. Le fait intéressant à retenir c'est que ces observations ont été recueillies chez des femelles en état puerpéral. Il est à rapprocher du cas que j'ai signalé en 1921 : « accidents hémophiliques à répétition », avec gros épanchements sanguins interstitiels, qui pourrait être considéré comme un stade intermédiaire entre les états hémophiliques ordinaires et les états de purpura vrais.

Purpura hémorragique enzootique. — Cette seconde forme a été décrite par Kerdilès (Thèse, 1927) sous le qualificatif *Syndrome hémorragique enzootique chez les jeunes bovins dans le Finistère.* Contrairement à l'idée émise par l'auteur, il apparaît indiscutable que les accidents signalés doivent être rattachés aux purpuras. La description symptomatologie enregistrée est la suivante :

Apparition brusque avec symptômes très alarmants; abattement, anorexie, fièvre intense 41°-42°5, hémorragies cutanées sous forme de « gouttes de sang », comme s'il y avait eu des piqûres d'insectes, signe précis caractérisant la nature de l'affection. — A l'autopsie, taches hémorragiques plus ou moins larges sur les séreuses et les muqueuses, petits foyers hémorragiques dans le tissu conjonctif sous-cutané et interstitiel ainsi que dans les parenchymes viscéraux. — Maladie exclusivement saisonnière, juin à octobre, sévissant à l'état enzootique dans les étables, sur les sujets de trois à dix-huit mois, les animaux très jeunes et les adultes restant indemnes dans le même milieu. La mise au pâturage permanent constitue une excellente mesure d'arrêt pour les animaux non atteints.

Assurément le signe des hémorragies cutanées coïncidant avec les pétéchies, les taches hémorragiques, ecchymoses et suffusions sanguines profondes forme ici un tableau symptomatologique particulier très significatif.

La maladie se présenterait en Bretagne sous trois modalités : *Une forme suraiguë* dont la durée est en moyenne de quarante-huit heures suivie de terminaison mortelle dans tous les cas. Elle se caractérise par une élévation brusque de la température qui monte jusqu'à 42°, des phénomènes généraux de stupéfaction accompagnés de jetage spumeux séro-sanguinolent et de suintement sanguin cutané. C'est la forme à laquelle les éleveurs bretons donnent le nom de *Typhus;* elle est assez commune chez les veaux de 3 à 5 mois;

Une *forme aiguë* dont le début n'est caractérisé que par de la tristesse et de l'inappétence; vers le 3e jour la respiration devient bruyante, le pouls filant, les paupières gonflées, le pli de la gorge légèrement œdémateux. Du jetage séro-sanguinolent ne tarde pas à apparaître ainsi que du suintement sanglant sur certaines parties du corps; de préférence sur le dos, en arrière des épaules, autour des yeux, de la bouche et sur les oreilles. Le sang semble perler en gouttelettes comme à la suite de piqûres d'insectes ou de sudation profuse (sueurs de sang). Souvent à dater de ce moment, 5e ou 6e jour, les malades rejettent des excréments sanglants ou des caillots, ils font entendre de courtes plaintes, restent allongés sur le sol et succombent entre le 6e et 10e jour.

Une *forme subaiguë* ou *chronique*, beaucoup plus rare, moins grave qui se traduit toujours par les mêmes symptômes mais fort atténués : pétéchies rares et à peine caractérisées, jetage peu abondant non sanguinolent, quelques rares gouttes de sang à la surface de la peau, pas de diarrhée sanglante, fréquemment au contraire il y a constipation avec excréments coiffés. Il peut y avoir guérison, mais les quelques sujets qui échappent à cette redoutable affection restent longtemps malingres et chétifs.

En dehors des lésions caractérisées par les hémorragies capillaires superficielles, interstitielles ou profondes, on trouve dans les autopsies des ganglions succulents ou hémorragiques, parfois dans les cas à marche lente de petites ulcérations intestinales. La rate conserve ses dimensions normales, mais le foie apparaît toujours avec la teinte feuille morte, de même que le myocarde semble cuit ainsi que certains muscles. Le sang est toujours coagulé.

Étiologie. — Les quelques recherches hématologiques et bactériologiques entreprises n'ont pas jusqu'à ce jour permis de découvrir la cause de semblables états morbides. Quelle étiologie leur assigner?

Il semble bien d'après toute la symptomatologie de cette forme enzootique qu'il faille en rattacher l'origine et l'évolution à une infection restée indéterminée, peut-être même faut-il en dire autant pour les cas dits sporadiques; cependant la non propagation aux jeunes et aux adultes d'une étable où séjournent des malades représente une donnée négative dont il y a lieu de tenir compte et incite à former toutes réserves jusqu'à recherches plus complètes.

N'y aurait-il dans les manifestations de cet ordre, tout au moins pour les formes classées dans le purpura sporadique, que des modifications de composition chimique du sang et des altérations des vaisseaux capillaires, des troubles de fonctionnement du foie et des phénomènes d'auto-intoxication courante? Cela paraît bien improbable, en raison surtout des conditions de rapidité d'évolution et de la fréquence des terminaisons fatales. Il semble qu'il faille songer à une origine toxi-infectieuse plutôt qu'à un trouble viscéral ou endocrinien profond, ou encore une simple altération indéterminée de composition du sang, mais en réalité nous restons à ces multiples points de vue dans le domaine des hypothèses et des recherches plus complètes s'imposent.

Diagnostic. — Cliniquement le diagnostic s'impose; scientifiquement il y a lieu de chercher à établir un diagnostic différentiel d'avec les entérites parasitaires et leurs complications, les entérites coccidiennes en particulier. Il ne serait pas irrationnel de songer à des infections spécifiques indéterminées ou des infestations parasitaires analogues à celles de la spirochétose ictéro-hémorragique de l'homme.

Pronostic. — Le pronostic est exceptionnellement grave.

Traitement. — Le traitement reste entier à établir. En l'absence de connaissances précises sur la cause exacte formant point de départ, le traitement ne peut être qu'un traitement de symptômes et d'antisepsie générale par voie intraveineuse, bien que la plupart de ceux qui aient été essayés jusqu'à ce jour n'aient donné aucun résultat valable. Mais, comme les malades peuvent être considérés comme perdus, que leur viande est inutilisable, il y a lieu d'expérimenter sinon de traiter.

Il semble qu'il y ait tout d'abord indication de recourir aux mêmes moyens utilisés contre l'hémophilie en particulier aux

injections intraveineuses de citrate de soude pour modifier l'état
sanguin; puis ensuite aux antiseptiques généraux du milieu interne
trypanbleu 0 gr. 25-0 gr. 50 à 1 gramme dans 50 à 100 centimètres
cubes de solution physiologique pour animaux de 50-100 ou 200 kilogrammes de poids vif, novarsenobenzol aux mêmes doses, etc...

On a recommandé en Amérique, pour des cas quelque peu analogues, et comme antiseptique du milieu sanguin le formol dilué
dans du sérum physiologique, de 10 à 30 grammes par jour selon
la taille et le poids des malades, en trois doses fractionnées dans le
cours de la journée.

Ce ne sont évidemment là que des médications d'essai et de
tâtonnements, il paraît assez difficile de faire mieux jusqu'à détermination de la nature exacte de l'origine.

COUP DE CHALEUR. — SURMENAGE

Le coup de chaleur est une rareté comme accident primitif,
chez le bœuf; mais le surmenage résultant de l'action combinée
de la fatigue de travail ou de marche, des rayons solaires et de la
chaleur est, au contraire, un accident fréquent; c'est à lui qu'on
donne vulgairement le nom de *coup de chaleur*.

Le surmenage s'observe, pendant les fortes chaleurs de l'été, sur
des bœufs employés à un travail pénible ou sur des troupeaux
soumis à une marche prolongée. On peut le voir évoluer aussi en
dehors des saisons chaudes, à la suite de fatigues exceptionnelles.

Le surmenage est caractérisé par une intoxication générale, avec
retentissement marqué sur les centres cérébro-spinaux; intoxication
complexe résultant d'une insuffisance de la dépuration organique
et de l'action d'une chaleur centrale excessive sur les centres nerveux.

Les animaux gras, non entraînés, sont plus facilement atteints
que les animaux de travail ou les moutons élevés en plein air.

Les symptômes sont très caractéristiques. Les animaux sont,
suivant l'expression populaire, « pris de chaleur » : les bœufs présentent tout d'abord de l'accélération extrême de la respiration,
de la dyspnée annonçant une asphyxie progressive. Ils marchent
les naseaux dilatés, les yeux saillants et injectés, la bouche ouverte
et la langue pendante, puis, à un moment donné, ils s'arrêtent le
long d'un mur, dans un fossé s'ils sont en liberté, et se refusent à
toute excitation. Les uns succombent rapidement avec des symptômes d'asphyxie s'ils ont été maltraités et entraînés jusqu'à l'épuisement des forces; les autres, après un repos de plusieurs heures
présentent du ralentissement respiratoire, une anxiété moins vive
et le retour rapide à la santé.

Chez les moutons, les mêmes signes généraux peuvent être notés : respiration haletante, muqueuses cyanosées, anxiété extrême, mort rapide avec symptômes d'asphyxie.

Le *diagnostic* est des plus facile, le *pronostic* est grave.

Le *traitement* consiste à provoquer hâtivement une déplétion sanguine abondante pour éviter les conséquences de la congestion pulmonaire. Le repos dans un endroit abrité et ombragé, des boissons fraîches et des aspersions froides sur la tête et toute la surface du corps ramènent rapidement les malades à l'état normal.

Préventivement, il faut recommander d'éviter de longues marches pour les animaux en état de graisse, d'éviter le travail pénible prolongé et exagéré, ou les grands déplacements pendant les heures les plus chaudes de la journée.

CHAPITRE VI

AFFECTIONS DU SYSTÈME LYMPHATIQUE

Les affections des lymphatiques sont nombreuses, fort importantes et encore trop mal connues. — On les observe à la suite d'accidents divers, d'inflammations locales, au cours de certaines maladies spécifiques (tuberculose) et aussi comme entités morbides du système lymphatique, à l'exclusion de tous les autres appareils.

Les inflammations, d'origine infectieuse le plus souvent, peuvent toucher les canalisations lymphatiques (lymphangites) ou les appa-

Fig. 194. — Lymphangite du membre postérieur droit, compliquant une dermite suppurée diffuse de la région inférieure.

reils ganglionnaires (adénites), et donner tantôt des lymphangites simples ou des lymphangites suppurées, tantôt des adénites simples ou des adénites suppurées.

Il n'y a pas lieu d'insister sur ce point de pathologie générale, car il ne diffère en rien de ce que l'on observe chez les autres animaux domestiques ; mais, pour ce qui concerne les manifestations ganglionnaires de certaines affections propres à l'appareil lymphatique, et de certaines affections spécifiques (tuberculose, farcin du bœuf, etc.), il importe de bien connaître la topographie du système ganglionnaire afin de pouvoir l'explorer.

Topographie de l'appareil ganglionnaire lymphatique. Exploration. — Les ganglions lymphatiques sont tantôt superficiels, tantôt profonds, et toujours répartis d'une façon parfaitement symétrique à droite et à gauche tant qu'il s'agit d'un état normal.

Dans le train antérieur, l'appareil ganglionnaire comprend un ganglion sous-glossien, un ganglion préparotidien, un ganglion sous-atloïdien, un ganglion préscapulaire et des ganglions prépectoraux (fig. 197).

Tous ces organes sont à peu près sous-cutanés et facilement explorables par la palpation lorsqu'on en connaît la situation exacte, et lorsque les sujets ne sont que dans un moyen état d'embonpoint.

Seul le sous-atloïdien est plus difficile à déceler ; mais, chez les sujets maigres, la main engage facilement la pulpe des doigts sous l'aile de

Fig. 195. — Adénite des ganglions parotidiens.

l'atlas et permet ainsi de juger de l'état du ganglion dont il s'agit.

A l'état normal, et quel que soit le ganglion exploré, sa masse donne à la palpation une sensation de souplesse et d'élasticité toute particulière qui se retrouve partout la même. Cette palpation est indolore.

A l'état pathologique, au contraire, la palpation se montre douloureuse dans toutes les affections aiguës; les ganglions peuvent être inexplorables, noyés dans des engorgements œdémateux variables, ou, au contraire, indolores, mais tuméfiés, hypertrophiés, indurés, scléreux, caséeux.

Les ganglions profonds du train antérieur comprennent les rétropharyngiens et la chaîne cervicale du bord postérieur de la trachée. — Normalement, ces ganglions sont inexplorables (fig. 198), mais, lorsqu'ils sont envahis par certains processus morbides, leur hypertrophie peut devenir telle qu'elle est décelable à la simple inspection. Le larynx et le pharynx sont déplacés vers le bas; la dépression d'attache de la tête et de l'extrémité supérieure de l'encolure disparaît, de même que la dépression longitudinale de la gouttière jugulaire. Les déformations peuvent être ou parfaitement symétriques (lymphadénie), ou le plus ordinairement asymétriques (tuber-

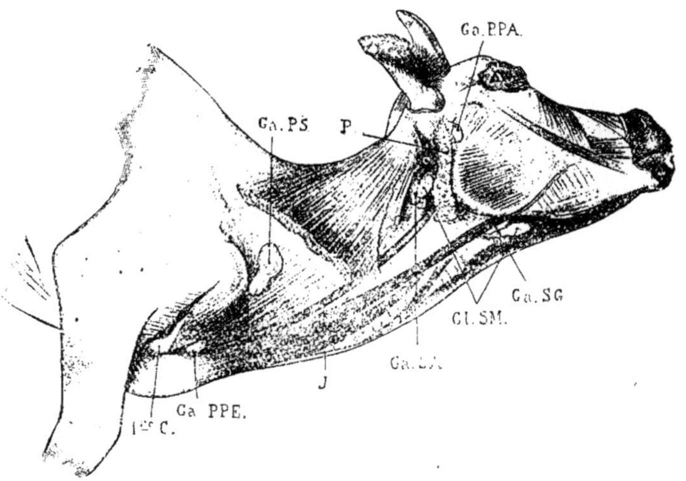

Fig. 196. — Ganglions superficiels de la tête et de l'encolure. — P, glande parotide : GL.SM, glande sous-maxillaire; Ga.SG, ganglion sous-glossien; Ga.PPA, ganglion préparotidien; Ga.SA, ganglion sous-atloïdien; Ga.PS, ganglion préscapulaire; Ga.PPE, ganglions prépectoraux; J, jugulaire; 1re C, première côte.

culose ganglionnaire), et si l'inspection ne suffit pas, la palpation peut dès lors compléter les renseignements à recueillir.

Pour que cette palpation soit fructueuse, il faut qu'elle soit bimanuelle et exécutée soit en se plaçant sur l'un des côtés de l'encolure, avec un bras passé au-dessus de son bord supérieur, soit en se plaçant en avant de l'encolure, la pulpe des doigts engagée profondément de chaque côté sous la tige vertébrale cervicale.

Vers le train postérieur, le nombre des ganglions facilement accessibles à l'exploration se trouve très réduit. — Le ganglion du grasset, encore appelé *ganglion du flanc*, est pour ainsi dire le seul dont l'état soit facilement appréciable par l'inspection ou la palpation. Toutefois, dans les cas de lymphadénie, de tuberculose ganglionnaire, il devient facile aussi de juger de l'état des ganglions du creux du flanc. Ces organes très petits sont au nombre de trois, disposés en triangle, et avec prédominance volumétrique de l'un d'eux. Exceptionnellement, de petits nodules ganglionnaires, inappréciables en temps ordinaire, peuvent aussi s'hypertrophier, et c'est plus particulièrement vers la dernière côte qu'on les découvre.

Je ne fais que signaler les ganglions rétro-mammaires, dont il est fait mention ailleurs, mais il importe encore de savoir qu'il existe un ganglion poplité profond caché au-dessus des jumeaux

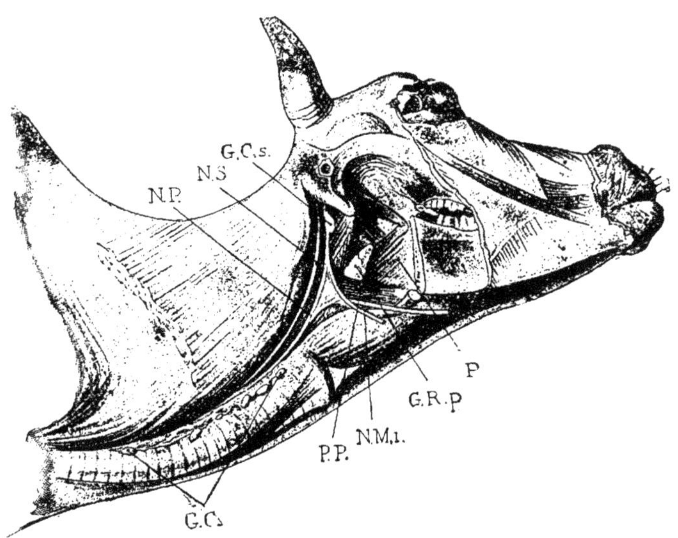

Fig. 197. — Ganglions profonds de la tête et de l'encolure. (Branche *montante* du maxillaire inférieur extirpé.) — P, pharynx; G.R.*p*, ganglion rétro-pharyngien; G.C, ganglions cervicaux profonds (chaîne cervicale); N. S, nerf spinal; N.P, nerf pneumogastrique; G.Cs., ganglion nerveux cervical supérieur; N.M.*i*, nerf maxillaire inférieur.

de la jambe, dans l'épaisseur des muscles de la cuisse; un ganglion ischiatique qui se trouve au niveau de l'échancrure du même nom et qui n'est explorable que par la palpation interne du bassin, et un ganglion anal situé profondément, sur les côtés et en avant du sphincter anal.

Les ganglions des cavités thoracique et abdominale ne sont pas explorables, exception faite pour ceux du bassin et de la région sous-lombaire, mais leur altération se traduit, dans certaines circonstances, par des symptômes cliniques bien nets, et il convient, d'autre part, de pouvoir en rechercher les altérations dans les autopsies.

Dans la cavité thoracique, le système ganglionnaire comprend la masse des prépectoraux : prépectoraux externes explorables chez

les sujets maigres, en dehors de la trachée, à sa pénétration entre les
deux premières côtes; les prépectoraux internes, qui envahissent
le médiastin antérieur entre les premières côtes (ganglions de l'entrée de la poitrine); le ganglion aortique situé sous la tige dorsale,
au niveau de la crosse de l'aorte, et les ganglions du médiastin postérieur, l'un de volume relativement faible logé vers la concavité
de la crosse de l'aorte postérieure, l'autre volumineux, très allongé

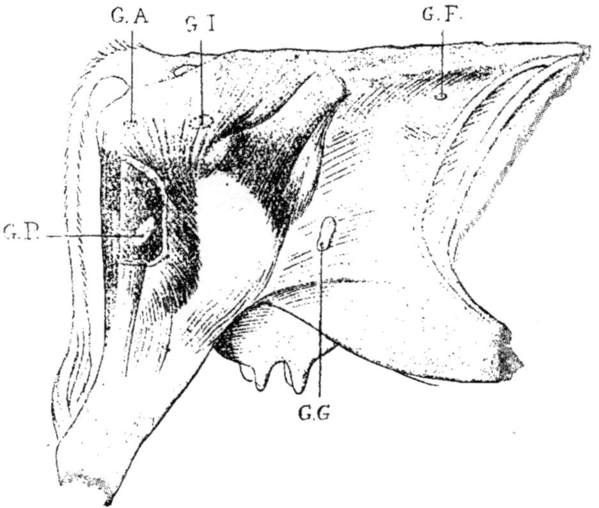

Fig. 198. — Ganglions lymphatiques du train postérieur. — G.G, ganglion du pli du
grasset (ganglion du flanc); G. F, ganglion du creux du flanc; G.P, ganglion poplité
(profond); G.I, ganglion ischiatique (profond); **G.A**, ganglion anal (profond).

et situé immédiatement au-dessus de l'œsophage avant son passage
au travers du diaphragme.

Dans l'épaisseur des parties charnues de la poitrine, on trouve
de petits ganglions intercostaux sous-pleuraux, du volume d'une
lentille ou plus, en arrière des articulations vertébro-costales; du
côté du sternum, des ganglions sus-sternaux à peine visibles à l'état
normal, mais appréciables dans les états pathologiques, situés sous
le triangulaire du sternum, le long et au-dessous des vaisseaux thoraciques internes (artères et veines); le présusternal, les suster-
naux et le ganglion du coussinet de la pointe du cœur.

Dans la cavité abdominale, on trouve la chaîne sous-lombaire,
puis la masse des ganglions sous-sacrés, sur les côtés de la tige vertébrale lombo-sacrée, et les ganglions iliaques situés à l'entrée du
bassin, de chaque côté, le long du trajet des artères et des veines

iliaques externes, sur les branches montantes des os iliaques. Tous ces ganglions sont en partie explorables à la palpation par la voie rectale.

Je mentionnerai enfin le ganglion trachéo-bronchique gauche,

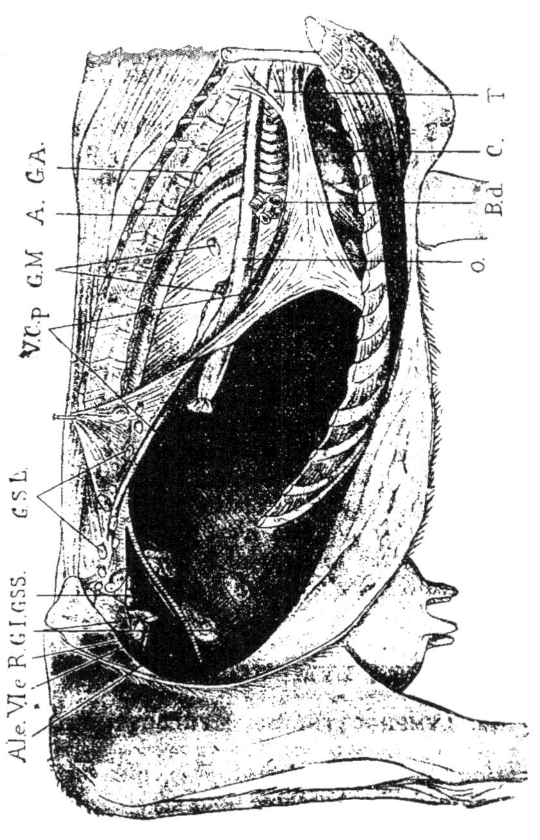

Fig. 199. — Ganglions lymphatiques des cavités thoracique et abdominale. — T, trachée; C, cœur et péricarde; B.d, bronches droites (hile du poumon); O, œsophage; A. aorte postérieure; V.C.p, veine cave postérieure; R, rectum; V.L.e, veine iliaque externe; A.I.e, artère iliaque externe; G.A, ganglion aortique du médiastin antérieur; G.M, ganglions médiastinaux (médiastin postérieur); G.S.L, ganglions sous-lombaires (chaîne lombaire); G.S.S, ganglions sous-sacrés; G.I, ganglions iliaques.

situé au hile du poumon, entre la trachée et la bronche principale, le ganglion du hile du foie, les ganglions mésentériques.

Dans la cavité du bassin, on peut rencontrer de petits ganglions sous-sacrés, puis au pourtour et en dehors le ganglion ischiatique situé au bord externe de la petite échancrure sciatique, dans le peloton adipeux; le ganglion anal situé en dehors de la marge de l'anus.

Dans le membre antérieur, les seuls ganglions qui aient de l'importance au point de vue clinique sont ceux de la face interne de l'épaule, logés au milieu des divisions du plexus brachial.

Lorsqu'ils sont lésés ou envahis par un processus spécifique, ils peuvent, par compression de divisions nerveuses, provoquer des boiteries (Hamoir).

Dans le membre postérieur, on découvre un ganglion fessier, situé au bord postérieur du fessier moyen, et un ganglion poplité dans le coussinet graisseux du fessier, situé au-dessus de l'insertion des jumeaux de la jambe.

Sang. — Dans le sang normal on trouve des globules rouges au nombre de 6 à 8 millions par millimètre cube selon l'état de santé des sujets. Les globules blancs ne s'y rencontrent au contraire qu'en nombre limité de quelques milliers par millimètre cube. Lorsque ce nombre de globules blancs oscille entre 5 et 10 à 15.000 on dit qu'il y a leucocytose, c'est-à-dire augmentation anormale de ces globules sous des influences complexes : état de maladie, infection suppurations, etc. Dans les maladies du système lymphatique ce nombre peut s'élever à plusieurs centaines de mille par millimètre cube. Sous le rapport des variétés de globules blancs, on trouve des petits globules blancs ou lymphocytes, à gros noyau rond et mince couche protoplasmique périphérique. Leur nombre relatif est en moyenne de 22 à 25 p. 100, leurs dimensions à peine supérieure à celles des globules rouges; puis des grands globules blancs mononucléaires et polynucléaires, que l'on distingue en grands mononucléaires basophiles dont le nombre n'est en moyenne que de 1 p. 100 et en polynucléaires neutrophiles ou myélocytes, 70 à 72 p. 100 et polynucléaires éosinophiles à grosses granulations, 4 à 6 p. 100.

DIATHÈSE LYMPHOGÈNE

(LYMPHADÉNIE, LYMPHOCYTHÉMIE, MYÉLOCYTHÉMIE).

Cette dénomination de *diathèse lymphogène*, qui fut celle de Jaccoud, employée en médecine humaine pour caractériser certains états morbides que l'on retrouve chez nos animaux de l'espèce bovine, mérite-t-elle toujours d'être conservée?

En tout cas, elle possède toujours l'avantage d'embrasser les affections du système lymphatique se traduisant par une hypertrophie des organes constituants (hypertrophie des ganglions, adénie), ou par une production exagérée, avec déversement dans l'appareil circulatoire des produits qui dérivent de l'appareil lymphatique, les globules blancs (leucémie). C'est pour ces raisons que j'ai cru devoir l'adopter dans mes leçons et que je la conserve ici.

La clinique a montré en effet, depuis longtemps (Bennett et

Virchow, 1845), que certains états pathologiques chez l'homme sont caractérisés par une teinte particulière du sang, teinte qui lui est donnée par la présence des globules blancs en quantité exagérée; d'où les dénominations de *leucémie* (Virchow) et de *leucocythémie* (Bennett) (de λευχος, blanc; χυτος, cellule, et de αἱμα, sang). — Elle a fait voir, d'autre part, que l'altération du sang, caractérisée par un nombre surabondant de globules blancs, coïncidait généralement avec l'engorgement ou l'hypertrophie plus ou moins accentuée du système ganglionnaire lymphatique, et du tissu adénoïde de l'économie (ganglions lymphatiques, rate, moelle osseuse, exceptionnellement foie, reins, etc.) : lymphadénie leucocythémique; mais qu'il se présentait de nombreux cas aussi dans lesquels cette hypertrophie du tissu adénoïde ou du tissu ganglionnaire existait seule, sans quantité exagérée de globules blancs dans le torrent circulatoire; d'où la dénomination de *lymphadénie aleucémique* ou de *pseudo-leucémie.* Beaucoup plus rares sont les cas dans lesquels il y a leucémie vraie sans adénie, les lésions portant alors sur le tissu adénoïde de la moelle osseuse.

Or, ces trois états morbides : la lymphadénie leucémique ou leucocythémie; la lymphadénie aleucémique, pseudo-leucémique ou plus simplement l'adénie, et la leucémie vraie et simple, se retrouvent assez fréquemment sur nos malades de l'espèce bovine.

En disant que ces affections sont fréquentes, je fais abstraction, bien entendu, des cas, et ils sont nombreux, pour lesquels il y a eu autrefois confusion avec des lésions tuberculeuses.

Jaccoud a montré qu'en réalité ces trois états morbides ont des liens étroits de parenté, et que tel cas qui paraissait une lymphadénie aleucémique au début pouvait se transformer plus tard en lymphadénie leucémique; ou, inversement, que telle leucémie simple au début se compliquerait souvent de lymphadénie d'où un groupement de ces différents états morbides sous la dénomination de *diathèse lymphogène.*

De nos jours, les recherches se sont quelque peu précisées par une connaissance plus parfaite des variétés de globules blancs, et les états morbides signalés ci-dessus peuvent être définis de la façon suivante :

1º Dans une première variété, on n'a affaire qu'à une adénie ou une lymphadénie plus ou moins marquée, sans leucémie (lymphadénie aleucémique). C'est de beaucoup la forme la plus fréquente chez les sujets de l'espèce bovine;

2º Dans la deuxième variété (lymphadénie leucémique ou leucocythémie), il s'agit d'une leucémie lymphatique ou lymphocythémie dont la caractéristique anatomique est l'hypertrophie ganglionnaire et dont la caractéristique histologique est l'augmentation des lymphocytes grands et petits;

3º Dans une troisième variété (ancienne leucémie simple sans lymphadénie), il s'agit d'une leucémie myélogène ou myélocythémie dont la caractéristique anatomo-pathologique se trouve dans l'hypertrophie myéloïde de la moelle osseuse donnant à l'autopsie une moelle osseuse d'aspect puriforme, et dans l'état myéloïde de la rate.

Histologiquement, cette variété se caractérise par l'augmentation absolue des grands leucocytes éosinophiles mono et polynucléés.

Symptômes. — La lymphadénie simple a un début généralement insidieux se caractérisant par de la faiblesse, de l'anémie, de la pâleur des muqueuses, de l'amaigrissement, sans raison plausible et bien que l'appétit soit conservé. Ce n'est que plus tard, et souvent la constatation n'est faite que par le vétérinaire, qu'apparaissent les engorgements ganglionnaires, l'adénie.

C'est l'hypertrophie des ganglions superficiels qui fait découvrir l'affection, et cette hypertrophie, qui débute en un point variable, gagne les ganglions voisins sur le trajet des lymphatiques, pour se généraliser avec plus ou moins de rapidité à toute l'économie.

L'hypertrophie ganglionnaire est généralement bien symétrique; à l'exploration clinique, parfois à la simple vue, il est facile d'enregistrer l'augmentation de volume des ganglions rétro-pharyngiens, des ganglions du cou, des préscapulaires, des ganglions du flanc, etc.

L'exploration rectale dénote l'hypertrophie des ganglions du bassin et de la région sous-lombaire. L'amaigrissement est très rapide, et, en quelques mois souvent, les malades en arrivent à ne plus pouvoir se lever : ils se cachectisent et meurent dans l'épuisement le plus complet, sans autres lésions que l'hypertrophie ganglionnaire et sans production exagérée de globules blancs.

Dans la *lymphocythémie*, le début de la maladie est souvent absolument identique à celui de la lymphadénie simple, l'apparition en nombre exagéré des globules blancs ne se faisant que plus tard. — Dans d'autres cas, au contraire, la leucémie apparaît la première, et les tuméfactions ganglionnaires ne se montrent que dans la suite; mais ce qui caractérise cette forme, et ce qui permet de la différencier de la myélocythémie, c'est l'augmentation absolue du nombre des lymphocytes grands ou petits. L'évolution est identique et parfois bien plus rapide encore que dans la forme précédente. Les animaux maigrissent, s'anémient, se cachectisent et meurent dans l'épuisement complet.

A l'autopsie, on trouve comme précédemment l'hypertrophie symétrique de tous les ganglions; la rate elle-même est très souvent énorme; le foie est parfois atteint, exceptionnellement les reins.

A l'examen histologique des lésions, le tissu des ganglions ne semble plus constitué que par des amas de globules blancs; le foie est complètement désorganisé, le tissu hépatique vrai réduit à très peu de chose. Le rein subit des modifications de même ordre, les glomérules sont atrophiés, les tubes contournés désorganisés. Dans ces conditions, les fonctions hépatique et rénale sont profondément troublées.

Il peut arriver que la rate paraisse seule lésée, ou tout au moins

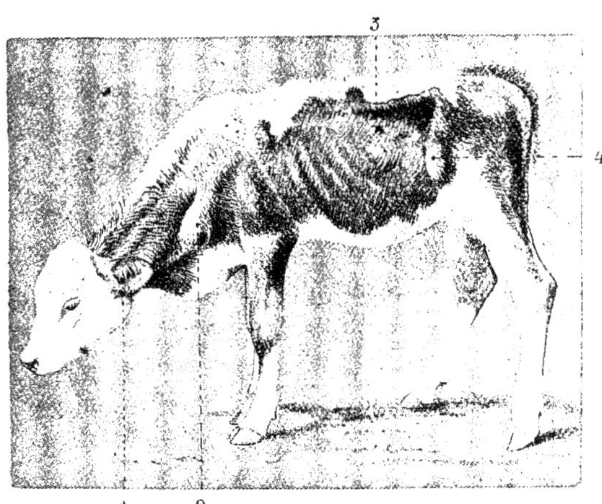

Fig. 200. — Lymphadénie aleucémique (d'après photographie). — 1, ganglion préparotidien très hypertrophié; 2, ganglion préscapulaire très hypertrophié; 3, ganglion du creux du flanc très hypertrophié; 4, ganglion du flanc très hypertrophié.

qu'elle ait été intéressée primitivement, ce qui explique l'apparition de la leucémie avant toute tuméfaction ganglionnaire.

Étiologie. — Les causes de la lymphadénie et de la lymphocythémie sont absolument inconnues, en vétérinaire comme en médecine humaine. On l'observe de préférence sur des adultes, plus rarement sur des jeunes sujets.

La nature infectieuse a été supposée d'une façon toute gratuite, car les essais de transmission expérimentale ont tous échoué jusqu'ici. Je n'ai pas été plus heureux dans des essais récents. — Cependant, en Amérique, White et Poescher (1908) ont signalé comme cause de l'affection la présence d'un spirochète auquel ils ont donné le nom de *Spirochæta lymphatica*. Constatation qui n'a pas été confirmée depuis.

Il semble, jusqu'à ce jour, qu'il soit encore logique d'homologuer comme on l'a fait, l'évolution de ces états morbides à celui des tumeurs malignes, et bien que des réserves soient encore à faire sur ce point, la lymphadénie simple pourrait être décrite comme un lymphome ou un lymphocytome aleucémique, dont la généralisation se ferait de proche en proche, et exclusivement par la voie lymphatique, d'un ganglion primitivement touché à la série ganglionnaire avoisinante : — la lymphocythémie, comme un lymphocytome leucémique dont la généralisation s'effectuerait à la fois par la voie sanguine et par la voie lymphatique (rate, ganglions et organes hématopoiétiques).

Cette façon d'envisager et de comprendre l'évolution des lésions

Fig. 201. — Lymphadénie typique chez une vache adulte. Hypertrophie symétrique des ganglions superficiels.

permettrait encore de classer, à côté des lymphomes et des lymphocytomes, le lymphosarcome, dont l'allure maligne et le développement si rapide s'expliqueraient par une extension par contiguïté de tissu et, accessoirement, par voie lymphatique.

Ce groupement nouveau laisserait et mettrait à part, par conséquent, la leucémie myélogène, dite encore myélocythémie, qui serait peut-être une espèce morbide différente, et non une variété de l'espèce précédente. L'unité de la diathèse lymphogène de Jaccoud n'aurait plus alors de raison d'être!

Et cependant la dissociation indiquée peut se soutenir en se basant sur la spécificité cellulaire. Dans la myélocythémie, en effet, l'affection semble bien débuter encore comme dans la lymphocythémie; c'est-à-dire que, sans engorgements ganglionnaires, sans hypertrophie de la rate ou du foie, le sang se montre encore apparemment leucémique; ce n'est plus une leucémie à lymphocytes, mais bien une leucémie à grands leucocytes, éosinophiles ou non, mono et polynucléés, c'est-à-dire à leucocytes prenant naissance dans la moelle osseuse.

Les malades sont emportés aussi avec rapidité, après un amaigrissement progressif que rien ne peut arrêter, étisie et cachexie, et, à l'autopsie, c'est l'aspect puriforme ou hémorragique de la moelle osseuse qui forme la caractéristique essentielle de cette variété de la diathèse lymphogène.

Diagnostic. — Le diagnostic ne souffre que rarement des difficultés. La lymphadénie, par exemple, est nettement appréciable, et la confusion ne pourrait se faire qu'avec des adénites tuberculeuses. Avec les moyens dont nous disposons à l'heure actuelle pour le diagnostic de la tuberculose (examen du jetage, inoculation du jetage, examen du produit retiré des ganglions, injection de tuberculine, etc.), le diagnostic peut toujours être précisé.

Dans la lymphocythémie et la myélocythémie, l'aspect blanchâtre, violacé, lactescent si particulier du sang, est tout à fait significatif, lui aussi, d'autant que cet état coïncide toujours avec une déchéance progressive manifeste de toute l'économie.

L'examen histologique du sang après fixation et coloration fera dans les premiers cas, reconnaître la présence en nombre exagéré des lymphocytes et, dans les seconds, l'augmentation absolue des leucocytes mono et polynucléés.

Fig. 202. — Lymphadénie chez une laitière adulte. Hypertrophie des ganglions rétromammaires.

La différenciation sera donc facile encore, d'autant que les autres symptômes varient.

Où l'hésitation peut se produire, c'est lorsqu'il s'agit d'une leucémie au début, laquelle pourrait être confondue avec les leucocytoses des maladies infectieuses. Ces leucocytoses sont très fréquentes chez les sujets de l'espèce bovine; je les ai notées dans certaines tuberculoses, dans les infections utérines, dans les suppurations internes, dans les cas de tumeurs du cœur, tumeurs du rumen, etc., et avec prédominance variable de tel ou tel type de globule blanc. Le diagnostic exige alors la numération globulaire, et, toutes les fois que le chiffre des globules blancs ne variera que de 5.000 à 10.000 ou 15.000 par millimètre cube, il s'agira d'une leucocytose temporaire.

Si, au contraire, le chiffre des globules blancs dépasse 15.000 à 20.000, et il peut aller parfois jusqu'à 200.000 et 300.000 par millimètre cube (1 globule blanc pour 2 ou 3 rouges), il y aura leucémie, et, suivant la prédominance de tel ou tel type, lymphocythémie ou myélocythémie.

Dans les états leucémiques, les globules rouges sont d'ailleurs en nombre plus faible qu'à l'état normal; ils sont plus irréguliers, présentent des formes géantes et des formes naines (macrocytes et microcytes), se montrent parfois lacunaires, et toujours polychromatophiles, c'est-à-dire sans affinité pour une seule substance dans les colorations doubles ou triples (Hayem).

Pronostic. — Le pronostic des affections ressortissant à la dia-

Fig. 203. — Lymphosarcome de l'entrée de la poitrine (ulcéré et à marche rapide.)

thèse lymphogène est extrêmement grave actuellement; on peut poser en principe que la mort est la conséquence fatale, mais plus ou moins proche, de leur évolution naturelle.

Traitement. — Le traitement pourrait être considéré comme nul, car il ne peut que retarder la marche de la maladie. Néanmoins, et sous cette réserve, il est acquis que les ferrugineux, les préparations iodées et l'arsenic ont une certaine action, en agissant probablement sur l'hématopoièse.

En admettant, selon l'idée américaine, que l'affection soit due à un spirochète, il y avait lieu d'essayer l'atoxyl à hautes doses, 2 à 5 grammes par jour; le novarsénobenzol à la dose de 0 gr. 50 à 1 gramme par dose, selon la taille des malades, en injections intraveineuses, décroissantes tous les huit à quinze jours.

Ces traitements ne m'ont jamais donné de succès, parce que trop tardifs peut-être, mais ils pourraient être variés.

Chez l'homme, certaines expériences prouvent que la lymphadénie aleucémique est améliorée par l'action des rayons X; mais, s'il y a guérison clinique temporaire apparente, il n'y a pas guérison anatomo-pathologique. La mort survient tardivement avec leucocytose, mononucléose, éosinophilie, etc.

CLASSE V

SYSTÈME NERVEUX

L'exploration méthodique du système nerveux serait quelque
peu complexe s'il fallait, chez nos animaux, procéder à des recherches aussi délicates que celles que l'on utilise en médecine humaine.
Mais elles seraient sinon sans utilité, du moins sans portée pratique,
parce que les services réclamés de nos animaux de ferme (production de la viande, production du lait, production de la graisse) sont
bien plus du ressort de la vie végétative que de la vie de relation.

Chez les bœufs de travail, il en est un peu différent, et les troubles
des fonctions du système nerveux et de la vie de relation nécessitent
souvent une réforme prématurée.

En clinique, on se borne ordinairement aux constatations objectives que l'on complète :

1° Par l'exploration de la sensibilité générale pour en noter le
modifications : sensibilité normale; sensibilité excessive, exagérée
ou hyperesthésie; sensibilité affaiblie, obtuse, effacée; insensibilité
ou anesthésie;

2° Par l'exploration de la motricité qui peut être normale, affaiblie ou disparue : démarche vacillante, titubante, ataxique, paralysie locale, paralysie partielle, paraplégie, hémiplégie, paralysie
complète.

Les troubles de la sensibilité et de la motricité sont ordinairement localisés à une région et permettent, par déduction, d'après
nos connaissances physiologiques, de préciser certaines lésions
nerveuses ou même de les bien localiser : contractures ou paralysies
par lésions nerveuses simples, par lésions de la moelle épinière, par
lésions des centres cérébraux.

Des troubles généraux profonds, dont l'origine peut être très
sûrement placée dans les centres cérébro-spinaux, mais dont la
localisation est ordinairement impossible, peuvent encore être
enregistrés; non pas toujours comme maladie propre du système
nerveux, mais ordinairement comme conséquence d'états pathologiques variés : tels les syncopes (perte momentanée de l'état de
connaissance), les convulsions (contractions spasmodiques involontaires avec troubles respiratoires et circulatoires), les états

comateux (perte de sensibilité, de motricité et de connaissance), vertigineux (réactions motrices anormales ou dangereuses déterminées par des sensations morbides illusoires), apoplectiques (perte subite des fonctions de la vie de relation).

Les états pathologiques qui donnent lieu à ces manifestations peuvent être très différents : douleurs, intoxications proprement dites, auto-intoxications, infections, méningites, méningo-myélites, encéphalites parasitaires, hémorragies méningées, hémorragies intracérébrales, tumeurs cérébrales, etc., etc.

CONGESTION CÉRÉBRALE

Selon Cruzel, la congestion cérébrale serait assez fréquente sur les bœufs de travail soumis aux ébranlements continus imprimés par le joug lors de travaux pénibles dans des terres rocailleuses. L'insolation pourrait encore en être la cause déterminante, de même qu'un refroidissement brusque et intense.

La congestion cérébrale passive par stase peut être constatée dans les cas où la circulation de retour ne s'effectue qu'avec la plus grande difficulté (péricardite par corps étranger); elle n'a pas d'importance clinique.

Symptômes. — Les malades préalablement en bonne santé sont brusquement frappés de stupeur ou d'immobilité. Ils restent insensibles aux excitations prodiguées, la tête appuyée ou immobile, le regard hébété, perdu; la démarche est incertaine, hésitante ou vacillante; la respiration ralentie ou irrégulière. Laissé en liberté, le malade n'apprécie pas où il va; parfois il est frappé de cécité complète, il se bute à tous les obstacles ou tombe en présentant alors des convulsions épileptiformes. — La région cranienne est chaude. La marche de l'accident est rapide; le malade meurt dans le coma ou les convulsions, ou se rétablit rapidement.

Le *diagnostic* est assez délicat, et le *pronostic* doit être réservé.

Le *traitement* doit avoir pour but essentiel la déplétion sanguine, par une saignée proportionnée à la taille des malades. La révulsion cutanée et les purgatifs complètent l'action de la saignée.

HÉMORRAGIE CÉRÉBRALE

Les hémorragies cérébrales sont fort rares chez les bêtes bovines. Elles sont superficielles et peuvent alors parfois être qualifiées d'hémorragies méningées ou sous-méningées; ou au contraire profondes, c'est-à-dire intracérébrales. Quelle que soit la localisation, la caractéristique symptomatologique est l'apoplexie, c'est-à-dire la perte subite du sentiment et du mouvement. Si l'état en question se prolonge, la mort est très rapide; si, au contraire, cet état n'est que temporaire, le malade présente ordinairement dans la suite des troubles variés de paraplégie, d'incoordination de mouvements, etc.

Étiologie. — Les causes des hémorragies cérébrales chez les bovidés, exception faite des hémorragies d'origine traumatique et accidentelle, sont assez mal connues. C'est fréquemment sur les animaux adultes et même âgés que ces accidents se produisent, plus fréquemment sur les vieux animaux de travail, et vraisemblablement lorsqu'il y a au préalable des altérations des parois des vaisseaux, dégénérescences athéromateuses ou autres.

Symptômes. — Le malade qui fait une hémorragie cérébrale de quelque importance tombe ordinairement comme foudroyé, et la mort réelle peut être instantanée. Si l'hémorragie est peu abondante, le malade paraît renaître à la vie; la respiration reprend lentement, les battements cardiaques qui étaient irréguliers reprennent leur rythme; il est même des sujets qui parviennent à se relever. Dans d'autres cas, ils restent dans le coma, ou se montrent paralysés d'une région quelconque avec insensibilité totale ou partielle. L'appétit peut être conservé, de même qu'il est des malades qui sont dans l'impossibilité absolue de mâcher et d'avaler. Dans les cas d'hémorragies méningées, l'ictus apoplectique fait ordinairement défaut, mais il existe alors des symptômes méningitiques, et très fréquemment de la rumination continue à vide, des grincements de dents, etc.

Diagnostic. — Le diagnostic est rarement difficile.

Le *pronostic* est extrêmement grave, et aucun traitement ne saurait être recommandé, car il n'y a aucune utilité à conserver des malades à lésions cérébrales incurables.

Il faut ajouter d'ailleurs que ces accidents d'hémorragies cérébrales sont fort rares.

MÉNINGITES

On décrit sous le nom générique de *méningites* toutes les inflammations de l'arachnoïde, de la pie-mère et de la face interne de la dure-mère.

Ces inflammations s'observent au cours de certaines maladies telles que la tuberculose et les affections parasitaires du cerveau; en dehors de ces circonstances, elles sont rares et évoluent sous l'influence de causes très diverses.

On a décrit aussi, en Allemagne principalement, une méningite cérébro-spinale épizootique de l'espèce bovine; elle semble à peu près inconnue en France, et nous ne possédons pas de relation probante et caractéristique de cette affection, que l'on a sans nul doute confondue avec l'encéphalite.

Je laisserai donc systématiquement de côté ces descriptions par trop dissemblables pour avoir quelque utilité.

Étiologie. — La méningite s'observe chez le bœuf comme complication des traumatismes de la région cranienne, accompagnés de fêlures, périostites, abcès.

On l'enregistre comme complication des fractures de cornes (Brissot), du catarrhe ancien des sinus, des infections bucco-pharingées. etc.

Elle évolue encore comme complication d'affections diverses, telles que coryza gangreneux, infection purulente, abcès sous-parotidiens, phlébite suppurée, suppurations de l'œil ou de l'orbite; mais l'origine la plus fréquente est très certainement la tuberculose.

Symptômes. — La méningite se présente, suivant les circonstances, sous forme de méningite locale, de méningite antérieure frontale, de méningite basilaire, de méningite généralisée.

Il est difficile d'apprécier et d'interpréter les premiers symptômes présentés, lesquels ne se traduisent que par de la tristesse, de l'inappétence, de la constipation, sans réaction fébrile importante. Plus tard, on note de l'hyperexcitabilité au bruit, au changement d'intensité de lumière et au toucher. L'examen attentif des malades dénote un changement dans l'expression du regard, rapidement suivi de contracture pupillaire, d'inégalité pupillaire ou de déviation de l'axe visuel (strabisme). Le pouls devient irrégulier, ainsi que la respiration; l'appétit est totalement supprimé, et il n'est pas exceptionnel de constater de l'hébétude, de la contracture des muscles du cou et des mâchoires, du trismus plus ou moins intense, de l'hésitation ou de l'impossibilité de la marche et des symptômes d'immobilité. Les malades succombent dans le coma ou dans les convulsions épileptiformes. La forme chronique est exceptionnelle, sauf comme localisation de la tuberculose.

Lésions. — Les lésions se traduisent par de l'hyperémie locale ou générale, de l'inflammation exsudative de la pie-mère et de l'arachnoïde, avec épaississement, production de flocons à aspect de fausses membranes ou de pus dans la région sous-dure-mérienne. Les méninges sont adhérentes ou soudées, et les couches superficielles de l'encéphale enflammées aussi par continuité de tissu.

Diagnostic. — Le diagnostic doit être basé sur l'évolution des troubles de la vue, de la marche, de l'appétit, ainsi que sur les signes extérieurs des affections susceptibles de se compliquer de méningite. Le diagnostic tuberculose doit toujours être recherché dans les formes lentes.

Pronostic. — Le pronostic doit être considéré comme fatal à plus ou moins longue échéance, il y a peu d'intérêt économique à traiter dans nombre de cas.

Cependant, lorsque les symptômes méningitiques peuvent être rapportés à un empoisonnement, c'est-à-dire à un trouble physiologique pur sans lésions anatomiques graves, un traitement antitoxique a toutes chances de succès. De même, les formes d'origine traumatique peuvent être traitées avec succès.

Traitement. — Si, par exception, on ne voulait pas recourir à l'abatage, il faudrait s'adresser aux révulsifs sur la région parotidienne ou la région de la nuque (sétons et vésicatoires), à la réfrigération cranienne par les sachets de glace ou les compresses d'eau glacée fréquemment renouvelées.

Les purgatifs, les injections répétées de sérum physiologique à haute dose, c'est-à-dire plusieurs litres par jour, sous la peau; ou le lavage du sang dans les mêmes conditions, rendront service dans les accidents méningitiques d'origine toxique.

Dans ces cas, il n'y a d'ailleurs le plus souvent, que troubles physiologiques sans lésions anatomiques.

ENCÉPHALITE

L'encéphalite, c'est-à-dire l'inflammation de la substance cérébrale, se rattache d'une façon très étroite à la méningite et, dans un très grand nombre de circonstances, il y a à la fois méningite et encéphalite. — Dans d'autres cas, il y a encéphalite sans méningite ou inversement. Beaucoup des symptômes des méningites se trouvent d'ailleurs dans les encéphalites.

Les encéphalites peuvent évoluer comme complications des méningites, et toutes les causes susceptibles de donner naissance à des méningites peuvent entraîner des encéphalites consécutives. Elles peuvent encore dériver d'une infestation parasitaire abondante comme dans la cénurose, beaucoup plus fréquente chez le mouton, ou d'une infection microbienne, la tuberculose pour le bœuf (Hamoir, Moussu). Dans ces différents cas, il s'agit d'encéphalites diffuses ou circonscrites, avec symptômes variés et nombreux; très souvent, de préférence avec la tuberculose, l'encéphalite passe à l'état chronique.

Symptômes. — Les symptômes du début sont d'une interprétation fort difficile, parce qu'ils sont peu caractéristiques et parce qu'il est impossible d'expliquer les sensations des malades.

Ce n'est que lorsque surviennent des troubles de la marche, de la vue, de la déglutition, etc., que l'attention est attirée.

Il semble que les troubles puissent apparaître brusquement; cependant, il est hors de doute qu'il existe certains prodromes peu accusés se traduisant par de la diminution de l'appétit, de l'amaigrissement, des modifications de la vue. — Puis bientôt surviennent des troubles que l'on peut classer en troubles moteurs, visuels, nerveux, impulsifs; les malades paraissent comme hébétés, les mouvements sont lents, hésitants, et la démarche incertaine avec boiterie par contractures d'un ou deux membres. L'exploration ne révèle aucune lésion au niveau des articulations; la boiterie peut se montrer simultanément sur deux membres en diagonale ou en bipède latéral, et même sur trois membres. Ces boiteries sont d'origine centrale.

Les troubles oculaires sont caractérisés par de la diminution ou la suppression de la faculté visuelle, par du strabisme, des mouvements automatiques temporaires d'un ou des deux globes oculaires, des mouvements des paupières, et aussi et surtout par de l'inégalité pupillaire, rétrécissement ou dilatation.

Les troubles nerveux, impulsifs s'enregistrent de préférence sur les malades en liberté; même lorsque la vue est conservée, ils sont fatalement poussés sur les obstacles qui se rencontrent sous leurs pas; ou bien, ils sont invinciblement entraînés vers un mouvement oblique, tantôt à gauche tantôt à droite. Il n'est pas rare non plus d'observer, sous l'influence d'excitations même faibles, des accès vertigineux pendant lesquels les malades poussent au mur, ou sont involontairement entraînés dans un mouvement de recul, dans un mouvement latéral, dans un mouvement en avant. Bien des fois ces accès vertigineux se terminent par la chute sur le sol et des convulsions épileptiformes au cours desquelles les malades peuvent succomber.

Les symptômes n'ont rien d'absolument fixe; jamais ils ne sont identiques sur des malades différents, mais il est facile cependant de les classer suivant les indications ci-dessus : les signes fournis par les yeux et les mouvements impulsifs sont particulièrement significatifs.

On peut, d'autre part, noter des modifications de la respiration sans causes locale appréciable, des troubles de la déglutition ou même de l'impossibilité absolue sans obstacle matériel.

Diagnostic. — Le diagnostic se confond bien souvent avec celui de méningite; l'erreur n'est pas grave puisqu'il y a généralement méningo-encéphalite.

Pronostic. — Le pronostic doit être considéré comme fatal. Les malades ne guérissent pas: il n'y a aucun intérêt à les conserver.

Traitement. — On pourrait recourir aux vésicatoires sur l'extrémité supérieure de l'encolure, aux sétons ou aux trochisques, à la réfrigération cranienne par la glace. Tous ces moyens ne sont que palliatifs. Ils peuvent amener une amélioration temporaire, ils ne peuvent guérir.

Dans certains cas cependant, lorsque des manifestations méningitiques ou encéphaliques sont l'expression de troubles physiologiques dont l'origine reste difficile à déterminer (tournis chez des veaux nouveau-nés par exemple), la saignée peut être indiquée, et aussi la réfrigération cranienne à la glace qui peut donner des résultats rapides et définitifs.

ENCÉPHALITE ENZOOTIQUE DES BOVIDÉS

L'encéphalite enzootique des bovidés est une affection qui apparaît subitement, sous la forme épidémique. Elle se traduit par des crises d'excitation violente, suivies de périodes de dépression profonde, susceptibles de se terminer rapidement par la mort. Elle peut donner lieu à des erreurs de diagnostic avec la rage ou des intoxications alimentaires, mais s'en distingue par un ensemble de manifestations très spéciales et surtout des lésions tout à fait caractéristiques.

Étiologie. — L'étiologie précise en reste indéterminée jusqu'à ce jour, bien qu'on puisse en rapporter l'évolution à l'action d'un virus filtrant neurotrope, puisqu'elle, se traduit par des lésions cérébrales qui sont histologiquement très comparables à celles de l'encéphalite enzootique du cheval et de l'encéphalo-myélite ou névraxite enzootique du mouton.

Symptomatologie. — Sous le rapport de la marche et de la durée d'évolution, il est possible de caractériser deux formes : Une forme suraiguë qui a été qualifiée de foudroyante; — une forme aiguë ordinaire à marche plus lente, mais de durée toujours courte.

Forme suraiguë. — Elle ne dure que vingt-quatre à quarante-huit heures. Le début se manifeste en quelques heures, chez des animaux jusque-là bien portants, comme dans des intoxications alimentaires; se traduisant par : de la perte de l'appétit, l'arrêt des mouvements du rumen et de l'intestin, la suppression de la rumination.

Très vite apparaissent des crises violentes et imprévues d'excitation, avec vertiges, tendance impulsive à pousser au mur ou au recul (tirer au renard), attitudes anormales, mouvements désordonnés, etc. Ces accès sont suivis de périodes de dépression profonde, durant lesquelles les malades sont comme hébétés, stupéfiés, semi-comateux.

En dehors des accès, la respiration et la circulation paraissent normales, de même que la température; mais il est constant d'enregistrer des grincements de dents, du trismus, de l'amblyopie, parfois de la cécité. Les crises se répètent à des intervalles variables, peuvent se terminer par des chutes sur le côté, des mouvements désordonnés de la tête et des membres et la mort.

A l'autopsie on ne découvre rien de saillant au point de vue ma-

Fig. 204. — Une attitude dans l'encéphalite des bovidés avec position anormale de la tête et salivation abondante.

croscopique, pas de lésions appréciables. Dans quelques cas des animaux ont été abattus hâtivement à la suite des crises et livrés à la consommation sans que l'on ait signalé le moindre inconvénient, la viande se montrant d'ailleurs de fort bel aspect.

Forme aiguë. — La forme aiguë se traduit par des manifestations extérieures, de même ordre, mais moins violentes, moins prolongées moins fréquentes. La durée peut s'étendre sur huit à dix jours. Elle débute par la perte d'appétit, l'atonie digestive et des tremblements convulsifs localisés de préférence aux groupes musculaires du bras et de l'avant-bras ainsi que de la cuisse. La tendance en recul, se traduit parfois par une chute sur les jarrets

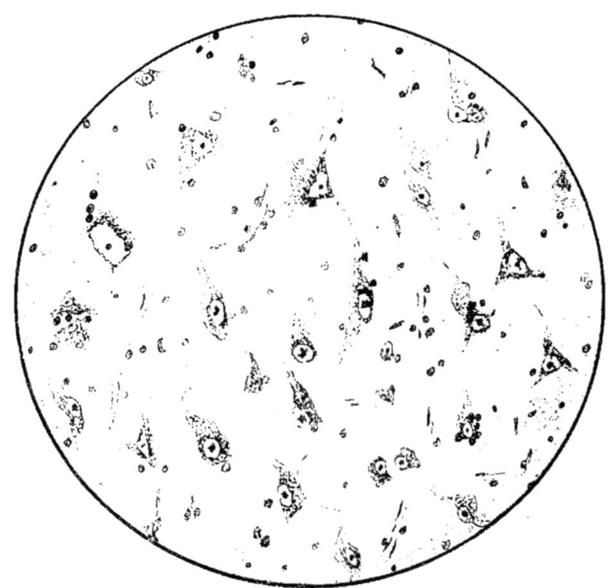

Fig. 205 — (Cortex cérébral. Méthode de Nissl, Micros-Zeiss, Ocul. 3 Obj. D). Cellules pyramidales très altérées. Atrophie du corps cellulaire; noyaux excentriques, dépassés. Les granulations chromophiles n'existent plus qu'autour des noyaux.

et le maintien de cette attitude (position du chien assis), l'encolure arc-boutée sur la chaîne d'attache; la tendance à pousser au mur, par l'appui prolongé, durant des heures, de la face antérieure de la tête sur l'obstacle d'appui.

En liberté, la marche est titubante, impulsive, désordonnée, les yeux paraissent souvent exorbités sans la moindre lésion apparente, l'air hagard et les malades vont se buter sur tous les obstacles.

Dans d'autres cas, les malades restent à l'étable comme hébétés figés sur leurs membres, le bout du nez reposant sur le bord ou le fond de la mangeoire, en état d'immobilité absolue durant des heures. Plus rarement, il est donné de noter une sorte de contracture généralisée comme s'il y avait du tétanos, la mort arrivant sans agitation après une chute sur les litières.

Tous les cas ne sont cependant pas mortels, dans les formes les moins accentuées il peut y avoir amélioration spontanée et progressive après quelques jours et retour lent à l'état normal.

Il semble que l'affection soit plus fréquente chez les veaux que chez les adultes. Les manifestations apparentes sont de même

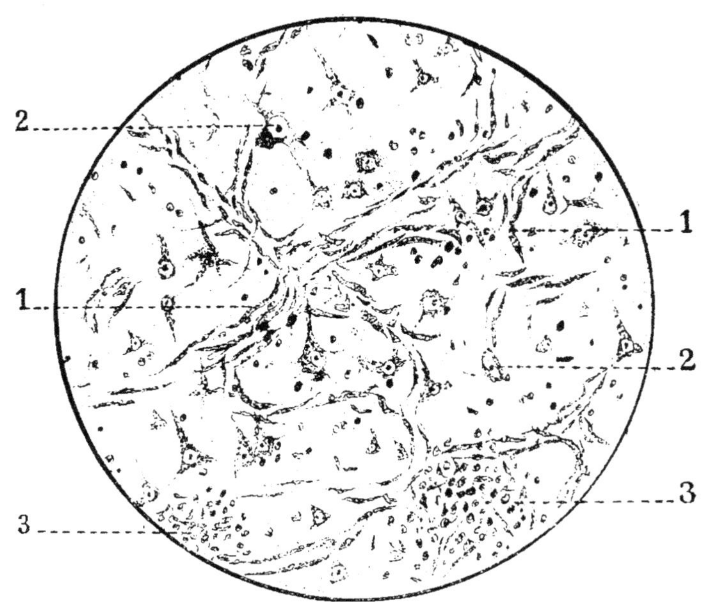

Fig. 206. — (Cortex cérébral. Méthode de Nissl, Micros-Zeiss, Ocul. 3 Obj. D.) Prolifération du réseau capillaire et noyaux inflammatoires. 1. Capillaires néoformés dont les parois sont formées de cellules endothéliales gigantesques imbréquées. — 2. Cellules nerveuses très altérées. Absence de neuronophagie. — 3. Amas diffus de cellules embryonnaires.

ordre, moins caractéristiques peut-être parce que moins prolongées. Les morts brutales, rapides sont ordinairement rapportées par les éleveurs à des accidents d'indigestion, des accidents de méningites suraiguës, des insolations, etc. etc. Un traitement préventif enraye presque toujours et immédiatement les enzooties d'étables ou de pâturage.

Lésions. — Rien dans une autopsie pure et simple ne peut éclairer la pathogénie des troubles constatés. Il n'y a pas de lésions macroscopiques.

Seule l'étude histologique des centres nerveux donne l'explication de ces troubles sans en démontrer, la cause ou l'origine. Des lésions cérébrales sont relevées dans le cortex et ces lésions siègent de préférence dans les parties profondes de la substance grise. Là des cellules se montrent altérées dépourvues de leurs granulations chromophiles, entourées de cellules rondes embryonnaires qui se groupent parfois en véritables amas. Les capillaires sont enflammés à leur périphérie, altérés dans leurs cellules endothéliales qui apparaissent gonflées et imbriquées.

Le cervelet et la moelle sont généralement indemnes; de petites hémorragies capillaires interstitielles se constatent dans la substance grise et le bulbe.

On ne peut déceler la présence de microorganismes en aucun point, même au niveau des foyers principaux d'altération organique. Les altérations histologiques caractérisent en réalité une polioencéphalite diffuse surtout corticale mais localisée de préférence aux parties profondes du cortex cérébral. Moins caractérisées sont les lésions de poliomyélite des pédoncules, du bulbe et de la moelle.

Elles sont suffisantes pour expliquer la mort. (Moussu et Marchand).

Pathogénie. — L'idée a été émise d'une origine possible des accidents de cette nature par intoxication et de l'évolution de lésions d'origine toxique par des poisons contenus dans des résidus industriels utilisés pour l'alimentation (tourteaux de lin, de colza, de navette, etc.

Semblable opinion ne peut être soutenue parce que semblables accidents ont pu être notés dans les exploitations où la qualité des aliments était à l'abri de toute suspicion et où l'on n'utilisait pas ces résidus industriels.

Les tentatives de transmission expérimentale par des inoculations à des animaux d'expériences (lapins et bovidés) sont restées négatives, mais ne permettent pas d'en inférer que comme pour le cheval et le mouton l'affection ne puisse être transmise, dans des conditions déterminées, parce que trop peu nombreuses.

Diagnostic. — Le diagnostic ne présente que peu de difficultés en raison même de l'intensité des manifestations cliniques. Cependant dans quelques cas spéciaux des doutes pourraient surgir pour une confusion possible soit avec la rage, soit avec des intoxications, ce qui est arrivé; soit même avec la fièvre vitulaire. Mais il n'a jamais été signalé dans cette affection les beuglements sauvages, l'excitation génésique et les efforts expulsifs qui sont si caractéristiques dans la rage des bovidés. Les conditions d'évolution de la fièvre vitulaire, ses grands signes cliniques, la rapidité et l'efficacité de son traitement ne peuvent longtemps laisser persister les doutes.

Pronostic. — Le pronostic doit toujours être considéré comme extrêmement grave.

Traitement. — Jusqu'à notre époque, un seul traitement paraît avoir été efficace, tant comme curatif que comme préventif; l'injection d'hexaméthylène tétramine (uroformine) à la dose de 30 grammes par jour, chez un adulte; en solution au dixième ou au cinquième, dans les veines ou sous la peau de préférence. Chez les veaux la dose doit être proportionnée à la taille, de 5 à 10 ou 20 grammes par jour durant quelques jours consécutifs. Quel que soit le mode d'action de ce médicament, qu'il agisse comme antimicrobien ou antitoxique, il est certain que dans les cas d'intensité moyenne il amène une amélioration d'abord et la guérison ensuite, pourvu que son emploi soit hâtif. Mais si on ne l'utilise que lorsqu'il y a déjà de grosses lésions cérébrales définitives, il est facile de concevoir qu'il ne peut plus enrayer l'évolution des complications. Préventivement, chez les adultes comme chez les veaux, l'expérience démontre que son emploi méthodique et systématique chez tous les sujets considérés comme contaminés suffit à arrêter les enzooties d'étables.

TUMEURS CÉRÉBRALES

L'encéphale peut être intéressé, comprimé par des tumeurs diverses qui ne sont pas d'origine parasitaire (tumeurs osseuses, cholestéatomes, etc.). Ces lésions prennent naissance dans les os, dans les méninges, dans les plexus choroïdes, ou représentent plus simplement des îlots de généralisation. — D'origine et de nature très variables, toutes les tumeurs de la cavité cranienne ont un effet commun, la compression de l'encéphale. Cette compression par une action continue amène de l'atrophie progressive de la substance cérébrale, mais son existence n'est jamais supposée tant que les lésions restent silencieuses.

Les parties postérieures des hémisphères, la substance blanche, sont généralement très tolérantes. Au contraire, les parties antérieures, les lobes frontaux et la substance grise sont peu tolérants, et une compression notable de ces régions se traduit tout de suite par des accidents divers.

Les symptômes de ces compressions et atrophies cérébrales diffèrent beaucoup, et cela se comprend, puisque le siège est susceptible de varier; aussi ne peut-on que tracer les grandes manifestations capables de faire supposer l'existence de tumeurs cérébrales.

Les accidents généraux sont caractérisés par des signes d'immobilité, tout à fait comparables à ceux que l'on note si fréquemment chez le cheval : aspect hébété, impossibilité du recul, arrêt prolongé et sans aucun motif pendant la préhension des aliments, pendant la mastication, etc.; par une démarche impulsive ou automatique et par des attitudes plus ou moins étranges : position à genoux surtout. Au repos, les malades semblent sous le coup d'une torpeur continue et d'une dépression profonde.

Les troubles spéciaux permettent de localiser d'une façon plus ou moins précise le siège des lésions. Ces troubles portent sur la vue (amblyopie, amaurose, strabisme, nystagmus), sur la sensibilité (hyperesthésie, anesthésie), et sur la motilité (hémiplégie totale, partielle, croisée, incoordination de mouvements, etc.).

Les excitations diverses aboutissent presque toujours à l'évolution de crises épileptiformes.

Le *diagnostic* des tumeurs cérébrales est assez délicat, surtout lorsqu'il s'agit de préciser le siège; mais le diagnostic de lésion cérébrale est relativement facile.

Le *pronostic* est très grave et, pour nos animaux domestiques, il n'y a pas lieu d'envisager la possibilité d'une intervention.

Chez le bœuf, les interventions intracraniennes sont rendues difficiles par la présence même des sinus, qui laissent la cavité dans la profondeur; mais, économiquement, il n'y a pas lieu de rechercher ces interventions. La conséquence formelle d'un diagnostic précis, c'est l'envoi à l'abattoir.

INSOLATION

L'insolation est un accident exceptionnel chez nos animaux des espèces bovine, ovine ou porcine. Laissés en liberté, ces animaux se déplacent, évitent les rayons solaires trop ardents et trouvent toujours une position qui les met plus ou moins à l'abri de la radiation.

Si, au contraire, ils sont attachés et immobilisés, et, si, dans ces conditions, ils restent longtemps exposés au plein soleil de midi des grands jours de juin, juillet et août, ils peuvent être frappés d'insolation. L'immobilité sous l'action solaire est la condition essentielle.

J'ai vu, pendant le concours international des animaux de l'espèce bovine (Exposition de 1900), un assez grand nombre de cas d'insolation, sur des sujets d'une même catégorie, exposés au plein soleil de midi dans un endroit à l'abri des courants d'air. Dans toutes les autres catégories, ne recevant la lumière solaire que plus ou moins obliquement, il n y en a pas eu un seul cas.

La mort peut survenir très rapidement en l'espace de quelques heures, par un mécanisme difficile à préciser, probablement par élévation thermique générale excessive, mais toujours accompagnée de congestion des centres cérébro-spinaux, et avec de la stase sanguine généralisée.

Les *symptômes* d'évolution de l'insolation se succèdent avec une très grande rapidité. — Les malades de l'espèce bovine présentent de l'accélération respiratoire, qui devient bientôt de la dyspnée; puis les muqueuses se cyanosent, les sujets atteints présentent de l'anxiété sans agitation, et bientôt on voit apparaître du larmoiement, de l'infiltration œdémateuse et de la congestion de la muqueuse vaginale et des lèvres vulvaires, des plaques de congestion cutanée, bien visibles au niveau des mamelles, ayant ailleurs l'aspect des plaques d'échauboulure. A ce stade, les malades se déplacent difficilement, présentent tout le cortège symptomatique du début du coryza gangréneux.

Tous ces symptômes évoluent en une, deux ou trois heures; la mort pourrait s'ensuivre si l'on n'intervenait. La disparition de ces signes alarmants est aussi rapide que leur apparition. En une heure et moins, nous avons vu le retour complet à l'état normal.

Etant données les circonstances d'observation, le *diagnostic* est extrêmement facile.

Le *traitement* doit avoir pour but immédiat de soustraire aussitôt les malades à l'action solaire.

J'ai toujours pratiqué la déplétion sanguine, fait faire des ablutions fraîches et placer les animaux dans un endroit ombragé et frais. Les signes inquiétants disparaissent comme par enchantement.

CÉNUROSE (TOURNIS)

On donne le nom de *cénurose* à l'affection causée par la pénétration des embryons du *Tænia cœnurus* dans l'organisme. Ces embryons ne se développent bien que dans la substance de l'encéphale (*Cœnurus cerebralis*) et de la moelle épinière. C'est cette affection que l'on désignait autrefois à tort sous le nom de *tournis*, car le tournis n'est qu'une manifestation assez tardive de la maladie, et, d'autre part, il n'est pas constant.

La cénurose évolue principalement chez les jeunes animaux et jusqu'à quatre et cinq ans.

La cénurose, chez les bovidés, est beaucoup plus rare que chez les agneaux, parce que le nombre des chiens vachers porteurs de *Taenia cenurus* qui vivent autour des troupeaux est moins élevé que celui des chiens de berger. C'est ordinairement sous forme de cas isolés qu'on l'enregistre; elle n'apparaît pas sous le type enzootique, et bien souvent il n'y a qu'un seul cénure. Les troubles provoqués au début passent inaperçus, et c'est seulement lorsque le symptôme tournis apparaît que la maladie est diagnostiquée.

Étiologie. — L'étiologie de la cénurose se résume à une seule cause, l'ingestion d'œufs ou d'embryons de *Tænia cœnurus* avec les aliments ou les boissons.

Le *Tænia cœnurus* vit chez le chien; les anneaux mûrs sont rejetés avec les excréments dans les cours, les prairies, les herbages, sur le bord des chemins, des fossés ou des abreuvoirs. Dans l'herbe humide ou dans l'eau, les œufs peu ou très embryonnés se conservent pendant quelques semaines, et, s'ils sont ingérés avec les aliments ou les boissons, les embryons sont mis en liberté dans l'intestin, les conditions d'évolution de la maladie sont réalisées. — Les embryons hexacanthes perforent les parois de l'intestin, passent dans l'appareil circulatoire ou chylifère et, de là, sont répartis de divers côtés. Ceux qui arrivent dans les centres nerveux,

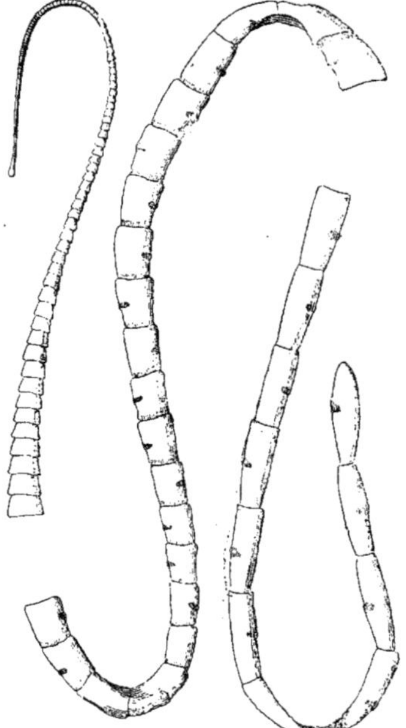

Fig. 207. — *Tænia cœnurus*, grandeur naturelle (Railliet).

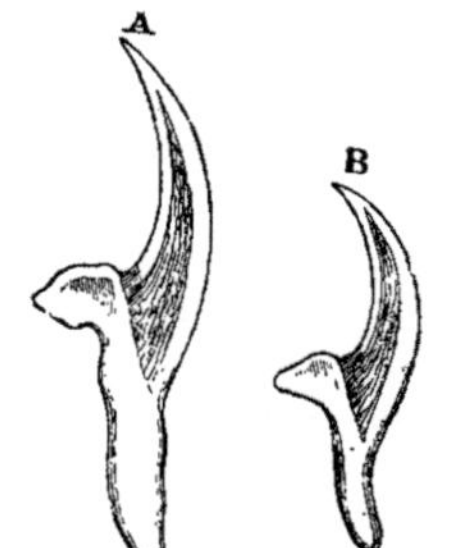

Fig. 208. — Crochets du *tænia cœnurus*, grossis 250 fois.

encéphale ou moelle épinière, continuent à se développer; les autres, dans les tissus différents, dégénèrent et disparaissent.

L'infestation réalisée expérimentalement montre que l'envahissement de l'encéphale se fait après une huitaine de jours. A dater du 20e jour, la présence des embryons est facile à déceler dans les couches superficielles des circonvolutions. Ils se déplacent à travers la substance grise, laissent sur leur passage des traînées sinueuses jaune-verdâtre à contenu caséeux. La vésicule cystique en voie de développement se trouve à l'extrémité de la traînée sous forme d'une petite sphérule transparente de volume variable, de la grosseur d'une tête d'épingle à celle d'une lentille ou d'une petite noisette.

Plus tard, les traînées à contenu caséeux se résorbent et disparaissent, et beaucoup de vésicules avortent dans leur développement. — Au bout d'un mois, les vésicules qui conservent leur évolution régulière atteignent environ le volume d'un pois; vers cinquante à soixante jours, les têtes ou scolex apparaissent à l'intérieur de la vésicule, qui a alors les dimensions d'une noisette. Dans la suite, la ou les vésicules acquièrent des dimensions de plus en plus

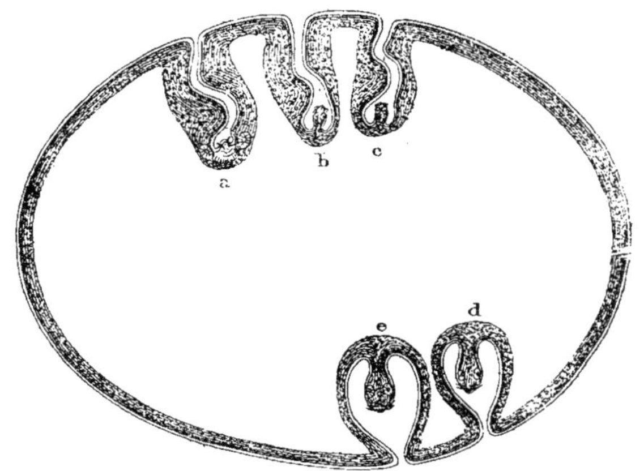

Fig. 209. — Coupe schématique d'un cénure : a. scolex normal; b c.d.e. schémas de développement progressif (Railliet).

grandes, jusqu'à la mort des malades. Elles atteignent alors d'ordinaire celles d'une noix ou plus, avec à l'intérieur des centaines de scolex à des degrés divers de développement.

Cet état de développement complet de la phase cystique ne se constate que sur les malades ayant quelques cystiques seulement dans leur encéphale, et c'est chez eux que l'on peut noter les signes de tournis; chez les autres, mais cela ne s'observe guère que chez les moutons, chez ceux qui ont une infestation massive, avec pénétration de six, dix ou quinze embryons et plus, la mort arrive dans les premiers temps, vers la fin du premier mois d'ordinaire par encéphalite aiguë, sans symptômes de tournis.

Symptômes. — Première phase : encéphalite disséminée. — Les symptômes varient avec les phases d'évolution des parasites et de l'affection qu'ils déterminent. Dès la pénétration des embryons hexacanthes dans la substance cérébrale, les malades présentent de la perte d'appétit, de la somnolence, de la tristesse d'autant plus facile à enregistrer qu'il s'agit d'ordinaire de sujets jeunes, gais et alertes. Puis, surviennent de l'amaigrissement et de l'hébétude; les malades restent immobiles des heures entières, la tête basse, relevée, ou inclinée de côté, inattentifs aux bruits d'alentour. C'est alors qu'apparaissent des troubles de la vue et des troubles de la motilité. Les troubles de la vue sont presque constants, mais très variables; dans quelques cas, les malades semblent ne plus voir du tout et vont se buter à tous les obstacles situés sur leur passage; dans d'autres, la vue ne semble perdue que d'un seul côté. Objectivement, on ne note que de l'inégalité pupillaire, du rétrécissement ou de la dilatation, du strabisme convergent ou divergent, du nystagmus. Les milieux de l'œil paraissent intacts, mais l'examen ophtalmoscopique révélerait, s'il pouvait être pratiqué, des lésions de névrorétinite plus ou moins étendue.

Les troubles visuels sont d'origine centrale.

Les troubles de la motilité sont aussi très divers et bien difficiles à interpréter rigoureusement. Tantôt la démarche est incertaine, incoordonnée, hésitante; dans d'autres cas, il y a des boiteries ou mieux des l'impotence fonctionnelle d'un membre antérieur, d'un membre postérieur, de deux membres à la fois, bipède latéral ou bipède

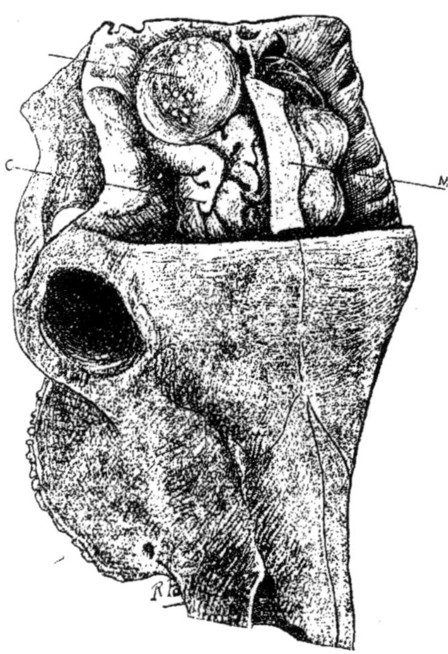

Fig. 210. — Cénure dans la région occipitale droite de l'encéphale.

diagonal, ou même de l'impossibilité de la station quadrupédale.

Les malades marchent latéralement, obliquement, s'affaissent sur le train de derrière ou de devant.

Deuxième phase : tournis. — Les symptômes de foyer sont les symptômes tardifs se rattachant à l'évolution lente et progressive d'une ou deux vésicules fertiles, plus rarement trois ou quatre. Ce sont les symptômes de tournis, et ce n'est qu'à partir de cette phase de la maladie qu'on peut réellement lui donner le nom de *tournis.*

Laissé en liberté, le malade marche généralement en cercle à droite ou à gauche, d'une manière impulsive et inévitable. Tantôt le mouvement tournant se fait suivant un rayon de cercle toujours le même, d'autres fois suivant un rayon progressivement croissant, ou, au contraire, progressivement décroissant.

Le mouvement tournant peut en arriver à un véritable pivotement sur place, et, s'il s'agit d'un mouton dans une bergerie, il entortille la litière autour de ses membres et finit par tomber.

Chez les bovidés, attachés à l'étable, ces manifestations morbides ne se voient pas, on ne les constate que lorsqu'ils sont en liberté, au pâturage.

On a voulu, en pareille circonstance, chercher à préciser la place du foyer de compression, la place du cénure, en se basant sur le sens du mouvement tournant. Ce diagnostic de l'emplacement du foyer est fréquemment illusoire, parce qu'il n'est pas rare de trouver deux ou trois vésicules, principalement chez les moutons, et, dans tous les cas, il importe surtout, à mon avis, pour ce diagnostic, de bien interpréter les symptômes oculaires.

Lorsqu'il n'y a qu'une seule vésicule, le mouvement tournant se fait généralement du côté où elle se trouve, et l'œil frappé d'amaurose est celui du côté opposé.

Lorsque la vésicule siège dans le voisinage des lobes olfactifs, les malades marchent en steppant avec la tête encapuchonnée; si elle se trouve dans le cervelet, il y a impossibilité de la marche par incoordination des mouvements, impossibilité parfois de la simple station quadrupédale; enfin, lorsqu'elle s'est développée vers la région occipitale, les malades portent au vent, l'encolure relevée et la tête étendue.

Au moment des chutes sur le sol, il n'est pas extraordinaire de voir se produire des convulsions épileptiformes, des grincements de dents, de la salivation, et les malades peuvent succomber au cours d'une crise.

Durant le repos à l'étable et la bergerie, certains malades ne présentent aucun signe apparent; il faut les voir en 'marche en liberté; d'autres, au contraire, présentent des attitudes bizarres, caractérisées souvent par de la raideur ou de la déviation de direction de l'encolure et de la tête.

Cénurose médullaire. — Les embryons peuvent se développer dans la moelle épinière comme dans les centres cérébraux; la compression et l'atrophie de la moelle donnent alors naissance à de la vraie paralysie.

Les malades ont de la paralysie du train postérieur, de la paralysie unilatérale seulement ou des manifestations moins accentuées encore; tout cela dépend du degré de développement des cystiques. C'est une forme très rare.

Chez les bovidés, il est très exceptionnel d'observer la cénurose sur un grand nombre de jeunes sujets appartenant à la même exploitation. La perte d'appétit, la tristesse et l'hébétude sont les signes de début. Le regard est fixe, l'encolure immobile presque rigide; la tendance au vertige est fréquente; les malades poussent au mur, la tête ou l'encolure appuyée contre un obstacle, le râtelier ou l'auge.

Les inégalités pupillaires, l'amaurose, la démarche hésitante, incoordonnée, se présentent aussi toujours à des degrés variés.

Fig. 211. — Une attitude dans la cénurose chez le bœuf. Le malade pousse sur l'obstacle, quoique totalement libre.

Les malades ont l'attitude des chevaux frappés d'immobilité, c'est-à-dire l'attitude générale très particulière provoquée par des lésions de compression cérébrale ou d'encéphalite.. Ils oublient de manger, ou ne se mettent à broyer les aliments que si on pousse ces aliments par poignées sous les arcades molaires; ils plongent l'extrémité inférieure de la tête dans un seau rempli d'eau et ne boivent pas, etc. Ils sont inattentifs à ce qui se passe autour d'eux, bien que leur excitabilité puisse devenir très grande dès qu'on veut les déplacer, les mettre en liberté, les faire boire à la bouteille.

Il est commun de voir les excitations se terminer par des accès de vertige, et des chutes sur le sol avec mouvements épileptiformes. Tous ces signes peuvent se présenter avec des variantes extraordinaires causées d'ailleurs par la localisation du cénure.

Laissés en liberté, durant les premiers temps, la démarche des malades n'est que singulière, mais, lorsqu'une seule vésicule s'est bien développée dans l'un des hémisphères, et c'est le cas ordinaire chez les bovidés, les symptômes de tournis apparaissent comme chez le mouton, et aussi diversifiés. Les malades sont invinciblement poussés dans une direction déterminée, quel que soit l'obstacle qui puisse se présenter. Aussi n'y a-t-il pas lieu de s'étonner de les voir se buter contre les murs, contre les arbres, de les voir tomber dans des mares, dans des fossés, ou s'engager dans des voies sans issue entre des meules de paille ou de foin.

Lorsque la vésicule cystique évolue dans le cervelet, les malades ne tardent pas à ne plus pouvoir se déplacer. Ils peuvent conserver la station debout, sur place, mais, dès qu'on cherche à les mettre en marche, en liberté, immédiatement ils s'affaissent.

Lésions. — Les lésions évoluent successivement depuis le moment de la pénétration des embryons dans la masse encéphalique.

Au début, il n'y a que de l'encéphalite disséminée provoquée par les migrations intracérébrales des embryons hexacanthes qui laissent sur leur trajet de courtes traînées caséeuses gris verdâtre de la grosseur d'une aiguille, faciles à découvrir dans les couches superficielles. Plus tard, ces dépôts caséeux se résorbent, les lésions d'encéphalite disséminée s'atténuent, se réparent, un certain nombre de vésicules s'atrophient et disparaissent.

Il ne reste bientôt que de l'encéphalite atrophique locale, causée par le développement progressif des vésicules persistantes, et c'est à partir de ce moment que les symptômes de foyer se manifestent. Très souvent il n'y a qu'une seule vésicule, par exception plusieurs.

Diagnostic. — Le diagnostic est généralement facile. Très commode à la phase de tournis, il est plus délicat durant la première période, alors qu'il ne s'agit que d'encéphalite; ou tout au moins il est bien difficile de reconnaître à cette époque la cause de l'encéphalite ou de la méningo-encéphalite : cénurose, tuberculose, **cause traumatique.**

Pronostic. — Le pronostic est grave : fort peu d'animaux guérissent de cénurose. Zürn estimait à 2 p. 100 les cas de guérison dans les troupeaux de moutons. Ces cas de guérison sont ceux dans lesquels les cystiques dégénèrent et disparaissent.

Traitement. — Il n'y a pas, à l'heure actuelle, de traitement curatif réellement pratique qui puisse être utilisé.

Celui qui paraît le plus logique est basé sur la trépanation et l'enlèvement de la vésicule cystique, lorsqu'on a pu, au préalable, en déterminer la situation exacte. — C'est là la grosse difficulté : la recherche de l'emplacement occupé par le foyer de compression. Cette recherche nécessite une connaissance parfaite du système nerveux central et des troubles apparents que ce foyer de compression peut produire.

Chez les animaux jeunes, et alors que les sinus sont peu développés, le cénure peut provoquer l'atrophie de la paroi cranienne et venir faire saillie dans les sinus. La percussion permet alors de préciser l'emplacement. L'opération de trépanation et d'extirpation de la vésicule ne présente alors pas de grandes difficultés. On affirme même que certains opérateurs ayant une grande expérience se contentent, dans ces cas, de trépaner avec une vrille d'assez gros calibre, de perforer ainsi la vésicule, de laisser écouler le liquide et,

Fig. 212. — Une attitude dans la cénurose (D'après photographie).
(Tête portée obliquement.)

à l'aide d'un tout petit crochet *ad hoc*, d'aller à la recherche et d'extirper la membrane hydatique.

Hartenstein a préconisé autrefois la réfrigération cranienne par irrigation continue ou par applications permanentes de glace, l'abaissement local de température empêchant le développement du cénure. Cette méthode peut être utilisée pour les animaux de prix, et, si les malades n'ont pas encore de symptômes trop alarmants, il est possible de les guérir. — Par contre, lorsque ces symptômes indiquent la présence d'un cystique ancien, il y a peu de chances de succès.

Economiquement, il y a avantage à sacrifier les animaux pour la boucherie lorsqu'ils sont en bon état de chair.

Prophylaxie. — Dans les exploitations bien tenues, il est facile d'éviter l'apparition de la cénurose.

Sachant que le point de départ se rattache à l'évolution du *Tænia cœnurus* chez le chien, qui rejette les anneaux mûrs et les œufs avec ses excréments dans les pâturages, il est tout indiqué d'éviter le développement de ce ténia chez les chiens de berger, chiens de chasse et chiens de garde, et, pour cela, il suffit de ne pas leur donner à manger les têtes des moutons atteints de tournis. — Mais comme, malgré ces précautions, ils peuvent prendre le *Tænia cœnurus* accidentellement en mangeant les abats et détritus d'animaux de boucherie, il est formellement indiqué de débarrasser les chiens de ferme, deux fois par an au moins, des ténias, et en général de tous les vers dont ils peuvent être porteurs.

On les laisse à la diète pendant vingt-quatre heures; on les tient enfermés, puis on leur administre un vermifuge énergique (poudre de noix d'arec, kamala, kousso, écorce de racine de grenadier, extrait de fougère mâle), et on les purge ensuite. Les fumiers et les excréments sont arrosés d'eau bouillante et de chaux vive.

Par ces seules précautions, on évite presque sûrement des pertes qui peuvent se chiffrer par des sommes élevées, pour les moutons tout au moins.

PARAPLÉGIE ANTE-PARTUM

Sous le nom de *paraplégie ante-partum*, on désigne un accident assez commun de la gestation qui se traduit apparemment par l'impotence fonctionnelle du train postérieur.

Symptômes. — Cette paraplégie ne s'observe que chez la vache dans les derniers mois de la gestation, du 7e au 9e mois d'ordinaire.

Elle n'apparaît que progressivement, par des signes de fatigue et de faiblesse générale, la démarche devenant d'abord lourde et embarrassée, puis traînante et vacillante du train postérieur. C'est chez les femelles lourdes, à gestation gémellaire, ou atteintes d'hydramnios, et plus rarement dans le cours des gestations simples, qu'on l'enregistre. Le relever est long et pénible, et, à jour déterminé, les malades ne se relèvent plus.

Il n'existe pas d'autres signes graves; l'appétit est conservé, toutes les grandes fonctions s'exécutent bien, mais il survient forcément un peu de constipation. Il n'y a pas, d'ailleurs, de paralysie vraie. L'exploration locale de la croupe et des membres postérieurs montre que la sensibilité reste intacte et que la motilité n'est pas totalement abolie. Sous l'influence des piqûres sur le trajet des nerfs, des mouvements de défense se produisent; les membres postérieurs sont déplacés, mais le décubitus est conservé.

Il est des malades qui, sur leur litière, changent facilement de côté sans se relever. Leur cas est particulièrement favorable pour le pronostic, parce qu'il ne se produit pas d'escarres cutanées et pas d'infection.

Chez d'autres, la paraplégie se montre plus accusée sur un membre; le relever, tout en étant très difficile, s'effectue encore.

Étiologie. — Les erreurs les plus grosses ont été commises sur ce point. On a tour à tour incriminé la fièvre vitulaire *ante-partum*, sans savoir exactement ce qu'il fallait entendre par là, l'infection *ante-partum*, la névralgie du plexus lombo-sacré, la congestion de la moelle, la paralysie vraie de cause inconnue.

Cette paraplégie *ante-partum* n'a rien de commun avec ces affections.

Elle ne peut être rattachée qu'à deux causes, une sorte d'auto-intoxication de gestation, provoquée par les produits de désassimilation du fœtus; ou, ce qui est infiniment plus fréquent chez les femelles domestiques, à une simple fatigue, de tous points comparable à celle des malheureuses femmes qui sont parfois condamnées au repos absolu pendant les derniers mois de la grossesse.

Il s'agit donc bien plus souvent d'une paraplégie de faiblesse ou de fatigue que d'autre chose, et cet état s'explique aisément par les tractions exercées sur le plexus lombo-sacré, sur les vaisseaux sous-lombaires et sur les organes du bassin, par le poids énorme d'un utérus gravide.

La paraplégie *ante-partum* peut d'ailleurs n'être que momentanée; il n'est pas exceptionnel de voir le relever s'effectuer spontanément après quelques jours de repos au décubitus.

Diagnostic. — Le diagnostic chez les grandes femelles est sans difficulté et ne nécessite qu'un examen approfondi des malades et une juste appréciation des symptômes recueillis.

Pronostic. — Le pronostic n'est inquiétant que lorsque la paraplégie *ante-partum* se produit longtemps avant la date de la parturition; ce pronostic ne devient grave que par les complications possibles de décubitus prolongé et de pyohémie.

Traitement. — Il n'existe pas d'autre traitement qu'un régime hygiénique à établir, et je suis absolument opposé aux anciennes pratiques irraisonnées qui consistaient à saigner, purger, faire de la révulsion à outrance. Ce qu'il est indispensable de réaliser, c'est de mettre les malades sur des litières très épaisses les empêchant de s'écorcher, d'administrer un régime alimentaire excellent sous un petit volume pour ne pas surcharger l'abdomen et d'éviter la constipation par l'emploi des laxatifs. Si, dans ces conditions, la malade peut être amenée à terme, il est possible que l'accouchement se fasse seul et que le relever s'exécute spontanément quelques heures ou quelques jours après.

La parturition effectuée, on doit même provoquer ce relever après deux ou trois jours, et c'est alors que l'on aura recours aux révulsifs violents (farine de moutarde sur les reins, frictions chaudes, etc.); aux excitants généraux, vin, alcool, café; aux toniques nerveux, poudre de noix vomique, 5 grammes par jour, huit jours de suite; teinture de noix vomique, 5 à 10 grammes par jour, adrénaline à 1 p. 1000, 5 centimètres cubes, etc...

PARAPLÉGIE POST-PARTUM

Sous le nom de *paraplégie post-partum*, on désigne un accident caractérisé par l'impotence fonctionnelle du train postérieur, à la suite de la parturition.

Dans la pratique, cette affection est bien souvent confondue avec l'ensemble des accidents auxquels on a donné le nom de fièvre vitulaire chez la vache.

Symptômes. — Le terme de paraplégie *post-partum* ne s'applique qu'à un symptôme ou mieux à un syndrome, et non pas à une entité morbide définie. Toutefois, dans la pratique courante, on est à peu près d'accord pour reconnaître que le qualificatif de paraplégie *post-partum* ne doit être appliqué qu'aux cas dans lesquels il y a impossibilité du relever, sans autres troubles organiques manifestes, tels que : métrite aiguë, septicémie de parturition; fractures du bassin, non-délivrance, rupture de la symphyse ischio-pubienne, etc.

Au cours de la plupart de ces affections, le décubitus est continu, soit par suite de lésions locales, soit par intoxication ou infection générale; mais ce décubitus n'a rien de commun avec la paraplégie vraie et simple.

Fig. 213. — Paraplégie *post-partum*. — Une attitude dans un cas de paraplégie incomplète *post-partum*, chez la jument (D'après photographie).

Dans ce dernier état morbide, les malades semblent peu souffrir; elles ont conservé l'appétit et les apparences extérieures de la santé, mais la position quadrupédale ne peut être obtenue.

L'avant-train obéit à la volonté des malades; elles se campent dans la position du chien assis; l'arrière-train reste inerte.

A l'exploration locale, on découvre une atténuation évidente de la sensibilité, mais rarement la disparition complète. La motilité est plus altérée, sans être abolie d'une façon absolue.

Cet état peut persister quelques jours seulement et se terminer par la guérison spontanée, ou au contraire se prolonger, se compliquer d'escarres superficielles, d'abcès et de pyohémie.

L'exploration génitale ou rectale décèle de la sensibilité diffuse sous-sacrée et intra-pelvienne sans lésions appréciables.

Parfois, la paraplégie n'est pas absolue; les malades peuvent se tenir debout si elles sont soutenues, mais la marche est difficile, les adducteurs des cuisses n'agissent que peu ou point, l'écartèlement est à craindre.

Étiologie. — Bien des causes ont été invoquées pour expliquer l'impotence de l'arrière-train, mais, si l'on élimine toutes celles qui se rattachent à des lésions bien caractérisées et à des erreurs de diagnostic, il en reste fort peu.

Pour Trasbot, il s'agissait d'une congestion de la moelle, consécutive à la surexcitation fonctionnelle durant la parturition; le fait est possible, bien que j'aie la conviction qu'il s'agisse plus fréquemment d'un épuisement nerveux.

Mais la cause la plus fréquente est, sans contredit, la contusion pelvienne périgénitale. Pendant la phase expulsive des accouchements, tous les organes pelviens sont comprimés, plus ou moins suivant le volume des fœtus, et la compression peut se transformer en contusion si l'expulsion est lente ou suspendue temporairement.

Les coussinets périvaginaux, périvésicaux et périrectaux soussacrés peuvent être tellement comprimés que les organes avoisinants soient eux-mêmes lésés, que le plexus sacré, la vessie et les sphincters soient altérés temporairement dans leur fonctionnement physiologique ultérieur. La meilleure preuve qu'il en est ainsi, c'est que l'on constate des degrés dans la paraplégie et que même parfois la contusion nerveuse peut être localisée sur certains faisceaux, le nerf obturateur par exemple.

Après la parturition, tout le bassin reste douloureux; les gros troncs nerveux sont infiltrés, œdématiés, peut-être parfois atteints de périnévrite légère, d'où l'impotence à différents degrés.

Lésions. — Ces données sur la cause de la paraplégie se trouvent d'ailleurs corroborées par les constatations d'autopsie, qui démontrent jusqu'à l'atrophie de certains troncs nerveux, des nerfs obturateurs en particulier.

Diagnostic. — Il ne suffit pas, pour établir un diagnostic, de se borner à constater, comme cela arrive trop souvent, l'impotence fonctionnelle du train postérieur; il faut en préciser la cause, savoir s'il y a métrite aiguë, fractures ou fêlures du bassin, luxation coxofémorale, luxation sacro-iliaque, phlébite, des veines iliaques, paraplégie simple.

Pronostic. — Le pronostic dépend exclusivement de la nature de la lésion, et dans la paraplégie *post-partum* vraie (contusion pelvienne) il est relativement bénin. Cependant, quand la contusion a été tellement grave qu'elle est susceptible de se compliquer de névrite et d'atrophie nerveuse, ce pronostic devient très grave.

Il doit en conséquence toujours être réservé, parce qu'on ne peut pas prévoir les complications.

Traitement. — Avec les contusions pelviennes simples, le traitement devrait se borner à l'expectation, au repos absolu sur une litière très épaisse et à une alimentation de choix. Le temps fait son œuvre : après quelques jours, le bassin devient moins douloureux, les malades se relèvent et tout rentre dans l'ordre.

La révulsion sur les lombes et la croupe, sans être très efficace, peut cependant contribuer à atténuer les phénomènes inflammatoires intrapelviens. Il ne faut pas la faire ni violente ni brutale. Les sachets chauds, les cataplasmes sinapisés, les frictions quotidiennes de vinaigre chaud, d'alcool camphré, les applications d'eau chaude rendent tout autant de services que les larges applications vésicantes.

Les laxatifs doivent toujours être utilisés pour écarter les inconvénients du décubitus, mais il n'y a jamais lieu de recourir aux larges saignées préconisées autrefois.

Si, après une dizaine de jours, les malades ne se relèvent pas d'elles-mêmes, ou tout au moins ne peuvent se tenir debout, il faut les faire sacrifier, le décubitus prolongé amenant toujours chez nos grosses bêtes des mortifications cutanées et la pyohémie.

La suspension recommandée par Violet est pratiquement irréalisable chez la vache; elle est possible chez la jument.

PARALYSIE DU FACIAL

Un état pathologique assez singulier et rare, mais qui mérite cependant d'entrer dans le cadre des affections cliniques, est celui désigné sous le nom de paralysie du facial.

Symptomatologie. — Sans que l'état général de santé se trouve gravement modifié, les sujets atteints présentent des troubles de la mastication, surtout de la mastication mérycique.

La préhension des aliments et la première mastication de fourrages grossiers se fait généralement sans grandes difficultés, mais au moment de la rumination les matières pulpées s'échappent par une commissure et tombent dans la mangeoire, faisant croire, si l'on n'assiste à la manifestation du phénomène, à du vomissement. L'examen attentif du malade, vu de face, fait vite reconnaître l'origine et la nature du trouble constaté; l'animal à paralysie du

facial montre en effet du côté atteint : un relâchement marqué des
lèvres supérieure et inférieure ainsi que de la commissure correspondante, de l'écoulement salivaire par cette commissure; parfois,
mais non toujours, du ptosis; de la chute, de l'abaissement ou de
l'immobilité de l'oreille. L'introduction des doigts dans la bouche
fait reconnaître le relâchement latéral de l'orbiculaire des lèvres.
Si l'on assiste à la rumination, le diagnostic devient encore plus
facile, puisque l'on enregistre le moment de l'échappement des
aliments. La déglutition des liquides n'est facile que si l'animal
enfonce toute l'ouverture buccale dans ce liquide, ce qu'il fait ordinairement; sans quoi partie du liquide s'échappe du côté paralysé
(Hilger et Bru).

Étiologie. — Il n'est pas impossible que pareils troubles reconnaissent une origine *a frigore* ou autre, mais il semble bien que dans
la majorité des cas il faille invoquer des actions traumatiques sur
le trajet même du facial.

Diagnostic. — Un examen superficiel permettrait la confusion
avec la paralysie pharyngée ou le vomissement; une observation
prolongée et une exploration attentive ne peuvent laisser subsister
de doutes.

Traitement. — Des applications vésicantes suivant le trajet
du facial ont été recommandées, cependant l'expérience démontre
que la guérison progressive exige le plus souvent quelques semaines
et même deux à trois mois.

ÉPILEPSIE

L'épilepsie est un état morbide complexe caractérisé par une
perte de connaissance, suivie de chute sur le sol et de contractions
musculaires cloniques et toniques de durée variable.

On la désigne en langage populaire sous le nom de *mal caduc* et
de *haut mal*.

Elle a été considérée pendant longtemps comme une maladie
essentielle, c'est-à-dire une névrose. Il est acquis aujourd'hui qu'elle
n'est que la conséquence de lésions cérébrales ou d'états morbides
variés à retentissement cérébral. Nombre de lésions cérébrales ou
des méninges sont capables de déterminer des crises d'épilepsie;
c'est là ce que l'on pourrait appeler l'épilepsie vraie.

Des intoxications multiples, des infections graves peuvent provoquer l'apparition d'accidents épileptiformes passagers ou plus ou
moins prolongés. Des maladies parasitaires (helminthiases intestinales, acariases auriculaires) entraînent parfois l'apparition d'accidents épileptiformes par un mécanisme varié.

Des affections auriculaires (otite simple ou suppurée, tumeurs, etc.

peuvent de même être le point de départ de troubles épileptiformes.

Enfin, il est des cas où des animaux sont reconnus épileptiques, sans que, à l'autopsie, il soit possible de découvrir macroscopiquement la moindre lésion justifiant les manifestations pathologiques.

La peur, les excitations brutales, le travail excessif, l'action brusque de la lumière, etc., peuvent déterminer l'apparition d'une crise chez les épileptiques.

Lésions. — On a signalé chez l'espèce humaine, dans l'épaisseur des hémisphères cérébraux, des foyers cicatriciels corti-méningés en forme de coin à sommet central, avec aspect chagriné de la surface des circonvolutions, des altérations dégénératives au voisinage des espaces péri-vasculaires, des plages dépourvues de cellules nerveuses, etc...

Aucune recherche précise de cette nature n'a, à ma connaissance, été poursuivie chez les animaux.

Symptômes. — Le malade est frappé à l'étable ou au travail. Brusquement il est pris de tremblements, chancelle et tombe. Presque aussitôt les membres sont agités de secousses cloniques plus ou moins violentes qui se prolongent parfois quelques minutes. Les yeux sont ordinairement pirouettants, la pupille dilatée. Le malade n'entend pas, ne voit pas, est complètement insensible. La respiration est difficile, dyspnéique, le pouls rapide et souvent intermittent. L'attaque se termine ordinairement par des évacuations alvines.

On a signalé que, chez les laitières, il se produisait généralement une modification de composition du lait lui donnant une apparence de colostrum. Ce lait doit être retiré de l'alimentation humaine.

Les crises temporaires et accidentelles, tenant à des intoxications alimentaires, des lésions des oreilles, etc., etc., sont justiciables de traitements appropriés.

Les crises épileptiformes peuvent être à peine ébauchées, bien caractérisées, mais sans aboutir cependant à la chute sur le sol, ou au contraire complètes.

Diagnostic et traitement. — Le diagnostic est généralement facile, le pronostic grave. Quant au traitement, il y a peu à faire s'il s'agit d'épilepsie proprement dite, les lésions nerveuses étant irréparables. Cependant, les antispasmodiques rendent de réels services en éloignant les accès les uns des autres. Le bromure de potassium à la dose de 5 à 10 grammes peut être conseillé pour permettre de conserver les animaux quelques semaines ou quelques mois.

Les malades doivent toujours être réformés à bref délai.

CHORÉE CHEZ LES BOVIDÉS

Sous le nom de chorée, on désigne un état pathologique caractérisé par des contractions spasmodiques involontaires et rythmiques de certains muscles ou groupes de muscles de l'organisme.

Le rythme peut être troublé ou supprimé temporairement sous des influences variées.

Les infections, les intoxications, alimentaires ou autres, semblent être les causes originelles les plus fréquentes des troubles enregistrés (chorée consécutive à la maladie des jeunes chiens); mais fort souvent, surtout en pathologie bovine, le point de départ reste imprécis malgré les causes variées invoquées.

Les *symptômes* sont comparables dans tous les cas, mais parfois fort différents selon les muscles frappés. C'est ainsi que l'on a cité des cas de secousses rythmiques agissant sur les muscles abdominaux, d'un seul côté, s'accompagnant ou non d'inflexion latérale du corps; des cas de localisation au diaphragme (chorée diaphragmatique); de localisation à un seul membre postérieur, de localisation aux muscles d'un côté de la tête, etc.

Le *diagnostic* (myoclonie spasmodique) est facile, mais le diagnostic d'origine reste fort délicat.

Le *pronostic*, fort variable, reste sous la dépendance de la cause d'origine.

Le *traitement* repose sur l'emploi des antispasmodiques : opium, camphre, bromure de potassium, valérianate d'ammoniaque.

Le novarsénobenzol en injections intraveineuses a été employé avec succès, 10 à 15 centigrammes, toutes les semaines, contre la chorée des enfants. On pourrait vraisemblablement recourir à pareille méthode, chez nos animaux, ou à défaut à l'emploi de l'acide arsénieux en nature, puisqu'on estime que l'action des arsénicaux est dans cette affection très supérieure à celle des calmants.

TIC DU LÉCHER
(*Langue serpentine*)

Le tic du lécher chez les animaux de l'espèce bovine est tout différent de la maladie du même nom et doit être considéré comme une véritable névrose. Il consiste dans la manie qu'ont certains animaux, en dehors de la durée des repas et de la rumination, de projeter vigoureusement la langue en dehors de la bouche, sur les côtés des joues, sur le mufle, le menton, etc., et de se lécher ainsi durant des heures. — Il en résulte une salivation exagérée et, avec le temps, de l'amaigrissement.

Deux moyens peuvent être opposés : le premier, lorsque le tic est à son début, consiste à badigeonner tout le pourtour de la bouche et les joues avec une substance très amère, telle que teinture d'aloès, teinture de noix vomique, brou de noix, solution d'acide picrique, goudron, etc. Ce moyen ne réussit pas dans les cas invétérés. Contre ces derniers, l'emploi d'une muselière spéciale seule réussit, à la condition qu'elle soit construite de telle façon qu'elle ne puisse gêner la rumination. C'est le moyen le plus énergique à employer lorsque le tic du lécher s'accompagne de déglutition d'air (tic en l'air) et de météorisation.

TIC DE SUCCION

(Vaches qui se tettent.)

Le tic de succion, c'est-à-dire de vaches laitières qui se tettent elles-mêmes, est assez difficile à interpréter pour ce qui regarde l'origine de cette impulsion morbide, mais il se constate même chez des laitières qui se présentent en excellent état de santé apparente.

Les conséquences économiques au point de vue rendement sont désavantageuses, on le conçoit sans peine.

Les moyens à opposer sont basés sur l'emploi d'un bon régime alimentaire avec addition de sels (chlorure de sodium, phosphate de chaux, etc.) aux rations, et sur l'utilisation de procédés mécaniques s'opposant à la possibilité de la tétée : emploi du collier de bois, de la têtière avec surfaix et bâton, l'emploi de la muselière en dehors des repas.

Des applications amères sur les trayons, aloès, acide picrique, etc., peuvent aussi être utiles.

CLASSE VI
AFFECTIONS DU PÉRITOINE ET DE LA CAVITÉ ABDOMINALE

CHAPITRE PREMIER

PÉRITONITES

Les péritonites, c'est-à-dire les inflammations du péritoine, peuvent atteindre tous nos animaux domestiques. Cependant on doit les considérer comme des affections accidentelles et peu fréquentes. Elles sont dues à des infections d'origine très variable, et, au point de vue clinique, elles se présentent sous deux aspects : les péritonites aiguës et les péritonites chroniques.

PÉRITONITES AIGUËS

Les agents microbiens qui déterminent les péritonites n'ont pas été l'objet de recherches particulières chez nos animaux domestiques; cependant, le colibacille et les streptocoques, que l'on trouve si souvent dans les voies génitales femelles à la suite des parturitions, semblent devoir en être les facteurs les plus fréquents. Des agents de putréfaction sont aussi susceptibles d'agir dans certaines circonstances.

Les actions traumatiques capables d'amener l'infection du péritoine et la péritonite aiguë sont nombreuses :

Toutes les opérations donnant accès dans la cavité péritonéale : castration de la vache, castration de la truie, laparotomie, gastrotomie, entérotomie, peuvent se compliquer de péritonite aiguë, lorsqu'elles n'ont pas été faites d'une façon suffisamment aseptique. La péritonite prend alors généralement la forme septique à marche rapide.

La simple ponction du rumen, si bénigne en général lorsqu'elle est bien faite, peut elle-même se compliquer de péritonite locale ou générale, lorsque des matières échappées du rumen s'insinuent dans la cavité péritonéale.

L'une des causes les plus fréquentes est l'infection d'origine génitale chez les femelles à parturition récente. Ici, les agents d'infection ne sont plus introduits directement dans la cavité, mais ils y passent à la faveur d'un état pathologique de la muqueuse et de la paroi utérine. Ces infections ascendantes et par contiguïté de tissus peuvent ne donner que des péritonites locales; trop souvent encore elles se généralisent.

La péritonite aiguë peut évoluer sous l'influence d'une infection d'origine gastrique ou d'origine intestinale, lorsqu'un corps étranger du rumen ou du réseau perfore les parois de ces viscères et se dirige en arrière vers la grande cavité séreuse, ou lorsqu'une affection intestinale grave (entérite, invagination, ulcération) permet aux agents microbiens de traverser l'épaisseur de l'intestin.

Les abcès du foie, l'échinococcose suppurée, les infections rénales, la pyélo-néphrite, la cystite aiguë, la rupture de la vessie, etc., peuvent de même se compliquer de péritonite aiguë par un mécanisme identique.

Enfin les traumatismes abdominaux déterminant des déchirures interstitielles et des lésions de la séreuse avec épanchement local (coups de pied, coups de corne, coups de timon) peuvent se compliquer, si des agents microbiens sont apportés dans le voisinage de la lésion par l'appareil circulatoire ou par toute autre voie.

Avec des origines aussi différentes, on comprend quelle diversité peut se découvrir dans la qualité des agents d'infection.

Symptômes. — Les symptômes sont vagues, imprécis dès le début, et le diagnostic reste toujours fort délicat les premiers jours, sauf pour les cas où il existe une lésion ou un état antérieur connu, susceptible de se compliquer de péritonite.

Une réaction fébrile notable avec toute ses conséquences : perte d'appétit, inrumination, frissons, constipation, est la manifestation du début; mais cette manifestation ne devient significative qu'avec l'apparition du *péritonisme* et du météorisme qui résulte de l'arrêt du péristaltisme de l'estomac.

Le malade est commé météorisé; il peut même l'être réellement, mais la météorisation du rumen et la distension gazeuse des anses intestinales ne sont pas primitives et ne résultent que de l'arrêt du péristaltisme. Ce qui est primitif, c'est le péritonisme, c'est-à-dire la distension de la cavité du péritoine, qui se traduit par un soulèvement symétrique du flanc droit et du flanc gauche.

Les malades, en proie à des coliques sourdes, des douleurs, prennent dès ce moment une attitude qui exprime la souffrance : ils se tiennent immobiles, le dos voussé, les membres dans la position du rassembler, la paroi abdominale inférieure raccourcie. Le faciès reflète la douleur, la respiration est courte, vite, et présente le type costal. Les déplacements sont pénibles, provoquent des plaintes ; le pincement des reins reste sans effet.

La palpation de l'abdomen est douloureuse, plus en certains points, où elle provoque des mouvements de défense. Cette palpation ne fournit d'ailleurs pas d'autres renseignements, parce que la paroi est rigide, tendue, comme contracturée.

La percussion dénote de la sonorité tympanique dans les zones supérieures droite et gauche, sonorité due à l'accumulation des gaz de fermentation et à la distension de la cavité péritonéale elle-même. Vers les parties inférieures, cette percussion donne de la matité et permet de reconnaître la présence de liquide et de mouvement de flot, surtout à la période d'état et lorsque l'épanchement est notable.

L'auscultation abdominale fait reconnaître l'immobilisation de l'appareil digestif. Il n'y a plus de mouvements péristaltiques, de mouvements de brassage, de roulement, de progression alimentaire intestinale. On ne note que les bruits de fermentation.

Les battements cardiaques sont forts, accélérés et violents, et cependant le pouls reste faible sous une artère tendue.

Plus tard, lorsque la maladie s'aggrave, la douleur devient moins vive, l'abattement est extrême, les malades ne prennent pas même de boissons, la paroi abdominale se relâche, la diarrhée succède à la constipation ; la palpation abdominale est moins douloureuse, n'arrache plus de plaintes, mais le pouls faiblit, s'accélère beaucoup, devient imperceptible, et le malade succombe intoxiqué et épuisé par la fièvre et la douleur.

Lorsque la péritonite est due à une déchirure intestinale, à la pénétration de matières alimentaires du rumen dans la cavité péritonéale (ponction du rumen, gastrotomie, entérotomie), la fièvre n'est pas toujours très accusée. La température peut osciller autour de la normale, ou même tomber au-dessous. Il y a d'ailleurs des formes d'évolution qui s'écartent notablement du type décrit, mais les grands signes se retrouvent toujours, et la différence porte surtout sur la marche de l'affection.

Diagnostic. — Le diagnostic est assez délicat. Lorsqu'il y a des coliques, du péritonisme persistant, de la sensibilité exagérée à la palpation, de l'arrêt fonctionnel de l'appareil digestif, il n'y a guère à hésiter.

Pronostic. — Le pronostic de la péritonite aiguë est très grave.

Lésions. — Les lésions varient avec la nature du point de départ de l'affection (traumatisme, métrite, échinococcose suppurée, corps étrangers d'origine digestive, etc.).

La séreuse pariétale et viscérale est toujours enflammée, vascu-larisée, rugueuse, dépolie et végétante par places. Entre les anses intestinales, et dans les bas-fonds, on trouve des fausses membranes plus ou moins nombreuses, plus ou moins épaisses, présentant les caractères des fausses membranes de la pleurésie aiguë. Ces fausses membranes se forment au début, en vingt-quatre ou quarante-huit heures souvent.

Le liquide est en abondance variable, tantôt de couleur citrine, ou bilieuse, parfois purulent, sanguinolent ou même noirâtre, et à odeur putride.

Dans les péritonites enkystées ou les péritonites généralisées, par corps étranger, le liquide d'épanchement a généralement les caractères de celui des péricardites de même origine : purulent ou sanguinolent et à odeur putride toujours la même.

Les lésions peuvent se montrer plus accusées en un point (utérus, rumen, hypocondre, foie), et les anses intestinales en partie immo-bilisées par les fausses membranes. — Avec le temps, ces fausses membranes deviennent plus solides et peuvent s'organiser.

Traitement. — Le traitement est généralement inutile dans tous les cas où la péritonite est consécutive à des déchirures de vessie, déchirures intestinales, des éventrations. La toilette com-plète et parfaite d'une cavité abdominale souillée est impossible à réaliser chez nos grands animaux.

Pour les autres cas, il faut d'abord l'immobilisation complète des malades et éviter les purgatifs. Les mouvements externes ou les purgatifs, provoquant le péristaltisme, entraînent en effet comme conséquence presque fatale la généralisation d'une lésion qui pou-vait avoir quelque chance de ne donner qu'une péritonite localisée enkystée (pelvi-péritonite, péritonite par corps étranger du rumen ou du réseau). Si les mouvements des anses intestinales brassent les liquides septiques des points lésés, ils inoculent la totalité de la cavité, et il y a péritonite généralisée.

Les boissons émollientes, diurétiques, laudanisées ou opiacées, les barbotages farineux tièdes à la graine de lin ont l'avantage de calmer les coliques et d'empêcher la stagnation alimentaire. Il faut y recourir dès le début, puis donner le minimum possible de four-rages.

La révulsion sur les parois abdominales ne doit pas être négligée, sous la condition qu'elle ne sera pas trop douloureuse et n'entraînera pas de mouvements désordonnés des malades. Les vésicatoires sont préférables aux sinapismes; les cataplasmes sinapisés répétés chaque jour (farine de lin et farine de moutarde) sont aussi avantageux.

Les mercuriaux, si recommandés autrefois, sont totalement dé-laissés; toutefois les diurétiques tels que le bicarbonate de soude, l'azotate de potasse, les excitants tels que l'alcool, l'acétate d'ammoniaque (3 à 4 grammes) trouvent leur indication suivant les circonstances.

Le lavage aseptique du péritoine serait avantageux, mais, chez nos grands malades, il n'est pas pratiquement réalisable, en clientèle surtout.

PÉRITONITES CHRONIQUES

Étiologie. — La péritonite chronique peut être l'une des terminaisons de la péritonite aiguë; elle peut aussi évoluer d'une façon insidieuse lorsqu'elle n'est que la résultante d'une affection des reins (pyélo-néphrite), d'une affection de l'utérus ou des ovaires (métrite chronique, tumeurs des ovaires), d'un état pathologique du foie (échinococcose en voie de suppuration) ou de toute autre lésion de voisinage susceptible d'entretenir une irritation continue (corps étrangers gastriques provoquant de petites perforations et des infections péritonéales locales, abcès multiples enkystés).

On l'observe encore au cours de la tuberculose du péritoine, du cancer généralisé, des affections chroniques de la vessie. Elle est plus rare dans certaines affections chroniques telles que la dysenterie chronique, la lymphadénie.

Lésions. — Les lésions sont caractérisées par de l'épaississement par places du feuillet péritonéal, et des végétations papilliformes nombreuses réparties très irrégulièrement sur le péritoine pariétal, le mésentère, l'épiploon.

Si l'affection remonte à une date éloignée, on peut découvrir des brides fibreuses, des adhérences solides de diverses parties de l'appareil digestif entre elles ou avec les parois abdominales, et parfois une véritable symphyse pariéto-intestinale.

On découvre, d'autre part, les lésions primitives formant point de départ soit sur le foie, soit sur la rate, les reins, les organes génitaux.

Le liquide d'épanchement varie beaucoup comme quantité; il est possible de trouver en abondance un liquide transparent ou citrin analogue à celui de l'ascite. Dans d'autres cas, le liquide est peu abondant, parfois enkysté entre les circonvolutions maintenues adhérentes par un épiploon enflammé.

Ces lésions anciennes provoquent des atrophies viscérales, des rétrécissements intestinaux, parfois de véritables obstructions.

Dans la péritonite chronique tuberculeuse, les adhérences pariéto-intestinales peuvent être énormes; le péritoine est généralement recouvert de véritable grappes de lésions inflammatoires tuberculeuses; les ganglions mésentériques et sous-lombaires sont envahis.

Symptômes. — Les symptômes évoluent sans fièvre marquée, sans altération grave des grandes fonctions; aussi le début insidieux passe-t-il souvent inaperçu. — D'ailleurs, la péritonite chronique peut rester à l'état de péritonite localisée.

Lorsqu'elle se présente avec la forme ascitique, le signe dominant en devient facilement appréciable. Dans les cas où c'est la forme néo-membraneuse qui prédomine, les symptômes sont bien plus vagues, et c'est surtout par les troubles digestifs que l'on peut soupçonner son existence : troubles du péristaltisme, coliques, diarrhée.

Il convient de savoir toutefois que ces troubles succèdent souvent à une phase ascitique qui diparaît progressivement par résorption de l'épanchement. Même dans la forme fibreuse où la masse intestinale est parfois comme immobilisée, le volume de l'abdomen est plus grand, le ventre est déformé comme dans l'ascite.

Avec le temps, les malades atteints de lésions primitives d'un viscère important, frappés dans leur fonction la plus indispensable, la digestion, maigrissent, s'anémient et se cachectisent.

Diagnostic. — Le diagnostic est fort délicat, principalement pour les formes fibreuses, mais la grosse difficulté est de découvrir la lésion primitive qui a pu servir de point de départ à l'évolution de la péritonite chronique.

Pronostic. — Le pronostic est grave; toutefois, il ne faudrait pas le considérer comme fatal dans tous les cas. A la suite d'affections génitales, par exemple, à la suite de péritonites chroniques localisées résultant de traumatismes répétés, mais peu violents, il peut y avoir guérison complète et parfaite.

Par contre, avec les lésions chroniques du foie, des reins, du cœur, avec l'évolution de lésions de tuberculose, de carcinose, on ne peut compter sur une facile guérison.

Traitement. — Le traitement a pour but de combattre l'inflammation chronique, contre laquelle on emploie, lorsque l'indication le comporte, les révulsifs répétés, tels que vésicatoires légers, sinapismes répétés, frictions irritantes à l'essence de térébenthine.

Le régime alimentaire doit être excellent et choisi, complété par l'emploi de diurétiques légers dépourvus d'action irritante, d'excitants généraux et de toniques.

Pour les malades atteints de lésions incurables, il n'y a pas lieu d'insister sur un traitement qui ne pourrait avoir aucun avantage économique.

ASCITE

L'ascite vraie est l'hydropisie du péritoine survenant sans inflammation de cette membrane, en l'absence d'agents infectieux dans le liquide épanché. Ce n'est pas une entité morbide à proprement parler, mais seulement un symptôme commun à plusieurs maladies très complexes.

Étiologie. — Les affections qui peuvent lui donner naissance peuvent être rangées sous cinq séries principales :

1º Les *affections cardiaques* en général, les lésions chroniques du cœur surtout, qui amènent une gêne de la circulation veineuse et la stase prolongée du sang dans un organe ou dans un parenchyme;

2º Les *péricardites par corps étrangers* et les *pseudo-péricardites*, ou lésions de voisinage du cœur, qui déterminent des compressions de cet organe et de ses vaisseaux;

3º D'une façon générale, *toutes les lésions qui opposent un obstacle à la circulation de retour*, et en particulier, celles du foie (distomatose, échinococcose, hépatite interstitielle). Il y a compression de la veine porte ou obstacle circulatoire tout au moins, et l'épanchement est localisé exclusivement à la cavité abdominale; les plans conjonctifs ne sont pas infiltrés;

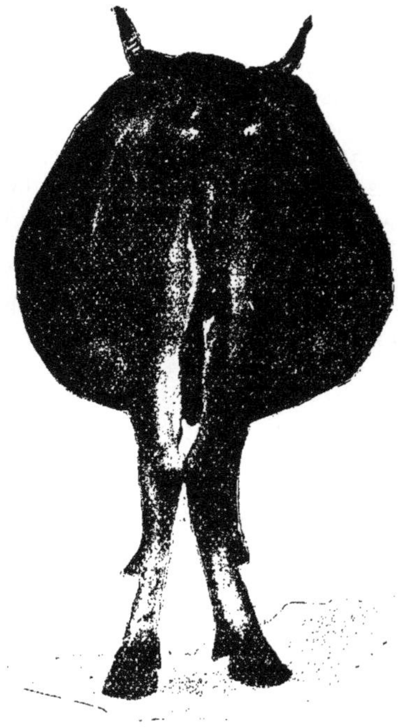

Fig. 214. — Aspect extérieur dans un cas d'ascite (D'après photographie).

4º Les *affections des reins*, néphrites, pyélo-néphrites, qui entraînent secondairement des troubles cardiaques;

5º La *gestation*, qui amène la compression de quelques viscères digestifs, de quelques veines de la cavité pelvienne.

Autrefois, on considérait l'ascite comme une complication de l'anémie et de l'hydroémie; ces deux états morbides en étaient les seuls facteurs étiologiques. On sait aujourd'hui que la cause première de ces trois syndromes (anémie, hydroémie, ascite) réside dans l'évolution d'affections chroniques cachectisantes ou de lésions chroniques du cœur, du foie et du rein, qui s'enchaînent et se provoquent mutuellement.

Sous le rapport de l'anatomie pathologique, on distingue des ascites communes, hémorragiques, bilieuses et chyleuses, selon les caractères du liquide épanché. Toutefois, en dehors de l'ascite commune vraie, les autres formes répondent surtout et bien plus à des péritonites chroniques exsudatives qu'à des ascites pures.

Symptômes. — Dans l'ascite vraie, il n'y a pas de fièvre. L'évolution est lente, insidieuse, passe forcément inaperçue au début. Ce n'est que lorsque l'épanchement liquide est déjà abondant qu'on peut la soupçonner. Les symptômes sont ceux de l'ascite consécutive à la péritonite chronique.

L'épanchement liquide exsudé s'accumule progressivement dans le péritoine et provoque l'élargissement de la cavité abdominale à sa région inférieure. Cet élargissement est symétrique sur l'animal vu de derrière, et malgré la position du rumen. La masse intestinale; flottante sur le liquide se trouve refoulée vers la région lombaire. A la palpation, on a la sensation de réplétion de la cavité péritonéale; suivant la quantité de liquide accumulée, la tension diffère. Cette accumulation de liquide peut devenir considérable, gêner la respiration, la circulation et la marche. Il y a toujours anémie très accusée, extrême pâleur des muqueuses, accélération de la respiration, faiblesse du pouls, toutes conséquences des affections primitives du cœur ou du foie. Par la percussion, on constate de la matité à la partie inférieure; et à gauche cette matité va souvent de la partie la plus déclive à une ligne horizontale réunissant l'angle externe de l'ilium au cercle de l'hypocondre; à droite, elle se présente suivant une ligne horizontale. La percussion et mieux la palpation provoquent un mouvement de flot, une fluctuation ou une ondulation perceptible à la vue ou à la main du côté opposé.

Diagnostic. — En général, il est facile, grâce à la lenteur d'évolution de l'affection.

Pronostic. — Le pronostic est variable suivant les cas, et tout d'abord suivant la débilité plus ou moins grande de l'animal. L'ascite due à la gestation comporte un pronostic plus bénin; si, au contraire, elle est due à la péricardite par corps étranger, à la néphrite, elle entraîne un pronostic très grave, les lésions des reins, en particulier, ayant peu de tendance à guérir. Enfin le pronostic varie lorsque l'ascite suit une altération du foie, car on a vu, dans certains cas exceptionnels, une poussée d'hépatite amener la disparition de l'épanchement.

Lésions. — Les lésions propres de l'état qui nous occupe sont très minimes. On trouve un épanchement de transsudation, sans inflammation du péritoine, mais avec dilatation anormale du réseau veineux de la cavité abdominale. La paroi abdominale est amincie, distendue; les tissus sont décolorés, comme lavés. Un liquide clair, citrin, très albumineux, ne contenant pas de globules sanguins, inonde la cavité.

Traitement. — L'opportunité du traitement varie selon les circonstances, c'est-à-dire selon la cause.

L'ascite de gestation, toujours légère, comporte un traitement simplement hygiénique.

L'ascite se rattachant aux lésions du cœur, aux péricardites, aux affections chroniques du rein ou du foie, est généralement incurable, et ces lésions font d'ordinaire rejeter toute tentative de traitement.

Si, enfin on ne trouve pas de cause nette, ou si l'ascite se rattache à de la péritonite chronique, il y a lieu de traiter. Il faut tout d'abord procéder à l'évacuation du liquide, pour diminuer la compression trop grande du diaphragme, et faciliter la respiration.

A cet effet, on pratique une ponction aseptique avec un trocart de petit calibre du côté droit de l'abdomen, dans la région du flanc, à peu près à égale distance de l'ombilic et du pli du grasset. On favorisera ensuite la résorption du liquide restant à l'aide des diurétiques (digitale, bicarbonate de soude, azotate de potasse, boissons tièdes toniques). On peut aussi recourir aux injections de pilocarpine; répétées, à petites doses.

CHAPITRE II

HERNIES

On donne le nom de hernies aux tumeurs molles résultant de déplacements d'organes ou de viscères en dehors des cavités qui les renferment à l'état normal.

Les hernies sont congénitales ou acquises, suivant qu'elles existent à la naissance, apparaissent dans les jours qui suivent, ou bien qu'elles ne se montrent que tardivement au cours de la vie, sous des influences multiples, parfois accidentelles.

HERNIE OMBILICALE

La hernie ombilicale est moins fréquente chez les jeunes animaux de l'espèce bovine que chez le poulain, et, lorsqu'elle existe, elle guérit parfois spontanément à l'époque du sevrage. Le rumen prend alors tout son développement; les anses intestinales se trouvent déplacées et relevées vers la voûte sous-lombaire droite, la hernie disparaît.

Dans les quelques cas rares où ces hernies ne guérissent pas spontanément, il y a lieu de recourir aux procédés mis en usage si fréquemment pour le poulain; et, dans la quantité des méthodes indiquées, il n'en est que deux qui, d'une façon constante, donnent des résultats.

Avec la première méthode, on s'adresse aux irritants :

Les injections sous-cutanées de chlorure de sodium en solution concentrée *filtrée et stérilisée*, ou les injections de chlorure de zinc à un dixième (quelques gouttes en différents points sur le pourtour du sac herniaire), provoquent un engorgement énorme du tissu conjonctif qui refoule les anses herniées et donne plus tard un tissu de sclérose très résistant empêchant la hernie de se reformer.

Il est indispensable toutefois, pour obtenir ce résultat, d'avoir une asepsie parfaite dans ces injections, car, si des germes sont introduits, il se produit de graves foyers de suppuration au niveau des piqûres. Ces injections sont faites en quatre points opposés dans le tissu sous-cutané autour de la hernie (5 à 10 grammes de solution saline en chaque point pour des animaux déjà âgés, un demi-centimètre cube de solution de chlorure de zinc).

Elles ne s'adressent qu'aux petites hernies contre lesquelles les simples applications de sinapismes peuvent même réussir.

La seconde méthode s'oppose aux hernies plus volumineuses; elle a pour but la suppression du sac herniaire.

La méthode du casseau, la plus simple, est la plus recomman-

Fig. 215. — Hernie ombilicale chez le veau (photographie Leblanc).

dable. Le malade est mis en position dorsale, la réduction est opérée, le sac herniaire est tendu verticalement et le casseau placé aussi haut que possible, après s'être assuré qu'il n'y avait plus d'anse intestinale dans le sac. Il est maintenu en place par un point médian de suture de fixation.

Lorsqu'on se propose, dans d'autres cas, de faire la cure radicale parce qu'il y a des adhérences dans le sac herniaire, on immobilise encore les malades en position dorsale, on ouvre aseptiquement le sac herniaire, on libère les parties adhérentes, on réduit les anses herniées et on fait la suture aseptique de l'anneau herniaire avec de la soie forte après avoir avivé les bords de cicatrice, pour compléter ensuite par une suture cutanée et un pansement

d'ombilic après ablation du sac. Les opérés sont laissés à la diète.
Lorsque l'anneau herniaire est large, et que les lèvres sont très

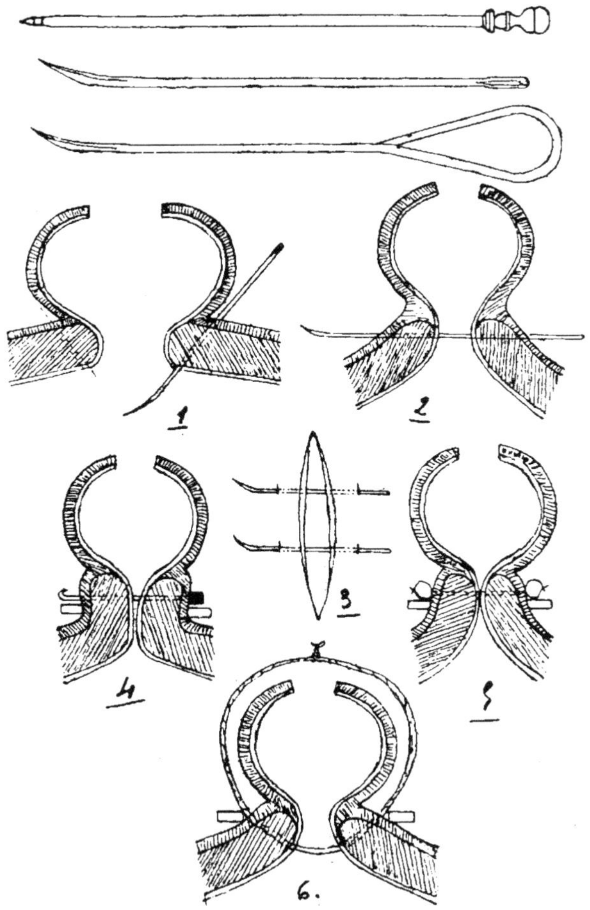

Fig. 216. — Hernie ombilicale. Procédé Degive. 1.2.3.4.
Liénaux 5. Hendricks 6.

écartées, la suture à la soie, même faite avec des points de renforce-
ment, a parfois l'inconvénient de couper les bords de l'anneau et de
ne pas donner le résultat attendu. — On peut alors s'adresser au
procédé Degive, dans lequel on fait encore la réduction des anses

herniées adhérentes ou non, mais, au lieu de fermer par suture, on ferme avec une pince-casseau. Pour arriver à ce but, on implante dans les lèvres de l'anneau, au point où la constitution anatomique est complète (peau, paroi, musculaire plan séreux), et non dans les parois du sac herniaire, une ou deux aiguilles plates à pointe légèrement courbe; on soulève la paroi abdominale, et, au-dessus de ces aiguilles, on applique la pince-casseau, que l'on empêche de tomber à l'aide de clous à ferrer mis à la place des aiguilles. Une ceinture abdominale est fixée aux extrémités de la pince.

Liénaux (1914) recommande de remplacer les aiguilles par des fils de fer amarrés d'un côté sur un cylindre de bois léger et mis en place à l'aide d'un petit trocart. Il devient alors beaucoup plus facile de soulever la paroi abdominale et d'appliquer la pince-casseau.

Cette méthode n'est pas applicable chez les petites espèces.

HERNIES ABDOMINALES

Elles sont de deux sortes : 1° traumatiques, lorsqu'elles sont consécutives à des coups, des choses divers; 2° spontanées, lorsqu'elles se produisent d'elles-mêmes, sans l'intervention d'aucune cause extérieure.

Les *hernies traumatiques*, qui constituent le premier groupe, peuvent exister sur un point quelconque de l'étendue de la paroi abdominale. Sous l'influence d'un traumatisme un peu violent, d'un coup de timon, d'un coup de corne, d'un coup de pied, d'une chute, la paroi abdominale est lésée dans sa tunique musculaire seulement, qui se fissure dans le sens des fibres; le péritoine n'est que rarement atteint. Refoulé par les viscères digestifs, ce péritoine fait saillie dans la plaie musculaire, l'agrandit, décolle les plans conjonctifs sous-cutanés et vient constituer définitivement une hernie.

Suivant les régions, les désordres consécutifs sont plus ou moins accusés et les lésions variables.

Dans la région inférieure, la fissure de la paroi abdominale intéresse les muscles grand droit, grand oblique, petit oblique et transverse de l'abdomen; elle ne peut donner naissance qu'à des hernies de la caillette et de l'intestin grêle à droite, du rumen à gauche. Dans les régions latérales, les fissures musculaires ne portent que sur les muscles transverses, grand et petit obliques. La hernie du rumen est rare sur la partie latérale gauche; celle de l'intestin s'établit plus facilement à droite.

Dans tous les cas, il faut toujours, dès que l'on soupçonne une hernie, rechercher l'orifice herniaire, et, par sa situation, on diagnostiquera assez facilement l'organe hernié.

Le second groupe est représenté par les *hernies spontanées*, assez rares chez nos animaux domestiques. Elles ne se produisent que sur les sujets âgés. On a invoqué diverses raisons pour expliquer leur formation. — Pour certains, on ne les observerait que sur les vieilles femelles qui ont eu un grand nombre de gestations, ces états physiologiques répétés déterminant un allongement, un relâchement des fibres musculaires sous l'influence du poids du

Fig. 217. — Hernie spontanée progressive, chez une vache âgée, par altération de la tunique et de la paroi abdominale.

fœtus et de ses enveloppes. Avec le temps, les parois abdominales resteraient émaciées, s'amincissant progressivement sous le poids des viscères et permettant ainsi la formation lente d'une hernie. — Pour d'autres praticiens, dans quelques cas on ne devrait imputer ces hernies spontanées qu'à la seule influence du poids des viscères digestifs, chez les individus gros mangeurs, par exemple, lorsque les viscères détermineraient, comme précédemment, l'anémie et l'émaciation des muscles abdominaux.

Ces hernies spontanées ventrales sont dues, en réalité, à des troubles nutritifs de la paroi, dont il est difficile de préciser la cause; la tunique élastique s'atrophie et ne joue plus son rôle de sangle automatique; la paroi musculaire se sclérose progressivement depuis la ligne blanche vers les parties latérales; et, n'ayant plus aucune élasticité, elle se laisse distendre et amincir.

Ces altérations ne sont pas le privilège exclusif de la vieillesse on les rencontre même chez les jeunes animaux touchés par l'hérédité.

Contre ces hernies spontanées, il n'y a économiquement rien à faire, on ne peut pas rendre à la paroi une vitalité qu'elle a perdue. il n'y a qu'à se servir de sangles ventrales de soutènement et à chercher une destination pour ces infirmes.

HERNIE DU RUMEN

Étiologie. — La hernie du rumen est presque toujours d'origine traumatique. Elle se produit toujours dans le flanc gauche, soit à la partie inférieure, soit à la partie moyenne.

On a signalé des hernies spontanées du rumen survenant sur les

Fig. 218. — Hernie du rumen (D'après photographie).
Chute du rumen dans une fissure médiane de la paroi abdominale.

animaux très vieux, anémiés, sur les femelles qui ont eu de nombreuses gestations et qui ont des hernies spontanées progressives de l'utérus.

Symptômes. — Les symptômes sont les mêmes pour toutes les hernies. — Immédiatement après l'accident, les organes abdominaux ont de la tendance à s'échapper du côté où la résistance est moindre; un pli du rumen s'insinue par la fissure musculaire, et bientôt il y a une tuméfaction visible à l'extérieur, une déformation du contour abdominal. Le plus souvent, on peut à ce moment enregistrer à la surface de la peau les traces du traumatisme lui-même, soit la trace linéaire d'un coup de corne, soit la lésion mal circonscrite d'un coup de pied. Puis on voit se produire un gonflement rapide. Ce gonflement est le résultat d'une réaction inflammatoire due aux ruptures vasculaires intramusculaires; il se produit de l'épanchement sanguin, de l'engorgement œdémateux qui, au début, pourrait porter à confondre avec un abcès de la paroi abdominale. En même temps, on enregistre une fièvre de réaction, laquelle dure peu, quelques jours seulement. Mais cet engorgement ne persiste pas très longtemps, il se résorbe au bout de deux ou trois jours aussi, en commençant par la région supérieure et continuant progressivement de haut en bas.

Dès lors, la hernie seule persiste.

Elle est molle, dépressible, quelquefois réductible. Par la palpation, on sent une déchirure portant sur la tunique et la paroi abdominale, parfois même sur la musculeuse du rumen, alors que la peau n'est ni perforée, ni déchirée; il est rare que la muqueuse de la panse soit rupturée.

Que le péritoine soit lésé ou non, le rumen fait pression entre les lèvres de la plaie, refoule la peau et décolle le tissu conjonctif, d'où une irritation locale et de l'engorgement œdémateux. Le rumen peut contracter des adhérences plus ou moins intimes avec la paroi abdominale et même avec les tissus sous-cutanés.

Plus tard, après résorption de l'épanchement, la palpation donne des sensations différentes de celles du début. La masse est uniformément fluctuante ou semi-fluctuante, entourée à sa base par un anneau induré de dimensions très variables.

Fig. 219. — Hernie spontanée progressive abdominale par trouble trophique de la paroi abdominale.

Un dernier signe mérite d'attirer l'attention, malgré son inconstance, c'est le changement de volume de la hernie à différents moments, et surtout durant les repas. Cette modification de volume n'apparaît que si l'orifice herniaire est large.

S'il s'agit d'une hernie spontanée du rumen, elle ne se manifeste pas d'emblée du premier coup; elle est toujours spontanée, progressive, et située dans la région abdominale inférieure. On la voit augmenter de volume de jour en jour, de semaine en semaine, en même temps que les bêtes perdent l'appétit et maigrissent. Avec les hernies spontanées, il n'y a jamais d'épanchement, jamais d'engorgement, jamais de fièvre ni de traces de traumatismes.

Les hernies, lorsqu'elles sont peu accusées, ne sont pas incompatibles avec la vie, ce qui fait que les propriétaires ne s'occupent même pas de leurs malades; elles peuvent atteindre, dans les hernies progressives, des dimensions considérables; on connaît des cas dans lesquels les ouvertures du sac herniaire étaient les suivantes : 33 centimètres de long et 45 de large, 70 centimètres de long et 62 de large; c'est le maximum, semble-t-il, de ce qu'on peut observer.

Complications. — Elles ne sont pas graves d'habitude. Si la hernie est peu accusée, le fonctionnement du rumen est peu entravé ses contractions s'effectuent. Si le traumatisme a provoqué la déchirure de la musculeuse du rumen, et si la muqueuse s'est engagée dans l'ouverture, elle peut se trouver étranglée et se gangrener.

Si enfin la muqueuse a été déchirée en même temps que la musculeuse, ce qui est exceptionnel, il y a écoulement de matières alimentaires dans le tissu conjonctif sous-cutané, phlegmon consécutif et mort par infection, ou suppuration et ouverture au dehors avec fistule persistante; ou bien encore péritonite septique et mort.

Le même danger peut se produire lorsque la hernie est dans une région très déclive; la stagnation alimentaire s'y établit, provoque de l'irritation locale, de l'inflammation, parfois l'abcédation à l'extérieur avec fistule constituée du rumen.

Fig. 220. — Hernie spontanée progressive du rumen.

La fistule gastrique, sans autre complication secondaire, est compatible avec la vie et permet même l'engraissement pour la boucherie lorsque la séreuse du rumen se soude à la séreuse péritonéale au pourtour de la perforation. Il persiste un manchon induré autour de la fistule.

Lésions. — Les lésions sont les mêmes pour toutes les hernies. Elles sont représentées primitivement par une déchirure de la paroi abdominale, plus tard par une infiltration séro-sanguinolente des bords de la plaie, analogue à celle qui accompagne les abcès chauds. La tumeur herniaire est de volume très variable : en dehors des dimensions exceptionnelles signalées plus haut, elle peut avoir quelques centimètres seulement de diamètre, être de la grosseur d'un œuf ou du poing.

Lorsque la déchirure a porté seulement sur la tunique abdominale, ce qui est le cas le plus fréquent, le péritoine est refoulé en dehors et forme une cavité, le sac herniaire. Ce sac fait défaut quand le péritoine a été déchiré. Petit à petit, le tissu conjonctif périphérique s'organise pour former un sac herniaire pseudo-séreux. Mais, quelquefois même, on trouve directement sous la peau la muqueuse du rumen congestionnée, sur le point de se mortifier.

Diagnostic. — Facile dans tous les cas.

Pronostic. — Très variable. Il n'est pas très grave pour les hernies de petit volume situées dans les régions latérales. Si, au contraire, la déchirure est large ou porte sur la région inférieure, en position déclive, la tumeur herniaire augmente progressivement par le poids des aliments qui y sont refoulés par les contractions du reste du rumen, et la guérison est impossible. On n'a que la ressource d'engraisser au plus vite pour la boucherie.

HERNIE DE LA CAILLETTE

Étiologie. — Elle se produit sous l'influence des mêmes causes que la précédente, sous l'influence des traumatismes. Cette hernie se voit peu chez l'adulte; on la rencontre bien plus souvent chez les jeunes, chez les veaux à la mamelle où la caillette est le réservoir digestif le plus développé.

La hernie de la caillette reconnaît comme cause déterminante essentielle et presque exclusive les coups de corne que les veaux reçoivent en voulant téter une vache autre que leur mère.

Symptômes. — La hernie de la caillette occupe une position constante, dans la région inférieure du flanc droit, ou mieux dans l'espace compris entre la ligne blanche et la partie inférieure du cercle de l'hypocondre.

Les symptômes immédiats sont comparables à ceux de la hernie du rumen : gonflement progressif, bourrelet œdémateux périphérique, épanchement séro-sanguinolent interstitiel, qui se résorbe après quelques jours; enfin, partie herniaire seule qui correspond ordinairement à la grande courbure de l'organe, laquelle est en contact direct avec la paroi abdominale.

Lésions. — Ce sont les lésions ordinaires des hernies; généralement, on voit une plaie dont les bords sont plus ou moins cicatrisés, une écorchure ou une éraillure.

Diagnostic. — Le diagnostic est facile, chez les veaux surtout; on devra toujours y songer, en présence de lésions de la zone préombilicale droite. — Les abcès de la paroi abdominale inférieure peuvent siéger à l'ombilic ou dans les parties avoisinantes; ils sont consécutifs à l'omphalite, à la phlébite ombilicale; on en fera toujours facilement le diagnostic différentiel.

Besnoit a signalé la confusion possible des hernies abdominales avec les grands kystes séreux sous-cutanés de la même région. Un examen attentif, la recherche de l'orifice herniaire, la présence de borborygmes et, au besoin, la ponction exploratrice permettront toujours la distinction.

Pronostic. — Il est plus grave que pour la hernie du rumen, car le déplacement de la caillette entrave son fonctionnement régulier. Le pronostic varie cependant suivant les dimensions de la hernie. Si la déchirure est petite, en raison de la disposition longitudinale de la caillette, il y a des chances pour que cet organe s'engage peu dans la fissure. Si, au contraire, la déchirure a de grandes dimensions, le pronostic est très sérieux. Il est parfois utile de sacrifier les animaux pour la boucherie s'ils sont en bon état de graisse; sinon, il faut opérer.

HERNIE DE L'INTESTIN

Étiologie. — La hernie de l'intestin reconnaît exactement les mêmes causes que la hernie du rumen : les traumatismes qui ne

Fig. 221. — Hernie de l'intestin, à gauche.

font à la peau que des lésions sans importance, mais qui peuvent intéresser les parois abdominales et l'intestin lui-même.

Symptômes. — Cette hernie est localisée dans le flanc droit, à la zone inférieure ou à la zone latérale; plus rarement on la voit à gauche, vers le fuyant du flanc, dans la zone du grasset, l'intestin grêle s'insinuant alors sous la partie postérieure du rumen.

Les symptômes présentent quelques particularités : l'anse intestinale, engagée dans la solution de continuité, se distend par l'accumulation de matières alimentaires semi-liquides, et, agissant par son propre poids, elle provoque la formation d'un sac herniaire à développement progressif. La peau étant très mobile et le tissu conjonctif sous-cutané très lâche, le décollement est facile. Lorsque les phénomènes inflammatoires sont disparus, on constate l'existence d'une tumeur sous-cutanée toujours dépressible dans toute son étendue, facilement réductible avec production de borborygmes ou de gargouillement. La réduction est plus facile en position décubitale latérale gauche, ou en position dorsale.

Complications. — L'étranglement de l'intestin grêle est la complication redoutable de cette hernie; elle est très grave. L'étranglement est fréquent lorsque la déchirure siège un peu haut, latéralement, parce que les anses intestinales ont de la tendance à descendre en décollant la peau sous l'influence du poids des matières qu'elles contiennent. La circulation alimentaire se fait mal dans l'anse herniée; l'engouement herniaire, le premier stade de la hernie étranglée, se trouve rapidement réalisé. Les matières alimentaires entrent en fermentation; des gaz putrides se dégagent et distendent le sac herniaire, compriment les vaisseaux, d'où arrêt de la circulation et gangrène.

On note, à cette période, du gargouillement et de la sonorité tympanique, puis tous les symptômes de l'étranglement intestinal : coliques très intenses qui disparaissent brusquement dès l'instant où l'intestin est mortifié, inappétence absolue, cessation de la rumination, constipation, absence complète de défécation, météorisme et péritonite.

Diagnostic. — Il est facile, d'après le mode d'apparition des symptômes, les caractères de la tumeur mollasse, facile à déprimer et qu'on peut faire disparaître par le taxis. — On peut hésiter parfois pour savoir si on a affaire à une collection séreuse, mais la facilité de la réduction ou la ponction capillaire lèvent les doutes.

Pronostic. — Il est toujours grave, en raison des complications possibles d'étranglement de l'anse herniée. Quand la hernie est chronique, la réduction est bien plus laborieuse, car alors il s'est établi des adhérences entre l'intestin et le sac herniaire.

TRAITEMENT DES HERNIES

Les essais ont été nombreux dans le traitement des hernies abdominales des bovidés.

On a recommandé les applications irritantes et vésicantes sur la région, dans le but de provoquer par un engorgement considérable du tissu conjonctif sous-cutané le refoulement et le maintien de la masse herniée dans ses rapports normaux.

Un des médicaments les plus employés dans le passé, fut l'acide azotique à 36° Baumé, en applications sur la peau; une ou deux applications, à dix jours d'intervalle. Manœuvré avec habileté, il donne de bons résultats pour les hernies ombilicales, mais ses effets semblent plus incertains pour les hernies ventrales. — Il provoque la mortification lente de la peau, un engorgement sous-cutané abondant et la formation d'une escarre qui se délimite après une quinzaine.

On a recommandé aussi la pommade au chromate jaune de potasse au huitième, en faisant deux ou trois frictions à huit ou dix jours d'intervalle. L'emploi en est fort dangereux.

La méthode des bandages avec pansements divers sur place a eu, elle aussi, son temps de vogue. Serres employait les bandages simples à pelotes analogues à ceux qui servent chez l'homme pour remédier aux hernies inguinales ou crurales; ces bandages portent un renflement qu'on dispose en regard de l'ouverture herniaire, mais ils ne constituent qu'un palliatif et non un moyen curatif : ils permettent seulement de conserver les animaux quelque temps pour les engraisser.

On peut encore, après réduction de la hernie, employer les pansements avec des bandes imprégnées de poix, en ayant soin que le pansement dépasse de beaucoup les limites de l'orifice herniaire; on applique plusieurs couches successives de bandes superposées et croisées en différents sens; pour donner encore plus de solidité, on peut coller sur les étoupades une plaque de carton solide. Ce moyen ne réussit que si la tumeur est de petites dimensions et non située en position déclive.

Quelques praticiens accordent la préférence aux bandages à la toile après réduction. La bande a de 10 à 15 mètres de longueur, et sa largeur doit toujours être supérieure aux dimensions de l'orifice herniaire. Ces bandages sont faciles à appliquer chez les veaux, qui ont un corps régulier; mais chez les adultes, qui ont un corps ovoïde, ils sont défectueux, tendent à glisser en avant ou en arrière.

Tous ces moyens ne sont que des palliatifs de valeur diverse, généralement bien faible; on ne peut prétendre arriver ainsi à la guérison, mais ils suffisent pour une conservation temporaire des blessés, en vue d'une destination déterminée.

Le seul traitement rationnel et radical est l'opération chirurgicale. Elle est nettement indiquée dans les cas de hernie récente et de petit volume; plus tard, lorsque des adhérences fibreuses soudent les organes entre eux et rendent la réduction très difficile, l'intervention demande réflexion. D'autre part, elle peut être parfois assez grave et ne doit être économiquement tentée que sur les animaux reproducteurs de valeur, ou sur ceux qui ne peuvent être livrés à la boucherie.

On couche l'animal à jeun sur le côté opposé à la hernie, à droite, sur le dos, ou à gauche, suivant les cas; on désinfecte le champ opératoire et on opère aseptiquement. La peau est incisée sur la tumeur, on reconnaît les limites de l'orifice herniaire, puis on isole le sac. On l'incise ensuite avec précaution, on détruit les adhérences s'il en existe, et on réduit les parties herniées. Il ne reste plus alors qu'à suturer la plaie à la soie ou au catgut en affrontant les lèvres de la fissure de la paroi abdominale. On termine par une suture solide de la peau et l'application d'un bandage de soutènement constituant une véritable sangle très large et bien serrée.

Si la hernie est ancienne, si elle n'est pas réductible en raison d'adhérences nombreuses, on peut quand même tenter l'opération. Il faut alors faire au préalable une incision plus grande de quelques centimètres, détruire toutes ces adhérences et aviver les bords de l'orifice pour assurer la cicatrisation.

Dans les jours qui suivront l'opération, on donnera aux opérés un régime diététique, et particulièrement un régime blanc, rafraîchissant. Mais il ne faut pas oublier que c'est toujours une intervention grave, susceptible de se compliquer d'éventration chez nos animaux, parce qu'on ne peut limiter leurs mouvements dès qu'ils sont libres.

HERNIES DIAPHRAGMATIQUES

On donne le nom de hernies diaphragmatiques au déplacement des viscères abdominaux vers la cavité thoracique. Ce déplacement peut être congénital, acquis ou accidentel. Lorsque le déplacement se fait vers la cavité thoracique, entre les feuillets du médiastin postérieur, on qualifie la hernie de médiastinale.

Les hernies accidentelles sont d'origine traumatique et reconnaissent souvent pour causes les fractures de côtes qui perforent ou déchirent le diaphragme. La hernie est alors franchement diaphragmatique.

Les hernies congénitales ou acquises sont plus souvent médiastinales; elles se produisent exactement sur le plan médian, par fissure du diaphragme au-dessus de l'appendice xiphoïde, et écartement ultérieur des feuillets du médiastin postérieur.

La région rétro-diaphragmatique se trouvant occupée chez le bœuf par de gros viscères (convexités antérieures du rumen, réseau, feuillet et foie), la hernie diaphragmatique ou médiastinale est loin de représenter un accident fréquent; néanmoins, il est possible parfois de la diagnostiquer, ou tout au moins de la supposer.

Étiologie. — L'étiologie des hernies diaphragmatique et médiastinale est liée aux traumas portant sur l'hypocondre, aux arrêts de développement du diaphragme, aux fissurations verticales accidentelles consécutives aux gestations, aux météorisations aiguës.

La fissure se produit de préférence de la région œsophagienne à l'appendice xiphoïde du sternum, et donne alors, pour les cas que j'ai pu observer tout au moins, des hernies médiastinales, c'est-à-dire diaphragmatiques médianes.

Comme, d'autre part, le rumen, en raison de ses dimensions, de

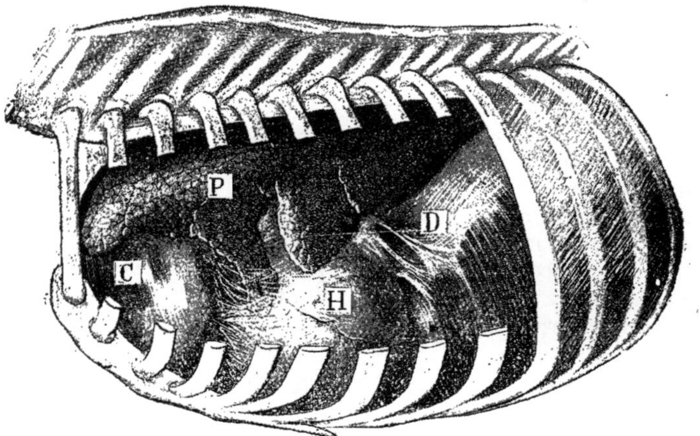

Fig. 222. — Hernie diaphragmatique intramédiastinale (vue en place à gauche). — P, poumon; C, cœur (déplacé et redressé); D, diaphragme; H, masse herniaire.

sa forme et de sa position, ne peut se déplacer, c'est de préférence le réseau et le feuillet qui s'engagent dans le thorax.

Symptômes. — Lors de hernie diaphragmatique vraie accidentelle, le déplacement viscéral ne se produit qu'à droite. Les troubles sont immédiats. L'irruption du foie, du feuillet ou du réseau dans le sac pleural droit comprime le poumon, détermine des accès de suffocation, de l'accélération respiratoire plus ou moins intense et de l'accélération cardiaque.

A la percussion, il est possible de ne pas trouver de gros changements; mais, à l'auscultation, on perçoit nettement des bruits digestifs dans le thorax.

Les troubles n'ont absolument rien de précis; ils peuvent être très intenses ou, au contraire, peu marqués, accompagnés ou non de coliques.

Lors de hernie médiastinale (fig. 222), il semble que les choses se passent avec plus de lenteur et que le déplacement des viscères ne se fasse que progressivement.

Il n'y a pas d'accidents brusques, pas de troubles bien tangibles, mais simplement des troubles digestifs, de la perte d'appétit, de l'inrumination, de l'indigestion par surcharge légère, de la météorisation modérée.

Il s'agit, en réalité, de difficultés matérielles dans le cours alimen-

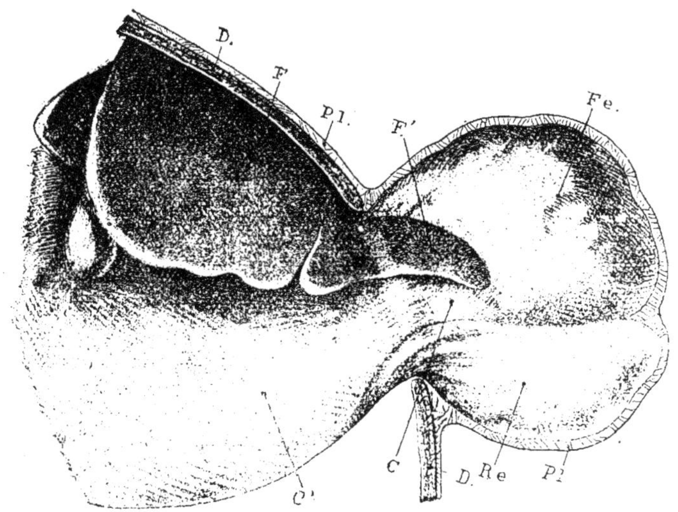

Fig. 223. — Schéma de la position des organes dans la hernie intramédiastinale représentée précédemment. — D, diaphragme; F,F', foie; Pl, plèvres; Fe, feuillet; Re, réseau; C, caillette.

taire, le déplacement du réseau et du feuillet entraînant des modifications dans le mécanisme de la rumination et de la déglutition.

Très souvent cet état persiste des semaines, stationnaire ou avec aggravation progressive, et l'on est alors tenté de porter le diagnostic gastro-entérite chronique, dyspepsie motrice ou indigestion chronique.

En réalité, le diagnostic est exact; mais ici l'atonie du rumen n'est pas primitive, elle a une origine mécanique.

Un fait qui est constant, qui pourrait faire croire à de l'indigestion par surcharge, et qui se trouve dans la gastrite ulcéreuse, c'est l'apparition d'une stase alimentaire progressive dans la cavité du rumen.

Lorsqu'on suit les malades pendant quelque temps, on voit cette stase s'aggraver chaque jour; dès lors, l'interprétation en devient plus facile.

Les malades atteints de hernie médiastinale s'alimentent mal, maigrissent et succombent cachectiques.

Lésions. — Les lésions peuvent être extrêmement variées.

Dans la hernie diaphragmatique accidentelle (hernie pectorale), elles se bornent à la déchirure du diaphragme, parfois du foie, et des altérations du feuillet ou du réseau.

Dans la hernie intramédiastinale, les feuillets du médiastin forment un vrai sac herniaire; si la lésion est ancienne, les viscères engagés peuvent s'y trouver soudés, comprimés, partiellement étranglés.

Diagnostic. — Le diagnostic est fort délicat; pour la hernie médiastinale tout au moins, il ne pourrait être établi que par exclusion. Le symptôme de plus grande valeur est celui de la stase alimentaire progressive dans le rumen, capable de faire supposer l'existence d'un obstacle au cours alimentaire normal.

On peut aussi relever des symptômes de compression cardiaque simulant une pseudo-péricardite.

Pronostic. — Le pronostic est extrêmement grave, parce qu'on ne peut pas, économiquement, intervenir pour un déplacement intra-thoracique de viscères.

Traitement. — Théoriquement il conviendrait de pratiquer une laparotomie médiane très longue, de ramener les organes déplacés dans l'abdomen, de suturer le diaphragme fissuré et de fixer de la même façon les organes déplacés. Ce serait sans intérêt vraiment utilitaire. Il n'y a pas de réduction, pas d'intervention à tenter. L'essentiel est de bien préciser le diagnostic pour justifier l'abatage des malades à temps.

HERNIE PELVIENNE

On donne assez improprement le nom de hernie pelvienne à l'accident d'étranglement intestinal dans une fissure du *méso-déférent* à l'entrée de la cavité pelvienne. L'accident n'est possible que chez les mâles. Il se produit à la faveur d'une déchirure du ligament de soutien du canal déférent au cours de la castration des jeunes taureaux par torsion, bistournage et surtout arrachement.

Comme l'entrée du bassin est occupée par le rumen à gauche, la hernie pelvienne, qui n'est autre chose qu'un étranglement intestinal, n'est guère possible qu'à droite et siège presque toujours à droite.

Symptômes. — Les symptômes sont représentés par des coliques qui débutent brusquement, prennent un caractère d'intensité très accentué et se terminent brusquement lorsque la gangrène de la partie étranglée est confirmée; symptômes de l'invagination.

Il n'y a pas de signe apparent de hernie, puisqu'en réalité il s'agit d'un étranglement pelvien.

Diagnostic. — Le sexe du malade et la marche des coliques doivent toujours faire penser à la possibilité de l'étranglement.

Pour préciser le diagnostic, il faut pratiquer l'exploration rectale avec la main gauche et rechercher la lésion à l'entrée droite du bassin. L'anse intestinale étranglée donne la sensation d'un boudin.

Pronostic. — Le pronostic est très grave, les malades succombent comme dans tous les cas d'étranglement intestinal.

Traitement. — Le diagnostic étant bien précisé, il est évident que l'intervention la plus logique consisterait à ouvrir le flanc droit et à débrider l'anneau d'étranglement.

Cette intervention nécessite des précautions telles que l'on s'adresse plus souvent à des moyens moins radicaux, qui, il faut le reconnaître, réussissent parfois.

Le plus simple est le suivant :

Le patient est placé sur une pente très raide qu'on lui fait parcourir plusieurs fois si c'est nécessaire.

En plan incliné, la masse intestinale a de la tendance à tomber vers le diaphragme; l'anse enserrée est tirée en bas et en avant, et il se peut qu'il se produise un déplacement salutaire si l'étranglement n'est pas trop prononcé. — C'est, en somme, un taxis naturel et spontané.

La suspension par les jarrets serait tout aussi indiquée.

Un second moyen consiste à pratiquer le taxis direct à la main; voici comment :

En engageant la main gauche dans le rectum, on cherche, au travers de la paroi rectale, à soulever le cordon avec les doigts, pendant qu'un aide fait fléchir brutalement les reins du malade.

L'effet est identique à celui de la descente en pente raide; le dégagement de la partie étranglée est facilité par l'action des doigts, à la condition qu'il n'y ait pas d'adhérences anormales, auquel cas la manœuvre échoue.

Desaintmartin recommande les interventions suivantes :

Engager la main en coin sous le cordon dans la partie la plus proche du canal inguinal et rupturer les adhérences du cordon en poussant la main en avant; ou encore :

Charger, au travers du rectum, le cordon sur l'index gauche au-dessous de l'intestin enserré, le maintenir avec les autres doigts et faire exercer en même temps une traction brusque et verticale sur le fond des bourses. — Les adhérences de castration se déchirent, le cordon remonte et l'intestin est libéré.

ÉVENTRATION

L'éventration rentre dans le même groupe de lésions que les hernies; elle n'en est qu'un degré plus accusé. Elle en diffère seulement en ce que la paroi abdominale, dans sa totalité, est lésée : la peau, les muscles, le péritoine sont déchirés, et les organes digestifs apparaissent directement au dehors.

On donne encore le nom d'éventration à des hernies abdominales sous-cutanées énormes, dans lesquelles la paroi séro-musculeuse est lésée sur une longue étendue; les viscères se déplacent, décollent les plans conjonctifs sous-cutanés et déforment totalement le profil de l'abdomen (fig. 218).

Étiologie. — La cause est toujours la même : l'action sur la paroi abdominale d'un traumatisme grave amenant la perforation large de cette paroi : coups de corne, chutes sur des corps acérés tranchants ou piquants.

Symptômes. — Les symptômes sont très accusés dès la production de l'accident. On voit apparaître au dehors soit le rumen, soit la caillette, soit l'intestin, sous un volume variable; le plus souvent, c'est l'intestin grêle qui se déplace, étant le plus mobile des viscères abdominaux. — Dès leur déplacement, ces organes ne sont pas altérés; mais, avec le temps, ils se dessèchent au contact de l'air, s'infectent, se souillent, se congestionnent, s'épaississent, se déchirent ou se gangrènent. L'évolution successive de ces troubles provoque l'apparition de coliques graves; violentes, accompagnées d'efforts expulsifs, de chutes sur le sol, de déchirure du mésentère, de déchirure des intestins, et quelquefois de mort rapide par la douleur.

Diagnostic. — Pronostic. — Le diagnostic s'impose.

Le pronostic est toujours très grave; cependant, cette gravité est en rapport avec l'état des viscères.

Traitement. — Il est souvent inutile de tenter quoi que ce soit; l'abatage pour la boucherie, si l'animal en vaut la peine, est généralement la meilleure opération économique.

Si l'accident est tout récent, que les viscères soient peu lésés, on peut intervenir chirurgicalement. A cet effet, on pratique la réduction des organes herniés après une désinfection aussi complète que possible par d'abondants lavages tièdes à l'eau bouillie, à l'eau salée physiologique, ou avec des solutions antiseptiques faibles, pour éviter la complication de péritonite.

La suture totale de la paroi abdominale complète l'opération. Cette suture doit comprendre deux plans : un plan musculo-séreux au catgut chromé ou tanné ou mieux à la soie, et un plan cutané très solide. Pour éviter la rupture des sutures et les soulager, on entourera l'abdomen d'un bandage-sangle en toile, large et bien serré.

FISTULES DE L'APPAREIL DIGESTIF

D'origine accidentelle, les fistules de l'appareil digestif n'offrent que fort peu d'intérêt pratique. Elles exigent en effet, la plupart du temps, des interventions trop délicates et une durée de traite-

Fig. 224. — Fistule du rumen par abcès de la paroi abdominale.

ment beaucoup trop longue pour qu'il y ait lieu d'y insister. — Il suffit de reconnaître leur existence et leur origine pour savoir quelle ligne de conduite il faut suivre.

Ces fistules se groupent en deux séries : fistules gastriques et fistules intestinales. Les fistules gastriques comprennent des fistules du rumen, du réseau et de la caillette. Elles peuvent avoir une origine externe; mais, dans la très grande majorité des cas, elles sont déterminées par des corps étrangers déglutis accidentellement et éliminés à la faveur d'un abcès des parois abdominales. Leur situation et leur direction permettent d'en faire le diagnostic d'origine (fistules du rumen à gauche, du réseau vers l'appendice xiphoïde et la ligne médiane, de la caillette à droite et vers la ligne médiane) et, dans les cas d'hésitation, l'analyse chimique du liquide qui s'en écoule : la seule recherche de l'acidité lève tous les doutes.

Les fistules du rumen et du réseau, fort difficiles à obturer en raison de leur situation déclive, pourraient, à la rigueur, être traitées avec chances de succès. — Celles de la caillette, au contraire, n'ont

que de la tendance à l'agrandissement, et toute intervention sanglante favorise encore l'action destructive du suc gastrique. Il y a
intérêt économique à ne pas traiter.

Les fistules de la seconde série comprennent toutes les fistules
intestinales. Elles sont ou accidentelles ou artificielles; leur gravité
est moindre que celle des fistules gastriques, parce qu'elles n'ont
que très exceptionnellement une position tout à fait déclive. —
Elles peuvent, avec le temps, s'obturer spontanément, ou simplement à l'aide d'une intervention qui facilite le rétablissement régulier du cours alimentaire.

CLASSE VII

ORGANES GÉNITO-URINAIRES

MALADIES DE L'APPAREIL URINAIRE

Sémiologie. — L'appareil urinaire comprend des organes de sécrétion : les reins, et des organes d'excrétion : uretères, vessie, urètre.

Un examen méthodique de l'appareil urinaire comporte, pour être fructueux :

1º L'exploration des organes externes : fourreau, verge, urètre chez le mâle; vulve, méat, urètre chez la femelle;

2º L'exploration des organes internes : vessie, uretères et reins dans l'un et l'autre sexe.

Pour pratiquer l'exploration externe, on commencera par assujettir convenablement les animaux en leur fixant la tête et en les entravant des membres postérieurs. Au besoin, s'ils sont indociles, on les immobilisera le long d'un mur.

L'exploration externe comprend deux moyens : l'inspection et la palpation, qui n'est possible que chez les mâles.

On appréciera tout d'abord par l'inspection s'il existe des malformations, des déformations, des lésions traumatiques, des tumeurs sur le trajet des organes.

Par la palpation, la main explore le fourreau et la verge, ce qui permet de reconnaître la présence de phlegmons, d'abcès de voisinage, de calculs de l'urètre, l'oblitération de l'extrémité de ce canal par des graviers très fins.

Par la palpation externe, on peut encore explorer le bord externe du rein droit, chez les animaux très maigres seulement; la palpation est faite alors dans le creux du flanc, en arrière de la dernière côte, en haut et à droite (fig. 227). Le rein, plaqué sous la région lombaire, fait parfois saillie en arrière de la dernière côte, sous l'extrémité des apophyses transverses des vertèbres lombaires. A gauche, la présence du rumen gêne beaucoup l'exploration.

L'exploration des organes urinaires internes se fait par la voie rectale. Elle doit être pratiquée avec lenteur, douceur et délicatesse, et sans la moindre brusquerie. Chez le mâle, la main apprécie l'état des organes renfermés dans le canal pelvien; l'état de réplétion de la vessie dénote la présence de calculs dans ce réservoir. Plus profondément, elle peut suivre dans tout son parcours l'uretère droit, apprécier son degré de dilatation, l'existence de coudures, le degré d'inflammation, s'il y a lieu; l'uretère gauche n'est facilement accessible à l'exploration que dans sa partie postérieure vers la vessie, le rumen, la position du rectum mettant obstacle à une exploration commode.

Dans la cavité abdominale, le rectum, ou mieux le côlon flottant,

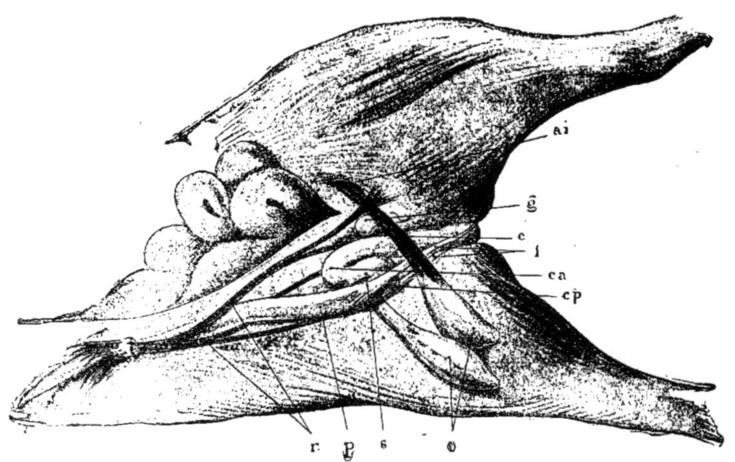

Fig. 225. — Organes génito-urinaires. — *ai*. anneau inguinal; *g*, ganglion inguinal; *c*, crémaster; *l*. ligaments suspenseurs de la verge (muscles rétracteurs); *ca*, courbure antéro-supérieure de la verge; *cp*, courbure inféro-postérieure de la verge; *t*, testicules! *s*, S pénienne; *p*. pénis; *r*. muscles rétracteurs du fourreau.

se trouve, en effet, dirigé vers la droite, de sorte que, malgré la brièveté du méso-rectum et du méso-côlon, la main peut arriver au rein droit. Il est alors facile de voir s'il est sensible à la pression, hypertrophié, atrophié, kystique, enflammé. La panse gêne l'exploration gauche.

Chez les femelles, les uretères et les reins sont explorés de la même façon, mais la vessie et le canal de l'urètre doivent l'être par la voie vaginale. On trouve à 5-6 centimètres de la vulve, sur le plancher du vagin, l'entrée de l'urètre avec sa disposition particulière et sa valvule. Le méat devient visible par écartement des lèvres vulvaires et des parois vaginales; à cet effet, on se servira avantageusement du spéculum *ad hoc*. On comprend bien que si l'on explorait la vessie par la voie rectale, ce qui n'est pas impossible, bien entendu, le vagin se trouverait interposé entre le bras et les organes urinaires, et les sensations rapportées seraient moins nettes.

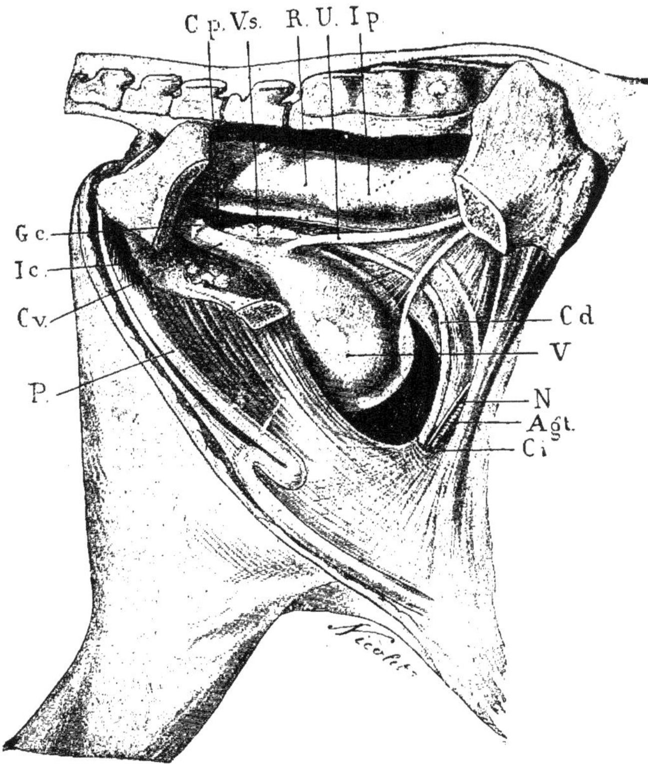

Fig. 226. — Organes génito-urinaires (cavité pelvienne chez le mâle). — *Cp*, cavité péritonéale (cul-de-sac postérieur); *Vs.* vésicule séminale; *R*, rectum; *U*, uretère; *Ip*, ligne d'insertion péritonéale; *Cd*, canal déférent; *V*, vessie; *Agt*, artère grande testiculaire; *Ci*, canal inguinal; *P*, pénis; *Cv*, canal vésical; *Ic*, muscle ischio-caverneux; *Gc*, prostate.

Pour pratiquer le cathétérisme de la vessie, le bec de la sonde doit être introduit sous la valvule du méat; par un léger abaissement de l'extrémité postérieure de cette sonde, on relève le bec au-dessus du cul-de-sac en même temps que l'on pousse légèrement en avant; il n'y a plus alors qu'à relever la main pour faire glisser la sonde dans l'urètre et la vessie (fig. 365).

Chez les femelles seulement, l'examen interne de la vessie par la cystoscopie pourrait se faire tout aussi facilement que chez l'espèce

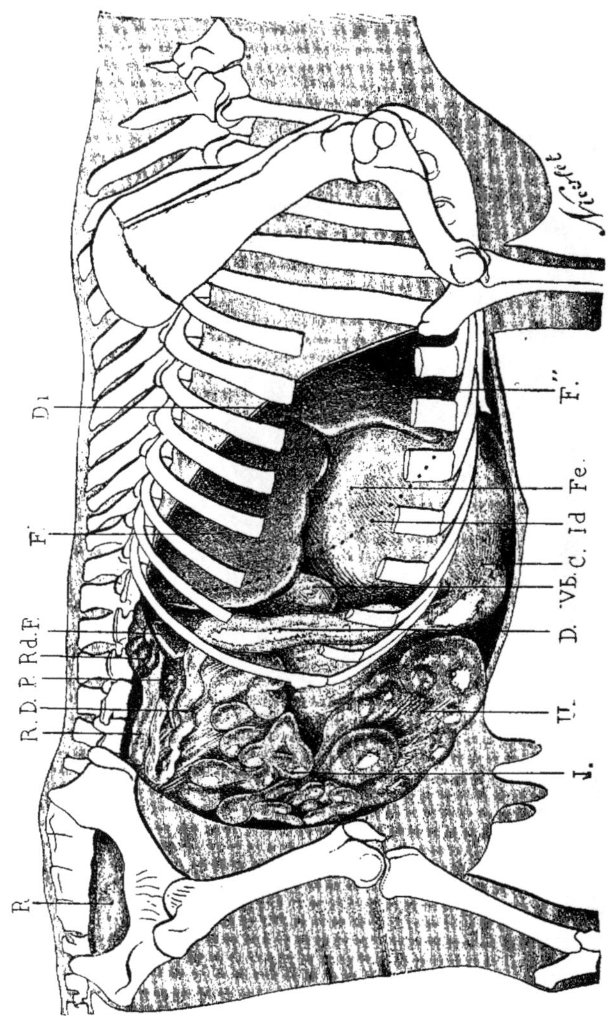

Fig. 227. — Rapports des organes de la cavité abdominale chez les femelles. — R, R, rectum; D, duodénum; P, pancréas; Ed, rein droit; F, F', F'', F''', foie; Di, diaphragme (projection verticale de la convexité); Fe, feuillet; Id, diaphragme (ligne d'insertion); C, caillette; Vb, vésicule biliaire; D, duodénum, U; utérus gravide; I, intestin grêle.

humaine, si les conditions d'exploitation économique du bétail justifiaient pareille intervention.

L'examen de l'urine et même l'analyse chimique acquièrent une grosse importance pour le diagnostic des affections des voies urinaires.

Au point de vue clinique, il ne peut être question d'analyses très complètes, mais la recherche de l'albumine, du sucre, des pigments biliaires, de l'indican est absolument indispensable; de même, d'ailleurs, que l'examen microscopique, pour la constatation de la présence ou de l'absence de débris épithéliaux, de cylindres, de globules de sang, de globules de pus. Il importe enfin de noter la couleur, l'odeur et même la quantité émise.

Ce sont là des recherches et des manipulations que tout praticien peut exécuter rapidement à notre époque. L'albumine se décèle par la chaleur, après acidification légère de l'urine au moyen de quelques gouttes d'acide acétique; par l'acide azotique et par le réactif d'Esbach. L'albuminimètre d'Esbach permet même le dosage approximatif, suffisant en clinique.

Le sucre sera recherché avec la liqueur de Fehling.

Les pigments biliaires, avec la fleur de soufre et la solution de fuchsine.

L'indican, avec quelques gouttes de chlorure de chaux à un dixième et l'acide chlorhydrique (cercle bleu d'indigo plus ou moins foncé, résultant de l'oxydation de l'indican).

L'acide hippurique sera précipité par l'acide chlorhydrique pur.

CHAPITRE PREMIER

POLYPES DE LA VERGE ET DU FOURREAU

(Papillomatose de la verge.)

Chez les jeunes animaux, les jeunes taureaux surtout, on rencontre assez souvent, sur l'extrémité de la verge et les parois du fourreau, des polypes : tumeurs molles, d'aspect papillomateux ou verruqueux, parfois volumineuses, qui entravent la miction et déforment la verge.

L'existence de ces tumeurs se traduit extérieurement par des signes très nets : difficulté de la miction, déformation du fourreau, déviation du jet d'urine, obstacle à la sortie du pénis, déformation plus ou moins accentuée de ce pénis.

Ces polypes sont de même nature que ceux que l'on observe si communément chez le chien, c'est-à-dire des papillomes.

Le *diagnostic* en est très facile; directement, à la vue, au moment de la saillie; l'exploration digitale les décèlera presque toujours au fond du fourreau.

Le *pronostic* est bénin au début, et si on intervient à temps. Si l'affection est ancienne ou n'est pas traitée, les animaux peuvent arriver à un certain état d'amaigrissement par suite des souffrances qu'ils endurent, souffrances causées par la rétention urinaire, l'acrobustite et même l'urétrite.

Economiquement le pronostic est plus grave parce que les taureaux sont gênés pour faire la saillie ou ne peuvent même plus l'effectuer. Si les végétations pathologiques sont abondantes ou volumineuses, la verge ne peut plus franchir l'orifice du fourreau.

Le *traitement* est des plus simples; il est, en principe, exclusivement chirurgical. On ne l'entreprendra qu'après avoir fait l'exploration rectale dans le but de s'assurer de l'état de vacuité de la vessie. Il est nécessaire, en effet, le plus souvent, de coucher les animaux, ce que l'on ne fera que si la vessie n'est pas distendue, pour éviter les ruptures possibles de ce réservoir. — Le sujet étant assujetti en position décubitale, le pénis est attiré hors du fourreau; il suffit de sectionner les polypes avec les ciseaux, de cautériser légèrement pour arrêter l'hémorragie, ou de saupoudrer simplement les surfaces saignantes avec un mélange d'alun, de tanin et d'acide borique à parties égales. — On devra ensuite éviter l'infection des plaies pour empêcher la formation d'abcès, pratiquer des injections antiseptiques et entretenir sous l'opéré une litière très propre.

Si l'allongement du pénis hors du fourreau est impossible, ce qui se produit parfois quand les polypes sont trop volumineux, il faut alors inciser le fourreau sur la ligne médiane après avoir rasé et aseptisé, sortir le pénis par cette ouverture, le libérer de ses polypes remettre en place et suturer. Il se produit fréquemment à la suite de cette intervention, de l'infiltration urineuse vers le pourtour de la plaie opératoire, rarement des accidents plus graves que l'on combat par les pointes de feu pénétrantes et des soins antiseptiques.

Exceptionnellement il est possible d'opérer debout chez les taureaux dociles ou indolents, après avoir pris la précaution préalable de bien les immobiliser et de faire dans le fourreau et sur la verge une application de pommade anesthésique non irritante.

Lorsque les végétations sont sessiles et largement étalées en nappe il faut agir avec prudence, au bistouri, et véritablement sculpter l'extrémité de la verge, sans porter atteinte à son intégrité. C'est alors un vrai travail de patience, qui peut s'exécuter en deux ou trois fois si l'hémorragie est abondante, mais qui se justifie pour les animaux de valeur parce qu'ils peuvent parfaitement reprendre leur service de reproducteur plus tard.

Si pour des raisons déterminées on hésite à opérer au début, on peut alors recourir au traitement interne : magnésie calcinée 30 à 50 grammes par jour en deux fois, durant une quinzaine au moins; injections intra-veineuses de novarsénobenzol 30 à 60 centigrammes dans 30 à 60 centimètres cubes d'eau; injections dans le fourreau d'une solution de collargol à 1 % ou mieux injections tous les deux ou trois jours d'une pommade très fluide au collargol. Il est possible d'avoir ainsi quelque succès, mais seulement au début.

On pourrait, enfin, comme pour la papillomatose cutanée, extirper une petite lésion seulement, la broyer pour en faire une émulsion à filtrer et injecter sous la peau de la région du cou. Il faut attendre quelques semaines avant de voir le résultat.

⁎ ⁎ ⁎

Renversement de la muqueuse du fourreau. — Il s'agit d'un accident que l'on n'enregistre que chez les taureaux, et d'ordinaire à la suite des saillies. La verge étant rétractée brusquement, la muqueuse qui a été entraînée durant la copulation ne reprend pas immédiatement sa place primitive, surtout lorsque l'orifice du fourreau est étroit. Il en résulte la présence d'une sorte de hernie muqueuse, dans laquelle la partie déplacée, la muqueuse éversée, forme un petit manchon cylindrique d'une dizaine de centimètres de longueur, ou encore une masse globuleuse du volume du poing, avec orifice central inférieur.

Le diagnostic de l'accident est extrêmement facile, le pronostic généralement bénin, à moins que le renversement ne date de plusieurs jours et qu'il ne se soit produit des souillures ou des blessures superficielles de gravité variable. Comme, d'autre part, il s'agit d'un accident qui peut se répéter, et qui alors devient fort grave pour la fonction dévolue aux taureaux, on se trouve amené parfois à envisager l'opportunité de leur réforme comme reproducteurs.

Le traitement doit avoir pour but la remise en place de la muqueuse éversée. La réduction se fait très souvent spontanément sans la moindre intervention, en quelques heures. Si cette réduction est lente, on peut la favoriser par des douches légères en pluie, des tamponnements émollients et des applications d'huile ou de vaseline. On peut aussi faire la réduction mécaniquement, à la main, comme pour tout organe déplacé, après lavage soigné, réduction de volume par compression périphérique régulière à la faveur d'un enveloppement dans un linge propre.

ACROBUSTITE

Le terme d'acrobustite caractérise l'inflammation du fourreau. Elle est bien plus fréquente chez le bœuf que chez le cheval, en raison de dispositions anatomiques différentes, en raison du mode d'entretien et d'utilisation des bovidés.

Étiologie. — Il existe des causes prédisposantes indiscutables. Le fourreau se prolonge très loin en avant sous le ventre et dépasse la verge; il est étroit, profond, et, pendant la miction, ne laisse point passer même la pointe du pénis. L'urine peut donc souiller temporairement ou d'une façon permanente l'intérieur de sa cavité, d'autant mieux que l'orifice d'entrée sera plus ou moins obstrué, soit par des sédiments urinaires, soit par de la matière sébacée, soit par du fumier ou autres produits divers. — D'autre part, l'observation enseigne que, de tous les grands ruminants, ce sont ceux employés aux travaux extérieurs qui en sont le plus souvent affectés.

Les causes occasionnelles, si on en excepte les productions sébacées et urinaires, se réduisent à des traumatismes. Elles consistent en dilacérations ou blessures produites par le tablier du travail pendant le ferrage. Les bœufs se laissent porter sur ce tablier, ils s'y couchent complètement d'un côté ou de l'autre, suivant le pied qui est levé; le fourreau est comprimé, et si l'animal, un peu lourd, se débat, il en peut résulter des froissements, des déchirures de tissus, des écrasements de l'extrémité du fourreau et même de la verge. Dans les cas les plus heureux, il ne se produit que des dilacérations conjonctives au niveau du bord postérieur du tablier. La malpropreté vient ajouter ses effets à toutes ces causes.

Le taureau peut, pour une cause différente, présenter de l'acrobustite et de la balanite d'origine infectieuse lorsqu'on lui fait saillir des vaches à vaginite contagieuse.

Symptômes. — Les premiers signes qui attirent l'attention sont

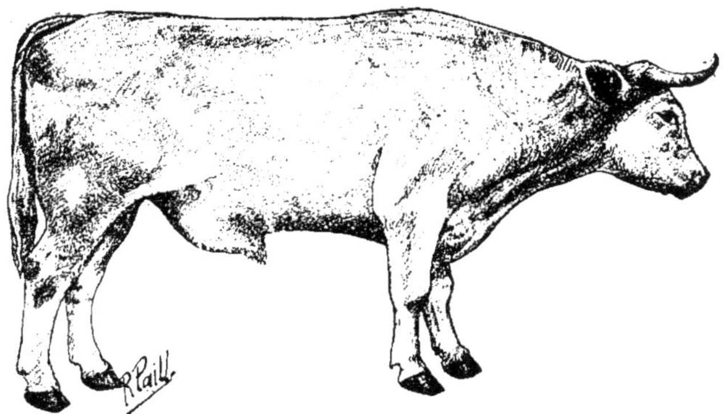

Fig. 228. — Bœuf atteint d'acrobustite (d'après photographie).

des symptômes généraux, peu accusés, toutefois. Il existe une réaction fébrile légère; le malade a le mufle sec, il est inquiet, se déplace continuellement comme pour se soustraire aux douleurs qu'il éprouve, en maintenant écartés les membres postérieurs. Dans cette attitude, il fait des efforts pour uriner, toujours la miction s'effectue lentement, elle semble douloureuse. Puis, plus tard, l'appétit diminue, la rumination se suspend; comme dans les phlegmasies intenses, des complications peuvent survenir.

Les symptômes locaux sont plus significatifs. La lenteur de la miction et sa difficulté signalent les organes malades. A l'exploration, on découvre de suite une sensibilité extrême du fourreau, alors même qu'il n'y a pas encore d'engorgement notable. Plus tard apparaît une tuméfaction volumineuse qui empiète sur la paroi abdominale, de chaque côté, parfois jusque dans l'aine; dans quelques cas, le fourreau peut être totalement obstrué par des produits sébacés et inflammatoires, au point de provoquer dans la suite de la rétention urinaire et une rupture de la vessie, si l'on n'intervient pas à temps. L'inflammation aboutit souvent à la formation d'abcès lents à se former et ayant peu de tendance à s'ouvrir spontanément; ils s'accompagnent ordinairement de mortification, de sphacélisation en masse de la peau, des tissus sous-cutanés et quelquefois de la tunique abdominale. Ces complications et accidents très graves peuvent entraîner l'ouverture d'artères et des hémorragies mortelles.

L'évolution de tous ces symptômes est assez lente; les abcès n'apparaissent guère que vers le 12e ou le 15e jour. Mais, lorsque l'affection est abandonnée à elle-même et qu'elle suit une marche chronique, elle peut durer très longtemps, jusqu'à cinq ou six mois. Au contraire, la résolution est la terminaison ordinaire, quand on a institué un traitement rationnel.

Diagnostic. — Il est facile quand on a des renseignements précis. C'est surtout la difficulté de la miction qui guide les recherches; plus tard, l'engorgement local et la vive sensibilité sont caractéristiques.

Pronostic. — Le pronostic est grave, en raison des complications à redouter et des caractères de chronicité que tend à prendre l'inflammation.

Traitement. — Lorsque le fourreau est rempli par de la matière sébacée ou des produits étrangers divers, il faut faire procéder à sa toilette quotidienne par des injections légèrement antiseptiques. Quelques praticiens recommandent de débrider l'orifice d'entrée, opération que l'on doit faire sur l'animal debout. Cette intervention n'est pas exempte de dangers, et les infections sont faciles. La dilatation forcée de l'orifice du fourreau doit être préférée à l'incision.

Lorsqu'il y a ce que l'on pourrait appeler de la périacrobustite, c'est-à-dire infiltration et inflammation des plans conjonctifs souscutanés englobant le fourreau et la verge, il est indiqué d'explorer journellement la tuméfaction inflammatoire, de pratiquer une contre ouverture du fond du fourreau, de surveiller la formation des abcès, et, ceux-ci sitôt reconnus, de les ponctionner hâtivement. Au besoin, des pointes de feu pénétrantes, au thermocautère, rendront aussi de grands services.

Quand un abcès a provoqué une nécrose partielle du fourreau, il est utile de passer un drain et de faire des injections détersives fréquentes. A cet effet, on fait, au niveau du point fluctuant, une contre-ouverture de la peau; on ponctionne, avec précaution, la muqueuse du fourreau et on passe le drain avec le talon de l'aiguille à séton.

PERSISTANCE DU CANAL DE L'OURAQUE

C'est une infirmité, une anomalie congénitale. Cette persistance de l'ouraque après la naissance et la chute du cordon tient au défaut d'oblitération du canal allantoïdien d'insertion. L'écoulement d'urine, au lieu de se faire par l'urètre, a lieu par l'ouraque; l'animal urine par son nombril.

Étiologie. — Les causes en sont simples. Certains praticiens ont voulu attribuer une influence au sexe du sujet, l'infirmité dont il s'agit se montrant plus fréquente chez les mâles que chez les femelles. Il résulte des recherches faites que, dans la plupart des cas, c'est l'imperforation de l'urètre qui est la cause de la persistance de l'ouraque (Bénard); dans d'autres, c'est l'obstruction de ce même conduit par des concrétions de mucus d'aspect caséeux qui s'engagent dans le canal de l'urètre et l'oblitèrent (Lagassé); dans d'autres, enfin, il s'agit d'une simple persistance anormale de l'ouraque sans lésions du côté de l'urètre.

Quelle que soit la cause originelle, l'écoulement de l'urine par l'ombilic représente une cause d'irritation qui peut amener des complications, des infections de la plaie ombilicale non cicatrisée, des infections du canal de l'ouraque lui-même et de la vessie, voire même des infections du péritoine.

Symptômes. — Au début, la persistance de l'ouraque se traduit au point de vue symptomatologique par un écoulement urinaire permanent ou intermittent, qui s'effectue par l'ombilic. Cet écoulement n'est constaté le plus ordinairement qu'après cinq à huit jours seulement, quand le cordon mortifié est détaché, et sa caractéristique est que, dans la majorité des cas, il se fait de façon continue, car il n'y a pas de sphincter à cette ouverture anormale.

Au contact de l'air et de la plaie, l'urine subit un commencement de fermentation ammoniacale, irrite les tissus voisins, les moignons des vaisseaux ombilicaux, le tissu conjonctif interstitiel, même la peau. La plaie devient un excellent milieu de culture pour les agents microbiens; l'ombilic s'infiltre, s'œdématie et se montre bientôt le siège d'un engorgement sacciforme de 5 à 10 centimètres, engorgement qu'on reconnaît à la palpation, chaud, douloureux, et qui présente sur la partie médiane l'ouverture de la fistule urinaire. Si l'on cherche à sonder la fistule avec un mandrin en caoutchouc, on la trouve dirigée en arrière et en haut (voir fig. 182).

Plus tard peuvent survenir d'autres complications étudiées ailleurs : omphalite, omphalo-phlébite. La complication tardive la plus fréquente est celle de cystite purulente avec formation de concrétions purulentes de la vessie pouvant coexister avec la guérison de la fistule de l'ouraque. D'autres fois, la rétraction et l'obstruction du canal de l'ouraque s'effectuent vers la vessie : il persiste dès lors une fistule borgne à ouverture ombilicale; ou bien la cicatrisation extérieure s'effectuant, il ne persiste rien qu'un phlegmon de l'ombilic avec ses caractères classiques. Le défaut d'oblitération de l'ouraque peut exister, alors que l'urètre est cependant libre.

Diagnostic. — Un examen minutieux permettra toujours de différencier les fistules urinaires des autres affections de l'ombilic; l'écoulement d'urine par l'ombilic est significatif.

Pronostic. — Le pronostic est assez grave, en raison des complications qui sont à craindre et qui sont même de règle, si on méconnaît trop longtemps l'infirmité du sujet.

Traitement. — Autrefois, on recommandait de prévenir cette anomalie par la ligature en masse du cordon à la naissance (Bénard); mais cette ligature n'empêche nullement la persistance du canal de l'ouraque après la chute du cordon. — La cautérisation de la fistule urinaire à l'eau de Rabel (Prangé), ou à la teinture d'iode (Dayot), ne peut avoir d'effet utile que si l'urètre est perméable; encore ces moyens sont-ils insuffisants d'ordinaire.

Il est évident, d'autre part, que, s'il y a obstruction de l'urètre, c'est de ce côté qu'il faut intervenir, soit en déplaçant les bouchons muco-albumineux par le massage digital du col de la vessie, soit d'une autre façon. — En réalité, ces interventions sont très délicates et très difficiles sur les jeunes sujets. Il y a souvent avantage à laisser persister l'écoulement urinaire par l'ombilic et à conseiller l'engraissement rapide pour la boucherie.

Si l'on voulait une cure radicale, il faudrait ouvrir l'abdomen, isoler l'ouraque, le réséquer, et faire une suture du fond de la vessie par adossement des faces externes. C'est là une opération qui, certes, n'est pas impossible, mais qui ne présente, en réalité, aucune utilité pratique, d'autant qu'elle expose à des péritonites mortelles.

Lorsque l'urètre est perméable, on peut toutefois essayer les injections sous-cutanées de chlorure de zinc ou de chlorure de sodium. La peau est rasée et désinfectée sur tout le pourtour de la fistule, et les injections sont faites en couronne, à 3 centimètres environ en dehors de l'orifice. On utilise à cet effet une seringue de Roux, stérilisée, à aiguille fine, et des solutions de chlorure de sodium saturées, filtrées et stérilisées, ou des solutions de chlorure de zinc pur au dixième.

Quelques gouttes à chaque point d'injection suffisent.

Je préfère les pointes de feu pénétrantes, en couronnes concentriques autour de l'orifice de la fistule. Le gonflement qui en résulte amène l'oblitération de cet orifice en quelques heures; le cours régulier de l'urine est rétabli, si l'urètre est perméable, bien entendu.

CHAPITRE II

MALADIES DE LA VESSIE

CYSTITE AIGUE

Les cystites, c'est-à-dire les inflammations de la vessie, peuvent être classées en deux séries : 1° les cystites franches, aiguës ou chroniques; 2° les cystites chroniques d'origine calculeuse.

La cystite franche aiguë s'observe chez la vache de préférence, plus rarement chez le bœuf, exceptionnellement chez le porc ou le mouton. Toutes les femelles y sont plus exposées que les mâles.

Elle consiste en l'inflammation plus ou moins vive de la muqueuse vésicale. L'inflammation gagne parfois la musculeuse et les tissus périvésicaux, au point de provoquer une péritonite locale ou générale.

Étiologie. — Les causes internes dont Cruzel la fait dériver sont assez discutables. La rétention d'urine, en particulier, fréquente chez les bœufs de travail qui n'urinent qu'au repos, produirait plutôt la distension, la paralysie ou la rupture de la vessie qu'une inflammation vraie; c'est à peine si celle-ci pourrait s'expliquer par l'irritation chronique consécutive à des distensions répétées, mais la rétention urinaire reste incontestablement une cause favorisante.

L'ingestion des plantes âcres exerce certainement une action plus marquée. Les principes irritants, éliminés par les reins, peuvent même en épargnant ces organes, altérer la muqueuse vésicale, au contact de laquelle ils séjournent toujours quelque temps.

Plus souvent, la cystite est le résultat d'une infection, d'une inflammation par continuité de tissu : complication de l'urétrite, de la vaginite, de toutes les suites de la non-délivrance.

Elle peut dériver aussi de l'infection descendante, qui produit la pyélo-néphrite, ou d'une infection ascendante quelconque épargnant les autres organes se localisant à la vessie. Elle est enfin la conséquence fatale de cathétérismes pratiqués avec des sondes malpropres.

Il est possible que l'infection soit parfois descendante primitive, les agents d'infection se trouvant amenés par le sang ou le rein, comme microbes d'élimination, bien que ce soit là la modalité d'origine de beaucoup la plus rare.

Dans la très grande majorité des cas, elle est d'origine infectieuse et beaucoup plus rarement d'origine toxique.

Symptômes. — Les symptômes sont bien peu nets au début. Ils commencent par des coliques légères, se caractérisent ensuite par la fréquence des besoins d'uriner, la difficulté de la miction et la douleur qui l'accompagne, et par la petite quantité d'urine rejetée à chaque effort d'expulsion.

L'urine présente, d'autre part, des modifications d'aspect. Roussâtre ou tout au moins de couleur foncée au début lorsqu'il s'y trouve une faible quantité de sang, puis épaisse et blanchâtre, elle renferme des plaquettes grisâtres d'épithélium et des débris de coagula fibrineux. Au microscope, on y trouve des globules de pus, des cellules plates, polygonales et à gros noyau, quelquefois des hématies.

Localement, on n'observe que de la sensibilité du col de la vessie, décelable par l'exploration rectale chez le mâle, par l'exploration du méat urinaire à l'aide du spéculum chez la femelle.

La muqueuse vaginale apparaît alors enflammée dans tout le voisinage du méat, qui est lui-même d'une sensibilité exceptionnelle.

Dans les cas d'inflammation très vive, s'accompagnant de nécrose partielle de la muqueuse ou de production de fausses membranes, la température s'élève jusqu'à 40°, l'appétit disparaît, les coliques sont extrêmement vives, les efforts d'expulsion très intenses jusqu'à épuisement du sujet. — Les malades ne veulent plus se déplacer, ils se campent fréquemment, voussent les reins et se livrent à des efforts infructueux qui n'aboutissent qu'à l'émission de petits jets d'urine.

L'urine émise contient alors de petits lambeaux grisâtres sphacélés, ou des débris de fausses membranes d'aspect diphtéritique.

Le canal de l'urètre peut s'obstruer même chez les femelles, et, bien que la rupture de la vessie soit exceptionnelle, il est possible qu'elle se produise.

Dans les formes ordinaires, l'inflammation persiste pendant quinze jours à trois semaines, diminue progressivement d'intensité et se termine par la guérison ou passe à l'état chronique.

Dans les formes graves, avec propagation de l'inflammation et de l'infection aux tissus périvésicaux et au péritoine, la mort par péritonite peut se produire.

A l'autopsie, on trouve la muqueuse sphacélée ou gangrenée sur des surfaces variables de teinte gris verdâtre, alors que les régions voisines sont infiltrées, noirâtres et très épaissies. Toute la couche conjonctive qui tapisse le fond des fossettes péritonéales intrapelviennes et les coussinets adipeux est fortement enflammée. De la pelvi-péritonite ou de la péritonite généralisée peut être enregistrée comme complication.

Dans les formes simples, la muqueuse est congestionnée par places, desquamée, infiltrée, épaissie, recouverte de bourgeons charnus d'assez bel aspect.

Lorsqu'on se livre à des recherches bactériologiques on peut découvrir, dans le dépôt formé par les urines altérées ou dans le dépôt de centrifugation des microbes variés : B. coli, B. pyocyanique, B. uræ, des streptocoques variés, des staphylocoques; en somme une flore assez complexe suivant les cas et les complications.

Diagnostic. — Le diagnostic est relativement facile, étant donnée la netteté des symptômes extérieurs. Où la difficulté surgit, c'est dans le diagnostic différentiel d'avec la cystite calculeuse. Chez les mâles, la présence et la fréquence des contractions spasmodiques du bulbo-accélérateur (bonds urétraux) caractérisera cette dernière forme de cystite. Dans la cystite aiguë, au contraire, ces contractions ne se montrent que passagères et sans signification. Enfin, chez les femelles, la cystite calculeuse est absolument exceptionnelle, en raison des grandes dimensions et de la brièveté de l'urètre.

Lorsqu'il y a à la fois néphrite et cystite, certains signes permettent de le reconnaître.

Pronostic. — Le pronostic est variable suivant le degré d'acuité de l'affection; les caractères des produits recueillis, urine et débris épithéliaux, renseignent assez bien sur ce point.

Traitement. — Le traitement doit avoir pour but de calmer les douleurs vésicales ou pelviennes et de modifier l'état local par un moyen quelconque.

L'application de sachets chauds sur les lombes et les flancs, les lavements d'eau mucilagineuse tiède atténuent ces douleurs. L'administration des diurétiques froids est avantageuse : bicarbonate de soude, tisanes d'orge, de chiendent et de pariétaire, boissons mucilagineuses. Ces boissons sont acceptées volontiers par les malades, et leur action calmante est incontestable.

Le camphre a aussi des effets salutaires; mais c'est le benzoate de soude, le benzoate de lithine, et l'urotropine, 5 à 15 grammes, qui sont les plus utiles, en raison de l'action antiseptique qu'ils exercent dans la vessie par suite de leur décomposition et de leur élimination par les reins.

On a recommandé, bien à tort à mon avis, les lavages de la vessie avec des solutions antiseptiques. Ces lavages sont pratiquement impossibles chez les mâles, en raison de la disposition spéciale de la verge et du canal de l'urètre; et, chez les femelles, je crois formellement qu'ils seraient dangereux durant la période aiguë. Dans tous les cas de cystite aiguë, en effet, le cathétérisme est extrêmement douloureux, et, comme il doit être fait avec une sonde rigide, en métal, en gutta ou en caoutchouc durci, l'extrémité de la sonde, par son simple contact, blesse la muqueuse malade, la fait saigner et provoque des auto-inoculations dont les effets peuvent être désastreux.

Il faut n'avoir jamais suivi l'évolution d'une cystite aiguë grave pour préconiser un pareil moyen de traitement, qui pourrait tout au plus être mis en pratique avec l'emploi d'une sonde molle.

Dans les cystites chroniques, au contraire, ces lavages vésicaux peuvent être utiles.

CYSTITE CHRONIQUE

L'inflammation chronique de la vessie est plus rare que la cystite aiguë. On l'observe principalement chez les femelles, comme reliquat d'une inflammation aiguë, ou avec une évolution dissimulée, chronique d'emblée, complication de non-délivrance, de vaginite, etc.

Symptômes. — Les grandes fonctions organiques ne paraissent pas troublées; seule, l'urine se montre anormale. La miction est difficile, lente, quelque peu douloureuse, et suivie d'épreintes d'assez longue durée.

L'urine paraît blanchâtre, purulente, glaireuse ou simplement de teinte plus foncée, devenant rapidement noirâtre. Elle a une odeur ammoniacale ou fétide et se décompose avec rapidité.

La durée d'évolution peut être très longue; il est rare que la guérison se fasse spontanément. Fréquemment, il survient de l'infection ascendante, de l'urétérite, de la pyélite et de la néphrite. A l'autopsie des animaux sacrifiés avant amaigrissement complet, la muqueuse vésicale se montre épaissie, bourgeonnante ou suppurante; la musculeuse est infiltrée, scléreuse par places, épaissie très irrégulièrement, inélastique et peu contractile. Les tissus périvésicaux peuvent être enflammés d'une façon chronique.

Le *diagnostic* se fait assez facilement par l'examen détaillé des caractères de l'urine et par l'exploration vaginale qui permet de reconnaître l'état des parois de la vessie, l'état des uretères et des reins.

Le *pronostic* est grave, parce que le traitement serait trop assujettissant pour être rigoureusement appliqué, ce qui fait que les animaux sont sacrifiés avant guérison.

Traitement. — Le traitement comporte l'indication et l'administration d'une partie des médicaments utilisés pour la cystite aiguë, en particulier le benzoate de soude, l'acide benzoïque et le bicarbonate de soude. — Les médicaments dits balsamiques sont avantageux aussi : l'essence de térébenthine, le goudron et la terpine. L'urotropine, aux doses de 10 à 15 grammes, donne d'excellents résultats.

C'est dans cette forme chronique que les lavages de la vessie sont indiqués, sous la condition absolue d'être faits aseptiquement avec de l'eau bouillie, de l'eau boriquée ou boratée à 3 %, de l'eau fluorée (fluorure de sodium à 50 centigrammes ou 1 gramme par litre), et de préférence avec de l'oxycyanure de mercure en solution dans l'eau salée à 1 p. 3.000, 1 p. 5.000 et même 1 p. 10.000. L'huile goménolée est d'une efficacité très marquée.

On comprend facilement combien, dans la pratique rurale ordinaire, il est difficile d'appliquer ce traitement théoriquement simple; aussi conseille-t-on l'engraissement des malades en s'en tenant aux médications internes.

CYSTITE CALCULEUSE. — LITHIASE URINAIRE

Normalement, l'urine contient en dissolution et élimine un certain nombre de sels (urates, hippurates, oxalates, phosphates de chaux, de magnésie ou d'ammoniaque). Dans quelques cas, chez des sujets prédisposés, ces sels se précipitent dans les reins, les uretères ou la vessie, formant. suivant les circonstances, des dépôts pulvérulents ou sableux que l'on désigne sous le nom de sédiments; ou, au contraire, des calculs par agglutination des masses pulvérulentes. C'est là ce qui constitue la lithiase urinaire.

Les sédiments sont de couleur gris terreux.

Les calculs sont généralement rosés, blancs ou grisâtres. Ils renferment des oxalates, des carbonates de chaux et de magnésie, des phosphates terreux. Leur aspect et leur forme varient beaucoup. On en trouve de ramifiés (corallins), d'arrondis, de polyédriques, de framboisés, etc.; les uns sont durs et résistants, les autres durs mais friables.

Les calculs uratiques sont généralement lisses et rougeâtres, ils sont attaqués par l'acide azotique; les oxaliques ont fréquemment l'aspect mûriforme, ils sont attaqués par l'acide chlorhydrique; enfin les calculs phosphatiques sont ordinairement plus tendres, grisâtres, rugueux; ils sont attaqués par l'acide acétique.

Relativement à leur volume, on en trouve des dimensions d'un grain de sable à celles d'un œuf de poule et plus. Si le calcul est volumineux, il est généralement seul; si, au contraire, il a seulement les dimensions d'une lentille ou d'un pois, ce qui arrive souvent, on en trouve plusieurs.

La lithiase urinaire s'observe sur les espèces bovine et ovine, plus particulièrement sur cette dernière. Elle évolue lentement, sans donner lieu à des manifestations extérieures bien caractéristiques; et ce n'est souvent que lorsqu'il y a des accidents d'obstruction du canal de l'urètre et de la rétention urinaire, que le diagnostic est établi. Il est exceptionnel de la constater chez des femelles, en raison de la dilatabilité du canal de l'urètre.

CYSTITE CALCULEUSE

LITHIASE URINAIRE DES BOVIDÉS

Étiologie. — Les anciens auteurs admettaient que la lithiase urinaire se développait sous l'influence du régime de l'hiver et de l'insuffisance de boissons. De nos jours, pareille raison ne peut plus être invoquée pour les étables bien tenues, la distribution des boissons se faisant toujours avec régularité et le régime d'hiver comportant l'utilisation de racines ou de tubercules riches en eau. — L'expérience et l'observation ont démontré que le grand coupable est le régime intensif, la lithiase s'observant de préférence sur des sujets fortement nourris.

Cependant ce serait une erreur de ne pas accorder un rôle prédisposant, tout au moins, au tempérament, à la constitution propre des sujets. En médecine humaine, le rôle de la prédisposition héréditaire, de la prédisposition diathésique est indéniable (diathèse urique ou goutteuse); en vétérinaire, il en est de même, car, en dehors du régime intensif, il n'est pas rare de rencontrer des cas de gravelle chez des sujets entretenus dans des conditions différentes, mais issus des mêmes reproducteurs.

Certaines infections des voies urinaires, peu graves au début, ou tout au moins lentes dans leur évolution, sont susceptibles, elles aussi, de provoquer la formation de dépôts minéraux dans les voies urinaires, et j'en ai eu la preuve dans différentes circonstances en reproduisant expérimentalement certaines pyélo-néphrites. Le *Micrococcus uræ* est particulièrement incriminé comme susceptible de provoquer la fermentation ammoniacale intravésicale, laquelle entraîne la précipitation des sels de chaux.

Symptômes. — Les symptômes passent souvent inaperçus, tant que les dépôts lithiasiques ne s'effectuent que dans le rein, leur accroissement sur place ne donnant lieu à aucun symptôme inquiétant. Il est certain que leur déplacement du rein vers la vessie à travers l'uretère est accompagné de coliques néphrétiques, mais ces coliques ont été mal observées et mal décrites. On a signalé simplement ces coliques avec sensibilité exagérée de la région lombaire, suspension de la sécrétion de l'urine et dysurie plus ou moins évidente (Rudowski).

Rien de semblable au tableau si sombre de la colique néphrétique de l'homme n'a été enregistré, et il est probable cependant qu'il y a peu de différences.

Mais, lorsque les sédiments ou les calculs sont poussés vers la vessie, ils ont une tendance à être refoulés au dehors au moment de la miction. C'est alors que les signes deviennent plus nets, parce qu'ils se rapportent à l'obstruction de l'urètre. — S'il ne s'agit que de sédiments, on n'observe que de la difficulté de la miction, quelques douleurs modérées, et le dépôt des sédiments dans le fourreau ou sur les bouquets de poils de l'extrémité du fourreau.

Si, au contraire, il s'agit de petits calculs, ils sont poussés vers le col de la vessie et l'urètre qui se montre obstrué.

L'obstruction peut se produire à l'origine, à la courbure ischiale ou à l'S pénienne (fig. 225 et 226). Des symptômes évidents, très nets, ne tardent pas à évoluer. Des coliques vésicales dues à la rétention urinaire apparaissent et acquièrent rapidement une intensité extrême pour cesser instantanément avec la rupture de la vessie, si l'on n'est pas intervenu à temps. Ces coliques vésicales s'accompagnent d'efforts de miction infructeux et continus et de contractions spasmodiques des bulbo-accélérateurs (bonds urétraux de la région de l'arcade ischiale).

L'appétit et la rumination sont suspendus; l'animal est dans un état d'anxiété extrême.

La palpation du trajet de la verge dénote une sensibilité exagérée et permet parfois de sentir le calcul au niveau de l'S, plus souvent à la hauteur de l'arcade ischiale. La litière n'est pas souillée d'urine.

Très souvent, les régions scrotale et périnéale sont le siège d'un engorgement chaud et douloureux, soit par infiltration urineuse après perforation de l'urètre par le calcul, soit par réaction inflammatoire locale.

L'exploration rectale pratiquée avec douceur fait reconnaître une distension extrême de la vessie, ou sa rétraction complète s'il y a eu rupture. — Les contractions spasmodiques du bulbo-caverneux cessent alors d'une façon absolue peu après la rupture, et il semble y avoir une amélioration évidente. Ce calme trompeur est dû à la disparition des coliques vésicales, mais l'état du sujet n'en est que plus grave, car le malade est définitivement condamné. Avec la rupture vésicale, il se produit une inondation péritonéale, et toute l'urine produite ultérieurement s'épanche ensuite en permanence dans cette cavité. Elle s'y trouve résorbée en partie, l'organisme est sous le coup d'une intoxication urinaire chronique, et, malgré l'élimination de certains principes volatils par l'exhalation pulmonaire (haleine à odeur urineuse), l'animal ne tarde guère à succomber à cette intoxication.

Dans de nombreux cas, d'ailleurs, l'urine de la vessie n'est pas aseptique, et, après l'inondation péritonéale, il se produit une péritonite aiguë qui emporte les malades en six à dix jours.

Lors même que l'urine se montre aseptique, une péritonite chronique exsudative évolue, comme conséquence de l'action irritative de contact des principes de l'urine sur l'épithélium péritonéal. Le liquide exsudé se mêle à l'urine déversée, et l'animal paraît bientôt atteint d'une ascite formidable. Malgré cet état, il est des sujets qui survivent plusieurs semaines (trois à six) sans gros troubles apparents.

La mort est la conséquence inévitable à une date plus ou moins éloignée.

Lorsqu'il s'agit de gros calculs arrêtés, ou plutôt développés dans la vessie, le même ensemble symptomatologique peut être observé si le calcul a été déplacé vers le col de la vessie au point de pouvoir l'oblitérer totalement. C'est là un accident fort rare; d'ordinaire, l'oblitération n'est que passagère et ne donne lieu qu'à des coliques vésicales par rétention de courte durée. Le calcul déplacé retombe vers le bas-fond vésical, s'y trouve immobilisé d'une façon relative, et les voies urinaires redeviennent perméables.

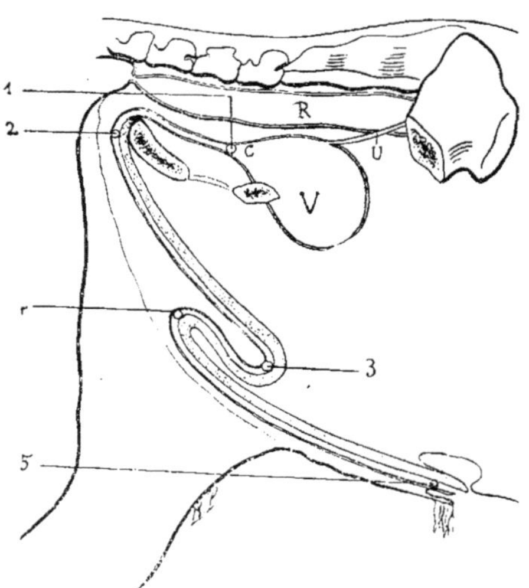

Fig. 229. — Schéma indiquant les points d'arrêt des calculs vésicaux, provoqua l'obstruction de l'urètre.

La lithiase urinaire et la cystite calculeuse sont exceptionnelles chez les femelles, parce que les dimensions du canal de l'urètre permettent facilement l'expulsion des graviers et des calculs de petites dimensions; cependant on a cité des cas d'incrustation calcaire dans la muqueuse vésicale, et aussi la présence de calculs trop volumineux pour être expulsés.

Diagnostic. — Le diagnostic est parfois d'une facilité exceptionnelle, mais il est des circonstances où il présente de réelles difficultés.

Lorsqu'il y a obstruction de l'urètre, les symptômes sont tellement frappants qu'il ne saurait y avoir d'hésitation; mais le diagnostic de la lithiase rénale, de la colique néphrétique, de la présence de calculs dans la vessie et de la rupture vésicale demande plus d'attention.

L'exploration des organes urinaires par la voie rectale rend alors de réels services.

Pronostic. —Le pronostic est grave dans tous les cas, en raison de la possibilité d'obstruction des voies urinaires et de l'intervention chirurgicale.

Lésions. — Les lésions causées par la lithiase urinaire peuvent être très variables. Insignifiantes et à peine apparentes dans certains cas, elles se montrent très accusées dans d'autres : pyélite simple ou suppurée, urétérite, hydronéphrose, cystite d'intensité très variable, urétrite et acrobustite.

Traitement. — Tous les éleveurs qui pratiquent l'engraissement intensif savent que l'administration préventive de médicaments alcalins (bicarbonate de soude) et diurétiques (graines de lin, tisanes d'orge et de pariétaire) permettent d'éviter la lithiase urinaire. L'administration du bicarbonate de soude, dans ce but, est d'un usage courant.

Comme moyen curatif, son emploi est encore excellent dans les cas où la lithiase n'est représentée que par des dépôts sableux ou boueux. L'urine, en devenant plus alcaline, empêche l'accroissement de ces dépôts sableux et permet même probablement la dissolution lente mais progressive des concrétions déjà formées.

Lorsque, au contraire, il y a déjà rétention urinaire et obstruction de l'urètre, l'intervention chirurgicale hâtive est la seule qui puisse avoir quelques chances de succès contre l'imminence de rupture de la vessie.

On peut, il est vrai, au préalable, selon la recommandation des anciens praticiens, utiliser le massage de la verge et de l'urètre au niveau de l'obstruction, et après redressement de l'S pénienne, pour chercher à mobiliser et à faire évacuer le corps obstruant; mais, si cette manœuvre échoue, ce qui arrive souvent, parce que le corps obstruant est comme enchâtonné, il n'y a pas lieu d'insister et de perdre un temps précieux.

Deux interventions peuvent être suivies : l'une, intervention d'urgence, l'autre, intervention de nécessité : la ponction de la vessie et l'urétrotomie.

La ponction de la vessie, opération palliative, suffit à parer au danger immédiat de rupture, pour ensuite permettre de pratiquer l'urétrotomie en toute tranquillité.

La ponction de la vessie se fait par la voie rectale préalablement déblayée et nettoyée par un ou plusieurs lavements.

A l'aide d'un long trocart de 25 à 30 centimètres de long et de 2 millimètres de diamètre, on ponctionne obliquement en avant, sur la ligne médiane, en évitant de blesser les annexes (prostate, glandes de Cowper, canaux déférents). — La vessie se vide dans le rectum, tout danger immédiat est écarté.

L'urétrotomie se pratique en deux points d'élection, suivant les circonstances : 1° au niveau de l'arcade ischiale; 2° au niveau de l'S pénienne.

L'*urétrotomie ischiale* est l'urétrotomie d'urgence, et c'est à elle que l'on doit accorder la préférence toutes les fois qu'il y a danger de rupture de la vessie. Elle se pratique sur l'animal debout et encore faut-il, pour qu'elle soit possible, que les animaux ne soient pas trop gras.

L'urétrotomie pénienne se pratique au niveau du point où le calcul se trouve enchâtonné, et elle n'a d'autre but que l'extirpation du corps obstruant. Elle ne peut se faire que sur l'animal couché, mais il faut, comme précédemment, que le malade ne soit pas dans un état d'embonpoint très accusé, sans quoi on s'exposerait presque invariablement à l'apparition secondaire d'abcès urineux (voir *Technique opératoire*).

Toutes les fois que l'animal se trouve dans un état de graisse qui met obstacle à une intervention rationnelle, il est indiqué de recourir à l'abatage immédiat.

Lorsqu'on est en présence d'un malade qui a une rupture récente de vessie, conséquence d'une oblitération de l'urètre, la viande peut généralement sans inconvénients être livrée à la consommation pendant les vingt-quatre ou quarante-huit premières heures qui suivent l'accident. Plus tard, la viande n'est plus marchande et exhale une odeur urineuse très nette. C'est dans ces conditions, où la destination obligatoire devient le clos d'équarrissage, qu'il y aurait lieu de tenter une suture de la vessie, à la faveur d'une laparotomie : mais c'est une intervention exceptionnellement délicate.

PARALYSIE DE LA VESSIE

La paralysie de la vessie représente un accident assez fréquent chez les femelles, très rare chez les mâles. Cette paralysie est, d'ordinaire, la conséquence d'une parturition laborieuse, ou d'une complication *post-partum*.

Un seul symptôme la caractérise, l'incontinence d'urine. L'écoulement permanent souille les régions postérieures, fesses, jarrets, paturons, et comme, en s'altérant à l'air, l'urine devient irritante, toutes les régions souillées ne tardent pas à être le siège d'un « eczéma urineux », impossible à traiter efficacement tant que la cause persiste.

Le *pronostic* est grave, car les moyens d'intervention sont bien limités et peu efficaces.

Traitement. — S'il s'agit d'une complication d'infection *post-*

partum, il faut naturellement traiter cette cause première. Si l'infection temporaire est disparue et que l'incontinence urinaire persiste, l'administration de toniques, de poudre de noix vomique, 10 à 20 grammes, de teinture de noix vomique, 15 à 20 grammes pendant une dizaine de jours pour une bête bovine, et la révulsion sur la région lombo-sacrée peuvent encore amener la guérison.

Mais si, malgré ces moyens, l'incontinence persiste, il est plus avantageux, sous le rapport économique, de traiter l'eczéma urineux par les siccatifs et les astringents et d'engraisser rapidement les animaux.

RENVERSEMENT DE LA VESSIE

Le renversement ou l'inversion de la vessie est un accident qui ne s'observe sur les femelles qu'à la suite d'une parturition laborieuse. Il consiste dans le retournement complet de l'organe, comparable au renversement utérin, le fond vésical s'invaginant dans la propre cavité de la vessie pour passer ensuite dans le canal de l'urètre et le vagin, tout l'organe suivant ce déplacement et venant former entre les lèvres vulvaires, sur la commissure inférieure, une masse du volume d'une orange.

Pour que le renversement vésical puisse se produire, il faut qu'il y ait relâchement, distension ou déchirure des ligaments vésicaux permettant le début de l'inversion. — Les efforts expulsifs, la poussée de la masse intestinale font ensuite le reste, en dilacérant le péritoine et les plans conjonctifs périvésicaux.

Symptômes. — Le diagnostic du renversement vésical ne présente aucune difficulté.

La masse renversée est comme pédiculée au niveau du méat, et à l'exploration elle apparaît sous forme d'une masse rougeâtre, onctueuse au toucher; la muqueuse vésicale est devenue externe, se montre recouverte de mucus tant qu'il n'y a pas de complication d'inflammation.

L'urine sécrétée s'écoule en permanence à la surface de cette muqueuse et s'échappe continuellement par la commissure inférieure de la vulve. La vulve est entr'ouverte, et la saillie formée par la vessie pend au dehors.

Pronostic. — Le pronostic est grave, parce que la réduction est délicate, qu'elle peut amener une déchirure de l'organe et que, dans les cas heureux, elle entraîne fatalement une cystite aiguë.

Traitement. — Le traitement ne comporte qu'une seule indication, la réduction. Avant de la tenter, il faut s'opposer aux efforts expulsifs de la malade, en administrant de la teinture d'opium, 30 à 50 grammes, en faisant fléchir la colonne vertébrale, et en pratiquant une ponction du rumen.

La réduction est faite avec la main, qui, coiffant la tumeur, la fait rentrer progressivement par le méat et l'urètre. Il est parfois nécessaire d'employer les deux mains, et même de se servir d'un mandrin à extrémité très arrondie pour la remise en place.

Comme soins ultérieurs, il faut administrer des calmants, du laudanum, des boissons mucilagineuses, des tisanes d'orge, de pariétaire.

CYSTITE HÉMORRAGIQUE.
HÉMATURIE DES BOVIDÉS

L'hématurie, c'est-à-dire l'émission d'urine sanglante, n'est en elle-même qu'un symptôme qui peut se rapporter à des lésions très diverses : lésions congestives des néphrites au début, lésions traumatiques des reins, ulcérations des tubes urinifères ou des bassinets, lésions des uretères, de la vessie, etc., etc. La dénomination ne suffirait donc pas à caractériser une maladie déterminée, et cependant, en clinique bovine, le terme d'hématurie a pris une signification toute spéciale à laquelle on accorde une valeur connue, et qui suffit à préciser cette affection.

Cette hématurie des bêtes bovines est une affection qui, cliniquement, se traduit par du pissement de sang, et anatomiquement par des lésions de la vessie et quelquefois des uretères.

C'est Pichon (1864) et Sinoir (1864) qui firent accepter la dénomination d'*hématurie*, à la suite de leurs remarquables études sur cette affection. Antérieurement, elle avait été signalée par Vigney (1845) et Gilet (1862); depuis, elle a fait l'objet d'études et de recherches ininterrompues.

Detroye (1891) la qualifie d'*hématurie essentielle*, Galtier (1892) lui donne le nom de *cystite hémorragique*, et Boudeaud (1894) conserve la dénomination d'*hématurie* des bêtes bovines.

Cette affection est connue de tous les éleveurs des régions où elle sévit sous le nom de *pissement de sang*.

En Allemagne, on l'appelle *Stallroth* (rouge des étables).

Aire géographique. — L'hématurie représente un véritable fléau pour certaines contrées. D'après mes documents, cette affection semble avoir fait son apparition dans les départements de l'ouest de la France, la Mayenne et la Sarthe, pour se propager ensuite dans le Maine-et-Loire et l'Indre. Aujourd'hui, elle fait ses plus grands ravages dans la Nièvre (Haut-Morvan), la Creuse, la Corrèze, la Haute-Vienne, le Cantal, le Puy-de-Dôme et la Haute-Loire. Accidentellement, on peut l'observer en Sologne et dans quelques autres points.

Elle a été signalée en Allemagne, en Belgique, en Italie, en Amérique du Nord.

Étiologie. — Les opinions les plus diverse sont été émises relativement à ses causes.

Pichon rattachait son apparition aux transformations culturales qui, de 1830 à 1860, avaient complètement changé la physionomie générale du pays ainsi que les conditions d'élevage, dans l'ancienne province du Maine. Les défrichements et les amendements calcaires sont mis en cause, ainsi que l'introduction du bétail Durham. — Sinoir est à peu près du même avis, car, selon lui, les croisements Durham, en augmentant la précocité, auraient diminué la résistance du bétail indigène.

Mais, avec le temps, les idées se modifient et les recherches subissent une nouvelle orientation. — Detroye en fit une maladie microbienne facilement transmissible, tandis que Galtier, l'année suivante, ne la considérait plus que comme une cystite hémorragique chronique provoquée par l'ingestion de plantes irritantes chez des sujets préalablement atteints de distomatose.

En Allemagne, Arnold a imputé le *Stallroth* (rouge des étables) à des coccidies qui se développeraient dans l'épithélium de la muqueuse vésicale. Ce doit être là une forme exceptionnelle.

Cruzel ne voyait d'autre cause qu'une alimentation trop parcimonieuse. Boudeaud pense de même; il signale l'hématurie comme pouvant exister sur 1/10 de la population bovine du sud du département de l'Indre et du nord de la Creuse, dans des régions où la terre arable n'a qu'une faible épaisseur et n'a pas la richesse voulue en acide phosphorique. Il avance d'autre part que le chaulage et le phosphatage méthodique des prairies font disparaître l'hématurie.

Il paraît impossible d'admettre que la pauvreté des fourrages et de l'alimentation puisse seule faire apparaître l'hématurie. Combien souvent ne voit-on pas des animaux mal nourris passer par toutes les phases de l'amaigrissement, de la cachexie et de l'étisie la plus profonde, et cependant ne jamais présenter de pissement de sang? D'ailleurs, le pissement de sang peut apparaître sur des sujets en très bon état.

L'opinion primitive de Detroye sur la nature infectieuse ou microbienne ne paraît pas plus acceptable, car il est acquis aujourd'hui que l'agent primitivement décrit ne peut amener la production de l'affection.

La théorie de Galtier est encore moins admissible. Selon le professeur lyonnais, l'hématurie ne s'observerait que sur des animaux atteints de distomatose, et voici comment les choses se passeraient : lésé par la distomatose, le foie ne peut plus jouer le rôle antitoxique qui lui est dévolu. Si, dans ces conditions, les animaux sont entretenus dans des herbages de mauvaise qualité, contenant des renoncules, des carex, des joncs, les produits toxiques de ces plantes sont absorbés, mais, ne pouvant plus être détruits, ils sont éliminés par les reins. Leur stagnation dans le réservoir vésical cause de l'irritation, une cystite hémorragique se déclare et se trouve entretenue dans la suite par certains agents microbiens de la vessie.

Cette théorie si spécieuse, qui pourrait être facilement réfutée dans tous ses points, tombe à mon avis devant ce seul fait dont j'ai maintes fois été le témoin : que l'hématurie existe chez des animaux qui ne présentent pas de traces de distomatose à l'autopsie, et que, d'autre part, on ne l'observe pas sous forme enzootique dans les pâturages des régions basses du Nord, du Pas-de-Calais, de la Somme et de Normandie, où les renoncules et autres plantes irritantes foisonnent et où la distomatose sévit.

Les épizooties de distomatose ne sont pas le point de départ d'épizooties d'hématurie.

Ce dont j'ai pu m'assurer sur place, dans la Creuse, c'est que l'hématurie est très rare chez les jeunes, exceptionnelle avant 2 ans 1/2 ou 3 ans, c'est qu'on l'observe aussi fréquemment chez les bœufs que chez les vaches, et que c'est surtout dans les régions basses qu'on la rencontre, presque jamais au delà de 800 mètres d'altitude. Une enquête minutieuse démontre, d'autre part, que le pissement de sang apparaît tout aussi bien l'hiver à l'étable qu'au printemps au pâturage.

Une autre théorie émise sur le mode d'évolution de l'hématurie est celle fournie par le professeur Liénaux (de Bruxelles). Se basant sur des constatations d'anatomie pathologique qui lui ont révélé, chez des hématuriques, la coexistence de l'angiomatose capillaire du foie et de l'angiomatose capillaire de la vessie, notre collègue belge paraît tenté de faire de l'hématurie une affection du système vasculaire (angiomatose capillaire vésicale), susceptible de se compliquer secondairement de lésions inflammatoires (cystite végétante).

L'angiomatose capillaire vésicale serait d'origine mécanique et trouverait son point de départ dans les troubles de la circulation de retour résultant de compressions veineuses par la masse des viscères digestifs. Elle se présenterait de préférence sur les animaux mal nourris durant la saison d'hiver et apparaîtrait à la fin du régime de stabulation.

Fort bien étayée par le raisonnement et basée sur des constatations de lésions, cette théorie me paraît susceptible d'une objection capitale. S'il ne s'agissait réellement que d'un trouble vasculaire, d'origine mécanique, l'hématurie devrait surtout frapper les sujets gloutons ou gros mangeurs, dont la masse abdominale est toujours remplie au maximum, frapper les animaux qui pendant des mois restent dans des pâturages plantureux, où de façon constante ils chargent leur rumen à le faire éclater. Ce n'est pas le cas.

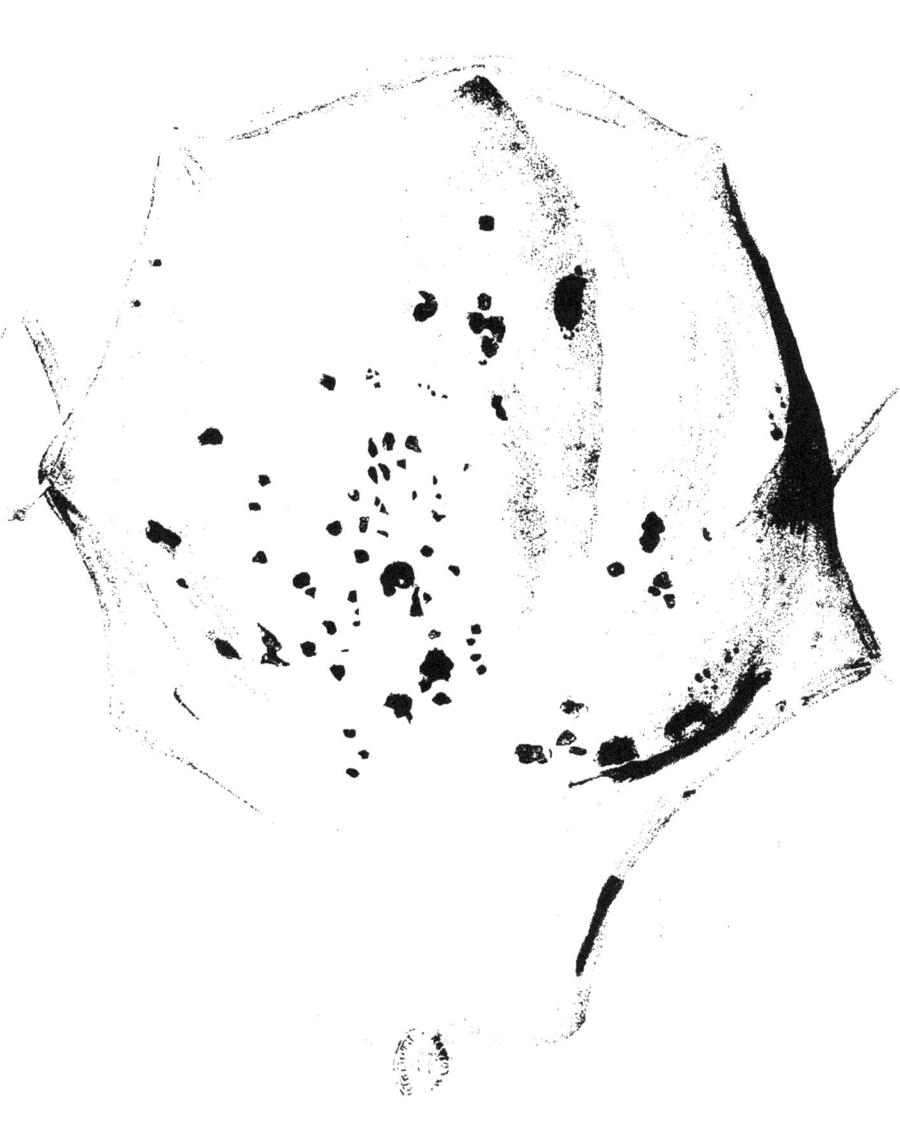

tables varicosités du réseau sous-muqueux et des capillaires intra-muqueux. Mais, si cette lésion est primitive, elle ne correspond pas à la période d'émission d'urine sanglante et ne suffirait pas à l'expliquer; aussi relève-t-on toujours comme un piqueté hémorra-gique intramuqueux et sous-épithélial plus ou moins abondant.

Au niveau de l'îlot hémorragique, dont les dimensions sont très variables, depuis la grosseur d'une petite tête d'épingle jusqu'à celle d'une lentille, l'épithélium est comme soulevé, décollé, privé de ses rapports anatomiques lui permettant d'entretenir sa vitalité. Cette plaquette d'épithélium décollé ne tarde pas à tomber, et il en résulte une exulcération épithéliale de la muqueuse. — Le caillot sous-jacent se désagrège bientôt au contact des liquides de la vessie, en laissant à sa place une petite ulcération qui sera le siège d'une hémorragie capillaire permanente. Detroye qui autrefois à l'abattoir de Limoges eut l'occasion d'examiner un grand nombre d'hématu-riques sacrifiées pour la boucherie, dit avoir vu comme période de début l'apparition de phlyctènes ou vésicules à contenu transpa-rent dont l'existence était très éphémère et précédait les exulcéra-tions et les hémorragies. Plus tard, les tissus avoisinants réagissent, et le processus de réparation peut aboutir, soit à une cicatrisation vraie, ce qui paraît devoir être rare, soit plus souvent à la formation d'un bourgeon exubérant, véritable végétation mûriforme saignante elle aussi. Ces végétations sont ou pédiculées ou sessiles, de volume très variable.

La paroi vésicale réagit, elle aussi, dans son épaisseur; elle se sclérose et s'épaissit, de telle sorte que souvent, chez les vieilles bêtes hématuriques, elle a perdu toute dilatabilité.

Lorsque la maladie sévit depuis un certain temps, on trouve à la fois des hémorragies sous-épithéliales, des ulcérations, des végé-tations et des points de sclérose, ce qui montre que l'évolution ne se fait pas d'une seule poussée, mais que, au contraire, chaque petite lésion évolue pour son compte, isolément, et de façon continue. Ce fait explique aussi la persistance indéfinie du pissement de sang, malgré la présence de lésions anciennes ou cicatrisées.

Enfin, dans les cas très anciens, datant de plusieurs années (j'ai vu une hématurique âgée de 28 ans, et qui avait cette maladie depuis plus de vingt ans, mais d'une façon très intermittente), il n'est pas exceptionnel de trouver de nombreuses végétations papil-liformes de plusieurs centimètres de longueur, finement pédiculées ou largement sessiles et envahissant la moitié ou les 2/3 de la sur-face interne de la vessie.

Ces végétations pénètrent parfois dans les uretères, le fait est rare; mais, lorsqu'elles se trouvent vers leur point d'abouchement, elles mettent obstacle à l'écoulement de l'urine et provoquent alors l'évolution d'une hydronéphrose ou d'une pyélonéphrite.

Dans certains cas, lorsqu'il y a complications par infections microbiennes variées, la muqueuse vésicale apparaît avec des végétations villeuses, polypeuses, des ulcérations, des ecchymoses, des plaques marbrées violacées, noirâtres, même des plaques sphacélées. Le réseau vasculaire sous épithélial enflammé, les lésions localisées

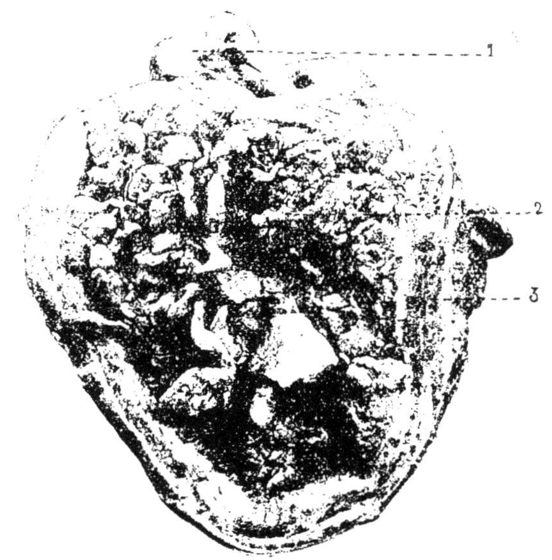

Fig. 230. — Lésions anciennes d'hématurie; végétations papillaires intravésicales; 1, canal de l'urètre; 2, végétations papillomateuses; 3, épaississement de la paroi vésicale (d'après photographie).

de préférence sur le plancher et le fond de la vessie. Macroscopiquement les lésions pourraient faire admettre les variétés suivantes : forme hémorragique plus ou moins ulcéreuse, forme végétante villeuse, forme polypeuse.

Symptômes. — Les symptômes du début passent fréquemment inaperçus, parce qu'il est rare qu'il y ait des troubles généraux. Ce sont des signes de cystite qui deviennent appréciables les premiers, et la fréquence des mictions fixe l'attention.

L'urine émise commence par être trouble (chargée, suivant l'expression populaire), et seulement à la fin de la miction. Plus tard, elle se montre teintée en rose ou en rouge, et il est possible d'observer tous les intermédiaires entre la teinte rose pâle et la couleur rouge vif rutilante.

Les malades semblent parfois uriner du sang en nature; mais, si on examine cette urine au microscope, on trouve qu'il s'agit d'une dilution sanguine très étendue. Tant que la vessie n'est pas gravement infectée par pénétration secondaire de germes dans sa cavité, les globules sanguins se conservent normaux ou à peine altérés. Avec les infections vésicales secondaires, l'altération se fait plus vite; les globules rouges se montrent crénelés, fragmentés, dissociés; l'hémoglobine est en partie dissoute, modifiée, elle aussi, et c'est alors que l'on voit apparaître les urines rouges, brunes ou couleur café, suivant la durée du séjour dans le réservoir vésical.

Dans d'autres cas, et principalement lorsque l'hématurie existe depuis un certain temps, le sang extravasé se coagule dans la vessie, l'urine émise contient des caillots filamenteux, de la grosseur du doigt, d'un œuf de pigeon au plus. Si les caillots formés sont trop volumineux pour être rejetés, et cela arrive fréquemment chez le bœuf, il se fait des obstructions urétrales, des rétentions urinaires, et tous les accidents qui accompagnent ces rétentions évoluent, jusqu'à la terminaison par rupture. C'est l'une des terminaisons fréquentes chez le bœuf. — Chez la vache, la dilatabilité et la brièveté de l'urètre font que les rétentions urinaires sont beaucoup plus rares; elles sont cependant possibles, et il n'est pas exceptionnel non plus de trouver 2 ou 3 kilogrammes de caillots dans la vessie distendue. Tous ces accidents se découvrent par l'exploration rectale et par les symptômes qui se rattachent aux obstructions urétrales.

Toutes les fois qu'il existe de la rétention de caillots, la dysurie est extrêmement manifeste et pour ainsi dire permanente, les malades ayant des épreintes continuelles.

La gestation aggrave les symptômes, l'accouchement les améliore.

L'hématurie a une marche lente, progressive, qui avec le temps amène les animaux vers la déchéance et la mort par épuisement; cependant, cette marche progressive n'est pas fatale. Très fréquemment, l'hématurie est intermittente et, après avoir été très accusée pendant des semaines et des mois, elle peut cesser brusquement ou progressivement pour ne réapparaître que bien longtemps après.

Ce fait s'explique par l'étude de l'évolution des lésions : au moment où une ulcération se produit, les vaisseaux sous-épithéliaux de la muqueuse, qui ont servi à la formation de l'îlot hémorragique, se trouvant béants, l'hémorragie capillaire se produit; mais qu'un petit caillot arrive à pouvoir se former sur place, ou qu'une thrombose capillaire locale s'établisse, et alors l'hémorragie cessera instantanément, il n'y aura plus d'hématurie; mais malheureusement les caillots oblitérants ne tiennent pas, non plus que les thromboses locales, ou, si elles tiennent, une autre petite lésion évolue dans un autre point, lésion qui, à un moment indéterminé, provoquera la réapparition de l'hématurie, et ainsi de suite jusqu'à la mort du sujet atteint.

La guérison spontanée est possible cependant, par cicatrisation successive des plaies qui ont pu se former. Cette guérison est exceptionnelle.

Pendant des semaines et des mois, les malades semblent ne pas se ressentir de leur pissement de sang, puis les fonctions hématopoiétiques s'affaiblissent, les malades s'anémient, le taux des globules s'abaisse de 6 à 7 millions de globules rouges par millimètre cube, chiffre normal, à 3 millions, 2 millions, 1 million et même jusqu'à 500.000 ou 800.000 seulement.

La richesse en hémoglobine diminue parallèlement; l'amaigrissement s'accuse jusqu'à la cachexie; l'appétit diminue pendant que la diarrhée apparaît; des œdèmes surviennent comme dans la cachexie aqueuse, et les malades, continuant toujours à pisser le peu de sang qui leur reste, succombent dans l'anéantissement et l'épuisement final, sans souffrances.

Ce mode de terminaison est le plus ordinaire quand le couteau du boucher n'est pas venu plus tôt mettre fin à l'existence des malades; et il est bien différent de la fin prématurée qui peut résulter de la formation de caillots et de l'obstruction de l'urètre.

Extérieurement, les hématuriques ne présentent d'autres signes que de la faiblesse, de la pâleur des muqueuses (muqueuse conjonctive, muqueuse buccale, muqueuse vaginale) et de la difficulté de la miction. Le bouquet de poils de la commissure inférieure de la vulve est toujours souillé d'urine sanglante ou de petits caillots.

Il se peut que l'hématurie amène la mort par épuisement en un mois et demi à deux mois, mais bien souvent elle dure des mois et des années.

Diagnostic. — Le diagnostic ne présente aucune difficulté quand il est possible de voir l'urine, mais dans les périodes d'intermittence on ne peut rien affirmer. Ces intermittences sont tellement fréquentes que, dans les pays ravagés par cette affection, il est d'usage courant dans les ventes d'accorder ou de refuser des billets de garantie d'une durée variable.

La distinction d'avec l'hémoglobinurie parasitaire (piroplasmose) ou d'avec les hématuries toxiques (maladies fébriles à évolution rapide) est facile par le seul examen de l'urine ou du sang.

Pronostic. — Le pronostic est extrêmement grave, car jusqu'à ce jour il n'est pas un seul traitement dont on puisse affirmer l'efficacité. Et s'il est des animaux qui peuvent être entretenus pendant des années sans que leur vie soit jamais compromise, ce qu'il est impossible de prévoir, on peut affirmer qu'il n'y a aucun intérêt économique à agir ainsi. Le pronostic est beaucoup plus grave chez les mâles que chez les femelles comme conséquence du danger d'obstruction de l'urètre.

Traitement. — On ne connaît pas de traitement curatif.

On a bien conseillé l'emploi des ferrugineux, du chlorure de calcium (20 gr. par jour), des toniques, de l'eau de Rabel, l'emploi de décoctions de certaines plantes (plantain, fumeterre); mais, outre que leur efficacité est douteuse, leur usage ne peut guère être prolongé. Toutes ces médications tendent d'ailleurs à augmenter la coagulabilité du sang, mais, étant donnée la nature indéterminée de l'affection, on ne saurait en attendre toujours de bons résultats.

Les injections de doses fortes de sérum hémopoiétique pourraient être utilisées dans le même but.

Les arsenicaux, qui ont une action marquée sur l'hématopoïèse, sont à recommander : acide arsénieux, atoxyl ou arsénobenzol.

Les injections de chlorhydrate d'émétine, d'adrénaline, de pituilobine, si fréquemment recommandées en médecine humaine contre les hémorragies internes, ne m'ont jamais donné de résultats appréciables. Celles de citrate de soude, 5 à 10 grammes en injections intra-veineuses, paraissent plus efficaces pour une action temporaire tout au moins. L'urotropine doit être proscrite, quel que soit son mode d'administration, parce que s'éliminant sous forme de dérivés formolés par le rein, elle détermine la gélification des urines comme la gélification des sérums, et par cela même favorise les accidents d'obstruction. En résumé, ce sont les ferrugineux et les arsenicaux qui se montrent les plus efficaces au point de vue curatfi.

L'efficacité d'un traitement préventif paraît plus admissible, bien que, à mon avis, il soit permis de conserver des doutes.

Tous ceux qui se sont occupés de la question sont d'accord pour conseiller le drainage des terres, l'amélioration des pâturages par les engrais divers, les superphosphates et la chaux en particulier. Ces améliorations culturales changent la flore des prairies, assainissent le sol, et il est possible, en effet, que ces modifications soient suffisantes pour faire diminuer ou disparaître les causes agissantes.

Boudeaud affirme avoir vu, dans ces conditions, disparaître l'hématurie d'exploitations agricoles où elle existait en permanence précédemment. Lahaye et Rulot (1926), en Belgique, disent avoir vu des résultats semblables après emploi de 1.000 à 1.500 kilos à l'hectare de phosphates basiques de chaux.

On a encore recommandé l'émigration du bétail atteint vers d'autres régions indemnes, et l'expérience a prouvé que la guérison spontanée était plus fréquente dans ces conditions.

Il est probable que, au cours de l'hématurie en pays contaminé, il se fait des infestations parasitaires, des infections microbiennes ou des intoxications successives qui expliquent la persistance du pissement de sang, ce qui n'arrive pas en pays sain; mais jusqu'ici ce n'est là qu'une hypothèse.

TUMEURS DE LA VESSIE

Les tumeurs de la vessie affectent le plus communément la forme papillomateuse ou verruqueuse, mais il en est qui peuvent être simples, énormes, pédiculées ou non. Relativement à leur nature, elles peuvent être représentées par des papillomes, des épithéliomes ou des carcinomes.

Symptômes. — Les symptômes tiennent à la fois de l'hématurie, de la cystite et de la pyélonéphrite. — Les malades ont des épreintes plus ou moins violentes; l'urine émise est généralement hématique; elle répand une odeur ammoniacale très nette et se putréfie très vite à l'air. Cette urine contient des globules rouges en suspension et de l'hémoglobine en dissolution par suite de l'action des agents d'infection qui existent toujours. — L'amaigrissement est rapide, l'anémie très accentuée.

A l'exploration rectale, la vessie se montre épaissie, bosselée, indurée vers son fond d'ordinaire, souvent remplie de caillots sanguins volumineux; les uretères sont généralement normaux, ainsi que les bassinets et les reins; mais, par contre, il peut exister des lymphangites pelviennes, de l'hypertrophie et de l'envahissement secondaire des ganglions sous-lombaires.

Diagnostic. — Il est assez délicat, car il faut éviter de se laisser abuser par les seuls caractères de l'urine. La confusion avec la pyélo-néphrite hémorragique est la plus commune en raison de l'odeur et de la rapidité de putréfaction de l'urine; la distinction sera établie par l'exploration rectale, qui fera connaître l'existence de lésions vésicales et l'absence de lésions des uretères et des bassinets. — La distinction d'avec l'hématurie franche sera facile aussi, car, dans cette dernière affection, il n'y a que de l'hématurie sans hémoglobinurie, pas de lésions de généralisation vers les ganglions et pas de décomposition hâtive de l'urine.

Il n'y a pas lieu de confondre avec les hémoglobinuries accidentelles toxiques (intoxications alimentaires) ou parasitaires (piroplasmoses) qui, elles, sont temporaires et fébriles.

Pronostic. — Le pronostic est extrêmement grave; comme il s'agit de tumeurs intravésicales que l'on ne peut économiquement songer à extirper, il n'y a pas de guérison à attendre. Le plus sage, lorsque le diagnostic est bien précisé, c'est de sacrifier aussitôt les malades.

Traitement. — Le seul traitement logique serait l'extirpation. Notre technique opératoire n'est pas encore assez perfectionnée pour arriver à des résultats économiques utiles; mais l'avenir nous apportera peut-être des succès.

CHAPITRE III

MALADIES DES REINS

REIN A MACULES

Il arrive parfois, au cours des inspections d'abattoir, que l'on découvre chez des veaux en état d'embonpoint moyen, ou même en parfait état, des rognons qui semblent envahis de lésions se tradui-

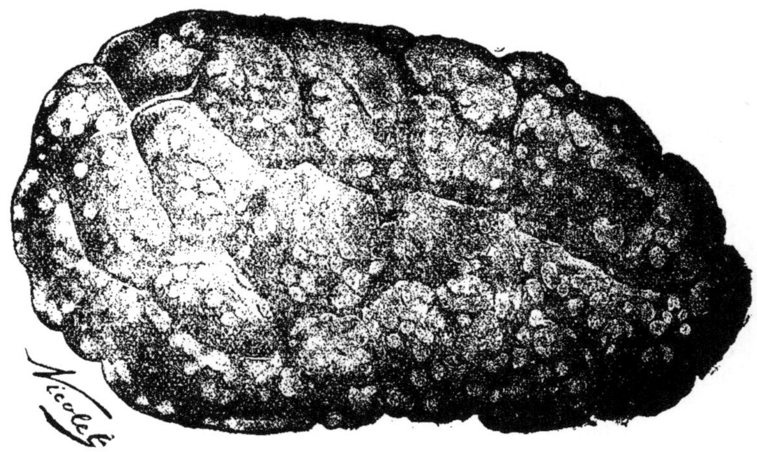

Fig. 231. — Rein de veau à macules blanches.

sant objectivement par de petites taches blanches de dimensions très voisines les uns des autres, et caractérisant ce que l'on a appelé « rein à macules ». — Il est d'usage de retirer ces organes de la consommation, parce qu'ils n'ont pas le caractère marchand.

On s'est demandé quelle pouvait être l'origine et la nature de ces altérations; les uns ont voulu y voir des lésions de sarcomatose, d'autres des altérations d'origine embolique, bien que ces hypothèses s'accordent mal avec un état antérieur de santé parfaite chez l'animal. Vaërst (1901) estime qu'il s'agit simplement en pareille circonstance d'une légère irrégularité de développement embryonnaire du rein, et que les macules blanches ne caractérisent nullement des lésions, mais simplement des vestiges du blastème rénal primitif qui fournit les éléments d'organisation des glomérules et des tubes urinifères. — Ces vestiges disparaissent par régression et résorption quelques semaines après la naissance.

Cette anomalie congénitale ne caractérise donc pas un état de maladie, mais simplement une irrégularité de développement. Elle mérite simplement d'être signalée.

CONGESTION DES REINS

La congestion des reins n'est pas une entité morbide, au sens propre du mot, car elle n'est que l'avant-coureur des néphrites qui accompagnent les maladies infectieuses ou les intoxications (congestions actives primitives); ou, au contraire, la conséquence ultime d'autres affections, telles que maladies de cœur, affections du foie, compressions mécaniques de la veine cave ou des veines rénales (congestions passives secondaires, rein cardiaque).

Toutefois, il est possible que, dans certaines circonstances, l'évolution d'une néphrite en cours s'arrête au stade de congestion du début, et c'est dans ces conditions seules qu'il y a lieu de l'étudier comme une affection déterminée.

Étiologie. — Toutes les infections s'accompagnant de lésion des reins, et elles sont nombreuses (coryza gangreneux, charbon, hémoglobinurie parasitaire, hémoglobinurie toxique), déterminent la congestion des reins.

Le froid agit aussi très certainement dans certaines conditions; les diurétiques à dose élevée, les aliments à principes irritants s'éliminant par l'urine (résidus industriels altérés ou fermentés), et les aliments riches en résines, huiles essentielles, glycosides divers, tanin, etc. (pousses des arbres au printemps) déterminent également, à des degrés divers, des congestions des reins.

Symptômes. — Les symptômes sont difficiles à bien préciser, et ce n'est souvent qu'avec l'aide des commémoratifs que le diagnostic peut être porté.

La congestion rénale détermine des douleurs se traduisant par des coliques sourdes, des efforts de miction répétés et infructueux faisant songer à de la cystite aiguë. Les malades perdent l'appétit et présentent tous les signes généraux caractérisant une inflammation viscérale marquée : fièvre, accélération de la respiration, battements cardiaques légèrement tumultueux, etc.

L'exploration externe ou interne des reins dénote une sensibilité anormale. L'urine apparaît foncée ou teintée en rouge par suite de la présence d'une certaine quantité de globules rouges. Par le repos,

ces globules se déposent, et l'examen microscopique révèle toujours
en même temps la présence de cellules du rein.

Diagnostic. — Le diagnostic est assez délicat, tout au moins
lorsqu'il s'agit de différencier une congestion des reins d'une néphrite
vraie.

Pronostic. — Le pronostic doit toujours être réservé, jusqu'à
certitude absolue qu'il n'y aura pas néphrite aiguë ultérieurement.

Traitement. — Le traitement consiste à supprimer la cause qui
a pu déterminer la congestion : suppression des aliments avariés,
des aliments à principes irritants, éviter l'abus des diurétiques.

Il est ensuite celui de toutes les inflammations viscérales : saignée
de 2 à 4 litres suivant la taille des sujets, cataplasmes chauds en
permanence sur les lombes et les flancs, frictions sèches, séjour dans
un local à température constante, boissons mucilagineuses, décoctions émollientes à l'orge ou à la pariétaire.

Lorsqu'il s'agit de congestions passives et secondaires, le traitement doit être dirigé contre l'organe primitivement lésé : cœur,
foie, ganglions, lorsqu'il y a lieu d'établir ce traitement.

NÉPHRITES AIGUES

On désigne sous le nom de néphrites les inflammations du tissu
rénal. — Cliniquement, on ne peut distinguer que deux formes, une
forme aiguë et une forme chronique.

Sous le rapport de l'anatomie pathologique, l'inflammation peut
intéresser tout particulièrement, soit le tissu interstitiel, soit le
parenchyme épithélial, ce qui avait permis aux anatomo-patholo-
gistes de distinguer des néphrites épithéliales, des néphrites interstitielles et des néphrites mixtes. Cette distinction est impossible en
clinique, et, en réalité, toutes les néphrites sont mixtes à des degrés
divers, avec prédominance variable des lésions sur telle ou telle
partie constituante. Ces lésions sont surtout fonction de l'étendue,
de l'intensité et de la durée des poussées inflammatoires, quelles
qu'en soient les causes primitives. Toutes les parties constituantes
des reins peuvent être intéressées simultanément ou isolément :
glomérules de Malpighi, tubes contournés, tubes collecteurs, ou
tissu conjonctif interstitiel.

Étiologie. — Le froid semble devoir jouer un rôle important dans
l'évolution des néphrites. Toutes les intoxications aiguës ou chroniques dans lesquelles les principes toxiques s'éliminent par les
reins (cantharides, résidus industriels, alimentation avec des pousses
d'arbres ou des plantes toxiques) peuvent déterminer des néphrites
aiguës.

Les maladies infectieuses, coryza gangreneux, hémoglobinurie, tuberculose, infections *post-partum*, doivent aussi entrer en ligne de compte, que la néphrite soit directe, c'est-à-dire provoquée par l'agent infectant lui-même, ou qu'elle soit indirecte, c'est-à-dire provoquée par les toxines ou poisons élaborés dans l'organisme. — Enfin, l'une des causes, souvent méconnue, à mon avis, est représentée par la gestation chez les femelles. J'ai pu m'assurer que l'albuminurie était assez fréquente au cours de la gestation, et bien que, dans la plupart des cas, elle soit modérée, je pense cependant qu'elle se rattache souvent à une néphrite subaiguë qu'une cause accidentelle pourra aggraver.

Beaucoup de néphrites passent inaperçues, en raison de leur peu d'intensité.

Symptômes. — Les symptômes du début sont ceux de la congestion des reins : coliques sourdes, sensibilité exagérée des lombes, émission d'urine teintée en rose, perte d'appétit, réaction fébrile, et, plus tard, lorsqu'il s'agit de néphrites aiguës *a frigore*, les malades prennent de préférence l'attitude du rassembler; ils se tiennent immobiles, les reins voussés et raides. Les déplacements sont difficiles à obtenir, en raison de la douleur qu'ils provoquent.

L'état général devient mauvais; la respiration est accélérée, le pouls vite, l'artère tendue, les muqueuses apparentes injectées, le mufle sec; l'appétit est à peu près nul.

La miction est fréquente, mais pénible (dysurie), peu abondante. L'anurie absolue est rare et ne peut persister longtemps.

L'urine est généralement sanguinolente, au début tout au moins, mais à des degrés très différents. Elle se montre toujours albumineuse, le taux de l'albumine pouvant varier énormément, et l'examen microscopique y décèle d'ordinaire des globules rouges, des globules blancs, des cellules du rein, des cylindres hyalins ou épithéliaux, des globules de pus vers la fin.

Les œdèmes ou l'anasarque, si fréquents dans l'espèce humaine, ne s'observent bien nettement que dans les néphrites aiguës intenses. Les épistaxis sont rares aussi.

Diagnostic. — Le diagnostic exige quelque attention, parce que, en l'absence de l'examen de l'urine, les symptômes apparents peuvent induire en erreur. Toutefois, le diagnostic différentiel d'avec l'hématurie, les hémorragies rénales accidentelles, en sera toujours possible.

Pronostic. — Le pronostic est grave, parce que la guérison absolue est rare, et que le passage à l'état chronique est fréquent.

Le degré d'anurie et la difficulté respiratoire sont d'un précieux secours pour ce pronostic. Dès que la quantité d'urine émise remonte le pronostic devient plus favorable.

Traitement. — Au nombre des moyens d'action les plus énergiques, il faut placer la saignée, qui amène toujours une amélioration. Les frictions sèches sur les reins et les flancs, les applications chaudes ou l'emmaillotement lombaire rendront encore des services. Comme médication interne, les boissons mucilagineuses, les décoctions diurétiques et le lait fournissent d'excellents résultats. — Le taux de l'albumine diminue rapidement, la dysurie s'atténue, la miction devient plus abondante et, en huit à dix jours, tous les signes inquiétants disparaissent. Le bicarbonate de soude peut alors être donné sans aucun inconvénient pendant une quinzaine.

Dans les cas très graves, le camphre, le bromure de camphre, les injections d'huile camphrée (5 à 10 grammes à l'intérieur ou 3 à 5 grammes en injection sous-cutanée) donnent des résultats excellents pour calmer les douleurs et modérer l'intensité du processus inflammatoire.

La digitale en poudre, 2 à 4 grammes, ou mieux la digitaline en injections aux doses de 5 milligrammes ou 1 centigramme, peuvent encore avoir leurs indications, lorsque la dyspnée est très grande et accompagnée d'anasarque. Par contre, je considère comme formellement contre-indiqués des médicaments tels que l'essence de térébenthine, l'azotate de potasse à dose forte.

Lancereaux, en médecine humaine, a recommandé autrefois la teinture de cantharides, aux doses de V à XII gouttes, dans les cas graves de néphrite épithéliale, et dit en avoir obtenu des résultats surprenants pour la diurèse. On pourrait l'essayer chez nos animaux, aux doses de XXX à L gouttes, pendant cinq à huit jours consécutifs.

NÉPHRITE CHRONIQUE

Les néphrites chroniques vraies, c'est-à-dire strictement limitées au tissu rénal, et indemnes de pyélites, sont encore mal connues chez nos animaux domestiques; les symptômes qui les caractérisent n'ont pas toujours été notés avec soin, et le diagnostic reste bien souvent incertain. Néanmoins, l'une des formes les plus ordinaires a été bien étudiée par Seuffert : la néphrite chronique hypertrophique.

Étiologie. — La néphrite chronique est la terminaison fréquente des formes aiguës, quel qu'en soit le point de départ, mais il est possible qu'elle évolue aussi d'emblée, sous l'influence de refroidissements répétés : pluies permanentes quand les animaux sont au pâturage, refroidissements durant la nuit, grandes variations atmosphériques au printemps et à l'automne (Seuffert). Il s'agit alors de néphrites subaiguës, plutôt que de néphrites chroniques proprement dites.

Ces néphrites chroniques évoluent aussi d'emblée lorsqu'il y a des lésions chroniques du foie, lorsqu'il existe des compressions de la veine cave postérieure et de la stase sanguine du côté des reins. — Elles peuvent enfin représenter le reliquat éloigné de lésions minimes et passées inaperçues, évoluant au cours de maladies graves, de gestations répétées.

Sous le rapport de l'anatomie pathologique, on n'a signalé, jusqu'à ce jour, que les néphrites chroniques hypertrophiques (gros reins scléreux blanchâtres, à tissu lardacé et parfois marbré); il est probable que cela tient à ce que les animaux sont sacrifiés dès que leur entretien devient onéreux; mais, si on les conservait plus longtemps, on observerait, sans nul doute, aussi les néphrites chroniques atrophiques comme chez l'espèce humaine ou chez le chien. L'observation pour l'espèce humaine a démontré que ces deux formes ne représentaient, en réalité, que des stades différents de l'évolution d'une même affection, des reins volumineux et hypertrophiés au début pouvant subir ultérieurement une atrophie progressive parfois très marquée.

Symptômes. — Les symptômes sont tellement vagues au début que le diagnostic paraît impossible à un premier examen. D'après Seuffert, l'évolution se ferait de la façon suivante :

Il ne semble y avoir tout d'abord que de l'inappétence; puis bientôt les malades paraissent constipés et sont atteints de coliques sourdes. Il s'agit, en pareil cas, de coliques rénales par congestion, assez douloureuses pour provoquer l'apparition de plaintes discontinues (téguement intermittent).

L'urine rejetée est toujours trouble, parfois teintée de sang, mais il est exceptionnel que le caractère hématique persiste plus d'une semaine. L'urine redevient à peu près normale en apparence; elle est rejetée en petite quantité et contient une proportion variable d'albumine. — La lactation subit une chute notable et progressive.

Si l'on intervient à cette période, une médication évacuante et diurétique semble donner une amélioration réelle. Il ne s'agit malheureusement que d'une amélioration passagère appréciable. Les reins s'hypertrophient, le droit occupe bientôt tout l'espace sous-lombaire, son bord apparaît vers l'extrémité des apophyses transverses à l'angle antérieur du creux du flanc. La palpation externe décèle cette hypertrophie et dénote un excès de sensibilité. L'exploration interne confirme cet état, pour le rein gauche et pour le rein droit.

Les malades s'alimentent mal, ils maigrissent, quoi que l'on fasse; ils se cachectisent progressivement et succombent dans le marasme, épuisés et intoxiqués, après plusieurs mois.

Il est très probable qu'en plus des troubles digestifs il se produit aussi des troubles respiratoires et cardiaques, comme chez l'homme et le chien; ils n'ont pas été enregistrés, non plus que les accidents urémiques.

Diagnostic. — Le diagnostic se fait sans trop de difficultés lorsqu'on a recours à l'analyse de l'urine. Ses caractères du début, l'albuminurie persistante et l'hypertrophie des reins sont des symptômes suffisants. On ne pourrait guère confondre qu'avec des pyélo-néphrites et l'hydronéphrose; or, les caractères de l'urine dans ces deux cas, l'état des bassinets et des uretères permettent toujours un diagnostic différentiel.

Pronostic. — Le pronostic est grave, et Seuffert avance qu'il n'y a pas de guérison. C'est ce qui se produit en général pour toutes les néphrites chroniques.

Traitement. — L'affection devant être considérée comme incurable, il n'y a, en réalité, pas d'indication économique de traiter. Cependant, lorsque, pour certaines raisons toutes particulières, les propriétaires tiennent à conserver leurs malades un certain temps (vêlage très proche, par exemple), il est possible de recourir à la médication indiquée contre les néphrites aiguës : boissons mucilagineuses, tisanes diurétiques, lait, bicarbonate de soude, révulsion lombaire.

Le sérum du sang des veines rénales d'animaux normaux est considéré par l'école médicale lyonnaise comme doué de propriétés spéciales qui peuvent être utilement mises à profit dans les néphrites chroniques. Mais c'est là une médication coûteuse qui semble, pour l'instant, n'avoir aucune chance d'entrer dans la pratique vétérinaire; non plus que la médication opothérapique à base d'extraits de tissus du rein.

HYDRONÉPHROSE

L'hydronéphrose, c'est-à-dire la rétention urinaire dans le bassinet rénal et les tubes collecteurs et sécréteurs, est un accident pathologique fréquent chez l'espèce bovine. Cet accident ne s'observe d'ordinaire que sur un seul rein.

Étiologie. — Tout ce qui peut apporter un obstacle à l'écoulement de l'urine sur le trajet des uretères peut provoquer l'hydronéphrose. C'est ainsi que les tumeurs vésicales obstruant les orifices des uretères, les calculs enclavés dans les conduits en question, les torsions ou simplement les coudures des uretères, peuvent provoquer l'apparition de l'hydronéphrose. L'urine sécrétée par le rein, ne pouvant plus s'écouler, commence par s'accumuler dans le bassinet correspondant, dans l'uretère et dans les tubes urinifères, provoquant des coliques sourdes qui passent inaperçues ou dont la cause exacte n'est pas déterminée, parce que le second rein supplée celui qui se trouve accidentellement supprimé, et que la miction continue à s'effectuer régulièrement. La sécrétion rénale continuant, malgré l'obstruction, la partie de l'uretère située au-dessus du corps obstruant, le bassinet et les collecteurs urinifères se dilatent lentement, mais progressivement, et la masse totale du rein paraît s'hypertrophier.

L'uretère arrive parfois à atteindre les dimensions du bras; le rein acquiert un volume double, triple ou quadruple du volume normal; les scissures interlobulaires s'effacent, et chaque lobule circonscrit bientôt une cavité kystique de dimensions variables.

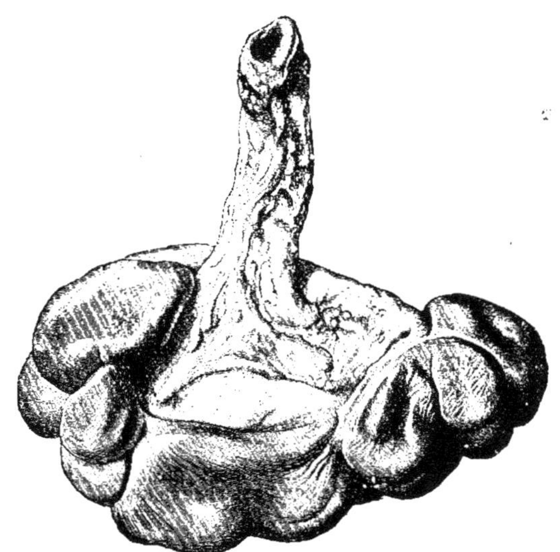

Fig. 232. — Rein atteint d'hydronéphrose.

Sous l'influence de la pression excentrique exercée par l'urine accumulée, le tissu rénal s'atrophie, celui de la substance médullaire d'abord, celui de la zone périphérique ensuite.

Le rein ne représente plus dès lors qu'une vaste cavité kystique possédant autant de culs-de-sac que de lobules, et la couche corticale peut s'atrophier au point de ne plus former qu'une coque fibreuse dans laquelle il est difficile de reconnaître les éléments constituants primitifs. La quantité de liquide accumulée atteint jusqu'à 10 et 20 litres (Éloire, Kitt).

Diagnostic. — Le diagnostic est assez rarement établi, parce que, l'un des reins continuant à fonctionner, il ne se produit pas d'accidents. Ce n'est que dans les cas où la cavité kystique vient faire saillie dans le flanc que des doutes peuvent s'élever, doutes qui sont alors changés en certitude par l'exploration rectale.

Pronostic. — L'hydronéphrose étant d'ordinaire unilatérale, le pronostic n'est pas très grave, en ce sens qu'il n'y a pas de danger immédiat; mais comme, d'autre part, il s'agit d'un accident irrémédiable et de lésions irréparables, il est indiqué de préparer les animaux pour l'abattoir.

Traitement. — Le traitement peut être considéré comme nul. Il y aurait bien indication de recourir à la ponction de la cavité

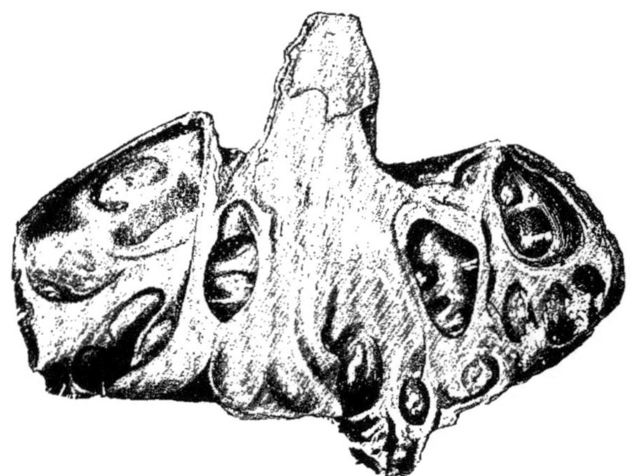

Fig. 233. — Section d'un rein à hydronéphrose presque totalement atrophié. Cavités de dilatation dans chaque lobule.

kystique, et même à l'ablation du rein à hydronéphrose, mais ce serait une intervention qui irait à l'encontre des intérêts du propriétaire; il n'y a donc pas lieu d'y recourir.

PYÉLO-NÉPHRITE INFECTIEUSE

Anglais : *Bacterial inflammation of the Kidneys.*

On désigne sous le nom de pyélo-néphrite infectieuse une maladie des voies urinaires provoquée par une infection microbienne localisée, en principe, à la cavité du bassinet et au rein correspondant.

En réalité, dans la très grande majorité des cas, elle est caractérisée par une inflammation de toute la muqueuse des voies urinaires déterminée par des agents microbiens variés. Cette inflammation se localise tout d'abord et de préférence à la muqueuse des calices et du bassinet (pyélite), pour gagner ensuite la profondeur des canalicules urinifères (néphrite); mais, dans les cas graves et anciens, la muqueuse des uretères et aussi celle de la vessie se trouvent également lésées. Cette affection a été signalée depuis fort longtemps en France (Rossignol, 1848), puis décrite en Allemagne (Siedamgrotski, 1875; Pflug, 1876), en Suisse (Hess, 1888), en France (Lucet, 1892; Masselin et Porcher, 1895), en Belgique (Liénaux), etc.

Étiologie. — Les femelles sont plus fréquemment atteintes que les mâles, parce qu'il s'agit de lésions causées par une infection ascendante qui trouve souvent son point de départ dans les infections génitales *post-partum*. Chez les mâles, les acrobustites, urétrites et la lithiase urinaire sont les facteurs ordinaires d'origine. Les métrites, vaginites, cystites, fistules recto-vaginales, sont les lésions de début, mais il faut savoir que ces inflammations d'organes peuvent rétrocéder, alors que la pyélo-néphrite évolue.

Les vaches et les truies semblent les femelles les plus exposées. L'affection débute peu après le part, mais le diagnostic n'en est généralement fait que tardivement, de un à six ou huit mois après.

D'assez nombreux agents sont capables de provoquer l'évolution de pyélo-néphrites : Höfflich, en 1891, a décrit un bacille de 2 à 3 μ de longueur, se colorant bien par les couleurs d'aniline et prenant le Gram, mais très pleiomorphe (1) (*B. pyelonephritidis bovum* ou *coryn bacillus renalis*). Lucet, en 1892, a trouvé un bacille court ne prenant pas le Gram, puis, plus tard, un autre bacille grêle le prenant. Kitt a signalé des cocci à l'exclusion d'autres agents; Masselin et Porcher ont découvert un coccobacille prenant le Gram, et reproduit la maladie, par une seule injection intravésicale de culture; Cadéac a rencontré des staphylocoques, et j'ai moi-même découvert des bacilles variés, des coli et des streptocoques pyogènes en de multiples circonstances. Liénaux et Zwœnepoël ont trouvé 5 fois sur 6 un bacille comparables à celui de Höfflich et qu'ils identifient à celui de Preisz-Nocard?

Ils estiment cependant qu'il n'y a pas de spécificité, que la pyélonéphrite est bien une affection polymicrobienne au début, mais au cours de laquelle il se fait une sélection avec extinction de certaines variétés et survivance des mieux favorisées.

De toute certitude, il y a donc des agents multiples et nombreux capables de provoquer des pyélo-néphrites par infection ascendante; les plus fréquents semblent devoir être des formes de paracoli. Je pense toutefois que le bacille de Höfflich est celui qui provoque la pyélo-néphrite typique; sa culture s'effectue dans la vessie sans déterminer de cystite; l'infection ascendante se fait dans les uretères sans provoquer d'urétérite primitive, et les localisations inflammatoires se font de préférence dans le bassinet et le rein. — Avec les autres agents variés, au contraire, j'ai trouvé, dans

---

(1) Le bacille spécifique est aérobie, il se cultive fort bien dans l'urine stérilisée neutre ou alcaline, dans l'urine bouillon, l'urine gélose. En bouillon, il donne un dépôt finement granuleux.

tous les cas, des lésions de cystite et d'urétérite avec celles de pyélo-néphrite.

Dans ces derniers cas, d'ailleurs, les pyélo-néphrites prennent la forme aiguë, et il n'est pas exceptionnel de les voir se compliquer de phlegmons et d'abcès périnéphrétiques.

Si donc, à la suite d'une infection ascendante mixte des voies urinaires, certaines espèces microbiennes succombent, parce qu'elles sont mal adaptées au milieu, il est non moins certain que d'autres peuvent, accidentellement, par pénétration dans la voie vaginale ou par introduction dans la vessie, à la suite d'un cathétérisme intempestif par exemple, provoquer des complications à marche rapide.

L'évolution dépasse parfois la formation des phlegmons et des abcès périnéphrétiques, pour aboutir à la gangrène partielle du tissu rénal (Voir la planche ci-annexée).

L'origine par infection ascendante est indéniable; c'est celle qui me paraît la plus certaine et la plus fréquente; mais certains auteurs étrangers (Bollinger, Kitt, Friedberger et Frohner, Hutyra, Marek, Ernst) défendent aussi la théorie de l'infection descendante d'origine hématogène. Il n'y a aucune raison de ne pas admettre sa possibilité. Dans ce cas, les agents d'infection amenés par le sang traverseraient les parois des capillaires des glomérules, se cantonneraient ensuite dans les tubes droits des pyramides de Ferrein et dans le bassinet et se multiplieraient là malgré des éliminations permanentes par les urines.

Symptômes. — Les pyélo-néphrites évoluent sous deux formes principales : une forme lente chronique, la plus fréquente, et une forme aiguë à marche beaucoup plus rapide.

La *forme chronique* se développe d'une façon insidieuse; il est exceptionnel de pouvoir établir un diagnostic précoce. On sait bien qu'il se produit au début certains troubles généraux : modification de l'appétit, troubles de nutrition, mauvais aspect général, poil piqué, peau adhérente, amaigrissement; mais ce sont là des troubles qui n'ont rien de caractéristique et qui se retrouvent dans toutes les maladies graves.

Les signes ne deviennent réellement caractéristiques au point de vue clinique que lorsque l'urine apparaît modifiée dans son aspect, et cette modification ne se montre que lorsqu'il y a déjà de grosses lésions du bassinet et des reins.

L'urine apparaît trouble, brunâtre, chargée de sédiments, de filaments de mucine, de globules de pus, de phosphate terreux; à l'analyse, elle renferme des quantités variables d'albumine.

Tardivement, elle peut même devenir glaireuse, hématique ou sanglante, montrer des globules rouges en quantité notable, lorsqu'il se produit des ulcérations du bassinet ou des calices.

Laissée à l'air, l'urine prend rapidement une teinte brune et répand une odeur ammoniacale accusée. — La percussion des lombes dans la région des reins dénote de la sensibilité, de même que la palpation externe par le flanc.

Si, à cette période, on pratique l'exploration rectale, on trouve les uretères distendus, durs, présentant la sensation de cordons fibreux rigides ou bosselés, de la grosseur parfois du bras d'un enfant. Le rein correspondant et souvent les deux reins sont augmentés de volume, parfois doublés, triplés, douloureux à la pression, et fluctuants, tout au mois dans le bassinet. A l'exploration vaginale, il est de règle de découvrir un méat urinaire enflammé, rouge et turgescent.

Dans cet état, les malades maigrissent vite, l'appétit est irrégulier, l'état général s'aggrave progressivement, et, sous le coup d'une fièvre uro-septique continue ils succombent dans l'étisie ou par accidents urémiques.

La *forme aiguë* se caractérise par une marche plus rapide avec fièvre, troubles généraux plus marqués, accélération de la respiration et de la circulation, émission d'urine trouble, parfois purulente, et à odeur ammoniacale accentuée.

La pyo-néphrose est la caractéristique finale la plus fréquente. Il est possible, d'ailleurs, qu'il se produise dans ces cas une pyélonéphrite chronique ordinaire, et que la marche aiguë ne soit le plus souvent que la conséquence d'infections ascendantes accidentelles surajoutées.

Lésions. — Les reins malades sont toujours hypertrophiés; leur poids peut varier de 1 à 8 ou 9 kilogrammes. Les deux peuvent être également touchés, mais il se peut fort bien aussi au début surtout qu'il n'y en ait qu'un seul. Leur surface est généralement plus pâle que d'ordinaire, de teinte jaunâtre ou marbrée.

Le bassinet est rempli de pus ou de produits nécrosés : cellules épithéliales cylindres, globules de sang, etc. Parfois le contenu est visqueux, glaireux, brunâtre; les uretères fortement dilatés et épaissis, la vessie remplie de magma à odeur ammoniacale accentuée, parfois de véritables graviers.

Au point de vue histologique, les agents microbiens peuvent être mis en évidence dans les différentes parties du rein, depuis le glomérule jusqu'au bassinet. Leur nombre est souvent considérable dans les petits vaisseaux qui sont thrombosés et il n'est pas exceptionnel de trouver de petits foyers périphériques de nécrose comme conséquence. L'épithélium des tubes contournés est ordinairement profondément altéré, presque disparu par places, la lumière de ces tubes étant parfois bourrée de bacilles de Höfflich et de pus. Les tubes droits sont dilatés, quelquefois desquamés et remplis de globules de pus. Le tissu interstitiel est infiltré de sérosité

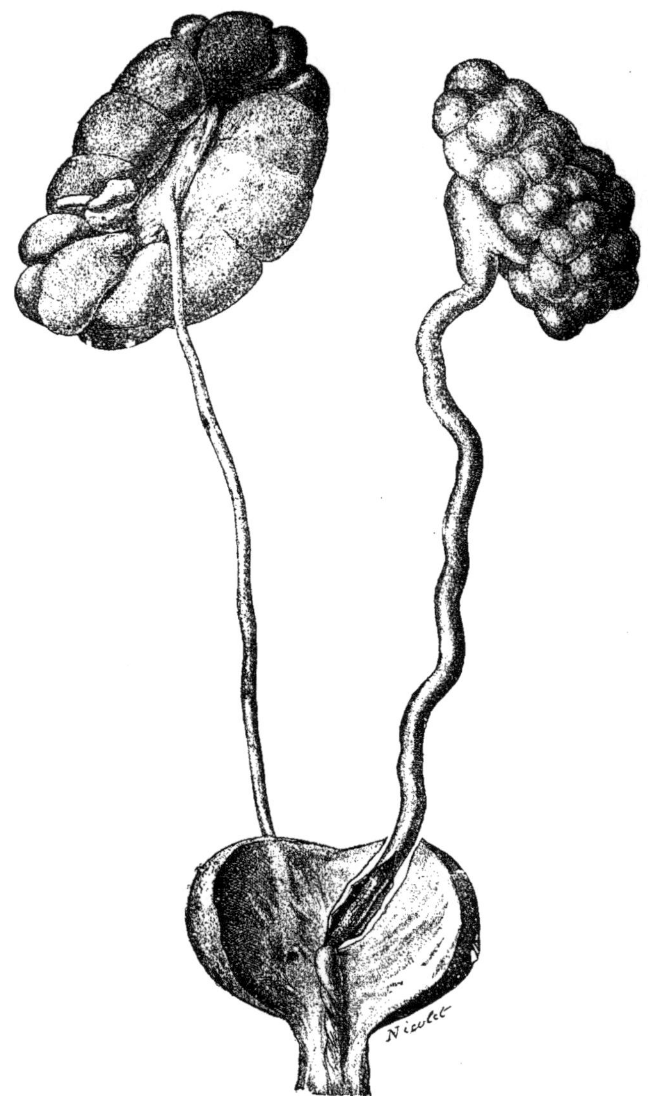

Fig. 234. — Pyélo-néphrite avec pyo-néphrose hémorragique unilatérale —
Caillot sanguin oblitérant un uretère dilaté d'un côté.

et de leucocytes, et dans les cas anciens il se produit une véritable sclérose, qui à son tour provoque la compression et l'atrophie des vaisseaux et des tubes droits.

Le bassinet est plus ou moins dilaté, enflammé, à parois très épaissies ainsi que les uretères.

Diagnostic. — Très difficile durant les première phases, lorsqu'on ne songe pas à l'examen attentif de l'urine, ce diagnostic devient très facile plus tard, l'aspect de l'urine et les signes fournis par l'exploration rectale étant nets. — A peine peut-il y avoir parfois de l'hésitation en présence de cas d'hydronéphrose dans lesquels l'urine reste normale, ou de cas d'hématurie ancienne et de tuberculose rénale.

Dans l'hématurie simple, il n'y a que des lésions de la vessie, les reins étant indemnes; l'urine est rouge, mais les globules se déposent; par le repos cette urine devient claire à la partie supérieure. Dans la pyélo-néphrite, l'urine est trouble ou rougeâtre, elle brunit rapidement à l'air et exhale une odeur de purin peu de temps après; dans la tuberculose rénale, le diagnostic sera toujours précisé par la tuberculine.

Pronostic. — Le pronostic est extrêmement grave, car les lésions produites sont irréparables, et il n'y a pas, d'autre part, de moyen d'intervention locale.

Traitement. — Il n'y a pas de traitement curatif sûr. Ce qu'il est possible de faire, c'est d'appliquer un traitement palliatif facilitant la dépuration urinaire et provoquant l'élimination de principes antiseptiques par les voies urinaires. Il ne faudrait pas croire, cependant, qu'il soit possible d'administrer des médicaments énergiques s'éliminant par le rein, sous prétexte de médication antiseptique. Le rein fonctionnant mal serait rapidement imperméable, et il y aurait aggravation et non amélioration.

Le benzoate de soude (8 à 10 grammes par jour) et l'urotropine aux mêmes doses, en solution dans des tisanes diurétiques, sont les médicaments de choix qui permettent d'empêcher l'aggravation pendant un temps suffisant parfois pour l'engraissement qui reste difficile. Toutefois l'urotropine ne doit être utilisée que lorsqu'il n'y a pas la moindre trace de sang dans les urines, pour les raisons indiquées précédemment au traitement de l'hématurie. Il vaut mieux donner la préférence au lactate de calcium qui favorise la diurèse par suite d'une substitution de l'ion calcium à l'ion sodium dans l'organisme.

La bactériothérapie et mieux l'autobactériothérapie, simple ou sous forme de « vaccins sodés » est actuellement considérée comme le meilleur traitement des infections urinaires.

En pratique vétérinaire il n'est guère indiqué de recourir à semblables méthodes, parce qu'il n'y a pas d'intérêt à conserver des malades qui ne laissent pas d'espoir de redevenir une source de bénéfices.

Le diagnostic précis dicte la ligne de conduite à suivre. Il peut être utile de compléter cette médication interne par des lavages antiseptiques de la vessie avec des solutions d'oxycyanure de mercure à 1 /5 000 ou même 1 /10.000, tièdes.

Le traitement comporte, d'autre part, une indication prophylactique. Comme l'infection déterminant la pyélo-néphrite commence le plus souvent, à mon avis, par les voies génitales, il est indiqué de soustraire toutes les bêtes en état de réceptivité (parturientes et nouvelles accouchées) à une infection possible; et dès lors, lorsqu'on constatera la présence d'une malade dans une étable, il sera indiqué de l'isoler et de procéder à la désinfection soignée de l'étable.

NÉPHRITES SUPPURÉES ET PÉRINÉPHRITES

Les suppurations du rein se présentent dans deux séries de circonstances. Dans la majorité des cas, c'est comme complication de pyélo-néphrites qu'on les voit apparaître; plus exceptionnellement, c'est à la suite d'une infection d'origine interne ou de voisinage, provoquant la formation d'un abcès collecté.

Lorsque la néphrite suppurée est le résultat d'une infection ascendante, le rein se tuméfie, se congestionne, s'enflamme et devient bientôt hémorragique par places. Puis le pus se forme au niveau des calices, dans les gros tubes droits, et bientôt une suppuration diffuse s'établit dans tous les canalicules urinifères. Le rein hypertrophié se montre jaunâtre, dur, et, sur une coupe, la pression fait sourdre le pus par les orifices des canalicules urinifères.

Lorsque la néphrite suppurée a été le résultat d'une infection accidentelle d'origine interne, on peut trouver un abcès collecté ayant déterminé une atrophie variable d'une partie du rein, mais laissé le reste de l'organe indemne.

Ce n'est que dans les cas heureux où l'abcès rénal s'ouvre dans le bassinet que la suppuration peut envahir la totalité du rein, sous forme de néphrite suppurée diffuse par infection secondaire des tubes urinifères. Ces complications sont rares; d'ordinaire, l'abcès se vide par le bassinet, et il peut y avoir guérison.

Plus souvent il y a pyélo-néphrite suppurée, avec uretérite, cystite, dilatation des uretères, dilatation du bassinet et dilatation des tubes collecteurs de l'urine, l'ensemble donnant en fin de compte des lésions de pyo-néphrose.

Les *périnéphrites* et les phlegmons périnéphrétiques, c'est-à-dire les inflammations suivies ou non d'abcès de la couche cellulo-

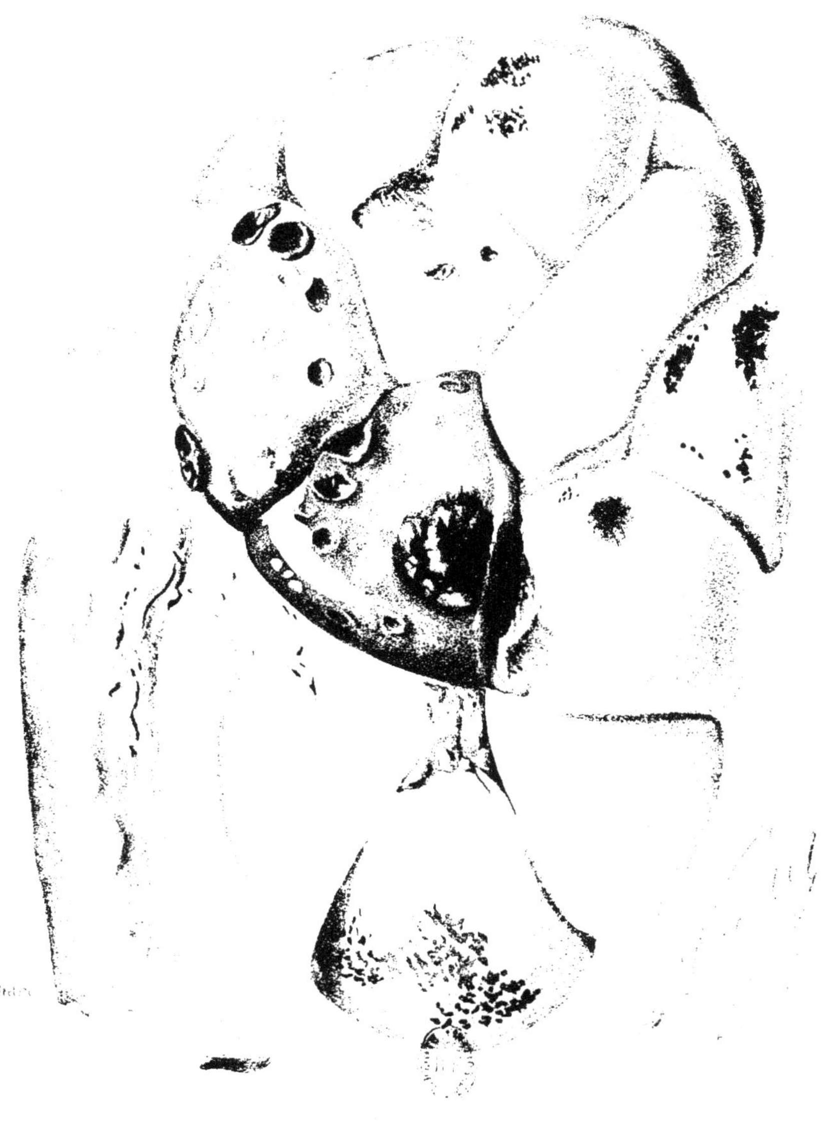

adipeuse qui enveloppe les reins, sont inséparables des néphrites suppurées ou des pyélo-néphrites. — Les inflammations peuvent bien, exceptionnellement, prendre naissance à la suite de traumatismes directs, mais elles représentent avant tout des complications, les agents d'infection du rein passant au travers des tissus et de la couche fibreuse, ou progressant par voie lymphatique pour venir pulluler dans la zone graisseuse périrénale. Cette couche s'infiltre de sérosité rougeâtre, s'enflamme et peut devenir le siège d'abcès volumineux communicants ou indépendants des suppurations rénales.

Symptômes. — Les néphrites suppurées se caractérisent par de la fièvre, la perte d'appétit, l'arrêt de la rumination et les envies fréquentes d'uriner. Les efforts de miction sont douloureux; ils s'accompagnent de plaintes et n'aboutissent qu'au rejet d'une quantité insignifiante d'urine sanguinolente et purulente.

La palpation du flanc droit surtout et la percussion des lombes sont douloureuses, de même que l'exploration des reins par la voie rectale.

L'amaigrissement est rapide.

Si la néphrite suppurée marche rapidement, et si surtout elle s'accompagne de périnéphrite, les malades refusent de se lever; ils sont comme paraplégiques, bien qu'il n'y ait en réalité, ainsi qu'il m'a été donné de le constater à différentes reprises, ni perte complète de la sensibilité, ni perte de la motilité. — Il est probable que cet état se rattache aux douleurs ressenties et aussi à l'irritation des troncs nerveux du plexus lombo-pubien.

Lorsque, au contraire, l'évolution de la néphrite suppurée tend vers une marche lente et la chronicité, il se fait progressivement des lésions de pyo-néphrose en apparence identiques avec celles de l'hydro-néphrose, avec cette différence, toutefois, que le contenu des uretères, des bassinets et des dilatations correspondant aux lobules est représenté par du pus.

Diagnostic. — Le diagnostic ne présente pas de trop grandes difficultés, les caractères de la miction, la composition de l'urine mettant toujours en éveil. Ce diagnostic est précisé par une exploration rectale faite méthodiquement et avec précaution, et c'est grâce à elle qu'il est possible de déceler les inflammations de l'atmosphère graisseuse du rein.

Pronostic. — Le pronostic est extrêmement grave, fatal même presque toujours, toutes les fois qu'il s'agit de néphrites diffuses.

Traitement. — Il n'y a pas de traitement curatif certain sur lequel on puisse compter; les moyens d'action ne diffèrent pas de ceux indiqués pour les pyélo-néphrites. Les boissons mucilagineuses émollientes et diurétiques, l'urotropine et le benzoate de soude, à la dose quotidienne de 10 à 12 grammes dans les boissons, donnent des améliorations.

La révulsion sur la région des lombes a aussi des effets incontestables; il est toujours indiqué d'y recourir, surtout dans les cas de périnéphrite. Elle est susceptible d'arrêter la marche des accidents et d'empêcher la formation d'abcès. A l'abatage de ces malades, on trouve alors la couche périrénale comme lardacée et fibro-graisseuse.

Toute tentative par la voie vésicale est formellement contre-indiquée, car le simple cathétérisme peut déterminer des éraillures de l'urètre, de la muqueuse vésicale et provoquer ultérieurement une aggravation fatale.

Si le diagnostic de ces accidents est fait dès le début, alors que la dépuration urinaire a pu s'effectuer tant bien que mal, et que les animaux soient encore en bon état, il faut conseiller l'abatage pour la boucherie. Il n'y a aucun avantage économique à prolonger l'existence de ces malades.

HÉMOGLOBINURIE

L'hémoglobinurie simple, comparable à celle décrite sous le nom d'hémoglobinurie *a frigore* chez le cheval, semble devoir être chez le bœuf une affection exceptionnelle. Pourtant elle a été observée chez des animaux engraissés en stabulation à l'étable, soumis à une marche forcée par temps froid (Causel. 1926 — observation inédite).

Elle se traduirait par des signes identiques à ceux enregistrés chez le cheval : Boiterie d'un membre, marche ralentie, puis impossibilité de la marche. Emission d'urine hémoglobinurique, signes de myosite ou mieux de congestion intense sur les masses musculaires de la cuisse, etc. Le repos absolu immédiat, suffirait à amener rapidement la disparition de l'hémoglobinurie ainsi que celle des signes musculaires.

CHAPITRE IV

APPAREIL GÉNITAL

Sémiologie. — L'exploration de l'appareil génital proprement dit doit se faire chez le mâle et chez la femelle. — Elle est facile chez les sujets de grande taille; plus délicate, difficile et parfois partiellement impossible chez ceux de petite taille.

Chez les mâles, elles comporte l'examen des testicules par l'inspection et la palpation, l'exploration du canal déférent et des organes génitaux intra-pelviens (vésicules séminales, prostate, etc.).

L'inspection et la palpation de la région testiculaire font reconnaître les hypertrophies, les atrophies, les infiltrations œdémateuses ou sanguines, les inflammations de la vaginale, les tumeurs testiculaires. — L'exploration intra-pelvienne se confond en partie avec l'exploration de l'urètre pelvien; il suffit de reconnaître les rapports anatomiques des différents organes qui tombent sous la main pour préciser le siège de lésions possibles (fig. 225 *bis*).

Chez les femelles, l'examen génital se fait par l'inspection, l'exploration intra-vaginale et l'exploration rectale.

L'inspection décèle les lésions vulvaires et celles du clitoris.

L'exploration vaginale à la main fait reconnaître l'état des parois du vagin, l'état du col utérin et des culs-de-sac vaginaux.

Si une lésion est perçue, il est facile d'apprécier ses caractères à l'aide du spéculum, qui met à découvert le fond vaginal, la saillie utérine ou une région quelconque du vagin. — L'examen au spéculum est le seul avantageux chez les jeunes femelles, les génisses en particulier, en raison de l'étroitesse de leur conduit génital.

Chez les petites femelles, chèvres, brebis, truies, on se borne à une exploration digitale.

Pour l'exploration utérine, la voie directe donne peu de renseignements précis, et c'est par la voie rectale qu'il faut opérer. En abaissant lentement et doucement le rectum dans le plan vertical vers le plancher pelvien, la main touche le corps de l'utérus, peut le mobiliser, le déplacer à droite ou à gauche; elle sent les cornes utérines qu'il est possible de suivre depuis le corps utérin jusqu'aux trompes et aux ovaires. — Il en résulte que cette manœuvre renseigne sur l'état de l'utérus, sa sensibilité, son degré de mobilité, sur l'état des trompes utérines et l'état des ovaires. Elle peut renseigner aussi sur l'existence ou la non-existence d'une gestation, au cours de laquelle l'utérus s'hypertrophie et se déplace dans la direction du flanc droit, tout en s'abaissant en avant du plancher

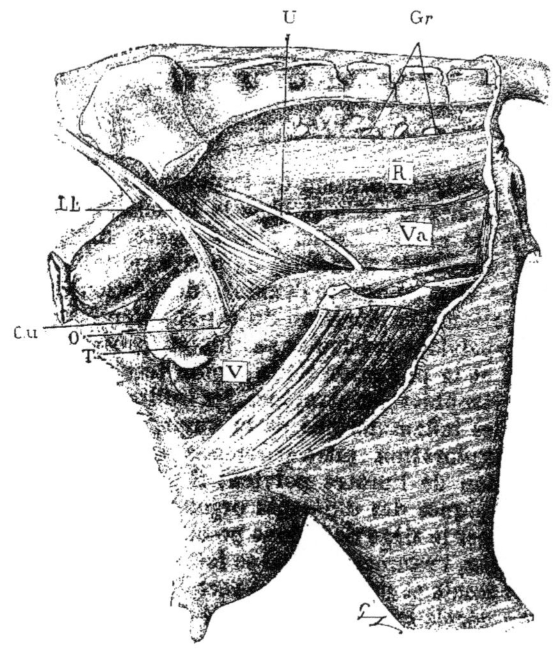

Fig. 235. — Organes génitaux chez les femelles; rapports anatomiques. — R, rectum; Gr, ganglions du méso-rectum; U, uretère; LL, ligament large; Va, vagin; V, vessie; Cu, corne utérine; O, ovaire; T, trompe utérine.

pelvien sur la paroi abdominale, et sous la masse des circonvolutions intestinales.

VAGINITES

On désigne sous le nom de vaginites, toutes les inflammations du conduit vaginal. Ces inflammations sont primitives ou secondaires. Elles sont ordinairement consécutives aux accouchements laborieux, mais peuvent évoluer en des circonstances bien différentes. On distingue, au point de vue clinique, trois variétés : les vaginites aiguës simples ou contagieuses, les vaginites croupales et les vaginites chroniques.

Vaginites aigues.

Étiologie. — Les lésions génitales profondes amenant de la métrite, les distensions exagérées et prolongées provoquées par les accouchements laborieux, les blessures accidentelles pendant les manœuvres obstétricales, provoquent l'évolution de vaginites aiguës plus ou moins intenses.

Les inflammations suppuratives des canaux de Gartner, les injections irritantes et caustiques, les corps étrangers, déterminent de même des irritations locales sur lesquelles se greffent des infections capables d'amener de la vaginite.

Les agents d'infection peuvent être multiples et variés.

Symptômes. — Le conduit vaginal étant dérobé à l'inspection extérieure, les symptômes ne sont pas très apparents. Au début, la vaginite aiguë se traduit par du gonflement vulvaire, du prurit et de la dysurie. Les lèvres vulvaires sont œdématiées, injectées, sensibles, rouge brunâtre ou rouge violacé à leur face interne. Parfois on les découvre excoriées et déchirées.

La période d'état se caractérise par un écoulement vulvaire séreux, muqueux, muco-purulent ou franchement purulent et d'odeur variable. La miction est douloureuse, la défécation pénible. L'examen vaginal au spéculum, ou à l'aide de valves, fait entrevoir une muqueuse excoriée, très sensible, ulcérée par places ou suppurante en différents points.

La température locale est plus élevée.

Les symptômes généraux sont peu accusés et sans importance.

La terminaison ordinaire est la guérison, même spontanée, ou le passage à l'état chronique.

Mais, s'il s'agit de vaginites primitives, des complications de métrite, salpingite, ovarite, etc..., peuvent aussi survenir.

Le *diagnostic* est facile et le *pronostic* bénin, à moins que la vaginite n'ait été causée par des traumatismes graves susceptibles de provoquer l'évolution de phlegmons ou d'abcès profonds du bassin.

Traitement. — L'une des principales causes de persistance de la vaginite est la rétention spontanée de produits morbides dans les culs-de-sac vaginaux. Le traitement doit donc avoir pour but essentiel de les éliminer le plus souvent possible par des injections calmantes, astringentes et antiseptiques. — Les injections calmantes doivent être utilisées au début : injections tièdes à 35°-40°, décoctions de morelle noire, de têtes de pavots, mucilages de graines de lin.

Après quelques jours, lorsque la sensibilité exagérée est disparue, on utilise les solutions astringentes et antiseptiques : alun cristallisé, 20 grammes par litre; sulfate de zinc, 10 grammes; acide phénique, lysol, crésyl, 10 grammes par litre; et de préférence le chloral en solution aux mêmes doses.

Les injections de permanganate de potasse à 1 ou 2 grammes par litre, les injections iodées à 1 p. 2000, se montrent plus actives, mais sont d'un maniement plus délicat. — L'eau oxygénée à un tiers, un quart ou un cinquième, est aussi très avantageuse et d'une grande efficacité. En toutes circonstances, il ne faut jamais se servir de solutions fortes, parce qu'elles deviennent irritantes et provoquent des efforts expulsifs.

Toutes ces injections se font sans difficultés, à l'aide d'une canule en aluminium ou d'un simple drain perforé introduit jusqu'au fond du vagin et relié à un entonnoir à main, qui permet de donner la pression voulue. Il faut toujours commencer par une injection de lavage à l'eau et terminer par l'injection médicamenteuse.

Lorsqu'il existe des plaies profondes et graves, il est utile, après les lavages, de faire chaque jour, à l'aide de valves, un pansement vaginal au coton hydrophile et à la gaze iodoformée. Les liquides septiques sont absorbés par le pansement dont l'effet est continu. Ce pansement est renouvelé jusqu'à guérison.

Vaginites contagieuses.

Les vaginites contagieuses, ainsi désignées parce qu'elles se transmettent facilement par contact direct ou par contact médiat, revêtent deux formes principales : une forme exanthémateuse et vésiculaire et une forme granuleuse, la première évoluant sous une marche aiguë, la seconde avec tendance à la chronicité.

Vaginite exanthémateuse. — Encore appelée *exanthème coïtal, vaginite vésiculaire,* cette affection, beaucoup plus bénigne en réalité qu'en apparence, se traduit par de la congestion et de l'inflammation vives de la muqueuse vaginale avec éruption vésiculaire caractéristique. Les vésicules purulentes ont généralement les dimensions d'un grain de chènevis à celles d'un pois; elles se remplissent de sérosité ou de pus et se déchirent rapidement, donnant naissance à un écoulement muco-purulent abondant.

La cause de cette forme de vaginite n'est pas encore bien précisée, mais elle est franchement contagieuse. Les taureaux se contaminent au moment de la saillie et disséminent ensuite l'affection. L'évolution de l'affection chez le taureau est absolument identique à celle de la vache. Les vésicules se développent dans le fourreau, sur la partie libre de la verge et au pourtour externe de l'orifice préputial.

Cette vaginite contagieuse se caractérise par tous les signes qui appartiennent aux vaginites aiguës; c'est seulement sa coexistence sur toutes les bêtes saillies par un même taureau et la présence des vésicules qui permettent d'affirmer sa contagiosité.

Peu de temps après la saillie, en un à trois jours d'ordinaire, on voit apparaître un gonflement vulvaire manifeste s'accompagnant de sensibilité extrême et de quelques troubles généraux : diminution de l'appétit, diminution de la sécrétion lactée, ralentissement de la rumination.

L'exploration vaginale est assez difficile, elle dénote l'existence d'une éruption papulo-vésiculeuse qui s'accompagne de sécrétion muco-purulente.

L'évolution est toujours franchement aiguë. La contagiosité paraît limitée à la période des phénomènes inflammatoires. En une quinzaine, elle est terminée, et la guérison est régulière, même sans traitement. On hâte cette guérison par les lavages détersifs, légèrement antiseptiques ou astringents.

Ce traitement ne diffère pas de celui de la vaginité aiguë ordinaire. L'affection peut récidiver.

VAGINITE GRANULEUSE CONTAGIEUSE

Anglais : *Infectious vaginal catarrh of cattle.* — Allemand : *Ansteckender Scheidenkatarrh der Rindes.*

Il en existe une seconde variété, décrite pour la première fois par Isepponi en 1877, observée en Suisse et en Allemagne (Dickeroff, Ostertag, Ræbiger), en Hollande et dans tous les pays d'élevage, très fréquente en France aussi, laquelle est provoquée par un streptocoque (*Str. vaginitis bovis*). Ce streptocoque se trouve dans les sécrétions pathologiques, dans les globules de pus, dans l'épithélium vaginal et jusque dans le chorion muqueux. Il se présente ordinairement en chaînettes de six à neuf articles, ne prenant pas le Gram. Il cultive bien dans presque tous les milieux. Les cultures permettent de reproduire chez la vache, plus difficilement chez les autres femelles, une vaginite subaiguë dont la durée peut être de cinq à six mois chez la vache (1).

La contagion peut avoir lieu non seulement par le taureau, mais aussi directement de vache à vache dans les étables, par l'intermédiaire des fumiers. Ce dernier mode est fréquent pour les génisses.

Le taureau s'infecte au moment de la saillie, mais ne contracte que de l'acrobustite légère.

_____

(1) Le streptocoque spécifique se cultive bien à 37°, ou même à la température du laboratoire en milieu alcalin, en particulier, sur gélose glycérinée et gélose urine. La gélatine n'est pas liquéfiée, le lait n'est pas coagulé. L'injection de cultures dans la cavité vaginale de vaches ou génisses indemnes reproduit la vaginite avec ses caractères cliniques ordinaires; dès le 4ᵉ ou le 5ᵉ jour, les sécrétions anormales apparaissent. Les autres femelles domestiques paraissent réfractaires.

L'agent d'infection pénètre dans les voies vaginales, le col utérin et l'utérus, entraîne la stérilité, ou pourrait même provoquer l'avortement. Cœmmerer (1911) estime même que l'infection pénètre jusqu'aux ovaires, sans toutefois provoquer de lésions apparentes de la muqueuse utérine, des trompes ou du tissu ovarien. Il affirme qu'il a pu reproduire la vaginite contagieuse avec des produits de broyage d'ovaire ou de muqueuse utérine en apparence intacts, mais recueillis naturellement sur des malades à vaginite contagieuse. Ce serait, d'après lui, cette infection utéro-ovarienne qui serait l'une des causes de l'infécondité.

L'incubation est de courte durée, cinq à huit jours.

Actuellement, la tendance est de penser que les méfaits de la vaginite contagieuse, ont été exagérés (Hess, Stockman, Zwick, etc.) que l'infécondité des vaches peut tenir à d'autres causes, ce qui est absolument certain, que la fécondation est possible même avec la vaginite contagieuse; que les avortements doivent être rapportés au bacille abortif et non au streptocoque de la vaginite; qu'en somme elle est sans grand danger économique. Il y a évidemment dans cette manière de voir une exagération inverse à celle qui la mettait en cause dans la plupart des cas d'avortements ou d'infécondité, puisque il est établi que toutes les affections vaginales sans exception, gênent la fécondation.

Symptômes. — Les symptômes sont parfois si peu accusés que les éleveurs ne font que noter la stérilité et ne s'aperçoivent pas de l'existence de la vaginite. Pendant une huitaine, la vulve est légèrement œdématiée. Cependant, à un examen attentif à l'aide du spéculum ou de valves, on reconnaît facilement que la muqueuse vaginale est congestionnée, rouge, turgide, sensible au début, puis elle se montre le siège d'une éruption papulo-vésiculeuse très particulière; sa surface paraît parsemée de petits grains transparents de la grosseur d'une tête d'épingle, d'un grain de mil ou d'un grain de chènevis. Ces grains sont constitués par des follicules lymphatiques donnant, par place, à la muqueuse, un aspect framboisé.

Plus tard, les parties touchées deviennent gris jaunâtre, recouvertes de mucosités glaireuses. Les malades paraissent peu souffrir, elles conservent l'appétit et la lactation, peuvent devenir en chaleur, mais restent infécondes même après cinq, huit ou dix saillies.

Elles ne sont cependant pas taurelières au sens propre du mot.

L'affection ne se traduit au bout de plusieurs mois que par un écoulement glaireux gris jaunâtre, qui n'apparaît qu'au moment des efforts de défécation ou de miction. — L'infécondité est le symptôme dominant.

Les jeunes femelles sont beaucoup plus sensibles que les femelles âgées; ces dernières restent même parfois indemnes en milieu infecté.

Lésions : Les lésions sont étendues à toute la muqueuse de la vulve et du vagin. Elles se traduisent dans l'ensemble par de l'hypertrophie du tissu lymphoïde sous muqueux et sont toujours plus accentuées dans l'antre vulvaire que dans le vagin lui-même. Lefèvre (1924) qui les a étudiées tout spécialement les décrit comme suit : A l'état normal la muqueuse de l'antre vulvaire ou du segment vaginal postérieur, depuis le méat urinaire jusqu'à l'orifice externe, est du type dermo-papillaire, avec épithélium pavimenteux stratifié sur 8 à 10 couches; le chorion de faible épaisseur est formé de tissu conjonctif lâche avec îlots lymphoïdes ou foyers adénoïdiens assez mal circonscrits, mais étalés en nappes. Les papilles pénètrent parfois jusqu'au tiers de la couche épithéliale. La partie profonde est constituée par de gros faisceaux fibreux comme le derme cutané. La muqueuse vaginale proprement dite est pourvue elle aussi d'un épithélium stratifié moins nettement pavimenteux avec chorion sans papilles et une faible quantité d'éléments lymphoïdes.

Dans l'infection streptococcique spécifique la couche lymphoïde est très hypertrophiée et le tissu sous épithélial très infiltré de leucocytes. Les formations lymphoïdes simulent des follicules clos dont le revêtement épithélial serait disparu d'où l'aspect granité de la muqueuse. Dans la muqueuse vaginale proprement dite, la réaction paraît moins vive en raison de sa structure.

Diagnostic. — Le diagnostic est assez délicat. Il ne peut être bien établi qu'après examen attentif des malades et de la muqueuse vaginale ou après recherche du streptocoque spécifique.

Il est difficile surtout lorsqu'à la suite d'avortement, il a superposition de l'infection abortive, avec écoulement; à la vaginite granuleuse, ou encore lorsqu'il existe une vaginite accidentelle ou traumatique superposée, ce qui peut arriver. Il y a eu résumé des vaginites à B. abortif et des vaginites à microbes variés qui peuvent simuler la V. contagieuse.

Pronostic. — Le pronostic est très grave, parce qu'il s'agit d'une maladie à rechutes ou à récidives, et en raison des conséquences économiques résultant de l'infécondité, car l'état général des malades est peu modifié. Il est grave aussi en raison de la rapidité de diffusion dans une localité par les taureaux utilisés. Les taureaux sont moins sensibles que les vaches et ne présentent souvent que de l'acrobustite, ce qui ne les empêche pas d'être contagieux.

Il est grave enfin parce que la transmission à des vaches en gestation, par l'intermédiaire des litières, peut, dit-on, déterminer l'avortement. La nymphomanie a été considérée comme une complication possible. Toutefois il y a lieu d'ajouter qu'il y a bien d'autres causes d'infécondité.

Cette affection provoque de grandes pertes dans le centre de la France, le Choletais, la Vendée, le pays de Montbéliard et la Normandie.

Traitement. — On a recommandé contre cette vaginite granuleuse contagieuse le traitement des vaginites aiguës, c'est-à-dire les injections antiseptiques, de crésyl, lysol, acide phénique à 2 p. 100, de permanganate à 2 p. 1000, d'acide lactique à 2 p. 100.

Tous ces moyens, quoique d'une exécution facile, exigent une main-d'œuvre assez compliquée, d'autant qu'il faut continuer le traitement pendant plusieurs semaines. D'autre part, les injections ne servent guère que pour lavages, l'action médicamenteuse locale étant insuffisamment prolongée. Elles ont l'inconvénient de provoquer des efforts expulsifs.

Les pansements antiseptiques locaux seraient plus avantageux, mais les tamponnements intra-vaginaux ne sont guère pratiques.

En réalité, seule l'antisepsie vaginale permanente, que j'ai recommandée il y a bien des années, donne des résultats satisfaisants. Elle est facilement obtenue par l'intermédiaire des ovules, des bougies et pommades antiseptiques à l'iode, à l'ichtyol, au bacillol au Thigénol ou à tout autre médicament, qu'il suffit d'introduire directement dans le vagin tous les deux ou trois jours, durant deux à trois semaines. Les avortements et l'infécondité sont supprimés dans une très large proportion.

Les pommades ou bougies et ovules au bleu de méthylène sont aussi très efficaces et non irritantes.

Les pommades assez fluides à la lanoline peuvent être introduites facilement dans le vagin avec une seringue *ad hoc*, avec un pinceau ou un écouvillon.

Les insufflations pulvérulentes faites à l'aide d'un pulvérisateur et d'un spéculum ont été utilisées en Allemagne, avec succès dit-on.

Préventivement, il est indiqué d'isoler les malades et de les traiter individuellement, de les séparer rigoureusement des locaux abritant des génisses, et d'éviter les saillies avant guérison.

Les taureaux des localités infectées doivent être l'objet d'une surveillance continue, et au besoin d'objet d'une désinfection locale après chaque saillie (injections légèrement antiseptiques dans la cavité du fourreau et bougies ou crayons antiseptiques).

Des essais de prophylaxie par vaccination avec produits dérivés des cultures spécifiques ont été tentés; ils n'ont rien donné de précis jusqu'à ce jour.

Vaginite croupale.

La vaginite croupale est une forme de vaginite aiguë qui évolue après le vêlage, se distinguant par la production de fausses membranes d'aspect diphtéritique sur toute la muqueuse vaginale. Elle a été signalée par Baumeister. Elle est d'observation assez fréquente, mais peut se compliquer rapidement de façon à ne laisser aucun espoir de guérison.

Symptômes. — Elle se traduit extérieurement par les symptômes d'une vaginite aiguë, avec écoulement grisâtre, fétide, purulent ou sanguinolent. Les lèvres vulvaires sont turgescentes, fortement tendues, très sensibles. A l'exploration, on découvre une muqueuse tapissée de fausses membranes jaunes, grisâtres, avec végétations d'aspect verruqueux gris sale. — La muqueuse vaginale peut être totalement envahie, de même que le col utérin. La généralisation à l'utérus entier peut se faire avec rapidité.

Ces fausses membranes et végétations sont très adhérentes; le moindre attouchement fait saigner abondamment. Il y a tendance à l'extension progressive.

Les malades ont des efforts expulsifs fréquents et violents dès le début, efforts susceptibles quelquefois de provoquer un renversement vaginal et toutes les complications qui en sont la conséquence.

Les causes de cette infection sont complexes; mais il semble qu'il y ait comme dominante une infection spécifique qui se produit au moment du part, qui évolue insidieusement pendant quelques jours et qui se traduit alors par des lésions déjà très étendues. Le bacille de la nécrose serait l'un des facteurs agissants, sinon le seul.

Le *diagnostic* est extrêmement facile.

Le *pronostic* est très grave, car les lésions ont de la tendance à progresser vers les organes voisins. Il y a d'ailleurs retentissement marqué sur l'état général, amaigrissement rapide, perte d'appétit, fièvre continue, et la mort survient par épuisement, intoxication et peut-être infection généralisée.

Traitement. — Le traitement indiqué pour les formes aiguës ordinaires ne me paraît pas avoir ici de chances de succès. — Il existe trop de replis, trop d'anfractuosités, trop de culs-de-sac accidentels pour que de simples injections puissent avoir des effets efficaces. — Les pansements antiseptiques à demeure, l'emploi des pommades antiseptiques après injections détersives au permanganate de potasse et à l'eau oxygénée sont plus avantageux.

Peut-être même pourrait-on essayer le curettage suivi de pansements, malgré toute la difficulté d'opérer dans une cavité devenue inextensible et en partie comblée par les végétations et fausses membranes.

Leclerc recommandait autrefois les injections ou tamponnements au perchlorure de fer dilué, répétés deux fois par jour au début, puis espacés suivant les résultats obtenus.

Lorsqu'il n'y a pas extension à l'utérus, ce moyen se montre très énergique, et la guérison est la règle. Les productions pathologiques sont commes tannées sur place et arrêtées dans leur expansion.

Les pansements vaginaux à l'émulsion d'essence de térébenthine (huile et essence de térébenthine à parties égales), mis à demeure après protection des surfaces externes par de la vaseline, donne d'excellents résultats. Les fausses membranes se détachent déjà après quarante-huit heures la fièvre s'abaisse et la guérison n'est plus dès lors qu'une affaire de temps.

Les ovules et bougies antiseptiques trouveraient encore ici un emploi avantageux après les lavages antiseptiques, pour compléter la guérison.

Vaginite chronique.

La vaginite chronique ne représente qu'un reliquat d'une forme de vaginite aiguë, à moins qu'elle n'évolue d'emblée d'une façon lente et progressive comme conséquence de quelque lésion génitale profonde, avec écoulement continu de produits irritants.

Les symptômes sont fort peu accusés, purement locaux.

Extérieurement, on ne constate qu'un écoulement vulvaire muco-purulent continu, ou bien plus fréquemment intermittent, ne se produisant qu'au moment de la miction, de la défécation, d'un effort de toux.

Localement, l'exploration au spéculum ne fait voir qu'une muqueuse grisâtre épaissie moins souple qu'à l'état normal en partie scléreuse. Toute l'épaisseur de la muqueuse est atteinte et parfois aussi la musculeuse, l'iritation chronique ayant amené de la sclérose.

Le *diagnostic* est très simple et le *pronostic* peu grave, sous le rapport économique, les animaux pouvant être engraissés. Il n'aurait de gravité que si on voulait les conserver pour la reproduction.

Le *traitement* a de grandes chances de succès, mais, comme pour toutes les affections chroniques, il devrait être prolongé fort long-temps. Pratiquement, on ne le tente pas souvent, Il ne diffère pas d'ailleurs de celui des vaginites aiguës ordinaires, mais il y a indication de se servir de préférence des astringents.

PERFORATION DU VAGIN

Les perforations du vagin peuvent être d'origine accidentelle, à la suite de saillies effectuées avec violence par exemple, ou peuvent être dues à des manœuvres criminelles exécutées par des domestiques, par vengeance ou par sadisme. Ces perforations se produisent d'ordinaire dans le cul-de-sac supérieur du vagin au-dessus du col, vers le plafond vaginal. Elles sont produites par l'extrémité de la verge d'un mâle trop vigoureux et trop impétueux, ce qui est extraordinairement rare, mais possible; ou par l'extrémité d'un morceau de bois taillé en biseau, d'une tige de fer, etc. Les perforations par intention criminelle sont provoquées par un aiguillon; elles siègent sur le plafond ou sur les côtés, avec trajets obliques.

Les *symptômes* qui caractérisent cet accident apparaissent quelques heures après l'acte de violence; ils se traduisent par la perte d'appétit, des efforts expulsifs, des coliques, du tympanisme, ou mieux du péritonisme, et postérieurement, par des signes de péritonite aiguë ou de péritonite chronique.

Le *diagnostic* porté de prime abord est ordinairement celui de péritonite d'origine inconnue, lorsque cette origine est soigneusement cachée au praticien traitant. Quelquefois, cependant, la présence d'un écoulement sanguin par la vulve peut mettre sur la voie d'une origine précise.

Le *pronostic* est extrêmement grave, le plus souvent mortel.

Les perforations du rectum, dues aux mêmes causes, donnent naissance à des manifestations absolument identiques.

Lésions. — Les lésions, dans les autopsies, se limitent à celles d'une péritonite aiguë ou subaiguë, avec infiltration séreuse ou séro-sanguinolente vers l'entrée du bassin. Si l'accident est récent, on peut en outre découvrir sur place des caillots sanguins et l'existence d'une ou plusieurs perforations à trajet plus ou moins sinueux par suite du déplacement des plans superposés.

Traitement. — Si l'on est fixé sur l'origine précise des manifestations morbides, il faut faire abattre immédiatement, car les péritonites consécutives sont presque toujours mortelles.

On pourrait cependant tenter l'application de pansements antiseptiques intra-vaginaux, quand la décision prise est différente : pansements au coton hydrophile, au coton iodoformé, salolé, au coton ordinaire imprégné de glycérine, pansements aux pommades antiseptiques, etc. Mais il est toujours particulièrement délicat de prévoir les conséquences d'attentats criminels.

MÉTRITES

On désigne sous le nom de métrites toutes les inflammations de l'utérus.

Les affections utérines d'origine infectieuse, traumatique ou autre, ont, en pathologie bovine, une importance de premier ordre, tant par leur fréquence que par leur gravité. Ces affections sont : la métrite septique, la métrite aiguë et la métrite chronique.

MÉTRITE SEPTIQUE.

La métrite septique est encore qualifiée de *métro-péritonite* et de *septicémie de parturition;* elle peut être comparée à la fièvre puerpérale de la femme.

Ces dénominations sont suffisamment explicites pour indiquer que, si le début se fait par une métrite type, cette affection se complique fréquemment de péritonite et trop souvent aussi de septicémie vraie.

Étiologie. — La maladie dont il s'agit n'évolue qu'après une parturition ou un avortement, et dans les jours qui suivent le part. C'est là une condition obligatoire.

L'accouchement et la délivrance peuvent s'être effectués spontanément d'une façon parfaite, et cependant une métrite mortelle est susceptible d'évoluer après infection. — D'ordinaire, l'accouchement a été laborieux, des enveloppes ou débris de membranes fœtales sont restés; une métrite septique évolue à la suite de leur putréfaction.

L'infection est donc la cause essentielle, la seule ayant de l'importance, et toutes les anciennes données invoquées ne font que favoriser ou entraver la marche de cette infection.

Les qualités des agents infectants seules sont en jeu pour l'évolution des accidents ultérieurs.

Ces agents d'infection peuvent être variés. Ils ont été l'objet de recherches nombreuses, en raison de la gravité de la fièvre puerpérale chez la femme. Pasteur, Colin, Chauveau, Doléris furent le premiers à s'occuper de cette question.

Pasteur fut le premier (1879) à signaler que la fièvre puerpérale de la femme était due à une infection microbienne et c'est Doléris qui en 1880 en attribua les conséquences redoutables à un streptocoque spécial particulièrement virulent et toxique.

En vétérinaire, plusieurs travaux ont été produits (Lucet, Brusasco, etc.), mais il reste encore beaucoup à faire. Les agents les plus fréquents, d'après mes propres observations, sont des variétés de streptocoques, de coli et des bactéries de la putréfaction.

La métrite septique peut être parfois purement accidentelle et ne se montrer que sur une seule bête, mais l'infection des étables par un premier cas est une cause de propagation évidente. J'ai vu la métrite septique faire jusqu'à six victimes dans la même année, et dans une seule étable qui n'avait pas été désinfectée après les cas successifs; tout comme autrefois la fièvre puerpérale dans les maternités.

Symptômes. — Les premiers symptômes apparaissent de un à quatre jours après le part, alors que la muqueuse utérine est encore fragile, suintante et saignante et que l'écoulement lochial est abondant. L'apparition au delà de la première semaine est une exception. Ces premiers symptômes se traduisent par de la tristesse, de l'abattement, de la perte d'appétit, de l'affaissement général. Les malades paraissent anéanties, sans forces; la sécrétion lactée diminue ou se tarit, et toutes les grandes fonctions sont troublées.

La température présente des variantes qu'il importe de bien

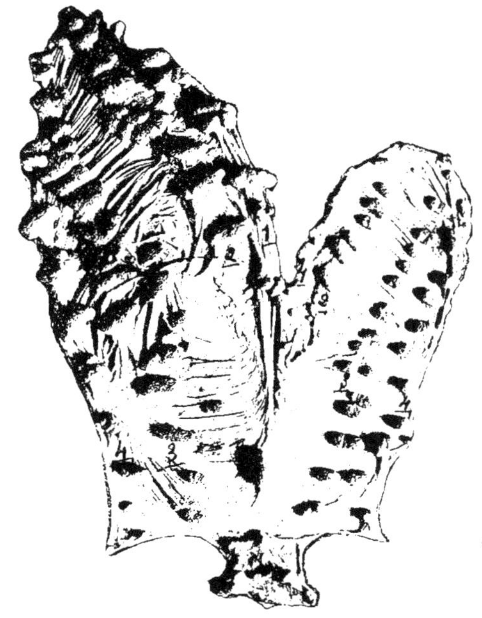

Fig. 236. — Utérus de vache, enlevé au cours de la gestation. A gauche, corne gravide; à droite, corne non gravide, ouvertes toutes deux et étalées pour montrer la situation, la disposition linéaire des rangées cotylédonaires, et leur développement comparatif dans les deux cornes utérines.

connaître. Dans quelques formes (infections à streptocoques ou mixtes), elle s'élève à 39° 5-40° et même 41°; dans d'autres, elle reste stationnaire ou tombe au-dessous de la normale. On serait tenté de croire, pour ces derniers cas (infections à coli), que l'état général ne présente rien de grave. Ce serait une erreur profonde, car ils entraînent la mort aussi rapidement que les autres.

Les malades, quelques-unes, tout au moins, présentent des coliques légères et du péritonisme, lorsque l'infection gagne les fossettes péritonéales de l'entrée du bassin. Plus tard, elles restent prostrées en décubitus et comme atteintes de paralysie du train postérieur.

Tous ces symptômes généraux n'ont rien de significatif par eux-mêmes, et pour les apprécier à leur juste valeur il faut noter les signes locaux.

Les organes génitaux externes sont modérément tuméfiés, le vagin infiltré et sensible, souillé par des liquides à caractère variable.

Le col utérin est parfois rétracté prématurément dès la fin du premier ou du second jour, et c'est là une complication fâcheuse pour l'exploration génitale et pour le traitement. Lorsqu'il est dilaté et laisse passer la main exploratrice, cette main tombe dans un utérus non rétracté ou semi-rétracté, rempli d'un liquide putrilagineux rouge grisâtre, sans odeur parfois, fétide dans d'autres circonstances ou même putride.

Quelques malades ont des efforts expulsifs violents. Elles poussent sans cause visible ou appréciable, ce qui est suffisant pour faire supposer l'existence de la lésion utérine.

La muqueuse utérine est infiltrée, épaissie, extrêmement fragile, partiellement détruite, se désagrégeant au moindre attouchement. Les cotylédons peuvent s'être détachés par mortification de leur pédicule; on les trouve accumulés dans le bas-fond de la corne gravide, ou sinon ils s'arrachent sans difficultés.

Lorsque le col utérin est prématurément rétracté, l'exploration directe ne donne aucun résultat, mais l'exploration rectale fait reconnaître par la palpation la présence d'un utérus volumineux rempli de liquide ou distendu par des gaz putrides.

Si, au contraire, il y a eu délivrance imparfaite, la main exploratrice retire des lambeaux de membranes fœtales des bas-fonds de l'utérus ou de la surface des cotylédons.

La terminaison par la mort est à peu près de règle lorsque les malades restent abandonnées. Elles succombent infectées par pénétration des germes dans l'appareil vasculaire, infectées et intoxiquées lorsque l'infection se propage par contiguïté de tissus à la cavité péritonéale, ou simplement empoisonnées par les toxines résorbées par la muqueuse utérine lorsque l'infection reste localisée à l'utérus.

Toutefois il est des cas à marche beaucoup plus lente, où les malades résistent plusieurs semaines.

La durée est de quatre à six jours chez la vache, moins parfois, comme chez la chèvre, la brebis et la chienne.

Lésions. — L'utérus est d'une fragilité extraordinaire; il se déchire à volonté. La muqueuse, qui est spécialement le lieu de culture des agents d'infection, est comme mortifiée sur place, sphacélée en bloc, ou ulcérée sur de larges surfaces. Elle peut se désagréger comme si elle était en putrilage.

Les vaisseaux sont thrombosés; de véritables phlébites capillaires occupent toute son épaisseur.

Les lymphatiques dilatés semblent comme gorgés de pus chez les malades qui ont résisté quelques jours.

S'il y a péritonite, tout le fond de la cavité abdominale est touché, parfois la péritonite est généralisée.

Les lésions des autres tissus et des viscères sont celles des septicémies et des intoxications : injections des réseaux capillaires, suffusions sanguines interstitielles, pleurales, péricardiques, etc.

Diagnostic. — Le diagnostic de la métrite septique s'établit sans trop de difficultés, mais encore faut-il ne pas s'en tenir à la simple observation des signes extérieurs. La distinction des formes et la détermination des agents d'infection n'a d'ailleurs que peu d'importance clinique, car nous devons utiliser tous les moyens d'action que nous possédons.

Pronostic. — Le pronostic est extrêmement grave, fatal dans les cas abandonnés aux seules ressources de la nature.

Traitement. — L'intervention doit être hâtive et énergique si l'on veut grouper quelques chances de succès.

Il n'est peut-être pas inutile de rappeler à ce sujet ce qui s'est passé en médecine humaine :

Avant la période pastorienne, la fièvre puerpérale était l'affection la plus redoutée dans les maternités par ce que on ne pouvait rien contre l'infection du milieu et rien ou peu contre la maladie elle-même. La mortalité était très élevée. La *fièvre puerpérale* et la *pourriture d'hôpital* des services de chirurgie étaient les deux grands fléaux des services d'hôpitaux. — Depuis 1880, l'application rigoureuse des méthodes d'antisepsie et d'asepsie les fit disparaître ou à peu près. La mortalité par infection puerpérale descendit à quelques unités pour 1000, car il faut toujours compter avec les infections *ante-partum*. Depuis cette époque, la pratique des irrigations génitales *ante-partum* et *post-partum* devint une règle presque absolue. Contre les infections graves on agit par l'irrigation génitale continue, les irrigations antiseptiques, chaudes 40-41°, les injections sous-cutanées de sérum anti-streptococcique, le drainage des voies génitales, le curetage de la muqueuse utérine, les abcès de fixation, etc... Peut-être même quelques abus se produisirent-ils. C'est l'utilisation systématique de ces méthodes, même lorsqu'elles n'étaient pas pleinement justifiées, qui motivèrent une réaction abstentionniste caractérisée durant ces dernières années.

Il n'en subsiste pas moins que la conduite du praticien doit être dictée par les circonstances et que s'il ne convient pas de recourir à des interventions délicates, il ne faut pas non plus rester dans l'expectation désarmée, non plus que dans l'abstention systématique.

L'infection génitale étant le point de départ de tous les accidents, c'est contre elle qu'il faut d'abord agir. Les irrigations utérines chaudes d'eau bouillie refroidie à 40° sont de nécessité absolue pour les premiers lavages. — On les pratique à l'aide d'une sonde métallique ou d'un drain en caoutchouc rigide de 2 mètres de long, introduits jusqu'au fond de l'utérus, et rattachés à l'autre extrémité à un entonnoir à main, ou un réservoir spécial, qui permet de donner de la pression par élévation. Les malades, pour cette opération, doivent être placées en plan incliné, le train antérieur fortement surélevé et la pression ne doit pas dépasser 60 centimètres à 1 mètre.

Lorsque le lavage est terminé et que le liquide d'injection ressort parfaitement clair, on fait agir un antiseptique. Les solutions de mercuriaux, phéniquées, lysolées ou crésylées sont à repousser, soit à cause de leur toxicité, soit surtout en raison de leurs qualités irritantes qui amènent de violents efforts expulsifs.

L'eau oxygénée diluée à un quart, un tiers, donne des résultats excellents. L'eau iodée à 1 p. 2000 (iode, 1 gramme; IK, 5 grammes; eau chaude, 2 litres) est d'une efficacité très précieuse. Le permanganate de potasse à 1 p. 4000, 1 p. 1000, est d'un usage courant.

Comme les premiers lavages sont difficiles à bien réaliser, il y aurait souvent avantage à faire la toilette intra-utérine directement à la main, à l'aide d'une grosse éponge aseptique, qui serait promenée sur toute la muqueuse, dans les bas-fonds, et qui permettrait d'enlever directement tous les liquides septiques. Les lavages seraient ensuite plus faciles et plus efficaces.

Ces lavages à l'éponge, faits à la main, sont dangereux pour l'opérateur s'il ne prend pas toutes les précautions d'antisepsie qui sont de rigueur dans tous les accouchements.

Fabre et Bonnaire, en gynécologie humaine, recommandent pour des états semblables les pansements intra-utérins (gaze ou coton) avec des émulsions d'essence de térébenthine à 10 p. 100. L'essence de térébenthine aurait une puissance antiseptique très marquée contre les agents de l'infection utérine. La seule précaution à prendre serait la protection de la vulve contre l'action irritante de l'émulsion.

L'irrigation continue simple est une excellente méthode qui a fait ses preuves. Elle peut être réalisée dans bien des cas, même en pratique rurale.

Lorsque le col est prématurément rétracté, les difficultés deviennent beaucoup plus grandes parfois insurmontables, en raison de l'impossibilité de dilater le col rétracté. L'emploi des canules ou sondes utérines métalliques devient indispensable pour pouvoir franchir le col utérin. — La compression utérine par la voie rectale permet l'évacuation des liquides, mais le moyen est laborieux.

Ce traitement local, qui doit être exécuté, chaque jour deux fois au moins, tant que tout danger n'est pas écarté, doit être complété par une médication générale dont les effets ne sont pas à négliger. Les excitants diffusibles : l'alcool (200 à 300 grammes), l'acétate d'ammoniaque (7 à 8 grammes), le vin, le café, les tisanes diurétiques seront administrés en permanence avec des boissons à discrétion et un régime léger, si les malades conservent l'appétit.

Les injections salines intra-veineuses de solution physiologique à 9 p. 1000, chaudes, tièdes ou froides, suivant les indications fournies par la température, seront utilisées aux doses quotidiennes de 4 à 6 litres réparties en deux ou trois fois.

Les injections intra-veineuses de collargol, 30 à 50 centigrammes sont aussi à recommander, de même que les injections sous-cutanées de sérum anti-streptococcique ou même de sérum normal.

Enfin, les abcès de fixation, déterminés en un point quelconque, auraient encore, d'après ce qui est connu en médecine humaine, d'excellentes indications, mais chez les bovidés ils sont difficiles à réaliser et il faut une forte dose d'essence de térébenthine, 4 à 5 centimètres cubes et plus.

Un nouveau traitement de la fièvre puerpérale, basé sur l'idée d'une immunisation locale de la muqueuse utérine (d'après les théories de Besredka), a été signalé dans ces dernières années comme susceptible de donner d'excellents résultats : L'infection puerpérale étant ordinairement provoquée par des streptocoques trouvés dans l'écoulement utérin (lochies fétides, pouls rapide et petit, 120 à 140, bien que la température reste peu élevée 38°-39°5) on fait une culture en bouillon des agents spécifiques trouvés, puis un filtrat de ces cultures. On pratique ensuite chaque jour un tamponnement ou pansement intra utérin avec du coton aseptique imbibé de ce filtrat de cultures. Il en résulterait un arrêt rapide, d'évolution de l'infection, d'abord un état stationnaire, puis une disparition progressive de la fétidité de l'écoulement suivi d'un abaissement de la température et du pouls. La guérison se caractériserait rapidement ensuite sans autre intervention, par action inhibitrice, microbicide et comme vaccinante des filtrats.

Dans les conditions actuelles, cette méthode ne paraît applicable que dans les services spéciaux d'accouchements, elle semble difficilement réalisable en pratique vétérinaire, mais elle n'en caractérise pas moins une méthode nouvelle d'intervention pleine d'intérêt et peut être d'avenir.

Prophylaxie. — Lorsqu'un cas de métrite septique se sera produit dans une exploitation, l'étable sera désinfectée s'il reste des femelles à vêler. La désinfection a moins d'importance lorsqu'il ne reste plus de sujets susceptibles de s'infecter.

Métrite aigue.

Le terme de *métrite aiguë* est réservé aux inflammations utérines graves encore, mais non susceptibles de se terminer par la mort en vingt-quatre, quarante-huit heures ou quelques jours.

Étiologie. — Chez nos femelles domestiques, les métrites aiguës n'évoluent qu'après la parturition, à la suite d'accidents résultant d'un accouchement laborieux, à la suite de déchirures, ou par infection accidentelle *post-partum*.

Il était de règle autrefois de distinguer une *forme traumatique* lorsque la métrite évoluait à la suite de blessures par des lacs, des repoussoirs ou des crochets. Il ne subsiste aucune raison de conserver cette distinction, l'infection greffée sur les blessures étant la condition indispensable de l'évolution d'une métrite.

Les métrites aiguës sont la conséquence d'une non-délivrance, d'une délivrance incomplète ou d'une infection accidentelle par des agents variés, souvent des agents de suppuration.

Symptômes. — Les symptômes ne se manifestent que par bien peu de signes extérieurs, aussi faut-il les rechercher attentivement pour les interpréter.

Les uns correspondent aux troubles généraux que l'on retrouve dans toutes les inflammations viscérales aiguës : perte d'appétit, amaigrissement progressif, fièvre légère irrégulière, diminution ou disparition de la sécrétion lactée, tristesse.

Les autres sont purement locaux. Il y a écoulement muqueux, muco-purulent, sanguinolent ou fétide, suivant les circonstances. Cet écoulement, peu abondant, ne se produit que pendant le décubitus ou les efforts expulsifs. L'exploration au spéculum fait constater l'existence d'une vaginite secondaire légère et d'une inflammation plus intense du col qui reste entr'ouvert. L'exploration rectale fait enregistrer la présence d'un utérus plus gros qu'à l'état normal et moins facile à déplacer. Si la métrite aiguë existe depuis quelques semaines, l'utérus est douloureux à la palpation et parfois immobilisé par évolution d'une paramétrite et d'une pelvi-péritonite légère qui, d'ailleurs, se traduit toujours au cours de son évolution, par du péritonisme temporaire, des phlébites des veines utéro-ovariennes, etc... Dans ce dernier cas il peut même y avoir paraplégie postérieure par état douloureux pelvien, ou simplement impotence relative de l'un ou des deux membres postérieurs.

Abandonnée aux seules ressources défensives de l'organisme, la métrite aiguë peut guérir spontanément; le fait est rare; elle a, par contre, une réelle tendance à passer à l'état chronique ou à se compliquer d'accidents péri-utérins qui peuvent être mortels.

Diagnostic. — Le diagnostic peut être établi sans difficultés, par l'exploration rectale et par l'exploration directe au spéculum.

Pronostic. — Le pronostic est grave, parce que les malades sont momentanément ou définitivement retirées de la reproduction et parce que la métrite aiguë peut se compliquer de pelvi-péritonite de phlébite des ligaments larges, et des veines du bassin.

Traitement. — L'utérus étant atteint, et la muqueuse utérine tout particulièrement, tous les efforts doivent se concentrer sur cet organe. — L'étude des lésions montre que les follicules glandulaires sont infectés, et avec eux l'épaisseur totale de la muqueuse; le but à atteindre est donc la désinfection parfaite de ce tissu. On y arrive par des lavages répétés à l'eau chaude à 40°, des injections antiseptiques au chloral à 30 grammes par litre, à l'eau iodée à 1 p. 2000, à l'eau oxygénée au quart ou au cinquième. Malgré ces injections, l'inflammation ne disparaît que lentement et difficilement. Il serait peut-être possible, à l'exemple de ce qui se fait en médecine humaine, de pratiquer parfois l'écouvillonnage et le tamponnement antiseptique intra-utérin à la gaze iodoformée lorsque le col est resté suffisamment ouvert.

Pour les formes où le col utérin est rétracté au point de ne pas laisser passer une sonde ou une canule d'irrigation, les difficultés sont énormes; l'action ne pourrait être efficace qu'après dilatation, et cette dilatation est excessivement laborieuse.

Dans les formes qualifiées *métrites traumatiques post-partum*, par déchirure partielle et plus ou moins étendue des parois utérines, il est contre-indiqué de pratiquer des injections antiseptiques sous pression, par suite du danger de rupture de l'utérus; la toilette intra-utérine à l'éponge et les tamponnements antiseptiques sont préférables.

Dans les métrites septiques, les métrites aiguës, l'avortement épizootique et même les arthrites infectieuses d'origine utérine, on retire souvent de réels bénéfices des injections sous-cutanées de glycérine phéniquée au sixième : glycérine, 30 grammes; acide phénique, 5 grammes; dose : 15 grammes par jour.

La défense organique par les abcès de fixation ne doit non plus pas être négligée.

MÉTRITES CHRONIQUES.

Hydrométrie. — Pyométrie.

Les métrites chroniques représentent des reliquats de métrites aiguës, ou encore des inflammations chroniques d'emblée dont les lésions sont localisées à la muqueuse utérine. Toutes les infections *post-partum* à microbes pathogènes peuvent donner des métrites chroniques. Les cystites, les vaginites, déchirures de la vulve, peuvent également les provoquer.

La tuberculose donne aussi des métrites chroniques faciles à diagnostiquer, d'ailleurs, par le simple examen bactériologique des produits de sécrétion.

Symptômes. — La coïncidence d'un mauvais état général et de troubles locaux persistants caractérise les métrites chroniques. Les malades sont affectées d'un écoulement muco-purulent permanent d'abondance variable, ou simplement d'un écoulement intermittent qui est alors plus abondant et ne dure que quelques heures ou quelques jours pour se reproduire à intervalles irréguliers. — A l'exploration, le col apparaît entr'ouvert, légèrement. hypertrophié, parfois sensible et végétant.

La palpation utérine par la voie rectale peut déceler de l'hypertrophie notable, de la sensibilité, de l'immobilisation relative du corps utérin, mais les cas sont nombreux aussi où cette exploration ne révèle rien de bien particulier.

Par contre, il en est d'autres où l'exploration vaginale au spéculum ne fait rien découvrir, sinon que le col est complètement refermé, et où l'exploration rectale fait reconnaître la présence d'un utérus volumineux, tendu, uniformément fluctuant, exactement comme s'il s'agissait d'une gestation en cours. Il s'agit alors de la forme clinique à laquelle on donnait autrefois le nom d'*hydromélrie*, et qui serait mieux qualifiée *pyomélrie*, car il s'agit de métrite chronique close. Le col utérin reste rétracté, les produits de sécrétion morbide s'accumulent dans le corps et les cornes utérines se dilatent progressivement. A un moment donné, l'utérus entre en contractions réflexes, dilate le col et chasse son contenu d'un seul jet. L'écoulement se prolonge quelques jours, le col se referme et une nouvelle phase se reproduit.

Lésions. — Les lésions portent sur la muqueuse, le tissu glandulaire de préférence et le tissu interstitiel. Au point de vue anatomo-pathologique, on distingue des formes avec atrophie glandulaire et muqueuse, d'autres avec hypertrophie marquée, la muqueuse pouvant devenir végétante et fongueuse.

Diagnostic. — Le diagnostic n'exige que la distinction des formes ordinaires de l'hydrométrie, de la pyométrie et de la métrite tuberculeuse, qui, elle, ne présente aucun intérêt clinique, puisqu'il n'y a pas lieu de la traiter.

Pronostic. — Le pronostic est grave comme pour toutes les affections chroniques. De plus, les femelles sont atteintes de stérilité temporaire ou définitive, et leur engraissement est difficile.

Traitement. — L'une des conditions fondamentales du traitement, c'est la possibilité d'agir localement, d'où la nécessité absolue d'opérer au travers d'un col utérin dilaté.

Si la dilatation existe, on procédera à des lavages antiseptiques quotidiens combinés avec l'écouvillonnage au début. Les injections d'eau oxygénée, de solutions de permanganate de potasse seront utilisées.

Le drainage avec un drain plein, en caoutchouc, disposé en T, dit drain autostatique, comparable à celui que l'on utilise parfois en médecine humaine, pourrait être avantageux dans différentes circonstances.

Lorsque le col utérin est obstrué, il faudra procéder à la dilatation préalable avant toute autre intervention.

Dans la pratique, ces soins paraissent parfois trop méticuleux; les malades sont sacrifiées ou abandonnées aux seules ressources défensives de la nature et de leur organisme.

C'est dans ces conditions que l'on pourrait recourir à l'autobactériothérapie ou l'autovaccinothérapie dans les conditions suivantes : Prélèvement de pus vaginal sur le col ou dans le fond du vagin (émulsion de 1 cc. pour 5 cc. d'éther ou 5 cc. d'eau iodée) injections quotidiennes sous-cutanées de 1 à 5 centimètres cubes, série de 10 injections.

Les conséquences peuvent en être d'abord une réaction plus ou moins vive avec accentuation de l'écoulement, puis ensuite diminution et arrêt de l'écoulement morbide.

L'application de la même méthode avec des cultures de pus (tous les germes) serait plus à recommander, mais en pratique elle est d'un emploi plus compliqué.

Enfin certains cas de métrite chronique, sont susceptibles d'être améliorés ou guéris, sans autre intervention que le massage des ovaires, l'énucléation des corps jaunes anormalement persistants ou la rupture des kystes ovariens s'il en existe (Roger).

Le temps peut avoir raison des lésions; j'ai pu voir plusieurs malades, atteintes de métrite et même de salpingite, guérir spontanément après un séjour de six à huit mois au pâturage, mais il y a lieu de toujours chercher à établir par avance le bilan monétaire de semblable pratique.

AVORTEMENT ÉPIZOOTIQUE

Anglais : *Abortion disease.* — Allemand : *Seuchenhaftes Verwerfen.*
Italien : *Aborto enzootics.*

L'avortement épizootique ou maladie abortive est une maladie infectieuse ou contagieuse, d'allure chronique et insidieuse, qui se localise dans les organes de la reproduction et sur les produits de la conception. C'est l'une des maladies les plus préjudiciables à la prospérité de l'élevage par ses conséquences économiques.

Les avortements se produisent chez toutes les femelles domestiques sous des influences extrêmement variées. D'ordinaire, il s'agit d'avortements simples; dans d'autre cas, d'avortements multiples qui dérivent d'influences accidentelles et de causes fortuites.

Dans des circonstances qui sont loin d'être rares, les avortements se font en série, dans une étable, dans plusieurs étables, parfois dans toute une contrée. C'est à ces avortements en série que l'on applique les qualificatifs d'*avortement enzootique ou épizootique*, d'*infection abortive* et d'*avortement infectieux*, parce qu'il est démontré aujourd'hui que la cause est représentée par des agents microbiens qui semblent ne pas toujours être identiques dans tous les cas, mais qui agissent de la même façon.

Cependant, la véritable dénomination d'avortement épizootique n'est appliquée qu'à la variété provoquée par l'agent le plus fréquent et le plus commun, le *bacille abortif* ou bacille de Bang.

L'avortement épizootique est surtout fréquent chez l'espèce bovine; tous les ans, il cause des pertes sensibles à notre élevage. — Cette forme d'avortement caractérise plus une maladie qu'un accident de gestation.

Il a été signalé chez la jument (Gsell, 1879; Desoubry, 1909), et nombre de praticiens depuis; chez la brebis (Brissot, 1888; Labat, 1889); j'ai pu établir qu'il existe aussi chez la truie et chez la chèvre en Auvergne, dans la région nord du Plateau central.

Symptômes. — L'infection abortive en évolution et progression de marche ne se traduit par aucun signe apparent; l'avortement se fait sans qu'il se produise de changement notable dans l'état physiologique des mères. L'appétit est conservé, ainsi que toutes les apparences de la santé; le rejet de l'avorton est souvent une surprise au début des épizooties. Plus tard, mieux avertis, les propriétaires et les vachers notent cependant quelques petits symptômes précurseurs qui ne trompent pas, mais qui n'apparaissent que très peu avant l'accident. Ces symptômes sont, en raccourci, ceux de l'accouchement normal : turgescence des mamelles, affalement du ventre, affaissement léger de la croupe, dilatation vulvaire, etc.

L'expulsion du fœtus se fait bien souvent sans difficultés, en un temps, si l'avorton est peu développé et les enveloppes décollées, le tout étant rejeté d'un seul bloc; ou en deux temps, si le fœtus est déjà volumineux. Cette seconde forme est beaucoup plus grave; fréquemment les avortées ne délivrent pas ou délivrent incomplètement; et si la délivrance à la main n'est pas effectuée par un vétérinaire expérimenté, il en résulte des septicémies de parturition, des métrites graves, et pour le moins la stérilité temporaire.

On admettait autrefois que les avortements se produisaient rarement avant trois ou quatre mois, présentaient le maximum de

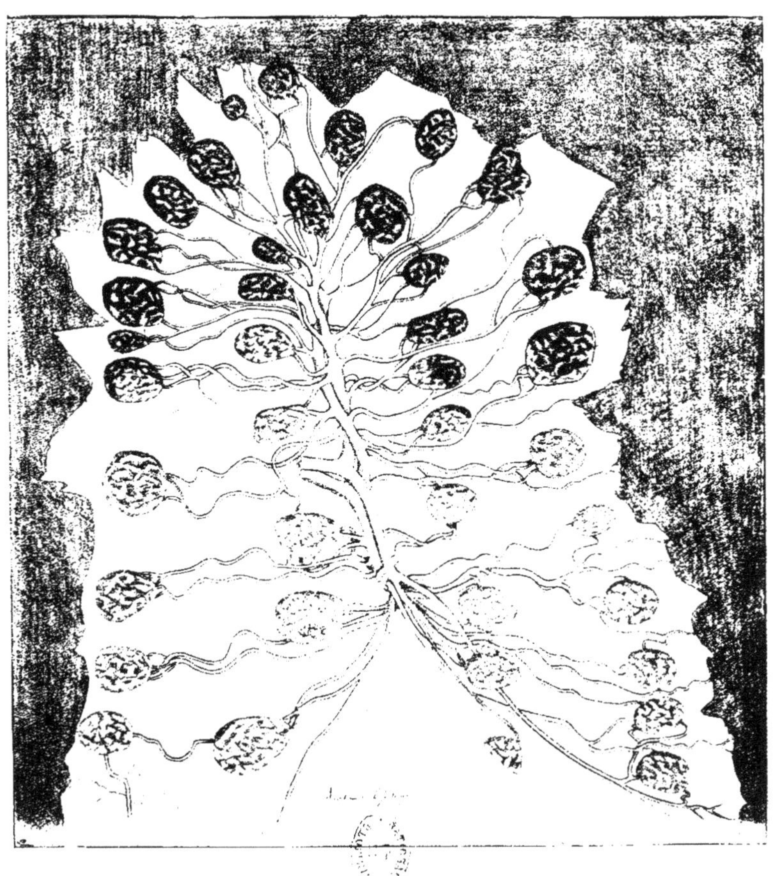

Altérations du placenta dans l'avortement infectieux. Les houppes placentaires du fond de l'utérus sont seules restées normales; celles du voisinage du col de l'utérus sont profondément altérées; celle de la zone intermédiaire, moyennement altérées.

fréquence entre cinq et huit mois, et n'apparaissaient parfois que huit ou quinze jours avant l'accouchement.

Des observations plus rigoureuses permettent d'affirmer que ces avortements se produisent à toutes les époques de la gestation, mais que durant les premiers mois ils passent inaperçus le plus souvent, embryon et enveloppes disparaissant dans les litières. Il peut arriver, par contre, qu'une vache, atteinte d'infection abortive, arrive à terme et donne un veau vivant, mais assez rarement viable.

L'âge, la race, l'état d'embonpoint restent sans action, mais les primipares toutefois avortent moins facilement que les autres. — Dans une étable infectée, les avortements réapparaissent souvent tous les ans sur les mêmes bêtes, si l'on n'a pas pris de précautions rigoureuses de désinfection des organes génitaux à la suite des avortements antérieurs; toutefois, ces avortements retardent d'une année à l'autre : telle bête, qui aura avorté à cinq mois une année, n'avortera qu'à six ou sept mois l'année suivante. Au bout de plusieurs années, ces mêmes vaches peuvent arriver à terme et donner des veaux vivants, soit par disparition de l'infection, soit pour raison d'*immunité naturelle acquise* par un mécanisme inconnu.

Souvent une vache qui a été touchée par l'avortement infectieux reste stérile ou devient même taurelière, mais les données précédentes montrent que ce n'est pas un fait constant; elle peut être fécondée, et, règle générale, elle avorte à nouveau.

Lésions. — Les avortons sont d'ordinaire mort-nés; s'ils naissent vivants entre sept mois et demi et neuf mois, ils succombent peu après la naissance ou dans les jours qui suivent, avec une diarrhée incoercible.

Ils se putréfient très vite, même lorsqu'ils sont mort-nés, et, lorsqu'on examine la masse du délivre, les enveloppes fœtales présentent des altérations très nettes. — Certaines houppes placentaires offrent une teinte rosée ou rouge vif qui correspond à l'aspect normal; d'autres, au contraire, semblent comme décolorées; ce sont les houppes infectées. Les villosités placentaires sont gris jaunâtre ou gris terreux, recouvertes d'un magma abondant, véritable putrilage d'aspect purulent. A leur niveau, les échanges nutritifs avec la mère sont évidemment limités ou impossibles, d'autant que le cotylédon correspondant offre des altérations folliculaires et superficielles tout à fait identiques.

Malgré ces altérations plus ou moins étendues des veaux peuvent arriver à terme et peuvent être élevés sans accidents, bien que ce soit là un fait peu fréquent.

Chez la jument, il y a plus souvent de l'épaississement notable du chorion, de la congestion intense de la masse placentaire.

Ces altérations n'existent pas forcément dans tous les cas; elles sont parfois peu visibles, cela dépend de l'origine, mais elles se retrouvent dans la généralité des cas de la forme courante de l'avortement infectieux. Les eaux fœtales parfois sont troubles.

Les altérations placentaires et cotylédonaires, dans mes observations tout au moins, sont localisées parfois au corps de l'utérus et l'entrée des cornes, beaucoup plus rares vers le fond des cornes utérines. Ce fait tendrait à démontrer que l'infection se produit de préférence par voie ascendante; mais la dissémination irrégulière de lésions telles que celles reproduites ne peut s'expliquer que par une infection d'origine sanguine, c'est-à-dire primitivement d'origine digestive. Il semble donc logique d'admettre que l'infection abortive peut pénétrer par deux voies différentes : la voie génitale et la voie digestive et sanguine.

A la suite des avortements, il y a presque invariablement de la métrite légère, grave ou très grave, selon que la délivrance se fait régulièrement ou non, avec des infections microbiennes surajoutées.

Les sécrétions génitales contiennent le bacille abortif durant quelques semaines en général, parfois durant des mois, si aucun traitement local n'entrave sa pullulation.

La mamelle peut être infectée sans que rien révèle en apparence cette infection, le bacille abortif s'y cultive par voie d'infection naturelle ou expérimentale, et les recherches de Schrôder et Cotton ont montré que cette infection pouvait persister durant des années. Il y aurait là une infection latente locale durable, qui servirait de point de départ aux accidents successifs d'avortements (?)

Étiologie. — Il semble que la plus grande obscurité ait régné autrefois sur l'étiologie de cette maladie, et cependant certaines pratiques populaires d'Angleterre, de Suisse, d'Allemagne et de France, remontant au xviiie siècle, démontrent que la notion d'infectiosité et de transmissibilité possible était acceptée du monde des éleveurs. Les avortons et les enveloppes fœtales devaient être retirés soigneusement de l'étable, profondément enfouis ou brûlés. On allait jusqu'à recommander, pour l'enlèvement du petit sujet, de pratiquer une brèche dans les murs des étables derrière la parturiente, afin de ne pas souiller le reste du sol ou des litières.

Malgré ces pratiques, qui, en somme, n'étaient que la sanction de l'expérience, à une époque où l'on ne songeait guère au rôle des microorganismes, la notion de contagiosité n'est nullement acceptée durant les deux premiers tiers du xixe siècle.

On invoque tour à tour la mauvaise hygiène, la misère, la qualité des reproducteurs, les croisements, la précocité, l'influence des saisons, etc..., etc..., pour expliquer l'apparition des avortements enzootiques; et il faut arriver jusque vers 1870 pour voir s'affirmer nettement cette notion de contagiosité avec Roloff, Saint-Cyr et d'autres. Nocard donne, en 1885, une étude remarquable de l'avortement épizootique dans le Nivernais; Galtier, en 1890, décrit une

Aspect d'un placenta dans un cas d'avortement infectieux (d'après nature); cotylédons jaunâtres altérés, cotylédons rouges normaux. L'irrégularité de répartition des cotylédons sains et des cotylédons malades semblerait indiquer une
infection irrégulière d'origine sanguine.

épizootie différente de celle étudiée par Nocard; et Bang, en 1897, reprend en Danemark les études antérieures faites sur cette question.

De ces recherches, il résulte, que sous sa forme la plus commune, l'avortement épizootique est la conséquence d'une infection des voies génitales par un bacille spécifique que l'on appelle couramment *le bacille abortif ou bacille de Bang*. Les cultures de ce bacille, de même d'ailleurs que les produits pathologiques recueillis dans les voies génitales des femelles récemment avortées, provoquent l'avortement après un temps variable chez des vaches en gestation, lorsqu'on les dépose dans la cavité vaginale saine (Bang).

Le bacille abortif peut être décelé dans les sécrétions génitales d'une vache récemment avortée, dans les produits de raclage de la muqueuse utérine, dans le sang, le contenu digestif ou les exsudats des avortons, parfois dans le lait des avortées (1).

Il se cultive difficilement au départ direct sur gélose-sérum, plus facilement ensuite, ainsi que sur bouillon sérum glycériné.

Il se colore bien par le bleu de méthylène et la fuchsine phéniquée diluée.

L'introduction dans l'organisme d'une vache en gestation, par voie génitale, digestive, intra-veineuse ou même intra-mammaire, permet de réaliser l'infection abortive qui aboutira ou non à l'avortement, selon la virulence de la culture utilisée et la sensibilité de l'organisme en expérience.

L'infection abortive expérimentale positive peut être décelée par la méthode de l'agglutination et de la fixation du complément quelques semaines seulement après l'infection, en moyenne dix à vingt jours.

D'après Schröder et Cotton, l'habitat de prédilection du bacille abortif est la mamelle, aussi bien chez les vaches pleines que chez les autres. Cette affinité a été mise en évidence en injectant une culture de bacille abortif dans les veines d'une vache vierge indemne; le bacille fut plus tard retrouvé en abondance dans la mamelle qui n'avait jamais fonctionné. Pour ces mêmes auteurs, c'est dans la mamelle que se conserverait le bacille abortif chez les bêtes non pleines; et leurs recherches expérimentales leur ont démontré, d'autre part, que l'inoculation directe dans un trayon, chez une bête indemne, permettait l'infection chronique progressive des quatre

---

(1) Le bacille abortif se cultive sur gélose-sérum, gélose glycosée, bouillon-sérum, bouillon glycériné et liquide amniotique, etc...

Sur pommes de terre, il prend au bout d'un certain temps un aspect comparable à celui des cultures de morve.

Il est rapidement détruit à 55-60°, ainsi que par la plupart des solutions antiseptiques d'usage courant.

L'injection intra-vaginale peut amener l'avortement chez les vaches en cinq à dix semaines. L'injection sous-cutanée ou intra-veineuse de cultures à de petits sujets d'expériences (lapines ou cobayes pleines) peut parfois provoquer des avortements très rapides (en un à cinq jours), mais il y a des variantes de virulence très marquées.

quartiers en l'espace d'un mois et l'infection génitale plus tardive possible par cette voie.

Fort heureusement, ce lait de mamelles infectées, quoique non malades en apparence, ne paraît posséder aucune propriété nocive pour l'espèce humaine, ni même pour les veaux qui peuvent avoir à le consommer.

Par contre, le bacille abortif est pathogène pour le cobaye; lorsqu'on lui inocule 5 à 15 centimètres cubes de lait dans la cavité péritonéale, il fait des lésions spécifiques du foie et de la rate qui entraînent la mort dans un délai de trente à quarante-cinq jours.

De là à établir le mode d'apparition et de propagation de l'avortement épizootique dans une étable, rien ne paraît plus facile.

Qu'une femelle en gestation, infectée par le bacille spécifique, vienne à être introduite dans une ferme jusque-là indemne, elle avortera un jour ou l'autre, contaminera les litières, les fumiers, le sol de l'étable; l'infection sera réalisée.

Le principal danger est représenté par les mucosités virulentes rejetées après l'avortement. Ce sont ces mucosités qui disséminent le microbe et l'affection elle-même.

Bien souvent, d'ailleurs, les possesseurs de bétail n'attachent pas d'importance à un premier avortement; ils le considèrent comme accidentel, ne prennent aucune précaution d'hygiène, puis, quelques semaines plus tard, un nouvel avortement se produit, suivi de plusieurs autres à intervalles irréguliers.

Ce sont souvent les voisines de la première avortée qui sont frappées, celles de la même rangée, puis plus tard indistinctement de côté et d'autre.

Il y a cependant des observations qui, à première vue, paraissent déconcertantes : telle l'apparition de l'avortement infectieux dans une étable isolée, jusque-là indemne et dans laquelle il n'y a pas eu d'introduction étrangère; ou bien encore l'apparition d'une enzooties d'avortements nettement infectieux chez des vaches qui toute l'année restent dans les mêmes pâturages.

C'est que généralement alors l'infection a été propagée par un taureau qui avait aussi été utilisé pour la saillie de femelles avortées non traitées ou de femelles atteintes de vaginite contagieuse. Le taureau ne paraît pas malade, et cependant il peut être le véritable agent propagateur; toutefois, ce mode de propagation semble moins fréquent qu'on ne l'avait pensé autrefois, le taureau ne restant pas longtemps infecté.

Pour certains cas, pour les vaches toujours laissées en pâture, l'origine est parfois impossible à préciser.

L'infection abortive peut enfin trouver son origine dans le milieu extérieur, par voie digestive, par les aliments ou surtout les boissons. C'est la seule explication plausible pour des enzooties d'avortements

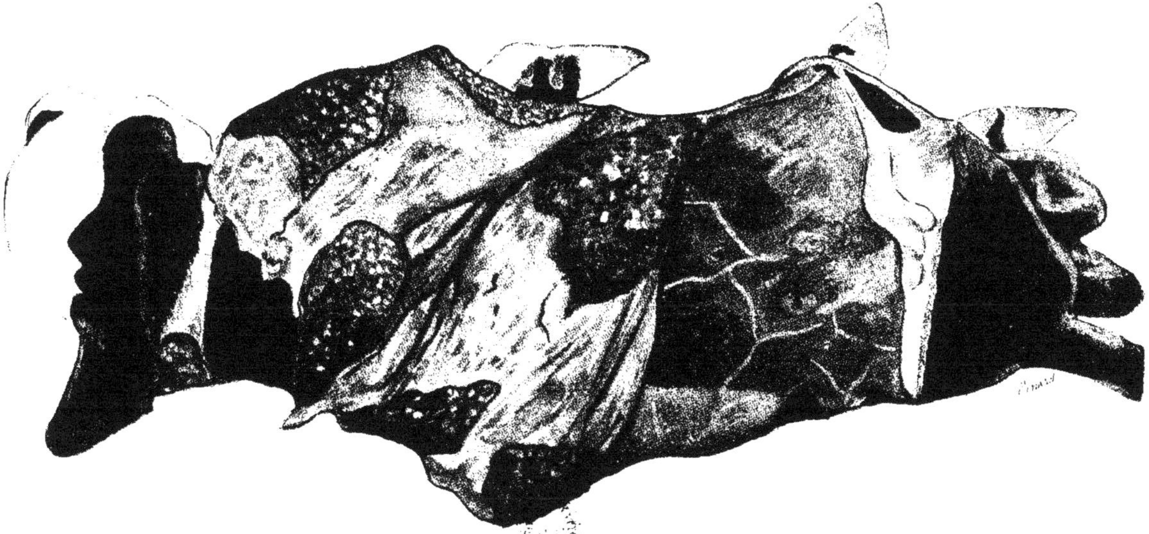

AVORTEMENT INFECTIEUX ÉPIZOOTIQUE.
Veau maigre, près du terme, recouvert de ses enveloppes malades.

VIGOT FRÈRES, Éditeurs

dans des pâturages bien limités, chez des génisses saillies par un jeune taureau n'ayant jamais effectué d'autre service. C'est la seule explication satisfaisante encore pour ces enzooties d'avortements de pâturages qui durent quelques semaines au plus et frappent cependant la moitié ou plus de l'effectif du troupeau, puis s'éteignent subitement. Ces constatations démontrent que les conditions extérieures de milieu influencent et conditionnent peut-être même les qualités pathogènes des agents abortifs. Elles attirent l'attention en particulier sur la qualité des eaux d'abreuvement.

Les vaches adultes, ou même jeunes, ont une réceptivité plus grande pour l'infection abortive que les vaches âgées, chez lesquelles il paraît se développer une immunité progressive, conséquence d'infeçtions antérieures prolongées ou successives. Les avortements successifs chez une même vache peuvent être la conséquence d'une infection unique primitive et persistante, mais aussi de réinfections possibles plus virulentes que la primitive. C'est immédiatement avant ou après l'avortement que les produits génitaux rejetés par les vaches contiennent le maximum de germes vivants, et risquent d'infecter les autres, soit directement, soit par ingestion d'aliments souillés.

Il a été démontré que certaines vaches peuvent servir d'agents de diffusion plusieurs années après avoir cessé d'avorter, le bacille abortif se développant en permanence dans la mamelle, et le lait contenant des germes vivants.

Il a été signalé, d'autre part, que des veaux, nourris avec du lait cru, infecté, pourraient eux-mêmes servir d'agents disséminateurs sans être malades; que les laits de mélange sortant des laiteries et beurreries coopératives, non pasteurisés, pourraient jouer le même rôle.

Ces constatations, affirmées par des auteurs américains, paraissent évidemment fort inquiétantes, mais toutes ne sont pas catégoriquement démontrées.

Le milieu de développement le plus favorable du bacille abortif est très certainement le corps du fœtus et les enveloppes fœtales (zones du placenta); mais ce bacille peut aussi établir son habitat dans la paroi utérine de la vache, ainsi que dans la mamelle, et il est possible qu'il se cultive très longtemps dans ces deux organes. Après des mois, on a pu le déceler dans les mucosités utérines; après des années, dans le lait (?)

D'après ces données, l'avortement épizootique serait, par conséquent, une maladie infectieuse et contagieuse, d'allure chronique et insidieuse, qui se localiserait dans les organes de la reproduction, et secondairement une maladie des enveloppes fœtales et du fœtus.

Mais à vrai dire il s'agit alors d'une *infection tolérée* plutôt que d'une maladie vraie, les bêtes en puissance d'infection abortive ne paraissant nullement malades et pouvant, en dehors de leur accident de gestation ne montrer aucun signe pathologique. L'infection abortive est en réalité, pathologiquement, une maladie du fœtus et de ses annexes bien plus qu'une maladie de la mère.

Il n'en est pas toujours ainsi. Galtier (1890) a décrit une forme d'avortement enzootique qui se rattacherait et ne serait que la conséquence d'une maladie générale des mères. A la faveur d'anciennes lésions de pneumonie et de pleurésie, il se ferait par voie sanguine une infection de même nature de l'organisme fœtal, laquelle ultérieurement entraînerait l'avortement, sans qu'il y ait par conséquent maladie des organes génitaux. Il s'agit là d'une forme particulière d'un avortement infectieux, mais qui ne correspond pas à l'avortement dit épizootique vrai où les mères, abstraction faite des complications, sont indemnes de toute lésion.

C'est une forme que l'on pourrait rapprocher des avortements infectieux d'origine interne ou d'origine toxique, au cours de maladies fébriles aiguës (fièvre aphteuse, clavelée, etc...).

Nocard (1894) a lui-même cité des cas d'avortement enzootique, dus à des infections coli-bacillaires accidentelles. Ce sont des formes différentes.

Th. Smith (1919), en Amérique, a signalé comme cause de certains avortements enzootiques un vibrion spécifique (vibrio fœtus) Thomsen (1920), en Danemark, a trouvé ce même vibrion dans les capillaires du placenta; le bacille de Bang ne serait en cause que dans 42 à 43 p. 100 des cas, 10 p. 100 seraient dus à des spirilles, 15 à 20 p. 100 à d'autres agents : coli, paracoli, paratyphique, etc.

Il semble donc bien démontré que la cause infectieuse des avortements multiples ou enzootiques n'est pas unique pour tous les cas sans exception, et qu'à défaut de recherches de laboratoire, il importe de pouvoir faire des examens complets des mères et des avortons avant de se prononcer, parce qu'il en est qui se rattachent à des maladies fébriles aiguës, à des maladies chroniques des mères ou à des infections purement accidentelles, toutes différentes de celles qui caractérisent l'avortement épizootique ordinaire.

Diagnostic. — Le diagnostic clinique de l'avortement épizootique est l'un des plus faciles à établir. Le mode d'apparition et la marche de l'affection imposent ce diagnostic qui doit être d'ailleurs cliniquement contrôlé par l'examen des avortons et des membranes fœtales.

Il ne faut pas le confondre avec les avortements multiples dus à l'ergotisme, par exemple; dus à la consommation de grains cariés, de pailles rouillées ou charbonnées, de fourrages moisis ou vasés, etc.

Scientifiquement, il conviendrait donc, pour préciser la maladie,

AVORTEMENT INFECTIEUX ÉPIZOOTIQUE

Veau maigre près du terme, recouvert de ses enveloppes malades.

Placentomes malades à cotylédons [illegible]

VIGOT FRÈRES, Éditeurs

de mettre en évidence le bacille de Bang, ou la variété de microbe abortif en cause; en pratique, on se trompe rarement d'après la clinique.

La culture directe du bacille, sur milieu *ad hoc*, est délicate (sur gélose-sérum sous atmosphère réduite en 0); après quelques jours, les colonies apparaissent en têtes d'épingles.

La méthode indirecte, de pratique plus courante, consiste à injecter des produits infectés, tissus ou lait, à des cobayes, qui présentent plus tard des lésions spécifiques du foie et de la rate, avec départ plus facile pour les cultures.

Le *diagnostic biologique* de l'infection abortive peut encore être fait par la méthode de fixation du complément et par l'épreuve d'agglutination.

La première est longue, délicate, elle expose à de nombreuses erreurs et elle est à peu près délaissée; la seconde est plus simple, plus rapide et plus sûre. Elle consiste à ajouter des quantités variables du sérum des sujets suspects à une émulsion de culture, mise à l'étuve six heures, ensuite une nuit au réfrigérant. Quand les bacilles sont agglutinés et déposés au fond du tube, que le liquide surnageant est clair, la réaction est positive; si le trouble émulsif persiste, elle est dite négative.

Une épreuve positive n'indique pas que fatalement la vache a avorté ou avortera, mais simplement que son sérum contient des anticorps et son organisme des bacilles. La réaction peut très exceptionnellement être négative, chez une bête infectée à un moment très proche de l'avortement, parce que la prise de sang correspond à une période où il n'y a plus d'anticorps; alors qu'avant ou après ce moment, c'est-à-dire avant ou après l'avortement, cette réaction aurait été positive (?) L'explication paraît un peu spécieuse.

On a signalé que l'agglutination positive pouvait persister plusieurs années après les avortements.

Des taureaux peuvent fournir une réaction positive.

On a essayé d'établir le diagnostic par un procédé comparable à celui employé pour la tuberculose, à l'aide de la toxine extraite des cultures, et à laquelle on a donné le nom d'abortine (extrait de cultures sur bouillon-sérum glycériné, âgées de six semaines). L'injection sous-cutanée donnerait une réaction thermique rapide de la quatrième à la douzième heure; mais les résultats obtenus se sont montrés discordants, des réactions pouvant se produire chez des sujets indemnes; la méthode a été abandonnée. Des essais par intra-dermo sous-caudale m'ont paru de même trop irréguliers pour qu'on puisse, dans les conditions actuelles de nos connaissances, leur accorder une valeur pratique réelle. Ici encore on se trouve exposé à des erreurs nombreuses.

La réaction à l'abortine serait caractéristique d'une infection de l'organisme par le bacille abortif, sans que pour cela chez des bêtes en gestation l'avortement soit fatal.

La réaction positive d'agglutination ne peut d'ailleurs être interprétée que dans le même sens. Si elle est caractéristique avec le sérum d'une vache en gestation, cela ne signifie nullement que la bête avortera. Des vaches ont présenté des réactions positives successives sans avoir jamais avorté. Samsonoff, au laboratoire de Jaffa, en Palestine, dit avoir obtenu 40 p. 100 de résultats positifs à l'agglutination chez un très grand nombre de vaches indigènes n'ayant jamais avorté avant ou après l'épreuve. Le diagnostic biologique se limite donc au diagnostic d'une infection organique par l'agent spécifique, sans que l'on puisse prévoir sûrement ce qu'il en résultera. Inversement, une réaction négative à jour déterminé n'implique pas que la bête n'avortera pas dans les mois qui suivront, si elle se trouve exposée à une infection virulente.

Pronostic. — Le pronostic économique de l'évolution de l'avortement infectieux dans une exploitation est excessivement grave, en raison des pertes qu'il fait subir à l'élevage : pertes de jeunes sujets et pertes de lait, d'une part; diminution de valeur économique des mères, infécondité, etc. de l'autre.

Les vaches donnent moins de lait (en moyenne 1 /4 à 1 /3 de la totalité moyenne du rendement annuel), délivrent mal souvent, maigrissent et restent stériles, ou présentent parfois des arthrites infectieuses (rhumatisme infectieux) et des complications diverses d'origine génitale.

Traitement. — Le traitement curatif ne saurait exister, puisque l'avortement n'est cliniquement prévu, sur une bête déterminée, que lorsqu'il est déjà inévitable et lorsque les membranes fœtales sont infectées.

Le diagnostic biologique (réaction d'agglutination) serait précieux s'il existait une médication spécifique sûre, ce qui n'est pas.

Seules, des mesures prophylactiques semblent pouvoir mettre à l'abri des pertes causées par l'avortement épizootique.

La première consiste évidemment à éviter l'introduction d'une bête infectée dans une étable indemne, et, pour avoir une certitude à ce sujet, il importe de placer toutes les recrues, jusqu'à vêlage régulier, dans un étable d'isolement, les vides n'étant comblés dans l'étable commune qu'après cette épreuve.

Théoriquement, c'est une mesure excellente, mais dans la pratique on n'en tient que bien rarement compte. L'épreuve d'agglutination qui permettrait d'écarter d'une étable saine toute bête à réaction positive est rarement utilisée, parce qu'elle nécessite l'intervention d'un laboratoire.

La seconde mesure devrait avoir pour but d'arrêter la marche de l'avortement, quand, dans une étable, il s'en est déjà produit plusieurs cas. Eh bien, à ce point de vue, notre impuissance reste encore trop grande.

On peut bien séparer et isoler les vaches qui ont avorté, désinfecter l'étable, détruire ou enterrer profondément les avortons et leurs enveloppes; mais trop souvent d'autres vaches sont déjà contaminées, et rien dès lors ne semble pouvoir empêcher les avortements de se produire.

On a recommandé autrefois dans ce but la toilette génitale des femelles en gestation :

a. Lavages journaliers de la queue, de la vulve et de l'anus avec une solution antiseptique : crésyl ou acide phénique à 3 ou 4 p. 100, solution de sublimé corrosif à 1 /2 000, 1 /3 000 ou 1 /4 000;

b. Injections intra-vaginales tièdes de 1 litre environ de ces solutions tous les huit jours;

c. Désinfection du sol de l'étable tous les huit jours avec des solutions de sulfate de cuivre ou de sulfate de fer.

Ces mesures étaient parfaitement logiques, d'après les conceptions qu'on se faisait sur le mode d'infection, mais elles présentaient des inconvénients trop nombreux (dépenses, main-d'œuvre spéciale, perte de temps, etc.), pour être appliquées rigoureusement et longtemps. Les injections vaginales, en particulier, offrent des dangers, non par elles-mêmes, mais à cause des substances antiseptiques recommandées. Le crésyl, l'eau phéniquée, et aussi le sublimé à 1 /3 000, provoquent des efforts expulsifs, violents et répétés. L'expérience a appris à les proscrire définitivement dans le traitement des affections génitales.

Une prophylaxie plus étroite peut être établie en soumettant tout l'effectif des étables à l'épreuve d'agglutination pour reconnaître les vaches en puissance d'infection et celles qui sont indemnes. La séparation des deux lots est dès lors facile à admettre, difficile à réaliser. La séparation des femelles à réaction positive ne suffit pas d'ailleurs à arrêter les avortements, c'est alors que se pose de façon plus précise la détermination des moyens d'action.

Nous ne possédons pas de moyens capables d'empêcher des avortements de se produire dans des étables infectées.

Les études de la commission anglaise sont restées sur ce point dans la période des recherches, et les essais tentés n'ont pas donné de résultats bien encourageants.

La méthode de Brauër qui consiste à injecter préventivement tous les huit ou quinze jours, sous la peau des bêtes en gestation, 20 grammes d'une solution phéniquée à 2 p. 100, reste tout aussi inefficace que les précautions précédentes. Les prétendues observations favorables ne résistent pas à un examen sérieux, bien que, à l'appui de ce procédé, il y ait des auteurs qui aient dit aussi avoir enrayé des épizooties d'avortement en administrant chaque jour, pendant cinq à dix jours de suite, 1 litre à 1 l. 5 d'eau phéniquée à 10 p. 1000. Il semble n'y avoir dans ces résultats que d'heureuses coïncidences, mais les méthodes d'action ont l'avantage d'être simples et sans danger.

On a de même prétendu que les injections intra-veineuses de collargol, en solution à 1 p. 100 dans l'eau distillée (doses : 1 gramme à 2 gr. 50 selon la taille, c'est-à-dire 100 à 250 grammes de solution), faites systématiquement aux contaminées, pouvaient enrayer une enzootie d'étable. Outre la difficulté et le danger de ces injections fortes, si elles ne sont pas faites avec prudence et lenteur, les faits prouvent que, comme précédemment, il ne s'agit vraisemblablement, dans les cas heureux, que de coïncidences.

On peut en dire autant de l'emploi du bleu de méthylène, par voie digestive ou intra-veineuse, qui a été expérimenté aussi.

Une méthode plus récente, fort à la mode dans ces dernières années, a été celle de la bactériothérapie par l'emploi de vaccins tués). De l'avis de tous les cliniciens des différents pays, le bacille mort avirulent s'est partout caractérisé par son inefficacité absolue.

Ce qu'il est possible et logique de faire, jusqu'à nouvel ordre, c'est la désinfection rigoureuse des étables, l'isolement des avortées et la désinfection complète des voies génitales de ces femelles qui ont avorté. En agissant ainsi, elles ne contamineront pas le taureau lorsqu'elles seront saillies à nouveau, et ce dernier ne deviendra pas à son tour un agent de propagation.

Je recommande pour la désinfection des organes génitaux, après délivrance complète, des lavages à l'eau bouillie refroidie à 40° environ et des injections de solution iodée à 1 /2 000 (iode, 1 gramme; iodure de potassium, 4 grammes; eau, 2 litres). Une injection de 0 l. 5 ou 1 litre de solution, répétée deux ou trois fois par semaine, pendant quinze jours à la suite de l'avortement, suffit d'ordinaire pour obtenir le résultat désiré. Le pouvoir de pénétration de l'iode au contact d'une muqueuse est bien supérieur à celui des solutions phéniquées ou de sublimé; il ne présente pas de dangers d'intoxication et ne détermine pas d'efforts expulsifs violents.

Comme traitement prophylactique direct, je conseille toujours, puisque la bactériothérapie n'a rien donné, l'antisepsie vaginale chez les vaches en gestation pour lesquelles on craint l'avortement. Je recommande dans ce but l'emploi d'ovules antiseptiques, de bougies antiseptiques ou de pommades très fluides, à l'ichtyol à placer tous les quatre ou huit jours d'abord, puis tous les quinze jours ensuite, au fond de la cavité vaginale. Leur action est bien supérieure à celle des injections vaginales qui n'agissent que momentanément, et l'infection par voie ascendante tout au moins ne peut se produire. Dans toutes les exploitations où ce traitement a été rigoureusement suivi depuis des années, les exploitants affirment en avoir retiré des avantages.

Mais il reste logique de supposer que s'il s'agit d'infection possible par voie digestive, et par voie sanguine, la désinfection génitale ne pourra se révéler efficace.

En résumé : isolement des recrues, désinfection des étables, désinfection des voies génitales des femelles récemment avortées et antisepsie vaginale permanente par des ovules spéciaux, chez les bêtes en gestation, telles sont les précautions à prendre contre l'avortement infectieux, tant que l'on n'aura pas trouvé mieux.

Vaccination. — Des essais de vaccination anti-abortive ont été tentés en Angleterre, en Amérique, en Allemagne et en France depuis plus de quinze ans. Les résultats obtenus et les statistiques établies sont trop contradictoires pour que l'on puisse dire que l'on a en mains une méthode pratique sûre et sans danger.

Deux idées ont guidé les expérimentateurs : Essayer de vacciner contre l'avortement enzootique ou épizootique par des bacilles abortifs tués ou vivants.

De l'avis de tous les expérimentateurs, l'emploi des émulsions de bacilles abortifs tués (vaccins tués) est dans toutes circonstances resté sans résultats, tant au point de vue curatif que préventif.

L'emploi des « vaccins vivants » a donné lieu à des constatations souvent totalement opposées : Les uns les ont accusés de provoquer des avortements plus sûrement que la maladie naturelle, et en plus de créer de nouveaux foyers d'infection abortive, de la diffuser au point de la voir en progrès; les autres, que ces vaccins étaient efficaces et mettaient les vaches à l'abri des avortements.

Ces contradictions s'expliquent jusqu'à un certain point : Les inoculations des « vaccins vivants » (cultures de bacilles abortifs vivants) sur des bêtes en gestation, c'est-à-dire en état de réceptivité, réalisent une infection artificielle ou une surinfection et provoquent des accidents tout comme l'infection naturelle. L'emploi de ces « vaccins vivants » chez des bêtes pleines, quelle que soit leur condition physiologique ou pathologique est donc formellement contre-indiqué.

Les mêmes inoculations de « vaccins vivants » sur des femelles vides crée toujours une infection abortive artificielle, dont, théoriquement, l'organisme inoculé arriverait à se rendre maître, pour acquérir une immunité déterminée. Que cette femelle arrive à être fécondée ensuite, la gestation devra se poursuivre régulièrement jusqu'à terme.

La « vaccination antiabortive, ne se conçoit donc théoriquement que chez les bêtes vides, avant fécondation.

C'est ce qu'avait conçu et bien précisé il y a déjà bien des années, en Angleterre, Mac Fadyean, qui le premier signala avoir obtenu des résultats remarquables avec l'emploi de bacilles vivants inoculés à des vaches vides, inoculées au moins deux mois avant la saillie.

C'est le principe qui a été suivi depuis plus de dix ans en Angleterre, en Amérique et encore actuellement en France, sur les recommandations du laboratoire des Recherches. Malgré une expérimentation aussi étendue et d'aussi longue durée la vaccination anti-abortive n'a pas donné les résultats que l'on espérait, ne s'est pas imposée. Au point que les auteurs américains les plus expérimentés et les plus qualifiés ont pu écrire que les statistiques rigoureusement impartiales démontraient que la vaccination anti-abortive ne donnait pas de résultats supérieurs à ceux des anciennes méthodes d'hygiène et de prévention non-spécifique. Certains vont plus loin, affirment qu'elle est dangereuse en créant des foyers nouveaux, et cela semble exact du seul fait de la répartition actuelle, comparée au passé.

Karsten affirmait récemment (1927), pour ce qui se passe en Allemagne, que l'isolement, la désinfection et les épreuves de surveillance (examen sérologique, isolement des avortées et des réagissantes) devaient être préférées aux vaccinations, comme moyens d'action.

Pourquoi les vaccinations n'ont-elles pas donné ce que l'on espérait ? Parce que le principe correspond à une erreur d'interprétation des faits cliniques : Ainsi que je l'ai indiqué et enseigné, preuves à l'appui, il y a déjà des années, l'infection abortive correspond à une invasion organique maternelle ne provoquant aucun dommage réel, ce que j'appelle une invasion microbienne tolérée, au même titre que sont tolérées sans dommage — dans les conditions normales, les colonies microbiennes de l'intestin. Ce qui ne veut pas dire que la tolérance ne s'accompagne pas de phénomènes intimes de réaction et de formation lente d'anticorps susceptibles de donner des résultats dans les recherches d'agglutination, d'intra-dermo-réaction, etc. et même avec le temps d'immunité. Si durant cette pénétration microbienne tolérée une gestation prend naissance et évolue, les agents abortifs trouvent dans les tissus nouveaux qui se constituent (Placenta, enveloppes fœtales, eaux fœtales et fœtus; en résumé tissus embryonnaires et fœtaux; dont la composition chimique est différente des tissus maternels), le terrain de culture qui leur convient, le milieu organique propice à leur ensemencement local, leur germination en masse, leur multiplication; le développement de leurs facultés pathogènes résultant de l'altération organique des jeunes tissus envahis, etc., etc. d'où l'avortement ou les avortements et l'expansion de l'infection.

Pour vacciner contre l'avortement épizootique ou mieux les infections abortives en général, ce qu'il faudrait, c'est *donc pouvoir immuniser les tissus d'évolution embryonnaire et fœtale contre les*

*infections abortives, puisque ce sont eux surtout et presque exclusive-
ment pourrait-on dire, qui souffrent des infections abortives*, et non
l'organisme maternel proprement dit, abstraction faite des complications d'avortements.

Si une immunité active efficace et rapide se réalisait à la suite
de l'inoculation d'une ou plusieurs injections de « vaccins vivants »
à des vaches vides, pourquoi cette immunisation active et rapide
ne se ferait-elle pas, dans les conditions naturelles, chez les
femelles vides envahies par les germes abortifs; que ce soit durant
les intervalles des gestations ou à la suite d'un premier avortement. Croit-on faire plus ou mieux avec quelques inoculations de
« vaccins vivants » que lorsqu'il y a infection abortive naturelle et
prolongée.

C'est là toute l'erreur scientifique et l'explication des insuccès
enregistrés dans tous les pays depuis dix à quinze ans et plus. On
ne peut pas par des inoculations chez la mère, avant conception,
immuniser des tissus organiques qui ne sont pas encore en évolution.
Le jour où l'on aura trouvé le moyen d'immuniser ou de protéger les tissus des embryons et des fœtus ainsi que leurs annexes
contre les infections microbiennes spécifiques, on aura solutionné le
problème de la lutte contre les avortements infectieux enzootiques
ou épizootiques. Jusque là les vaccinations telles qu'elles sont,
mises en pratique à l'heure actuelle, donneront, selon l'impartialité
qui présidera à l'établissement et l'interprétation des résultats,
des statistiques, favorables, défavorables ou sans signification.

On pourra même recommander, comme on le fait, de vacciner
plusieurs années durant, pour arriver au même résultat que si
l'on n'avait rien fait, puisque l'expérience du temps à démontré
que suivant les formes et la cause, les enzooties d'avortement disparaissaient parfois subitement dans les formes les plus redoutables au bout de quelques années.

En résumé, la solution pratique définitive du problème reste
encore à trouver.

SALPINGITES ET SALPINGO-OVARITES

Les salpingites et salpingo-ovarites, c'est-à-dire les inflammations
des trompes utérines et des ovaires, ne peuvent évoluer que par
infection ascendante, comme complication des métrites aiguës ou
chroniques, par auto-infection au cours de la tuberculose ou par
accident au cours de gestations dites tubaires.

Les salpingites tuberculeuses sont assez fréquentes, elles existent
dans la majorité des cas de tuberculose génitale. Les salpingites
accidentelles par gestation tubaire doivent être fort rares, passent
inaperçues ou sont méconnues.

Par contre des infections microbiennes de gravité variable peuvent se localiser aux trompes utérines, que les autres parties du tube génital soient infectées de façon persistante ou non. Des recherches histologiques et bactériologiques comparatives ont montré (Gilman 1921) que chez les bêtes en gestation, l'oviducte est toujours normal, que chez les bêtes infécondes, même sans autres signes cliniques spéciaux, il y a généralement destruction de l'épithélium à cils vibratiles et infection microbienne (streptocoques et agents variés), souvent atrésie ou obturation du conduit.

Cliniquement il peut y avoir des salpingites catarrhales et des salpingites purulentes, tuberculeuses ou autres.

Symptômes. — Les symptômes extérieurs se limitent à l'infécondité ou se confondent avec ceux des métrites, car c'est à la suite des parturitions, des avortements et des non-délivrances que les salpingites peuvent évoluer comme complications des métrites.

Extérieurement, on ne note que de l'écoulement vulvaire abondant ou faible, intermittent ou permanent, et des efforts expulsifs fréquents qui n'ont rien de caractéristique.

On précise la nature des lésions par l'exploration rectale, et, comme il y a superposition de lésions utérines, de lésions des trompes et parfois de l'ovaire, la palpation doit être faite avec méthode et douceur pour établir la distinction des régions touchées. Les rapports normaux peuvent être modifiées par des lésions utérines, des adhérences inflammatoires, de la péritonite locale.

Diagnostic. — Ce diagnostic est délicat.

Pronostic. — Le pronostic est grave. Il s'agit de lésions trop profondes pour qu'il soit possible de les toucher directement, et, d'un autre côté, ces salpingites peuvent se terminer par un pyosalpinx, c'est-à-dire par un abcès enkysté de la trompe.

Traitement. — Le traitement est celui des métrites, l'ouverture naturelle de la trompe dans l'utérus permettant l'écoulement du pus et des produits morbides; et, lorsque la métrite disparaît, la salpingite peut rétrocéder et guérir.

Les relations entre les affections utérines et les affections des trompes sont si intimes et si étroites que cette manière d'agir donne d'excellents résultats.

Il ne s'agit là que d'un traitement tout à fait indirect; mais on ne peut songer en vétérinaire, chez nos grandes femelles domestiques, à recourir aux interventions d'extirpation si brillantes de la chirurgie humaine.

TUMEURS DE L'UTÉRUS

Leur étude est encore si incomplète (Guillebeau) qu'il serait impossible d'en donner une description précise et exacte. Et, s'il en est ainsi, cela tient d'ailleurs à ce que, pratiquement, le diagnostic étant fait, les malades sont sacrifiées, et que, économiquement, il serait parfois bien difficile d'intervenir.

Les *symptômes* généraux des tumeurs siégeant sur le col, le corps ou les cornes utérines, se rapprochent de ceux des métrites chroniques : écoulement vulvaire permanent ou intermittent, amaigrissement, efforts expulsifs, dysurie, stérilité. Les symptômes locaux, recueillis par l'exploration vaginale ou rectale, permettent de préciser le siège de la tumeur, sa forme, son point d'insertion, son volume, sa consistance, son mode d'attache.

S'il s'agit de tumeurs bénignes, de myomes par exemple, qui se trouvent parfois volumineux ou multiples, les symptômes extérieurs correspondent à ceux d'une pseudo-gestation ou d'une ascite.

Le *diagnostic* posé, et la distinction d'avec les autres affections utérines établie, il n'y a plus qu'à arrêter la ligne de conduite à suivre.

Toutes les fois que la tumeur est mobile, bien délimitée et bien pédiculée, on peut recourir à l'ablation par arrachement, morcellement ou section pure et simple du pédicule suivie d'un tamponnement antiseptique. — Toutes les fois que la tumeur est largement sessile, mal délimitée, envahissante, il faut recommander l'abatage, les malades ne pouvant être ni engraissées, ni utilisées pour la reproduction.

TUMEURS DE L'OVAIRE

Je pourrais répéter, pour les tumeurs de l'ovaire, ce que je viens d'indiquer pour les tumeurs de l'utérus, et cependant ces lésions ovariques sont beaucoup plus fréquentes que les précédentes.

On peut cliniquement les grouper en deux variétés : les tumeurs solides et les tumeurs kystiques, les premières représentées par des fibromes, des fibro-sarcomes ou des épithéliomes; les secondes, par des kystes uni ou multiloculaires.

Toutes ces tumeurs sont graves, leur évolution peut être rapide, et il est rare qu'elle reste silencieuse, les malades présentant des troubles génitaux variés, au nombre desquels figurent la stérilité ou la nymphomanie.

Les tumeurs kystiques elles-mêmes, qui se développent aux dépens d'invaginations épithéliales du revêtement péritonéal, ou aux dépens des tubes de Pflüger, et non toujours comme on l'a admis longtemps par une déviation d'évolution des vésicules de Graaf, représentent des tumeurs graves, de véritables cysto-épithéliomes ou épithéliomes kystiques, susceptibles d'amener des complications mortelles (troubles vasculaires, péritonite locale ou générale, compression des uretères).

Le *diagnostic* doit être établi par les explorations vaginale et rectale. La distinction d'avec les lésions du rein, de la vessie, des ganglions pelviens, sera généralement possible.

Traitement. — Le seul traitement utilisable est l'ablation de l'ovaire malade et de la tumeur ovarique, mais encore faut-il que ce traitement soit possible. — Si la tumeur volumineuse a provoqué des adhérences périphériques, l'ablation reste économiquement, sinon chirurgicalement impraticable; ou expose à des dangers tels, qu'il faut y renoncer par avance. — Si, au contraire, la tumeur ovarique est restée libre, pédiculée quoique volumineuse, l'extirpation est réalisable.

On procède dans ce but exactement comme pour la castration de la vache et suivant les mêmes règles mais l'incision vaginale doit être beaucoup plus longue, de façon à permettre à la main tout entière de pénétrer jusqu'à la tumeur. L'ablation est réalisée par l'écraseur Chassaignac ou l'écraseur de Hesse, manœuvré avec lenteur.

En cas de tumeur volumineuse, on pourrait opérer par le flanc.

MALFORMATIONS GÉNITALES

Imperforation du vagin.

Les malformations génitales peuvent être variées, sans autre importance pathologique que d'entraîner la stérilité. — Elles sont très fréquentes dans l'espèce caprine.

Il n'en est qu'une grave, qui, à ma connaissance, provoque l'évolution de troubles morbides accusés : c'est l'imperforation congénitale du vagin, ou l'obturation accidentelle acquise, consécutive à une parturition laborieuse avec lésions circulaires du vagin, à des brûlures ou cautérisations vaginales suivies de soudure des parois.

L'obturation du conduit vaginal est le plus souvent d'origine congénitale, et c'est vers la partie qui correspond à la région hyméniale que l'imperforation existe, par anomalie de développement, et non, je pense, par développement anormal de l'hymen.

Cette imperforation vaginale reste sans conséquences graves pendant les premiers temps de la vie; mais, plus tard, dès l'apparition des manifestations génésiques, tous les produits de sécrétion des muqueuses utérine et vaginale s'accumulent dans les réservoirs imperforés pour donner de la mucométrie d'abord, et un mucocolpos ensuite, de tous points comparable dans son évolution à l'hématocolpos des jeunes filles affectées d'imperforation vaginale. L'utérus se distend progressivement par le liquide, le col se dilate et donne

accès dans un segment vaginal antérieur qui peut acquérir des dimensions énormes, au point de faire croire à l'existence d'une gestation.

Symptômes. — Les symptômes ne deviennent appréciables que tardivement, vers un an ou quinze mois chez les génisses, et sem-

Fig. 237. — Imperforation du vagin; situation et aspect des organes génitaux. — Cu, cornes utérines distendues (mucométrie); Va, vagin dilaté à l'extrême (mucocolpos); Ve, vessie (rétention urinaire par compression de l'urètre). Le cloisonnement hyménial se trouvait à 3 ou 4 centimètres en avant du méat urinaire.

blent en rapport avec l'apparition des chaleurs. Ils se traduisent par des efforts expulsifs aboutissant à des poussées violentes, lorsque la distension du canal génital est accusée. Il existe, en outre, de la dysurie par compression, des coliques utérines et vésicales, de la perte d'appétit et de l'amaigrissement.

Diagnostic. — Le diagnostic est délicat. Il ne peut être établi que par l'exploration vaginale d'abord, l'exploration rectale ensuite. Ces explorations sont fort difficiles chez les jeunes femelles, par suite de l'étroitesse du canal génital et du rectum.

Je préfère, pour l'exploration vaginale, l'emploi d'un petit spéculum qui met à découvert la profondeur du vagin, ou le cloisonnement transversal, sans qu'il soit nécessaire d'agir autrement. — L'exploration rectale fait reconnaître l'augmentation de volume parfois énorme de l'utérus et du vagin, et l'existence d'une collection liquide sans fœtus.

Pronostic. — Le pronostic est grave : les malades succombent par épuisement ou péritonite secondaire, si l'on n'intervient pas.

Traitement. — Le traitement est simple; il consiste dans la ponction aseptique de la cloison anormale pour l'évacuation du contenu génital. Cette ponction doit être faite à l'aide d'un long et gros trocart, sur le point saillant de la cloison transversale qui est refoulée vers la vulve, et directement en avant, suivant le plan

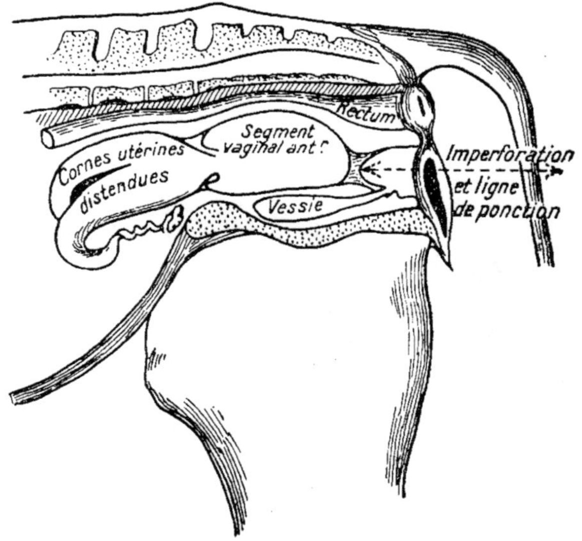

Fig. 238. — Schéma de l'imperforation du vagin, telle qu'elle se présente chez des génisses de quinze à dix-huit mois, avec collection muqueuse dans l'utérus et le segment vaginal antérieur.

médian vertical du corps. Il s'écoule 5, 10 ou 15 litres de liquide muqueux, et les troubles disparaissent presque instantanément.

Il est indispensable d'agir aseptiquement pour éviter l'évolution d'une pyométrie secondaire. La dilatation progressive de l'orifice de ponction serait encore indiquée, pour que les produits de sécrétion puissent s'écouler facilement; mais, dans la pratique, comme les sujets ne peuvent être conservés pour la reproduction, on les engraisse pour les livrer ensuite à la boucherie. Il est utile cependant d'introduire un drain ou une mèche dans la cavité ponctionnée, pour éviter une fermeture trop hâtive de l'orifice de ponction, et la reproduction de la collection muco-purulente.

NYMPHOMANIE

On désigne sous le nom de *nymphomanie* un état général tout particulier qui se traduit chez les femelles malades par des manifestations génésiques continues, les portant à réclamer le mâle d'une façon inusitée.

La stérilité est de règle; l'affection est fréquente chez les vaches de préférence, et les malades sont qualifiées *taurelières*.

Étiologie. — Cet état général dépend de causes multiples, mais

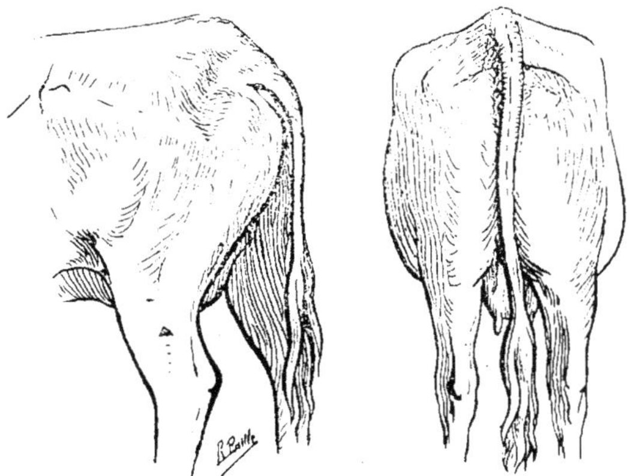

Fig. 239. — Cassure du bord postérieur du ligament sacro-sciatique chez une vache franchement taurelière.

il ne s'agit que très rarement, comme on l'a cru trop longtemps, d'une névrose vraie. Une influence morbide quelconque, d'origine génitale, se retrouve toujours au début des accidents.

C'est ainsi que la nymphomanie coexiste avec des lésions ovariques (ovarite simple, ovarite kystique, tumeurs de l'ovaire), avec des lésions des trompes et de l'utérus (salpingites, métrites, chroniques, tumeurs de l'utérus), avec des vaginites chroniques, avec des lésions du clitoris (hypertrophie, tumeurs), et même avec des lésions péri-vaginales ou péri-utérines (kystes ou tumeurs).

Exceptionnellement, elle peut être constatée comme trouble nerveux simple, sans lésion génitale, et il faut alors admettre que l'état nerveux constaté ne s'est caractérisé qu'à la suite de troubles génitaux temporaires qui ont laissé une tare nerveuse.

En résumé, on peut dire que la nymphomanie est presque toujours sous la dépendance directe d'une lésion génitale.

Symptômes. — Les symptômes sont très nets. Ils se traduisent par la persistance des appétits génésiques, ce qui est tout à fait anormal chez les femelles domestiques. Les malades maigrissent, se nourrissent mal, d'une façon irrégulière, troublent la tranquillité des troupeaux, causent des accidents et deviennent parfois dangereuses. Économiquement, ce sont des inutilités.

Certains petits signes ont été considérés comme symptômes locaux de la nymphomanie; tels la profondeur de la fossette péri-anale, la cassure du bord postérieur du ligament sacro-sciatique, l'épaississement des lèvres vulvaires, etc. En réalité, ces signes peuvent manquer chez des bêtes nettement taurelières.

Diagnostic. — Le diagnostic de la nymphomanie est tellement simple qu'il est toujours posé par les propriétaires ou les vachers.

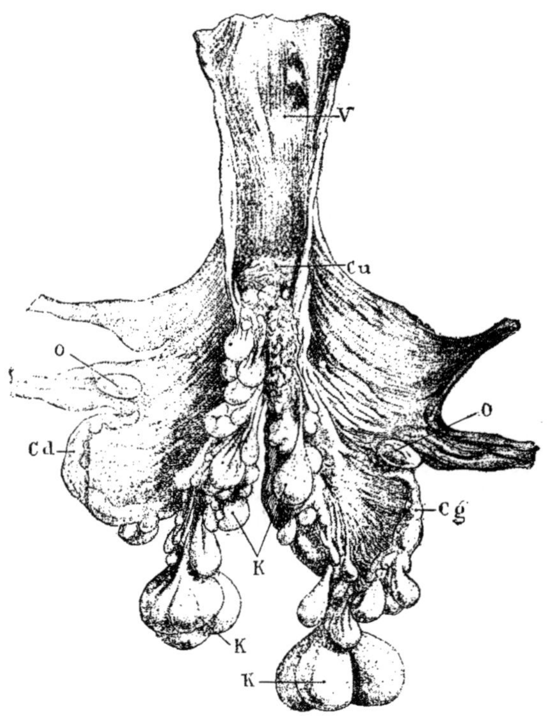

Fig. 240. — Spécimen des lésions dans la nymphomanie. Appareil génital femelle. — V, vagin ouvert; Cu. col utérin; O, O, ovaires; Cd. corne utérine droite; Cg, corne utérine gauche; K, K, K, kystes péri-utérins d'origine indéterminée.

Le seul point délicat consiste à préciser la cause de ces troubles génésiques. Le vétérinaire seul peut l'établir. Une exploration géni-tale complète, par voie rectale et vaginale, est absolument indis-pensable pour découvrir les lésions.

Pronostic. — Le pronostic est généralement grave sous le rapport économique.

Traitement. — Le traitement est très variable, suivant la nature de la lésion.

Dans les cas bénins, où la nymphomanie est sous la dépendance d'une lésion du clitoris (balanite, hypertrophie, tumeurs), le moyen radical consiste à faire la clitoridectomie. — C'est une opération sans gravité, qui peut se faire avec des pinces et des ciseaux ou un bistouri, après immobilisation complète du sujet à opérer. L'hémorragie consécutive à l'ablation clitoridienne est sans importance; de simples soins de propreté suffisent ultérieurement. — Les malades dont il s'agit peuvent souvent, dans la suite, être conservées pour la reproduction.

Lorsque la nymphomanie coexiste et n'est que la conséquence éloignée et tardive d'une vaginite chronique, d'une métrite localisée au col utérin, d'une métrite chronique des cavités utérines, il faut traiter ces affections, et l'état nerveux peut s'amender au point de rendre les malades utilisables, sinon pour la reproduction, du moins pour la boucherie, l'engraissement devenant facile.

De même, lorsque l'état nerveux se trouve sous la dépendance d'une lésion des ovaires, la condition indispensable de l'amélioration de l'état général réside uniquement dans l'ablation des ovaires malades. Cette ablation se fait suivant les mêmes règles que la castration. Elle présente quelques difficultés surajoutées, par suite du volume des organes, ou par suite d'adhérences anormales, mais il est rare que les difficultés soient insurmontables.

Avec les lésions péri-utérines, il est bien difficile d'intervenir utilement et surtout économiquement; on sacrifie les malades.

Si enfin ce qui est plus exceptionnel, on ne découvre aucune lésion génitale susceptible d'expliquer l'état de maladie, la nymphomanie peut être rapprochée des névroses, et devient alors justiciable d'un traitement antispasmodique. Les bromures sont indiqués : bromures de potassium, de sodium, de strontium, à la dose de 10 grammes par jour, ou de 3 à 4 grammes de chaque. Le bromure de camphre donne aussi parfois d'excellents résultats, en agissant à la fois sur l'état nerveux et sur l'éréthisme génital possible.

Il est rare que l'on ait des mécomptes en suivant la ligne de conduite ainsi tracée, au lieu d'agir à l'aveuglette (clitoridectomie ou ovariotomie), comme certains auteurs l'ont préconisé, et sans indication locale formelle.

FRIGIDITÉ, INFÉCONDITÉ, STÉRILITÉ

La **frigidité** est l'état opposé à la nymphomanie. Les femelles n'entrent plus régulièrement en chaleurs, et de ce fait l'élevage est compromis ou ne donne pas ce que l'on pouvait en espérer. Pour en bien comprendre les causes, il faut se reporter aux fonctions physiologiques des ovaires et en apprécier les troubles. Chez les jeunes femelles de l'espèce bovine, les premières chaleurs apparaissent ordinairement vers douze à quinze mois pour se manifester toutes les trois semaines dans la suite. Les chaleurs sont liées au phénomène de l'ovulation (formation et déhiscence de l'œuf des mammifères). L'habitude est de faire saillir les jeunes femelles à dix-huit mois ou deux ans; si elles sont fécondées, les chaleurs disparaissent pour toute la période de gestation, et à la place de la vésicule de Graaf, sur l'ovaire, se développe un tissu de durée temporaire, appelé corps jaune, *corps jaune gestatif* qui persiste durant toute la gestation.

La présence de ce corps jaune semble avoir une action sédative ou inhibitrice sur les fonctions génésiques. S'il n'y a pas fécondation, le corps jaune s'ébauche seulement et se résorbe presque aussitôt, *corps jaune périodique*, les chaleurs réapparaissent. Le corps jaune gestatif, du volume d'une noisette ou plus, ne se résorbe que lentement après l'accouchement, les chaleurs ne réapparaissent qu'après cette résorption. Mais il peut arriver que le développement du corps jaune soit anormal, que sa résorption ne soit pas complète après l'accouchement; sa présence entretient alors la frigidité, en même temps qu'elle semble entraver les phénomènes d'évolution ovulaire et d'ovulation. C'est là l'une des principales causes de frigidité : la stabulation permanente et un embonpoint trop prononcé paraissent être des causes favorisantes.

Le *diagnostic* de la frigidité est tout particulièrement facile, les symptômes pouvant être appréciés avec certitude par tous les éleveurs.

Le *pronostic* n'a de gravité qu'au point de vue économique, les femelles ayant par ailleurs toutes les apparences de la santé.

Le **traitement** est basé sur le régime des pâturages, l'emploi d'aliments excitants tels que l'avoine, et l'emploi de quelques préparations spéciales, dont la base est la teinture de cantharides à faibles doses. Un aphrodisiaque d'une activité plus évidente et d'un emploi moins dangereux est l'yohimbine, qui s'utilise en injections sous-cutanées ou par voie digestive : 0 gr. 05 en injection sous-cutanée; la même dose est répétée deux à trois fois dans la journée par voie digestive. Il est parfois indispensable de continuer la médication plusieurs jours de suite.

Différents auteurs : suisses, danois, hollandais, etc., ont recommandé l'intervention mécanique, le massage de l'ovaire par voie rectale au travers de la paroi rectale, parce qu'il est possible, par ce moyen, d'énucléer les corps jaunes ou de faire éclater de petits kystes ovariques.

La main introduite dans le rectum palpe les ovaires reconnaît facilement s'ils sont bosselés, c'est-à-dire s'il y a des corps jaunes exubérants, hypertrophiés et persistants, non résorbés, ou des kystes. La compression entre la pulpe du pouce et de l'index permet, sans trop de difficultés, l'énucléation du corps jaune ou l'éclatement des kystes. L'hémorragie à la suite de cette intervention est exceptionnelle, mais cependant, après énucléation, il y a intérêt à masser modérément l'ovaire pendant quelques instants. — Une injection d'ergotine peut être utilisée par précaution.

N'étant plus gênés dans leur évolution, les phénomènes d'ovulation reprendraient leur cours, et les chaleurs réapparaîtraient peu après.

*
* *

L'infécondité est un autre état physiologique anormal des femelles, au cours duquel les chaleurs apparaissent *régulièrement*, mais où elles restent infécondes à la suite des saillies, et cela durant un temps très variable.

Les causes peuvent en être fort diverses, et sont dues pour la majorité à un état pathologique des voies génitales femelles : salpingite, métrite chronique, vaginite, vaginite contagieuse, sécrétions génitales anormales, déviations de l'utérus et du col utérin, oblitérations plus ou moins complètes du col utérin, présence de replis muqueux vaginaux en arrière du col, etc. A la suite de la copulation, les éléments mâles, les spermatozoïdes, ne peuvent pénétrer ou sont tués par les sécrétions pathologiques de la femelle, de même que l'ovule d'ailleurs; la fécondation de l'œuf ne peut se réaliser, et les femelles restent stériles temporairement, c'est-à-dire infécondes. On prétend encore que l'infécondité peut être la résultante d'un développement anormal des vésicules de Graaf qui subiraient une évolution kystique entravant l'ovulation régulière.

Le *diagnostic* de l'infécondité est extrêmement facile, puisque, malgré des saillies répétées, les femelles ne retiennent pas, suivant l'expression populaire, c'est-à-dire ne deviennent pas en gestation.

Le *pronostic* est grave sous le rapport économique, les femelles ne donnant pas le rendement prévu.

Le **traitement** doit être directement dirigé contre la cause de l'infécondité, c'est-à-dire ordinairement contre l'état génital (mètrite, vaginite, etc.). L'antisepsie vaginale sous forme de lavages à l'eau bouillie, de lavages avec les solutions faibles de permanganate de potasse à 1 p. 5000, avec les solutions salées, les solutions de bicarbonate de soude à 10 p. 1000, permet, dans la majorité des cas, d'obtenir le résultat cherché. L'antisepsie par bougies antiseptiques à l'ichtyol ou au bacillol est aussi à recommander; mais, après chaque traitement de quelques jours à quelques semaines, il ne faut pas oublier de faire préalablement aux saillies des injections de lavages avec des solutions alcalines.

En Suisse, et au Danemark où l'on semble s'être fait une spécialité de ces interventions, on estime que le massage des ovaires au travers de la paroi rectale est une intervention de très grande valeur permettant par pression de faire éclater les vésicules de Graaf anormales et d'obtenir dans la suite une évolution régulière des phénomènes d'ovulation.

La pratique s'en est répandue partout depuis.

*
* *

Enfin la **stérilité** caractérise l'état de femelles qui ne peuvent plus être fécondées. Si cet état ne doit être que temporaire, il se confond avec l'infécondité et dérive des mêmes causes; mais, si ces causes sont la conséquence de lésions organiques définitives, il s'agit de stérilité vraie. En réalité, la stérilité vraie ne peut se rattacher qu'à des lésions irrémédiables de l'ovaire ou de l'oviduche rendant impossible la formation de l'œuf ou ovule.

C'est ce qu'on observe au cours des ovarites aiguës, ou chroniques, ayant pour conséquence la sclérose ovarienne, au cours des dégénérescences kystiques des ovaires, lorsqu'il y a des tumeurs des ovaires, de la tuberculose ovarienne, etc...

Les malades peuvent être nymphomanes ou frigides.

Le traitement, basé sur les causes directes de la stérilité ne peut toujours faire espérer un retour aux aptitudes reproductrices, et d'ordinaire les bêtes doivent être castrées ou envoyées à l'abattoir.

CHAPITRE V

MALADIES DES MAMELLES

Les maladies des mamelles sont d'observation quotidienne chez toutes les femelles exploitées comme laitières : vaches, chèvres, brebis laitières; d'observation plus rare chez celles dont la fonction mammaire est limitée aux seules périodes d'allaitement : jument, ânesse, truie, chienne.

Pour se rendre compte de l'évolution de ces affections, il est indispensable de se rappeler la constitution anatomique de ces organes, et je prendrai comme type d'organisation la mamelle de la vache, qui est la plus compliquée.

Cette mamelle, de forme irrégulièrement hémisphérique, située dans la région inguinale, se compose de deux moitiés, droite et gauche, absolument indépendantes, facilement isolables sur le plan médian et sur tout le pourtour. La masse du parenchyme est enveloppée dans une paroi fibreuse limitante, qui se trouve doublée d'un plan conjonctif sous-cutané très lâche. Chaque moitié se subdivise en deux quartiers, un quartier antérieur et un quartier postérieur. Chaque quartier représente une glande distincte, bien que la séparation par dissection anatomique entre l'antérieur et le postérieur correspondant soit à peu près impossible, la cloison fibro-conjonctive de séparation étant simple.

Il existe parfois chez les grandes laitières, en arrière des quartiers postérieurs, de petites glandes supplémentaires qui en portent le nombre total à six.

Parenchyme. — Chacune de ces glandes est pourvue d'un mamelon ou trayon creusé d'un large sinus. Anatomiquement, la mamelle représente une glande en grappe dont les éléments actifs, des acini, déversent leurs produits dans de petits canaux excréteurs qui, en se réunissant, forment un réseau collecteur important. Les canaux collecteurs ou canaux galactophores débouchent dans le sinus galactophore, lequel se prolonge dans toute la hauteur du trayon et prend accès au dehors par un pertuis ou orifice muni d'un sphincter. Le tissu conjonctif interacineux de la mamelle et le tissu sous-cutané du trayon, qui enveloppe le sinus galactophore, est extrêmement riche en fibres élastiques, ce qui permet à l'organe de subir impunément des mouvements d'ampliation et de rétraction très accentués.

Vaisseaux. — Les mamelles sont irriguées par deux grosses artères, les artères mammaires, qui viennent des prépubiennes, passent dans le trajet inguinal et pénètrent dans la glande par la face supérieure profonde. Chaque artère latérale principale se

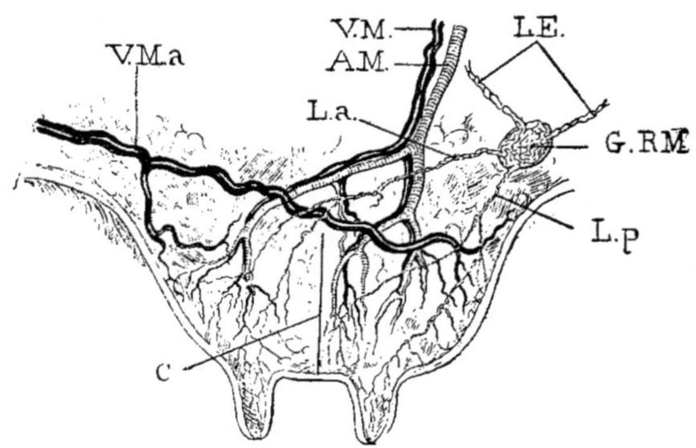

Fig. 241. — Schéma de l'organisation de la mamelle; coupe antéro-postérieure montrant la disposition du quartier antérieur, du quartier postérieur, des trayons, du revêtement cutané, de la cloison transversale, etc. — G. RM, ganglion lymphatique rétro-mammaire; Lp, lymphatiques du quartier postérieur; La, lymphatiques du quartier antérieur; LE, lymphatiques efférents; AM, artère mammaire; VM, veine mammaire; VMa, veine mammaire antérieure (sous-cutanée abdominale); C. cloison intermammaire transverse.

subdivise en deux troncs, l'un pour le quartier antérieur, l'autre pour le quartier postérieur.

Les veines qui collectent le sang des mamelles forment deux systèmes : le premier, satellite des artères mammaires; le second plus superficiel, donnant naissance aux veines mammaires antérieures sous-abdominales.

Le faisceau artério-veineux des mamelles, qui représente le pédicule vasculaire de l'organe, pénètre dans la glande vers la limite du tiers postérieur et du tiers moyen de la face supérieure, à quelques centimètres en avant du ganglion mammaire.

Lymphatiques. — Le système lymphatique de la mamelle est constitué par un réseau bilatéral extrêmement riche, qui prend naissance vers l'extrémité du trayon des deux quartiers correspondants, et dans les espaces péri-acineux de l'épaisseur de la glande.

Les vaisseaux collecteurs superficiels rampent sous la peau, perforent la paroi fibreuse vers la base du trayon et, à la surface de la glande, s'anastomosent les uns avec les autres, pour ceux surtout qui dérivent d'un même quartier, et vont se jeter isolément, par deux gros troncs, dans les ganglions rétro-mammaires du même côté.

Les vaisseaux du quartier antérieur abordent le ganglion par sa pointe la plus antérieure; ceux du quartier postérieur le joignent un peu au-dessous.

Les ganglions rétro-mammaires sont au nombre de deux, situés très haut en arrière, au-dessus des quartiers postérieurs, vers le périnée, en dehors du plan fibreux d'enveloppe, dans une cuvette creusée en dépression dans la glande. Les collecteurs des réseaux lymphatiques des quartiers antérieur et postérieur s'y rendent isolément.

Les vaisseaux efférents latéraux se divisent en deux groupes : l'un montant directement dans la région périnéale, vers les ganglions du pourtour de l'anus; l'autre allant vers la région sous-lombaire, en passant dans le canal inguinal, avec le faisceau vasculaire proprement dit qu'il renforce.

Les nerfs mammaires sont au nombre de deux : l'un, antérieur, descend en dehors du plan fibreux, directement en bas, pour s'épuiser dans le trayon; l'autre, postérieur, offre une disposition identique.

Chez les autres femelles domestiques, ne portant que deux mamelles, la disposition générale d'ensemble est exactement la même.

GÉNÉRALITÉS

Physiologie de la mamelle.

Normalement, la mamelle n'entre en activité fonctionnelle qu'après l'accouchement; cependant, il est commun de voir des exceptions, la sécrétion lactaire s'établissant chez des génisses, avant la parturition, ou même parfois avant la gestation

Durant toute la période de croissance, les mamelles, qui prennent naissance de la même façon que les glandes sébacées, n'existent que comme organes végétatifs rudimentaires; avec l'apparition de la vie génésique et surtout de la gestation, l'accroissement organique se fait progressivement pour une adaptation au fonctionnement physiologique, c'est-à-dire à la sécrétion lactaire.

Les constituants du lait : beurre ou matières grasses, caséine, lactose, etc., ne préexistent pas dans le sang, mais sont fabriqués de toutes pièces par l'épithélium glandulaire, qui les déverse dans les cavités des culs-de-sac glandulaires ou acini. A l'état de repos, l'épithélium qui tapisse les acini est représenté par des cellules prismatiques pouvues de noyaux sphériques volumineux qui se multiplient par division, mais dont le noyau générateur reste toujours vers la base, tandis que le protoplasme de la zone moyenne

et de la zone superficielle des cellules se charge progressivement
de gouttelettes graisseuses isolées (globules butyreux). C'est cette
zone superficielle et cette zone moyenne qui, en se détachant de la

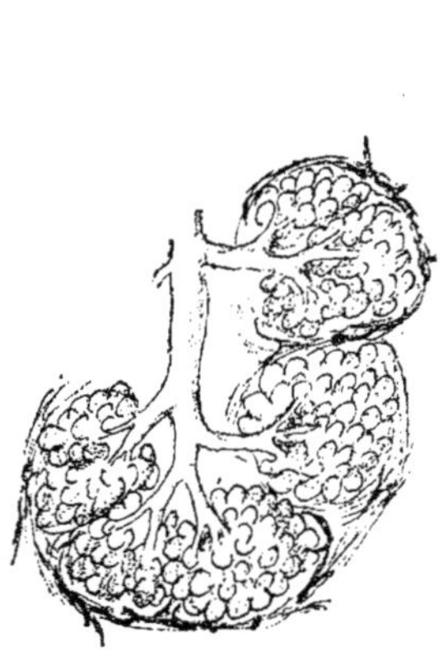

Fig. 242. — Lobes et lobules
de la mamelle (Arloing).

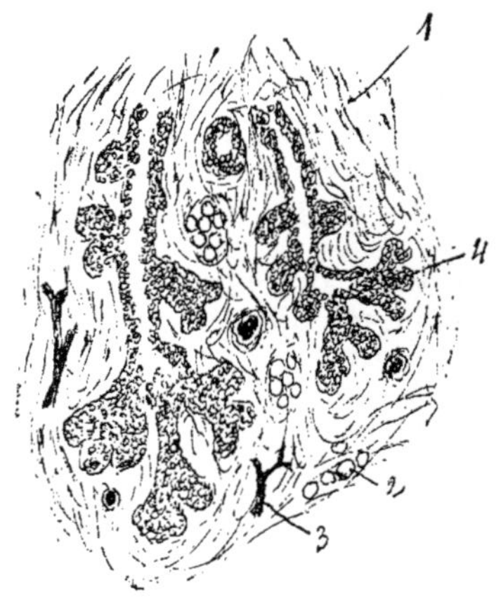

Fig. 243. — Coupe de la mamelle. — 1, stroma
conjonctif; 2, lobules adipeux; 3, vaisseaux;
4, acini et leurs canalicules (Arloing).

base cellulaire et tombant dans la cavité des acini, contribue à
former partie des constituants du lait, l'eau et les matières minérales
en solution ou même
certains principes
étrangers, passant par
filtration simple, ou
tout au moins après
sélection des pro-
duits de filtration.

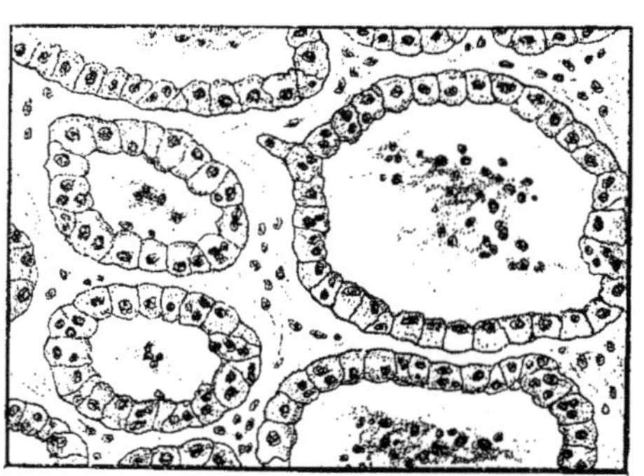

Fig. 244. — Mamelle en état de sécrétion,
vue à fort grossissement.

Au point de vue du
fonctionnement phy-
siologique de la ma-
melle il y a lieu tou-
tefois de remarquer
que la sécrétion du
lait s'établit sur deux
périodes, assez com-
parables à ce point de
vue à la sécrétion des parotides durant le repos et le repas : première phase de sécrétion continue se prolongeant en permanence
durant l'intervalle des traites; deuxième phase, sécrétion suracti-

vée, concomittante à l'acte de la traite, jusqu'à épuisement; sécrétion par excitation reflexe qui en quelques minutes donne une quantité à peu près équivalente à celle accumulée dans les acini.

La preuve de ce mode de fonctionnement se trouve : 1º dans le fait que chez les grandes laitières le volume du lait obtenu est supérieur à celui de la capacité de la mamelle et, 2º dans cette constatation que l'on peut faire, que les trayons subissent une véritable érection peu après le début de la traite. L'irrigation sanguine durant la mulsion est beaucoup plus active que durant les intervalles des traites.

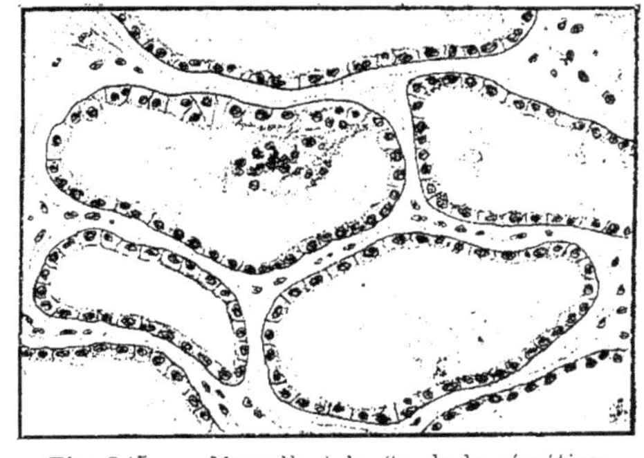

Fig. 245. — Mamelle à la fin de la sécrétion, vue à fort grossissement.

Les affections des mamelles ont dans leur ensemble une importance économique considérable, directement en rapport avec l'importance de l'industrie laitière selon les régions et les pays.

Le lait entrant pour une large part dans l'alimentation humaine, l'évolution des affections mammaires se trouve liée aux questions d'hygiène générale et d'hygiène alimentaire, surtout lorsqu'il s'agit du régime des enfants, des malades, des vieillards, des débilités ou des convalescents.

La mamelle est surtout un organe de sécrétion, mais c'est aussi un émonctoire, un véritable appareil d'excrétion. Il est physiologiquement démontré que certains produits ou médicaments ingérés avec les aliments peuvent passer dans le lait (alcool, éther, essence de térébenthine, acide phénique, etc., etc.), que certains aliments usuels peuvent même communiquer au lait un goût, une odeur, ou des qualités spéciales (raves, choux, crucifères variées, pulpes, drèches, résidus industriels, etc.), avantageuses ou nuisibles selon les cas.

L'observation et l'expérimentation ont démontré, d'autre part, que le régime de nourrices pouvait, dans toutes les espèces, avoir sa répercussion sur l'état de santé des nourrissons, et cela en dehors de toute modification sensible de la composition chimique du lait sécrété.

Les maladies, aiguës ou chroniques, influent aussi, ou peuvent influer, et cela se conçoit sans peine, sur la composition chimique du lait, ainsi que sur ses qualités physiologiques.

A de multiples points de vue, l'étude des affections des mamelles présente donc un intérêt pratique de première importance.

ANOMALIES PHYSIOLOGIQUES

Imperforation du trayon. — Il arrive parfois qu'avec une mamelle bien constituée les trayons (ou le plus souvent un seul) se montrent imperforés. Entre le sinus galactophore et l'orifice extérieur, il existe, au niveau du sphincter, une petite membrane faisant cloison et empêchant toute évacuation du contenu mammaire.

L'existence de l'anomalie n'est décelée qu'au moment d'une première parturition, au début de la lactation. Il est impossible d'obtenir une goutte de lait, bien que la mamelle soit gonflée. L'exploration locale fait découvrir l'imperforation.

Le traitement est des plus simple, car il suffit de perforer la membrane avec la pointe d'une lancette ou l'extrémité d'un tube trayeur pour mettre l'organe en état phyisologique.

Contracture du sphincter (*atrésie de l'extrémité du trayon*). — Dans d'autres circonstances, la perforation de l'extrémité du trayon existe bien, et cependant la mulsion reste impossible ou extrêmement laborieuse. C'est qu'alors il existe de la contracture du sphincter, ou peut-être, comme on l'a dit, parfois de l'atrésie de l'orifice. Les laitières sont *dures à traire*.

Le *diagnostic* de cet état pathologique est facile et le *pronostic* ennuyeux.

Le *traitement* est assez délicat. On a conseillé l'opération dénommée trayonotomie, opération qui consiste à sectionner le sphincter terminal avec un trayonotome, sorte de mandrin en forme de tube trayeur muni de deux ailettes coupantes. Cette opération a un résultat immédiat très satisfaisant, mais, après cicatrisation des plaies produites, il reste trop souvent de l'atrésie cicatricielle de l'orifice.

Je préfère à cette opération la dilatation forcée, exécutée selon la méthode générale utilisée en médecine humaine pour la dilatation forcée du sphincter anal ou la dilatation forcée progressive de l'urètre. On ne produit pas de lésion superficielle, pas d'incision, le résultat est plus durable (Voy. *Technique opératoire*).

Incontinence laiteuse. — Elle résulte : soit d'une anomalie congénitale inverse de l'atrésie, avec ouverture trop large de l'orifice du trayon; soit d'une paralysie du sphincter de ce trayon; soit encore des suites d'une dilatation forcée de l'orifice.

Le symptôme caractéristique est l'écoulement permanent du lait, comme s'il y avait fistule lactaire.

Il est assez difficile d'y remédier. Lorsqu'il s'agit d'un état temporaire, les bains de trayon dans une solution astringente peuvent suffire (bains dans une solution d'alun à 5 p. 50, ou une décoction d'écorce de chêne); mais si, au contraire, il y a paralysie définitive du sphincter, il faut empêcher l'écoulement du lait par l'application d'un anneau ou bague de caoutchouc de 1 cm.5 de large à constriction modérée, ou encore d'une sorte de capuchon en bout de doigt de gant. Les bagues de caoutchouc mal appliquées ne sont pas toujours sans danger; des badigeonnages de collodion riciné, après la traite, peuvent y suppléer.

Malformation des trayons. Diltation anormale du sinus galactophore. — Cette malformation, sans importance clinique, n'a d'intérêt à être signalée que pour éviter la confusion possible avec une galactophorite ou même une affection quelconque de la mamelle et du trayon. Elle se traduit ordinairement par une disposition ampullaire ou une disposition en bouteille du trayon, sans retentissement quelconque sur le fonctionnement physiologique de la glande. La malformation ne se caractérise bien qu'après l'établissement de la fonction lactaire.

Fig. 246.—Malformations des trayons. Dilatation anormale du sinus galactophore.

BLESSURES OU LÉSIONS TRAUMATIQUES

On désigne sous les noms de *crevasses* ou *gerçures* de petites plaies transversales ou obliques, siégeant sur la hauteur du trayon.

Étiologie. — Chez les grandes laitières, à la suite de la mulsion, le pis se trouve complètement affaissé, plissé, comme flétri. Durant l'intervalle des traites, au contraire, les mamelles se gonflent, se distendent parfois à l'extrême, au point de surmonter la résistance du sphincter du trayon. Les trayons se trouvent alors fortement allongés et, malgré la richesse des tissus en fibres élastiques, ces distensions ne sont pas sans provoquer de petites fissures épidermiques très superficielles. Ces petites lésions sont sans importance; mais, si elles s'infectent au contact des litières, elles se mettent à bourgeonner, à suppurer et des complications graves peuvent en être la conséquence.

Les blessures causées par les dents des veaux durant les tétées, ou simplement par les distensions brusques des trayons sous les efforts de succion, peuvent aussi donner lieu aux mêmes accidents.

Symptômes. — Le trayon se montre porteur d'une ou plusieurs petites fissures transversales de quelques millimètres à 1 centimètre et plus de longueur.

Le fond de la fissure apparaît rougeâtre ou rouge brun, avec des bords épaissis, indurés, douloureux, suintants ou suppurants. La sensibilité à la palpation peut être faible ou, au contraire, très grande, et alors les malades ne veulent plus se laisser traire, ni même se laisser téter.

Le *diagnostic* est extrêmement simple.

Le *pronostic* est bénin d'une façon générale; mais cependant l'infection locale peut s'étendre, se généraliser et donner une mammite interstitielle parfois très grave. D'autre part, la sensibilité peut à elle seule, en rendant la traite difficile ou impossible, être le point de départ d'un engorgement laiteux, grave lui aussi.

Traitement. — La succion et la mulsion ne pouvant qu'aggraver l'état des lésions, il faut les supprimer et recourir temporairement à l'emploi de tubes trayeurs.

Des lavages antiseptiques de la surface des mamelles et des plaies, des applications de pommade camphrée à 1 /5e, de pommade phéniquée ou iodoformée facilitent ensuite la cicatrisation. Si les crevasses présentent une sensibilité exagérée, on ajoutera une faible quantité d'orthoforme à la pommade camphrée, ou on emploiera de la pommade cocaïnée.

Pour l'emploi des tubes trayeurs, les trayons doivent au préalable être minutieusement lavés à l'eau bouillie et les tubes stérilisés dans l'eau ou l'huile bouillantes. — A défaut de ces précautions, on peut infecter le sinus galactophore et provoquer une mammite; c'est là le gros danger lorsque le tube trayeur est laissé entre les mains des vachers.

FISTULES LACTAIRES

On désigne sous le nom de fistule lactaire, tout trajet de dérivation de la canalisation naturelle d'excrétion du lait vers l'extérieur.

Étiologie. — Il peut exister des fistules lactaires congénitales, caractérisées par la présence de petits pertuis des dimensions d'un trou d'aiguille ordinaire, et pouvant siéger, soit au niveau de la mamelle, soit plus rarement sur la hauteur du trayon. Elles restent méconnues jusqu'à la première lactation, le signe d'incontinence laiteuse n'apparaissant qu'à ce moment.

Fréger a signalé en 1916 comme voies d'écoulement de glandules mammaires sous-cutanées supplémentaires, aberrantes, des canalisations qui correspondent aux petits trayons supplémentaires des grandes laitières; mais qui peuvent aussi représenter de véritables fistules du tissu mammaire ou du sinus galactophore.

Toutes les blessures accidentelles de la mamelle qui établissent une communication entre un canal lactaire ou le sinus galactophore

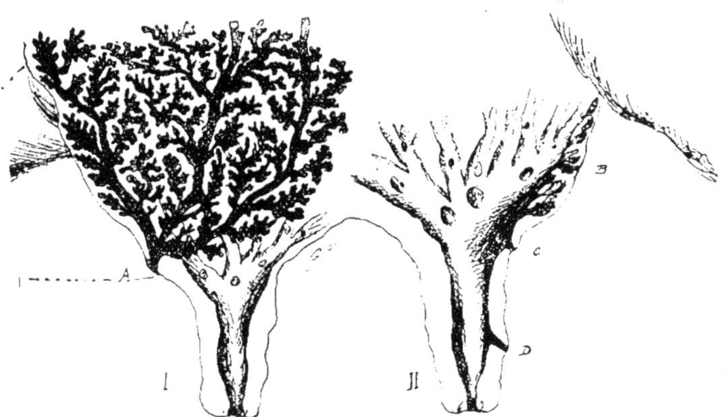

Fig. 247. — Schéma d'une mamelle présentant en A une fistule lactaire congénitale (d'après Fréger).

Fig. 248. — Schéma d'une mamelle présentant des fistules accidentelles. — B, fistule du parenchyme glandulaire; C, fistule du sinus galactophore; D, fistule du trayon.

et l'extérieur, peuvent donner naissance à des fistules lactaires, si elles se produisent au cours de la lactation.

En dehors, de la lactation, ces blessures peuvent être graves, mais, bien traitées, elles se cicatrisent sans complication.

Durant la lactation, au contraire, le lait s'écoulant en permanence du côté où se trouve une issue, la cicatrisation ne s'effectue pas et une fistule s'établit.

Symptômes. — Le symptôme capital est représenté par l'écoulement permanent du lait. — La fistule peut être de dimensions faibles ou larges, suivant les cas. Elle siège sur la mamelle même, ce qui est rare, le plus souvent sur le trayon. L'écoulement laiteux peut se montrer à peine apparent ou, au contraire, très abondant.

Diagnostic. — Le diagnostic ne présente aucune difficulté.

Pronostic. — Le pronostic est assez grave du fait de la perte de lait, et bien que la lésion n'ait pas de retentissement sur l'état général.

Il est grave surtout, parce que cette fistule peut servir de voie de pénétration à une infection venant de l'extérieur, et capable de provoquer une mammite aiguë parenchymateuse. Il faut enfin savoir que la réparation est beaucoup plus difficile à obtenir avec les vieilles fistules accidentelles qu'avec celles très récentes.

Traitement. — Le traitement est beaucoup plus délicat qu'il

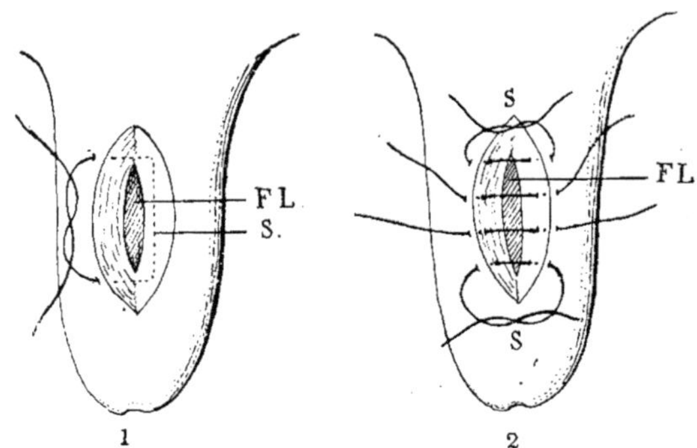

Fig. 249. — Fistules lactaires. — 1, suture profonde; schéma du trajet du fil; FL, fond de la fistule; S, suture; 2, suture superficielle à points séparés.

ne peut sembler tout d'abord, le gros obstacle à la réparation étant dû à la permanence de la sécrétion et de l'écoulement lactaire.

Le premier résultat à atteindre est de rétablir l'écoulement du lait, par les voies naturelles et de rendre cet écoulement permanent.

On y arrive en plaçant un tube trayeur aseptique à demeure, que l'on maintient à l'aide d'une petit attelage à la poix ou au collodion; ou mieux à l'aide d'un tube trayeur à ressort spécial.

Le trajet de la fistule est ensuite nettoyé, gratté et aseptisé par des lavages à l'eau salée bouillie et à l'eau oxygénée, par exemple.

Comme une suture superficielle de l'orifice cutané de la fistule n'a pas ou fort peu de chances d'aboutir à l'oblitération, je faisais autrefois avec un seul fil de suture profonde une oblitération profonde du trajet de la fistule, sans toucher à l'orifice externe, et sans lier sur cet orifice externe (fig. 249). — Tout écoulement liquide se trouvant dès lors arrêté, je détergeais très minutieusement cette partie externe du trajet, la saupoudrais d'iodoforme, et je plaçais une suture externe à points séparés très rapprochés. La suture est protégée par un petit pansement ouaté fixé au collodion; il est rare que l'on n'obtienne pas la cicatrisation si toutes les précautions voulues ont été réalisées, mais cette intervention n'est praticable que pour les petites fistules.

Les blessées sont mises sur des litières très propres, et sont étroitement surveillées pour qu'il n'y ait pas d'arrachement du tube trayeur.

Le 4ᵉ ou le 5ᵉ jour, j'enlève le tube trayeur pour ne plus l'installer que par intervalles.

Toutes les sutures devant être faites avec des aiguilles fines au catgut ou à la soie, il n'y a pas à se préoccuper de leur enlèvement, on laisse le pansement se détacher.

L'inconvénient des sutures, même très fines, est de provoquer parfois la formation de fistulettes par le trajet des fils. Un progrès très réel est réalisé avec l'emploi des agrafes métalliques (agrafes Michel), pour l'affrontement des lèvres et des petites plaies sur toute leur épaisseur.

Hamoir conseille d'attendre le tarissement de la mamelle, d'exciser l'orifice de la fistule et de l'obturer, comme une plaie simple. C'est évidemment beaucoup plus sûr, mais alors la période de lactation est perdue.

AFFECTIONS INFLAMMATOIRES

CONGESTION DE LA MAMELLE.

La congestion, c'est-à-dire la réplétion exagérée du réseau vasculaire par stase momentanée, trouble vaso-moteur, ou paralysie des petits vaisseaux de la mamelle, ne doit être considérée comme pathologique que dans les cas où elle précède les mammites, ou encore lorsqu'elle est la conséquence d'un arrêt prolongé de la mulsion, d'une irritation extérieure.

Elle a été signalée et étudiée depuis fort longtemps par H. d'Arboval, Gellé, Delafond, Trasbot, Lucet.

On l'observe encore, mais sous une forme que l'on pourrait presque qualifier de physiologique, chez les primipares des grandes races laitières, où l'afflux de sang pour la mise en marche de la sécrétion lactaire se montre énorme.

Symptômes. — Objectivement, la mamelle apparaît gonflée, tendue, empâtée, luisante et œdémateuse, peu douloureuse à la pression, mais suffisamment cependant pour gêner la marche.

L'état général est peu modifié; localement, il y a élévation légère de la température.

La pression digitale montre l'existence d'un œdème très variable comme intensité, conservant l'empreinte du doigt. Parfois cet œdème est assez abondant pour gagner la région prémammaire sous-abdominale. Le lait peut devenir grumeleux, même sangui-nolent. L'état congestif persiste quelques jours, huit à dix au plus, et disparaît progressivement. Il y a résolution.

La terminaison par mammite aiguë après quarante-huit heures est assez fréquente.

Lésions. — Dans les congestions mammaires simples, les lésions se bornent à la vaso-dilatation exagérée du système capillaire péri-acineux et à la présence d'extravasats dans le tissu conjonctif. Sur la coupe, le tissu apparaît avec une couleur rouge sombre.

Diagnostic. — Le diagnostic est sans difficultés.

Pronostic. — Le pronostic est moins alarmant qu'on ne pourrait le supposer à première vue.

Traitement. — Le traitement ne comporte que des soins hygié-niques : mulsion fréquente, applications émollientes et calmantes sur la mamelle, lavages fréquents.

Il faut autant que possible éviter l'emploi des tubes trayeurs. — Les applications d'huile, d'axonge, de vaseline boriquée, les pom-mades belladonées sont à recommander. Dans les formes les plus intenses, on pourra avoir recours à la saignée à la jugulaire, de préférence à celle pratiquée à la mammaire, qui expose toujours à des thrombus.

MAMMITES

On désigne sous le nom de *mammites* des inflammations du tissu mammaire, que ces inflammations portent sur le parenchyme de la glande ou sur le tissu interstitiel. Généralement, toute la glande est envahie au bout de quelques jours, quel que soit le point de départ; aussi trouve-t-on surtout des inflammations mixtes.

Les mammites sont de connaissance très ancienne. Bardy du Tarn en a donné une bonne étude dès 1815, et des descriptions mul-tiples ont été fournies depuis cette époque par Hurtrel d'Arboval (1827), Lafosse (1841), Cruzel (1869), Trasbot (1883), Lucet (1889). — Nocard, dans ses recherches sur la mammites contagieuse (1884), a largement contribué à faire prévaloir la notion d'infection comme point de départ des inflammations mammaires.

De multiples classifications, basées sur l'étiologie ou l'anatomie pathologique, ont été proposées pour l'étude de ces mammites. Toutes ont l'inconvénient de se montrer trop absolues; aussi, sans vouloir les discuter, je me contenterai de les résumer dans le tableau suivant :

Classification des Mammites.

Rainard (1845).......	Engorgement laiteux. Phlegmon du pis. Mammites.............	Aiguës. Chroniques.	
Lafosse (1856) .... Trasbot (1883).......	Mammites.............	Aiguës. Chroniques.	
Saint-Cyr (1874)...... Violet..............	Mammites.............	Catarrhales. Phlegmoneuses ou interstitielles. Parenchymateuses.	
Lucet (1891).........	Mammites proprement dites primitives.....	Aiguës .... Chroniques	Galactogènes. Lymphogènes. Galactogènes. Lymphogènes.
	Mammites symptomati- ques	Aiguës .... Chroniques	Hématogènes. Lymphogènes. Hématogènes. Lymphogènes.

Toutes ces classifications sont justifiées par l'idée directrice des auteurs, et cependant, comme toujours, lorsqu'il s'agit d'une systématisation quelconque, elles ont l'inconvénient de ne pas se trouver en concordance absolue avec la clinique.

Entre les mammites catarrhale et parenchymateuse, par exemple, il n'y a que des différences de degrés, et on ne voit pas bien pourquoi on en ferait deux variétés distinctes. — Ce qui diffère, c'est le pronostic à établir.

De même est-il difficile et souvent impossible en clinique de faire la distinction entre une mammite interstitielle et une mammite parenchymateuse, tous les tissus de la glande pouvant à un moment donné se trouver lésés. Ce qui peut seul permettre la différenciation, c'est la mise en évidence de la porte d'entrée à l'infection. — Enfin la distinction entre les mammites galactogènes et lymphogènes devient parfois si difficile à établir qu'il convient d'y renoncer. Dans la mammite gangreneuse des brebis laitières, par exemple, l'agent d'infection se trouve non seulement dans le sinus et les canaux galactophores, mais aussi dans la sérosité du tissu interstitiel et de l'œdème périmammaire.

Sans doute, l'agent causal des mammites peut pénétrer dans la glande par trois voies principales : les sinus galactophores, l'appareil lymphatique à la faveur des plaies, et la voie sanguine; mais, sous le rapport clinique, il me semble qu'il n'est nullement nécessaire de faire intervenir toutes les conditions étiologiques pour établir une classification.

Ce qui doit dominer le diagnostic, ce sont les symptômes objectifs, qui permettent seulement de reconnaître des mammaites aiguës et des mammites chroniques. — L'examen détaillé de l'état général des malades fera ensuite distinguer les mammites primitives, c'està-dire évoluant d'emblée, des mammites secondaires ou symptomatiques, qui caractérisent un épiphénomène au cours d'une autre affection, telles que celles que l'on relève au cours de la tuberculose. Enfin le raisonnement, l'appréciation des conditions d'apparition de telle ou telle mammite, et le groupement des symptômes de détail : caractères du lait, température locale, dureté des tissus, infiltration œdémateuse, etc., autoriseront le plus souvent à qualifier les mammites de parenchymateuses ou d'interstitielles, suivant les cas.

Cette manière de voir s'écarte en somme fort peu de celle qui a été adoptée par Lucet dans son travail sur les mammites.

La classification que j'adopte dans mon enseignement est la suivante :

Mammites..			
	Aiguës.......	Primitives.............	Parenchymateuses ou galactogènes. Interstitielles ou lymphogènes.
		Secondaires ou symptomatiques.	Hématogènes. Galactogènes.
	Chroniques ...	Primitives.............	Simples, parenchymateuses et interstitielles. Origine galactogène, hématogène. lymphogène
		Secondaires	Parenchymateuses et interstitielles. Origine galactogène, hématogène, lymphogène.

Je laisserai de côté ici tout ce qui concerne les mammites secondaires symptomatiques, leur étude se confondant avec l'étude des maladies générales dont elles dérivent.

Mammites aigues.

Étiologie. — A l'état normal, des mamelles, absolument saines en apparence, présentent parfois une infection latente des sinus et conduits lactaires, par des microbes saprophytes, ainsi que l'ont péremptoirement démontré Ward dès 1898 et Freudenreich, et depuis tous les auteurs qui s'occupent de bactériologie du lait. Ces infections latentes, d'origine externe ou d'origine hématogène, peuvent être révélées dans les deux tiers et parfois la presque totalité des cas. D'après Freudenreich, l'infection semblerait souvent due à des agents que l'on retrouve dans la flore gastrique ou la flore intestinale et l'infection par voie sanguine serait aussi bien possible que l'infection d'origine externe.

Ces infections, quoique inoffensives, montrent la difficulté ou la rareté d'obtention directe d'un lait normalement aseptique.

Causes déterminantes. — L'étiologie générale des mammites aiguës, comme celle des mammites chroniques d'ailleurs, se restreint à l'*infection microbienne par des agents pathogènes*, que ces agents pénètrent par la voie ascendante naturelle la plus ordinaire, le sinus galactophore et l'appareil excréteur; par la voie lymphatique à la faveur d'une blessure accidentelle, superficielle, c'est-à-dire cutanée; ou qu'ils soient apportés par le courant sanguin.

L'infection d'origine sanguine, souvent à la suite de troubles intestinaux légers est moins fréquente que les infections d'origine externe mais ne constitue pas une exception.

L'infection des lymphatiques joue un rôle incontestable dans les inflammations superficielles et interstitielles, et il est démontré que certains agents microbiens peuvent passer dans le lait, comme il en est qui passent au travers du rein.

Causes favorisantes. — Mais si l'infection est la cause déterminante, il est cependant des influences secondaires favorisantes dont il ne faut pas négliger de tenir compte.

C'est ainsi que l'*état de lactation* est une condition presque indispensable. On a bien cité quelques cas d'inflammation mammaire en dehors de la période de lactation (Saint-Cyr, Violet); il faut les rapporter à des accidents ou à des traumatismes.

La *stase laiteuse* (empissement laiteux) a une influence indéniable chez les grandes laitières, non que, par elle-même, elle puisse directement provoquer l'inflammation mammaire; mais comme elle entraîne l'écoulement de lait par regorgement, puisque la mamelle n'a pas la faculté d'évacuer son contenu, elle maintient l'entrée libre et permanente des germes qui toujours au contact des litières souillent l'extrémité des trayons.

Le *froid*, ou mieux, les *refroidissements*, agissent de même par action favorisante complexe, par trouble vaso-moteur surtout. Les *traumatismes* sous leurs différentes formes : soubattement, écrasement, plaies, etc., provoquent l'évolution directe et immédiate d'inflammations partielles ou généralisées.

Les études bactériologiques ont fait reconnaître l'existence d'agent multiples et variés dans le lait ou les exsudats interstitiels des mammites, mais la spécificité n'a été établie que pour quelques formes spéciales (streptocoque de la mammite contagieuse des vaches laitières, micrococque de la mammite gangreneuse des brebis (Nocard).

Depuis les premiers travaux de Nocard (1884), d'autres ont été poursuivis partout : Bang (1886-1889), Hess et Guillebeau (1891-1894), Freudenreich, Jansen (1900). Ils n'ont malheureusement pas mis entre nos mains des moyens d'action capables d'enrayer radicalement et instantanément les processus inflammatoires et infectieux de la mamelle.

On a bien reconnu que les agents microbiens si divers qui végètent en saprophytes dans les fourrages, litières, fumiers et purins peuvent devenir pathogènes à un moment donné, dans les circonstances offertes par les laitières, mais il a été impossible jusqu'ici d'en éviter les méfaits autrement que par les précautions d'hygiène. — Il a été possible toutefois d'établir des groupements dont l'importance saute aux yeux.

Les agents provocateurs des mammites sont représentés surtout par des streptocoques, des staphylocoques, des bactéries du groupe coli et des microcoques.

Les *streplocoques* donnent en général des mammites chroniques ou subaiguës : mammite chronique sporadique (*slr. maslilis sporadicæ*) mammite contagieuse (*slr. maslilis conlagiosæ*); les *staphylocoques* des mammites aiguës ou suppurées; les *bactéries du groupe coli* et les *microcoques* des mammites suivies de suppuration, de nécrose locale ou de gangrène.

Ces données n'ont rien d'absolu, naturellement, mais suffisent à fournir des indications générales concernant le pronostic.

Physiologie pathologique. — L'action pathogène des agents d'infection est en relation avec leur nombre, leur puissance de reproduction et aussi l'activité de leurs produits de sécrétion.

Tous d'ailleurs, dans les mammites aiguës tout au moins, agissent par un mécanisme qui ne varie que fort peu.

Ils se développent aux dépens des éléments constitutifs du lait, font des fermentations, provoquent des coagulations, fabriquent des toxines et des acides, pour ensuite irriter, corroder et détruire les éléments sécréteurs de la glande mammaire.

Celle-ci réagit, donne du lait altéré, des caillots, du pus, des abcès et parfois de la gangrène; sans compter naturellement la résorption des toxines et poisons fabriqués qui provoquent à leur tour l'apparition de phénomènes généraux bien connus : inappétence, fièvre, affaiblissement général, trouble de toutes les grandes fonctions.

Il n'y a, suivant les variétés de mammites, que des différences de degré dépendant exclusivement de l'activité des agents d'infection et de la qualité des produits qu'ils engendrent.

Quand le processus d'infection préside à l'évolution d'une mammite chronique, tout se passe en silence, sans trouble, sans éclat, et, quand on s'aperçoit que la mamelle est malade ou que le lait est altéré, depuis longtemps déjà l'infection est réalisée.

Dans les mammites chroniques, d'ailleurs, l'infection se localise, établit des cantonnements (tuberculose, mammite streptococcique) tandis que dans les formes aiguës elle diffuse, s'irradie, rayonne vers toutes les canalisations avec une puissance et une rapidité parfois extraordinaires.

Le résultat le plus immédiat et le plus constant des infections mammaires aiguës est de déterminer la coagulation intrammaire du lait par décomposition du lactose, formation d'acide lactique et d'acide butyrique. Les acini et les canaux excréteurs dilatés par les coagula ne peuvent plus éliminer leurs produits de sécrétion, les colonies microbiennes variées se développent en toute sécurité dans leurs nouvelles demeures. Les éléments épithéliaux actifs subissent la dégénérescence granuleuse ou purulente, disparaissent, pendant que les parois glandulaires s'infiltrent et qu'il se produit une réaction leucocytaire abondante autour des culs-de-sac glandulaires.

Les tissus se trouvant modifiés, les agents virulents pénètrent des acini dans le tissu interstitiel, et dès lors les lésions deviennent mixtes.

Inversement, l'infection se faisant à la faveur d'une plaie, par les espaces lymphatiques superficiels, il peut arriver un moment où la pénétration s'établit du tissu interstitiel vers les acini, pour aboutir au même résultat final.

Les lésions peuvent s'arrêter dans leur évolution ou provoquer la suppuration des lobules parenchymateux, et parfois la gangrène.

Il est des cas où cette infection est si rapide, si intense, que les stades successifs ne peuvent même être enregistrés et que la gangrène apparaît d'emblée.

Lorsque la mamelle est atteinte dans les quatre quartiers du même coup, c'est qu'il y a eu généralement infection par voie sanguine.

Symptômes. — Les mammites aiguës sont caractérisées par une apparition brusque, avec réaction générale plus ou moins vive (tristesse, fièvre, inappétence) et réaction locale variable. Lorsqu'on peut suivre l'évolution complète, on enregistre parfois des signes différentiels assez nets qui peuvent faire distinguer deux variétés cliniques.

A. **Mammites interstitielles.** — Cette forme, qu'il conviendrait peut-être de qualifier de *périmammite*, lorsque son début se trouve dans les espaces lymphatiques sous-cutanés, est désignée encore sous les noms de *mammite phlegmoneuse* et de *mammite lymphogène* ou de *lymphangite mammaire*. Elle est caractérisée par des symptômes généraux alarmants, par une réaction fébrile de 1º, 2º et 2º,5 avec toutes ses conséquences : perte d'appétit, inrumination, accélération de la respiration et de la circulation, ballonnement léger, constipation; et par la déviation du membre postérieur en dehors de la ligne d'aplomb du côté malade, avec plaintes durant les déplacements.

Ces manifestations précèdent parfois notablement l'apparition des modifications locales qui se traduisent ensuite par un empâtement douloureux d'un ou deux quartiers, rarement plus. Le tissu périmammaire sous-cutané est infiltré, œdémateux, douloureux à la palpation et conserve l'empreinte du doigt. Le trayon est tendu, turgide, hyperesthésié, rougeâtre. Dans les formes graves, l'œdème déborde en avant sous l'abdomen vers l'ombilic et en arrière vers le périnée. La température locale est plus élevée que la normale (Lucet), la sécrétion est modifiée ou tarie dans la glande malade, et parfois aussi par action réflexe dans les quartiers voisins, sans que ceux-ci soient lésés. L'inflammation se propage rarement d'un quartier à un autre, les réseaux lymphatiques n'étant pas anastomosés (fig. 216).

Les malades, qui ont perdu l'appétit, maigrissent rapidement. La terminaison s'effectue par résolution, après cinq à huit jours, avec atténuation progressive des symptômes : retour de l'appétit, diminution de la douleur, abaissement de la fièvre, disparition progressive des lésions; mais il est exceptionnel que la sécrétion lactée puisse revenir au taux normal primitif.

La terminaison par suppuration est possible, tantôt par un abcès superficiel sous-cutané, plus rarement par un abcès profond interstitiel, ayant pris naissance dans les lacunes conjonctives et les espaces lymphatiques.

Dans ces cas, il se produit une légère recrudescence dans l'acuité des symptômes locaux, pour l'abcès superficiel; une recrudescence grave, pour l'abcès profond. Une tuméfaction œdémateuse extrêmement sensible se localise en un point, la peau prend une teinte rouge sombre et la fluctuation apparaît insensiblement; dans l'abcès profond, l'état général devient très alarmant, le quartier atteint est tendu en entier, dur, extrêmement sensible partout.

La suppuration profonde est difficile à déceler et peut nécessiter des ponctions capillaires exploratrices pour assurer le diagnostic.

La terminaison par gangrène locale ou diffuse est plus rare, lorsque des vaisseaux d'un ou plusieurs lobules glandulaires ont été oblitérés ou thrombosés. Elle s'annonce par l'aggravation extrême des symptômes généraux, l'affaiblissement du cœur, l'anéantissement des malades qui tombent dans le coma. Localement, la mamelle reste œdémateuse, la peau devient violacée, noirâtre, en même temps que la température locale s'abaisse, et les malades meurent par épuisement, intoxication et souvent infection.

B. **Mammite parenchymateuse.** — La mammite parenchymateuse est encore appelée mammite catarrhale lorsqu'elle est légère. C'est en réalité, la mammite primitive vraie, la mammite interstitielle pouvant être considérée primitivement comme une lymphangite périmammaire et interacineuse.

Ici l'infection se fait par le trayon, c'est-à-dire par voie ascendante. Elle peut se localiser au sinus ou à l'appareil excréteur pour donner une *galactophorite*, mais se propage ordinairement aux acini. L'inflammation du tissu mammaire est donc directe et primitive; elle se complique en s'étendant rapidement au travers de la paroi glandulaire dans le tissu interstitiel, pour donner sous le rapport anatomo-pathologique une mammite mixte.

La distinction clinique d'avec la mammite interstitielle est facile au début, impossible plus tard.

Les symptômes successifs qui caractérisent cette variété sont : l'engorgement du ou des quartiers atteints, l'augmentation notable de volume et de sensibilité, la présence de lait caillebotté dans le sinus galactophore, puis de caillots mélangés à de la sérosité légèrement teintée en rouge, la suppression complète de la lactation et la suppuration du réseau excréteur.

Les symptômes généraux n'apparaissent qu'après les signes objectifs : leur intensité varie énormément suivant les cas. Comme pour la forme interstitielle, il peut y avoir réaction fébrile marquée, suppression de l'appétit, inrumination, plaintes, difficulté de la marche.

Formes graves. — Dans quelques formes très graves à évolution suraiguë, d'origine sanguine, l'infection passe rapidement du tissu glandulaire au tissu interstitiel et l'on voit apparaître secondairement de l'œdème mammaire, interstitiel sous-cutané, sous-abdominal et périnéal.

La mamelle est turgide, tendue, luisante, rouge violacé par places, comme si un abcès profond se développait.

La pression du sinus galactophore ne fait obtenir que du lait gris rougeâtre, parfois fétide ou à odeur gangreneuse, ou simplement de la sérosité rougeâtre, sans odeur. Les malades sont anéanties, profondément intoxiquées, assez souvent incapables de se lever et comme frappées de paralysie. La température peut rester normale ou s'abaisser; la mort peut survenir en deux à quatre jours.

Mais à côté de ces formes graves, il en est par contre où les malades semblent à peine se ressentir de leur affection. L'appétit est conservé et toutes les grandes fonctions s'exécutent bien. Seuls les signes locaux ont de l'importance.

Cette variabilité de caractères cliniques des mammites aiguës tient uniquement aux qualités pathogènes différentes des agents d'infection et de leurs toxines ou produits de sécrétion.

Les mammites parenchymateuses peuvent se terminer par résolution en trois ou quatre jours, avec retour progressif mais lent à l'état physiologique antérieur. Cette terminaison s'annonce par la disparition successive de tous les symptômes et le rétablissement de la sécrétion lactée. Il est absolument exceptionnel que ce retour soit intégral; et dans bien des cas la mamelle atteinte peut être considérée comme physiologiquement supprimée au point de vue fonctionnel.

Elle s'indure progressivement, se sclérose et s'atrophie.

La suppuration est très fréquente. Elle s'établit dans le sinus galactophore, les canaux excréteurs et même les acini. Si des obstructions se produisent sur le trajet des collecteurs, ou si l'évacuation n'est pas provoquée artificiellement par le massage modéré complété par la traite, le pus se collecte dans l'épaisseur de la glande et de vastes poches purulentes arrivent à remplacer le tissu mammaire.

La gangrène circonscrite ou diffuse d'emblée est plus rare, et cependant elle est possible. Les agents d'infection envahissent

Fig. 250. — Mammite suppurée. Suppuration-diffuse profonde dans les canaux lactaires. Mamelle hypertrophiée dans son ensemble.

rapidement l'épaisseur même de la glande, le tissu interstitiel et le tissu sous-cutané, des thromboses d'origine infectieuse ou toxique se produisent, et la gangrène évolue. La mort arrive par infection ou intoxication.

Des complications de nécrose de la tunique abdominale (Trasbot), de la paroi fibreuse d'enveloppe, des plans musculaires de la face interne des cuisses peuvent s'observer dans les formes suppurées.

Diagnostic. — Il n'est pas d'affection dont les signes généraux ou locaux soient plus faciles à enregistrer, pas de diagnostic plus commode à établir, d'autant que dans un diagnostic clinique on n'a pas à rechercher quelles peuvent être la nature et la caractéristique de l'agent causal.

Peut-être un jour cette recherche sortira-t-elle du domaine scientifique, pour comporter une importance pratique et indiquer un traitement spécifique déterminé! Ce jour n'est pas arrivé.

La distinction entre les formes interstitielles (lymphangites mammaires) et parenchymateuses pourra être établie tout au début.

La distinction d'avec les congestions mammaires, les mammites chroniques d'emblée, ne nécessite qu'un examen attentif; mais cet examen devient plus délicat lorsqu'il surgit des doutes relativement à la spécificité (mammites tuberculeuses).

Pronostic. — Le pronostic des mammites aiguës est toujours grave, quelle que soit la forme qui se présente, car, si la vie des malades n'est pas toujours compromise, leurs aptitudes économiques se trouvent partiellement détruites d'une façon définitive.

Il est des mammites qui font mourir, d'autres qui rendent les patientes très malades, d'autres enfin qui semblent à peine incommoder ces malades.

Les complications d'abcès superficiels ou profonds entraînent d'autre part des suppurations prolongées, de l'amaigrissement et une moins-value énorme.

Il reste une autre prévision à établir : c'est la notion de contagiosité.

Si les mammites aiguës s'observent surtout à l'état de cas isolés, elles peuvent aussi évoluer sous forme d'enzooties d'étable. Les désastres économiques sont alors énormes ; les industriels producteurs de lait, de fromage ou de beurre, se trouvent parfois dans l'obligation de cesser leur commerce sous menace de ruine; et cependant la plupart des accidents de propagation pourraient être évités si l'hygiène était mieux comprise et si les précautions préventives étaient mieux observées.

Lésions. — Les lésions de la mammite interstitielle sont celles des lymphangites ordinaires, dont le début se trouve ici vers le trayon et dont l'extension se propage progressivement aux cloisons interacineuses, intermammaires, à l'atmosphère conjonctive périmammaire.

Dans la forme parenchymateuse, l'inflammation peut rester partielle, localisée à certains îlots glandulaires sans envahissement de tout le quartier. L'épithélium sécréteur infecté subit la tuméfaction trouble, tombe et disparaît, la paroi glandulaire et les cloisons interstitielles se montrent infiltrées d'un nombre énorme de globules blancs, et le tout subit la fonte purulente pour donner naissance à un petit abcès acineux. — Par la réunion d'abcès voisins, de vastes collections diverticulées s'établissent, provoquant la destruction partielle ou totale d'îlots parenchymateux, de cloisons, de vaisseaux, d'aponévroses.

L'abcès tend à se faire jour vers la peau, qui s'enflamme et s'ulcère; ou bien, au contraire, si les agents de suppuration sont peu actifs, les tissus réagissent pour former à l'abcès une épaisse paroi indurée et la collection s'enkyste.

Traitement. — Les traitements proposés sont très nombreux : c'est dire qu'il n'en est aucun qui soit parfait. Il n'existe pas de moyen thérapeutique sûrement efficace, permettant d'enrayer à volonté l'évolution d'une mammite jusqu'à réparation intégrale et définitive.

Préventivement, il serait possible d'éviter bon nombre de mammites en plaçant les laitières dans d'excellentes conditions d'hygiène et de propreté surtout, en évitant la stase laiteuse qui favorise les infections, et en traitant les excoriations ou gerçures dès leur apparition. Mais on ne peut rien ou à peu près contre les mammites d'origine hématogène c'est-à-dire dans lesquelles l'agent microbien est apporté à la mamelle par le courant sanguin, puisque cela constitue un véritable accident.

Lorsqu'une mammite aiguë est déclarée, deux moyens d'action peuvent être utilisés : le traitement général et le traitement local.

Comme *traitement général*, les anciens vétérinaires préconisaient la saignée à la mammaire ou à la jugulaire.

Puis la mode a changé, on s'est élevé contre la saignée en avançant que les mammites aiguës étaient des maladies infectieuses et que par suite, il ne fallait pas diminuer la résistance des malades.

Le raisonnement était faux; peu à peu on a précisé les avantages de la saignée dans les intoxications et les infections, et il est un fait indéniable en plus, c'est son action sur la fièvre. Sans doute, il ne faut pas y recourir sans discernement, en user largement sur des sujets débilités; mais, sur des malades en bon état d'embonpoint, l'effet est immédiat contre la fièvre, les accidents respiratoires et circulatoires qui l'accompagnent.

Je suis partisan de la saignée modérée faite à la jugulaire.

La saignée à la mammaire offre trop de chances d'infection et de complications pour être recommandée autrement qu'au trocart.

Les ventouses scarifiées pourraient trouver leur indication dans nombre de cas.

Les purgatifs et les diurétiques permettent, d'autre part, de combattre ou d'éviter les accidents d'auto-intoxication et les complications résultant de la suspension temporaire des fonctions digestives.

Le *traitement local* est plus ou moins efficace contre l'infection mammaire. — Ce traitement doit être à la fois émollient pour calmer les douleurs, et antiseptique. Les pommades phéniquées,

boriquées, iodées à 1 p. 10, iodurées, camphrées, opiacées ou belladonées à 1 p. 8 rendent de réels services au début et spécialement
dans les lymphangites mammaires ou mammites interstitielles.

Les applications répétées de glycérine phéniquée à 1 p. 10 présentent les mêmes avantages.

Dans les formes plus lentes, à début parenchymateux, les pommades légères à l'iodure de plomb, à l'extrait de Saturne, la pommade mercurielle semblent même pouvoir être utilisées, sous la
condition d'éviter le léchage et de surveiller l'évolution des accidents
possibles.

Lorsqu'il y a tendance manifeste à la suppuration, les vésicants
peuvent hâter l'évolution des abcès et faciliter la ponction. Le vésicatoire ordinaire, la pommade stibiée à 1 p. 3, la pommade au biiodure de mercure sont d'usage courant, toujours avec précaution
contre le léchage.

Si au contraire, il agit d'une mammite interstitielle avec œdème
sous-cutané abondant, œdème ventral et périnéal, je n'hésite nullement à mettre des pointes de feu pénétrantes largement espacées
sur toute la région œdématiée. En évitant de blesser des ramifications veineuses, j'établis ainsi de nombreux exutoires par lesquels
le liquide toxique et septique de l'œdème s'écoule en permanence
pour le plus grand bien-être des malades. Cette pratique n'empêche
nullement d'ailleurs l'emploi des pommades antiseptiques.

Irrigations intra-mammaires. — Lorsque, enfin, il s'agit de mammites parenchymateuses types, sans grande tendance à l'envahissement interstitiel, l'indication la plus formelle serait de faire la
toilette interne de la glande, c'est-à-dire le nettoyage antiseptique
de tout le réseau excréteur, et même des acini, si c'était possible.
Pratiquement, l'indication est difficile à réaliser, parce qu'il faut que
cette toilette intra-mammaire soit faite aseptiquement, ce qui n'est
généralement pas compris par les personnes qui sont directement
chargées de soigner les malades.

Je me contente, dans la pratique courante, de faire traire les
quartiers malades toutes les heures. Les caillots laiteux qui s'accumulent dans le sinus et les canaux galactophores sont écrasés par
pressions douces, puis extraits avec plus ou moins de difficultés. On
évite leur accumulation dans la canalisation mammaire par les
les traites répétées et, cela à l'avantage très réel des malades. Si
on néglige cette pratique, les colonies microbiennes se développent
ou toute sécurité dans les culs-de-sac glandulaires, les coagula de
caséine obstruent partout les canaux d'excrétion, les complications
évoluent, quoi que l'on fasse à l'extérieur.

La traite répétée a, au contraire, les avantages et les effets d'un
vrai lavage d'évacuation s'opposant à la marche ascendante et
envahissante de l'infection. Elle facilite la défense de l'organisme,

fait disparaître la plus grande partie des produits toxiques et s'oppose à l'intensité des phénomènes généraux de résorption d'intoxication.

La pratique de l'évacuation totale du contenu de la mamelle malade est d'ailleurs indispensable, lorsqu'on se propose de faire les lavages intramammaires, qui, sans cette précaution, resteraient illusoires.

Lorsqu'on décide, malgré les inconvénients pratiques possibles de recourir à ces injections, à ces lavages médicamenteux intra-mammaires, il ne faut jamais oublier que les instruments doivent être parfaitement aseptiques, que les solutions à utiliser doivent toujours se trouver à une température voisine de celle du corps, oscillant entre 35º et 38º, que les solutions ne doivent jamais être directement irritantes par elles-mêmes pour des tissus aussi fragiles que l'épithélium des acini ou des canaux galactophores, et qu'enfin les substances antiseptiques ne doivent pas avoir de propriétés coagulantes sur les sécrétions mammaires.

Pour toutes ces raisons, je n'utilise d'ordinaire que les lavages à l'eau bouillie, les injections salines de solutions physiologiques à 9 p. 1000, les injections alcalines de bi-carbonate de soude, de citrate de soude, de borate de soude à 3 p. 100, ou de fluorure de sodium à 1 p. 2.000.

Pour ces lavages, toutes précautions étant prises, j'injecte, suivant les cas, de 300 à 500 grammes de liquide dans chaque quartier; par pressions douces, je fais pénétrer les solutions aussi haut que possible dans les canaux d'origine; et je fais évacuer par mulsion après un quart d'heure de contact.

Il ne faut pas oublier qu'une simple négligence envers ces précautions aggrave l'état morbide au lieu de l'améliorer, et c'est pourquoi ces injections intramammaires ne peuvent rendre des services qu'entre des mains expérimentées. En clientèle courante, elles sont rarement utilisables.

Sérothérapie non-spécifique. — Le sérum antistreptococcique et le sérum antipyogène, isolés ou associés, en solution étendue dans l'eau physiologique stérile, en injections intra-canaliculaires, ont été considérés comme susceptibles de juguler les mammites au début. Théoriquement l'idée est admissible pour certaines formes d'infections, mais pratiquement il conviendrait de faire au préalable un examen bactériologique, ce qui est difficilement réalisable en pratique courante. Ces injections doivent d'autre part être effectuées sous les conditions de toutes injections intra-mammaires après vidange à fond, et à la température de 35-37º. Il y aurait indication de les répéter plusieurs fois.

On a recommandé, en Amérique surtout, comme traitement général et local, l'emploi de médicaments s'éliminant par la mamelle, et à pouvoir antiseptique élevé : le bleu de méthylène à dose assez forte pour que les urines soient teintées; il a l'inconvénient de teinter les tissus et de rendre la viande inutilisable s'il y avait lieu d'abattre les malades; l'essence de térébenthine qui a le gros désavantage aussi de communiquer une odeur déterminée aux tissus; l'urotropine, qui possède un pouvoir antiseptique indéniable; le formol, qui, à la dose de 25 grammes dans l'huile (?), se retrouve dans le lait au bout de quarante-huit heures. L'urotropine peut aussi être utilisée en injections et même le formol (7 à 10 gr. en solution étendue dans le sérum physiologique, dans les veines.)

Irrigations gazeuses antiseptiques. — L'idée a été émise aussi de combattre les infections mammaires par des insufflations de vapeurs d'essences antiseptiques non irritantes : vapeurs d'essence de girofle, de bergamote, de thym, lavande, romarin, goménol, eucalyptol, etc. La pratique en est identique à celle de l'insufflation mammaire, dans la fièvre vitulaire, le flacon à essence étant placé dans l'eau tiède interposé sur la canalisation et traversé par l'air insufflé,

Bactériothérapie. — Enfin la bactériothérapie, ou même l'autobactériothérapie, c'est-à-dire l'injection sous-cutanée de lait infecté, ou de cultures atténuées et vivantes des agents d'infection mammaire, a été recommandée aussi comme très efficace.

Il s'agit de méthodes qui découlent logiquement des théories régnantes, mais si l'expérience des faits démontre qu'elles ont dans quelques circonstances une efficacité incontestable, elle ne doivent en aucun cas être érigées en méthode unique d'intervention et faire négliger les autres moyens d'action. Il n'est pas rare de voir la bactériothérapie se révéler totalement inefficace.

Comme dernière ressource, il reste l'incision large ou l'ablation totale ou partielle de la mamelle. Ces interventions sont indiquées dans les cas de gangrène diffuse, dans les cas de suppuration massive intense, lorsqu'il y a danger imminent de mort par infection. L'incision large doit se faire au thermocautère pour éviter les hémorragies possibles et en évitant les gros troncs vasculaires; quant à l'ablation, elle sera pratiquée suivant les indications consignées dans la technique opératoire. Mais il ne faut pas oublier que cette ablation détermine un choc opératoire considérable et que toutes précautions doivent être prises par avance pour opérer sous anesthésie locale ou générale; avec le minimum d'hémorragie.

MAMMITE CONTAGIEUSE DES VACHES LAITIÈRES.

Inconnue quant à son étiologie avant les travaux de Nocard et Mollereau (1884), cette affection a toujours été très répandue dans les grandes vacheries de la banlieue parisienne, et dans les grands centres de production laitière; elle sévit aussi, mais plus rarement, en Normandie, dans la Brie et le Soissonnais, causant des pertes sérieuses partout, à cause de sa transmissibilité.

Elle avait été décrite en Allemagne, dès 1854, par Gerlach; Kitt, en 1885, la reconnaît fréquente, et propose de l'appeler agalaxie catarrhale contagieuse. Elle existe aussi en Danemark, en Hollande, en Italie, en Suisse, partout en somme où l'on fait de l'industrie laitière.

La mammite contagieuse des vaches est une mammite à évolution subaiguë ou chronique, dans laquelle il se produit des noyaux d'induration de la grosseur d'une noisette, d'une noix, qui font dire aux nourrisseurs que la *mamelle est nouée.*

Parfois cependant il est des formes de mammite contagieuse qui prennent l'allure des mammites aiguës de moyenne intensité. La propagation est alors rapide, les pertes très importantes.

Étiologie. — L'étiologie repose en grande partie sur la contagion; la maladie est due à un streptocoque bien étudié par Nocard (1), le *streptococcus mastidis contagiosæ.* La transmission d'une mamelle malade à une mamelle saine s'explique par ce fait que les trayeurs, qui effectuent leur travail sans prendre de soins de propreté, transportent directement les germes sur les trayons et facilitent l'infection.

C'est, en général, à la suite de l'introduction dans une étable indemne d'une nouvelle vache atteinte que la maladie se déclare; toutefois, il est admis qu'elle peut apparaître spontanément, peut-être par infection d'origine lymphogène ou hématogène, mais non toujours galactogène. Les enzooties d'étables peuvent encore être la conséquence de l'introduction d'une vache en gestation plus ou moins avancée, mais tarie, avec mamelle infectée au repos. La réapparition de la lactation peut provoquer une reviviscence de l'infection.

Il est certain que d'autres microbes, ou différentes variétés de streptocoques sont susceptibles de provoquer des mammites contagieuses dont l'allure est calquée sur celle décrite par Nocard.

Symptômes. — Comme dans les mammites chroniques, les symptômes généraux font ordinairement défaut. La première manifestation appréciable se traduit par une modification dans la sécrétion lactée. Le lait diminue de quantité; il ne semble pas ou peu altéré à première vue, mais, si on le laisse reposer, il se coagule rapidement. L'infection existe donc déjà sans que rien ne la traduise à l'examen de la mamelle.

Le symptôme local qui apparaît ensuite est la présence d'un nœud ou noyau d'induration scléreuse situé au-dessus du trayon,

---

(1) Prend le Gram, cultive lentement en bouillon lactosé ou glucosé, le milieu restant transparent; le lait est coagulé en trente-six ou quarante-huit heures.

dans l'épaisseur de la mamelle. Ce nœud, de forme arrondie ou ovoïde, mal délimité à sa périphérie, augmente progressivement sans signe d'inflammation aiguë. Le lait devient aqueux, bleuâtre. Examiné au microscope, après centrifugation, on y trouve de nombreux streptocoques. Le processus scléreux ne marche qu'avec une extrême lenteur ; au bout de plusieurs mois, la sclérose ne

porte souvent que sur un tiers de la hauteur des quartiers envahis. Avec ces lésions, le lait change encore de caractères; il devient jaunâtre, fétide, et contient un réticulum fibrineux; sa réaction est nettement acide. Les lésions, d'abord localisées à un seul quartier, gagnent ou non les autres successivement, si l'on n'a pas pris les précautions nécessaires.

Variétés. — Ces caractères et symptômes d'ensemble sont ceux que l'on rencontre dans le type de mammite chronique, à allure très lente, décrit autrefois par Nocard; mais il n'y a pas qu'une seule variété de mammite contagieuse chronique à streptocoques. Il y a des *variétés de mammites contagieuses* et des *variétés de streptocoques*, offrant au clinicien tous les types intermédiaires entre une mammite aiguë ordinaire et la mammite chronique décrite ci-dessus.

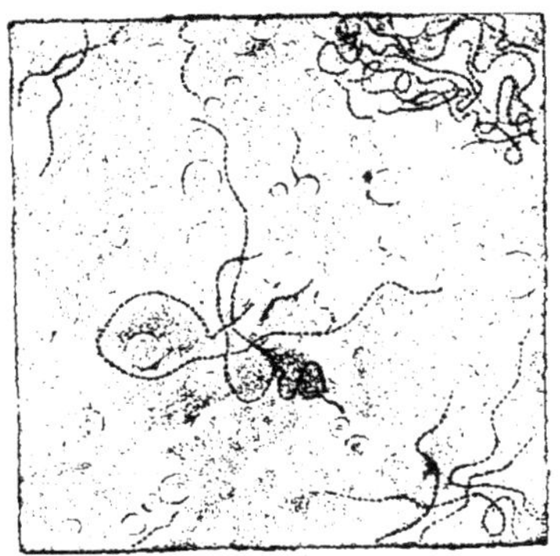

Fig. 251. — Streptocoques à longues chaînettes et petits grains dans un type de mammite contagieuse.

Les mammites contagieuses à type subaigu sont peut-être même les plus fréquentes, évoluant en quelques jours, et prenant plus tard, avec le temps, l'allure chronique. Expérimentalement, ces mammites à streptocoques spécifiques peuvent être reproduites en vingt-quatre à quarante-huit heures avec signes d'affection subaiguë : gonflement modéré des quartiers atteints, sensibilité modérément exagérée, diminution rapide de la quantité de lait sécrété, altération de ce lait qui devient successivement rosâtre, rougeâtre, puis jaunâtre, grumeleux, pour repasser progressivement aux caractères de lait bleuâtre, ou même normal en apparence.

Toute cette évolution demande en moyenne deux à trois semaines, et il n'est pas fatal que la mamelle reste nouée ou s'atrophie ultérieurement.

Les raisons de ces variantes tiennent aux qualités diverses des agents d'infection, car les recherches démontrent, en effet, qu'il existe des variétés de streptocoques à gros grains (gros cocci) ou à petits grains (petits cocci), à longues chaînettes ou à courtes chaînettes, et des mammites à associations de ces variétés (1).

Il est donc absolument naturel, dans ces conditions, qu'il y ait des modalités dans les manifestations cliniques.

Il existe même une variété de mammite à streptocoque que l'on ne peut reproduire expérimentalement, qui par conséquent n'est pas contagieuse, et qui est provoquée par un agent microbien que l'on a qualifié pour cette raison de *Streptococcus mastidis sporadicæ*.

Lésions. — Les lésions sont, dans le type chronique ancien, représentées par de la sclérose mammaire, avec noyaux d'envahissement progressif. Cette sclérose débute par les canaux galactophores, empiète sur la paroi et s'étend ensuite au tissu conjonctif interstitiel; celui-ci s'hyperplasie et emprisonne dans ses tractus les éléments glandulaires propres dont l'activité sécrétoire s'éteint; localement il existe de la mammite catarrhale.

Huynen dit avoir remarqué que les streptocoques à longues chaînettes provoquent des mammites plus graves que ceux à courtes chaînettes. La réceptivité des différentes laitières peut sans doute varier avec les individualités, et telle bête fournissant du lait altéré par des streptocoques à longues chaînettes au début peut plus tard ne plus montrer que des streptocoques à courtes chaînettes.

Au microscope, il est facile de se rendre compte de toutes ces lésions; de plus, à l'aide d'une coloration appropriée, on voit dans les acini, comblés par la prolifération épithéliale, de nombreux streptocoques. Les lésions sont dues à l'installation des colonies microbiennes qui se propagent par voie ascendante.

Le streptocoque qui détermine cette mammite se colore bien par la thionine et le bleu; il cultive dans les milieux liquides et solides, sucrés ou glycérinés, mais non peptonisés ou additionnés de sel marin. La culture meurt au bout de quelques semaines, mais, si l'on neutralise l'acidité du milieu par l'addition de carbonate de chaux pulvérulent, elle conserve six ou huit mois sa vitalité.

Mais ces lésions, on le conçoit, varient considérablement d'un type à l'autre, d'une mammite à une autre, selon la virulence ou la puissance de multiplication de l'agent. Cliniquement et scientifiquement, ce qui importe, c'est la qualité de l'agent d'infection.

L'inoculation des cultures dans la mamelle des vaches saines reproduit la maladie; la chèvre est également sensible si on lui fait la même inoculation. Le microbe n'est pathogène pour aucun animal d'expérience.

---

(1) Le *streptococcus longus*, décrit par Lanfranchi en 1908 dans une enzootie de mammites chroniques, n'est pas autre chose que l'une de ces variétés.

Prend le Gram, coagule le lait en cinq ou six jours, cultive lentement en colonies punctiformes blanches sur gélose, ne liquéfie pas la gélatine, cultive bien en bouillon glycériné, sans le troubler, mais en formant un dépôt abondant dans le fond des tubes.

La centrifugation systématique des laits dans les stations expérimentales de laiterie, démontre que 10 p. 100 des laitières sont atteintes dans certaines régions. Toutes les fois qu'il y a excès de globules blancs dans les dépôts des tubes de centrifugation, même sans mammites appréciables au point de vue clinique, il est presque constant de trouver des streptocoques. Huynen pense qu'en Belgique, 4 p. 100 des laitières sont atteintes et qu'au voisinage des grandes villes, chez les laitiers, cette proportion s'élève à 10 p. 100, causant des pertes économiques de rendement qui se chiffrent par millions. (24.000.000 de francs environ pour la Belgique.)

Diagnostic. — Le diagnostic est facile; la présence des indurations scléreuses est caractéristique : mais l'examen microscopique, après centrifugation d'échantillons suspects, est la véritable base de tout diagnostic.

Bon nombre de mammites chroniques, plus ou moins contagieuses ne présentent que très tardivement des altérations d'atrophie progressive, de sclérose nodulaire ou d'induration d'ensemble : le lait est parfois assez peu modifié d'apparence, et ce sont ces cas douteux, difficiles à préciser quant à leur nature d'origine, qui embarrassent particulièrement le vétérinaire rural. Et cependant le danger économique est indéniable, parce que la contagion peut s'effectuer sur des animaux plus réceptifs, donnant dans la suite des manifestations plus apparentes et plus vives.

Aussi certains pays ont-ils, en raison de l'importance économique de la maladie, institué des services d'analyses cliniques de laits suspects, d'après le procédé recommandé par Trommsdorff en 1906. Ce procédé consiste à soumettre les échantillons de laits (10 cc. p. ex.) suspects à la centrifugation dans des tubes spéciaux, rétrécis cylindriquement et gradués vers leur fond.

La seule centrifugation de laits normaux donnerait dans les tubes de type déterminé 1 centimètre cube de dépôt leucocytaire par litre.

Lorsque ce dépôt atteint 2 cc. 5, et il va parfois jusqu'à 30 centimètres cubes par litre, il s'agit de laits plus ou moins malades, ordinairement par streptococcie mammaire. Evidemment, cet examen clinique doit être complété par l'examen bactériologique.

Pronostic. — Le pronostic économique est grave, par suite de la diminution du rendement en lait; quant à la maladie elle-même, directe ou expérimentale, sa gravité varie avec les vaches dont la réceptivité n'est pas toujours la même. En Allemagne, Ernst (1912) prétendait que la mammite contagieuse faisait perdre à l'industrie laitière allemande plusieurs centaines de millions.

Traitement. — Le traitement peut être prophylactique et curatif.

Le traitement prophylactique comporte :

1º L'isolement complet et absolu des malades, qui est le moyen le plus sûr et le plus efficace, très supérieur à celui qui recommandait autrefois de pratiquer la traite sur les animaux malades en dernier lieu. Pratiquement cette recommandation était illusoire;

2º La désinfection des mains du trayeur, qui constituent le véhicule ordinaire de la contagion.

Le traitement curatif ne peut être, semble-t-il, qu'un traitement local interne, consistant en des injections antiseptiques : l'eau boriquée tiède, en solution concentrée, donnerait de bons résultats, d'après Nocard. Il recommandait de faire ces injections trois ou quatre fois après la traite, en laissant le liquide un certain temps dans l'appareil excréteur. On obtiendra quelquefois la guérison de bêtes peu atteintes; mais, lorsque l'affection sera déjà avancée, les injections n'auront plus d'effet. Certaines formes peu actives sont seules justiciables de ce traitement.

Les injections de fluorure de sodium, en solution à 1 p. 2.000, 1 p. 1.000, employées de la même façon, m'ont semblé de beaucoup préférables; j'ai ainsi obtenu la guérison de plusieurs cas anciens de cette mammite portant sur les quatre glandes.

Il faut naturellement, pour ces injections, observer rigoureusement les précautions générales signalées précédemment et n'opérer qu'avec une asepsie parfaite. Lorsque ces précautions ne peuvent être prises, ce qui est le cas le plus fréquent, il vaut mieux s'abstenir. — Au préalable, il est toujours indispensable, avant toute injection, de vider complètement la canalisation lactaire, et là, comme pour les mammites banales, la fréquence de la mulsion est un excellent moyen d'action. En aucun cas, les produits de cette mulsion ne doivent être jetés sur les litières et le trayeur doit toujours avoir le soin de se désinfecter les mains après son intervention.

Dans les cas graves, il est fort difficile d'enrayer l'évolution de la maladie dans les étables infectées, parce que des soins assidus ne peuvent pas être donnés.

Des essais de traitement par la bactériothérapie (cultures stérilisées ou non, ou même par les injections sous-cutanées de lait infecté), ont donné des résultats variables : modification ou atténuation des symptômes; parfois pas de résultat utile.

Des essais de vaccination préventive de sujets indemnes, dans des étables infectées (cultures atténuées ou vivantes), n'ont pas jusqu'ici donné de résultats vraiment pratiques. Dans des tentatives que j'ai eu l'avantage de réaliser en 1912 et 1913, les vaches n'ont pas été mises à l'abri des conséquences immédiates d'infections directes de la mamelle avec des cultures, mais ces infections ont rétrocédé assez rapidement et fini par disparaître spontanément au lieu de s'aggraver.

Les injections sous-cutanées de lait malade, après simple filtration sur gaze ou coton, 20 centimètres cubes tous les deux jours (autolactothérapie) donnent généralement de bons résultats, bien qu'elles puissent être le point de départ de petits abcès locaux. L'autobactériothérapie après stérilisation des agents du lait malade par l'éther donne aussi de bons résultats, à la condition que le traitement soit effectué à temps, c'est-à-dire au début, avant qu'il n'y ait évolution de lésions anatomiques trop accentuées pour rester irrémédiables : Emulsion de 2 centimètres cubes de lait malade dans 5 centimètres cubes d'éther, dix heures de contact, puis addition de 15 centimètres cubes de solution physiologique. Dose 2 centimètres cubes par jour, dix jours de suite). Enfin le rivanol, en solution à 1 p. 1.000 (solution à faire au moment de l'emploi), en injections tièdes dans la canalisation des quartiers malades (1 à 2 litres) à répéter deux ou trois fois, a été signalé par Hermans (1927); comme capable d'amener la guérison, s'il est employé assez tôt.

Lors même que le traitement réussit, les malades restent de médiocres laitières; il est parfois plus avantageux de les soumettre à l'engraissement que de vouloir en continuer l'exploitation comme laitières.

Mais l'engraissement est difficile ou plus onéreux, si l'on ne tarit la sécrétion pathologique des quartiers atteints. L'eau boriquée saturée, le fluorure de sodium à 1 p. 2.000 aboutissent lentement à ce résultat. Les injections d'un mélange à parties égales de glycérine neutre et d'alcool, ou encore de solutions de nitrate d'argent à 0,50 p. 100, seraient, dit-on, plus rapidement efficaces.

*\
* *

Une seconde forme de mammite contagieuse, due à un microbe différent, a été décrite par Carré. — L'évolution clinique se ferait sous le type subaigu ou chronique, avec un caractère de contagiosité très nette, cette contagion se faisant de la même façon et dans les mêmes conditions que pour la mammite streptococcique.

L'étiologie se limite au développement dans la mamelle d'un petit bacille très comparable morphologiquement à celui du rouget du porc, le *Bacillus mastidis contagiosæ*.

Ce bacille prend le Gram, se cultive sur gélose ou dans le bouillon s'il y a addition de lait ou de sérum de vache, coagule le lait en trois à cinq jours, n'est pas pathogène pour les petits animaux d'expérience, mais reproduit des mammites subaiguës, par inoculation dans la mamelle chez la vache, la brebis et la chèvre.

Mammites chroniques.

Les inflammations chroniques de la mamelle succèdent aux mammites aiguëes ordinaires, ou peuvent encore résulter d'infections à marche subaiguë.

Lorsque, dans les mammites aiguëes, il s'est produit des lésions accusées du tissu interstitiel ou du parenchyme mammaire, les propriétés physiologiques sont partiellement détruites. Des troubles circulatoires persistent avec altérations des vaisseaux, les plans conjonctifs s'indurent et se sclérosent, le tissu épithélial reste modifié et l'inflammation chronique de la mamelle est réalisée.

Ici, il n'y a plus de distinction possible sous le rapport anatomo-pathologique, tous les éléments constituants sont lésés et l'altération est mixte, quoique avec des variantes extrêmement nombreuses.

Symptomes. — Lorsque la mammite chronique succède à la mammite aiguë, elle n'est caractérisée au début que par l'atténuation progressive des signes de l'inflammation aiguë. L'appétit redevient excellent, toutes les grandes fonctions s'exécutent bien.

Il est possible cependant de distinguer deux formes cliniques différentes. Dans l'une, la sécrétion lactée est tarie ou à peu près, la mamelle s'atrophie, se ratatine et se sclérose. L'induration est progressive et lente, les malades sont perdues pour l'exploitation laitière, mais peuvent être engraissées pour la boucherie.

L'induration peut être partielle, nodulaire ou diffuse.

Dans l'autre, la mamelle apparaît volumineuse, la sécrétion lactée est remplacée par une sécrétion purulente qui persiste dans tout l'appareil acineux et galactophore. Malgré un appétit excellent, les malades restent maigres et l'engraissement pour la boucherie est difficile ou impossible.

La suppuration peut être diffuse, locale, et plus rarement collectée sous forme d'abcès froids.

Traitement. — Il n'y a pas de traitement capable d'amener une réparation intégrale des mammites chroniques avec atrophie scléreuse. La réforme pour la boucherie est indiquée sans réserves.

Dans les mammites chroniques suppurées, on pourrait, pour tarir les sécrétions morbides, recourir aux lavages intramammaires et aux injections antiseptiques; mais, comme cette pratique nécessite des soins assidus et attentifs, il n'est pas économique de traiter. On pourrait cependant essayer la pyothérapie (1).

---

(1) Recueillir aseptiquement la sécrétion purulente de la mamelle malade. Ajouter 1 centimètre cube de chloroforme ou mieux 5 centimètres cubes d'éther par 5 centimètres cubes de lait malade, émulsionner, compléter par 15 centimètres cubes (ou plus suivant la compacité de l'émulsion) de solution physiologique à 9 de NaCl pour 1.000; filtrer sur gaze ou mousseline, conserver en flacon stérile et injecter tous les jours, sous la peau du cou, 1 à 5 centimètres cubes.

Si les malades n'ont qu'un quartier atteint, elles peuvent être conservées pour la lactation; on les dit alors *manquettes* ou *manchottes*; dans les cas où deux ou trois quartiers sont atteints, elles sont réformées.

Lorsque, enfin, il s'agit de femelles atteintes de mammite chronique purulente des quatre quartiers, Kroon indique, pour favoriser l'engraissement, de faire l'ablation pure et simple des trayons. — Cette ablation, pratiquée au bistouri ou aux ciseaux, en donnant une ouverture large au sinus galactophore, permet l'écoulement permanent des sécrétions purulentes, évite l'accumulation de pus par rétention, écarte l'intoxication par résorption, et permet l'engraissement qui serait difficilement réalisable sans cette intervention.

Les incisions profondes pratiquées en fente, au thermo-cautère, largement, donnent d'aussi bons ou parfois de meilleurs résultats que l'ablation des trayons.

KYSTES DE LA MAMELLE

Les kystes de la mamelle peuvent se présenter sous deux aspects : les kystes laiteux ou galactocèles et les kystes séreux.

Les kystes laiteux sont des kystes de rétention, par oblitération accidentelle d'un conduit, que l'obstruction soit réalisée par des coagula de caséine ou qu'elle soit due à une atrésie par rétraction du tissu conjonctif enflammé. Les acini isolés se dilatent, le lait se modifie dans sa composition, l'épithélium sécréteur lui-même subit des transformations et le kyste est constitué.

Le volume de ces kystes séreux ou laiteux peut devenir considérable, et il y a toujours tendance rapide à la suppuration.

La mamelle peut être déformée, bosselée par des kystes nombreux uni ou multiloculaires plus ou moins spacieux. Il s'agit alors d'une véritable dégénérescence kystique de la mamelle, d'origine inflammatoire particulière peut-être, mais en tout cas encore mal précisée. Le contenu peut être fluide, ou visqueux, d'aspect opalescent, jaunâtre ou même couleur café.

Le *diagnostic* est établi par l'existence d'une fluctuation uniforme sans sensibilité exagérée, et précisé à la suite d'une ponction capillaire exploratrice.

Le *pronostic* est grave, car la réparation ne peut se faire qu'après destruction de la membrane du kyste, et, lorsque la mamelle est atteinte dans son ensemble, il y a peu de chances de succès.

Traitement. — La ponction suivie du lavage est insuffisante quelle que soit la nature du kyste.

L'incision large ou la simple ponction au bistouri entraîne la suppuration de la cavité kystique jusqu'à destruction complète de la paroi, ce qui est fort long.

L'ablation de toute la tumeur kystique, avec sa paroi, au bistouri, par dilacération des plans conjonctifs, représente le meilleur moyen d'intervention, mais il est beaucoup plus délicat. La cicatrisation de la plaie produite peut évoluer régulièrement et rapidement sous des pansements antiseptiques avec drainage.

Quand la mamelle est intéressée en totalité, il faut réformer pour la boucherie.

TUMEURS DE LA MAMELLE

Les tumeurs de la mamelle ont été mal étudiées chez nos grandes femelles domestiques, et la raison s'en trouve dans ce fait que, l'exploitation en vue de la production laitière n'étant plus possible, les animaux passent à l'abattoir aussitôt. Cliniquement, ces tumeurs sont donc sans grande importance pratique.

Sans vouloir entrer dans les considérations générales d'anatomie pathologique permettant de différencier les variétés de tumeurs, je peux dire qu'elles se présentent sous trois aspects :

Les unes sont bien circonscrites, à contours très nets, faciles à délimiter du tissu voisin avec lequel elles n'adhèrent pas ou peu. Ce sont les tumeurs bénignes, elles n'ont pas de tendance à récidive après extirpation.

Les autres sont mal délimitées, très adhérentes, comme fusionnées avec le reste du tissu. Ce sont les tumeurs malignes dont l'extirpation complète est souvent sinon impossible du moins très difficile. Elles récidivent et infectent les ganglions voisins;

Entre ces deux variétés, il existe des tumeurs dont les caractères sont mixtes, et dont la gravité tient l'intermédiaire entre les deux types précédents.

Pratiquement, ces données très succinctes suffisent pour savoir quelle conduite on doit tenir en présence de lésions de cette nature; il n'y a jamais intérêt économique à conserver les malades ni à traiter.

*
* *

Papillomes canaliculaires. — Il est une autre variété de tumeurs, d'observation beaucoup plus fréquente, qui prête à erreur : c'est celle représentée par de petits papillomes intra-canaliculaires, que rien ne décèle à l'examen extérieur des mamelles malades, et qui ne peut être diagnostiquée que par les signes rationnels enregistrés.

Ces tumeurs de très petit volume prennent naissance sur la paroi interne du sinus galactophore ou des canaux excréteurs, s'effilent et s'allongent pour se loger dans les canaux en question et restent là insoupçonnables tant qu'une manifestation extérieure ne vient pas en faire supposer l'existence.

Elles s'excorient facilement à la surface, sous l'influence des pratiques de la mulsion, et se traduisent extérieurement par un écoulement de lait mélangé de sang. C'est là le seul symptôme ou à peu

Fig. 252. — Sonde-curette de Strebel.

près qui en révèle l'existence, car la palpation des trayons ne donne trop souvent que des résultats douteux.

Le *diagnostic* est assez difficile. Le *pronostic* est grave, parce qu'il est difficile de faire l'ablation de ces tumeurs dans la profondeur de la mamelle.

Le traitement curatif consiste à tenter l'ablation à l'aide de la sonde-curette de Strebel, mais il est assez délicat. Pour des laitières auxquelles on tient spécialement, il est plus logique d'attendre la période de tarissement, d'ouvrir le trayon et le sinus par incision large, et d'abraser les papillomes.

La suture fine de la plaie ou même la simple suture par agrafes métalliques permet d'obtenir une réparation parfaite du trayon et son fonctionnement régulier plus tard au cours d'une nouvelle lactation.

CALCULS DES SINUS GALACTOPHORES

On a signalé quelquefois, dans les sinus galactophores, la présence de calculs dont le volume peut varier de celui d'une lentille à celui d'une noisette ou d'une châtaigne. La conséquence en est un trouble de la lactation doublé d'une grande difficulté de mulsion.

Hamoir conseille les deux procédés d'extraction suivants :

1° Extraction directe après dilatation forcée du sphincter du trayon, si le calcul est d'assez petites dimensions;

2° Extraction par incision large du trayon, en période de tarissement, si le volume du calcul est trop accusé. Cette opération, dans ces conditions, ne présente ni difficulté ni danger, une suture soignée permettant de rétablir la continuité de l'organe.

PAPILLOMES VERRUQUEUX DES MAMELLES

Chez les vaches qui sont atteintes de papillomatose cutanée, la mamelle se montre souvent recouverte d'un nombre variable de petites verrues sessiles, ramifiées, très sensibles et saignantes au moindre attouchement. La mulsion est rendue extrêmement douloureuse et difficile par leur seule présence; les malades se défendent, donnent des coups de pieds et deviennent dangereuses dès qu'on veut palper la mamelle.

Le pronostic économique est donc grave, et d'ailleurs, quels que soient les soins de propreté que l'on prenne, le lait serait toujours souillé.

La meilleure méthode d'intervention consiste en l'ablation individuelle et successive de toutes les verrues, avec des ciseaux courbes fins et bien tranchants.

Il suffit pour cela de solidement immobiliser les animaux en position debout, ou au besoin en position décubitale, et d'opérer sans provoquer d'inutiles pertes de substance. L'écoulement sanguin est insignifiant, il s'arrête spontanément : après lavage antiseptique, il suffit de saupoudrer les petites plaies avec un mélange de tanin et d'acide borique pulvérisé, à parties égales.

FURONCULOSE DE LA MAMELLE

La furonculose de la mamelle est une affection qui apparaît assez souvent sous la forme contagieuse dans les étables de laitières. Elle se traduit par l'évolution de furoncles (boutons ou clous), capables d'atteindre les dimensions d'une noisette, d'une amande, exceptionnellement d'une noix.

Ces lésions intéressent la peau et le tissu conjonctif sous-cutané, mais respectent le tissu mammaire. Elles se localisent au tiers inférieur de la mamelle et à la région intermammaire.

La partie saillante du furoncle devient rapidement tendue, violacée comme dans les abcès sous-cutanés; elle se mortifie pour livrer passage à un gros bourbillon, dont l'expulsion peut être favorisée hâtivement par une pression circulaire ou bilatérale énergique à la base de la lésion.

La cavité suppurante détergée se comble rapidement. en quelques jours, tout est terminé.

Les malades souffrent localement, l'état général s'en ressent assez peu; l'appétit est conservé, le rendement laitier peu abaissé.

Le *diagnostic* est facile, le *pronostic* peu grave.

Le *traitement* comporte, si possible, l'application de cataplasmes antiseptiques ou de ouataplasmes, les applications de pommades antiseptiques et analgésiques (pommade camphrée belladonée, par exemple), les lotions antiseptiques, les applications cicatrisantes, le glycérolé d'amidon, etc.

Mais la localisation des lésions et la contagiosité indiscutable nécessitent l'isolement des malades et toutes les précautions de propreté permettant d'éviter la souillure du lait au cours des traites.

Leduc en 1922, dans une étable infectée, a fait sur mes indications un essai de prévention en inoculant les bêtes indemnes sur des scarifications de la base des oreilles avec le pus des furoncles recueilli à l'abri de toute souillure étrangère. Ces inoculées firent dans les vingt-quatre heures de petites lésions papuleuses et crouteuses locales qui guérirent en quatre à cinq jours; elles restèrent indemnes en milieu infecté. Peut-être y aurait-il encore indication d'essayer, l'autohémothérapie que l'on dit donner parfois d'excellents résultats dans la furonculose humaine, sans que l'on puisse en fournir une explication scientifique satisfaisante : 1 cc. puis 2 cc., 3 cc., 4 cc., 5 cc. de sang tous les deux jours.

FIÈVRE VITULAIRE

Allemand : *Milchfieber.* — *Gebarparese.* — Anglais : *Milkfever.*

La fièvre vitulaire, encore dénommée parfois *collapsus du part, fièvre de lait, paralysie vitulaire*, est une affection grave des parturientes de l'espèce bovine, qui se caractérise par la perte des facultés intellectuelles, la diminution ou l'abolition de la sensibilité et une paralysie motrice plus ou moins accentuée. C'est la *milkfever* des Anglais, la *Gebarparese* et *Milchfieber* des Allemands. Cette affection n'est pas signalée sur les femelles autres que celles de l'espèce bovine; elle apparaît au moment du part, généralement peu après (quelques heures à deux ou trois jours), très rarement avant, dans les jours qui précèdent. — Elle a été observée rarement à la suite des avortements, très exceptionnellement en dehors de l'état avancé de gravidité. Le maximum de fréquence correspond au second jour qui suit l'accouchement.

Signalée et décrite en Allemagne dès 1808 par Jorg, puis par Favre (1837), Villeroy (1844), Rainard (1845), Schaak (1849), etc., elle a fait depuis, de façon ininterrompue, l'objet de travaux d'importance variable, parmi les meilleurs desquels on peut citer ceux de Lanzillotti (1871), de Contamine (1872) (albuminurie), de Violet (1880), de Nocard (1885), de Gratia, de Schmidt (1898) et d'Evers (toxémie d'origine mammaire).

Symptomes. — L'apparition est brusque : des parturientes, chez lesquelles l'accouchement s'est fait d'ordinaire sans difficulté aucune, perdent l'appétit et cessent de ruminer. Sans raison apparente, elles deviennent rapidement indifférentes à tout ce qui les entoure, semblent ne plus s'occuper de leur veau s'il a été laissé à leurs côtés, paraissent comme somnolentes, déprimées, fortement affaissées.

Si l'on essaie de les exciter, de les faire marcher, de les sortir de l'étable, elles ont démarche molle, traînante, vacillante, principalement accentuée pour le train postérieur. En les poussant un peu

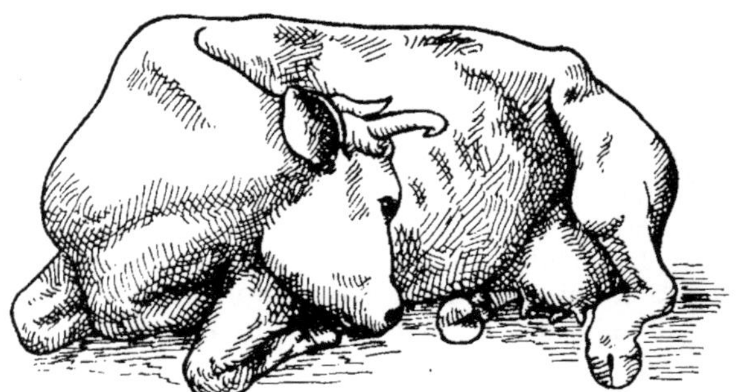

Fig. 253. — Une attitude fréquente dans la fièvre vitulaire

par des excitations violentes, elles titubent, chancellent et finiraient par tomber si on ne les rentrait aussitôt à l'étable. — Là d'ailleurs, et souvent quelques heures à peine après le début, elles se couchent et paraissent s'endormir malgré le bruit du voisinage.

Les malades se mettent généralement en position décubitale sterno-abdominale, au début tout au moins; les paupières s'abaissent comme paralysées, le sommeil devient profond, accompagné de ronflements bruyants.

Si, dans cet état, on recherche l'acuité de la sensibilité, les piqûres d'épingle restent sans effets; il en est parfois de même des piqûres de pointes de bistouri et des brûlures. La sensibilité est émoussée ou abolie.

Plus tard, quand l'évolution se fait avec rapidité, les malades prennent une attitude que l'on a considérée comme très caractéristique, mais qui en réalité peut se retrouver dans tous les états graves. Elles se mettent en position décubitale sterno-abdominale, avec tête reportée sur le côté de l'épaule ou du thorax.

Dans les cas très graves à marche rapide, le décubitus est latéral complet. — On rencontre tous les stades intermédiaires de ce tableau symptomatologique suivant la gravité de l'attaque.

Dans les formes bénignes ou frustes, il n'y a que la perte d'appétit et le vacillement, parfois des tremblements musculaires de la masse des olécraniens et des muscles de la cuisse, et fréquemment des grincements de dents.

Dans les formes de gravité modérée, la paraplégie est incomplète, la sensibilité n'est qu'émoussée, les facultés affectives sont toujours disparues, mais il n'y a pas de torpeur, pas de coma.

Dans les formes très graves, les premiers symptômes marchent rapidement, l'insensibilité est absolue, la motilité totalement abolie, les malades semblent inertes, la respiration est lente et profonde, avec ou sans ronflement; le mufle est alors généralement sec, la peau froide, les cornes et les oreilles glacées.

Les urines, quand il est possible d'en recueillir, contiennent presque toujours de l'albumine et du sucre (Contamine, Nocard, Lucet, etc.). La proportion d'albumine, très variable, est un indice de valeur pour le pronostic.

La température générale du corps indique un abaissement progressif comme caractéristique d'ensemble. De 39° ou 38°,5, elle s'abaisse à 37°, 36°, quelquefois jusqu'à 32°. Ces chutes de température comportent une indication pronostique de valeur (Bax, Lucet), bien qu'il puisse y avoir des oscillations très étendues. En cas de guérison spontanée, cette température remonte vers la normale; dans les morts rapides, la descente est brusque et continue.

Dans quelques circonstances, la mort se produit au bout de quelques heures seulement; plus souvent elle n'arrive qu'après douze, vingt-quatre ou trente-six heures; enfin, dans des cas exceptionnels, la maladie dure cinq à six jours. La mort ou la guérison peuvent apparaître brusquement de façon tout inattendue, aussi bien l'une que l'autre.

Lorsque l'affection marche lentement, certaines constatations complémentaires sont intéressantes à noter :

La respiration reste régulière, lente, profonde, rare; le nombre par minute s'abaisse à 10, parfois 7 ou 8 seulement, exceptionnellement 5. A défaut d'attention, on pourrait à première vue croire que les animaux sont morts. — Les battements cardiaques varient peu, mais le pouls régulier et bon au début, devient petit, filant, difficile à apprécier. Les muqueuses pâlissent et paraissent froides.

Le fonctionnement de l'appareil digestif est comme suspendu. Il n'y a habituellement, dès le début, plus d'appétence ni pour les fourrages ni pour les boissons. Pas de rumination. La déglutition paraît difficile ou impossible, la salive s'écoule par les commissures des lèvres, le pharynx est comme parésié. Le rumen est parfois distendu, il y a météorisation par inertie de la panse; les borborygmes sont suspendus, la défécation est rare ou nulle, il y a constipation par inertie intestinale.

Ces données fournissent un renseignement précieux sur le danger de l'administration de liquides, breuvages ou médicaments, par la voie buccale; ces matières font ordinairement fausse route, passent par la trachée et provoquent des broncho-pneumonies fatalement mortelles. — Il faut donc, en principe, s'abstenir rigoureusement de toute médication par la voie buccale.

Des constatations comparables sont faites du côté, des voies urinaires; la vessie est paralysée, l'urine s'y accumule la distend sans qu'il y ait la moindre tendance à la miction. On est souvent obligé de faire le cathétérisme. — La sécrétion lactée est généralement diminuée, mais non totalement supprimée.

Cet ensemble symptomatique complet correspond à ce que l'on a appelé la forme comateuse. Il en existe une autre forme, beaucoup plus rare, et que l'on a distinguée sous le nom de forme éclampique ou simplement d'éclampsie.

Cette seconde forme est caractérisée par un mélange des symptômes de la forme précédente, séparés par des phases d'excitation correspondant à la crise éclamptique. Les malades ont alors des beuglements, des mouvements désordonnés de la tête et de l'encolure, du mâchonnement, de la salivation, des secousses spasmodiques cloniques ou toniques de certains groupes de muscles; puis elles tombent dans l'affaissement, et le coma dure une demi-heure, trois quarts d'heure, parfois plus. Le regard est comme perdu, hébété.

Les études comparatives avec l'éclampsie humaine et les recherches anatomo-pathologiques de Delmer (1904) l'ont amené à dire que les lésions de la forme dite *éclamptique* et celles de la forme dite *comateuse* étaient exactement les mêmes, et que leur origine paraît reconnaître le même point de départ. Il y aurait dans certains cas identité de lésions entre celles de l'éclampsie humaine et celles de la fièvre vitulaire des parturientes bovines.

Étiologie. — Quelle est l'étiologie de cette affection qui autrefois causait une mortalité élevée dans tous les élevages?

Il serait encore difficile de se prononcer de façon précise, malgré les grands progrès réalisés dans le traitement.

La nature intime de l'affection et du mécanisme d'évolution des accidents qui la caractérisent n'est pas connue de façon formelle; mais nous avons à notre disposition une méthode de traitement que l'on peut qualifier de merveilleuse en raison des résultats qu'elle permet d'enregistrer.

Le nombre des théories qui ont été mises en avant pour expliquer l'apparition et le mode d'évolution de la fièvre vitulaire est fort élevé. Il serait oiseux de rééditer ici toutes ces hypothèses, qui restent sans valeur aucune en présence des données récemment acquises. Ce qu'il importe de ne pas oublier, c'est qu'il s'agit d'un maladie des femelles bonnes laitières, plus fréquente par conséquent chez certaines races que dans d'autres, et qui apparaît vers l'époque du maximum de rendement en lait. Elle est rare chez les jeunes bêtes, présente son maximum de fréquence entre cinq et neuf ans, diminue très sensiblement au delà de cette époque. La température, la saison, les refroidissements, les changements de régime, le mode d'entretien, n'ont que des influences tout à fait secondaires, et probablement parce que ces influences provoquent des répercussions sur la lactation elle-même.

Les anciennes hypothèses sur l'origine utérine, se rattachant à une infection spécifique, sont aujourd'hui abandonnées. Elles ne reposaient d'ailleurs sur rien de précis, puisqu'on n'avait jamais pu reproduire expérimentalement la maladie.

Ce qui est admis à l'heure actuelle, et ce qui semble d'ailleurs justifié par les résultats de l'intervention thérapeutique, c'est l'idée d'une toxémie d'origine mammaire, d'un véritable état anormal de la mamelle. Gratia est le premier qui en ait fourni une explication plausible. Partant de cette constatation clinique que ce sont les bonnes laitières qui de préférence sont frappées de fièvre vitulaire au moment même où s'établit la sécrétion, l'auteur a émis l'opinion qu'il pouvait y avoir au niveau des acini glandulaires, par les veines et les lymphatiques, résorption de poisons ou produits organiques spéciaux capables ensuite de provoquer les troubles généraux enregistrés. La formation et la résorption seraient en raison directe de l'activité mammaire, et, si l'organisme animal n'est pas en état d'éliminer avec assez d'activité ces principes toxiques, l'intoxication est réalisée.

Cette origine possible de l'affection n'est évidemment qu'une théorie hypothétique, car les résultats des traitements favorables n'en expliquent pas la justification, mais une théorie qui a reçu un commencement de démonstration par les recherches expérimentales de Delmer, et qui, en tout cas, semble plus admissible que celle émise encore sous une forme dubitative d'une infection de la mamelle par des anaérobies.

Certains faits semblent d'ailleurs entraîner des réserves : c'est ainsi que l'ensemble symptomatique qui caractérise la fièvre vitulaire peut s'observer en dehors du vêlage, au cours de la période de lactation, chez des bêtes pleines ou non, et parfois très tardivement, ou encore à la suite la castration. Il s'agit de faits exceptionnels, pour lesquels une perturbation de la fonction mammaire peut tout aussi bien être invoquée, à l'appui d'influences secondaires quelconques; mais il est certain cependant que les conditions étiologiques ne sont plus celles d'une mise en activité de la glande mammaire à la suite du vêlage. Et cependant le traitement classique réussit!

Roger (1921) a signalé des troubles semblables à ceux de la fièvre vitulaire à la suite de la castration. Il pense, et c'est admissible, que la suppression brusque de la fonction ovarienne peut déterminer une perturbation de la fonction mammaire aboutissant à l'évolution de symptômes vitulaires. Brouillard (1923) a enregistré des troubles semblables pouvant aller jusqu'à la forme comateuse au moment des chaleurs, après six mois de lactation; troubles disparaissant en quelques heures par le traitement « de la fièvre de lait » (c'est bien exactement l'expression qui convient en la circonstance).

L'analogie qui existe entre les manifestations apparentes de la fièvre vitulaire et celles de l'hypoglycémie, provoquées expérimentalement par des injections d'insuline, a fait naître l'idée que les troubles de la « fièvre de lait » étaient des accidents d'hypoglycémie. Certaines constatations cliniques expérimentales résultant de l'emploi de l'insuline à doses fortes, ainsi que de l'emploi des injections sous-cutanées ou intra-veineuses de solution de glycose chez des laitières ont pu faire penser de prime abord que l'on avait découvert la cause et le traitement scientifique de l'affection. Nous avons montré qu'il n'en était rien, qu'il n'y avait pas d'hypoglycémie réelle dans la fièvre de lait et que le glycose seul restait souvent sans effet.

De toutes les autres théories fournies autrefois, il ne reste rien, et il me paraît même inutile d'en parler.

En médecine humaine, l'éclampsie est considérée comme une toxémie d'origine hépato-rénale; ou peut-être mieux comme une auto-intoxication gravidique par défaut de fonctionnement des émonctoires naturels; je ne pense pas que l'on ait caractérisé des états morbides d'origine mammaire.

Lésions. — Les lésions primitives, que l'on ne peut bien enregistrer que sur les malades qui sont mortes sans traitement aucun, ou qui sont sacrifiées au cours de l'affection, sont fort limitées et peu apparentes. Elles se traduisent, selon la description de Delmer, par des hémorragies interstitielles du tissu hépatique, par de la désorganisation des cellules hépatiques et par des lésions de même nature de la couche corticale des reins? — Ces lésions sont tout à fait comparables à celles de l'éclampsie humaine.

Quelle en est l'origine? Vraisemblablement une origine toxique; en médecine humaine, l'albuminurie si fréquente est généralement mise en cause comme point de départ de l'éclampsie. Chez nos bêtes bovines en état de gravidité avancée, l'albuminurie est fréquente aussi, mais il n'y a jamais eu jusqu'ici possibilité d'établir une relation entre cette albuminurie et l'évolution de la fièvre vitulaire; et il faut signaler enfin que l'éclampsie humaine est une affection *præ-partum*, tandis que la fièvre vitulaire est exclusivement ou à peu près une affection *post-partum*.

Les lésions secondaires sur le poumon, l'appareil digestif le cerveau, la vessie sont sans grande importance, ou tout au moins de valeur très relative.

Diagnostic. — Le diagnostic est d'une extrême facilité dans les cas ordinaires. Un examen attentif permettra toujours la différenciation d'avec la paraplégie *post-partum* et les septicémies de parturition. La comparaison des symptômes et de la marche renseignera suffisamment.

Pronostic. — Le pronostic était autrefois considéré comme extrêmement grave. Les meilleures statistiques donnaient un taux de mortalité de 35 à 40 p. 100. — Depuis 1898, depuis l'emploi de ce qu'on a appelé le traitement de Schmidt, la mortalité s'est abaissée à 15 ou 16 p. 100 ; à l'heure actuelle, avec les progrès réalisés, la mortalité se chiffre par quelques unités seulement pour 100.

Traitement. — Tous les anciens traitements sont tombés en désuétude. La saignée, les révulsifs, la réfrigération cranienne, le réchauffement prolongé, les excitants généraux, l'emploi des antiseptiques intestinaux, etc., etc., représentent autant de moyens à peu près définitivement abandonnés.

On n'utilise plus que le traitement de Schmidt modifié par Evers, encore que le mode d'action de ce traitement n'ait pu obtenir d'explication précise et sûre.

L'auteur danois, acceptant les idées de Gratia, recommandait dès 1898, dans le but de détruire ou de ralentir la résorption des poisons mammaires, de pratiquer dans les mamelles des malades des injections d'une solution aseptique d'iodure de potassium à 7 p. 1.000. L'injection devait être faite à raison de 250 centimètres cubes par quartier mammaire ou par sinus galactophore, et suivie d'un massage destiné à provoquer la diffusion du liquide injecté jusque dans les ramifications les plus excentriques de la glande.

Ces injections, faites à l'aide d'un tube trayeur, d'un caoutchouc et d'un entonnoir, ou mieux à l'aide d'une seringue *ad hoc*, étaient très faciles à exécuter. Les résultats obtenus furent excellents : les statistiques danoises, allemandes, suisses et autres, n'accusèrent bientôt plus qu'une mortalité de 15 à 18 p. 100.

Petit à petit, cependant, ce traitement si remarquable fut progressivement modifié, d'après les indications de Schmidt lui-même, d'ailleurs, qui dès le début mentionnait qu'il pouvait y avoir avantage à faire pénétrer un peu d'air avec le liquide ioduré dans les conduits galactophores.

Le taux des guérisons sembla augmenter à mesure que l'on utilisait une des plus grande quantité d'air injecté.

A l'heure actuelle, on a abandonné l'emploi des injections iodurées, pour ne plus utiliser que l'air stérile ou filtré, et l'opinion courante en France est qu'on ne perd plus d'animaux de la maladie dite *fièvre vilulaire*.

Un tube trayeur, une ampoule contenant du coton stérile et une soufflerie représentent les seuls instruments nécessaires. Il importe d'opérer très aseptiquement, suivant des règles qu'il est à peine besoin de rapporter :

a. Faire bouillir le tube trayeur, les caoutchoucs et l'ampoule à coton dans l'eau boratée à 5 p. 100;

b. Mettre dans l'ampoule après stérilisation des plaquettes de coton aseptique;

c. Désinfecter soigneusement la mamelle et surtout les trayons;

Fig. 254. — Technique de l'insufflation de la mamelle.

d. Adapter la soufflerie et faire l'injection d'air jusqu'à réplétion et distension de l'organe. Masser la mamelle.

En prenant ces précautions, qui d'ailleurs étaient comparables de tous points pour l'injection iodurée, il n'y a pas de complications à redouter, pas de mammites à craindre, ce qui, malheureusement, se produisait plus fréquemment avec les injections iodurées, lorsque la plus petite faute d'asepsie était commise.

Les malades se relèvent quelques heures après l'insufflation d'air dans la mamelle, de deux ou trois heures à vingt-quatre heures après. Il est rare que l'on soit obligé d'intervenir une seconde fois. Des sujets que l'on pouvait croire mourants se relèvent spontanément, reprennent la gaieté et l'attitude de santé dans la journée même. Le lendemain, la rumination s'établit. Tous les symptômes inquiétants disparaissent progressivement comme par enchantement, la sécrétion lactée est généralement suspendue pendant vingt-quatre ou trente-six heures. S'il y avait lésions graves du foie et des reins, comment expliquer ces guérisons instantanées.

Il peut cependant, après une guérison apparente, se produire des rechutes, contre lesquelles d'ailleurs de nouvelles insufflations se montrent efficaces.

Par quel mécanisme ce traitement si singulier agit-il? Ce qu'il y a de certain, c'est qu'il guérit et qu'il guérit presque toujours. On ne peut lui demander davantage.

Delmer a cherché à en donner l'explication, et voici celle qu'il fournit : sous l'influence de l'injection d'air, la sécrétion lactaire

est suspendue pendant douze à vingt-quatre heures et ne se rétablit
ensuite que lentement; le parenchyme glandulaire, par suite de
la distension des cavités des acini, prend les caractères de structure
d'un poumon atteint d'emphysème alvéolaire; les acini se chargent
d'une grande quantité de polynucléaires. La réaction leucocytaire
locale et la suspension de la sécrétion lactaire sont constantes.

Dans ces conditions, il est permis de supposer que la fièvre vitulaire est la résultante d'une toxémie générale due à l'élaboration
d'une substance toxique dans la glande (substance toxique élaborée
par la cellule épithéliale (auto-intoxication mammaire) ou d'une
toxine d'origine microbienne (?)). Sous l'influence de l'insufflation,
la compression excentrique exercée sur les vaisseaux et les éléments épithéliaux suspend toute élaboration anormale, supprime
par conséquent la production du poison, et les polynucléaires détruisent les poisons préformés.

C'est une explication, ce n'est pas une démonstration.

En réalité nous ne connaissons pas plus la cause réelle, le départ
primitif, des accidents vitulaires que les accoucheurs ne connais-
sent la cause primitive de l'éclampsie humaine; pas plus que nous
ne connaissons le mécanisme d'action physiologique de l'insufflation mammaire.

Nous savons guérir, la raison nous en échappe.

CHAPITRE VI

TROUBLES DE LA SÉCRÉTION LACTAIRE ET ALTÉRATIONS DU LAIT

Les altérations du lait sont si fréquentes, et jouent un si grand rôle dans l'industrie laitière, qu'il est indispensable de signaler les principales, le vétérinaire de campagne se trouvant fréquemment consulté à ce sujet.

La mamelle représente, d'autre part, un émonctoire naturel tout comme le rein, par où s'éliminent, à la faveur de propriétés électives spéciales, certains principes naturels (principes actifs des fourrages et autres aliments, alcaloïdes végétaux), médicamenteux (alcool), et toxiques (nicotine). — C'est cette propriété physiologique qui explique l'influence des écarts de régime sur la composition du lait des nourrices et l'état des nourrissons; qui, pour l'espèce humaine, explique l'alcoolisme congénital des enfants (Nicloux) et quantité de troubles dont on ignorait la cause.

La consommation d'asperges provoque, par exemple, le passage dans le lait d'une essence d'odeur très spéciale, analogue à celle révélée par l'urine des personnes qui en ont fait usage au cours de leurs repas; l'odeur d'ail dans le lait est constante après ingestion de ce condiment. La garance donne au lait une teinte rosâtre; la carotte rouge, une teinte jaune beurre plus franche, etc.

Le carbonate, le bi-carbonate et le chlorure de sodium passent rapidement au travers de la mamelle; le copahu peut se retrouver dans le lait de femme. Par contre, nombre d'autres produits ou médicaments ne se trouvent éliminés par la mamelle qu'avec beaucoup de difficultés, ou pas du tout.

*
* *

Agalaxie. — Ce terme est utilisé pour caractériser l'arrêt temporaire ou définitif de la sécrétion mammaire. Bien souvent il ne s'agit que d'un trouble physiologique pur, dans d'autres cas d'un trouble morbide vrai.

C'est ainsi que les influences morales provoquent à ce point de vue des perturbations que nul ne saurait contester.

La suspension momentanée de la sécrétion lactée, comme conséquence de l'enlèvement d'un nouveau-né à sa mère, alors que l'élévage à la mamelle existait déjà depuis quelques jours ou quelques semaines, par exemple, est un fait très connu de tous les éleveurs.

Agalaxie alimentaire. — Dans les circonstances ordinaires, les raisons sont toutes différentes, et lorsqu'il y a diminution marquée ou suppression de la sécrétion, le fait est dû à l'ingestion de plantes, de substances ou de médicaments antigalactagogues. Toutes les solanées (belladone, douce-amère, stramoine), certaines ombellifères (ciguës), colchicacées, etc... sont antigalactagogues. — Quelques médicaments, tels que le camphre et l'antipyrine, jouissent des mêmes propriétés.

Quant à l'agalaxie d'ordre pathologique vrai, elle se rattache aux maladies débilitantes, aux maladies graves, et parfois à certaines mammites contagieuses se compliquant de sclérose mammaire (agalaxie infectieuse des chèvres, Brusasco, Hess, Guillebeau, Labat et Bournay).

Le *diagnostic* de l'agalaxie ne présente aucune difficulté. Le *pronostic* varie suivant la cause déterminante. Dans les cas d'agalaxie accidentelle et temporaire, la modification du régime alimentaire suffit à ramener la sécrétion. Les aliments cuits, les buvées tièdes, les racines fourragères sont d'un excellent effet. Pour les cas où le rétablissement parfait de la sécrétion se fait attendre, on recommande l'emploi de substances dites galactagogues : fruits de fenouil, de carvi, de cumin, d'anis, les baies de genièvre, la fleur de soufre, mélangées à parties égales, 25 à 30 grammes par jour (deux cuillerées à bouche) pour une vache.

Elles agissent principalement par leurs principes aromatiques comme excitants généraux.

ALTÉRATIONS MICROBIENNES DU LAIT
FERMENTS LACTIQUES

Le lait frais est un milieu neutre très propice aux cultures bactériennes. Il est toujours ensemencé au cours des manipulations de la traite; le nombre des bactéries qui s'y développent augmente durant six à huit heures en général, puis semble rester stationnaire, temporairement, par suite du taux d'acidité atteint. La pullulation microbienne qui s'y produit ne se voit pas, comme dans l'eau : Une eau qui contient 40 millions de microbes par centimètre cube est une eau qui n'est plus limpide; un lait qui contient de cent millions à un milliard de microbes par centimètre cube peut ne pas changer d'aspect.

Au point de vue commercial, il est des pays dans lesquels un lait qui ne contient que 10.000 bactéries par centimètre cube est considéré comme bon, et où la tolérance pour la vente ne s'étend que jusqu'à 50.000 bactéries par centimètre cube. D'ailleurs ce n'est pas le nombre, mais bien la qualité des bactéries qui importe. Un lait caillé naturellement n'est pas mauvais fatalement, il s'en faut.

Les bactéries qui agissent sur le lactose (fermentation lactique) ne sont pas nuisibles, celles qui décomposent la caséine (fermentation protéolytique) peuvent au contraire avoir des effets toxiques.

Dans la microflore des mamelles normales il y a des bactéries productrices d'acide lactique et de présure. Les ferments lactiques se groupent en quatre séries :

1re série : Cocci, diplocoques, streptocoques, etc.;

2e série : Diplocoques, Bacillus acidi lactici, viscosus, etc.;

3e série : Bacilles variés longs et fins;

4e série : Sarcines.

Nombre d'autres agents sont acido-proteolytiques et caséolytiques.

Les altérations microbiennes du lait sont beaucoup plus fréquentes que les altérations d'ordre chimique, et se trouvent à leur origine.

On trouve bien des aptitudes très différentes chez les laitières qui, suivant les circonstances, donnent du lait ordinaire, du lait gras à composition butyreuse très riche ou, au contraire, du lait aqueux; mais les modifications de composition chimique, les plus importantes sont celles causées par les agents microbiens.

Au moment de la traite et suivant que cette traite est effectuée dans une étable basse et malpropre, dans une étable largement aérée, au grand air, en plaine, ou, au contraire, à une altitude élevée, des germes plus ou moins nombreux s'abattent dans les récipients qui reçoivent le lait et s'y développent avec une rapidité extraordinaire.

Il peut même se faire que le lait encore dans la mamelle, dans le sinus et les canaux galactophores, soit infecté par des germes non pathogènes.

Le degré de propreté des récipients servant à recueillir le lait influe, lui aussi, sur le nombre et la variété des agents qui peuvent pulluler ultérieurement dans le liquide.

Au nombre de ces microorganismes du lait ordinaire, il en est cependant qui toujours se montrent prépondérants et qui jouent le rôle de ferments figurés : ce sont les ferments lactiques et les ferments de la caséine que l'on peut considérer comme des agents normaux. — Les autres sont des microorganismes surajoutés, susceptibles de provoquer des altérations profondes du lait ou de la crème.

Les ferments lactiques sont nombreux : bacilles lactiques de Hueppe et Grotenfeld, microcoques de Hueppe et Marpmann, bacilles et microcoques de Freudenreich. Ces différents agents agissent sur le lactose du lait, le décomposent en acide carbonique et acide lactique qui coagule le lait. Certains autres agents du groupe coli décomposent le lactose et donnent une proportion importante d'acide carbonique.

Un autre groupe d'agents microbiens, bien étudiés par Duclaux, est représenté par ceux qui agissent sur la caséine, par les *Tyrothrix lenuis, filiformis, lurgidus, scaber, virgula,* etc.

Ces agents sécrètent des principes ayant les effets de la présure, et susceptibles de coaguler d'énormes quantités de lait. — Ils sécrètent même, au bout d'un certain temps, une seconde diastase, la caséase, qui agit dans la maturation des fromages.

Lait caillé. — On donne ce nom, dans les exploitations laitières, au lait qui se coagule en grumeaux, par la chaleur, immédiatement après la traite, ou qui se coagule spontanément quelques heures après la traite.

Cette altération peut être d'ordre chimique pur et sous la dépendance des conditions d'entretien ou des conditions d'alimentation. — Plus souvent, elle se trouve en relation étroite avec une infection latente non pathogène de l'appareil excréteur de la mamelle ou une infection immédiate du lait extrait par des ferments lactiques se trouvant dans les récipients et l'atmosphère.

Suivant les circonstances, il y aura lieu, soit de modifier le régime alimentaire, soit de procéder à la désinfection des ustensiles de laiterie et à la pasteurisation immédiate du lait. L'administration d'alcalins à hautes doses dans les boissons donne souvent de bons résultats.

Lait sans beurre. — Une altération rare est celle qui se traduit par la production d'une faible quantité de crème, notablement au-dessous de la moyenne.

Le barattage ne fournit qu'un beurre anormal ne se prenant jamais bien en masse.

Cette particularité est due à la présence d'agents microbiens encore mal déterminés; on évite les pertes par la désinfection attentive des ustensiles de laiterie et de la laiterie elle-même, et par l'emploi des écrémeuses centrifuges.

Lait putride. — Ce lait est caractérisé par son odeur. Il ne peut être employé à la fabrication du beurre; en effet, dès que la crème s'est séparée, on la voit présenter de place en place de petites bulles qui se crèvent en laissant des cavités. Très rapidement, ces petites cavités séparées se réunissent, et la crème disparaît à mesure de sa formation; on dit que « la crème se mange ». Plus tard, des gouttelettes huileuses apparaissent dans les dépressions, constituées par des acides gras : butyrique, caprique et caprylique, donnant aux produits une odeur repoussante (odeur rance).

Cette altération peut s'observer au cours des mammites, mais le plus souvent elle dérive de la malpropreté des étables et des laiteries. Dans ce dernier cas, la putréfaction survient vingt-quatre heures après la traite; elle est due à la pullulation dans le lait de bactéries de putréfaction. Ces agents proviennent des poussières, lesquelles tombent dans les réservoirs au moment de la traite : le lait ensemencé ainsi est rentré dans la laiterie.

L'odeur putride peut être due à la dissolution de gaz ammoniacaux accumulés dans l'étable, ou aux toxines spéciales élaborées par les agents tombés dans le lait. Elle est d'autant plus accentuée que la saison est plus chaude.

On s'oppose à la formation du lait putride en désinfectant la laiterie et les ustensiles d'une façon parfaite tous les jours, pendant un certain temps.

Lait muqueux, visqueux ou filant. — On désigne sous ce nom une altération du lait qui apparaît d'ordinaire vingt-quatre ou trente-six heures après la traite. Le lait se montre épais, visqueux, se laisse étirer en fils comme de la mucosité, reste collé aux objets, adhère aux vases comme de la mélasse. Il se coagule imparfaitement après le repos, donne peu de crème et la crème produite ne fournit qu'un beurre fade et de mauvais goût.

Dans certaines contrées de la Suisse, on favorise la production d'un lait muqueux spécial qui est utilisé dans la fabrication de fromages. L'altération est liée à la présence de microorganismes variés. Ceux qui ont été les mieux étudiés sont : les *microcoques* de Schmidt, l'*Actinobacter polymorphus* de Duclaux, le *Bacillus lactis pituitosi* de Löffler, le *Bacillus lactis* d'Adametz, le *Streptococcus hollandicus;* enfin trois autres qui sont de beaucoup les plus fréquents : *bacille* de Guillebeau, *Micrococcus Freudenreichii, Bacterium Hessii.* Ces microorganismes agissent sur le lactose, le décomposent et provoquent l'apparition d'une sorte de mucilage filamenteux isolable par l'alcool.

On évite la transformation mucilagineuse du lait par les procédés ordinaires, la désinfection.

Lait rouge. — Le lait qui devient rouge quelques heures après la traite, ou dans les quarante-huit heures qui la suivent, doit être distingué du lait qui, par suite d'une hémorragie intramammaire, s'écoule du pis avec une teinte rose.

Lorsque le lait est *hémorragique,* les globules de sang se déposent rapidement au fond des vases, par le repos.

Dans les cas de lait sanguinolent, des injections d'eau oxygénée officinale, diluée au tiers ou au quart dans l'eau bouillie tiède, donnent généralement un très bon résultat : deux à quatre injections à douze heures d'intervalle, 250 à 300 centimètres cubes par quartier mammaire; vider doucement après un quart d'heure.

Quant l'altération est d'origine microbienne, la teinte que prend le lait est due à la pullulation d'organismes chromogènes dont les mieux connus sont : 1º le *Bacillus prodigiosus*, qui produit à la surface du lait de larges taches rouges. Il se cultive aussi aisément sur pomme de terre et sur la gélatine qu'il liquéfie; 2º le *Sarcina rosea* (Menge), qui se développe d'abord dans la crème, puis envahit le lait. Il se cultive dans le lait stérilisé, sur pomme de terre alcalinisée et sur gélatine: 3º le *Bacterium lactis erythrogenes* (Hueppe), qui cultive en liquéfiant la gélatine et la colorant en rouge. Ses cultures précipitent et peptonisent la caséine. Il se développe dans le petit-lait au-dessous de la crème, le sérum seul se colore en rouge à et l'obscurité seulement.

Lait bleu. — Le lait sort encore normal de la mamelle, mais, quelques jours après, des taches bleues apparaissent, s'agrandissent peu à peu, et, en se réunissant, donnent à la surface une teinte bleue manifeste.

La cause de cette altération est liée à la présence du *Bacillus cyanogenus* de Hueppe. Cet agent se cultive dans le lait stérilisé, mais ne donne alors que des taches grisâtres, la teinte bleue n'apparaissant qu'en présence d'une quantité déterminée d'acide lactique ou en présence des ferments lactiques ordinaires (symbiose bactérienne obligatoire).

Lait jaune. — La teinte jaune se présente sur le lait normal et sur la crème dans certaines contrées d'élevage en Normandie, par exemple, où le beurre fourni est très estimé en raison de ses qualités et à cause de son aspect.

Quant au lait jaune vraiment pathologique, il doit sa teinte au développement du *Bacillus synxanthus* qui sécrète un produit analogue à la présure, caille lait et le redissout ensuite en le colorant en jaune.

Lait amer. — Le lait, normal lors de la mulsion, peut présenter un goût amer quelques heures après sa sortie des mamelles. Par le repos, ce lait donne une petite quantité de crème jaunâtre et écumeuse. Les éléments qui provoquent cette altération ont été étudiés en Allemagne, en Suisse, en Auvergne. Citons le bacille du lait amer de Weigmann, le microcoque du lait amer de Cohn, le *Tyrothrix geniculatus* de Duclaux.

Lait à goût de savon. — Un lait offrant ce caractère particulier est généralement gris-jaunâtre, à odeur aigrelette et saveur savonneuse très nette. Ce lait mousse facilement en donnant une mousse résistante. Il ne coagule pas, même après trois à quatre jours à 37º, quoique très acide.

Les causes de l'altération sont généralement dues au : *Bacillus lactis saponacci* (qui acidifie le lait et liquéfie la gélatine) ou *Bacterium sapolacticum* (qui ne liquéfie pas la gélatine et rend le lait alcalin).

Laits médicamenteux. — Les laits médicamenteux sont divisibles en deux groupes :

1º Les laits médicamenteux proprement dits, différant du lait normal en ce qu'ils contiennent une certaine proportion de médicaments qui, administrés à la laitière, se sont éliminés partiellement par la mamelle. Ingérés par un jeune animal ou un enfant, ces laits ont une action thérapeutique déterminée suivant les principes employés.

Il ne semble pas, jusqu'à ce jour, que cette méthode ait donné de bien brillants résultats pratiques. On est arrivé à augmenter la richesse en phosphates, mais avec les médicaments mercuriaux et iodurés l'échec a été pour ainsi dire complet; les quantités passant dans le lait étant insuffisantes.

2º Les laits fermentés qui, en dehors de leur pouvoir nutritif, ont acquis une digestibilité plus grande.

Les laits fermentés sont de facile digestion et sont supportés par les estomacs les plus débiles. On utilise, en thérapeutique humaine, trois laits fermentés : le képhyr, le koumiss et le yogourth.

Képhyr. — Le képhyr était fabriqué primitivement en Afghanistan, en Perse, avec du lait de chamelle; mais depuis, en France et dans toute l'Europe, on se sert du lait de vache pour cette fabrication. On met dans un flacon à fermeture hermétique, analogue à celle des bouteilles de bière, du lait auquel on ajoute la levure (grains de képhyr) qui transforme la lactose en acide carbonique et alcool, après action de différents autres microbes lactiques.

Saccharomyces Képhyr + B. acidi lactici + Oïdium lactis × B. aromaticus.

Ce lait, après son ingestion, n'a plus besoin d'être coagulé, puis digéré dans l'estomac pour être absorbé, ce qui diminue d'autant le travail peptique.

Koumiss. — Le koumiss est une préparation du lait analogue au képhyr, fabriquée par les Kirghises avec du lait de jument, d'après les mêmes principes, mais à l'aide d'une levure qui est un ferment lactique spécial donnant beaucoup d'alcool. Au point de vue thérapeutique on le fabrique avec du lait de vache.

Conservation du lait. — Le problème de la conservation du lait a été depuis longtemps étudié à cause de son importance pour l'approvisionnement des grandes villes, des hôpitaux, des troupes en temps de guerre.

Procédés chimiques. — Le principe de la conservation par les procédés chimiques consiste à empêcher, ou tout au moins à retarder les altérations qui se produisent fatalement après la traite. On ajoute pour cela des quantités déterminées de substances chimiques qui ne pourraient avoir par elles-mêmes aucune action nuisible. Les plus employées sont :

Carbonate de soude	3 gr.	par litre de lait.
Bicarbonate de soude.	3 gr.	—
Acide borique.	1 à 2 gr.	—
Acide salicylique.	0 gr. 75	—
Borax	4 gr.	—
Chaux	1 gr. 5	—

Les résultats obtenus sont temporaires. La conservation n'est prolongée que de quelques heures, trois ou quatre jours au plus. — Par crainte des abus, ces méthodes de conservation sont proscrites par la loi sur les fraudes.

Conservation par l'oxygène. — Parmi les moyens utilisés, on a recommandé la conservation par l'oxygène sous pression de deux atmosphères environ. Lorsqu'on veut consommer le liquide, on n'a qu'à ouvrir lentement les flacons spéciaux utilisés, et, lorsque l'oxygène s'est échappé, il reste un liquide qui a tous les caractères et toutes les qualités du lait au sortir de la mamelle. Le procédé semble excellent, mais trop coûteux pour la pratique.

Conservation par l'eau oxygénée et l'aldéhyde formique. — L'eau oxygénée du commerce, additionnnée au lait dans la proportion de 2 p. 100, permet la conservation du lait et provoque la disparition progressive des germes qui s'y trouvent toujours. Le lait ne doit être consommé que vingt-quatre heures après.

L'addition d'aldéhyde formique a été recommandée par Behring en Allemagne, pour combattre la tuberculose et aussi la diarrhée des veaux. L'addition de formol dans la proportion de 1 p. 10.000 aurait pour avantage de stériliser le lait, d'en détruire tous les germes, même le bacille tuberculeux, sans avoir d'inconvénients pour les fonctions digestives (?).

Cette opinion, vivement combattue par Trillat parce qu'il y a des modifications des propriétés de la caséine qui est rendue en partie inassimilable, l'a été aussi au point de vue physiologique parce qu'il y a action tannante du formol sur la muqueuse gastrique. Au point de vue pratique, l'idée de conservation du lait par le formol a été abandonnée.

Froid. — La réfrigération, qui agit d'une façon si active pour la conservation prolongée de tous les produits animaux, a été essayée aussi pour la conservation du lait. Malheureusement, si le froid entrave le développement des bactéries, il a aussi le grave inconvénient de provoquer la séparation de la crème et du petit lait. Leur mélange ultérieur étant impossible, le lait ainsi conservé est de consommation difficile.

Chaleur. — Le principe de la conservation par la chaleur est basé sur la destruction des microorganismes à une température élevée. De ce côté encore, on se heurte à de nombreux obstacles, car, si on s'adresse au chauffage direct, on aboutit toujours à la caramélisation d'une certaine quantité de principes du lait, et, si, on chauffe trop, on provoque une modification de composition qui s'effectue au delà de 70° (Duclaux).

Pasteurisation. — La pasteurisation du lait a pour but de détruire la plus grande partie des ferments figurés en chauffant le lait à l'air libre, et en le maintenant pendant quelque temps à une température de 65° à 70°. Le lait conserve ainsi ses propriétés et sa composition, mais la stérilisation n'est pas complète et la conservation n'est que peu prolongée. Industriellement on fait ce que l'on appelle la pasteurisation basse et la pasteurisation haute. La préférence actuelle va à la pasteurisation basse et prolongée comme plus efficace. Mais on reproche à la pasteurisation de ne détruire que les ferments lactiques non nuisibles et de rester sans effets sur les ferments malfaisants de la caséine. Elle donnerait seulement l'illusion d'une bonne conservation du lait parce qu'il ne se coagule pas, durant un temps, mais n'empêcherait pas les altérations pathogènes,

Stérilisation. — La stérilisation ne peut se faire qu'à l'aide d'appareils spéciaux où le lait est chauffé au bain-marie, à l'abri de l'air, et à une température de 100° à 115°. Tous les ferments sont détruits, le lait peut se conserver indéfiniment, sa composition est légèrement modifiée.

Lait concentré. — Le lait concentré s'obtient par un chauffage prolongé à 70°. Il devient sirupeux par évaporation directe de l'eau ou par évaporation dans le vide. Sa composition est peu modifiée. On le met en boîtes hermétiquement fermées, et on le chauffe à une température élevée pour assurer la destruction complète de tous les germes. Le lait concentré se conserve très longtemps. Pour la consommation, on le délaye dans une quantité déterminée d'eau pour obtenir un liquide analogue au lait normal.

Lait desséché. — Sous le nom de lait solidifié, on trouve actuellement dans le commerce un produit qui n'est autre chose que du lait rapidement desséché par la chaleur. L'invention, d'origine américaine (procédé Just-Hatmaker), repose sur le principe suivant :

Deux cylindres métalliques, creux, sont surchauffés à leur intérieur par de la vapeur. Ils sont écartés de 1 à 2 millimètres et sont animés d'un mouvement de rotation assez rapide. Le lait, déversé en filet mince à la partie supérieure, se trouve comme laminé et desséché instantanément. Il retombe comme une mince feuille de papier. Il n'est pas caramélisé et son emploi ultérieur paraît fort avantageux parce qu'il peut se conserver ainsi fort longtemps. Les feuilles ou lames de lait sont ensuite soumises au broyage, pour une homogénéisation parfaite. Toutefois, conservé trop longtemps, les matières grasses rancissent; aussi, bon nombre de laits desséchés sont-ils au préalable, partiellement écrémés.

Les machines industrielles se trouvent d'ailleurs dans le commerce.

Laits concentrés sucrés. — La concentration se fait par chauffage et évaporation dans le vide. Elle nécessite des soins méticuleux pour l'entretien des appareils dans le plus parfait état de propreté. Le sucrage se fait par addition de sirop sucré à 15 à 30 p. 100. La conservation est excellente.

Maladies transmissibles à l'homme par le lait. — *Tuberculose.* — L'histoire de la tuberculose montre de nombreux faits établissant la certitude de la contagion par le lait de vaches atteintes de mammites tuberculeuses. L'ingestion répétée du lait malade est la condition déterminante.

Il importe de savoir que ce sont non seulement les vaches atteintes de mammite tuberculeuse qui sont capables de transmettre la maladie par le lait, mais que toutes les bêtes tuberculeuses doivent à ce point de vue être considérées comme dangereuses. — Les recherches de Rabinovitch, de Gehrman, de Möhler et les miennes démontrent de façon indiscutable que des bêtes tuberculeuses, ayant ou n'ayant pas de signes cliniques, sans lésions mammaires décelables, sont capables d'éliminer des bacilles par leur mamelle. — Le nombre peut en être très faible, mais l'ingestion prolongée d'un pareil lait suffit à donner la tuberculose.

On l'a démontré pour des sujets d'expérience (cobayes), et j'ai pu en acquérir la preuve en me servant de veaux tuberculinés dès la naissance, puis tuberculinés quelques mois après.

Commercialement, la même observation a été faite en Danemark :

Tant que les sous-produits de laiterie (lait écrémé, petit-lait, etc.), ont été livrés dans le commerce sans formalités, la tuberculose a sévi de façon intense sur les animaux (porcs) qui étaient alimentés avec ces sous-produits; du jour où l'on a exigé la pasteurisation obligatoire de ces sous-produits avant livraison au commerce, la tuberculose du porc a diminué et presque disparu.

De toutes ces expériences, il ressort nettement que dans l'industrie laitière, pour l'alimentation humaine tout au moins, on ne devrait sous aucun prétexte tolérer l'exploitation de bêtes tuberculeuses, si faibles que puissent être leurs lésions.

Fièvre aphteuse. — Des faits recueillis par des vétérinaires prouvent que cette maladie peut se transmettre à l'homme quand une éruption siège sur le trayon. Le trayeur peut s'inoculer directement, mais le lait est plus souvent le véhicule ordinaire du contage; Chauveau a observé une épidémie de fièvre aphteuse dans un pensionnat de Lyon, où l'on avait usé du lait de vaches atteintes de cette maladie. En 1884, à Douvres, il y eut, de la même façon, 205 personnes affectées d'aphtes, à la bouche.

Dans l'épizootie de 1899-1901, des faits de même nature ont été rapportés par Josias et Houssay en France.

Bien que la fièvre aphteuse de l'homme soit généralement bénigne il est bon de prendre les précautions nécessaires pour l'éviter, car deux cas de mort ont été plus récemment signalés en Autriche en 1920.

INFECTIONS GASTRO-INTESTINALES. — On a recueilli des cas d'infection gastro-intestinale chez les nourrissons (enfants et animaux) à la suite de l'ingestion de lait altéré. Les laits altérés par des microorganismes aussi variés que nombreux amènent d'abord des indigestions laiteuses, puis des entérites diarrhéiques.

C'est la diarrhée des enfants élevés au lait de vache qui est la plus grave cause de la mortalité infantile.

Il n'est même pas nécessaire, d'ailleurs, que le lait soit altéré par infection pour provoquer des troubles de cette nature; une simple modification chimique résultant du mode d'alimentation et des qualités des aliments peut suffire à faire apparaître ces troubles.

*
* *

On a signalé enfin que la *diphtérie humaine* pouvait être transmise par le lait, lorsque des convalescents diphtériques donnent leurs soins à des laitières.

Il en serait de même dans la diffusion de la scarlatine, lorsque les laits mis en vente ont pu être souillés par des matières virulentes venant d'un personnel convalescent de scarlatine ou atteint de scarlatine fruste.

Enfin il est acquis que la fièvre typhoïde elle-même peut être disséminée parle lait de consommation lorsque les ustensiles de récolte et de distribution peuvent être souillés par des porteurs de germes ou des eaux de lavages elles-mêmes contaminées.

Néanmoins il ne faut rien exagérer, il s'agit là de diffusions accidentelles et exceptionnelles qui n'ont qu'une importance bien secondaire au point de vue de l'hygiène publique, tandis que les qualités des laits alimentaires pour enfants méritent une place de premier plan.

Le lait alimentaire pour enfants ne devrait pouvoir être commercialisé que s'il était fourni par des bêtes saines convenablement nourries et soignées, de façon à en obtenir un lait propre et sain.

CHAPITRE VII

ORGANES GÉNITAUX MALES

Les affections des organes génitaux mâles peuvent siéger sur les bourses, la gaine vaginale, le testicule, le canal déférent, les vésicules séminales, la prostate, les glandes de Cowper et la verge.

Sur les bourses et les testicules, on ne relève guère que les lésions traumatiques d'origine externe qui donnent des plaies, des déchirures, des coupures; et, dans les cas de contusions graves, des hématomes du scrotum, de la vaginale et du testicule.

Ces différentes lésions guérissent par les pansements antiseptiques, les applications calmantes, fondantes, et le repos; il n'y a pas d'indication spéciale.

D'ailleurs, les éleveurs ne conservent plus comme mâles que des sujets de choix, en nombre strictement nécessaire pour la reproduction de l'espèce; les autres font des eunuques, et cela seul explique pourquoi on a si peu souvent l'occasion de traiter des affections génitales chez les étalons de toutes races.

ORCHITE

On désigne sous le nom d'orchite l'inflammation du tissu testiculaire proprement dit. Cette inflammation est assez rarement primitive et localisée; le plus ordinairement, elle coexiste avec de l'épididymite et même de la vaginalite.

Il s'agit d'une affection rare, pour les raisons précédemment exposées, mais dont les causes peuvent varier : l'orchite peut être consécutive à un traumatisme violent; plus fréquemment elle est la conséquence d'une infection urétrale ascendante, et dans bien des cas, je crois, elle caractérise une localisation tuberculeuse. Ræbiger et d'autres auteurs depuis ont signalé l'orchite infectieuse chez le taureau, à la suite de saillies sur des vaches atteintes de vaginite contagieuse; orchites généralement causées par le bacille abortif.

Il peut donc y avoir des orchites infectieuses, des orchites traumatiques et des orchites d'origine tuberculeuse chez le taureau. L'orchite tuberculeuse a été signalée aussi chez le veau.

Symptômes. — Les symptômes se traduisent par un gonflement en masse du testicule enflammé et de la bourse correspondante. Toute la région est congestionnée, chaude et douloureuse. Les malades marchent avec difficulté, se montrent parfois boiteux du membre correspondant, se couchent peu et toujours du côté opposé à la lésion. Après quelques semaines, l'état douloureux disparaît, l'affection guérit définitivement, ou passe à l'état chronique.

Dans les cas d'orchite tuberculeuse, la sensibilité est très peu marquée, l'évolution généralement chronique et l'aggravation continue.

Le *diagnostic* ne présente pas de difficulté, la distinction d'avec les tumeurs testiculaires étant assez commode; mais on pourrait confondre avec de l'hydrocèle qui se révèle par une tuméfaction d'ensemble quelque peu comparable, souvent une sensibilité moins grande ou faible, mais une rénitence ou une fluctuation uniforme. Dans les cas de doute, une ponction capillaire exploratrice lèvera toutes les hésitations.

Le *pronostic* est assez grave. Les malades doivent toujours être réformés comme reproducteurs.

Traitement. — Le traitement de la phase aiguë comporte l'emploi des médicaments capables d'atténuer la douleur et de modérer l'intensité de l'inflammation. Les applications de pommades émollientes et les enveloppements ouatés, avec suspensoir improvisé, sont les moyens courants. Dès que la sensibilité est disparue et que l'affection passe à l'état chronique, il faut procéder à la castration. Cette intervention, castration globale à testicules couverts, peut même être faite avec succès en période aiguë, ce qui évite l'amaigrissement.

TUMEURS DU TESTICULE

Au nombre de ces affections génitales qui présentent un réel intérêt clinique, il faut placer en première ligne les tumeurs, que l'on observe non pas seulement sur les mâles, mais aussi sur les sujets bistournés.

On pouvait croire *a priori* que, chez un sujet bistourné, le testicule est définitivement supprimé au point de vue physiologique et aussi au point de vue pathologique. Il n'en est rien; Cruzel décrivait déjà sous le nom assez impropre de *sarcocèle*, des tumeurs testiculaires se développant sur des bœufs d'âge variable.

J'ai fait, ainsi que Besnoit, la même constatation sur des sujets bien bistournés depuis quatre et six ans.

Ces tumeurs, dont l'origine reste absolument inconnue, se développent aux dépens des rudiments de testicule atrophié sous l'influence d'une cause qu'il est impossible de préciser. Leur nature est variable et je n'ai trouvé, pour mon compte, que des tumeurs hétérotypiques à îlots carcinomateux, sarcomateux et fibreux. Leur gravité semble devoir aussi présenter des différences sensibles, car tandis que, dans les cas que j'ai pu suivre, la généralisation s'est réalisée en quelques mois, Cruzel dit que ces tumeurs peuvent rester stationnaires pendant plusieurs années.

Les symptômes se traduisent par une hypertrophie progressive de la région scrotale, et l'apparition dans la masse d'une tumeur englobée dans un tissu œdémateux ou lardacé.

La tumeur unilatérale augmente de volume, devient bosselée à sa surface, se montre adhérente par places à la face interne de la peau et reste indolore ou peu sensible.

En quelques mois, elle peut acquérir le volume de la tête d'un enfant. Les malades sont gênés dans la marche et le décubitus, le membre postérieur correspondant est porté en abduction, la position sterno-abdominale est prise du côté opposé. Un amaigrissement rapide, malgré la conservation de l'appétit, est la conséquence de l'évolution de cette tumeur.

Lorsqu'on effectue l'ablation, il est facile de s'assurer que la tumeur

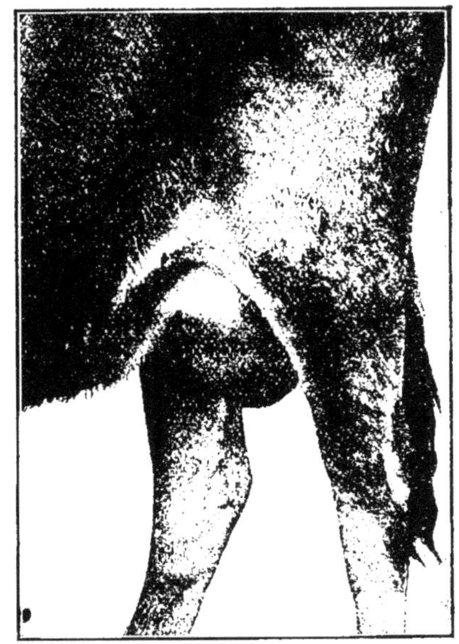

Fig. 255. — Tumeur maligne du testicule chez un bœuf bistourné depuis cinq à six ans.

s'est développée dans le nodule testiculaire atrophié et qu'elle reste suspendue à l'extrémité du cordon.

Diagnostic. — Le diagnostic de tumeur testiculaire ne saurait donner lieu au moindre doute, car on ne peut confondre ni avec un hématome, ni avec un abcès des bourses.

Pronostic. — Le pronostic est en relation avec la nature même de la tumeur; mais, comme il est impossible de se prononcer sur ce point avant l'extirpation, j'estime que le pronostic doit toujours être considéré comme très grave. L'adhérence à la peau fournit un caractère de gravité exceptionnelle.

Traitement. — Quelle que soit la nature de la tumeur, l'indication est d'en faire l'ablation. S'il s'agit d'une tumeur bénigne, la guérison pourra être définitive, et si, au contraire, on se trouve en présence d'une tumeur maligne, la généralisation ne se fera pas attendre. Aussi, avant toute intervention, est-il nécessaire de procéder à l'examen des ganglions inguinaux, pelviens et sous-lombaires, afin de s'assurer de leur intégrité. Si déjà ils se trouvaient envahis, il n'y aurait aucun avantage à opérer.

Bien plus, j'ai opéré des sujets ne présentant pas la moindre trace d'invasion ganglionnaire, et, après une amélioration temporaire très manifeste de l'état général, j'ai vu survenir la généralisation quelques mois après.

L'opération ne comporte en elle-même aucune indication spéciale autre que celles qui doivent guider dans l'extirpation de toutes les tumeurs, quelles qu'elles soient.

Il suffit de pratiquer une large incision cutanée permettant d'agir à ciel ouvert pour la dissection complète des tissus autour de la tumeur, *sans morcellement aucun*. L'ablation est réalisée à l'aide de l'écraseur appliqué sur le pédicule ou le cordon. Cette énucléation de la tumeur peut être très laborieuse par suite de la présence de nombreuses ramifications ou brides d'attache périphériques; mais il importe d'y procéder avec la plus grande attention; si l'on veut éviter la récidive sur place, le morcellement seul suffisant à réaliser de véritables greffes néoplasiques.

La généralisation, qui peut s'étendre à tous les viscères (ganglions, foie, rate, poumons, plèvres, péritoine, cœur), s'annonce par un amaigrissement rapide, de l'élévation thermique, de l'accélération respiratoire, des troubles digestifs, parfois de la toux.

La récidive sur place se produit ordinairement sous forme de tumeur ulcérée. Dans la pratique, si une amélioration temporaire de l'état général peut être réalisée, il faut sacrifier les animaux hâtivement; et le mieux souvent est d'envoyer à l'abattoir, d'emblée.

GLANDES ANNEXES DE L'APPAREIL GÉNITAL

(PROSTATE, VÉSICULES SÉMINALES, GLANDES DE COWPER).

Les affections inflammatoires ou autres des glandes annexes de l'appareil génital mâle se rencontrent de préférence chez les étalons, exceptionnellement chez les eunuques. — Elles sont rares, encore mal connues et mal décrites, et ne représentent souvent que des trouvailles d'autopsie.

L'étiologie des inflammations de la prostate, des vésicules séminales, des glandes de Cowper, se résume très probablement tout entière à l'infection ascendante de l'urètre et des voies annexes, et c'est pour cette raison qu'on ne les note que chez les étalons.

Les germes pathogènes pénètrent de l'urètre dans les canaux

excréteurs des glandes, se cantonnent dans les culs-de-sac glandulaires et en provoquent l'inflammation simple ou suppurée.

Les symptômes semblent devoir se confondre, en partie tout au moins, avec ceux des cystites aiguë et calculeuse, et ce n'est que par la palpation rectale qu'il sera possible de déceler les signes spéciaux qui assureront le diagnostic.

Ces symptômes se traduisent par de la difficulté de la miction qui devient saccadée, intermittente et douloureuse avec plaintes légères. Des coliques vésicales avec piétinement, et des efforts expulsifs plus ou moins infructueux, accompagnent cette miction.

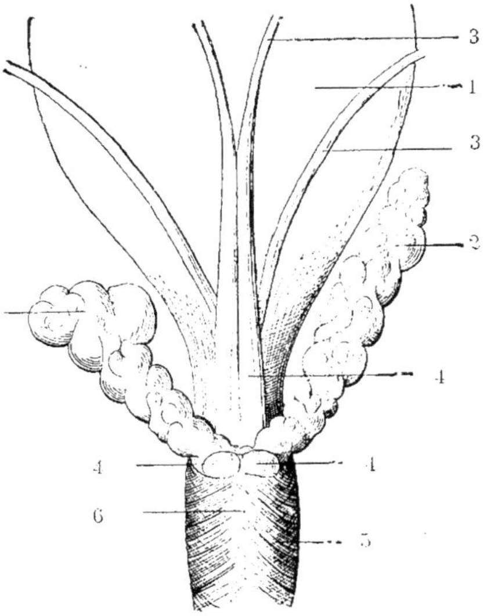

Ces différents troubles sont d'origine mécanique ou réflexe, et tiennent, soit à la compression directe de l'urètre par une glande hypertrophiée et enflammée, soit à un spasme du sphincter vésical.

L'urine émise conserve ses caractères normaux, ce qui n'a pas lieu dans les cas de cystite aiguë ou calculeuse. La palpation rectale permettra le plus souvent de reconnaître la réplétion de la vessie, et aussi l'hypertrophie et la sensibilité exceptionnelle de certains points.

Si les zones sensibles et hypertrophiées se trouvent sur le col de la vessie, ce seront les lobes de la prostate qui seront atteints; si, au contraire, l'organe malade siège sur les côtés du col, et le long (fig. 256) de la pointe vésicale postérieure, il s'agira des vésicules séminales; et si enfin les parties douloureuses siègent directement au-dessus de l'arcade ischiale sous le sphincter anal, il s'agira des glandes de Cowper (fig. 258).

Le diagnostic de ces affections exige un examen très attentif pour en établir la distinction. La confusion avec la cystite aiguë est la première qui paraît plausible, mais les caractères de l'urine

Fig. 256. — Le plan supérieur du col de la vessie et de l'origine du canal de l'urètre chez le bœuf. — 1, vessie; 2, vésicule séminale; 3, canal déférent; 4, portion principale de la prostate bilobée, s'insinuant sous le sphincter urétral; 5, sphincter urétral; 6, aponévrose du sphincter recouvrant le plafond de l'urètre et la partie étalée de la prostate (Barrier).

feront naître des doutes et pousseront à la palpation rectale.

Sans être grave, le pronostic entraîne des réserves d'autant plus sérieuses qu'il s'agit de sujets reproducteurs, qui devront d'ailleurs être réformés.

Le traitement local est impossible, il faut se borner à l'emploi des calmants, des balsamiques et des diurétiques. Ce traitement ne diffère guère, par conséquent, de celui des cystites. — Dans les cas d'inflammation suppurée des glandes de Cowper, l'abcès vient faire saillie sous la marge de l'anus, près la ligne

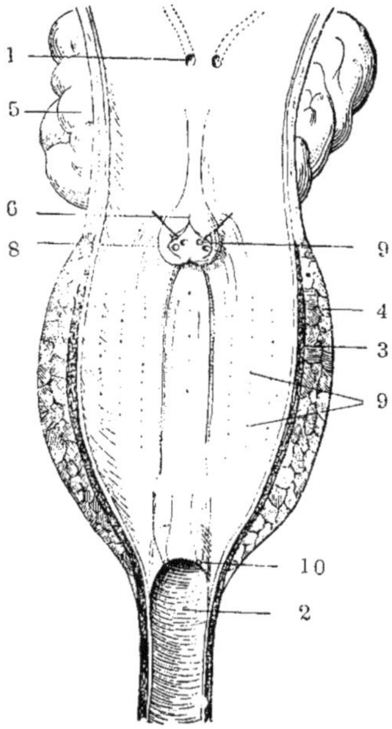

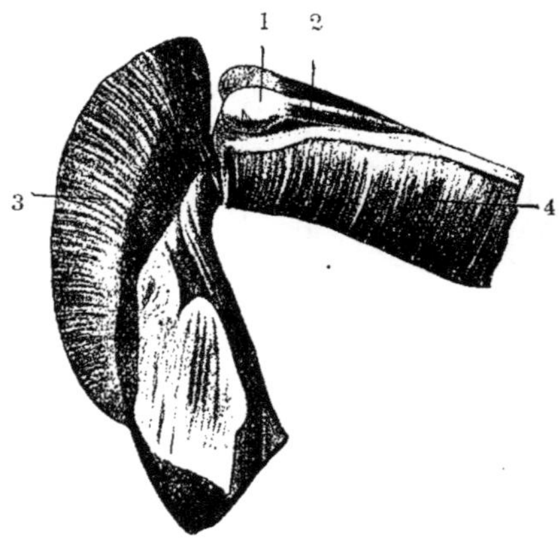

Fig. 257. — Plafond du col de la vessie et de la portion initiale de l'urètre vu par sa face interne. — 1, origine des uretères; 2, canal de l'urètre en arrière de la valvule urétrale; 3, tissu érectile sous-muqueux; 4, muscle sphincter urétral; 5, vésicule séminale; 6, verumontanum; 7, orifice excréteur de la vésicule séminale; 8, orifice excréteur du canal déférent; 9, orifices excréteurs de la prostate ; 10, valvule urétrale montrant à son bord libre les orifices excréteurs punctiformes des glandes de Cowper (Barrier).

Fig. 258. — Vue des glandes de Cowper et de leurs muscles compresseurs, d'après M. Cocu (dessin de M. Hue). — 1, glande de Cowper; 2, muscle compresseur; 3, muscle bulbo-caverneux renversé en arrière pour découvrir les glandes; 4, sphincter urétral.

médiane. On pourra donc assurer le diagnostic par une ponction capillaire, et débrider s'il y a lieu. Comme les sujets reconnus atteints ne pourront que dépérir pour être réformés plus tard, la loi économique indique l'abatage précoce.

GANGRÈNE DE L'EXTRÉMITÉ DE LA VERGE

Lebrun a signalé un accident tout à fait singulier, qui peut se produire chez le taureau en liberté, au pâturage, au milieu des vaches. Sous l'influence d'excitations génésiques fréquentes et répétées, il arrive que certains des longs poils, qui s'implantent sur le pourtour de l'orifice du fourreau, s'enroulent sur la verge, à une petite distance de son extrémité. Ils exercent parfois une constriction telle qu'ils peuvent s'encastrer dans l'épaisseur des tissus. — S'ils sont arrachés au cours d'une saillie, la constriction agit de façon prolongée, provoque de la suppuration et parfois une véritable mortification de l'extrémité de l'organe.

Les malades ne peuvent plus effectuer la saillie.

Il suffit de savoir que cet accident peut se produire et d'en connaître l'origine pour exercer une surveillance qui permet d'en éviter les conséquences.

CLASSE VIII

MALADIES DE LA PEAU
ET DU TISSU CONJONCTIF SOUS-CUTANÉ

CHAPITRE PREMIER

ECZÉMAS

Sous le nom d'eczémas, on groupe une série d'affections cutanées se caractérisant par du prurit, du suintement de la peau, ou simplement des proliférations épidermiques, sans que l'on puisse en rapporter la cause à une affection parasitaire ou accidentelle.

On rattache ces affections à un état constitutionnel particulier que l'on qualifie de diathèse, bien que, à notre époque, on soit arrivé à préciser certaines influences alimentaires et toxiques.

Les eczémas se présentent chez le bœuf sous différents aspects qui ont permis de reconnaître des eczémas aigus, chroniques, sébacés et toxiques.

ECZÉMA AIGU

Étiologie. — Chez le bœuf comme dans toutes les espèces, on invoque comme causes déterminantes les mauvaises conditions hygiéniques, une alimentation mal comprise et le tempérament même de l'animal, c'est-à-dire un état diathésique préexistant.

Symptômes. — Durant une première phase, que l'on pourrait qualifier de prodromique, on ne note que des symptômes généraux : fièvre, inappétence, troubles digestifs consécutifs, constipation. Il n'existe pas encore de signes locaux, ou du moins on ne peut les mettre en évidence; ils ne sont représentés que par de la congestion du derme.

La seconde phase se caractérise par une éruption papuleuse peu apparente, se faisant dans la profondeur des poils, et difficilement appréciable, elle aussi. Cependant la peau est nettement sensible et les poils comme piqués.

La troisième phase se traduit par une vésiculation plus ou moins confluente, avec exsudation et suintement.

La maladie ne devient réellement visible extérieurement que lors de l'agglutination des poils est réalisée par l'exsudat cutané. Cet exsudat est rarement abondant comme dans l'eczéma du chien ou du cheval; il se produit lentement, se dessèche vite et donne à la peau un *aspect craquelé.*

Avec la chute des croûtes et d'une partie des poils disparaissent les symptômes généraux; mais, au niveau des craquelures, se forment des crevasses allant jusqu'au derme et se compliquant souvent d'infections secondaires avec suppuration, lymphangites, adénites, abcès, suppurations sous-cutanées diffuses.

L'eczéma aigu se localise de préférence aux membres; toutes les parties du corps peuvent être atteintes, cependant la zone inférieure semble plus favorable à son développement. L'apparition d'un eczéma aigu peut être complète en vingt-quatre ou quarante-huit heures; il arrive à sa période d'état en quelques jours et disparaît en deux ou trois semaines, à moins qu'il ne se complique et passe à l'état chronique.

Diagnostic. — L'absence de parasites permet le diagnostic différentiel d'avec les phtiriases et les acariases; les renseignements font éviter la confusion avec les eczémas toxiques.

Pronostic. — Le pronostic est ennuyeux plutôt que grave, en ce sens qu'on a souvent à combattre une suppuration persistante et que, malgré des soins assidus, l'affection peut ne s'améliorer que lentement ou récidiver.

Traitement. — Le traitement de l'eczéma est local et général. Le traitement local consiste en lavages émollients et antiseptiques, et en applications dessiccatives pulvérulentes : glycérine, glycérolé d'amidon, lotions d'eau de son, pommades boriquées, vaseline camphrée, glycérine iodée.

Plus tard, les lavages sont exécutés avec des décoctions d'écorce de chêne, d'eau iodée faible et suivis d'applications de poudre de talc, d'amidon. Brégeard a recommandé la médication qui de tout temps a donné de si bons résultats dans l'eczéma aigu du chien, les tamponnements à l'acide azotique dilué à 1/10e; mais ce traitement n'est applicable que lorsqu'il s'agit de petites surfaces. Autant que possible, il doit être complété par une médication interne à base de purgatifs donnés à doses faibles et continues, de diurétiques variés, qui modifient la diathèse arthritique, enfin le chlorure de calcium aux doses de 15 à 20 grammes par jour. Peut-être y aurait-il lieu d'essayer ce que l'on a recommandé contre l'eczéma de l'espèce humaine, les badigeonnages avec une solution d'adrénaline à

1 p. 1.000 répétés plusieurs fois par jour; ou bien encore les pansements au goudron de houille en nature, à renouveler tous les quatre ou cinq jours.

ECZÉMA CHRONIQUE

Quelques cas seulement d'eczéma chronique ont jusqu'ici été signalés chez le bœuf, et les descriptions données en sont des plus sommaires. L'eczéma chronique peut débuter d'emblée, avec une forme atténuée, ou au contraire succéder à des poussées aiguës. Les mêmes origines peuvent être invoquées.

Si les données étiologiques en sont incomplètes, les symptômes paraissent être ceux de la forme aiguë, très atténués : papulation, éruption vésiculaire miliaire, prurit, formation de croûtes et épidermite. Dans un cas observé par Mégnin, la chute des croûtes entraînait celle des poils, et l'affection reparut plusieurs années de suite. Il y avait en dernier lieu alopécie sans épaississements et sans altérations grossières de la peau.

Diagnostic. — L'examen histologique est nécessaire pour la différenciation d'avec la gale et la teigne.

Le *pronostic* est grave, car il peut y avoir envahissement progressif de larges zones sur la surface du corps.

Traitement. — Il comporte, comme dans l'eczéma aigu, l'administration prolongée et à petites doses de salins et diurétiques. On peut leur ajouter les arsenicaux, à la condition de prendre les précautions ordinaires que nécessite leur emploi : donner l'acide arsénieux pendant quinze jours ou trois semaines, cesser durant une période égale, puis reprendre. On évite ainsi les accidents que produirait le médicament en s'accumulant dans les grands réservoirs gastriques (perforations et intoxications).

ECZÉMA SÉBACÉ OU SÉBORRHÉIQUE

Tandis que les deux eczémas précédents sont sous la dépendance de troubles vasculaires cutanés, dermiques, celui-ci paraît être lié à l'existence de troubles vasculaires et sécrétoires siégeant dans les annexes de la peau, glandes sébacées en particulier.

Symptômes. — La maladie évolue lentement; elle se traduit, au premier abord, par des dépilations circulaires ou elliptiques, disséminées régulièrement sur le corps et de préférence au pourtour des ouvertures naturelles. Au niveau des surfaces malades, la peau est recouverte, soit de croûtes épaisses d'un gris terreux tout spécial, découpées superficiellement par de nombreuses craquelures; soit, dans les régions complètement dépourvues de poils, d'un enduit épidermique brillant, disposé en strates et s'exfoliant avec la plus grande facilité.

Les dépilations ont un caractère franchement envahissant, simulant souvent celles de la teigne tonsurante, au début; elles résultent d'altérations directes des follicules pileux avec *atrophie de la papille* et chute complète du poil.

Les lésions de la peau sont cependant peu marquées; le tégu-

Fig. 259. — Eczéma sébacé, 1er stade. Dépilation des extrémités.

ment, très peu épaissi, conserve sa souplesse ordinaire; le tissu sous-cutané n'est pas œdémateux.

Par contre, sur le poil lui-même, on constate, à l'examen microscopique, l'épaississement ou la disposition en chapelet de l'extrémité radiculaire, avec intégrité de constitution sur toute la longueur. C'est là l'expression de variations d'équilibre physiologique consécutives à des troubles circulatoires et nutritifs du côté de la papille et de la racine.

Enfin l'extension du processus congestif aux glandes sébacées provoque chez celles-ci des modifications de la sécrétion qui se traduisent par de la séborrhée provoquant le revêtement croûteux amiantacé et furfuracé signalé plus haut.

La pathogénie de l'affection est difficile à préciser, mais son évolution clinique se résume ainsi : poussées congestives du côté de la peau, séborrhée, folliculite, épidermite et chute des poils.

Dépilations commençant vers les régions où la peau est fine, à l'inverse de ce qui se passe dans la teigne.

Diagnostic. — Le diagnostic est facile, l'élimination de ia teigne tonsurante étant toujours possible grâce au mode de répartition

Fig. 260. — Eczéma sébacé, 2e stade. Alopécie partielle.

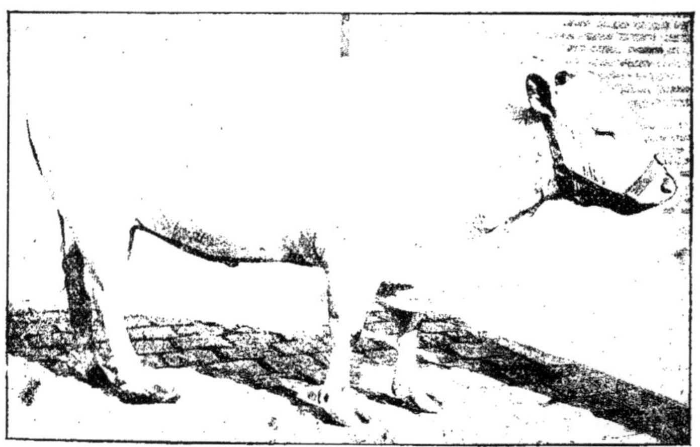

Fig. 261. — Eczéma sébacé, 3e stade. Alopécie totale.

et à la localisation des dépilations, grâce à l'absence de spores de trichophyton, à la non-contagiosité, à la non-inoculabilité.

Pronostic. — Le pronostic est peu grave au point de vue de la santé générale, les divers appareils fonctionnant avec une parfaite régularité; mais il est grave quant aux terminaisons possibles : dépilation définitive partielle ou totale.

Traitement. — Un traitement bien rationnel est difficile à établir, puisqu'on ne connaît pas la cause exacte de la séborrhée.

Comme il s'agit vraisemblablement d'une influence constitutionnelle individuelle, il faudra s'efforcer de modifier le régime alimentaire et d'entretenir ou de régulariser les fonctions cutanées par des lavages tièdes, des savonnages et des frictions sèches. Localement, si l'alopécie tend à persister, on essaiera d'irriter les follicules pileux et de pratiquer de la révulsion cutanée : les lotions alcoolisées, les lavages avec des solutions à base de chloral, de salicylate de soude, répondront assez à ces indications.

Les malades dont il s'agit devront être écartés de la reproduction.

ECZÉMA DES DRÈCHES DE POMMES DE TERRE

Parmi les eczémas toxiques, plusieurs variétés peuvent se produire : les unes d'origine médicamenteuse (eczéma iodique), les autres consécutives à l'ingestion de substances alimentaires. La seule qui ait de l'importance clinique se rattache à l'ingestion abondante de drèches de pommes de terre.

Étiologie. — Observée dans toutes les exploitations où les tubercules servent à la fabrication de l'alcool et de la fécule, — en Allemagne surtout, — cette affection est la conséquence directe de l'alimentation par les résidus de distillerie et de féculerie.

D'après Spinola, une ration de 80 kilogrammes de drèches par jour et par 500 kilogrammes d'animal, déterminerait sûrement l'eczéma; 30 ou 40 kilogrammes ne le feraient apparaître qu'à de rares intervalles; et une ration de 10 à 20 kilogrammes seulement serait toujours inoffensive.

Il y a là, sur la cause, une indication précise que complète ce qui a trait aux variations de nocivité des drèches. — Les pommes de terre, en effet, produisent une drèche plus ou moins active, suivant l'année, l'état de germination, la variété à laquelle elles appartiennent.

Les tubercules crus ou cuits peuvent provoquer l'eczéma, lorsqu'ils sont administrés à doses massives et prolongées.

De nombreuses hypothèses ont été faites sur la nature des troubles morbides provoquant l'eczéma.

Selon certains auteurs, l'affection serait liée à la présence d'un principe toxique contenu dans les pommes de terre : la solanine.

On peut objecter que ce principe chimique n'existe qu'au moment de la germination; or les tubercules non germés provoquent la maladie. D'ailleurs, les symptômes de l'empoisonnement par la solanine ne correspondent pas à ceux observés au cours de l'eczéma; jamais, dans cette affection, on n'observe de perte d'appétit, de stupéfaction, de narcose.

Selon d'autres, l'eczéma serait dû à l'action des alcools supérieurs contenus dans les drèches; mais ces produits existent aussi dans les résidus de distillation des grains, dont l'ingestion ne provoque pas d'accidents. — Des objections comparables peuvent être faites contre le prétendu rôle des acides de fermentation (acides lactique, butyrique, acétique, etc.).

Johne incriminait les sels de potasse, qui cependant ne peuvent agir que comme irritants digestifs; et Zürn croyait à une inflammation mycosique.

Quel que soit le produit toxique ou infectieux en cause, ses effets s'observent surtout chez les sujets livrés à l'engraissement, rarement chez les bœufs de travail qui désassimilent beaucoup, plus rarement encore chez les vaches laitières. Chez celles-ci, le principe nocif est éliminé par le lait, et ce qui, tout au moins, semble le confirmer, c'est que ce liquide est doué de propriétés purgatives; les veaux qui le consomment sont pris de diarrhée qui cesse dès qu'on change l'alimentation.

Il est établi enfin que tous les sujets sont inégalement sensibles à l'action des drèches.

Symptômes. — Les symptômes n'apparaissent qu'après deux ou trois semaines de régime. La démarche devient raide, le lever difficile; on observe de la rougeur, de la tuméfaction et de la sensibilité des extrémités. Quand l'infiltration œdémateuse et la rubéfaction sont assez accentuées, on voit apparaître, non pas seulement entre les onglons comme dans la fièvre aphteuse, mais sur tout le membre et, en particulier, au voisinage des plis articulaires, de petites papules très rapprochées, qui, en un ou deux jours, se transforment en vésicules par l'apparition d'un exsudat sous-épidermique.

La phase eczémateuse proprement dite est alors atteinte, les vésicules se déchirent, l'exsudat agglutine les poils, se dessèche et forme des croûtes qui dégagent une odeur toute particulière.

L'affection peut s'étendre et remonter vers les jarrets, les genoux, les grassets, les ars. Dans les plis articulaires, elle se complique de crevasses qui s'infectent secondairement et deviennent le point de départ de lymphangites.

Des symptômes généraux : fièvre, inappétence, constipation, en sont la conséquence habituelle. Plus tard, la diarrhée et l'affaiblissement progressif leur succèdent et se terminent par la mort.

Dans le début, la maladie est facilement guérie; la guérison devient très difficile sur les malades âgés ou affaiblis.

Toute manifestation pathologique ayant cessé, la maladie peut réapparaître jusqu'à cinq, six fois en une année, si l'on reprend l'alimentation.

Diagnostic. — Le diagnostic est toujours facile avec les renseignements.

Pronostic. — Le pronostic n'est pas grave si la maladie est traitée de bonne heure.

Traitement. — Il consiste avant toutes choses à modifier le régime alimentaire et à réduire la ration de drèches à 20 ou 25 litres, ou même à la supprimer complètement. Le foin de bonne qualité, le son, les balles, les farineux formeront la base des nouvelles rations. On administrera aussi des diurétiques qui facilitent l'élimination des produits toxiques.

Ce régime général arrête les progrès de la maladie. Une médication locale fera disparaître les lésions existantes. Cette médication ne diffère pas de celle des eczémas aigus, mais il faut savoir qu'elle resterait inefficace si on ne supprimait la cause primordiale.

DERMITE SUPPURÉE DIFFUSE

(Pyodermite).

La dermite suppurée diffuse est caractérisée par l'apparition et l'évolution successive d'abcès multiples, répartis irrégulièrement sur toute la surface du corps, et occupant soit l'épaisseur de là peau, soit le tissu conjonctif sous-cutané. C'est une véritable infection purulente cutanée chronique.

Elle a été signalée par Bitard (1902), puis bien décrite par Besnoit et Liénaux (1902), sous les noms d'affection pyohémique sous-cutanée et de dermite pustuleuse du bœuf.

C'est une affection relativement rare.

Symptômes. — La maladie semble devoir sévir plus fréquemment sur les jeunes que sur les adultes, si, du moins, on s'en rapporte aux observations de Besnoit, Liénaux et aux miennes. Elle est caractérisée par l'apparition, sous forme discrète ou confluente, d'abcès de dimensions extrêmement variables, allant de celles d'un haricot ou d'une noisette à celles de la tête d'un enfant. Dès le début, l'éruption est discrète, la confluence n'est qu'une complication.

Au cours de leur évolution, ces abcès se révèlent à la palpation manuelle comme des nodosités cutanées ou sous-cutanées; puis bientôt les poils se hérissent et la peau se nécrose vers sa surface au point culminant de l'abcès, formant d'ordinaire comme un opercule ou une véritable calotte qui ne se délimite qu'avec la plus grande lenteur des tissus environnants. Le pus des abcès est généralement épais, crémeux, parfois caséeux; mais il arrive que, malgré

des soins antiseptiques suivis, les cavités pyogènes se cicatrisent
mal et fournissent dans la suite un pus liquide, fétide, de très mauvaise nature.

L'évolution de ces abcès est très lente, elle demande parfois plusieurs semaines ou plusieurs mois, et, après ouverture, le fond des
cavités se montre souvent constitué par du tissu nécrosé dont la
délimitation d'avec les parties saines paraît extrêmement difficile.

Fig. 262. — Dermite suppurée avec foyers confluents sur le membre
postérieur droit, et énorme lymphangite correspondante.

Dans quelques cas, il existe même comme Liénaux l'a signalé, de
véritables fistules se prolongeant dans différents sens vers la profondeur.

Lorsque les abcès sont nombreux, les malades semblent sous le
coup d'une intoxication profonde. Ils sont d'ordinaire en mauvais
état, amaigris, avec un poil terne ou piqué et un appétit capricieux.
La mort peut-être la conséquence de ces suppurations diffuses de la
peau, quand les soins énergiques n'ont pas été apportés dès le début
de l'affection.

Étiologie. — L'étiologie de ces suppurations diffuses paraît
liée à une infection locale dont l'évolution ultérieure aurait, ainsi
que Besnoit l'a fait remarquer, d'assez grandes analogies avec la
furonculose. L'examen du pus démontre la présence d'agents
variables de suppuration, de microcoques ou du bacille de Preisz-
Nocard. L'évolution d'abcès multiples semble due à des auto-
inoculations cutanées au niveau des follicules pileux, se faisant à
la faveur de souillures produites par le pus d'un premier abcès.

Diagnostic. — Le diagnostic de dermite suppurée diffuse ne présente aucune difficulté, le nombre des abcès bien caractérisés ou en voie d'évolution étant généralement assez élevé.

Pronostic. — Si la suppuration ne présente que des foyers limités, le pronostic peut être favorable. Besnoit a montré que la guérison était possible. Lorsque, au contraire, le nombre de ces foyers est très élevé, le pronostic peut être fatal. Mes malades, qui, il est vrai, étaient très épuisés lorsqu'ils m'avaient été confiés, sont morts, comme ceux de Liénaux, malgré des soins assidus, et alors qu'il n'y avait aucune complication de suppuration viscérale profonde.

Traitement. — Il n'y a d'autre traitement à instituer qu'un traitement antiseptique qui consiste à ouvrir hâtivement tous les abcès collectés, à déterger et cureter les fistules profondes et à maintenir les animaux sur des litières très propres. Lotions et pansements phéniqués, iodés, crésylés, etc. Il serait même utile de réaliser l'isolement pour éviter l'infection des étables par des germes pyogènes et pathogènes.

La pyothérapie et la bactériothérapie pyocyanique (cultures tuées par la chaleur) sont considérées comme susceptibles de donner des effets utiles.

Une alimentation abondante et choisie paraît indispensable à la reconstitution d'un organisme profondément et depuis long-temps déprimé.

URTICAIRE DES BOVIDÉS

L'urticaire des bovidés est une affection d'origine alimentaire qui se traduit par des troubles généraux légers, de l'œdème de la tête et des paupières, de l'infiltration de la vulve. — La surface du corps présente de place en place des tuméfactions locales de la grosseur d'une noisette ou d'une noix.

Dans les cas graves, l'œdème des paupières forme des bourrelets qui recouvrent les yeux; les ailes des narines peuvent être tellement œdématiées que la respiration devient bruyante et dyspnéique; les plaques œdémateuses de la surface du corps, de la face interne des avant-bras et des cuisses peuvent être très larges. La mamelle, chez les laitières, peut paraître congestionnée et les trayons infiltrés.

Exceptionnellement, il se produit de l'œdème de la glotte avec cornage léger. — Les parties atteintes se dépilent au bout de quelques jours.

Ces manifestations sont identiques à celles de l'échauboulure du cheval.

Une saignée modérée, le changement de régime et une médication purgative font rapidement disparaître ces symptômes.

Anasarque chez le bœuf — Besnoit a décrit chez le bœuf une affection très comparable à l'anasarque du cheval, qui semble fréquente dans le midi de la France, exceptionnellement rare dans le Centre et le Nord. Cette affection se présente cliniquement sous deux aspects, une forme bénigne une forme grave :

Symptômes. —*Forme bénigne.* L'affection se traduit par de la fièvre et l'apparition d'œdèmes localisés, avec durcissement de la peau par plaques. De façon plus inconstante on enregistre de l'inappétence et de l'inrumination. Il se produit de l'œdème des extrémités jusqu'aux genoux et aux jarrets, les déplacements sont difficiles. Dès le 3e ou le 4e jour,il se produit fréquemment une crise de diarrhée suivie d'amélioration de l'état général et de guérison. Dans d'autres cas il y a au contraire aggravation apparition de pétéchies sur les muqueuses, apparition d'œdème sous l'abdomen. dans le fanon, vers la région des mamelles, etc. Les trayons peuvent prendre la teinte violacée ainsi que la vulve. Plus rarement les plaques cutanées se montrent dures et adhérentes sans œdèmes; elles peuvent s'éliminer sous forme d'escarres sèches laissant à nu des plaies de bel aspect qui évoluent vers la guérison après quelques semaines.

Forme grave. — Dans la forme grave, la température monte à 40-41°; il y a inappétence prolongée, évolution d'œdèmes remontant jusqu'aux coudes et aux grassets, formant à leur partie supérieure de gros bourrelets arrondis. Les malades ne peuvent ni se coucher ni marcher. Un peu plus tard la peau se crevasse au niveau des plis articulaires; des mortifications cutanées se compliquant de plaies de mauvaise nature et d'infections évoluent sans que l'on puisse en arrêter le cours par les lavages ou les pansements antiseptiques. La mort s'ensuit à plus ou moins bref délai.

L'origine de la maladie n'a pas été précisée; le traitement se limite jusqu'à ce jour à une médication de symptômes : Purgatifs, toniques cardiaques, excitants diffusibles, etc. Le sérum antistreptococcique et l'adrénaline, 4 à 5 milligrammes par jour, méritent d'être essayés.

Le chlorure de calcium, avec doses de 15 à 20 grammes par jour durant une semaine serait aussi à conseiller.

CHAPITRE II

PHTIRIASES

On donne le nom de *phtiriases*, de *maladies pédiculaires* et de *pouillottement*, aux affections cutanées causées par la présence de poux.

Étiologie. — Ces affections sont dues au développement de parasites divers, qui vivent aux dépens des exfoliations épidermiques ou à la faveur de piqûres superficielles.

Ces parasites, de couleur gris terreux, appartiennent aux genres *Hematopinus* et *Trichodectes*. Les hématopinus ont une tête pointue et sont bâtis pour piquer ou sucer; les trichodectes ont la tête large et plate, construite pour mâcher.

Chez le bœuf, on rencontre deux hématopinus et un trichodecte : les Hématopinus eurysterne et ténuirostre, et le Trichodectes scalaire.

Symptômes. — Les symptômes sont, à peu de variantes près, les mêmes chez tous les animaux domestiques. — Les démangeaisons et le prurit dominent, les malades se grattent, se mordent cherchent à se frotter contre tous les corps durs avoisinants et vont jusqu'à s'écorcher lorsque la peau est mince et l'excitabilité un peu grande.

Les parasites peuvent cependant se cantonner; il est exceptionnel que l'on puisse les découvrir indistinctement sur toutes les parties du corps.

Chez le bœuf, les cantonnements se font dans la fossette située en arrière du chignon, sur le bord supérieur de l'encolure et la ligne du dessus. Chez les malades abandonnés, la phtiriase se généralise à toute la surface du corps.

Ces parasites, dont la puissance de pullulation est énorme, tiennent les malades en état permanent d'agitation, ne leur laissent aucun repos, les font maigrir, et finiraient par entraîner la mort par épuisement, si l'on n'intervenait.

Diagnostic. — Le diagnostic est très facile, les parasites étant visibles à l'œil nu.

Pronostic. — Le pronostic n'est grave que lorsque la phtiriase sévit sur un grand nombre d'animaux ou sur des troupeaux entiers.

Chez les jeunes sujets, ce pronostic est beaucoup plus grave; les petits malades s'anémient rapidement et succombent épuisés.

Traitement. — Lorsqu'un local est infesté (vacherie ou bou-

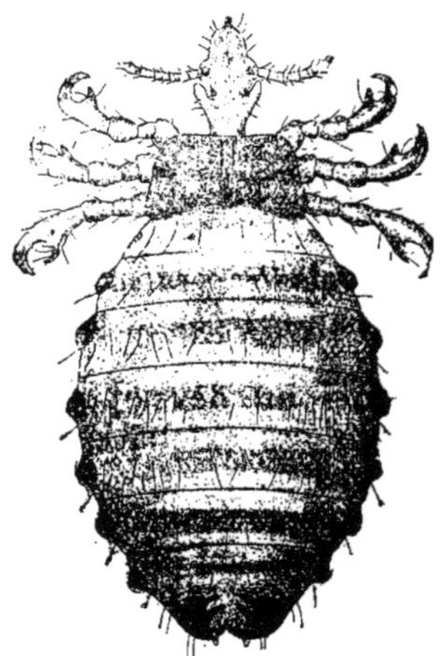

Fig. 263. — Hématopinus eurysterne du bœuf grossi 20 fois (Neumann).

Fig. 264. — Hématopinus du veau grossi 20 fois (Neumann).

verie), la première condition de réussite impose l'évacuation et la désinfection.

Après enlèvement des fumiers, les murs, mangeoires, râteliers, etc., sont lavés à l'eau bouillante, l'eau de lessive de préférence, puis désinfectés aux vapeurs d'acide sulfureux et, au besoin, blanchis à la chaux.

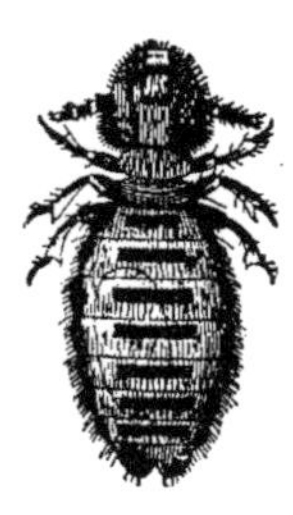

Fig. 265. — Trichodecte scalaire du bœuf grossi 20 fois (Railliet).

Les malades sont ensuite tondus, savonnés au savon noir et lotionnés avec des solutions anti-parasitaires : les solutions de jus de tabac, les mélanges d'huile (2 parties) et de benzine (1 partie), de benzine et de pétrole, donnent d'excellents résultats.

Le crésyl, en émulsion à 2 p. 100, est aussi un antiparasitaire très actif et d'un emploi facile, à la brosse, à rebrousse-poil.

Les préparations à base de mercure et d'acide arsénieux doivent être rejetées, en raison des dangers qu'elles présentent.

L'eau de gaz ammoniacale serait, d'après Guyot (1908), d'une efficacité supérieure à tous les autres médicaments, et sans aucun danger, à la condition d'être employée en solution titrant 5° Baumé. Une seule friction à la brosse suffirait.

Il en est de même des émulsions de savon pyrèthre qui représentent un excellent anti-parasitaire. D'une façon générale, il faut faire plusieurs traitements antiparasitaires à deux ou trois semaines d'intervalle, pour, après une première intervention, permettre l'éclosion des œufs non touchés par le traitement et détruire les nouveaux parasites qui en sont issus.

GALES

Anglais : *Scabies Scab;* Allemand : *Schäbe, Krätze;* Italien : *Scabbie, Rogna.*

On donne le nom de *gales* (de *galla*, gale) à des affections parasitaires contagieuses qui peuvent atteindre tous nos animaux domestiques, aussi bien que l'homme. Elles sont déterminées par des parasites que l'on désigne couramment sous le nom d'acares, et se divisent en deux groupes : les gales dites *sarcoptiniques*, dont les parasites vivent dans l'épiderme ou la surface de la peau; et celles dites *démodéciques*, dont les parasites se développent dans les glandes sébacées et les follicules pileux.

De connaissance très ancienne, les gales ont été longtemps confondues avec des affections diathésiques à manifestations cutanées. On pensait autrefois que les accidents apparents étaient causés par une élimination d'humeurs altérées, dont l'organisme se débarrassait, et on allait même jusqu'à traiter les gales par une médication interne.

La cause des accidents est aujourd'hui parfaitement connue, de même que l'évolution des différents parasites. La puissance de pullulation de ces parasites est énorme, ce qui explique la grande contagiosité dans les milieux infestés (1).

Les gales de nos animaux sont provoquées par des sarcoptes, des psoroptes, des chorioptes et des demodex, et chaque espèce animale peut présenter plusieurs variétés de gale.

Les animaux de l'espèce bovine peuvent être atteints de trois variétés de gale, connues, elles aussi, depuis fort longtemps. Delafond indique que Columelle et Végèce en faisaient déjà mention dans leurs écrits.

Gale sarcoptique.

Elle est sans grande importance clinique, car elle est le plus souvent purement accidentelle et ne résulte que du passage de sarcoptes

(1) *Recherche des parasites :* Recueillir les croûtes suspectes par grattages profonds, jusqu'à suintement sanguin, à la périphérie des lésions de préférence. Traiter ces croûtes par une solution forte de potasse, qui, avec le temps, a l'inconvénient de trop dissocier, et ne permet pas la conservation des préparations. Il est plus avantageux de traiter par le mélange : chloral 2, acide lactique 1, acide phénique 1. Traiter les croûtes par ce mélange, chauffer légèrement. Prendre une parcelle, seulement ensuite, dans une goutte de liquide. Examiner et conserver, s'il y a lieu. Le montage peut aussi se faire avantageusement dans la solution de silicate de soude filtrée.

d'un galeux d'une autre espèce (cheval, chèvre, chat) à un sujet de l'espèce bovine.

Les accidents sont alors temporaires et disparaissent spontanément après quelques jours.

Plus rarement les manifestations morbides sont provoquées par un parasite spécial aux bovidés, et alors elle reste tenace, se traduisant par l'apparition de dépilations et de croûtes sur la tête et l'encolure, les arcades sourcilières et les faces latérales du cou de préférence. La peau est épaissie, rugueuse, rigide, dure comme du cuir; elle est le siège de démangeaisons intenses qui enlèvent tout repos aux malades. Il en résulte toujours, chez les jeunes, de l'amaigrissement progressif pouvant aller jusqu'à la mort. Dans les cas anciens, l'affection peut s'étendre à la ligne du dessus, à la queue, au périnée et à toute la région des fesses.

Exceptionnellement la gale sarcoptique peut se généraliser. Les malades ont alors un aspect miséreux, le poil est rare et hérissé, la peau calleuse recouverte de croûtes sèches gris-jaunâtres, susceptibles

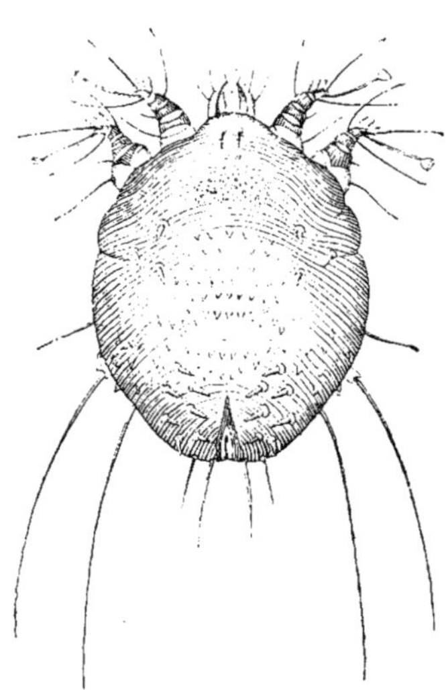

Fig. 266. — Sarcopte grossi 100 fois (Railliet).

d'acquérir jusqu'à 1 centimètre d'épaisseur, avec craquelures parallèles. Les parasites sont généralement nombreux, ils se multiplient dans les couches superficielles de l'épiderme. Les ganglions superficiels, dans ces cas généralisés, sont hypertrophiés œdémateux, non douloureux.

GALE PSOROPTIQUE.

On la désigne encore sous le nom de *gale dermatodectique* (Delafond). Elle est fort rare, et, comme la précédente, sans grande importance clinique.

Décrite dès 1813 par Dorfeuille, elle fut étudiée plus tard par Gohier (1814), Delafond (1856) et Gerlach.

Étiologie. — Elle est due à la pullulation du *Psoroptes communis* (v. *bovis*).

La misère physiologique, la malpropreté, les mauvaises conditions d'hygiène, le manque de soins, etc., facilitent son extension.

Symptômes. — Elle débute à la base de la queue, plus rarement à l'encolure et au garrot. De là, elle gagne peu à peu la croupe, les reins, le dos, les épaules, les côtés de la poitrine, enfin tout le corps, mais jamais les membres.

Elle provoque un violent prurit, l'animal se gratte continuellement par tous les moyens possibles et s'écorche souvent. Au début, on voit de petits soulèvements épidermiques miliaires, isolés ou confluents et remplis de sérosité. Celle-ci s'épanche, agglutine les poils, se concrète et donne lieu à des croûtes très adhérentes qui vont en augmentant de nombre et d'étendue. Sur la peau, on découvre de nombreuses plaques galeuses dépilées, à bords festonnés, recouverts de croûtes épaisses, grisâtres et écailleuses. Les psoroptes pullulent sous ces croûtes.

La peau est épaissie; elle devient dure, sèche, fendillée, crevassée et forme quelquefois de gros plis sur les faces de l'encolure, les épaules et la poitrine.

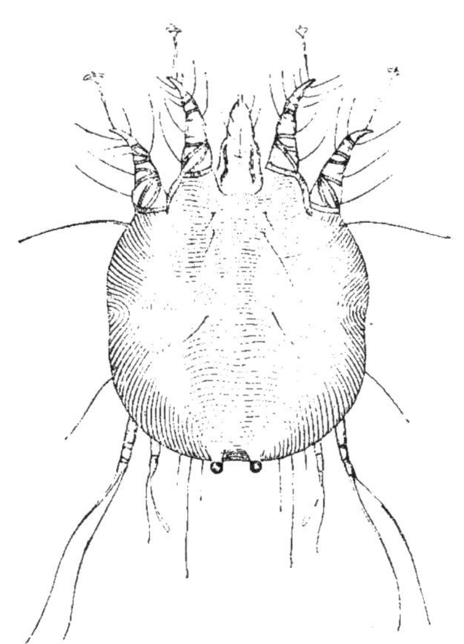

Fig. 267. — Psoropte commun grossi 100 fois (Railliet).

L'influence des saisons sur le développement de cette gale a été bien mise en relief par Gerlach et Müller. La gale débute vers la fin de l'automne, à l'époque où l'on rentre les animaux à l'étable. Elle s'étend et se montre envahissante jusqu'en février, pour diminuer au printemps dès qu'on remet les bœufs au pâturage. Les croûtes tombent, le poil repousse et les animaux paraissent guéris. Il n'en est rien; les accidents prurigineux reparaissent à l'automne. Les psoroptes se cantonnent durant l'été autour de la nuque et autour des cornes.

Quand la gale est étendue, les animaux dépérissent et peuvent succomber.

Diagnostic. — La gale psoroptique du bœuf peut être confondue avec quelques affections cutanées qui ont avec elle une certaine ressemblance : la phtiriase, l'eczéma sébacé et la teigne tonsurante au début.

Ces différentes affections ont des symptômes trop nets à un examen attentif pour que les doutes puissent persister.

Pronostic. — Il ne devient grave que lorsque l'affection négligée a déjà produit la cachexie. Quand elle est récente, la gale cède facilement aux divers antipsoriques.

Traitement. — Comme toujours lorsqu'il s'agit d'affections transmissibles, il faut isoler les malades, les savonner et appliquer sur les régions envahies des mélanges antipsoriques, des pommades à base de soufre, etc. Les préparations à recommander sont les suivantes :

Benzine et pétrole en quantités égales; huile et benzine à parties égales; le sulfure de potasse en solution concentrée (250 grammes par litre); la pommade d'Helmerich; l'eau créolinée; les décoctions de tabac; la pommade au pentasulfure; l'huile de cévadille, etc. L'huile sulfureuse (huile saturée d'acide sulfureuse) est d'un emploi beaucoup plus courant parce qu'il ne nécessite pas de savonnage.

Après une ou deux applications, la guérison est complète et les récidives sont peu à craindre si on a désinfecté l'étable.

Le régime alimentaire doit être bien choisi, car l'état de santé des malades et la suralimentation jouent un grand rôle contre l'envahissement parasitaire.

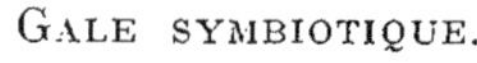

GALE SYMBIOTIQUE.

Elle a encore été qualifiée *gale dermatophagique* (Roll) et *gale chorioptique* (Mégnin).

Signalée en 1835 par Kégélaar, elle a été mieux étudiée par Hering (1835), par Gerlach, Delafond et Mégnin.

Étiologie. — Cette gale est causée par le *Symbiotes* ou *Chorioptes bovis*; elle se transmet difficilement, même par cohabitation.

Symptômes. — Cette gale n'a pas ordinairement chez le bœuf le même siège que chez

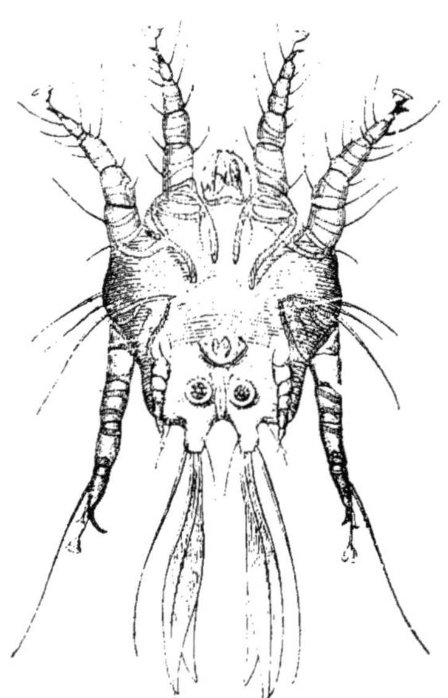

Fig. 268. — Choriopte grossi 100 fois (Railliet).

les autres animaux; en effet, chez ceux-ci, elle siège sur les membres, tandis que, dans l'espèce bovine, son lieu d'élection est la base de la queue. Elle occasionne un léger prurit. Des pellicules petites, épaisses, très abondantes, couvrent la région malade, les poils tombent peu à peu, des croûtes se forment et la peau se crevasse. Lorsque la maladie est complètement négligée, elle peut envahir les reins, le dos, les parties latérales du corps et les épaules; elle peut aussi gagner la région du périnée, la face interne des cuisses et se généraliser sur tout le corps si les animaux sont jeunes et fortement débilités. Elle provoque alors des démangeaisons permanentes, parfois du suintement et la formation de croûtes qui peuvent atteindre 1 à 2 centimètres d'épaisseur.

C'est là une forme exceptionnelle.

Diagnostic. — La gale symbiotique et la gale psoroptique sont difficiles à distinguer à leur début; on précisera le diagnostic en se servant du microscope. A un examen superficiel, on peut confondre la gale symbiotique avec la phtiriase, lorsque celle-ci siège sur les parties postérieures du corps, notamment à la base de la queue, et lorsqu'elle s'accompagne d'éruptions, de dépilations et de prurit intense. La distinction est des plus facile après examen comparatif des parasites.

Pronostic. — C'est une maladie peu grave, ne portant atteinte à la santé des animaux que par une négligence prolongée et lorsque la gale a envahi toutes les parties du corps. Alors les troubles des fonctions cutanées peuvent amener l'anémie et de l'amaigrissement.

Traitement. — Le traitement de cette forme de gale n'offre rien de particulier; il suffit d'employer un des antipsoriques indiqués à propos de la gale psoroptique du bœuf.

La désinfection complète des étables reste toujours de nécessité absolue.

GALES DÉMODÉCIQUES

Ces gales sont produites par des parasites du genre démodex (*Demodex folliculorum*). Ces acariens vivent dans les follicules pileux et les glandes sébacées de plusieurs mammifères.

GALE DÉMODÉCIQUE DU BŒUF.

Elle a été signalée, en 1845, par Gros et depuis par Faxon (1878) dans des peaux de vaches de l'Illinois préparées pour le tannage. Depuis, Stiles (1892) l'a signalée dans toute l'Amérique du Nord Bugge (1909) en Allemagne, Mello (1910) en Italie et Wolffugel en Argentine.

Il semble qu'elle cause plus de dommages et soit plus fréquente dans les pays chauds : aux Indes (Miller, 1912), Est-Africain

(Probst, 1911), au Congo et au Dahomey (Van Saceghem, 19.7).
A Madagascar, où elle est appelée maladie de Boka, elle a été signalée
par Geoffroy en 1907.

On ne l'a pas rencontrée en France, ou bien elle doit y être tout
au moins exceptionnelle. Les peaux étudiées par Faxon présentaient
de nombreux boutons résultant de la dilatation des follicules pileux
de la région du cou et des épaules. Ces boutons sont de forme conique
avec croûtelle au sommet. En les pressant, on fait sortir une matière
sébacée blanche, grasse, très riche en démodex.

Les différentes descriptions données ne diffèrent pas sensiblement, selon les pays, de celle mentionnée ici; cependant les dimensions des lésions peuvent être très variables, depuis celles d'une
tête d'épingle, lésions intracutanées, jusqu'à celles d'une grosse
noix, lésions suppurées superficielles.

Ces lésions sont plus ou moins confluentes; les parasites (*D. folliculorum v. bovis*) sont nombreux dans les petites lésions.

Geoffroy a signalé à Madagascar une forme squameuse, sans boutons, capable d'être confondue avec la teigne, mais avec exulcérations sous les croûtes. Il n'y aurait dans cette forme que peu de parasites, mais des infections suppurées superposées. La maladie de Boka
se transmettrait par contagion directe, de préférence aux animaux
jeunes, plus rarement aux adultes, et les sujets âgés en seraient
indemnes.

Le **diagnostic** extrêmement facile est assuré par l'examen microscopique.

Le **pronostic** a surtout de l'intérêt au point de vue économique,
les peaux atteintes se trouvant détériorées après tannage par de
véritables perforations comparables à celles de l'hypodermose.

Le **traitement** comporte l'ouverture des lésions au bistouri,
l'évacuation des cavités et des applications antiparasitaires ou
antiseptiques : pommades soufrées, phéniquées, etc. Les bains
antiparasitaires utilisés aux colonies contre les tiques, peuvent
être avantageusement recommandés.

ACARIASES NON PSORIQUES

Elles sont produites chez nos animaux de ferme par des arach-
nides appartenant aux familles des Trombididés et des Ixodidés.

1º Le **Lepte automnal** est considéré comme étant la larve du
trombidion soyeux (Trombididés). Il est encore connu sous les
noms de *rouget, acare des regains, bête rouge, bête d'août, aoûtat,
vendangeur.*

Il vit, en effet, à la fin de l'été, en automne, dans les gazons, les
herbes des prairies, etc. Ce parasite détermine chez les bêtes bovines

la maladie connue vulgairement sous le nom de *feu d'herbe*, de *rafle*, et que Gruby désignait sous le nom d'*érythème automnal*.

Symptômes. — Les animaux atteints éprouvent un prurit intense avec agitation qui enlève tout sommeil. Ces malades se grattent continuellement; il se produit comme phénomènes secondaires des papules excoriées, des plaques eczématoïdes. Lorsque les rougets sont très nombreux et surtout si les sujets sont pré-

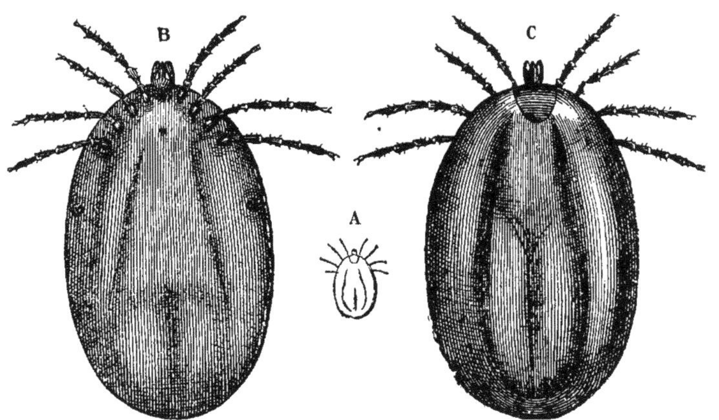

Fig. 269. — Ixode hexagone, I. Ricin (Railliet). — A, grandeur naturelle; B, face ventrale; C, face dorsale.

disposés, on voit apparaître des érythèmes plus ou moins étendus.

Aux points atteints, la peau se gonfle, devient rouge, et parfois même violacée; il se forme des taches irrégulières, isolées ou confluentes qui peuvent atteindre 1 centimètre de diamètre.

Les parasites se fixent de préférence autour des lèvres, sur le chanfrein, les joues, les faces de l'encolure et l'extrémité des quatre membres.

Diagnostic. — Il est facile d'après les symptômes, et, d'ailleurs, la présence du parasite suffit à lever tous les doutes.

Pronostic. — Il est peu grave. Les rougets ne vivent que quelques jours sur la peau des animaux, aussi les troubles qu'ils provoquent ne sont-ils que passagers.

Traitement. — Le traitement consiste à pratiquer des lotions antiseptiques : lotions crésylées à 2 ou 3 p. 100, lotions de chloral, applications d'huile et de pétrole. Les poudrages à la fleur de soufre sont très efficaces.

2º L'**Ixode réduve** ou **Tique** (famille des Ixodidés) est connu encore sous le nom d'*ixode ricin*.

Cette espèce est assez commune en France. Elle attaque les bœufs, se fixe derrière les oreilles, aux ars, à la face interne des cuisses, dans la région du périnée, etc. C'est l'agent inoculateur du parasite de la piroplasmose bovine française.

Symptômes. — Chez le bœuf, les tiques se fixent sur le cou, en arrière des oreilles et aussi vers les régions où la peau est fine : aisselle, aine, région scrotale, région mammaire, etc. Elles provoquent par leurs piqûres de petites plaies qui peuvent être le point de départ d'une inflammation intense. La piqûre détermine de la démangeaison suivie d'une sensation de cuisson d'intensité variable, avec formation d'une auréole rouge à la périphérie de la piqûre.

Jusqu'à ces dernières années, on n'avait attaché que peu d'importance à leur évolution; mais depuis qu'il a été démontré que l'I. rhipicéphale était le facteur de dissémination de la fièvre du Texas, que l'ixode réduve jouait le même rôle pour la piroplasmose bovine de France, on ne saurait rester dans la même indifférence.

Diagnostic. — Le diagnostic de l'acariase provoquée par les tiques est facile : les femelles de tiques acquièrent à l'état parasite adulte de grosses dimensions; les mâles, tout petits, sont trouvés isolés ou accouplés aux femelles vers la face ventrale.

Pronostic. — Il est difficile à l'heure actuelle de se prononcer sur la gravité de cette acariase, mais il convient de la noter et d'en enregistrer les conséquences possibles.

Traitement. — On a conseillé de provoquer la chute des ixodes en les touchant avec de la benzine, du pétrole, de l'essence de térébenthine, etc.; ce procédé ne réussit pas toujours. Les attouchements avec des solutions concentrées de chloral sont plus efficaces. — Lorsque les parasites sont assez gros pour être pris facilement, il est préférable de les enlever à la main; souvent le rostre reste en place, ce qui détermine une suppuration plus ou moins longue.

Dans les pays où les tiques sont en très grand nombre (Amérique du Sud, Australie, Afrique du Sud, Algérie et colonies françaises), on a recommandé d'abord les pulvérisations à l'huile de vaseline en émulsion à 25 p. 100 dans l'eau savonneuse. A ce procédé, on a substitué depuis les bains arsenicaux antiparasitaires, périodiques, avec résultants excellents contre toutes les infestations parasitaires externes et les parasites.

HYPODERMOSE DU BŒUF
(Maladie du varron).

Étiologie. — L'hypodermose du bœuf est une affection parasitaire caractérisée par la présence de nodosités sous-cutanées produites par les larves de l'*Hypoderma bovis*, et plus rarement par celles de l'*Hypoderma lineata* (*varrons*).

L'insecte vit à l'état parfait pendant la saison estivale de la mi-juin au commencement de septembre. Le premier est répandu dans toute l'Europe, le second surtout fréquent en Amérique du Nord. Ils habitent de préférence les pâturages fréquentés par les bêtes bovines; leur vie est éphémère et limitée à la durée de reproduction.

La femelle dépose ses œufs sur les bêtes à peau fine; elle ne peut

Fig. 270. — A, *Hypoderma bovis* grandeur naturelle; B. larve hypoderme sortant d'une tumeur (Railliet).

perforer la peau et les déposer dans le tissu sous-cutané, comme on le pensait autrefois. Les œufs sont elliptiques, prolongés par un appendice fixateur de teinte brunâtre. L'œuf après éclosion donne bientôt une larve revêtue de petites épines.

La ponte s'effectue dans certains points de prédilection; les larves provoquent du prurit, du léchage et passent ainsi dans l'appareil digestif.

On admettait autrefois qu'elles devaient perforer la peau aussitôt après leur éclosion (Bracy-Clark, Brauer) et pénétrer directement dans le tissu conjonctif sous-cutané. De plus récentes observations ont détruit cette opinion.

Comme celles des gastrophiles, ces larves sont ingérées par les bêtes bovines à la suite du léchage et, de l'appareil digestif, elles passent dans les tissus environnants en suivant une voie à peu près connue. Elles traversent la muqueuse œsophagienne, puis l'œsophage, vont séjourner ensuite dans le voisinage du canal rachidien, puis parviennent ainsi, après un temps plus ou moins long, jusqu'au tissu conjonctif sous-cutané.

La ponte a lieu en été, les tumeurs décelant la présence des larves, toujours localisées à la zone du dessus du corps, n'apparaissent que dans le courant de l'hiver et le printemps, de février à mai-juin.

Henrichsen a trouvé, du mois de décembre au mois de mars, des

larves jeunes dans la graisse située entre le périoste et la dure-mère
spinale.

D'après Jost, les larves seraient déglutics à la suite du léchage
de la peau. Arrivées dans le rumen, elles traverseraient la muqueuse

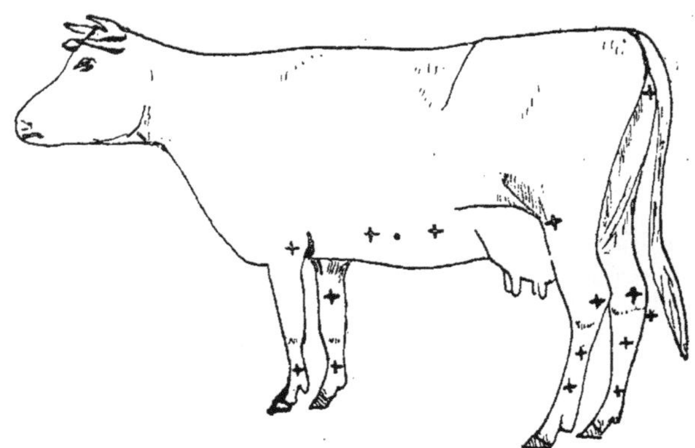

Régions où se fait la ponte.

Vache affolée par les attaques de la mouche.

Fig. 271. — Stades du cycle d'évolution d'*Hypoderma bovis*, d'après Hadwen.

gastrique de juillet à novembre, puis, plus tard, traverseraient la
musculeuse du rumen, ramperaient sous la séreuse et remonteraient
jusqu'au canal rachidien le long des vaisseaux et des troncs nerveux. Arrivées là, elles pénétreraient dans le canal rachidien par
les trous de conjugaison et y séjourneraient de décembre à mars?

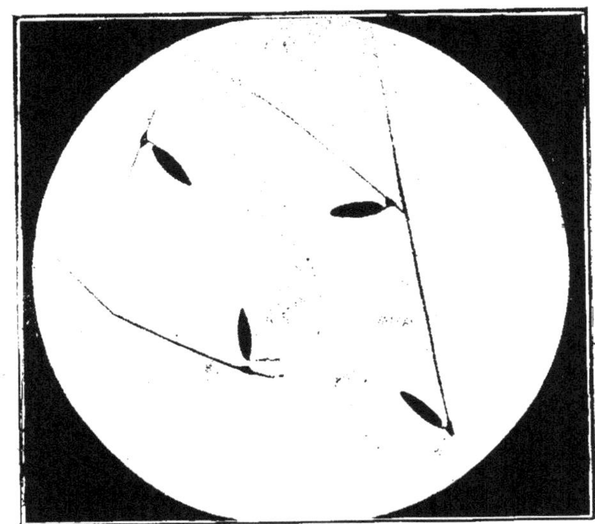

Œufs fixés à la base des poils.

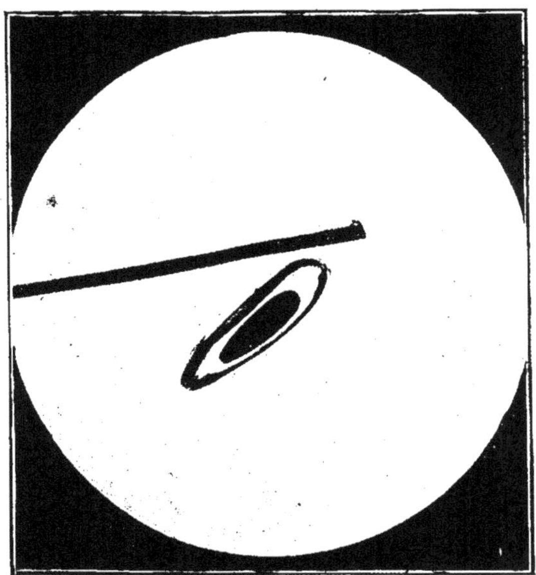

Larve à l'intérieur de l'œuf.

Fig. 272. — Stades du cycle d'évolution d'*Hypoderma bovis*, d'après Hadwen.

Vers cette époque, elles sortiraient par la même voie, glisseraient

Hypoderma bovis ♀.

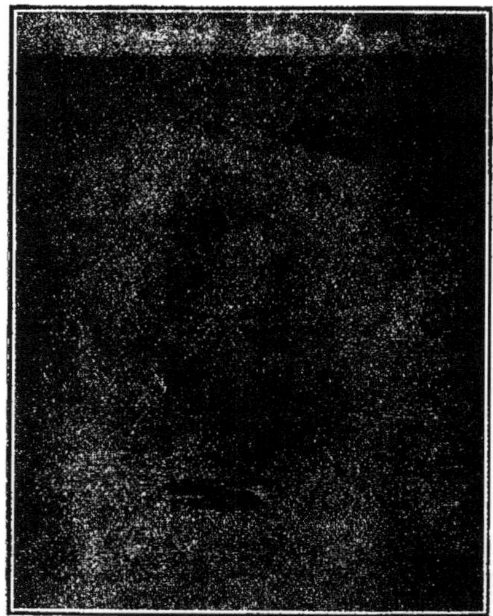

Larves en migration, stade œsophagien.
Fig. 273. — Stades du cycle d'évolution d'*Hypoderma bovis*, d'après Hadwen.

dans les interstices musculaires supérieurs et viendraient terminer
leur évolution sous la peau, là seulement où on les remarque. Beau-

coup passeraient directement sous la peau sans s'arrêter dans le canal rachidien.

L'évolution cyclique de l'insecte (d'après Hadwen) est la suivante : l'insecte adulte ne vit que pour la reproduction, de quelques jours à une semaine. La femelle ne vole que par temps chauds et orageux, de préférence, recherchant les bovidés dans les pâturages pour déposer ses œufs à la surface des poils de certaines régions. Ces œufs sont fixés par une sorte de petit pédicule d'attache comme pour les œstres (*Gastrophilus equi — Œstrus ovis*). Le bourdonnement de ces insectes au milieu des troupeaux, leurs attaques violentes en apparence et répétées, provoquent assez souvent des paniques momentanées dans ces troupeaux (paniques de la mouche (fig. 271).

Par temps frais ou froid, l'insecte ne vole pas et peut mourir avant d'avoir rempli sa mission naturelle au point de vue reproduction.

Chaque femelle peut pondre de 350 à 500 œufs par temps favorable; l'éclosion des jeunes larves vermiformes est très rapide, la larve étant préformée dans l'œuf. Ces larves ingérées par léchage perforent la muqueuse de l'œsophage ou la muqueuse du rumen et accomplissent là un premier stade; puis, par migrations interstitielles probables, elles gagneraient plus tard le voisinage du canal rachidien, pour y séjourner durant un second stade; et ne ce serait qu'à la suite d'une troisième phase de migration qu'elles gagneraient les zones sous-cutanées du dos, des lombes ou de la croupe. Arrivées là, elles perforeraient la peau de dedans en dehors pour pouvoir respirer, et termineraient ainsi leur évolution intraorganique d'une durée totale d'environ dix mois.

Cette évolution terminée, elles quittent leur habitat, tombent dans le milieu extérieur, où leur sort devient naturellement très variable, selon que les conditions sont favorables ou non et selon les causes de destruction. Le sol des prairies naturelles humide et chaud, durant le printemps et l'été, réalise le maximum de conditions favorables.

La durée de la nymphose et de la métamorphose est d'environ un mois et demi à deux mois; elle aboutit à l'apparition des insectes parfaits des deux sexes. Après quoi le cycle recommence.

Symptômes. — Quel que soit le mode de développement, on voit apparaître dans les mois de février et mars des tumeurs cutanées dont les points d'élection sont le dos, les reins, la croupe, les épaules, les côtes; et plus rarement la poitrine, le ventre et les cuisses.

Les animaux parasités ne présentent généralement pas de troubles marqués : il peut y avoir amaigrissement ou entrave à la croissance, diminution du rendement en lait, etc.; mais les accidents vrais dérivant de l'hypodermose : troubles nerveux, troubles digestifs, complications infectieuses, sont exceptionnels ou généralement méconnus quant à leur origine.

Le nombre de ces larves varie : on en trouve rarement moins de 4 ou 5, souvent de 10 à 20 et jusqu'à 100. Lorsqu'elles sont arrivées dans le tissu conjonctif sous-cutané, elles provoquent, à la façon d'un corps étranger, une irritation qui se traduit par une inflammation circonscrite aboutissant à la suppuration.

Chaque larve est logée dans une cavité à paroi résistante. Cette cavité communique avec l'extérieur par un petit pertuis qui est foré au travers de la peau par les épines qui garnissent l'extrémité anale de la larve.

Lorsque la tumeur est assez avancée, si on exerce une pression méthodique à sa base, on peut facilement faire sortir la larve. Quelques jours avant de quitter son abri, celle-ci agrandit le diamètre du pertuis de la tumeur en y engageant à plusieurs reprises ses derniers anneaux. Après le départ de la larve, la sécrétion du pus s'arrête et la peau se cicatrise lentement.

Les larves d'*Hypoderma bovis* sont grandes, de teinte brun verdâtre, celles d'*Hypoderma lineata* sont plus petites, d'aspect gris brun.

Certains auteurs soutiennent encore toutefois que la perforation cutanée est directe par la larve récemment éclose, et ils se basent pour cette affirmation sur le fait que l'on peut trouver des jeunes larves au premier stade dans des pertuis complets ou incomplets de la peau et aussi naturellement dans le tissu conjonctif sous-cutané.

L'hypodermose n'existe que dans les pâturages fréquentés jour et nuit par le bétail; elle est inconnue ou à peu près dans ceux fréquentés seulement pendant le milieu de la journée, et aussi dans ceux où les animaux ne sont mis qu'à l'automne. En voici les raisons : les larves arrivées à maturité ne quittent leur hôte que durant les premières heures de la matinée, jusqu'à huit et neuf heures. Si les bêtes sont à l'étable, ces larves tombent dans les litières et fumiers, meurent et par suite ne donnent pas d'insectes adultes. Si la chute a lieu dans les pâturages, la larve s'enfonce légèrement dans le sol et se transforme en nymphe en vingt-quatre à trente heures. La métamorphose demande quatre à cinq semaines. Durée moyenne de la nymphose trente jours pour *Hypoderma lineata*, quarante-cinq jours pour *Hypoderma bovis*.

Durant l'automne, les femelles d'hypoderme ne pondent plus.

Conséquences économiques. — Les pertes résultant de l'hypodermose, par diminution du rendement laitier, sont estimées en Danemark à une douzaine de francs, par bête, en moyenne, susceptible de s'élever jusqu'à 30 et 35 francs.

Dans certains pâturages, dans le Holstein en particulier, 40 à 50 p. 100 des animaux de l'effectif total sont atteints. En France, l'affection est fréquente dans nombre de contrées, en Normandie et dans les Flandres en particulier, dans le Charolais, le Forez et certaines régions du Midi; mais nous n'avons encore que des notions incomplètes sur les pertes économiques subies, un préjugé populaire voulant que les bêtes atteintes d'hypodermose soient considérées comme les meilleures laitières ou les plus faciles à engraisser. L'opinion est basée sur ce fait que les animaux atteints ont souvent la peau fine, mais il n'est pas exclusif.

D'après les statistiques de la société des tanneurs, 10 p. 100 des cuirs environ seraient troués à certaines époques de l'année, avec une perte de 16 à 17 francs par cuir (chiffres de 1914). Au total, les pertes s'élèveraient approximativement en France à 8 millions au moins. En Allemagne, elles seraient, dit-on, de 10 millions; en Danemark, de 8 millions; aux Etats-Unis, de 180 à 300 millions.

Diagnostic. — L'époque à laquelle apparaissent les tumeurs et la présence des larves rendent le diagnostic facile.

Pronostic. — Il n'est, en général, pas grave. Les larves amènent rarement la mort des animaux. Cependant, si le nombre en est considérable, il y a redouter l'infection purulente. Par contre, le rendement laitier est diminué, et les cuirs subissent une moins-value pouvant aller jusqu'à un quart ou un tiers de la valeur totale, parce qu'ils sont perforés. Exceptionnellement l'infestation larvaire peut se compliquer de péritonite, de pleurésie ou de septicémie lorsqu'il y a des déplacements aberrants des larves.

Traitement. — On ne connaît pas de traitement réellement pratique permettant d'éviter l'évolution de l'hypodermose. Il faudrait pour y arriver supprimer les insectes parfaits.

Le traitement curatif consiste à extirper les larves sous-cutanées; il est mis en pratique en Danemark, Hollande et Allemagne depuis 1902-1903. C'est ce que l'on appelle l'*évarronnage*.

Dans ce but, les sociétés d'élevage font inspecter les troupeaux dès le printemps, puis ensuite tous les quinze jours à trois semaines. Des hommes spécialement éduqués procèdent à l'élarvement, à l'aide d'un petit extracteur très acéré en forme de plume en acier. Cette extraction, faite avant maturité, laisse une plaie régulière qui se cicatrise rapidement sans suppuration. Le rendement en lait est augmenté, il n'y a pas de dépréciation de la viande, il n'y a pas de moins-value pour les cuirs.

L'expérience poursuivie avec ténacité de 1902 à 1911 a montré que l'on pouvait arriver à la disparition presque complète du varron dans certains districts, et qu'il serait possible d'obtenir le même résultat ailleurs, si la lutte systématique était, sans grosses dépenses, entreprise scientifiquement.

Dans le grand-duché d'Oldenbourg, un arrêté du ministre d'Etat du 11 mars 1910 ordonne l'évarronnage sur les animaux des marais du Weser, sous la contrainte d'amendes.

En France, rien de semblable n'a encore été tenté, ni même projeté; mais il est à souhaiter que les Sociétés d'élevage prennent ces initiatives privées et logiques à cet égard.

Lucet avait conseillé, autrefois de tuer sur place les larves d'hypodermes par l'injection interstitielle de teinture d'iode dans les tumeurs sous-cutanées. Le procédé est infiniment moins pratique et moins rapide que celui de l'évarronnage, comme j'ai pu m'en assurer, parce que, si les larves sont bien tuées sur place, ce qu'il est facile d'obtenir, il n'en persiste pas moins une suppuration locale prolongée, due à la non-résorption de l'enveloppe chitineuse.

La même objection peut être faite à la méthode plus récente qui consisterait à tuer la larve dans sa logette sous-cutanée par une ou des applications répétées en surface, d'une pommade au paradichlorobenzène au cinquième.

L'extirpation des larves des tumeurs parasitaires apparentes est extrêmement facile et la seule intervention vraiment utile à notre époque. Elle peut être pratiquée par n'importe qui, à l'aide d'un petit bistouri *ad hoc*, que j'ai fait fabriquer il y a long-pourvu d'une pointe de 1 cm. 5 avec épaulement pour limiter la pénétration. La pointe est enfoncée à bloc dans la tumeur parasitaire; après débridement par mouvement de bascule une simple pression à la base de la tumeur fait sauter la larve, même peu développée. C'est évidemment à l'heure actuelle le meilleur moyen de lutte, à la portée de tous, et sans danger.

La cicatrisation de la petite plaie est rapide, les cuirs ne sont plus perforés, conservent par conséquent toute leur valeur.

CHAPITRE III

TEIGNE

Sous l'ancien nom de *teigne*, on désigne encore, d'une façon courante, des affections cutanées déterminées par des champignons microscopiques parasites qui se développent aux dépens des productions épidermiques. Les dénominations d'*herpès* et de *dartres*, souvent employées, elles aussi, sont en partie justifiées par l'aspect des lésions. Quant aux appellations de *dermatophytie*, d'*épidermophytie*, elles caractérisent le mode de végétation du parasite; celle de *dermatomycose* spécifie le parasite végétal cutané.

La teigne est fréquente sur les sujets de l'espèce bovine. — Elle est causée par la végétation de champignons parasites du genre trichophyton, famille des gymnoascées, ordre des ascomycètes.

La forme ascosporée de reproduction, c'est-à-dire la faculté de donner des fruits est inconnue, ou a été perdue par adaptation parasitaire, mais la reproduction par hyphes à éléments sporulés, c'est-à-dire par conidies, est caractéristique.

En culture, le mycélium est représenté par des filaments végétatifs ramifiés à angle droit, et par des filaments reproducteurs dégagés, superficiels et aériens à formes conidiennes.

Ce sont ces spores conidiennes qui sont les agents de dissémination et de contagion.

Ces champignons parasites se cultivent sur milieux gélosés, et ce sont les cultures seules qui peuvent donner la différenciation spécifique par leurs caractères objectifs et microscopiques. Toutes les cultures s'achèvent sous la forme duveteuse.

C'est Gruby qui, en 1842, en découvrant le parasite de la teigne ou herpès, montra que les lésions cutanées ne devaient plus être rattachées à un état diathésique particulier de l'organisme, le vice dartreux des anciens.

Chez les animaux, les travaux de Bazin (1853), Gerlach et Raynal (1857), Bouley, Mégnin, et ceux plus récents de Dassonville et Matruchot, ainsi que de Cazalbou, sont venus préciser nos connaissances.

La malpropreté, les mauvaises conditions d'hygiène, la promiscuité de la stabulation (Grognier), favorisent la propagation de la teigne.

Le contact direct entre malades et sujets sains, le transport des spores par les instruments de pansage, étrilles, brosses, éponges, favorisent la contagion. Cette contagion s'opère non seulement d'un animal à un autre animal de la même espèce, de veau à vache, par exemple, ou de génisse à génisse, mais encore du bœuf à l'homme (Ernst, 1820; Verheyen, Cazenave, Gerlach), plus difficilement du bœuf au cheval.

Fig. 274. — Teigne. Aspect extérieur chez le veau, forme tonsurante (d'après photographie).

Mégnin (1890) avait essayé de montrer que tous les trichophytons qui provoquent la teigne chez les animaux n'appartiennent pas à la même espèce, et il avait donné à celui que l'on rencontre ordinairement chez le bœuf le nom de *Trichophyton epilans*, pour ce fait qu'il provoque la chute totale du poil après végétation dans le follicule, tandis qu'il avait appliqué le nom de *Trichophyton tonsurans* à celui que l'on retrouve chez le cheval, et qui ne végéterait qu'à la surface de la peau et dans l'épaisseur du poil sans provoquer d'inflammation des follicules pileux et sans les envahir.

Cazalbou (1914), dans ses recherches sur les tricophytons des bovidés, en mentionne sept espèces ou variétés différentes d'après les caractères de cultures artificielles :

1° Cinq à culture faviforme permanente :

Tr. ceroton, trouvé dans des plaques teigneuses à croûtes grisâtres, des dimensions d'une pièce de 2 francs, réparties sur le dos et les côtes, spores de 5 μ. cultures d'attente en tubercules jaunâtres, culture adulte agglomérée, exhaussée, couleur cire vierge;

Tr. coronatum, trouvé dans de grandes plaques croûteuses de couleur brune, réparties sur le dos et la croupe, *ectothryx* typique, spores de 6 μ; cultures d'attente en bouton jaunâtre avec couronne de fin duvet blanc d'argent;

Tr. conicum, trouvé dans des plaques siégeant sur la croupe, avec gouttelettes de pus; cultures d'attente de couleur jaune ou orangé;

Tr. cinereum, trouvé dans des plaques de la région supérieure du corps, avec poils faiblement parasités, mycelium se résolvant en éléments cubiques ou sphériques de 4 μ; cultures d'attente jaune vif, culture normale gris bleu cendré en relief;

Tr. floréale, donnant des cultures d'attente jaune gris, des cultures normales jaune-citron, à pourtours festonnés pétaloïdes.

2º Deux variétés pour lesquelles les cultures d'attente seules sont faviformes :

Tr. expansum, trouvé dans des plaques isolées, grises, des dimensions d'une pièce de 5 francs, réparties sur le dos, l'encolure et les épaules.Cultures d'attente en petites masses jaunâtres vermicellées;

Tr. singulare, trouvé dans des plaques des régions supérieure et postérieure du corps; cultures d'attente globuleuses, vaguement circonvolutionnées, couleur blanc crème sous le duvet des festons périphériques.

La distinction de ces différentes variétés ne peut être établie que par les cultures artificielles sur milieux gélosés. Ces cultures ont une tendance à s'achever sous la forme duveteuse, qui paraît devoir être considérée comme un début d'évolution du champignon parasite à la vie libre. Mais, par suite d'adaptation parasitaire, c'est tout ce que l'on a pu obtenir jusqu'ici, en champignons, se reproduisant par hyphes à éléments sporulaires et non par asques, c'est-à-dire par fruit.

Les spores sont les agents de la contagion; disséminées par un moyen quelconque, tombant sur la surface de la peau d'une bête en état de réceptivité, ces spores se développent, donnent un mycélium qui envahit les poils et l'épiderme, provoquant l'évolution des plaques teigneuses ou dartres.

Symptômes. — La maladie s'attaque de préférence aux jeunes, aussi aux vaches laitières, très exceptionnellement aux adultes, et sujets âgés. Il y a là une question d'âge et de terrain bien curieuse à interpréter.

Chez les veaux, la teigne se localise de préférence à la tête, au pourtour des lèvres, aux narines, à la région inférieure de l'auge, et aussi à la gorge et à l'encolure. — Elle se manifeste sous forme de plaques circulaires dont le poil commence par se hérisser.

Puis bientôt la surface de l'épiderme prolifère et se recouvre de croûtes adhérentes aux poils (dartre contagieuse, dartre croûteuse, dartre ronde de Gellé et Lafore, etc...), les agglutinant et les faisant tomber sur des surfaces de la dimension d'une pièce de 1 franc ou de 2 francs. Cet aspect particulier de la lésion l'avait fait qualifier autrefois de *dartre croûteuse*. — La lésion se montre envahissante vers la périphérie, jusqu'à acquérir les dimensions d'une pièce de 5 francs et plus. Lorsqu'elle est ancienne, la région du centre est glabre, dénudée, alors que l'envahissement périphérique continue.

Par la confluence des plaques et sur des sujets très réceptifs, l'extension est considérable : elle peut gagner toute la surface de l'encolure, la région de l'épaule et du dos, et même se généraliser au point de dépiler totalement le malade.

Lorsque les poils sont tombés, l'aspect croûteux, suintant du début disparaît, les régions dépilées sont simplement le centre d'un foyer de proliférations épidermiques écailleuses, abondantes.

Dans une seconde forme, j'ai vu la teigne se localiser à quelques plaques fort peu étendues, provoquer la chute des poils, mais sans déterminer l'inflammation exsudative croûteuse du début. Les

Fig. 275. — Teigne. Aspect de dartres croûteuses. Extension au pourtour des yeux et à la base des oreilles (d'après photographie).

sujets, dans cette seconde forme, se présentent avec les dépilations circulaires caractéristiques sur la tête, l'encolure ou les épaules.

Le prurit existe, mais fort peu accusé.

Il y a donc cliniquement deux aspects principaux des lésions : des lésions croûteuses et des lésions dénudantes simples.

La teigne évolue chez les jeunes sujets et jusqu'à trois ans; elle est beaucoup moins fréquente chez les adultes. Elle sévit de préférence durant l'hiver, alors que la stabulation favorise la contagion; mais, même dans ces conditions, les sujets adultes ou âgés sont ordinairement épargnés. — L'extension à toute la surface du corps n'est pas absolument rare, je connais des observations où de pareils malades ont succombé par refroidissement et par épuisement.

Étiologie. — L'étiologie de la teigne se limite à l'implantation de spores sur la peau des animaux en état de réceptivité. Le champignon parasite se développe dès lors dans les poils, les follicules pileux et l'épiderme, causant des lésions diverses variables avec les espèces.

Il est encore difficile à l'heure actuelle de savoir s'il y a réellement plusieurs espèces de trichophytons, ou simplement des variétés d'une même espèce.

Scientifiquement, on divise les trichophytons en *Tr. ectothrix* qui vivent à l'extérieur du poil, que ce soit à l'intérieur ou à l'extérieur du follicule; et en *Tr. endothrix* qui pénètrent dans l'épaisseur même du poil et en provoquent facilement sa brisure. En réalité, tous les trichophytons sont plus ou moins *endothrix*, car, même dans les cas de végétation superficielle, il y a une certaine pénétration de l'épaisseur du poil; mais, pour ceux qualifiés *ectothrix*, le poil conserve sa résistance et ne se brise pas.

L'étude des caractères de ces champignons dans les cultures artificielles permettra sûrement de compléter nos connaissances.

En France, la teigne est surtout fréquente en Auvergne, en Normandie, dans la Mayenne, où on se montre peu prodigue de soins hygiéniques pour les animaux; mais on peut en relever des cas disséminés un peu de tous côtés.

Fig. 276.— Teigne du bœuf. Transmission accidentelle à l'homme. Aspect de lésions localisées à l'avant-bras.

Diagnostic. — Le diagnostic de la teigne ne présente généralement pas de difficultés. L'aspect des lésions (fig. 274 et 275), leur nombre, le caractère envahissant, la contagiosité facilitent ce diagnostic. — Ces lésions diffèrent totalement, à un examen attentif, de celles des eczéma ou de la gale, et d'ailleurs l'examen histologique, qui est des plus élémentaires, permet de préciser (1). Dans la teigne du bœuf, la base des poils est recouverte d'un nombre énorme de chaînettes de spores qui ne pénètrent pas dans l'épaisseur.

Lorsque la teigne est complètement généralisée à toute la surface du corps, le diagnostic différentiel d'avec l'eczéma sébacé est plus

(1) Recueillir des poils et des croûtes à la périphérie de la plaque teigneuse; traiter par l'alcool-éther pour enlever les matières grasses. Dissocier dans une faible quantité de potasse à 40 p. 100, examiner directement sous lamelle après écrasement léger et après avoir chauffé doucement jusqu'à dégagement d'une première bulle gazeuse. On peut encore colorer les débris épidermiques à l'eau iodée; les spores parasites restent incolores.

difficile extérieurement, et il nécessite toujours l'examen microscopique ou l'inoculation expérimentale.

Sur des veaux, l'inoculation des produits teigneux est toujours fertile.

Il suffit de pratiquer quelques scarifications légères et d'ensemencer par frottis avec des croûtes recueillies à la périphérie des plaques. L'inoculation peut être faite chez des cobayes, comme sujets d'expériences.

Pronostic. — La teigne n'est pas une affection grave par elle-même; elle peut, avec le temps, guérir spontanément; mais, dans les cas de généralisation à toute la surface du corps, il n'en est plus de même. Les malades dépilés se refroidissent par rayonnement, subissent des déperditions caloriques proportionnées aux surfaces dénudées; la prolifération épidermique est énorme et un état vraiment miséreux en est la conséquence. Il est alors plus avantageux d'abattre de très bonne heure.

La guérison des petites lésions distinctes se fait spontanément en deux à trois mois.

Traitement. — Le traitement comporte, tout d'abord l'isolement des malades et la désinfection parfaite des objets de pansage qui peuvent leur avoir servi (brosses, étrilles, etc.).

On doit ensuite enduire les parties malades de corps gras susceptibles de ramollir les croûtes et de permettre leur enlèvement le plus parfait possible par raclage. — Ces produits seront brûlés.

L'application de médicaments sans enlèvement des croûtes resterait sans résultats, car, les spores se trouvant dans la profondeur et dans les follicules, le contact avec le médicament serait impossible.

Les croûtes enlevées, de nombreuses substances chimiques peuvent être utilisées en badigeonnages ou en lotions quotidiennes pendant quelques jours : teinture d'iode, huile de cade, sulfate de fer à 10 p. 100, perchlorure de fer, etc. Il ne faut pas prolonger trop longtemps l'emploi de ces médicaments, pour ne pas altérer la peau.

Malgré la résistance naturelle des spores qui, après trois mois de dessiccation, sont encore susceptibles de germer (Gerlach), quelques actions médicamenteuses se montrent efficaces, mais il faut ensuite, pour apprécier la guérison, attendre le temps nécessaire pour la réparation des téguments, des follicules pileux et aussi pour la repousse des poils.

Lorsque les lésions sont limitées à quelques plaques bien nettes et pas trop larges, le mélange suivant en badigeonnages est très énergique :

Acide phénique cristallisé . . . . ⎫
Teinture d'iode . . . . ⎬ Parties égales.
Hydrate de chloral . . . . ⎭

Deux ou trois applications suffisent.

Le perchlorure de fer liquide, en badigeonnages, a été recommandé dans les conditions ci-après : enlever les poils et les croûtes, dégraisser la peau, badigeonner jusqu'à ce que la peau soit colorée. Répéter tous les deux jours, durant une semaine, puis ensuite tous les trois jours durant une quinzaine. La guérison est généralement obtenue. Le formol à 5 p. 100, en badigeonnages est d'un emploi peu onéreux et fort avantageux.

Chapron (1923) a recommandé le flambage des plaques avec la flamme de l'autocautère, après nettoyage et enlèvement des poils sur 2 à 3 centimètres de pourtour. Mais il convient de remarquer que si les champignons parasites sont détruits très au-dessous de 75-80°, il faut une habileté déterminée pour ne provoquer qu'une brûlure de l'épiderme au premier degré. On ne peut agir sur les parties profondes des follicules pileux envahis.

En cas de généralisation, les médicaments sont peu utilisables, et, dès que de grandes surfaces cutanées sont mises à découvert, les actions médicamenteuses deviennent plus difficiles.

Malgré cela, les applications de savon noir laissées plusieurs heures en place et assez fréquemment répétées en alternant tantôt pour un côté et tantôt pour l'autre, les lotions crésylées et lysolées, les lotions de chloral et surtout les lotions de pentasulfure de potassium en solution forte, permettent d'espérer la guérison en quelques mois.

Les applications de savon vert (savon de potasse) répétées deux fois par semaine, en guise de pommade, donnent parfois d'excellents résultats. Celles d'huile sulfureuse à 10 p. 100 (huile, 100, acide sulfureux en dissolution, 10) sont aussi très pratiques.

La mise en plein air au pâturage est à recommander.

A l'heure actuelle, en médecine humaine contre la teigne, on donne la préférence aux applications successives de rayons X. Ces rayons provoquent la chute des cheveux ou des poils de barbe, lesquels, en tombant, entraînent la plus grande partie des spores. Dès que la repousse commence, une nouvelle séance provoque à nouveau la chute des poils follets. Le follicule pileux finit par être débarrassé de toutes les spores; la guérison est dès lors définitive. On gagne ainsi un temps très appréciable dans le traitement de la teigne de l'homme, de l'enfant surtout, qui autrefois restait souvent teigneux plusieurs années, alors que de nos jours il est guéri en quelques mois. Cependant des irradiations trop fortes peuvent laisser des régions définitivement glabres.

Rien, *a priori*, ne s'opposerait à l'application d'un pareil traitement pour nos animaux, dans nos services des écoles seulement; mais, dans la pratique courante, ce serait totalement impossible.

On a affirmé que des injections intradermiques de tricophytine; (extrait de cultures sur milieux liquides), représenteraient un véri-

table traitement spécifique et permettraient d'obtenir une guérison rapide et sûre, même avec les tricophyties profondes.

Urbain et de Potter (1926) ont montré que la trycophitine donne
des réactions spécifiques par intra-dermo chez les sujets à tryco-
phytie; il est donc logique de penser qu'il puisse y avoir action curative.

C'est une pratique à tenter chez nos animaux dont le traitement
reste toujours particulièrement délicat.

Il importe beaucoup, dans toutes les manipulations, de ne pas
oublier que la teigne du bœuf est transmissible à l'homme, particulièrement aux enfants et aux adolescents.

CHAPITRE IV

VERRUES CHEZ LE BŒUF

(*Papillomatose cutanée.*)

Les verrues, vulgairement appelées *poireaux*, sont des tumeurs cutanées, de véritables papillomes qui se développent de préférence chez les animaux jeunes, génisses ou bouvillons. Souvent pédiculées, à surface lisse, fendillées ou crevassées, elles sont parfois sessiles.

Étiologie. — La cause est difficile à préciser. On a rattaché l'évolution des verrues à la pullulation de bactéries (*Bacterium porri*) dans les couches superficielles du derme. Ce qu'il y a de certain, c'est qu'elles sont transmissibles aux animaux de même espèce et même à l'homme par inoculation, ou à la faveur d'excoriations cutanées.

Symptômes. — Au début de leur apparition, les verrues se traduisent par une hypertrophie papillaire du derme qui se coiffe de couches épidermiques à prolifération active et arrive à faire saillie à travers les poils. Les lésions peuvent rester isolées ou devenir confluentes, paraissant ainsi réunies par leur base. Cette forme généralisée se produit assez souvent; les verrues atteignent alors la grosseur du poing et même au delà.

L'affection se manifeste sur les parties les plus fines de la peau : mamelles, face interne des cuisses, paroi abdominale inférieure, région des ars, face postérieure des oreilles, etc. Plus rarement il est possible de les observer sur les membres.

Lorsque les verrues atteignent un développement considérable en surface, elle se fendillent, se crevassent, s'infectent, suppurent, et sont susceptibles de provoquer des accidents divers, en particulier la pyohémie. Les malades maigrissent et perdent de leur valeur.

Diagnostic. — Le diagnostic est facile. La contagiosité des verrues est démontrée, non seulement pour les animaux de la même espèce, mais aussi pour l'homme.

La papillomatose cutanée est plus fréquente dans les vallées que sur les côteaux, le naturaliste de Buysson pense qu'elle y est propagée par des mouches piquantes, en particulier des tabanidés et plus spécialement par *Hematopota pluvialis*.

Pronostic. — Le pronostic n'est pas grave lorsqu'on n'envisage que la santé du sujet; il l'est néanmoins au point de vue économique, surtout chez les laitières où la présence de verrues sur un trayon est toujours un inconvénient. Commercialement, les marchands de bestiaux déprécient considérablement les animaux atteints.

Traitement. — Sans parler de la médication interne à base de

Fig. 277. — Verrues de la région abdominale et des membres.

magnésie calcinée, beaucoup des traitements recommandés jusqu'à ce jour n'ont qu'une efficacité très relative.

Peuch et Cruzel conseillent des frictions d'huile de cade chaude à 40°. — La cautérisation répétée, par l'acide azotique, a été indiquée comme donnant de bons résultats en provoquant la mortification des tissus. C'est un procédé impraticable sur des lésions multiples.

Les pommades au collargol à 10 p. 100 donnent de bons résultats.

Ces médications sont impraticables lors de lésions multiples volumineuses, ou généralisées tout aussi bien, d'ailleurs, que les ligatures élastiques.

L'ablation totale aux ciseaux ou au bistouri, ou de préférence et plus simplement l'arrachement à la main, doivent être utilisés obligatoirement dans ces derniers cas. Ces ablations donnent des hémorragies qui peuvent paraître inquiétantes à première vue; en réalité, elles sont de peu d'importance. Elles s'arrêtent spontanément au bout de quelques minutes, même pour des artérioles anormales de plusieurs millimètres de diamètre. Pour plus de sûreté, on peut d'ailleurs recourir à la cautérisation des petites plaies avec le couteau du thermocautère.

Ce n'est que très exceptionnellement qu'il y aura lieu de recourir à l'emploi de l'écraseur Chassaignac. Les petites verrues largement sessiles seront abrasées au bistouri ou à la curette tranchante; celles des mamelles devront être enlevées aux ciseaux avec précau-

Fig. 278. — Fics ou verrues de la région du cou.

tion pour ménager l'intégrité des trayons, et souvent après anesthésie locale, parce que l'intervention est douloureuse.

J'enlève ordinairement toutes les végétations en une seule séance. Il m'est arrivé d'en extirper ainsi plus de 15 kilogrammes en une seule fois et sans le moindre accident. Après lavage antiseptique des plaies, je saupoudre les surfaces vives avec un mélange à parties égales d'acide borique, de tanin et d'alun calciné pulvérisé. En quelques jours, la cicatrisation est obtenue.

Chez les malades très amaigris, l'ablation demande plus de précautions et doit être réalisée en plusieurs séances, pour éviter des pertes de sang susceptibles de devenir dangereuses. Dans tous les cas il sera d'une sage prévoyance d'avoir du sérum physiologique à sa disposition et même, par prudence, d'en injecter un ou plusieurs litres sous la peau ou dans les veines.

L'arséno-benzol en injection intraveineuse, chez l'homme, a donné, dit-on, des résultats rapides et parfaits. Chez les bovidés, le novarsenobenzol en injections intra-veineuses à la dose de 0 gr. 50 à 0 gr. 60 suivant la taille, (deux à trois injections à huit jours d'intervalle) m'a donné des résultats favorables indiscutables dans les cas de moyenne gravité (fig. 277), mais il faut de six semaines à deux mois pour que les verrues se flétrissent, se raccornissent, se dessèchent et puissent être progressivement détachées par les soins de pansage. Déjà au bout de dix à quinze jours on constate une régression manifeste. Toutefois la méthode est moins rapide dans son résultat définitif que l'intervention chirurgicale directe. C'est au vétérinaire et au propriétaire à faire selon les circonstances, le choix entre les deux méthodes d'intervention. Lorsque les verrues sont étalées, aplaties, mal pédiculées la médication arsenicale mériterait la préférence, soit sous forme de médication interne, soit sous forme de pommades.

On peut enfin essayer l'autohémothérapie et l'autothérapie tissulaire : broyer et émulsionner un fragment de verrue recueilli très proprement, diluer avec la solution saline physiologique, filtrer sur gaze et pratiquer quelques injections, 4 à 5 centimètres cubes à plusieurs jours d'intervalle (additionner de 0,5 p. 100 d'acide phénique si l'on veut conserver.

CHAPITRE V

EMPHYSÈME SOUS-CUTANÉ

On donne le nom d'*emphysème sous-cutané* à la pénétration d'air ou de gaz dans le tissu conjonctif sous-cutané et interstitiel.— L'emphysème reste localisé ou se généralise suivant la nature de l'accident ou de la lésion qui lui a donné naissance et le point où l'emphysème a débuté. — L'emphysème sous-cutané est fréquent chez le mouton et le bœuf.

Symptômes. — Les symptômes de l'emphysème sous-cutané sont extrêmement nets. Ils sont représentés par des tumeurs crépitantes diffuses ou limitées, siégeant en des points très variables : tantôt vers le flanc, d'autres fois vers l'entrée de la poitrine, plus rarement vers la région de l'ars.

La palpation fait reconnaître les limites de la crépitation, et la percussion décèle une sonorité toute particulière qui ne devrait pas exister. Le tissu conjonctif sous-cutané, et aussi bien souvent le tissu interstitiel, est comme soufflé.

L'emphysème peut être généralisé; l'accident est rare, mais il s'observe parfois. Tant que l'emphysème reste limité au tissu sous-cutané, les animaux paraissent déformés, mais ils ne sont pas en danger; si, au contraire, l'emphysème est aussi interstitiel, et si surtout la cause qui lui a donné naissance persiste, la mort peut survenir à très bref délai, lorsque l'emphysème passe par exemple dans le médiastin, gagne les plèvres et le poumon.

Les symptômes d'emphysème se doublent alors de troubles respiratoires, circulatoires et de phénomènes d'asphyxie.

Étiologie. — Le mécanisme de production de l'emphysème sous-cutané peut être extrêmement variable.

Que dans une ponction de rumen, par exemple, la canule du trocart soit retirée sans précaution et provoque le décollement avec déplacement léger de la peau, des gaz du rumen pourront avoir encore de la tendance à s'échapper par la voie de ponction. Ils s'infiltreront dans la région décollée et, si l'orifice cutané est déplacé, l'échappement se trouvera limité aux plans conjonctifs interstitiels de la région du flanc. C'est un accident possible, qui entraîne à sa suite des suppurations diffuses de toute la région du creux du flanc et parfois au delà. — Il est rare, par contre, que l'emphysème se généralise, chez le bœuf tout au moins, mais chez le mouton et la chèvre cela se produit; les malades peuvent mourir intoxiqués par résorption des gaz d'infiltration.

Dans d'autres circonstances, l'emphysème débute par une plaie d'une région où le tissu conjonctif est lâche et souple, région de l'ars, région interne de l'épaule, pli du flanc. A chaque mouvement ou déplacement angulaire des tissus, la plaie s'entrebâille, l'air extérieur pénètre et celui emprisonné se trouve refoulé de proche en proche vers des régions plus éloignées.

Les blessures accidentelles de la trachée, en particulier les blessures par morsures de chiens chez les moutons et les chèvres, sont toujours accompagnées d'emphysème local; si, ce qui est la règle, les plaies cutanées et trachéales ne se correspondent plus, à chaque mouvement d'expiration, une partie de la colonne d'air rejetée au dehors pénètre dans le tissu péritrachéal, envahit progressivement les régions avoisinantes et le médiastin. Le blessé peut se souffler lui-même totalement et succomber par asphyxie.

Les lésions ouvertes d'échinococcose pulmonaire, les accidents de pneumothorax, les cavernes et abcès tuberculeux, l'emphysème pulmonaire, peuvent représenter le point de départ d'un emphysème local, général, interstitiel ou sous-cutané.

Diagnostic. — Le diagnostic de l'emphysème accidentel ne présente pas de difficultés, car on ne pourrait confondre les tuméfactions locales qu'avec celles du charbon symptomatique. Or, dans cette dernière affection, il y a toujours réaction fébrile, état général rapidement alarmant, dans l'emphysème simple jamais.

Il importe cependant de bien tenir compte de la possibilité d'accidents de compression, d'accidents asphyxiques, et même d'intoxication.

Pronostic. — Le pronostic peut être bien bénin ou très grave. Tout dépend de la lésion causale. C'est donc au praticien à savoir interpréter ce qui va se passer.

Traitement. — Le meilleur traitement, c'est l'immobilité et l'expectation pour les formes légères; l'abatage immédiat pour les formes graves, plaies de la trachée par exemple.

On recommandait autrefois les scarifications, incisions cutanées ou ponctions multiples et le massage pour favoriser l'échappement des gaz accumulés dans les tissus. La méthode est sans valeur et a peut-être plus d'inconvénients que d'avantages en favorisant des infections ou des suppurations multiples.

En immobilisant les malades dans un endroit calme et frais, les gaz se résorbent petit à petit la guérison peut être obtenue après quinze jours ou trois semaines.

MÉLANOSE BOVINE

Beaucoup plus rare chez l'espèce bovine que chez l'espèce cheval'ne, la mélanose y revêt aussi quelques caractères particuliers qu'il importe de connaître.

C'est ainsi qu'elle paraît aussi fréquente chez les jeunes veaux

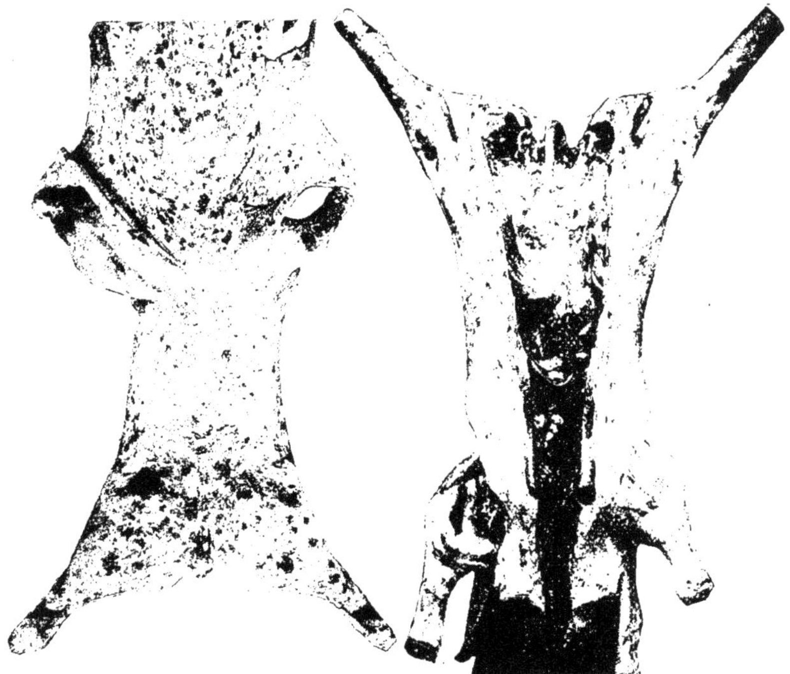

Fig. 279. — Infiltration mélanique diffuse et généralisée chez un veau de boucherie de bonne qualité.

de boucherie de quatre à six semaines que chez les adultes, et qu'on a même pu la découvrir chez des nouveau-nés (Degive), ce qui prouve qu'elle peut être congénitale. Elle se montre indifféremment sur des sujets à robe foncée (races flamande, limousine, salers) et sur des sujets à robe dépigmentée (races charolaise, nivernaise).

Il est rare que le diagnostic en soit porté du vivant des animaux; c'est le plus souvent à l'autopsie ou à l'habillage que la découverte en est établie; aussi est-ce surtout dans les grands abattoirs que les principaux cas en ont été recueillis (Baillet, Morot).

Cette mélanose de l'espèce bovine se présente sous deux aspects :

1º Sous forme d'infiltration mélanique diffuse, mais par plaques ou par taches dans tous les tissus et sans autre altération de ces tissus (tissu conjonctif sous-cutané, muscles, séreuses, méninges, os, poumon, foie, rein);

2º Sous forme de tumeurs ou lésions localisées, quelquefois uniques, plus souvent multiples (sarcomes, fibromes, myxomes, etc.)

D'après Piettre, le pigment mélanique possède les propriétés chimiques des acides amidés; il se trouve constitué par un groupe albuminoïde que l'hydrolyse permet d'isoler, et par un noyau pigmentaire plus condensé soluble dans les alcalis.

Sans grande importance clinique, cette affection intéresse surtout le service d'inspection des viandes. Si le diagnostic est établi du vivant des malades, les animaux doivent être réformés; dans le cas contraire, les lésions entraînent soit la saisie partielle, soit la saisie totale (viandes non marchandes).

CLASSE IX

MALADIES DES YEUX

Les affections des yeux qui, chez nos animaux domestiques, méritent une description spéciale et présentent un certain intérêt clinique, sont fort peu nombreuses, exception faite des maladies parasitaires. — Elles affectent le globe oculaire ou les organes annexes.

CORPS ÉTRANGERS

Les corps étrangers se logent à la face interne des paupières, dans les plis de la conjonctive, dans l'épaisseur de la cornée, et parfois, mais exceptionnellement, dans la chambre antérieure, le cristallin ou le corps vitré.

Ils sont représentés par des graviers, des poussières, des glumes de céréales qui se piquent obliquement.

Leur présence se traduit par du clignement des paupières, de la conjonctivite œdémateuse, du larmoiement et de la photophobie.

Le diagnostic est quelque peu délicat, car la sensibilité devient rapidement excessive et l'exploration reste difficile. — Dans les cas où les corps étrangers ont pénétré dans la chambre antérieure ou le cristallin, ils provoquent de la suppuration ou de la cataracte traumatique.

Le traitement nécessite souvent, avant toute intervention, l'anesthésie préalable à la cocaïne ou tout autre anesthésique : stovaïne, novocaïne, etc. (quelques gouttes d'une solution à 1, 2 ou 3 p. 100).

L'exploration permet ensuite de découvrir le corps étranger mais il se peut que l'exploration de l'œil soit exceptionnellement douloureuse et nécessite au moins deux aides pour l'immobilisation en dehors, l'un tenant les naseaux et l'autre les cornes. La tête est immobilisée par un mouvement de bascule sur les cornes, pour l'amener dans un plan transversal ou oblique à l'axe du corps, l'œil à explorer se trouvant en haut. — Si le réflexe palpébral est très intense et gênant pour cette exploration ou la recherche, on peut se contenter de pratiquer, avec une penne très propre et imbibée de la solution cocaïnée, un balayage de la surface du globe et des replis conjonctivaux. — La penne décolle et amène souvent le corps du délit. — Le doigt, recouvert ou non d'un linge fin, peut remplir le même office, surtout si le linge est enduit d'un corps gras (vaseline neutre, beurre frais, axonge). Éloire conseille l'emploi d'une anse métallique constituée par un simple fil d'argent, montée sur une tige de bois ou une pince à forcipressure. Le contact si léger du fil d'argent serait parfaitement toléré par les patients et sans réactions de défense.

En cas d'impossibilité de toucher, les injections tièdes et légèrement antiseptiques, poussées obliquement et assez vigoureusement sous les paupières, peuvent suffire.

CONJONCTIVITES ET KÉRATITES

SIMPLES OU CONTAGIEUSES.

Les inflammations de la conjonctive et de la cornée coexistent à peu près infailliblement et se provoquent mutuellement lorsqu'elles ont une certaine intensité. — Elles peuvent être simples, c'est-à-dire provoquées par des causes banales, ou au contraire spécifiques et prendre le caractère contagieux.

Les inflammations simples sont causées par l'action du froid, des vents, des poussières, par des accidents traumatiques variés.

Les inflammations spécifiques, de nature encore mal déterminée, semblent particulières aux animaux des espèces bovine, ovine et caprine. Leur contagiosité est très grande, et tous les sujets d'un même troupeau peuvent être frappés successivement à quelques jours d'intervalle.

Les symptômes des inflammations aiguës et spécifiques ne diffèrent que fort peu. — Ils se traduisent par de la congestion, du larmoiement, du chémosis, de la purulence légère, parfois des ulcérations superficielles de la cornée. — Les malades semblent ressentir des douleurs très vives, ils recherchent l'obscurité, présentent de la photophobie intense et sont atteints de spasme de l'orbiculaire.

Dans les inflammations banales, ces symptômes s'atténuent progressivement, disparaissent avec les soins de propreté et l'emploi de collyres astringents.

Dans la kératite contagieuse, au contraire, la cornée peut s'ulcérer et même se perforer après persistance de symptômes durant des semaines.

Traitement. — Le traitement doit avoir pour but, en toutes circonstances, de maintenir la plus grande propreté sur le globe oculaire et les replis conjonctivaux.

Les irrigations tièdes d'eau bouillie, les injections sous-palpébrales sont de nécessité.

Après chaque lavage, on pratique des instillations avec un collyre calmant et astringent à base de cocaïne, de borate de soude ou de sulfate de zinc :

Eau distillée, 100 grammes; borate de soude, 4 grammes; chlorhydrate de cocaïne, 1 gramme.

Pour la kératite contagieuse, on emploiera de préférence les lavages antiseptiques avec un collyre au nitrate d'argent à 1 p. 500, 1 p. 250 ou même 1 p. 50, et on neutralisera l'excès après chaque lavage avec une solution de sel marin. Les lavages avec une solution de bleu de méthylène à 1 p. 200 sont aussi très efficaces.

Après quelques jours, on reprendra un collyre ordinaire.

Les injections de solution de lugol, 1 à 2 centimètres cubes dans le coussinet graisseux de la région sus-orbitaire, sont aussi d'une efficacité très marquée; une ou deux doses suffisent ordinairement.

CONJONCTIVITE VERMINEUSE

Signalée par Rodes en 1819, cette variété de conjonctivite est rattachée à la présence de la *Filaria lacrymalis*, qui atteint de 1 à 2 centimètres et demi de long.

Comme l'ophtalmie, elle sévit sur le bétail entretenu dans les localités humides.

Symptômes. — Ce sont ceux des conjonctives aiguës. Il se produit tout d'abord du larmoiement, puis de l'injection vasculaire de la conjonctive, du gonflement des paupières et de la photophobie.

Les malades tiennent les yeux fermés, la sensibilité est extrême et l'exploration difficile. Ici encore il convient de recourir à la cocaïnisation.

L'examen est assez délicat : parfois les vers se déplacent à la surface de la cornée ou du corps clignotant; mais bien plus souvent ils restent masqués dans les replis de la muqueuse, vers le sillon périphérique d'insertion ou sous le corps clignotant. Il importe donc de pouvoir étaler complètement les replis muqueux pour les découvrir.

Avec le temps, la conjonctivite se complique de kératite diffuse, de kératite ulcéreuse, parfois d'ophtalmie et de suppuration de l'œil.

Diagnostic. — Sans être absolument difficile, le diagnostic reste délicat. La cocaïnisation est d'un précieux secours.

Pronostic. — Le pronostic est assez grave.

Traitement. — Le traitement a pour but l'enlèvement complet des parasites. Cet enlèvement est parfois possible directement, au

doigt, avec un pinceau ou une plume très propres, après anesthésie.
— On complète l'intervention par l'application, durant quelques
jours, d'un collyre antiseptique et antiparasitaire, pour le cas où
des vers seraient restés cachés dans les replis muqueux.

Les collyres au crésyl à 1 p. 100, au sublimé à 1 p. 2.000, peuvent
être utilisés.

Si, par extraordinaire, on ne pouvait arriver à enlever facilement
les parasites, il suffirait de recourir aux injections ou aux larges
irrigations pour obtenir ce résultat. Des injections ou des irrigations
poussées en différents sens provoquent, en effet, le déplissement de la
muqueuse, soulèvent les corps étrangers appliqués à sa surface et les
entraînent.

OPHTALMIE VERMINEUSE DU BŒUF

Signalée par Deguillème dès 1812, cette affection fut bien étudiée
par Chaignaud (1827).

Étiologie. — Cette ophtalmie est provoquée par un ver de petites
dimensions, 2 à 3 centimètres, et que l'on considère comme la larve
de la *Filaria cervina* des séreuses.

Elle sévit dans les pâturages bas et humides, sur des animaux
qui sont laissés en permanence dans ces pâturages, et plus particulièrement dans quelques régions de la France, en Normandie,
dans la Sarthe et la Mayenne. — Il n'est pas exceptionnel de l'observer à l'état épizootique; on la considère alors comme une ophtalmie
contagieuse. L'ophtalmie vermineuse s'observe au printemps et en
automne de préférence.

Symptômes. — L'affection se traduit par du larmoiement, des
signes de conjonctivite, de la photophobie au début. Dans la suite,
et très rapidement, les milieux de l'œil se troublent, la sclérotique
et la cornée s'injectent; cette dernière prend ensuite une opalescence
très manifeste.

A l'exploration, l'œil paraît extrêmement sensible. Il importe,
pour un examen attentif, de faire agir une solution de cocaïne ou
d'un autre anesthésique quelques instants auparavant.

Les parasites en nombre variable, 2 à 3 ordinairement, exceptionnellement 5 à 7, restent enroulés sur eux-mêmes dans le liquide
de la chambre antérieure de l'œil durant la première semaine :
après quoi, ils se déplacent d'une façon permanente, par mouvements de reptation en dedans de la cornée, sur le cristallin ou dans la
masse liquide.

L'irritation produite provoque de l'inflammation de la membrane
de Descemet et de la cristalloïde antérieure, de l'iritis; secondairement de la kératite et de l'altération du cristallin.

Si les malades restent abandonnés à eux-mêmes, l'ophtalmie vermineuse aboutit fatalement à la cataracte.

Diagnostic. — Le diagnostic est assez délicat en raison de la sensibilité excessive de l'organe atteint et des difficultés d'exploration. Lorsque l'opacité de la cornée est très accentuée, cette exploration reste forcément sans résultats.

Pronostic. — Le pronostic est grave.

Traitement. — On a préconisé sans motif l'emploi de collyres antiparasitaires à base de teinture d'aloès, de crésyl, de liqueur de Van Swieten. Ils ne peuvent avoir d'effet, leur action restant toute superficielle.

Le seul traitement logique consiste à ponctionner aseptiquement la chambre antérieure de l'œil, avec l'aiguille à cararacte, en position déclive, sur la limite inférieure de la cornée.

Le liquide, en s'écoulant, entraîne les parasites, et la guérison n'est plus qu'une affaire de temps si aucune infection ne vient se greffer sur la plaie opératoire.

Le gros danger réside dans la possibilité d'une infection et la suppuration de l'œil. On l'évite en prenant les précautions antiseptiques nécessaires, et en appliquant un petit pansement ouaté qui est laissé en place quelques jours.

CLASSE X

MALADIES INFECTIEUSES

VACCINE. — COW-POX

MALADIE PUSTULEUSE DE LA VACHE.

(Anglais : *Cow-pox*. Allemand : *Kuhpocken*. Italien : *Vajuto vaccino*).

On donne le nom de *cow-pox* ou de vaccine à une maladie spéciale qui, chez les animaux de l'espèce bovine, se caractérise par l'apparition de pustules sur les régions fines de la peau, et plus particulièrement la région mammaire.

Elle est inoculable à l'homme et aux animaux domestiques.

Cette affection était connue de temps immémorial, et il semble que c'est en Orient d'abord, puis en Angleterre, que s'est trouvée accréditée la croyance d'après laquelle le développement accidentel de la maladie sur l'espèce humaine mettait à l'abri des atteintes de la variole humaine. (Sutton et Fewster 1768.) — Il convient de déclarer que cette croyance n'était considérée par les médecins que comme un simple préjugé populaire, et la preuve s'en trouve dans la pratique de la variolisation.

C'est Jenner qui, le premier, apprécia à sa juste valeur l'opinion populaire, sut l'interpréter, eut le mérite d'en démontrer le bien-fondé, et put, grâce à sa sagacité, faire profiter l'humanité de l'une des plus grandes découvertes de la médecine.

Au XVIIe siècle la variole humaine comptait pour 1/13e dans la mortalité générale. Certaines épidémies étaient fort graves, laissaient des défigurés, des aveugles, etc. Un premier progrès fut réalisé par la variolisation, pratiquée dans des pays d'Orient, à Constantinople en particulier (piqûres aux bras). Lady Montaigu, femme de l'Ambassadeur anglais à Constantinople voulut voir elle-même cette pratique, elle resta convaincue de ses avantages sur la variole naturelle, et de retour en Angleterre s'en fit la propagandiste convaincue (1718). La variolisation devint rapidement de pratique courante en grande Bretagne. En France, le progrès fut plus lent et en

1754, la faculté de médecine de Paris déclarait seulement que « la pratique de la variolisation pouvait être tolérée. »

Jenner, chirurgien praticien faisait comme ses confrères la variolisation et c'est parce qu'il avait remarqué que les insuccès de cette variolisation se rencontraient chez les personnes qui soignaient les animaux, et qui avaient contracté la maladie pustuleuse des vaches, qu'il fit la recherche et l'étude de cette fameuse maladie pustuleuse, pour voir si la légende populaire était vraie.

En 1796 on lui présenta Sarah Nelmès, qui portait un bouton pustuleux de vaccine à la main droite. Le 14 mai, avec de la sérosité vaccinale il inocula un enfant James Phipps; le résultat fut positif; l'enfant échappa ensuite à la variole, mais pour avoir une certitude, en juillet 1797, il lui inocula la variole, l'inoculation resta sans résultat. C'est en 1798 que Jenner fit sa première publication. La vaccine était trouvée.

Après des péripéties variables, la méthode se généralisa.

Elle fut introduite en France en 1800, par Woodville, collaborateur de Jenner, mais là encore tout ne marcha pas à souhait du premier coup, il y eut des échecs. Ce ne fut qu'à partir de 1830 que la pratique de la vaccination donna vraiment ses merveilleux résultats. Pour donner une idée de l'importance de ces résultats il suffit de rappeler que durant la guerre franco-allemande de 1870, qui ne dura que six mois et qui fournit la dernière épidémie grave de variole en France, 200.000 soldats furent atteints avec une mortalité de 25.470, pendant qu'à Paris sur 200.000 cas cette mortalité atteignait 18.000 unités. Avec les revaccinations obligatoires et la vaccination à l'entrée au régiment, la guerre de 1914-1918 n'a fourni que 26 cas de variole dans l'armée française et seulement 44 cas dans l'armée d'Orient.

Jenner établit, d'autre part, que la maladie pustuleuse était transmissible de vache à vache, ou d'homme à homme, mais il lui sembla que l'origine devait être cherchée ailleurs, et que c'était chez le cheval que se trouvait le point de départ de l'affection pustuleuse. Le cheval est, en effet, atteint parfois lui aussi d'une affection pustuleuse (le horse-pox), qui, après inoculation, confère à l'homme la même immunité que le cow-pox, à l'égard de la variole; pour Jenner les épizooties n'apparaissaient sur les vaches que lorsqu'elles avaient été inoculées accidentellement par l'intermédiaire du personnel domestique. Malheureusement, il dénomma la maladie pustuleuse du cheval qu'il avait étudiée sous le nom de *sore-heels* (maladie pustuleuse des talons), et pendant de longues années tous ceux qui s'occupèrent de la vaccine confondirent le sore-heels de Jenner, avec des affections toutes différentes, quoique, dès 1802, Loy ait démontré expérimentalement que le « grease » ou maladie pustuleuse (horse-pox) du cheval était transmissible par inoculation à la vache, chez laquelle il donne le cow-pox.

Le « grease » de Loy et le « sore-heels de Jenner ne représentaient que des formes du horse-pox; mais, pendant plus de cinquante ans, tant en France qu'à l'étranger, on rechercha l'origine de la vaccine dans le javart, les eaux-aux-jambes et toutes les affections des extrémités digitées chez le cheval. Pételard (1845-1868) retrouve et décrit la maladie pustuleuse du cheval et signale sa transmissibilité à l'homme; Lafosse et U. Leblanc la découvrent dans l'épizootie de Rieumes, bien qu'elle se traduise là par des éruptions « d'eaux-aux-jambes aiguës », et Bouley (1862) en fournit enfin une description synthétique sous le qualificatif de horse-pox (maladie pustuleuse du cheval). Il montre que le horse-pox du cheval est toujours une maladie pustuleuse, mais que cette maladie peut se traduire tantôt par une éruption discrète du pourtour des lèvres et des naseaux, tantôt par une éruption limitée aux paturons ou extrémités des membres lorsque l'inoculation s'est faite par l'intermédiaire des entravons, tantôt par des lymphangites, tantôt enfin par une éruption plus ou moins confluente et généralisée.

Symptômes. — La maladie découverte chez les vaches puis décrite par Jenner, fut bientôt retrouvée et décrite à nouveau un peu de tous côtés : en Italie par Sacco, en Allemagne par Hering.

L'éruption pustuleuse se fait ordinairement sur les mamelles, lorsqu'il s'agit des vaches; sur le mufle, les narines et les lèvres, lorsqu'il s'agit des veaux. Exceptionnellement, l'éruption est susceptible de se généraliser.

Les pustules arrondies ou légèrement elliptiques se traduisent par l'apparition de taches congestives rouges, qui correspondent à des zones d'infiltration et d'épaississement du derme.

La pustule apparaît modérément en saillie, et, après quelques jours, il se fait une exsudation centrale qui la transforme en vésicopustule. Le liquide d'infiltration exsudé se collecte sous la plaque épidermique, la soulève et apparaît à l'examen sous forme d'une petite tache blanche ou claire, centrale, avec liseré gris périphérique et zone inflammatoire rougeâtre de pourtour. Ce liquide se condense, s'épaissit, la pustule s'ombilique, et, vers le 8e ou le 9e jour, elle se rupture spontanément par déchirure de la plaque épidermique. Le vaccin transsude.

Dans ce que l'on appelle le *vaccin spontané*, la mamelle se montre recouverte d'un nombre variable de pustules, et toutes ne sont pas au même degré de développement. Les unes sont encore très petites, alors que les autres atteignent les dimensions d'une pièce de 0 fr. 50 et sont déjà en pleine période de cicatrisation.

Lorsque le cow-pox est accidentel ou inoculé, l'éruption se fait exactement au point d'inoculation, sur une gerçure, une éraillure, une piqûre, une scarification ou une incision; et suivant la forme de la lésion primitive, l'éruption prend les aspects les plus variés, quoique l'évolution des lésions vésico-pustuleuses soit toujours rigoureusement semblable.

La pustule vaccinale expérimentale par piqûre peut être prise comme type d'évolution; le lendemain de l'inoculation, rien ne paraît anormal; le 3e jour, une tuméfaction légère évolue autour de la piqûre et augmente jusqu'à 5e jour, époque à laquelle l'exsudation commence à transformer la lésion du début en vésico-pustule. Le 6e jour, la vésico-pustule se montre ombiliquée à son centre; l'exsudation est abondante, et déjà il serait possible de faire la récolte du vaccin.

C'est la période que l'on peut qualifier période d'état, c'est celle qui est la plus caractéristique. Dans la suite, la vésicule se déchire, le suintement se prolonge; du 9e au 12e jour, la pustule se flétrit, s'affaisse, et, à partir du 15e jour, se recouvre de croûtes qui prennent la teinte brunâtre. La chute des croûtes se fait vers le 20e ou le 25e jour, laissant à la place des pustules une cicatrice indurée blanchâtre qui persiste indéfiniment.

Un prurit modéré accompagne l'évolution de l'éruption; les grandes fonctions n'en sont pas troublées; ce n'est que dans les cas d'éruptions confluentes ou généralisées qu'il survient de la fièvre. Lorsque l'éruption est généralisée, les pustules ou vésico-pustules cutanées se montrent de préférence vers les ars, le bord inférieur de l'encolure, sur le flanc et la face interne des membres. Ces pustules ont exactement la même constitution et les mêmes caractères que les pustules de la surface du pis, mais sous les poils il est impossible de relever tous les détails.

Dans des circonstances plus rares, l'éruption se fait vers le périnée et les lèvres vulvaires. Il existe alors des signes inflammatoires uni ou bilatéraux avec infiltration œdémateuse des tissus, et aussi des pustules disséminées ou confluentes. Les lymphatiques et ganglions du voisinage des pustules sont toujours engorgés.

L'éruption de la pustule vaccinale type chez l'espèce humaine, chez un sujet neuf, à réceptivité totale, peut être résumée comme suit:

1er et 2e jour : rien;

3e et 4e jour : papule rouge;

5e jour : début d'exsudation, petite vésicule à contenu clair, aréole rosée;

6e et 7e jour : augmentation des dimensions de la lésion, ombilication.

8e et 9e jour : vésico-pustule large à contenu louche, retentissement périphérique, lymphangite légère engorgement ganglionnaire parfois;

10e et 12e jour : flétrissement de la pustule, exsudation et dessication de la vésicule, formation d'une croûtelle centrale.

15e et 30e jour : formation d'une croûte brune, élimination cicatrice gaufrée et foncée qui pâlit avec le temps.

Étiologie. — Le cow-pox ou vaccine est une maladie virulente transmissible par inoculation accidentelle ou provoquée. Les produits d'exsudation des vésico-pustules (sérosité et croûtes) sont seuls virulents, et l'inoculation peut se réaliser à la faveur d'une simple éraillure du derme cutané. Une première atteinte confère une immunité de très longue durée, parfois définitive. Le développement d'une seule pustule cutanée suffit.

La transmission à des animaux sains se fait par les manipulations des trayeurs, par les inoculations accidentelles pendant les tétées, ou le transport par un moyen quelconque de parties virulentes sur des plaies.

Nature et qualité du virus. — La nature de l'agent de la maladie est encore inconnue. Toutes les recherches pour préciser cette question se réduisent à des hypothèses. Les uns ont cru pouvoir décrire des parasites intracellulaires, d'autres des parasites extracellulaires, d'autres encore des parasites du sang, etc.; aucune démonstration péremptoire n'a été fournie, l'agent causal reste à trouver.

Chauveau (1868) a décrit des corpuscules brillants extrêmement petits; Bosc (1903), des corpuscules intracellulaires; Prowazek, des corpuscules de 1 à 2 μ.; Belin (1911) dit avoir trouvé dans le pus vaccinal de la cornée du lapin des granulations spéciales de 1/2 μ extra ou intracellulaires, ainsi que des corpuscules de 1 à 2 μ et des spirochètes de 3 à 4 μ, avec granulation terminale.

Plotz (1922) dit avoir réussi la culture du virus vaccinal en ensemençant le sang sur milieu de Noguchi, puis sur milieu bouillon glycosé additionné de sérum de lapin. Le milieu devient opalescent et dans le précipité on trouve des cocci de 0 μ, 2 à 0 μ, 3 ne prenant pas le Gram. Inoculées sur la peau et la cornée des lapins les produits de 5e passage donnent la vaccine. L'objection possible repose sur le fait qu'une dilution extrême du virus serait encore susceptible de donner des résultats positifs.

Le virus de la vaccine se localise de préférence sur les tissus dérivés de l'ectoderme et de l'endoderme.

Ce que l'on sait, c'est que la filtration sur bougies de porcelaine des sérosités virulentes simples ou modérément diluées enlève toute activité au produit de filtration et la laisse entière au résidu arrêté par le filtre. Par contre, Remlinger et Nouri ont démontré qu'en dilution étendue le virus actif passait au travers des bougies Berkefeld, et que, par suite, cet agent semblait pouvoir être classé dans la catégorie des virus filtrants.

Le filtrat peut vacciner ou donner naissance à une pustule typique sur la cornée du lapin, même alors qu'il se montre incapable de provoquer des éruptions cutanées (Négri, 1905; Casagrandi, 1907).

La culture sur les milieux ordinaires n'a pu être réalisée, ce qui a fait dire qu'il ne s'agissait pas d'un microbe, mais probablement d'un protozoaire. Toutefois aucune donnée précise n'est encore venue confirmer cette hypothèse.

Une température prolongée, supérieure à 40°, atténue fortement l'activité du vaccin. La dessiccation simple n'a pas d'action. Le chauffage à 60° pendant un quart d'heure fait aussi disparaître toute virulence. Le froid reste sans action.

Ces données expliquent pourquoi, pendant si longtemps, il a été si difficile de conserver et de cultiver le vaccin dans les régions tropicales.

Mélangées à parties égales avec de la glycérine neutre, les matières virulentes conservent toute leur activité pendant six à huit mois.

La maladie se développe également bien sur l'homme, le cheval, l'âne, le bœuf, le buffle (Calmette), la chèvre (Hervieux), le chameau (Agnelli). L'évolution est moins régulière chez le porc, le mouton, le chien et le lapin. Les jeunes sujets sont plus aptes. Le cheval et l'âne donnent un virus renforcé.

Lorsque chez un lapin adulte de 5 à 6 livres, on inocule de la pulpe vaccinale, diluée à parties égales avec de la glycérine, sur une surface cutanée de 80 à 140 centimètres carrés, on provoque ordinairement de la vaccine générale grave, avec éruption sur le tractus digestif et broncho-pulmonaire : A la 55e heure on constate de la rougeur papuleuse sur la surface ensemencée; à la 72e heure les papules sont ombiliquées; puis il semble y avoir arrêt de l'évolution.

En réalité il se produit alors ce que l'on est convenu d'appeler une « vaccine rentrée »; de la somnolence puis de l'engourdissement se manifestent suivis de paralysie postérieure d'abord au 3e ou 4e jour, de paralysie générale et de mort ensuite. Il y eu évolution rapide avec infection générale, localisation sur le tube digestif et la canalisation broncho-pulmonaire.

Les émulsions glycérinées de substance cérébrale sont plus virulentes.

L'ensemencement sur des surfaces inférieures à 70 centimètres carrés ne donnent qu'une éruption locale régulière (Huon et Placidi, 1924). La question de quantité de virus d'inoculation employé est donc de première importance.

Les croûtes qui recouvrent les vésico-pustules de vaccine, la lymphe qui s'en écoule, ou celle qui est charriée des régions vaccinales par les lymphatiques qui s'en échappent sont seules virulentes. Le virus ne peut être retrouvé ni dans le sang ni dans les autres tissus de l'économie, pas même dans le ganglion le plus proche (Borrel), et cependant il est certain que le sang charrie ce virus à un moment donné, ainsi que le prouvent les éruptions généralisées consécutives à une inoculation locale.

Le sang et le sérum des sujets guéris de cow-pox (Béclère, Chambon, Ménard) possèdent des propriétés immunisantes, mais à doses fortes seulement, 3 à 6 kilogrammes de sang, plusieurs centaines de grammes de sérum.

L'action curative de ce sérum contre les accidents varioliques, chez l'espèce humaine, est peu accentuée ou nulle.

Freyer estime que, par des injections répétées de lymphe vaccinale à des animaux d'expériences, on obtient un sérum spécifique contre cette lymphe et contre le cow-pox.

Diagnostic. — Le diagnostic du cow-pox ne présente que peu de difficultés; à peine pourrait-il y avoir à première vue confusion avec le faux cow-pox, les éruptions de fièvre aphteuse, de coryza gangreneux, la furonculose.

Dans le faux cow-pox, qui est d'ailleurs mal connu quant à sa nature, quoique contagieux, et que certains considèrent comme de la vaccine légitime, les pustules sont moins larges, moins épaisses, la vésicule plus développée, l'évolution générale est plus rapide.

Dans la fièvre aphteuse, il s'agit de vésicules ou de bulles, et non de pustules; l'éruption se fait en vingt-quatre heures ou moins, et ce n'est qu'à la période de dessiccation avec formation de croûtes qu'il pourrait y avoir hésitation, pour les lésions superficielles.

Enfin, lorsqu'il s'agit de coryza gangreneux, les pustules cutanées indurées ne donnent pas de vésicules.

Pronostic. — Le pronostic est généralement bénin; l'affection guérit spontanément seule dans les délais fixés qui correspondent aux délais d'évolution des pustules.

Traitement. — Il n'y a pas de traitement curatif à indiquer, l'évolution étant parfaitement cyclique et régulière. De simples soins hygiéniques et de propreté suffisent à éviter les complications de suppuration. Cependant, lorsque la maladie apparaît dans un troupeau de laitières, et que les cas se succèdent de façon irrégulière, avec éruptions sur les mamelles, il en résulte une gêne importante pour la pratique de la traite. Dans ces conditions il peut y avoir intérêt quelquefois à faire l'inoculation de la vaccine à tout l'effectif du même coup; l'inoculation étant faite par quelques piqûres en un point quelconque, des pustules évoluent régulièrement sur place et les mamelles restent indemnes.

COW-POX ET VARIOLE HUMAINE. — CULTURE DU VACCIN.

Le temps et l'expérience ayant démontré que l'inoculation du cow-pox ou vaccine à l'homme mettait à l'abri de la variole humaine on s'est demandé immédiatement quels pouvaient bien être les rapports de ces deux affections, s'il y avait identité ou non, et si la vaccine de l'espèce bovine ne représentait pas tout simplement une forme atténuée de la variole.

Cecly, dès 1830, prétend à l'identité des deux affections et avance que l'inoculation de la variole humaine à la vache donne la vaccine, laquelle peut-être reportée à l'espèce humaine sans le moindre danger. — V. Thiele (1839) soutient la même opinion; Voigt (1882), Fischer (1882, 1890), Hime, Eternod et Haccius (1892) confirment, avec preuves à l'appui, cette manière de voir.

Mais on peut dire qu'à chacune de ces affirmations successives on opposa dans tous les cas les dénégations les plus formelles. — Reiter (1830-1840), Chauveau et la Commission lyonnaise (1865), puis Chauveau seul (1892) soutinrent formellement la non-identité des affections visées. Pour eux, la variole se montre toujours inoculable au cheval ou à la génisse, mais reste variole et ne devient pas vaccine, et d'ailleurs perd de son activité par passages successifs sur la même espèce.

La variole est épidémique, la vaccine jamais.

On comprendra toute l'importance de la question, en tenant compte du danger qu'il y aurait à reporter à l'espèce humaine, en guise de vaccination, le virus varioleux qui ne se serait pas modifié par son passage sur la génisse.

Il sembla quelque temps que l'opinion des premiers auteurs prévalût d'une façon définitive, et que l'idée d'unicité fût acceptée par la grande majorité des hommes de science.

Si les expérimentateurs du second groupe, disaient-ils, ont pu croire à la dualité, c'est que la méthode d'expérimentation choisie (inoculations par piqûres) ne présentait pas toutes les garanties possibles pour les résultats. Les inoculations virulentes restaient trop faibles, et seules les inoculations larges par scarifications ou incisions se montreraient suffisantes pour des éruptions typiques susceptibles d'être reproduites en série.

Pour l'obtention de la variole-vaccine, il faut inoculer la lymphe et les produits de raclage varioliques recueillis dès l'éruption légitime et avant la phase de suppuration des vésico-pustules (Voigt, Fischer, Eternod et Haccius, Chaumier). Ce n'est, disent ces auteurs, qu'à cette seule condition que l'on obtient des résultats positifs en série.

Toutefois, à cette manière de voir fut opposée une nouvelle série d'expériences réalisées par Kelsch (1909) et desquelles il résulte que l'inoculation de la variole à la génisse est impossible, alors que l'inoculation de la vaccine peut se faire par les seules poussières d'un institut. Gauducheau, expérimentant sur le bufflon et le singe, montre que le bufflon est très sensible à la vaccine et ne prend pas la variole, alors que le singe prend très bien la variole locale avec les mêmes produits actifs.

Ces nouvelles expériences sont évidemment d'une très haute portée contre la théorie de l'unicité et semblent devoir faire considérer les maladies comme très voisines, quoique cependant différentes.

Culture du vaccin. — Que le cow-pox et la variole soient ou non identiques, les bienfaits qui résultent de la vaccination, telle qu'elle est pratiquée de nos jours, n'en sont pas moins définitivement acquis, et il serait à souhaiter, ce qui n'a pu encore être obtenu, que les vaccinations et revaccinations fussent partout obligatoires. — On n'aurait plus à déplorer ces épidémies de variole qui, par intervalles, jettent l'épouvante dans les cités cosmopolites ou les colonies.

La culture du vaccin a été de tous côtés l'objet de soins si attentifs que l'on a le droit de s'étonner de la négligence apportée à la pratique des vaccinations. — Cette culture se fait sur les sujets de l'espèce bovine, et, suivant les pays, tantôt sur des génisses, tantôt sur des vaches (Italie, Belgique). En France, on cultive le vaccin sur des bovidés de cinq à huit mois indemnes de toute affection pathologique. L'ancienne pratique des inoculations par piqûre est complètement délaissée : la récolte n'était pas assez abondante. On n'opère aujourd'hui que par scarifications ou incisions.

Le sujet vaccinifère, debout ou, de préférence, couché et immobilisé, est tondu, puis rasé sur des surfaces préalablement délimitées. Les inoculations peuvent se faire sur les côtés de l'encolure, sur le thorax, et même sur des points quelconques; mais il est préférable de les localiser sur le flanc et le thorax, qui représentent les régions les plus facilement accessibles. — Le champ opératoire est aseptisé dans la mesure du possible, et les scarifications de 3 à 5 centimètres tracées suivant des lignes verticales alternantes. Il est indispensable d'attendre l'arrêt du faible écoulement sanguin qui peut se produire, avant toute inoculation.

L'inoculation ou l'ensemencement des plaies doit être effectué avec du vaccin aussi pur que possible, de préférence avec de la pulpe glycérinée, dont la récolte remonte à un mois et demi ou deux mois. Dès le 3e jour, la ligne d'inoculation apparaît en saillie, et bientôt un bourrelet longitudinal induré, ayant tous les caractères de la pustule, surplombe les surfaces cutanées avoisinantes; le 5e jour, l'exsudation commence, et le 6e ou 7e, la récolte de lymphe vaccinale peut être très abondante. — Le sillon d'inoculation apparaît légèrement en contre-bas (ombilication), entouré d'une zone qui prend une teinte blanc-grisâtre, et d'un bourrelet périphérique induré.

Suivant les saisons, la récolte de vaccin peut être opérée du 5e (été) au 8e jour (hiver).

Les réinoculations avec pulpe glycérinée ont l'inconvénient de toujours permettre le développement de quelques agents microbiens étrangers de la flore cutanée du bœuf. La végétation de ces agents fausse quelquefois l'aspect de l'inoculation et aussi le résultat. Aussi a-t-on cherché à mieux faire. Différents établissements ne font aujourd'hui de réinoculation qu'avec du vaccin venant de l'âne ou du lapin. Les agents étrangers qui pourraient s'y trouver accidentellement et qui appartiennent à la flore cutanée de l'âne et du lapin ne se développent pas chez la génisse, de sorte que les éruptions sont toujours parfaites.

Récolte. — Pour la récolte, après avoir nettoyé le champ vaccinifère à l'eau bouillie, on le sèche minutieusement, on fait sauter les petites croûtelles qui recouvrent les sillons, et, avec une petite curette *ad hoc* creusée en gouttière, on racle chaque bourrelet inoculé. Le produit qui a transsudé est très actif.

On applique ensuite à la base de chaque bourrelet un petit clamp spécial, qui agit comme pince à forcipressure sur le derme cutané, provoquant ainsi l'écoulement d'une abondante quantité de lymphe vaccinale, très active elle aussi.

. Tout le produit recueilli est mélangé, additionné d'un poids égal de glycérine neutre, chimiquement pure, finement trituré, tamisé et réparti dans des petits tubes de verre préalablement stérilisés, et que l'on ferme aussitôt à la lampe.

Le vaccin peut ainsi conserver toute son activité pendant cinq à huit mois, à l'abri de la chaleur et de la lumière. Les germes accidentels qui ont pu se développer dans les sillons ensemencés, qui ont été englobés dans la récolte totale, perdent progressivement de leur activité; après quarante à soixante jours, le vaccin peut être considéré comme absolument pur (Chambon et Ménard) et incapable, comme cela arrive parfois avec le vaccin frais, de donner des accidents de suppuration surajoutés.

Préparation et conservation du vaccin. — Dans la pratique courante, la pulpe glycérinée (vaccin usuel) peut être préparée aussitôt la récolte, ou seulement plus tard. Elle est d'abord grossièrement triturée au mortier, puis conservée à la glacière durant trois à quatre semaines, ou bien passée immédiatement au broyeur, tamisée sur un tamis très fin et répartie par doses variables (cinq, dix ou vingt doses) dans des tubes stérilisés teintés.

De — 10° à — 15°, l'activité reste parfaite durant deux ans au moins, *sans que la flore microbienne* soit modifiée, si le refroidissement à été immédiat. De + 2° à + 4°, température de la glacière, la glycérine opère la destruction des germes étrangers ou accidentels en quelques semaines, *sans que l'activité du vaccin paraisse* modifiée durant six à huit mois. On combine souvent les deux actions : conservation à la glacière durant quelques semaines pour l'épuration, conservation au frigorifique ensuite pour la conservation prolongée de l'activité.

Le contrôle d'activité peut être effectué sur les bovidés ou sur le lapin.

Le lapin représente un excellent sujet d'épreuve pour la mesure de l'activité d'un bon vaccin. Dilué à 1 p. 1000 ou 1 p. 500, ce vaccin doit donner chez le lapin une éruption confluente sur une surface dorsale préalablement rasée. Lorsqu'il n'est plus actif qu'à une dilution à 1 p. 100, il doit être considéré comme de médiocre qualité, et lorsque l'activité ne se manifeste qu'avec une dilution à 1 p. 50, il est à rejeter (Guérin).

Cependant un vaccin peu actif, ou même inactif sur la peau, peut se montrer actif sur la cornée du lapin ou sur la peau du thorax d'un poulet, qui est lui-même très sensible et servir ainsi de point de départ à de nouvelles cultures.

La glycérine est un agent conservateur, antiseptique pour les microbes associés, mais aussi quelque peu pour l'agent spécifique. Lorsqu'un vaccin ne pousse plus en milieu liquide, on peut affirmer qu'il n'a plus de virulence spécifique (Guérin). L'activité d'un vaccin est fonction de sa richesse en éléments virulents, le contrôle d'activité est toujours nécessaire. Des éruptions vaccinales très belles chez des génisses peuvent ne donner que des résultats médiocres chez l'enfant. La régénération et l'épuration, par changement de la flore cutanée des microbes associés, peuvent s'obtenir par passages alternatifs sur le lapin et la génisse.

Le lapin est un sujet vaccinifère de choix pour les colonies, peu coûteux et facilement transportable.

Les anciens électuaires, vaccins desséchés, pâtes vaccinales, sont à peu près abandonnés, la méthode ci-dessus indiquée permettant d'avoir toujours du vaccin dans d'excellentes conditions de pureté et d'activité. Pour les transports dans les colonies, les vaccins glycérinés perdent leur activité à 45°, mais la conservent dans la glace.

Les vaccins secs retrouvent alors leur intérêt, Degive, en Belgique, recommandait de dessécher rapidement la pulpe vaccinale sous un courant d'air froid, provoqué par un ventilateur spécial. Ce vaccin est ensuite pulvérisé, tamisé, conservé en tubes scellés, stériles, pour l'utilisation ultérieure aux colonies. La pulpe vaccinale émulsionnée dans une solution de gomme du Sénégal à 10 p. 100 puis desséchée rapidement dans le vide, à basse température, conserve aussi fort longtemps son activité (Camus).

Les variétés de vaccins utilisés sont :

a. Le vaccin humain ou jennérien, c'est-à-dire celui qui est utilisé pour la vaccination d'enfant à enfant ou d'homme à homme. Il offre le gros inconvénient d'exposer à des dangers d'infections surajoutées lorsque le donneur de vaccin est taré. Des cas de transmission accidentelle de syphilis par cette voie ont été autrefois signalés, surtout chez les adultes et les soldats en particulier;

b. Le vaccin animal, fourni par la génisse, l'âne, le cheval, le buffle, etc... Le vaccin de la génisse et de l'âne sont les deux seuls utilisés dans la pratique, en France : le premier, pour les vaccinations directes, le deuxième recommandé pour les revaccinations;

c. Le variolo-vaccin que l'on dit utilisé à l'étranger, en particulier en Allemagne, en Suisse et en Russie.

Les vaccinations avec vaccins de génisse doivent toujours être préférées aux vaccinations d'homme à homme ou d'enfant à enfant, pour éviter les transmissions possibles de maladies très graves (syphilis et autres).

Immunité. — Les animaux vaccinés positivement sont réfractaires à une seconde inoculation; ils ont une immunité définitive ou pour un temps variable, tout comme l'homme vacciné à une immunité définitive ou temporaire contre la variole (en moyenne dix ans). Certaines statistiques américaines indiquent que de dix à vingt ans, 25 p. 100 au moins, c'est-à-dire un quart environ des jeunes vaccinés ont perdu l'immunité. Au delà de vingt ans, les chiffres démontrent une réceptivité à marche ascendante proportionnelle à la baisse de l'immunité vaccinale : 10 à 20 p. 100 de vingt à trente ans, 30 p. 100 de trente à trente-cinq ans, 60 p. 100 de trente-cinq à quarante ans, 65 p. 100 au-dessus de quarante ans. C'est la meilleure démonstration de l'utilité des revaccinations.

L'immunité antivariolique peut être obtenue expérimentalement chez les animaux, non seulement par les piqûres et scarifications, mais encore par les injections sous-cutanées, intraveineuses ou intra-trachéales de vaccins dilués (Chauveau). L'immunité est progressive à dater du 5e jour; elle est considérée comme acquise au 10e jour après l'inoculation.

Le sérum des vaccinés est plus ou moins antivirulent; le vaccin peut être détruit par son mélange *in vitro* avec du sérum actif.

Les fœtus peuvent être immunisés par la mère lorsqu'elle contracte la vaccine au cours de la gestation, quoique ce soit là un fait rare. L'immunisation par injections sans éruption est due à ce que le virus est retenu par les cellules organiques, en particulier les leucocytes, et ne peut plus pulluler dans les éléments épithéliaux de surface; mais il suffit souvent d'une blessure superficielle pour faire une lésion vaccinale locale (raser un lapin qui a reçu une injection intraveineuse de vaccin), il se fait une éruption au niveau des blessures superficielles du rasoir.

La vaccine, comme la variole, comme la clavelée, a été classée dans le groupe de maladies qualifiées *épithélioses*.

TÉTANOS

Le tétanos est une affection caractérisée par la contracture des muscles d'un ou de plusieurs membres, ou la contracture de tous les muscles de l'économie, comme résultante d'une intoxication du système nerveux.

Étiologie.— Son développement est lié à la pullulation du bacille de Nicolaïer en un point de l'organisme (plaie accidentelle, cavité utérine après parturition, plaies de castration), et ce sont les toxines élaborées par ce microbe qui, en agissant par affinité élective sur les centres nerveux, provoquent l'apparition des contractures.

Ces toxines sécrétées par les bacilles qui infectent les plaies sont résorbées, entraînées par les voies lymphatique et sanguine, et réparties dans tout l'organisme. Elles se fixent de préférence sur les éléments nerveux centraux. — L'infection des plaies se fait par des agents qui vivent en saprophytes dans le milieu extérieur.

Le bacille de Nicolaïer a la forme d'un bâtonnet droit avec une extrémité renflée par la présence d'une spore. Il est anaérobie, se développe dans les différents milieux employés, présente son maximum d'activité vers 38°-39° et se colore bien par le Gram.

Très fréquent chez le cheval, le tétanos l'est moins chez nos autres animaux domestiques.

Chez le bœuf, il se développe à la suite de traumatismes variés, avec plaies suppurantes, ou d'interventions chirurgicales diverses. Chez la vache, on peut le rencontrer sous forme de véritables enzooties d'étables à la suite de la parturition, lorsque ces étables n'ont pas été désinfectées après un premier cas.

Chez les mâles, c'est principalement à la suite des castrations par les méthodes sanglantes qu'on le voit évoluer.

Malgré la sensibilité de nos animaux à l'infection tétanigène, tous peuvent être immunisés, soit par des injections de cultures, soit par des injections progressivement croissantes de toxines normales, ou de préférence de toxines modifiées par l'addition de trichlorure d'iode (Behring et Kitasato) ou d'eau iodée (Roux et Vaillard). Le sang des sujets en immunisation acquiert assez rapidement la propriété antitoxique, et le pouvoir antitoxique peut être exalté dans un but thérapeutique pour obtenir un sérum antitétanique.

Symptômes. — Les symptômes du tétanos sont toujours les mêmes dans toutes les espèces :

Première phase : raideur de l'attitude, marche saccadée, redressement de la tête et des oreilles, rétraction légère des globes oculaires, excitabilité générale très grande;

Deuxième phase : contractures musculaires, trismus, raideur de l'encolure, des membres, de la tige vertébrale, etc., secousses des muscles spinaux et des muscles des membres (contractions cloniques, regard égaré;

Troisième phase : difficulté ou impossibilité de la mastication, difficulté de la respiration, crises spontanées de contracture, crises graves par excitation extérieure, etc.;

Quatrième phase : chutes sur le sol, menaces d'asphyxie, mort par syncope respiratoire.

La guérison est absolument exceptionnelle chez le bœuf. La mort arrive ordinairement du 2e au 6e jour. A force de soins, certains malades peuvent être conservés jusqu'à vingt et trente jours, mais toujours je les ai vus succomber.

Diagnostic. — Le tétanos étant moins fréquent chez les espèces bovine, ovine et caprine que chez le cheval, le diagnostic en est moins facile; mais, comme il évolue dans des conditions différentes, et que, d'autre part, il frappe d'ordinaire plusieurs sujets d'une même étable, ce diagnostic n'est que rarement embarrassant; tout au plus peut-on hésiter au début et confondre avec des accidents d'origine cérébrale.

Pronostic. — Le pronostic est extrêmement grave.

Traitement. — Le traitement doit être avant tout préventif, l'expérimentation ayant démontré que les injections de sérum antitétanique se montraient toujours efficaces (Nocard) lorsqu'elles étaient pratiquées chez des blessés avant l'apparition des premiers symptômes du tétanos.

Lors donc qu'un premier cas de tétanos se produit dans une étable au moment du vêlage, dans une bergerie au moment de l'agnelage ou chez des agneaux que l'on vient de castrer, il ne faut pas hésiter à inoculer préventivement tous les mâles mutilés et toutes les femelles qui viennent de vêler ou d'agneler (10 centimètres cubes de sérum antitétanique pour un bovidé adulte, 5 centimètres cubes pour un mouton).

Cette médication préventive ne doit pas faire négliger les soins d'hygiène qui peuvent être indiqués en quelques circonstances (lavages utérins, désinfection des plaies, etc.)

Le traitement curatif n'a que peu de chances de succès. L'expérimentation a encore démontré (Nocard) que, lorsque les premiers symptômes tétaniques sont apparus, le sérum antitétanique reste impuissant à enrayer l'évolution de la maladie, quelque dose que l'on emploie. Toutefois, comme la gravité est en relation directe avec la quantité de toxine résorbée, et que cette résorption s'effectue tant que la plaie reste infectée, la première indication d'un traitement curatif consiste à désinfecter à fond, et parfois à abraser les plaies, sources de tout le mal.

Bien que les antiseptiques n'aient que peu d'action sur le bacille de Nicolaïer, il faut en user, et parmi eux les solutions iodées sont les plus actives, tant pour les plaies ordinaires que pour les désinfections utérines.

Les toniques généraux, les diurétiques et les boissons tièdes à discrétion devraient encore entrer dans le traitement; malheureusement, les malades se trouvent trop souvent dans l'impossibilité de les absorber. On agit alors en faisant passer directement les liquides et les médicaments dans le tube digestif à l'aide d'une ponction du rumen, la canule restant à demeure.

Le chloral (50 à 80 grammes par jour), les laxatifs et les diurétiques doivent être administrés par ce moyen.

Les injections intraveineuses ou sous-cutanées de solutions salines à haute dose (4 à 6 litres par jour pour un bovidé), seront aussi fort avantageuses. Baccelli, en Italie, affirme que les injections intraveineuses de solutions phéniquées donnent, pour les cas déclarés, des résultats très supérieurs à toutes les autres méthodes; doses : 0 gr. 50 à 1 gramme d'acide phénique par jour, chez l'homme. Il est indispensable de surveiller les urines et d'arrêter dès que les premiers signes d'intoxication phéniquée apparaissent.

C'est une méthode à essayer chez les animaux, en proportionnant les doses aux poids.

Plus récemment, on a aussi recommandé chez l'homme les injections intrarachidiennes stériles de sulfate de magnésie à 25 p. 100, 1 centimètre cube par 25 livres de poids du corps; il ne semble pas que les espérances primitives se soient confirmées.

ACTINOMYCOSE

(Anglais : *Lump Jaw, Big Jaw*. Allemand : *Actinomykose*).

L'actinomycose est une affection causée par un champignon que l'on a classé successivement dans les oomycètes, puis dans les hyphomycètes, et que l'on rapproche aujourd'hui des Trycophytées par ses caractères de culture, l'*Actinomyces bovis*, qui, en se développant dans l'épaisseur des tissus vivants, provoque, chez l'homme et les bovidés, l'évolution de lésions extrêmement graves, parfois incurables, localisées de préférence aux mâchoires.

Décrites il y a près d'un siècle, sous le nom d'*ostéo-sarcomes des mâchoires* (U. Leblanc, 1826), ces lésions furent étudiées dans la suite au point de vue anatomo-pathologique. Lebert, dès 1857, signale la présence d'éléments rayonnés dans certains pus gélatiniformes : Rivolta, en 1858, constate l'existence de bâtonnets renflés dans les ostéo-sarcomes des mâchoires. Perroncito (1875) soupçonne la nature cryptogamique de ces éléments, mais c'est Bollinger (1876) qui, le premier, leur accorda leur véritable importance, en même temps qu'il démontra la constance de leur existence dans les ostéo-sarcomes. C'est le botaniste Harz (1877) qui donne à ces parasites le nom d'*Aclinomyces bovis*, d'où la dénomination d'actinomycose pour désigner les manifestations morbides causées par ce champignon.

Depuis cette époque, de nombreux travaux ont été publiés sur cette affection, tant en France qu'à l'étranger (Israël), Ponfick, Thomassen, Nocard, Lucet, Moussù, Lignières, etc.), et il est acquis à l'heure actuelle qu'on peut l'observer sur de nombreuses espèces domestiques ou sauvages.

L'actynomycose sévit avec intensité en Amérique, elle se rencontre aussi dans tous les Etats d'Europe.

Symptômes. — L'actinomycose se manifeste sous des formes cliniques assez variées; néanmoins, certaines localisations sont plus fréquentes que d'autres, et c'est à peu près exclusivement chez le bœuf qu'on a intérêt à les étudier au point de vue pratique.

Actinomycose maxillaire.

L'actinomycose maxillaire évolue chez les jeunes animaux dans la région des arcades molaires, plus rarement dans la zone incisive.

Elle débute par une tuméfaction de l'os qui peut rester inapparente tant que la tuméfaction est intrabuccale, mais le profil des mâchoires ne tarde pas à se trouver déformé, dans la région moyenne des arcades molaires de préférence.—Primitivement ferme et de sensibilité modérée, la tumeur grandit progressivement, envahit les régions profondes de la peau, devient bientôt fluctuante en un ou plusieurs points, et ne tarde guère à s'abcéder.

Fig. 280. — Actinomycose maxillaire.

Le pus qui s'écoule peut être en apparence de bonne nature, blanc, crémeux, au début; mais bientôt la cavité de l'abcès ne montre aucune tendance à la cicatrisation, et l'ouverture d'abcédation se transforme en fistule persistante. Le pus qui s'écoule à dater de ce moment est un liquide grisâtre, sanieux, renfermant en quantité variable de petits grains jaunâtres. Il acquiert rapidement une odeur repoussante, et l'orifice fistuleux devient bourgeonnant, exubérant, formant un véritable champignon extra-cutané.

Les tissus avoisinants s'indurent, perdent de leur sensibilité, la mâchoire se déforme complètement, et c'est alors le véritable cancer des mâchoires des anciens auteurs, l'ostéo-sarcome maxillaire (fig. 280).

La sonde engagée dans les fistules pénètre profondément jusque dans l'épaisseur du maxillaire d'ordinaire, et, quelque précaution

Fig. 281. — Actinomycose de l'arcade incisive.

que l'on prenne, elle blesse les tissus malades et fait saigner abondamment.

Abandonnées à elles-mêmes, les lésions ne font que s'aggraver chaque jour, la mastication devient plus difficile, ne s'opère plus que du côté opposé à la lésion; les malades maigrissent et finiraient par succomber d'inanition. La lésion extérieure, le champignon devient largement exubérant, suintant, noirâtre, d'aspect repoussant. Il se mortifie par places et dégage une odeur fétide toute spéciale. Les molaires sont branlantes, elles se déchaussent et peuvent tomber. Toutefois, l'évolution est généralement lente; il faut des semaines et des mois pour arriver à cet état.

Pour la région incisive, les symptômes sont rapidement apparents et l'intervention plus facile. — L'inoculation parasitaire se fait à la faveur d'une blessure de l'arcade causée par la chute des dents de lait. La tuméfaction du corps du maxillaire abaisse la lèvre inférieure, gêne la préhension des aliments et décide généralement à une intervention hâtive. Ce n'est que par exception qu'il est possible de découvrir des lésions aussi accentuées que celles représentées dans la figure 281.

Comme précédemment, les malades finiraient par succomber d'inanition si l'on n'intervenait.

Pour des raisons qu'il est difficile de préciser, mais probablement parce que les inoculations sont moins faciles, l'actinomycose se voit aussi mais beaucoup moins souvent sur la mâchoire supérieure que sur l'inférieure. La lésion évolue exactement comme dans les cas précédents, elle a moins de tendance à s'ulcérer vers l'extérieur. Elle envahit le sinus maxillaire, la région palatine, et les fistules s'établissent vers la cavité buccale, tout en amenant cependant des déformations notables de la région du chanfrein.

ACTINOMYCOSE LINGUALE.

L'actinomycose de la langue évolue à l'exclusion de toute lésion des mâchoires, en donnant ce que vulgairement on appelle *la langue de bois*. Le parasite végète dans l'épaisseur même de la langue, dans la zone sous-muqueuse principalement, détermine de l'inflammation interstitielle chronique, de l'infiltration conjonctive, et, avec le temps, des altérations musculaires.

La langue se montre progressivement hypertrophiée, dure, sensible, rigide, incapable de déplacements étendus. Il en résulte que les malades offrent tout d'abord de la difficulté de préhension des aliments, plus tard de la salivation, et enfin de l'impossibilité matérielle de s'alimenter.

La langue, volumineuse et indurée, se trouve immobilisée dans le canal lin-

Fig. 282. — Actinomycose linguale.

gual qu'elle comble en totalité. Parfois elle dépasse l'arcade incisive, se montre excoriée et saignante. A l'exploration intrabuccale, la surface de la langue apparaît comme parsemée de petits nodules jaunes, rougeâtres, ulcérés, du diamètre d'une grosse tête d'épingle ou d'une lentille.

Certaines modalités peuvent être notées selon les cas : parfois il n'existe qu'une, deux ou trois ulcérations assez larges sans lésions étendues de la masse de l'organe; d'autres fois on peut rencontrer de véritables verrucosités exubérantes du volume d'un pois ou d'un haricot, de préférence vers les parties latérales; mais le plus communément, c'est la forme diffuse ci-dessus indiquée qui est rencontrée.

Pour prendre les aliments, les malades les saisissent entre les lèvres et relèvent la tête fortement en haut pour les faire tomber dans la cavité et sous les arcades molaires.

ACTINOMYCOSE DU PHARYNX, DES PAROTIDES ET DU COU.

L'actinomycose peut parfois respecter les premières voies digestives, ne se développer que dans le pharynx, pour de là gagner dans l'épaisseur des tissus vers les parotides et le cou. — Il semble cependant que, dans ces cas, les inoculations soient plus localisées que lorsqu'il s'agit de la surface de la langue, et c'est sous forme de végétations, de polypes, ou mieux d'actinomycomes, qu'on signale ces lésions.

Les productions anormales sont développées sur les piliers postérieurs du voile du palais, sur les côtés du pharynx ou vers l'entrée de l'œsophage. Elles donnent lieu à des accidents de déglutition pharyngienne assez faciles à enregistrer et à interpréter.

Le champignon parasite peut aussi pénétrer dans la profondeur des tissus, provoquer des lésions parotidiennes ou sousparotidiennes, ou enfin donner des fistules de la région du cou. On admet plus souvent pour ces dernières lésions une origine externe, c'est-à-dire une inoculation à la faveur d'une blessure

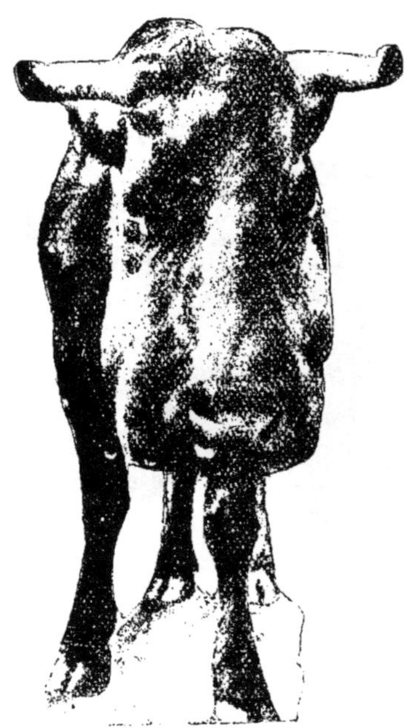

Fig. 283. — Actinomycose des joues.

cutanée. Les fistules de la région parotidienne et de la région du cou prennent les caractères des fistules maxillaires. Le bourgeonnement extérieur est cependant moins exubérant, la suppuration moins abondante, l'induration périphérique moins étendue.

ACTINOMYCOSE DES JOUES.

Les joues sont parfois atteintes, à l'exception de la langue et des mâchoires, et sans qu'il soit possible de découvrir la voie de pénétration (Eloire). Le développement des champignons parasites se fait dans l'épaisseur des tissus, des muscles et des glandes molaires et provoque une infiltration œdémateuse énorme de la partie inférieure de la face. La tête est complètement déformée, elle prend l'aspect d'une tête d'hippopotame.

LOCALISATIONS DIVERSES.

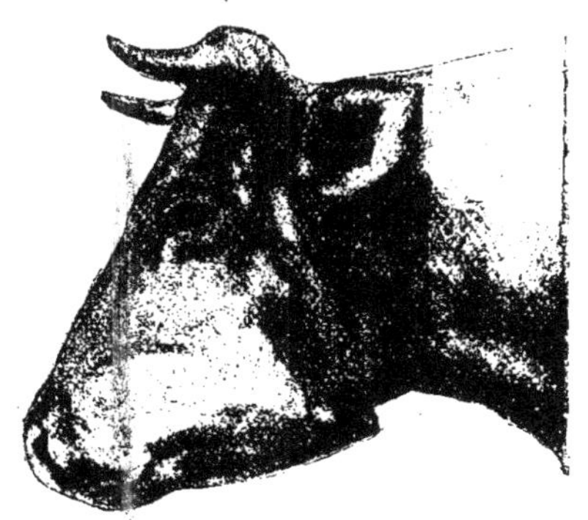

Fig. 284. — Actinomycose des joues. Vue de profil (Eloire).

Si les localisations courantes s'établissent sur les premières voies digestives, il en est d'autres qui, par exception, peuvent envahir l'œsophage, le rumen, le réseau, le foie et l'intestin (Bollinger, Liénaux, Perroncito), le larynx, la trachée, le poumon, le péritoine, l'épiploon et aussi la mamelle. L'envahissement ganglionnaire est rare.

C'est chez l'espèce porcine principalement qu'on découvre ces localisations dans la mamelle et le péritoine; on admet que l'inoculation se fait soit par les sinus galactophores, soit à la faveur de plaies abdominales pour la castration. — L'actinomycose du poumon serait assez fréquente en Russie, 2, 4 p. 100 d'après Kowalewsky.

Étiologie. — L'étiologie de l'actinomycose est limitée à la pénétration et au développement de l'*Actinomyces bovis* dans l'épaisseur des tissus vivants. L'infection directe à la faveur des spores ou germes qui souillent le pus ou la salive des malades reste problématique, il est difficile de la réaliser expérimentalement, même sur des animaux d'expériences très sensibles. Et cependant, la persistance de la maladie dans certaines étables pourrait y faire croire.

Par contre, il est démontré que l'actinomycète est un parasite des végétaux, des graminées en particulier, et que c'est à la faveur de blessures et d'inoculations accidentelles d'origine végétale que se fait l'infection de nos animaux domestiques. — La preuve s'en trouve en partie dans ces constatations de la présence de débris

de graminées (fétus, épillets, etc.) dans les points d'origine des
lésions.

Les inoculations se font de préférence dans la bouche, sur la
langue, où des excoriations existent pour ainsi dire en permanence. Les lésions de fièvre aphteuse favorisent ces inoculations, le
nombre des cas d'actinomycose après les épizooties de fièvre aphteuse est toujours plus élevé. La chute des prémolaires est tout à

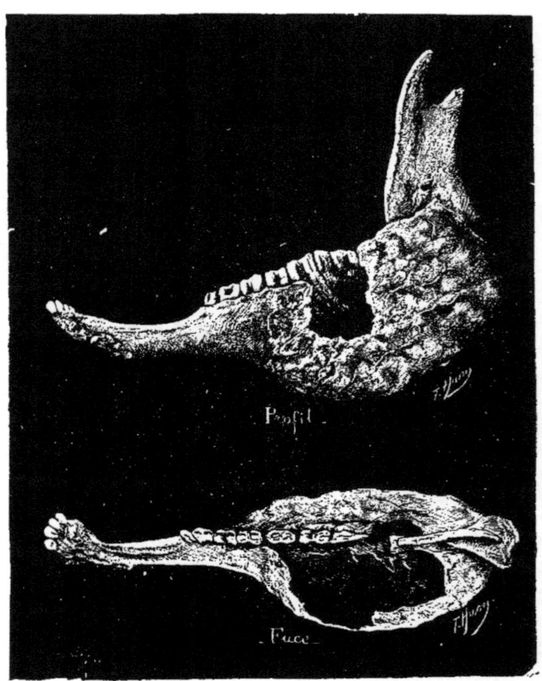

Fig. 285. — Lésion ancienne de l'os dans l'actinomycose maxillaire.

fait favorable à ces inoculations; c'est pour cette raison que l'actinomycose maxillaire est d'observation si fréquente. L'inoculation
au niveau de l'arcade incisive peut se réaliser aussi au moment de
la chute des dents de lait, mais, comme les aliments séjournent surtout sous les molaires, on s'explique que l'actinomycose incisive
soit moins fréquente.

Du côté du pharynx, les inoculations sont moins faciles, les aliments ne faisant que franchir l'isthme pharyngien; mais, lorsqu'il
y a eu des angines ou des pharyngites ayant provoqué des desquamations épithéliales, l'infection peut être réalisée.

Du côté de la peau, c'est encore à la faveur d'excoriations ou plaies cutanées accidentelles ou chirurgicales que le parasite peut se développer, soit au niveau du cou ou des parotides, soit en toute autre région (rumen, point de ponction; abdomen, plaie de castration, etc.).

Le régime du pâturage en saison sèche est plus favorable au développement de l'actinomycose; que le régime d'étable durant l'hiver.

L'actinomycose pulmonaire évolue très probablement à la suite de la pénétration de germes avec le courant d'air d'inspiration; parfois elle reconnaît une origine digestive par corps étranger.

Lésions. — Les lésions sont très singulières; elles aboutissent à la destruction complète du tissu envahi. — Arrivé dans un organe, l'actinomycète a de la tendance à pousser des prolongements mycéliens de tous côtés,

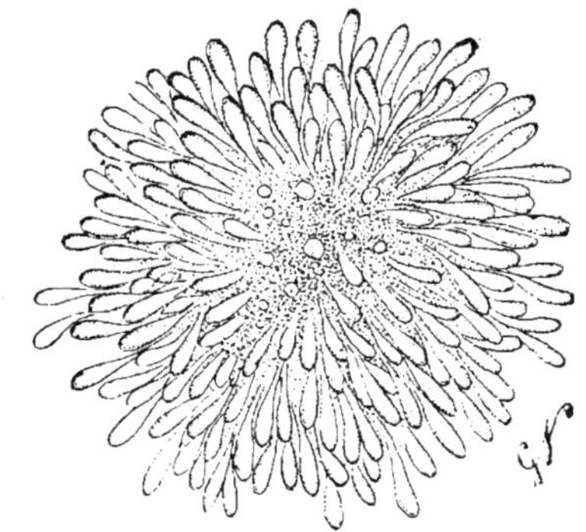

Fig. 286. — Aspect d'un grain actinomycosique à fort grossissement.

mais la réaction défensive des tissus empêche son expansion, les filaments mycoliens restent courts, tassés, contractés en touffes donnant des foyers parasitaires multiples, des nodules comparables aux nodules tuberculeux.

Dans les os, en particulier, l'actinomycète envahit le tissu spongieux avec la plus grande facilité. Il détermine une ostéite à marche subaiguë qui aboutit à la suppuration diffuse avec hypertrophie locale de l'os, destruction des lamelles compactes et évolution d'abcès dont les parois sont fongueuses, bourgeonnantes; sans la moindre tendance à la réparation.

Le pus des abcès qui s'écoule des fistules contient en quantité variable des grains jaunâtres représentant des touffes d'actinomycètes (1). Les tissusa voisinants, les muscles, tendons, peau, etc., ne tardent pas à être englobés par le processus inflammatoire, et bientôt les masses bourgeonnantes se montrent, elles aussi, envahies par les touffes parasitaires jaunâtres. Tous les trajets fistuleux sont entourés d'une zone énorme d'infiltration d'apparence lardacée Sur la coupe, la totalité de la lésion peut se trouver renfermée dans

---

(1) Chaque touffe est constituée par une zone centrale, sorte d'écheveau mycélien constituant le noyau de la végétation mycosique, et une zone périphérique formant une sorte de couronnes de massues constituées chacune par un simple renflement d'un rameau mycélien central. Les nodules actinomycosiques anciens subissent la calcification.

l'os envahi, c'est l'exception : d'ordinaire, les régions avoisinantes sont détruites, elles aussi, jusqu'à ulcération vers l'extérieur (fig. 280). On ne trouve alors sur la section que du tissu fongueux entrecoupé de lamelles osseuses perforées et de tissu lardacé, avec, dans les anfractuosités, des foyers d'actinomycètes.

Dans les lésions des parotides, du cou ou des régions diverses qui peuvent être atteintes, on retrouve toujours le même aspect général : fistules larges, tortueuses et bifurquées, bourgeonnement exubérant vers les cavités de ces fistules et vers l'extérieur, induration lardacée périphérique, pus liquide abondant et fétide.

Sur la langue, le parasite végète dans les régions sous-muqueuses en provoquant la formation de tubercules qui ne tardent pas à s'ulcérer lorsqu'ils sont dans une situation superficielle. — Les régions sus-jacentes, le tissu conjonctif interstitiel, le tissu musculaire s'infiltrent, s'indurent, se sclérosent progressivement, la langue s'hypertrophie peu à peu et bientôt devient rigide, ferme comme un morceau de bois, d'où le nom de *langue de bois*.

L'actinomycose du poumon pourrait être facilement confondue avec les lésions de tuberculose, car les foyers, localisés d'ordinaire à un lobe, peuvent aussi se montrer disséminés. Toutefois, les lésions sont englobées dans un tissu inflammatoire, fibro-scléreux blanc jaunâtre avec grains jaunes, jaune brun ou jaune blanc (Korsak, Kowalewsky).

Dans la cavité abdominale, et spécialement chez les truies, les lésions actinomycosiques se présentent sous forme de petites masses de la grosseur d'un pois ou d'un haricot, greffées sur l'épiploon ou le péritoine, et remplies de pus avec grains mycosiques.

Des cultures peuvent être obtenues, mais avec difficultés, sur pommes de terre, sur carottes, sur gélose, etc., soit par ensemencement direct du pus actinomycosique, soit après trituration dans un mortier stérile. Les cultures, lentes à se développer, sont blanches sur gélose, jaune-soufre sur pomme de terre (1).

Diagnostic. — Le diagnostic actinomycose est généralement facile, tant par les caractères tout spéciaux des lésions que par la présence des grains parasitaires. — Il est rare qu'il y ait hésitation pour l'actinomycose maxillaire : l'actinomycose linguale pourrait être confondue plus facilement avec les glossites scléreuses profondes ou même avec les glossites tuberculeuses; mais tout examen attentif permettra de se prononcer.

(1) Cultures anaérobies au départ, possibles en présence de l'air plus tard; sur gélose et de préférence sur sérum coagulé. Très résistantes à la dessiccation (plusieurs mois ou même plusieurs années). — L'inoculation sous-cutanée ne donne généralement qu'une lésion locale d'abcès. L'actinomycose est classée avec les streptotrichoses, et il y aurait différentes variétés d'actinomyces : *A. albus. luteus*, etc.
. La culture se fait sous l'aspect de filaments mycéliens bifurqués, très fins. cloisonnés irrégulièrement, de dislocation facile. Les filaments périphériques, dans les cultures âgées, se cloisonnent pour donner des conidies.

Quant à la différenciation entre les tumeurs banales et les actinomycomes du pharynx et de l'œsophage, elle est impossible *a priori*, mais, lorsque l'intervention chirurgicale ne sera pas indiquée, la médication à l'iodure de potassium sera la pierre de touche.

Le diagnostic histologique est établi de la façon suivante : une goutte de pus suspect est étalée sur lame, écrasée et séchée par la chaleur, puis colorée par la méthode de Gram ou par le picrocarmin. Le mycélium central prend le Gram, les crosses renflées, prennent l'acide picrique. Lors de l'existence de grains calcifiés, il faut au préalable traiter par l'HCl faible.

Pronostic. — Le pronostic est grave, quelle que soit la forme clinique observée. — Certes, nous sommes loin des anciennes opinions, et nous possédons une méthode thérapeutique extrêmement précieuse, mais il ne faut pas lui demander plus qu'elle ne peut donner et sûrement on a exagéré ses bienfaits.

Traitement. — J'ai une expérience clinique suffisamment longue pour poser en principe que actuellement l'actinomycose des tissus mous est seule curable par les moyens médicaux, et que les lésions osseuses ne peuvent rétrocéder ou disparaître qu'après un traitement mixte et une opération chirurgicale, lorsque cette intervention est réalisable.

C'est Thomassen qui, le premier en 1885, signala l'heureuse influence de l'iodure de potassium sur l'évolution des lésions d'actinomycose, et c'est Nocard qui, en 1892, fit bien ressortir les avantages précieux que l'on pouvait retirer de cette médication, aussi bien chez l'homme que chez les animaux. — Comme souvent, on exagéra tout de suite les bienfaits de la méthode et on ne tarda pas à affirmer que les lésions actinomycosiques osseuses, elles aussi, guérissaient par simple médication iodurée interne. L'affirmation est inexacte ou ne saurait s'appliquer, tout au moins, qu'à des cas absolument exceptionnels, et j'ai montré (1896) que les lésions osseuses sont justiciables d'une intervention mixte.

Il y a donc lieu, à mon avis, de faire une distinction formelle dans le traitement des manifestations actinomycosiques et, sous ce rapport, je groupe ces manifestations cliniques en deux séries :

1° Actinomycose des tissus mous;

2° Actinomycose osseuse.

L'actinomycose des tissus mous : muqueuses, muscles, glandes, ganglions, séreuses, etc., englobe les formes les plus fréquentes d'actinomycose linguale, pharyngienne, parotidienne, cervicale, etc.

La seconde forme correspond aux lésions d'actinomycose de la mâchoire inférieure (région molaire), de la mâchoire supérieures de la région incisive.

L'iodure de potassium à l'intérieur, aux doses de 8 à 12 grammes, par jour, représente le médicament spécifique par excellence des lésions actinomycosiques.

Pour l'actinomycose linguale, par exemple, quelques jours seulement après le début du traitement, les effets en deviennent appréciables. La langue se mobilise, se ramollit, commence à se déplacer, peut être tenue renfermée dans la cavité buccale et, de jour en jour, tend progressivement à reprendre son aspect normal.

Les malades, qui mouraient lentement d'inanition faute de pouvoir s'alimenter, reprennent leurs rations régulières et, avec elles, l'embonpoint. — Pour que le résultat soit suffisant, il faut que la médication soit prolongée de trois semaines à un mois en moyenne.

Il se produit, bien au cours de cette médication interne, de la saturation de l'organisme par le médicament, mais le fait est sans inconvénients. Les malades ont du larmoiement ,du coryza, de la bronchorrhée, et surtout de l'eczéma iodique (Voy. *Intoxication iodique*); tous ces accidents s'atténuent et disparaissent progressivement dès qu'on cesse la médication.

La guérison n'est cependant pas toujours définitive, et même dans les cas où la langue est redevenue en apparence normale, il peut y avoir récidive. J'en ai enregistré plusieurs cas après un traitement de plus de six semaines; aussi, y a-t-il avantage, je crois, à mettre à profit l'amélioration obtenue pour suralimenter les animaux et les engraisser. Pour éviter les récidives, en même temps que les inconvénients de la médication iodurée, il peut y avoir avantage à poursuivre le traitement par l'administration intraveineuse ou sous-cutanée de Lipiodol (huile iodée) durant quelques semaines.

S'il n'y a pas récidive et que la guérison puisse être considérée comme définitive à premier vue, une autre complication est à redouter à longue échéance, c'est l'atrophie scléreuse de la langue (fig. 88). Cette complication est aussi grave que la lésion primitive, puisque les malades ne peuvent plus prendre leurs aliments, et c'est là une raison de plus pour s'en tenir à l'indication formulée ci-dessus.

Pour les autres lésions de tissus mous, lésions parotidiennes, cervicales ou autres, elles cèdent à la même médication, mais il convient en plus de déterger les fistules, d'abraser les bourgeonnements exubérants, de nettoyer les bas-fonds ou culs-de-sac anfractueux, de cureter toutes les régions accessibles, au besoin d'abraser la totalité des lésions, lorsque c'est possible.

La durée du traitement est notablement plus longue que lorsqu'il s'agit d'actinomycose linguale, mais il n'est pas toujours nécessaire de poursuivre une médication aussi rigoureuse; dès qu'il y a saturation organique et signes évidents d'iodisme, on peut diminuer la dose médicamenteuse et l'abaisser à quelques grammes seulement par jour.

Actinomycose osseuse. — Règle, générale, l'actinomycose des os résiste à la médication iodurée; la raison s'en trouve, à mon avis, dans ce fait que, dans les lésions osseuses, l'irrigation sanguine est beaucoup moins riche et moins abondante que dans des tissus très vasculaires, tels que la langue. — Dans les os, dans le tissu spongieux frappé d'ostéite suppurée en particulier, la circulation devient lacunaire, le courant sanguin n'est que fictif, il en résulte que l'apport médicamenteux est insignifiant.

Pour avoir des chances de succès, il faut intervenir par une action chirurgicale et par une action thérapeutique. L'intervention chirurgicale doit avoir pour but le curetage ou l'ablation de l'os atteint, de façon à enlever tous les points envahis par le parasite. — A défaut d'intervention semblable et de curetage complet, l'affection récidive, et, après une amélioration temporaire, les lésions reparaissent.

Pour l'actinomycose de la région incisive, le moyen est radical lorsque l'intervention a lieu à temps. — Avec une scie très fine, je fais l'ablation partielle du corps du maxillaire, suivant deux traits de scie disposés en >. Je respecte suffisamment les lames compactes supérieure et inférieure pour que la fracture du corps ne puisse se produire, et la guérison n'est qu'une affaire de temps.

J'applique un tout petit pansement local à l'iodoforme, et, lorsque le bourgeonnement cicatriciel est établi régulièrement, je laisse la cicatrisation se poursuivre seule.

L'intervention dans les cas d'actinomycose maxillaire est beaucoup plus laborieuse. Si la lésion est ulcérée, ce qui est la règle lorsqu'on est consulté, je conseille l'ablation du champignon externe à la faveur d'une incision cutanée en côte de melon faite suivant l'axe de la branche du maxillaire, pour la mise à nu de la fistule osseuse.

En suivant le trajet de cette fistule, en respectant rigoureusement l'artère faciale, la veine faciale et le canal de Sténon, on peut, après débridement, avoir accès dans l'épaisseur de l'os. A l'aide d'une curette tranchante, on évide alors l'intérieur de cet os, on enlève toutes les régions envahies, tous les foyers parasitaires, et on applique ensuite un pansement iodé ou iodoformé.

L'intervention est extrêmement laborieuse, gênée par un épanchement énorme de sang, et il serait parfois matériellement impossible de la mener à bien si l'on s'attaquait à des lésions anciennes et étendues. — Dans ces circonstances, il faudrait, pour obtenir la guérison, recourir à l'ablation d'une partie de la branche du maxillaire, ce qu'il est impossible de faire économiquement à l'heure actuelle chez nos animaux.

Le curetage osseux n'est donc utile que lorsqu'il s'agit de lésions de début; et encore ne doit-on le tenter que lorsqu'il s'agit de sujets de valeur que les propriétaires tiennent spécialement à conserver.

On a recommandé l'introduction pure et simple dans les cavités d'abcès ou les fistules de tampons de coton imprégnés de chlorure d'antimoine qui aurait une certaine spécificité. La réaction serait très vive et très douloureuse, mais le résultat avantageux.

L'intervention dans les cas d'actinomycose du maxillaire supérieur présente tout autant de difficultés que pour le maxillaire inférieur, et les mêmes précautions générales doivent être prises.

L'évidement des os effectué, on pratique un tamponnement à la gaze ou au coton iodoformé, ou encore un pansement à base d'acide borique ou d'ioforme.

Dans toutes ces interventions, il faut veiller rigoureusement à ce que les artères dentaires, les nerfs dentaires et le périoste alvéolo-dentaire soient respectés.

Dans le cas où l'intervention chirurgicale est dangereuse, Kovacs recommande le vésicant suivant :

```
Cantharides pulvérisées . . . . . . . . . . . . . .   4 grammes.
Acide arsénieux. . . . . . . . . . . . . . . . . .   2     —
Euphorbe pulvérisée. . . . . . . . . . . . . . . .   1 gramme.
Axonge . . . . . . . . . . . . . . . . . . . . . .  10 grammes.
```

Frotter cinq à dix minutes sur la tumeur, main gantée; protéger les régions avoisinantes avec de la paraffine.

La tumeur se ramollit et se transforme en abcès avec nécrose superficielle de la peau.

L'emploi des crayons à base d'acide arsénieux, à introduire dans les fistules pour provoquer une large mortification des tissus pathologiques environnants est parfois indiqué. Dans d'autres cas, les injections interstitielles de solution iodée de lugol, les injections interstitielles de glycérine iodée, et mieux de formol à 5 p. 100 présentent de très réels avantages.

On a enfin conseillé une médication interne à base de sulfate de cuivre, qui pourrait être utilisé à la dose de quelques grammes par jour, par périodes.

Le vaccin anti-actinomycosique, méthode Wright (injection sous-cutanée de millions d'actino-fragments) a été recommandé chez l'homme en Angleterre; il est encore impossible de dire ce que la méthode peut donner. Economiquement, les animaux à actinomycose osseuse doivent être préparés pour l'abattoir.

ACTINOBACILLOSE

Sous le nom d'actinobacillose, Spitz et Lignières (1902) ont décrit une affection qui cliniquement ressemble exactement à l'actinomycose, mais qui s'en distingue, essentiellement en ce qu'elle est provoquée par un bacille particulier. Ce bacille à la propriété de se développer dans l'organisme en présentant des renflements en massue disposés de façon rayonnée, alors que dans les cultures il offre la forme bacillaire.

L'affection est propre aux bovidés; elle était jusqu'alors confondue avec l'actinomycose, bien que sa propagation dans un trou-

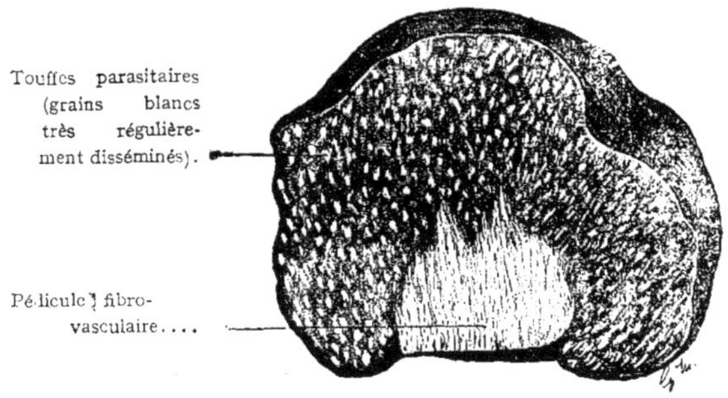

Fig. 287. — Polype pharyngien actinobacillaire; aspect d'ensemble après extirpation et section médiane (1/3 grandeur naturelle).

peau soit beaucoup plus rapide. Lignières et Spitz, dans les environs de Buenos-Ayres, ont étudié, en 1900, une épizootie qui frappait jusqu'à 25 et 50 p. 100 de l'effectif des troupeaux en quelques semaines.

Symptômes. — Les formes cliniques de l'actinobacillose sont pour ainsi dire calquées sur celles de l'actinomycose; la peau, le tissu conjonctif, les ganglions, les glandes salivaires, le poumon, la langue, le pharynx et les mâchoires sont les organes ordinairement intéressés.

Dans l'épaisseur de la *peau* et du tissu *conjonctif sous-cutané*, l'évolution de l'actinobacille se révèle par le développement de tumeurs sous-cutanées dures, insensibles, fibreuses, du volume d'une noix ou d'une pomme. Incisées, ces tumeurs, qui correspondent à de véritables abcès froids, renfermant un pus épais blanc verdâtre dans lequel, par examen entre deux lames de verre, on peut découvrir de petits grains et grumeaux blancs ou grisâtres (touffes de massues), mais jamais jaunes ni calcaires (exception faite pour l'actinobacillose des os).

L'abcédation spontanée peut se faire après des mois, la cicatrisation est irrégulière, l'ouverture de l'abcès présente souvent des végétations fongoïdes. Les lésions cutanées se développent de préférence à la gorge, sur les faces latérales de la tête, au fourreau et aux membres.

La *forme ganglionnaire* est très fréquente, alors qu'elle est exceptionnelle dans l'actinomycose, bien qu'il s'agisse le plus souvent d'une lésion secondaire et non primitive. Les ganglions sous-glossiens, rétro-pharyngiens et du médiastin sont les plus exposés.

L'*actinobacillose linguale* donne apparemment les mêmes signes que l'actinomycose vraie, avec une « langue de bois », des mieux

Fig. 288. — Actinobacillose de la région parotidienne.

caractérisée. Il existe des foyers actinobacillaires dans toute l'épaisseur de l'organe.

La *forme pharyngée* se traduit par l'évolution de tumeurs polypeuses à pédicules courts, dont j'ai pu observer des exemples remarquables. Ces masses polypeuses provoquent des troubles mécaniques digestifs et respiratoires identiques à ceux des tumeurs vraies.

Les *formes glandulaires*, parotidienne et mammaire, se traduisent non par l'évolution de gros abcès interstitiels bien délimités, mais par une infiltration diffuse des glandes par les nodules parasitaires, infiltration identique à celle représentée ci-dessus dans un polype pharyngien.

L'*actinobacillose viscérale pulmonaire* rappellerait à première vue les lésions de la tuberculose. On trouverait des tubercules translucides ou des nodules saillants avec une zone d'enveloppement hépatisée. Sur la coupe, par pression, il serait possible de faire sourdre des gouttelettes de pus.

Enfin, l'*actinobacillose des mâchoires* ne se distinguerait pas cliniquement de l'actinomycose vraie, les manifestations étant identiques.

Le pus des lésions renfermerait même des grains calcaires identiques à ceux de l'actinomycose, mais la culture donnerait l'actinobacille.

Étiologie. — L'examen histologique des petits grains blancs de la grosseur d'une tête d'épingle trouvés dans le pus, les montre formés de touffes avec éléments en massue ou en forme de larmes bataviques convergents par leurs parties effilées. Les massues sont parfois énormes. — Elles ne contiennent pas de filaments mycéliens, prennent les couleurs acides, se colorent facilement avec la glycérine picro-carminée, mais ne donnent qu'un résultat négatif avec le Gram.

L'inoculation directe du pus recueilli purement reste sans résultats, ce pus ne cultive pas non plus directement; mais si, au préalable, il est broyé aseptiquement, les résultats des inoculations et des cultures deviennent positifs. — La culture ne se fait bien que sur gélose à 37°, aussi en bouillon simple et bouillon glycériné; elle donne un petit bacille qui ne prend pas le Gram, se colore bien par la fuchsine phéniquée et le violet acide. La culture sur pommes de terre ne réussit pas ou se fait très mal. Sa virulence disparaît à une température de 54°, par la simple dessiccation prolongée et par le vieillissement.

Diagnostic. — Le diagnostic précis, pour la distinction d'avec l'actinomycose, demanderait la recherche des caractères de culture, ce que l'on fait rarement en clinique; aussi la confusion a-t-elle dû être souvent commise, et le sera-t-elle encore malgré la remarquable étude de Lignières et Spitz.

La presque identité des manifestations extérieures incite à cette confusion, et fort heureusement elle est sans conséquence au point de vue du traitement.

Pronostic. — Le pronostic varie beaucoup de gravité suivant les tissus atteints. Comme pour l'actinomycose, les lésions des tissus mous comportent un pronostic bénin, les lésions des os un pronostic très grave.

Traitement. — Le traitement ne diffère pas de celui de l'actinomycose. Seul l'iodure de potassium est considéré comme traitement spécifique, et, d'après Lignières, reste aussi sans effets contre les lésions des os.

La ligne de conduite restera donc la même que pour l'actinomycose : ablation de toutes lésions localisées, polypes, tumeurs cutanées, etc., grattage des fistules pour les lésions profondes et médication iodurée pour les lésions diffuses des tissus mous.

TUBERCULOSE

La tuberculose est une maladie contagieuse, provoquée par le bacille tuberculeux ou bacille de Koch. Elle est commune à l'homme et à toutes nos espèces domestiques, mais elle atteint surtout les sujets de l'espèce bovine.

Elle est connue depuis fort longtemps, quoiqu'elle ait été confondue autrefois, chez l'espèce bovine, avec des lésions anciennes de péripneumonie et d'échinococcose.

Ce n'est qu'au commencement du xixe siècle que Laënnec (1811) a spécialisé la lésion tuberculeuse au point de vue clinique et anatomo-pathologique, et c'est Gurlt qui, le premier (1831), signala l'analogie et l'identité des lésions de tuberculose humaine et de tuberculose bovine.

En 1865, Villemin démontra que la tuberculose était inoculable en séries, en reproduisant toujours les mêmes lésions, et, en 1868, Chauveau montrait que l'infection de l'organisme pouvait se produire, chez le veau, par la simple ingestion de produits tuberculeux.

Dès cette époque, cependant, des doutes s'élevaient au sujet de l'identité de la tuberculose humaine et de la tuberculose bovine; Virchow (1847) niait l'identité de ces deux affections en se basant sur l'analyse comparative des lésions de tuberculose humaine et de tuberculose bovine. Cette opinion n'a pas prévalu, et, jusqu'à nos jours, la doctrine de l'unicité de la tuberculose des mammifères est la seule qui paraisse vraisemblable, malgré l'opinion émise par Koch en 1901; mais, avec cette réserve, que le bacille tuberculeux présente, selon les espèces animales, par phénomène d'adaptation à des conditions déterminées de vie parasitaire et de composition de milieu, des *variétés typiques d'espèces.* Ces variétés peuvent se distinguer les unes des autres par leurs caractères de cultures et leurs qualités pathogènes. Des formes de transition ou de passage entre ces variétés peuvent même être caractérisées.

Étiologie. — La tuberculose chez une espèce animale déterminée reconnaît pour cause unique la pullulation d'un bacille tuberculeux spécial. En 1884, Koch isole et cultive ce bacille tuberculeux; il reproduit toujours, chez les sujets d'expériences, les lésions tuberculeuses typiques par ses injections de culture; en 1887, Nocard et Roux font connaître un procédé rapide de culture de ce bacille et, en 1890, Koch annonce la découverte de la tuberculine.

Le bacille tuberculeux se présente sous l'aspect d'un bâtonnet de 3 à 6 μ de long. Il a comme réaction spécifique la propriété de se colorer par la liqueur d'Erhlich et de Ziehl (1). Il se cultive bien

(1) Liqueur de Ziehl : Fuchsine 1 gramme, alcool 10 grammes, acide phénique 5 grammes, eau 90 grammes. Colorer les frottis suspects ou les coupes pendant plusieurs heures à froid sous chambre humide, ou dix à quinze minutes à chaud en chauffant progressivement et doucement jusqu'à dégagement de vapeur. Rejeter l'excès de colorant, décolorer jusqu'à teinte jaunâtre légère, pelure d'oignon, avec une dilution d'acide azotique au quart ou de chlorhydrate d'aniline; entraîner le colorant non fixé par quelques gouttes d'alcool, laver, sécher et examiner à l'immersion : ou, pour double coloration, recolorer le fond de la préparation avec un bleu dilué, laver, sécher et examiner. Le bacille tuberculeux, acido-résistant, a conservé la teinte rouge de la fuchsine, le fond est teinté en bleu); — ou bien encore décolorer par contact rapide d'une dilution

entre 37° et 40° sur les différents milieux additionnés de glycérine
à 3 et 4 p. 100.

L'infection de sujets sains se trouve réalisée par la pénétration
accidentelle de germes dans l'organisme, par les voies respiratoire
et digestive, ou encore par effraction des téguments.

Tous les produits venant de foyers tuberculeux sont virulents,
crachats ou jetage, salive, excréments, urine, lait, etc., masses
tuberculeuses des différents viscères.

Le sang et les tissus sont rarement virulents, même dans les
cas de tuberculose généralisée; ou du moins le nombre des bacilles
qui s'y trouvent est si faible qu'il faut recourir à certaines méthodes
spéciales (inoscopie) pour les mettre en évidence ou pour obtenir
des résultats positifs dans les inoculations.

Le système lymphatique représente la voie ordinaire de pénétration des agents virulents dans l'économie, l'invasion se faisant
du point inoculé aux ganglions lymphatiques les plus proches, et
de là à la chaîne qui suit (Colin). L'extension des lésions et la propagation aux viscères se font ensuite avec une rapidité très variable.
L'invasion de l'organisme n'est d'ailleurs pas fatale à la suite d'une
infection accidentelle ou même provoquée, car il se peut qu'il y ait
destruction sur place ou élimination des agents virulents par l'action phagocytaire; ou que, au contraire, la lésion reste purement
locale.

Bien que la tuberculose soit la maladie la plus grave et la plus
répandue à la surface du globe, sa contagiosité est relativement

d'acide azotique ou d'acide sulfurique au quart, compléter la décoloration par l'acide
lactique et terminer ensuite comme précédemment.

La culture du bacille tuberculeux peut se faire sur gélose glycérinée à 3 ou 4 %, sur
pommes de terre glycérinée, 3 à 4 %, ainsi que sur bouillon glycériné; sur ce dernier
milieu la culture se fait en surface, en voile; sur les premiers la culture est sèche et
verruqueuse.

Le départ d'une culture primitive de tuberculose est assez délicat, il comporte les
opérations suivantes : 1° Inoculation des produits tuberculeux à un cobaye d'expériences, région du pli du flanc ou de la cuisse. Lorsque la lésion qui s'ensuit est ulcérée et
s'est propagée aux ganglions voisins (flanc, région sous-lombaire, etc.). on sacrifie le
sujet d'expérience et les produits à ensemencer pour cultures artificielles sont prélevés
dans ces ganglions.

La culture primitive peut être tentée sur les milieux ordinaires ou de préférence sur
milieu de gélose au sang; cette culture primitive demande quelques semaines et peut
ensuite être repiquée sur les milieux ordinaires.

Dans les conditions courantes des recherches expérimentales sur la qualité pathogène
des bacilles tuberculeux de cultures, d'origine humaine ou bovine, toutes les variantes
de virulence pathogène peuvent être rencontrées, selon la souche d'origine. Il y a des
variétés de bacille tuberculeux humain ou de bacille tuberculeux bovin qui sont extraordinairement pathogènes et d'autres qui le sont à peine, sans que rien dans l'aspect
extérieur de ces cultures artificielles puisse renseigner à cet égard. L'épreuve d'inoculation expérimentale seule est capable de fixer sur ce point.

Le bacille tuberculeux, en culture artificielle, milieu liquide, produit des poisons diffusibles (Tuberculine de Koch, 1890) et des poisons fixes qui restent adhérents aux corps
bacillaires. La tuberculine ordinaire est obtenue comme suit : Cultures de six semaines
en bouillon peptoné 1 p. 100, glycériné 4 p. 100, à l'étuve à 37°; stérilisation de la
culture; filtration sur bougie; concentration à 1/10ᵉ du liquide filtré.

Les bacilles morts, en émulsion et injections sous-cutanées provoquent des lésions
de nécrose; les extraits éthérés (éthérobacilline) des lésions caséifiantes; les extraits
chloroformés (chloroformobacilline) des lésions sclérosantes.

lente tout en étant très grande, et c'est malheureusement l'une des raisons qui font que l'on y attache si peu d'importance et que l'on prend si peu de précautions dans la vie courante.

Cette contagion s'effectue surtout par cohabitation, et encore faut-il que la cohabitation soit très prolongée. Un contact de quelques jours, et même de quelques semaines, entre sujets malades et sujets sains paraît devoir être insuffisant pour provoquer sûrement cette contagion. Nocard a indiqué une moyenne de cinq à six mois de séjour en étables contaminées, pour que des bêtes bovines puissent contracter l'affection. Je suis arrivé expérimentalement à des résultats identiques en mettant des bovins tuberculeux et des bovins sains dans un local spécialement affecté à ces recherches. — Il existe cependant sous ce rapport des différences très grandes de sensibilité individuelle qu'il est difficile d'expliquer à l'heure actuelle; tel animal bien portant, vigoureux en apparence, et en bon état, contractera facilement la tuberculose, alors que tel autre plus maigre, moins énergique et moins beau, ne la contractera qu'après un temps de cohabitation beaucoup plus long.

D'une façon générale, on peut avancer aussi que les jeunes sujets prennent plus facilement la tuberculose par cohabitation en milieu contaminé que les animaux adultes ou âgés, et, si la proportion générale de tuberculeux relevée sur ces derniers est plus élevée (Bang), cela tient à ce que la durée de leur existence les a beaucoup plus exposés à des contaminations continues ou successives.

La contagion ne s'effectue en étable que lorsqu'il se trouve des malades éliminant des bacilles ou porteurs de lésions tuberculeuses ouvertes : bronchites tuberculeuses simples ou avec ulcérations muqueuses, cavernes pulmonaires, métrite tuberculeuse, entérite tuberculeuse, etc. Les germes virulents sont rejetés avec les expectorations, le jetage, les écoulements, les excréments; ils se répandent dans les fumiers, sur les fourrages, dans les boissons, les litières et aussi dans l'atmosphère après dessiccation.

Les mangeoires, râteliers, seaux d'abreuvage et ustensiles divers peuvent en être souillés; l'atmosphère de l'étable contient des poussières virulentes, et les sujets de ces étables se trouvent en permanence exposés à être infectés, soit par les voies respiratoires, soit par les voies digestives.

On a très longuement discuté dans ces dernières années sur les voies de la contagion, les uns prétendant qu'elle se faisait presque exclusivement par les voies digestives (Calmette et Guérin) et que les lésions respiratoires avaient un point de départ intestinal; les autres affirmant au contraire qu'elle se faisait surtout par les voies respiratoires. En réalité, il n'y a rien d'absolu sur ce point, malgré les preuves apportées à l'appui de telle ou telle méthode d'expérimentation; et, comme je l'ai toujours soutenu, la contagion peut se

faire par les voies digestives et par les voies respiratoires. Les
jeunes sujets se contagionnent plus fréquemment par l'alimentation
et les voies digestives, les adultes à la fois par les voies digestive et
respiratoire.

Les malades atteints de lésions tuberculeuses fermées : lésions
des plèvres, du péricarde, du foie, de la rate, du péritoine, etc.,
ne peuvent théoriquement ou anatomiquement rejeter de produits
virulents; leur contact reste en principe sans danger, mais il faut
bien reconnaître que ces malades sont de véritables exceptions,
qu'ils sont toujours en imminence de lésions ouvertes ou tout au
moins de manifestations s'accompagnant d'éliminations bacillaires.
Les lésions mixtes représentent la règle; on peut poser en principe
que toute cohabitation avec des tuberculeux est dangereuse. La
contagion s'effectue, bien entendu, avec d'autant plus de facilité
que le nombre des tuberculeux d'étable est plus élevé, et que les
conditions d'hygiène (propreté, aération, alimentation, **etc.**) sont
plus mauvaises.

La vie libre en plein air, au pâturage, met mieux à l'abri de la
contagion, les produits virulents se trouvant disséminés de tous
côtés, et détruits sous les influences multiples des conditions atmosphériques. Mais ce n'est pas là une condition toujours suffisante
pour éviter toute oontagion. Dans la région sud de Madagascar
par exemple, les bovins vivent en plein air et cependant la tuberculose bovine y est très répandue, parce que la vie de plein air
n'évite pas les cantonnements, rassemblements, contacts plus ou
moins prolongés et les conséquences qui s'ensuivent. La stabulation dans les locaux étroits représente, au contraire, une condition
excellente pour la propagation de l'évolution de la tuberculose.

Chez les veaux, l'infection se fait à la faveur de l'alimentation
avec du lait tuberculeux, que ce lait soit pris directement à la
mamelle ou au seau. Il peut en être de même chez les porcelets
nourris avec le petit lait.

La chèvre contracte assez facilement la tuberculose par cohabitation en étable avec des vaches tuberculeuses, et mes recherches
m'ont prouvé que la contagion dans un troupeau de chèvres s'effectue ensuite avec autant de rapidité que chez les bêtes bovines. La
prétendue résistance si grande de la chèvre à la tuberculose signalée
autrefois, et considérée à tort par certains comme un état réfractaire, n'est qu'apparente; si la tuberculose est constatée moins
souvent dans cette espèce, cela tient uniquement à ce que les chèvres
sont les animaux auxquels on accorde le plus de liberté et de
plein air en toute saison.

La contagion au mouton est, au contraire, exceptionnelle,
même par cohabitation prolongée en stabulation permanente
avec des vaches tuberculeuses, il a fallu dans mes expériences

près de deux années de séjour pour voir la tuberculose évoluer.

L'*hérédité* est l'un des facteurs de la plus haute importance à envisager dans l'étiologie de la tuberculose.

On a eu de la tendance, durant une période, à lui retirer toute influence dans l'évolution de cette maladie, pour ne voir que son évolution par contagion. Ce fut à tort puisqu'à notre époque les nouvelles recherches sur les formes filtrables du bacille tuberculeux ont démontré leur possibilité de passage au travers des filtres et vraisemblablement du placenta; c'est-à-dire d'établir scientifiquement la notion de possibilité d'hérédité.

L'observation a bien démontré que la transmission de la tuberculose de la mère au fœtus était absolument rare, et que la presque totalité des veaux issus de mères tuberculeuses ne réagissaient pas à la tuberculine (95 p. 100, Nocard et Bang). Mais, si ce fait est parfaitement exact, il n'est pas exclusif. Il suffit seulement à montrer quel bénéfice on en pourrait retirer, si une organisation sanitaire convenable et une hygiène bien entendue des étables pouvaient s'appliquer partout. — Malheureusement, en pratique, il est loin d'en être ainsi; ces veaux non tuberculeux sont laissés dans les étables communes contaminées, ils s'infectent rapidement et perpétuent l'évolution de l'affection.

Physiologiquement, ces données s'expliquent; le placenta ne laisse pas passer les agents microbiens de dimensions déterminées, ou du moins ne les laisse passer que dans des circonstances tout à fait extraordinaires, et surtout lorsqu'il se produit des lésions de l'appareil vasculaire. — Comme, d'autre part, la tuberculose génitale (T. des ovaires, des trompes ou de l'utérus) est généralement incompatible avec la conception et provoque la stérilité, il n'y a rien d'étonnant à ce que la tuberculose ne soit pas héréditaire au sens strict du mot, ou ne le soit que très exceptionnellement. — On a bien invoqué l'influence du père, mais il est établi que l'infection héréditaire paternelle ne serait possible que dans les cas où il existerait des lésions tuberculeuses des testicules, de la prostate ou des vésicules séminales. Semblables conditions, si elles peuvent se présenter pour l'espèce humaine, ne sont qu'exceptionnellement réalisées chez nos reproducteurs domestiques.

Comme loi générale, on peut donc dire que la tuberculose est rarement héréditaire; l'infection des nouveau-nés se fait dans les mois qui suivent la naissance, soit par l'alimentation directe lorsque les mères ont de la tuberculose mammaire et même simplement de la tuberculose viscérale, soit par contamination permanente par les voies respiratoire et digestive.

Mais si l'infection microbienne n'est pas héréditaire, cela ne veut nullement dire que les enfants de tuberculeux soient aussi bien armés pour la vie que les descendants de sujets sains. — Ce dont les produits héritent, dit-on, « c'est l'hérédité de prédisposition, c'est l'aptitude plus grande à contracter cette maladie ».

Cette aptitude ou cette prédisposition à la réceptivité du contage est telle qu'il faut la considérer, à mon avis, comme l'un des facteurs essentiels de l'évolution de la tuberculose.

Le bacille de Koch est le facteur nécessaire de l'évolution de la tuberculose; il n'est pas toujours suffisant pour les sujets indemnes d'hérédité tuberculeuse; mais, si cette dernière condition ne se trouve pas réalisée, la tuberculose évolue avec une facilité extraordinaire.

Dans ces conditions, l'hérédité tuberculeuse, la tare organique représente donc un facteur important, sinon principal, de l'évolution tuberculeuse.

Les recherches de physiologie pathologique en donnent d'ailleurs la raison.: chez les mères tuberculeuses, l'organisme se trouve, non seulement sous le coup d'une infection, mais aussi sous l'influence d'une intoxication permanente qui trouble les échanges organiques normaux, et aussi les échanges entre la mère et le fœtus. — Si l'agent microbien reste confiné à l'organisme maternel, les poisons charriés par le sang franchissent la barrière placentaire; ils imprègnent les tissus du nouvel être en évolution, et ces tissus se trouvent tarés héréditairement d'une façon variable. La tare se décèle parfois dès la naissance souvent, puisque les recherches comparatives de physiologie pathologique ont montré que certains descendants de tuberculeux assimilent moins bien les aliments donnés, et font des déperditions de toutes sortes plus grandes que les sujets sains.

Ce qui est héréditaire, ce n'est donc pas toujours la maladie elle-même, mais la tare organique que développe cette maladie, la qualité des tissus ou des éléments des géniteurs; et comme cette qualité de tissus se caractérise par une diminution de résistance à l'action du germe tuberculeux, on conçoit combien cette influence peut prendre d'importance dans certaines conditions données.

Sans doute, en pathologie bovine, ces influences d'aptitude héréditaire pourraient être écartées, dans les élevages bien dirigés, par l'isolement immédiat des nouveau-nés dans des conditions qui les mettent à l'abri de toute influence tuberculeuse, et l'expérience a établi tous les bénéfices que l'on en peut retirer (Nocard, de Chauvelin); mais il faut bien reconnaître que les élevages scientifiquement dirigés représentent l'exception, et pendant longtemps encore il nous faudra compter, en pratique sanitaire, avec les conditions actuelles d'évolution de la maladie.

Lésions. — Les lésions tuberculeuses, extrêmement variables comme aspect suivant les organes qui sont frappés, présentent cependant toujours une évolution absolument identique.

La lésion primitive correspond à ce que l'on appelle la *granulation tuberculeuse* ou tubercule anatomique proprement dit, l'unité pathologique macroscopique, qui se montre sous forme d'une nodosité saillante, demi-transparente, grise, opaque ou jaunâtre, suivant son âge. Là où le bacille tuberculeux pénètre, il provoque la formation d'un tubercule.

A son origine, la granulation tuberculeuse encore invisible, et seulement décelable au microscope, est caractérisée par ce que l'on appelle le follicule tuberculeux, élément de réaction de l'organisme contre le bacille pathogène. Cette réaction est caractérisée par la présence de cellules géantes au centre, entourées à la périphérie par des cellules dites cellules épithélioïdes qui forment comme une sphérule d'enrobement du dangereux microbe.

Ces tubercules, provoqués par le cantonnement de colonies bacillaires, sont dus à la réaction défensive des tissus envahis qui, petit à petit, se trouvent altérés et détruits suivant une marche excentrique. Le tubercule par lui-même n'a rien de spécifique; ce qui est spécifique, c'est le bacille.

La lésion élémentaire peut rester isolée, mais fort souvent elle se trouve très rapprochée d'autres tubercules identiques, qui ne tardent pas à être englobés dans un même processus inflammatoire. Toute une masse d'organe se trouve comme criblée de tubercules d'âge et de volume différents, et le tissu conjonctif interstitiel réagit pour former des cloisons fibreuses de séparation. L'ensemble donne et caractérise ce que l'on appelle l'*infiltration* tuberculeuse diffuse.

A un stade plus avancé encore de l'évolution de la tuberculose, il se produit de la *conglomération*, qui donne alors des masses tuberculeuses de la grosseur d'un pois, d'une noisette, d'une noix, d'un œuf, du poing ou davantage.

Ces lésions, quelles que soient leurs dimensions, subissent la dégénération caséeuse du centre à la périphérie.

Exceptionnellement, les tubercules restent fibreux, et bien plus souvent, chez nos animaux de l'espèce bovine surtout, ils s'infiltrent de calcaire. — La dégénération caséeuse envahit non seulement le centre des tubercules, mais encore progressivement les couches périphériques, et parfois la totalité des masses conglomérées.

En poursuivant toujours leur évolution pathologique, les masses tuberculeuses se ramollissent, se transforment en abcès tuberculeux qui s'ouvrent vers un passage quelconque, laissant à leurs places, tantôt des ulcérations lorsqu'il s'agit de tubercules simples, tantôt des cavernules (pour le poumon) lorsqu'il s'agit de conglomérations de petites dimensions, tantôt des cavernes lorsque les conglomérats tuberculeux sont très développés, et enfin des fistules borgnes simples ou bifurquées lorsqu'il s'agit d'articulations ou de tissus variés.

Des expériences (Nocard et Rossignol, 1900) établissent d'une façon précise qu'il s'écoule toujours un certain temps (plus de quinze jours au minimum), entre le moment où le contage pénètre dans l'organisme et celui où il manifeste ses effets par la réaction à la tuberculine; et que la calcification ou le ramollissement des lésions ne se produit jamais avant cinquante jours.

Suivant les organes envisagés, ces lésions tuberculeuses présentent des aspects déterminés que l'on retrouve à peu de chose près toujours identiques. C'est ainsi que, pour le larynx, la trachée et les bronches, les tubercules se développent dans l'épaisseur de la muqueuse, subissent rapidement la transformation caséeuse, le ramollissement et la fonte purulente, laissant de multiples ulcérations isolées ou confluentes vers les conduits aériens.

Dans le poumon, on rencontre, suivant les cas et les malades, la tuberculisation disséminée, l'infiltration tuberculeuse, la conglomération, la tuberculisation massive, des cavernules et des cavernes.

Le poumon peut être envahi parfois à un tel degré que l'on se demande comment la respiration peut encore s'effectuer d'une façon suffisante pour entretenir la vie.

Les poumons peuvent être transformés en véritables blocs caséeux jaunâtres, calcaires ou ramollis, enveloppés dans des parois fibreuses épaisses et résistantes. Dans les intervalles, le tissu pulmonaire est sain en apparence, rosé ou congestionné, quelquefois hépatisé.

Sur les séreuses pleurale, péricardique et péritonéale, les lésions tuberculeuses exubérantes prennent un aspect perlé d'abord, puis mûriforme, par suite de la réunion et de la conglomération des masses tuberculeuses. Les tubercules élémentaires s'entourent de parois fibreuses qui deviennent bourgeonnantes vers l'intérieur des cavités, de telle sorte que toutes les surfaces paraissent végétantes, parfois villeuses, lors de poussées aiguës, de couleur rosée, rouge ou rouge foncé.

L'ensemble des lésions qui tapissent les cavités représente ce qu'en terme de boucherie les ouvriers des abattoirs appellent les *grappes*. — A l'intérieur de ces masses exubérantes, qui parfois forment des plastrons de plusieurs centimètres d'épaisseur, les lésions tuberculeuses subissent l'évolution ordinaire, c'est-à-dire qu'elles se caséifient, ou s'infiltrent de calcaire, mais elles se ramollissent plus difficilement que celles du poumon. Les séreuses pariétales et les séreuses viscérales se soudent facilement en maints endroits, pour donner des symphyses partielles pariéto-pulmonaires, pariéto-intestinales, etc.

Dans le péricarde, les végétations prennent fort souvent l'aspect fongueux.

La tuberculose des ganglions peut se montrer sous l'aspect de tuberculose disséminée, discrète, d'infiltration diffuse, ou, avec le temps, de conglomérations tuberculeuses massives. En fait, dans ces cas, les ganglions n'existent plus alors, leur tissu est totalement dégénéré, ils se montrent considérablement hypertrophiés, et sur section on ne les trouve plus représentés que par une coque fibreuse épaisse formant enveloppe et des blocs caséo-calcaires plus ou moins ramollis ou calcifiés.

Vers la tête, dans les régions sous-glossienne et sous-parotidienne, l'infiltration tuberculeuse des ganglions gêne la déglutition et la

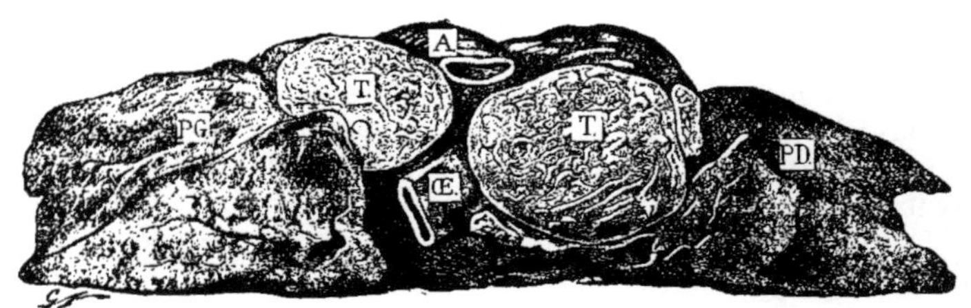

Fig. 289. — Tuberculose ganglionnaire. — PG, poumon gauche; PD, poumon droit; T, T, ganglions œsophagiens tuberculeux; A, aorte; Œ, œsophage (section transversale de la masse pulmonaire vers la région moyenne).

respiration, comprime le pharynx, l'œsophage et le larynx, et déforme totalement l'aspect ordinaire.

A l'entrée de la poitrine, les compressions artérielles, veineuses, nerveuses et autres peuvent provoquer l'apparition de signes variés qu'il n'est pas très difficile d'interpréter. Toute l'entrée de la poitrine, tout le médiastin antérieur ne forment parfois qu'un seul bloc, mais c'est pour le médiastin postérieur surtout qu'il importe de se bien rendre compte des rapports des lésions existantes, pour pouvoir interpréter et expliquer certains symptômes que l'état des poumons ne saurait faire soupçonner : difficulté de déglutition, œsophagisme, rétrécissements mécaniques de l'œsophage, météorisation permanente, etc.

Sans que les poumons soient touchés, il se peut parfois que les masses ganglionnaires du médiastin (ganglions œsophagiens supérieur et inférieur) et les ganglions bronchiques soient tellement atteints que l'œsophage se trouve totalement emprisonné et mis dans l'impossibilité matérielle de fonctionner (fig. 289).

Dans l'abdomen, les ganglions mésentériques sont ceux qui sont le plus exposés, et lorsqu'ils ont été infectés par la voie intestinale, ils prennent l'aspect de galets volumineux et aplatis suivant l'axe du mésentère.

Dans les voies digestives, comme dans la trachée et les bronches, la tuberculose a une prédilection marquée pour la forme ulcéreuse. Les tubercules disséminés ou agglomérés se développent dans l'épaisseur de la muqueuse, très rapidement ils se ramollissent, et s'ulcèrent. Les caractères de ces ulcérations et l'examen des exsudats peuvent seuls fixer sur la nature des lésions.

Les ulcérations se localisent dans la bouche et le pharynx, puis dans la seconde moitié de l'intestin grêle, vers l'iléon, et sur les plaques de Peyer; très exceptionnellement sur la muqueuse de l'estomac.

Sur les organes génitaux mâles, les lésions tuberculeuses évoluent sur la vaginale exactement comme sur une séreuse ordinaire, mais les tubercules peuvent se développer aussi dans l'épaisseur du testicule, dans les couches superficielles. Ils se conglomèrent, se ramollissent, envahissent les tissus vers l'intérieur et peuvent s'abcéder. — Dans les voies génitales femelles, la tuberculisation envahit l'épaisseur des parois utérines, mais présente une tendance manifeste à l'ulcération comme dans l'intestin ou la trachée.

Pour la mamelle, la tuberculisation est généralement diffuse, elle acquiert la tendance hypertrophique avec formation abondante de tissu fibreux ou scléreux, et seuls les tubercules de la couche glandulaire des acini s'ulcèrent. — Il en résulte, avec le temps, une suppuration tuberculeuse diffuse de tout l'appareil excréteur, la formation dans les profondeurs des tissus de masses fibro-caséeuses, susceptibles, elles aussi, de se ramollir et de donner naissance à des abcès froids tuberculeux profonds.

D'après Mac Fadyean, la lésion primitive résulte d'un véritable fusionnement de cellules des acini, de cellules des capillaires et de cellules étrangères dérivées du tissu conjonctif, le tout formant un symplasma très particulier.

Les ganglions mammaires se comportent comme les ganglions ordinaires.

Dans les articulations, les tubercules apparaissent, soit sur la synoviale, soit dans l'épaisseur des extrémités épiphysaires, très souvent dans les deux points à la fois. Les synoviales deviennent végétantes et villeuses, les extrémités épiphysaires sont atteintes d'ostéite destructive avec tubercules ou foyers tuberculeux dans l'épaisseur du tissu spongieux, les cartilages articulaires se détruisent, les extrémités osseuses se déforment, et il en résulte en dernière analyse des arthrites fongueuses d'aspects fort diversifiés.

Dans les os, c'est encore dans l'épaisseur du tissu spongieux que les tubercules prennent naissance. Il se produit de l'ostéite destructive hypertrophique, dans laquelle le tissu osseux est remplacé par des îlots ou des blocs tuberculeux cloisonnés de travées fibreuses. Sur la coupe, on retrouve l'aspect des masses caséo-calcaires jaunâtres des autres viscères atteints. La couche compacte se laisse parfois perforer en mains endroits plutôt que de se détruire en nappe.

Pour la tuberculose cérébrale, les lésions primitives et élémentaires se développent aux dépens des feuillets séreux de l'arachnoïde, et sur la pie-mère, vers la base du cerveau et la région sylvienne (Nocard), ou aux dépens des petits vaisseaux qui plongent dans l'épaisseur de la substance nerveuse elle-même. — Des tubercules restent isolés, deviennent confluents ou se conglomèrent en masses de dimensions variables, provoquant des troubles en rapport avec les localisations des lésions.

Age des lésions tuberculeuses. — L'un des problèmes des plus difficiles et des plus fréquents qui puisse se poser en matière de commerce de bétail et d'appréciation des lésions d'autopsie, est celui de savoir quel peut être l'âge, c'est-à-dire l'ancienneté de telles ou telles lésions constatées lors d'abatages par mesure sanitaire ou simplement pour la boucherie. Il est extrêmement délicat d'assigner un âge déterminé à des lésions tuberculeuses ainsi découvertes, c'est-à-dire de préciser l'époque de l'infection tuberculeuse, parce que ces lésions varient souvent comme aspect, et parce que leur marche évolutive varie chez chaque individu. Chez certains animaux, comme d'ailleurs chez l'espèce humaine, l'infection tuberculeuse marche avec une rapidité effrayante, chez d'autres avec une lenteur extraordinaire, durant des années et même des dizaines d'années. Il est enfin des infectés tuberculeux qui peuvent parcourir toute une existence normale sans jamais présenter le moindre signe suspect.

Il suffit de ces seules remarques pour prévoir quelle est la difficulté qui s'attache à la question posée.

Des résultats obtenus dans des infections expérimentales chez des animaux de l'espèce bovine (Nocard et Rossignol 1901) il résulte que le seul critérium précis obtenu est le suivant : Toute lésion *ramollie ou calcifiée*, quelle que soit son importance et son étendue, — est une lésion en évolution depuis plus de cinquante jours.

En conséquence, lorsque dans une autopsie on découvre des lésions ramollies ou calcifiées, si discrètes, si limitées qu'elles soient, on peut affirmer que ces lésions remontent à plus de cinquante jours; mais par contre cela n'implique plus obligatoirement que toute lésion tuberculeuse doive se ramollir ou se calcifier au bout de cette période. Et il n'est pas acquis non plus que dans les conditions de l'infection naturelle les choses doivent se passer comme dans l'infection expérimentale.

Symptômes. — La tuberculose est la maladie la plus protéiforme que l'on connaisse; bien souvent on serait tenté de ne pas admettre dans le même groupe des états cliniques qui, à première vue, paraissent essentiellement différents (boiteries d'arthrites tuberculeuses et bronchite tuberculeuse par exemple). Tous les tissus peuvent être envahis, depuis les os jusqu'aux viscères les plus fra-

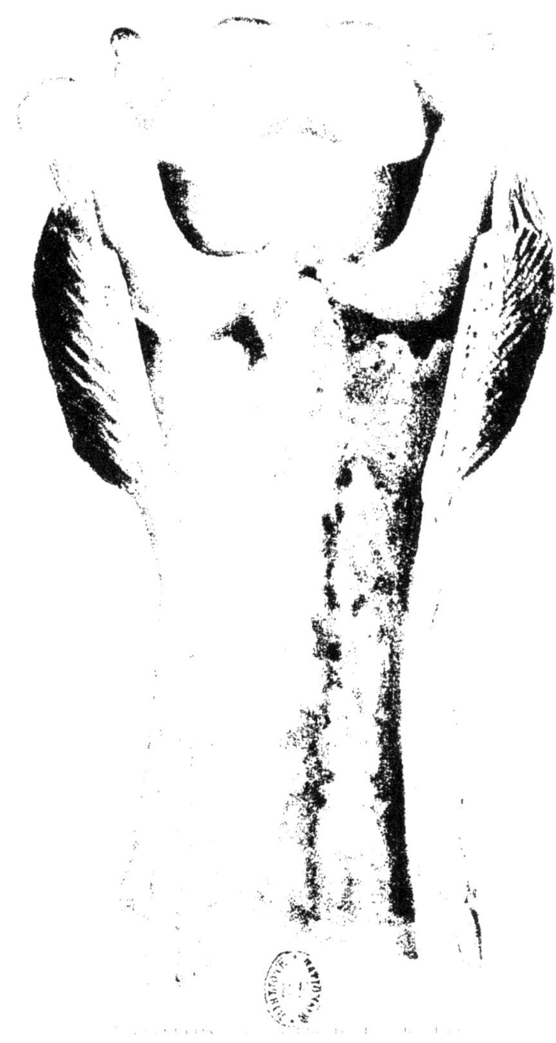

giles, et c'est pourquoi il serait impossible de décrire la tuberculose
sous tous ses aspects : mais au nombre des états morbides, il est
certaines formes que l'on retrouve le plus souvent et qui peuvent
être considérées comme classiques. Je les passerai en revue par
ordre de fréquence.

TUBERCULOSE DE L'APPAREIL RESPIRATOIRE.

La tuberculose respiratoire est, sans la moindre contestation
possible, de beaucoup la plus fréquente. Elle se présente sous forme
de bronchite ou de laryngo-bronchite et de tuberculose pulmonaire.

TUBERCULOSE DE LA TRACHÉE. — Elle est caractérisée par la
présence de tubercules et de nodules tuberculeux dans l'épaisseur
de la muqueuse ou dans le tissu conjonctif sous-muqueux, depuis
le volume d'une tête d'épingle jusqu'à celui d'un pois ou d'un haricot.
Les tubercules intramuqueux se ramollissent très vite et s'ulcèrent
facilement, rendant les animaux éminemment dangereux.

BRONCHITE TUBERCULEUSE. — La bronchite tuberculeuse ne
diffère pas, au point de vue symptomatologique, de la bronchite
ordinaire, mais son évolution est beaucoup plus insidieuse, beaucoup
plus lente et s'effectue généralement sans fièvre. — Elle se traduit
par de la toux sèche et avortée au début; puis quinteuse, grasse et
rauque à une période plus avancée. La moindre irritation provoque
ces accès de toux, le froid au sortir de l'étable, la chaleur à la rentrée
dans ces étables, les poussières, l'action des liquides de déglutition, etc. — Durant la première période, la toux n'est pas suivie
d'expectoration; plus tard, au contraire, elle met en mouvement
des mucosités glaireuses jaune grisâtres qui sont rejetées ou plus
souvent dégluties dès leur arrivée dans le pharynx.

Cet état persiste des semaines et des mois. Il n'y a pas de tendance
à la guérison naturelle. Si le larynx est pris, l'inspiration devient
ronflante et difficile, l'encolure est tendue, de même que la tête.
La moindre pression laryngée provoque une toux que l'on n'obtient
que difficilement en dehors de cet état.

La tuberculose du larynx, de la trachée et des bronches coexiste
le plus souvent avec des lésions pulmonaires mais elle peut aussi
exister seule.

Le jetage, lorsqu'on peut l'obtenir, est représenté par des mucosités épaisses, visqueuses, adhérentes, d'un jaune gris tout spécial.
— L'examen histologique y fait découvrir des bacilles.

TUBERCULOSE PULMONAIRE. — La tuberculose du poumon se
développe le plus souvent sous la forme chronique; il est exceptionnel qu'elle n'ait pas été précédée par une bronchite bacillaire. — Les
malades conservent plus ou moins longtemps l'appétit et l'embon-

point, et, sans l'expérience résultant de l'observation, il serait difficile de croire à l'évolution latente d'une maladie redoutable.

La toux fréquente et sans raison est le seul indice qui permette le soupçon.

Plus tard, ces malades maigrissent, se nourrissent moins bien, présentent des variations d'appétit inexplicables, parfois des troubles digestifs assez nets et à répétition : : météorisation légère avec constipation ou diarrhée, surcharge modérée du rumen, atonie relative et ralentissement du péristaltisme. La dénutrition suit son cours, l'amaigrissement s'accuse progressivement ou par poussées chez les femelles en gestation ou en lactation de préférence, l'anémie arrive, puis la cachexie et tout son cortège symptomatique. La toux est plus fréquente, plus grave, accompagnée de jetage ou surtout suivie de déglutition. Dès lors, c'est la phtisie proprement dite.

Cette marche n'a rien d'absolu : *certains animaux peuvent rester malades pendant des années sans que, cliniquement, il y ait la moindre aggravation apparente ;* d'autres, au contraire, placés dans les mêmes conditions de milieu et d'entretien, présentent une évolution rapide qui, en six mois ou un an, les amène à la phtisie complète. — C'est du moins ce que j'ai observé dans mes expériences sur les conditions de la contagion chez les sujets de l'espèce bovine, et il y a tout lieu de supposer qu'il en est de même dans les exploitations particulières.

La gestation, l'allaitement et la lactation prolongée, en plaçant les sujets dans de moins bonnes conditions de résistance, favorarisent l'évolution de la maladie.

Les bêtes tuberculeuses arrivées à la période de phtisie ont un aspect particulier. Leur maigreur est extrême, tous les tissus sont émaciés, la marche traînante, la respiration est rapide et parfois accompagnée d'un véritable soubresaut, les muqueuses sont pâles et décolorées, la peau collée aux tissus sous-jacents.

On ne pourrait cependant se baser sur ces signes généraux pour porter un diagnostic, car certaines affections peuvent, abstraction faite de la toux, simuler extérieurement la tuberculose arrivée à sa période ultime, la phtisie (diarrhée chronique, intoxications chroniques, dyspepsies, etc.).

Il est indispensable, lorsque des doutes s'élèvent, de s'assurer, par la percussion et l'auscultation, que l'état extérieur est bien la résultante de lésions du poumon, qui, d'ailleurs, elles aussi, offrent une évolution graduelle correspondant aux états enregistrés par la simple inspection extérieure.

J'ai pu suivre attentivement pendant plusieurs années, et jour par jour, l'évolution des lésions pulmonaires depuis le début jusqu'à la formation de cavernes étendues; j'estime qu'il y a lieu de grouper les symptômes présentés en trois phases.

Dans la *première phase*, la percussion ne donne rien, mais l'auscultation décèle une respiration rude dont les deux temps sont inégaux. L'expiration qui, chez un sujet dont les poumons sont totalement indemnes, reste silencieuse, devient au contraire nettement perceptible, non en tous les points du poumon, mais vers les lobes antérieurs et les lobes cardiaques de préférence. Cette constatation est la résultante de l'infiltration tuberculeuse et de la perte d'élasticité du tissu pulmonaire avoisinant.

L'inspiration rude et râpeuse se fait parfois en plusieurs temps, donnant ce que l'on appelle la *respiration étagée* ou *saccadée*, et l'expiration présente une durée plus longue que l'inspiration, elle est rude et prolongée, mais ne devient jamais soufflante.

Ces caractères sont très significatifs et suffisent, sinon à porter un diagnostic précis, du moins à faire naître des doutes très sérieux.

Les malades paraissent peu atteints, c'est le premier stade, la première phase de la tuberculose; sans la toux, on pourrait croire les animaux absolument sains.

Dans une *seconde phase*, l'infiltration tuberculeuse s'étend et aboutit à la conglomération par fusion ou rapprochement des masses tuberculisées.

La percussion peut donner de la matité, mais bien souvent encore cette matité ne peut être décelée, parce que ce sont les lobes antérieurs et moyens cachés sous l'épaule qui se trouvent atteints. Lorsqu'on la découvre, c'est sur la partie inférieure des lobes postérieurs, et très exceptionnellement en un point quelconque de la hauteur de la poitrine. Très souvent, on trouve de la submatité et non de la matité vraie.

A l'auscultation, les signes de la première période deviennent beaucoup plus nets, l'inspiration paraît toujours rude, râpeuse, pénible et difficile en certains points, dans les zones antérieures surtout. Dans ces mêmes régions, l'expiration est rude, fortement prolongée, parfois nettement soufflante. C'est principalement dans la zone sous-scapulaire et dans les zones 2 et 3 d'auscultation (fig. 131) que ces signes peuvent être recueillis. Vers la région dorsale dans la zone 1, il se peut que la respiration paraisse normale. Et cependant les bruits se propagent à distance, le poumon infiltré devient progressivement inélastique, le murmure vésiculaire disparaît totalement dans les régions tuberculisées et les bruits recueillis sont d'origine bronchique.

Comme la première, cette seconde phase présente des degrés suivant l'intensité, l'étendue, la diffusion ou la localisation des lésions tuberculeuses. La respiration soufflante s'enregistre sur des surfaces variables, se trouve accompagnée de râles sibilants, ronflants et de râles muqueux ambulants. Le murmure vésiculaire est exagéré dans les régions saines. La toux est fréquente, accompagnée d'expectoration ou suivie de déglutition, l'appétit devient capricieux, l'état général laisse à désirer. Il peut même arriver, à cette seconde phase, qu'un poumon apparaisse tuberculisé presque en totalité, et que les caractères signalés puissent se retrouver partout

La *troisième phase* correspond au ramollissement des masses tuberculeuses, à l'ulcération et à la formation de cavernes. Les zones de submatité ou de matité peuvent se montrer plus étendues, mais comme toujours ce sont les lobes antérieurs et les lobes moyens qui d'ordinaire font les frais d'évolution des cavernes. La percussion peut encore ne rien donner d'absolument précis.

Avec le ramollissement et l'ulcération des masses tuberculeuses, le contenu de la masse ramollie s'évacue progressivement vers les bronches; l'auscultation décèle des signes cavitaires qui varient avec les dimensions des cavernes. A l'auscultation, la respiration a toujours, en certain points, des caractères soufflants, qui atteignent même le timbre du souffle tubaire vrai. Dans d'autres zones on n'entend que du gargouillement si les cavernes ne sont qu'en voie de formation, et dans les cas de cavernes vraies on a à enregistrer l'existence d'un souffle caverneux continu.

Ces états de la troisième phase sont assez rares en clinique, parce que les malades, anémiés, épuisés et cachectiques, sont abattus avant cette période; cependant elle peut survenir parfois, avec une rapidité qui étonne, en six ou huit mois au plus.

Très souvent les malades, même cachectiques, même phtisiques, n'offrent pas nettement les signes d'auscultation de cette troisième phase, parce qu'en effet la tendance au ramollissement n'est pas très grande chez nos sujets de l'espèce bovine. Les poumons s'infiltrent d'une façon massive, les lésions deviennent crétacées et donnent la pommelière, mais plus rarement des cavernes.

L'expectoration ou le jetage a. à cette troisième phase, l'aspect de masses puriformes, glaireuses et visqueuses, de couleur jaune sale et parfois jaune verdâtre. L'examen bactériologique y décèle des bacilles tuberculeux et nombre d'autres agents surajoutés.

Tous ces états ne se développent pas sans complications diverses; bien souvent, lorsqu'il existe de la tuberculose pulmonaire chronique à la seconde ou à la troisième période, il existe aussi des lésions pleurales, des lésions ganglionnaires, du médiastin, de la tuberculose du foie, etc.

Les troubles digestifs sont fréquents : appétit capricieux, anorexie, atonie du rumen, météorisation chronique, dyspepsie. Ces troubles s'expliquent facilement lorsqu'il existe des lésions du foie, de l'intestin ou des ganglions mésentériques; mais leur interprétation devient plus délicate quand il n'y a qu'une lésion pulmonaire simple. C'est que, même dans cet état, les malades se trouvent sous le coup d'une toxi-intoxication permanente complexe, par les toxines élaborées par le bacille de Koch et les autres agents microbiens qui pullulent au niveau des lésions, et c'est sous l'influence de cette intoxication chronique qui retentit sur les grandes fonctions (innervation, sécrétions, digestion, nutrition) qu'on voit se manifester les troubles indiqués.

Cette intoxication chronique fait plus, car elle détermine aussi de l'accélération cardiaque et de la fièvre. Durant la première phase et une partie de la seconde, il n'y a pas de fièvre appréciable, mais plus tard la fièvre devient continue, quoique peu élevée, 39°-39°,5, ou bien se traduit par des intermittences assez singulières : Le matin, les malades ont une température normale; le soir, ils ont 1°-1°,5-2° de fièvre, et de même tous les jours. Ces réactions fébriles coïncident avec les périodes de ramollissement des lésions, et, lorsqu'il existe des cavernes suppurantes, elles sont plus accusées, plus continues ou prennent les caractères des fièvres hectiques des états de consomption.

L'urine, durant ces périodes fébriles, se montre très souvent albumineuse, ainsi que j'ai pu m'en assurer maintes fois.

Les hémoptysies sont exceptionnelles chez nos bovins au cours de la tuberculose pulmonaire chronique, même lorsqu'il existe des cavernes, je n'en ai, pour mon compte, enregistré que quelques cas seulement. Ce fait contraste singulièrement avec ce qui est observé dans l'espèce humaine où les deux tiers des phtisiques ont des hémoptysies.

TUBERCULOSE DES SÉREUSES.

Plèvres. — La tuberculose des grandes séreuses pleurale et péritonéale est la forme clinique la plus fréquente après la tuberculose pulmonaire. Souvent il y a coexistence des deux formes et, lorsque les lésions pleurales et péritonéales prédominent ou semblent attirer seules l'attention, il y a toujours quelques lésions des poumons ou des ganglions du médiastin.

Il serait assez difficile d'expliquer comment les séreuses pleurale et péritonéale peuvent se rencontrer totalement envahies alors que le poumon est presque indemne; cependant le fait existe et se montre fréquent.

La tuberculose pleurale sans lésions pulmonaires ne se traduit que par des symptômes assez obscurs. Les symptômes généraux qui se rapportent à la diminution de l'appétit, l'amaigrissement, la tachycardie, l'élévation de la température, la déchéance organique progressive existent bien toujours, mais ils ne peuvent avoir par eux-mêmes de valeur absolue.

Les symptômes locaux sont plus vagues. La percussion se montre douloureuse et l'on pourrait croire tout d'abord à de la péripneumonie. Les malades se déplacent et cherchent à se soustraire au choc percutant. — La pression ferme des espaces intercostaux provoque aussi des réactions défensives et dénote cette sensibilité. Il y a généralement submatité étendue, parfois matité complète vers les régions inférieures.

A l'auscultation, le poumon peut offrir les différents signes de la tuberculose pulmonaire chronique, ou plus simplement de l'atté-nuation du murmure respiratoire par places, des râles crépitants et sibilants, et des craquements humides. Comme les pointes antérieures des sacs pleuraux sont le plus ordinairement envahies, la veine cave antérieure se trouve comprimée, il y a difficulté modérée de la circulation de retour et pouls veineux susceptible de remonter jusqu'aux parotides, sans œdème du fanon.

La respiration est fréquente et pénible par suite des adhérences pleuro-pulmonaires qui font des symphyses pneumo-pariétales d'étendue variable. La toux fait rarement défaut, elle peut être suivie de jetage riche en bacilles s'il y a des lésions pulmonaires, et, en cas contraire, cette toux conserve le caractère pleurétique, c'est-

Fig. 290. — Tuberculose des séreuses. grappes tuberculeuses.

à-dire reste petite, sèche, quinteuse et douloureuse. Le péricarde peut être atteint comme les plèvres et parfois en même temps, et c'est dans ces cas particuliers que le pouls veineux des jugulaires devient très apparent.

Contrairement à ce qui existe si souvent chez l'espèce humaine, où la tuberculose pleurale (pleurésie tuberculeuse) s'accompagne, règle générale, d'épanchement abondant, l'envahissement tuberculeux des plèvres chez les bovidés, se fait sous forme de pleurésie sèche, sans épanchement ou avec épanchement insignifiant.

Péricarde. — La péricardite tuberculeuse ne diffère pas, comme symptômes, des péricardites ordinaires, sauf que l'épanchement se montre fort peu abondant. Il peut même faire totalement défaut alors qu'il existe une symphyse cardio-péricardique complète avec productions tuberculeuses énormes. Tous les signes des péricardites exsudatives se retrouvent atténués, ainsi que ceux des symphyses cardio-péricardiques.

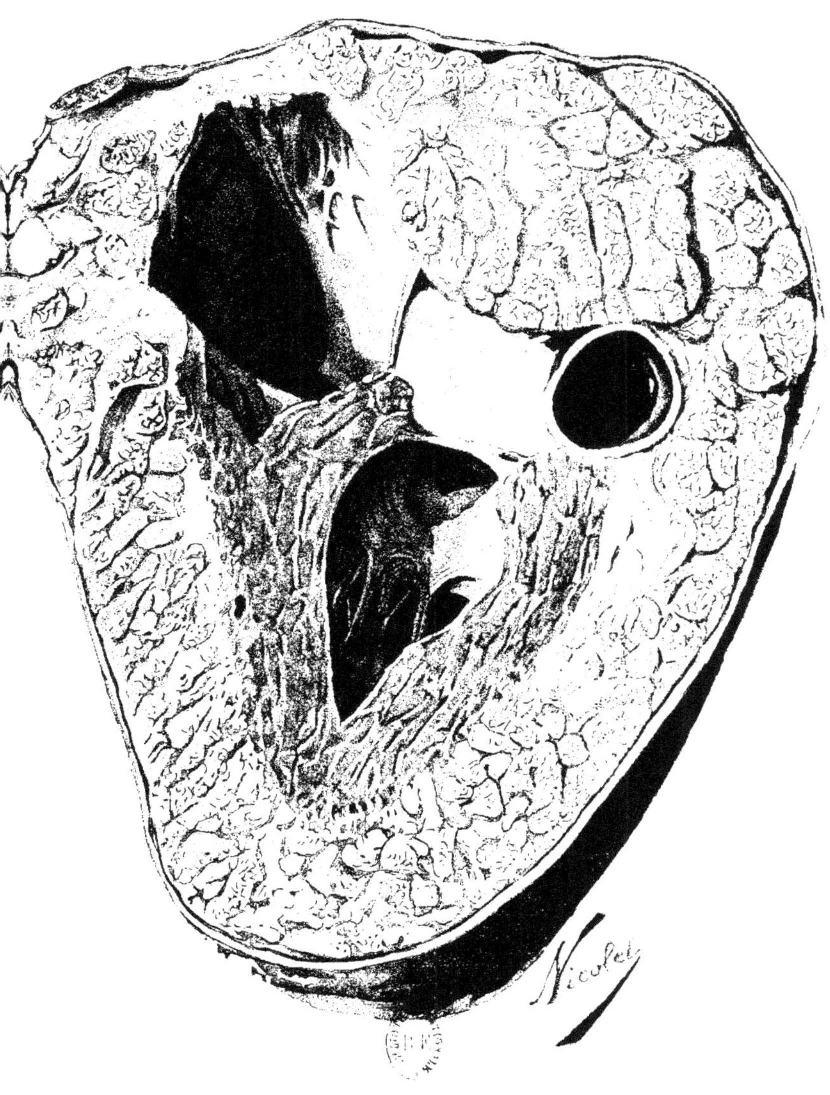
Nicolet

Péritoine. — La tuberculose du péritoine coïncide fréquemment avec celle des plèvres ou d'autres viscères abdominaux. Ses lésions se localisant sur le péritoine pariétal et l'épiploon, il en résulte avec le temps des symphyses péritonéo-viscérales qui immobilisent les organes de la cavité abdominale, d'où ralentissement graduel du péristaltisme des viscères digestifs : rumen et intestin. — La stagnation alimentaire favorise les fermentations organiques et bientôt le rumen apparaît distendu en permanence. — Le flanc droit se trouve lui aussi soulevé, et la déformation générale de l'abdomen caractérise ce que l'on appelle le péritonisme, qui est un signe constant de la péritonite tuberculeuse.

Comme pour le thorax, les lésions tuberculeuses ne provoquent d'habitude qu'un épanchement liquide insignifiant, il n'y a pas d'ascite : mais, si on palpe la paroi abdominale, on constate sans trop de difficulté que cette paroi a perdu toute souplesse, qu'elle se laisse déprimer difficilement, qu'elle a acquis une épaisseur qui paraît d'autant plus singulière que les animaux sont plus maigres.

Cette paroi n'est plus souple, plus dépressible, comme on la trouve chez des sujets normaux; elle donne la sensation d'un véritable plastron matelassé qui ne permet plus de sentir les organes sous-jacents et leur contenu : rumen, intestin et matières alimentaires. — Toujours le plastron présente son maximum de rigidité vers la région abdominale inférieure. On ne peut naturellement percevoir le péristaltisme digestif, et l'auscultation fait enregistrer un ralentissement manifeste des bruits normaux.

TUBERCULOSE GANGLIONNAIRE.

Il eût peut-être été plus logique de placer en tête de ces formes cliniques la tuberculose ganglionnaire, car on ne trouve jamais de lésions tuberculeuses quelconques (pulmonaire, pleurale, abdominale, etc.) sans que les ganglions de voisinage ne soient envahis. Mais ces lésions ne sont pas dominantes et ne sont dès lors considérées que comme secondaires.

Sous cette dénomination, je classe les lésions tuberculeuses qui prennent dans les ganglions des caractères tellement prédominants que les lésions des autres organes peuvent, à l'inverse, être considérées comme secondaires. Cela arrive assez souvent, puisque aujourd'hui on a de la tendance à avancer que les inoculations se font de préférence dans l'isthme pharyngien et vers les ganglions avoisinants. — Ce qui est indéniable, c'est que la tuberculose ganglionnaire peut exister à l'exclusion de toute autre lésion visible à l'œil.

Trois formes cliniques sont d'observation courante : la tuberculose rétro-pharyngée et du cou, la tuberculose des ganglions du médiastin et la tuberculose ganglionnaire généralisée.

TUBERCULOSE RÉTRO-PHARYNGÉE. — La tuberculose rétro-pharyngée porte sur les ganglions rétro-pharyngiens.

La chaîne cervicale peut être envahie aussi à des degrés très

Fig. 291. — Tuberculose ganglionnaire rétro-pharyngée et sous-glossienne.

différents, sous-glossiens, sous-atloïdiens, préparotidiens, trachéaux, de même que le ganglion préscapulaire et ceux de l'entrée de la poitrine.

Cette tuberculose est susceptible de rester longtemps latente et de passer inaperçue; ce n'est que lorsqu'elle arrive à entraver la déglutition ou qu'il se produit des déformations locales que l'attention est attirée.

La tuméfaction ganglionnaire, conséquence de la tuberculisation est lente et progressive, totalement différente de ce qu'on voit dans les adénites suppurées. Le tissu conjonctif avoisinant est bien un peu épaissi ou infiltré; mais toujours les ganglions restent perceptibles. — La région de la gorge paraît élargie, la dépression du sillon d'attache de la tête s'efface, l'espace sous-atloïdien disparaît, les sous-glossiens déforment la région de l'auge, et, dans les cas de lésions très accentuées, l'œsophage et le larynx se trouvent abaissés.

La déglutition est pénible par suite de la compression de l'entrée de l'œsophage, les laryngés se trouvent englobés, il n'est pas exceptionnel d'enregistrer du cornage d'intensité variable.

A la palpation simple ou bimanuelle, il est extrêmement facile de toucher les ganglions, d'apprécier leur hypertrophie, leur dureté, leur sensibilité et, dans quelques cas tout exceptionnels, leur fonte purulente par ramollissement des masses caséeuses.

Lorsque les ganglions de la chaîne cervicale sont pris, les gouttières jugulaires s'effacent, toutes les régions prétrachéale et latérale sont empâtées.

Ces hypertrophies ne sont qu'exceptionnellement symétriques; à défaut d'examen du sang, ce caractère clinique suffit à différencier ces états de tuberculose des lésions lymphadéniques.

Les ganglions préscapulaires sont rarement envahis, mais ceux de l'entrée de la poitrine, palpables entre les deux premières côtes de chaque côté de la trachée, atteignent fréquemment le volume d'un œuf de poule.

Les ganglions sous-scapulaires, situés au voisinage du plexus brachial, touchent, lorsqu'ils sont tuberculisés et hypertrophiés, les divisions des nerfs radial et cubital. — Ils provoquent alors, selon Hamoir, une boiterie que l'on qualifie souvent de boiterie d'écart d'épaule, laquelle se caractérise par un mouvement de faucher avec déviation de la pointe de l'épaule en dehors et rapprochement du coude vers les côtes.

TUBERCULOSE DU MÉDIASTIN. — Toutes les fois que les poumons sont notablement pris, les ganglions bronchiques sont envahis, eux aussi, mais ceux du médiastin antérieur et du médiastin postérieur peuvent être indemnes. — Par contre, les ganglions médiastinaux sont quelquefois fortement lésés, alors que le poumon reste intact.

Les ganglions, ceux du médiastin postérieur surtout, peuvent acquérir

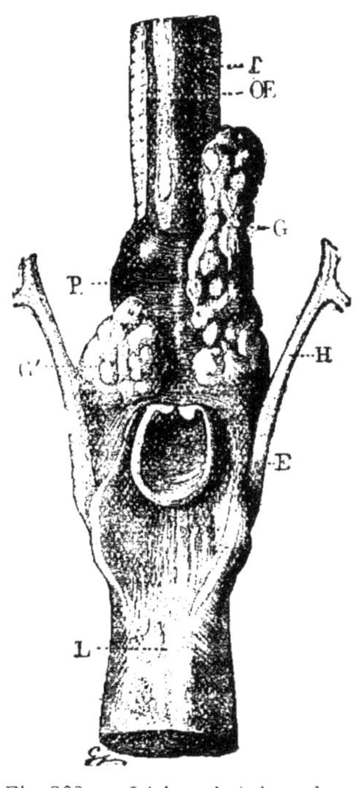

Fig. 292. — Lésions de tuberculose rétro-pharyngée. — T, trachée; Œ, œsophage ; P, pharynx; H, hyoïde; E, épiglotte; L, langue; G, ganglions rétro-pharyngiens tuberculeux.

des dimensions énormes, et c'est autant par la gêne mécanique du fonctionnement des organes voisins comprimés que par la lésion propre, que ces altérations provoquent l'apparition d'accidents variés.

Lorsque ce sont les ganglions du médiastin antérieur qui sont atteints, ils déterminent de la compression de la veine cave antérieure, secondairement de la stase jugulaire et du pouls veineux; puis, de la compression de l'œsophage, de la trachée et des nerfs de l'entrée de la poitrine, d'où les accidents variés du côté de la déglutition, de la respiration et de la circulation.

Si, ce qui arrive souvent, ce sont les ganglions du médiastin postérieur qui sont atteints et très hypertrophiés, ils englobent l'œsophage et les nerfs œsophagiens, entravent la déglutition, la

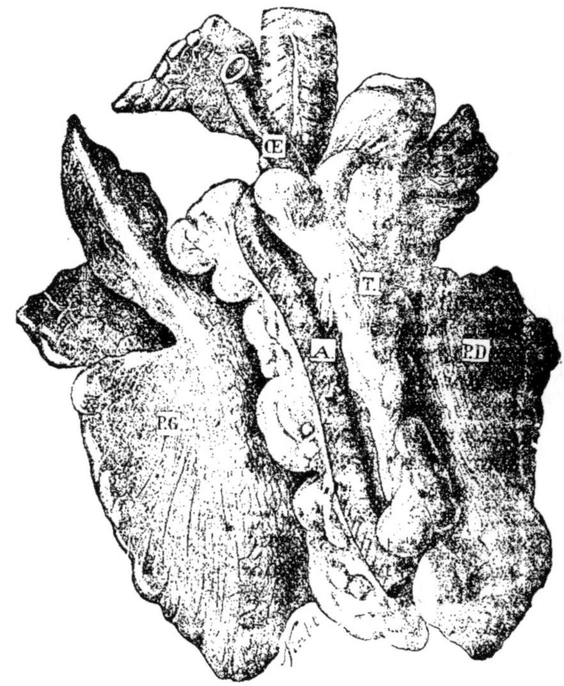

Fig. 293. — Tuberculose massive des ganglions du médiastin. — PG, poumon gauche; PD, poumon droit; Œ, œsophage; A, aorte postérieure; T, masses ganglionnaires tuberculeuses.

rumination et provoquent l'apparition de troubles marqués. — Les malades font des efforts pour déglutir, et plus tard la rumination est impossible, l'antipéristaltisme œsophagien est impuissant à surmonter la résistance. Peu de temps après le repas, les malades se météorisent, modérément il est vrai, mais ne se dégonflent que lentement dans l'intervalle de deux repas. La météorisation est due à la difficulté des éructations et l'impossibilité de rumination. L'évacuation se fait lentement vers l'intestin, jusqu'à réapparition d'une manifestation nouvelle.

L'alimentation se faisant mal, les malades maigrissent rapidement, exactement comme s'ils avaient des lésions viscérales massives.

Tuberculose ganglionnaire généralisée. — Dans la tuberculose ganglionnaire généralisée, tous les ganglions superficiels palpables paraissent plus ou moins hypertrophiés et plus ou moins atteints. Parfois ils sont volumineux et nettement visibles, donnant l'impression d'un état pathologique tout à fait comparable à celui que l'on a dans un cas de lymphadénie simple. Les sous-glossiens, les rétro-pharyngiens, les préscapulaires, les ganglions du flanc, les ganglions mammaires, etc., sont augmentés de volume, mais beaucoup moins régulièrement que dans la lymphadénie, l'un étant du volume du poing par exemple, le symétrique seulement du volume d'une noix. A la palpation ces ganglions donnent tous des sensations différentes de ceux trouvés dans la lymphadénie; généralement ils sont durs et bosselés, quelquefois mais rarement, ramollis et fluctuants, mais non mollasses et rénitents comme dans la lymphadénie.

TUBERCULOSE DIGESTIVE.

La tuberculose digestive, plus rare que la tuberculose pulmonaire ou ganglionnaire, présente deux formes cliniques bien différenciées : la tuberculose bucco-pharyngée et la tuberculose intestinale. La tuberculose hépatique est moins nettement appréciable; elle se traduit par des signes de dyspepsie.

TUBERCULOSE BUCCO-PHARYNGÉE — Elle peut être primitive ou secondaire; elle se traduit, soit par une glossite locale ou générale (Nocard, Godbille), soit par une stomatite ulcéreuse superficielle (Moussu, Chaussée).

Dans le premier cas, la glossite peut prêter à confusion avec la langue de bois actinomycosique; dans le second, elle ne peut être confondue qu'avec une stomatite ulcéreuse banale.

Elle se traduit par de la difficulté de mastication, et surtout de déglutition lorsque le pharynx est envahi, par de la salivation mousseuse abondante durant les repas, parfois du pharyngisme vrai avec rejet des bols alimentaires mastiqués.

Localement, la muqueuse buccale (joues, langue, piliers du voile du palais, etc.) présente des ulcérations à bords festonnés, des dimensions d'une pièce de 2 francs ou de 5 francs, recouvertes d'un exsudat gris jaune terreux fortement adhérent aux régions sous-jacentes. Le pourtour des ulcérations est peu induré et la langue conserve sa mobilité, sauf dans le cas de glossite générale profonde.

La durée peut être extrêmement longue, des semaines et des mois, sans amélioration aucune.

La tuberculose du rumen a été signalée, de même que celle de la caillette, elles sont très exceptionnelles.

TUBERCULOSE INTESTINALE. — L'entérite tuberculeuse peut, à la première phase, se présenter sous forme d'entérite diffuse, sans lésions visibles des ganglions et sans ulcérations. — Elle se traduit alors par des troubles digestifs, de la diarrhée, et anatomiquement par de l'épaississement simple de la muqueuse intestinale. Des bacilles nombreux sont mis en évidence dans des cellules géantes de l'épaisseur de la muqueuse (Markus, Césari). Cette forme se rencontre souvent chez les veaux.

Chez les adultes, l'entérite tuberculeuse coexiste ordinairement avec de la tuberculose des ganglions du mésentère et de la chaîne sous-lombaire. Elle se traduit au début par de la météorisation chronique et du péritonisme, sans qu'il y ait atonie du rumen, puis par de la diarrhée intermittente avec débâcles à certains jours et constipation ultérieure. Lorsque enfin il existe de nombreuses ulcérations intestinales, la diarrhée devient profuse et incoercible, la météorisation permanente et intense; les malades sont rapidement épuisés, l'extension à d'autres organes se fait avec une rapidité exceptionnelle.

Les aliments sont mal digérés, les excréments répandent une odeur fétide, de même que les gaz, qui peuvent s'échapper du rumen après ponction.

L'infection bacillaire peut s'effectuer par l'intestin intact sans qu'il se produise de localisation sur la muqueuse digestive ou les ganglions mésentériques. Les localisations s'effectuent de préférence sur les ganglions du médiastin postérieur ou le poumon. C'est en particulier ce que démontrent les infections expérimentales par l'alimentation chez les veaux.

TUBERCULOSE GÉNITALE.

La tuberculose génitale peut frapper le testicule et ses dépendances ou les glandes annexes chez les mâles; l'ovaire, l'utérus et le vagin ou la mamelle chez les femelles.

La tuberculose testiculaire est une rareté; mais on peut l'enregistrer chez le verrat et le taureau. Elle se traduit sous la forme de vaginalite et d'orchite spécifique, avec symphyse des feuillets de la vaginale, tubercules de l'épaisseur du testicule, et, avec le temps, fongus testiculaire plus ou moins complet.

La tuberculose des glandes annexes n'a été signalée que pour la prostate. Elle se traduit cliniquement par des accidents qui paraissent d'origine urinaire, efforts d'expulsion, de miction, dysurie, etc. L'exploration rectale permet de localiser la lésion sur la

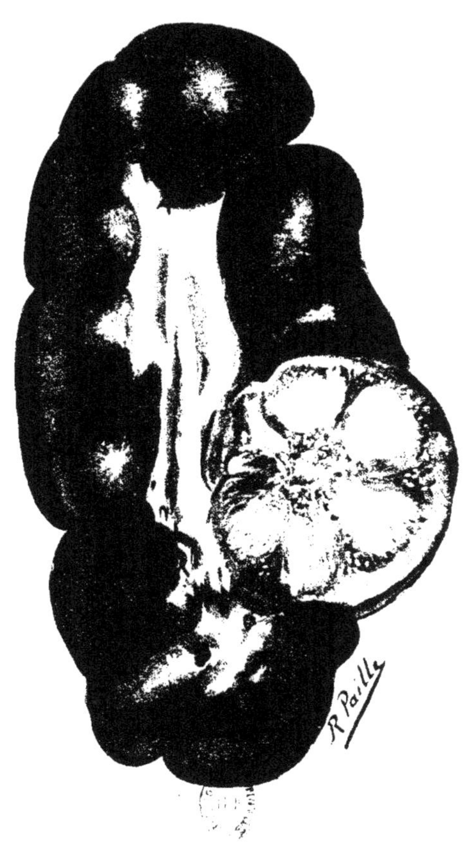

Tuberculose localisée du rein.   Tuberculome limité à un lobule.

prostate, mais laisse toujours des doutes sur la nature même de cette lésion.

La tuberculose des voies génitales femelles ne représente généralement qu'une complication éloignée d'une tuberculose viscérale antérieure, mais il se peut aussi qu'elle soit primitive et que les lésions en soient localisées à la vulve (Hess) ou au vagin (Frank). — La tuberculose des ovaires, des trompes et de l'utérus est bien plus fréquente que celle des deux organes précédents. — Il semble acquis que l'affection peut se transmettre directement du mâle à la femelle par copulation, lorsque le mâle est atteint de lésions du pénis.

La tuberculose vulvaire, très rare, se traduit par de la tuméfaction, de l'induration scléreuse et la présence de nodules tuberculeux de la grosseur d'une lentille ou d'une noisette, laissant échapper après ulcération un pus épais jaunâtre à bacilles spécifiques.

La tuberculose du vagin se traduit, elle aussi, par de l'induration des parois, de l'infiltration scléreuse, et la présence dans son épaisseur de nodules tuberculeux ulcérés ou non. — Elle peut être consécutive à la tuberculose utérine, dont les produits d'expulsion souillent constamment le plancher vaginal. La paroi vaginale inférieure se trouve alors plus épaissie, plus infiltrée que le plafond, parfois coupée de sillons transversaux ulcérés et suppurants. L'examen bactériologique révèle l'existence de bacilles tuberculeux.

L'envahissement tuberculeux des ovaires, des trompes utérines et de l'utérus se révèle extérieurement par des signes de métrite chronique s'accompagnant d'un écoulement purulent fétide ou non, mais à caractères tout particuliers. Le col utérin est entr'ouvert, l'écoulement permanent. Le pus est de couleur jaune grisâtre, de mauvaise nature, grumeleux ou, mieux, granuleux; il s'en accumule parfois de quantités larges dans les culs-de-sac vaginaux. L'exploration au spéculum rend de très réels services pour l'examen de semblables lésions. — A l'exploration rectale, les parois utérines sont trouvées notablement épaissies, parfois indurées, bosselées ou totalement déformées. Les tubercules se développent surtout dans l'épaisseur de la muqueuse.

Les trompes peuvent avoir acquis des dimensions exceptionnelles, de même que les ovaires, la disposition anatomique normale peut ne plus se retrouver du tout, ni dans ses dimensions ni dans ses rapports.

Comme conséquence fatale de la tuberculose génitale, les ganglions sous-sacrés et sous-lombaires se montrent hypertrophiés, indurés ou caséeux.

MAMELLES. — La tuberculose mammaire est primitive ou secondaire. Lorsque l'infection est peu accusée, le retentissement est à peine appréciable pendant quelques semaines, ou peut-être même quelques mois, les malades apparaissent atteintes d'une mammite subaiguë ou chronique et le lait conserve ses caractères antérieurs (Nocard). Puis, avec le temps, la mammite s'aggrave, la région atteinte s'hypertrophie, le lait devient grumeleux, séreux, caille-boté, jaunâtre, et finalement la sécrétion se tarit. — Il se peut

Fi . 294. — Mammite tuberculeuse hypertrophique.

qu'un seul quartier soit pris, mais en clinique il est plus fréquent de rencontrer des mammites totales massives (fig. 294).

Certains auteurs ont affirmé que la tuberculose mammaire débutait toujours par un quartier postérieur; c'est vrai pour la majorité des cas, mais non pour tous.

Ces mammites tuberculeuses sont progressivement hypertro-phiques, scléreuses, avec collections purulentes profondes dans les acini glandulaires dilatés; elles peuvent acquérir des dimensions énormes.

Les ganglions rétro-mammaires sont envahis, même avant l'altération visible de la glande. Pendant un temps très variable, la mamelle peut conserver ses caractères extérieurs de mamelle saine, la sécrétion lactée peut être d'apparence absolument nor-male, alors que les ganglions sont déjà lésés.

Le début d'évolution d'une mammite tuberculeuse est généra-lement impossible à préciser. Il faut admettre en principe que toute vache tuberculeuse est toujours en imminence de bacillose mammaire. Les idées se sont profondément modifiées à ce point de vue. Alors qu'on admettait autrefois qu'une vache tuberculeuse

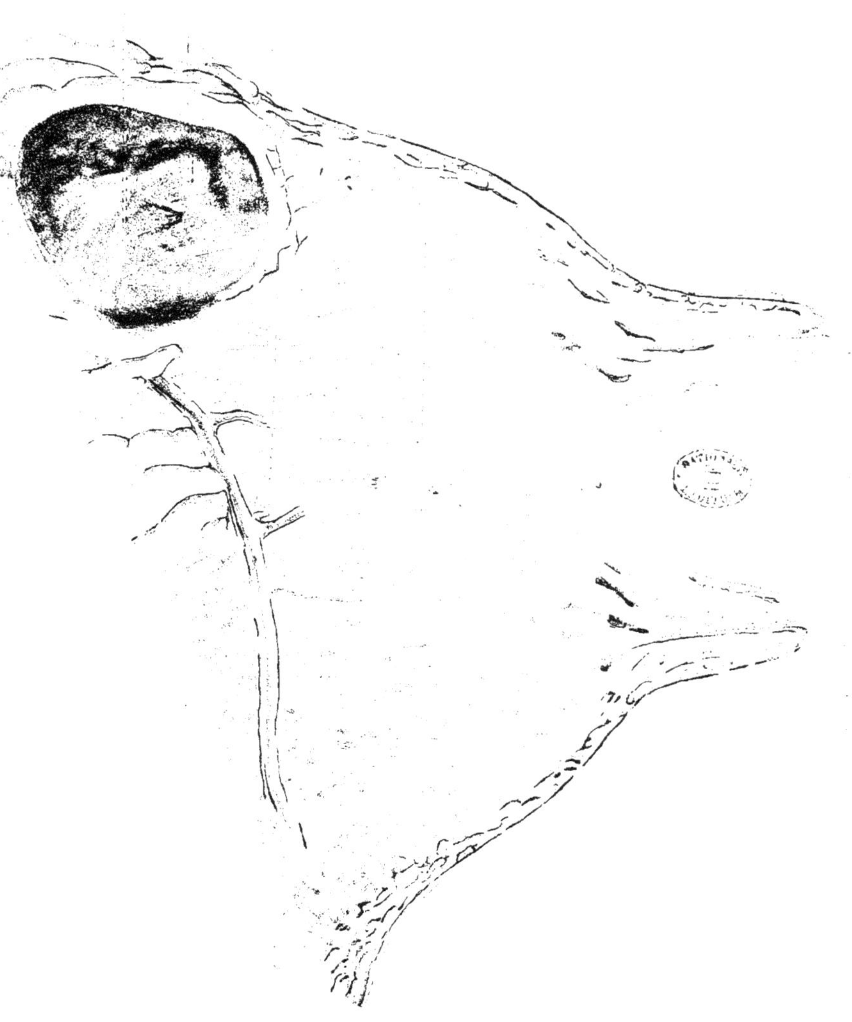

ne devenait dangereuse pour la production laitière que lorsque la mamelle elle-même était tuberculeuse, il est démontré aujourd'hui qu'il en est tout autrement. La mamelle peut éliminer des bacilles sans qu'il y ait la moindre lésion appréciable ou décelable aux explorations cliniques (Rabinovitch, Möhler, Moussu); et cela malgré les dénégations d'Ostertag.

Les reproductions ci-dessus suffisent à en faire prévoir l'expli-

Fig. 295. — Tuberculose mammaire primitive d'un seul quartier chez une génisse flamande n'ayant jamais eu de lactation.

cation. Les recherches les plus minutieuses et les plus délicates dans l'épaisseur du tissu mammaire, dans les sinus et les canaux galactophores ne révèlent parfois absolument rien, alors que les ganglions sont déjà frappés. Bien plus, le lait peut contenir des bacilles en petite quantité, alors qu'à l'autopsie les mamelles se montrent apparemment saines, ainsi que leurs ganglions (Moussu, 1905). La mise en évidence de ces bacilles ne peut être faite que par

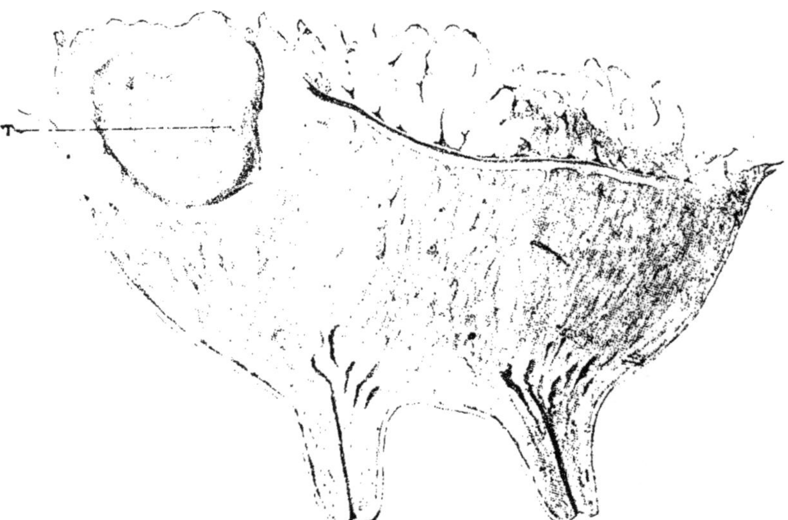

Fig. 296. — Section médiane d'une mamelle et du ganglion rétro-mammaire.
T, nodule tuberculeux unique dans le ganglion, tissu mammaire intact.

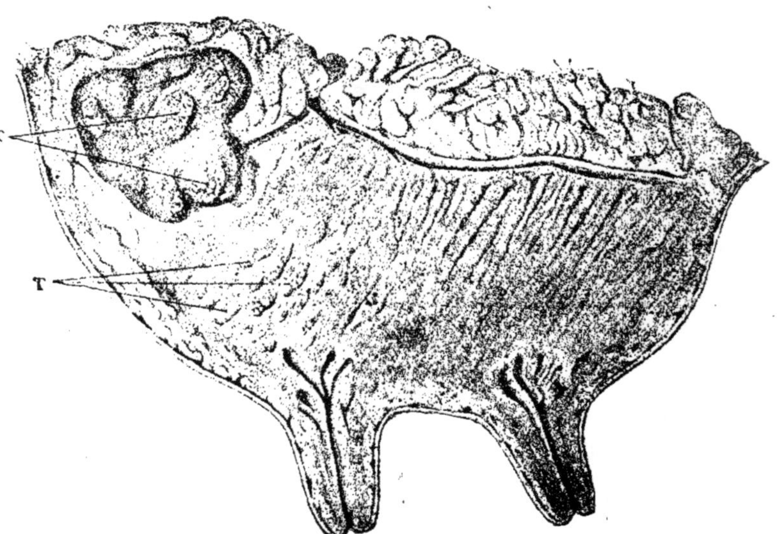

Fig. 297. — Section médiane d'une mamelle.
T, conglomérats tuberculeux du ganglion; T', îlots tuberculeux du tissu glandulaire
(signes cliniques de début et à peine appréciables).

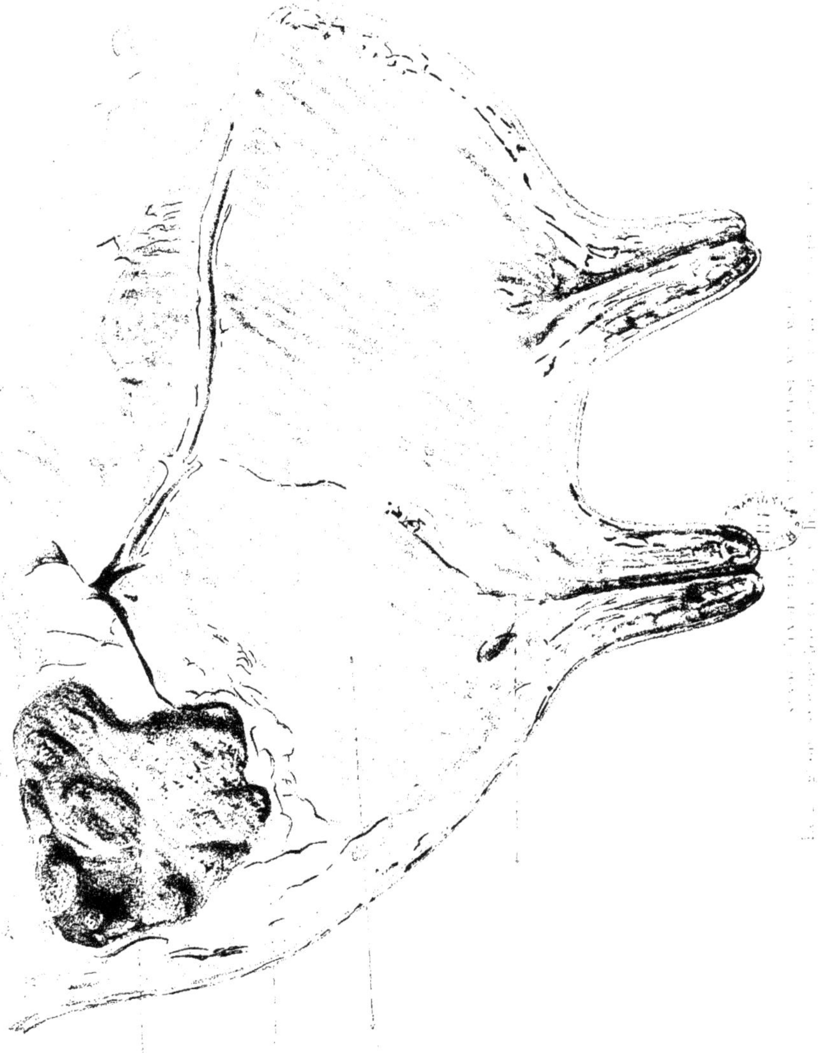

centrifugation d'une assez grande quantité de lait et inoculation à des animaux d'expériences ou, comme je l'ai fait, par l'alimentation lactée prolongée de jeunes sujets qui finissent, pour quelques-uns, par prendre la tuberculose après six ou huit mois d'allaitement.

Il résulte de ces faits que toute vache tuberculeuse, à quelque

Fig. 298. — Tuberculose massive de la mamelle (d'après photographie d'un quartier postérieur).

degré que ce soit, devrait être rigoureusement exclue de la production du lait alimentaire.

A l'examen clinique, la mamelle tuberculeuse paraît dure, bosselée, de consistance pierreuse, insensible. Mais il est possible de trouver, au cours de cette évolution, tous les degrés entre l'état normal et celui dont on peut se faire une idée par l'examen des figures 296, 297 et 298.

Les ganglions peuvent offrir les mêmes sensations, alors que la mamelle est encore intacte.

TUBERCULOSE DES OS ET DES ARTICULATIONS.

La tuberculose des os se constate surtout sur les animaux jeunes; ses localisations de prédilection siègent sur la tige vertébrale, les os de la tête et les articulations. L'envahissement des rayons osseux des membres est moins fréquent, exception faite de lésions du voisinage d'articulations atteintes.

Les lésions vertébrales, qui correspondent aux lésions du mal

Fig. 299. — Tuberculose perforante du frontal droit.

de Pott de l'espèce humaine, sont bien difficiles à découvrir avant l'apparition des accidents auxquels elles donnent lieu : affaisse-

Fig. 300. — Tuberculose articulaire, arthrite tuberculeuse du grasset.

ment vertébral, compression de la moelle, paralysies. Elles ne sont souvent découvertes qu'à l'abatage, après section médiane de la tige vertébrale. Hamoir en décrit ainsi les symptômes cliniques :

relever hésitant se faisant à la façon du cheval, difficulté du mouvement de tourner, marche dandinante avec mouvement de tangage, sensibilité excessive de la tige dorso-lombaire. Plus tard, le relever ne peut s'exécuter sans aide, les chutes latérales sont imminentes durant la marche, qui peut présenter quelques caractères semblables à celle observée chez les hyènes; et durant les mictions; le malade s'affaisse par saccades sur ses jarrets, à la façon du jeune chien. Ce dernier symptôme serait très caractéristique.

Celles des os dela tête ou des différents rayons osseux se caractérisent par des déformations locales, la destruction du tissu osseux, l'envahissement des tissus voisins et tous les symptômes locaux de tumeurs d'origine périostique.

La tuberculose des articulations donne lieu aux symptômes si particuliers de ce que l'on appelle les *tumeurs blanches* chez l'espèce humaine, c'est-à-dire qu'elle détermine de la tuméfaction diffuse, œdémateuse, chaude, modérément douloureuse de toute la zone avoisinante, avec accompagnement de boiterie d'intensité variable. D'après Guillebeau et Hess, nombre d'accidents désignés sous les noms d'efforts ou d'arthrites rhumatismales sont en réalité d'origine tuberculeuse. — Elles peuvent rester stationnaires pendant longtemps, ou même rétrocéder sous l'influence d'une intervention thérapeutique déterminée; mais la règle est que ces arthrites tuberculeuses acquièrent le type fongueux et qu'elles restent incurables.

Elles se distinguent cliniquement des arthrites ordinaires en ce que la tuméfaction est énorme et que les extrémités épiphysaires y prennent part sur une longueur déterminée. — Les muscles avoisinants semblent en état de contracture. l'articulation lésée reste à l'état de demi-flexion (fig. 300). Avec le temps et si les malades étaient conservés, il pourrait y avoir abcédation, mais jamais on ne les conserve jusqu'à cette période. Le diagnostic est établi prématurément et les sujets sont sacrifiés.

Tuberculose cérébrale.

La tuberculose des centres nerveux, localisée aux méninges ou au cerveau, peut se manifester sur les jeunes ou sur les adultes, non sous forme de tuberculose primitive, mais alors même que les lésions viscérales sont restées discrètes et silencieuses, ce qui rend le diagnostic très délicat.

Dans les localisations aux méninges, les symptômes se limitent à ceux des méningites ordinaires : apparences de faiblesse générale, démarche vacillante, titubante ou irrégulière, troubles de la vision, variations pupillaires, difficulté de la déglutition, crises de contracture musculaire, contracture des muscles du bord supérieur de l'encolure, etc.

La localisation à l'encéphale semble s'établir de préférence sur

Fig. 301. — Tuberculose cérébrale. — 1, 2, 3, foyers de tuberculisation.

les zones antérieures du cerveau, dans l'épaisseur du lobe frontal et du lobe temporal.

Elle fait apparaître une partie des signes des méningites ou pro-

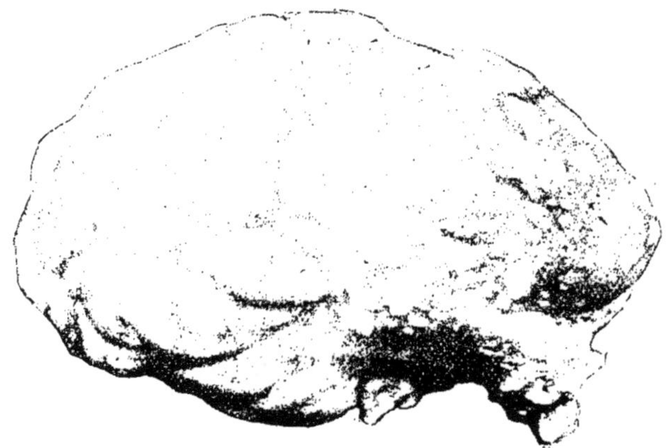

Fig. 302. — Tuberculose cérébrale; méningo-encéphalite tuberculeuse. Lésion dominante au niveau du lobe frontal.

voque un ensemble symptomatologique, qui pourrait faire croire à l'existence de la cénurose : marche en cercle, boiteries d'origine centrale et sans lésions locales appréciables sur les membres, position à genoux de longue durée, troubles de la vue, accès vertigineux, accès épileptiformes généralisés ou accès d'épilepsie jacksonienne pharyngisme, mastication à vide, signes généraux de compression cérébrale ou d'immobilité, stupéfaction, hébétude prolongée.

En l'absence de lésions pulmonaires, le diagnostic précis reste fort délicat et ne peut être établi que par l'injection de tuberculine, car il serait facile de confondre ces manifestations avec celles de la cénurose, celles des tumeurs cérébrales ou même des tumeurs des sinus frontaux.

Tuberculose cutanée.

La manifestation cutanée ou mieux sous-cutanée de la tuberculose est l'une des formes les plus rares que l'on puisse rencontrer. Elle se caractérise par l'évolution de petites tumeurs sous-cutanées, véri-

Fig. 303. — Aspect général dans un cas de tuberculose cutanée.

tables gommes tuberculeuses de la grosseur d'une lentille, d'une noisette ou d'une noix, indolores, à contenu jaunâtre, élastique, de consistance homogène, sans calcification ni ramollissement, mais parfois avec petit foyer caséeux central.

Ces tumeurs sont indépendantes des ganglions superficiels : on peut les trouver cantonnées dans certaines zones d'élection, ou au contraire disséminées irrégulièrement sur tout le corps, et principalement vers la base de la queue (Nocard, Moulé).

La confusion pourrait être faite avec des cas de sarcomatose cutanée généralisée, l'examen du contenu des tumeurs ou leur inoculation expérimentale sont très précieux pour assurer le diagnostic.

Les bacilles y sont généralement rares, l'inoculation est lente à évoluer. Ces lésions peuvent coexister ou non avec des lésions viscérales ou ganglionnaires.

Tuberculose aigue, septicémie tuberculeuse ou granulie.

Quelle que soit la rapidité d'évolution des formes ci-dessus étudiées, la durée de la maladie est généralement longue, des mois et parfois des années. Mais au cours de l'évolution de ces formes

Fig. 304. — Tuberculose cutanée; nodosités de la région de la queue et des cuisses.

chroniques, il se produit fréquemment, sous des influences les plus diverses, des poussées aiguës intermittentes ou continues. Les poussées intermittentes aggravent chaque fois l'état des malades, puis se calment avec le temps, après ou sans intervention thérapeutique. Les poussées continues offrent une marche déterminée qui aboutit rapidement à la mort. Elles peuvent évoluer chez des sujets que l'on ne soupçonnait pas gravement atteints jusqu'alors.

Les malades présentent comme dominante une réaction fébrile continue qui se complique d'accidents variés du côté de toutes les grandes fonctions de l'économie.

La température monte à 39°, puis 40° et 41° avec rémissions nocturnes et matinales de quelques heures, la respiration s'accélère parfois énormément, et, à l'auscultation, il est souvent fort difficile de retrouver les signes de tuberculose chronique. Le poumon est le siège de poussées congestives qui ressemblent à celles des broncho-pneumonies ou de la pleuro-pneumonie contagieuse, les plèvres et les parois thoraciques acquièrent une sensibilité exceptionnelle que l'on ne retrouve que dans cette dernière affection, l'abdomen peut être frappé de péritonisme comme dans le début des péritonites aiguës. Le cœur bat à 80, 90, 100 ou 120 pulsations à la minute, les urines contiennent de l'albumine en quantité notable. — Cet état persiste des semaines sans rémissions apparentes, les malades ne s'alimentent plus, se cachectisent avec une rapidité extraordinaire et succombent épuisés, anéantis.

Il serait impossible, avec ces seuls caractères, de préciser la nature de l'affection qui provoque la déchéance organique progressive, l'état fébrile continu empêchant l'essai de la tuberculine; mais, fort heureusement, les localisations préalables sur l'appareil pulmonaire, l'appareil ganglionnaire, les voies génitales, etc., permettent, dans la majorité des cas, d'assurer le diagnostic.

La confusion avec les infections pyohémiques et septicémiques est d'autant plus facile que le point de départ de ces infections reste souvent caché.

Diagnostic. — A. **Diagnostic clinique**. — Le diagnostic de la tuberculose a fait d'importants progrès depuis trente ans, mais ses manifestations sont si nombreuses, si disparates, que ce diagnostic reste encore vraiment fort embarrassant dans nombre de circonstances. Sans doute, lorsqu'il s'agit de formes bien tranchées telles que les formes de tuberculose pulmonaire, ganglionnaire et génitale, le diagnostic clinique est établi sans difficultés, mais encore faut-il que les manifestations en soient suffisamment accentuées.

Dès le début, alors que les lésions ne donnent pas encore lieu à l'apparition de troubles extérieurs, ce diagnostic est impossible; et lorsqu'il s'agit de formes cachées, telles que celles des séreuses, du médiastin, de l'intestin, des testicules, on ne peut aller au delà de probabilités.

Pour les formes où les méthodes ordinaires d'investigation peuvent suffire, on se basera sur les symptômes différentiels d'affections qui pourraient être confondues.

La tuberculose pulmonaire, par exemple, devra être soupçonnée toutes les fois qu'il y aura toux fréquente et mauvais état général; et si, à ces premières données, l'auscultation vient ajouter la constatation d'une respiration rude, d'une inspiration étagée et râpeuse, d'une expiration prolongée ou soufflante avec disparition du murmure vésiculaire, le soupçon se changera en quasi-certitude. A plus forte raison en serait-il de même s'il y avait respiration soufflante par places, râles ronflants et sibilants, gargouillement ou souffle caverneux.

La distinction d'avec la bronchite chronique et l'emphysème pulmonaire simple sera basée sur l'augmentation de la résonance à la percussion dans ce dernier cas, sur les caractères différents de l'expiration, sur la présence du soubresaut, les caractères extérieurs des malades, l'absence de bacilles dans le jetage et l'absence de réaction à la tuberculine.

La confusion avec la broncho-pneumonie vermineuse ne sera pas possible non plus si l'on met en parallèle les signes d'auscultation et les résultats de l'examen microscopique du jetage et des excréments, la présence des œufs ou embryons de strongles étant des plus facile à mettre en évidence.

La tuberculose pleurale pourrait, d'après les signes fournis par la percussion, prêter à confusion avec la péripneumonie, mais les caractères d'auscultation seront alors différents, la marche ne sera pas la même et l'injection de tuberculine arrêtera toute hésitation.

La tuberculose péritonéale devra être soupçonnée par les seuls renseignements recueillis à la palpation attentive (épaisseur des parois, rigidité, sensibilité, plastron abdominal) et la distinction d'avec la péritonite aiguë ordinaire sera établie sans grande difficulté par cette palpation, par la différence d'attitude des malades et l'absence de liquide abondant. — La péritonite chronique exsudative et l'ascite ont aussi des caractères assez tranchés pour être différenciées, mais il est certain qu'il en serait tout autrement s'il y avait péritonite adhésive, le secours de la tuberculine étant là de nécessité absolue.

La tuberculose ganglionnaire extérieure rétro-pharyngée et cervicale pourrait faire songer à première vue à la lymphadénie; dans cette dernière affection, les lésions sont symétriques, les ganglions restent doués d'une certaine élasticité, tandis que, dans la tuberculose, ils se montrent bosselés, durs, et parfois fluctuants.

La tuberculose du médiastin sera soupçonnée toutes les fois que la déglutition œsophagienne se montrera laborieuse, surtout s'il se produit de la météorisation chronique intermittente peu après les repas, par absence d'éructations et arrêt de la rumination.

Un examen détaillé de la marche des ulcérations permettra aussi le plus souvent de différencier la stomatite tuberculeuse des stomatites vulgaires et de la stomatite actinomycosique; quant à la tuberculose intestinale, à l'entérite tuberculeuse, elle sera suffisamment caractérisée par la persistance d'une diarrhée incoercible coïncidant avec la météorisation, par la fétidité des excréments et par une fièvre modérée, mais continue. La diarrhée chronique (entérite diarrhéique chronique), qui seule présente quelques analogies, n'existe jamais avec la météorisation.

Pour les tuberculoses génitales chez les mâles, il y aura toujours hésitation pour la distinction d'avec les orchites simples et les tumeurs mixtes du testicule; l'injection de tuberculine permettra de se prononcer dans un sens ou dans l'autre.

Lorsque les symptômes d'affections génitales femelles ou de mammites chroniques feront supposer la spécificité des lésions, l'examen bactériologique du pus ou du lait pourra quelquefois renseigner aussitôt, mais l'inoculation de produits naturels ou concentrés par centrifugation sera souvent de nécessité.

Et lorsque, enfin, il y aura hésitation sur la nature des lésions qui auront provoqué l'apparition d'arthrites, de déformations osseuses, de troubles cérébraux ou autres, l'emploi de la tuberculine permettra encore, dans le plus grand nombre des cas, de donner un avis précis et autorisé.

B. **Diagnostic bactériologique.** — Le diagnostic clinique est donc quelquefois possible, exceptionnellement certain. Fort heureusement, nos moyens d'investigation se multiplient et se précisent chaque jour, et là où la clinique laisse dans l'indécision, le laboratoire donne la certitude. Aussi l'examen bactériologique des produits morbides : jetage, produits de suppuration, lait, tissu malade obtenu par harponnage, est-il d'un précieux secours dans nombre de circonstances, en permettant de déceler la présence de l'agent cause de tout le mal et d'avoir une certitude absolue. — C'est dire que, dans tous les cas et quelque opinion que l'on puisse avoir, la recherche du bacille tuberculeux s'impose comme moyen de diagnostic, lorsqu'elle est possible.

Pour ce faire, on prend le produit à examiner (jetage, pus, tissu suspect, etc.), on en prépare plusieurs frottis avec double coloration au Ziehl et on les examine à l'immersion. S'il s'agit bien de tuberculose, il sera exceptionnel de ne pas découvrir au moins quelques bacilles tuberculeux dans une ou plusieurs préparations.

Mais l'examen peut rester négatif même avec des produits tuberculeux et d'autre part, la recherche bactériologique n'est pas à la portée de tous. C'est alors que la tuberculine devra être utilisée et qu'elle donnera, si elle est sagement employée, une certitude presque aussi grande que la recherche bactériologique avec résultat positif.

Il est utile d'ajouter que, dans les recherches bactériologiques portant sur les liquides (laits, sérosités, synovies, épanchements suspects, etc.), il sera toujours avantageux de faire ces recherches sur les produits de centrifugation, et non sur les liquides en nature.

C. **Diagnostic par la tuberculine.** — L'infection bacillaire est généralement silencieuse, elle ne se révèle pas rien durant une période variable comme durée (période dite préallergique, c'est-à-dire durant laquelle le sujet infecté ne réagit pas à la tuberculine). Cette période est fonction de l'intensité d'infection, de sa virulence, de la résistance du sujet infecté, etc. Plus tard, et alors qu'il n'existe aucun signe clinique susceptible de révéler ou même de faire soupçonner l'infection, le sujet devient capable de réagir à la tuberculine (état allergique). Cet état d'allergie persiste longtemps, parfois toute l'exisntece et alors qu'il s'est caractérisé des signes cliniques plus ou moins accentués. Mais il se peut que la faculté de réagir biologiquement, c'est-à-dire de réagir à la tuberculine disparaisse temporairement (anergie temporaire) au cours de certaines maladies et même de la gestation, ou disparaisse définitivement (sujets gravement atteints ou aux dernières périodes de la maladie).— Ces données expliquent aujourd'hui certaines erreurs imputables au diagnostic biologique, erreurs d'interprétation surtout, parce que dans la généralité des cas, chez les sujets très infectés, les signes cliniques laissent peu de doutes.

Si le diagnostic bactériologique ne peut être utilisé (tuberculose des séreuses, des ganglions profonds, du foie, du cerveau, etc.), et aussi pour toutes ces formes où il ne saurait y avoir dans le diagnostic clinique autre chose que des probabilités, l'emploi de la tuberculine représentera la méthode la plus fidèle, la plus sûre et la plus facilement applicable peut-être en toutes circonstances.

Injection sous-cutanée. — Au début on ne possédait qu'un seul mode d'emploi, l'injection sous-cutanée de tuberculine diluée à 1/10, aux doses de 4 centimètres cubes chez des bœufs, 3 centimètres cubes chez des vaches, etc. Nocard en a autrefois très nettement indiqué les conditions d'utilisation.

Chez les sujets normaux ou malades d'une autre affection que la tuberculose, l'injection reste sans effets ou ne provoque qu'une réaction thermique insignifiante; chez les sujets tuberculeux, au contraire, cette injection détermine dans les douze à vingt-quatre heures une réaction thermique spécifique caractéristique. Pour avoir une valeur positive, la réaction doit être d'au moins 1°,5 à la condition que le chiffre maximum obtenu soit supérieur à 40°, voire même 40°,5 pour certains auteurs.

L'injection de tuberculine ne doit être faite que si la température moyenne des animaux à inoculer n'est pas supérieure à 39° durant la journée de l'inoculation, cette moyenne étant établie avec les températures du matin, de midi et du soir.

Les injections sous-cutanées étant faites le soir, les températures de réaction doivent être prises le lendemain, toujours avec le même thermomètre pour la même bête, à partir de la 10e heure, et toutes les deux heures dans la suite. Dans la pratique, on se contente de faire les relevés thermiques aux 12e, 15e et 18e heures.

La réaction est calculée entre la température fébrile la plus élevée et la moyenne de la journée précédente.

Cette méthode a rendu d'immenses services; malheureusement

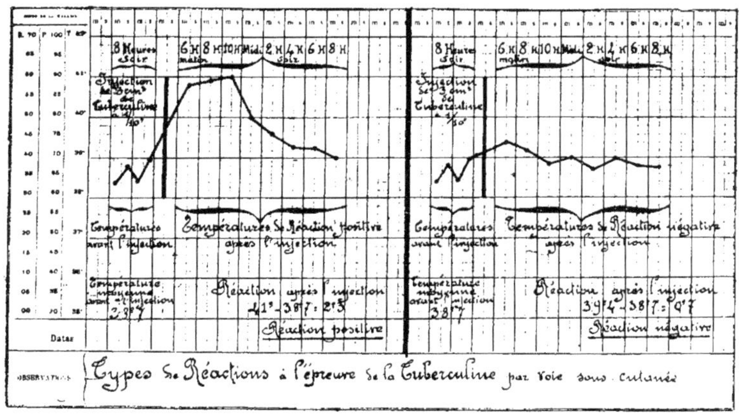

Fig. 305.

elle a de nombreux inconvénients, en tête desquels il faut inscrire les obligations multiples de l'opérateur qui se trouve presque dans la nécessité de rester sur place durant deux jours de suite pour enregistrer ses observations avec précision.

D'un autre côté, cette pratique de la tuberculination exige l'immobilisation du bétail à l'étable pendant au moins deux ou trois jours, ce qui est un gros inconvénient pour des bêtes de travail ou des bêtes laitières à l'herbage. Il faut aussi que les animaux ne soient pas fiévreux, ne soient pas sous l'influence d'une période de rut, sous l'influence d'un trouble physiologique capable de provoquer une réaction fébrile temporaire, etc., etc., sans quoi les résultats pourraient être faussés ou mal interprétés.

Le seul fait de distribuer des boissons froides quelques instants avant une prise de température suffit pour modifier notablement cette température.

Il ne faut donc pas s'étonner, en présence de conditions aussi délicates, si des erreurs nombreuses ont pu être mises sur le compte du procédé : et cela avec d'autant plus de facilité que dans la clientèle courante le vétérinaire se borne le plus souvent à faire l'injection et à confier son thermomètre à ses clients pour les relevés thermiques. Il ne peut d'ailleurs faire autrement, et malgré toute leur bonne volonté, les personnes étrangères à ces manipulations techniques sont exposées à commettre de grossières erreurs.

Mais il y a plus, et c'est peut-être là surtout ce qui a jeté le discrédit sur l'injection sous-cutanée de tuberculine dans le monde de l'élevage, c'est que lorsqu'il s'agit de vaches laitières qui réagissent

Fig. 306. — Réaction locale tardive à une injection sous-cutanée (fait exceptionnel).

positivement, le rendement laitier se trouve du même coup abaissé d'un tiers, parfois de moitié, et jamais dans la suite le taux primitif n'est récupéré. Il y a là une perte économique considérable qui justifie pleinement l'opposition faite par les laitiers. — J'ajouterai enfin que l'injection sous-cutanée de tuberculine n'est pas absolument sans danger pour les bêtes en puissance de tuberculose, et que tous ceux qui ont pu suivre de près des tuberculeux tuberculinés, pour en faire plus tard l'autopsie, ont pu se convaincre que, parfois, ces injections provoquent des aggravations et des poussées aiguës (mammites, péritonites, pleurésies, etc.).

Il est donc tout naturel, dans ces conditions, que l'on ait accueilli avec faveur de nouveaux modes d'utilisation de la tuberculine, ou, si l'on aime mieux, des procédés de diagnostic plus perfectionnés, plus pratiques, plus économiques et moins dangereux :

Il importe enfin de signaler, à propos de cette injection sous-cutanée que la réaction thermique se trouve parfois suivie, au bout de quarante-huit heures et plus d'une réaction locale comparable à celle de la malléine chez les chevaux morveux, ou même à une injection intra-dermique. Le fait est plutôt exceptionnel (fig. 306).

Méthode de la double dose sous-cutanée. — La méthode de la double dose sous-cutanée (méthode Vallée) a pour but d'annihiler

Fig. 307. — Intra-dermo palpébrale. Réaction positive,
paupière inférieure œdémateuse.

les effets plus ou moins marqués de l'accoutumance, chez des animaux tuberculeux qui auraient reçu par avance ou dans un but frauduleux une injection sous-cutanée ordinaire de tuberculine, et de faire naître une réaction thermique caractéristique, là où une injection sous-cutanée simple resterait sans résultat ou ne donnerait qu'un résultat douteux. C'est dans ces cas qu'elle peut avoir un avantage réel sur les autres procédés, et c'est aussi pour cela qu'elle est applicable aux animaux nouvellement achetés avant leur introduction dans des étables indemnes. Les relevés thermiques doivent être faits toutes les deux heures, dès les heures qui suivent l'injection, ou à l'aide d'un thermomètre à maxima fixé à demeure.

Les inconvénients de l'injection à double dose sont, au point de vue des conséquences économiques, les mêmes que ceux de l'injection sous-cutanée; mais on lui reproche en plus de pouvoir faire naître, chez des sujets indemnes de tuberculose, des réactions thermiques dites *réactions toxiques,* qui seraient exclusivement sous la dépendance de la sensibilité et de l'individualité des sujets. D'où causes d'erreurs nombreuses.

Cuti-réaction. — Je me contenterai seulement de signaler ici le procédé de cuti-réaction, qui, très pratique pour l'espèce humaine, reste sans valeur chez nos animaux. Il est trop complexe, parce qu'il met dans l'obligation de tondre, de raser, de scarifier à une profondeur déterminée, ce qui n'est pas toujours commode : et parce que, surtout, les résultats en sont d'une interprétation délicate par suite de l'épaisseur variable de la peau et aussi de sa pigmentation qui empêche d'apprécier la réaction congestive locale.

Ophtalmo-réaction. — Le procédé d'ophtalmo-réaction, basé sur les effets de l'action d'une goutte de tuberculine brute déposée à la surface d'un œil, a beaucoup plus de valeur. — Si l'animal n'est pas tuberculeux, le résultat doit être nul, s'il est tuberculeux, il se produit, dans les six à douze heures qui suivent, une congestion intense de la conjonctive, accompagnée de larmoiement abondant et même d'inflammation susceptible d'aboutir à une véritable suppuration temporaire de quelques heures ou d'une journée; après quoi tout se calme progressivement. L'appréciation de ce résultat est d'autant plus commode que l'on a, comme terme de comparaison l'autre œil resté indemne.

C'est une méthode excellente, mais qui expose cependant à d'assez nombreuses erreurs, parce que les yeux, sur lesquels on opère, peuvent, par suite de qualités individuelles, être d'une sensibilité excessive et réagir positivement alors qu'ils ne le devraient pas; ou bien encore, pour des raisons identiques, ne réagissent pas alors qu'ils le devraient, parce que cette sensibilité excessive a déterminé un larmoiement réflexe immédiat et passager qui a balayé la tuberculine déposée et a empêché son absorption en quantité suffisante pour déterminer une réaction spécifique. Le principal inconvénient de la cuti-réaction et de l'ophtalmo-réaction est de trouver leur point de départ dans l'absorption d'une quantité de tuberculine que l'on ne peut pas doser mathématiquement. Fatalement, dans ces conditions, les résultats doivent varier, ce qui ouvre la porte aux erreurs.

Intra-dermo-réaction. — Le procédé de l'intra-dermo-réaction, que nous avons expérimenté, précisé et recommandé, M. Mantoux et moi, est à l'abri de ces reproches. Il est basé sur l'injection, *dans l'épaisseur même de la peau*, d'une quantité dosée très faible de tuberculine. Chez nos grands animaux, nous recommandons l'emploi de 1 /8 de centimètre cube de tuberculine ordinaire du commerce pour les bœufs; 1 /10 de centimètre cube pour les vaches, les veaux ou les porcs (tuberculine brute diluée à 1 /10 de la façon suivante) :

Tuberculine	1 centimètre cube.
Eau distillée . . . . , ...	8 centimètres cubes.
Eau phéniquée à 5 p. 100	1 centimètre cube.

La tuberculine spéciale recommandée pour cet usage n'a aucun avantage réel.

— La dose injectée est donc de 30 à 40 fois moindre que celle utilisée dans les injections sous-cutanées, et il est inutile de la dépasser pour obtenir une réaction locale caractéristique avec tous ses

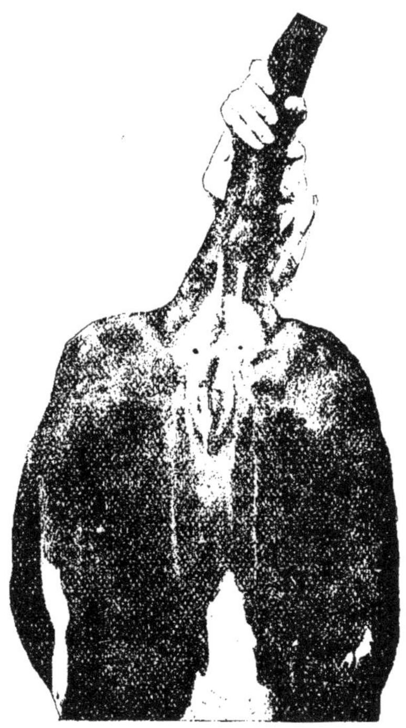

Fig. 308. — Disposition symétrique des plis sous-caudaux à l'état normal. L'injection intradermique de tuberculine se fait à volonté dans la partie moyenne de l'un ou l'autre de ces plis.

avantages. Si cette dose était notablement dépassée, on retomberait dans les inconvénients de l'injection sous-cutanée. Chez les sujets sains, l'injection locale intradermique de tuberculine reste sans effets.

Chez les sujets tuberculeux, cette injection provoque l'apparition d'une plaque congestive cutanée œdémateuse avec gonflement local caractéristique tranchant nettement sur les parties voisines et donnant un résultat facilement appréciable pour tous.

Après avoir tenté l'injection sur différents points de la surface

du corps, nous avons choisi, comme lieu d'élection, pour cette
réaction un pli sous-caudal. Ce choix peut paraître singulier, mais,
en réalité, c'est l'un des rares points où une réaction soit très nettement visible pour tout le monde, le seul point où elle puisse être
faite sans avoir besoin de raser la peau. Ailleurs, cette même réaction

Fig. 309. — Type d'une réaction positive à l'injection intradermique de tuberculine,
dans l'épaisseur du pli sous-caudal gauche.

se produit chez les tuberculeux, donnant naissance à l'évolution
d'une plaque congestionnée, sensible, œdémateuse, douloureuse,
mais dont l'appréciation ne peut être faite que par palpation, les
régions avoisinantes ayant conservé toute leur souplesse. A la base
de la queue, l'appréciation peut être faite *de visu* à distance, par
comparaison avec le pli sous-caudal opposé. La réaction locale peut

avoir les dimensions d'une noisette, d'une amande ou d'une noix; parfois elle se montre en fusée œdémateuse descendant jusqu'à l'anus. A ce niveau, le pli sous-caudal a doublé, triplé, quadruplé ou plus d'épaisseur; il suffit de faire relever la queue pour apprécier, et les personnes les moins averties peuvent se faire une opinion.

Fig. 310. — Réaction positive à l'injection intradermique de tuberculine dans le pli sous-caudal gauche. (L'injection a provoqué une infiltration diffuse qui descend jusque sur les côtés de l'anus).

La réaction est à son maximum vers la 48e heure; exceptionnellement, elle n'apparaît que le 3e jour, très exceptionnellement les 4e et 5e jours. Les réactions immédiates, c'est-à-dire les gonflements qui peuvent être consécutifs à l'inoculation elle-même, et qui, pour cause réflexe vaso-motrice, se développent dans les heures qui suivent, n'ont pas de valeur au point de vue du diagnostic si elles s'éteignent dans les douze heures. Il ne faut compter comme réactions positives, en clientèle courante, que celles qui persistent au delà des 24e, 36e et 48e heures.

Cependant, je dois dire que, dans les recherches expérimentales, quand on fait à une même bête tuberculeuse trois, quatre, cinq ou

Fig. 311. — Petit sphacèle cutané superficiel, consécutif à une réaction positive.
(Cette terminaison avec petite nécrose cutanée est exceptionnelle).

six intra-dermo consécutives à quelques jours d'intervalle, les réactions sont plus précoces et plus fugaces si l'on opère avec les mêmes doses. Mais c'est là une circonstance qui ne se présente pas en clinique courante.

L'intensité de la réaction n'est pas proportionnelle à l'intensité des lésions, les bêtes à tuberculose généralisée n'ont souvent qu'une réaction faible, du volume d'un pois ou d'un haricot, mais suffisante cependant pour un praticien expérimenté, s'il y a des doutes sérieux résultant de l'examen clinique.

Des réactions fortes se voient au contraire fréquemment chez des animaux qui ne présentent dans les autopsies que des lésions peu

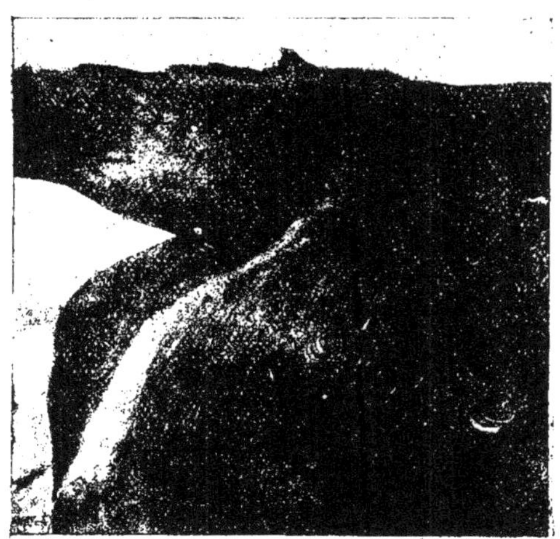

Fig. 312. — Intra-dermo-sous-caudale. Réaction forte.

étendues ou même difficilement décelables par la simple recherche macroscopique.

Dans quelques cas, ces réactions provoquent la formation d'une escarre superficielle qui se délimite lentement en quelques semaines.

Les avantages de l'injection intradermique de tuberculine sont les suivants :

1º Réaction locale spécifique se faisant mécaniquement, automatiquement, avec plus de certitude que la réaction thermique consécutive à l'injection sous-cutanée, parce qu'avec cette ancienne méthode, et en l'absence de toute erreur dans les relevés thermiques, il peut y avoir poussée fébrile accidentelle coïncidant avec l'injection ou poussée thermique d'origine toxique, par suite de sensibilité individuelle spéciale;

2º Peu ou pas de réaction fébrile générale, pas de trouble de l'appétit, pas de diminution du rendement en lait ou diminution insignifiante, faible, et toute temporaire;

3º Pas ou moins de danger d'aggravation de la maladie avec poussées aiguës sous l'influence toxique aggravante de la tuberculine;

4º Pas de prises de température, ni avant ni après l'injection, pas de changement dans les habitudes des animaux, qu'ils soient

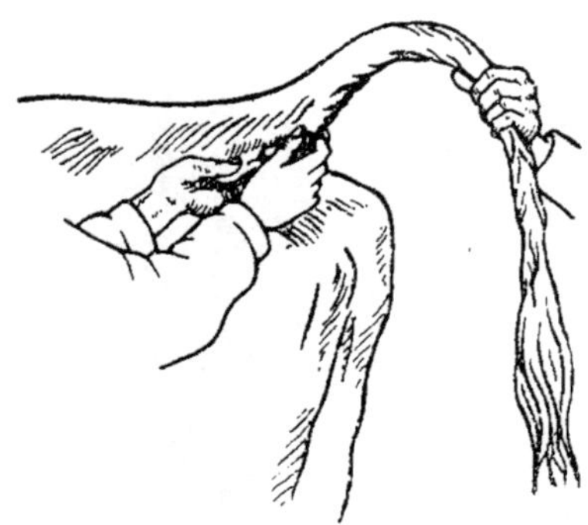

Fig. 313. — Technique de l'injection intra-dermique.

au pâturage ou au travail; pas d'immobilisation de ces animaux à l'étable;

5º Dérangement réduit au minimum pour l'opérateur, puisqu'il n'a qu'à faire l'injection et à revenir voir, trente-six ou quarante-huit heures après, quel en est le résultat;

6º Impossibilité de frauder pour simuler une réaction spécifique;

7º Plus ou peu de réactions douteuses.

Pour pratiquer commodément ces injections intradermiques, je demande deux aides, un pour immobiliser la tête, l'autre pour tenir et soulever la queue *horizontalement* en la saisissant à environ 30 centimètres de sa base; je conseille l'emploi d'une seringue de Pravaz de 1 centimètre cube avec tige de piston divisée en 8 divisions et munie d'un curseur limitatif de la dose à injecter. Les canules doivent être courtes et fines, de 1 centimètre à 1 cm. 5, de long environ et de 6 à 8 dixièmes de millimètre de diamètre. La seringue étant chargée et armée, on saisit le pli sous-caudal gauche entre le pouce et l'index gauches, on introduit l'aiguille horizontalement de quelques millimètres, à *fleur de peau*, et l'on pousse la dose à injecter. La quantité de tuberculine introduite dans l'épaisseur du derme doit aussitôt faire apparaître une petite boursouflure ou cloque *nettement visible;* c'est là la signature d'une injection bien faite. Il ne faut pas, bien entendu, faire l'injection sous la peau : les résultats seraient moins nets. Cette méthode exige un peu de doigté, mais, en somme, est à la portée de tout vétérinaire.

L'intra-dermo-tuberculination ne doit être tentée que comme méthode primitive, sur un organisme non influencé préalablement par des injections sous-cutanées. Une injection sous-cutanée, qui en somme correspond à une grosse dose et fait une sorte de saturation de l'organisme, contrarie l'évolution d'une intra-dermo tentée quelques jours après. Il faut en moyenne dix à vingt jours pour qu'une intra-dermo redevienne franchement positive après une sous-cutanée. Inversement, une injection sous-cutanée n'est pas contrariée par une intra-dermo positive faite quelques jours auparavant; bien plus, cette injection sous-cutanée positive fait ordinairement réapparaître la réaction intradermique positive primitive. Une première intra-dermo ne gêne pas l'évolution d'une seconde intra-dermo. tentée quelques jours après en un point différent ou sur le pli sous-caudal opposé; mais, si on pratique des épreuves successives en série, les réactions deviennent plus précoces, plus fugaces et moins précises.

Fig. 314. — Technique de l'intra-dermo-palpébrale.

La méthode de l'intra-dermo-tuberculination peut se pratiquer ailleurs qu'à la région sous-caudale, si pour des raisons déterminées on ne veut pas opérer à ce niveau.

Intra-dermo-palpébrale. — J'ai montré que l'on pouvait à volonté faire de l'intra-dermo-palpébrale ou de la simple tuberculination intrapalpébrale, avec des doses identiques à celles utilisées pour l'injection sous-caudale. Les épreuves peuvent à volonté se faire vers la région moyenne de la paupière supérieure ou de la paupière inférieure, à environ 1 centimètre du bord libre de ces paupières. Les conséquences et les résultats, très faciles à apprécier par comparaison avec le côté opposé, restent tout à fait comparables à celles de l'épreuve sous-caudale. S'il y a réaction positive, par suite infiltration œdémateuse, la ou les paupières en réaction apparaissent gonflées localement, comme si le sujet avait reçu un traumatisme violent à ce niveau (œil poché). Comme à la queue, les réactions peuvent être plus ou moins intenses et elles se comportent exactement de la même façon dans leur évolution et leur disparition.

On peut sans le moindre inconvénient faire le même jour une épreuve caudale et une épreuve palpébrale.

Si les injections sont correctement exécutées, les réactions doivent être de même

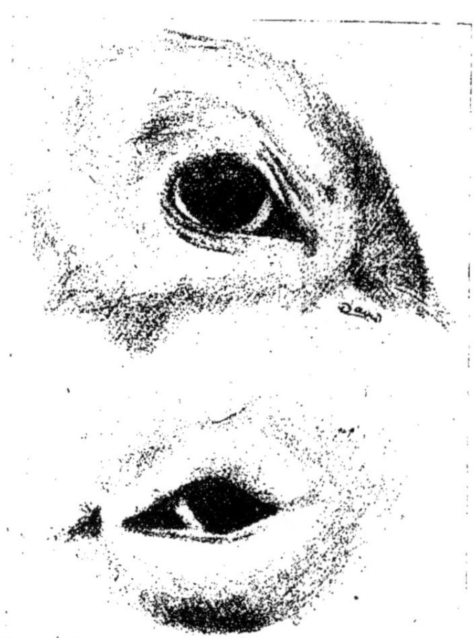

Fig. 315. — Intra-palpébro-réaction. Œil normal. Œil en réaction, paupière inférieure.

ordre dans les deux points, mais il se peut que l'une soit cependant plus caractéristique que l'autre. En pratique courante il y a toujours intérêt à faire simultanément une double épreuve intra-dermique, palpébrale et caudale. Deux preuves valent mieux qu'une.

Intra-dermo-seconde. — On a voulu dans ces dernières années (1925) recommander en Angleterre une modification de l'épreuve intra-dermique, dans les conditions d'exécution ci-après :

1er jour : Raser un carré cutané sur l'encolure, mesurer l'épaisseur du tégument (?) Injecter 0 cc. 1 de tuberculine brute dans le derme (injection sensibilisante).

2e jour : Mesurer l'épaisseur de la peau, apprécier l'œdème et la température locale.

3e jour : Réinjecter au même point 0 cc. 1 de tuberculine brute (injection déchaînante).

4e et 5e jour : Apprécier les résultats.

Une réaction positive se traduit par un épaississement marqué de la peau, de l'œdème, de la sensibilité, parfois de l'inappétence et même de l'anxiété.

C'est compliquer la recherche, non la simplifier.

D. **Diagnostic expérimental.** — Il reste une autre méthode, qui, celle-là, est moins expéditive et qui a pour but la transmission de l'affection par inoculation sous-cutanée de produits suspects (jetage, crachats, pus, lait, pulpe d'organes, résidu de centrifugation) à des animaux doués de réceptivité, lorsque l'examen bactériologique est resté négatif ou que l'inoculation de tuberculine n'a donné que des résultats douteux. — Le cobaye est l'animal de choix à utiliser, mais le résultat demande dix à quinze jours au moins, parfois des semaines. La mort des sujets inoculés arrive généralement six semaines à deux mois après l'inoculation, dans les cas de tuberculose ; parfois après plusieurs mois d'attente. Toutefois, lorsque l'injection est faite dans l'épaisseur des muscles de la cuisse, de préférence à l'injection sous-cutanée, le résultat est plus rapide.

Lorsque le résultat est négatif, il se produit un petit abcès qui se cicatrise rapidement. S'il est positif, il y a abcédation encore, mais suivie de l'évolution d'un ulcère fongueux, spécifique, plus ou moins large, à bords indurés. Les ganglions avoisinants sont envahis progressivement par l'infection tuberculeuse et les sujets d'expérience s'acheminent lentement vers la cachexie.

E. **Précipito-diagnostic.** — Un dernier procédé, exclusivement de laboratoire celui-là, mais qui est néanmoins susceptible de confirmer une suspicion, est le précipito-diagnostic, dans lequel on opère de la façon suivante : on prend du bouillon de culture de tuberculose bovine, filtré sur filtre simple ou papier épais, dilué à 1/5 (une partie), puis du sérum suspect à examiner (4 parties). On mélange, on porte à l'étuve durant deux heures, puis à l'air libre deux heures. Un précipité apparaît au bout d'une heure, en général ; exceptionnellement, après trois ou quatre heures, lorsque les animaux sont tuberculeux. S'ils sont indemnes, il n'y a pas de précipité

Pronostic. — Le pronostic de la tuberculose est absolument défavorable, quelles qu'en soient la forme et la manifestation reconnue.

Scientifiquement, la maladie doit, à mon avis, et jusqu'à nouvel ordre, être considérée comme incurable au sens strict du mot, si limitées qu'en soient les lésions reconnues. Sans doute, les sujets atteints ne doivent pas toujours être considérés comme condamnés à brève échéance, il est possible de les conserver, et cela avec avantage économique et sans danger dans nombre de circonstances ;

il est même possible de les engraisser, mais je ne pense pas que l'on puisse actuellement avancer qu'il y aura guérison au sens absolu du mot à un moment donné.

La gravité de cette affection est d'autant plus grande qu'elle revêt de nombreuses formes qui provoquent l'infection du milieu

Fig. 316. — Intra-palpébro (injection sous-cutanée dans l'épaisseur de la paupière). Œil droit normal; œil gauche en réaction positive.

habité, lequel devient ensuite un excellent local de contamination pour les sujets que l'on y fait séjourner.

Toutes les manifestations qui se traduisent par l'expulsion de produits chargés de bacilles : tuberculose des voies respiratoires, digestives et génitales, réalisent ces conditions. Le malade devient dès ce moment un remarquable propagateur de l'affection. C'est là surtout ce qui la rend si redoutable pour notre élevage.

Seules, les formes à lésions fermées (tuberculose ganglionnaire, des séreuses, des articulations) permettent aux malades de rester inoffensifs; mais, comme ces lésions représentent l'exception, en tant que lésions uniques tout au moins, comme les malades atteints de lésions fermées sont aussi fort souvent porteurs de lésions ouvertes ayant accès vers l'extérieur d'un côté ou de l'autre, il en résulte que, cliniquement, tout animal tuberculeux représente un danger constant pour ses voisins.

Cela ne veut pas dire qu'il n'y ait pas des degrés. Il est bien certains qu'un malade atteint de cavernes et qui rejette de grosses quantités de produits chargés de bacilles sera bien plus redoutable qu'un autre qui aura de toutes petites lésions bronchiques ou trachéales, mais le danger n'en est pas moins constant.

Traitement. — Il n'y a pas de traitement véritablement curatif de la tuberculose.

On a dit et répété pour la tuberculose humaine, qu'elle était curable. Cliniquement l'affirmation est logique, comme conséquence, de l'atténuation et de la disparition de signes cliniques appréciables, suivies d'un état de bonne santé apparente susceptible de se prolonger toute une vie normale. Cela prouve l'installation d'un équilibre physiologique durant lequel l'invasion bacillaire reste stabilisée, mais ne prouve pas que cette infection soit définitivement éteinte.

Fig. 317. — Intra-palpébro positive. Œil droit normal. Œil gauche en réaction pour les deux paupières.

Ce qu'il y a de sûr, c'est que les animaux tuberculeux ne guérissent pas quels que soient les régimes ou les médications auxquels on les soumette.

Il ne faudrait pas croire cependant que nous soyons complètement désarmés dans la lutte contre cette maladie, et qu'il faille laisser se perpétuer indéfiniment l'état de chose actuel.

Les professeurs Nocard et Leclainche avaient, dans le passé tracé une ligne de conduite à suivre comme action prophylactique; malheureusement, entre la conception théorique d'un plan et sa réalisation pratique il existe souvent des difficultés insurmontables. Ce fut le cas.

Possédant dans la tuberculine un moyen précis permettant de reconnaître tous les sujets atteints d'infection tuberculeuse, et même de lésions en évolution que nul ne pourrait soupçonner cliniquement, le plan d'action pourrait encore aujourd'hui être établi comme suit :

1° Soumettre tous les sujets d'une exploitation à l'épreuve de la tuberculine par le procédé le plus simple et le plus sûr; ou par le procédé des méthodes associées dans les cas de doute;

2° Répartir en lots séparés tous les animaux qui auraient réagi, d'une part, et tous ceux chez lesquels l'injection serait restée sans résultats, d'autre part.

En faisant ensuite une désinfection complète des locaux habités antérieurement (nettoyage, arrosage à l'eau bouillante, lavages avec des solutions antiseptiques fortes, fumigations à l'acide sulfureux et au formol, blanchiment à la chaux), en mettant tous les sujets sains et tous les sujets malades dans des locaux séparés, il serait possible d'éviter les contaminations ultérieures, et, avec elles, l'entretien ɐ · la maladie. Mais, pour que cet isolement soit efficace, il faut encore qu'il n'y ait rien de commun entre le local d'isolement et l'étable saine, que le personnel chargé des soins, que les ustensiles utilisés, que les abreuvoirs, etc., soient absolument et rigoureusement séparés.

Les sujets reconnus tuberculeux seront préparés en vue de la boucherie le plus rapidement possible, et, s'il se trouve parmi eux des vaches sur le point de mettre bas, les veaux seront mis dans l'étable saine dès la naissance et élevés au lait bouilli ou par une nourrice saine, l'expérience ayant démontré que la tuberculose congénitale pouvait n'être considérée que comme tout à fait exceptionnelle.

Après évacuation du local des tuberculeux, une nouvelle désinfection met à l'abri des dangers de l'habitat, et ce local peut à nouveau héberger des sujets sains.

Malheureusement, pareilles précautions ne peuvent être prises que dans des exploitations modèles. — Elles nécessitent des installations matérielles et des sacrifices immédiats parfois très grands, et bien des éleveurs ne voient que ce sacrifice immédiat, sans songer aux bénéfices ultérieurs qu'ils en pourraient retirer. Aussi la mesure indiquée n'a-t-elle été mise en pratique que dans quelques exploitations de luxe des plus réputées de France.

Ces mesures, pour garantir l'avenir et mettre à l'abri d'une nouvelle réintroduction de la tuberculose dans les étables assainies, doivent d'ailleurs être complétées par une autre précaution, la tuberculination de toute nouvelle recrue d'origine étrangère. — Sans elle, l'éleveur se trouverait exposé, à chaque nouvelle acquisition, à remettre des malades au milieu des indemnes, ce qui réduirait à néant toutes les mesures et précautions prises.

Le problème est donc assez complexe; il ne saurait donner de résultats sans une observation rigoureuse et suivie.

Comme, d'autre part, malgré les précautions prises, les sujets considérés comme sains se trouvent toujours, suivant leurs conditions d'existence, plus ou moins exposés à des contaminations accidentelles dans le milieu extérieur, il serait utile, par mesure de sécurité, de tuberculiniser tout l'effectif des étables, une fois l'an. Cela permettrait de reconnaître immédiatement les sujets sous le coup d'une infection encore latente, lors des tuberculinations antérieures et de les éliminer aussitôt.

Ces précautions très judicieuses qui pourraient, contre cette maladie, être la sauvegarde du troupeau national, et qui pratiquement ne peuvent être prises que sur l'initiative individuelle, n'ont guère été comprises de la masse des petits éleveurs, fermiers ou métayers. Ils n'en voient que les difficultés de réalisation, sans apprécier les avantages de rendement qu'ils en pourraient retirer.

Leur éducation tout entière reste à faire à cet égard, et c'est pourquoi j'ai soutenu, dans des écrits qu'il serait superflu de résumer ici, que c'était là le rôle principal qui incombait aux vétérinaires départementaux, lesquels pourraient d'ailleurs être très utilement secondés dans cette besogne par les directeurs et membres de conseils d'administration des sociétés d'assurances mutuelles-bétail.

L'expérience du temps à démontré, en France tout au moins, l'inefficacité absolue des mesures administratives de police sanitaire en matière de tuberculose, et l'inutilité des sacrifices pécuniaires consentis en conformité de lois dont les dispositions sont matériellement inapplicables dans leur totalité. Il est donc inutile de persévérer dans une voie mauvaise, tandis qu'il serait possible, je crois, par une instruction plus étendue de la classe des éleveurs, de faire de la prophylaxie privée intéressée et subventionnée beaucoup plus efficace, par l'intermédiaire des sociétés d'assurance mutuelle.

Vaccination antituberculeuse. — On a beaucoup parlé, et on parle toujours beaucoup, d'une prophylaxie efficace de la tuberculose par les vaccinations antituberculeuses. J'ai dit, dès 1906, ce qu'il fallait penser de la méthode Behring tombée dans l'oubli; je pourrais émettre encore aujonrd'hui une opinion quelque peu analogue sur tous les autres moyens qui ont été successivement recommandés : Procédé Vallée, procédé Calmette-Guérin. Le premier a échoué dès le premier essai de mise en pratique; le second, risque, semble-t-il, de ne pas se montrer suffisamment efficace pour répondre aux espérances entrevues.

Actuellement, aucune méthode de vaccination antituberculeuse n'a fourni de preuves suffisantes pour pouvoir être recommandée en toute sécurité. La phase expérimentale des recherches n'a pas été dépassée.

Prémunition antituberculeuse. — La vaccination antituberculeuse, au sens littéral du mot, n'ayant pu être réalisée, de nouvelles expressions ont été créées pour définir des interventions qui chez l'homme et les espèces animales, se révèlent susceptibles, sous des conditions déterminées, de communiquer des maladies durables mais assez bénignes pour ne pas modifier les apparences d'un bon état de santé, tout en mettant les organismes traités à l'abri des formes aiguës ou graves de ces maladies. C'est ce que l'on appelle aujourd'hui les prémunitions, applicables par exemple à la tuberculose, aux piroplasmoses, etc.

La prémunition anti-tuberculeuse est donc une intervention se rapprochant par sa technique d'une vaccination .

Une seule méthode, basée sur des recherches et des expériences poursuivies durant de nombreuses années, est actuellement mise en pratique, c'est celle de Calmette et Guérin basée sur les données suivantes :

Des cultures successives de bacille tuberculeux d'origine bovine, poursuivies durant treize années consécutives sur milieux biliés, ont permis aux expérimentateurs d'obtenir une souche, une race si l'on veut, un bacille tuberculeux avirulent et atoxique (Bacille Calmette-Guérin dit B. C. G.), fixé dans ses propriétés biologiques et héréditaires. Ce B. C. G. serait susceptible, d'après les auteurs et leurs collaborateurs de servir à une prémunition efficace contre l'évolution des formes graves de la tuberculose humaine ou animale.

Chez les enfants, par exemple, chez les nouveau-nés issus de parents tuberculeux surtout, l'*ingestion* de doses déterminées de ce bacille spécial, dès les premiers jours suivant la naissance, les mettrait à l'abri des formes évolutives ordinaires de la tuberculose, c'est-à-dire jouerait en définitive le rôle d'une véritable vaccination dite seulement « prémunition antituberculeuse infantile » (?).

Des statistiques de morbidité et de mortalité ont été produites, qui semblent tout à fait favorables et sont même probantes, en apparence; mais outre que ces statistiques ne portent que sur un nombre limité des enfants dits prémunis, elles ne portent que sur une durée de temps beaucoup trop faible pour que l'on puisse en dégager une opinion formelle pour l'avenir. Les infections tuberculeuses de l'enfance n'évoluent pas fatalement dans un temps et les statistiques comparatives — incomplètes surtout — donnent souvent ce que cherche l'auteur qui les établit.

Il est prématuré de porter un jugement sur une pratique dont la hardiesse seule ne saurait imposer une conviction, d'autant que dès maintenant il est déjà permis d'affirmer que chez les animaux les choses ne se passent pas toujours avec autant de succès que ceux qui ont été annoncés pour l'espèce humaine, et c'est évidemment un constat qui exige réflexion.

Chez les animaux la méthode est différente de celle pratiquée chez l'enfant; il serait trop long d'en discuter les raisons, elles peuvent se justifier. Le principe est le suivant :

L'injection dès la naissance (obligatoirement les premiers jours), d'une dose unique de cinquante milligrammes de B. C. G., à des veaux issus d'ascendants tuberculeux ou vivant dans un milieu contaminé, les mettrait à l'abri des conséquences d'une contamination naturelle. En d'autres termes, ces jeunes vivant en milieu contaminé ne feraient pas de lésions tuberculeuses comme les sujets ordinaires laissés tels; *ils seraient prémunis.* Une revaccination pratiquée chaque année permettrait d'amener les animaux jusqu'à l'âge adulte, — même en milieu contaminé, — sans qu'ils fassent de lésions tuberculeuses apparentes décelables lors de l'abatage.

Pratiquement et économiquement, il semble bien que ce soit tout ce que l'on puisse demander et ce serait fort beau, s'il devait toujours en être ainsi.

Après quelques tâtonnements — à résultats inconstants et imparfaits, — dès le début de la mise en application de la méthode, des essais systématiques, poursuivis durant des années semblent avoir abouti à des résultats favorables. (*Annales Institut Pasteur*, mars 1927, p. 233. Guérin, Richart et Boissière).

Limités à une seule exploitation et non à l'abri de multiples objections, ces essais fort intéressants en eux-mêmes ne sauraient imposer une opinion, parce qu'il en est d'autres — poursuivis à titre expérimental, qui sont en contradiction formelle avec eux. Ces essais expérimentaux entrepris et poursuivis au Canada (Rapport du vétérinaire chef de service, ministère de l'Agriculture du Canada, mars 1927) démontrent que la résistance conférée par le B. C. G. ne dépasse pas notablement ce qui a été obtenu dans le passé par d'autres méthodes depuis longtemps abandonnées. Cette résistance serait, dans certains cas tout au moins, nettement insuffisante pour empêcher l'évolution de certaines variétés de *tuberculoses naturelles.*

On oublie trop souvent d'ailleurs que s'il n'y a chez une espèce donnée qu'une affection qualifiée tuberculose, quelle que soit la localisation organique, il y a aussi, pour le même agent infectieux des variantes d'évolution de la maladie selon la qualité du terrain, c'est-à-dire selon les malades; que chez l'agent infectieux spécifique appelé bacille tuberculeux, type humain, bovin ou autre, il y a d'autre part des variétés bacillaires ou des races à qualités évolutives et pathogéniques extrêmement différentes les unes des autres, qualités indépendantes elles-mêmes des influences de terrain. Ce sont ces particularités qui expliquent toutes modalités cliniques offertes par les malades depuis ceux qui vivent toute une vie normale porteurs du germe sans en être affectés, jusqu'à ceux qui infectés succombent en quelques semaines ou quelques mois.

Une vaccination ou prémunition efficace apparaît dès lors comme un problème complexe et peut-être à solutions multiples. Il n'est pas résolu.

PÉRIPNEUMONIE CONTAGIEUSE

Anglais : *Lung-plague contagious pleuro-pneumonia*. — Allemand : *Lungenseuche.*
Italien : *Pleuro-pneumonite essudativa.*

La péripneumonie ou pleuro-pneumonie contagieuse des bovidés est une maladie microbienne à localisations pulmonaires et thoraciques, de caractère inflammatoire, avec infiltration séreuse.

Elle a vraisemblablement toujours existé, mais, pendant fort longtemps elle n'a pas été différenciée de multiples affections qui peuvent intéresser le poumon. Chabert est le premier qui, vers la fin du XVIIIe siècle, ait affirmé sa contagiosité, en lui assignant des caractères distinctifs des autres affections pulmonaires. Malgré son autorité, la notion de contagiosité reste contestée jusque vers le milieu du XIXe siècle, et c'est à la suite seulement des travaux de Delafond (1840-1844), que le principe en est admis comme classique.

Willems, en 1852, démontre que l'inoculation intradermique ou sous-cutanée de la lymphe pulmonaire provoque des inflammations locales plus ou moins graves, selon les régions et les quantités virulentes inoculées, et signale que les animaux qui résistent se montrent plus tard réfractaires à la maladie naturelle. Le principe de la contagiosité par cohabitation prolongée entre malades et sujets indemnes, et celui de l'immunisation par injection de lymphe pulmonaire, est confirmé successivement en Hollande, en Prusse, et en France par H. Bouley, en 1854, au nom d'une commission de contrôle.

Nocard, Roux et Dujardin-Beaumetz (1898-1900) donnent la caractéristique du microbe qui provoque l'affection et décrivent une méthode de vaccination avec des cultures pures (1).

Symptômatologie. — Au point de vue clinique, la péripneumonie contagieuse se présente sous trois types d'évolution : une forme grave à marche rapide, une forme ordinaire, de beaucoup la plus fréquente, une forme chronique à évolution lente.

1° *Forme grave.* — Très rapidement, les malades présentent une élévation thermique considérable, 40-41°-42°, des frissons, des tremblements musculaires, de la perte d'appétit, de la congestion des muqueuses, de la diarrhée.

La respiration s'accélère, les naseaux se dilatent, la dyspnée se caractérise en même temps qu'il se produit une toux petite et rare. Le thorax est sensible à la percussion et à la pression intercostale, le murmure respiratoire disparaît, des signes d'œdème pulmonaire

---

(1) Durant la deuxième moitié du siècle dernier, tous les pays d'Europe étaient plus ou moins frappés par la péripneumonie : Russie, Allemagne, Autriche, Hollande, Angleterre, Belgique, France, etc... Partout la maladie sévit, là surtout où l'on pratiquait la stabulation; depuis une vingtaine d'années, au contraire, on a vu les grands foyers s'éteindre progressivement à peu près partout, et la France en particulier peut être considérée comme indemne depuis cette époque.

et d'épanchement pleural peuvent être enregistrés à l'auscultation, la respiration devient discordante avec soubresaut du flanc, l'anxiété respiratoire augmente progressivement en même temps que les signes d'œdème pulmonaire et d'épanchement pleural s'aggravent. Une plainte respiratoire régulière apparaît, l'asphyxie progressive se caractérise, le cœur faiblit, et les malades peuvent succomber en quelques jours. — Il ne produit pas de jetage.

Forme ordinaire. — Dans la forme aiguë ordinaire, les troubles physiologiques sont moins accentués, l'ascension fébrile moins rapide, la caractérisation des signes locaux plus lente à se manifester. Le malade paraît tout d'abord en proie à un malaise général mal défini, se traduisant par de la tristesse, de la perte d'appétit, de l'indifférence, de l'accélération modérée des mouvements respiratoires et des battements cardiaques, de l'augmentation thermique, de la constipation, de la diminution de rendement chez les laitières. Tout cet ensemble fait présumer l'évolution d'une affection grave, mais ne saurait avoir cependant de valeur pour un diagnostic précoce.

Puis apparaît bientôt une toux faible, pénible, comme avortée, qui se produit de préférence lorsqu'on fait déplacer les malades ou qu'on ébranle le thorax par une impulsion transversale sur la colonne vertébrale. La respiration s'accélère, monte à 35-40-50 R. à la minute, la peau est chaude et sèche, le poil piqué, les muqueuses jaunâtres, le pouls à 80-90-100 P.

Les malades se tiennent souvent immobilisés, piqués sur leurs membres, les antérieurs manifestement écartés pour rendre la respiration plus facile. Cette respiration devient plaintive par intermittence d'abord, puis souvent de façon continue (plainte dite *lèguement.*

Si l'on explore le thorax par la pression, la percussion et l'auscultation, on trouve tout d'abord que les parois costales sont sensibles et douloureuses à la pression digitale, qu'il existe de la matité (matité d'épanchement pleural) ou de la submatité (submatité d'infiltration pulmonaire) sur des hauteurs variables, selon le moment où l'on percute, l'ancienneté de la maladie et la gravité de sa marche, que ces signes sont unilatéraux ou bilatéraux selon les cas.

Les régions supérieures conservent d'ordinaire la résonnance normale.

A l'auscultation, le murmure respiratoire ne s'entend plus dans les zones de matité, et peu ou fort mal dans les zones de submatité. Par contre, lors d'épanchement pleural abondant, on perçoit dans les régions basses, tiers inférieur ou région moyenne du thorax, un souffle pleurétique doux et comme lointain, ou bien un souffle plus franchement tubaire, lorsque l'épanchement pleural est peu abondant et l'hépatisation pulmonaire étendue. En haut, dans les parties restées saines, le murmure respiratoire est exagéré et sur la zone intermédiaire il est possible de percevoir des râles crépitants humides, plus ou moins nets à la limite supérieure de la zone d'hépatisation.

Cette période d'état est généralement bien caractérisée vers le 7e ou 8e jour et se prolonge quatre à cinq jours.

A dater de ce moment, trois terminaisons peuvent être entrevues :

L'aggravation, avec acheminement plus ou moins rapide vers la mort; la résolution, c'est-à-dire la guérison; le passage à l'état chronique.

L'*aggravation* se traduit par la persistance ou l'accentuation de la fièvre, l'accélération plus marquée des mouvements repiratoires et des battements cardiaques, l'apparition de la dyspnée avec respiration soubresautante ou discordante, la constitution d'un œdème-préthoracique et sous-sternal, susceptible de faire songer, à première vue, à une péricardite vraie, l'accentuation des phénomènes asphyxiques, l'hypothermie progressive et, en quelques jours, la mort qui peut être tout à fait brusque ou précédée d'une période agonique très caractérisée.

Dans quelques cas exceptionnels, l'aggravation est brutale, l'air expiré devient fétide, un jetage grumeleux mal odorant apparaît, des oscillations thermiques étendues se produisent, du gargouillement se fait entendre à l'auscultation, de la diarrhée intense se produit, avec hypothermie rapide, la mort par gangrène pulmonaire s'ensuit.

La *résolution* est annoncée par l'abaissement de la température, la réapparition modérée de l'appétit, l'abaissement des zones de submatité et de matité, la disparition du bruit du souffle, le retour progressif du murmure respiratoire de haut en bas. Ces modifications caractérisent la convalescence suivie de la guérison, qui est rarement parfaite. La durée totale d'évolution est de trois semaines environ.

Le *passage à l'état chronique* est caractérisé par une atténuation des différentes manifestations morbides, mais avec retour incomplet et imparfait à l'état normal, l'appétit revient mais reste capricieux, les malades restent maigres, le poumon reprend imparfaitement sa fonction primitive, la toux persiste. Des îlots pulmonaires restent atteints d'hépatisation chronique et d'induration, ou sont frappés de mort; il se forme des séquestres plus ou moins étendus, enkystés dans le tissu. Si ces lésions sont limitées, elles sont compatibles avec un retour apparent à l'état de santé et l'engraissement; si, au contraire, elles sont larges et étendues, les malades maigrissent, s'affaiblissent et meurent cachectiques.

Forme chronique. — Dans les milieux et les étables où la péripneumonie sévit, il y a toujours un certain nombre de sujets qui paraissent rester indemnes, ou qui ne contractent qu'une forme chronique très atténuée. Cette forme chronique dans la majorité des cas est fort difficile à reconnaître sûrement; les malades présentent seulement de l'irrégularité d'appétit, un mauvais état général, de la toux surtout fréquente le matin au réveil ou au sortir de l'étable, des réactions fébriles irrégulières et faibles; en somme, un ensemble suffisant pour le qualifier d'anormal, sans rien de bien précis. A l'exploration directe : percussion, auscultation, etc., les signes peuvent être assez peu significatifs pour laisser dans le doute, parce que les lésions de faible étendue restent fréquemment localisées à un lobule pulmonaire, lobe antérieur, lobe cardiaque ou partie inférieure du lobe postérieur comme dans nombre de bronchopneumonies infectieuses. En milieu infecté, ces signes d'ensemble sont suffisants pour ne pas exposer à des erreurs de diagnostic, alors que dans des conditions différentes, en milieu inconnu, il serait impossible de se prononcer. — Très souvent d'ailleurs, ces malades présentent à un moment donné des poussées aiguës d'aggravation tout à fait caractéristiques, ou traînent durant des mois et des mois dans leur état primitif, avec comme finale l'aspect des chroniques après période aiguë.

Lésions. — Les lésions de la péripneumonie portent sur la plèvre et le poumon. Le poumon est frappé le plus fréquemment dans son lobe antérieur et son lobe cardiaque, puis dans la partie inférieure de son lobe postérieur. Il subit tout d'abord une infiltration des plans conjonctifs interlobulaires, qui gagne par voie centripète vers l'intérieur du lobule avec formation d'exsudat dans les alvéoles et les bronchioles. Les régions atteintes perdent leur élasticité, le tissu ne s'affaisse plus, il devient dense et ferme, atteint d'une hépatisation spéciale dont la marche est inverse de celle de la pneumonie franche, débutant d'abord par l'intérieur du lobule. La délimitation des zones hépatisées n'a rien d'absolu, elle peut être franchement horizontale ou, au contraire, irrégulière, prenant sur la coupe l'aspect d'un quadrillé irrégulier (damier), à bandes blanc-jaunâtre représentées par les sections des cloisons conjonctives, séparant des surfaces plus ou moins étendues et de teintes diverses (brunes, rouges, rosées, jaunâtres), qui correspondent aux sections des lobules.

La coupe fraîche laisse sourdre une sérosité citrine, d'ordinaire fort abondante, mêlée de sang qui s'échappe de la section de vaisseaux. L'infiltration œdémateuse précède l'hépatisation; on la trouve caractérisée vers les zones supérieures alors que l'hépatisation n'est pas encore réalisée.

Dans les lésions à évolution lente ou ancienne, le liquide d'infiltration des cloisons interlobulaires semble résorbé en partie, il est moins abondant; mais, par contre, le tissu conjonctif enflammé devient plus dense, plus dur, plus fibreux, et la distinction d'avec le tissu pulmonaire alvéolaire reste fort difficile.

Les plèvres sont épaisses, parfois recouvertes d'exsudats fibrineux, œdémateuses vers la profondeur du tissu conjonctif souspleural. Le médiastin prend part au processus d'inflammation.

Du côté du poumon, le feuillet viscéral est souvent décollé du tissu pulmonaire proprement dit, par suite de l'infiltration souspleurale.

Il est rare que l'exsudation séreuse intrapleurale soit peu marquée, mais cela peut arriver cependant et lors de lésions anciennes, les tissus enflammés prennent un aspect lardacé, tout à fait comparable à celui que l'on trouve dans certaines broncho-pneumonies. Lorsque le médiastin est gravement intéressé, l'infiltration du plan conjonctif médiastinal médian peut être considérable, au point de provoquer de la compression manifeste du cœur et de la veine cave antérieure, d'où l'apparition progressive des symptômes qui caractérisent extérieurement l'évolution de la péricardite exsudative ou des tumeurs médiastinales (réplétion des jugulaires, œdème du fanon et de la région sous-sternale).

Lorsque, sous l'influence de l'intensité des compressions vasculaires intrapulmonaires ou de phénomènes de coagulations intravasculaires, certains îlots pulmonaires subissent l'arrêt circulatoire, ils sont frappés de mort et destinés à devenir des séquestres spécifiques. S'ils sont de petites dimensions, ils restent enkystés, compatibles avec la survie et la guérison clinique. Si, au contraire, ils sont nombreux ou de large étendue, ils s'infectent secondairement par voie sanguine ou bronchique, phénomène précédant la suppuration, la gangrène ou des complications variées de suppuration (suppuration diffuse, abcès pulmonaires, vomiques, cavernes, etc.).

Quelques lésions secondaires ou exceptionnelles méritent de fixer l'attention : infiltration succulente des ganglions avec suffusions sanguines, péricardite séreuse ou séro-fibrineuse, synovites articulaires, infiltrations tissulaires, œdémateuses, plus ou moins marquées de régions musculaires, etc.

Diagnostic. — Le diagnostic clinique ne présente aucune difficulté lorsqu'il doit être établi dans une exploitation où la maladie sévit, ou même dans une région ravagée par la péripneumonie contagieuse. Il est, par contre, beaucoup plus délicat lorsqu'il s'agit d'un premier cas en milieu jusqu'alors indemne.

La péripneumonie contagieuse peut alors être confondue avec la pneumonie franche, très rare d'ailleurs chez le bœuf, avec les broncho-pneumonies infectieuses ou parasitaires si fréquentes; exceptionnellement avec la péricardite exsudative, exceptionnellement aussi avec la tuberculose.

Toutefois, dans la pneumonie franche, l'élévation thermique est progressive et moins brusque, la sensibilité costale est moins nette, l'œdème du fanon fait défaut. Dans les broncho-pneumonies parasitaires, l'évolution est beaucoup plus lente, dure des semaines, et, en cas de doute, l'examen histologique du jetage ou des excréments, permet de reconnaître la présence des œufs ou des embryons. Lors de broncho-pneumonies infectieuses, l'évolution est plus lente aussi, la matité et la submatité thoraciques moins nettement caractérisées, l'œdème prépectoral fait défaut. Avec la péricardite exsudative caractérisée par l'œdème du fanon, la fièvre n'existe pas ou reste insignifiante, la matité et la submatité thoraciques ne sont jamais horizontales, le bruit de liquide qui se produit lors des systoles cardiaques est asbolument significatif, et l'évolution d'ensemble est généralement fort lente.

Enfin la tuberculose thoracique qui présente des formes si variées ne donne pas, sauf lors de complications aiguës, naissance à des signes aussi manifestes que la péripneumonie, et les épreuves à la tuberculine ou l'examen du jetage permettent toujours de se faire une opinion.

Le diagnostic sur le cadavre doit être basé tout entier sur les caractères des lésions pleurales et pulmonaires : épanchement pleural et lésions pleurales, hépatisation et large infiltration œdémateuse des cloisons interlobulaires, teintes variées des lobules pulmonaires dans les zones hépatisées, couleur ambrée claire du liquide d'infiltration des cloisons interlobulaires, etc.

Dans la pneumonie franche : hépatisation régulière, avec teinte assez uniforme du tissu malade, épaississement beaucoup plus dense, moins large, des cloisons interlobulaires, infiltration œdémateuse considérablement moins marquée, pas d'épanchement pleural, pas de lésions pleurales, sauf des lésions possibles par contiguïté de tissus.

Dans les broncho-pneumonies infectieuses des adultes ou des jeunes, la distinction est plus délicate, quoique ici encore l'infiltration des cloisons interlobulaires soit plus dense, plus scléreuse, moins œdémateuse que dans la péripneumonie. Mais l'irrégularité des zones d'hépatisation, la variation des teintes des régions malades, prêtent assurément à confusion et l'expérimentation sur les qualités virulentes de la lymphe peut parfois être nécessaire.

Lors de septicémie hémorragique (pasteurellose), les lésions sont surtout d'ordre congestif, exceptionnellement les infiltrations interlobulaires peuvent égarer un diagnostic, qui demande, pour être rectifié, des épreuves d'inoculation.

Les lésions chroniques de péripneumonie surtout demandent aussi, pour être sûrement caractérisées, les épreuves d'inoculation, parce que rien dans les caractères macroscopiques ne permet de les différencier de lésions anciennes de broncho-pneumonie variées.

Les séquestres anciens pourraient être confondus avec des lésions tuberculeuses, l'examen des ganglions suffit pour assurer une opinion.

Pronostic. — Le pronostic de la péripneumonie contagieuse est extrêmement grave, non pas seulement parce que la vie des animaux malades peut être rapidement compromise, mais surtout parce que son caractère contagieux et son mode de diffusion mettent en danger la valeur du cheptel d'étables entières, de localités ou même de régions.

A ce point de vue, les conséquences économiques peuvent être considérables. Tous les pays qui ont été envahis par la péripneu monie contagieuse des bovidés, Hollande, Allemagne, Autriche, Suisse, Amérique du Nord, Belgique, France, Afrique Occidentale, ont enregistré des pertes énormes s'élevant selon les années à des centaines de milliers de francs ou des millions, du fait de la maladie.

Contagiosité. — Les animaux de l'espèce bovine (bœufs, zébus, buffles) sont les seuls qui paraissent aptes à contracter la maladie, L'introduction d'un malade dans un troupeau indemne est, règle générale. le point de départ de l'évolution d'un foyer, et parfois de la diffusion de l'affection dans une région ou un pays. La stabulation prolongée et permanente réunit les conditions les plus favorables à la contagion, mais la vie des troupeaux en plein air ou la concentration nocturne dans des parcs (kraals), comme cela se produit d'ordinaire dans les colonies et en Afrique Occidentale française, en particulier, ne les met pas à l'abri de la diffusion de l'affection. On constate d'ailleurs, à cet égard, de très grandes variations de puissance de diffusion et de gravité, selon les enzooties locales observées.

La contagion à distance peut s'effectuer sous l'influence de conditions mal déterminées et mal précisées; d'ordinaire, les enzooties ou épizooties sont toutefois constatées à la suite de déplacements d'animaux suspects ou de l'introduction de malades chroniques ou guéris, ayant les apparences extérieures de la santé à l'état naturel.

D'après les recherches de Nocard et de Roux, la pénétration du virus se ferait à l'état naturel par les voies respiratoires, le virus, qui se trouve à peu près exclusivement dans les lésions, étant disséminé dans l'atmosphère lors des efforts de toux des malades.

La durée d'incubation semble pouvoir varier de dix à quarante-cinq jours, minimum après inoculation virulente, maximum d'après les observations cliniques (1).

Inoculations. — Lorsqu'on inocule de la sérosité pulmonaire

---

(1) Après injection sous-cutanée de virus, la période d'incubation jusqu'à l'apparition des premières manifestations est de six à vingt-sept jours; après inhalation, de douze à seize jours (Nocard et Roux); mais. dans les conditions naturelles, il est sûr que des délais beaucoup plus longs peuvent être enregistrés, en raison de la très grande variabilité des conditions de la contagion.

fraîche dans le tissu conjonctif sous-cutané d'animaux sains (Willems), on voit se développer dans les semaines qui suivent (dix à vingt jours), un engorgement œdémateux chaud, progressivement envahissant qui peut atteindre des dimensions considérables : toute une région latérale de l'encolure, tout un côté du tronc, toute une région d'un membre.

Le liquide d'œdème est virulent comme la lymphe recueillie sur une section de poumon.

La température monte à 40-41-42°, et les malades peuvent succomber, qu'il y ait eu ou non extension à la cavité thoracique et au poumon.

Chez certains sujets, avec des doses identiques, les engorgements restent plus limités, la fièvre est moins vive et le retour progressif à la santé s'établit progressivement. Les inoculations à petites doses à l'extrémité de la queue (Willems), là où le tissu conjonctif est très dense, et la température locale relativement basse, provoquent dans les délais ordinaires une inflammation locale avec engorgement œdémateux limité. Cet engorgement se résorbe, disparaît, en conférant aux animaux, une immunité solide pour l'avenir.

L'injection de lymphe péripneumonique dans les veines, ne provoque pas d'accidents, mais ne confère pas d'immunité, à moins qu'il ne passe quelques gouttelettes virulentes dans le tissu conjonctif périveineux.

L'administration digestive de matières virulentes ou de lymphe péripneumonique resterait sans résultats pathologiques et sans effets protecteurs, d'après Nocard et Roux, et posséderait au contraire une réelle valeur préservatrice d'après Hutcheon (1899) (administration de 150 à 200 cc. de lymphe).

La pénétration respiratoire pourrait provoquer la maladie (Chauveau) ou amener de l'immunité avec ou sans lésions (Nocard).

Une température inférieure à 0° permet de conserver l'activité virulente des tissus (poumons) et de la sérosité, durant des mois (Laquerrière); les températures supérieures à 55° font rapidement disparaître cette virulence.

L'air et la lumière atténuent progressivement la virulence de la lymphe péripneumonique recueillie aseptiquement, quoique cette virulence persiste durant des semaines.

Des cultures pures en ampoules restent actives plus de six mois, conservées au-dessous de 12°.

Lorsqu'on examine, au point de vue bactériologique, la lymphe recueillie, on ne découvre aucun agent microbien, bien que l'activité virulente soit facile à mettre en évidence.

Nocard et Roux (1898), à l'aide d'ensemencements de bouillon en sacs de collodion et en introduisant ces sacs dans la cavité péritonéale de lapins, ont pu obtenir des cultures *in vivo* et mettre en évidence à des grossissements énormes (1.500 à 2.000 diamètres), des éléments figurés punctiformes caractérisant l'agent de la péripneumonie, puisque ces cultures ont permis, d'une part, la reproduction de l'affection, et d'autre part l'immunisation.

Les cultures artificielles aérobies peuvent être obtenues *in vitro*, à l'étuve, en bouillon Martin additionné de 5 p. 100 de sérum de bœuf, le liquide devient légèrement opalescent; et aussi sur gélose. Pratiquement, de la lymphe péripneumonique est diluée dans 100 volumes de bouillon Martin, filtrée sur bougie Berkefeld, additionnée ensuite de sérum de bœuf (5 p. 100) et mise à l'étuve.

Traitement. — Tous les moyens d'action de la thérapeutique ont été successivement utilisés contre la péripneumonie, avec des effets plus ou moins marqués. mais toujours insuffisants ou douteux; aucune médication spécifique n'a pu être fixée.

Prophylaxie. — Il semble que l'on ait de tous temps, en Afrique tout au moins, pratiqué l'inoculation péripneumonique préventive, au même titre que la variolisation.

Immunisation. Procédé Willems. — Dès 1850, Willems (1) démontra que l'injection d'une petite quantité de sérosité péripneumonique dans le tissu conjonctif de l'extrémité de la queue déterminait une réaction locale d'importance variable, qui conférait ensuite l'immunité contre une injection en région défendue (fanon, région de l'épaule, côtés du thorax, etc.), et aussi contre la contagion naturelle. Malheureusement il est fort difficile de prévoir l'intensité de la réaction à la suite de l'inoculation, et, dans bien des cas, trop nombreux, l'évolution ascendante de l'engorgement œdémateux nécessite l'amputation de la queue pour arrêter sa marche envahissante, ou aboutit à la mortification partielle de l'organe.

Comme pour la plupart des interventions de même ordre, l'immunité ne s'établit que progressivement et demande deux à trois semaines pour devenir définitive.

L'intervention ci-dessus indiquée n'a aucune action sur la maladie naturelle en évolution.

La lymphe doit être recueillie aussi aseptiquement que possible, sur le poumon malade d'un animal abattu, plutôt que sur le poumon d'un malade qui vient de mourir. Elle peut être mise en am-

---

(1) L'injection d'une petite quantité de lymphe péripneumonique dans la profondeur du derme cutané ou sous la peau provoque, non immédiatement, mais à partir du dixième ou quinzième jour, un engorgement réactionnel variable : *en région défendue*, c'est-à-dire partout où le tissu conjonctif sous-cutané est lâche, à l'encolure, à l'aisselle, sur les côtés du thorax, etc.... il se produit généralement de gros engorgements œdémateux, largement étendus, se terminant souvent par la mort; à l'extrémité de la queue, là où le tissu conjonctif est dense et la température plus basse, l'engorgement est le plus souvent limité sans tendance à l'envahissement progressif vers les régions supérieures; cet engorgement se résorbe, finit par disparaître, sans qu'il se soit produit de lésions du côté de la poitrine, et l'immunité est acquise. Ces malades mis ultérieurement en milieu infecté restent indemnes.

poules scellées conservées au frais et à l'abri de la lumière, ou mieux additionnée d'un demi-volume de glycérine neutre, filtrée et conservée comme précédemment. L'activité persiste deux à trois mois.

L'inoculation est faite à quelques centimètres de l'extrémité de la queue, soit sous la peau et à la seringue de Pravaz (II à III gouttes), soit à la faveur de deux incisions profondes sur lesquelles on dispose une goutte de sérosité.

D'après Nocard et Roux, les cultures pures donneraient les mêmes résultats que la sérosité pulmonaire, et présenteraient le gros avantage d'éviter les accidents d'infections secondaires qui trop souvent se superposent à ceux qui dérivent directement de l'inoculation de sérosité.

L'inoculation de culture pure âgée de 8 jours est conseillée à la dose de 1/4 à 1/2 centimètre cube, sous la peau de la queue, à quelques centimètres de l'extrémité, comme lorsqu'il s'agit de lymphe; la réaction apparaît du 12e au 15e jour : tristesse, inappétence, fièvre, tuméfaction locale, avec suintement des plaies d'inoculation. La guérison survient en une trentaine de jours.

Les veaux réagissent peu localement, mais font souvent des arthrites (arthrites péripneumoniques).

Les complications pleuro-pulmonaires à la suite de l'inoculation sont exceptionnelles. La mortification de l'extrémité caudale est assez fréquente. L'extension envahissante de l'œdème vers les fesses, les cuisses, le périnée, est aussi fort rare, mais peut entraîner la mort.

Dans les cas d'œdème envahissant, quelle que soit sa localisation, les pointes de feu, le feu en raie, les incisions larges, etc., peuvent permettre d'arrêter l'évolution.

Sérothérapie. — Lorsqu'un bovidé immunisé contre la péripneumonie est soumis à des inoculations sous-cutanées de cultures pures à doses croissantes pour arriver au total à plusieurs litres (5 litres et plus), le sérum de cet animal acquiert des propriétés protectrices plus ou moins actives permettant de conférer à des sujets sains une immunité passive, mais qui semble, d'après Nocard, devoir être assez peu durable. Toutefois, cette immunité passive passagère permettrait sans danger de faire une inoculation virulente (1 centimètre cube) même en région défendue, et de communiquer ainsi aux sujets une immunité active durable.

Il est probable (bien que Nocard ait émis l'opinion contraire) qu'on aboutirait à un résultat identique en se servant de sérosité péripneumonique virulente, recueillie en quantités suffisantes, dans des conditions d'asepsie pouvant en permettre l'emploi.

Le sérum anti-péripneumonique à hautes doses (100, 200 centimètres cubes et plus) permettrait d'enrayer les effets d'une inoculation virulente en évolution, ou d'atténuer les symptômes de la maladie naturelle à son début; mais il n'aurait plus aucune action contre des lésions déjà caractérisées (1).

La péripneumonie contagieuse des bovidés est visée par la loi sanitaire en 1898.

Les malades sont toujours dangereux pour l'entourage et peuvent succomber à l'affection; comme, d'autre part, s'ils guérissent cliniquement, ils peuvent rester porteurs de lésions chroniques et représenter encore sous cette forme des foyers de contagion, l'abatage représente une opération avantageuse malgré ses conséquences immédiates.

Pour ce qui a trait aux contaminés appartenant aux mêmes étables, aux mêmes troupeaux, ou aux mêmes localités, l'intervention a grandement varié, selon les pays et les époques. L'expérience du temps a démontré que, lorsque les foyers sont peu nombreux et peu étendus, l'abatage des contaminés pour la boucherie, avec indemnisation des propriétaires pour le préjudice causé, représente la meilleure mesure, car elle permet l'extinction des foyers pour aboutir à la disparition complète de l'affection. Mais la mesure deviendrait trop onéreuse et pratiquement inapplicable lorsque la maladie est largement disséminée, comme cela peut se présenter dans différents pays neufs, ou certaines colonies, comme l'Afrique occidentale française par exemple, où le service sanitaire est insuffisamment organisé.

Dans ces conditions, l'inoculation préventive de tous les sujets compris dans les zones d'infection (communes ou localités), permet d'améliorer progressivement la situation qui peut être liquidée définitivement plus tard, lorsque l'abatage total devient praticable.

PESTE BOVINE

Anglais : *Cattle-plague.* — Allemand : *Rinderpest.*

La *peste bovine, typhus,* ou *typhus contagieux,* est une maladie générale, contagieuse, à virus filtrant (Nicolle et Adil, 1902), qui frappe surtout les bovidés, plus rarement et plus exceptionnellement les buffles, le chameau, le porc et quelques espèces sauvages.

Elle est considérée, comme l'affection ayant la plus grande puissance de contagiosité, et se montre toujours d'une extrême gravité.

La plus ancienne dénomination qui lui ait été appliquée est le

---

(1) L'inoculation de lymphe ou de pulpe ganglionnaire d'animaux atteints de péripneumonie à des cobayes reste sans résultat. L'examen bactériologique direct reste négatif.

L'inoculation de muco-pus bronchique ou pulmonaire, ou de pulpe ganglionnaire de septicémie hémorragique (pasteurellose) à des cobayes (inoculation intra-péritonéale, les tue en dix-huit à soixante heures. L'examen bactériologique direct révèle la présence d'une bactérie ovoïde.

nom de *typhus*, et comme pour toutes les autres maladies, même les grandes maladies épidémiques ou épizootiques, on lui assignait autrefois une origine spontanée. Cependant, des mesures de police sanitaire étaient déjà édictées en France au début du xviiie siècle, et la nature infectieuse de la maladie était établie dès 1744 par les inoculations faites de malade à sujet sain.

Il semble acquis qu'elle existe en permanence en Asie et en Afrique centrale, d'où partent les irradiations qui périodiquement ravagent certaines zones d'élevage de ces deux parties de l'ancien continent. Dans ces dernières années, elle sévissait en Asie Mineure, aux Indes, dans les Balkans, en Afrique du Sud et en Egypte. L'Europe a été contaminée à de nombreuses reprises, toujours à la suite des grandes guerres, comme conséquences des grands déplacements d'animaux. Les pertes se sont chiffrées par centaines de milliers ou même par des millions de têtes, représentant des valeurs économiques considérables. Tous les Etats d'Europe ont été envahis à diverses reprises, même l'Angleterre malgré sa position insulaire (1).

Le déplacement de la maladie s'est fait le plus souvent de l'est à l'ouest, de la Russie vers l'Allemagne et les autres pays occidentaux ; ou du sud au nord, d'Asie Mineure vers les Balkans, l'Europe centrale et occidentale. Durant les guerres de la Révolution et du premier Empire, la peste bovine a ravagé successivement tous les pays d'Europe.

La dernière épizootie enregistrée en France remonte à la période de guerre franco-allemande de 1870-1871. La dernière épizootie d'Europe sévit en Belgique (1920) où, contrairement à la règle connue, elle a été importée cette fois par des zébus venant des Indes à destination du Brésil, et ayant transité par Anvers.

Dans les premiers mois de 1921, elle était signalée en Pologne, venant de Russie bolcheviste.

Dans les colonies françaises, elle a fait des ravages, plus particulièrement en Afrique occidentale. L'épizootie de 1892 a réduit considérablement l'importance du cheptel, et les pertes subies alors, n'étaient qu'à peine totalement comblées vingt ans après.

L'épizootie de 1915-1918 a provoqué une mortalité générale d'environ 50 p. 100 dans les régions ravagées. Apparue dans les pays Haoussa en fin de 1914, la peste bovine a débordé vers le nord du Dahomey en 1915, et s'est étendue dans la boucle du Haut-Sénégal-Niger en 1916 pour faire irruption en 1917 dans le Macina

(1) *En France*, épizootie de 1796, à la suite de la retraite des armées du Rhin; de 1814 comme conséquence de la pénétration des armées alliées; de 1870-1871, avec l'invasion allemande. — *En Italie*, épizootie de 1793-1794, importée en Lombardie par les armées autrichiennes. — *En Angleterre*, épizootie de 1865 importée de Russie par cargaisons de bovidés. — *En Russie d'Europe*, existence de la peste bovine à l'état permanent jusqu'en 1896; nouvelle invasion durant la grande guerre 1914-1918.

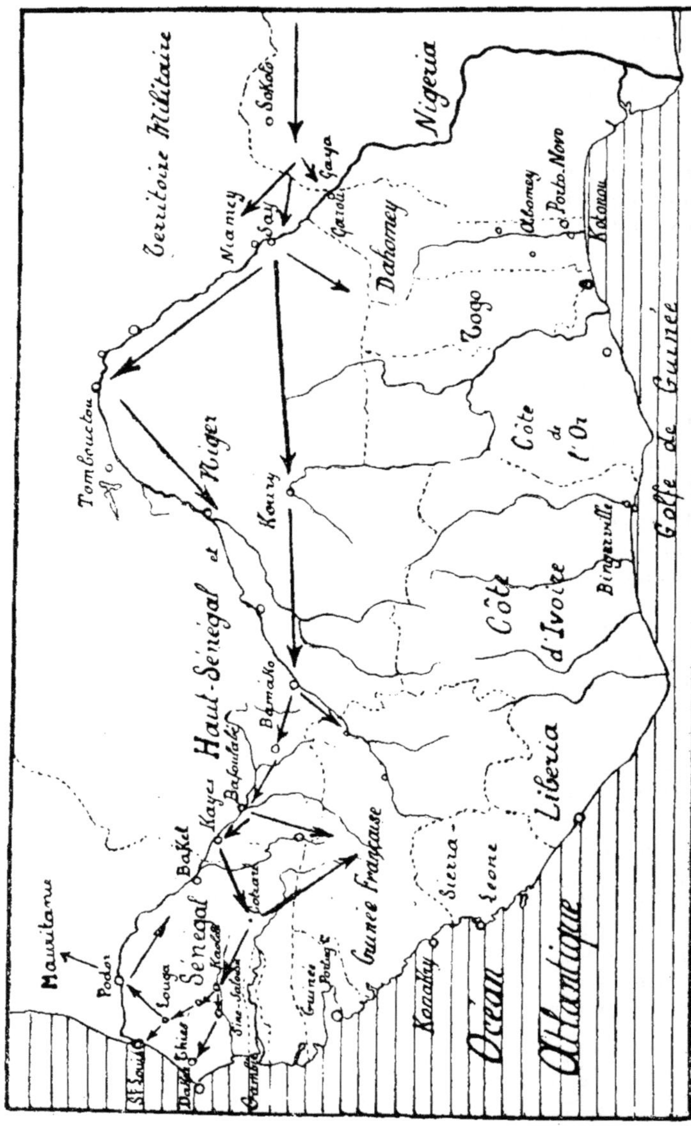

Fig. 318. — Marche de la peste bovine en Afrique occidentale française, épizootie 1915-1918. 1915, Dahomey-Niger. — 1916, Haut Sénégal-Niger. — 1917, Sénégal. — 1918, Mauritanie-Guinée.

et tout le Sénégal, avec diffusion vers la Mauritanie et la Guinée dans les premiers mois de 1918.

La peste bovine existe en permanence, à l'état enzootique, avec des variantes d'acuité et de gravité, dans toute l'Asie, dans toute l'Afrique centrale et l'Afrique du Sud; en particulier en Indo-Chine, aux Indes anglaises, en Turquie d'Asie, en Egypte, en Afrique occidentale et équatoriale. Elle ravagea toute l'Afrique du Sud de 1897 à 1900, faisant perdre des millions de têtes de bétail, évalué à environ 2 milliards de francs.

Symptômes. — Au point de vue clinique la maladie se présente sous plusieurs aspects : une forme grave septicémique, une forme aiguë ordinaire, des formes légères et des formes atypiques.

Forme septicémique. — Les malades peuvent succomber en quarante-huit heures, sans que des localisations de lésions aient le temps de se caractériser. Brusquement, la fièvre monte à 41°-42°, le nombre des pulsations s'élève à 90-100 et plus, la respiration est courte et accélérée, les muqueuses apparaissent cyanosées, rouge foncé (conjonctive, muqueuse vulvaire), les paupières restent mi-closes, la prostration est extrême, des frissons et des tremblements agitent toutes les masses musculaires et les malades succombent sans autres manifestations. Dans les autopsies, on ne relève que des lésions congestives généralisées, analogues à celles que l'on rencontre dans toutes les septicémies à marche ultra-rapide.

Cette forme se voit de préférence au début des épizooties.

Forme aiguë. — Dans la forme aiguë, la plus fréquente, la maladie dure de cinq à dix jours. L'élévation thermique, à 40°-41° et plus, est la première manifestation, l'appétit est supprimé ,l'abattement très marqué. Des frissons secouent tout le corps, le rythme cardiaque et le rythme respiratoire se trouvent profondément modifiés. Les pulsations montent progressivement de 60 à 100, la respiration devient courte, accélérée, parfois plaintive.

Cet ensemble caractérise la *phase d'invasion.*

Puis vient la *phase des localisations* (période d'état) : la salive s'écoule des commissures comme dans la fièvre aphteuse, la langue est congestionnée, les gencives tuméfiées, la conjonctive infiltrée, ecchymosée, le mufle sec et crevassé; des larmes irritantes s'écoulent sur le chanfrein, du jetage muco-purulent apparaît, la bave est trouble, fétide, parfois sanguinolente, en même temps que se produisent des érosions épithéliales, l'air expiré sent mauvais, le poil est hérissé, sec; les excréments sont d'abord secs et durs, puis ramollis avant la période consécutive de diarrhée.

Chez les laitières, la sécrétion lactée diminue progressivement et se tarit, la mamelle se flétrit, les avortements sont fréquents. L'état général apparaît comme très mauvais.

Des ulcérations se montrent ensuite sur la pituitaire, sur le mufle,

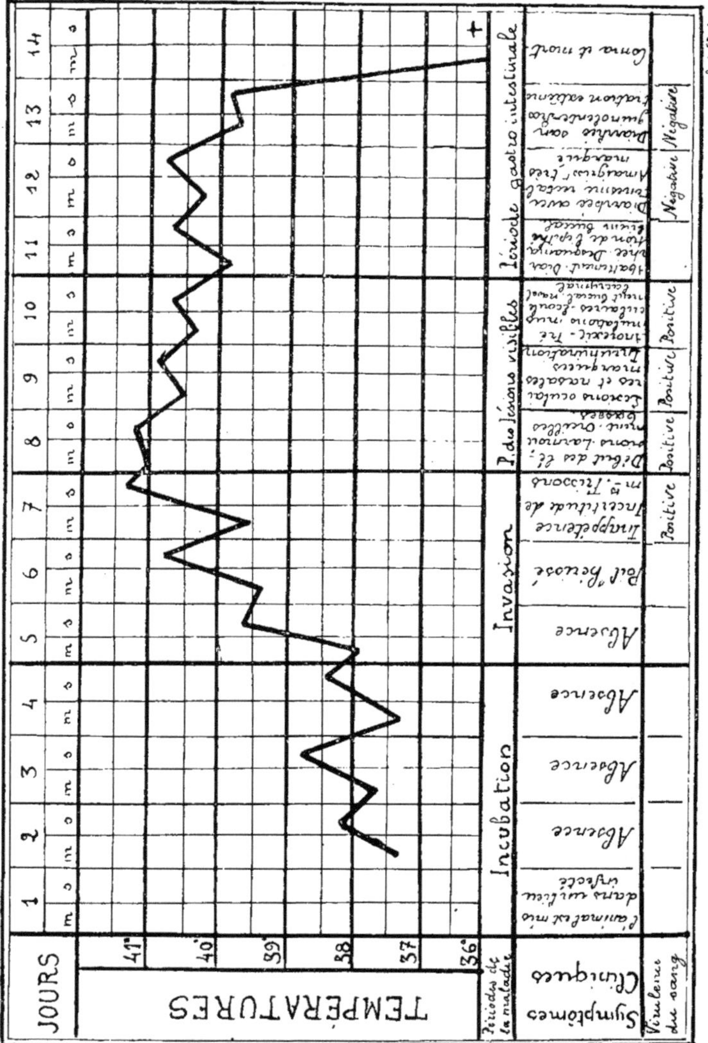

Fig. 319. — Phases d'évolution de la peste bovine (d'après Carpano).

sur la muqueuse buccale, en même temps que se caractérisent des localisations internes avec diarrhée séreuse, puis hémorragique, des signes de congestion et d'œdème pulmonaire, faiblesse du pouls, paraplégie, etc.

Cette période d'état se termine par l'atténuation progressive de toutes ces manifestations, une amélioration générale et l'acheminement vers la convalescence; ou, au contraire, par une aggravation et la mort. Dans ce dernier cas, la faiblesse devient extrême. Les malades subissent un amaigrissement effrayant de rapidité, ils n'acceptent volontiers que de l'eau fraîche, tombent en décubitus normal ou latéral complet, font de l'hypothermie progressive, de l'affaiblissement du pouls, et la mort arrive sans autres signes ou après des convulsions.

Les animaux jeunes meurent souvent sans avoir présenté d'autres signes que de la fièvre, de l'abattement, une très grande tristesse et un affaiblissement tel qu'ils ne peuvent plus se tenir sur leurs membres.

Formes bénignes. — Dans les formes légères, l'ensemble des symptômes reste le même, mais les manifestations sont moins brutales, l'évolution légèrement plus lente (10 à 15 jours); ou bien, au contraire, il n'y a que des manifestations locales avortées : hyperthermie modérée, perte d'appétit et abattement durant quelques jours.

Les récidives sont rares, généralement bénignes, mais on peut les noter (Aldigé).

Formes atypiques. — Vers la fin des épizooties, il n'est pas exceptionnel d'enregistrer des formes atypiques, incomplètes, où les symptômes sont à peine nettement caractérisés, souvent absents. La paraplégie du train postérieur est alors assez fréquente; dans d'autres cas, il se produit des éruptions pustuleuses avec chute de poils sur les régions dorsale et lombaire, des dépilations d'aspect tricophytique, des emphysèmes sous-cutanés, etc. (Aldigé).

D'après les recherches expérimentales effectuées en Erythrée, Carpano distingue dans l'évolution de la forme aiguë les périodes suivantes :

Période d'incubation	3 à 5 jours.
— fébrile d'invasion	3 à 4 —
— de lésions visibles	3 à 4 —
— de manifestations gastro-intestinales	3 à 4 —

Selon l'auteur, la virulence du sang ne serait certaine que durant la fin de la période d'ascension fébrile, et celle des lésions visibles, ce qui est un détail de première importance, pour les prises de sang à injecter aux producteurs de sérums.

Contrairement aux opinions admises, le sang ne serait pas toujours sûrement virulent au début de l'affection et durant la période finale.

Aux colonies, l'évolution générale rentre dans le cadre précédent. Dès le début d'une épizootie, en région précédemment indemne, la forme septicémique est fréquente; plus tard, on rencontre la forme aiguë, et, si l'épizootie se prolonge, les cas bénins se multiplient.

Le bétail d'Europe est exceptionnellement sensible, la mortalité peut atteindre 90-95 p. 100, parfois 100 p. 100. Dans les colonies, en Afrique occidentale spécialement, il en a été de même au début des épizooties, mais avec le temps et suivant les localités le taux de mortalité descend à 50 p. 100. Dans les régions où la maladie sévit presque en permanence, ce taux de mortalité peut s'abaisser à 25 ou 30 p. 100.

Certaines influences d'espèces, de races, et même d'individus peuvent ajouter leur action. C'est ainsi que les zébus, par exemple, sont nettement moins sensibles que les taurins proprement dits; que les races primitives demi-sauvages ou très rustiques, comme les bœufs de Mauritanie, résistent mieux que les sujets qui ont été l'objet de soins plus attentifs.

Les infections expérimentales marchent moins vite chez les zébus que chez les taurins (Aldigé).

L'influence des saisons n'est pas moins évidente : durant les saisons sèches ou celles de grandes pluies, qui sont les plus défavorables aux conditions d'existence du bétail de nos colonies, la gravité de l'affection est manifestement plus marquée que durant la période des pâturages.

Peu d'animaux se montrent naturellement réfractaires, à moins qu'ils ne soient issus de mères ayant contracté la peste bovine, en cours de gestation.

Nombre de sujets, qui semblent rester indemnes en milieu contaminé au début des épizooties, peuvent être atteints plus tard sous les formes ordinaires. Les malades déprimés par d'autres maladies (trypanosomiases, piroplasmoses) sont très sensibles à l'affection.

Diagnostic. — Le diagnostic de la maladie ne présente généralement pas de difficultés, sauf peut-être tout au début d'une invasion en milieu indemne; mais l'incertitude ne saurait durer longtemps dès la caractérisation nette de l'épizootie, et la gravité de son évolution.

La fièvre aphteuse grave se différencie facilement de la peste bovine par la caractéristique d'évolution des vésicules aphteuses, de leur localisation et l'absence de lésions oculaires.

Le coryza gangréneux est l'affection qui assurément présente le plus d'analogies, à tous points de vue; la contagiosité ne se produit pas, ou reste si différente qu'il n'y a pas lieu d'hésiter davantage.

Pronostic. — Cette affection a toujours été, à juste titre, et dans tous les pays, considérée comme la plus grave de toutes celles qui peuvent frapper les bovidés. La mortalité peut atteindre 90 à 100 p. 100 dans les localités qui ne sont envahies qu'à de longs intervalles. Là, au contraire, où l'affection sévit de façon continue

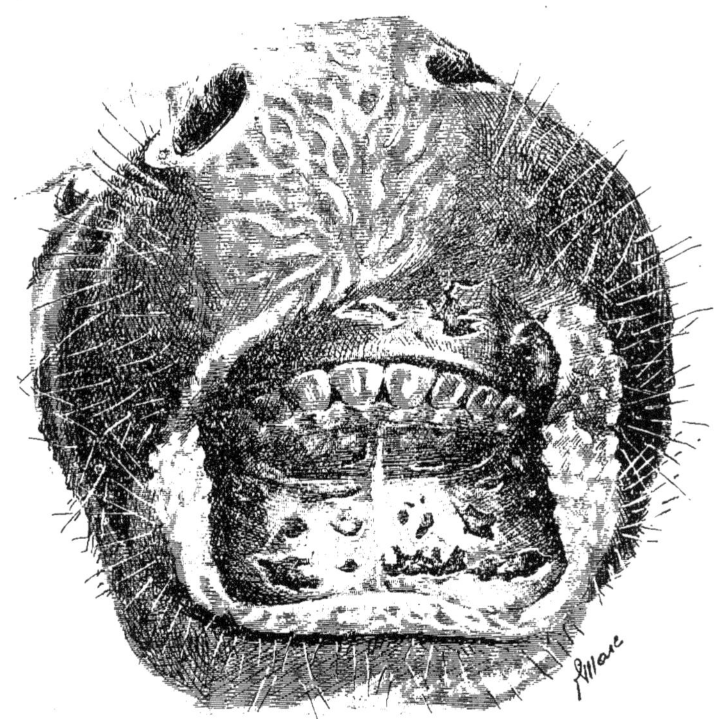

Fig. 320. — Peste bovine. Aspect de lésions ulcéreuses sur le bourrelet et la face interne de la lèvre inférieure.

par déplacements de foyers de contagion, la gravité est assurément moindre, soit qu'il se produise une atténuation de virulence, soit que le bétail, par hérédité ou conditions d'existence en milieu favorable, ait acquis une résistance plus grande. L'apparition du sang dans les excréments est toujours un signe de pronostic très grave.

Quelle que soit la situation, les pertes économiques sont toujours considérables.

Lésions. — Dans les formes ultra-rapides, on ne découvre pas d'autres lésions que celles des septicémies.

Dans la forme habituelle, le sang est noir, incoagulé ou mal coagulé; les ganglions sont augmentés de volume, fortement œdémateux; le péritoine renferme de la sérosité rougeâtre; la muqueuse digestive est violemment congestionnée, ecchymosée; l'intestin ne renferme que des matières diffluentes, hémorragiques.

Le foie est jaune, friable, la vésicule biliaire toujours distendue. Les reins sont augmentés de volume, congestionnés, hémorragiques, l'urine albumineuse.

Les poumons se montrent congestionnés, œdémateux, souvent emphysémateux; un véritable exsudat croupal peut être trouvé dans le larynx et les bronches. Les muscles sont pâles, ecchymosés.

La muqueuse buccale est dénudée par places, le chorion mis à nu apparaît de couleur rouge sombre; ailleurs l'épithélium ramolli et détruit, jaunâtre, se détache au moindre frottement. Le pharynx et l'œsophage peuvent présenter des lésions de même aspect. Sur les bords des replis muqueux de la caillette on découvre constamment des sortes d'ulcérations ou d'exulcérations épithéliales dont le mode de formation est comparable à celui qui préside à l'évolution des lésions buccales.

Dans l'intestin grêle, la muqueuse apparaît ecchymosée dans son épaisseur, exulcérée en des plaques multiples, avec partout un revêtement visqueux adhérent, épais, brunâtre.

La muqueuse du vagin présente des lésions constantes, qui coexistent ou précèdent celles de la cavité buccale : plaques congestives se recouvrant de fausses membranes diphtéroïdes.

Sur le cadavre d'animaux sacrifiés au début de l'affection, il est pour ainsi dire impossible d'établir un diagnostic si la carcasse est privée de viscères. Les muscles peuvent avoir conservé leur consistance et leur aspect normal, de même que la graisse, et l'infiltration ganglionnaire n'est que bien rarement suffisante, pour motiver une suspicion légitime (Aldigé).

Étiologie. Contagiosité. — Tous les produits organiques, retirés des malades ou des cadavres frais sont virulents, c'est-à-dire capables de transmettre la maladie, mais à des degrés fort variables. Le sang, la lymphe, la salive, les sérosités, les urines, les déjections contiennent le virus.

Toutes les tentatives de culture de produits purs restent négatives.

Theiler pense que le virus est adhérent aux globules, parce que dans certaines conditions le sérum se montre avirulent, alors que le sang l'est nettement.

La contamination peut se faire directement par le milieu, par la cohabitation, par les boissons et aliments souillés de matières virulentes. La diffusion peut être effectuée par le déplacement d'animaux, même réfractaires et porteurs de germes, par les véhicules, les peaux, les cadavres, les fourrages, les animaux sauvages, etc. Elle se produit parfois, comme pour la fièvre aphteuse, à de grandes distances, sous l'influence de causes impossibles, actuellement, à préciser.

Curasson, en Pologne (1921), a fait quelques recherches sur le rôle que pourraient jouer dans la diffusion de la peste bovine, certains insectes piqueurs tels que les taons et les tiques ayant séjourné sur des malades et s'étant gorgés de sang. Ses résultats ont été négatifs et démontrent en tout cas que le rôle de ces insectes ne pourrait être que fort limité.

L'inoculation peut se faire par la peau et les blessures cutanées, par l'injection sous-cutanée de produits virulents (sang, lymphe, salive, etc.), par voie digestive, peut-être par voie respiratoire. Toutefois, à cet égard, il importe de savoir que la virulence atteint son maximum durant la période d'ascension fébrile (sang) et que, en dehors de cette période, les résultats sont moins précis.

La dessiccation des produits virulents provoque rapidement la disparition de leur activité. La lumière solaire à une activité très marquée. D'après des recherches expérimentales faites aux Indes (Shilston) (1917), l'infectiosité des locaux ou des emplacementss ombragés ayant abrité des malades disparaîtrait après deux à trois jours. Lorsque l'air et la lumière peuvent pénétrer largement, la destruction du virus serait encore plus rapide.

Les carcasses d'animaux morts de peste doivent cependant être considérées comme des sources possibles d'infection durant un temps beaucoup plus considérable, principalement lorsque la température est basse. Dans ces conditions, le virus a encore été trouvé actif après cinquante et un jours, même lorsqu'il y a commencement de putréfaction. Les viandes conservées au froid doivent de même être considérées comme susceptibles de conserver leur infectiosité durant fort longtemps. Du sang défibriné, recueilli aseptiquement et conservé au froid, a été trouvé actif après trente et quarante jours, même dans un cas après quatre-vingt-dix jours (conservation à 0°).

Les peaux séchées au soleil perdent leur virulence après deux jours. La prohition d'introduction de peaux séchées, ou même de cuirs salés (cuirs verts) est donc une erreur économique au point de vue du commerce des cuirs. La chaux vive à 12 p. 100 amène le même résultat en douze heures.

Les solutions phéniquées à 5 p. 1.000 détruiraient l'activité virulente du sang.

Une température de 60° détruit très rapidement le virus.

Traitement. — Prophylaxie. — Tous les traitements thérapeutiques conseillés et utilisés autrefois, basés surtout sur des considérations de symptômes, ont été successivement reconnus inefficaces; aussi ont-ils été totalement abandonnés. Dans le nombre des animaux atteints, il y a généralement une proportion variable d'animaux qui guérissent spontanément, par les seuls efforts de la nature; aussi est-il difficile d'attribuer un résultat aux médications. Peut-être cependant y aurait-il quelques tentatives nouvelles à faire, à l'aide de médications générales intraveineuses.

Au point de vue prophylaxie par mesures sanitaires, on a conseillé l'établissement de cordons sanitaires autour des zones dangereuses, l'abatage des malades et la destruction des cadavres, l'immobilisation des troupeaux dans les régions infectées, l'interdiction d'exportation de viandes, les prohibitions d'importation d'animaux vivants ou morts des régions contaminées vers les pays indemnes, etc. Toutes ces mesures, pratiquement, devraient en effet permettre d'obtenir des résultats certains si elles pouvaient toujours être appliquées à la lettre (1); malheureusement, il faut bien reconnaître que si, dans les pays bien organisés au point de vue sanitaire, elles peuvent paraître suffisantes, elles restent jusqu'à ce jour radicalement impuissantes ou inapplicables économiquement et matériellement dans les pays neufs et en particulier dans les colonies.

Aussi a-t-on depuis longtemps recherché d'autres méthodes de lutte, des méthodes d'immunisation qui sont très largement entrées dans le domaine de la pratique aujourd'hui, dans tous les pays infectés.

Infection expérimentale. — Une première méthode d'infection, dite de vaccination, qui échappe à toute explication scientifique précise, vraisemblablement virus atténué, a été mise en application autrefois en Afrique du Sud, avec des résultats variables et inconstants. Elle consiste, aussitôt la mort de maladie naturelle ou expérimentale d'un malade, à recueillir la bile toujours abondante contenue dans la vésicule, pourvu que cette bile soit claire et transparente; à l'additionner de moitié de son volume de glycérine, à conserver le mélange durant six à huit jours, pour l'injecter ensuite sous la peau, comme vaccin, aux doses de 15 à 25 centimètres cubes.

Les opinions au point de vue de l'interprétation des résultats varient beaucoup. Certains affirment que ces résultats sont très inconstants et exposent à de graves mécomptes; d'autres, que l'immunité conférée n'est que de courte durée; d'autres encore, qu'elle est au contraire fort durable, etc. Derré et Aldigé qui l'ont mise en pratique en Afrique occidentale en 1916, au début de l'invasion pesteuse du Sénégal, estiment que les résultats varient beaucoup selon les races bovines utilisées, que des accidents sont à

---

(1) C'est prouvé par les résultats obtenus en France en 1871, et par ceux plus récents réalisés en Belgique et en Pologne 1920-1921.

redouter, dans des proportions qui ont varié de 15 à 30 p. 100; mais que cependant la mortalité dans les effectifs soumis à l'expérimentation a toujours été inférieure à la mortalité par maladie naturelle dans les mêmes troupeaux et les mêmes régions.

Les résultats sont très inférieurs à ceux obtenus avec la sérovaccination, et le procédé de l'emploi de la bile ne peut être considéré que comme un pis-aller, quand on n'a pas d'autre moyen de lutte à sa disposition.

Curasson estime que l'injection de bile glycérinée ne constitue ni une vaccination, ni une méthode d'immunisation quelconque, mais une simple inoculation de la maladie, et que les résultats heureux ou malheureux constatés (mortalité de 15 à 80 p. 100) tiennent tout simplement à la source du virus. Si la bile est recueillie chez un sujet venant d'un milieu où la mortalité est très élevée, les résultats seront mauvais et la mortalité très approchée de celle de la maladie naturelle. Si, au contraire, la source vient d'un milieu où la mortalité est faible, les résultats paraîtront bons et la mortalité faible.

Dans cette pratique, tout se bornerait donc à puiser le virus dans un milieu où la mortalité est aussi faible que possible, puisqu'on ne fait ainsi que de la transmission artificielle.

Sérothérapie, sérovaccination ou séroinfection. — Comme pour la plupart des maladies infectieuses, il a été établi depuis fort longtemps que les animaux guéris naturellement d'une première atteinte sont immunisés pour un temps fort long, parfois toute la vie. Il a de même été établi que le sérum de ces animaux guéris, inoculé sous la peau d'animaux indemnes, diminue leur réceptivité à l'égard de la peste.

C'est en se basant sur ces données que Kolle et Turner (1897-98) ont montré que, quand on injectait à des sujets guéris des doses croissantes de sang pesteux (1 à 4 litres ou plus), on provoquait chaque fois des réactions fébriles et une augmentation progressive des qualités préventives ou curatives de leur sérum.

La méthode, plus ou moins modifiée selon les pays, est celle qui est utilisée aujourd'hui. Aux Indes, en Afrique du Sud, en Bulgarie, en Turquie d'Asie, etc., on entretient des producteurs de sérums, bœufs, zébus ou buffles, susceptibles de fournir un rendement déterminé selon les besoins locaux.

Le sang pesteux défibriné ou citraté à 0,5 p. 100, recueilli sur des porte-virus, c'est-à-dire des malades ou des inoculés expérimentalement, est injecté sous la peau de sujets guéris ou réfractaires, avec toutes les précautions aseptiques voulues, et, au bout d'un temps déterminé après la disparition de la réaction fébrile, les producteurs de sérum sont saignés une fois, deux fois ou trois fois selon les cas, dans un court intervalle de temps, et c'est le sérum obtenu qui est utilisé à titre curatif ou préventif pour séro-vaccination.

Van Saeghem, au Congo belge (1921) conseille l'hyperimmunisation par transfusion directe du donneur (sang virulent) au récepteur (sujet en hyperimmunisation), de jugulaire à jugulaire. Un dispositif spécial permet de calculer très approximativement les quantités à injecter.

Le sérum obtenu serait d'une efficacité supérieure à celui obtenu par le procédé des injections sous-cutanées. — Cette opinion est en contradiction avec celle émise par Nicolas et Rinjard (1921) qui estiment que ce sérum est moins actif que celui obtenu par les injections sous-cutanées.

D'ailleurs il est très certain que des injections intra-veineuses successives de sang — même de sang normal — (transfusions successives) peuvent faire naître des incidents ou même des accidents chez les transfusés, lors des interventions de seconde ou de 3e série.

La *sérothérapie curative* (100 à 150 centimètres cubes d'ordinaire), pour être efficace, doit être appliquée à doses variables, généralement fortes, durant les premiers jours d'évolution de la maladie seulement.

La *sérothérapie préventive*, c'est-à-dire l'injection de sérum à des sujets sains, ou contaminés mais encore sains, leur confère une immunité passive de quelques semaines au plus. Son application répétée permet cependant d'éteindre les petits foyers.

Sur les limites d'une zone infectée, elle permet d'éviter son extension sans créer de nouveaux centres d'infection.

La *séro-vaccination*, applicable en cours d'épizootie, comporte d'un côté l'injection sous-cutanée de sérum (20 à 50 centimètres cubes), de l'autre l'injection d'une petite dose de sang virulent, 1/3 à 1/2 centimètre cube, d'ordinaire. Toutefois, il est bon de s'assurer au préalable de l'activité du sérum et du virus qui peut varier dans les deux cas.

Van Saeghem préfère la méthode différée ou retardée à la méthode simultanée : 1° injection d'une dose faible de virus, 0 cc. 1. La maladie naturelle évolue et au 2e jour de fièvre, injection de sérum antipesteux. Mais la méthode retardée est difficilement applicable en milieu indigène aux colonies, parce que, le bétail est difficilement et rarement ramené deux fois pour une nouvelle intervention. Aussi Curasson préfère-t-il, en Afrique occidentale française faire d'un seul coup une injection de 20 centimètres cubes de sérum anti par 100 kilogrammes de poids vif, et seulement 1 centimètre cube d'une dilution au centième de sang virulent dans la solution physiologique citratée, soit seulement 1/100e de centimètre cube de virus. Pareille intervention ne lui aurait donné qu'une mortalité de 8 p. 100.

La plupart des expérimentateurs qui se sont occupés de fabrication de sérums antipesteux sont à peu près d'accord pour admettre que le maximum de puissance active de sérum est acquise en moyenne de quatorze à dix-sept jours après l'injection de sang virulent. Shilston, aux Indes, estimait que le sérum est déjà actif huit jours après l'injection virulente, et qu'il y avait intérêt, au point de vue rendement, à faire, après l'injection virulente, trois saignées successives les 8e, 12e et 16e jours, plutôt que de n'en faire que deux selon l'ancien procédé, les 14e et 17e jours. Le sérum de mélange des trois saignées indiquées aurait une activité égale ou supérieure à celui des deux anciennement pratiquées.

Conservation du sérum. — Ce sérum antipesteux doit être conservé à température basse et à l'abri de la lumière. Il semble admis que l'action prolongée (2 mois) d'une température supérieure à 40° peut faire baisser sa puissance d'activité de 40 à 60 p. 100; cependant Shilston dans ses recherches mentionne que des températures de 45°-55° et même 60°, pourvu qu'elles soient de courte durée, ne modifient pas très sensiblement l'activité, ce qui est une donnée fort importante pour les régions chaudes.

Les Turcs procèdent d'une façon quelque peu différente dans leurs laboratoires de Turquie ou d'Asie-Mineure.

Ils se servent, comme producteurs de sérum, de grands animaux de race podolienne.

Les porte-virus sont saignés aseptiquement à la carotide, pendant que l'on injecte une solution saline par la jugulaire, pour obtenir le maximum de sang virulent, le sang est reçu dans une solution de citrate de soude et utilisé aussitôt que possible.

Les producteurs de sérums sont traités comme suit : 50 à 80 centimètres cubes de sérum antipesteux d'un côté, un centimètre cube de sang virulent de l'autre. Si des symptômes alarmants apparaissaient, une nouvelle injection de sérum dans les jours qui suivent permet d'éviter une terminaison regrettable. — Vingt jours après, 20 centimètres cubes de sang virulent, et, s'il n'y a pas de réaction vive, injection intrapéritonéale ultérieure de 1 à 3 litres de sang virulent.

Les hyperimmunisés sont ensuite saignés trois fois de suite, de 5 litres, à cinq jours d'intervalle. — Dix jours de repos, et nouvelle injection virulente intrapéritonéale, etc.

En Bulgarie, on emploie deux procédés : une méthode lente, une méthode rapide.

Dans la méthode lente, on injecte d'abord à des sujets guéris ou vaccinés un demi-litre de sang virulent sous la peau, puis trois fois de suite, à quinze jours d'intervalle, 2 litres chaque fois. Les producteurs de sérum sont saignés dix jours après.

Dans la méthode rapide, on injecte d'abord 1 à 3 litres de sang virulent sous la peau, puis, 15 jours après, à nouveau 5 à 6 litres.

Douze jours plus tard, trois saignées consécutives de 4 litres à cinq jours d'intervalle.

Après trois semaines de repos on recommence les injections virulentes.

Quelles que soient les variantes apportées selon les pays et le type des animaux utilisés, le principe du procédé de fabrication du sérum antipesteux reste le même, mais doit être adapté aux races animales et à leurs facultés de production selon leur format.

Vaccination simple. — Van Saceghem (1923) signale un autre procédé économique de vaccination qui mérite d'être signalé : Il injecte 1 /2 centimètre cube de sang virulent à un sujet réceptif. Lorsque la fièvre apparaît il injecte une forte dose de sérum antipesteux. Quatre jours après, ce sujet convalescent est saigné et son sang défibriné. Un centimètre cube de ce sang (virus atténué) peut servir de vaccin. Les sujets inoculés ne font plus qu'une pesté bovine bénigne et acquièrent une solide immunité.

Enfin Curasson (1926), dit avoir obtenu d'excellents résultats par une méthode nouvelle, avec un vaccin formolé : Prélever une rate d'un sujet en pleine hyperthermie, le 7e jour après l'inoculation virulente, la couper et la broyer au broyeur Latapie, en l'additionnant de la solution suivante : eau 1.000 Na Cl-8, formol 2, en proportions telles que 5 centimètres cubes de l'émulsion obtenue corresponde à 1 centimètre cube de rate. Laisser quarante-huit heures pour action atténuante, du formol. Dose vaccinale 5 grammes de rate, c'est-à-dire 25 centimètres cubes de l'émulsion. Des doses inférieures à 5 grammes ne préserveraient pas, mais la dose de 5 grammes conférerait une immunité parfaite, même contre l'infection expérimentale.

Le sang virulent, citraté, ou défibriné, chauffé dix minutes à 55°, puis une heure à 50°, en ampoules minces et étroites, pour certitude d'action homogène, a été signalé comme suceptible d'avoir une action vaccinante.

D'où il résulte, en définitive, qu'il est beaucoup plus facile aujourd'hui qu'autrefois de lutter contre la peste bovine. Mais, à ce point de vue, il apparaît toutefois qu'il y a une différence importante à établir entre les pays où la maladie sévit fréquemment sinon en permanence, comme les Indes, l'Egypte et certains de nos colonies (Indo-Chine et Afrique Occidentale française) et les pays d'Europe : France, Belgique, Italie, Angleterre, où la maladie n'apparaît que comme un véritable accident.

Dans ce dernier cas, il est évident que tout doit être fait pour éviter une implantation ou une diffusion de l'affection dans le pays touché et dans les pays voisins. Un diagnostic précoce en pareil cas doit être suivi sans hésitation de l'abatage immédiat des malades et de tous les contaminés, de l'immobilisation absolue de tout le bétail dans un périmètre fort large, d'au moins plusieurs kilomètres, et de la sérothérapie préventive sur ce bétail immobilisé, si l'on veut. Si même il était possible de supprimer toute transaction commerciale, tout déplacement d'animaux, d'individus, de fourrages, etc., il y aurait les plus grandes chances pour que l'extinction des foyers puisse être obtenue rapidement. Dans tous les cas, la lutte doit être poursuivie sans relâche, avec vigueur et ténacité, et l'expérience de ce qui s'est passé en France en 1871, plus récemment en Belgique, démontre que l'on peut arriver au succès. Les dépenses pour indemnisation du bétail abattu par ordre, représentent un bien petit sacrifice pour le pays en regard des pertes possibles s'il y avait extension et diffusion de la peste.

Ce serait une erreur économique par contre, pensons-nous, de recourir à la pratique de la séro-vaccination, parce que cette séro-vaccination, qui n'est en réalité qu'une inoculation de la maladie jugulée simultanément par l'injection du sérum, risquerait de créer de nouveaux foyers de peste, même avec des animaux résistant à l'affection, mais porteurs de virus.

La séro-vaccination n'apparaît indiquée que dans les régions ou les pays très largement envahis, où la multiplicité et le rapprochement des foyers de maladie ne permet plus l'abatage d'un trop grand nombre de contaminés. C'est le cas qui se présente pour tous les pays neufs, pour toutes les colonies, où l'immobilisation du bétail est une impossibilité matérielle en raison même de ses conditions d'existence, où l'établissement de cordons sanitaires resterait absolument illusoire, où la diffusion de l'affection se fait malgré tout par les animaux sauvages, réceptifs ou non, les caravanes, etc. Là, la sérothérapie curative, la sérothérapie préventive et la séro-vaccination peuvent toutes être mises en activité, sans le moindre inconvénient ou danger, au contraire. Et si l'avenir nous apportait cette heureuse surprise d'organisation, il est probable que l'on n'aurait plus à déplorer d'aussi graves épizooties que celles qui ont sévi jusqu'ici dans notre Afrique Occidentale française par exemple.

FIÈVRE APHTEUSE

Anglais : Foot-and-mouth disease; *allemand* : Maul-und-Klauenseuche.

La fièvre aphteuse, vulgairement qualifiée *cocotte, maladie aphteuse*, etc., est une affection à marche aiguë, très contagieuse, facilement transmissible expérimentalement, se traduisant, dans la forme la plus commune, par de la fièvre, une éruption vésiculeuse dans la bouche, une éruption vésiculeuse sur la mamelle et aux espaces interdigités.

L'affection a été connue de tous temps; la notion de contagiosité a autrefois été confondue avec celle d'épidémicité due à des influences indéterminées ou de saison. Les différentes manifestations de la maladie ont même parfois été confondues avec diverses maladies de nature toute différente, s'attaquant à la bouche ou aux pieds; mais la contagiosité nette et franche est admise depuis environ un siècle.

Elle est considérée comme provoquée par un virus filtrant depuis les remarquables travaux de Lœffler et Frosch (1897-1900), bien que différents agents microbiens, un streptocoque spécial en particulier, aient été décrits autrefois comme cause essentielle de l'affection. Mais la reproduction expérimentale avec les cultures artificielles de ces agents a toujours manqué, tandis que la transmissibilité par les filtrats de lymphe aphteuse diluée est de règle.

Symptômes. — La fièvre aphteuse est une maladie spéciale aux ruminants et aux porcins, domestiques ou sauvages; bovidés, zébus, buffles, chèvres, moutons, chameaux, porcs, bisons, cerfs, sangliers, etc., etc.; exceptionnellement elle peut être transmise au cheval ou se développer chez l'homme (1).

Elle apparaît ordinairement sous l'aspect d'épizooties plus ou moins larges, couvrant toute une région ou tout un pays, plus ou moins graves, à rapidité de diffusion fort variable suivant les années, la saison et quantité de causes encore totalement inconnues. Exceptionnellement on peut la voir évoluer sous forme d'enzooties d'étables, limitées à une localité ou quelques localités voisines, et s'éteignant sur place, sans qu'on puisse en déterminer les raisons.

Abstraction faite de ces modalités, la maladie prise en elle-même peut se présenter sous trois aspects différents sous le rapport de la gravité des manifestations : une forme aiguë grave, une forme dite normale ou ordinaire, et une forme bénigne.

La *forme aiguë grave* se constate de préférence au début des grandes épizooties, parallèlement à un grand pouvoir de diffusion du contage, ou lors de véritables poussées de recrudescences, au cours d'épizooties qui pouvaient paraître au déclin. Cette forme aiguë entraîne une morbidité générale de 90 à 95 p. 100 et trop souvent, malheureusement, une mortalité qui peut atteindre jusqu'à 25 p. 100. Mais, lorsqu'un pays entier ou certaines contrées seulement se trouvent frappés par cette forme grave, la mortalité moyenne et générale n'atteint jamais le chiffre ci-dessus : c'est fort heureusement toujours là une constatation limitée.

Dans la *forme ordinaire*, la mortalité est faible et rare, quelques

---

(1) Chez l'espèce humaine, ce sont les enfants qui, de beaucoup, paraissent les plus réceptifs, et au cours des épizooties aphteuses graves ou prolongées, les médecins ont parfois l'occasion de constater la stomatite aphteuse chez de jeunes enfants qui ont consommé du lait cru. La réinoculation à l'espèce bovine, réalisée dans quelques cas, a démontré l'origine aphteuse possible de certaines de ces stomatites. La stomatite aphteuse chez l'adulte est infiniment plus rare.

unités pour 100 ; mais, par contre, les complications peuvent nécessiter des abatages encore assez nombreux.

Dans la *forme dite bénigne*, les manifestations symptomatologiques sont parfois si légères, si passagères et si peu caractérisées comme lésions que les personnes chargées de donner leurs soins aux animaux s'en aperçoivent à peine, et n'ont nullement à s'en inquiéter.

J'estime même, pour ma part, d'après des constatations cliniques ou expérimentales, que l'infection aphteuse peut ne se traduire que par de la fièvre temporaire ou quelques poussées successives et non alarmantes, sans qu'il y ait d'autre symptôme appréciable, sans que, par conséquent, il y ait éruption aphteuse *typique* en un point de localisation quelconque.

Bon nombre de sujets qualifiés réfractaires au point de vue clinique pur, peuvent présenter cette forme spéciale.

Forme normale. — Dans l'évolution de la forme normale, donc, le type peut être calqué sur une maladie régulière, suite d'inoculation expérimentale. Trois périodes peuvent être distinguées : une période d'incubation, une période d'éruption et une période de cicatrisation ou réparation.

Incubation. — Il s'écoule tout d'abord entre le moment de l'infection expérimentale et l'apparition des premiers symptômes, un délai qui correspond à la période d'incubation. Selon que l'inoculation est faite de telle ou telle façon (contamination buccale simple par salive virulente ou lymphe diluée, infection de la muqueuse buccale avec brosse dure imbibée du produit virulent, injection sous-cutanée ou intra-veineuse de lymphe virulente plus ou moins diluée, ou de sang virulent), la période d'incubation est quelque peu variable, mais de durée cependant fort limitée, de deux à cinq jours en général. Lœffler dit qu'après injection intra-veineuse de lymphe, les premiers signes peuvent apparaître six heures après! (Il est possible que la question de dose intervienne).

Durant cette période d'incubation, les animaux ne présentent nul trouble apparent, l'appétit est conservé et toutes les grandes fonctions s'exécutent bien. Assez brusquement, du soir au matin ou du matin au soir, apparaissent ensuite avec rapidité les premiers signes d'invasion dont l'avant-coureur est la réaction fébrile.

Dans les conditions d'évolution naturelle, les choses apparaissent différentes, parce que la contamination est soumise à des influences extraordinairement variées. Cependant, lorsqu'un premier cas se caractérise dans une étable ou dans un pâturage, la règle c'est que dans les huit à douze jours qui suivent, la totalité des effectifs se trouve atteinte à son tour, exception faite parfois pour quelques sujets réfractaires, que l'on découvre à peu près partout. Cependant, la durée d'incubation en milieu infecté peut être plus longue et dans des observations publiées en 1920, nous l'avons vue, avec Leduc, se prolonger jusqu'à vingt jours.

Eruption. — La réaction fébrile est le signe précurseur caractéristique de l'éruption. Très fréquemment, dans l'observation clinique, on constate en même temps et la poussée fébrile de début et l'éruption aphteuse; mais en règle générale la réaction fébrile marquée, 39°-5-40° ou 40°,5 précède l'éruption. Elle s'accompagne de perte d'appétit, de frissons, de chute de la sécrétion lactée, de constipation et de troubles généraux du côté du cœur et du poumon. La rumination est suspendue, la peau chaude, le mufle sec, etc. L'éruption caractéristique aphteuse, sous forme de vésicules ou d'aphtes, se fait toujours en des régions explorables bien déterminées : cavité buccale, espaces interdigités, et surface des mamelles chez les vaches.

Dans la bouche, l'éruption aphteuse peut apparaître n'importe où, mais de préférence dans la région du bourrelet, sur la partie libre de la langue et à la face interne de la lèvre inférieure. Plus rarement l'éruption peut se localiser ou s'étendre à la base de la langue, à la région antérieure du voile du palais et de ses piliers d'attache, à la voûte palatine, et au pharynx.

Rien au préalable ne peut, à l'inspection, faire reconnaître la zone d'emplacement et l'étendue des futures vésicules aphteuses; elles se produisent très rapidement par exsudation collectée entre le chorion et les couches épithéliales de la muqueuse. Ces vésicules, de dimensions fort variables (depuis celles d'un pois, d'une pièce de 50 centimes sur les lèvres, jusqu'à celles de la paume de la main et plus sur la langue), aplaties, généralement de surface elliptique, plus ou moins saillantes et tendues selon la quantité de liquide collecté, se montrent fluctuantes, blanchâtres ou blanc jaunâtres, de durée très éphémère. Tels animaux, qui ne présentaient pas la moindre altération apparente de la muqueuse buccale le soir, sont trouvés le lendemain matin avec des vésicules aphteuses rupturées. Si l'examen permet de découvrir des vésicules en évolution ou non déchirées, il est possible, avec les précautions requises, d'en retirer aseptiquement le contenu que l'on qualifie de lymphe aphteuse, produit qui se montre toujours très virulent.

Cette lymphe est transparente, limpide comme de l'eau de roche au début, mais fréquemment, et, peu avant le moment de déchirure, elle apparaît louche, opalescente, presque comme purulente. Sur les bords de la vésicule, l'épithélium décollé par l'exsudation se mortifie très vite, un sillon de disjonction se forme, et le moindre attouchement fait que la calotte épithéliale décollée de la vésicule se détache partiellement ou en totalité de son pourtour d'attache. Quelques vésicules, d'étendue fort variable, peuvent évoluer à proximité, se réunir et, après desquamation, laisser à découvert

.des surfaces irrégulières du chorion muqueux. C'est ainsi que le bourrelet ou la face interne de la lèvre inférieure ne montrent parfois que des lésions de faible étendue, et dans d'autres cas se trouvent au contraire presque entièrement et irrégulièrement dénudés; que la partie libre de la langue ne montre que la pointe à vif, ou que,

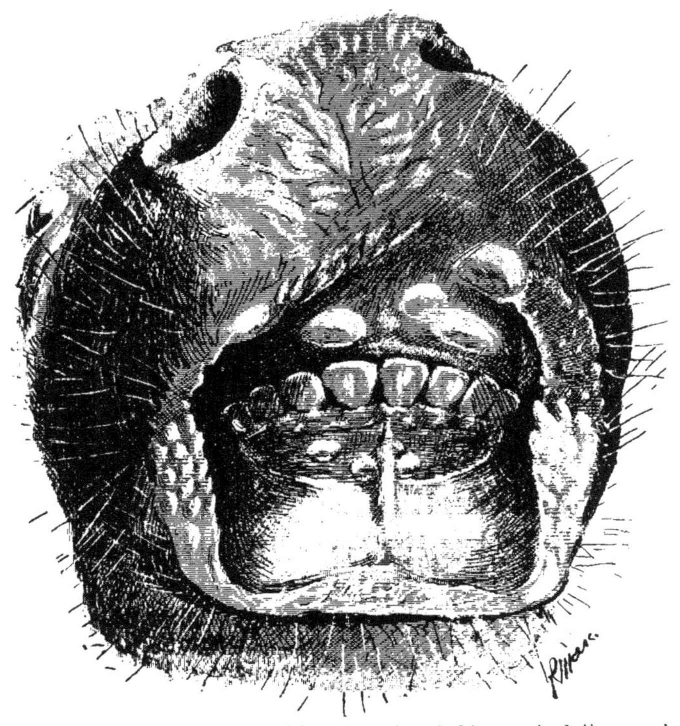

Fig. 321. — Fièvre aphteuse, lésions buccales. Aphtes en évolution sur le bourrelet, la lèvre supérieure et la face inférieure de l'arcade incisive.

au contraire, la presque totalité de son épithélium apparaît décollée et exfoliée comme à la suite d'une très large brûlure superficielle.

Des altérations de même ordre peuvent se constater plus profondément. Au niveau des vésicules rupturées, l'épithélium se détache assez rapidement et le chorion muqueux apparaît en dessous, d'un beau rose vif, finement granuleux; mais, lors des explorations cliniques, ces lésions sont souvent, surtout au début, comme recouvertes d'un exsudat jaunâtre, traduisant l'activité de réaction réparatrice et aussi quelquefois la destruction progressive de bandelettes épithéliales de séparation de vésicules confluentes..

D'un autre côté, l'examen des courbes thermiques d'une évolution aphteuse régulière, en période d'éruption, démontre que ces courbes subissent parfois des oscillations de 1° et plus en six à douze heures et durant quelques jours, comme s'il y avait des rémissions et des poussées successives, rémissions et poussées

Fig. 322. — Lésions de fièvre aphteuse. Période de rupture des aphtes (région du bourrelet).

thermiques successives, qui, d'après nos confrères italiens Cosco et Aguzzi, correspondent et annoncent l'apparition de nouvelles vésicules aphteuses, alors que d'autres sont déjà rupturées. Il est évidemment assez rare de constater d'un seul coup toute l'éruption vésiculaire qui caractérisera la maladie sur un malade donné; mais c'est un peu le cas de toutes les maladies éruptives cutanées, telle que la variole humaine, la clavelée du mouton, etc. L'éruption est rarement totale d'emblée et d'un seul bloc; peut-on dire pour cela que l'éruption ne se fait que par poussées successives, c'est une simple question d'interprétation de faits.

En réalité, dans les formes légères, il peut n'y avoir qu'une seule poussée éruptive alors que, dans des formes encore normales, mais plus intenses, l'éruption n'est pas totale d'emblée et peut se prolonger durant deux ou trois jours peut-être.

Avec la fin de l'éruption, la fièvre tombe pour redescendre plus ou moins lentement vers la normale, selon qu'il y a ou non complications.

Le mufle peut être le siège d'éruptions aphteuses limitées, de même que la zone d'ouverture des narines, mais dans bien des cas il semble se produire seulement une sorte de desquamation épithéliale du mufle sous forme de croûtelles en plaques, sans que l'on ait pu caractériser la présence d'aphtes vrais.

Comme il est facile de le prévoir, la stomatite aphteuse, évoluant selon les conditions ci-dessus décrites, s'accompagne de manifestations apparentes de grosse importance pour fixer l'attention et préciser le diagnostic; il y a excitation réflexe de l'appareil salivaire, salivation plus ou moins intense, parce que la déglutition est difficile ou pénible, léger trismus et apparition d'un bruit tout à fait significatif, dit *bruit de succion*, quelquefois accompagné de grincements de dents. Les animaux figés sur leurs membres, fiévreux, la tête un peu basse, semblent faire quelques efforts pour avaler ou retenir la salive qui a tendance à couler vers le sol : de là l'intermittence de ce bruit de succion qui apparaît avant l'éruption et se prolonge durant toute cette période.

Au début, la commissure des lèvres et le pourtour de l'orifice buccal apparaissent comme recouverts de salive mousseuse, puis très vite la salive se montre plus ou moins trouble et fétide selon qu'il n'y a pas encore ou qu'il y a élimination de débris épithéliaux, parfois légèrement striée de sang ou de pus. Cet état persiste quelques jours, la salivation disparaît dès que la cicatrisation des plaies commence et que l'alimentation, même réduite, peut s'exécuter.

Durant toute cette période, c'est-à-dire quelques jours, la préhension des aliments, la mastication, même l'absorption des liquides sont extrêmement difficiles ou impossibles. Il n'y a pas lieu de s'en inquiéter, il en faut jamais essayer de nourrir de force, mais seulement laisser des boissons à discrétion.

Simultanément à l'évolution de ces lésions buccales, dans la forme normale et typique complète, on voit apparaître des lésions tout à fait homologues vers les extrémités des membres, dans l'espace interdigité et au pourtour des onglons. Sous la forme la plus simple, il y a seulement une ou plusieurs vésicules de l'espace franchement interdigité, depuis la zone antérieure jusqu'à la région des talons; dans d'autres cas, les éruptions se font au niveau de la zone de jonction de la peau et de l'onglon sur le plan interdigité du bourrelet principal; et enfin il peut arriver que l'éruption se fasse en talons, ou même, ce qui est beaucoup plus rare, sur le pourtour externe du bourrelet principal.

Les phénomènes congestifs des extrémités digitées durant la formation des vésicules, et même après leur rupture, provoquent un état douloureux des extrémités à peu près aussi caractéristique que le bruit de succion. Objectivement, les malades en période d'éruption souffrent durant la station debout et manifestent par un *piétinement* continuel l'état douloureux sous lequel ils se trouvent. Ils se portent alternativement sur un pied et sur l'autre, et, s'ils sont laissés libres, ils se couchent et restent de préférence en position décubitale prolongée. Les éruptions, de même que les piétinements, s'enregistrent surtout sur les extrémités postérieures, mais des lésions semblables peuvent être relevées aux extrémités antérieures aussi.

Le professeur Terni a émis cette opinion que les lésions digitées évoluaient de préférence aux pieds postérieurs, parce que le virus était déversé avec les excréments sur les litières et que les inoculations se faisaient alors avec d'autant plus de facilité que la forme était plus grave. Il est possible d'admettre qu'il y ait là, en effet, une circonstance aggravante; mais j'estime, que l'éruption digitée, de même que l'éruption buccale, est fonction de l'infection générale, et non d'une simple inoculation locale, parce que j'ai vu, à la suite d'inoculations expérimentales, le développement des aphtes aux pieds antérieurs ou postérieurs se produire en même temps que ceux de la bouche et parfois même se trouver nettement caractérisés avant.

Les modalités de l'éruption digitée se traduisent, soit par des aphtes franchement interdigités, antérieurs, médians ou postérieurs, soit par des aphtes décollant partiellement le bourrelet principal dans sa partie interne et en talons, soit enfin, comme cela arrive si souvent chez le porc, par des aphtes qui décollent tout le pourtour supérieur de l'onglon.

Enfin il peut arriver, chez les femelles et en particulier chez les vaches laitières, qu'il se produise une éruption sur les mamelles et les trayons. Le mécanisme de formation des vésicules est identique à celui qui caractérise l'éruption buccale, l'épiderme est soulevé par une exsudation sous-jacente et décollé pour former une cloque de dimensions variables. Cet épiderme se ramollit très vite par imbibition de liquide et se déchire au moindre frottement ou sous la simple tension du liquide accumulé. Ce liquide, la lymphe aphteuse virulente, s'écoule à la surface de la mamelle, le long des trayons et peut souiller et contaminer le lait au moment de la traite.

L'existence des vésicules aphteuses de la surface de la mamelle est de très courte durée, leur évolution est très rapide, le contenu apparaît lactescent; après rupture, la plaie qui en résulte suinte durant quelques jours, se dessèche doucement au contact de l'air, prend une teinte jaune, puis brune, et c'est par cicatrisation souscroutelles que se fait la réparation, si rien ne vient gêner le phénomène. Malheureusement, chez les laitières, les manipulations de la traite déchirent plus ou moins les vésicules ou les plaies, parfois ces plaies saignent, suppurent, s'infectent plus ou moins gravement au contact des litières et finalement mettent le plus souvent des semaines à se cicatriser.

Dans une exploitation laitière le rendement journalier peut, en quelques jours, diminuer de moitié ou même des trois quarts temporairement, et jamais il ne remonte au taux normal après guérison.

Il peut arriver qu'il n'y ait pas d'éruption cutanée mammaire pas d'infection accidentelle surajoutée, mais que, cependant, la mamelle se tarisse presque et soit comme frappée d'inflammation catarrhale. Tout d'abord, la sécrétion diminue de quantité, se tarit presque; le lait devient acide, se coagule par la chaleur, ou, se trouvant en très faible quantité, prend l'aspect jaunâtre du lait colostral, puis, avec le retour de l'appétit, reprend l'aspect normal (1).

On a cité enfin qu'il pouvait y avoir des *éruptions anormales :* apparition de vésicules aphteuses au pourtour de l'anus et de la vulve, sur le périnée, dans les régions où la peau est fine, à la face interne des cuisses ou des avant-bras; ce sont là des constatations tout à fait exceptionnelles et sans importance spéciale.

Lorsque la maladie évolue sous sa *forme typique complète,* les éruptions caractéristiques peuvent coexister à la fois dans la bouche, aux onglons et sur la mamelle, mais bien souvent le cadre symptomatologique est incomplet : éruption buccale typique, éruption digitée insignifiante, éruption mammaire nulle; ou bien éruption digitée caractéristique, éruption buccale légère ou douteuse. En somme, même dans la forme dite normale, de bien nombreuses variantes peuvent être enregistrées.

Certaines complications sont possibles : en premier lieu, les suppurations digitées et interdigitées, les nécroses locales cutanées, tendineuses, ligamenteuses, aponévrotiques, etc.; les décollements d'onglons, les synovites et arthrites suppurées; les mammites simples ou suppurées. Toutes sont la conséquence d'infections surajoutées et peuvent, d'ordinaire, être évitées par une hygiène bien entendue et des soins appropriés pour les extrémités digitées.

Formes graves. — Sous la forme grave, encore qualifiée de *forme suraiguë,* de *forme aiguë grave,* de *forme septicémique,* de *forme apoplectique,* etc..., on englobe l'ensemble des épizooties donnant un taux élevé de mortalité, 25 à 30 p. 100; mais il y a lieu de faire remarquer que, même dans ces épizooties, la majorité des

____

(1) D'après certains auteurs, le lait ne serait pas modifié dans sa composition; ce n'est pas exact pour la moyenne des cas, et il ne peut en être ainsi que dans les formes exceptionnellement bénignes. Dans les autres cas, il y a modification de composition pour la graisse, les sels, les matières albuminoïdes, le lactose, les acides gras, etc. En dehors de toute infection mammaire surajoutée, mais en concordance avec la gravité de forme de la maladie, il peut y avoir très temporairement modification profonde de la qualité du lait.

malades présente la forme normale bien caractérisée, et que les cas de mort n'appartiennent pas tous à une seule et même modalité d'évolution.

C'est ainsi par exemple que les jeunes animaux, veaux, agneaux et surtout porcelets, quelle que soit la gravité générale de l'épizootie, présentent très fréquemment la forme dite septicémique, c'est-à-dire qu'ils succombent en majorité, de façon un peu inattendue, sans avoir présenté d'autres manifestations que de la tristesse, de l'abattement, de la perte d'appétit et de la fièvre, mais avant que les éruptions locales caractéristiques de la maladie aphteuse aient eu le temps de faire leur apparition. Les petits sujets qui survivent présentent au contraire, dans la suite, les signes classiques plus ou moins bien caractérisés.

Il se peut que l'affection des adultes soit extrêmement bénigne au point parfois de passer à peu près inaperçue surtout chez les brebis, et la mortalité se révèle cependant très élevée chez les tout jeunes agneaux.

Dans quelques cas, assez exceptionnels, d'ailleurs, certains jeunes animaux paraissent cependant devoir rester indemnes en milieu contaminé ou même infecté; c'est que, souvent, ils sont alors temporairement réfractaires, parce que les mères ont eu la fièvre aphteuse en cours de gestation, qu'il ne s'est pas produit d'avortement et que les fœtus ont ainsi acquis une certaine immunité; c'est là un fait bien établi aujourd'hui. Le lait de nourrices récemment guéries de fièvre aphteuse, aurait aussi la propriété d'immuniser rapidement les jeunes.

Chez les animaux adultes, les cas de mortalité se présentent sous deux aspects, dans les épizooties graves. Parfois elle survient hâtivement, de façon précoce, *avant toute éruption* ou avant que les éruptions ne soient bien caractérisées, et dans les autopsies on ne découvre, comme chez les jeunes animaux, que des altérations caractéristiques des septicémies : congestions viscérales généralisées, arborisations vasculaires sur les séreuses et dans les plans conjonctifs, etc.; plus rarement, des altérations de myocardite.

L'ascension thermique est généralement continue, se maintient autour de 41° et, lorsque la chute se produit, c'est que la mort est très proche. Si l'état alarmant se prolonge quelque peu, on peut constater l'apparition d'une véritable débâcle intestinale, tenace et continue; ou, au contraire, de la congestion pulmonaire et de la broncho-pneumonie.

Plus souvent la mort ne se produit que durant la convalescence, au début de cette période ou même assez tard, de préférence, bien entendu, lorsque les manifestations symptomatiques ont été caractéristiques et intenses, mais non pas forcément dans ces seuls cas. La mort se produit alors de façon subite le plus communément, chez des animaux qui paraissaient guéris ou à peu près, et chez lesquels les grandes fonctions, sauf la circulation, paraissaient revenues à l'état normal. A l'autopsie on ne découvre, dans la majorité des cas, que des altérations très apparentes de myocardite dégénérative; il semble que la mort soit due à une véritable syncope cardiaque.

Dans d'autres cas beaucoup plus rares, on constate de la paralysie pharyngo-œsophagienne, avec réplétion alimentaire du conduit œsophagien jusque dans l'isthme pharyngien; ou bien encore des altérations graves et non réparées de la muqueuse des compartiments gastriques et de l'intestin. Dans la plupart de ces derniers cas, la mort est la conséquence d'infections septicémiques secondaires, capables d'ailleurs de se compliquer elles-mêmes d'altérations du poumon et de différents viscères. Ces morts sont moins rapides que les précédentes.

Forme nerveuse. — Terni (1925), en Italie, a signalé des formes nerveuses dont la caractéristique probante est la virulence des émulsions de centres nerveux et du liquide céphalo-rachidien. même aux taux de dilution de 1 /10.000. Les symptômes, dans certains cas, peuvent simuler la rage (forme rabique) : Frissons, inquiétude, T : 42°, beuglements effrayants, langue pendante, salivation, respiration dyspnéique, réactions violentes avec rémittences.

Le diagnostic de ces formes est fort délicat lorsque les signes aphteux ne sont pas bien apparents.

La saignée copieuse donne des améliorations rapides.

Forme comateuse. — Certaines modalités d'évolution de la fièvre aphteuse peuvent simuler d'abord une forme bénigne, mais il se produit ensuite de l'hypothermie, du ralentissement du pouls, de la dépression générale, etc.; Les malades ont parfois l'aspect de malades à fièvre vitulaire. La mort survient en huit à dix jours s'il n'y a pas eu abatage précoce.

Forme bénigne. — Dans les formes dites bénignes, la maladie peut être tellement légère qu'elle peut vraiment passer inaperçue pour des personnes non averties, tant dans ses manifestations générales que dans ses manifestations locales. C'est à peine, par exemple, s'il y a perte d'appétit, suspension de la rumination et diminution de la sécrétion lactée durant douze à vingt-quatre heures. La salivation ne se produit pas avec une intensité suffisante pour attirer l'attention et les lésions locales, réduites à un ou plusieurs petits aphtes de dimensions très restreintes, ne peuvent être enregistrées et appréciées à leur valeur réelle que si l'examen buccal est fait en temps opportun. Avant ou après, on ne saurait se prononcer de façon catégorique sur leur nature sans recourir à l'expérimentation. Il peut ne rien survenir du tout du côté des mamelles ou du côté des onglons; ou bien encore les éruptions comme celles de la bouche s'y montrent si superficielles et si limitées qu'on ne saurait, à première vue, se prononcer sur leur spécificité.

C'est là un ensemble de manifestations que l'on constate assez fréquemment chez les moutons, chez les brebis; ce qui n'empêche pas d'enregistrer dans la suite de nombreux avortements, autre conséquence grave de la fièvre aphteuse.

Formes frustes.—J'estime enfin, de par mes constatations expérimentales, qu'il peut y avoir des formes frustes de fièvre aphteuse ne se traduisant que par de la fièvre plus ou moins prolongée, sans éruption aucune; et que la transition entre cette manifestation de l'une des modalités de la maladie et les formes ordinaires, se trouve représentée par des malades chez lesquels il n'y a pas même caractérisation d'aphtes nettement formés, mais seulement une sorte de dénudation muqueuse plus ou moins irrégulière et étendue avec disparition pultacée progressive de l'épithélium et réparation très rapide. Le phénomène peut être vu et suivi à la face interne de la lèvre inférieure ou sur la muqueuse de l'arcace incisive, où l'épithélium qui va s'exfolier prend l'apparence de plaques blanchâtres (aspect de taches de cire), qui subissent comme une véritable fonte progressive.

Il n'y a pas autre chose que cela. Ces différents malades passent généralement inaperçus, mais peuvent fort bien disséminer l'affection à l'insu des propriétaires.

Lésions. — La caractéristique essentielle de la maladie est l'aphte, qui résulte d'une collection de liquide (lymphe aphteuse) se faisant entre le chorion muqueux ou le derme cutané d'une part, et l'épithélium ou l'épiderme d'autre part. — Il se produit d'abord un état congestif limité des couches superficielles et des papilles du chorion muqueux ou du derme cutané voire même des parties moyennes du corps muqueux de Malpighi; puis de l'exsudation et du décollement de l'épithélium ou de l'épiderme sur des zones limitées, pour aboutir à la constitution d'un aphte isolé. La réunion de lésions voisines par confluence peut aboutir à de larges desquamations irrégulières susceptibles de couvrir tout le bourrelet ou la plus grande partie de la surface de la langue.

Il y a cependant des différences extrêmement marquées entre les caractères objectifs des aphtes : dans les cas bénins, il y a tout juste une desquamation superficielle d'une mince pellicule qui donne une exulcération à peine appréciable; dans les cas graves, la paroi externe de l'aphte atteint plusieurs millimètres d'épaisseur et laisse après sa chute comme un véritable ulcère taillé à pic, à bords irréguliers dont le fond se recouvre d'ailleurs très vite d'un épais exsudat jaunâtre. L'élimination de cet exsudat se fera petit à petit jusqu'à cicatrisation régulière.

Chez les animaux morts de fièvre aphteuse, surtout avec complications de diarrhée, il est fréquent de trouver semblables lésions dans le pharynx et dans les premiers compartiments gastriques, avec lésions congestives et hémorragiques du côté de la caillette et de l'intestin. Il est très facile, dans ces conditions, de prévoir les conséquences possibles du fait d'infections secondaires au niveau de ces plaies multiples avec toutes leurs conséquences. Les complications de pneumonies, broncho-pneumonies, les complications d'infection purulente, de septicémie rapide, n'ont sans doute pas d'autre origine.

De même encore, chez les animaux qui succombent, il est fréquent de trouver des lésions de myocardite dégénérative d'origine toxique ou infectieuse directe. Le cœur est flasque, hypertrophié, généralement arrêté en diastole; le myocarde est comme marbré sur la coupe, ou de teinte feuille morte. De même, chez des animaux ayant survécu et guéris cliniquement, on a signalé aussi des altérations d'emphysème pulmonaire très accentué dont l'origine est peut-être imputable à une insuffisance cardiaque; des altérations de synovites et d'arthrites pseudo-rhumatismales, imputables à certaines infections surajoutées; de l'agalaxie très tardive, etc...

Hamoir (1921) a décrit sous le nom d'asthme cardiaque postaphteux un état spécial de malades guéris de fièvre aphteuse, mais, présentant de la dyspnée et un amaigrissement progressif malgré un régime alimentaire excellent. Des autopsies lui ont montré qu'il y avait généralement chez ces malades de la myocardite scléreuse consécutive à des lésions de périartérite, de l'emphysème vésiculaire et interstitiel, souvent des lésions scléreuses des surrénales.

L'adrénaline semble indiquée comme moyen d'action dans des cas semblables.

Du côté des onglons, il est fréquent chez tous les sujets guéris de fièvre aphteuse, mais de préférence chez les animaux de travail, de voir survenir, dans les mois qui suivent la guérison, des boiteries plus ou moins intenses, toujours dues à des décollements partiels de l'étui corné avec compressions douloureuses ou pincements de certaines zones de tissu vif par les parties décollées, rigides et inélastiques. D'une façon générale l'intensité et la gravité des lésions sont en rapport avec la gravité de la forme présentée.

L'étude de l'évolution histologique des lésions expérimentales chez le cobaye (vésicules aphteuses de généralisation) a démontré à Levaditi et ses collaborateurs (1926) qu'il y a d'abord localisation épithéliale du virus, puis ensuite altération nucléo-cytoplasmique dans la zone cellulaire intéressée, c'est-à-dire véritable culture intra-épithéliale ou intra-épidermique du virus aphteux.

La fièvre aphteuse serait pour lui une *ectodermose pure*, non neurotrope, accompagnée de réaction inflammatoire mésodermique secondaire de voisinage.

Diagnostic. — Le diagnostic de la fièvre aphteuse n'est pour ainsi dire jamais embarrassant, ou ne peut l'être qu'à un début d'épizootie sur les premiers cas qui se présentent, et encore seulement lorsqu'ils sont mal caractérisés. En dehors de cette circonstance tout exceptionnelle, la multiplicité des cas, la rapidité et la facilité d'extension lèvent tous les doutes. Lorsqu'il y a des aphtes nettement caractérisés, non déchirés, pas de doute possible; avec des aphtes bien caractérisés mais déchirés, la forme, l'aspect, l'emplacement des lésions, les caractères des lambeaux épithéliaux en voie d'élimination, coïncidant avec l'ensemble des autres caractères ne permettent pas non plus d'hésiter sur un diagnostic clinique; mais, lorsqu'il s'agit de formes frustes, avec simples exfoliations épithéliales superficielles et peu étendues, c'est une autre affaire, parce que la différenciation d'avec certaines stomatites banales demande une expérience qui ne peut s'acquérir que par l'observation comparative et le temps (voir : *Stomatites pseudo-aphteuses*).

De même la caractérisation de spécificité de certaines lésions en voie de réparation avancée, ou de lésions résultant de complications variées, reste parfois impossible. Mais il convient d'ajouter que ces derniers cas sont absolument exceptionnels et que le diagnostic certain de la fièvre aphteuse est l'un des plus faciles à établir.

La peste bovine et le coryza gangreneux sont les deux seules affections qui présentent des analogies réelles tant au point de vue des manifestations générales que des manifestations locales; mais la peste bovine n'est qu'exceptionnellement une maladie européenne, et le coryza gangreneux présente d'autre part certains symptômes différentiels très caractéristiques, par exemple les symptômes oculaires. Par contre, dans toutes les grandes et graves épizooties aphteuses, à mortalité élevée, la découverte de lésions sur la muqueuse des compartiments gastriques et sur l'intestin a fréquemment fait naître l'idée de peste bovine ou de typhus contagieux; de même que l'évolution des formes septicémiques rapidement mortelles fait infailliblement naître l'idée de fièvre charbonneuse. Ce sont là des erreurs parfaitement possibles et aussi très excusables tant qu'un contrôle expérimental ne les a pas mises en évidence.

Pronostic. — Le pronostic de la fièvre aphteuse est toujours fort grave au point de vue économique. Même lorsque la mortalité est faible, 1 à 2 p. 100, les pertes pour une localité ou un pays se chiffrent par des sommes considérables, résultat de la dépréciation subie par chaque malade : amaigrissement, pertes de lait, avortements, pertes de travail, invalidité prolongée des sujets de travail par boiteries, complications extrêmement variées, soit du côté des mamelles, soit du côté des extrémités digitées, etc., etc.

On estimait autrefois que la dépréciation moyenne par individualités malades était d'une soixantaine de francs; on ne saurait la chiffre de façon quelque peu précise, puisqu'elle est fonction de la valeur marchande des animaux au moment de l'épizootie; mais en moyenne, on peut compter sur une perte d'un dixième de cette valeur marchande.

Bien entendu, ces pertes sont beaucoup plus importantes lorsque les épizooties se développent avec un certain caractère de gravité s'accompagnant de mortalité, et c'est alors par millions, dizaines de millions ou même centaines de millions que se chiffrent les pertes selon l'étendue des pays envahis.

Étiologie. Pathogénie. — La fièvre aphteuse est peut-être, de toutes les maladies des animaux, celle dont la contagiosité s'établit avec le plus de facilité. L'introduction d'un sujet atteint dans un troupeau indemne est immédiatement, en quelques jours, six à dix en moyenne, le point de départ d'une extension de la maladie à la majorité, sinon à la totalité de l'effectif.

L'agent du contage est inconnu, le virus est classé dans la série des virus filtrants. Dahmer et Frosch (1924) ont affirmé avoir découvert et cultivé l'agent causal en partant de filtrats de lymphe aphteuse diluée, les cultures se montrant susceptibles de reproduire la maladie en série; le doute subsiste. Le liquide qui se collecte dans les aphtes au cours de l'éruption caractéristique (lymphe aphteuse) est le produit qui présente le maximum d'activité; une dilution au dix-millième peut encore se révéler active par injection sous-cutanée ou intraveineuse (1).

Tous les excreta de l'animal malade peuvent servir de véhicules au virus : salive, jetage, excréments, lait. Ces produits tiennent leur activité de leur mélange avec la lymphe qui s'est écoulée des aphtes rupturés, et qui est tombée directement dans le milieu extérieur, ou qui a été déglutie avec la salive. Le lait serait virulent même avant l'éruption (Lebailly, 1920).

Des émulsions de ganglions lymphatiques peuvent transmettre la fièvre aphteuse, généralement une forme atténuée (Cosco, 1922).

Il en résulte encore que tout produit souillé de matières virulentes peut servir d'agent de contage : fourrages, litières, fumiers, boissons, ustensiles d'étables, véhicules variés, etc., etc. Les animaux réfractaires de même espèce ou d'espèce différente, les personnes chargées de donner des soins aux malades, les chaussures des personnes passant dans les étables ou même simplement dans les cours de fermes

---

(1) Différents chercheurs ont cru pouvoir rattacher l'évolution de la fièvre aphteuse à des infections variées par des cocci, des streptocoques, des protozoaires, etc... (*Streptococcus involutus* de Kurth en particulier), et ceux qui ont expérimenté avec de la lymphe aphteuse recueillie à différentes époques de l'évolution des aphtes, ont pu y trouver parfois des streptocoques, du *Staphylococcus pyogènes*, du *Micrococcus tétragenes*, etc.; mais les essais de transmission en série de la maladie, avec des cultures de ces différents agents n'ont pas jusqu'ici confirmé les hypothèses concernant leur spécificité. Aussi les considère-t-on comme des agents occasionnels ou de complication, jusqu'à nouvelle indication.

infectées, peuvent transporter le virus à distance et contribuer ainsi à la dissémination de la maladie.

D'après Kling et Hojer (1926) l'homme pourrait contracter l'affection sous une forme apparente ou non, et ce serait lui le grand diffuseur de virus aphteux.

Dans les pâturages, le long des cours d'eau, les animaux sauvages ou le gibier, les mouches, les oiseaux, etc., peuvent être des agents de transport et de dissémination de la maladie à plus ou moins longue distance. Mais ce sont surtout les transports de bétail par voiture ou par chemin de fer, les grands déplacements pour les marchés, les réexpéditions multiples et dans toutes les directions, qui, en temps d'épizootie, disséminent parfois la maladie en très peu de temps sur tout un territoire.

Il semble cependant que le virus soit assez peu résistant; la température de l'ébullition le stérilise immédiatement; à 55-60° la lymphe aphteuse est stérilisée en moins d'une heure; par contre, cette lymphe recueillie purement conserve son activité durant des mois si elle est conservée à la glacière et durant quelques semaines à la température moyenne de la chambre.

A l'ombre, dans les étables, en milieu tiède et humide, il semble que l'activité puisse se conserver durant plusieurs jours, puisque l'introduction de bétail indemne en milieu non désinfecté expose même après plusieurs jours d'évacuation, à voir la maladie réapparaître.

Conservée à la glacière à 0°, la lymphe aphteuse reste ordinairement active durant un mois. A 15° et même après des alternatives de gel et de dégel, Lebailly dit avoir trouvé du sang virulent après soixante-douze jours.

Les désinfectants d'usage courant : eau de javel, lait de chaux, vapeurs sulfureuses, solutions phéniquées à 2 ou 3 op. 100, etc., se montrent toujours efficaces si leur application est faite correctement.

Dans les conditions naturelles, la contagion semble s'effectuer surtout par la voie digestive : l'administration de boissons ou de fourrages souillés de dilutions virulentes est toujours suivie à plus ou moins longue échéance de l'évolution de la maladie. L'introduction directe du virus dans l'estomac, en capsules de gélatine, est toujours suivie à bref délai de l'apparition des symptômes classiques.

D'après certains de nos collègues italiens, le professeur Terni en particulier, il se ferait une véritable culture dans les voies digestives avant l'éclosion des premières manifestations.

On admettait autrefois que la pénétration intraorganique du virus devait se faire à la faveur des érosions de la muqueuse buccale ou de celles des compartiments gastriques; il est bien probable que la présence de ces érosions n'est nullement nécessaire pour que la diffusion intraorganique puisse s'effectuer.

Infection expérimentale. — Expérimentalement, l'évolution de la fièvre aphteuse peut être obtenue avec toute certitude par de multiples procédés, sous la condition d'opérer avec des produits actifs, c'est-à-dire avec de la lymphe récemment recueillie, ou même avec l'émulsion de broyage de simples débris épithéliaux aphteux prélevés peu avant l'emploi et avant la période de cicatrisation des aphtes.

L'inoculation intrabuccale, par frottement de la muqueuse de la lèvre supérieure avec une brosse dure (brosse à main) trempée dans une dilution de lymphe ou dans une émulsion de débris épithéliaux finement broyés, est toujours suivie de résultat positif dans les deux à quatre jours, si l'intervention est bien exécutée.

L'injection sous-cutanée et mieux intraveineuse d'une très faible quantité de lymphe aphteuse est toujours suivie de résultat positif dans un délai très court, deux à six jours, chez les sujets non réfractaires.

Contrairement à ce qui a été dit autrefois, l'inoculation sous-cutanée ou même intracutanée donne des résultats positifs, si l'on opère avec une lymphe aphteuse active. Pour ma part, j'ai pu transmettre la fièvre aphteuse par simple piqûre virulente à la lancette, et cela non seulement chez des bovins, mais même chez des agneaux, les piqûres étant faites vers les extrémités des oreilles ou de la queue. L'éruption consécutive était classique, sans la moindre lésion locale apparente, ce qui ne fait que confirmer l'opinion selon laquelle les éruptions buccales ne correspondent pas du tout aux points primitifs d'inoculation, mais traduisent seulement des lésions se faisant aux lieux d'élection.

D'ailleurs, tous ces détails d'expérimentation ne sont que d'intérêt tout à fait secondaire, tant qu'ils n'apporteront pas une solution utilitaire pratique.

Le sang avait été autrefois considéré comme le simple diffuseur du virus dans l'organisme durant le début de la phase d'éruption; on pensait que la virulence n'était qu'assez éphémère, bien qu'elle ait été nettement affirmée il y a bien longtemps. De nouvelles recherches effectuées surtout en Italie, et dont le bien fondé m'a été maintes fois révélé, ont démontré que cette virulence existait, comme pour la peste bovine, au début et durant la période d'éruption, de préférence durant les phases d'ascension fébrile. L'injection sous-cutanée de préférence, mais même intraveineuse de sang virulent à doses déterminées permet de reproduire la maladie.

Il y a forcément, et il y aura encore, dans toutes ces constatations des expérimentateurs, des contradictions possibles, parce qu'il est bien exceptionnel que deux expérimentateurs opèrent de façon absolument identique; mais ce sont là des détails sans importance pour le fond du problème à résoudre.

Le lait a aussi autrefois été considéré comme non virulent lorsqu'il était recueilli aseptiquement, et comme ne devant sa virulence possible qu'à des souillures résultant de la rupture des aphtes de la surface des mamelles ou des trayons.

Waldman et Pape (1921) ont démontré que la fièvre aphteuse pouvait être transmise expérimentalement au cobaye par inoculations sur le métatarse et que l'on pouvait ainsi par passages successifs, obtenir un virus adapté au cobaye. Hobmaïer a réussi quelques passages sur le lapin par inoculation sous-cutanée et intracutanée du virus du cobaye, reproduisant ainsi des lésions locales et parfois des vésicules labiales. Nicolau (1925) de même; mais il importe d'ajouter que même pour le cobaye les résultats ne sont pas constants, qu'il faut sans doute une virulence spéciale très marquée des produits inoculés et que le procédé ne saurait être considéré comme un critérium de diagnostic expérimental certain dans les cas de doute sur la nature de lésions buccales chez l'espèce bovine. Le virus aphteux passe au travers des membranes de collodion (Levaditi et Nicolau 1926).

Traitement. — Le problème de la lutte contre la fièvre aphteuse s'est toujours posé, dans tous les pays, dès l'apparition d'une épizootie quelconque, si bénigne ou si grave soit-elle. Comme pour toutes les affections grandement contagieuses, c'est la prophylaxie qui offre naturellement le maximum d'importance, la question du traitement curatif ne passant qu'en seconde ligne, puisque dans les formes régulières tous les animaux guérissent plus ou moins vite, même sans traitement. Lorsque la maladie est nettement caractérisée par des aphtes, les lésions étant constituées, aucun traitement, dit curatif, ne peut désormais faire disparaître ces lésions instantanément, il faut le temps normal de réparation; mais des traitements locaux bien appropriés permettent de hâter la cicatrisation des lésions et d'éviter des complications.

Malheureusement, il faut bien déclarer que, d'un côté comme de l'autre, il n'a pas encore été présenté de solution franchement satisfaisante au point de vue pratique.

Prophylaxie. — A l'inverse de bon nombre de maladies contagieuses, l'évolution de la maladie naturelle ne confère aux sujets guéris qu'une immunité acquise d'assez courte durée. L'idée dominante d'autrefois en France, admettait que cette immunité acquise persistait quelques années, une à deux pour le moins, et cela était d'ailleurs en parfaite conformité avec les constatations faites au cours des épizooties des cinquante dernières années. La grave et tenace épizootie aphteuse qui a sévi en France de 1910 à 1920 a démontré maintes fois qu'il n'en était réellement pas ainsi, que bon nombre d'animaux de certaines étables ou même d'une région, pouvaient présenter deux et trois évolutions de la maladie, dans le courant de la même année, à quelques mois, exceptionnellement quelques semaines d'intervalle. Pareils faits avaient bien été constatés déjà au point de vue expérimental, mais on les considérait un peu comme des exceptions, alors qu'en réalité ils peuvent parfaitement se reproduire dans les conditions naturelles, si les circonstances se prêtent à des contaminations fréquemment renouvelées, comme cela s'est vu durant la grande guerre.

On a voulu expliquer ces récidives de fièvre aphteuse à brève échéance, de même que certains insuccès de sérothérapie, et de prophylaxie, par l'existence de deux ou même de plusieurs virus aphteux différents, susceptibles chacun de donner une immunité spécifique, mais pas d'immunité l'un contre l'autre. C'est évidemment une hypothèse qui satisfait l'esprit, une explication élégante de nombre d'insuccès prophylactiques, l'immunité acquise à la suite de l'évolution d'un virus A ne conférant aucune protection contre l'évolution d'un virus B ou C et inversement; mais l'évolution des signes cliniques restant toujours semblable à elle-même, ne cadre guère avec cette conception. Rien ne s'oppose de façon absolument formelle à l'idée de l'existence d'un seul virus ne donnant qu'une immunité peu durable, virus dont les variantes de virulence expliqueraient les récidives.

Il est bon, toutefois, de faire remarquer que les questions d'individualité interviennent, que certains sujets se montrent naturellement réfractaires comme sujets adultes ou comme veaux. C'est un fait que l'on constate dans toutes les espèces, pour toutes les maladies : il est intéressant à signaler, mais constitue une exception.

Chez les veaux, on peut supposer, ce qui d'ailleurs se constate de façon précise, que l'état d'immunité a été acquis au cours d'une attaque de fièvre aphteuse de la mère en état de gestation avancée; chez les adultes, que cet état a été acquis de façon durable dans ces conditions ou à la suite d'une première atteinte.

D'où il résulte, en définitive, que, pour la très grande majorité des cas, il y a lieu d'admettre que l'état d'immunité active, acquise à la suite d'une atteinte de la maladie, est extrêmement variable; qu'elle peut, en somme, n'être que d'assez courte durée, parfois quelques semaines, généralement plusieurs mois, très exceptionnellement plusieurs années.

S'il en est ainsi, théoriquement tout au moins, il s'agit d'une maladie contre laquelle l'espoir d'une possibilité de vaccination paraît devoir rester très limité dans ses résultats pratiques.

Vaccination. — Aucun procédé de vaccination ne peut à notre époque être considéré comme sûrement efficace. Belin s'est efforcé depuis plusieurs années d'obtenir un virus aphteux atténué et stable, en cultivant simultanément en superposition sur des génisses, sur les mêmes régions, de la vaccine et de la fièvre aphteuse; le virus vaccinal pouvant, suivant sa conception modifier l'évolution du virus aphteux. Les pulpes virulentes glycérinées, recueillies au niveau des lésions, qu'il appelle des « (complexes vaccino-aphteux) ». auraient l'avantage de pouvoir conserver leur virulence durant de longs mois (7 à 8 mois) à la température de 0 à + 2º à la glacière, de s'atténuer progressivement et de pouvoir être utilisés sans danger comme vaccins (?). Il semble que la stabilisation du virus aphteux, dans ces conditions, laisse encore trop d'incertitudes pour pouvoir être toujours utilisé sans danger. C'est une donnée à préciser.

Vallée, Carré et Rinjard (1926) de leur côté, disent avoir obtenu d'excellents résultats de vaccination (sujets vaccinés résistant à l'infection virulente de 10 cc. de sang virulent), en utilisant des vaccins formolés : Lambeaux épithéliaux d'aphtes non rupturés ou récemment rupturés, triturés et émulsionnés en eau physiologique légèrement formolée; action atténuante du formol se manifestant au bout de quarante-huit heures.

Il manque à ce procédé la sanction de la pratique.

Sérothérapie. — L'une des premières idées qui se soit posée à l'esprit des chercheurs était de savoir si le sérum des animaux guéris d'une atteinte naturelle possédait une activité capable de conférer une immunité passive d'une durée déterminée, à des sujets sains. Les recherches poursuivies sur ce sujet depuis plus de vingt ans concordent pour démontrer que cette efficacité est réelle, mais tellement faible qu'elle est pour ainsi dire sans intérêt pratique, et le regain d'actualité qu'on a donné à ce procédé dans ces dernières années n'a fait que confirmer le jugement porté dans notre dernière édition.

Aussi a-t-on essayé d'augmenter cette activité en cherchant, il y a plus de trente ans, à faire de l'hyperimmunisation, c'est-à-dire en entraînant des animaux guéris de maladie naturelle ou artificielle à supporter des doses progressivement croissantes de lymphe aphteuse virulente, et c'est à Lœffler que revient l'honneur de ces tentatives. L'une des grosses difficultés de cette méthode résidait dans la possibilité de se procurer d'assez fortes doses de lymphe, en se servant de porcelets comme porte-virus. Dans ces conditions, le sérum anti-aphteux obtenu des producteurs de sérums a des propriétés protectrices incontestables, malheureusement assez faibles et de trop courte durée (15 jours à 3 semaines) pour pouvoir justifier son utilisation pratique comme méthode générale d'immunisation passive, tout juste peut-on l'utiliser autour de foyers aphteux circonscrits.

L'hyperimmunisation d'animaux guéris peut être obtenue plus facilement et plus rapidement par les injections massives de sang virulent (comme dans la méthode utilisée contre la peste bovine),.

que par les injections de lymphe aphteuse forcément limitées comme quantités. Il ne semble pas toutefois que le sérum des animaux ainsi traités, comme nous l'avons établi avec Leduc (1920). soit doué d'une efficacité plus puissante que dans la méthode primitive, et il n'apparaît pas que la solution pratique soit de ce côté.

Néanmoins, si des conditions particulières d'utilisation limitée d'un sérum anti-aphteux obtenu par les méthodes ci-dessus indiquées se présentaient, on pourrait en espérer de bons résultats pour une action préventive de dix à quinze jours seulement.

A titre curatif, le sérum anti-aphteux paraît sans grande efficacité apparente sur l'évolution ordinaire de la maladie; mais on estime cependant qu'il empêche l'aggravation des lésions ainsi que les complications, et son emploi ne saurait avoir que des avantages lorsqu'il peut être mis à profit.

Bien plus, dans des essais comparatifs contre des formes graves de la fièvre aphteuse, le sérum d'animaux récemment guéris paraît avoir diminué le nombre des cas de mort, si l'on s'enra pporte à certains essais tentés en Hollande, en Danemark, en Suisse, et contrôlés en France.

Hémothérapie préventive et curative. — Le sérum anti-aphteux ne pouvant être produit économiquement en quantités suffisantes, même pour une épizootie régionale. le praticien peut alors avoir recours, comme méthode de fortune, à l'hémothérapie préventive, s'il peut se procurer du sang d'animaux récemment guéris, depuis dix à trente jours en moyenne. L'hémothérapie n'est d'ailleurs guère utilement praticable, dans les conditions actuelles, que pour les veaux, chez lesquels la mortalité en temps d'épizootie aphteuse est généralement fort élevée. La technique est la suivante : Saigner des animaux guéris en recevant le sang dans une solution de citrate de soude (100 cc. d'eau 5 gr. de citrate de soude pour 2 litres de sang); le sang reste incoagulé. Il doit être utilisé aussitôt chez les veaux que l'on veut protéger contre l'infection : 100 à 200 centimètres cubes, selon le poids et la taille, en quatre injections sous-cutanées séparées de 25 ou 50 centimètres cubes au même point. J'ai pu dans ces conditions laisser des veaux près des mères et téter des nourrices en pleine évolution aphteuse sans qu'ils contractent la maladie.

Chez les adultes, les quantités de sang nécessaires, la difficulté de se le procurer et de le transporter dans des conditions satisfaisantes, rendent la méthode pour ainsi dire impraticable.

Séro-vaccination. — L'immunisation passive provoquée par les injections de sérum n'étant que d'une durée tout à fait insuffisante pour jouer un rôle réellement utile dans la lutte contre la fièvre aphteuse, l'idée s'est présentée de tenter les résultats de la séro-vaccination et c'est Lœffler encore qui, le premier, en 1898, recommanda la séro-vaccination par un mélange de sérum anti-aphteux et de lymphe virulente sous le nom de séraphtine. La tentative ne fut pas suivie de résultats favorables dans la majorité des cas; la pratique de la séro-vaccination d'après ce procédé fut pour ainsi dire aussitôt abandonnée.

Lœffler a multiplié ses tentatives de séro-vaccination par les mélanges sérum anti-lymphe aphteuse, ou sérum anti et lymphe séparés, en faisant varier tantôt l'un, tantôt l'autre des facteurs; il est arrivé, en fin de compte, à ce résultat qu'il ne pouvait obtenir de vaccination sans qu'il y ait chez l'animal utilisé une réaction organique apparente.

Une autre modalité opératoire, en tout comparable à celle utilisée contre la peste bovine, peut être tentée aujourd'hui, avec injection sérum anti-aphteux d'un côté, injection sous-cutanée de sang virulent d'un autre côté. Mais elle se heurte, comme la sérothérapie préventive à la grave impossibilité d'avoir du sérum anti-aphteux en quantités suffisantes.

D'où il résulte, en définitive, que nous ne possédons pas encore actuellement de méthode prophylactique de valeur pratique réelle. Lorsque la maladie apparaît sur un sujet, dans une exploitation de quelque importance, il n'y a donc pas de procédé qui mette les autres animaux à l'abri; mais dès lors, les chances d'infection varient, quelques animaux contractent très vite l'affection, d'autres tombent malades plus tard, et les moins réceptifs ou les plus favorisés ne sont atteints qu'en dernier lieu. Même avec des formes bénignes, chaque malade n'étant souffrant que durant quelques jours, la durée de la maladie se prolonge néanmoins dans l'exploitation durant des semaines, parfois un à deux mois, alors que ce temps serait considérablement réduit si tout l'effectif était atteint d'un seul coup.

Aphtisation. — Les pertes économiques résultant de cet état de choses sont trop faciles à prévoir pour qu'il y ait lieu d'y insister; aussi, chez les éleveurs avertis, a-t-on de tout temps cherché à communiquer la maladie à tous les animaux à la fois pour en être plus vite libéré. Cette pratique a reçu le nom d'*aphtisation* et les procédés usités par les propriétaires ou les vétérinaires peuvent être résumés de la façon suivante :

1º Avec un tampon de linge bien propre, on prend de la salive virulente sur le premier malade, et chaque animal à contaminer est frotté directement sur les gencives et le bourrelet avec ce tampon. Le résultat est généralement constant : quelques jours après, tous les animaux infectés par ce procédé, un peu primitif, sont atteints en peu de temps, donnant le résultat cherché; mais il est facile de prévoir cependant que l'intervention reste trop sommaire pour ne pas laisser quelques insuccès.

Ces insuccès sont évités, de façon sûre, si l'on substitue au tampon le brossage de la muqueuse de la région incisive avec une brosse à main, dure, trempée au préalable dans une dilution de lymphe virulente, une dilution de salive virulente, ou même une émulsion résultant du broyage de débris épithéliaux recueillis au niveau d'aphtes récemment rupturés.

2° Une pratique plus délicate consiste à inoculer à la seringue, sous la muqueuse buccale, quelques gouttes de lymphe diluée, ou encore à faire une injection intraveineuse ou sous-cutanée.

Les résultats sont constants : en un délai de deux à six jours, les animaux présentent les signes caractéristiques de l'affection. Malheureusement ces méthodes d'aphtisation communiquent la *maladie naturelle*, avec toutes ses conséquences et ses risques de complications, et le seul bénéfice que l'on en puisse espérer, c'est une réduction dans la durée totale de l'affection dans l'exploitation.

Bien souvent d'ailleurs, dans les exploitations agricoles, l'aphtisation est faite d'une façon plus sommaire encore, par simple arrosage des fourrages distribués, avec une dilution très étendue de salive aphteuse recueillie sur le premier malade.

Bon nombre d'expérimentateurs ont bien fait des tentatives multiples et variés d'atténuation de l'activité de la lymphe aphteuse, par chauffage, addition de solutions antiseptiques ou chimiques variées; malheureusement les résultats ont été ou nuls ou absolus, c'est-à-dire que l'activité virulente était conservée intacte ou supprimée de façon définitive.

Il semble qu'il y ait un large intérêt à opérer autrement et, de recherches récentes entreprises à ce sujet, j'estime que l'on obtient de meilleurs résultats en faisant l'aphtisation par injection intraveineuse de sang virulent citraté, dans des conditions déterminées. Le premier malade aphteux de l'exploitation est saigné au début de la phase d'éruption, en état d'ascension fébrile. Le sang est reçu dans une solution de citrate de soude, titrée de telle façon que le sang recueilli soit citraté à 1 p. 100 environ (5 gr. de citrate de soude en solution dans 50 cc. d'eau pour 500 gr. de sang). Ce sang citraté virulent réinjecté sous la peau, ou de préférence dans la jugulaire, à la dose de 5 à 20 centimètres cubes, selon la taille et le poids des sujets, provoque une infection régulière, toujours identique, et les résultats en sont les suivants, suivant la sensibilité individuelle des aphtisés : la majorité fait une maladie bénigne, à éruptions buccales limitées, parfois sans éruptions digitées ou sans éruptions mammaires chez les laitières; quelques animaux peuvent ne présenter qu'une réaction fébrile sans éruption caractéristique, et restent tels ensuite, même au milieu de malades ayant les manifestations classiques. Mais, pour que pareils résultats puissent être constatés, il faut, bien entendu, que l'intervention soit précoce, et que l'injection de sang virulent soit faite à des animaux, non en imminence d'éruption, non fiévreux par conséquent. Il importe donc que les relevés thermiques soient rapidement établis avant l'intervention pour ne la pratiquer qu'à bon escient.

Tous ces procédés ne représentent, en somme, que des moyens précaires, et le problème de la lutte efficace contre la fièvre aphteuse est loin d'être résolu au point de vue prophylactique.

Traitement curatif. — Peut-on dire scientifiquement qu'il y a un traitement curatif de la fièvre aphteuse? Je ne le crois pas, puisque la maladie n'est cliniquement diagnostiquée que lorsque l'infection organique est généralisée et les aphtes constitués. A ce moment-là, les lésions sont caractérisées, plus ou moins intenses selon les malades, rien ne peut les faire disparaître comme par enchantement; tout ce que l'on peut faire est de favoriser la réparation de ces lésions et chercher à éviter des complications toujours possibles par infections accidentelles surajoutées. Ce n'est pas là ce que l'on peut appeler un traitement curatif à proprement parler, puisqu'on agit sur des lésions et non sur la cause primitive, et c'est néanmoins celui sur lequel s'appesantissent les éleveurs, parce qu'il porte sur quelque chose de visible.

Dans la forme normale de la maladie, la guérison naturelle est de règle en une dizaine de jours; la fièvre tombe après l'éruption et la rupture des vésicules aphteuses, la salivation disparaît dès que l'élimination de la paroi superficielle des aphtes s'effectue, la réparation épithéliale s'établit ensuite; l'appétit revient lorsque la fièvre n'existe plus et que la bouche n'est plus douloureuse, les boiteries s'atténuent et s'évanouissent avec la dessiccation et la cicatrisation des lésions digitées.

Toute cette évolution peut être favorisée par une hygiène bien entendue : jamais d'alimentation forcée, seulement des boissons ou des barbotages très clairs à la disposition des malades; lavages quotidiens de la bouche si possible, à la seringue ou avec de petites pompes, pour favoriser l'élimination des débris épithéliaux délimités au niveau des aphtes, éviter leur putréfaction rapide et les complications possibles d'infections secondaires. Si l'on veut, ces interventions peuvent être complétées par des attouchements des plaies au pinceau trempé dans des collutoires variés : glycérine iodée, salicylée, chloralée, etc.; emploi de solutions vinaigrées, à l'acide citrique, à l'acide chromique à 3 p. 100, etc.

Sur les éruptions mammaires, applications de glycérolé d'amidon, de pommade cocaïnée si la sensibilité est trop vive, de glycérine iodée, etc.

Pour les lésions digitées, maintenir les animaux sur des litières sèches et propres, nettoyer les onglons et espaces interdigités à la brosse, demi-dure, toucher les plaies avec des solutions antiseptiques ou astringentes : sulfate de fer ou de cuivre à 3 p. 100, acide chromique à 3 p. 100, goudron de bois, etc.

Sans ces précautions, et même quelquefois malgré ces précautions, il peut survenir des accidents généraux ou locaux : manifestations d'entérite aiguë avec diarrhée profuse par suite de l'évolution de lésions sur les voies digestives, complications de broncho-pneumonies par infections surajoutées ou troubles circulatoires, complications de mammites, complications de décollements d'onglons, nécroses cutanées, ligamenteuses, etc. Toutes ces complications nécessitent des interventions appropriées, en particulier l'emploi des antiseptiques intestinaux et le régime des farineux, tourteau de lin, racines cuites, etc., contre les manifestations intestinales; la révulsion énergique, la saignée, voire même les antiseptiques généraux contre les troubles respiratoires (sérum salicylé, sérum physiologique camphré), l'huile camphrée, la spartéïne, etc., contre les manifestations cardiaques, etc.

Mais tout cela correspond à des interventions à côté, et non à un véritable traitement de fièvre aphteuse. C'est d'ailleurs ce qui fait le succès des réclames sans nombre pour tel ou tel produit, tel ou tel médicament nouveau, tel ou tel spécifique, réclames lancées à chaque épizootie nouvelle et qui réussissent toujours, parce que, si quelques sujets meurent, c'est toujours l'exception, et que, si d'autres (il y en a toujours) ont des manifestations bénignes et guérissent vite, on ne manque pas d'en rapporter le bénéfice à l'emploi du spécifique, qui, bien souvent, n'a aucune action bienfaisante.

Législation sanitaire. — La lutte anti-aphteuse, tant préventive que curative, ne donnant pas de résultats aussi satisfaisants que l'on serait en droit de le souhaiter, et l'affection possédant d'autre part un pouvoir d'extension et de diffusion considérable, la fièvre aphteuse est visée par la loi sanitaire sur les maladies contagieuses : sa constatation oblige les possesseurs d'animaux à la déclaration à la mairie et de là à la préfecture. Cette déclaration détermine la prise d'un arrêté d'infection affiché à la porte de l'établissement, l'immobilisation et la surveillance sanitaire des animaux atteints et contaminés. — La levée de déclaration d'infection ne peut être ordonnée que quinze jours au moins après la guérison du dernier cas constaté et la désinfection des locaux ayant abrité des malades.

En principe, cette législation est excellente et pourrait avoir des effets salutaires s'il était possible de l'observer rigoureusement. Le public averti devrait s'abstenir de pénétrer dans les fermes infectées; le personnel devrait, d'autre part, s'abstenir de sortir de ces fermes pour ne pas risquer de transporter le contage ailleurs. Malheureusement il est pratiquement impossible d'arrêter la vie économique, même temporairement, pour des exploitations agricoles quelconques; les nécessités obligent à des corvées qui ne peuvent toujours être exécutées avec les précautions voulues (changements de vêtements, désinfection, etc., etc.) et ce n'est qu'assez exceptionnellement que l'on arrive à étouffer sur place un ou plusieurs foyers de contagion.

Et c'est dans ces circonstances, quand il n'y a encore que quelques foyers isolés, qu'une *action préventive sûrement efficace* permettrait d'arrêter une épizootie débutante.

Quand il existe des foyers multiples, disséminés un peu partout les chances de diffusion et d'expansion de la maladie deviennent telles, que l'expérience d'un siècle démontre, pour tous les pays, l'inefficacité absolue des mesures d'isolement, de séquestration, de surveillance, etc. Ces mesures ont un effet moral aux yeux des populations rurales, certains exploitants se croient ainsi protégés parce qu'ils ne peuvent connaître la puissance de diffusion du virus aphteux, mais il est juste de déclarer qu'elles n'auraient d'efficacité que si elles pouvaient être rigoureusement observées, ce qui ne peut pas être.

Lorsque la fièvre aphteuse existe dans une localité ou une région, les préfets peuvent ordonner la suppression temporaire des foires et marchés.

C'est là l'une des mesures qui a provoqué et qui provoque toujours les discussions les plus passionnées, parce qu'elle porte atteinte, non pas seulement, comme on l'a dit, à la liberté du commerce et à la liberté individuelle, mais une atteinte grave au fonctionnement économique d'un département ou d'une région. Quand on ne se place qu'au point de vue scientifique, il est très certain qu'en région contaminée, les foires et marchés sont les grands diffuseurs de la maladie vers les zones avoisinantes, ou même sur tout un pays. En admettant, ce qui n'est pas toujours le cas, qu'il ne soit amené sur les marchés que des animaux non malades, fatalement pourrait-on dire, en pays infecté, il se trouvera quelques sujets contaminés par les personnes, les véhicules ou les objets de nature variée qui auront pu être souillés par le contage; ces animaux seront ensuite emmenés en des pays différents, et, dans les quelques semaines qui suivront, de nouveaux foyers de maladie apparaîtront, élargissant ainsi la zone primitive. Parfois même la fièvre aphteuse se trouve ainsi transportée d'un travers à l'autre de la France, lorsque des animaux non malades mais contaminés sont dirigés sur le marché de Paris, et de là réexpédiés parfois fort loin vers des pays de consommation.

Si l'on ne tenait compte que de ces faits, l'interdiction des foires et marchés se trouverait donc légitimement justifiée, pour la protection des pays indemnes.

L'expérience du temps a démontré l'inefficacité absolue de ces mesures. Jamais, dans les pays continentaux d'Europe occidentale, on n'a pu arrêter une épizootie aphteuse, pas plus en France qu'en Belgique, en Allemagne, en Autriche, en Suisse ou ailleurs. On peut évidemment ralentir sa vitesse de diffusion, mais c'est tout, et finalement les pays finissent par être envahis, quelque mesure sanitaire que l'on prenne. Une épizootie se prolonge alors durant des années au lieu de se propager en vitesse durant quelques mois, et le problème se pose alors de savoir si, économiquement, au point de vue de la fortune publique de la France et des pays d'élevage, le préjudice subi du fait de la perturbation apportée au commerce, durant longtemps, n'est pas plus considérable que celui causé par l'expansion rapide de la maladie, causant des pertes plus élevées peut-être, mais de courte durée.

Nulle donnée précise ne peut, à ma connaissance, nous fixer à cet égard; la seule chose que l'on puisse dire, c'est que notre législation sanitaire, comme celle des autres pays d'ailleurs, s'est révélée aussi impuissante contre la fièvre aphteuse que nos moyens thérapeutiques.

Malgré les recherches, les hypothèses et les théories, la solution pratique reste à trouver.

En ce qui concerne le commerce international, les animaux malades sont refoulés à la frontière de terre, abattus ou mis en quarantaine jusqu'à guérison quand ils sont introduits par mer.

Le lait est considéré comme susceptible de transmettre la fièvre à l'espèce humaine, surtout aux enfants ou à des adultes prédisposés; des faits expérimentaux paraissent incontestables. Certains expérimentateurs ayant reporté la fièvre aphteuse de l'espèce humaine à l'espèce bovine, Lebailly (1921), dans des tentatives de même ordre, dit, au contraire, n'avoir obtenu que des résultats négatifs. D'où il résulterait que les stomatites aphteuses humaines ne sont pas toujours des stomatites aphteuses bovines.

Les viandes, pourvu qu'elles soient non fiévreuses, peuvent être consommées sans inconvénients.

CHARBON BACTÉRIDIEN
FIÈVRE CHARBONNEUSE (1)

Anglais : Anthrax, splenic fever; *allemand :* Milzfieber, Karbunkelkrankheit; *italien :* Antrace, Febbre carbonchiosa.

Le *charbon bactéridien,* encore qualifié *sang de rate* ou *fièvre charbonneuse* est une maladie infectieuse aiguë, générale, inoculable,

(1) Le mot « charbon » caractérise la teinte noire des tissus et la couleur noire du sang. La bactéridie charbonneuse se trouve dans le sang sous forme de bâtonnets

provoquée par la *bactéridie charbonneuse, bactéridie de Davaine* ou *Bacillus anthracis.* Tous nos animaux domestiques peuvent contracter le charbon; mais leur réceptivité est extrêmement différente et par ordre de sensibilité on peut les classer de la façon suivante : mouton, bœuf, cheval, porc, chien et chat. L'homme peut contracter le charbon par inoculation accidentelle; les herbivores et les carnassiers sauvages sont réceptifs.

Le charbon est une affection généralement saisonnière, qui apparaît et s'établit dans certaines contrées dites « pays à charbon », sur des emplacements qui restent les mêmes : « champs maudits, fermes à charbon », et dont l'évolution est favorisée par les conditions climatériques extérieures, ce qui fait dire aux éleveurs qu'il y a des *années à charbon* et des *saisons à charbon*, remarques parfaitement exactes. Par contre, l'affection a peu de tendance à la diffusion; au contraire, le déplacement des troupeaux et la transhumance arrêtent et font généralement disparaître la mortalité.

La France a été autrefois l'un des pays les plus durement éprou-

réguliers, droits, de 2 à 4 μ de long sur 1 μ de large. Elle est aérobie, se cultive dans les milieux ordinaires à 36-38°, en quelques heures dans les milieux liquides, plus lentement sur milieux solides. En bouillon, le milieu reste transparent et la culture est floconneuse avec dépôt pulvérulent au bout de quelques jours. Sur gélose, la culture devient blanc crémeux à bords sinueux; de même sur la gélatine qui est liquéfiée.

En culture, la bactéridie prend l'aspect de longs filaments réguliers enchevêtrés. La multiplication se fait par division, scissiparité ou fragmentation dans les organismes vivants; par division et par sporulation dans les cultures artificielles, la division caractérisant le début de végétation, la sporulation la phase terminale. En quelques heures, les filaments perdent leur transparence et leur structure; à leur intérieur apparaissent des granulations ou spores très réfringentes. Les filaments primitifs sont devenus des chapelets de spores qui se dissocient avec facilité, donnant des spores libres. Ces spores sont des formes de reproduction susceptibles de reproduire la maladie chez des animaux inoculés ou de redonner des cultures. La sporulation peut se faire en vingt-quatre heures à 37°, en deux ou trois jours seulement à 20°.

Au-dessus de 45° et au-dessous de 12°, la culture de la bactéridie charbonneuse ne se fait plus. La bactéridie est aérobie.

La bactéridie se colore bien par les colorants ordinaires et prend le Gram. ce qui permet de reconnaître à forts grossissements une gaine hyaline d'enveloppe renfermant un cylindre protoplasmique fragmenté en segments réguliers.

La bactéridie charbonneuse est facile à modifier dans sa morphologie par cultures en milieux spéciaux ou additionnés d'antiseptiques. Roux, Behring, Phisalix ont ainsi fait des variétés : *Bacillus anthracis claviformis, brevigemmans,* qui perdent rapidement leurs facultés sporogènes ou leur virulence et qui se montrent incapables de tuer les animaux d'expériences. Les bactéridies meurent rapidement sans sporuler dans les milieux privés d'oxygène. Les températures élevées, les antiseptiques et l'action prolongée de l'oxygène atténuent les qualités pathogènes de la bactéridie et des spores.

Les spores sont beaucoup plus résistantes que les bactéridies à toutes les causes de destruction, en particulier aux variations de température, à la chaleur, au froid, à la putréfaction, etc. Elles conservent longtemps le pouvoir de germer.

Les bactéridies sont tuées au-dessus de 45°, avec plus ou moins de rapidité. Les spores sont tuées à 100°, mais résistent un certain temps à 80°; elles conservent leurs facultés de végétation durant des années.

Dans les cadavres, la sporulation se fait seulement là où l'action de l'oxygène peut la favoriser, mais cette condition se présente toujours, partiellement tout au moins : sang et matières virulentes répandues sur le sol par les orifices naturels, après l'enlèvement des peaux ou autopsie, présence d'oxygène dans la terre fraîchement remuée, etc...

Des recherches ont d'ailleurs démontré que l'ensemencement bactéridien des couches superficielles du sol est suivi de végétation et de sporulation si les conditions de température, d'humidité et d'aération sont convenables. Pour les cadavres enfouis, la chaleur dégagée par la putréfaction favorise semblables conditions.

vés par cette maladie, particulièrement dans son élevage de moutons, en Beauce et en Brie, où l'on perdait, certaines années, jusqu'à 50.000 moutons; mais, depuis la découverte et l'application régulière des méthodes de vaccination, les pertes ont diminué progressivement pour ne plus constituer que des accidents isolés.

Durant fort longtemps, la fièvre charbonneuse, facile à reconnaître et à diagnostiquer de façon sûre aujourd'hui, resta confondue avec quantité d'autres affections mortelles dont on rattachait l'évolution à des infections miasmatiques, c'est-à-dire à des émanations morbigènes provenant des milieux ambiants : sol, eaux, constitution atmosphérique, décompositions organiques, etc.. etc. Puis, comme reflet des théories de l'époque, Delafond en fit vers 1840-1845 la « maladie du sang », rapportant la mortalité à de simples états pléthoriques, bien que l'idée de transmissibilité possible ait été depuis longtemps émise et soutenue (Barthélemy, 1823). Il faut arriver à la découverte de Davaine (1850), qui signale la présence constante de petits bâtonnets dans le sang des animaux charbonneux, puis aux recherches de la Société vétérinaire d'Eure-et-Loir 1852 sur l'inoculabilité de la fièvre charbonneuse au mouton, au bœuf et au cheval, sur la diffusion du virus dans tout le cadavre après la mort, pour avoir une notion précise sur la nature de la maladie. En 1860, Delafond signale la présence constante de bâtonnets dans le sang des animaux morts de charbon.

Ce n'est cependant qu'en 1863-1864 que Davaine émet l'idée que les bâtonnets trouvés dans le sang des animaux morts de charbon sont les agents effectifs de la maladie désignée sous le nom de *sang de rate*, et il faut arriver aux premiers travaux de Pasteur sur la question (1876-1877) pour que la notion de possibilité de culture de la bactéridie en milieu artificiel, avec conservation de ses propriétés pathogènes, c'est-à-dire possibilité de redonner la maladie par les cultures en série, soit définitivement établie. En 1880, il fixe et démontre les conditions évolutives de la maladie naturelle dans les pays à charbon. Là où des animaux charbonneux succombent et sont enfouis, les bactérides développées dans le sang présentent l'évolution sporulée, infectent plus tard la profondeur du sol, d'où ces spores pathogènes sont dans la suite exhumées par les vers de terre qui les ramènent à la surface du sol et sur les plantes. C'est en consommant ces plantes souillées par des spores pathogènes que le bétail s'infecte, et c'est pour cette raison surtout qu'il existe des fermes à charbon alors que, la maladie ne se découvre pas, même à faible distance, lorsqu'il n'y a pas eu d'animaux charbonneux enfouis.

Symptômes. — On a décrit deux modalités d'évolution du charbon bactéridien chez les bovidés : un type qualifié fièvre charbonneuse avec forme rapide suraiguë, forme ordinaire ou aiguë et forme lente ou subaiguë; puis un second type dit charbon externe, tumeurs charbonneuse ou anthrax.

La première modalité est de beaucoup la plus fréquente, la seconde relativement rare, en France, et susceptible d'être cliniquement confondue avec des accidents septiques.

Type fièvre charbonneuse. — Dans la *forme rapide suraiguë*, la mort arrive si rapidement que le vétérinaire n'est qu'exceptionnellement consulté et que les propriétaires eux-mêmes ne voient pas toujours les animaux malades. Bien portants le soir, ils sont trouvés morts le lendemain matin; en quelques heures, tout est terminé. Cependant, quand on assiste à ce type d'évolution, on constate qu'à un moment donné les animaux se montrent presque subitement, anxieux, les muqueuses congestionnées, la respiration accélérée, les battements cardiaques tumultueux avec pouls filant imperceptible, sans que rien puisse justifier ces manifestations subites.

Un signe apparent domine la scène, des tremblements musculaires, surtout accentués aux grosses masses de la cuisse, de l'épaule, etc. Le malade tombe sur le sol pour ne plus se relever; en quelques heures tout s'est déroulé.

Dans la *forme ordinaire aiguë*, la plus fréquente, l'ensemble symptomatologique est identique, mais avec marche moins brutale, moins rapide, la durée demandant douze à trente-six heures. Il y a d'abord fièvre intense, stupéfaction, congestion intense des muqueuses apparentes, accélération respiratoire, dyspnée; souvent coliques violentes, plaintes, évacuations diarrhéiques et diarrhée sanguinolente, émission d'urine rouge; accélération et affaiblissement progressif, des battements cardiaques; puis, dominant la scène encore, de façon continue ou discontinue, des frissons et des tremblements musculaires. Evidemment, c'est là un ensemble caractéristique, mais il ne faut pas oublier que cet ensemble peut être confondu avec des coliques intestinales banales mais violentes, avec des symptômes d'intoxication, avec un début d'autres affections graves encore mal caractérisées.

Dans la *forme lente subaiguë*, l'appréciation des manifestations apparentes est encore plus délicate, car les symptômes se traduisent surtout par des coliques, de la fièvre, de la diarrhée, de l'accélération respiratoire et circulatoire, tous signes qui n'ont rien de pathognomonique par eux-mêmes. L'évolution demande parfois de deux à cinq ou six jours, et c'est dans les dernières vingt-quatre heures ou les deux derniers jours que se présentent des aggravations de symptômes s'acheminant à ceux du type aigu.

Type charbon externe, charbon à tumeurs. Anthrax (1). — Dans ce type, il semble que les lésions locales se développent à la suite

____

(1) La transmission directe du charbon d'animal à animal est fort rare, mais cette transmission est possible par la peau à la faveur d'inoculations au niveau de blessures,

d'une inoculation accidentelle au niveau d'une plaie ou d'une érosion muqueuse, les lésions se développent de préférence à la gorge (glossanthrax, estranguillon, esquinancie, angine charbonneuse), au cou, au fanon, aux coudes, sous le ventre, etc. La tumeur molle, chaude, douloureuse, œdémateuse, se développe rapidement, en même temps qu'apparaissent et s'aggravent les symptômes généraux respiratoires généralement fort accentués et parfois dominants, circulatoires aussi très marqués, musculaires, etc. Cependant, il est bien rare que ces symptômes soient aussi alarmants que dans les formes de la fièvre charbonneuse typique, et, si l'intervention thérapeutique est pratiquée à temps, les malades peuvent guérir. Dans les cas contraires l'affection peut se prolonger dix à quinze jours au plus et se terminer par la mort (œdème malin).

L'incision de la tumeur au thermocautère ou au bistouri laisse échapper une sérosité citrine ou sanguinolente abondante en même temps que la lésion présente de la tendance à s'affaisser.

Lésions. — Les lésions sont celles de toutes les septicémies, mais cependant avec des caractéristiques spéciales fort intéressantes à interpréter. Pratiquée aussitôt la mort, l'autopsie révèle de la congestion généralisée de tous les viscères, avec arborisations vasculaires dans le tissu conjonctif, sur les séreuses, le mésentère, l'épiploon, avec présence de petits foyers hémorragiques plus ou moins nombreux et étendus.

Le sang est régulièrement noir, visqueux, incoagulé; il rougit mal à l'air.

Les muscles sont généralement de teinte foncée, congestionnés, quelquefois ecchymosés, parfois de teinte jaunâtre, feuille morte ou saumonnée. Mais, il importe de savoir que sur les animaux saignés et dépouillés *in extremis,* les chairs peuvent avoir un aspect normal, foncé, brunâtre ou noirâtre, fortement suspect ou à peine douteux, selon les cas; que dans les autopsies tardives, au contraire, la putréfaction survient avec rapidité, amenant de la distension de l'abdomen, de l'écoulement sanguinolent par les narines et l'anus, de l'altération marquée des masses musculaires (muscles friables et cuits), etc.

Le signe le plus caractéristique qui frappe l'opérateur dès l'ouverture de l'abdomen, c'est l'augmentation de volume de la rate, qui est deux, trois, quatre et jusqu'à dix fois plus grosse qu'à l'état normal. D'où l'expression très significative de maladie du « sang de rate » employée par les éleveurs de moutons, car cette altération se retrouve aussi chez les autres espèces.

Si c'est là un signe de la plus haute importance, il n'a cepen-

coupures, incisions, piqûres, par des objets infectés; la transmission par des insectes suceurs ou piqueurs, mouches, tiques, etc., est très admissible mais rare.

dant pas de valeur absolue puisque l'hypertrophie de la rate se retrouve dans la piroplasmose et dans la septicémie hémorragique; et, par contre, il peut exceptionnellement manquer dans la fièvre charbonneuse à marche ultra rapide. La rate gorgée de sang est ramollie, friable, comme en bouillie (boue splénique).

Le foie, congestionné, hypertrophié, a généralement la teinte feuille morte. La cavité abdominale renferme quelquefois une sérosité rosée.

Le sang qui s'écoule à la section des gros vaisseaux: veine cave, veine porte, veines rénales, etc., est noir poisseux, incoagulé, parfois de teinte lie de vin; il rougit peu ou mal au contact de l'air.

Les compartiments gastriques et l'intestin sont distendus par les gaz, la muqueuse de la caillette et des premières parties de l'intestin est généralement épaissie, infiltrée, ecchymosée, mais ce ne sont pas là des signes de valeur primordiale; de même les reins sont congestionnés, hypertrophiés; la vessie peut renfermer de l'urine hématique.

Les ganglions lymphatiques sont hypertrophiés, œdémateux, succulents ou hémorragiques à des degrés variables, les plus atteints révélant, en principe, la zone d'infection primitive d'après les constatations de Colin.

Dans le thorax, les poumons sont congestionnés, œdémateux, marbrés de foyers hémorragiques; les bronches remplies de spumosités sanguinolentes. Le muscle cardiaque est mollasse, friable. de teinte feuille morte, le sang est noir, poisseux, boueux, mal coagulé, l'endocarde teinte lie de vin. Le cerveau et les méninges sont congestionnés; on a même trouvé parfois des hémorragies méningées (apoplexie).

Chez les laitières, la sécrétion lactaire est diminuée ou tarie; le lait ne présente pas de bactéridies, sauf exception, dans les dernières périodes.

Le sang est rouge foncé, noir. A l'examen microscopique les globules rouges sont déformés, à contours mal définis, les globules blancs nombreux, il y a hyperleucocytose. Les bactéridies se voient nombreuses dans le sang. la pulpe de rate, de ganglions, etc. Toutefois, dans les formes foudroyantes, il se peut qu'elles soient en fort petite quantité.

Dans les formes de charbon à tumeur, on trouve une masse d'infiltration d'aspect gélatineux, jaunâtre ou rosé, de dimensions variables selon les emplacements. Dans les régions des membres, au niveau des grosses masses musculaires, les muscles englobés prennent la teinte noirâtre; au voisinage des ganglions, ces derniers paraissent hémorragiques.

Il se peut qu'avec des formes ordinaires de fièvre charbonneuse il y ait aussi des infiltrations œdémateuses, gélatineuses, sous-cutanées, de préférence vers la gorge, les flancs, la région lombaire, etc.

Diagnostic. — Le diagnostic clinique sur le vivant est particulièrement délicat, en présence de l'une ou de l'autre des formes qu'il est possible d'observer. Dans les formes aiguë et subaiguë, les cliniciens expérimentés des régions à charbon ne s'y trompent guère, mais il n'en serait pas de même pour tout praticien, parce que la confusion est très facile avec des intoxications, des troubles digestifs graves au début, des coliques banales, des infections encore mal caractérisées, avec l'entérite hémorragique ou coccidienne, avec la septicémie hémorragique, voire même la piroplasmose.

L'expérience acquise en pays de charbon et l'intuition du clinicien font autant que l'appréciation et l'interprétation raisonnée des symptômes présentés.

Sur le cadavre, à l'autopsie, l'examen et les caractères des lésions offertes sont généralement beaucoup plus significatives; elles ont presque, par comparaison avec celles que l'on rencontre dans les affections susceptibles de prêter à confusions une valeur dite pathognomonique; cependant, dans la piroplasmose rapidement mortelle, la rate est plus volumineuse qu'à l'état normal, ainsi que le foie, le sang est aussi mal coagulé; il est donc encore permis d'hésiter si les deux affections existent dans les mêmes localités.

C'est alors que le diagnostic microscopique ou expérimental intervient.

Quatre procédés s'offrent à la sagacité de l'expérimentateur pour préciser son diagnostic :

1º L'examen microscopique du sang, qui, à un grossissement faible de 4 à 500 diamètres, permet de reconnaître la présence de bactéridies dans une préparation simple par voie humide ou par voie sèche; les globules apparaissent déformés, sans contours bien définis, et dans les intervalles, se découvrent les bactéridies, sous forme de bâtonnets clairs, réfringents, à sections nettes. La bactéridie résiste à l'action de la potasse, de l'acide acétique, etc. qui font disparaître les éléments anatomiques des préparations.

Après fixation des préparations et coloration, les caractères sont plus faciles à apprécier; toutefois il importe de savoir que, si les prélèvement sur le cadavre sont effectués tardivement, après douze à quinze heures en moyenne, beaucoup plus tôt en été, le vibrion septique et des bactéries de putréfaction, revêtant à l'examen direct l'aspect de la bactéridie, pourraient induire en erreur à un examen superficiel (1);

---

(1) La bactéridie a une gaine hyaline d'enveloppe que l'on peut apprécier à fort grossissement, les autres agents non; colorer les préparations et les traiter par une solution d'acide acétique à 1 p. 100. Les bactéridies se découvrent par éléments isolés ou en chaînettes de deux à quatre articles, rarement plus; pas de spores.

Le cobaye et le lapin sont très sensibles, de même que la souris. Le rat blanc est au

2° L'inoculation de sang, pulpe de rate ou de ganglions à de petits animaux réceptifs, ordinairement à un cobaye. La mort arrive en un jour et demi à trois jours, avec œdème gélatineux

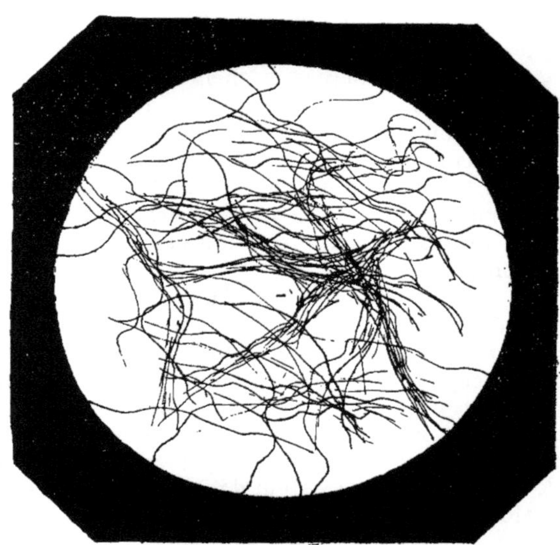

Fig. 323. — Culture de bactéridie charbonneuse en bouillon. Aspect filamenteux.

ambré, abondant, autour du point d'inoculation et présence de la bactéridie dans le sang.

Le vibrion septique donne des accidents de même nature, l'œdème du pourtour du point d'inoculation est séreux, rougeâtre;

3° La culture de la bactéridie, après ensemencements avec du sang ou de la pulpe de viscères, fait reconnaître les caractères

contraire très résistant, plus que les rats sauvages. Les oiseaux sont à peu près réfractaires.

Le *vibrion septique* du bacille de l'œdème malin peut présenter dans les préparations un aspect, quelque peu comparable; cependant dans le sang et surtout la sérosité abdominale, on rencontre des formes de longueurs variées ayant l'aspect de longs filaments.

Les formes de fragmentation ont les extrémités arrondies et non à section droite ou légèrement concave. Les inoculations au cobaye donnent des morts rapides, mais provoquent un œdème inflammatoire rougeâtre avec gaz.

Le bacille du charbon symptomatique se découvre seulement dans l'œdème des tumeurs crépitantes. Ses formes sont plus courtes, mobiles. Les inoculations sous-cutanées ou intra-musculaires tuent le cobaye et la souris, exceptionnellement le lapin.

Des confusions possibles ont encore été signalées avec différents agents qualifiés de *B. pseudo-anthracis, B. anthracoïdes,* ou encore avec des formes de *B. subtilis, B. termo,* etc...

La moelle osseuse est le produit organique qui subit le moins vite les altérations de putréfaction, ou qui conserve le mieux le *B. anthracis;* après une ou deux semaines, selon la température extérieure, cette moelle peut être utilisée pour recherches. Toutefois, il n'y a pas unanimité d'opinion à cet égard.

spéciaux de ces cultures en milieux liquides et solides, et le contrôle de la virulence par inoculation de ces cultures.

Mais c'est évidemment là un procédé moins expéditif, un procédé de laboratoire, qui sort du domaine d'action du clinicien;

4º L'application de la méthode d'Ascoli, qui a l'avantage de pouvoir être utilisée même lorsque les produits sont altérés. La méthode repose sur le principe suivant : quelques sérums anti-

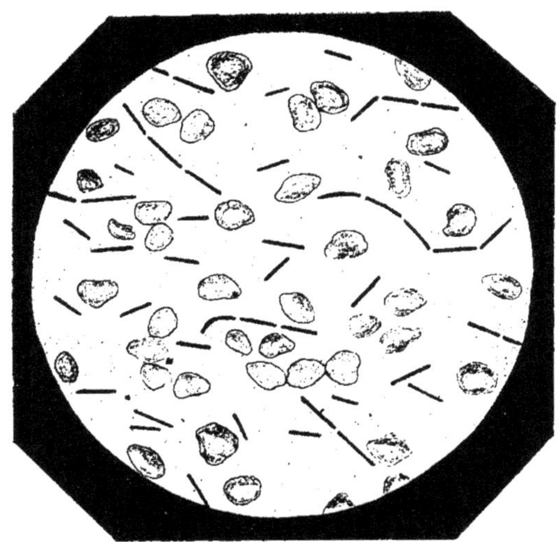

Fig. 324. — Bactéridies charbonneuses dans le sang. Globules rouges déformés. Bactéridies en très grand nombre.

charbonneux possèdent, à côté de leurs propriétés protectrices, celle de donner un précipité au contact d'extraits d'organes d'animaux charbonneux. Ces sérums doivent donc, au préalable, avoir été essayés au point de vue de cette propriété spéciale, soit avec des cultures, soit avec des extraits. On fait une décoction des produits suspects, de la rate de préférence, dans du sérum physiologique, on filtre et on recherche avec le sérum anticharbonneux la précipito-réaction. Dans un tube à essai on verse doucement du sérum anticharbonneux, puis une égale quantité de l'extrait à éprouver, en superposant doucement sans mélanger. S'il y a réaction positive, il se forme une zone trouble caractéristique au contact des deux liquides.

On explique le phénomène en disant que parmi les anticorps du sérum anticharbonneux il y a des précipitines; que les décoctions d'organes charbonneux contiennent un précipitogène dérivant de corps bacillaires et surtout des capsules d'enveloppe et que le contact des deux substances, donne naissance au précipité insoluble. Il y a avantage à ce que l'extrait soit aussi concentré que possible et bien filtré.

Étiologie. — Comment le charbon apparaît-il dans les conditions naturelles? Une première observation, qui a fait l'objet de nombreuses confirmations, est relative à l'âge; les animaux jeunes sont plus sensibles que les adultes. D'un autre côté, la maladie apparaît généralement aux mêmes époques, dans les mêmes localités, les mêmes exploitations, et sur les mêmes herbages. L'explication de toutes ces particularités a été établie de la façon la plus logique et la plus démonstrative par Pasteur et ses collaborateurs. Ils ont tout d'abord établi expérimentalement qu'en arrosant des rations de fourrages avec des émulsions de spores de bactéridies charbonneuses les animaux qui consommaient ces rations pouvaient contracter la fièvre charbonneuse, et cela avec d'autant plus de facilité que les fourrages étaient plus grossiers, c'est-à-dire susceptibles de faire des érosions muqueuses le long du tube digestif, érosions servant de porte d'entrée à l'agent pathogène. Ils ont établi, d'autre part, que là où des cadavres charbonneux avaient été enterrés, même à profondeur respectable, 2 mètres et plus, des

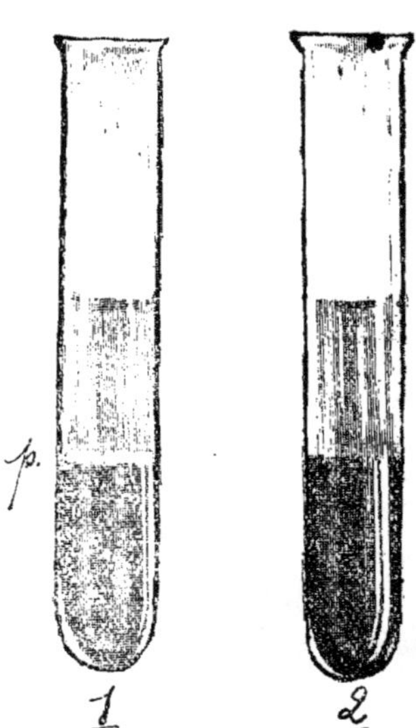

Fig. 325. — Réaction d'Ascoli. 1, réaction positive; *p,* zone de précipité; 2, réaction négative

spores charbonneuses virulentes pouvaient être retrouvées dans la terre, non seulement à la profondeur d'enfouissement, mais encore à la surface; ils ont établi enfin que les façons culturales de la terre ne faisaient pas disparaître les germes charbonneux, et que ces germes étaient exhumés de façon permanente par les vers de terre et ramenés dans leurs excreta à la surface du sol pour y être ensuite disséminés sur les fourrages par les influences atmosphériques. Dès lors tout le cycle d'évolution de la maladie charbonneuse apparaît : en pâturant sur les champs maudits, là où des animaux charbonneux ont été enterrés, même depuis des années et des années, les animaux peuvent ingérer des spores avec les aliments; à la faveur d'éraillures muqueuses qui existent toujours le long du tube digestif, des inoculations peuvent se produire, les spores peuvent germer, se développer et servir de points de départ à la pullulation de bactéridies et, si la quantité et la qualité des spores charbonneuses sont suffisantes, la maladie peut évoluer; si, au contraire, la virulence est trop faible, l'organisme résiste à l'infection, les microbes, peu pathogènes, sont détruits et disparaissent par phagocytose.

La maladie s'observe, de préférence, durant la saison chaude, à la suite des pluies d'orage, parce que c'est à la suite de ces conditions climatériques que les vers de terre remontent en plus grande abondance à la surface du sol et souillent davantage la production herbagère.

Pronostic. — Le pronostic de la fièvre charbonneuse est extrêmement grave, d'abord parce que le diagnostic n'est généralement fait que très tardivement s'il est fait sur le vivant, et ensuite parce que les interventions ont souvent lieu sur des cas douteux. Cependant, il est incontestable que des sujets peuvent présenter des manifestations et accidents passagers non douteux et cependant se rétablir dans la suite.

L'apparition de plaques œdémateuses sous-cutanées, au cours de la maladie, est toujours un signe défavorable; de même que l'apparition de *Bacillus anthracis* dans le sang de la circulation générale est l'indice d'une mort très proche.

Lorsqu'il s'agit de cas isolés, ou de cas se produisant même à l'étable, l'explication s'en trouve dans le fait que les fourrages consommés, foin, trèfle, luzerne, etc., ont pu être fortement souillés avant la coupe et que l'activité pathogène se retrouve avec les spores répandues par les boues et les poussières sur les fourrages secs.

A côté de ces conditions d'apparition et d'évolution de la maladie, qui sont les plus fréquentes et de beaucoup, il en est d'exceptionnelles : C'est ainsi qu'on a cité l'apparition de véritables enzooties ou épizooties de fièvre charbonneuse dans les vallées et sur des prairies où, de temps immémorial, on n'en avait jamais constaté, et l'on a reconnu que parfois cette apparition inattendue se faisait à la suite d'inondations de rivières recevant des eaux résiduelles de tissages, de tanneries; ou bien encore sur des terrains où l'on avait répandu certains engrais organiques d'origine animale, poudre d'os verts, sang desséché, etc. C'est que, dans ces cas, des spores charbonneuses ont pu être répandues avec les engrais, ou apportées par des laines brutes, des peaux vertes d'origine charbonneuse, livrées aux tanneries sans désinfection préalable.

La constatation, sinon fréquente, du moins accidentelle, de pustules malignes chez quelques ouvriers tanneurs n'a fait que confirmer les prévisions.

Ces données étiologiques peuvent expliquer à peu près la totalité des faits observés; mais il en est d'autres, d'une conception plus large, qui furent émises par l'école allemande et plus spécialement par R. Koch et qui, si elles ne répondent pas d'une façon bien précise à la majorité des faits enregistrés dans nos régions d'élevage, donnent cependant pleine satisfaction à l'esprit. Selon cette doctrine, la bactéridie charbonneuse végéterait normalement en saprophyte à la surface du sol, dans certaines conditions, particulièrement dans les régions humides, les eaux stagnantes, etc. Elle pourrait, à l'état de nature, sporuler tout comme on a pu le constater dans les cultures artificielles, sa pullulation plus ou moins active serait subordonnée aux variations hygrométriques de la surface du sol, et, lorsque les conditions saisonnières seraient exceptionnellement favorables à cette pullulation, elle pourrait devenir accidentellement pathogène. Tout cela peut être parfaitement vrai, puisque l'on a constaté que la multiplication de la bactéridie pouvait se faire dans des infusions de fourrages ou de plantes, que sa sporulation se réalisait dans les couches superficielles du sol, lorsque la température est assez élevée, etc., mais modifie peu le côté pratique

En résumé, l'évolution du charbon se fait à la suite d'inoculations accidentelles s'effectuant de préférence au niveau des voies digestives où l'agent microbien est apporté par les aliments ou les boissons, plus rarement à la suite d'inoculations cutanées, à la suite de souillures, blessures ou piqûres infectées. Toutes ces conditions sont naturellement réalisées dans les pays à charbon, mais il se peut aussi que des cas isolés apparaissent dans des régions indemnes à la suite de l'apport de fourrages sortant de zones dangereuses, de l'apport de germes par les cours d'eau (eaux résiduaires des tanneries, filatures, usines de tissage, etc.).

La pénétration intraorganique accidentelle de bactéridies ou de spores est suivie de végétation dans les vaisseaux et les espaces lymphatiques, puis, successivement, dans les groupes ganglionnaires voisins qui forment autant de barrages temporaires et successifs à l'infection (Colin), pour aboutir finalement ou non à l'infection générale.

Le résultat des infections expérimentales est fonction de l'activité, de la quantité et de la voie d'introduction des agents d'infection, aussi de la résistance des sujets utilisés. La voie d'infection intraveineuse est celle qui donne les résultats les plus rapides; la voie cutanée ou sous-cutanée, c'est-à-dire lymphatique, est notablement plus lente et peut même rester localisée un certain temps (pustule maligne de l'homme ou tumeur locale des animaux); mais, chez des sujets très réceptifs, lapin par exemple, la diffusion du virus peut être exceptionnellement rapide, puisque Colin a montré que l'amputation du point d'inoculation, cinq minutes après l'infection, n'est pas toujours une mesure suffisante pour sauver les sujets.

Les facteurs susceptibles de modifier la résistance des patients interviennent largement aussi, puisque Pasteur a pu transmettre le charbon à la poule, naturellement réfractaire, en la refroidissant pour abaisser sa température, et, par suite, diminuer sa résistance naturelle.

La mort des malades arrive par une action complexe : asphyxie, les bactéridies s'emparant de l'oxygène du sang; troubles circulatoires, déterminés par l'accumulation des bactéridies dans les capillaires, avec ralentissement ou arrêt consécutif du courant sanguin; intoxication par des poisons à actions démontrées vaso-dilatatrices (congestions et embolies), pyrétogènes (fièvre), irritatives (infiltrations œdémateuses).

Traitement. — Le traitement du charbon bactéridien doit être envisagé sous deux aspects : 1° le traitement de la maladie en évolution, c'est-à-dire curatif;

2° Le traitement prophylactique, c'est-à-dire la vaccination préventive.

Le *traitement curatif* n'a que bien peu de chances de succès, en raison même de la rapidité d'évolution et de la difficulté d'un diagnostic précis. Il n'est applicable que dans les cas à allure relativement lente, ou lorsqu'il y a des localisations cutanées. Dans ces cas, les incisions larges des tumeurs ou plaques œdémateuses (incisions cruciales profondes) au thermocautère, complétées par des pansements antiseptiques, et, au besoin, par des injections interstitielles antiseptiques et des injections de sérum anticharbonneux représentent les moyens d'action.

Le traitement général se limite aujourd'hui à l'intervention suivante :

a) Injection massive de sérum anticharbonneux;

b) Administration de doses élevées d'essence de térébenthine, d'alcool, de vin, d'alcool camphré, injections d'huile camphrée, etc.

Sans qu'on sache exactement pourquoi, et sans qu'on puisse en fournir une explication physiologique précise, l'essence de térébenthine a été recommandée de tous temps dans le traitement de la fièvre charbonneuse chez le bœuf, *intus et extra :* frictions irritantes cutanées pour provoquer des réactions thermiques violentes, et administration digestive à doses de 150 à 200 grammes par vingt-quatre heures, en émulsion avec de l'huile pour éviter ou limiter l'action irritante sur la muqueuse digestive, les reins, etc. Il est probable que le médicament agit par action sur les phénomènes d'oxydation, puisqu'une pratique de longue durée lui reconnaît une certaine efficacité.

L'action du sérum anticharbonneux, sans avoir un pouvoir neutralisant et curatif absolu, peut être d'une très réelle utilité.

Il est très probable que des médications d'antisepsie générale, par injections intraveineuses de produits à étudier, pourraient aussi donner des résultats; mais, pratiquement, il apparaît qu'elles ne pourraient être que d'un intérêt secondaire, puisque les procédés de vaccination préventive donnent toute satisfaction et toute sécurité.

En pathologie humaine, la protéinothérapie : injections intramusculaires de solutions de peptone à 5 p. 100 stérilisées, 30 centimètres cubes, a donné d'excellents résultats dans le traitement de la pustule maligne.

Prophylaxie. — Toussaint est le premier, qui en 1880, vaccina contre le charbon, en se servant de sang charbonneux, chauffé pendant dix minutes à 55°, ou mélangé avec de l'acide phénique à 1 p. 100.

Vaccination. — C'est en 1881 que Pasteur, Roux et Chamberland fournirent à Pouilly-le-Fort (S.-et.M.), sur le mouton, leur mémorable démonstration pratique de l'efficacité de la vaccination anti-charbonneuse par la méthode pastorienne (1) et, depuis cette époque, cette méthode s'est répandue sur le monde entier, permettant, dans les pays à charbon, de sauver de la mort une quantité énorme d'animaux, moutons et bovidés, car la vaccination n'est guère réalisée pratiquement que sur ces deux espèces.

La vaccination comporte, en principe, deux injections de virus différemment atténués, faites à douze ou quinze jours d'intervalle, la première à virus faible, c'est-à-dire fortement atténué, la seconde à virus fort, moins atténué.

Les vaccins sont livrés au commerce par les services de l'Institut Pasteur, en tubes scellés, par doses déterminées, avec seringues graduées, spéciales, pour ces opérations.

Chez les bovidés, on pratique la vaccination à l'encolure ou à

---

(1) La méthode pastorienne d'atténuation de la bactéridie charbonneuse est basée sur les constatations suivantes :

Des cultures successives de bactéridies charbonneuses à température normale de 37° donnent, au bout de vingt-quatre à quarante-huit heures, des spores qui conservent dès lors toute leur virulence. Lorsqu'une culture de bactéridie charbonneuse est effectuée en milieu ordinaire à la température constante de 42°-43°, elle s'atténue progressivement, tout en conservant ses facultés végétatives, filamenteuses et de scissiparité, mais sans sporulation. Dans de nouvelles cultures à température normale, l'atténuation de virulence est conservée, et les spores héritent des qualités progressives d'atténuation :

Au bout de douze à treize jours, l'atténuation démontre qu'un cobaye n'est plus tué.

Au bout d'un mois, l'atténuation démontre que les souris adultes peuvent résister, que les jeunes seules sont tuées.

Après six semaines, toute virulence est disparue.

Chaque stade d'atténuation successive peut être le point de départ de cultures atténuées utilisables comme vaccins pour des cultures moins atténuées.

Une gamme inverse d'augmentation progressive de virulence permet de revenir à la virulence primitive, par inoculations successives à des animaux très jeunes et très réceptifs, puis ensuite plus âgés et plus résistants.

Dans la préparation des vaccins commerciaux, l'activité comparative des premier et deuxième vaccins doit toujours être contrôlée expérimentalement par mesure de sécurité.

Dans les conditions naturelles, — le fait a été prouvé — les bactéridies charbonneuses s'atténuent plus ou moins dans le sol, ce qui explique la gravité variable des enzooties de charbon; et il est certain aussi que nombre d'animaux résistent parce qu'ils se vaccinent progressivement avec des microbes atténués.

l'épaule, dans les points où la peau est fine. Chaque vaccination comporte l'injection d'un quart de centimètre cube du produit; elle peut être sans conséquence apparente aucune, ou, au contraire, peut provoquer une réaction fébrile modérée et l'apparition au point d'inoculation d'une petite plaque œdémateuse, chaude, sensible, qui régresse et disparaît au bout de quelques jours. Exceptionnellement, il peut y avoir réaction fébrile, perte d'appétit, diminution de la sécrétion lactée, etc. Mais ce sont là des incidents inhérents à toute méthode et sans réelle importance, tenant à quelques variantes dans l'atténuation des vaccins ou la sensibilité individuelle de certains sujets.

La vaccination, de préférence, doit être faite au printemps, sur des animaux laissés au repos durant cinq jours au moins.

On a cité des accidents consécutifs à la vaccination!

S'il était possible d'en établir le bilan complet, les circonstances d'apparition, je crois qu'il serait bien difficile de les nier et qu'ils doivent être imputables, dans la majorité des cas, à des erreurs toujours possibles dans les atténuations, malgré les essais préalables de contrôle d'activité des vaccins.

On a fourni de ces accidents exceptionnels des explications fort acceptables, sans doute vraies pour la majorité des cas, mais non pour tous.

C'est ainsi, par exemple, que la vaccination peut être pratiquée sur des troupeaux en état d'infection latente, et que, lorsque la mortalité fait son apparition quelques jours plus tard, on l'impute à la vaccination alors qu'il n'y a eu que coïncidence entre l'apparition des premiers accidents et cette première vaccination qui suffit à déclancher une évolution plus rapide. C'est, en particulier, ce que l'on observe dans les vaccinations d'urgence et de nécessité, à la suite des premiers cas de mort par charbon dans un troupeau où l'infection latente doit être considérée comme existante; mais, malheureusement, des observations de même nature ont été faites aussi dans les vaccinations vraiment préventives, c'est-à-dire faites par précaution sur des troupeaux jusque-là totalement indemnes, et avant l'époque habituelle d'apparition saisonnière des cas de charbon. Il est utile d'ajouter, toutefois, que les animaux récemment vaccinés doivent être laissés dans d'excellentes conditions d'entretien, qu'il faut éviter les refroidissements, l'excès de chaleur, l'excès de travail, etc.

Ces réserves de pratique courante, qu'il faut connaître ne diminuent d'ailleurs en rien le principe et la valeur de la méthode, et c'est pourquoi on a cherché à éviter les accidents, dans la mesure du possible, en conseillant, en milieu contaminé ayant déjà fait des pertes, de commencer par une injection de sérum anticharbonneux pour ne faire la double vaccination que dans la suite.

L'immunité est considérée comme acquise quinze jours après la deuxième vaccination et valable pour une année. Malgré cette vaccination, il peut survenir quelques cas de mortalité, 1 à 2 p. 100.

Suivant les pays, on a réalisé des variantes dans la fabrication des vaccins, soit par le chauffage, soit par l'action d'antiseptiques variés : Chauveau a pu obtenir des vaccins, utilisés dans la pratique, par l'action de l'oxygène sous pression.

D'après Dawson et Möhler, les bovidés pourraient être immunisés par une seule injection de cultures en bouillon, maintenues seize jours à la température de 42°-43° C.

Au Brésil, la préparation la plus employée est la culture en bouillon peptone à 2 p. 100, atténuée douze jours à l'étuve à 42°. Doses : 2 centimètres cubes, bovidés adultes ; 1 centimètre cube, chevaux et porcs; 1 /2 centimètre cube, moutons.

Cutivaccination vaccination intra-dermique. — La pratique de l'immunisation anticharbonneuse par une seule inoculation est d'une importance considérable partout, mais surtout dans les colonies, là où le bétail à demi sauvage ne peut être que difficilement concentré sous les mains du vétérinaire opérateur. Aussi conçoit-on facilement la faveur avec laquelle a été accueillie la méthode nouvelle de Besredka de cuti-vaccination anti-charbonneuse, en un seul temps. Les résultats expérimentaux publiés par Brocq-Rousseu et Urbain, les résultats pratiques signalés par Lebasque, Velu, Nevodoff, etc. sont assez démonstratifs pour faire penser que les anciens procédés de vaccination anti-charbonneuse seront bientôt délaissés pour donner la préférence à la cutivaccination, plus expéditive, plus simple, moins coûteuse et plus sûre, applicable à tous les animaux. Le vaccin utilisé pour cette vaccination est représenté par une culture sporulée atténuée une demi-heure à 62-63° (Velu), diluée ensuite en eau glycérinée.

La technique de l'intervention est exactement superposable à celle de l'intra-dermo tuberculination. Sur les bœufs, Velu conseille l'intra-dermo vaccination dans un pli cutané de la base de la queue, l'injection intra-dermique devant donner entre les doigts la sensation de formation d'un petit nodule résultant de la pénétration des quelques gouttes de vaccin.

La cutivaccination a sur l'ancienne méthode l'avantage considérable d'une rapidité plus grande d'immunisation. Selon l'expression pittoresque de Velu, l'immunité consécutive est « explosive », c'est-à-dire presque immédiate. Elle peut être utilisée sans sérum préalable même en période d'enzootie et jugule l'épidémie mieux que la sérothérapie. Elle a enfin l'avantage de pouvoir être appliquée sans interruption de travail et même de permettre des vaccinations simultanées contre le charbon bactéridien et contre le charbon symptomatique.

Sérum anticharbonneux. — Lorsque des animaux réceptifs sont d'abord soumis à la vaccination par des virus atténués, puis ensuite à des injections successives de cultures virulentes, il se peut, au bout d'un certain temps, que leur sérum acquière des propriétés capables de protéger des cobayes, des lapins et des moutons contre une infection expérimentale ordinairement mortelle; que l'injection virulente soit faite peu de temps avant ou peu de temps après l'injection de sérum.

Dans la pratique, cette immunisation passive par le sérum anticharbonneux rend de grands services pour le reste d'un troupeau, quand des accidents sont apparus; toutefois, comme la durée de protection ne dépasse pas une à deux semaines, il faut toujours profiter de la sécurité apportée par le sérum pour recourir à la vaccination ou immunisation active.

Le cheval est aujourd'hui l'animal utilisé pour la production du sérum anticharbonneux; il peut arriver à supporter des doses de 500 centimètres cubes de cultures virulentes; mais l'âne, le bœuf pourraient de même être utilisés et certains expérimentateurs recommandent même le mélange de sérums de cheval, d'âne et de bœuf.

En pratique courante, des doses de 15 à 20 centimètres cubes sont protectrices pour grands animaux; mais comme doses curatives il faut aller beaucoup plus haut.

Séro-vaccination. — Nombre de pays étrangers, et en particulier l'Amérique du Sud, ont été partiellement conquis à la méthode de séro-vaccination recommandée par Sobernhein depuis 1902. Les avantages de la méthode sont les suivants : arrêt de la mortalité, par immunisation passive dans les troupeaux où il avait pu se produire quelques cas; vaccination active comme complément, d'après la méthode Pasteur; ou bien encore une seule intervention dans les troupeaux indemnes, réalisée de la façon suivante :

Grands animaux, 5 centimètres cubes de sérum anticharbonneux sous la peau d'un côté de l'encolure, et, cinq minutes après, un quart à un demi-centimètre cube de culture atténuée correspondant au vaccin Pasteur n° 2.

Comme aucune méthode ne peut mettre à l'abri d'accidents toujours possibles, il y a parfois quelques petits troubles comme avec l'ancien procédé, et, pour le cas où il se produirait quelques symptômes alarmants, il est sage d'avoir en réserve une certaine quantité de sérum anticharbonneux pour en faire un large usage, s'il y a lieu.

Tous ces procédés, de même que la sérothérapie préventive semblent devoir céder le pas à la cutivaccination.

Législation sanitaire. — Le charbon bactéridien rentre dans la série des maladies contagieuses visées par notre loi sanitaire, bien que la contagion directe soit pour ainsi dire nulle.

Ce qu'il importe de bien savoir, c'est que, les cadavres charbonneux pouvant être le point de départ de la transformation des cimetières d'animaux en champs maudits, il est logiquement indiqué de détruire les cadavres par l'incinération, la cuisson, etc. Le transport de ces cadavres doit être fait avec certaines précautions, puisque tous les excréta peuvent disséminer les germes pathogènes à la surface du sol. Lorsqu'on se trouve dans la nécessité d'enfouir, il est recommandé de placer les cadavres entre deux lits de chaux vive.

Le travail d'enlèvement des peaux d'animaux charbonneux présente des dangers très réels pour les personnes, car les plus petites blessures peuvent servir de porte d'entrée à la bactéridie charbonneuse, être le point de départ de l'évolution de pustules malignes, ou mêmes d'accidents généraux mortels.

Les peaux et produits industriels suspects (laines, crins, cornes, etc.) devraient d'autre part logiquement subir la désinfection; malheureusement, c'est parfois encore une impossibilité matérielle. De nombreuses contradictions existent en ce qui concerne la désinfection des peaux avec des produits variés; le procédé le plus économique et le plus sûr, le seul qui n'altère pas la qualité des peaux pour le tannage, recommandé après études comparatives du Bureau de l'industrie animale des Etats-Unis, comporte l'immersion durant quarante-huit heures au moins dans une solution mixte d'acide chlorhydrique à 2 p. 100 et de sel marin à 10 p. 100, parties égales(1).

La vente de viandes charbonneuses est interdite en raison du danger possible pour l'espèce humaine; incomplètement cuites, elles restent dangereuses; la salaison imparfaite ne fait pas disparaître la virulence.

Lorsqu'un cas de charbon a été constaté, les propriétaires et les vétérinaires sont tenus d'en faire la déclaration.

SEPTICÉMIE HÉMORRAGIQUE DES BOVIDÉS

(Pasteurellose des bovidés).

Anglais : Hemorragic septicemia of cattle; *allemand* : Rinderseuche.

La septicémie hémorragique des bovidés est une maladie infectieuse à marche aiguë ou subaiguë, provoquée par un agent microbien appelé *Bacillus bovisepticus* (ou *pasteurella. var. bovine*), qui, dans les cas à évolution rapide, donne une septicémie typique,

---

(1) Ou bien : Eau 100 litres, acide chlorhydrique commercial à 25 p. 100 : 9 litres, sel marin 12 kilogrammes. Deux jours d'immersion suffisent à les stériliser sans les détériorer. Le lysol, l'acide phénique à 5 p. 100 se sont révélés inactifs même au bout de quatre semaines. Le sublimé à 1 p. 1.000 est actif au bout du même temps, mais les cuirs, sont détériorés.

(Septicémies hémorragiques d'après Jacotot).

1. Culture de Pasteurella boviseptica en bouillon Martin, après 18 heures d'étuve.
2. Culture de Pasteurella boviseptica sur gélose Martin, après 48 heures d'étuve.
3. Sérum de bœuf ; 4. Sérum de buffle.
Par la couleur de chacun de ces liquides, on peut juger de celles des œdèmes et des exsudats du bœuf et du buffle de pasteurellose.
5. Étalement de sang du cœur d'un buffle mort de pasteurellose naturellement contractée.

c'est-à-dire une infection générale du sang, et dans les autres une infection moins active, mais avec localisations sous-cutanées (formes œdémateuses) ou localisations thoraciques (formes pulmonaires).

Durant longtemps, cette affection fut confondue avec d'autres, en particulier avec les affections charbonneuses, en raison de sa rapidité d'évolution et de ses terminaisons. C'est Bollinger (1878) qui la signala le premier sur des animaux sauvages, puis sur le bétail et qui la différencia cliniquement. C'est Kitt (1885) qui donna la première notion sur l'agent infectieux mis en cause. Depuis lors, de nombreux travaux ont été produits un peu partout, soit en ce qui concerne la répartition de la maladie, soit en ce qui a trait à la biologie du *Bacillus boviseplicus* (1), qui est une variété du groupe des agents des septicémies hémorragiques (bactéries ovoïdes ou pasteurella de Lignières).

Symptômes. — Au point de vue symptomatologique, la maladie se présente sous trois aspects quelque peu différents : une forme générale, rapide, sans localisation ; une forme œdémateuse ; une forme pectorale.

Dans la *forme seplicémique* caractéristique d'emblée, les signes se rapprochent beaucoup de ceux de l'évolution du charbon : malaise subit, tristesse, inrumination, fièvre, température = 40-41°, accélération respiratoire et circulatoire, tremblements, coliques avec signes de constipation parfois suivie, dans les cas de guérison, de diarrhée profuse, fétide, avec ou sans fausses membranes, souvent avec du sang. Il se peut même qu'il y ait aussi jetage spumeux sanguinolent. Exceptionnellement la température reste normale, ou même descend au-dessous de la normale. La durée moyenne est de six à vingt-quatre heures.

Dans la *forme œdémateuse*, généralement localisée à la région de la gorge et par suite facile à confondre avec une localisation de la fièvre charbonneuse ou du charbon symptomatique (glossan-

---

(1) Le *Bacillus boviseplicus* (*Bacillus bipolaris seplicus*, bactérie ovoïde ou pasteurella) se présente sous l'aspect d'un microbe aérobie court (1 µ de long, 1 /2 µ de large en moyenne), polymorphe (formes de cocci, diplocoques, coccobacilles) dans les cultures, légèrement renflé à sa partie moyenne, arrondi à ses extrémités, se cultivant bien sur les milieux ordinaires, mais non sur pomme de terre acide. Il ne liquéfie pas la gélatine, ne coagule pas le lait.

Les cultures dégagent une odeur caractéristique.

Cette bactérie, retirée des lésions organiques, se colore intensément à ses extrémités, alors que la partie centrale reste claire (bactéries ovoïdes à espace clair) ; elle ne prend pas le Gram. Dans les cultures, les caractères des préparations se modifient, comme conséquence du polymorphisme d'abord, et de l'affinité pour les colorants ensuite ; le caractère bactérie ovoïde à espace clair est moins facile à mettre en relief, les extrémités se teintent moins bien, le caractère *bipolaris* s'atténue.

Les bactéries ovoïdes ont un développement saprophytique à la surface du sol et dans les eaux stagnantes ; il semble qu'elles peuvent devenir pathogènes à un moment donné sous des influences indéterminées, et les passages successifs sur les animaux augmentent cette virulence, d'ailleurs sujette à de nombreuses variations.

L'agent est pathogène pour le cobaye, le lapin et la souris.

thrax), le tissu conjonctif sous-cutané et interstitiel est considérablement infiltré et amène une déformation de la région. La muqueuse buccale est rouge, chaude et sèche, la langue remplit la cavité. La conjonctive est enflammée, le larmoiement abondant; la déglutition est difficile ou impossible, la respiration est parfois difficile, sifflante ou stertoreuse.

Les muqueuses sont cyanosées, comme dans l'asphyxie progressive.

La durée d'évolution de cette forme peut être fort courte, douze à trente-six ou quarante-huit heures.

La *forme pectorale* est caractérisée par des

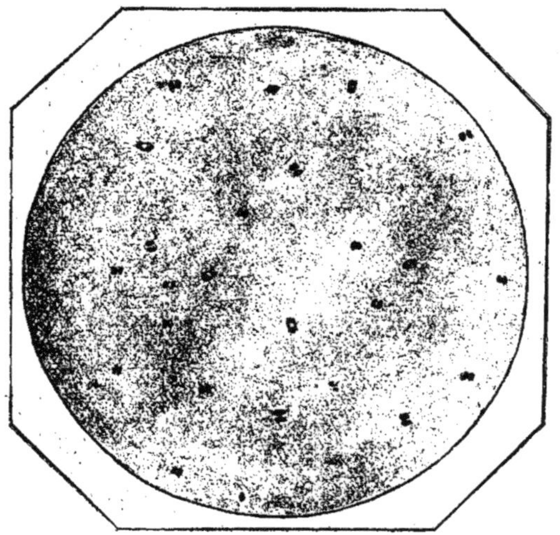

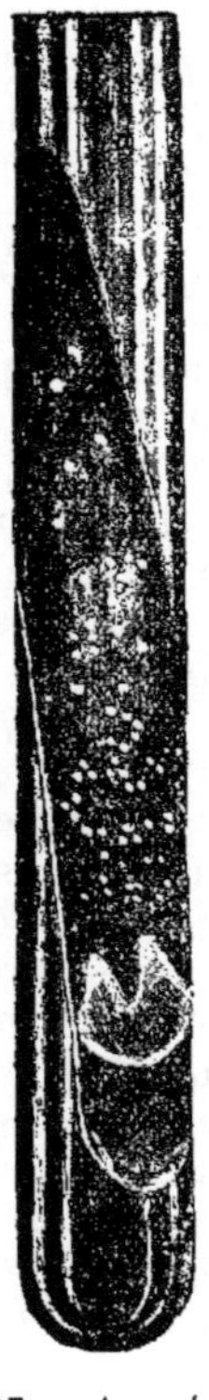

Fig. 326. — Bactéries ovoïdes des septicémies hémorragiques. Pasteurella, coccobacilles ou [*Bacillus bipolaris septicus.*

Fig. 327. — Aspect des cultures de Bactéries ovoïdes sur gélose.

signes de pleuro-pneumonie aiguë, avec jetage séreux jaunâtre ou rougeâtre, accélération respiratoire, douleur à la percussion, submatité plus ou moins étendue, disparition du murmure vésiculaire, apparition de râles et de souffles au niveau des régions hépatisées, asphyxie progressive et mort.

La durée d'évolution de cette forme est ordinairement de trois à cinq jours.

On a dit que la maladie pouvait, surtout dans cette forme pectorale, prendre une allure subaiguë ou chronique et aboutir à la guérison ou à la formation de séquestres; de même qu'on a établi un rapprochement avec la septicémie des nouveau-nés, la pneumonie contagieuse des veaux (pleuro-pneumonie septique des veaux, etc.); il y a évidemment encore là des relations de parenté morbide qui sont mal précisées, car les formes de pneumonie contagieuse des veaux, à *Bacillus pyogenes bovis*, n'ont pas l'allure brutale et rapide de la forme pectorale de la septicémie hémorragique, et les foyers caséeux pulmonaires que l'on a signalés dans cette dernière affection comme reliquats des formes chroniques, se rapportent sans doute à autre chose.

Lésions. — Dans les autopsies, on découvre des congestions généralisées, avec suffusions sanguines ou petites hémorragies récentes sous les séreuses, dans l'épaisseur des muqueuses, dans les muscles et principalement les poumons.

Dans les formes œdémateuses, le tissu conjonctif sous-cutané et interstitiel de la gorge, du cou, de la tête, est infiltré par un liquide jaunâtre, tremblotant, d'aspect gélatineux avec suffusions sanguines par places. La langue est souvent élargie, épaissie, comme infiltrée dans son ensemble, avec localisation œdémateuse plus marquée sur les côtés du frein et vers les sillons du canal lingual. La zone conjonctive sous-pharyngée et périlaryngée est de même plus ou moins œdémateuse et hémorragique, parfois il y a de l'exsudat à aspect de fausses membranes, à la surface des muqueuses pharyngée et laryngée; les ganglions rétropharyngiens sont succulents et hémorragiques, comme meurtris ou marbrés.

La cavité abdominale contient souvent une quantité variable de sérosité citrine ou rougeâtre, pouvant aller à plusieurs litres. De même l'intestin grêle peut être épaissi, infiltré, hémorragique, avec contenu fluide, ambré ou rougeâtre, anormal; il est plus rare que pareilles altérations se découvrent sur le gros intestin.

Le sang à l'aspect normal, il est foncé, mais il se coagule et rougit à l'air; la rate est, dans la règle, non augmentée de volume.

Dans la forme, dite pulmonaire, la cavité pleurale contient une quantité variable de sérosité citrine ou hémorragique; il y a même parfois exsudat fibrineux. L'un ou l'autre des poumons, souvent les deux, apparaissent congestionnés, œdémateux, friables, d'aspect brun ou rouge sur la coupe. Les cloisons conjonctives interlobulaires sont infiltrées, distendues par une sérosité ambrée comme dans la péripneumonie contagieuse. Les parties non hépatisées sont congestionnées. La muqueuse de la trachée est foncée, tachetée de plaques hémorragiques. Le tube trachéo-bronchique est rempli de spumosités.

Étiologie. — L'affection apparaît de préférence durant l'été, sous forme de cas isolés, quelquefois sous forme enzootique. Elle a été observée dans tous les pays du monde où l'on fait l'élevage du bétail, et il est admis que l'infection doit se produire par voie digestive, avec les aliments ou les boissons, à la faveur de blessures, d'éraillures muqueuses ou même par simple pénétration. Les bactéries vivent en saprophytes dans les couches superficielles du sol et les eaux stagnantes surtout; elles peuvent devenir pathogènes sans qu'on sache au juste pourquoi. Dans les cas isolés, l'infection se ferait à la faveur d'une diminution de résistance des sujets pour une cause quelconque, ou au contraire d'une puissance pathogène anormale des bactéries répandues dans le milieu extérieur, à la faveur d'influences inconnues et indéterminées.

Les températures chaudes du printemps sont favorables à l'éclosion de ces cas imprévus. La diffusion des germes pathogènes dans le milieu extérieur par le sang, les excréments, les liquides organiques, etc., peuvent expliquer l'apparition des enzooties d'étables, l'activité de virulence pouvant se trouver renforcée par des passages successifs sur des malades de même espèce.

Diagnostic. — La ressemblance clinique des formes d'évolution de la septicémie hémorragique et du charbon bactéridien ou du charbon symptomatique en rend toujours le diagnostic assez délicat du vivant des animaux.

A l'autopsie, les caractères des lésions, des viscères, du sang, et l'examen microscopique de ce sang ou des liquides pathologiques permet une différenciation plus commode. Mais encore faut-il que ces autopsies soient faites assez tôt après la mort pour que les altérations cadavériques ne masquent pas les caractères primitifs. La différenciation des formes pulmonaires de la septicémie hémorragique d'avec la pleuro-pneumonie contagieuse des bovidés est fort délicate, et basée sur la présence de bactéries ovoïdes (*Bacillus bipolaris*) dans la sérosité de la septicémie, l'absence totale dans la sérosité de péripneumonie.

Il faut ajouter enfin que la septicémie hémorragique peut être confondue parfois avec certains empoisonnements chimiques (le nitrate de soude par exemple) ou certains empoisonnements d'origine alimentaire (aliments avariés, if, etc.).

Traitement. — La marche de la maladie est d'ordinaire si rapide qu'il y a assez peu de chances de succès dans les interventions; néanmoins il est indiqué d'inciser largement au thermocautère les régions œdémateuses, ou de mettre de grosses **et** nombreuses pointes de feu pénétrantes, ainsi transformées en exutoires.

Dans les formes pulmonaires, la saignée, la révulsion violente sur les côtés du thorax, les injections intraveineuses de sérum physiologique camphré (un demi-litre à 1 litre suivant la taille : sérum physiologique à 40°, faire tomber goutte à goutte de l'alcool camphré à saturation jusqu'à apparition d'une légère teinte laiteuse; injection très lente). (1)

Dans les cas d'enzooties, on recommande encore, dans les pâturages, de déplacer les animaux si possible et de les transporter sur des terrains secs et élevés; dans les étables, de désinfecter les locaux contaminés, de changer de milieu et surtout de changer de régime alimentaire. Les accidents disparaissent souvent par ces simples mesures.

Des tentatives d'hyperimmunisation chez des animaux guéris d'atteinte naturelle ou expérimentale ont été faites pour l'obtention d'un sérum actif.

Des tentatives de vaccination ont été réalisées aussi, elles ne sont pas entrées dans le domaine de la pratique usuelle, parce que les cas de septicémie hémorragique sont trop peu fréquents et d'allures trop imprévues.

Néamnoins, il est bon de savoir que l'on a essayé de vacciner avec l'exsudat pulmonaire ou pleural filtré ou stérilisé, avec des cultures tuées par la chaleur, avec des cultures d'abord sensibilisées par contact avec du sérum d'animaux hyperimmunisés et ensuite tuées par la chaleur à 60°.

Les résultats, à l'étanger et aux colonies, ont, dit-on, été favorables.

CHARBON SYMPTOMATIQUE

Anglais : Black-quater, black-leg; *allemand* : Rauschbrand; *italien* : Carboncho enfisematosa-quarto-nero.

Le *charbon symptomatique*, encore appelé *charbon emphysémateux, charbon à tumeurs, charbon bactérien*, est une affection caractérisée cliniquement par la présence de tumeurs crépitantes à la pression, en un ou différents points de la surface du corps. La crépitation est due à la présence de gaz de fermentation et donne à l'exploration manuelle une sensation quelque peu comparable à celle d'une insufflation d'air dans le tissu conjonctif sous-cutané; de là le nom de charbon emphysémateux. Les tumeurs charbonneuses se développent dans les masses musculaires des membres, du dos, du thorax, etc.

La maladie, toujours aiguë, très grave, est une maladie infec-

(1) Les injections intraveineuses de cultures peuvent tuer des veaux en un à trois ou quatre jours, avec des doses de quelques centimètres cubes; des animaux adultes avec des doses plus fortes, 90 à 100 centimètres cubes, sans localisation aucune et avec les seules lésions générales des infections sanguines. Des infections moins graves peuvent provoquer l'évolution de broncho-pneumonies à marche lente ou simplement de l'amaigrissement progressif et de la consomption.
Les injections sous-cutanées de cultures provoquent une inflammation violente accompagnée d'infiltration œdémateuse locale, et plus tard de suppuration lorsque les animaux ne succombent pas.

tieuse, transmissible par inoculation, due à une bactérie spéciale anaérobie, bien étudiée par Arloing, Cornevin et Thomas (1879-1884), et appelée par eux *Bacillus gangrenæ emphysematosæ*, *Bacterium Chauvæi* (en l'honneur de Chauveau); ce qui lui a fait donner le nom de charbon bactérien par opposition au charbon bactéridien ou fièvre charbonneuse (1).

Le charbon symptomatique a sans doute toujours existé en France, et il est signalé dans tous les pays d'élevage, à l'étranger comme aux colonies, en Amérique comme en Afrique; mais dans certaines régions de préférence dans les zones accidentées et montagneuses. La région du Plateau Central, en France, est l'une des contrées où la maladie sévit en permanence, mais on la trouve aussi dans les Pyrénées, dans les Alpes, dans les Vosges, plus rarement dans les régions de plaines sous forme de foyers plus ou moins étendus et persistants, là où il y a de la lande, de la brousse, du pâturage permanent, mais non de la culture régulière.

Le charbon symptomatique, en France, est une affection qui frappe à peu près exclusivement les bovidés, et même, pourrait-on dire, les jeunes bovidés; toutefois l'affection peut se développer chez tous les ruminants domestiques ou sauvages.

Symptômes. — Le charbon symptomatique se développe de préférence chez les jeunes sujets de six mois à trois ans, beaucoup plus rarement chez les adultes, parce que, dit-on, ceux-là s'immunisent naturellement et progressivement au cours de leur existence dans les pays à charbon symptomatique. Il est infiniment plus fréquent sur les sujets d'importation que sur les sujets originaires même des zones à charbon. Il se présente sous deux aspects.

Dans les formes les plus typiques, la tumeur charbonneuse est le signe caractéristique et primitif. En un point quelconque de la région des fesses, des cuisses, du périnée, de la jambe, ou bien au

(1) Le *Bacterium Chauvæi* se trouve dans le liquide des tumeurs charbonneuses, sous forme de bâtonnets droits de 2 à 6 μ de long sur 1/2 à 1 μ de large, à extrémités légèrement arrondies, parfois renflées à l'une de ces extrémités. La bactérie est mobile, par action de flagella; à un certain stade de son développement, elle donne naissance à une spore. On la découvre aussi sous forme de bactérie sporulée, la spore ovoïde se trouvant vers l'une des extrémités ou au contraire vers la partie moyenne, donnant les aspects en fuseau ou en massue.

C'est un anaérobie qui cultive rapidement dans les milieux ordinaires, en particulier les bouillons de poulet, de veau et de foie, en donnant un trouble uniforme d'abord, des dégagements gazeux et un léger dépôt pulvérulent après quarante-huit heures. La gélatine est liquéfiée, le sérum coagulé non. Les cultures perdent vite leur activité par le vieillissement au bout de quelques jours.

La bactérie du charbon symptomatique se colore assez difficilement, mais prend bien le Gram; dans ces cultures, on trouve à la fois des éléments normaux et des éléments sporulés.

Les cultures étant souvent impures avec les prélèvements ordinaires, Balozet (1926), recommande la technique suivante pour obtenir des cultures pures : Prélever un métacarpien ou métatarsien pour ensemencer abondamment la moelle osseuse dans du bouillon de foie peptoné ou du bouillon de cerveau de bœuf. Cerveau 1 — eau 4 — émulsionner stériliser vingt minutes à 115°), cultures sous huile de vaseline. Les cultures montrent l'agent microbien avec ses caractères morphologiques dans les tissus, sa spore, son odeur, etc...

contraire, de l'épaule, du bras, du dos, des reins, beaucoup plus rarement de l'encolure, de l'auge ou de la gorge (glossanthrax), une tuméfaction apparaît chaude, douloureuse, œdémateuse d'abord, crépitante, emphysémateuse et insensible ensuite. L'évolution de cette tumeur se fait d'ordinaire en quelques heures, huit à dix en moyenne. Les malades paraissent boiteux, raides, comme stupéfiés et sous le coup d'un état général très grave, avec perte d'appétit, arrêt de la rumination, tristesse, frissons, tremblements, accélération respiratoire, accélération circulatoire, pouls 90 à 100, etc. La température s'est élevée à 40-41°, le poil est piqué, les malades immobiles et anéantis; en quelques heures, l'état devient très alarmant, la respiration s'accélère, les muqueuses deviennent bleuâtres, le cœur faiblit, le rumen se ballonne, la température baisse et les malades succombent.

Dans les formes les plus rapides, tout est terminé en quelques heures, les malades présentent assez fréquemment des frissons intenses ou des coliques dont l'origine est impossible à préciser, puis se montrent insensibles aux excitations, ils se couchent en décubitus sterno-abdominal ou latéral complet, restent inertes et succombent sans agonie après abaissement progressif de la température.

Dans les formes plus lentes, l'évolution se fait en un à deux jours, les mêmes signes locaux ou généraux sont enregistrés, mais l'évolution est moins brutale, la tumeur charbonneuse devient insensible, fortement crépitante, froide vers son centre surtout, comme déjà frappée de mort, la température générale descend, les extrémités se refroidissent et la mort arrive doucement.

Non moins souvent la tumeur charbonneuse n'apparaît pas de prime abord, mais seulement plus tard ou à l'autopsie, et ce sont les symptômes généraux : fièvre, tristesse, abattement, inappétence, inrumination, frissons, tremblements, météorisation, coliques, etc., qui caractérisent l'évolution.

La lésion charbonneuse n'est pas apparente, on ne la découvre qu'à l'autopsie, dans la profondeur des tissus ou même vers les cavités splanchniques.

C'est à cette forme que Chabert (1790) avait donné le nom de *charbon symptomatique* qui a été conservé, alors qu'il qualifiait l'autre modalité de *charbon essentiel* ou de *charbon à tumeurs*, sans pouvoir, à l'époque, établir la distinction entre ce charbon bactérien à tumeurs et les tumeurs d'origine bactéridienne à bactéridies de Davaine.

A côté des formes aiguës généralement mortelles, il existe des formes bénignes, tellement légères et atténuées dans leurs manifestations que le diagnostic peut rester hésitant.

Entre le moment où l'infection se produit et avant l'explosion des symptômes apparents, il s'écoule une période variable dite d'incubation, que l'on estime osciller entre trois et cinq jours. Elle est fonction de l'intensité de l'infection et de la virulence des agents microbiens d'infection.

Lésions. — La première impression recueillie à l'examen d'ensemble des tissus, lors d'une autopsie, est celle d'une infection septicémique : arborisations vasculaires, suffusions sanguines, congestions viscérales, etc.; puis on est frappé en même temps de la présence plus ou moins abondante de gaz d'infiltration dans les plans conjonctifs sous-cutanés et interstitiels, abondants au voisinage de la tumeur charbonneuse, ou d'autant plus abondants que l'on se rapproche d'un point déterminé qui semble être le centre d'émission, la partie centrale de la tumeur charbonneuse. Sur section de cette masse qui correspond à la lésion primitive, on constate que de la partie centrale à la périphérie les muscles paraissent frappés de mort, cuits, de teinte rouge noirâtre au centre, rouge foncé, jaune rougeâtre ou jaunâtre à la périphérie. Le tissu conjonctif est distendu par de la sérosité d'infiltration d'aspect ambré ou rose et par des gaz de fermentation spéciale, le tout répandant une odeur de beurre rance plus ou moins accentuée. L'infiltration œdémateuse est en raison inverse de l'infiltration gazeuse, ou inversement.

Les ganglions lymphatiques avoisinants sont engorgés, œdémateux, succulents, parfois hémorragiques.

Il se peut que, chez des malades ou sur des cadavres, on ne découvre pas de lésion spécifique bien délimitée en tumeur, mais que toute une zone du corps : paroi thoracique, épaule, cuisse, etc., paraisse largement ecchymosée, meurtrie, sanguinolente, œdémateuse et emphysémateuse, que les muscles y soient nettement altérés comme au niveau de tumeurs délimitées. La lésion est alors de même origine, mais c'est une lésion diffuse au lieu d'une lésion localisée; lorsque ces altérations siègent aux membres ou dans leur voisinage, les manifestations de boiterie, sensibilité, etc., sont d'ailleurs exactement les mêmes que dans les cas de tumeurs délimitées.

On a enfin signalé la possibilité d'altérations de même caractère et de même origine sur l'épiploon, l'intestin, le mésentère. Dans ce cas, il y a toujours, en plus ou moins grande abondance! des épanchements cavitaires, rougeâtres, dans les plèvres, le péricarde, l'épiploon.

Les gros viscères : foie, rate, reins, ne présentent pas d'altérations spéciales; le sang est coagulé et contient peu ou pas d'agents microbiens, il n'a pas subi d'altérations apparentes. La bactérie spécifique se retrouve en abondance dans les tissus et exsudats de la tumeur charbonneuse ou à son voisinage, même dans la bile, les ganglions, etc.; elle est généralement asporulée, mais, lorsque l'affection a eu une évolution assez lente, on peut en trouver de sporulées. Les épanchements cavitaires, la rate, le foie, les reins, etc., contiennent le virus.

Les gaz de fermentation sont représentés par de l'acide carbonique, de l'ammoniaque et des carbures d'hydrogène.

Les bactéries anaérobies peuvent se conserver longtemps dans les sols après enfouissement des cadavres; on admet la possibilité

Fig. 328. — Charbon symptomatique. Bactéries ordinaires et bactéries sporulées.

d'une vie saprophytique; toutefois, si les spores peuvent se conserver fort longtemps, les formes bactériennes sont rapidement atténuées et détruites dans les couches superficielles du sol, au contact de l'atmosphère.

Diagnostic. — Lorsqu'il s'agit de l'évolution du charbon symptomatique sous le type classique, avec tumeur crépitante, le diagnostic clinique du vivant ne présente aucune difficulté; lorsqu'il s'agit de lésions diffuses, mal délimitées, non ou encore peu crépitantes, s'accompagnant de boiteries et de symptômes généraux alarmants, à début très brusque et marche rapide, le diagnostic est encore le plus souvent très facile. Dans les autres cas, il peut évidemment subsister des doutes.

Sur le cadavre, le diagnostic est encore plus commode lorsqu'on tient compte des commémoratifs et des caractères des lésions trouvées, sous une forme ou sous une autre, en un point quelconque, sous la condition de tout explorer, aussi bien la face interne des épaules que les muscles de la face interne des cuisses.

L'odeur de beurre rance s'ajoute comme signe de très réelle valeur.

Dans les cas de doute, le diagnostic peut être confirmé ou infirmé par l'examen microscopique, et l'inoculation.

L'*examen bactériologique* se borne à l'étude de frottis de produits pathologiques (muscles, exsudats), après coloration au violet phéniqué ou au Gram. On y trouve des bactéries ordinaires et des bactéries sporulées.

A l'autopsie des cobayes morts d'inoculation, des bactéries nombreuses et isolées peuvent être trouvées dans le foie, mais jamais sous forme de chaînes ou filaments, comme cela se produit avec la septicémie gangréneuse (vibrion septique).

Infection expérimentale. — Lorsque, dans une tumeur charbonneuse d'un animal mort de maladie naturelle, on prélève une certaine quantité de sérosité ou liquide virulent et qu'on l'injecte sous la peau, dans le tissu conjonctif d'un animal réceptif (bœuf, mouton, cobaye), il se développe localement une tumeur charbonneuse de mêmes caractères que la lésion primitive, et susceptible d'entraîner une infection générale et la mort.

Si, chez le bœuf, la quantité de virus injectée est très faible, et si, surtout, elle est faite dans certaines régions, en particulier dans le tissu conjonctif très dense de l'extrémité de la queue, où la température organique est d'ailleurs plus basse, il se peut que les conséquences soient à peine appréciables (fièvre légère, tristesse, passagère et inappétence), ou passent même totalement inaperçues (Arloing, Cornevin, Thomas), et ces animaux sont dès lors vaccinés, puisqu'ils résistent à une infection expérimentale susceptible de tuer des témoins. Toutefois la susceptibilité individuelle, c'est-à-dire le degré de réceptivité ou de sensibilité des sujets, et le degré d'activité des virus naturels est pour ainsi dire impossible à prévoir, et l'on ne peut jamais par avance affirmer ce qui se produira.

Lorsqu'on inocule à un bœuf quelques centimètres cubes de sérosité virulente extraite de tumeur charbonneuse, en injection *rigoureusement* intraveineuse, il peut y avoir : ou bien infection générale et mort rapide possible; ou bien, ce qui est pour ainsi dire la règle, troubles généraux passagers, perte d'appétit, fièvre; ou bien troubles insignifiants et retour rapide à l'état normal. Les survivants à pareille épreuve se montrent dans la suite insensibles à des infections du tissu conjonctif capables d'entraîner la mort de sujets témoins.

L'infection sanguine serait donc plus brutale, mais en principe moins dangereuse que l'infection sous-cutanée, parce que le milieu riche en oxygène et la phagocytose s'opposent plus efficacement à la multiplication de l'agent pathogène. Mais l'injection *rigoureusement* intraveineuse est trop délicate pour que ce soit une méthode d'intervention courante.

Ce sont pareilles constatations qui ont guidé les expérimentateurs dans leurs tentatives de vaccination et l'établissement définitif de leurs procédés, certains procédés d'action sur l'agent microbien permettant de lui donner une fixité d'action déterminée suffisante pour en faire un vaccin.

L'*inoculation* de diagnostic comporte l'injection sous-cutanée, ou dans les muscles de la cuisse d'un cobaye, d'une petite quantité, produit de râclage ou de broyage des lésions suspectes (1 gramme de muscle dans 10 grammes d'eau stérile; quelques centigrammes du produit de filtration suffisent). Quelques heures après, le résultat de l'infection se manifeste et la mort survient en vingt-quatre heures avec altération de même ordre que celles d'origine.

Le lapin n'est pas sensible, non plus que le pigeon et le rat.

Vallée et Leclainche (1924) disent que à côté du charbon symptomatique type, à *B. Chauvæi* il existe des charbons parasymphtomatiques différents, ainsi que des gangrènes gazeuses.

Types
{ B. Chauvæi non virulent pour le cheval, virulent pour le veau et le cobaye.
B. Septicus virulent pour le cheval, virulent sous la peau des bovidés.

plus des types intermédiaires faisant de la gangrène gazeuse chez les bovidés, à la faveur de plaies accidentelles, de plaies d'accouchement, etc.

Étiologie. — Comme pour la fièvre charbonneuse ou charbon bactéridien, il y a des pays à charbon symptomatique, des localités à charbon à tumeurs, où l'affection reparaît tous les ans périodiquement avec plus ou moins d'intensité. C'est une maladie de pâturage, elle est extrêmement rare à l'étable; elle apparaît surtout au printemps et durant l'été.

C'est vraisemblablement par les aliments souillés de spores et les boissons, dans les localités infectées, que les animaux se contaminent, puisqu'il est possible de reproduire expérimentalement l'affection par ingestion massive de cultures actives. Accidentellement et plus rarement la maladie pourrait évoluer à la suite d'inoculations externes par blessures, éraillures, morsures, écorchures ou piqûres par les clôtures, et lorsqu'elles sont accompagnées de souillures virulentes, car il est démontré que l'infection expérimentale par injection sous-cutanée ou intramusculaire chez le bœuf donne naissance à l'évolution de tous les accidents caractéristiques (1).

On a émis aussi l'idée que des mouches ayant séjourné sur des carcasses d'animaux morts pourraient servir d'agents de transport.

La plupart du temps, les tumeurs charbonneuses contiennent non seulement la bactérie spécifique, mais d'autres microbes, et il paraît même admis que la pullulation active du *Bacterium Chauvæi* ne se fait bien que là où il y a ces actions microbiennes superposées, qui seraient favorisantes en entravant une phagocytose normale. La tendance à la diffusion septicémique est très puissante, par voie lymphatique ou sanguine; le passage de la mère au fœtus chez les femelles en gestation est de règle.

La bactérie du charbon symptomatique semble être capable de se multiplier dans le sol, et les spores sont extrêmement résistantes aux influences de destruction.

Les animaux de moins de six mois sont exceptionnellement atteints : ils se montrent plus résistants que les adultes aux infections expérimentales de doses rigoureusement déterminées. Leur résistance peut être surmontée par de fortes doses virulentes ou des infections naturelles très graves, bien entendu.

Le virus frais est modifié ou altéré par mille circonstances dans le milieu extérieur : par l'action de l'atmosphère, de l'humidité, de l'oxygène, des antiseptiques variés, etc.

La dessiccation des liquides exprimés des tumeurs, au-dessous de 35°, permet la conservation du virus avec toute son activité durant des années, à la température ordinaire. La chaleur amène des modifications variées, les bactéries non sporulées sont détruites à 65°, après une demi-heure, les sporulées à 100° après le même temps environ (Arloing). Les cultures sporulées sont détruites à 100° en quelques minutes (Leclainche et Vallée).

Le froid reste sans action.

Bon nombre d'antiseptiques restent à peu près sans action sur le virus; le bichlorure de mercure et le nitrate d'argent, même en solution faible au millième ou au deux-millième sont très puissants, de même que l'acide phénique à 2 p. 100.

Les cultures pures en bouillon, chauffées à 75-78° durant deux heures deviennent inoffensives pour le cobaye et lui confèrent une immunité durable (Leclainche et Vallée).

Les cultures pures dans le sang, desséchées, chauffées à 102° pendant sept heures, perdent à peu près toute virulence, mais les spores conservent leur activité et les toxines seules sont détruites,

---

(1) Quelques agents, différents comme caractères morphologiques et qualités pathogènes, ont été décrits et signalés comme susceptibles d'engendrer des accidents cliniquement comparables au charbon symptomatique, en particulier celui de la *Mancha,* décrit par Lignières en Argentine. La vaccination contre le charbon symptomatique reste sans effets contre ces formes spéciales.

car l'addition d'acide lactique entravant la défense organique permet aux spores et aux bactéries de récupérer toute leur activité en inoculation directe suivie de cultures successives.

Traitement. — L'évolution du charbon symptomatique est généralement si rapide et si grave qu'il est assez rare que le clinicien soit appelé et ait le temps d'intervenir.

De la plupart des anciens moyens recommandés, frictions irritantes, vésicatoires, lavages, etc., un seul est à retenir : l'incision cruciale large de la tumeur charbonneuse au thermocautère.

Parmi les autres moyens, les injections intraveineuses puis soucutanées de sérum anticharbonneux à haute dose (Leclainche et Vallée), les injections interstitielles d'eau oxygénée dans la tumeur, de solutions de sublimé, de thymol, etc., peuvent être tentées sans hésitation, puisque les animaux doivent être considérés comme condamnés si l'on ne fait rien. J'en ai vu guérir autrefois, même sans sérum, avec les injections répétées d'eau oxygénée du commerce.

Les guéris restent longtemps à se rétablir définitivement dans la suite, parce que l'élimination des produits frappés de mort est fort longue.

On conçoit donc qu'en raison de l'importance des pertes, on ait depuis longtemps cherché une méthode prophylactique permettant de sauver bon nombre d'animaux jeunes qui disparaissaient chaque année.

Sérum anticharbonneux. — *Sérothérapie* — Lorsqu'un animal (lapin, mouton, bœuf), a résisté à des injections successives de virus de moins en moins atténués et de virus naturel, en injections sous-cutanées ou intraveineuses, son sérum acquiert des propriétés protectrices contre une infection expérimentale ultérieure, même sous la forme grave (Kitt, 1893-1899; Arloing, 1900; Leclainche et Vallée, 1900), il devient immunisant. Le cheval est à ce point de vue, comme dans nombre d'autres circonstances, un excellent producteur de sérum pour le côté pratique. Des injections intraveineuses de 10 à 15 centimètres cubes de vieilles cultures peuvent le tuer en quelques minutes, par action toxique, mais en allant par doses progressivement croissantes de cultures virulentes et toxiques, jeunes de quatre à cinq jours et à doses successives de 20 à 150 ou 200 centimètres cubes on obtient un résultat rapide.

L'action préservatrice d'immunisation passive par le sérum anticharbonneux s'établit en quelques heures chez des animaux d'expériences contre une infection ultérieure d'une dose mortelle de virus; mais cette immunisation passive est de courte durée et ne dépasse pas sept à huit jours. Il n'en résulte pas moins que ces propriétés du sérum anti-charbonneux peuvent être mises à profit contre des accidents de maladie naturelle en évolution, à la condition d'utiliser de hautes doses, ainsi que pour la pratique des procédés de séro-vaccination recommandables dans les enzooties locales en évolution.

Vaccinations. — *Procédé Arloing-Cornevin* (1883). — La masse du vaccin est fournie par des produits naturels de tumeur charbonneuse pulpés, séchés à 37° (virulence indéfinie), atténués pour le premier vaccin par chauffage à sec pendant sept heures à 100-105°; pour le second vaccin, par chauffage pendant sept heures à 90-95°. Le vaccin est ensuite pulvérisé.

On lui reproche de contenir d'autres bactéries que des spores de *Bacterium Chauvæi*, mais dont la présence peut fort bien ne pas être sans certains avantages. La vaccination comporte l'emploi de deux vaccins successifs, un premier très atténué, un second moins atténué, l'atténuation étant obtenue par chauffage de virus naturel desséché. Les vaccins sont en poudre, expédiés par doses déterminées, triturés dans un mortier avant emploi avec quelques gouttes d'eau d'abord et ensuite avec autant de centimètres cubes d'eau bouillie qu'il y a de doses. Le produit est filtré sur mousseline fine et utilisé.

L'injection des vaccins se fait vers l'extrémité de la queue, de haut en bas, avec l'aide d'un petit trocart *ad hoc* pour éviter de briser les aiguilles sur une peau très épaisse. La peau est rasée sur une petite surface et ponctionnée à la pointe de lancette, le petit trocart solide enfoncé de haut en bas, et le tissu conjonctif sous-cutané est un peu décollé par quelques mouvements latéraux de la pointe, de telle façon qu'il y ait en bas une petite poche pour recevoir 1 centimètre cube de vaccin ou un demi-centimètre cube s'il s'agit d'un sujet plus jeune. Le deuxième vaccin est injecté avec les mêmes précautions, dix à douze jours plus tard, au-dessus ou à côté du premier.

La durée de l'immunité est de un à deux ans.

Tout se passe généralement bien, la mortalité est insignifiante dans la suite, moins de 1 p. 1.000; mais certains accidents sont possibles cependant, surtout si l'on ne prend pas rigoureusement toutes les précautions de règle : accidents de suppuration de la région d'inoculation, accidents d'infection ascendante entraînant la mortification de l'extrémité de la queue, accidents d'infection généralisée entraînant la mort, accidents tenant à une atténuation insuffisante du vaccin n° 2. Tout cela est fort rare, mais possible.

Selon les époques, on a conseillé différentes modifications du procédé primitif : injections vaccinales à l'épaule, pour éviter les difficultés réelles de l'injection à la queue; une seule injection de deuxième vaccin, etc.; l'épreuve du temps a démontré que les résultats d'ensemble, portant sur de gros chiffres, étaient moins satisfaisants que ceux de la vaccination à la queue.

Kitt (1888) a présenté une modification du procédé Arloing qui consiste surtout à faire l'atténuation en milieu humide, sous vapeur d'eau à 99º-100º durant six heures. Le vaccin peut être employé à dose forte (plusieurs centigrammes) avec l'avantage d'une seule inoculation à l'épaule pour le bétail non perfectionné.

Séro-vaccination Leclainche-Vallée (1900). — Les auteurs se sont demandé si, avec des cultures pures, atténuées, on n'obtiendrait pas un virus-vaccin d'efficacité plus précise que celui utilisé dans la méthode Arloing, basée sur l'emploi d'un vaccin dérivé de produits naturels à flore microbiennes variable. Malgré les excellents résultats de la méthode Arloing (1), il est certain que l'idée ci-dessus était plus légitime, plus scientifique et qu'elle constituait par conséquent un progrès, d'autant que la technique d'application était plus expéditive et plus simple. Des cultures pures en bouillon, âgées de cinq à huit jours, sont chauffées durant deux heures à 70º et constituent le premier vaccin, qui est utilisé en injections sous-cutanées de 2 centimètres cubes à l'épaule. Le deuxième vaccin est représenté par des cultures non chauffées et injecté huit jours après.

Mais la vaccination pure et simple, pratiquée dans les conditions ordinaires, exposerait évidemment, comme dans le cas de fièvre charbonneuse, à l'explosion subite ou rapide de la maladie chez des animaux déjà en puissance d'infection latente, dans les régions infectées. Et c'est pourquoi les auteurs recommandent la séro-vaccination : 1º une injection de sérum qui met les animaux des régions infectées, et par conséquent susceptibles de se trouver en puissance d'infection latente, en état temporaire d'immunité passive; 2º quelques jours plus tard, injection de virus-vaccin à la dose d'un demi à 1 centimètre cube.

La pratique du procédé a démontré qu'il n'était pas d'une efficacité toujours absolue, et quelques accidents, rares sans doute, mais indéniables, ont aussi été enregistrés.

Mais c'est là une règle absolue en biologie, il ne peut y avoir de méthode parfaite, puisque les animaux eux-mêmes peuvent varier énormément dans leur puissance de résistance individuelle.

Méthode Thomas (1900). *Fil virulent*. — Le principe du procédé de vaccination contre le charbon symptomatique par le fil virulent est le suivant : un gros fil tressé est imprégné de virus naturel recueilli sur un bœuf, un cobaye ou même une grenouille infectés expérimentalement, et abandonné à la dessiccation, puis au vieillissement jusqu'à atténuation suffisante de la virulence.

Un fragment de fil virulent, de longueur déterminée, est intro-

---

(1) Arloing (1900) avait tenté la séro-vaccination par mélange direct de sérums et de vaccins pulvérulents moins atténués que ses vaccins ordinaires. Les résultats ne furent pas démonstratifs.

duit en séton incomplet, séton borgne, sous la peau, de l'extrémité de la queue, à l'aide d'une aiguille montée spéciale qui est délivrée sur demande avec le fil.

La puissance d'action immunisatrice peut être graduée à volonté suivant le point d'insertion du fil virulent sous la peau de l'extrémité caudale, cette puissance d'action étant à sa limite minima vers l'extrémité et d'autant plus grande ensuite que l'insertion virulente se fait à une hauteur plus élevée, vers la base, c'est-à-dire qu'elle est progressivement croissante de l'extrémité à la base.

L'emplacement d'insertion et la longueur de fil employé sont donc les deux facteurs de puissance d'action pour vaccination. D'après le promoteur de la méthode, l'activité virulente locale se conserve sur place, de sorte que l'action vaccinante serait continue et, par suite, conférerait une immunité solide.

La méthode reste peu utilisée en France.

Immunisation par les toxines charbonneuses. — Lorsque des cultures de charbon symptomatique âgées de quelques semaines sont stérilisées à 115°, filtrées sur bougies, le filtrat avirulent et ne renfermant plus que les poisons microbiens peut être injecté à des petits animaux d'expériences à doses successives, assez élevées et rapprochées.

Ces animaux deviennent insensibles à des infections correspondant à des doses mortelles de virus tuant les témoins.

Les toxines peuvent donc immuniser contre le charbon symptomatique (Roux, 1888).

Lorsque les tissus organiques frappés par l'évolution naturelle ou expérimentale du charbon bactérien sont prélevés, broyés dans l'eau distillée, passés sous la presse, on obtient des liquides naturels qui, dilués, peuvent être filtrés sur bougies et utilisés ensuite en injections successives sous-cutanées (1 à 2 cc. chez des cobayes) à des animaux d'expériences. Ces animaux, comme précédemment résistent ensuite à des infections virulentes capables de tuer des témoins.

L'immunisation contre le charbon symptomatique peut donc être obtenue par les toxines. Ce procédé qui, a reçu un regain de nouveauté à la suite des travaux de Nitta (1913) au Japon, d'Eichörn (1917-1918) en Amérique, de Basset (1924-1925), en France, est entré dans le domaine de la pratique courante dans la lutte contre le charbon symptomatique, parce qu'il a des avantages réels sur les anciennes méthodes.

L'immunisation par les toxines met à l'abri des accidents de vaccination qui se déclaraient encore trop nombreux avec les anciens procédés, quelles que fussent les précautions prises; et par suite à l'abri de création de foyers d'infection. C'est à elle que la préférence doit être accordée, ainsi que les résultats pratiques obtenus en Suisse et en Hollande, en particulier, et depuis en France, le démontrent. Il a été objecté que la vaccination polyvalente était préférable à l'utilisation des toxines de cultures pures, à cause du rôle possible d'agents microbiens parasymptomatiques (Leclainche et Vallée (1924)). La préparation de toxines polyvalentes, obtenues avec des mélanges de filtrats de cultures pures et de filtrats de sucs musculaires charbonneux a fait disparaître cette objection. Les filtrats actuellement utilisés ne renferment ni bactéries ni spores, ils donnent toute sécurité.

Le charbon symptomatique est visé par la loi sanitaire sur les maladies contagieuses; sa constatation entraîne la déclaration, la prise d'un arrêté préfectoral d'infection, pour la destruction des cadavres par incinération, livraison aux clos d'équarrissage ou enfouissement dans des régions non fréquentées par les animaux domestiques, désinfection des étables, etc.

Les viandes ne peuvent être livrées à la consommation.

RAGE

La rage est une maladie aiguë à marche rapide, considérée jusqu'à ce jour comme fatalement mortelle. Elle est caractérisée par des troubles des fonctions cérébro-spinales, suivis de phénomènes de paralysie progressive. Elle est due à une microsporidie susceptible de prendre la forme d'un virus filtrant, et se transmet dans les conditions naturelles, par morsures (1).

Tous les mammifères peuvent être atteints.

Bien que la rage chez les bêtes bovines ne puisse être considérée comme une maladie courante de l'espèce, elle présente des symptômes assez spéciaux pour qu'il paraisse utile de les mentionner et de les bien grouper, afin de faciliter un diagnostic souvent embarrassant.

---

(1) D'après Levaditi (1927) le virus rabique est représenté par un microorganisme voisin des microsporidies, comparable à celle de l'encéphalite enzootique du lapin (encéphalitozoon cuniculi). Son évolution est caractérisée par une phase sporoblastique intra-cellulaire (cellules nerveuses et salivaires) et une phase d'élimination des spores par la salive. Mise en contact avec les plaques motrices des nerfs, à la faveur d'une morsure, il y a évolution ascendante le long des nerfs vers le système nerveux central, les cellules de l'écorce cérébrale et de la corne d'Ammon résistent, celle de la protubérance, du bulbe, de la moelle et des ganglions rachidiens sont envahies .

Les corps de Negri représentent la phase pansporoblastique du virus rabique, qui ne peut se réaliser que s'il y a intégrité cellulaire. L'évolution pansporoblastique se fait surtout dans les cellules des cornes d'Ammon, par suite, semble-t-il. d'une affinité de composition chimique cyto-cellulaire favorable. L'infection par les nerfs périphériques donne le type paralytique, avec signes médullaires, bulbaires et la mort avant l'évolution sporoblastique (pas de corps de Negri). L'infection intra-cérébrale directe donne des corps de Negri dans 100 p. 100 des cas.

Des produits rabiques dépourvus de pansporoblastes peuvent cependant donner la rage. Levaditi propose de donner à ce parasite le nom de *Glugea Lysseai* (famille des glugéidés).

Étiologie. — Sous le rapport de l'étiologie, on peut dire qu'elle n'évolue qu'à la suite de morsures de chiens enragés, c'est-à-dire d'inoculations directes du virus rabique; que ce soit par le chien gardien habituel du troupeau ou par un chien étranger de passage. Lorsque c'est le chien du troupeau qui est devenu enragé, il se peut que l'on sache qu'il a mordu tel ou tel animal, mais le plus souvent il est impossible de préciser quelles sont toutes les bêtes mordues. Dans le cas de morsures par un chien enragé de passage, c'est encore pis, c'est-à-dire que souvent on ne sait même pas que les animaux ont été mordus, on ne connaît pas la date des morsures; et lorsque des manifestations rabiques apparaissent, s'il s'en produit, les hésitations et même les erreurs de diagnostic peuvent fort bien s'expliquer, en raison de la diversité et d'un certain manque d'uniformité de ces symptômes.

La durée d'incubation de la rage chez les bovidés, à la suite de morsure, paraît assez variable, en relation sans doute avec le point de pénétration du virus. D'après la moyenne des relevés statistiques de Zundel et Haubner, 23 p. 100 des cas évolueraient avant deux mois, 80 p. 100 avant trois mois et le reste de trois à six mois. On a cité quelque cas d'incubation beaucoup plus longue, dépassant même une année, mais la possibilité de réinoculations méconnues par morsures accidentelles passées inaperçues, ne semble pas permettre de leur accorder grand crédit.

Symptômes. — Dans la majorité des cas, la rage chez les bêtes bovines évolue sans manifestations agressives proprement dites, mais cependant avec une phase généralement inquiétante d'excitation générale qui peut être marquée et qui aboutit rapidement à la paralysie postérieure d'abord et la mort.

La durée totale d'évolution des symptômes est fort courte, deux à trois jours en moyenne, exceptionnellement sept à huit.

Le début se traduit par de la diminution d'appétit, de l'agitation, de l'hyperexcitabilité, de la difficulté de déglutition, de l'hyperesthésie localisée, parfois de l'excitation génitale ou du prurit intense limité à la zone de morsure. Les malades se frottent alors avec frénésie la région d'infection primitive, au point de s'arracher les poils et de s'écorcher; dans d'autres cas, ils se lèchent avec insistance la région prurigineuse.

Puis d'autres manifestations insolites se présentent, telles que l'apparition de beuglements sauvages à timbre spécial, capables, comme on l'a dit, de donner le frisson ou une impression d'épouvante à ceux qui les entendent, et l'apparition de troubles hallucinatoires. Les malades se redressent excités, regardent avec inquiétude autour d'eux, donnent des coups de pieds comme pour se défendre d'attaques imaginaires; ou, s'ils sont en liberté, se précipitent dans une direction déterminée avec un regard fixe et menaçant.

Lorsque plusieurs manifestations de cet ordre se sont produites, il n'est pas absolument exceptionnel de voir ces malades vaciller du train de derrière et tomber comme frappés brusquement de paraplégie postérieure au cours de ces accès d'agitation. Plus souvent la paralysie, toujours postérieure et progressive, est moins brusque; lorsqu'elle se caractérise, elle est rapidement envahissante et la mort survient à bref délai.

Chez d'autres malades pareils phénomènes font place, au contraire, à des manifestations tout aussi insolites, quoique de nature pour ainsi dire opposée; ces malades cherchent à lécher les mains, les vêtements ou même les chaussures des personnes qui les approchent, sans que rien puisse expliquer ce penchant.

Il est de règle aussi de voir apparaître à un moment donné des efforts expulsifs violents, comme si, chez des vaches, il devait y avoir avortement imminent.

L'appétit étant en grande partie supprimé dès le début, il y a tout de suite inrumination et constipation, suppression de la sécrétion lactée, puis il semble qu'il apparaisse ensuite des coliques abdominales suivies d'efforts expulsifs dans lesquels les muscles des parois abdominales et le diaphragme jouent un rôle dominant. Les malades se mettent dans la position du rassembler, voussent les reins, font des efforts violents qui aboutissent au début au rejet de quelques excréments moulés ou d'une petite quantité d'urine, et plus tard au rejet de mucosités glaireuses ou mousseuses. Dans la suite, les efforts d'expulsion restent totalement infructueux.

L'urine contient généralement du sucre en quantité variable (Nocard).

La paralysie postérieure progressive ne tarde guère et les efforts expulsifs disparaissent.

La vue d'un chien surtout, mais parfois aussi d'un autre animal quelconque, a souvent pour conséquence, chez des malades qui pouvaient être à peu près calmes jusque-là, le déclanchement de véritables accès de fureur, au cours desquels ils cherchent à foncer en avant, poussent des beuglements sauvages, ou cherchent violemment à s'enfuir.

Les bruits insolites, les cris, le menaces, les aboiements, etc., peuvent faire naître ces accès de surexcitation ou de fureur, parfois des accès vertigineux au cours desquels les animaux attachés poussent au mur, montent dans l'auge et vont jusqu'à se briser les cornes ou rompre leurs chaînes d'attache.

Les accès d'agitation et de fureur devancent de peu la phase paralytique, ils sont généralement peu nombreux, peuvent être provoqués par les excitations anormales dont il est parlé, et se montrent séparés par des périodes d'hébétude et de stupéfaction.

On a mentionné encore comme signes secondaires, mais inconstants, la salivation anormale, la boiterie, puis la pralysie précoce du membre mordu, la tendance à mordre ou plus souvent la tendance à attaquer, le spasme pharyngien et l'impossibilité de déglutition, etc.

D'où il résulte, en résumé, que les signes particulièrement dominants caractérisant l'évolution de la rage chez les bovidés sont, comme chez les autres animaux, l'hyperexcitabilité, les tendances agressives et la paralysie, mais avec une modalité d'évolution bien propre à l'espèce :

Excitabilité générale tout à fait anormale et excitation génésique.

Beuglements sauvages et terrifiants;

Hallucinations, accès de fureur ou de vertige;

Efforts d'expulsion;

Paralysie postérieure progressive.

L'ensemble peut ne pas être complet, ou se trouver mal caractérisé; mais, lorsqu'il est possible de voir et de suivre les malades, il est bien exceptionnel que l'on ne puisse se faire une opinion formelle.

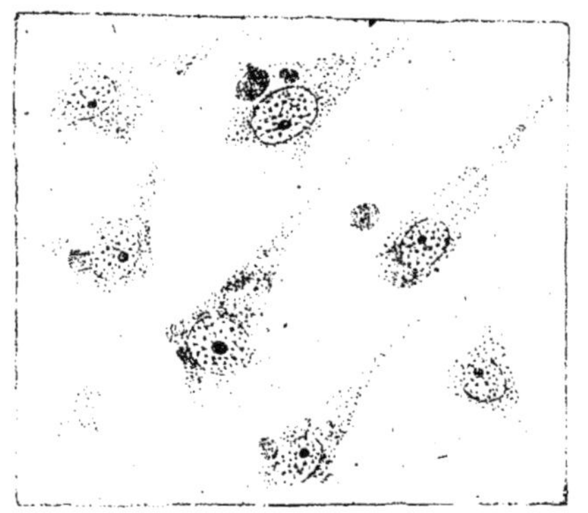

Fig. 329. — Corpuscules de Negri dans la corne d'Ammon.

Lésions. — L'autopsie d'animaux de l'espèce bovine ne révèle généralement rien de significatif au simple examen macroscopique. Le virus rabique chemine et diffuse dans l'organisme au delà de la morsure ou de l'inoculation par l'intermédiaire des ramifications nerveuses centripètes d'abord jusqu'aux centres cérébrospinaux, puis centrifuges ensuite jusqu'aux appareils glandulaires tels que les glandes salivaires. Il est probable que la diffusion du virus est beaucoup plus générale, mais la localisation se fait surtout dans les centres cérébrospinaux (base du cerveau, moelle allongée). Son action ne détermine pas d'altérations macroscopiques des tissus; on a bien signalé la possibilité d'une légère infiltration œdémateuse cérébro-spinale : elle est trop difficile à interpréter pour lui accorder une importance réelle. Par contre, les études histologiques ont démontré qu'il provoquait une altération de certaines cellules des centres nerveux (cellules de l'hippocampe, cellules de Purkinge, de la moelle allongée, et quelquefois des ganglions spinaux, de la moelle épinière, du ganglion de Gasser et même dans les glandes salivaires), altérations caractérisées par l'apparition intracellu-laires des corpuscules de Negri (1903) (1).

Diagnostic. — Le diagnostic clinique de rage est rarement em-barrassant lorsqu'il est possible d'examiner les malades pendant les manifestations symptomatologiques caractéristiques. Il l'est encore moins lorsque les renseignements fournis annoncent, que les ani-maux ont reçu ou pu recevoir des morsures suspectes dans les semaines précédentes.

Mais, lorsque les crises d'excitation font défaut, lorsque l'examen clinique n'est fait que durant les périodes d'abattement, ou lors-qu'on se trouve en présence d'un cadavre et que l'on ne connaît les manifestations cliniques que par les renseignements fournis, le diagnostic peut être hésitant. Certaines affections cérébrales (mé-ningites, encéphalites) et certaines intoxications peuvent, en effet, provoquer l'apparition de symptômes quelque peu semblables. Dans ces cas, il est indispensable pour avoir une précision de recou-rir à l'inoculation expérimentale (2).

Traitement. — La rage est considérée pratiquement comme ayant toujours une évolution fatale. Aucune intervention efficace n'est connue comme pouvant agir pendant le cours de l'évolution de l'affection nettement déclarée.

Préventivement, Galtier le premier (1881), avant Pasteur, avait démontré que l'on pouvait vacciner contre la rage, que des rumi-nants pouvaient être immunisés par des injections intraveineuses de salive ou d'émulsions de substance bulbaire virulentes. Les résultats furent confirmés partout; mais, comme les précisions manquaient en ce qui concernait les doses à employer, ces résultats n'ont pas toujours été parfaits.

On s'explique d'ailleurs ces variantes, si l'on compte que les inoculations étaient conseillées avec des virus d'activité variable, recueillis sur les animaux mordeurs ou sur des animaux d'expé-

(1) Les corpuscules de Negri (1 à 20 μ de long sur 1 à 5 de large, colorés en rouge par le bleu-éosine) apparaissent généralement dans les cellules de quinze à vingt jours après l'inoculation rabique; ils sont considérés par l'auteur comme les agents directs de la maladie, par d'autres seulement comme des produits de réaction cellulaire contre le virus.

(2) Les autopsies doivent être pratiquées avec les plus grandes précautions; une émulsion aseptique dans de l'eau stérilisée est faite avec une parcelle de substance médullaire prélevée dans la région du bulbe, et inoculée à la dose de quelques gouttes dans la chambre antérieure de l'œil d'un lapin, ou sous la dure-mère après trépanation. La rage évolue sous la forme paralytique vers la fin de la deuxième ou de la troisième semaine, exceptionnellement au delà de quarante à cinquante jours; le lapin meurt en un à trois jours après l'apparition des premiers signes (paralysie du train postérieur et du dos, déplacements limités par l'intermédiaire du train antérieur, puis rapidement faiblesse générale, impossibilité des déplacements, chute sur le côté et mort). Lorsque, ce qui arrive souvent en pratique, les produits d'autopsie ne sont pas d'une fraîcheur suffisante, il est préférable d'employer la méthode des injections *intramusculaires* chez le lapin ou le cobaye (1 centimètre cube d'émulsion).

L'expérimentation a démontré que les injections intracérébrales, intraspinales, intraveineuses et sous-cutanées sont à délaisser dans les conditions des recherches de la pratique courante.

riences. Aussi, comme l'intérêt pratique de pareilles interventions reste secondaire, on peut dire qu'en France le problème de la vaccination des animaux de l'espèce bovine a été délaissé comme sans utilité réelle.

Finzi (1924), dans des recherches récentes conseille d'utiliser un virus atténué par l'éther, selon la méthode de Remlinger. Le virus (bulbe rachidien de sujets rabiques) est laissé six à huit heures dans l'éther. Il faut 3 grammes à 3 gr. 50 de substance en émulsion dans 20 à 40 centimètres cubes d'eau distillée pour des bovidés adultes, 2 gr. 50 pour des veaux de moins d'un an ou des chèvres, à utiliser en quatre à six injections sous-cutanées.

Le traitement doit être institué avant le 12e ou le 15e jour pour des morsures graves, avant le 20e jour pour les morsures ordinaires.

Au point de vue purement pratique, la question en est restée là. Lorsque des animaux ont été mordus ou sont suspects d'avoir été mordus, ils sont immédiatement utilisés pour la boucherie.

MÉDECINE OPÉRATOIRE

CHAPITRE PREMIER

CONTENTION DES BOVIDÉS

Pour qu'une intervention chirurgicale, quelle qu'elle soit, donne de bons résultats, il importe qu'elle puisse être pratiquée avec sécurité sur des patients convenablement immobilisés.

Cette immobilisation des malades est la première des indications à remplir. Suivant les circonstances, on fait, soit de l'immobilisation ou de la contention générale, soit de l'immobilisation ou de la contention partielle.

Chez le bœuf, on réalise l'immobilisation de la tête, des membres et l'immobilisation générale.

CONTENTION PARTIELLE.

1° L'immobilisation est pratiquée directement, en faisant pincer par un aide les naseaux, ou l'extrémité inférieure de la cloison nasale, entre le pouce et l'index de la main droite ou de la main gauche ;

2° L'immobilisation est plus rigoureuse lorsque l'aide, passant un bras sur le chignon entre les cornes, vient saisir les narines à la façon d'une mouchette, alors que l'autre main s'applique par pression sur l'une des cornes ;

3° Une troisième méthode consiste à fixer la tête contre un poteau, un arbre, une palissade, un objet extérieur quelconque permettant d'attacher avec solidité la base des cornes et le chignon ;

4° Le meilleur moyen de contention partielle de la tête et de l'encolure, pour la pratique des petites opérations sur la tête et le cou (ponctions, incisions, ouvertures d'abcès, etc.), se trouve réalisé en attachant l'animal par la mâchoire inférieure à l'aide d'un nœud coulant passé sur le col du maxillaire (Perrot).

CONTENTION DES MEMBRES.

La contention des membres en position debout a pour but de mettre l'opérateur à l'abri des mouvements de défense ou des mouvements insolites que les animaux peuvent exécuter au cours d'opérations chirurgicales.

Fig. 330. — Contention de la tête et d'un membre antérieur.

Pour les membres antérieurs, la contention se fait directement en soulevant l'un des membres comme pour le ferrage, ou en le maintenant à l'aide d'une plate-longe, qui, prenant le paturon, passe sur le garrot, revient en avant vers le fanon, repasse en dehors de l'avant-bras et en dedans du paturon pour se fixer d'une façon très relative sur l'un des chefs. Plus simplement (fig. 332) la plate-longe glisse sur un obstacle faisant poulie de renvoi et le pied est maintenu dans une position déterminée.

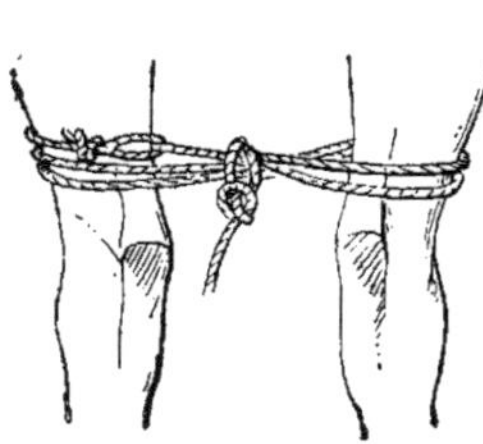

Fig. 331. — Contention des membres postérieurs.

La contention des membres postérieurs qui sont les plus dangereux se fait directement à la main, en passant sans brutalité l'extrémité de la queue en avant du jarret (fig. 330). Si l'animal veut faire un mouvement violent et étendu du membre correspondant, la queue se trouve fortement tendue et la réaction douloureuse arrête le mouvement.

La contention est plus parfaite en plaçant un X sur les membres au-dessus des jarrets. Il suffit d'une longe croisée plusieurs fois en huit et arrêtée par un nœud droit sur l'entre-croisement entre les membres postérieurs (fig. 331). Les mouvements des membres postérieurs, sans être supprimés, sont alors très limités.

Lorsqu'il s'agit de l'exploration de la région plantaire ou de l'espace interdigité postérieur, on obtient encore un résultat avantageux en opérant la constriction de l'extrémité inférieure de la jambe avec une anse de corde disposée en tord-nez sur un bâton,

Fig. 332. — Contention d'un membre antérieur. Examen d'un pied postérieur.

mais il est préférable de faire cet examen au travail ou plus simplement le long d'une charrette (fig. 332).

La plate-longe rend enfin de grands services lorsqu'il s'agit

Fig. 333. — Entravement latéral pour le bistournage.

d'amener le membre sous l'abdomen. Comme pour le cheval, la plate-longe fixée dans le pli du paturon est glissée entre les membres antérieurs, puis en avant de l'épaule du côté opposé, sur le garrot, et enfin arrêtée d'une façon relative sur le premier chef à la hauteur du coude.

La contention des membres, en particulier pour le bistournage, peut encore être obtenue par l'entravement bilatéral (fig. 333).

S'il s'agit d'explorer la face plantaire des onglons d'un membre postérieur, on peut, suivant le procédé de Guittard, mettre le

Fig. 334. — Exploration d'un membre postérieur.

malade au joug et à la charrette avec son compagnon d'attelage, les immobiliser par la tête à un poteau ou un arbre et lever un membre postérieur à l'aide d'une longue ou d'une plate-longe fixée au lit de la charrette (fig. 334).

CONTENTION GÉNÉRALE.

La *contention générale*, en position debout, n'est réellement efficace que dans le travail pour bœufs, car il est alors possible d'immobiliser la tête, les membres antérieurs ou les membres postérieurs à volonté.

Fort souvent, on se contente d'une contention moins parfaite en utilisant les pinces-mouchettes, ou, tout simplement, l'anneau nasal, qui, avec le bâton conducteur porte-mousqueton, permet de maintenir d'ordinaire les sujets les plus turbulents. L'anneau nasal n'est guère employé que pour les taureaux; on le place de préférence sur les sujets jeunes; les mouchettes sont mises et retirées à volonté.

Pour placer un anneau nasal, on immobilise solidement le sommet de la tête, on pince de la main gauche la région médiane du mufle, puis, avec un bistouri droit, dont le tranchant est dirigé en arrière, on traverse la cloison médiane du nez vers la pointe cartilagineuse. On introduit l'anneau et on le fixe. — Quelques opérateurs préfèrent l'emploi d'un trocart dont le calibre de la canule dépasse légèrement celui de l'anneau à placer.

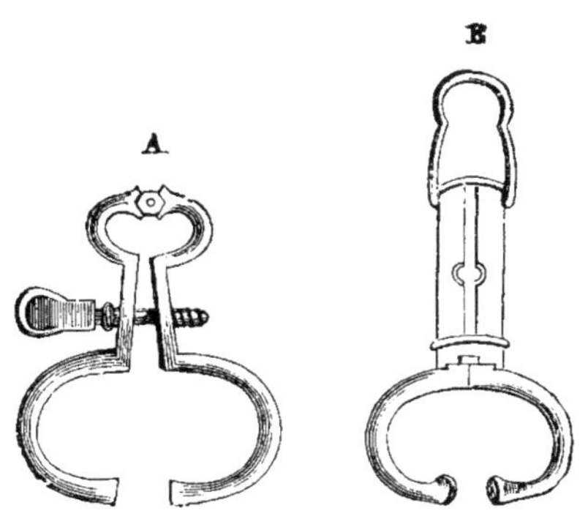

Fig. 335. — A, pinces-mouchettes à vis; B, pinces-mouchettes à curseur.

Le manuel opératoire est le même. La ponction est faite, la pointe seule retirée, et, la canule étant toujours en place, on introduit l'une des branches de l'anneau dans l'orifice de la canule que l'on retire aussitôt; l'anneau se trouve en place sans effort. Mais la ponction au trocart, de même que celle au bistouri, sont délicates et dangereuses chez les animaux vigoureux et turbulents.

La mise en place de l'anneau nasal à l'aide de la pince emporte-pièce est de beaucoup la méthode la plus expéditive, la plus simple et la moins dangereuse.

On peut enfin se dispenser de toute intervention chirurgicale en se servant de la pince-anneau, modèle Laurent, que l'on est,

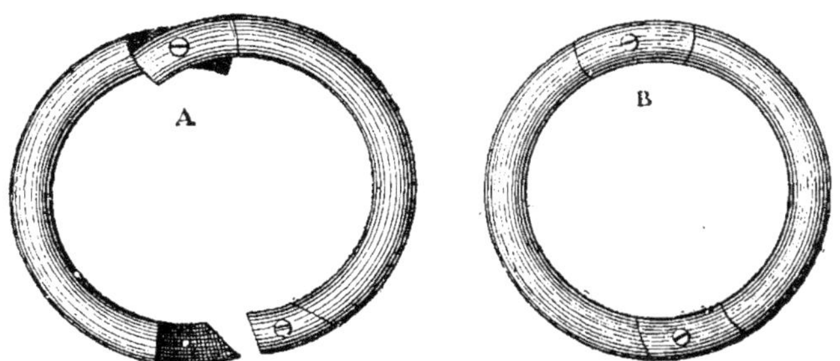

Fig. 336. — A, Anneau nasal ouvert pour la mise en place. B, Anneau nasal fermé.

il est vrai, obligé de resserrer chaque jour jusqu'à contact parfait.

La contention relative en position debout est encore obtenue en attachant l'extrémité de la queue à la base des cornes, la tête aux canons des membres antérieurs ou postérieurs, à l'aide d'une longe plus ou moins tendue, rendant solidaires les mouvements de la tête et du membre utilisé. Ces différents procédés ne sont guère

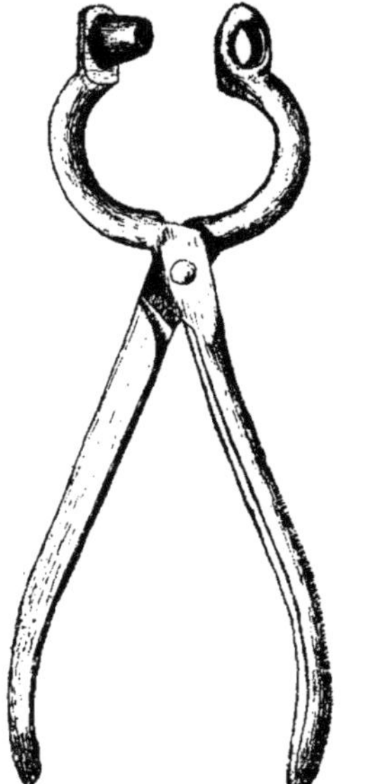

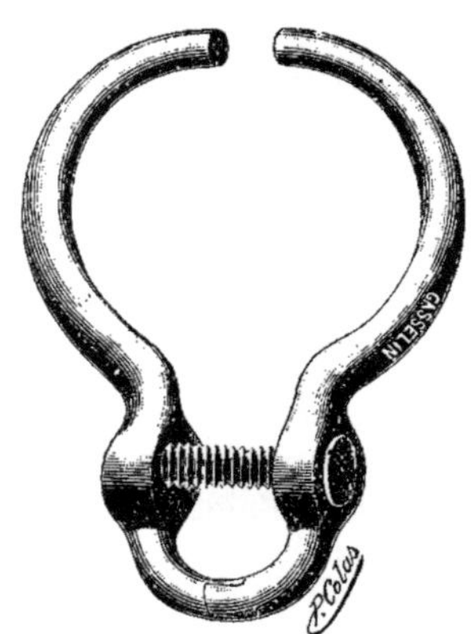

Fig. 337. — Pince emporte-pièce.　　　Fig. 338. — Anneau-mouchette
pour anneau nasal.

applicables que lorsqu'il s'agit d'empêcher des animaux en liberté
de s'échapper à toute allure.

CONTENTION EN POSITION COUCHÉE.

L'abatage de bêtes bovines doit toujours être pratiqué sur un
épais lit de paille, ou sur une table d'opération pour éviter les fractures de cornes.

Le moyen le plus simple auquel on peut avoir recours consiste
à employer, comme pour le cheval, les entravons et les plates-
longes.

Un second procédé (Rueff), moins pratique, consiste à se servir
de deux plates-longes fixées à la base des cornes, passées entre les
membres antérieurs, les membres postérieurs, enroulées de dedans
en dehors autour des paturons pour être ensuite ramenées en
avant et confiées à des aides. En tirant sur les plates-longes, l'animal se laisse choir sur les jarrets et s'affaisse ensuite à droite ou
à gauche, suivant le côté où on le pousse (fig. 339).

Une troisième méthode, dite *de l'enlacement*, n'est pratiquement réalisable que pour des sujets tout jeunes ou des animaux

affaiblis. Elle consiste à fixer autour des cornes une longe de 8 à 10 mètres de long que l'on dirige ensuite vers le bord supérieur de l'encolure et le dos. Un premier cercle d'enlacement est fait à la

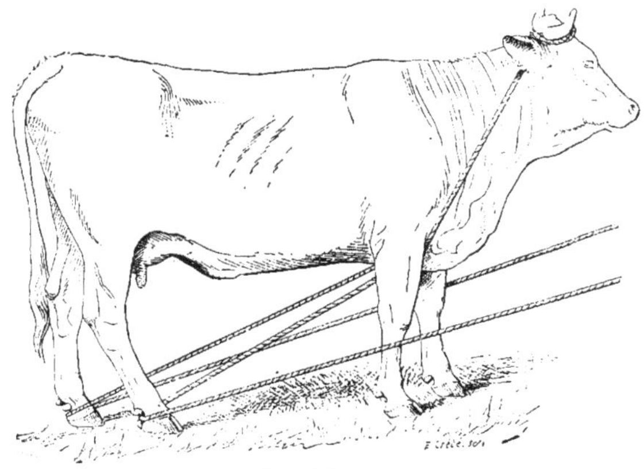

Fig. 339.

base de l'encolure, un second en arrière des épaules, au niveau du passage des sangles, et un troisième autour des flancs. — La longe

Fig. 340. — Taureau préparé pour l'abatage sur le côté droit.

étant fortement tirée en arrière suivant l'axe vertébral, l'animal se recule d'abord, s'accule sur ses jarrets, et finit, comme précédemment, par choir sur l'un ou l'autre côté, suivant la poussée latérale qu lui est imprimée.

Il tombe plus facilement sur le côté qui correspond aux entre-croisements.

Avec ces deux procédés, il est indispensable, aussitôt le malade tombé sur le côté, de limiter les mouvements des membres, suivant les besoins de l'intervention à exécuter : entravement, immobilisation des membres postérieurs par contention en X au-dessus

Fig. 341. — Abatage avec une seule longe.

des jarrets, immobilisation des membres antérieurs, par contention en X au-dessus des genoux, etc.

Un dernier procédé, très simple et plus pratique que tous les autres, quand on ne dispose pas d'un personnel suffisant, est celui de l'abatage à l'aide d'une seule longe; il est applicable à toutes les bêtes de petite taille ou de taille moyenne, aux vaches laitières surtout :

Une longe de 1 m.50 à 2 mètres est passée en nœud coulant dans le pli du paturon d'un membre antérieur; l'extrémité libre est ensuite engagée obliquement sur les côtés du thorax et de l'abdomen vers la région lombaire. — La tête étant immobilisée par un aide ou par une attache, l'opérateur pèse vigoureusement sur l'extrémité de la longe, du côté opposé à l'emprise, comme s'il voulait l'abaisser jusqu'au sol. — La patiente affaisse sa colonne vertébrale, plie le genou, tombe ensuite sur le genou opposé, et une simple poussée imprimée au train postérieur, directement ou par l'intermédiaire de la queue, finit de provoquer la chute latérale sur le sol.

Pour des opérations un peu longues sur l'animal abattu, il faut toujours : soit immobiliser les membres antérieurs et postérieurs à l'aide de longes passées en 8 au-dessus des jarrets et des genoux, soit utiliser des entravons.

L'immobilisation couchée ne doit être imposée que le minimum de temps nécessaire, pour éviter la météorisation.

ANESTHÉSIE

Il est exceptionnel que l'on ait à recourir à l'anesthésie générale chez les bêtes bovines; mais cependant, dans certaines conditions, on peut la réaliser facilement avec l'éther, le chloroforme en inhalations, ou le chloral à 1 p. 10 en injections intraveineuses. — Pour cette dernière méthode. Il faut néanmoins être prudent et n'injecter que très lentement, en surveillant le pouls et les battements du cœur, afin d'éviter les syncopes cardiaques. Les doses de chloral varient avec la taille (50 gr. environ pour une bête bovine de taille moyenne).

Le plus souvent, pour les petites opérations, on se contente d'anesthésie locale par injections de chlorhydrate de cocaïne, de stovaïne ou de novocaïne, en solution à 1 p. 100.

La première formule d'autrefois a été heureusement modifiée par l'addition de citrate de soude dans les proportions ci-après : Hydrate de chloral 1 gramme, citrate de soude 0,20 à 0.50, eau 10. Avec elle il n'y a plus à redouter les actions hémolytiques coagulantes et irritantes de la solution simple, ou par conséquent les thromboses, phlébites et embolies.

L'anesthésie générale est facile à réaliser, mais demande chez les bovidés peut-être plus encore que chez les autres animaux une surveillance très étroite durant toute la période d'anesthésie complète.

L'anesthésie générale par lavements à l'huile éthérée au quart, quelquefois utilisée chez l'homme, pourrait peut-être rendre aussi quelques services en vétérinaire, sous la condition que ces lavements soient introduits très profondément avec un long caoutchouc.

L'anesthésie lombaire. — Elle est recommandée pour les castrations, renversements d'utérus, accouchements, ablations de mamelles, etc.; mais elle est très délicate à exécuter en raison de la profondeur à laquelle il faut pénétrer :

Point d'élection. — Espace compris entre la dernière lombaire et la première sacrée à l'intersection du plan médian et d'un plan transversal passant par les angles internes des iliums. Un trocart spécial de 12 à 15 centimètres de long et de 1 millimètre à 1 mm. 5 de section, en métal de première qualité pour éviter les cassures, est nécessaire.

Le champ opératoire est aseptisé; une *ponction cutanée* est faite à la lancette au point d'élection, et le trocart est enfoncé verticalement jusque dans le canal; le liquide rachidien doit s'écouler clair et limpide. Injection lente de 5 à 10 centigrammes de cocaïne, ou 15 à 30 centigrammes de stovaïne. La ponction est possible debout, beaucoup plus facile sur l'animal couché, membres croisés. Il est indiqué de maintenir ensuite les sujets la tête et le train antérieur surélevés, pour éviter une trop facile diffusion du médicament vers les régions antérieures, ainsi que la possibilité d'accidents.

Anesthésie sacro-coccygienne. — Plus facile que la précédente elle a le gros avantage de ne pas exposer à la brisure d'un instrument fragile, non plus qu'à la blessure de la queue de cheval.

Point d'élection. — Espace compris entre la dernière sacrée et la première coccygienne; le sacrum étant immobile et la tige coccygienne très mobile, ce point d'élection est facile à découvrir.

Mêmes indications que l'anesthésie lombaire, mais surtout limitées aux-interventions de la région anale et de la région vulvaire.

INJECTIONS SOUS-CUTANÉES DE GROSSES QUANTITÉS DE LIQUIDE

Points d'élection. — Côtés et base de l'encolure, de préférence en avant des épaules; lignes verticales en arrière des épaules, du tiers supérieur de la poitrine au passage des sangles, pli du fanon, plis des flancs, face interne des cuisses et faces latérales de l'abdomen.

Les grosses injections sous-cutanées peuvent en somme se faire partout où la peau n'est collée que par un tissu conjonctif lâche, mais il importe cependant de limiter le volume des injections pour ne pas faire de trop grands décollements et faciliter la résorption.

Pour les injections de grosses quantités (plusieurs litres) le mieux est d'installer le liquide à injecter dans un récipient aseptique placé à hauteur (1 mètre à 1 m. 50 de pression), de raccorder ce récipient à l'aide d'un tube en caoutchouc, stérilisé, à une aiguille plantée au travers de la peau dans la région choisie pour l'injection. En réglant le débit à l'aide d'un petit robinet interposé sous le récipient ou une simple pince à pression (débit goutte à goutte), l'écoulement se produit lentement et la résorption est immédiate.

CHAPITRE II

APPAREIL CIRCULATOIRE

SAIGNÉE

Chez les bêtes bovines, la saignée se pratique de préférence sur la jugulaire superficielle et sur la mammaire.

Saignée à la jugulaire. — Premier temps. — Immobilisation des malades.

Deuxième temps. — Pratiquer l'hémostase dans la jugulaire

Fig. 342. — Saignée à la jugulaire.

à l'aide d'une corde serrée à la base de l'encolure, ou d'un garrot élastique avec agrafes.

Troisième temps. — Saigner à la flamme vers la région moyenne de la jugulaire.

La peau des bêtes bovines étant épaisse, il faut toujours se servir d'une lame assez longue. La saignée effectuée, certains opérateurs se contentent de cesser la constriction de l'encolure et n'appliquent pas d'épingle pour l'oblitération de la plaie. Il est plus prudent de faire cette oblitération.

La saignée à la jugulaire peut encore être pratiquée au trocart, de préférence chez les bêtes à peau fine et souple. Les temps de préparation sont les mêmes, mais, avant l'introduction du trocart,

il est toujours indispensable de faire une ponction cutanée à la
lancette ou au bistouri droit.

Saignée à la mammaire. — La saignée à la mammaire se pratique à la flamme, au bistouri droit, à la lancette ou au trocart.
La tête est solidement fixée, et les membres postérieurs de la
malade immobilisés en X au-dessus des jarrets.

Pour saigner à gauche, l'opérateur se place incliné sur le côté,

Fig. 343. — Saignée à la mammaire. Position de l'opérateur.

au niveau du cercle de l'hypocondre, le dos vers la tête du sujet,
la flamme tenue de la main droite. — Pour opérer à droite, la
flamme est tenue de la main gauche.

Ces saignées donnent toujours naissance à des thrombus, en
raison de la position déclive de l'orifice d'ouverture de la veine.
Elles doivent forcément être oblitérées, et les malades remises sur
des litières très propres, pour éviter des infections possibles, des
phlébites hémorragiques ou suppurées.

La saignée à la lancette ou au bistouri ne doit être tentée que
chez les animaux à peau très fine.

Pour la mammaire, il est préférable de saigner au trocart; les
dangers ultérieurs sont moindres.

A défaut de saignée à la mammaire on pourrait recourir à l'application de ventouses scarifiées sur la mamelle, en cas de nécessité.

On peut encore, chez les bêtes bovines, pratiquer de petites
saignées à la faciale, aux veines de l'oreille, à la queue.

LIGATURE ASEPTIQUE DE LA JUGULAIRE OU DE LA MAMMAIRE

Dans les cas d'hémorragies, de phlébite suppurée, d'ulcérations
variqueuses de la mammaire, etc., il peut y avoir intérêt à pratiquer
des ligatures aseptiques des vaisseaux en amont des lésions pour

parer à des accidents en prévision. La technique de ces ligatures se limite aux précautions suivantes : sur le trajet des vaisseaux **en partie saine**, et au moins quelques centimètres au-dessus de zone limite malade, raser et aseptiser un champ opératoire rectangulaire de 8 à 10 centimètres de longueur. Inciser la peau sur deux centimètres, sur le trajet du vaisseau et le mettre à découvert. Avec un tenaculum ou aiguille courbe et mousse de Deschamps, passer un fil de soie aseptique et ligaturer. Placer un point de suture cutanée ou une agrafe métallique et recouvrir d'un petit pansement ouaté fixé au collodion.

Pour plus de sécurité, quelques opérateurs recommandent l'application de deux ligatures successives à 1 centimètre de distance.

EXUTOIRES

Alors qu'il est encore d'usage courant d'appliquer des sétons chez les sujets de l'espèce chevaline, l'emploi des trochisques et des sétons est à peu près délaissé pour les sujets de l'espèce bovine, et cependant il est des cas où certainement ils sont susceptibles de donner des effets utiles comparables et supérieurs à ceux des sinapismes ou des vésicatoires.

Les trochisques doivent être appliqués dans la région du fanon.

Les trochisques se font avec de la racine d'ellébore noir, d'ellébore blanc ou vératre et des tiges de clématites.

Deux procédés sont utilisés pour leur application :

Dans un premier, on fait à la peau du fanon un pli transversal que l'on incise d'un seul coup pour avoir une boutonnière cutanée de 2 centimètres. Avec des ciseaux courbes et mousses, on dilacère, vers le bas, le tissu conjonctif sous-cutané, pour former une petite logette en doigt de gant, qui recevra le trochisque. L'engorgement se produit très rapidement, en vingt-quatre ou quarante-huit heures, et, si la substance employée est d'action violente (racine d'ellébore), il est indispensable de la retirer, pour éviter une mortification du bloc conjonctivo-cutané englobant. Dans ce but, on fixe, au préalable, le trochisque à l'extrémité d'un fil laissé pendant.

Dans un second procédé, on place un véritable séton, une mèche de filasse englobant le corps irritant. Pour l'introduire dans la région du fanon, on se sert de l'aiguille à séton ordinaire, exactement comme pour l'application d'un séton au poitrail chez le cheval.

Les sétons se placent comme chez le cheval, en des régions variées : poitrail ou fanon, encolure, région des côtes, articulation du grasset, etc.

Ponction de la rate

Pour le diagnostic de certaines affections, en particulier des piroplasmoses il peut y avoir intérêt à pratiquer des ponctions de la rate, pour l'examen de la pulpe (Sergent).

Raser et désinfecter le 11e espace intercostal gauche.

Déterminer la ligne horizontale de la pointe de la hanche correspondante. Ponctionner la peau à la lancette.

Ponctionner la rate avec une aiguille à baïonnette dirigée de haut en bas, d'arrière en avant, vers l'appendice xiphoïde (on perçoit à la main le moment de la ponction).

Retirer l'aiguille et examiner la pulpe.

Si la rate est fortement congestionnée, il peut y avoir écoulement de sang par la canule, c'est sans danger.

Si la rate est fortement hypertrophiée, elle peut glisser vers le bas; diriger alors l'aiguille de haut en bas suivant la verticale.

Ponction d'un ganglion. — G. préscapulaire ou précural

Saisir entre les doigts de la main gauche pour le faire saillir et l'immobiliser. Raser la surface et le point à ponctionner. Ponction cutanée à la lancette.

Ponction du ganglion avec une aiguille forte. Projeter le contenu de l'aiguille sur une lame à l'aide d'une seringue. Examen histologique, etc.

CHAPITRE III

APPAREIL LOCOMOTEUR ET SQUELETTE

Les opérations courantes qui se pratiquent sur l'appareil locomoteur sont celles relatives aux opérations de pied : opérations de seime, de piqûre, d'enclouure, de contusions de la sole, etc., mentionnées ailleurs.

PANSEMENT D'ONGLON

Le pansement d'onglon, qu'il s'agisse d'opération de seime, de piqûre ou de lésion de la région des talons, est assez difficile à bien établir chez le bœuf et nécessite toujours un point de soutien sur le paturon. Voici comment on peut l'exécuter (fig. 344) :

Etoupades antiseptiques légères sur la plaie opératoire. Etoupades minces autour du paturon et dans l'espace interdigité. Placer deux tours de bande autour du paturon, puis successivement sur les deux tiers postérieurs de l'onglon, comme s'il s'agissait d'un pansement de javart chez le cheval. Ramener progressivement en remontant le chef d'arrêt vers l'espace interdigité et arrêter sur le paturon.

AMPUTATION D'UN ONGLON OU DES DEUX DERNIÈRES PHALANGES

Il arrive parfois, à la suite de certaines affections graves du pied ou du paturon (piqûres et enclouures, panaris interdigités, nécrose de l'extrémité des

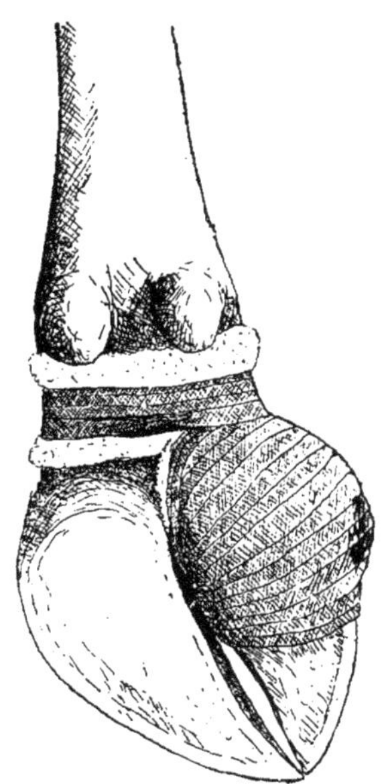

Fig. 344.— Pansement d'onglon.

tendons fléchisseurs, etc.), qu'il se produit des nécroses osseuses, des synovites suppurées et même des arthrites suppurées de la deuxième et de la première articulation interphalangiennes.

Rigoureusement soignées, ces arthrites seraient susceptibles de disparaître en laissant une ankylose; mais il est malheureusement fort difficile et souvent trop long et trop coûteux de recourir aux injections antiseptiques, susceptibles d'amener cette terminaison (larges

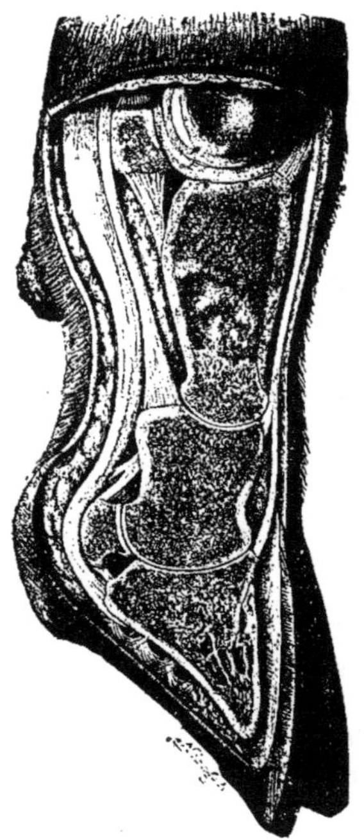

Fig. 345. — Disposition anatomique des articulations interphalangiennes.

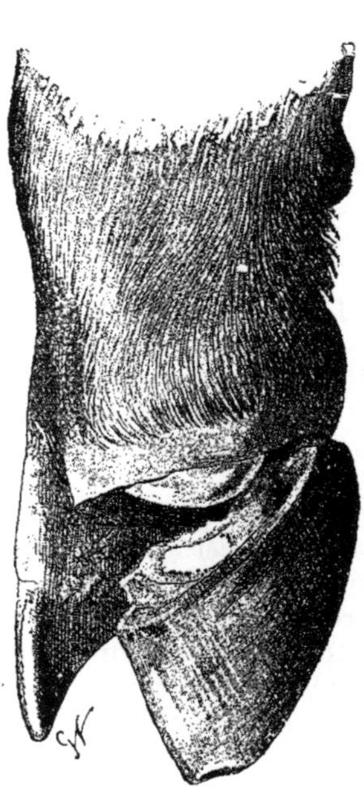

Fig. 346. — Désarticulation de l'onglon et de la troisième phalange.

injections d'eau bouillie chaude, injections de chlorure de sodium à 7 p. 1000, de glycérine iodée à 1 p. 10, phéniquée à 3 p. 100, de glycérine au sublimé à 1 p. 1000, d'huile au biodure de Hg) (voir page 83).

Il y a avantage, en pareil cas, à recourir à l'ablation de l'onglon ou des deux dernières phalanges d'un doigt. Avec des précautions d'antisepsie, le moignon se cicatrise, et la guérison peut être rapidement obtenue, supprimant ces suppurations interminables qui, avec les souffrances, amènent les malades dans un état misérable.

1° **Désarticulation de l'onglon et de la troisième phalange.** — Le malade est couché et immobilisé en position convenable, avec anesthésie locale, s'il y a lieu. Le bourrelet kératogène principal de l'onglon est conservé.

Premier temps. — Amincissement semi-circulaire du bourrelet principal de la paroi cornée, au-dessous de ce bourrelet. Incision des tissus jusqu'à l'os.

Deuxième temps. — Désarticulation : section du tendon de l'extenseur antérieur de la troisième phalange et ouverture de l'articulation : pression sur l'onglon d'avant en arrière, pour provoquer le mouvement de bascule; section des ligaments latéraux externe et interne, puis des tendons des fléchisseurs des phalanges.

Cette opération n'est pas très avantageuse, parce que, en raison de la situation de l'articulation et de la disposition des surfaces articulaires, l'extrémité de la seconde phalange déborde la ligne de section.

Afin d'éviter de nouvelles complications, il vaut mieux faire disparaître l'extrémité inférieure de la seconde phalange, qui d'ailleurs est toujours lésée sur des surfaces variables dans les arthrites du pied.

Fig. 347. — Restauration d'un onglon après amputation de la 3e phalange.

Il suffit, pour y arriver, de rétracter légèrement le manchon cutané et de faire une section transversale rapide du tiers inférieur de la deuxième phalange avec une petite scie.

Les surfaces de section des tendons et des ligaments sont également inspectées et régularisées, si de nouveaux points de nécrose sont découverts.

Un pansement de moignon fixé au paturon est appliqué.

b) Plus simplement on peut se contenter avec une scie fine, d'amputer d'emblée tout l'onglon, suivant la ligne de démarcation de l'amincissement sous le bourrelet kératogène, mais sans pratiquer même cet amincissement. Les fragments supérieurs de la troisième phalange sont enlevés ensuite, la surface articulaire inférieure de la deuxième phalange curée s'il y a lieu, les sections tendineuses et ligamenteuses régularisées avant l'application d'un pansement. L'intervention est plus simple, plus expéditive, que la précédente et donne d'aussi bons résultats.

2º Désarticulation des deux dernières phalanges. — Lorsque les lésions de nécrose sont très étendues et remontent très haut, il est plus avantageux souvent de faire d'emblée l'amputation des deux dernières phalanges.

La région est préalablement rasée et soigneusement nettoyée. Le bourrelet principal de l'onglon est encore conservé.

Premier temps. — Amincissement semi-circulaire du bourrelet

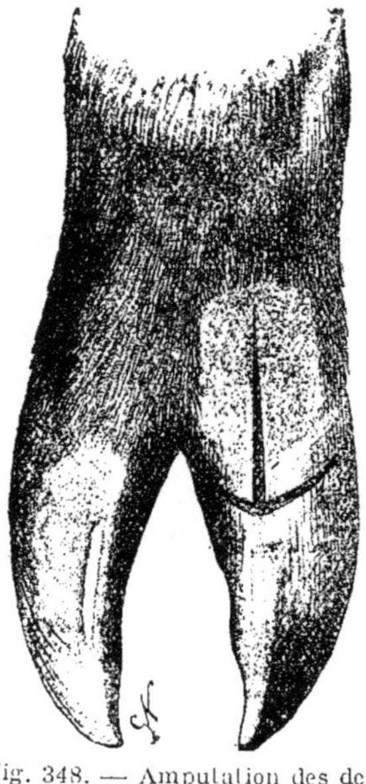

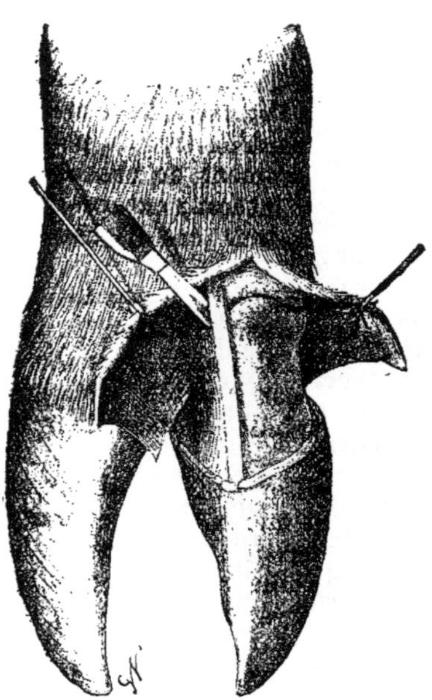

Fig. 348. — Amputation des deux dernières phalanges. Premier et deuxième temps.

Fig. 349. — Amputation des deux dernières phalanges. Troisième temps.

principal et de la paroi cornée au-dessous du bourrelet; incision des tissus jusqu'à l'os.

Deuxième temps. — Incision cutanée verticale antérieure, remontant au tiers inférieur de la première phalange (fig. 348).

Décollement cutané et dissection des lambeaux externe et interne.

Troisième temps. — Section du tendon de l'extenseur antérieur, ouverture de la première articulation interphalangienne, section des ligaments latéraux interne et externe; section des tendons fléchisseurs après bascule du doigt en arrière.

Pour faciliter cette désarticulation, et surtout la section des ligaments latéraux, on fait exécuter successivement un mouvement de torsion de l'extrémité digitée, en dehors, puis en dedans.

Suivant les circonstances, l'extrémité inférieure de la première phalange est ruginée ou sectionnée, et les sections tendineuses régularisées.

Un pansement protecteur antiseptique est appliqué sur la région amputée.

Quelques opérateurs prétendent que, à l'aide de la même technique, il est possible d'amputer les deux doigts au même niveau et d'obtenir une parfaite cicatrisation du moignon; à la condition naturellement d'établir un pansement protecteur très soigné.

Les circonstances où pareille intervention peut être tentée sont vraiment exceptionnelles, et, économiquement il y aurait peut-être lieu de discuter l'utilité de l'opération.

AMPUTATION D'UN MEMBRE ANTÉRIEUR

D'une façon générale, il n'est nullement indiqué chez des bovidés, quels qu'ils soient, et quels que soient les accidents dont ils peuvent être victimes, de recourir à des amputations plus étendues que celles d'un onglon. Cependant, il est bon de savoir que lorsqu'il s'agit

Fig. 350. — Amputation du membre antérieur droit.

d'animaux jeunes, encore assez légers pour se tenir à trois membres, n'ayant momentanément aucune valeur pour la boucherie, il est parfaitement possible de faire des amputations plus ou moins étendues sur un membre antérieur tout au moins, avec toutes chances de succès rapides.

Il suffit d'anesthésier les malades ou la région, d'aseptiser le champ opératoire, de délimiter un lambeau cutané de recouvrement antérieur, postérieur ou même externe, et d'amputer rapidement en prenant la précaution de ligaturer les artères.

Il ne saurait être question de conserver des lambeaux musculaires importants, tout au moins jusqu'au tiers inférieur de l'avant-bras.

Une suture solide et un bon pansement protecteur fixé par une sangle en écharpe assurent un bon résultat.

Bien nourris, les opérés peuvent prendre rapidement de l'état avant l'utilisation finale pour la boucherie.

SECTION DU LIGAMENT ROTULIEN INTERNE

Dans les cas de luxation spontanée de la rotule, et surtout de luxation ou de subluxation à répétition, accrochement de la rotule, l'intervention de choix est la section sous-cutanée du ligament rotulien interne. — Les malades laissés à jeun sont couchés sur le côté du membre frappé; le membre superficiel est entravé sur l'antérieur correspondant comme pour la castration du cheval; puis le postérieur atteint est porté en arrière et immobilisé en extension maxima. — La palpation de la face interne de l'articulation du grasset fait nettement sentir le ligament tendu dans sa position sous-cutanée.

La région opératoire est lavée et désinfectée, une petite boutonnière cutanée est pratiquée au niveau de la région moyenne du ligament, la sonde cannelée introduite sous ce ligament pour servir de guide, puis le ténotome boutonné à plat. Ce ténotome mis en place est ensuite redressé, le tranchant contre le ligament, et, par un léger mouvement de bascule, ce ligament est sectionné sous la peau.

Une plaquette de coton antiseptique, fixée au collodion sur la petite lésion cutanée, représente tout le pansement.

L'animal est relevé; l'effet est généralement immédiat et, quelques jours après, la guérison est parfaite.

Un second moyen plus expéditif, mais moins sûr et moins parfait, consiste, l'animal étant immobilisé en position debout, à opérer directement, de la même façon après anesthésie locale, ou plus simplement encore avec la pointe d'un bistouri droit que l'on enfonce d'avant en arrière sous le ligament à sectionner; on redresse le tranchant et, par un petit mouvement de bascule, on sectionne le ligament avec la pointe de l'instrument.

Pour opérer avec toute facilité, on fixe une plate-longe dans le pli du pâturon du membre non malade, le chef est passé entre les deux membres antérieurs, ramené en avant de l'épaule du côté opposé, puis tendu de façon à soulever légèrement le pied postérieur du sol. Le membre malade est ainsi mis forcément à l'appui, le ligament tendu, sa section est rendue plus commode.

Décornage des bovidés :

Veaux de 8 à 10 jours. — Raser les surfaces correspondant aux bulbes d'émergence des cornillons, sécher. Circonscrire ces bulbes (sur une surface de 2 centimètres de diamètre environ) à l'aide d'un large anneau cutané que l'on recouvrira de vaseline ou de collodion. Avec un bâton de potasse ou de soude caustique, monté en crayon, (pour ne pas se brûler les doigts) frotter alternativement les petits cones cutanés kératinisés, recouvrant l'ébauche des cornillons jusqu'à ce que la peau devienne rouge, ou en laissant chaque fois la soude sécher sur les bosses.

Il se forme une escarre profonde qui s'élimine, les cornes ne poussent pas.

Veaux de quelques mois. — Couper la corne sans faire saigner appliquer la potasse sur la section avec les mêmes précautions. Les opérés souffrent durant plusieurs heures. Il est préférable chez ces sujets d'anesthésier la région à la stovaïne adrénalinée et avec un trépan, ou mieux un burin de faire sauter toute l'ébauche de corne et cornillon.

Recouvrir d'un pansement aseptique fixé au collodion ou à la poix.

La pratique du décornage total chez nos animaux de l'espèce bovine n'est qu'une affaire de fantaisie ou de convenance, aussi ne faut-il pas s'étonner qu'il n'y ait pas d'appareils spéciaux pour atteindre ce but.

L'intervention est d'ailleurs plus souvent réclamée pour de jeunes chèvres que pour des bovidés; la technique est identique.

CHAPITRE IV

APPAREIL DIGESTIF

BOUCHE

Exploration buccale. — Les explorations buccale, pharyngienne et laryngienne, sont de nécessité dans certains accidents
ou maladies. On ne doit jamais les tenter sans immobiliser solide-

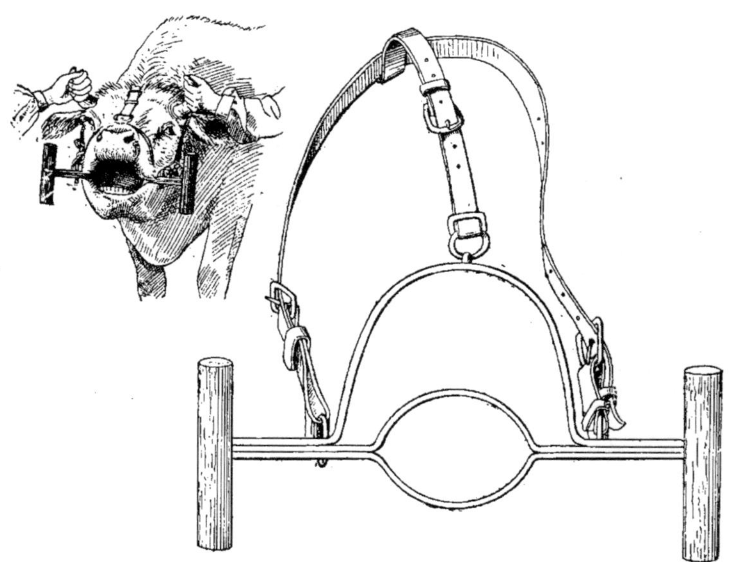

Fig. 351. — Spéculum buccal (modèle Carrez).

ment les mâchoires à l'aide d'un spéculum. L'un des plus avantageux est celui de Carrez qui tient seul en place après fixation par
des courroies autour de la base des cornes.

La bouche étant entr'ouverte, il est facile, en se plaçant convenablement pour un éclairage naturel, ou avec l'aide d'un éclai-

rage artificiel, de faire un examen complet de la cavité buccale, et de procéder au besoin à une intervention.

L'exploration pharyngée ne peut être faite qu'à la main, à l'aide du même spéculum ou d'un autre plus simple (fig. 352), auquel je donne la préférence, mais qui doit toujours être extrêmement solide.

ADMINISTRATION DES MÉDICAMENTS

a) *Bols ou pilules*. — Relever la tête, ouvrir la bouche en haut, immobiliser la langue. Faire tomber le bol ou la pilule dans le fond de la bouche. Lâcher la langue, maintenir la tête relevée, les mâchoires fermées jusqu'à déglutition.

b) *Liquides*. — Relever la tête de telle façon que l'ouverture buccale soit sur un niveau un peu supérieur au fond de la bouche. Engager le goulot du récipient à médicaments vers une commissure, en avant de l'arcade molaire. Maintenir la tête dans sa position pour que le liquide ne puisse être rejeté, laisser la langue libre et verser doucement le liquide à faire avaler.

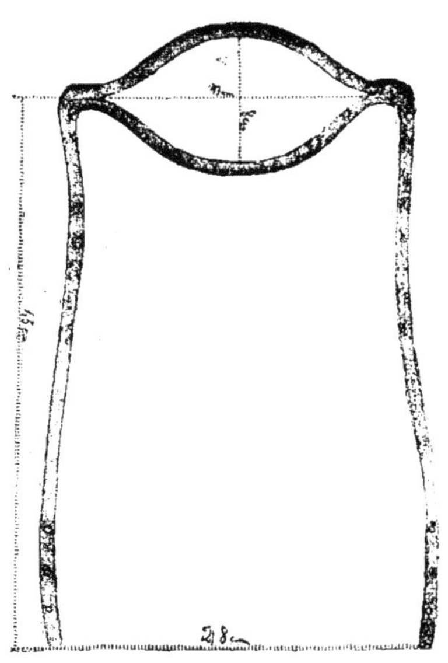

Fig. 352. — Spéculum buccal, en fer rond, avec dimensions pour bêtes moyennes : ouvertures, 14 × 8 centimètres : hauteur, 45 centimètres; ouverture de branches, 28 centimètres.

ŒSOPHAGE

Les opérations qui se pratiquent sur l'œsophage sont : le cathétérisme, le taxis, l'écrasement des corps étrangers intra-œsophagiens et l'œsophagotomie.

CATHÉTÉRISME.

Le cathétérisme, c'est-à-dire l'exploration interne du conduit œsophagien, est indiqué dans le cas de météorisation intense, de jabot œsophagien soupçonné, de rétrécissement supposé, d'obstruction accidentelle, et, suivant les circonstances, il se fait avec des sondes creuses en cuir bouilli ou en gutta, des sondes à extraction, des mandrins explorateurs de dimensions variables, des poussoirs à olive, à cupule ou des poussoirs improvisés.

Pour le pratiquer, on immobilise le sujet à explorer en position debout, la tête en extension sur l'encolure qui, elle-même, doit rester suivant l'axe vertébral dorso-lombaire. On introduit ensuite un spéculum dans la cavité buccale pour immobiliser les mâchoires, un aide saisit la partie libre de la langue et l'allonge par tractions

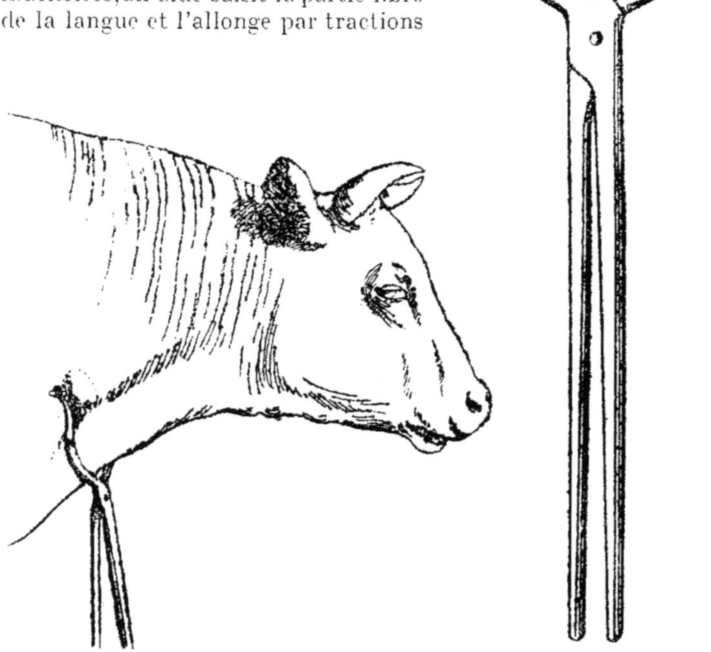

Fig. 353. — Pince Chapellier en place.

Fig. 354. — Pince Chapellier (réduction à 1/4 grandeur naturelle).

modérées à droite ou à gauche, tandis que l'opérateur dirige l'extrémité de son cathéter, préalablement huilé, vers le fond de la cavité buccale. La préhension et l'immobilisation de la langue ne sont nullement nécessaires. Cette introduction doit se faire sans violence, en suivant la partie médiane de la voûte palatine, et, lorsque l'animal fait un mouvement de déglutition, on pousse modérément l'appareil. L'extrémité du cathéter franchit le pharynx, s'engage dans le conduit œsophagien; il n'y a plus alors qu'à le glisser progressivement en douceur pour lui faire parcourir tout le trajet œsophagien.

Cette exploration, toute simple qu'elle est, nécessite une certaine

Fig. 355. — Cathéter et poussoir œsophagiens.

dextérité, parce que, au moment de l'introduction intrapharyngée, les mouvements de la base de la langue font souvent dévier l'extrémité des sondes ou cathéters, qui se trouvent alors amenés sous les arcades molaires, et sont brisés ou détériorés.

L'exploration œsophagienne avec les sondes creuses, dans les cas de météorisation, ne donne de résultats que lorsque l'extrémité de la sonde ne s'obstrue pas par des parcelles alimentaires du rumen, et ne plonge pas dans la masse alimentaire semi-solide, ce qui est fort rare.

Lorsqu'il y a jabot œsophagien intrathoracique non appréciable à la vue, l'extrémité du cathéter s'arrête dans la dilatation du jabot ou sur les aliments qui y sont entassés, et il est possible de déterminer approximativement la position de ce jabot. De même, dans les rétrécissements, le point d'arrêt d'un cathéter de petite dimension dénote la région où se trouve le rétrécissement.

Enfin, lorsqu'il y a obstruction, la présence du corps étrangere st toujours décelée.par l'arrêt du poussoir cupulé ou improvisé. La manœuvre de refoulement doit être dirigée avec prudence et sans brutalité, pour éviter les distensions ou déchirures des parois œsophagiennes.

J'ai indiqué ailleurs la valeur des sondes dites à extraction; mais l'emploi des pinces Chapellier (fig. 353-354), en substitution aux procédés de taxis de Delafoy et Martin, peut rendre de très grands services.

ÉCRASEMENT.

L'écrasement d'un corps étranger intra-œsophagien de la partie cervicale ne doit être tenté que lorsqu'on a la certitude du peu de consistance du corps obstruant. — Cet écrasement peut se faire à la main, par pressions bilatérales transversales dans la région du fond des gouttières jugulaires, ou, au contraire, par un procédé mécanique, les pinces Chapellier par exemple ou mieux des pinces de même genre à *large mors transversal*.

L'ancien procédé empirique, qui consistait à appliquer sur l'un des côtés de l'encolure une planchette de bois prenant point d'appui par pression sur le corps étranger, tandis qu'on agissait du côté opposé en frappant modérément avec un petit maillet de bois léger, est extrêmement dangereux.

Il en est de même du procédé qui consiste à employer une pince transversale à vis de pression, et dont les deux mors embrassant la région trachéale viennent s'appliquer directement sur le corps étranger.

ŒSOPHAGOTOMIE.

L'œsophagotomie ou incision de l'œsophage est une opération de nécessité qui ne doit être tentée qu'en dernière ressource, lorsque tous les autres moyens ont échoué. Elle n'est réalisable, bien entendu, que pour le trajet cervical, et doit se faire non pas toujours en lieu d'élection (tiers inférieur gauche de la gouttière jugulaire), mais en lieu de nécessité, directement sur le corps étranger.

On opère sur l'animal debout ou couché, après avoir nettoyé, anesthésié et aseptisé le champ opératoire.

Premier temps. — Incision de la peau et du tissu conjonctif sous-cutané sur le corps étranger lui-même, toujours au-dessus de la veine jugulaire.

Deuxième temps. — Isolement de l'œsophage par dissection minima du tissu conjonctif et des plans fibro-aponévrotiques du fond de la gouttière jugulaire.

Troisième temps. — Incision de l'œsophage sur le corps étranger et sur une longueur juste suffisante pour l'extraction de ce corps.

Quatrième temps. — *Sutures* : suture de la muqueuse par adossement des lèvres, suture de la musculeuse par affrontement des lèvres, suture cutanée permettant le drainage inférieur de la plaie opératoire.

MORCELLEMENT SOUS-MUQUEUX DU CORPS ÉTRANGER.

L'œsophagotomie provoquant souvent, malgré toutes les précautions, la production de fistules, Nocard a conseillé le morcellement sous-muqueux des corps obstruants. — Ces corps étant, règle générale, de consistance faible, le procédé offre de réels avantages.

Le premier et le deuxième temps opératoires sont exactement les mêmes que précédemment.

Le troisième temps consiste à ponctionner la paroi œsophagienne au ténotome droit immédiatement en arrière du corps étranger, comme pour une ténotomie; on introduit à sa place le ténotome courbe boutonné, et c'est avec cet instrument glissé à plat entre le corps étranger et la muqueuse œsophagienne que l'on fait ensuite le morcellement. Il suffit d'ailleurs qu'il y ait deux ou trois fragments pour qu'avec les doigts il soit possible de les chevaucher et de les disjoindre. Le résultat cherché est obtenu.

Les complications éloignées de ces interventions multiples sont les dilatations ou jabots par hernie muqueuse ou atrophie musculeuse, des fistules œsophagiennes, et, parfois, des abcès.

RUMEN

Deux opérations courantes se pratiquent sur le rumen : la ponction et la gastrotomie.

PONCTION DU RUMEN.

La ponction du rumen est, par excellence, une opération d'urgence contre les météorisations aiguës à marche rapide. — Elle se fait dans le flanc gauche, au centre de ce qu'on appelle le *creux du flanc*, à égale distance entre la dernière côte et l'angle de la hanche, et à quelques centimètres au-dessous des apophyses transverses des vertèbres lombaires, à égale distance entre ces apophyses et la corde du flanc.

Premier temps. — Inciser verticalement ou ponctionner la peau sur une longueur de 2 centimètres environ. Employer pour cette ponction cutanée un bistouri ordinaire, ou de préférence le bistouri à épaulement et la grosse flamme à saigner.

L'emploi du trocart ne doit jamais être tenté, si la peau n'est pas assez largement sectionnée.

Deuxième temps. — Ponction avec un trocart *ad hoc*, placé dans l'incision et dirigé en avant, en bas et en dedans. Pour faire cette ponction, la pointe du trocart étant dans l'incision, tenue par la main gauche, on donne un coup sec avec la paume de la main droite; la résistance vaincue indique que le trocart a pénétré dans la cavité du rumen. En retirant la pointe du trocart, les gaz s'échappent. L'opération terminée, on retire la canule en appliquant, au préalable, un doigt de chaque côté, sur la peau du flanc, pour éviter le soulèvement accidentel et la dilacération du tissu conjonctif.

Ce léger accident pourrait être le point de départ des complications ultérieures.

À défaut de trocart, et dans les cas d'extrême urgence, on peut, dans la pratique, faire une ponction au bistouri droit ou au couteau et introduire dans la plaie de ponction légèrement agrandie, avant le retrait de la lame tranchante, une canule improvisée, une tige de sureau creuse et taillée en biseau à son extrémité, par exemple.

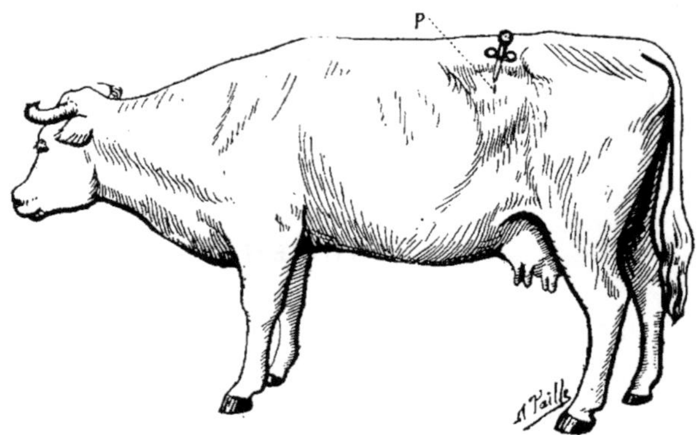

Fig. 356.

— Si la lame du bistouri était retirée avant l'introduction de la canule, le rumen se déplacerait et les orifices de ponction ne se correspondraient plus.

Complications. — On a signalé des chutes sur le sol, des syncopes respiratoires ou circulatoires, des accès de vertige, etc.; ces accidents sont très rares.

Emphysème sous-cutané. — Lorsque la canule est enlevée sans précautions et que le tissu conjonctif sous-cutané a été dilacéré, un emphysème local peut se produire si la tension des gaz du rumen est importante.

Ces gaz s'infiltrent par la plaie de ponction, diffusent dans les plans conjonctifs et principalement le tissu conjonctif sous-cutané, et donnent un emphysème sous-cutané crépitant très facile à reconnaître.

Cet emphysème peut rester localisé au pourtour de la ponction et se résorber progressivement. Il peut aussi s'étendre à tout le creux du flanc, gagner au delà et exceptionnellement donner de l'emphysème sous-cutané généralisé. Il est rare qu'un emphysème aussi étendu se résorbe sans accident.

Suppuration. — La suppuration consécutive à la ponction du rumen se présente sous deux formes :

a. Sous forme de petit abcès local sur le point de ponction, lorsque des matières étrangères ou agents de suppuration sont restés dans le trajet après retrait de la canule.

Ces abcès sont sans gravité; il suffit de les débrider et de les traiter par des injections antiseptiques.

b. Sous forme de suppuration diffuse sous-cutanée ou interstitielle consécutive à l'emphysème accidentel.

La poussée gazeuse entraîne des particules alimentaires entre les plans des tissus, et la suppuration s'établit avec fistule au poin t de ponction. Ces suppurations sont assez graves, parce qu'elles peuvent entraîner la nécrose des fibres aponévrotiques du muscle petit oblique et que la réparation ne s'établit dès lors que difficilement.

Pour les traiter, il importe de débrider l'orifice de la fistule et de pratiquer une contreouverture dans la région la plus déclive du décollement. Un drainage fréquemment renouvelé, des lavages abondants à l'eau bouillie à 40º et des injections antiseptiques représentent les différents moyens d'intervention.

Péritonite. — La péritonite consécutive à la ponction du rumen n'est pas absolument exceptionnelle, lorsque les précautions opératoires les plus élémentaires ne sont pas prises, ou lorsque des agents infectants et des débris alimentaires pas-

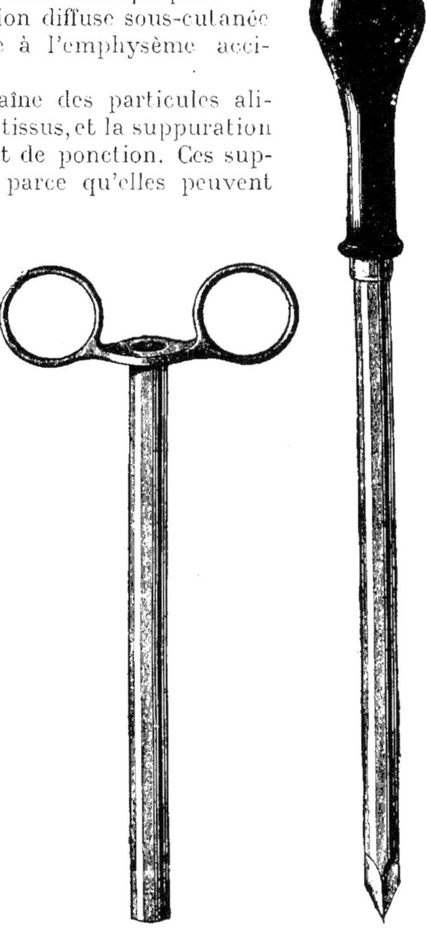

Fig. 357. — Trocart moyen pour la ponction du rumen.

sent dans la cavité du péritoine. Il se produit une péritonite locale, qui, par extension, se transforme en péritonite générale deux ou trois semaines après. Les symptômes sont ceux des péritonites aiguës.

GASTROTOMIE.

La gastrotomie ne se pratique que dans les cas de nécessité absolue : indigestion par surcharge, déglutition de corps étrangers (linges, clous, portefeuilles, etc.).

Elle se fait dans le flanc gauche, à la faveur d'une incision verti-

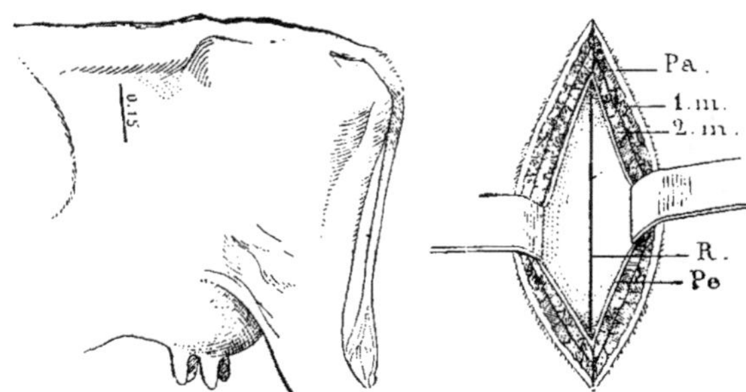

Fig. 359. — Gastrotomie. — Pa, paroi cutanée; 1 m, 2 m, couches musculaires; Pe, péritoine; R, rumen ligne d'incision.

cale ou légèrement oblique de la quatrième apophyse transverse des vertèbres lombaires vers la dernière côte. Cette opération comprend les temps suivants :

Premier temps. — Incision de la peau sur une longueur de 15 à 25 centimètres suivant la taille des sujets.

Deuxième temps. — Incision des muscles et du péritoine, torsion des petites artérioles musculaires qui peuvent être sectionnées.

Troisième temps. — Fixation et immobilisation du rumen par quatre ou six points de suture (fig. 359).

Quatrième temps. — Incision verticale du rumen. Exploration manuelle de sa cavité et vidange, s'il y a lieu.

Les dimensions de l'incision doivent être proportionnées aux dimensions de la main de l'opérateur.

Bisanti recommande l'emploi d'un spéculum dilatateur à deux valves, pour éviter la souillure, de la plaie si l'on fait la vidange du rumen. Il semble que cet appareil doive être bien gênant pour l'opérateur et nécessite une incision beaucoup plus longue, mais peut-être rend-il cependant des services. Je lui préfère l'emploi d'un manchon en taffetas imperméable qui protège très efficacement les bords des plaies.

On laissait autrefois les choses en l'état. Il se produisait un îlot de péritonite adhésive locale qui soudait le rumen à la face interne de la paroi abdominale, et la fistule persistait des mois avant de se

cicatriser complètement. — Il est possible de faire mieux aujour-
d'hui et de chercher une obturation plus rapide en pratiquant une
suture.

Cinquième temps. — Suture du rumen à la soie phéniquée. Cette
suture doit se faire par affrontement ou par adossement séreux des
lèvres de la plaie; mais les points de suture ne doivent intéresser que
le péritoine et la musculeuse, et ne pas traverser la totalité de la

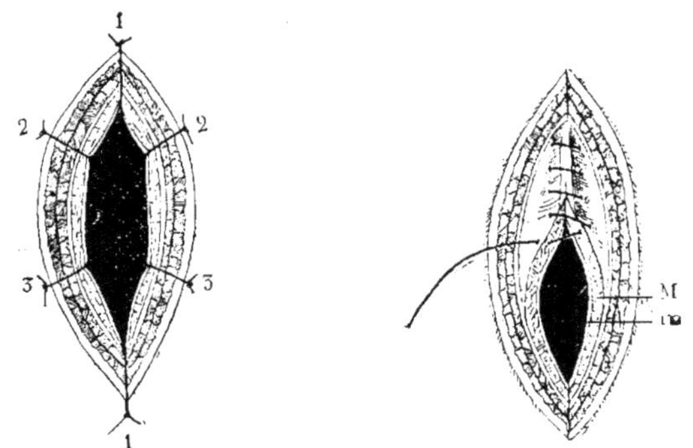

Fig. 359 et 360. — Fixation du rumen, pour éviter la péritonite.

paroi. Si les fils de soie passent au travers de la muqueuse et se
trouvent en contact avec l'atmosphère de la zone supérieure du
rumen, ils sont rapidement macérés et la suture cède avant cicatrisation. — Le rumen doit toujours rester fixé à la paroi abdominale vers les extrémités supérieure et inférieure de la plaie opératoire pour éviter ses déplacements et aussi les complications de
péritonite.

La suture de la musculeuse abdominale à la soie ne doit être
tentée qu'après désinfection minutieuse du champ opératoire et
grand lavage à l'eau bouillie.

On place enfin quelques points de suture cutanée et on établit
un drainage sous-jacent avec une mèche de gaze iodoformée.

LAPAROTOMIE

La laparotomie n'a que des indications très restreintes chez les
sujets de l'espèce bovine; cependant, dans les cas de hernies, de
torsion utérine (taxis direct), d'opération césarienne, d'invagination intestinale ou d'étranglement intestinal, il est possible d'y
avoir recours dans quelques circonstances exceptionnelles.

L'opération se fait de préférence dans le flanc droit, sur l'animal debout s'il ne s'agit que d'une simple exploration, sur l'animal couché s'il s'agit d'une intervention de longue durée. — Suivant les circonstances, l'incision doit avoir de 20 à 40 centimètres ; elle se fait comme celle de la gastrotomie et suivant la direction des fibres du grand ou du petit oblique de l'abdomen, et sur un champ opératoire préalablement délimité, rasé et aseptisé.

Pour la recherche d'une invagination, Guittard recommande de pratiquer l'incision de telle façon que la commissure inférieure se trouve à la hauteur de la rotule, au-dessus du grasset, et assez en avant pour échapper aux grands déplacements de la peau qui se produisent quand le membre postérieur correspondant est en mouvement.

Cette opération comprend les temps suivants :

Premier temps. — Incision de la peau.

Deuxième temps. — Incision de la paroi abdominale (muscles et péritoine; dans le sens de la direction des fibres du grand oblique, de préférence).

Troisième temps. — Exploration abdominale, inspection, palpation, extraction ou ablation, etc.

Quatrième temps. — Suture du péritoine par adossement des lèvres de la plaie.

Cinquième temps. — Suture musculaire et musculo-cutanée. Suivant les cas, il y a lieu ou non d'établir un drainage sous-cutané à la gaze iodoformée.

PONCTION DU FOIE

Raser et désinfecter le 11e espace intercostal droit.

Déterminer l'horizontale passant par la pointe de la hanche correspondante.

Ponctionner la peau à la lancette à deux doigts au-dessous de cette ligne.

Ponctionner le foie avec l'aiguille à baïonnette dirigée de haut en bas, d'arrière en avant, vers l'appendice xiphoïde (on perçoit à la main le moment de la ponction, si le foie est hypertrophié).

Retirer l'aiguille et examiner la pulpe. (Sergent).

Comme pour la rate il peut y avoir parfois écoulement de sang par la canule, c'est sans danger.

HERNIES

Selon la situation et la nature des hernies, il y a indication ou non de tenter la cure radicale.

Lorsque l'indication est formelle et la décision prise, on commence par nettoyer, raser, désinfecter et aseptiser le champ opératoire. Le malade est couché en position convenable et, au besoin, soumis à une anesthésie générale ou locale par des injections sous-cutanées de solution de cocaïne ou de stovaïne à 1 p. 100.

Chaque intervention comprend :

Premier temps. — Incision cutanée sur le sac herniaire et au niveau de l'orifice de hernie.

Deuxième temps. — Isolement du sac herniaire.

Troisième temps. — Réduction de la hernie et destruction des adhérences, s'il en existe.

Quatrième temps. — Résection du sac, oblitération de l'orifice. péritonéal par suture et ligature.

Cinquième temps. — Sutures musculaires et cutanées avec pansement protecteur contre les infections.

Ces interventions ne doivent être mises en pratique qu'avec des sutures au catgut chromé ou tanné, ou à la soie pour les régions profondes, et au crin de Florence ou avec fils aseptiques pour les sutures cutanées.

Toutes les hernies sont justiciables de la même méthode générale d'intervention.

CHAPITRE V

APPAREIL RESPIRATOIRE

TRÉPANATION DES SINUS

La trépanation des sinus est indiquée dans les cas de collection

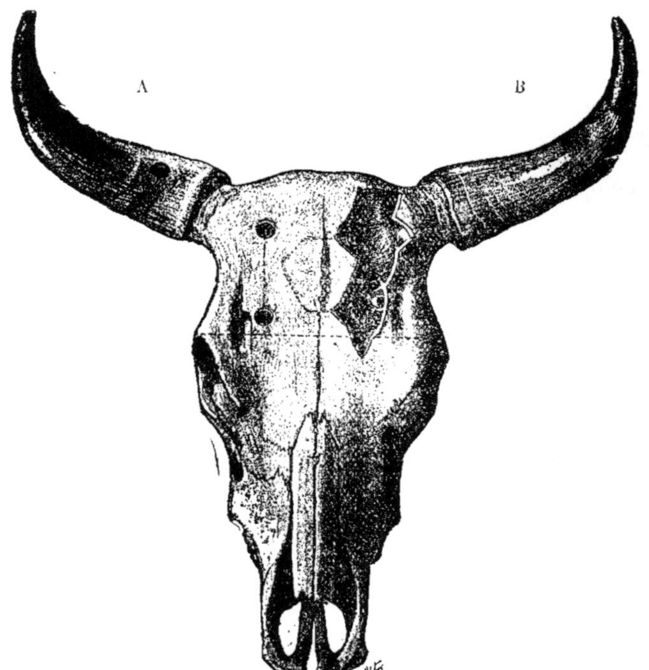

Fig. 361. — Disposition générale des sinus. — A, points d'élection pour la trépanation des sinus; S, du cornillon, S. frontal, trépanation supérieure, trépanation inférieure, S. maxillaire; — B, régions explorables et disposition anatomique des sinus.

purulente, de tumeurs des sinus, de lésions parasitaires, de tumeurs des cavités nasales, etc.

Sinus du cornillon.

La trépanation se fait directement vers la base de la corne, à sa face antérieure, et à 2 centimètres environ au-dessus du bourrelet kératogène (fig. 361).

Sinus frontal.

La trépanation du sinus frontal se fait en deux points, vers la limite supérieure et vers l'extrémité inférieure de la cavité.

La trépanation supérieure a son point d'élection dans le prolongement de l'axe du cornillon, à environ 2 centimètres en dedans du bourrelet kératogène de la corne (fig. 361).

Elle se fait sur l'animal debout ou couché et comprend :

Premier temps. — Incision en V de 2 centimètres de côté, intéressant la peau et les tissus sous-jacents jusqu'à l'os.

Deuxième temps. — Décollement de la peau et du périoste qui sont relevés en haut.

Troisième temps. — Trépanation.

La trépanation inférieure se fait au-dessus de la ligne transversale supérieure des cavités orbitaires, tangentiellement au bord interne de la scissure sus-orbitaire. — Elle comprend exactement les mêmes temps que l'opération précédente (fig. 361).

Sinus maxillaire.

Chez les animaux adultes, la trépanation du sinus maxillaire se fait immédiatement au-dessus de la tubérosité maxillaire; chez les jeunes, elle doit être faite à 2 centimètres plus haut.

TRACHÉOTOMIE

La trachéotomie chez les bêtes bovines n'est qu'une opération d'urgence que l'on établit en cas d'imminence d'asphyxie, ou pour faciliter une autre intervention sur les premières voies respiratoires. — Elle se fait d'ailleurs exactement comme chez le cheval, sur l'animal couché ou de préférence debout, après immobilisation du patient au travail et anesthésie locale. Deux aides vigoureux placés à la tête et munis de mouchettes peuvent suffire souvent. — Pour éviter les atteintes des membres antérieurs, on les entrave en 8 au-dessus des genoux, on accule le sujet à opérer dans une encoignure et l'intervention ne présente plus de dangers.

Pour les bêtes de grande taille, il serait indispensable d'opérer
au travail ou après abatage :

Le champ opératoire est préparé, rasé et aseptisé.

Les temps opératoires sont :

Premier temps. — Incision verticale, cutanée et médiane de
4 à 5 centimètres, à la hauteur du tiers supérieur de la trachée.

Deuxième temps. — Dilacération médiane et écartement latéral
des muscles trachéliens, avec des érignes mousses, incision du tissu
conjonctif prétrachéal.

Troisième temps. — Ouverture circulaire ou elliptique de la
trachée selon les dimensions du tube à trachéotomie.

Quatrième temps. — Mise en place du tube à trachéotomie.

L'anesthésie locale par une injection de cocaïne ou de stovaïne
facilite largement l'intervention, tout en évitant la souffrance aux
opérés.

Pour la pratique des pulvérisations intratrachéales antiparasitaires. dans les broncho-pneumonies vermineuses, l'intervention
se limite aux deux premiers temps et avec des incisions plus petites,
pour faciliter l'introduction du trocart du pulvérisateur entre deux
cerceaux de la trachée.

ABLATION DES TUMEURS DES CAVITÉS NASALES

L'ablation des tumeurs des cavités nasales, des cornets et des
sinus en particulier, ne doit être tentée que quand il y a intérêt
économique à le faire, c'est-à-dire quand les animaux trop maigres,
n'ont aucune valeur pour la boucherie. Il est indispensable, d'autre
part, que la voûte palatine soit intacte et que toute communication
directe entre les cavités nasales et la cavité buccale soit évitée. Sous
ces réserves, l'opération à tenter comporte les temps suivants :

1º Délimitation d'un lambeau cutané rectangulaire circonscrit
par :

a) La ligne médiane du chanfrein;

b) La ligne inférieure de réunion des orbites en haut;

c) La ligne transversale de l'extrémité inférieure du sus-nasal
en bas.

Le volet cutané est rabattu latéralement pour conserver les
connexions vasculaires avec le périoste adhérent ;

2º Ouverture large de la fosse nasale en faisant sauter l'os sus-
nasal et un lambeau osseux externe de dimensions à peu près
égales en haut, et intéressant le frontal, le lacrymal et le maxillaire supérieur. — Cette ouverture large de la cavité nasale sera
facile en pratiquant une ou deux séries de trépanations superposées et en les réunissant à l'aide d'un ciseau à froid;

Fig. 362. — Mise à découvert du lambeau osseux à enlever.
Volet cutané rabattu latéralement.

Fig. 363. — Cavité nasale gauche largement ouverte.

3º Extirpation à ciel ouvert de tout le contenu anormal de la cavité nasale : ablation des cornets, de polypes, tumeurs diverses, etc. ;

4º Pansement et suture.

Pour éviter les hémorragies en nappe, toujours à redouter, on fera, dans les parties accessibles de la profondeur des cavités nasales, quelques injections d'un demi-centimètre cube chaque de cocaïne-adrénaline (mélange d'une solution de cocaïne ou stovaïne à un centième et d'adrénaline à un millième).

CHAPITRE VI

ORGANES GÉNITO-URINAIRES

EXPLORATION DE LA VERGE

Le pénis, chez les ruminants domestiques, offre cette particularité d'être recourbé en S dans la région sous-pubienne (fig. 225, 226 et 364), de sorte que, quand il y a indication d'intervenir sur le canal de l'urètre ou même l'extrémité de la verge, il est nécessaire, au préalable, de procéder à l'allongement du pénis.

Cette intervention se pratique de la façon suivante :

L'animal étant en position debout, bien immobilisé de la tête et des membres postérieurs, et autant que possible plaqué contre un mur, l'opérateur se place sur la gauche. La main droite saisit le pénis et la peau immédiatement en avant des bourses et le pousse dans la direction de l'ouverture du fourreau.

L'extrémité est pincée entre les premiers doigts de la main gauche et, pour qu'il ne se produise ni glissement ni échappement lorsque la main droite lâchera pour effectuer une nouvelle prise du corps du pénis plus en arrière, on peut, suivant l'indication de Mathis, recourber l'extrémité de la verge, qui offre dans cette position un point d'appui plus solide. La main droite, faisant glisser la peau en arrière, fixe un nouveau point de la verge et la pousse encore en avant. Progressivement, l'allongement est obtenu.

Sur l'animal couché, cette intervention est beaucoup plus facile.

URÉTROTOMIE CHEZ LE BŒUF

L'urétrotomie consiste à inciser le canal de l'urètre dans un but thérapeutique, d'ordinaire pour permettre l'extraction d'un corps étranger ou calcul s'opposant à la miction.

Chez le bœuf, les calculs peuvent s'arrêter dans la portion membraneuse intrapelvienne du canal de l'urètre, ce qui est fort rare; au niveau de la courbure ischiale, ou, de préférence, vers l'une des courbures de l'S pénienne, et quelquefois en un point quelconque de la verge (fig. 227).

Selon le point où le canal urétral a été obstrué, on a recours à l'urétrotomie ischiale ou à l'urétrotomie scrotale.

Les petites dimensions du canal ne permettent pas l'introduction de tenettes pour broyer des calculs intravésicaux.

URÉTROTOMIE ISCHIALE.

Cette opération se pratique quand le corps étranger est arrêté dans la partie membraneuse du canal, pour son refoulement ou

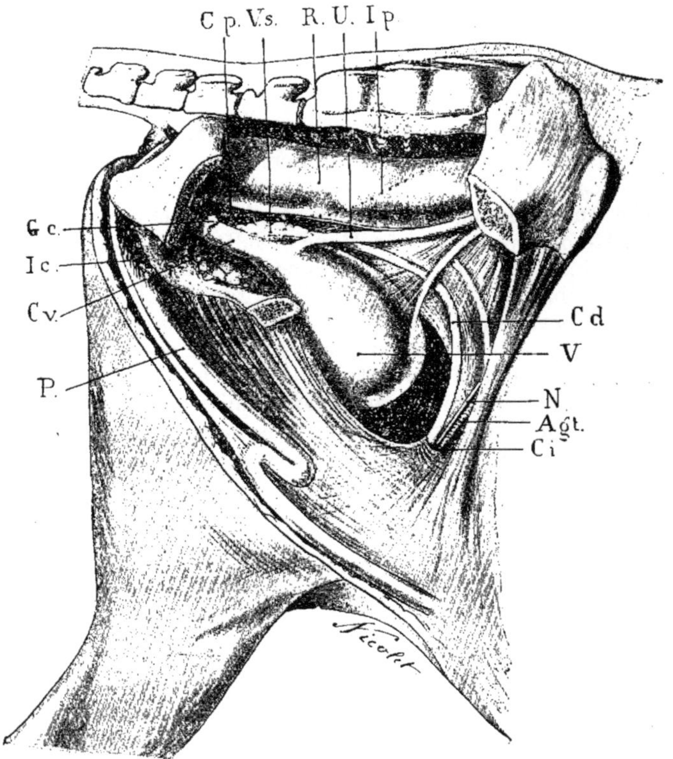

Fig. 364. — Organes génito-urinaires (cavité pelvienne chez le mâle). — Cp, cavité péritonéale (cul-de-sac postérieur); Vs, vésicule séminale; R, rectum; U, uretère; Ip, ligne d'insertion péritonéale; Cd, canal déférent; V, vessie; Agt, artère grande testiculaire; Ci, canal inguinal; P, pénis; Cv, canal vésical; Ic, muscle ischio-caverneux; Gc, prostate.

l'extraction ultérieure, ou dans la partie spongieuse au-dessus de la courbure ischiale.

Par l'exploration rectale, on reconnaît la situation intrapelvienne des calculs.

Par l'inspection et la palpation, on peut découvrir la position exacte du corps étranger vers l'arcade et sentir la distension de l'urètre par l'urine, lorsque des symptômes plus apparents (bonds urétraux) n'ont pas déjà été enregistrés.

L'incision de l'urètre peut se faire suivant trois procédés, après immobilisation, aussi complète que possible, du patient en position debout, après anesthésie locale.

Premier procédé. — Assez ancien, il consiste à ponctionner d'un seul coup, avec la flamme ou la lancette, le canal de l'urètre pour l'ouvrir ensuite plus largement, après introduction d'une sonde cannelée. La ponction pure et simple de cette façon est très utile dans les cas de danger de rupture imminente de la vessie.

On peut ensuite intervenir pour l'extraction d'un calcul de la région ischiale, ou pour le refoulement.

Deuxième procédé. — Une seconde méthode, préconisée par Santin, consiste à inciser couche par couche les tissus sous-cutanés jusqu'à l'urètre, sur l'arcade ischiale.

Une ponction simple de l'urètre et un débridement vers le haut sur la sonde cannelée terminent l'opération. Par ce procédé, on peut éviter les hémorragies et aussi les infiltrations urineuses.

Troisième procédé. — Ponction de l'urètre au bistouri droit, d'un seul coup, sur l'arcade ischiale, comme chez le cheval.

Débridement en haut par un mouvement de bascule.

C'est un procédé dangereux qui expose les plus habiles aux insuccès, par suite du petit calibre du canal de l'urètre.

L'urétrotomie scrotale se fait lorsque le calcul siège dans les courbures de l'S pénienne ou plus près de l'extrémité de la verge.

L'opération ne peut être librement exécutée que sur l'animal couché et après allongement du pénis hors du fourreau. Mais, comme l'immobilisation en position couchée des animaux ayant une distension extrême de la vessie est susceptible de provoquer une rupture de ce réservoir, on pratiquera, au préalable, comme dans l'opération précédente, une ponction du canal de l'urètre à la flamme sur l'arcade ischiale, ou une ponction de la vessie par la voie rectale, à l'aide d'un trocart *ad hoc* stérilisé. Par des tractions répétées, mais modérées, sur l'extrémité de la verge, on fait disparaître l'S pénienne et la partie antérieure du canal vient hors du fourreau.

Trois cas peuvent se présenter :

Premier cas. — Le calcul se trouve dans la portion antérieure du pénis. On l'extrait en pratiquant une incision directe à l'endroit où il se trouve, et, après extraction et désinfection, on fait un ou deux points de suture.

Deuxième cas. — Le calcul est situé dans la partie du pénis restée dans le fourreau hors de l'allongement; il est alors nécessaire, pour extraire le corps étranger, de procéder comme l'a indiqué Dupont :

1º Perforer d'abord le fourreau, par une incision de la peau, des tissus sous-cutanés et de la muqueuse,sur une longueur de 3 ou 4 centimètres;

2º Extraire le pénis par l'ouverture pratiquée, inciser inférieurement sur le calcul (couche fibreuse, tissu érectile et muqueuse urétrale), suturer avec précaution après désinfection.

Si, en employant cette méthode, on observe les règles de l'antisepsie, peu d'accidents sont à redouter.

Toutefois, si des infiltrations urineuses apparaissaient, il ne faudrait pas s'inquiéter outre mesure, car, traitées hâtivement par les ponctions ou les mouchetures, elles peuvent guérir.

Troisième cas. — Le calcul est en arrière de l'S pénienne. Imminger conseille d'opérer comme suit :

1º Coucher le malade, les quatre membres réunis;

2º Passer entre les membres postérieurs une grosse barre de bois qui va piquer en terre en avant et se trouve maintenue sur les épaules d'un aide en arrière;

3º Incision cutanée immédiatement en arrière ou en aval du scrotum sur le calcul. Dissection parfaite du pénis. Incision et extraction du calcul.

De toutes ces interventions, aucune n'est nettement indiquée chez des animaux qui sont en état de présenter toute leur valeur pour la boucherie. En médecine vétérinaire tout n'est pas d'opérer, ni même de bien opérer, mais au contraire de sauver la valeur des malades ou des accidents. Si les interventions risquent de faire perdre ces valeurs, il faut les rejeter.

CATHÉTÉRISME DE L'URÈTRE CHEZ LA VACHE

Il peut être nécessaire, dans certaines circonstances, de pratiquer le sondage de la vessie chez la vache. Une difficulté s'offre pour l'introduction de la sonde dans le canal urétral. Au méat urinaire existe une petite valvule qui part de la paroi inférieure, et forme en arrière du véritable orifice de l'urètre un cul-de-sac dans lequel la pointe du cathéter peut buter. On se sert d'une sonde en gutta, d'une sonde en verre, ou de préférence d'une sonde en métal plus facile à stériliser (fig. 366). Cette sonde est prise en plume à écrire, dirigée sur le plancher vaginal le long du doigt indicateur gauche jusqu'à l'orifice du méat (fig. 365). En relevant très légèrement l'extrémité, la pointe mousse tombe dans la fossette.

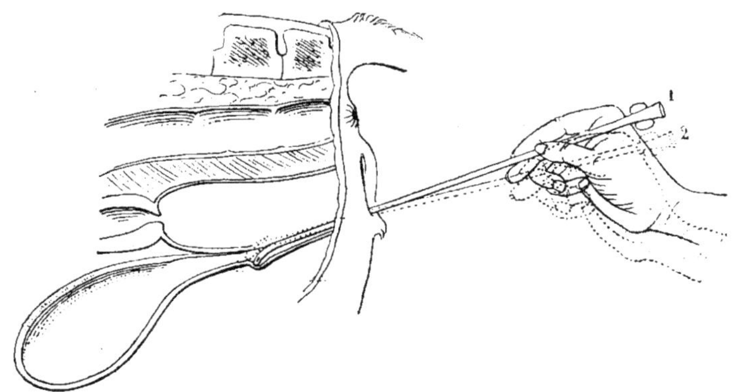

Fig. 365. — Cathétérisme de la vessie chez la vache.

Il suffit alors de faire le mouvement inverse, c'est-à-dire d'abaisser la main et l'extrémité de la sonde, tout en poussant la pointe légèrement en avant; on sent une faible résistance et la sonde s'engage

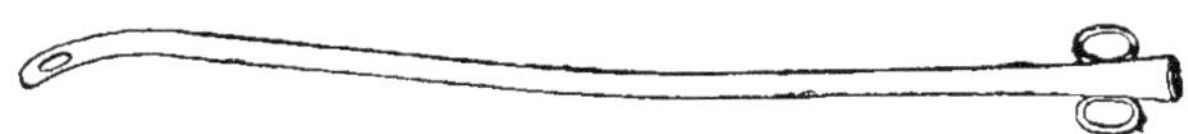

Fig. 366. — Sonde vésicale pour vaches.

d'elle-même dans la vessie. — S'il y a lieu, on presse avec le doigt indicateur sur le sommet de la petite valvule pour l'abaisser.

Il y a parfois avantage à opérer à ciel ouvert. On écarte alors les lèvres vulvaires et les parois du vagin avec un spéculum ou de préférence avec des valves.

A défaut, de sonde spéciale, et en cas d'extrême urgence. l'introduction de l'index dans le méat urinaire puis le canal de l'urètre permet le plus ordinairement de provoquer l'évacuation de la vessie.

DE LA CASTRATION

La castration a pour but de priver les animaux de leurs facultés reproductrices, soit en retranchant les testicules ou les ovaires, soit en annulant leurs fonctions.

Chez les ruminants, les testicules sont allongés et placés dans une position verticale, les bourses présentent un collet supérieur qui donne à la masse scrotale une forme conoïde dont la base serait inférieure.

CASTRATION DU TAUREAU.

Dans les espèces bovine et ovine, on pratique la castration dès la naissance ou à deux ou trois mois, quand les animaux sont destinés à la boucherie. En Normandie, dans la Franche-Comté, en Angleterre, les éleveurs font châtrer leurs taurillons par la torsion du cordon.

Deux incisions de 3 ou 4 centimètres sont faites inférieurement sur les parties latérales des bourses, les testicules sont énucléés à cordons couverts ou découverts, et ces cordons testiculaires saisis avec deux pinces à pression continue à l'aide desquelles on opère la torsion. L'animal a été « châtré en veau ».

La torsion à cordons couverts est de beaucoup préférable à la torsion cordons découverts, les dangers d'hémorragie et d'infection sont moins grands.

Dans le midi de la France, en Auvergne, dans le Limousin, les bœufs étant destinés au travail, on attend quelques mois pour les châtrer, en se basant sur l'influence que peuvent avoir les testicules sur le développement des os et des muscles. C'est à six ou huit mois et souvent après un an que ces animaux sont émasculés. En général, on emploie, pour pratiquer cette opération, le procédé du bistournage.

BISTOURNAGE.

Décrite pour la première fois par Ollivier de Serres, la castration par bistournage est pratiquée de temps immémorial. Elle consiste essentiellement dans la torsion du cordon testiculaire, et a pour but l'oblitération des vaisseaux qui le constituent, entraînant l'atrophie des organes irrigués par ces vaisseaux.

Taureau. — On opère sur l'animal debout après immobilisation. La tête est fixée à un poteau ou à un anneau, un peu haut pour restreindre les mouvements des membres postérieurs. Les membres postérieurs sont immobilisés partiellement à l'aide de deux plates-longes passées en nœud coulant au-dessus du jarret et fixées au-dessus du genou. Une seule plate-longe peut suffire, mais à la condition de mettre les deux membres emprisonnés dans la position du rassembler.

Manuel opératoire. — L'opération comprend quatre temps :

Premier temps. — Assouplissement des bourses. L'opérateur, placé en arrière des jarrets, prend les cordons testiculaires à pleines mains immédiatement au-dessus des testicules, et, par une forte

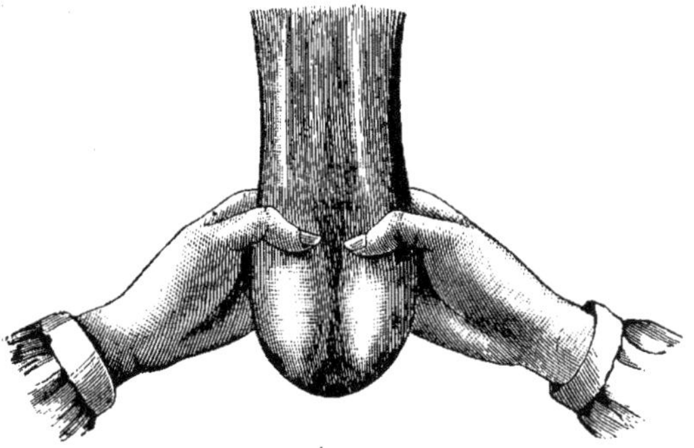

Fig. 367. — Bistournage. 1er temps. Assouplissement des bourses. (Peuch et Toussaint.)

pression, amène ces organes tout au fond des bourses. — Ceci fait, la manœuvre inverse est exécutée; l'opérateur saisit de la main droite le fond des bourses et opère une traction vive; avec la main gauche placée au-dessus de la droite, il fait remonter les testicules vers l'abdomen. Si l'ascension n'est pas jugée suffisante, la main droite, glissée entre la gauche et les testicules, continue cette ascension vers les anneaux inguinaux inférieurs qui se trouvent ainsi un peu dilatés (fig.368).

Lorsque ces deux manœuvres ont été répétées deux ou trois fois, plus s'il le faut, l'élasticité des enveloppes a été accrue, et la mobilité des testicules est devenue plus grande; le second temps de l'opération est rendu plus facile.

Deuxième temps. — Bascule du testicule. La bascule du testicule peut s'opérer par deux procédés.

Procédé ancien. — Le plus ancien procédé consiste à laisser

Fig. 368. — Bistournage. 1er temps. Ascension des testicules. Assouplissement des bourses.

un des testicules remonter vers l'anneau inguinal et à faire basculer l'autre dans un plan vertical. Si on veut faire basculer le **testicule droit**, par exemple, on prend le cordon avec le pouce et **l'index** de la main gauche (fig. 369), on saisit la partie inférieure des bourses avec la main droite, et on essaie de glisser la pointe du testicule sur la

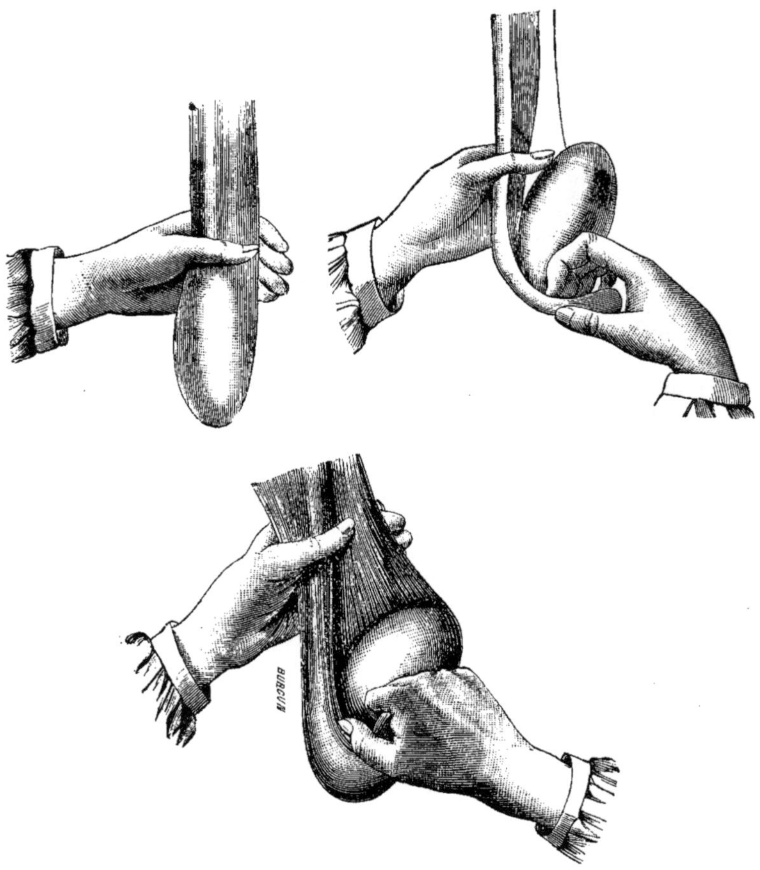

Fig. 369. — Bistournage. 2e temps.

face dorsale des doigts; simultanément on presse avec le pouce de la main gauche sur la tête du testicule, ce qui produit un mouvement de bascule dans un plan vertical; la queue de l'épididyme devient supérieure. Un certain espace vide sépare alors le testicule du fond des bourses.

Troisième temps. — Torsion du cordon. La bascule du testicule opérée, il faut tordre le cordon pour amener l'oblitération des vaisseaux (fig. 370). La main gauche tient toujours le cordon que l'on cherche à amener en avant du testicule; en même temps, de la main droite, on pousse ce testicule en arrière et on lui fait décrire

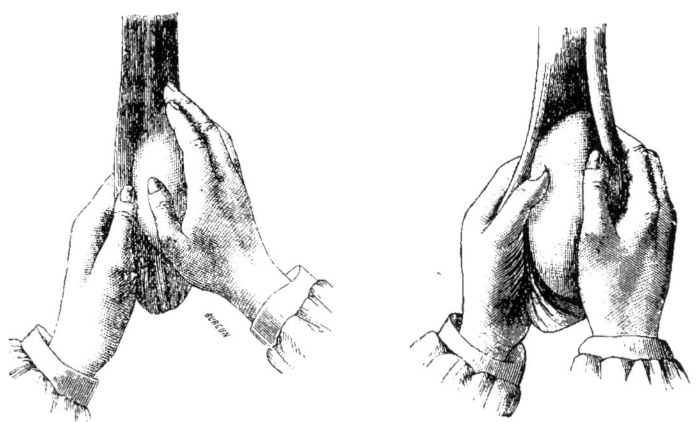

Fig. 370. — Bistournage. 3ᵉ temps.

un demi-cercle. Le cordon était à gauche, il est maintenant à droite : inversement, le testicule passe de droite à gauche.

Pour opérer un tour complet, il faut, « sans changer de main », et surtout sans lâcher, pousser le cordon à droite et en avant avec la main droite, tandis que le testicule est poussé à gauche et en arrière avec la main gauche. Le cordon et le testicule reprennent leur position première : un tour a été effectué autour du cordon. On répète ces manipulations plusieurs fois, et le cordon prend bientôt l'aspect d'une corde, d'une grosse ficelle dense et tendue. Pour que l'oblitération soit suffisante, on conseille de faire sept ou huit tours chez le taureau, quatre ou cinq tours complets chez le bélier.

La torsion du testicule droit terminée, on le dirige vers la partie supérieure des bourses, et on répète pour le testicule gauche les mêmes manœuvres, avec position inverse des mains.

Quatrième temps. — Fixation des testicules dans la région inguinale. Les deux testicules étant tout à fait refoulés vers la région inguinale, on ligature les bourses au-dessous d'eux avec un fragment de bande ou un lien assez large, afin d'intéresser une partie, un peu étendue de la peau et d'éviter la mortification de la portion déclive des bourses. Un engorgement œdémateux résultant des manœuvres se produit aussitôt, et, lorsqu'au bout de vingt-quatre ou quarante-huit heures l'infiltration s'est bien développée, il faut enlever la ligature, les testicules ne pouvant plus se débasculer.

Chez les agneaux, pour éviter l'application d'une ligature, les testicules sont repoussés dans le pli de l'aine, après rupture du tissu conjonctif du niveau de l'orifice inguinal externe.

Procédé de Dubourdieu. — Dubourdieu a décrit une méthode différente; il conseille de faire basculer le testicule dans le sens transversal. Les mains n'ont plus la même position. Le testicule gauche, par exemple, est dans le fond des bourses; avec la main droite, on saisit le cordon au niveau de la tête du testicule, et on prend à pleine main gauche la queue de l'épididyme et le testicule auquel on fait décrire un demi-cercle transversal fig. 371). Si on a soin de bien immobiliser le cordon avec la main droite, la bascule se fait plus facilement que dans le cas précédent. Pour le testicule droit, la position des mains est inversée (fig. 372).

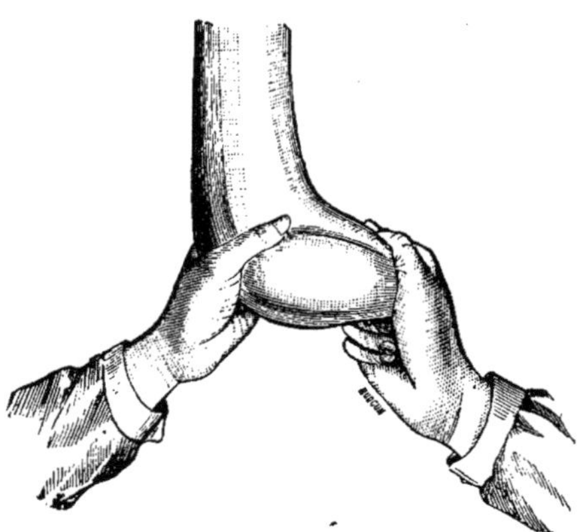

Fig. 371. — Bistournage. 2e temps. Procédé Dubourdieu.

C'est un perfectionnement du procédé ancien; il m'a toujours paru beaucoup plus expéditif et plus facile.

Difficultés opératoires. — Le bistournage est une méthode très recommandable pour pratiquer la castration, parce qu'elle met à l'abri de toutes les complications pouvant résulter d'interventions sanglantes. Toutefois, il peut présenter de grandes difficultés, par

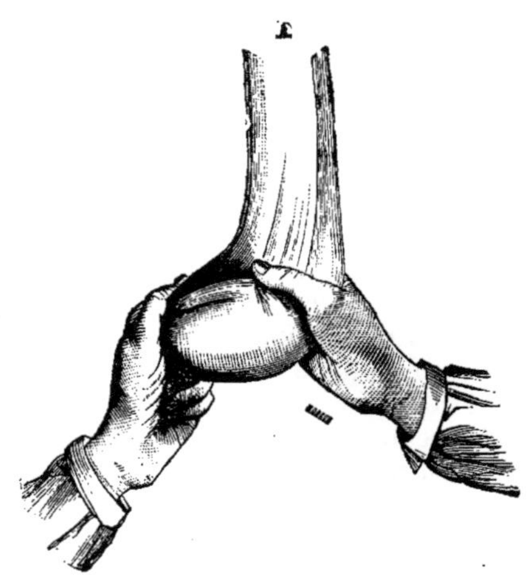

Fig. 372. — Bistournage. 2e temps. Procédé Dubourdieu.

exemple chez les taureaux de deux ou trois ans dont les testicules
sont peu maniables à cause de leur volume, de la densité du tissu
conjonctif et quelquefois aussi d'adhérences anormales. Dans ces
cas, le temps d'assouplissement doit se prolonger quelquefois pendant une demi-heure.

Le bistournage devient peu pratique lorsque les testicules sont
ronds et petits, car, après le refoulement et la ligature des bourses,
ces testicules peuvent facilement, en raison de leur forme, suivre
les mouvements du cordon qui tend à se détordre. Si la détorsion
se produit, l'opération est manquée.

Suites de l'opération. — L'opération est souvent suivie d'un
accès plus ou moins prolongé de coliques violentes, l'animal peut
souffrir cinq ou six heures et recouvrer ensuite son état de santé.

Si la torsion a été mal pratiquée, ou s'il y a déplacement du lien
et chute, les testicules peuvent se débasculer et les cordons se détordre; ceux-ci n'offrent plus alors aucune consistance à la pression,
tandis qu'après l'opération ils donnent à la main exploratrice la
sensation d'un corps dur, tordu et tendu. Pour éviter le glissement
du lien et le débasculement des testicules, Guittard préconise l'emploi d'une aiguille de fer avec laquelle on traverse les bourses sur
la ligne médiane, au ras des testicules remontés. Il place au-dessus
sa ligature, qui se trouve ainsi dans l'impossibilité de glisser.

Les bistourneurs basques, pour éviter la détorsion, exercent des
tractions vigoureuses de haut en bas sur le testicule basculé; il se
produit ainsi quelques déchirures qui diminuent l'élasticité du cordon et de l'épididyme, en empêchant le débasculement du testicule.
C'est une pratique excellente dont j'ai pu apprécier les résultats
avantageux, et que j'utilise de façon constante.

Lorsque l'opération a bien réussi, on voit les testicules s'atrophier lentement; ils ne disparaissent pas toujours complètement;
aussi, quelques années après, lors de l'abatage, se retrouvent-ils
à l'état fibreux avec la grosseur d'une noisette ou d'un marron.
Mentionnons, pour terminer, que, si on se trouve en présence d'un
bistournage « manqué », il est toujours possible d'intervenir d'une
autre façon.

Toutefois le bistournage n'a d'avantage que pour les animaux
jeunes, opérés avant la puberté. Les adultes souffrent assez longtemps, maigrissent et perdent temporairement partie de leur
valeur marchande.

Du martelage.

Le procédé du martelage consiste à mutiler au moyen d'un mar-
teau les cordons testiculaires recouverts de toutes leurs enveloppes.
Cette mutilation altère la paroi de l'artère grande testiculaire, pro-

voque la formation d'un caillot qui arrête l'irrigation du testicule
et détermine son atrophie.

La pratique du martelage est très ancienne; deux descriptions
en ont été données par Chanel de Sony en 1826 et par Rey en 1848.

L'animal est immobilisé par les cornes comme pour le bistournage. On fixe les membres au moyen de deux longes comme dans
le cas précédent; certains praticiens négligent de prendre cette

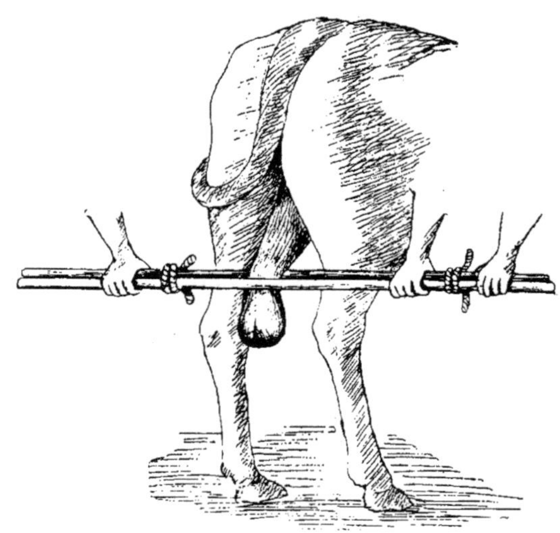

Fig. 373. — Martelage.

dernière précaution. Deux bâtons cylindriques de la grosseur d'un
manche à balai et un maillet en bois ou un ferretier représentent
l'appareil instrumental.

Manuel opératoire. — L'opération comprend deux temps :

Premier temps. — Application des bâtons sur les cordons testiculaires. Deux aides sont nécessaires; l'opérateur, se plaçant derrière l'animal, saisit les testicules et les amène en arrière des membres postérieurs. Un des aides passe un bâton derrière les membres
postérieurs et en avant du collet des bourses; le second applique
l'autre bâton derrière le collet et à la hauteur du premier. Les deux
aides saisissent les bâtons par les deux extrémités, les serrent l'un
sur l'autre, et exercent une traction sur les cordons, tout en maintenant ces bâtons sur la corde des jarrets. Ils leur font alors subir
une demi-rotation, qui a pour résultat de rendre supérieur le bâton
antérieur et inférieur le bâton postérieur; la région du collet et les
cordons se trouvent alors appliqués sur le bâton supérieur (fig. 373).

Deuxième temps. — **Martelage.** — L'opérateur saisit les testicules avec la main gauche afin d'éviter leur ballottement entre les jarrets. Avec la main droite, il pratique le martelage en frappant à petits coups sur les cordons appliqués sur le bâton. Il opère successivement sur chaque cordon. L'habileté consiste à agir avec assez de modération pour ne pas amener la mortification des vaisseaux cutanés, accident regrettable qui pourrait entraîner des complications variables, quelquefois la gangrène de toute la partie inférieure.

Pour éviter ces accidents, on utilise, en Alsace-Lorraine, un ciseau creux en bois dur. Ce ciseau, placé sur les cordons, atténue les chocs et permet quand même l'aplatissement des vaisseaux et leur oblitération ultérieure.

Effets du martelage. — L'opération dont il s'agit, et qui n'a rien de bien chirurgical, est suivie d'une fièvre de réaction plus ou moins accusée, de coliques d'intensité variable, de décubitus prolongé, de manque d'appétit et d'un peu d'abattement. Ces symptômes post-opératoires disparaissent en général le lendemain. On voit apparaître dans la suite une inflammation de la région qui persiste trois ou quatre jours.

L'opération, lorsqu'elle a bien réussi, amène l'atrophie progressive des testicules. Si le martelage a été mal pratiqué, on voit parfois un testicule, ou même les deux, conserver leur volume normal. Il faut, dans ce cas, faire à nouveau le martelage ou s'adresser à un autre procédé opératoire.

La castration par le martelage ne trouve plus que fort peu de partisans; elle est encore pratiquée par les empiriques des régions de l'est de la France sur des taureaux de plus de deux ans. Quelques vétérinaires de ces régions estiment que 30 p. 100 des animaux sont manqués, c'est-à-dire mal castrés.

CASTRATION PAR ÉCRASEMENT MÉCANIQUE DU CORDON

Le danger des interventions sanglantes, les difficultés du bistournage et les aléas du martelage ont poussé les opérateurs à chercher des méthodes plus simples sinon plus sûres; et c'est pour arriver à ce but qu'ont été inventés différents appareils destinés à écraser les cordons testiculaires sans faire de lésions superficielles. Les appareils qui donnent actuellement le plus de satisfaction sont les pinces de Burdizzo et d'Eschini. Ce sont en réalité des tricoises à bords mousses, capables, en raison de leur mode d'articulation de développer une très grande puissance et d'écraser sans couper. Chez les taureaux, béliers et boucs, à longs cordons testiculaires, leur application est particulièrement facile. Sur les animaux solidement immobilisés en position debout, ou couchée si l'on veut, un aide prend la masse des bourses des testicules qu'il immobilise et tend les cordons en tirant modérément. L'opérateur applique sa pince ouverte, alternativement sur l'un et l'autre cordon, et par une vigoureuse pression sur les branches écrase tout ce qui est pris entre les mors de l'appareil. La peau, en raison de sa résistance n'est pas sectionnée mais l'opérateur recueille l'impression très nette que les tissus sous-cutanés sont comme sectionnés, en particulier les vaisseaux testiculaires. Quelques opérateurs, pour plus de sûreté font et recommandent deux coups de pince successifs et superposés à 1 centimètre ou 1 cm. 1/2 de distance.

Le résultat est facile à prévoir il y a écrasement des vaisseaux et formation d'un caillot

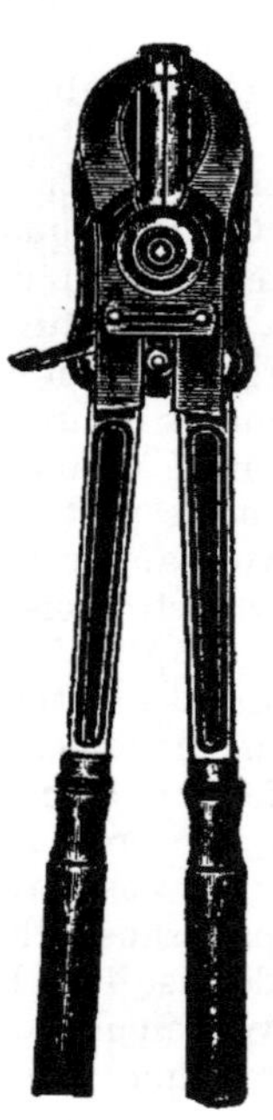

Fig. 374. — Pince de Burdizzo.

Fig. 375.
Pince d'Eschini.

oblitérant, suppression du courant circulatoire vers le testicule, entraînant ultérieurement son atrophie. Chez les animaux jeunes, non encore en activité génésique, le résultat est bon, tout à fait comparable à celui du bistournage ou du martelage. Chez les animaux plus âgés, l'atrophie testiculaire est lente à se produire, elle demande des mois; mais il est très certain qu'on ne peut comparer les résultats à ceux de l'ablation sanglante.

CASTRATION PAR LES CASSEAUX.

Dans la castration par les casseaux, on a réalisé chez le taureau toutes les combinaisons possibles.

Castration à testicules découverts. — L'animal est laissé debout et fixé comme pour les méthodes précédentes.L'opération est la même que chez le cheval : incisions latérales portant sur le scrotum, le dartos, le tissu conjonctif, la tunique érythroïde et la tunique fibreuse. On applique de casseaux courts sur les cordons. La mortification des testicules et l'oblitération artérielle sont assez marquées au bout de quelques jours pour que l'on puisse enlever les casseaux.

Au lieu de pratiquer une incision à la peau pour chaque testicule on peut faire une incision médiane du scrotum et du dartos; puis, par deux incisions à droite et à gauche portant sur la tunique fibreuse, on énuclée les testicules. On peut poser un casseau sur chaque cordon ou réunir les deux cordons dans un même casseau

Cette pratique de la castration à testicules découverts a l'avantage de bien conserver les bourses, ce qui est important au point de vue des maniements chez les bêtes de boucherie.

Castration à testicules couverts. — L'opération est identique à la précédente, mais l'incision des bourses doit respecter le crémaster et la tunique fibreuse. Les casseaux sont appliqués sur les cordons couverts, les testicules enlevés ainsi que les casseaux le 4e ou le 5e jour. Cette méthode est beaucoup plus recommandable que la précédente, parce qu'elle ne donne aucun accès vers la cavité péritonéale et restreint les risques d'accidents.

CASTRATION PAR TORSION.

On peut tordre le cordon sur toute la longueur ou sur une partie limitée, d'où deux procédés :

a. **Procédé de la torsion bornée.** — Les testicules sont énucléés comme dans la castration à testicules découverts ou couverts; une pince limitative est placée sur le cordon à la sortie des bourses; à 2 ou 3 centimètres au-dessous, on place la pince à torsion. La torsion du cordon est effectuée jusqu'à ce que sa rupture se produise vers le milieu du fragment compris entre les deux pinces.

Chez tous les animaux, jeunes comme adultes, il est toujours préférable d'opérer à testicules couverts.

b. **Procédé de la torsion directe ou torsion libre** (Menveux). — Dans la torsion libre, on pratique une seule incision sur la partie postérieure du raphé des bourses, puis on énuclée un testicule couvert (fig. 376).

On prend ensuite un linge mince, très propre ou bouilli, taillé en carré. On enroule d'une façon très serrée et sur deux tours l'un des angles du linge sur le collet de la gaine vaginale, là où l'on veut approximativement provoquer la rupture du cordon, à plusieurs centimètres au-dessus du testicule; puis on enveloppe le testicule

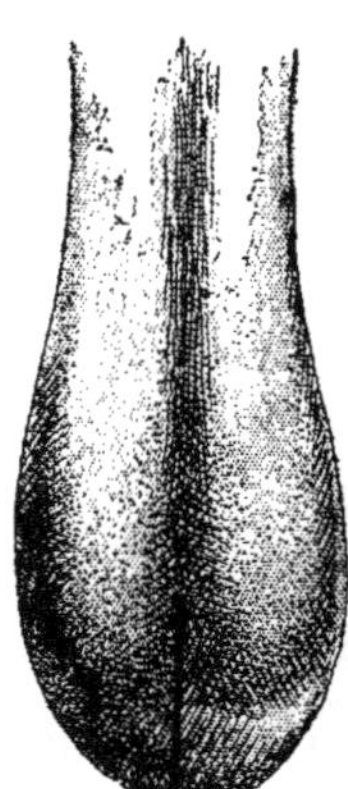

Enucléation.

Incision.

Fig. 376. — Castration par torsion libre (1er temps).

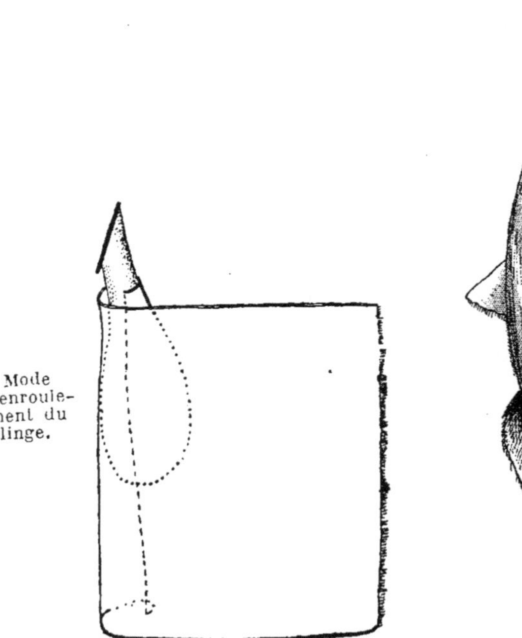
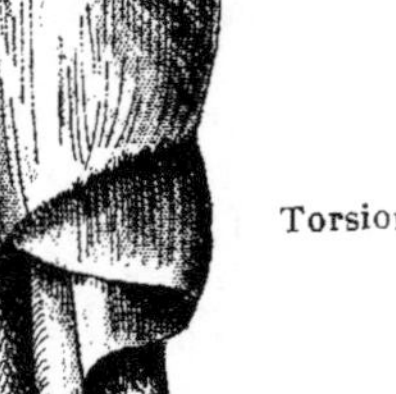

Mode
d'enroule-
ment du
linge.

Torsion.

Fig. 377. — Castration par orsion libre (2e temps).

lui-même, que l'on prend à pleines mains, et l'on pratique la torsion libre, à droite ou à gauche jusqu'à rupture. Cette rupture se fait quelque peu au-dessus du point primitif d'enroulement, si le linge est bien serré. On agit de même sur le second organe. On peut se dispenser de suture.

Premier temps. — Énucléation du testicule comme pour la castration à *testicule couvert*.

Deuxième temps. — Torsion libre du cordon et de la gaine vaginale par l'intermédiaire du testicule recouvert d'un linge propre.

CASTRATION PAR LE FEU.

Dans cette méthode, très en renom dans les régions du Nord et sur la frontière belge, on employait autrefois les morailles à châtrer des frères Chéret. — Les testicules étant énucléés, les cordons sont saisis dans les mors des pinces et sectionnés l'un après l'autre, ou tous deux à la fois, avec un cautère cultellaire chauffé à blanc. Il se produit une escarre assez épaisse pour oblitérer les vaisseaux.

CASTRATION PAR LA LIGATURE ÉLASTIQUE.

Le procédé par ligature élastique a été, autrefois, fort en honneur (Rossignol, Piot, Cagny). Il consiste à lier les bourses au niveau du collet avec un fil de caoutchouc rond ou carré fortement tendu et enroulé plusieurs fois sur le collet des bourses. On arrête les deux chefs en les croisant l'un sur l'autre et en les enserrant avec une ligature au fil de Bretagne ou à la ficelle. Les testicules peuvent être excisés vers le 8e jour, au ras de la ligature, lorsque le sillon disjoncteur apparaît.

La plus grande critique qui ait été faite à cette méthode résulte de la suppression du maniement du dessous, d'où dépréciation commerciale, et de la fréquence des accidents de tétanos.

CASTRATION DES FEMELLES

ORGANES GÉNITAUX FEMELLES.

Exploration au spéculum. — Certaines affections génitales du vagin, de la vessie, du col utérin et même de l'utérus, chez la vache, nécessitent parfois, outre l'exploration manuelle qui apprécie l'état des choses, l'exploration visuelle qui permet de guider sûrement les instruments. On peut se servir, dans ce but, d'un spéculum *ad hoc*, qui, introduit fermé et mis en place, peut ensuite être ouvert

et dilaté à volonté, tant par sa base que par son extrémité de pénétration.

Pour la mise en place, la femelle doit, au préalable, être nettoyée,
et le spéculum enduit de vaseline. Par pression modérée, la pénétration est facile.

Chez les génisses et les petites femelles, il faut avoir recours à un
spéculum de dimensions beaucoup plus faibles (fig. 378).

Dans quelques circonstances, il y a avantage aussi à se servir de

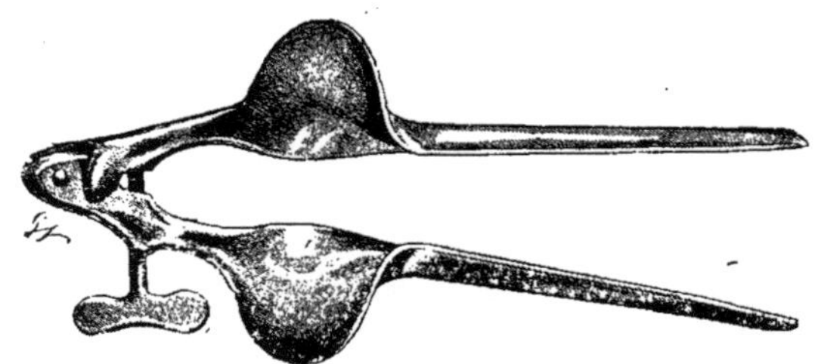

Fig. 378. — Spéculum pour génisses.

valves, lesquelles facilitent une exploration locale, et qui, appliquées de chaque côté et tendues latéralement, permettent en outre
l'exploration de la profondeur du conduit génital.

CASTRATION DE LA VACHE.

La castration chez la vache se pratique depuis très longtemps.
Elle est mentionnée dans Aristote et dans Pline.

Bartholin (1662) en parle dans ses lettres sur la médecine. Plusieurs descriptions de l'opération ont été données à différentes
reprises par Th. Winn (1831) Levrat (1832), Rey, Roche-Lubin, etc.
Plus récemment, le manuel opératoire, qui, progressivement, s'est
trouvé considérablement simplifié, en a été décrit avec soin par
Charlier, Mansuy, Colin et Flocard.

Utililé. — La castration est indiquée contre la nymphomanie des
vaches taurelières, et aussi pour favoriser la prolongation de la
sécrétion lactée et l'engraissement.

Contre la nymphomanie, elle ne doit être employée que dans les
cas où l'état de surexcitation tient à une lésion des ovaires.

Dans les conditions ordinaires, la sécrétion du lait diminue plus
ou moins pour devenir insignifiante huit ou neuf mois après l'accouchement. Si, au contraire, les femelles sont castrées dans des
circonstances favorables, la lactation se prolonge plusieurs mois et
parfois plusieurs années. Th. Winn, Charlier et beaucoup d'autres

ont montré l'influence de la castration sur le rendement en lait. Levrat, Charlier, Flocard ont prouvé, de leur côté, que le lait d'une vache castrée était de composition plus uniforme, plus riche en principes nutritifs, beurre, caséine, sels minéraux, etc., que celui des vaches non castrées; et si ces faits ont été niés avec preuves à l'appui, cela tient uniquement à ce que les bêtes en expérience avaient été opérées dans de mauvaises conditions.

Pour obtenir de bons résultats en industrie laitière, on doit

Fig. 379. — Ovariotome.

opérer sur des vaches ayant atteint le maximum de rendement absolu, vers cinq, six ou sept ans, et à l'époque où elles présentent le maximum de rendement annuel, de six semaines à deux mois et demi après le vêlage.

En dehors de ces périodes, on ne peut obtenir que des effets contradictoires, inappréciables ou mauvais.

L'influence de la castration sur l'engraissement s'explique par la suppression des ovaires, puis des chaleurs.

Technique opératoire. — Sans revenir sur les anciens procédés pour montrer par quelle série de modifications successives on est arrivé à simplifier de plus en plus la technique opératoire, il importe de signaler que tout le matériel encombrant d'autrefois est supprimé.

Un ovariotome à lame cachée et un écraseur à longue tige suffisent pour l'opération. Toutefois, parmi les modèles d'écraseurs actuellement en usage, celui de Hess mérite la préférence pour cette intervention.

Les bêtes à castrer sont laissées à la diète pendant quelques jours et soumises à l'action de laxatifs légers.

Toutes les lésions aiguës ou chroniques des voies génitales représentent autant de contre-indications, et, lorsqu'il s'agit de bêtes tuberculeuses, il y a lieu d'être extrêmement réservé sur les suites possibles.

Le jour de l'opération, on administre un lavement évacuant pour vider la poche rectale; le vagin est ensuite désinfecté par de larges irrigations chaudes modérément antiseptiques. Tout le train postérieur, et principalement le pourtour de l'anus, de la vulve, la base de la queue, etc., est soigneusement désinfecté à l'eau savonneuse lysolée, crésylée ou phéniquée.

Les patientes sont ensuite immobilisées en position debout,

entravées en 8 sur les membres postérieurs, et autant que possible placées le long d'un mur ou d'une cloison.

Les mains et les instruments sont rigoureusement aseptisés.

L'opération comprend trois temps :

Premier temps. — Ponction du vagin.

Deuxième temps. — Préhension des ovaires.

Troisième temps. — Ablation.

Pour la ponction, la main enduite d'huile stérilisée et armée de l'ovariotome est engagée dans le vagin, qui commence par se

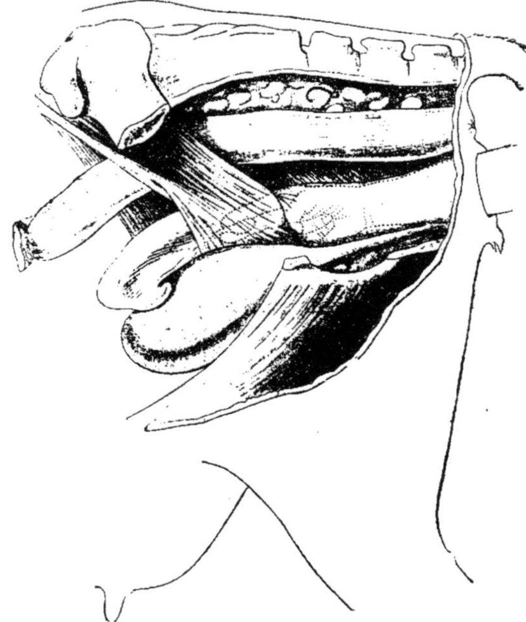

Fig. 380. — Castration de la vache. 1ᵉʳ temps.

contracter sur le poignet et l'avant-bras. Bientôt, mais cela au bout d'un temps variable de deux à trois minutes à un quart d'heure parfois, le conduit se distend, les parois deviennent tendues, rigides, et la main peut manœuvrer à l'aise. Il faut saisir cet instant pour pratiquer la ponction après appréciation topographique des rapports des organes pelviens.

La lame de l'ovariotome est dégagée, la pointe fixée directement au-dessus du col utérin, à 2 ou 3 centimètres environ, et, par une poussée vigoureuse, elle perfore cette paroi vaginale directement en avant, dans le plan médian (fig. 381).

La lame de l'ovariotome est ramenée dans son étui, et l'instrument abandonné sur le plancher vaginal. L'index droit est aussitôt introduit dans l'orifice de perforation et jusque dans la cavité péritonéale, pour bien s'assurer que toutes les membranes ont été perforées. Par pression et effort d'agrandissement de la fissure, le

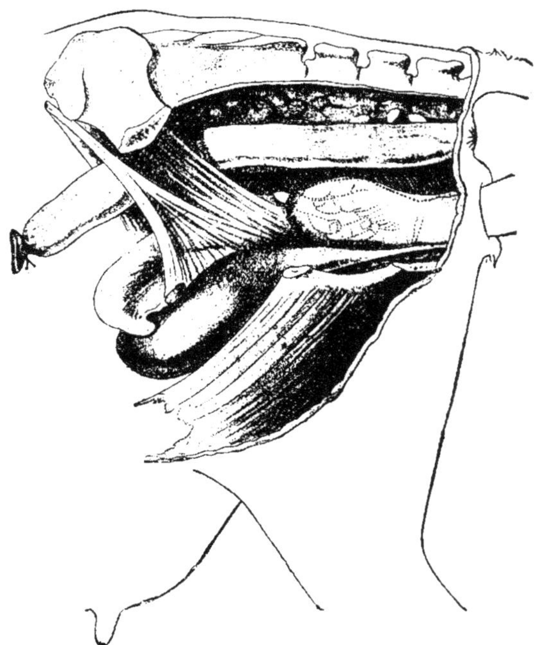

Fig. 381. — Castration de la vache. 2e temps.

médius peut bientôt pénétrer, lui aussi, à côté de l'index explorateur. On n'engage que ces deux doigts dans la cavité péritonéale.

Pour la préhension des ovaires, il suffit alors (fig. 380). en refoulant le fond du vagin, de glisser les deux doigts sur le corps utérin, puis de les abaisser sur le côté de ce corps au niveau de l'origine des cornes utérines. Les doigts tombent sur l'ovaire, très facile à reconnaître à ses dimensions et sa forme (volume d'une amande); cet organe est pincé entre l'index et le médius par l'intermédiaire de son pédicule, et attiré dans le fond du vagin par l'ouverture de pénétration (fig. 382).

Pour l'extirpation, l'opérateur prend l'écraseur de la main gauche, laisse à la chaîne une liberté d'ouverture de 5 à 6 centimètres et

glisse l'instrument le long de l'avant-bras droit. Le bras ne doit pas
être retiré du vagin et ne doit pas non plus lâcher l'ovaire. L'organe
est engagé dans l'anse de l'écraseur que la main gauche fait aussitôt
manœuvrer, et la section du pédicule est effectuée lentement (deux
crans par minute) pour éviter les hémorragies. L'ovaire sectionné

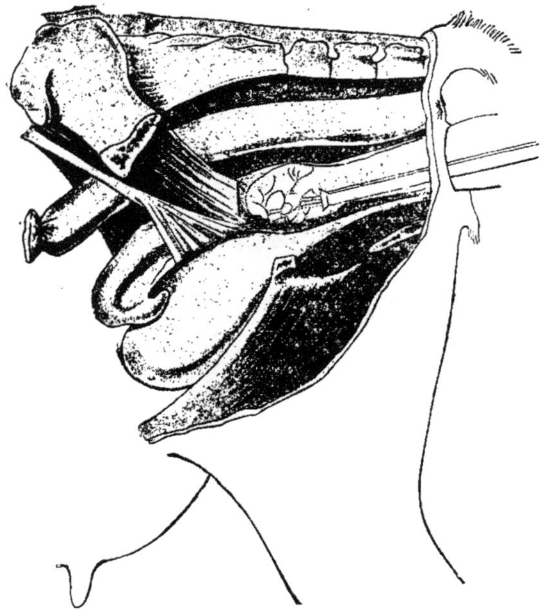

Fig. 382. — Castration de la vache. 3e temps. Ablation de l'ovaire à l'écraseur.

est abandonné sur le plancher vaginal et les doigts vont aussitôt
à la recherche du second.

Les manœuvres d'extraction du second ovaire sont exactement
les mêmes.

L'ablation terminée, les pédicules ovariens sont abandonnés ;
ils se rétractent dans la cavité péritonéale et la main est retirée avec
les déchets de l'opération, pendant que les lèvres de l'incision vaginale s'affrontent spontanément dès que le vagin s'affaisse sur lui-
même.

Cette opération est suivie de coliques légères mais, sans importance.

Procédé Degive (1898-1900-1904). — Tel qu'il vient d'être
décrit, ce procédé de castration est très simple, mais il expose à

quelques dangers d'hémorragie par section rapide du pédicule ovarien; aussi a-t-on cherché à le modifier.

Degive recommandait la castration par ligature élastique. L'opération se fait en deux temps :

Premier temps. — Ponction du vagin avec l'ovariotome ordinaire ou l'un des vaginotomes Degive (fig. 383).

Pour cette ponction, l'auteur recommande l'emploi d'un tenseur vaginal.

Deuxième temps. — Recherche de l'ovaire et application de la ligature élastique.

L'ovaire abandonné rentre dans l'abdomen, s'atrophie et se résorbe.

La ligature élastique est appliquée à l'aide d'un anneau de caoutchouc de 2 mm. 5 d'épaisseur et 18 millimètres de diamètre, ou d'un fil de caoutchouc de mêmes dimensions. Elle est maintenue en place à l'aide de petites

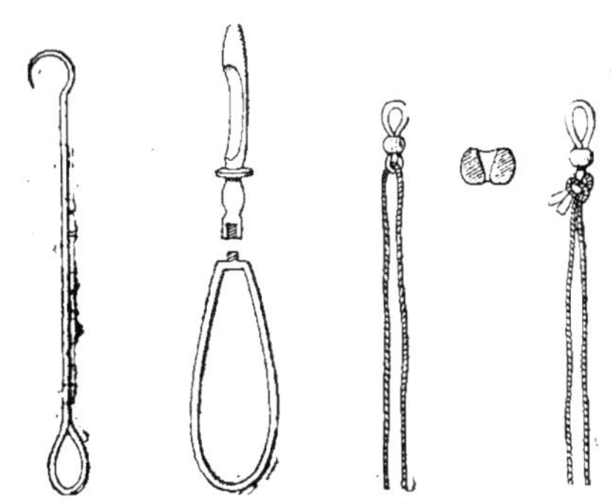

Fig. 383. — *Procédé Degive.*

Crochet de traction.
Vaginotome.
Section d'une perle en aluminium à trajet tronconique.
Anneau de caoutchouc monté sur une perle et prêt à être mis en tension à l'aide du fil de traction.
Fil de caoutchouc monté en anneau et préparé pour la mise en place.

perles métalliques en aluminium pourvues d'une perforation tronconique (fig. 383).

Lorsque l'ovaire est saisi, on le passe dans l'anse élastique au-dessus de la perle. On tire ensuite sur le fil, pendant que les doigts de la main droite poussent la perle au contact du pédicule qui se trouve alors enserré par un fil très tendu.

On abandonne alors la ligature élastique en retirant le fil. La tension du caoutchouc est maintenue, par suite de la disposition du trajet tronconique de la perle qui ne permet pas le relâchement.

Le procédé, qui avait donné des échecs lorsqu'on se servait de perles en bois ou de perles en verre, semble aujourd'hui réaliser de réels avantages avec les perles métalliques qui, elles, ne se brisent pas. Il n'y a plus de castrations seulement apparentes, à moins que la ligature ne se desserre, ce qui est encore possible.

M. Degive a, de plus, décrit un outillage particulier qui n'est pas indispensable.

Les perles, anneaux de caoutchouc et fils, doivent naturellement être stérilisés avant l'emploi.

La méthode Degive ne s'est pas imposée dans la pratique.

* *

Complications. — La castration des vaches, par la méthode courante, expose à certaines complications :

Hémorragies. — Si la ponction est mal dirigée, il se peut, dans des cas exceptionnels, que la pointe de l'instrument vienne piquer la terminaison de l'aorte ou les artères iliaques. Le sang inonde la main exploratrice et l'opérée meurt par hémorragie interne en quelques instants. Il n'y a rien à faire; mais la viande pourrait être utilisée.

Une seconde variété d'hémorragie tient à une ablation trop rapide des ovaires. Le pédicule ovarien est coupé plutôt qu'écrasé, l'hémostase des vaisseaux se fait mal, une hémorragie grave se déclare. Si l'hémorragie est peu importante, le caillot péritonéal se résorbe facilement; si, au contraire, l'hémorragie se présente chez des bêtes hémophiliques, tuberculeuses, ou dont les vaisseaux sont malades pour toute autre cause, l'hémorragie peut être fatale ou se compliquer de péritonite mortelle.

En Amérique du Sud, les spécialistes de l'intervention estiment que la très grande rapidité d'exécution sur des animaux demi-sauvages, d'élevage extensif permanent, n'expose pas aux hémorragies.

Hernie. — La hernie vaginale de l'intestin est aujourd'hui une rareté, en raison de l'exiguïté des dimensions de la perforation, alors qu'autrefois, avec les anciens procédés, elle se montrait relativement fréquente. Cependant, lorsqu'il s'agit de vaches taurelières à ovaires volumineux, pour l'extraction desquels l'incision vaginale doit être beaucoup plus large, la hernie est plus à redouter.

Abcès. — La suppuration de la plaie, et par suite les complications de pelvi-péritonite et de vaginite, ne se voient que lorsque les précautions d'asepsie n'ont pas été suffisantes.

Les pelvi-péritonites opératoires se traduisent, comme les péritonites aiguës ordinaires, par la perte d'appétit, le péritonisme, les coliques, etc.

Très souvent, et sans péritonite, il se peut qu'il y ait évolution d'un abcès local de la paroi vaginale, par infection de la plaie de perforation. Les symptômes n'apparaissent qu'après plusieurs jours parfois une quinzaine. Ils se traduisent par des efforts expulsifs, du péritonisme modéré, de la diminution d'appétit, etc. L'exploration vaginale ou rectale fait découvrir l'accident. On intervient par ponction vaginale de l'abcès.

Il se peut enfin que la castration n'empêche pas la réapparition des chaleurs; c'est qu'alors la section du pédicule ovarien a été faite trop près du tissu glandulaire, et qu'un fragment de ce tissu est resté adhérent au pédicule.

Certains autres accidents opératoires sont encore possibles, lorsqu'on a affaire à des vaches nymphomanes présentant des kystes, des tumeurs ou des abcès des ovaires. Il faut alors, par nécessité, augmenter les dimensions de la perforation vaginale et agir avec circonspection, pour ne rupturer ni kystes, ni abcès dans la cavité péritonéale. C'est à l'opérateur d'agir avec prudence et de modifier sa technique suivant ce que commandent les circonstances.

SUTURES VULVAIRES

On pratique les sutures vulvaires pour éviter la reproduction du renversement de l'utérus et du vagin préalablement réduits, et pour limiter les effets des efforts expulsifs.

Plusieurs sutures sont employées. Les plus recommandables sont celles dites sutures simples, de Rainard et de Strebel.

Suture simple. — La suture simple se fait avec du cuir très

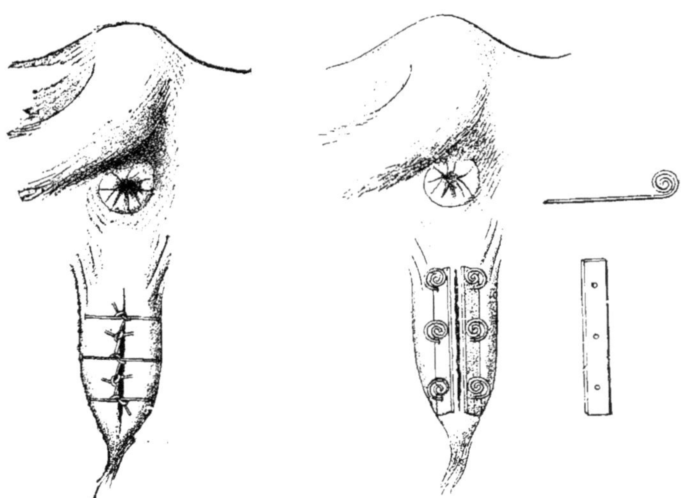

Fig. 384.

souple et comprend trois points superposés que l'on met en place au tiers supérieur, région moyenne, et tiers inférieur de la fente vulvaire, à l'aide d'une aiguille à bourdonnets. Les chefs de chaque point sont réunis et modérément serrés par un nœud sur la fente vulvaire; puis l'un des chefs du point supérieur est réuni verticalement au point moyen par un second nœud, de même que celui-ci est réuni au point inférieur par le même procédé.

Pour que la suture soit solide, il faut que les points comprennent toute l'épaisseur des lèvres vulvaires.

Suture de Rainard. — La suture de Rainard ne comporte que deux points obliques disposés en X, partant du tiers supérieur d'une lèvre vulvaire droite ou gauche pour se terminer au tiers inférieur de la lèvre opposée. L'arrêt des points se fait sur la région moyenne de l'ouverture vulvaire.

Suture de Strebel. — La suture de Strebel est à trois points métalliques disposés transversalement. Elle se pratique directement avec des fils galvanisés effilés en pointe à l'une de leurs extrémités et recourbés en crosse à l'autre bout. Chaque fil jouant le rôle d'aiguille, est mis en place directement et enroulé ensuite en crosse avec une pince spéciale, du côté de sa partie piquante, jusqu'à ce que les lèvres vulvaires soient collées l'une contre l'autre.

Dans la pratique, pour éviter l'action coupante et irritante de fils de suture, et aussi pour rendre l'action de cette suture plus efficace, je fais interposer, entre la face externe des lèvres vulvaires et les parties recourbées des fils, deux plaquettes rectangulaires de cuir, préalablement préparées et perforées à l'emporte-pièce.

Sutures à agrafes. — Pour diminuer la main-d'œuvre de ces petites interventions et aussi pour en faciliter l'application, le commerce livre aujourd'hui ce que l'on appelle les agrafes de Flessa ou les agrafes d'Eschini.

A l'aide d'une forte aiguille trocart creuse, on traverse les lèvres vulvaires dans les emplacements choisis, une agrafe est mise en place lors de la rétraction de l'aiguille, il n'y a plus qu'à l'immobiliser en y vissant la sphérule écrou.

BANDAGES

Les bandages, destinés, eux aussi, à s'opposer aux renversements génitaux, sont à peu près totalement délaissés aujourd'hui. Ils ne répondent d'ailleurs que très imparfaitement au but que l'on en attend.

Bandage Lund-Aruch. — Aux anciens bandages de Delwart et de la Maison-Rustique, tout à fait défectueux, on préfère aujourd'hui celui de Lünd, avantageusement modifié par Aruch.

La partie essentielle est constituée par une pièce métallique à deux branches, disposées en V à ressort. Les deux extrémités peuvent être réunies et rapprochées à volonté à l'aide d'une simple corde qui permet de limiter la surface d'application. Cette pièce maîtresse est maintenue sur la vulve à l'aide de cordelettes qui passent dans les œillets du triangle métallique et qui sont tendues sur

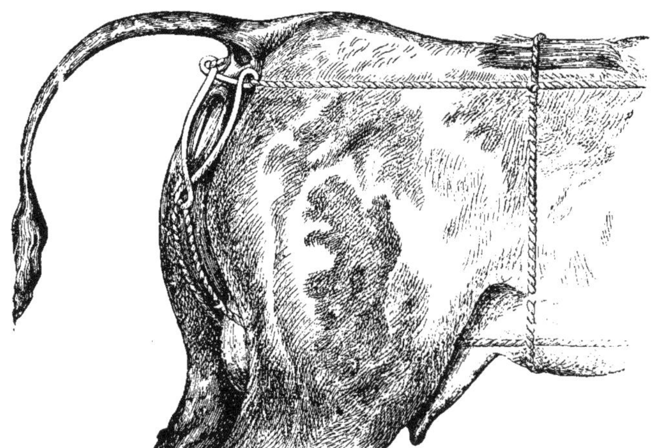

Fig. 385. — Bandage de Lünd.

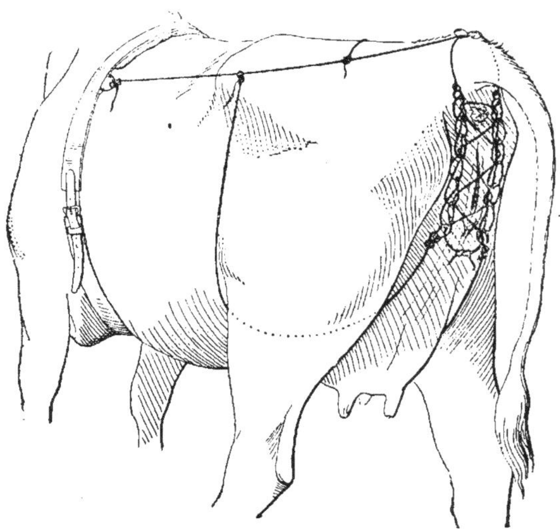

Fig. 386. — Bandage de corde mis en place.

un collier placé à la base de l'encolure ou sur un surfaix placé sur la
poitrine.

Bandage de corde. — Pour des raisons variables, il se peut que
le praticien n'ait pas à sa disposition la pièce maîtresse du bandage précédent. Il est alors facile d'en improviser un de toutes

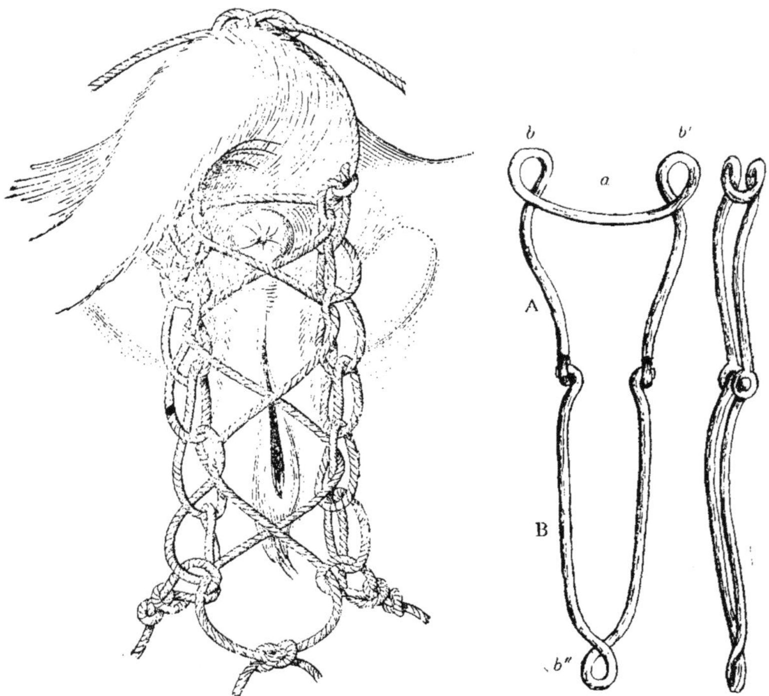

Fig. 387. — Bandage de corde à point de chaînette.   Fig. 388. — Bandage Pichon.

pièces et que j'appelle le bandage de corde, lequel n'est d'ailleurs
qu'une modification du bandage Vincentini. Pour l'édifier, il suffit
de prendre deux cordelettes de la grosseur d'un crayon et d'environ
4 à 5 mètres de long, suivant la taille des malades. — Sur la partie
moyenne de chaque cordelette, on fait, sur une longueur de 25 à
30 centimètres, un point de chaînette.

Les deux cordes sont alors mises en place, de telle façon que les
chaînettes s'appliquent en dehors et de chaque côté des lèvres
vulvaires, en remontant jusqu'à la base de la queue. Les deux
chefs supérieurs sont alors fixés par un nœud droit sur la queue,

dirigés ensuite sur les lombes et le dos, où leur écartement est maintenu par une écharpe transversale, puis fixés à un surfaix muni de boucles d'attache. Les deux chefs inférieurs sont passés vers les plis de l'aine, en dehors des mamelles, et arrêtés sur les premiers, vers les hanches. Il n'y a plus qu'à compléter ce bandage à l'aide d'une cordelette de mêmes dimensions qui, engagée en points croisés en X dans les anses des chaînettes et arrêtée par un nœud droit à la partie inférieure, forme en arrière de la vulve un grillage très solide et suffisamment serré pour s'opposer à tout renversement. Ce bandage grillagé a le gros avantage de ne rien gêner dans le fonctionnement du rectum ou de la vessie.

Bandage Pichon. — Pichon a modifié le bandage de Lünd et d'Aruch en faisant de la pièce maîtresse une pièce articulée qui peut plus facilement que les précédentes s'adapter sur les faces courbes de la région à contenir (fig. 388). Le mode d'application et de fixation est identique à celui des précédents.

OPÉRATIONS SUR LES TRAYONS

Imperforation du trayon. — L'imperforation de l'orifice du trayon est une anomalie congénitale assez exceptionnelle, mais qui peut se rencontrer cependant et qui n'est diagnostiquée d'ordinaire qu'à la première lactation. A ce moment, le trayon imperforé apparaît gonflé, turgide, tendu par réplétion, et la mulsion est impossible alors qu'elle peut être pratiquée sans difficulté sur les autres quartiers. Le diagnostic d'imperforation est facile à un examen attentif. Le traitement se limite à perforer la membrane obturatrice à l'aide d'un simple tube trayeur, d'un dilatateur ou même de la pointe d'un bistouri. Il peut être avantageux de laisser un tube trayeur en place durant quelques heures.

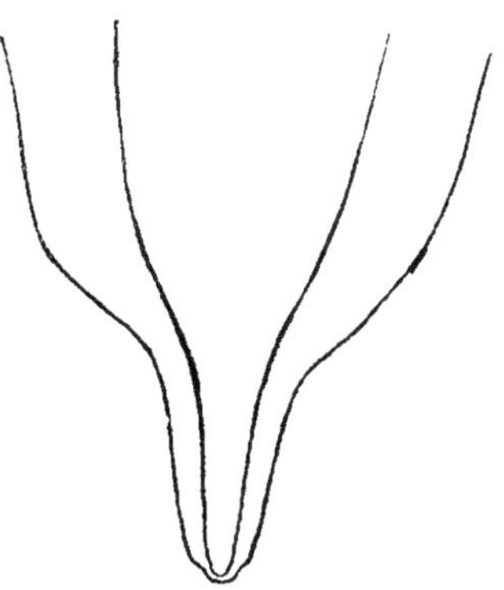

Fig. 389.—Schéma de l'imperforation du trayon.

TRAYONOTOMIE

L'opération a pour but de rendre facilement perméable l'extrémité des trayons atrésiés, par contracture du sphincter ou toute autre raison. Elle se fait en un seul temps, sur les sujets immobilisés des membres postérieurs :

Saisir entre le pouce et l'index de la main gauche le trayon à opérer. Engager avec la main droite la pointe du trayonotome Guilbert (fig. 390) dans l'orifice du trayon et le pousser à fond.

Le trayon doit être aseptisé et l'instrument stérilisé avant intervention.

DILATATION FORCÉE DE L'ORIFICE DU TRAYON

Les résultats de la trayonotomie ne sont pas toujours définitifs, la rétraction cicatricielle s'opposant, au bout de quelques semaines, au maintien des avantages immédiats obtenus.

Je préfère la dilatation forcée pratiquée avec des tubes trayeurs

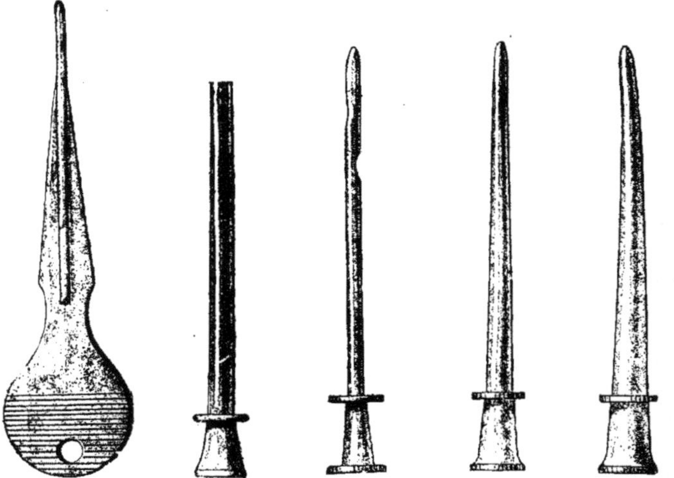

Fig. 390. — **Trayonotome et tubes trayeurs.**   Fig. 391. — Modèles
de dilatateurs métalliques.

ou des mandrins coniques fabriqués spécialement dans ce but. Trois numéros de grosseurs différentes suffisent (fig. 391). — La dilatation forcée peut se faire en une seule séance et elle n'a pas l'inconvénient de provoquer la formation de cicatrices.

Les mêmes précautions d'antisepsie et d'asepsie doivent toujours être prises.

ABLATION DES PAPILLOMES
DU SINUS GALACTOPHORE

Chez les vaches dures à traire, il arrive souvent que la difficulté de mulsion se rattache à la présence de petits papillomes développés

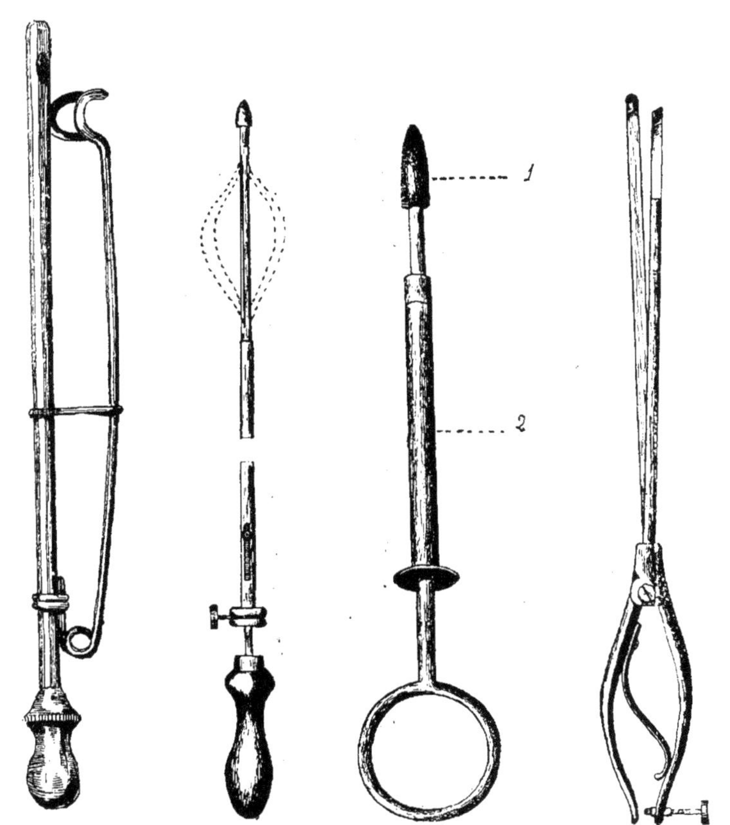

Fig. 392. — Tube trayeur à fixation automatique.

Fig. 393. — Dilatateur du sinus galactophore.

Fig. 394. — Sonde-curette de Strebel.

Fig. 395. — Bistouri à lame cachée.

vers l'extrémité inférieure du sinus galactophore dans le voisinage du sphincter du trayon. D'après Hamoir, la papillomatose du sinus coexiste ordinairement avec la papillomatose cutanée. Il est alors recommandé d'en faire l'ablation avec la sonde-curette de Marsieff et Strebel (fig. 394), en prenant, bien entendu, toutes les précautions d'asepsie nécessaires pour éviter une infection consécutive et une mammite. La sonde, introduite au delà de l'obstacle, est ramenée à son contact; l'obstacle est serré entre les bords coupants de l'obus près du curseur faisant contre-appui, et, par un coup sec, cet obstacle est extirpé. Il est souvent nécessaire de recommencer la même manœuvre plusieurs fois de suite pour libérer la lumière du sinus.

ATRÉSIE DU SINUS GALACTOPHORE

Pour des raisons difficiles à préciser (infection limitée, galactophorite banale, inflammation traumatique, etc.), il arrive parfois que le sinus galactophore se trouve atrésié en un point variable de la hauteur du trayon (fig. 396). Le rétrécissement est généralement le siège d'une induration plus ou moins étendue; la perméabilité est très faible ou nulle.

L'intervention qui, d'après Hamoir, donne les meilleurs résultats est celle qui consiste à pratiquer l'incision étoilée du rétrécissement à l'aide du bistouri à lame cachée de Grune (fig. 395). Le résultat est immédiat et, sinon parfait, du moins assez durable pour une période de lactation.

Cet instrument, aseptique, est introduit dans le trayon tendu jusqu'à ce que l'extrémité ait nettement franchi l'obstacle; à ce moment, une pression du pouce de l'opérateur fait saillir la lame tranchante, l'appareil est retiré sur 2 à 3 centimètres de longueur, une incision du rétrécissement est faite. La pression du pouce est supprimée, l'instrument réintroduit en profondeur, un mouvement de rotation d'un quart de tour ou un demi-tour est imprimé à l'instrument, une nouvelle pression du pouce est effectuée, et une, deux ou plusieurs nouvelles incisions sont faites sur l'obstacle. L'appareil est retiré.

OCCLUSION DU SINUS GALACTOPHORE

Hamoir a encore signalé la possibilité d'occlusion du sinus galactophore par une véritable cloison transversale qui serait tendue à une hauteur variable. Cette occlusion se ferait, dit-il, durant la période de tarissement.

A la suite d'une nouvelle mise-bas, le lait s'accumule en rétention. D'après notre distingué confrère belge, le diagnostic serait facile d'après le simple aspect extérieur du trayon et aussi à la faveur d'une exploration avec une sonde trayeuse quelconque (fig. 397.

Pour y remédier, il suffit de détruire les adhérences et, au besoin, de faire la dilatation forcée du sinus. On y arrive à l'aide de l'appa-

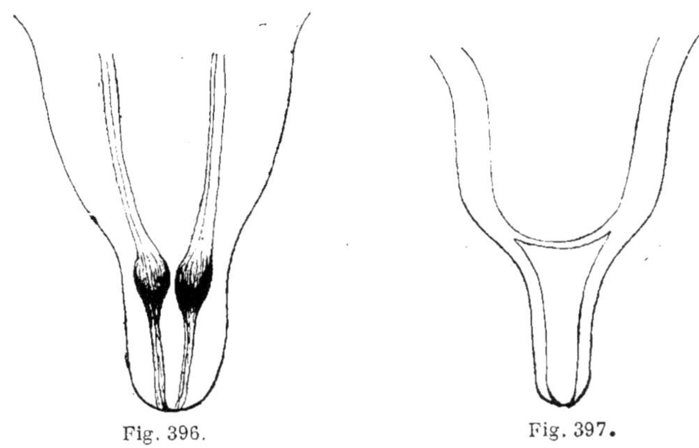

Fig. 396.   Fig. 397.

reil de Fraün (fig. 393) (qui n'est qu'une réduction du dilateur vaginal de Charlier) que l'on manœuvre comme les dilateurs.

OPÉRATIONS
SUR LA MAMELLE

Pansement mammaires. — Pour certaines affections des mamelles, il peut arriver qu'il y ait intérêt à établir des pansements de surface, à demeure; voire même à faire des applications émollientes prolongées sous forme de cataplasmes, de sachets, etc. Ces interventions ne peuvent être pratiquées utilement qu'à l'aide d'un appareil spécial, véritable suspensoir de la mamelle, dont la confection peut d'ailleurs être immédiate et adaptée au but poursuivi (fig. 398).

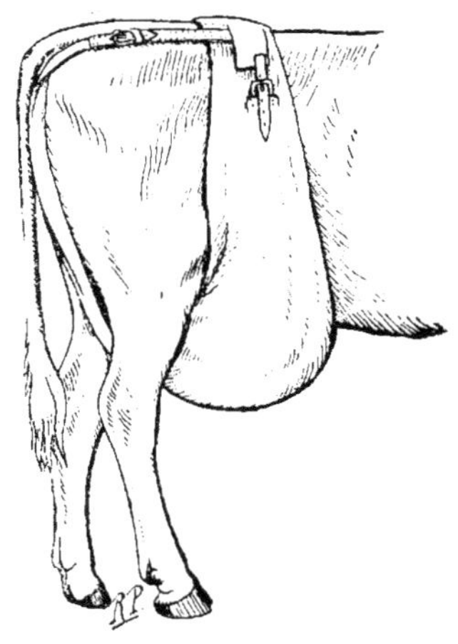

Fig. 398.

Amputations des trayons. — Lors de mammites suppurées catarrhales, les bêtes atteintes devenues sans valeur pour la lactation, engraissent parfois difficilement du fait de la résorption toxique au niveau de la canalisation suppurante. L'ablation pure et simple des trayons, aux 2/3 de leur hauteur, en faisant disparaître la rétention purulente favorise une atrophie rapide de la mamelle en même temps que l'engraissement. La section des trayons ne donne lieu qu'à une hémorragie faible et n'exige pas de soins spéciaux.

INCISIONS CUTANÉES, SCARIFICATIONS,
POINTE DE FEU PÉNÉTRANTES

Lors d'infiltrations, erysipélateuses envahissantes, à type évolution de gangrène septique, il ne faut jamais hésiter à pratiquer avec le couteau du thermo-cautère de larges pointes de feu pénétrantes, des scarifications, même des incisions cutanées s'il y a lieu avec le même appareil.

Dans les cas de gangrène partielle du tissu mammaire, on peut de même recourir aux incisions parenchymateuses et interstitielles de la glande, toujours avec le couteau du thermocautère pour éviter des hémorragies dangereuses.

ABLATION DES MAMELLES

L'ablation des mamelles est assez fréquemment indiquée, dans les cas de mammite gangreneuse principalement, ou de suppurations diffuses prolongées, et dans les mammites graves susceptibles de se terminer par la mort. Connaissant les dispositions anatomiques de ces organes (fig. 241), les ablations peuvent se faire sans trop de difficultés.

Chez la vache, on peut n'enlever que deux quartiers latéraux, ou, au contraire, la mamelle tout entière. Les lignes d'incision cutanée seront préalablement tracées.

L'ablation d'une moitié de la mamelle se fait de la manière suivante :

Premier temps. — Incision cutanée en côte de melon, circonscrivant les deux trayons du même côté. La ligne d'incision doit en arrière, remonter assez haut pour que le pédicule vasculaire soit facilement ligaturé.

Deuxième temps. — Décollement de la mamelle d'avant en arrière; ligature du pédicule vasculaire.

Troisième temps. — Dissection et décollement des plans conjonctifs sous-cutané et intermammaire. Ligature de la veine mammaire antérieure. Extirpation.

Quatrième temps. — Suture et drainage de la plaie opératoire à la gaze iodoformée.

Il est toujours avantageux, dans les cas où la mamelle est fortement vascularisée, de rechercher d'abord le pédicule vasculaire en arrière, de le ligaturer solidement, d'arrêter la ligature par un point transpédiculaire pour éviter son glissement, et de décoller d'arrière en avant pour éviter les pertes de sang trop abondantes.

Cette ablation cause, en apparence, des délabrements formidables; la tunique abdominale et les muscles du plat de la cuisse sont largement à découvert, mais, en réalité, l'intervention est plus facile

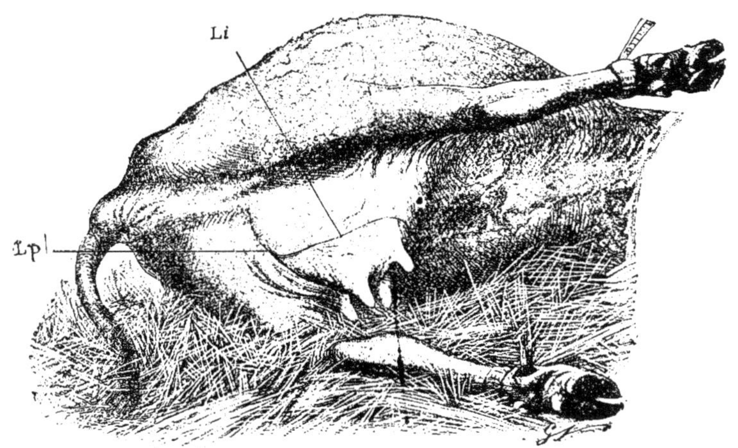

Fig. 399. — Ablation de la mamelle chez la vache. — L*i*, ligne d'incision· L*p*, prolongement postérieur.

qu'on ne pourrait le supposer, et la cicatrisation se fait assez vite, s'il ne reste plus de tissus lésés. Le pansement est renouvelé tous les deux ou trois jours et, lorsque la cicatrisation marche régulièrement, on peut se contenter de lavages antiseptiques.

Néanmoins il ne faut pas se dissimuler que c'est une opération gravement délabrante et par suite fort grave, qui ne doit être tentée par conséquent que dans les cas de danger réel et imminent.

Pour éviter les conséquences possibles du choc opératoire et de la perte de sang, il est tout indiqué de faire au préalable de l'anesthésie locale, l'injection de quelques milligrammes d'adrénaline, et d'avoir à sa disposition plusieurs litres de solution physiologique.

TABLE DES MATIÈRES

CLASSE II

MALADIES DE L'APPAREIL DIGESTIF

CLASSE III

APPAREIL RESPIRATOIRE

CLASSE IV

APPAREIL CIRCULATOIRE

CLASSE V

SYSTÈME NERVEUX

CLASSE VI

AFFECTIONS DU PÉRITOINE ET DE LA CAVITÉ ABDOMINALE

CLASSE VII

MALADIES DE L'APPAREIL URINAIRE

CLASSE VIII

MALADIES DE LA PEAU

CLASSE IX

MALADIES DES YEUX

CLASSE X

MALADIES INFECTIEUSES

MÉDECINE OPÉRATOIRE

MAYENNE, IMPRIMERIE FLOCH. — 18-6-1928

VIGOT FRÈRES

ÉDITEURS

EXTRAIT DU CATALOGUE

CONDITIONS D'EXPÉDITION

POUR LA FRANCE. — Toute commande doit être accompagnée de son montant. Les envois sont faits franco de port à partir de 25 francs. Au-dessous de 25 francs, joindre 10 % du montant de la commande. Les envois contre remboursement ne sont faits que pour la France, l'Algérie, la Corse, le Maroc et la Tunisie, grevés des frais de remboursement.

POUR L'ÉTRANGER. — Toute commande doit être accompagnée de son montant plus 15 % pour frais de port.
Il n'est pas fait d'envois contre remboursement.

MODE DE PAIEMENT

POUR LA FRANCE. — Billets de Banque français, Chèques à vue sur Paris Mandats. Chèques Postaux : Timbres-poste au-dessous de 2 fr. 50.

POUR L'ÉTRANGER. — Chèques à vue sur Paris. Mandats internationaux.

PARIS
23, RUE DE L'ÉCOLE-DE-MÉDECINE, 23

VIGOT FRÈRES, Éditeurs, 23, Rue de l'École-de-Médecine, **PARIS**
Successeurs de Asselin et Houzeau.

TRAITÉ

DE

THÉRAPEUTIQUE CHIRURGICALE

DES ANIMAUX DOMESTIQUES

P.-J. CADIOT et ALMY

TROISIÈME ÉDITION

Par P.-J. CADIOT

Membre de l'Académie de Médecine
Directeur honoraire de l'École Nationale vétérinaire d'Alfort.

TOME I. — Chirurgie générale, affections communes à tous les tissus, affections des tissus, affections des régions et des organes.
In-8° raisin de XVI-980 pages, 314 figures, cartonné, 1923. . . . . 60 fr.

TOME II. — Affections des régions et des organes (*fin*), du Cou, du Thorax, de l'Abdomen, de la Queue, des Membres et du Pied.
In-8° raisin de XVI-1128 pages, 450 figures, cartonné, 1924 . . . . 60 **fr.**

En écrivant ce livre, l'idée maîtresse des auteurs a été de réunir dans un seul ouvrage les données essentielles de la pathologie chirurgicale et de la médecine opératoire, mais surtout les moyens de traitement de toutes les affections chirurgicales des principales espèces domestiques. Leur but n'était pas de faire uniquement un livre didactique ; ils ont voulu en même temps fournir au praticien le plus possible de renseignements utiles et lui indiquer les interventions, procédés ou moyens de choix.

Les deux premières éditions du *Traité de thérapeutique chirurgicale* ont reçu l'accueil le plus favorable. Aussi les auteurs ont-ils, pour cette troisième édition, adopté l'ordonnance générale et le groupement des matières des éditions précédentes, du moins pour le tome premier dont la première partie est consacrée à de brèves *remarques préliminaires* et à la *chirurgie générale*, puis vient l'étude des *affections communes à tous les tissus*, — *les lésions traumatiques* et leurs complications.

Le second volume est consacré à l'étude des *Affections des régions et des organes* du cou, du THORAX, de l'ABDOMEN, de la QUEUE, des MEMBRES et du PIED, — celles de ce dernier organe formant une section spéciale en raison de leur fréquence et de leur importance chez les animaux de travail.

L'ouvrage entier a subi une révision minutieuse, de nombreuses retouches, et l'on y trouve partout des additions heureuses.

Si humble que soit la chirurgie vétérinaire, les auteurs et les éditeurs seront récompensés du service qu'ils ont rendu à la profession, en publiant cette troisième édition ; aussi nécessaire à nos confrères qu'aux élèves de nos Écoles elle sera bientôt, à portée de la main, dans la bibliothèque de tous les praticiens.

VIGOT FRÈRES, Éditeurs, 23, Rue de l'École-de-Médecine, PARIS
Successeurs de Asselin et Houzeau.

TRAITÉ DE MÉDECINE

DES

ANIMAUX DOMESTIQUES

PAR MM.

P.-J. CADIOT

Membre de l'Académie de Médecine
Directeur honoraire
de l'École nationale vétérinaire d'Alfort

G. LESBOUYRIES

Chef des Travaux cliniques
à l'École nationale vétérinaire d'Alfort

J.-N. RIES

Vétérinaire du Gouvernement
du Grand-Duché de Luxembourg

In-8° raisin de 968 pages, 1925 . . . . 50 fr.

Le **Traité de Médecine des Animaux domestiques** est divisé en quatre parties. Dans la première, les auteurs ont décrit pour les différents appareils, les *affections des organes*, qui entrent dans leur constitution ou leur sont annexés; la seconde comprend les *maladies du sang et de la nutrition;* dans la troisième sont passées en revue les principales *intoxications* et *auto-intoxications;* la quatrième est consacrée aux *maladies infectieuses spécifiques* qui constituent la classe des maladies contagieuses ou épidémiques.

Les diverses maladies ou affections sont exposées en leur accordant la place qu'elles méritent d'après leur fréquence, leur importance, leur intérêt au point de vue clinique et pratique. On trouvera dans cet ouvrage, un exposé des données nouvelles concernant l'endocrinologie, une étude des troubles des diverses glandes à sécrétion interne, un aperçu du rôle du *système nerveux sympathique* d ns la genèse d'une foule d'états morbides faisant entrevoir leur importance dans le domaine de la pathologie interne.

Une innovation intéressante réside dans l'exposé, en tête de chaque chapitre, de *généralités* rappelant les plus importantes notions de *pathologie générale,* de *sémiologie,* et les règles à suivre pour arriver à une observation fructueuse des malades, à des déductions pratiques qui puissent conduire au diagnostic et à l'institution d'un traitement rationnel. Ces généralités rassemblent les données éparses dans les ouvrages relatifs aux diverses branches de la pathologie interne, réunissent des notions fondamentales, expliquant le mécanisme des troubles fonctionnels et les symptômes qui les révèlent.

Écrit par des auteurs qui savent les difficultés de la pratique, ce *Traité* comptera parmi les livres les plus utiles aux vétérinaires et aux étudiants.

L'achat de cet ouvrage par les corps de troupes montés, a été autorisé par circulaire ministérielle (*Bulletin officiel du Ministre de la Guerre,* juillet 1925, page 1962).

VIGOT FRÈRES, Éditeurs, 23, Rue de l'École-de-Médecine, PARIS
Successeurs de Asselin et Houzeau.

LE LAIT

ET

LES PRODUITS DÉRIVÉS

par A. MONVOISIN

Chef des travaux de chimie à l'École vétérinaire d'Alfort
Professeur à l'École du froid

OUVRAGE COURONNÉ PAR L'ACADÉMIE D'AGRICULTURE DE FRANCE

TROISIÈME ÉDITION

TOME PREMIER. — In-8° écu, de XVI-472 pages, avec 53 fig. dont neuf en couleurs, 1925.   20 fr.

TOME DEUXIÈME . . . . *(en préparation)*

La valeur du lait produit annuellement en France est fixée à cinq milliards en **chiffres** ronds ; on voit donc tout l'intérêt qui s'attache, pour notre pays, à l'étude du lait, considéré au point de vue industriel aussi bien qu'au point de vue alimentaire.

C'est pour répondre aux diverses questions qu'implique la connaissance complète du lait, questions préoccupant tous ceux qui, à des titres divers, s'occupent de ce précieux liquide, que l'auteur, il y a douze ans, a publié ce **Traité**, qui manquait à notre littérature scientifique.

La question du lait y est étudiée sous ses multiples aspects, aussi bien au point de vue scientifique qu'au point de vue pratique. Tout en restant à un niveau élevé l'auteur, dans le style sobre et concis qui est le sien, conduit logiquement le lecteur vers la solution des problèmes chimiques et biologiques complexes que l'on rencontre à chaque instant, aussi bien au laboratoire qu'à l'usine.

L'auteur a contrôlé tous les procédés analytiques qu'il décrit et qu'il choisit comme étant les mieux adaptés à la pratique courante.

Les développements qu'il donne à la partie technique permettent au lecteur de comprendre la raison des manipulations industrielles et cette manière d'envisager les choses est la seule vraiment efficace et fructueuse.

Le succès des précédentes éditions, montre que l'auteur a atteint le but qu'il s'était proposé.

La troisième édition comprendra deux volumes. Le premier, a subi une refonte complète. Le second contiendra l'étude des produits dérivés du lait : beurre, fromages, caséine, lactose, etc. Elle se recommande ainsi particulièrement aux industriels laitiers qui y trouveront le guide sûr dont ils ont besoin.

TRAITÉ

D'ANATOMIE PATHOLOGIQUE GÉNÉRALE

Par le Dr **V. BALL**

Professeur d'anatomie pathologique à l'École Nationale vétérinaire de Lyon.

Préface de M.-J. PAVIOT

Professeur d'anatomie pathologique à la Faculté de Médecine de Lyon.

In-8 raisin de VIII-520 pages avec 193 fig. et 2 pl. en couleur, 1924. **35 fr.**

Cet ouvrage n'a pas d'analogue dans la littérature médicale. Il est écrit pour le médecin, le vétérinaire et l'étudiant des deux médecines, à qui il rendra les plus grands services.

L'auteur y expose les *grands processus morbides*, mais en vivifiant les données générales par de nombreuses descriptions d'anatomie pathologique spéciale. Rompant avec la vieille tradition allemande qui consiste à présenter sous le nom d'*anatomie pathologique générale* une sorte de complexus de pathologie générale et d'anatomie pathologique, le Pr Ball a opéré le mariage de l'*anatomie pathologique générale* et de l'*anatomie pathologique spéciale*. Cette conception originale de l'anatomie pathologique générale lui a paru autrement intéressante et profitable que l'ancienne division en Anatomie pathologique générale et Anatomie pathologique spéciale. Les notions générales sont forcément quelque peu fictives sans la description immédiate des lésions dans leurs localisations courantes.

L'importance de plus en plus grande qui s'attache aux études de pathologie comparée, pour les médecins, a rendu désirable et possible la venue d'un pareil livre. Les animaux présentent la plupart des maladies de l'homme et la pathologie comparée mérite d'être placée au nombre des préoccupations du médecin.

L'anatomie pathologique générale humaine et comparée se trouvent réunies dans cet ouvrage.

Le livre est divisé en dix chapitres. Le premier chapitre renferme l'étude générale des *dégénérescences*, des *surcharges*, de la *nécrose*, de l'*hyperplasie*, de l'*hypertrophie* et de l'*atrophie*, avec de nombreux exemples.

Des chapitres spéciaux sont consacrés à la *thrombose*, à l'*embolie*, à la *congestion*, à l'*œdème*, à l'*hémorragie*, considérés en général, puis dans les cas les plus courants.

L'*inflammation* constitue un long chapitre où, après des généralités, sont exposés les *inflammations aiguës* des principaux tissus et organes, les *inflammations subaiguës* et *chroniques* (*scléroses* et *cirrhose*), les *tubercules*, la *tuberculose inflammatoire* et les *pseudo-tubercules*.

Un important chapitre est réservé aux *tumeurs* et au *cancer*. Dans cette partie du livre, le médecin et le vétérinaire trouveront une mise au point soignée des données générales avec présentation originale et esprit critique. Le *cancer expérimental*, en particulier, y est exposé en détail.

Enfin, on y lira la description des tumeurs de l'homme et des animaux.

Le dernier chapitre est constitué par quelques pages de *technique* concernant la récolte des tissus et leur fixation en vue de l'étude histologique.